AutoCAD 2020

实战从入门到精通

张晓燕　编著

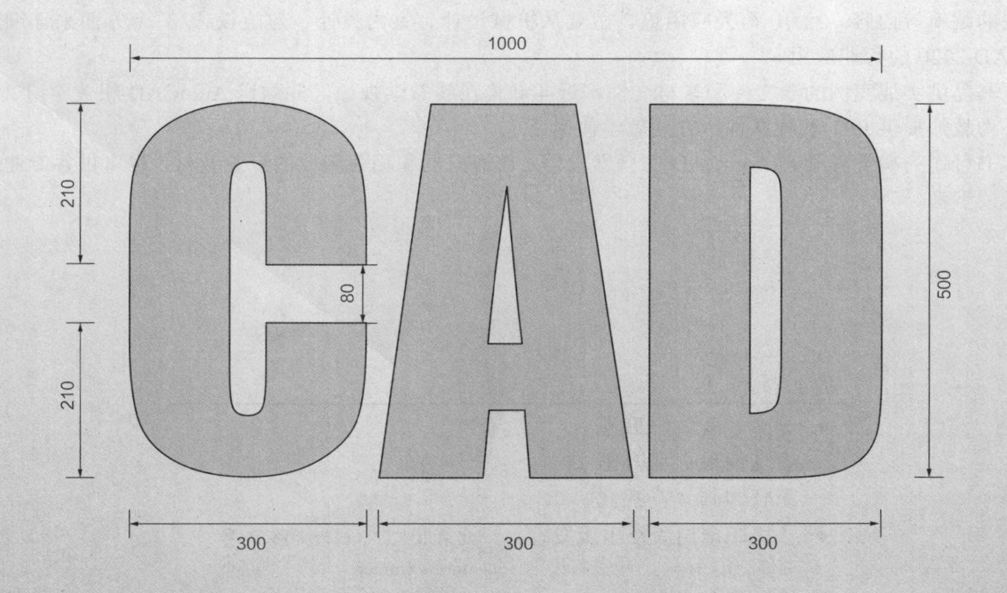

人民邮电出版社
北京

图书在版编目（CIP）数据

AutoCAD 2020实战从入门到精通 / 张晓燕编著. -- 北京 : 人民邮电出版社, 2021.4
ISBN 978-7-115-54213-7

Ⅰ. ①A… Ⅱ. ①张… Ⅲ. ①AutoCAD软件 Ⅳ. ①TP391.72

中国版本图书馆CIP数据核字(2020)第124404号

内 容 提 要

本书是一本帮助读者实现 AutoCAD 2020 从入门到精通的学习宝典，分为 4 篇，共 14 章，由 400 个实战案例组成。第 1 篇为基础篇，内容包括 AutoCAD 2020 的基础知识与参数设置，以及文件管理、图形的绘制与编辑等；第 2 篇为进阶篇，内容包括图形的标注、文字与表格的创建、图块与参照、图层的创建与管理、图形约束与信息查询、文件的打印与输出等；第 3 篇为三维篇，介绍了三维模型的创建、三维模型的编辑等内容；第 4 篇为应用篇，主要从机械设计、室内设计、建筑设计 3 个方面来详细解读 AutoCAD 2020 的行业应用。

本书提供实战案例的源文件和素材文件，近 400 集在线教学视频，并赠送 AutoCAD 相关学习文件。同时还为教师提供 PPT 教学课件，方便教学使用。

本书可作为初学者学习 AutoCAD 的自学教程，培训机构和相关院校的专业教材，也可供各专业技术人员阅读参考。

◆ 编　　著　张晓燕
责任编辑　张丹阳
责任印制　马振武
◆ 人民邮电出版社出版发行　　北京市丰台区成寿寺路 11 号
邮编　100164　　电子邮件　315@ptpress.com.cn
网址　https://www.ptpress.com.cn
北京市艺辉印刷有限公司印刷
◆ 开本：787×1092　1/16
印张：22
字数：704 千字　　2021 年 4 月第 1 版
印数：1 – 2 500 册　　2021 年 4 月北京第 1 次印刷

定价：69.90 元

读者服务热线：(010)81055410　印装质量热线：(010)81055316
反盗版热线：(010)81055315
广告经营许可证：京东市监广登字 20170147 号

前言

关于 AutoCAD

AutoCAD 自 1982 年推出以来，从初期的 1.0 版本，经多次版本更新和性能完善，现已发展为 AutoCAD 2020。它不仅在机械、电子、建筑、室内装潢、家具、园林和市政工程等工程设计领域得到了广泛的应用，还可以用于绘制地理、气象、航海等特殊图形，甚至在乐谱、灯光和广告等领域也得到了应用，已成为计算机辅助设计领域应用最为广泛的图形处理软件之一。

本书内容

本书主要通过案例实战的形式，介绍 AutoCAD 2020 各板块的功能命令，具体内容安排如下。

篇　名	章 名	课 程 内 容
第 1 篇　基础篇 （第 1 章～第 3 章 实战 001 ～实战 152）	第 1 章 AutoCAD 2020 入门	介绍 AutoCAD 基本界面的组成，以及一些辅助绘图工具的使用方法
	第 2 章 二维图形的绘制	介绍 AutoCAD 中各种绘图工具的使用方法
	第 3 章 二维图形的编辑	介绍 AutoCAD 中各种图形编辑工具的使用方法
第 2 篇　进阶篇 （第 4 章～第 9 章 实战 153 ～实战 312）	第 4 章 图形的标注	介绍 AutoCAD 中各种标注的创建与编辑方法
	第 5 章 文字与表格的创建	介绍 AutoCAD 中文字与表格的创建与编辑方法
	第 6 章 图块与参照	介绍图块的概念，以及 AutoCAD 中图块的创建和使用方法
	第 7 章 图层的创建与管理	介绍图层的概念，以及 AutoCAD 中图层的创建与管理方法
	第 8 章 图形约束与信息查询	介绍 AutoCAD 各约束工具的使用方法，以及参数化绘图的概念
	第 9 章 文件的打印与输出	介绍 AutoCAD 各种打印设置与控制打印输出的方法
第 3 篇 三维篇 （第 10 章～第 11 章 实战 313 ～实战 384）	第 10 章 三维模型的创建	介绍建模的基础，以及几种三维图形的建模方法
	第 11 章 三维模型的编辑	介绍各种三维模型编辑修改工具的使用方法
第 4 篇　应用篇 （第 12 章～第 14 章 实战 385 ～实战 400）	第 12 章 机械设计工程实例	介绍机械设计的相关内容与设计实例
	第 13 章 室内设计工程实例	介绍室内设计的相关内容与设计实例
	第 14 章 建筑设计工程实例	介绍建筑设计的相关内容与设计实例

本书特色

为了使读者可以轻松自学并深入了解 AutoCAD 2020 软件功能，本书在版面结构的设计上力求做到简单明了，如下图所示。

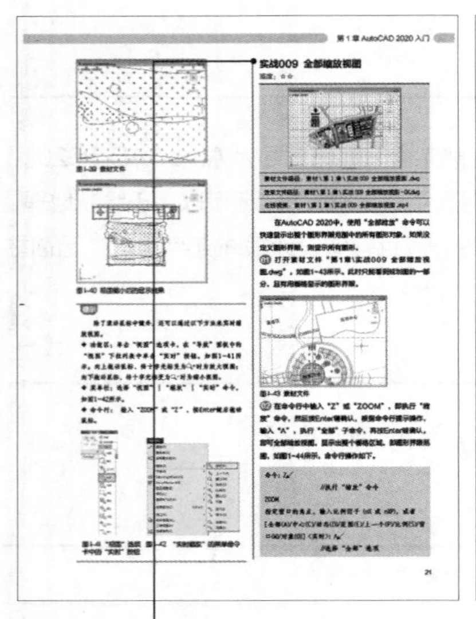
第 1 章 AutoCAD 2020 入门

实战009 全部缩放视图

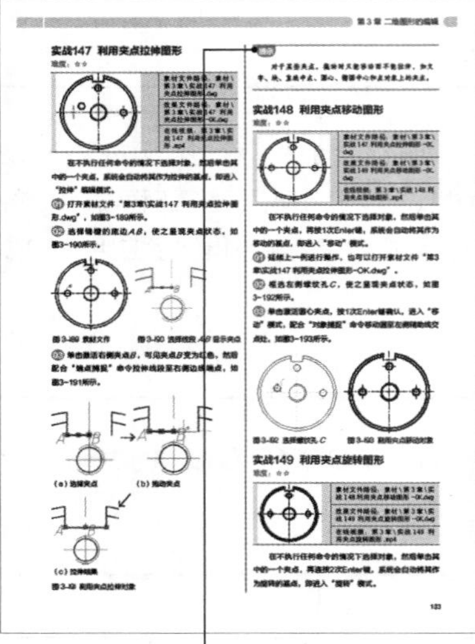
第 3 章 二维图形的编辑

实战147 利用夹点拉伸图形

实战148 利用夹点移动图形

实战149 利用夹点旋转图形

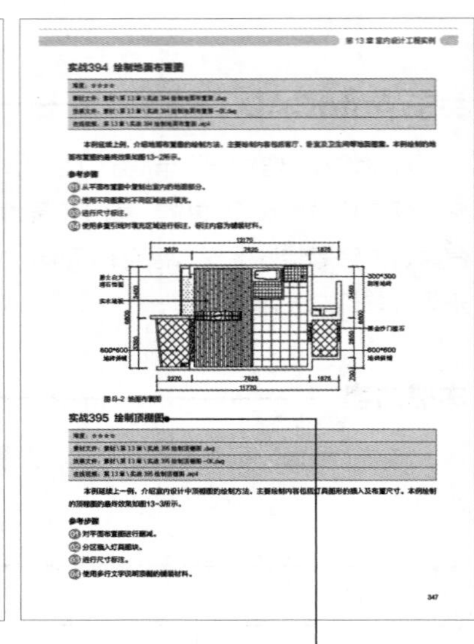
第 13 章 室内设计工程实例

实战394 绘制地面布置图

实战395 绘制顶棚图

实战：书中提供了 400 个绘图实战案例，读者可以边学边练，强化所学知识。

提示：针对软件中的难点及设计操作过程中的技巧进行重点讲解。

视频案例讲解：本书第 4 篇全部采用视频教学的方式，相当于随书附赠了近 20 节专业制图课程。

本书配套资源

本书配套近 400 集教学视频，总时长近 11 个小时。读者可以先通过教学视频学习本书内容，然后对照书本加以实践和练习，以提高学习效率。

书中所有实战案例均提供了源文件和素材文件，读者可以直接调用学习。

本书作者

本书由张晓燕编著。由于作者水平有限，书中疏漏之处在所难免。在感谢您选择本书的同时，也希望您能够把对本书的意见和建议告诉我们。

读者服务邮箱：lushanbook@qq.com

编者

2020 年 12 月

资源与支持

本书由“数艺设”出品，“数艺设”社区（www.shuyishe.com）为您提供后续服务。

学习资源

配套资源

- 实战案例的源文件和素材文件
- 在线教学视频

赠送资源

- AutoCAD 常用快捷键大全
- AutoCAD 绘图常见疑难解答
- AutoCAD 使用技巧精华
- 55 个二维与三维练习题
- 机械标准件图块合集
- 室内设计常用图块合集
- 电气设计常用图块合集

教师专享资源

- PPT 教学课件

资源获取请扫码

“数艺设”社区平台，为艺术设计从业者提供专业的教育产品。

与我们联系

我们的联系邮箱是 szys@ptpress.com.cn。如果您对本书有任何疑问或建议，请您发邮件给我们，并请在邮件标题中注明本书书名及 ISBN，以便我们更高效地做出反馈。

如果您有兴趣出版图书、录制教学课程，或者参与技术审校等工作，可以发邮件给我们；有意出版图书的作者也可以到“数艺设”社区平台在线投稿（直接访问 www.shuyishe.com 即可）。如果学校、培训机构或企业想批量购买本书或数艺设出版的其他图书，也可以发邮件给我们。

如果您在网上发现针对数艺设出品图书的各种形式的盗版行为，包括对图书全部或部分内容的非授权传播，请您将怀疑有侵权行为的链接通过邮件联系我们。您的这一举动是对作者权益的保护，也是我们持续为您提供有价值的内容的动力之源。

关于“数艺设”

人民邮电出版社有限公司旗下品牌“数艺设”，专注于专业艺术设计类图书出版，为艺术设计从业者提供专业的图书、U 书、课程等教育产品。出版领域涉及平面、三维、影视、摄影与后期等数字艺术门类，字体设计、品牌设计、色彩设计等设计理论与应用门类，UI 设计、电商设计、新媒体设计、游戏设计、交互设计、原型设计等互联网设计门类，环艺设计手绘、插画设计手绘、工业设计手绘等设计手绘门类。更多服务请访问“数艺设”社区平台 www.shuyishe.com。我们将提供及时、准确、专业的学习服务。

目 录

第1篇 基础篇

第1章 AutoCAD 2020入门

第2章 二维图形的绘制

第5章 文字与表格的创建

第6章 图块与参照

第7章 图层的创建与管理

第8章 图形约束与信息查询

第9章 文件的打印与输出

第 3 篇 三维篇

第10章 三维模型的创建

第11章 三维模型的编辑

第4篇 应用篇

第12章 机械设计工程实例

第13章 室内设计工程实例

第14章 建筑设计工程实例

第1章

AutoCAD 2020 入门

AutoCAD是由美国Autodesk公司开发的通用计算机辅助设计软件。在深入学习AutoCAD 2020之前，本章首先介绍AutoCAD 2020的启动与退出、操作界面、视图的控制和工作空间等基础知识，使读者对AutoCAD 2020及其操作方法有一个全面的了解和认识，为熟练掌握该软件打下坚实的基础。

1.1 AutoCAD 2020的基本操作

在正式开始学习之前，先了解一下AutoCAD 2020的界面组成和基本的文件操作。因为在本书后面的教学内容中，经常会提到“单击某面板中的某个按钮”或“新建空白文档”这类操作描述，所以一开始需要对这些入门操作和界面组成有所了解，以免学习时找不到对应的命令。

实战001 AutoCAD操作界面的组成

难度：☆☆

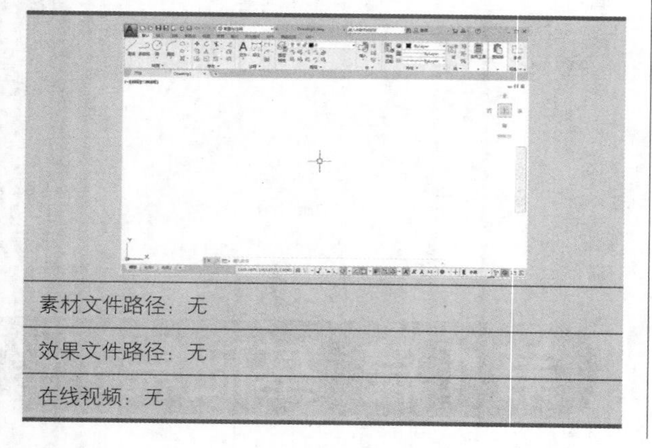

素材文件路径：无

效果文件路径：无

在线视频：无

AutoCAD 2020中的操作界面都是由功能区、“应用程序”按钮、标题栏、快速访问工具栏、绘图区等模块组成的。

01 启动AutoCAD 2020，进入开始界面，然后单击“快速入门”区域，进入操作界面。

02 该界面包括“应用程序”按钮、快速访问工具栏、菜单栏、标题栏、交互信息工具栏、功能区、标签栏、十字光标、绘图区、坐标系、命令窗口及状态栏等，如图1-1所示。

03 各部分的功能含义说明如下。

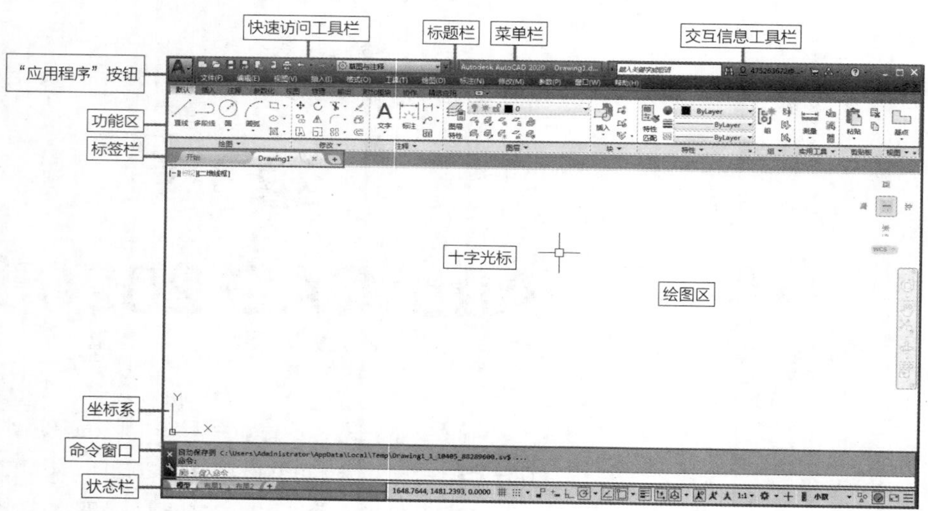

图1-1 AutoCAD 2020 默认的工作界面

1. “应用程序”按钮

“应用程序”按钮位于窗口的左上角，单击该按钮，系统将弹出用于管理AutoCAD图形文件的应用程序菜单，包含“新建”“打开”“保存”“另存为”“输出”“打印”等选项，右侧区域则是“最近使用的文档”列表，如图1-2所示。

此外，在应用程序“搜索”按钮🔍左侧的文本框内输入命令名称，即会弹出与之相关的各种命令的列表，单击即可执行其中对应的命令，如图1-3所示。

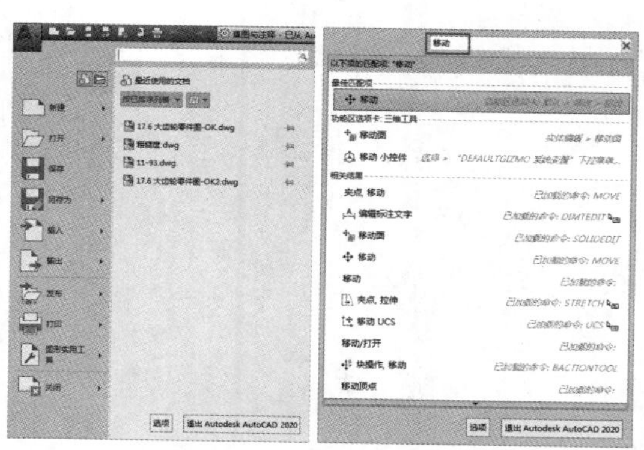

图1-2 应用程序菜单　　图1-3 搜索功能

2. 快速访问工具栏

快速访问工具栏位于标题栏的左侧，它包含了文档操作常用的9个快捷按钮，依次为“新建”“打开”“保存”“另存为”“从Web和Mobile中打开”“保存Web和Mobile”“打印”“放弃”“重做”，如图1-4所示。

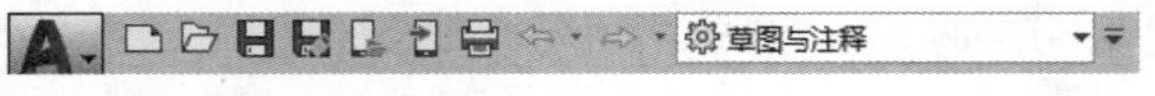

图 1-4 快速访问工具栏

主要按钮功能介绍如下。

- 新建：用于新建一个图形文件。
- 打开：用于打开现有的图形文件。
- 保存：用于保存当前图形文件。
- 另存为：以副本形式保存当前图形文件，原来的图形文件仍会得到保留。以此方法保存时可以修改副本的文件名、文件格式和保存路径。
- 从Web和Mobile中打开：单击该按钮，将打开Autodesk的登录对话框，登录后即可以访问用户保存在A360云盘上的文件，如图1-5 所示。A360云盘可理解为Autodesk公司提供的网络云盘。
- 保存到Web和Mobile：单击该按钮，即可将当前文件保存到用户的A360云盘中，此后用户便可以在其他平台（网页或手机端）上通过登录A360云盘的方式来查看这些文件，如图1-6 所示。

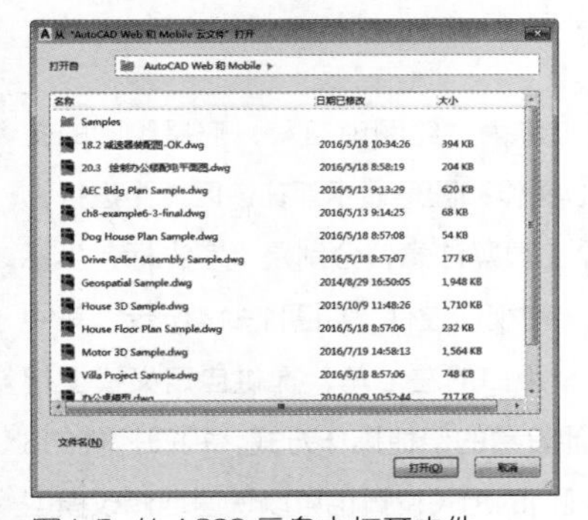

图 1-5 从 A360 云盘中打开文件

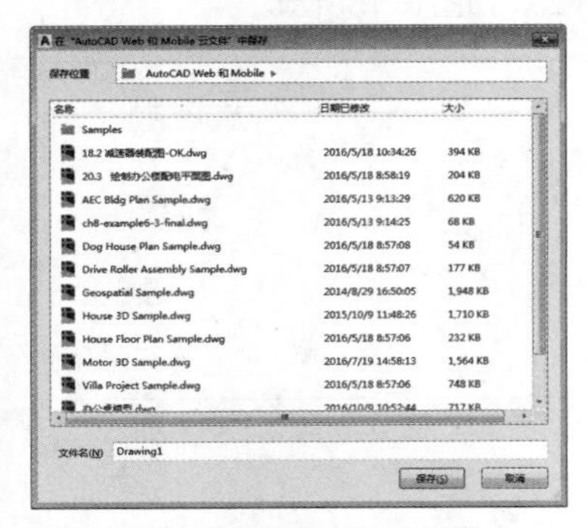

图 1-6 将文件保存至 A360 云盘中

此外，可以单击快速访问工具栏最右侧的下拉按钮，打开下拉菜单，在下拉菜单中可以自定义快速访问工具栏中显示的命令，如图1-7所示。

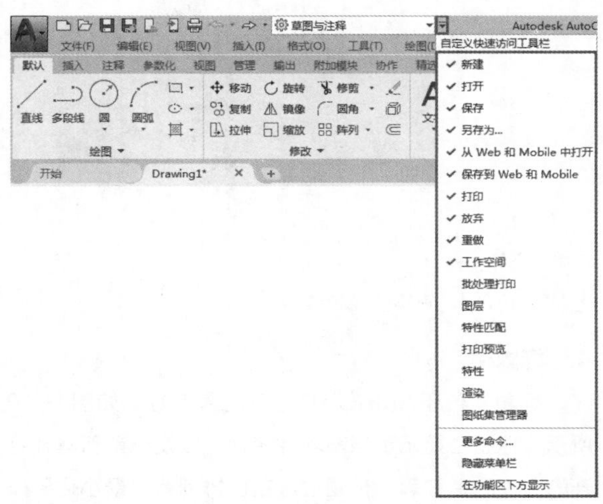

图 1-7 自定义快速访问工具栏中的命令

3. 菜单栏

在AutoCAD 2020中，菜单栏在任何工作空间中都默认为不显示状态。只有在快速访问工具栏中单击下拉按钮，并在弹出的下拉菜单中选择“显示菜单栏”命令，才可将菜单栏显示出来，如图1-8所示。

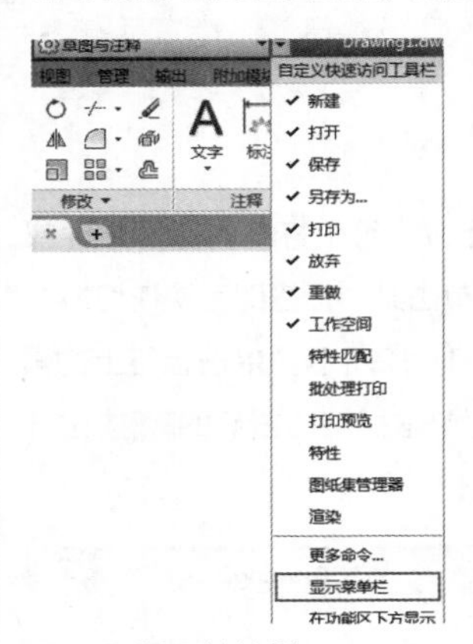

图 1-8 显示菜单栏

菜单栏位于标题栏的下方，包括12个菜单：“文件”“编辑”“视图”“插入”“格式”“工具”“绘图”“标注”“修改”“参数”“窗口”“帮助”。每个菜单都包含该分类下的大量命令。因此菜单栏是AutoCAD中命令最为详尽的部分，但它的缺点是命令排列过于集中，要单独寻找其中某一个命令可能需要展开多个菜单，如图1-9所示。因此在工作中一般不使用菜单栏来执行命令，菜单栏通常只用于查找和执行少数不常用的命令。

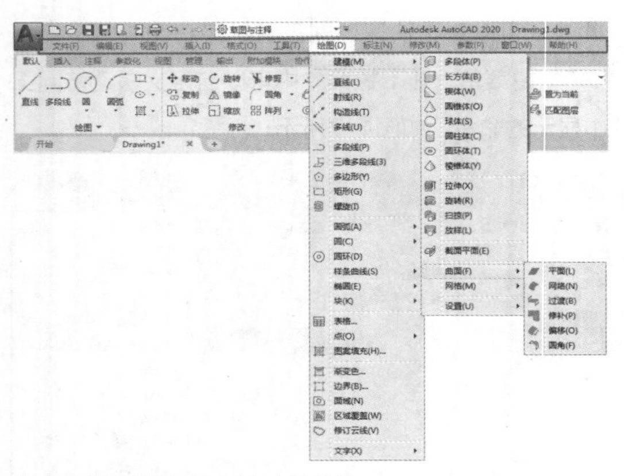

图 1-9 菜单栏与其下的菜单选项

4. 标题栏

标题栏位于AutoCAD窗口的最上方，如图1-10所示，标题栏显示了当前软件名称，以及当前新建或打开的文件的名称等。标题栏最右侧排列有“最小化”按钮、“最大化”按钮，“恢复窗口大小”按钮和“关闭”按钮。

图 1-10 标题栏

5. 交互信息工具栏

交互信息工具栏主要包括搜索框、A360云盘登录栏、Autodesk App Store、保持连接等4个部分。

6. 功能区

“功能区”是各命令选项卡的合称，它用于显示与绘图任务相关的按钮和控件，存在于“草图与注释”“三维基础”“三维建模”空间中。“草图与注释”工作空间的“功能区”包含了“默认”“插入”“注释”“参数化”“视图”“管理”“输出”“附加模块”“协作”“精选应用”等10个选项卡，如图1-11所示。每个选项卡包含若干个面板，每个面板又包含许多由图标表示的命令按钮。

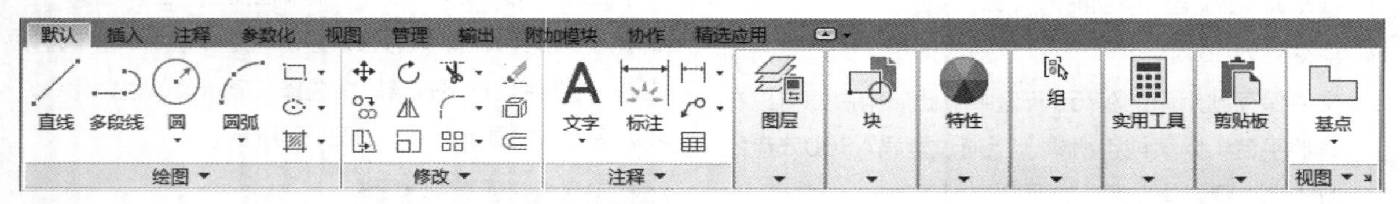

图 1-11 功能区

7. 标签栏

标签栏位于绘图窗口上方，每个打开的图形文件都会在标签栏显示一个标签，单击某个标签即可快速切换至相应的图形文件窗口，如图1-12所示。单击标签上的按钮，可以快速关闭文件。单击标签栏右侧的按钮，可以快速新建文件。

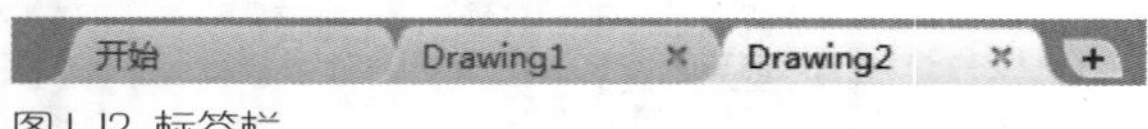

图 1-12 标签栏

此外，在鼠标指针经过图形文件选项卡时，将显示模型的预览图像和布局。如果鼠标指针经过某个预览图像，相应的模型或布局将临时显示在绘图区中，并且可以在预览图像中访问“打印”和“发布”工具，如图1-13所示。

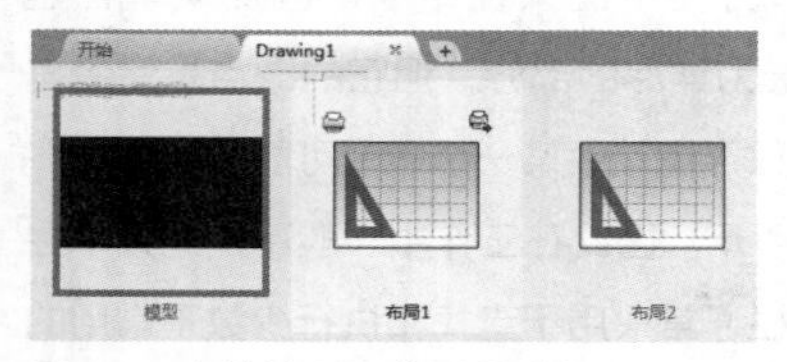

图 1-13 文件选项卡的预览功能

8. 绘图区

“绘图区”又被称为“绘图窗口”，它是绘图的主要区域，绘图的核心操作和图形显示都在该区域中进行。在绘图窗口中有4个工具需注意，分别是十字光标、坐标系图标、ViewCube和视口控件，如图1-14所示。其中视口控件显示在每个视口的左上角，提供自定义模型视图、视觉样式和其他设置的便捷操作方式，视口控件的3个标签将显示当前视口的相关设置也可以快速地修改模型的视图方向和视觉样式，如图1-15所示。

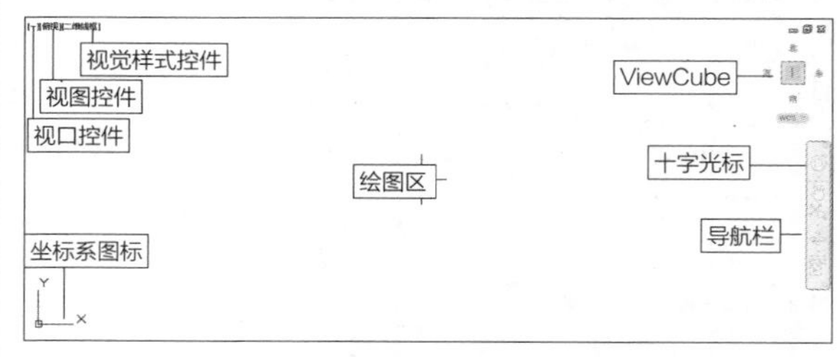

图 1-14 绘图区

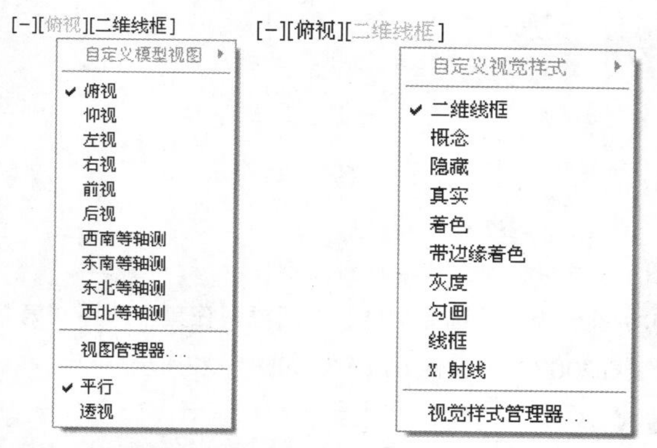

图 1-15 快捷功能控件菜单

9. 命令窗口

命令窗口是输入命令名和显示命令提示的区域，默认的命令窗口位于绘图区下方，由若干文本行组成，如图1-16所示。命令窗口中间有一条水平分界线，它将命令窗口分成两个部分：命令行和命令历史窗口。位于水平线下方的为“命令行”，它用于接收用户输入命令，并显示提示信息；位于水平线上方的为“命令历史窗口”，它用于显示AutoCAD启动后所用过的全部命令及提示信息，该窗口有垂直滚动条，可以上下滚动查看以前用过的命令。

图 1-16 命令窗口

10. 状态栏

状态栏位于界面的底部，用来显示AutoCAD当前的状态，如对象捕捉、极轴追踪等命令的工作状态。主要由5部分组成，如图1-17所示。AutoCAD 2020将之前的模型布局标签栏和状态栏合并在一起，并且取消显示当前十字光标位置。

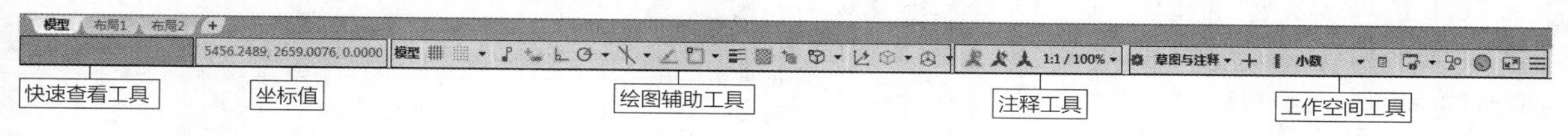

图 1-17 状态栏

实战002 新建文件

难度：☆

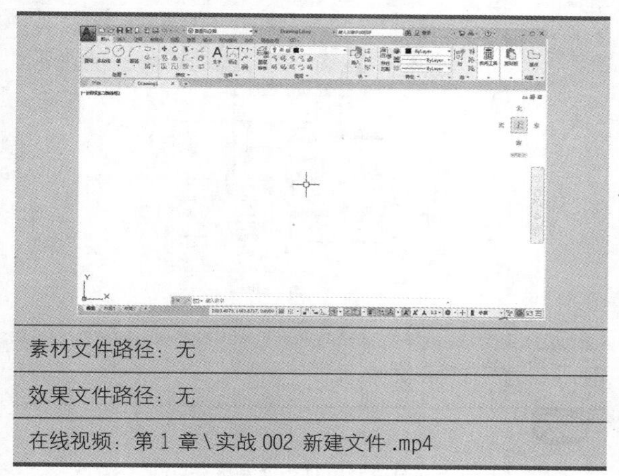

素材文件路径：无

效果文件路径：无

在线视频：第 1 章\实战 002 新建文件 .mp4

启动AutoCAD 2020后，如果在开始界面单击“快速入门”区域，系统会自动新建一个名为“Drawing1.dwg”的图形文件。但除了这种入门级方法外，用户还可以根据需要来新建带模板的图形文件。

01 启动AutoCAD 2020，进入开始界面。

02 单击开始界面左上角快速访问工具栏上的“新建”按钮，如图1-18所示。

03 系统打开“选择样板”对话框，如图1-19所示。

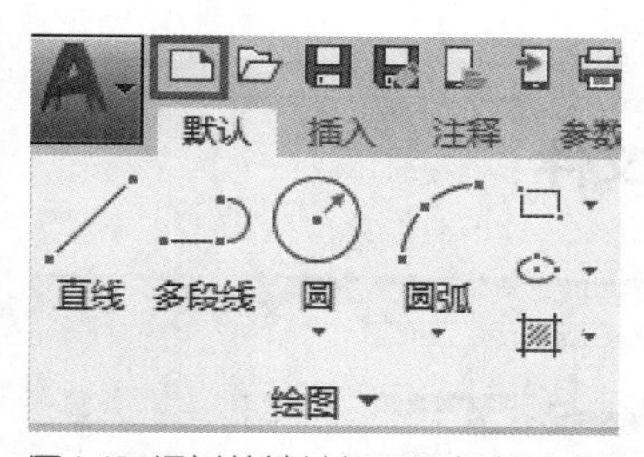

图 1-18 通过快速访问工具栏新建文件

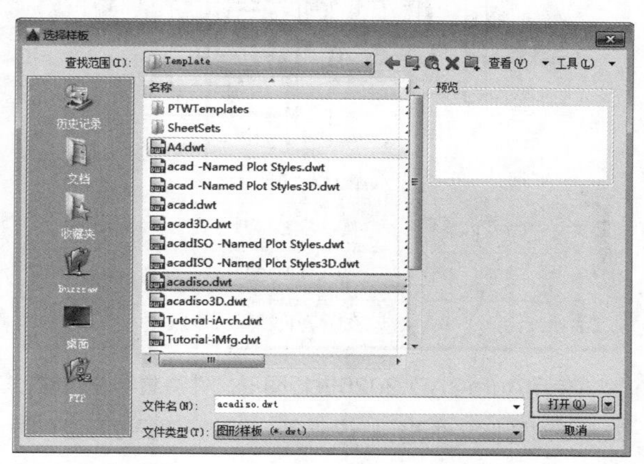

图 1-19 “选择样板”对话框

04 根据绘图需要，在对话框中选择不同的绘图样板，然后单击“打开”按钮，即可新建一个图形文件，如图1-20所示，文件名默认为“Drawing1.dwg”。

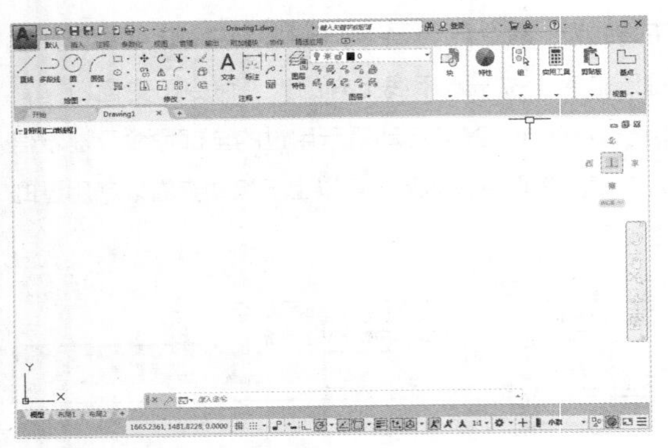

图1-20 新建的图形文件

提示

启动“新建”命令还有以下几种方法。

◆ “应用程序”按钮：单击“应用程序”按钮，在下拉菜单中选择“新建”命令。

◆ 菜单栏：选择“文件”|“新建”命令。

◆ 标签栏：单击标签栏上的“新图形”按钮。此方法不会打开“选择样板”对话框，而会直接根据上一次新建文件时所选择的样板新建文件。如果是第一次新建，则默认以acadiso.dwt为样板。

◆ 命令行：输入“NEW”或“QNEW”。

◆ 快捷键：Ctrl+N。

实战003 打开文件

难度：☆

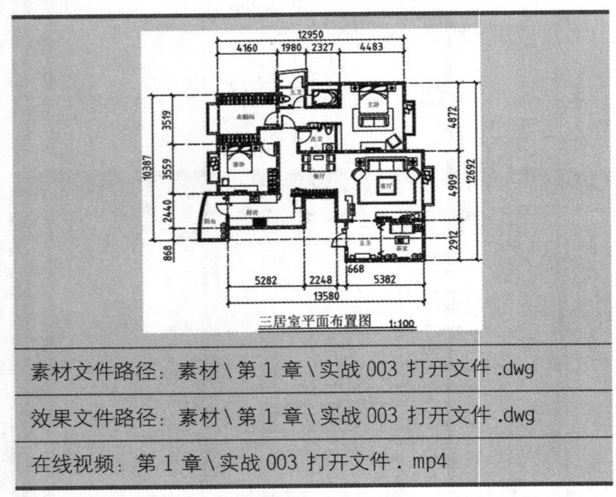

三居室平面布置图 1:100

素材文件路径：素材\第 1 章\实战 003 打开文件 .dwg

效果文件路径：素材\第 1 章\实战 003 打开文件 .dwg

在线视频：第 1 章\实战 003 打开文件 . mp4

使用AutoCAD 2020进行图形文件查看与编辑时，如需要对图形文件进行修改或重新设计，便要打开已有图形文件进行相应操作。

01 启动AutoCAD 2020，进入开始界面。

02 单击开始界面左上角快速访问工具栏上的“打开”按钮，如图1-21所示。

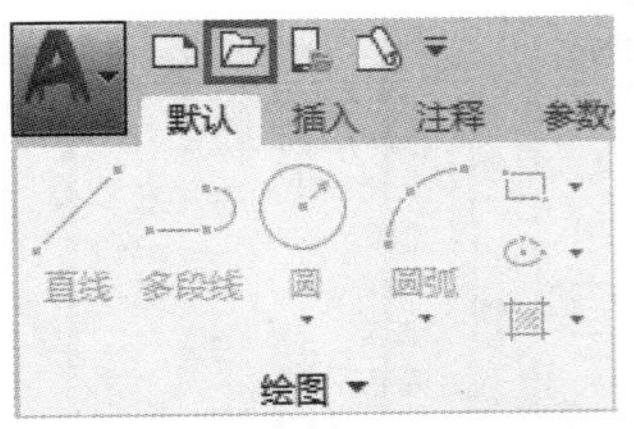

图1-21 在快速访问工具栏中打开文件

03 系统弹出“选择文件”对话框，在其中选择“第1章\实战003 打开文件.dwg”，如图1-22所示。

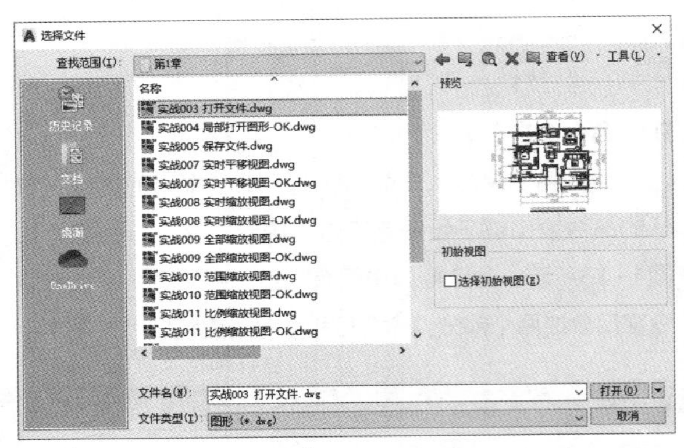

图1-22 “选择文件”对话框

04 单击“打开”按钮，即可打开所选的图形文件，结果如图1-23所示。

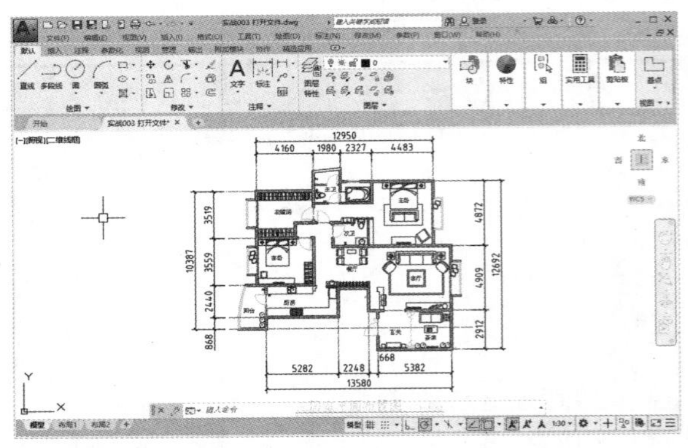

图1-23 打开的图形文件

提示

启动“打开”命令还有以下几种方法。

◆ “应用程序”按钮：单击“应用程序”按钮，在弹出的下拉菜单中选择“打开”命令。

◆ 菜单栏：选择“文件”|“打开”命令。

◆ 标签栏：在标签栏空白位置单击鼠标右键，在弹出的快捷菜单中选择“打开”命令。

◆ 命令行：输入“OPEN”或“QOPEN”。

◆ 快捷键：Ctrl+O。

◆ 快捷方式：直接双击要打开的图形文件。

实战004 局部打开图形

进阶

难度：☆☆☆

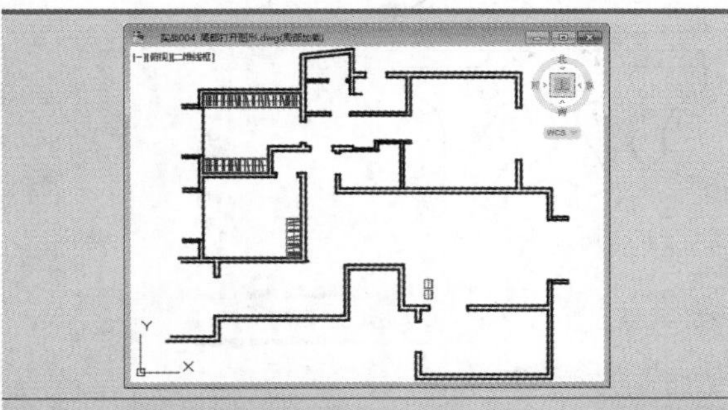

素材文件路径：素材\第 1 章\实战 003 打开文件 .dwg

效果文件路径：素材\第 1 章\实战 004 局部打开图形 -OK.dwg

在线视频：第 1 章\实战 004 局部打开图形 .mp4

当处理大型图形文件时，可以选择在打开图形时需要加载尽可能少的几何图形。指定的几何图形和命名对象包括：块（Block）、图层（Layer）、标注样式（DimensionStyle）、线型（Linetype）、布局（Layout）、文字样式（TextStyle）、视口配置（Viewports）、用户坐标系（UCS）及视图（View）等，这便是局部打开图形。

本例使用“实战003”的文件来进行局部打开图形操作（完整打开效果如图1-23所示），以供读者进行对比。本例使用“局部打开”命令，即只处理图形的某一部分，只加载素材文件中指定视图或图层上的几何图形，操作步骤如下。

01 启动AutoCAD 2020，进入开始界面，单击界面左上角快速访问工具栏上的“打开”按钮，弹出“选择文件”对话框。

02 定位至要局部打开的素材文件“第1章\实战003 打开文件.dwg”，然后单击“选择文件”对话框中“打开”按钮右侧的下拉按钮，在弹出的下拉菜单中选择“局部打开”命令，如图1-24所示。

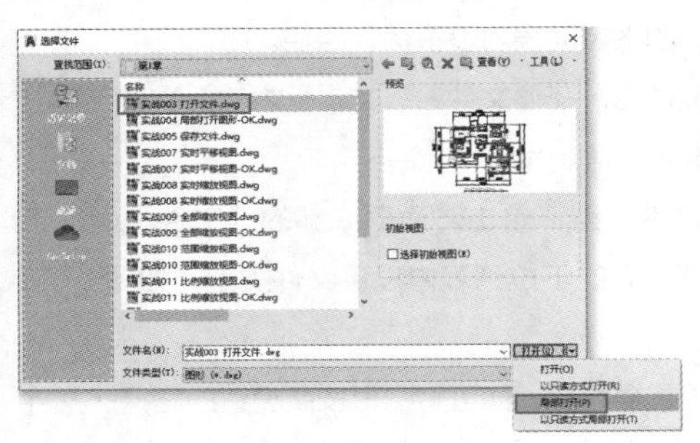

图1-24 选择“局部打开”命令

提示

“局部打开”命令只能应用于当前版本保存的AutoCAD文件。如果某文件“局部打开”命令不可用，可以先将该文件完整打开，然后另存为最新的AutoCAD版本，即可进行“局部打开”操作。

03 接着系统弹出“局部打开”对话框，在“要加载几何图形的图层”列表框中勾选需要局部打开的图层名，如“QT-000墙体”，如图1-25所示。

04 单击“打开”按钮，即可打开仅包含“QT-000墙体”图层的图形对象，同时标题栏中文件名后有“（局部加载）”字样，如图1-26所示。

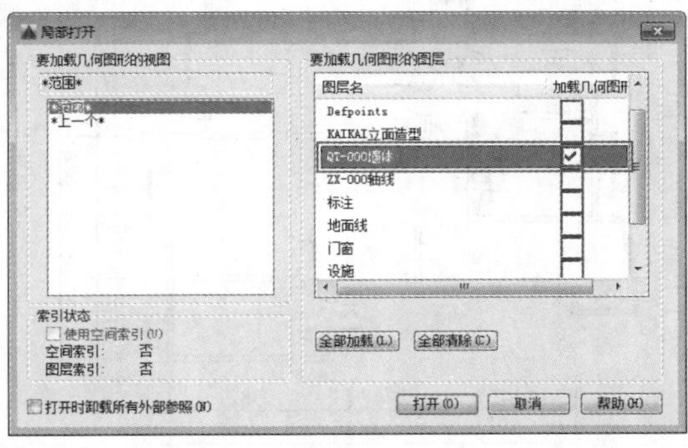

图1-25 “局部打开”对话框

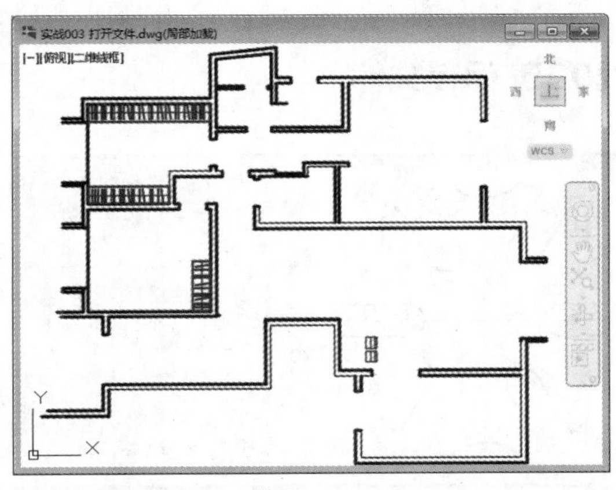

图1-26 “局部打开”效果

05 对于局部打开的图形，用户还可以通过“局部加载”命令将其他未载入的几何图形补充进来。在命令行输入“PartialLoad”，并按Enter键，系统弹出“局部加载”对话框，它与“局部打开”对话框的主要区别是可通过“拾取窗口”按钮划定区域放置视图，如图1-27所示。

06 勾选需要加载的选项，如“标注”和“门窗”，单击“局部加载”对话框中的“确定”按钮，得到的加载效果如图1-28所示。

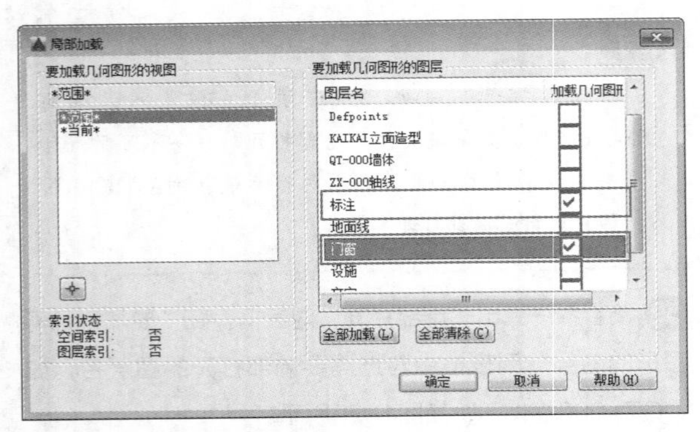

图1-27 “局部加载”对话框

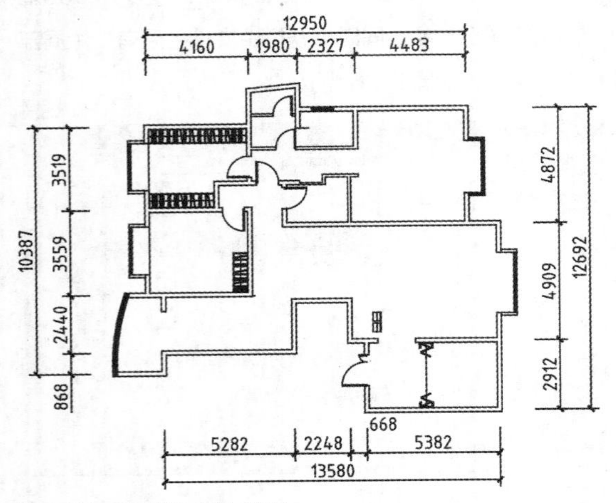

图1-28 “局部加载”效果

实战005 保存文件

难度：☆

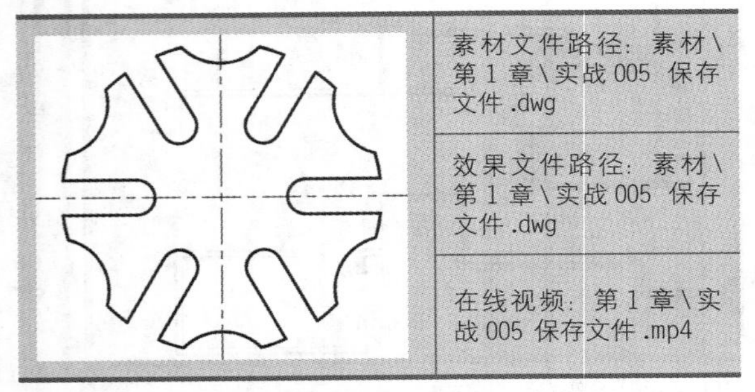

	素材文件路径：素材\第1章\实战005 保存文件.dwg
	效果文件路径：素材\第1章\实战005 保存文件.dwg
	在线视频：第1章\实战005 保存文件.mp4

“保存文件”命令不仅可以将新绘制的或修改好的图形文件进行保存，以便以后对图形进行查看、使用或编辑等操作，还可以在绘制图形过程中随时对图形进行保存，以避免意外情况发生而导致文件丢失或保存不完整。

01 打开素材文件“第1章\实战005 保存文件.dwg”，如图1-29所示。

02 对图形进行任意操作，在标签栏中可见文件名多出了“*”后缀，如图1-30所示。这表示文件已发生变更，需要保存。

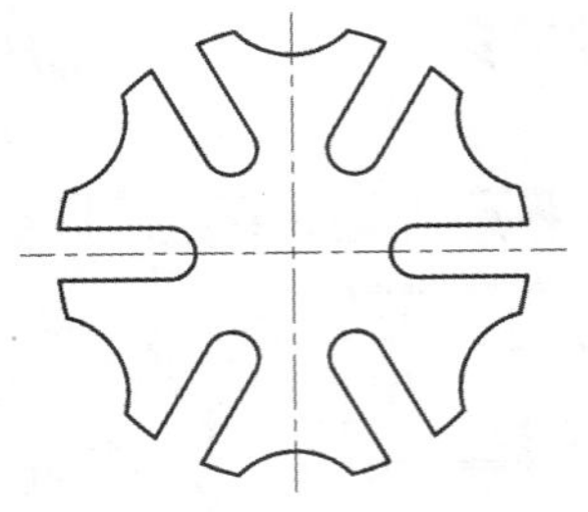

图1-29 素材文件

图1-30 图形变更标记

03 单击快速访问工具栏中的“保存”按钮，即可保存文件，同时“*”后缀消失，如图1-31所示。

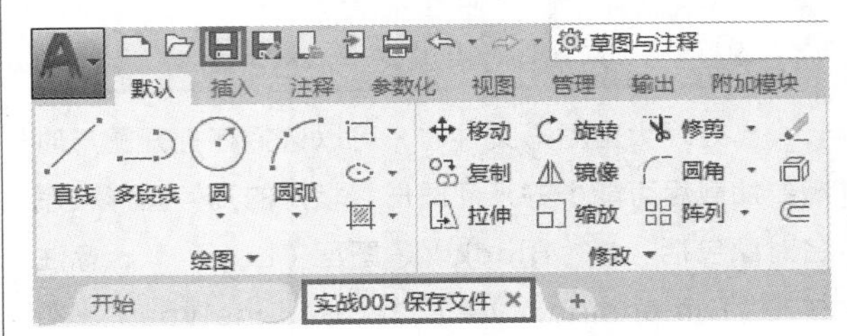

图1-31 在快速访问工具栏中保存文件

04 如果是第一次保存，文件名为系统默认的名称，此时会打开“图形另存为”对话框，如图1-32所示。

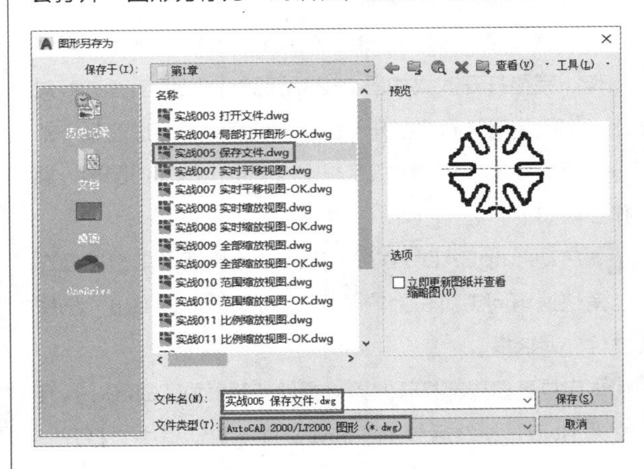

图1-32 “图形另存为”对话框

05 设置保存路径。单击对话框上方的“保存于”下拉按钮，在展开的下拉列表内设置保存路径。

06 设置文件名。在“文件名”文本框内输入文件名称，如“我的文档”等。

07 设置文件类型。单击对话框底部的“文件类型”下拉按钮，在展开的下拉列表内设置文件类型，如图1-33所示。

08 完成上述操作后，即可将图形按所设置的路径、文件名、文件类型进行保存。

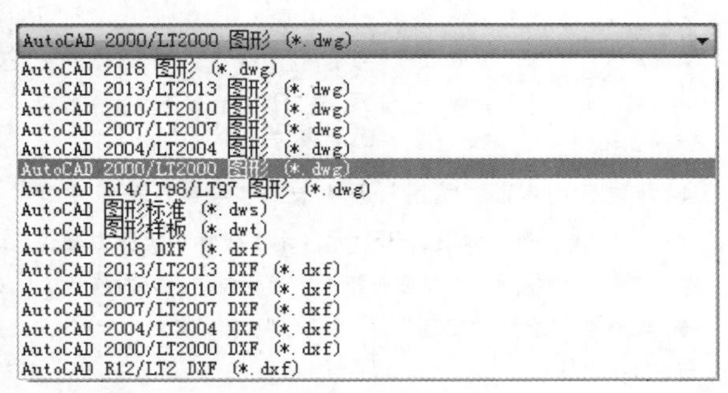

图 1-33 AutoCAD 2020 可保存的类型

提示

执行“保存”命令还有以下几种方法。

◆ “应用程序”按钮：单击“应用程序”按钮▲，在弹出的快捷菜单中选择“保存”命令。

◆ 菜单栏：选择“文件”|“保存”命令。

◆ 快捷键：Ctrl+S。

◆ 命令行：输入“SAVE”或“QSAVE”。

实战006 将图形另存为低版本文件

难度：☆☆

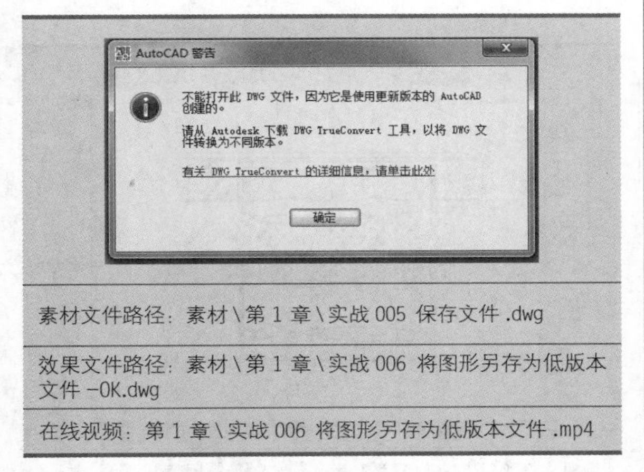

素材文件路径：素材\第 1 章\实战 005 保存文件 .dwg

效果文件路径：素材\第 1 章\实战 006 将图形另存为低版本文件 -OK.dwg

在线视频：第 1 章\实战 006 将图形另存为低版本文件 .mp4

AutoCAD 2020默认的存储类型为“AutoCAD 2018图形（*.dwg）”。使用此种格式将文件保存后，文件只能被AutoCAD 2018及更高级的版本打开。如果用户需要使用AutoCAD的早期版本打开此文件，必须将源文件用低版本的格式进行保存。

在日常工作中，经常要与客户或同事进行图纸往来，有时就难免碰到因为彼此AutoCAD版本不同而打不开图纸的情况，如图1-34所示。原则上高版本的AutoCAD能打开低版本所绘制的图形文件，而低版本却无法打开高版本绘制的图形文件。因此对于使用高版本的用户来说，可以将文件通过“另存为”的方式转存为低版本文件。

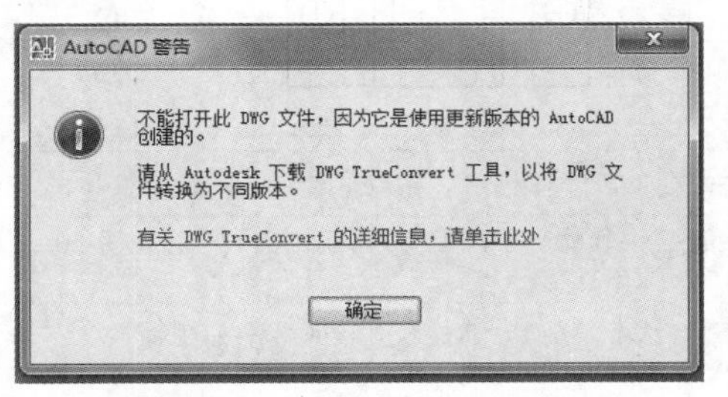

图 1-34 因版本不同出现的 AutoCAD 警告

01 打开素材文件“第3章\实战006 将图形另存为低版本文件.dwg”。

02 单击快速访问工具栏中的“另存为”按钮，弹出“图形另存为”对话框，在“文件类型”下拉列表中选择“AutoCAD 2000/LT2000 图形（*.dwg）”选项，如图1-35所示。

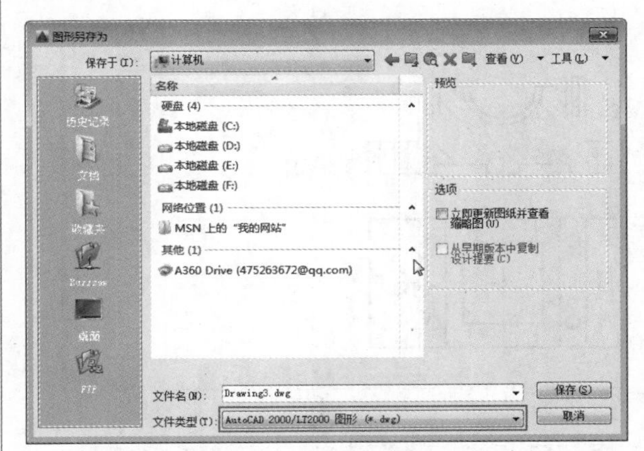

图 1-35 “图形另存为”对话框

03 设置完成后，所绘图形保存的文件类型即为AutoCAD 2000类型，任何高于2000的版本均可以打开，从而实现工作图纸的无障碍交流。

1.2 视图的控制

在绘图过程中，为了更好地观察和绘制图形，经常需要对视图进行平移、缩放、重生成等操作。本节将通过8个实战案例来详细介绍AutoCAD视图的控制方法。

实战007 实时平移视图

难度：☆

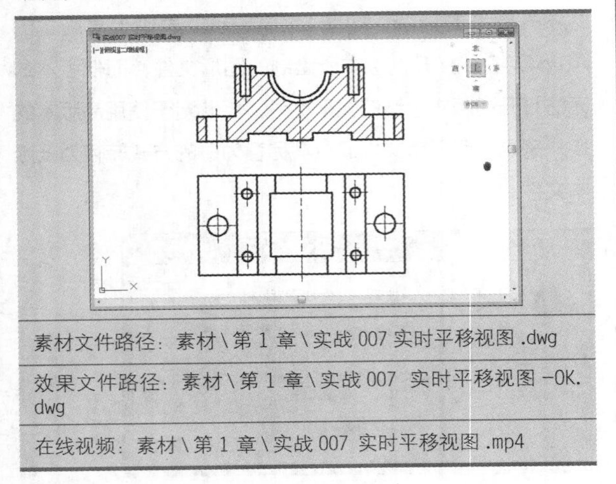

素材文件路径：素材\第 1 章\实战 007 实时平移视图 .dwg

效果文件路径：素材\第 1 章\实战 007 实时平移视图 -OK.dwg

在线视频：素材\第 1 章\实战 007 实时平移视图 .mp4

视图平移即不改变视图的大小，只改变其位置，以便于观察图形的其他部分。图形显示不完整时，就可以通过视图平移观察图形。

01 打开素材文件“第1章\实战007 实时平移视图.dwg”。

02 长按鼠标中键（滚轮），待十字光标变为✋时，拖动鼠标即可实现实时平移，如图1-36所示。

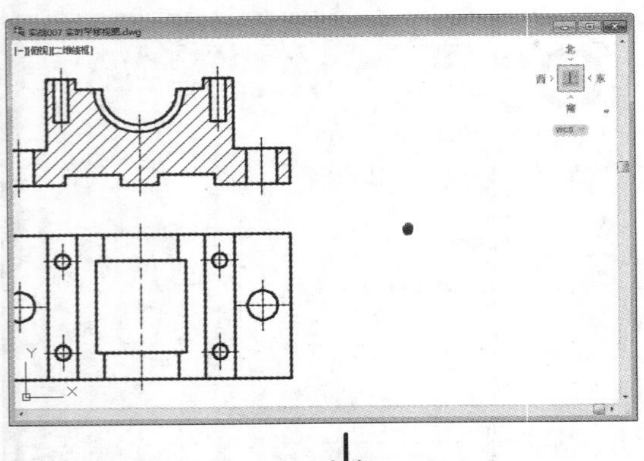

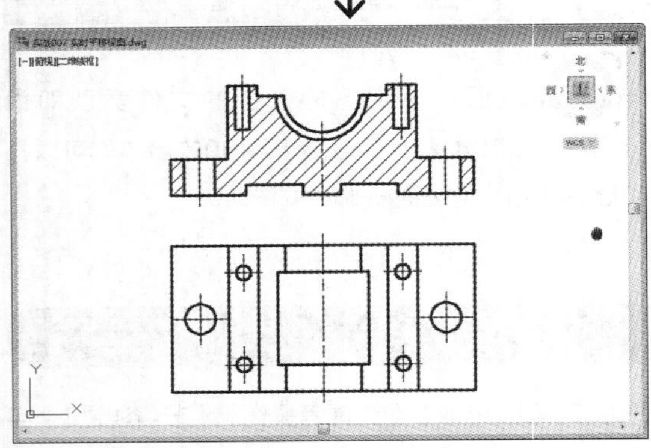

图 1-36 视图实时平移效果

提示

除按住鼠标中键拖动鼠标外，还可以通过以下方法来实现视图平移。

◆ 功能区：单击“视图”选项卡中“导航”面板中的“平移”按钮✋，如图1-37所示。十字光标形状变为✋，按住鼠标左键拖动可以使图形随十字光标向同一方向移动。

◆ 菜单栏：选择“视图”|“平移”|“实时”命令，如图1-38所示。

◆ 命令行：输入“PAN”或“P”。

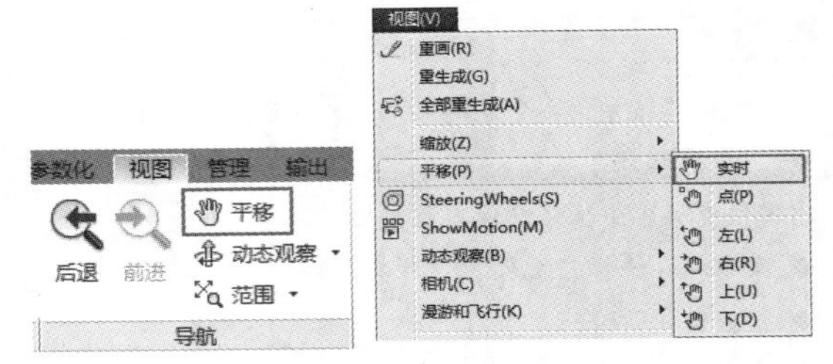

图 1-37 “视图”选项卡中的“平移”按钮　图 1-38 实时平移的菜单命令

实战008 实时缩放视图

难度：☆☆☆

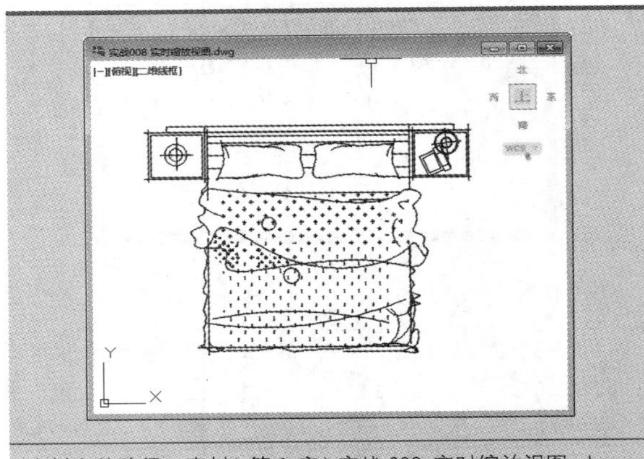

素材文件路径：素材\第 1 章\实战 008 实时缩放视图 .dwg

效果文件路径：素材\第 1 章\实战 008 实时缩放视图 -OK.dwg

在线视频：素材\第 1 章\实战 008 实时缩放视图 .mp4

在AutoCAD 2020中，使用“实时缩放”命令可以帮助用户快速放大或缩小视图，以便用户快速看清图形细节。

01 打开素材文件“第1章\实战008 实时缩放视图.dwg”，如图1-39所示。此时并不能分辨出图形为何物。

02 向后滚动鼠标中键，即可观察到实时缩小的视图，从而看清图形的整体效果，如图1-40所示。反之，向前滚动鼠标中键可以实现视图放大，供用户看清图形的细节。

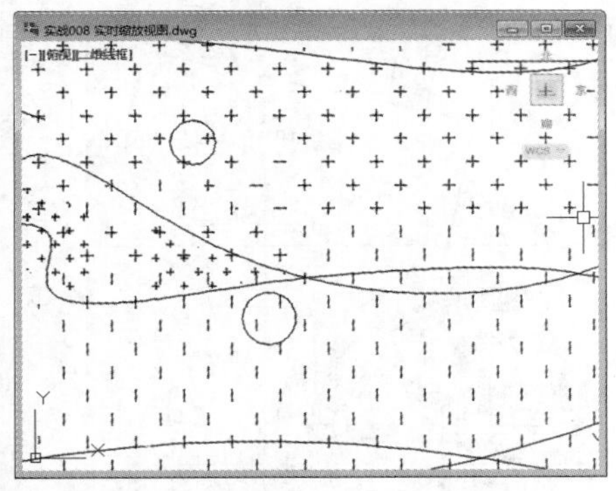

图 1-39 素材文件

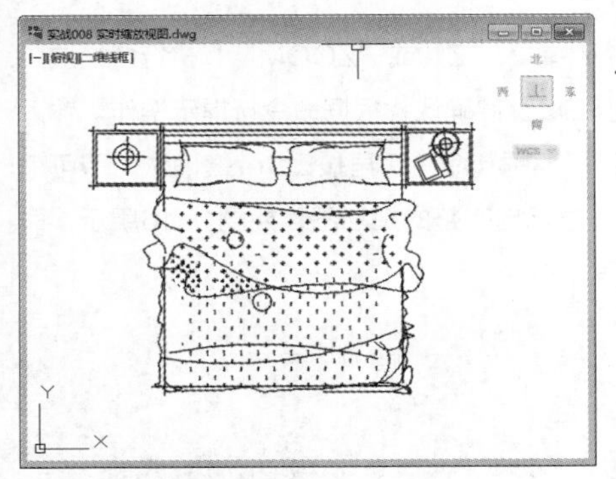

图 1-40 视图缩小后的显示效果

提示

除了滚动鼠标中键外，还可以通过以下方法来实时缩放视图。

◆ 功能区：单击“视图”选项卡，在“导航”面板中的“视图”下拉列表中单击“实时”按钮，如图1-41所示。向上拖动鼠标，待十字光标变为Q+时为放大视图；向下拖动鼠标，待十字光标变为Q-时为缩小视图。

◆ 菜单栏：选择“视图” | “缩放” | “实时”命令，如图1-42所示。

◆ 命令行： 输入“ZOOM”或“Z”，按Enter键后拖动鼠标。

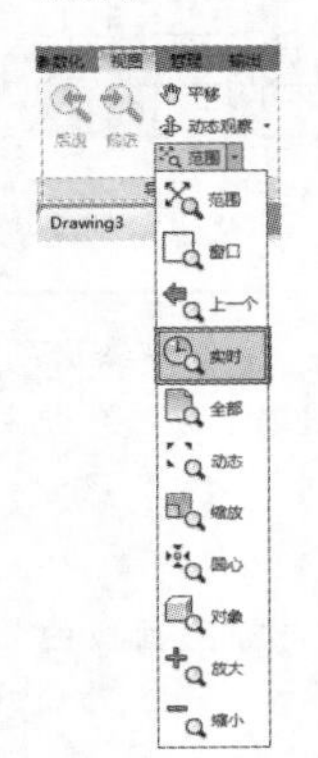

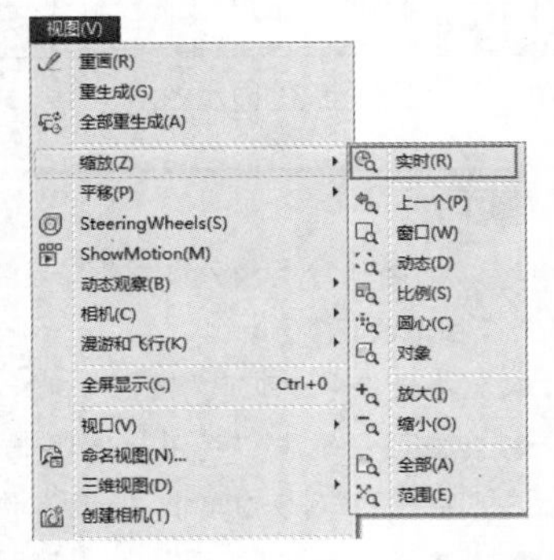

图 1-41 “视图”选项卡中的“实时”按钮　图 1-42 “实时缩放”的菜单命令

实战009 全部缩放视图

难度：☆☆

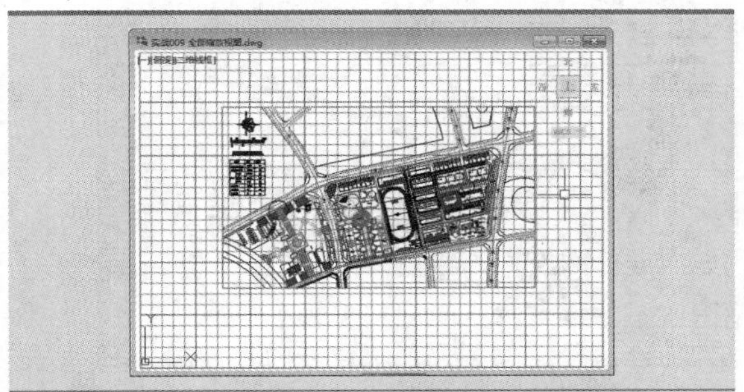

素材文件路径：素材\第 1 章\实战 009 全部缩放视图 .dwg

效果文件路径：素材\第 1 章\实战 009 全部缩放视图 -OK.dwg

在线视频：素材\第 1 章\实战 009 全部缩放视图 .mp4

在AutoCAD 2020中，使用“全部缩放”命令可以快速显示出整个图形界限范围中的所有图形对象。如果没定义图形界限，则显示所有图形。

01 打开素材文件“第1章\实战009 全部缩放视图.dwg”，如图1-43所示。此时只能看到规划图的一部分，且有用栅格显示的图形界限。

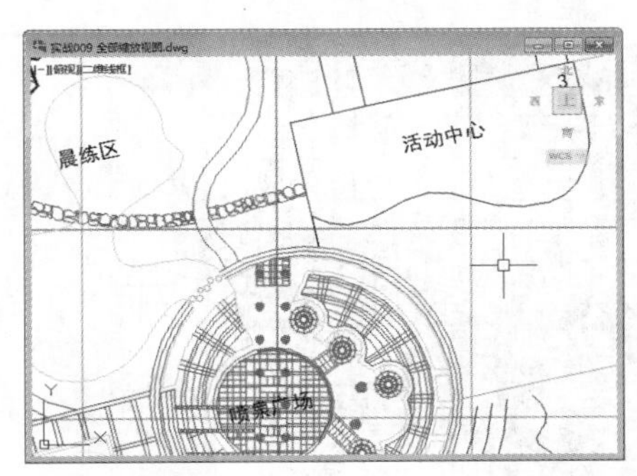

图 1-43 素材文件

02 在命令行中输入“Z”或“ZOOM”，即执行“缩放”命令，然后按Enter键确认，根据命令行提示操作，输入“A”，执行“全部”子命令，再按Enter键确认，即可全部缩放视图，显示出整个栅格区域，即图形界限范围，如图1-44所示，命令行操作如下。

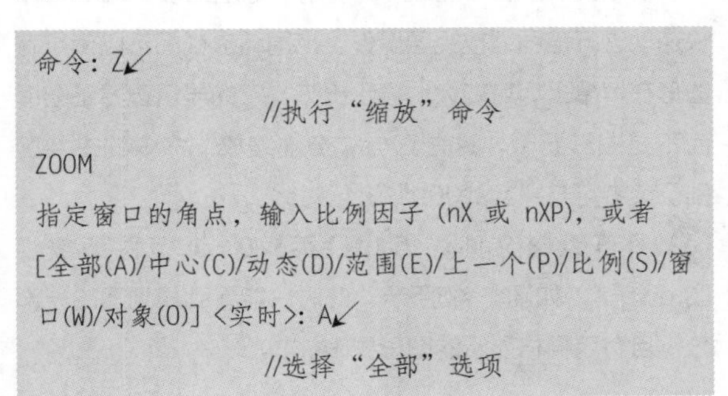

```
命令: Z↙
            //执行“缩放”命令
ZOOM
指定窗口的角点，输入比例因子 (nX 或 nXP)，或者
[全部(A)/中心(C)/动态(D)/范围(E)/上一个(P)/比例(S)/窗口(W)/对象(O)] <实时>: A↙
            //选择“全部”选项
```

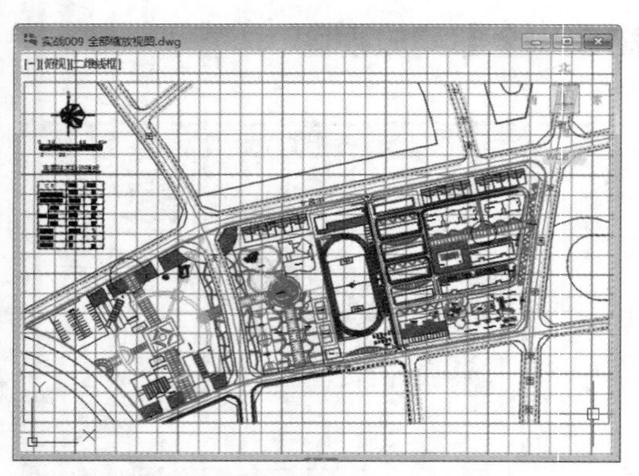

图1-44 全部缩放的显示效果

提示

除了在命令行输入命令外，还可以通过以下方法来全部缩放视图。

- 功能区：单击“视图”选项卡，在“导航”面板的“视图”下拉列表中单击“全部”按钮。
- 菜单栏：选择“视图”|“缩放”|“全部”命令。

实战010 范围缩放视图

难度：☆☆☆

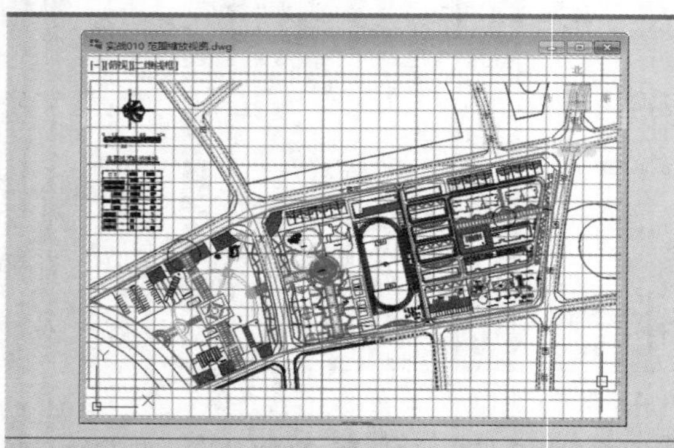

素材文件路径：素材\第3章\实战010 范围缩放视图.dwg

效果文件路径：素材\第3章\实战010 范围缩放视图-OK.dwg

在线视频：第3章\实战010 范围缩放视图.mp4

在AutoCAD 2020中，使用“范围缩放”命令可以快速地进行范围缩放视图操作。范围缩放视图可以使所有图形在屏幕上尽可能大地显示出来，它的显示边界是图形而不是图形界限，这是它与“全部缩放”命令的主要区别。读者可与“实战009”进行对比。

01 打开素材文件“第1章\实战010 范围缩放视图.dwg”，如图1-45所示。此时只能看到规划图的一部分，且有用栅格显示的图形界限。

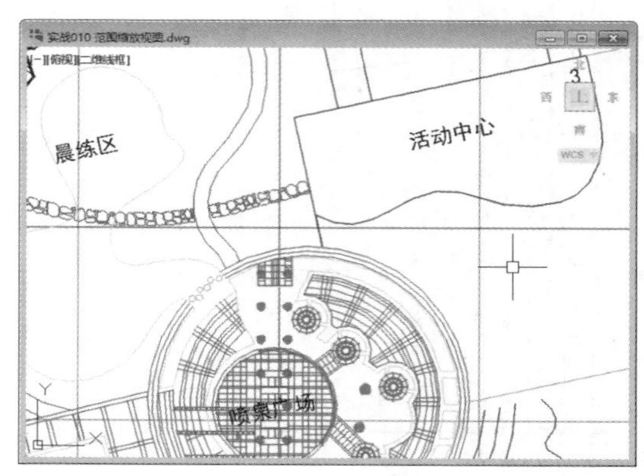

图1-45 素材文件

02 在命令行中输入“Z”或“ZOOM”，执行“缩放”命令，然后按Enter键确认，根据命令行提示操作。输入“E”，执行“范围”命令，再按Enter键确认，即可范围缩放视图，显示出完整的规划图，如图1-46所示，命令行操作如下。

```
命令: Z↙          //执行“缩放”命令
ZOOM
指定窗口的角点，输入比例因子 (nX或nXP)，或者
[全部(A)/中心(C)/动态(D)/范围(E)/上一个(P)/比例(S)/窗口(W)/对象(O)] <实时>: E↙
                  //选择“范围”选项
```

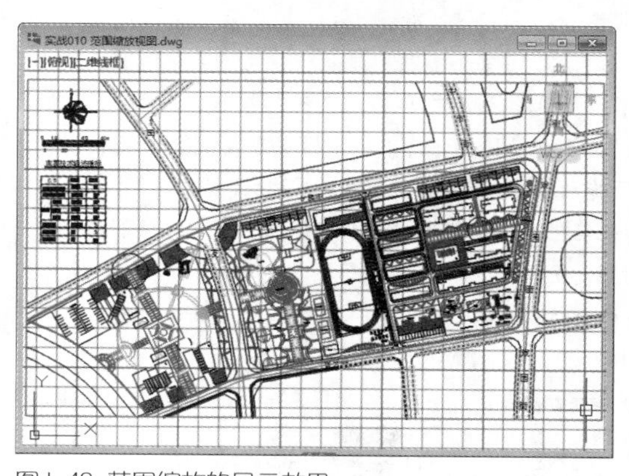

图1-46 范围缩放的显示效果

提示

除了在命令行输入命令外，还可以通过以下方法来进行范围缩放视图。

- 双击鼠标中键即可范围缩放视图。
- 功能区：单击“视图”选项卡，在“导航”面板的“视图”下拉列表中单击“范围”按钮。
- 菜单栏：选择“视图”|“缩放”|“范围”命令。

实战011 比例缩放视图

难度：☆☆☆

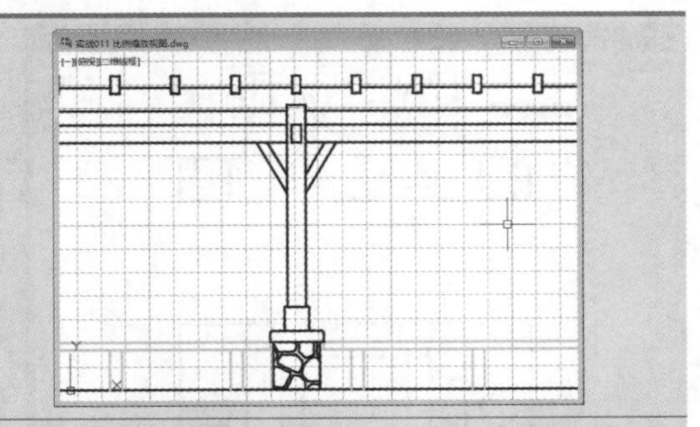

素材文件路径：素材\第 1 章\实战 011 比例缩放视图 .dwg

效果文件路径：素材\第 1 章\实战 011 比例缩放视图 -OK.dwg

在线视频：素材\第 1 章\实战 011 比例缩放视图 .mp4

在AutoCAD 2020中，使用“比例缩放”命令可以根据用户输入的比例参数来放大或缩小视图。

01 打开素材文件“第1章\实战011 比例缩放视图.dwg”，如图1-47所示。

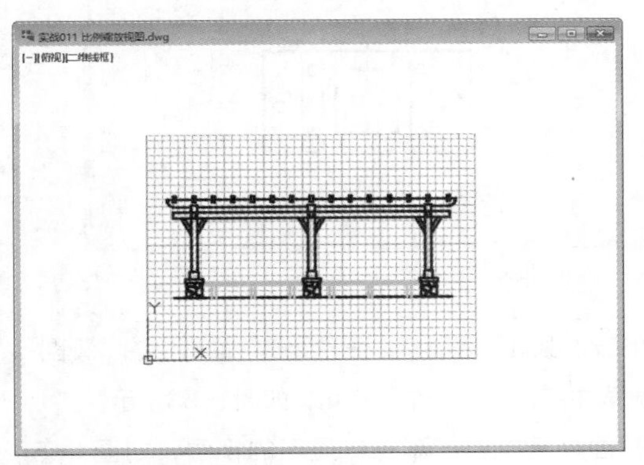

图 1-47 素材文件

02 在命令行中输入“Z”或“ZOOM”，执行“缩放”命令，然后按Enter键确认，根据命令行提示操作，输入“S”，执行“比例”命令。

03 提示输入比例因子，输入“2”，按Enter键确认，即可按比例参数缩放对象，效果如图1-48所示，命令行操作如下。

```
命令：Z↙            //执行“缩放”命令
指定窗口的角点，输入比例因子（nX或nXP），或者
[全部(A)/中心(C)/动态(D)/范围(E)/上一个(P)/比例(S)/窗口(W)/对象(O)] <实时>：S↙
                    //选择“比列”选项
输入比例因子（nX或nXP）：2↙
                    //输入数值确认比例因子
```

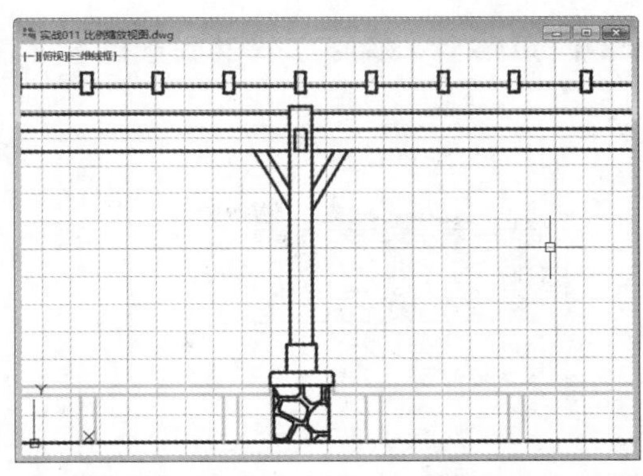

图 1-48 比例缩放的显示效果

提示

“比例缩放”命令是按输入的比例值进行缩放，共有3种输入方式，除了本例介绍的一种，还有以下的两种。

◆ 在数值后加X，表示相对于当前视图进行缩放。如输入“2X”，即使屏幕上的每个图形对象显示为原大小的两倍，效果如图1-49所示。

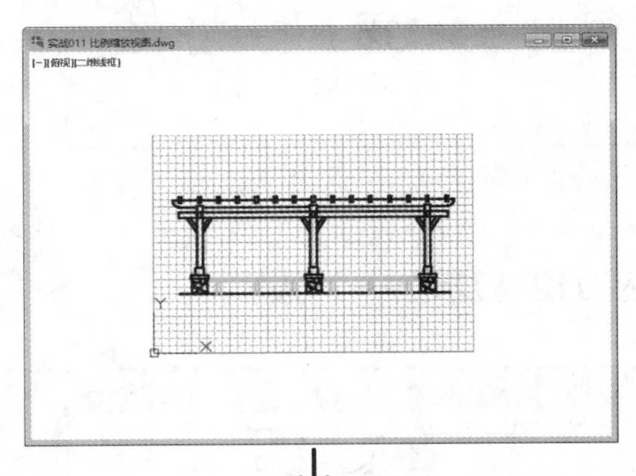

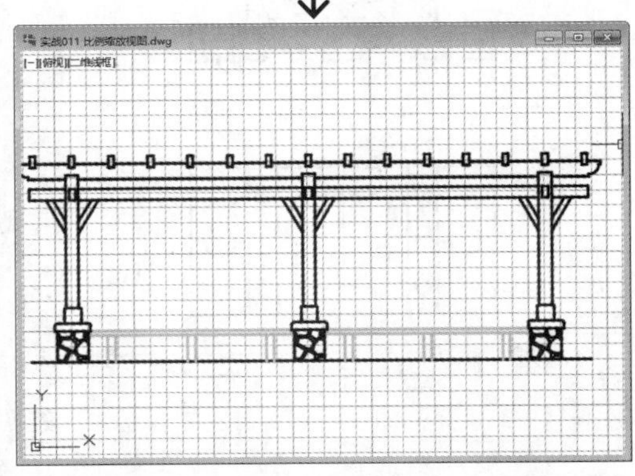

图 1-49 比例缩放输入“2X”效果

◆ 在数值后加XP，表示相对于图纸空间单位进行缩放，如输入“2XP”，则以图纸空间单位的两倍显示模型空间，效果如图1-50所示，适合在创建视图时输入不同的比例参数来显示图形对象的布局。

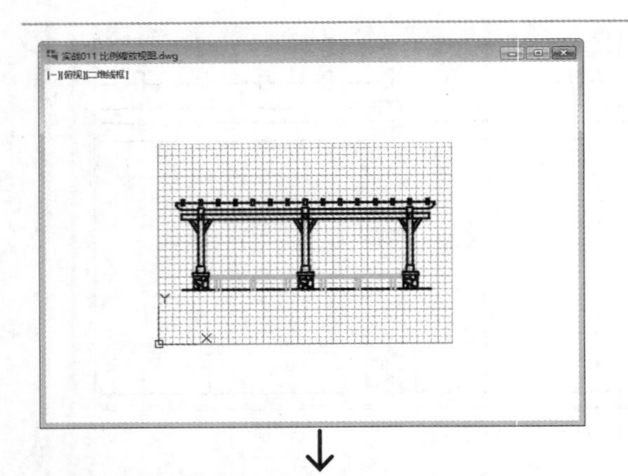

↓

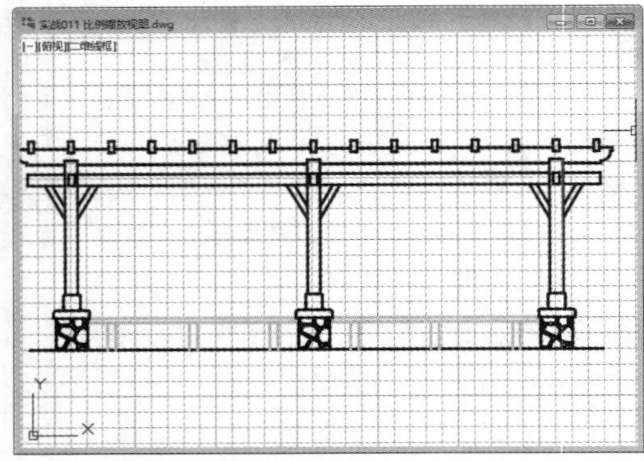

图1-50 比例缩放输入“2XP”效果

实战012 显示上一个视图

难度：☆☆

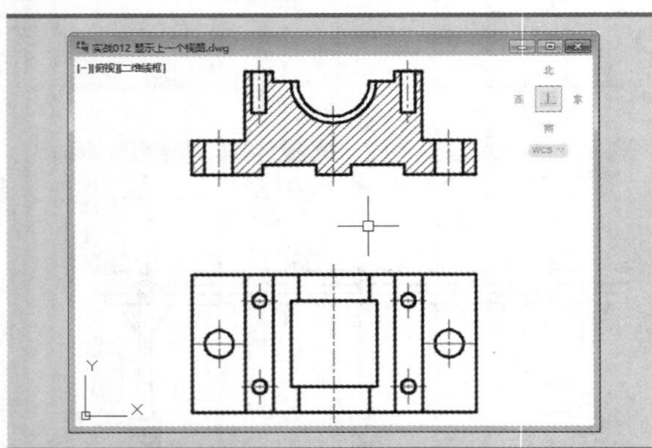

素材文件路径：素材\第 1 章\实战 012 显示上一个视图 .dwg

效果文件路径：素材\第 1 章\实战 012 显示上一个视图 .dwg

在线视频：素材\第 1 章\实战 012 显示上一个视图 .mp4

在AutoCAD 2020中，缩放或移动视图后，如果想重新显示之前的视图界面，可以执行“上一个”命令来快速恢复。

01 打开素材文件“第1章\实战012 显示上一个视图.dwg”，如图1-51所示。

02 向后滚动鼠标中键，缩小视图，如图1-52所示。

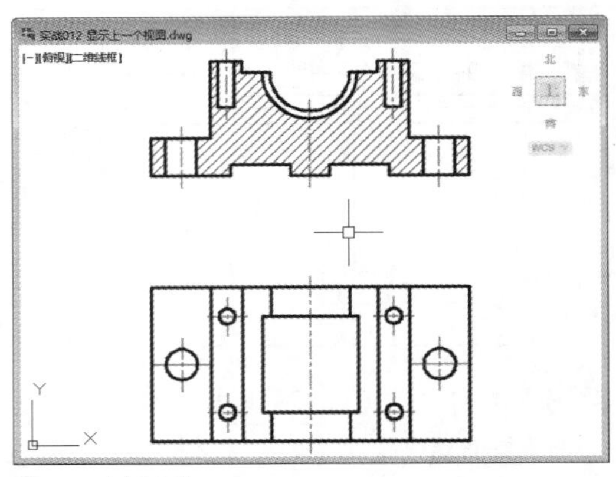

图1-51 素材文件

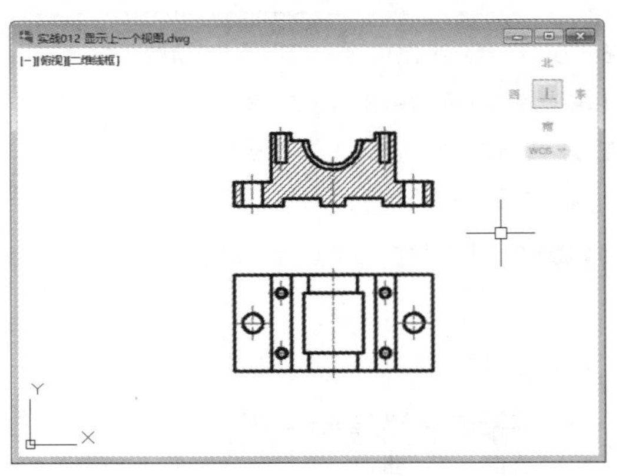

图1-52 缩小视图

03 单击“视图”选项卡，在“导航”面板中的“视图”下拉列表中单击“上一个”按钮，如图1-53所示。

04 视图恢复至上一步操作显示的视图，如图1-54所示。

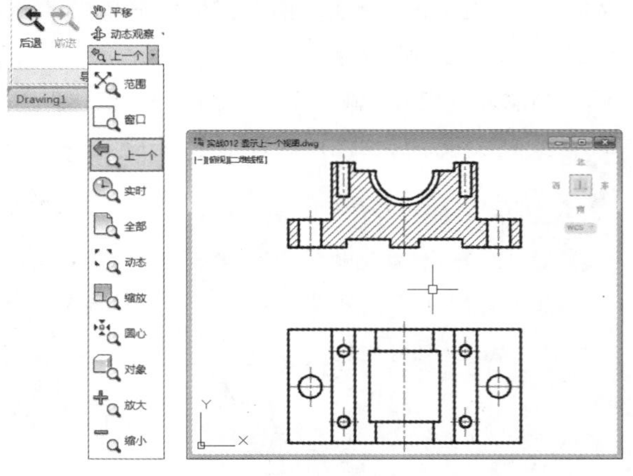

图1-53 “视图”下拉列表 图1-54 恢复至上一步视图

实战013 重画视图

难度：☆

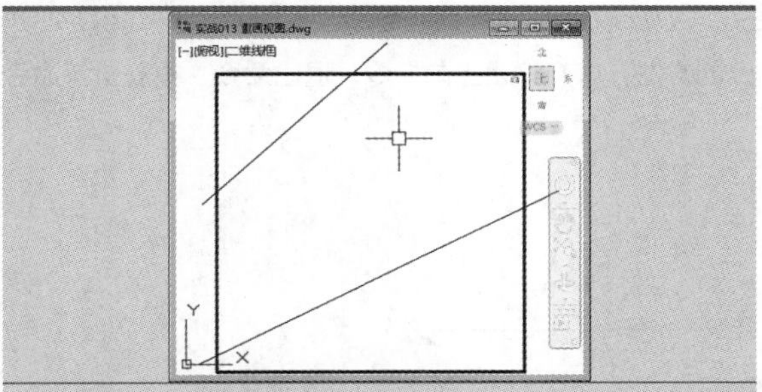

素材文件路径：素材 \ 第 1 章 \ 实战 013 重画视图 .dwg
效果文件路径：素材 \ 第 1 章 \ 实战 013 重画视图 -OK.dwg
在线视频：素材 \ 第 1 章 \ 实战 013 重画视图 .mp4

在AutoCAD 2020中，使用“重画”命令不仅可以清除临时标记，还可以更新用户的当前视图。

01 打开素材文件“第1章\实战013 重画视图.dwg”，如图1-55所示。视图中有残存的两道临时标记。

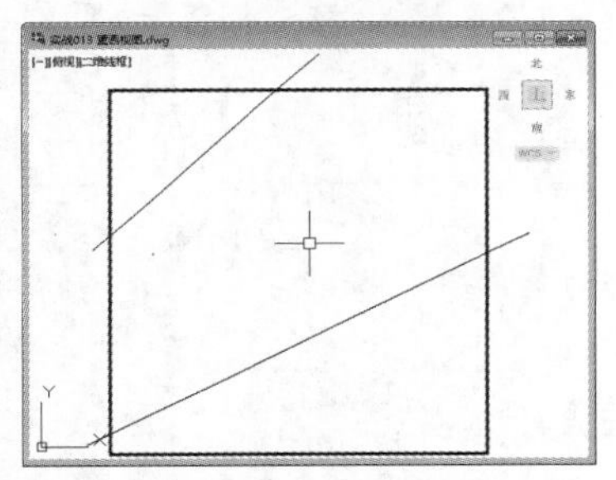

图 1-55 素材文件

02 在菜单栏中选择“视图”｜“重画”命令，如图1-56所示。

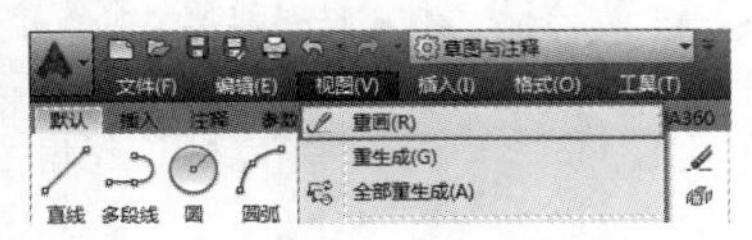

图 1-56 “重画”的菜单命令

03 执行上述命令后，即可重画视图，残存的临时标记被清除，效果如图1-57所示。

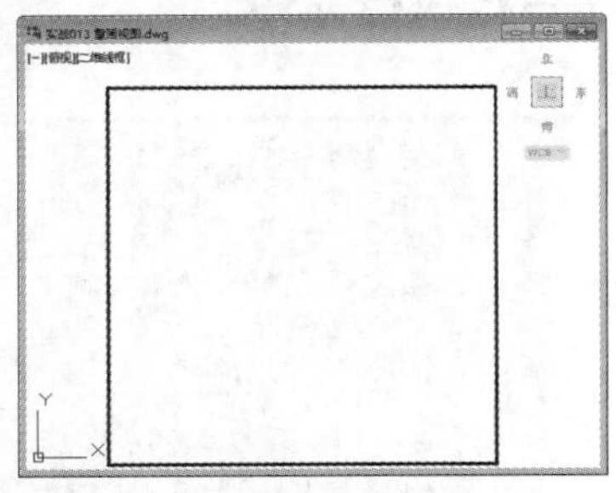

图 1-57 重画后的视图

实战014 重生成视图

难度：☆

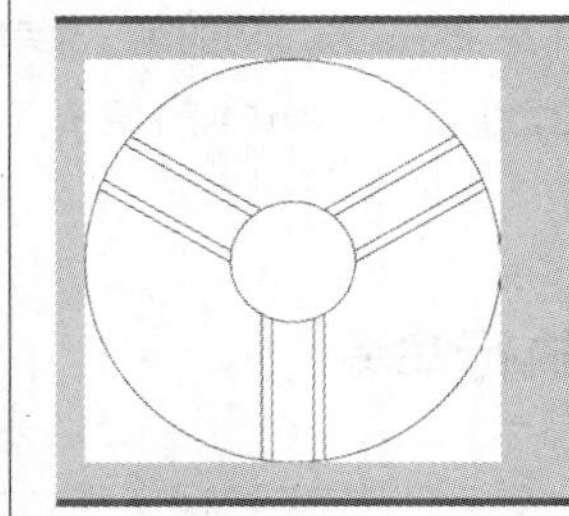

素材文件路径：素材 \ 第 1 章 \ 实战 014 重生成视图 .dwg
效果文件路径：素材 \ 第 1 章 \ 实战 014 重生成视图 .dwg
在线视频：素材 \ 第 1 章 \ 实战 014 重生成视图 .mp4

AutoCAD使用太久，或者图纸中内容太多时，就会影响到图形的显示效果，让图形变得粗糙，这时就可以使用“重生成”命令来恢复。

01 打开素材文件“第1章\实战014 重生成视图.dwg”，如图1-58所示。可见图形显示得极为粗糙。

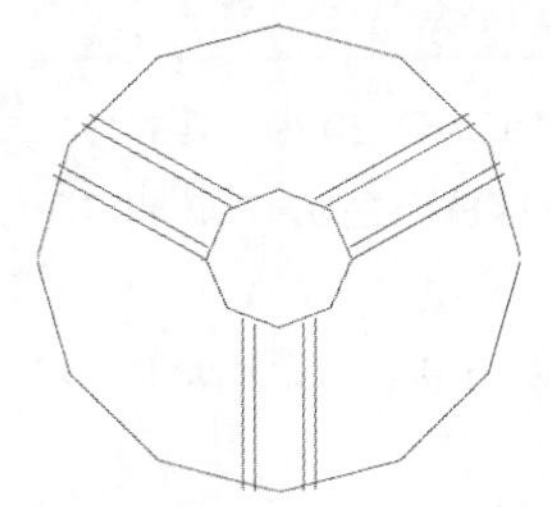

图 1-58 素材文件

02 在命令行中输入“RE”，按Enter键确认，即可重生成当前视图范围中的图形，效果如图1-59所示，命令行操作如下。

```
命令: RE↙          //执行“重生成”命令
REGEN 正在重生成模型。
                   //视图重生成
```

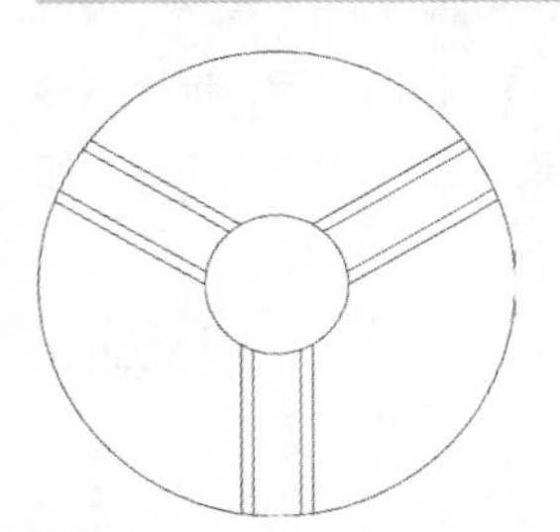

图 1-59 重生成之后的图形

提示

还可以通过在菜单栏中选择“视图”｜“重生成”命令来恢复图形。“重生成”命令仅适合对当前视图范围内的图形执行重生成，如果要对整个图形执行重生成，可选择“视图”｜“全部重生成”命令。

1.3 命令的执行与撤销

在前面章节的学习中，有许多命令是通过功能区、菜单栏或命令行输入的方式来完成的。这些都属于AutoCAD执行命令的方式。本节将在此基础之上，进一步详细介绍执行命令的方法，以及终止当前命令、退出命令、重复执行命令等方法。

实战015 通过功能区执行命令

难度：☆

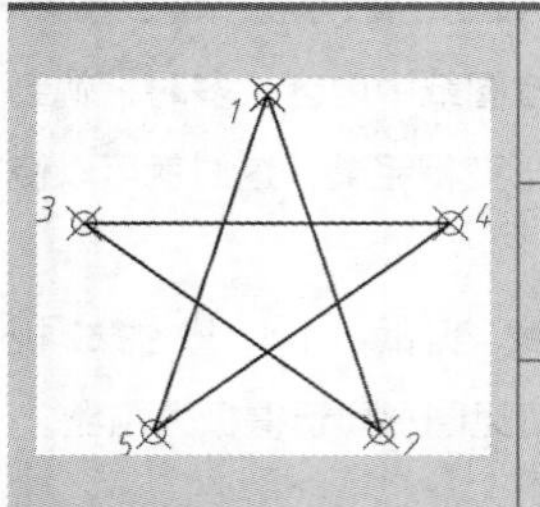

素材文件路径：素材\第 1 章\实战 015 执行命令绘图 .dwg

效果文件路径：素材\第 1 章\实战 015 执行命令绘图 -OK.dwg

在线视频：第 1 章\实战 015 通过功能区执行命令 .mp4

通过功能区执行命令是AutoCAD 2020主要的命令执行方法。相比其他方法，功能区执行更为直观，非常适合不能熟记绘图命令的初学者。

01 打开素材文件“第1章\实战015 执行命令.dwg”，如图1-60所示。

02 在功能区的“默认”选项卡中，单击“绘图”面板中的“直线”按钮，如图1-61所示。

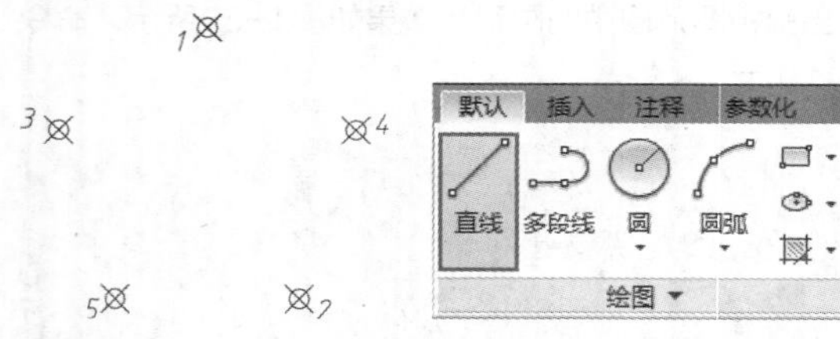

图 1-60 素材文件　　图 1-61 功能区中的“直线”按钮

03 执行“直线”命令，依照命令行的提示，选择图形中的点“1”为第一个点，选择点“2”为下一个点，如图1-62所示。

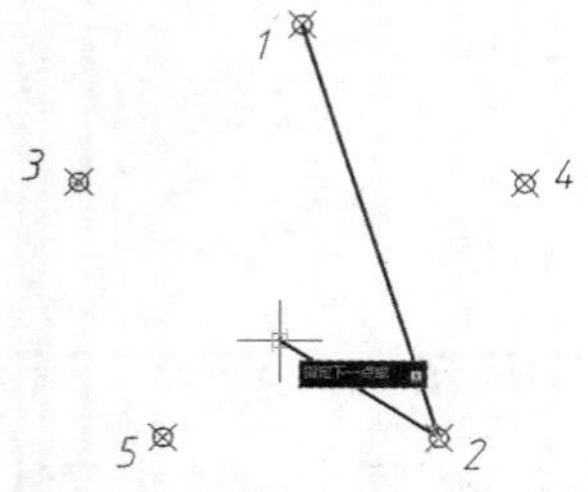

图 1-62 绘制单条直线

04 按此方法，依顺序单击5个点，最终效果如图1-63所示，命令行操作如下。

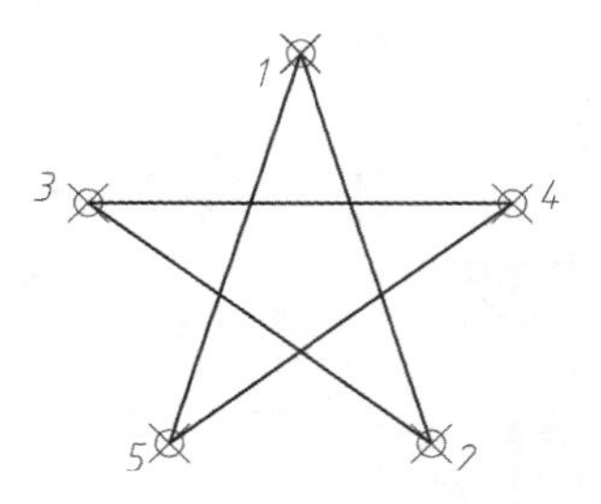

图 1-63 绘制的最终图形

```
命令：_line
        //执行“直线”命令
指定第一个点：
        //移动至点1，单击
指定下一点或 [放弃(U)]:
        //移动至点2，单击
指定下一点或 [放弃(U)]:
        //移动至点3，单击
指定下一点或 [闭合(C)/放弃(U)]:
        //移动至点4，单击
指定下一点或 [闭合(C)/放弃(U)]:
        //移动至点5，单击
指定下一点或 [闭合(C)/放弃(U)]:↙
        //移动至点1，单击，按Enter键结束命令
```

提示

本书中命令行操作文本中的“↙”符号代表按Enter键；“//”符号后的文字为提示文字。

实战016 通过命令行执行命令

难度：☆

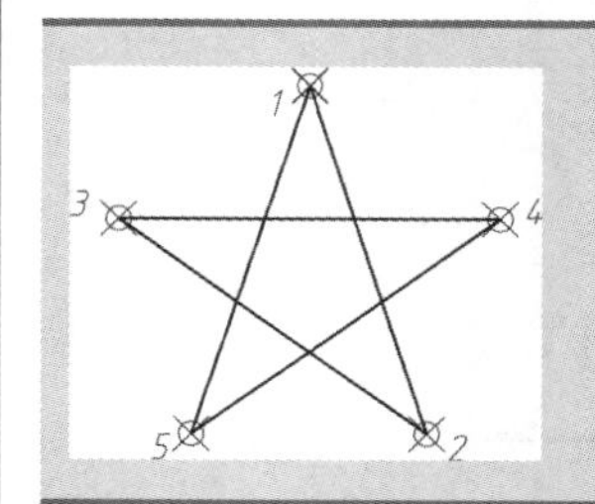

素材文件路径：素材\第 1 章\实战 015 执行命令绘图 .dwg

效果文件路径：素材\第 1 章\实战 015 执行命令绘图 -OK.dwg

在线视频：第 1 章\实战 016 通过命令行执行命令 .mp4

使用命令行输入命令是AutoCAD的一大特色功能，同时也是最快捷的绘图方式，这就要求用户熟记各种绘图命令。

01 同样使用“实战015”的素材文件来进行操作。打开素材文件“第1章\实战015 执行命令绘图.dwg”。

02 “直线”命令LINE的简写是L，因此可在命令行中直接输入“L”，然后按Enter键确认，如图1-64所示。

图 1-64 在命令行中输入命令

03 按上述方法操作后，即执行“直线”命令，命令行如图1-65所示。

图 1-65 命令行响应命令

04 接下来按“实战015”中执行“直线”命令的方法，进行绘制即可。

提示

通过命令行执行命令，需要注意以下几点。

◆ AutoCAD对命令或参数输入不区分大小写，因此在命令行输入命令时不必考虑输入字母的大小写。

◆ 要选择显示在命令行括号[ ]中的选项，可以输入括号内的字母，再按Enter键。

◆ 要响应命令行中的提示，可以输入值或单击图形中的某个位置。

◆ 要指定提示选项，可以在提示列表（命令行）中输入所需提示选项对应的高亮显示字母，然后按Enter键。也可以单击选择所需要的选项，如在命令行中单击选择“倒角”选项，等同于在此命令行提示下输入“C”并按Enter键。

实战017 通过菜单栏执行命令

难度：☆

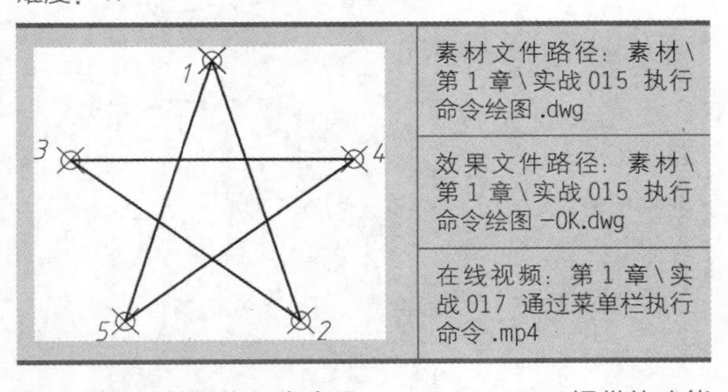

通过菜单栏执行命令是AutoCAD 2020提供的功能最全、最强大的命令执行方法。AutoCAD绝大多数常用命令都分门别类地放置在菜单栏中。

01 同样使用“实战015”的素材文件来进行操作。打开素材文件“第1章\实战015 执行命令绘图.dwg”。

02 在菜单栏中选择“绘图”|“直线”命令，如图1-66所示。

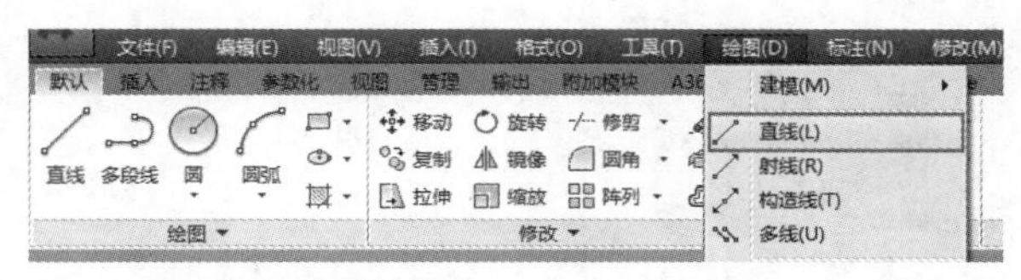

图 1-66 “直线”的菜单命令

03 执行“直线”命令，再按“实战015”中的步骤进行绘制即可。

实战018 通过快捷菜单执行命令

难度：☆

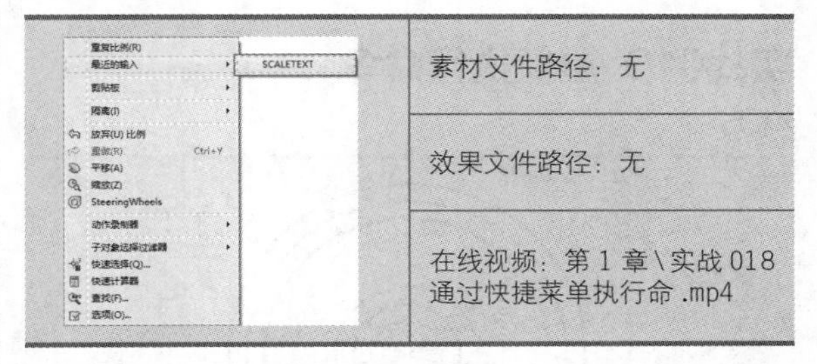

部分命令在功能区中没有按钮，在菜单栏中也隐藏较深，通过命令行输入的话字符又太多，这时就可以使用快捷菜单来执行命令。

01 新建一个空白文档。

02 在菜单栏中选择“修改”|“对象”|“文字”|“比例”命令，如图1-67所示。

03 该命令在功能区中没有按钮，命令行指令为“SCALETEXT”，没有简写。因此无论使用何种方法，要再次执行该命令，都需费一番周折。这时可以在绘图区的空白处单击鼠标右键，在弹出的快捷菜单中选择“最近的输入”命令，便会自动弹出最近使用过的命令，如图1-68所示。

04 选择所需的命令，即可再次执行。该方法非常适用于执行一些不常见的命令。

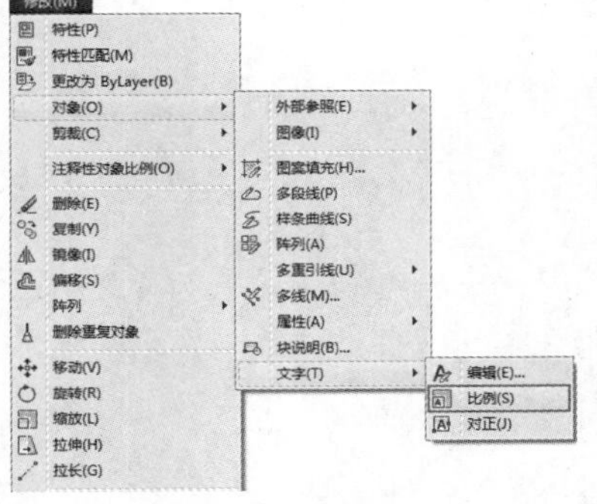

图 1-67 “文字比例”的菜单命令

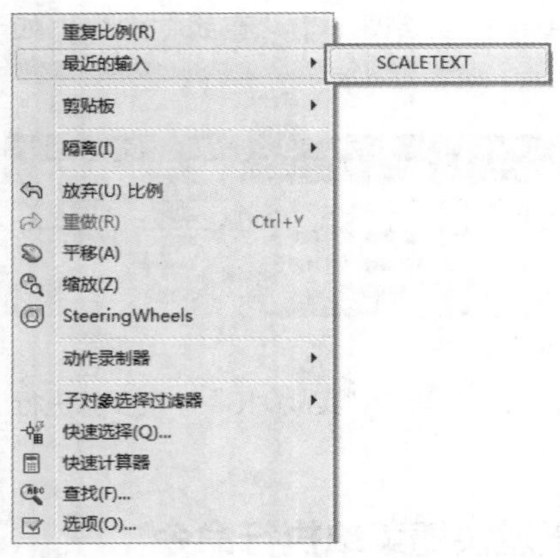

图 1-68 通过快捷菜单执行命令

实战019 重复执行命令

难度：☆☆

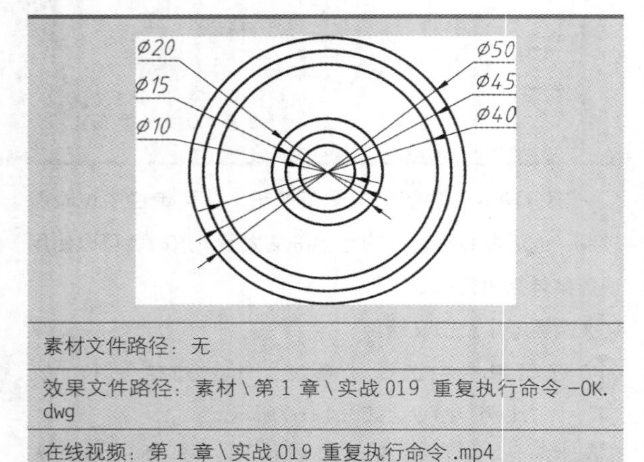

素材文件路径：无
效果文件路径：素材\第 1 章\实战 019 重复执行命令 -OK.dwg
在线视频：第 1 章\实战 019 重复执行命令 .mp4

在绘图过程中，有时需要重复执行同一个命令，如果每次都重复输入，会使绘图效率大大降低。本例便介绍重复执行命令的方法，并以此来绘制大量的同心圆。

01 新建一个空白文档。

02 在命令行中输入“C”，执行“圆”命令，单击绘图区任意位置为圆心位置，然后提示输入半径值，输入“25”，再按Enter键，即可绘制直径为50的圆，如图1-69所示，命令行操作如下。

```
命令: C↙
                //执行“圆”命令
CIRCLE
指定圆的圆心或 [三点(3P)/两点(2P)/切点、切点、半径(T)]:
指定圆的半径或 [直径(D)] <0.0000>: 25↙
                //输入半径值，按Enter键结束命令
```

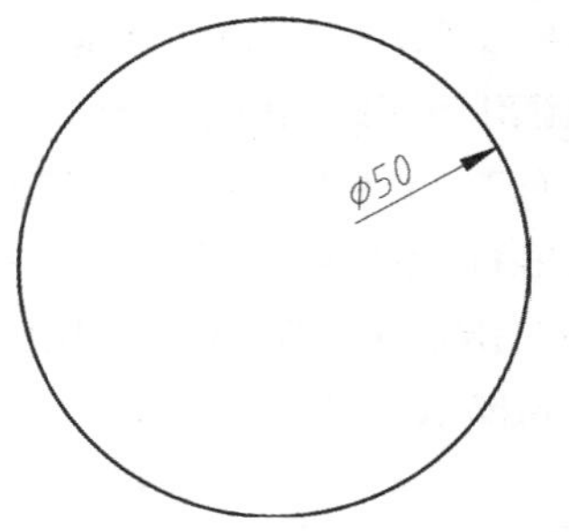

图 1-69 素材文件

03 在命令行中输入“MULTIPLE”，按Enter键，执行“重复”命令，如图1-70所示。

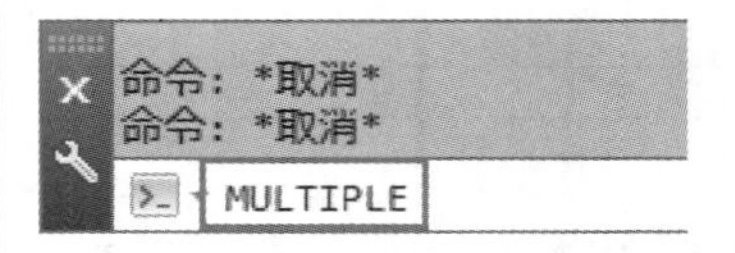

图 1-70 在命令行中输入“MULTIPLE”

04 命令行提示输入要重复的命令名，输入“C”，即执行“圆”命令，然后按Enter键确认，如图1-71所示。

图 1-71 输入要重复执行的命令名

05 系统执行“圆”命令，但按之前指定圆心、再输入半径值的方法执行后，并未退出“圆”命令，反而重复执行。

06 选择最初直径为50的圆的圆心为圆心，依次绘制直径为45、40、20、15、10的圆，按Esc键退出，如图1-72所示，命令行操作如下。

```
MULTIPLE↙
                //执行“重复”命令
输入要重复的命令名: C↙
                //输入“C”，指定要重复执行的命令
CIRCLE
指定圆的圆心或 [三点(3P)/两点(2P)/切点、切点、半径(T)]:
                //单击选择直径为50的圆的圆心
指定圆的半径或 [直径(D)] <25.0000>: 22.5↙
                //输入半径值“22.5”
CIRCLE
指定圆的圆心或 [三点(3P)/两点(2P)/切点、切点、半径(T)]:        //单击选择直径为50的圆的圆心
```

```
指定圆的半径或 [直径(D)] <22.5000>: 20↙
                //输入半径值“20”
CIRCLE
指定圆的圆心或 [三点(3P)/两点(2P)/切点、切点、半径(T)]:
                //单击选择直径为50的圆的圆心
指定圆的半径或 [直径(D)] <20.0000>: 10↙
                //输入半径值“10”
CIRCLE
指定圆的圆心或 [三点(3P)/两点(2P)/切点、切点、半径(T)]:
                //单击选择直径为50的圆的圆心
指定圆的半径或 [直径(D)] <10.0000>: 7.5↙
                //输入半径值“10”
CIRCLE
指定圆的圆心或 [三点(3P)/两点(2P)/切点、切点、半径(T)]:
                //单击选择直径为50的圆的圆心
指定圆的半径或 [直径(D)] <7.5000>: 5↙
                //输入半径值“5”
CIRCLE
指定圆的圆心或 [三点(3P)/两点(2P)/切点、切点、半径(T)]: *取消*
                //按Esc键退出“重复”命令
```

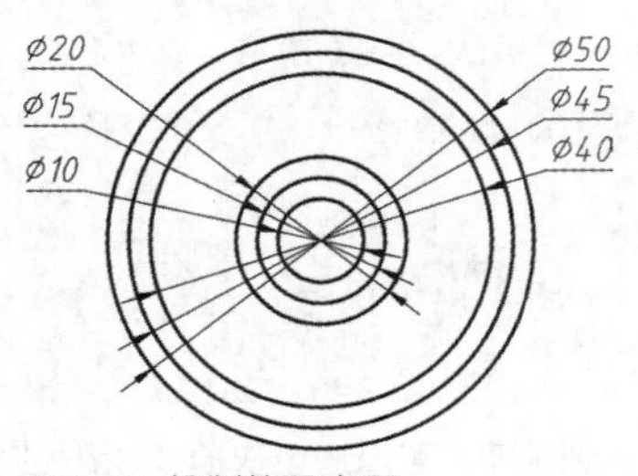

图 1-72 绘制的同心圆

实战020 自定义重复执行命令的方式 进阶

难度：☆☆☆

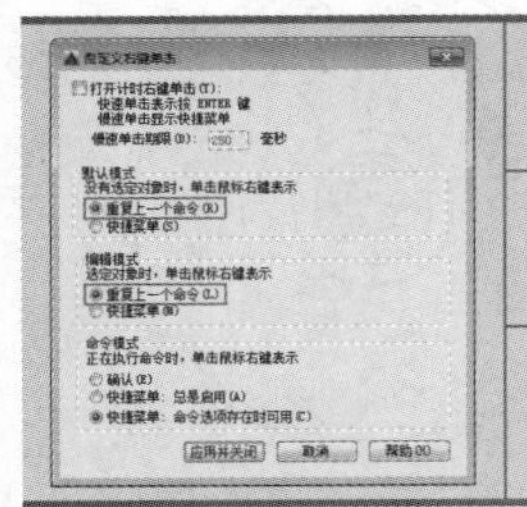

素材文件路径：无
效果文件路径：无
在线视频：第 1 章 \ 实战 020 自定义重复执行命令的方式 .mp4

输入“MULTIPLE”虽然可以重复执行命令，但使用不是很方便。如果用户对绘图效率要求很高，可以将单击鼠标右键自定义为重复执行命令的操作方式。

01 新建一个空白文档。

02 在绘图区的空白处单击鼠标右键，在弹出的快捷菜单中选择“选项”命令，弹出“选项”对话框。

03 单击“用户系统配置”选项卡，单击“自定义右键单击”按钮，弹出“自定义右键单击”对话框，选中两个“重复上一个命令”单选按钮，即可将单击鼠标右键设置为重复执行命令的操作方式，如图1-73所示。

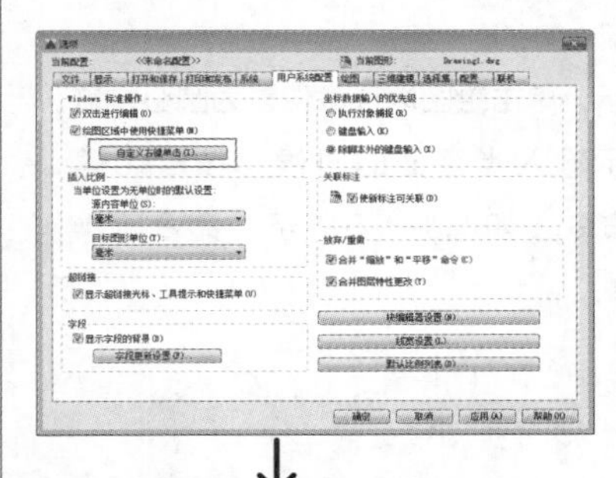

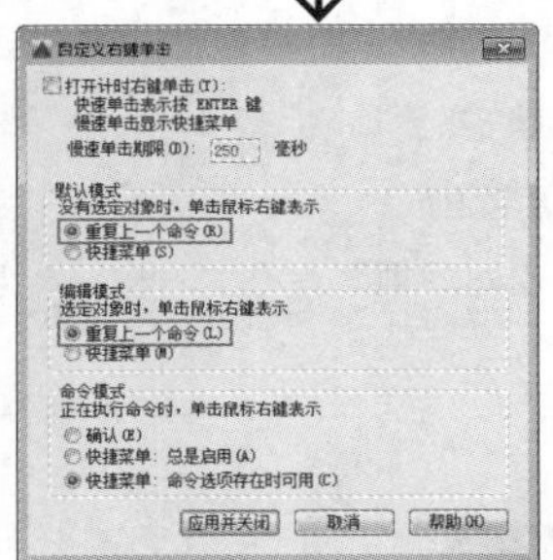

图 1-73 自定义重复执行命令的操作方式

默认情况下，在上一个命令完成后，直接按Enter键或空格键，即可重复执行该命令。

实战021 停止命令

难度：☆

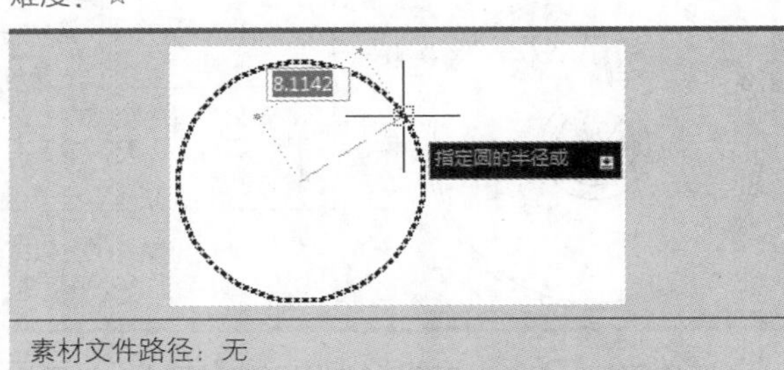

素材文件路径：无
效果文件路径：无
在线视频：第 1 章 \ 实战 021 停止命令 .mp4

在使用AutoCAD 2020绘制图形的过程中，如果用户想结束当前操作，可以随时按Esc键来终止正在执行的命令。

01 新建一个空白文档。

02 在“默认”选项卡中，单击“绘图”面板中的“圆”按钮，如图1-74所示。

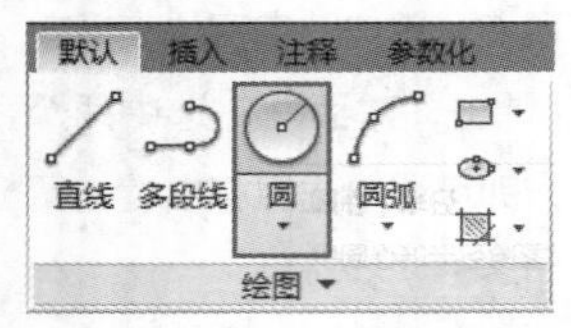

图1-74 “绘图”面板中的“圆”按钮

03 根据命令行提示，单击绘图区任意位置为圆心位置。

04 在命令行提示输入半径值的时候，按Esc键，即可退出“圆”命令，如图1-75所示，命令行操作如下。

```
命令：_circle
                    //执行“圆”命令
指定圆的圆心或 [三点(3P)/两点(2P)/切点、切点、半径(T)]:    //任意指定一点为圆心
指定圆的半径或 [直径(D)]: *取消*
                    //按Esc键退出“圆”命令
```

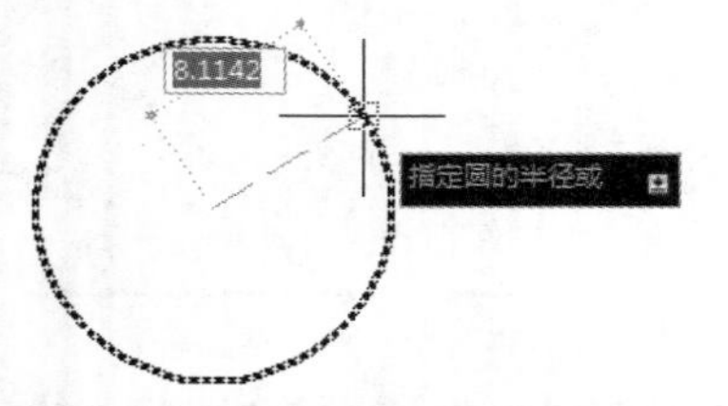

图1-75 指定半径时按Esc键退出命令

实战022 放弃命令

难度：☆

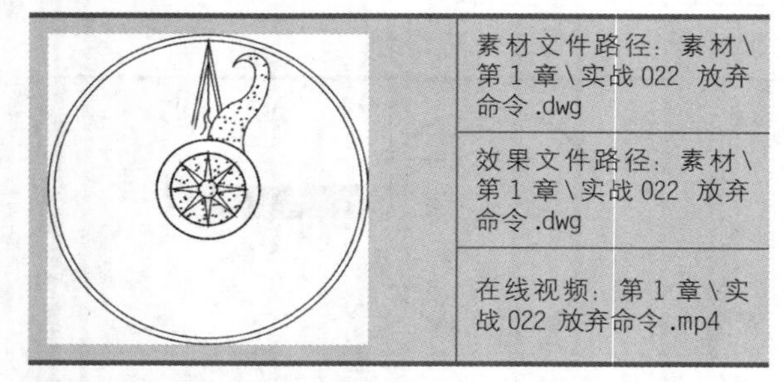

素材文件路径：素材\第1章\实战022 放弃命令.dwg
效果文件路径：素材\第1章\实战022 放弃命令.dwg
在线视频：第1章\实战022 放弃命令.mp4

在使用AutoCAD 2020绘制图形的过程中，如果执行了错误的操作，用户通过“放弃”命令便可以撤销该操作，将图形恢复至命令操作之前的状态。

01 打开素材文件“第1章\实战022 放弃命令.dwg”，如图1-76所示。

02 在“默认”选项卡中，单击“修改”面板中的“环形阵列”按钮，如图1-77所示。

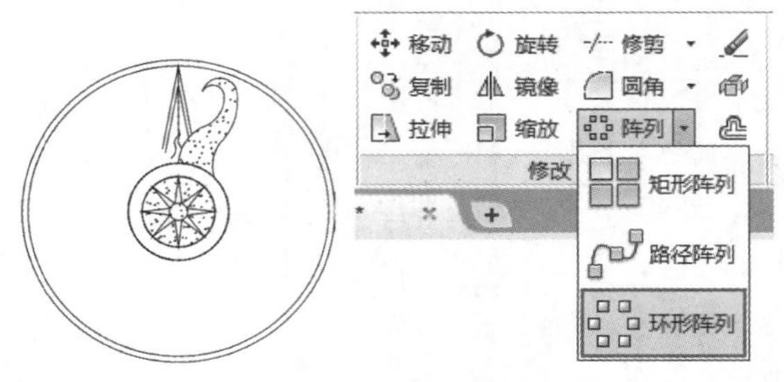

图1-76 素材文件

图1-77 “修改”面板中的“环形阵列”按钮

03 根据命令行的提示，选择上方的不规则图形作为要阵列的对象，然后选择圆心为环形阵列的中心点，指定完毕后直接按Enter键结束操作，不修改任何参数，结果如图1-78所示，命令行操作如下。

```
命令：_arraypolar
选择对象：找到 1 个
                    //选择上方的不规则图形
选择对象：↙        //按Enter键，结束对象选择
类型 = 极轴  关联 = 是
                    //系统自动显示阵列的有关信息
指定阵列的中心点或 [基点(B)/旋转轴(A)]:
                    //选择圆心为阵列的中心点
选择夹点以编辑阵列或 [关联(AS)/基点(B)/项目(I)/项目间角度(A)/填充角度(F)/行(ROW)/层(L)/旋转项目(ROT)/退出(X)] <退出>:↙
                    //按Enter键，退出命令，所有参数均为默认
```

04 如果图形效果并未达到预期，可以通过快捷键Ctrl+Z来执行“放弃”操作，执行之后阵列效果消失，图形恢复至初始情况，如图1-79所示。

图1-78 阵列后的图形

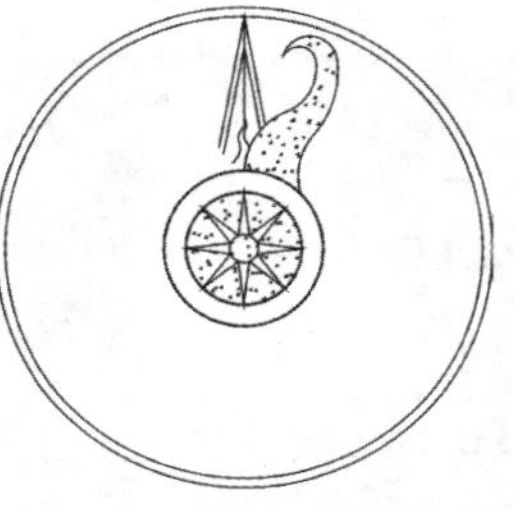

图1-79 “放弃”操作后的图形

提示

除了按快捷键Ctrl+Z，还可以单击快速访问工具栏中的“放弃”按钮来执行放弃操作。并且在“放弃”按钮右侧的下拉列表中，可以选择要放弃的命令，如图1-80所示。

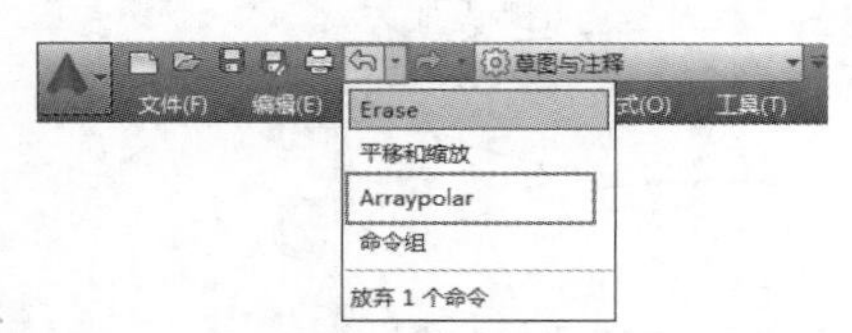

图 1-80 快速访问工具栏中的“放弃”按钮

实战023 重做命令

难度：☆

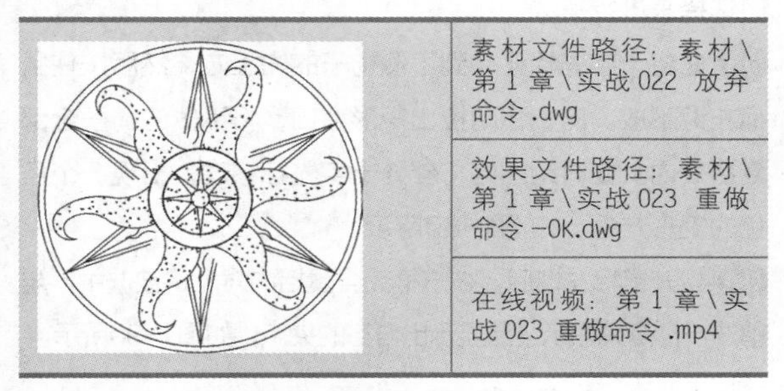

素材文件路径：素材\第 1 章\实战 022 放弃命令 .dwg
效果文件路径：素材\第 1 章\实战 023 重做命令 -OK.dwg
在线视频：第 1 章\实战 023 重做命令 .mp4

通过“重做”命令，可以恢复前一次或前几次已经被“放弃”的操作。“重做”与“放弃”是一组相对的命令。

01 同样使用素材文件“第1章\实战022 放弃命令.dwg”来进行操作。打开素材文件如图1-76所示。

02 按“实战022”所述的方法进行操作，对上方的不规则图形进行阵列。

03 然后按快捷键Ctrl+Z进行放弃，阵列效果消失，效果如图1-81所示。

04 如果想再恢复被放弃的阵列效果，则可以按快捷键Ctrl+Y来执行“重做”命令，结果如图1-82所示。

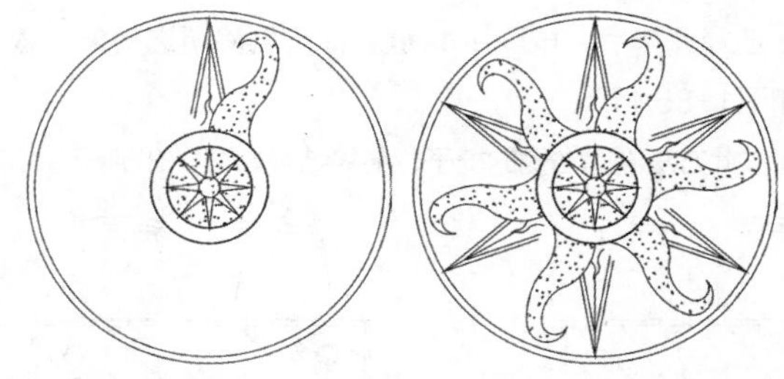

图 1-81 “放弃”操作后的图形 图 1-82 “重做”操作后的图形

提示

除了按快捷键Ctrl+Y，还可以单击快速访问工具栏中的“重做”按钮来执行重做操作。并且在“重做”按钮右侧的下拉列表中，可以选择要重做的命令，如图1-83所示。

图 1-83 快速访问工具栏中的“重做”按钮

1.4 图形的选择

对图形进行任何编辑和修改操作的时候，必须先选择图形对象。针对不同的情况，采用最佳的选择方法，能大幅提高图形的编辑效率。AutoCAD 2020提供了多种选择对象的基本方法，如点选、框选、栏选、围选等。

实战024 单击选择对象

难度：☆

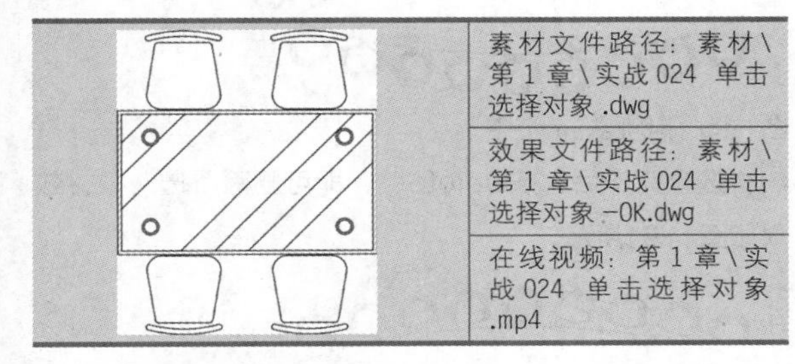

素材文件路径：素材\第 1 章\实战 024 单击选择对象 .dwg
效果文件路径：素材\第 1 章\实战 024 单击选择对象 -OK.dwg
在线视频：第 1 章\实战 024 单击选择对象 .mp4

如果要选择单个图形对象，可以使用点选的方法，即将十字光标移动至对象上进行单击，这是常用的选择方式。

01 打开素材文件“第1章\实战024 单击选择对象.dwg”，如图1-84所示。

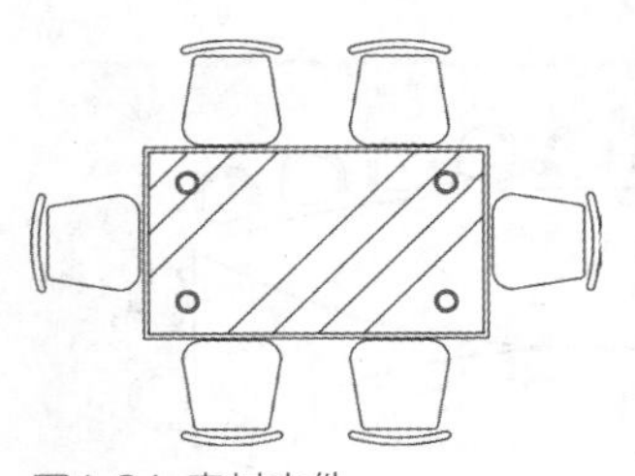

图 1-84 素材文件

02 如果设计变更，需要撤走左右两侧的椅子，此时便可以通过单击选择对象，然后执行“删除”命令来完成。

03 将十字光标移动到左侧椅子位置，该对象会虚化显示，然后单击，完成对该单个图形对象的选择。此时被选择的图形对象将高亮显示，且显示出自身的夹点，如图1-85所示。

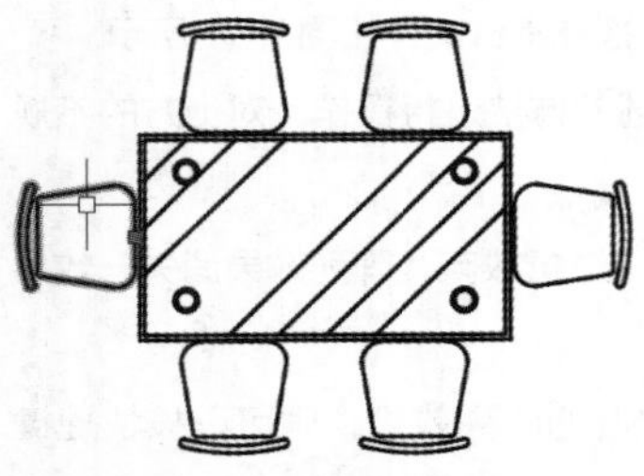

图1-85 单击选择图形对象

04 选择完毕后，按Delete键，即可删除所选对象，效果如图1-86所示。

05 按此方法删除右侧的椅子，最终结果如图1-87所示。

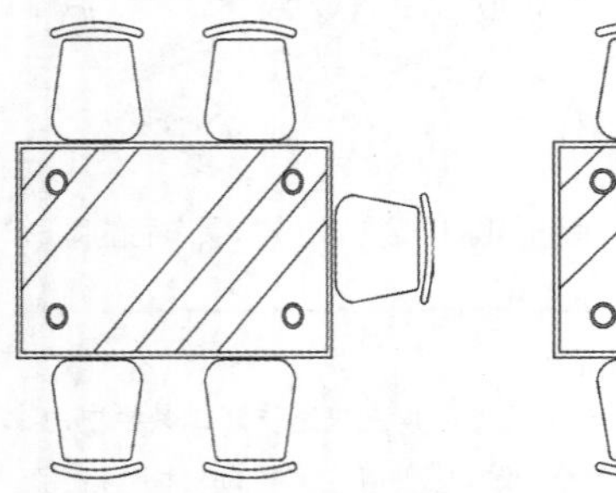

图1-86 删除左侧座椅后的图形

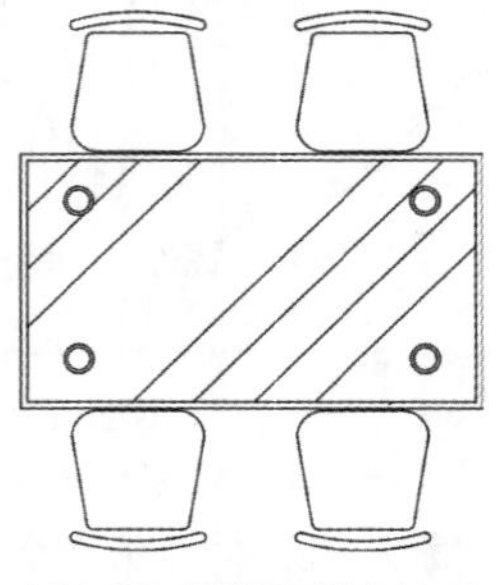

图1-87 删除两侧座椅后的图形

提示

点选方法一次只能选中一个对象，但是通过多次单击，便可以选择多个对象。此外，如果要取消已经选择的对象，可以按住Shift键并再次单击已经选中的对象，便会将这些对象从当前选择集中取消。按Esc键，可以取消对当前全部选定对象的选择。

实战025 窗口选择对象

难度：☆

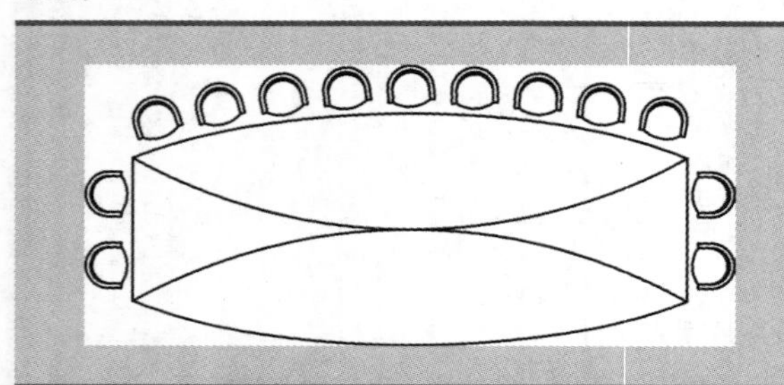

素材文件路径：素材\第1章\实战025 窗口选择对象.dwg

效果文件路径：素材\第1章\实战025 窗口选择对象-OK.dwg

在线视频：第1章\实战025 窗口选择对象.mp4

如果需要同时选择多个或大量的对象，使用点选的方法不仅费时费力，而且容易出错，这时就可以使用窗口选择。

01 打开素材文件“第1章\实战025 窗口选择对象.dwg”，如图1-88所示。

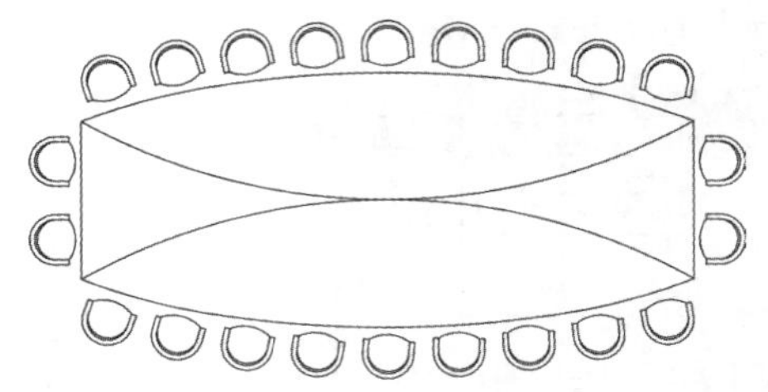

图1-88 素材文件

02 如果设计变更，要将会议桌下侧的椅子全部撤走，那通过单击来进行选择的话工作量很大，这时就可以通过窗口选择来进行框选。

03 先将十字光标移动到下侧椅子的左上方，然后按住鼠标左键不放，向右移动拉出矩形窗口，将下侧的椅子全部囊括在内。此时绘图区将伴随十字光标移动，出现一个蓝色的矩形方框，如图1-89所示。

04 松开鼠标左键后，被方框完全囊括的对象将被选中，与单选一样高亮显示、且显示出自身的夹点，如图1-90所示。

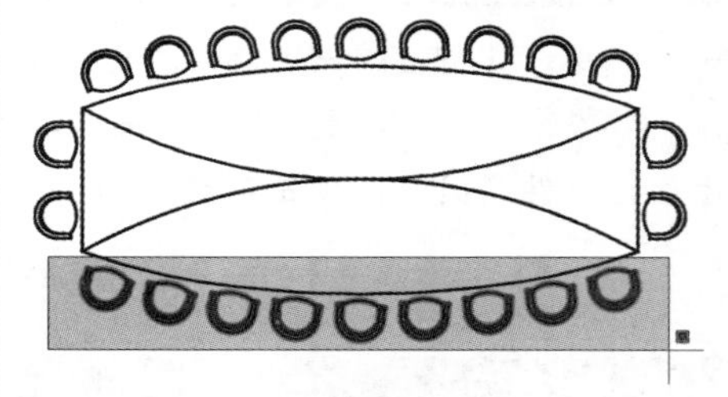

图1-89 由左往右框选下侧座椅

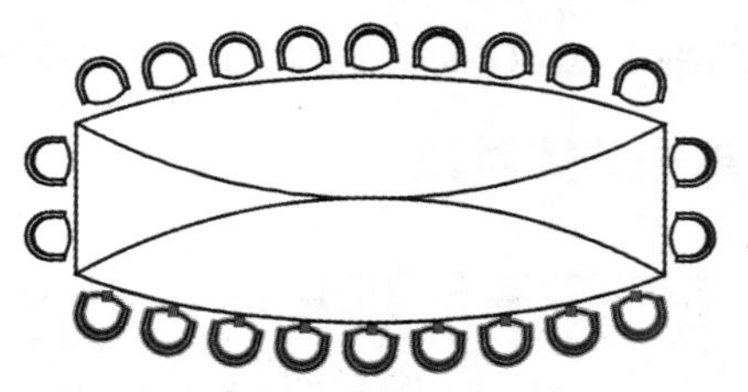

图1-90 下侧座椅被选中

05 选择完毕后，按Delete键，即可删除所选对象，效果如图1-91所示。

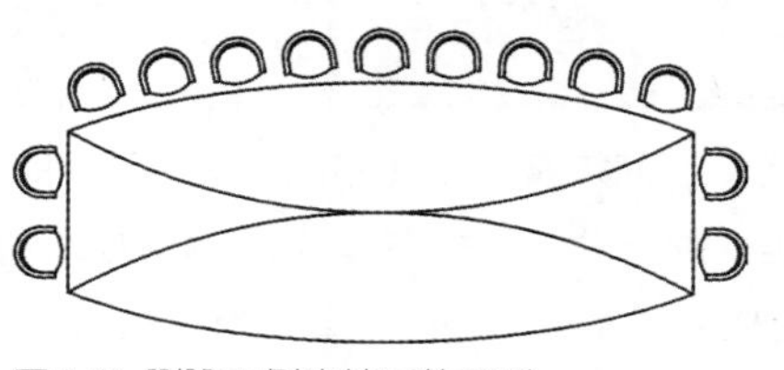

图1-91 删除下侧座椅后的图形

实战026 窗交选择对象

难度：☆

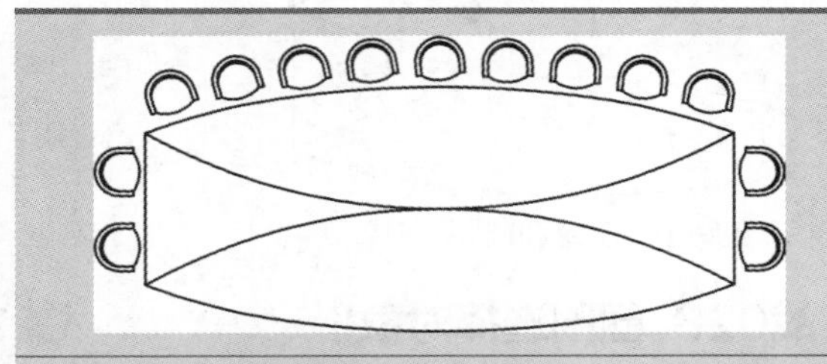

素材文件路径：素材\第 1 章\实战 025 窗口选择对象 .dwg

效果文件路径：素材\第 1 章\实战 026 窗交选择对象 -OK.dwg

在线视频：第 1 章\实战 026 窗交选择对象 .mp4

除了窗口选择外，还可以通过窗交选择的方法来选取数量较多的图形对象。窗口、窗交是AutoCAD中使用较为频繁的选择方法。

01 同样使用素材文件“第1章\实战025 窗口选择对象.dwg”来进行操作。打开素材文件如图1-88所示。

02 按“实战025”的设计要求，要将下侧的椅子删除。本例通过窗交方式来完成，供读者进行对比。

03 先将十字光标移动到下侧椅子的右下方，然后按住鼠标左键不放，向左拉出矩形窗口，将下侧的椅子全部囊括在内。此时绘图区将伴随十字光标移动，出现一个绿色的矩形方框，如图1-92所示。

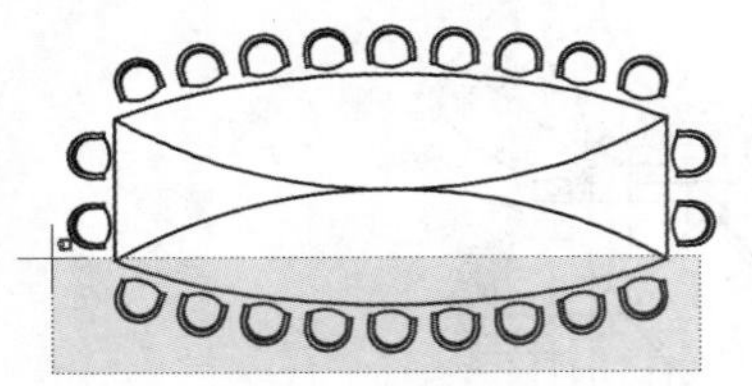

图 1-92 从右往左框选下侧座椅

04 松开鼠标左键后，只要被方框接触到的对象均被选中，因此下侧所有座椅与会议桌都被选中，如图1-93所示。

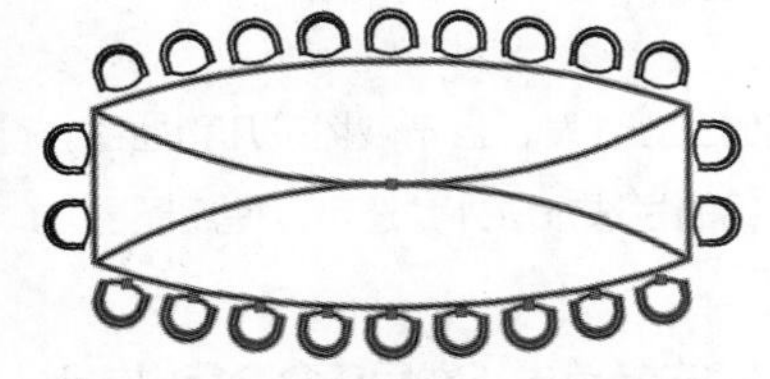

图 1-93 下侧座椅连同会议桌均被选中

05 会议桌为多选的对象，此时便可以根据之前介绍的方法将其从选择集中取消：按住Shift键，然后将十字光标移动至会议桌上，待十字光标变为⊹，再单击会议桌，便可以取消会议桌的选择，如图1-94所示。

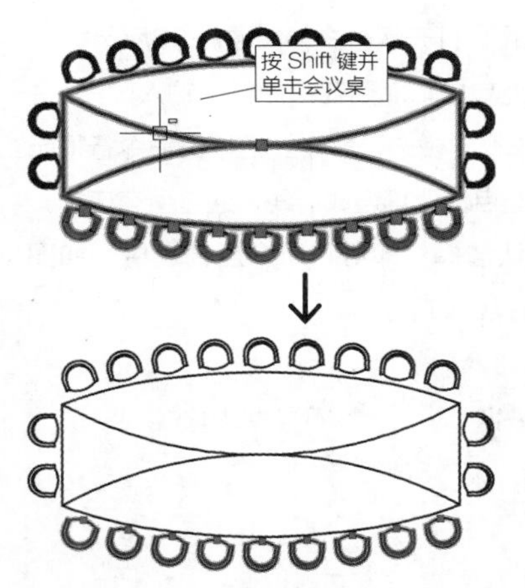

图 1-94 取消会议桌的选择

提示

窗口选择与窗交选择是AutoCAD中较为常用的两种选择方法，其区别如下。

◆ 窗口选择是从左往右框选，方框颜色为蓝色，只有被蓝色区域完全囊括的对象才会被选中。

◆ 窗交选择是从右往左框选，方框颜色为绿色，只要图形对象有被绿色区域接触到，就会被选中。

06 确认选择无误后，按Delete键，即可删除所选对象，效果如图1-91所示。

实战027 栏选选择对象

难度：☆☆

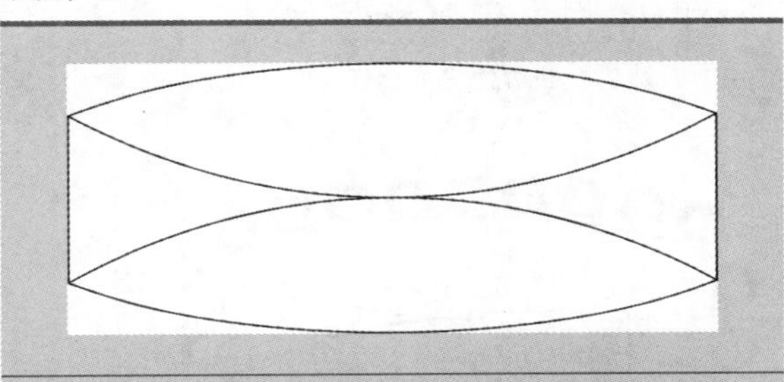

素材文件路径：素材\第 1 章\实战 025 窗口选择对象 .dwg

效果文件路径：素材\第 1 章\实战 027 栏选选择对象 -OK.dwg

在线视频：第 1 章\实战 027 栏选选择对象 .mp4

除了点选，窗口、窗交选择外，还有一种较为常用的选择方法——栏选。栏选可以让用户画出一条曲线，该线通过的图形均被选中。

如果要删除上例素材文件中的所有座椅，那无论是通过窗口选择还是窗交选择，都很难快速完成，这时就可以借助栏选的方法。

01 同样使用素材文件“第1章\实战025 窗口选择对

象.dwg”来进行操作。打开素材文件如图1–90所示。

02 在绘图区空白处单击，然后在命令行中输入“F”并按Enter键，即可执行“栏选”命令。再根据命令行提示操作，分别指定栏选点，让其连成折线，通过所有座椅，然后按Enter键确认选择，即可将所有座椅选中，如图1–95所示，命令行操作如下。

```
指定对角点或 [栏选(F)/圈围(WP)/圈交(CP)]: F↙
        //选择“栏选”选项
指定第一个栏选点:
//系统自动以单击的第一点为第一个栏选点
指定下一个栏选点或 [放弃(U)]:
        //指定第二个栏选点，确定第一段折线
指定下一个栏选点或 [放弃(U)]:
        //指定第三个栏选点，确定第二段折线
指定下一个栏选点或 [放弃(U)]:
        //指定第四个栏选点，确定第三段折线
指定下一个栏选点或 [放弃(U)]:
        //指定第五个栏选点，确定第四段折线
指定下一个栏选点或 [放弃(U)]:
        //指定第六个栏选点，确定第五段折线
指定下一个栏选点或 [放弃(U)]:
        //指定第七个栏选点，确定第六段折线
指定下一个栏选点或 [放弃(U)]: ↙
        //按Enter键完成选择
```

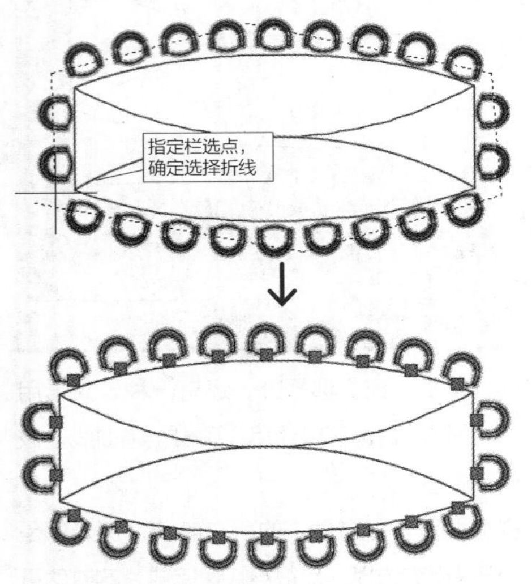

图1–95 栏选所有座椅

03 确认选择无误后，按Delete键，即可删除所有座椅，效果如图1–96所示。

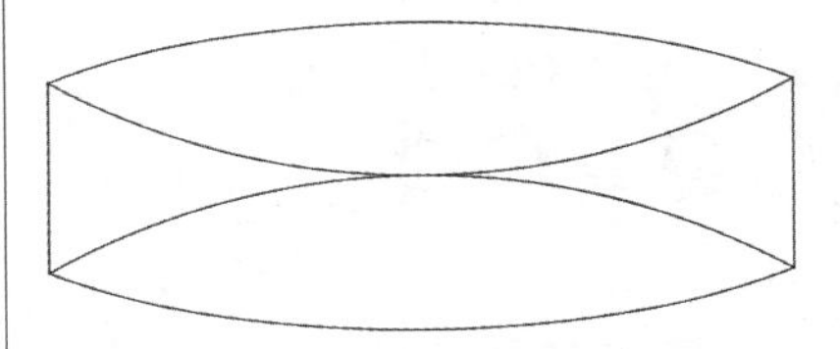
图1–96 删除所有座椅后的图形

实战028 圈围选择对象

进阶

难度：☆☆☆

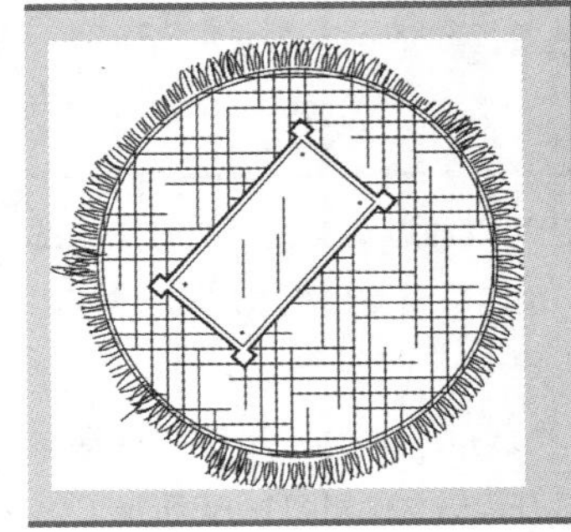	素材文件路径：素材\第1章\实战028 圈围选择对象.dwg
	效果文件路径：素材\第1章\实战028 圈围选择对象-OK.dwg
	在线视频：第1章\实战028 圈围选择对象.mp4

圈围是一种多边形窗口选择方式，与窗口选择对象的方法类似。圈围方法可以构造任意形状的多边形，只有被多边形选择框完全囊括的对象才能被选中。

01 打开素材文件“第1章\实战028 圈围选择对象.dwg”，如图1–97所示。

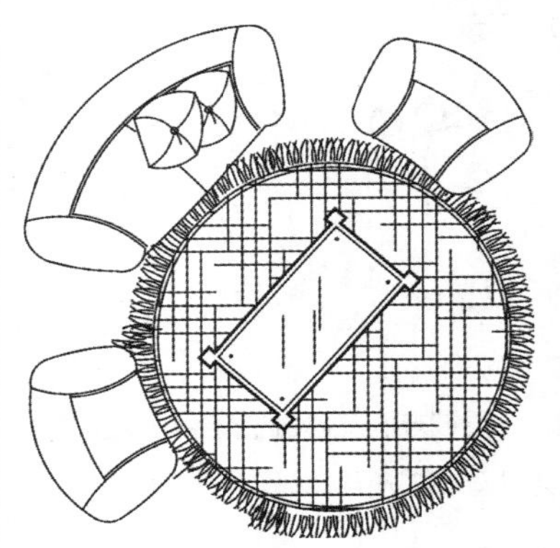
图1–97 素材文件

02 现在要删除外围的三张沙发，且不破坏茶几和地毯。除了借助上面实战介绍的栏选方法外，还可以使用圈围方法来完成。

03 在图形左下角的空白处单击，然后在命令行中输入“WP”并按Enter键，即可执行“圈围”命令。再根据命令行提示操作，分别指定圈围点，构建蓝色多边形选择区域，将所有沙发囊括在内，同时隔开茶几，如图1–98所示，命令行操作如下。

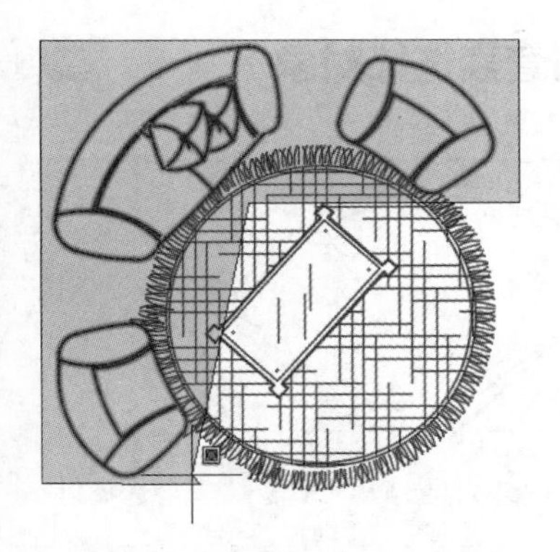

图 1-98 圈围选择区域

```
指定对角点或 [栏选(F)/圈围(WP)/圈交(CP)]: WP↙
    //选择"圈围"选项
指定第一个栏选点:
    //系统自动以单击的第一点为第一个圈围点
指定直线的端点或 [放弃(U)]:
    //指定第二个圈围点，确定选择区域的第一条边
指定直线的端点或 [放弃(U)]:
    //指定第三个圈围点，确定选择区域的第二条边
指定直线的端点或 [放弃(U)]:
    //指定第四个圈围点，确定选择区域的第三条边
指定直线的端点或 [放弃(U)]:
    //指定第五个圈围点，确定选择区域的第四条边
指定直线的端点或 [放弃(U)]:
    //指定第六个圈围点，确定选择区域的第五条边
指定直线的端点或 [放弃(U)]:
    //指定第七个圈围点，确定选择区域的第六条边
指定直线的端点或 [放弃(U)]: ↙
    //按Enter键完成选择
```

04 然后按Enter键确认选择，即可将所有沙发选中，如图1-99所示。

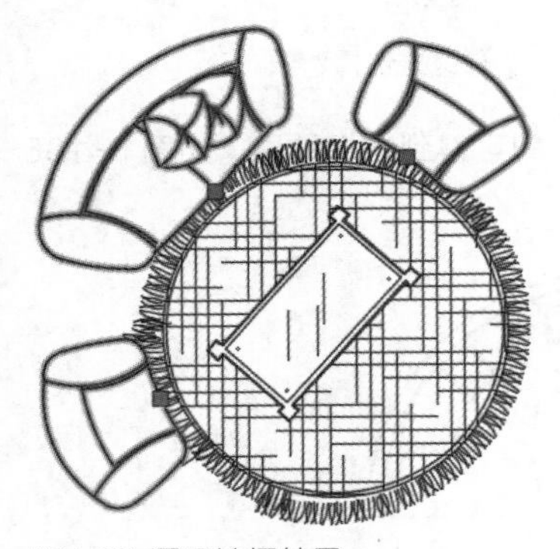

图 1-99 圈围选择结果

05 确认选择无误后，按Delete键，即可删除所有沙发，效果如图1-100所示。

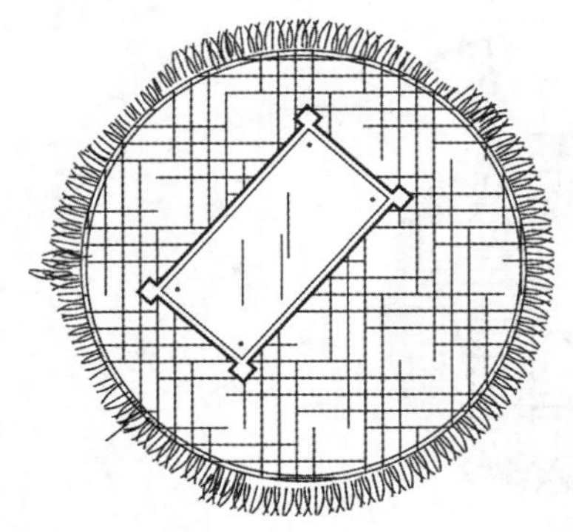

图 1-100 删除沙发后的图形

实战029 圈交选择对象

进阶

难度：☆☆☆

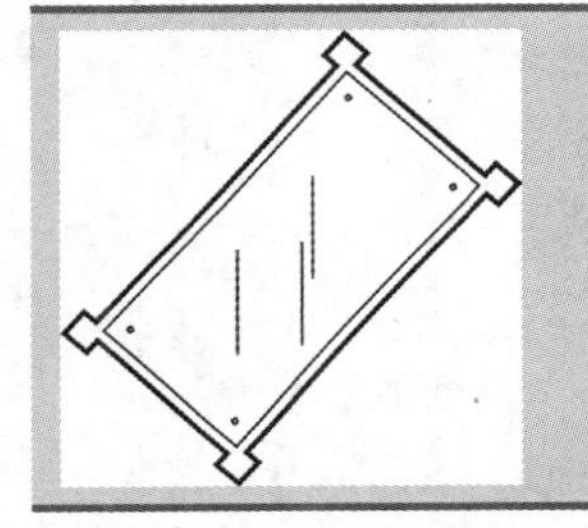	素材文件路径：素材\第 1 章\实战 028 圈围选择对象 .dwg
	效果文件路径：素材\第 1 章\实战 029 圈交选择对象 -OK.dwg
	在线视频：第 1 章\实战 029 圈交选择对象 .mp4

圈交也是一种多边形窗口选择方法，与窗交选择对象的方法类似。圈交方法可以构造任意形状的多边形，与多边形选择框有接触的对象均会被选中。

01 同样使用素材文件"第1章\实战028 圈围选择对象.dwg"来进行操作。打开素材文件如图1-97所示。

02 在图形左下角的空白处单击，然后在命令行中输入"CP"并按Enter键，即可执行"圈交"命令。

03 按"实战028"的选择顺序进行操作，对比两种不同选择方法的差异，得到绿色的多边形选择区域，如图1-101所示。

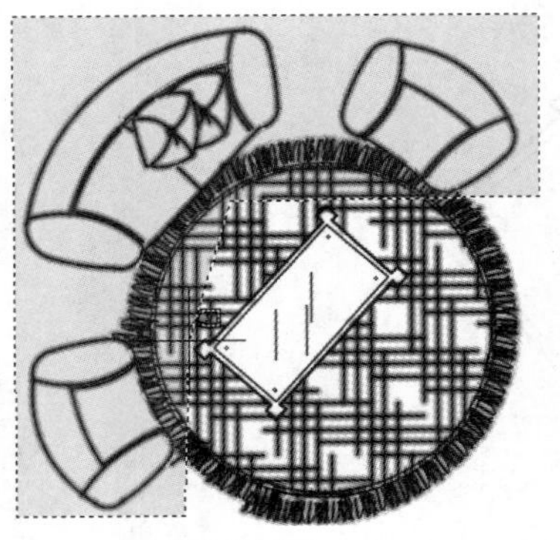

图 1-101 圈交选择区域

04 按Enter键确认选择，可见除了未相交的茶几外，所有图形均被选中，如图1-102所示，命令行操作如下。

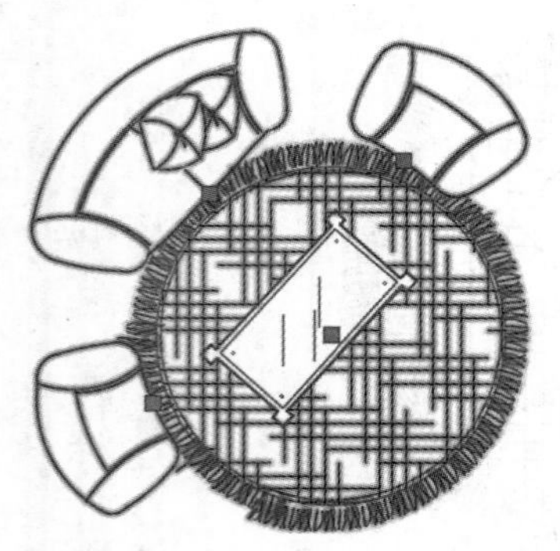

图 1-102 圈交选择结果

```
指定对角点或 [栏选(F)/圈围(WP)/圈交(CP)]: CP↙
    //选择"圈交"选项
指定第一个栏选点:
    //系统自动以单击的第一点为第一个圈交点
指定直线的端点或 [放弃(U)]:
    //指定第二个圈交点，确定选择区域的第一条边
指定直线的端点或 [放弃(U)]:
    //指定第三个圈交点，确定选择区域的第二条边
指定直线的端点或 [放弃(U)]:
    //指定第四个圈交点，确定选择区域的第三条边
指定直线的端点或 [放弃(U)]:
    //指定第五个圈交点，确定选择区域的第四条边
指定直线的端点或 [放弃(U)]:
    //指定第六个圈交点，确定选择区域的第五条边
指定直线的端点或 [放弃(U)]:
    //指定第七个圈交点，确定选择区域的第六条边
指定直线的端点或 [放弃(U)]: ↙
    //按Enter键完成选择
```

05 确认选择无误后，按Delete键，删除后的效果如图1-103所示。

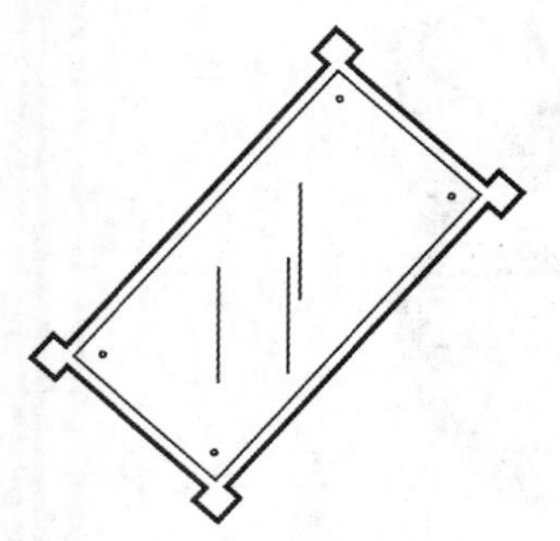

图 1-103 删除沙发和地毯后的图形

实战030 窗口套索选择对象

进阶

难度：☆☆☆

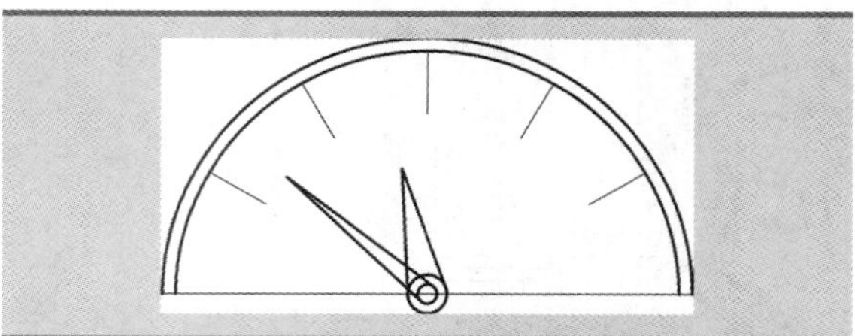

素材文件路径：素材\第 1 章\实战 030 窗口套索选择对象 .dwg

效果文件路径：素材\第 1 章\实战 030 窗口套索选择对象 -OK.dwg

在线视频：第 1 章\实战 030 窗口套索选择对象 .mp4

窗口套索选择是框选命令的一种延伸，使用方法跟窗口、窗交等框选命令类似。

01 打开素材文件"第1章\实战030 窗口套索选择对象.dwg"，如图1-104所示。

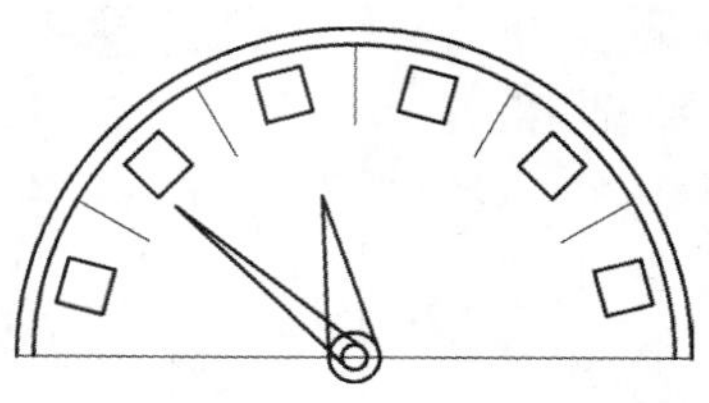

图 1-104 素材文件

02 如果要删除分度盘中的方块，而不破坏指针和刻度，便可以使用窗口套索选择操作来完成。

03 将十字光标置于图形的左上方，然后按住鼠标左键不动，向右画出一块不规则的蓝色多边形区域，使其完全囊括所有方块，如图1-105所示。

图 1-105 窗口套索画出多边形区域选择对象

04 松开鼠标左键，即可得到选择结果，如图1-106所示。

图 1-106 所有方块均被选中

05 确认选择无误后，按Delete键，即可删除所选方块，效果如图1-107所示。

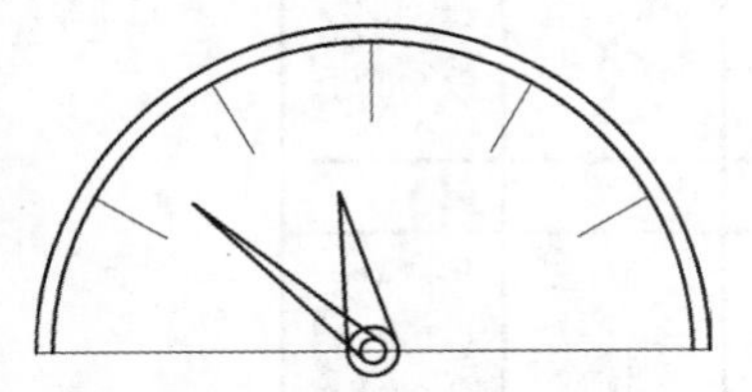

图 1-107 删除方块后的图形

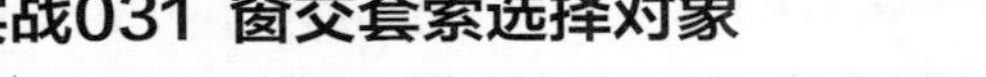

实战031 窗交套索选择对象

进阶

难度：

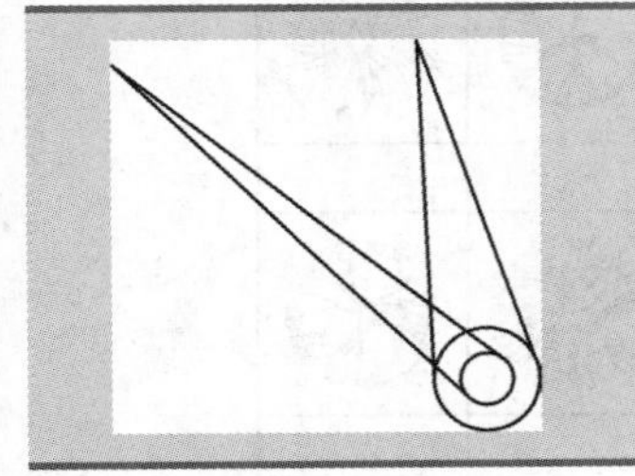	素材文件路径：素材\第 1 章\实战 030 窗口套索选择对象 .dwg
	效果文件路径：素材\第 1 章\实战 031 窗交套索选择对象 -OK.dwg
	在线视频：第 1 章\实战 031 窗交套索选择对象 .mp4

窗交套索选择是框选命令的一种延伸，使用方法跟窗口、窗交等框选命令类似。

01 同样使用素材文件“第1章\实战030 窗口套索选择对象.dwg”来进行操作，以此来对比两种不同选择方法之间的效果差异。打开素材文件如图1-104所示。

02 如果要删除整个分度盘，只保留指针，则可以使用窗交套索操作来完成。

03 将十字光标置于图形的左上方，然后按住鼠标左键不动，向左画出一块不规则的绿色多边形区域，使其与除指针之外的全部图形相接触，如图1-108所示。

图 1-108 窗交套索画出多边形区域选择对象

04 松开鼠标左键，即可得到选择结果，如图1-109所示。

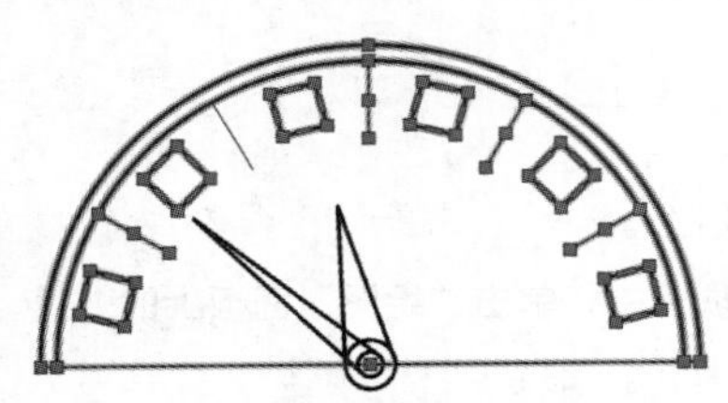

图 1-109 除指针外所有图形均被选中

05 确认选择无误后，按Delete键，即可删除所选部分，效果如图1-110所示。

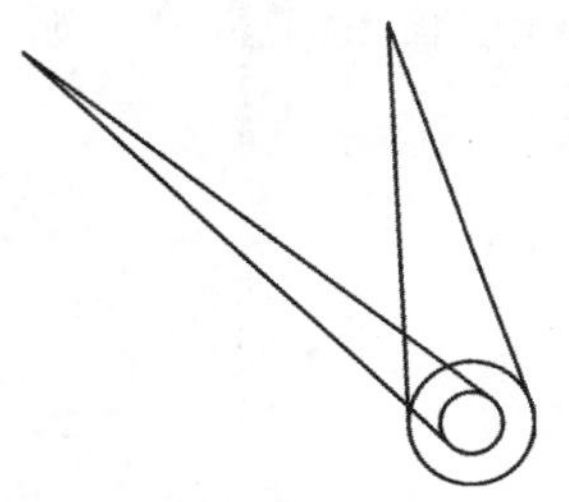

图 1-110 剩下的指针图形

实战032 快速选择对象

难度：☆☆☆

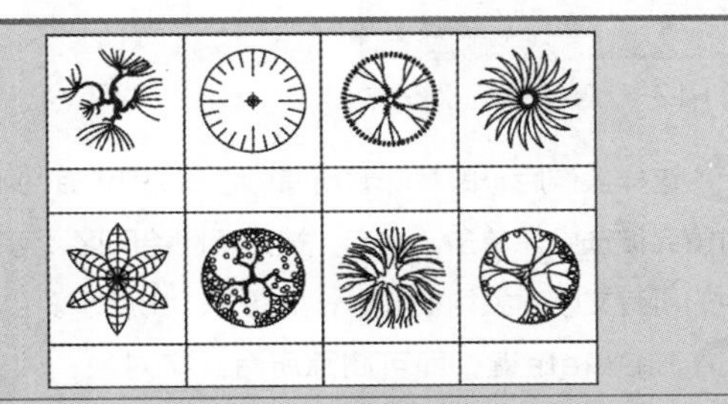

素材文件路径：素材\第 1 章\实战 032 快速选择对象 .dwg
效果文件路径：素材\第 1 章\实战 032 快速选择对象 -OK.dwg
在线视频：第 1 章\实战 032 快速选择对象 .mp4

快速选择可以根据对象的图层、线型、颜色、图案填充等特性选择对象，从而准确快速地从复杂的图形中选择满足某种特性的图形对象。

01 打开素材文件“第1章\实战032 快速选择对象.dwg”，如图1-111所示。

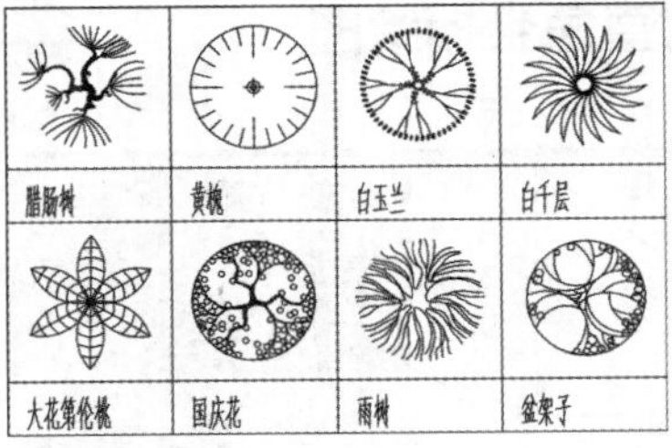

图 1-111 素材文件

02 如果要删除素材中的所有文字对象，而不破坏表格和图形，无论通过点选、窗交、窗口还是栏选选择，都很难快速选中所有的文字进行删除，这时就可以利用“快速选择”命令来进行选择。

03 在菜单栏中选择“工具”|“快速选择”命令，弹出“快速选择”对话框。

04 用户可以根据需求设置选择范围。本例在“对象类型”下拉列表中选择“文字”，在“特性”下拉列表中选择“颜色”，再在下方的“运算符”下拉列表中选择“=等于”，在“值”下拉列表中选择“ByLayer”，如图1-112所示。

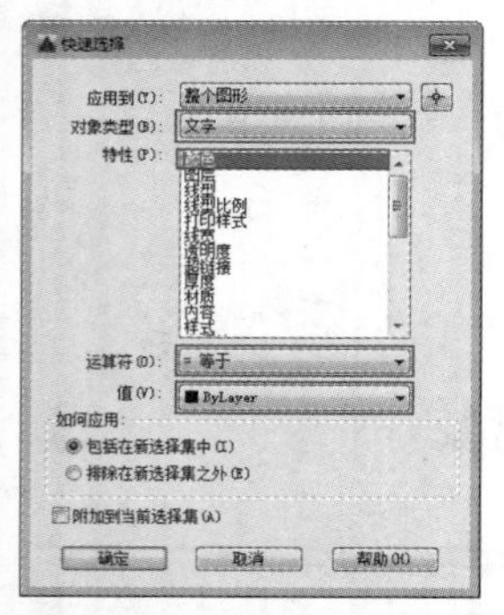
图 1-112 “快速选择”对话框

05 这样操作后，即意味着所有颜色值为ByLayer的文字对象会被选中。单击“确定”按钮返回绘图区，可见图形中的所有文字对象均被选中，如图1-113所示。

06 按Delete键，即可删除所有文字对象，效果如图1-114所示。

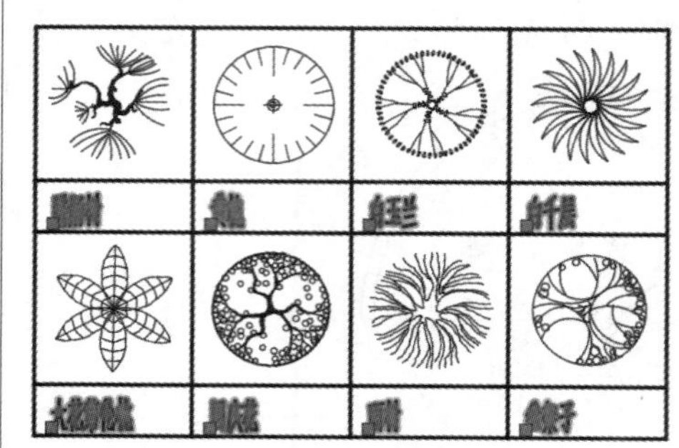
图 1-113 文字对象被选中

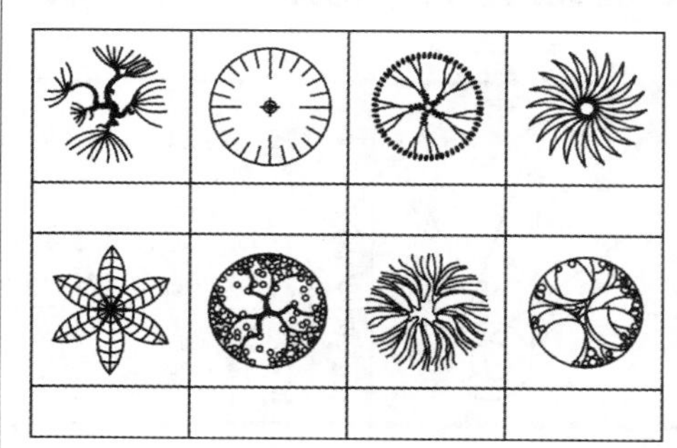
图 1-114 所有文字对象被删除

1.5 坐标系

在学习了视图的控制、命令的执行和图形的选择之后，就可以学习绘图了。要利用AutoCAD来绘制图形，首先需要了解坐标、对象选择和一些辅助绘图工具方面的内容。本节将通过5个实战来介绍AutoCAD坐标系的相关知识。

在AutoCAD中坐标系是一个重要的组成部分，它由3个相互垂直的坐标轴*X*、*Y*和*Z*组成，在绘制和编辑图形的过程中，它的坐标原点和坐标轴的方向是不变的。此外，坐标系还可以分为“世界坐标系（WCS）”和“用户坐标系（UCS）”。

实战033 绝对直角坐标绘图

重点

难度：☆☆☆

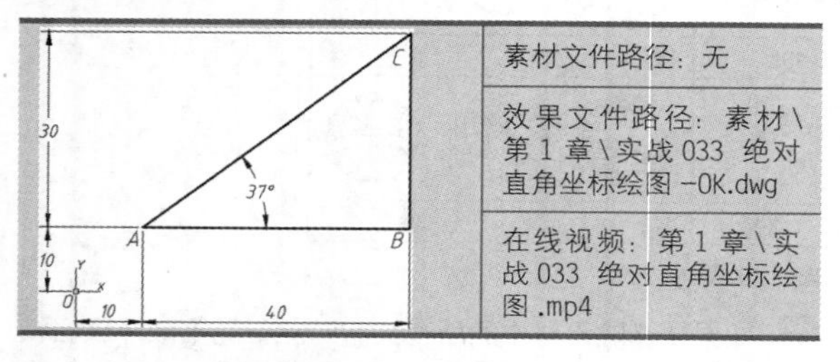

素材文件路径：无

效果文件路径：素材\第1章\实战033 绝对直角坐标绘图-OK.dwg

在线视频：第1章\实战033 绝对直角坐标绘图.mp4

在AutoCAD 2020中，绝对直角坐标是以原点为基点定位所有点的位置。其坐标输入格式为用英文逗号隔开的*X*、*Y*、*Z*值，即（*X*,*Y*,*Z*）。

以绝对直角坐标输入的方法绘制如图1-115所示的图形。图中点*O*为的坐标原点，坐标即（0,0），因此点*A*的绝对坐标则为（10,10），点*B*的绝对坐标为（50,10），点*C*的绝对坐标为（50,40），绘制步骤如下。

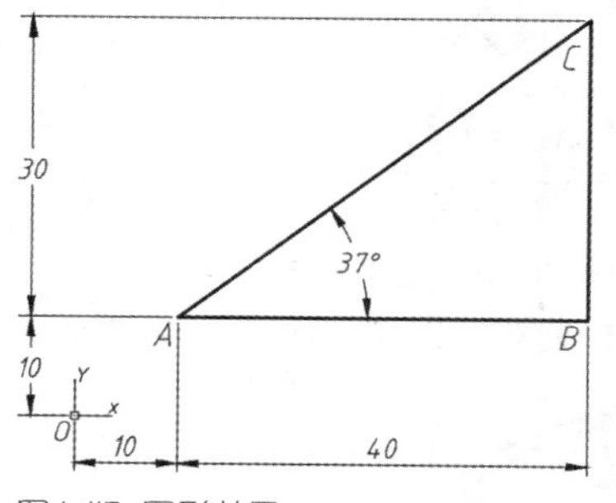

图 1-115 图形效果

01 新建一个空白文档。

02 在“默认”选项卡中，单击“绘图”面板上的“直线”按钮，执行“直线”命令。

03 输入点*A*，命令行出现“指定第一个点”的提示，直接在其后输入“10,10”，即第一个点A的坐标，如图1-116所示。

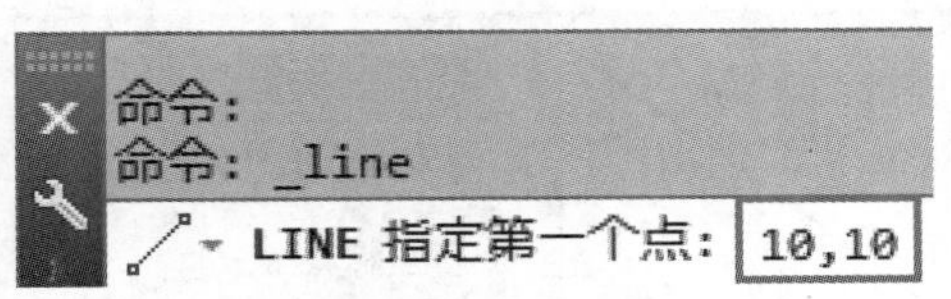

图 1-116 输入绝对坐标确定第一个点

04 按Enter键确定第一点的输入，接着命令行提示“指定下一点”，再按相同方法输入点B、C的绝对坐标值，即可得到如图1-115所示的图形效果，命令行操作如下。

```
命令: _line          //执行“直线”命令
指定第一个点: 10,10↙
                     //输入点A的绝对直角坐标
指定下一点或 [放弃(U)]: 50,10↙
                     //输入点B的绝对直角坐标
指定下一点或 [放弃(U)]: 50,40↙
                     //输入点C的绝对直角坐标
指定下一点或 [闭合(C)/放弃(U)]: ↙
                     //按Enter键结束命令
```

实战034 相对直角坐标绘图

重点

难度：☆☆☆

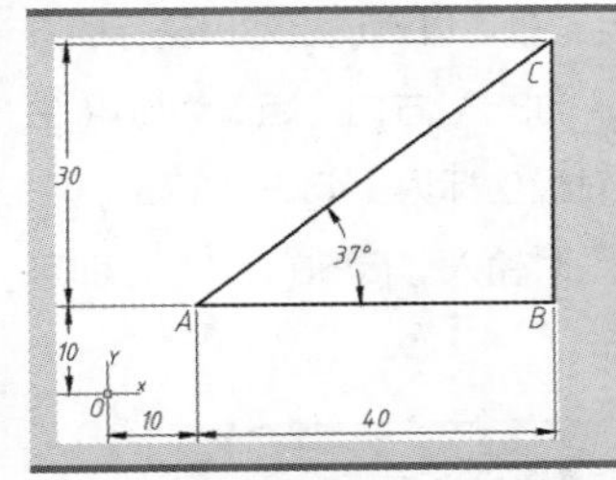

素材文件路径：无

效果文件路径：素材\第 1 章\实战 034 相对直角坐标绘图 -OK.dwg

在线视频：第 1 章\实战 034 相对直角坐标绘图 .mp4

在AutoCAD 2020中，相对直角坐标是指一个点相对于另一个特定点的位置。相对直角坐标的输入格式为（@X,Y），“@”符号表示使用相对直角坐标输入，是指定相对于上一个点的偏移量。相对直角坐标在实际工作中使用较多。

使用相对直角坐标的方法，同样绘制如图1-115所示的图形。在实际绘图工作中，大多数设计师都喜欢随意在绘图区中指定一点为第一个点，这样就很难界定该点及后续图形与坐标原点（0,0）的关系，因此往往采用相对直角坐标的输入方法来进行绘制。相比于绝对直角坐标的刻板，相对直角坐标显得更为灵活多变。

01 新建一个空白文档。

02 在“默认”选项卡中，单击“绘图”面板上的“直线”按钮，执行“直线”命令。

03 输入点A。可按“实战033”中的方法，通过输入绝对坐标的方式确定点A；如果对点A的具体位置没有要求，也可以在绘图区中任意指定一点作为点A。

04 输入点B。在图1-115中，点B位于点A的正X轴方向、距离为40，Y轴增量为0，因此相对于点A的坐标为（@40,0），可在命令行提示“指定下一点”时输入“@40,0”，即可确定点B，如图1-117所示。

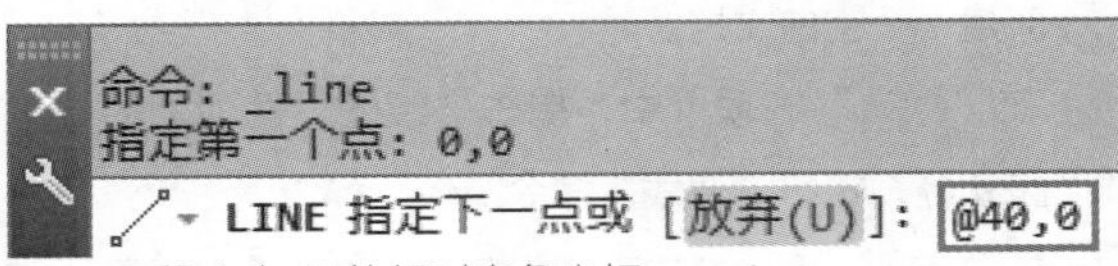

图 1-117 输入点 B 的相对直角坐标

05 输入点C。由于相对直角坐标是相对于上一点进行定义的，因此在输入点C的相对坐标时，要考虑它和点B的相对关系，点C位于点B的正上方，距离为30，即输入“@0,30”，如图1-118所示。

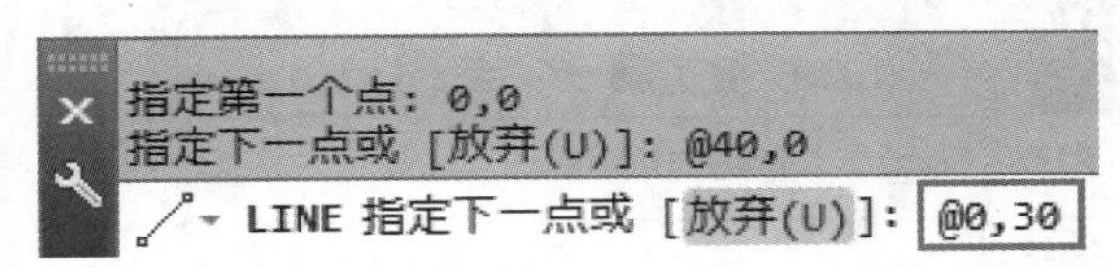

图 1-118 输入点 C 的相对直角坐标

06 将图形封闭即绘制完成，命令行操作如下。

```
命令: _line
    //执行“直线”命令
指定第一个点:10,10↙
    //输入点A的绝对直角坐标
指定下一点或 [放弃(U)]: @40,0↙
    //输入点B相对于上一个点（点A）的相对直角坐标
指定下一点或 [放弃(U)]: @0,30↙
    //输入点C相对于上一个点（点B）的相对直角坐标
指定下一点或 [闭合(C)/放弃(U)]: C↙
    //闭合图形
```

实战035 绝对极坐标绘图

难度：☆☆

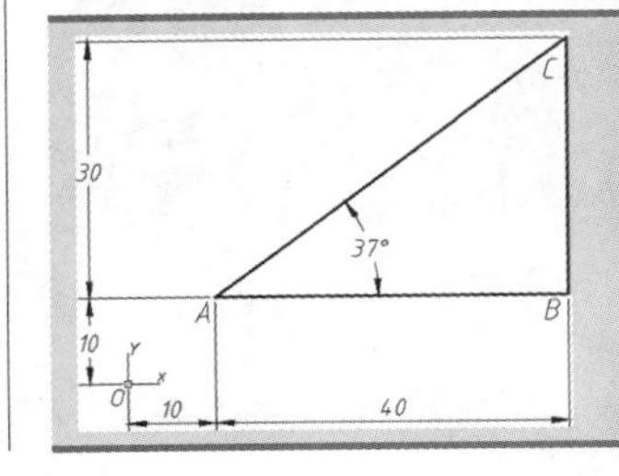

素材文件路径：无

效果文件路径：素材\第 1 章\实战 035 绝对极坐标绘图 -OK.dwg

在线视频：第 1 章\实战 035 绝对极坐标绘图 .mp4

该方式通过输入某点相对于坐标原点（0,0）的极坐标来进行绘图（如12<30，指从X轴正方向逆时针旋转30°，距离原点12个图形单位的点）。在实际绘图工作中，该方法使用较少。

使用绝对极坐标的方法，同样绘制如图1-115所示的图形。在实际绘图工作中，由于很难确定与坐标原点之间的绝对极轴距离与角度，因此除了在一开始绘制带角度的辅助线外，该方法基本不怎么使用。

01 新建一个空白文档。

02 在“默认”选项卡中，单击“绘图”面板上的“直线”按钮，执行“直线”命令。

03 输入点A，命令行出现“指定第一个点”的提示，直接在其后输入“14.14<45”，即点A的绝对极坐标，如图1-119所示。

图1-119 输入点A的绝对极坐标

提示

通过勾股定理，可以算得OA的直线距离为$\sqrt{200}$（约等于14.14），OA与水平线的夹角为45°，因此可知点A的绝对极坐标为：“14.14<45”。

04 确定点A之后，可见点B、C并不适合使用绝对极坐标输入，因此可切换为相对直角坐标输入的方法进行绘制，命令行操作如下。

```
命令: _line
    //执行“直线”命令
指定第一个点:14.14<45↙
    //输入点A的绝对极坐标
指定下一点或 [放弃(U)]: @40,0↙
    //输入点B相对于上一个点（点A）的相对直角坐标
指定下一点或 [放弃(U)]: @0,30↙
    //输入点C相对于上一个点（点B）的相对直角坐标
指定下一点或 [闭合(C)/放弃(U)]: C↙
    //闭合图形
```

实战036 相对极坐标绘图

难度：☆☆☆

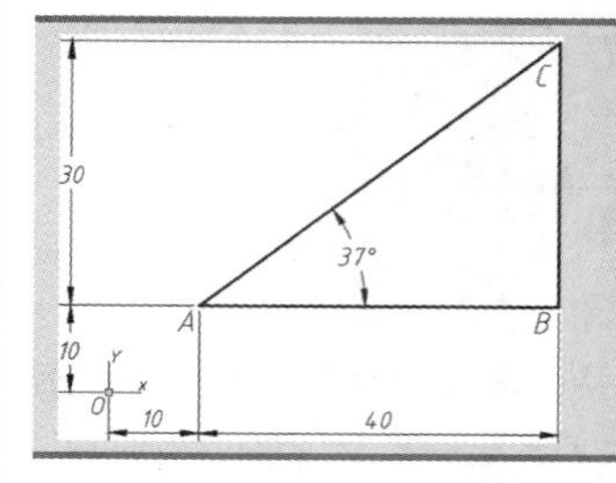

素材文件路径：无

效果文件路径：素材\第1章\实战036 相对极坐标绘图-OK.dwg

在线视频：第1章\实战036 相对极坐标绘图.mp4

相对极坐标是以某一特定点为参考点，输入相对于参考点的距离和角度来定义另一个点的位置。相对极坐标输入格式为（@A<角度），其中A表示指定与特定点的距离。

使用相对极坐标的方法，同样绘制如图1-56所示的图形。相对极坐标与相对直角坐标一样，都是以上一点为参考点，输入增量来定义下一个点的位置，只不过相对极坐标输入的是极轴增量和角度值。

01 新建一个空白文档。

02 在“默认”选项卡中，单击“绘图”面板上的“直线”按钮，执行“直线”命令。

03 输入点A。可按上例中的方法输入点A，也可以在绘图区中任意指定一点作为点A。

04 输入点C，点A确定后，就可以通过相对极坐标的方式确定点C。点C位于点A的37°方向，距离为50（由勾股定理可知），因此相对极坐标为（@50<37），在命令行提示“指定下一点”时输入“@50<37”，即可确定点C，如图1-120所示。

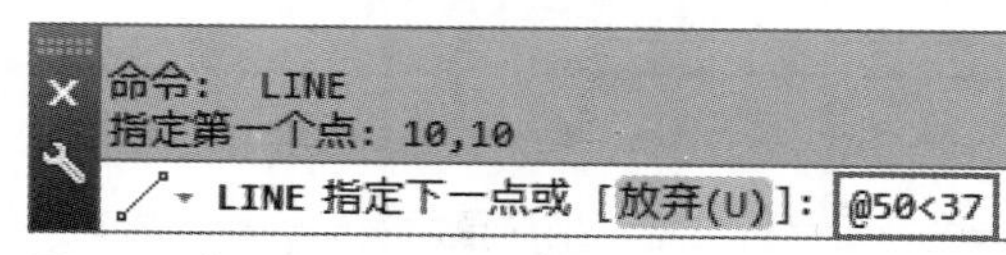

图1-120 输入点C的相对极坐标

05 输入点B。点B位于点C的-90°方向，距离为30，因此相对极坐标为（@30<-90），输入“@30<-90”即可确定点B，如图1-121所示。

图1-121 输入点B的相对极坐标

06 将图形封闭即绘制完成，命令行操作如下。

```
命令: _line                  //执行“直线”命令
指定第一个点: 10,10↙         //输入点A的绝对坐标
指定下一点或 [放弃(U)]: @50<37↙
  //输入点C相对于上一个点（点A）的相对极坐标
指定下一点或 [放弃(U)]: @30<-90↙
  //输入点B相对于上一个点（点C）的相对极坐标
指定下一点或 [闭合(C)/放弃(U)]: C↙   //闭合图形
```

提示

这4种坐标的表示方法，除了绝对极坐标外，其余3种均使用较多，需重点掌握。

实战037 控制坐标符号的显示

难度：☆☆

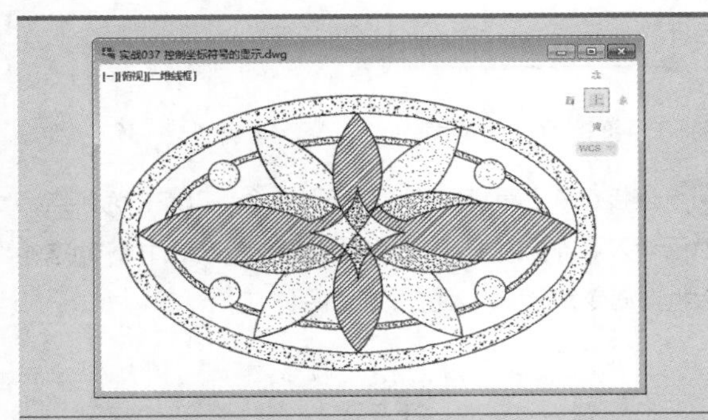

素材文件路径：素材\第 1 章\实战 037 控制坐标符号的显示.dwg

效果文件路径：素材\第 1 章\实战 037 控制坐标符号的显示-OK.dwg

在线视频：第 1 章\实战 037 控制坐标符号的显示 .mp4

在AutoCAD 2020中，可以控制坐标符号的显示与否。坐标符号可以帮助用户直截了当地观察当前坐标的类型与方向。

01 打开素材文件“第1章\实战037 控制坐标符号的显示.dwg”，如图1-122所示。在绘图区左下角可见坐标符号。

02 执行切换工作空间操作，切换至“三维建模”工作空间。

03 然后在功能区的“常用”选项卡中，单击“坐标”面板中的“UCS设置”按钮，如图1-123所示。

04 弹出“UCS”对话框，单击“设置”选项卡，取消勾选“开”复选框，即可隐藏坐标符号，如图1-124所示。

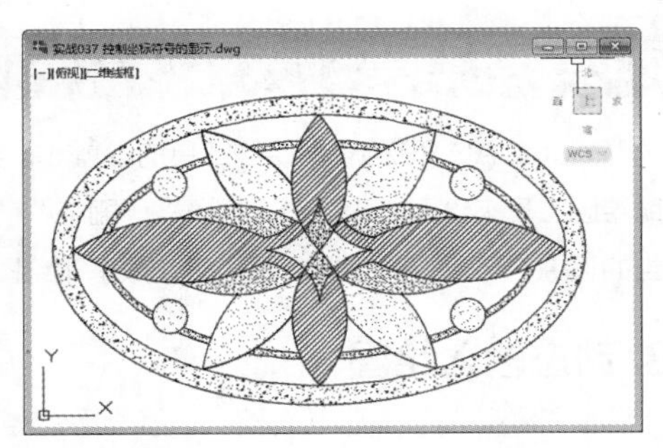

图 1-122 素材文件

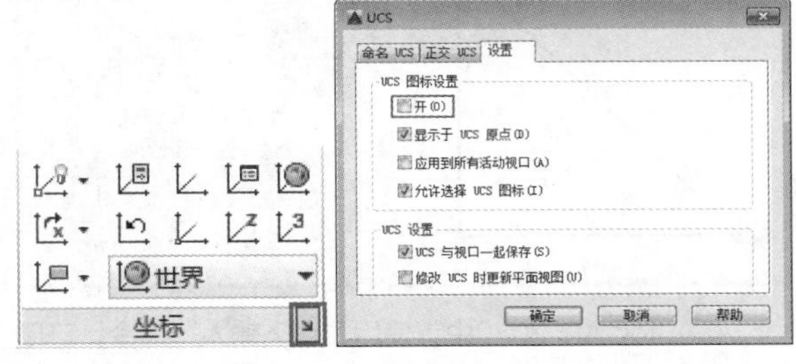

图 1-123 “坐标”面板中的“UCS 设置”按钮 图 1-124 “UCS”对话框

05 单击“确定”按钮，返回绘图区，可见坐标符号被隐藏，如图1-125所示。

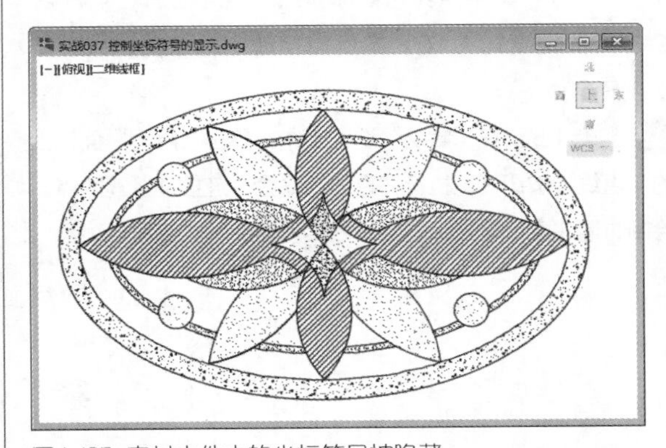

图 1-125 素材文件中的坐标符号被隐藏

提示

除了切换至“三维建模”工作空间进行设置外，还可以直接在“草图与注释”工作空间中设置。在“视图”选项卡中，单击“视口工具”面板中的“UCS图标”按钮，即可进行设置，如图1-126所示。

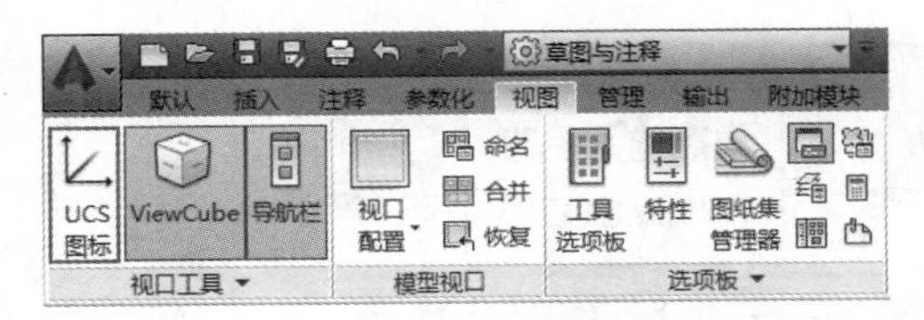

图 1-126 在“草图与注释”工作空间中设置

1.6 辅助绘图工具

本节将介绍AutoCAD 2020辅助绘图工具的设置。在实际绘图中，除了通过坐标进行定位，还可以借助AutoCAD中提供的辅助绘图工具来绘图，如“动态输入”“栅格”“栅格捕捉”“正交”“极轴追踪”等。通过对辅助绘图工具功能进行适当的设置，可以提高用户制图的工作效率和绘图的准确性。

实战038 动态输入绘图

难度：☆☆

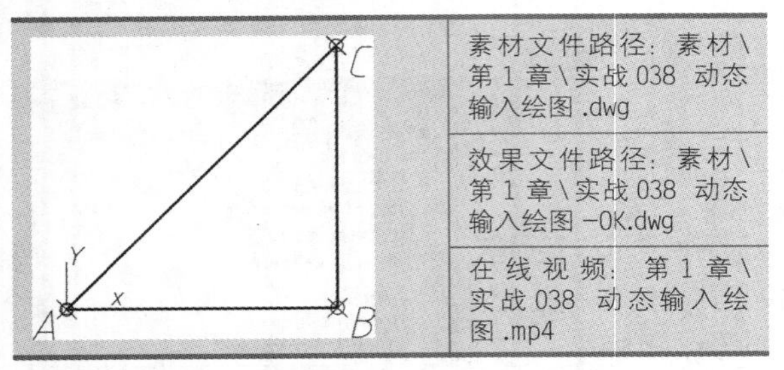

在AutoCAD 2020中，使用“动态输入”命令，可以在十字光标处显示出标注输入和命令提示信息，方便绘图。

01 打开素材文件“第1章\实战038 使用动态输入.dwg”，如图1-127所示。图中已绘制好了三个点*A*、*B*、*C*，其中点*A*为坐标原点，点*A*和*B*、点*B*和*C*之间的距离均为10。本例启用动态输入功能来绘制△*ABC*。

02 连接*AB*。在“默认”选项卡中，单击“绘图”面板上的“直线”按钮，执行“直线”命令，连接*A*、*B*两点。绘制时请注意十字光标的显示效果，如图1-128所示。

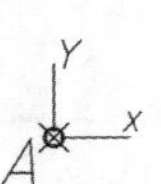

图1-127 素材文件

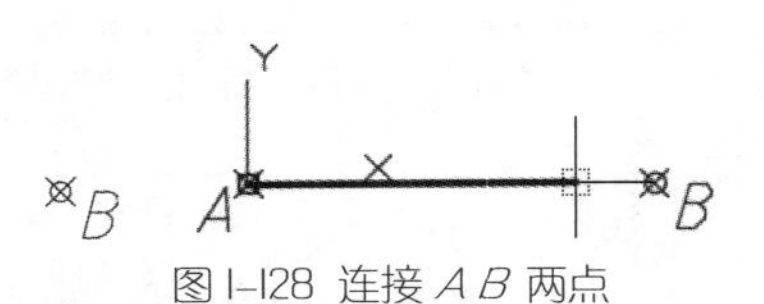

图1-128 连接*AB*两点

03 启用“动态输入”功能。此时，单击状态栏上的“动态输入”按钮，若其高亮显示则为开启状态，如图1-129所示。

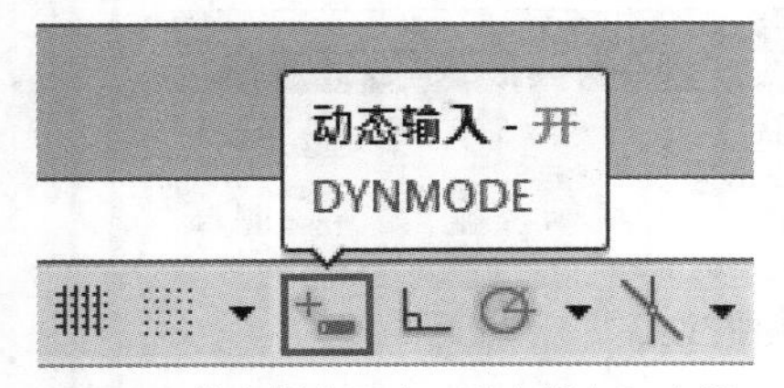

图1-129 状态栏中开启“动态输入”功能

04 连接*BC*。重复执行“直线”命令，连接*B*、*C*两点，由于已经启用了“动态输入”功能，可见十字光标效果如图1-130所示。十字光标附近多出了角度值、距离文本框和操作提示栏。

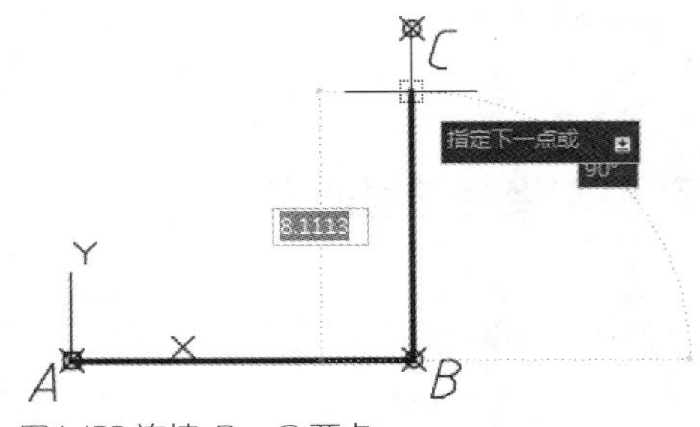

图1-130 连接*B*、*C*两点

05 连接*CA*。重复执行“直线”命令，以点*C*为起点，然后输入点*A*相对于点*C*的相对坐标@-10,-10，动态输入框自动变为坐标输入栏，如图1-131所示。

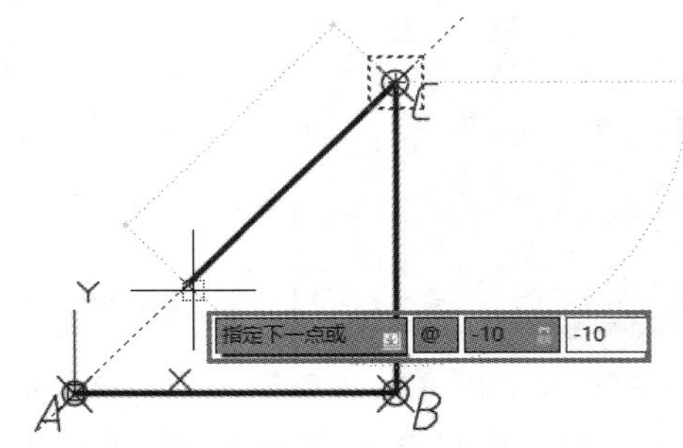

图1-131 动态输入可显示输入坐标

06 按Enter键，确认输入，即可得到△*ABC*如图1-132所示。

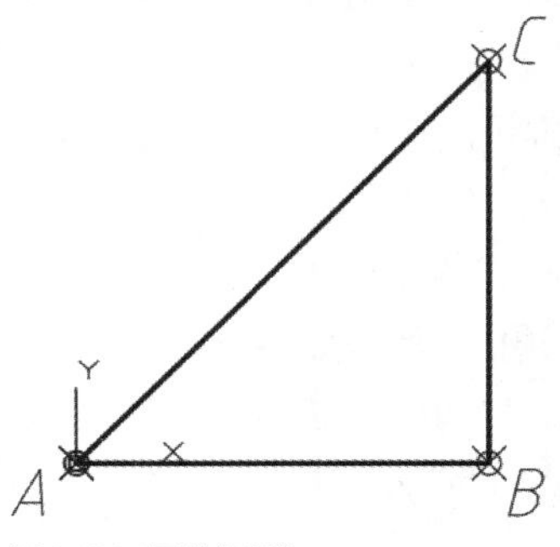

图1-132 最终图形

提示

除了单击状态栏上的按钮外，还可以通过按F12功能键来切换动态输入功能的开、关状态。

实战039 正交绘图

难度：☆☆☆

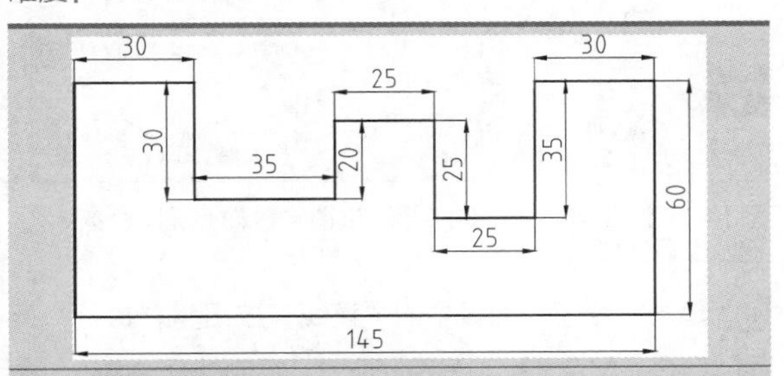

素材文件路径：无

效果文件路径：素材\第 1 章\实战 039 正交绘图 -OK.dwg

在线视频：第 1 章\实战 039 正交绘图 .mp4

使用“正交”命令可以将十字光标限制在水平或垂直轴方向上。该功能就如同使用了丁字尺绘图，可以保证绘制的直线完全呈水平或垂直状态，因此十分适用于绘制绝对水平或垂直的线性图形。

通过“正交”命令绘制如图1-133所示的图形。“正交”功能开启后，系统自动将十字光标强制性地定位在水平或垂直方向上，在引出的追踪线上，直接输入一个数值即可定位目标点，而不用通过手动输入坐标值或捕捉栅格点来进行定位。

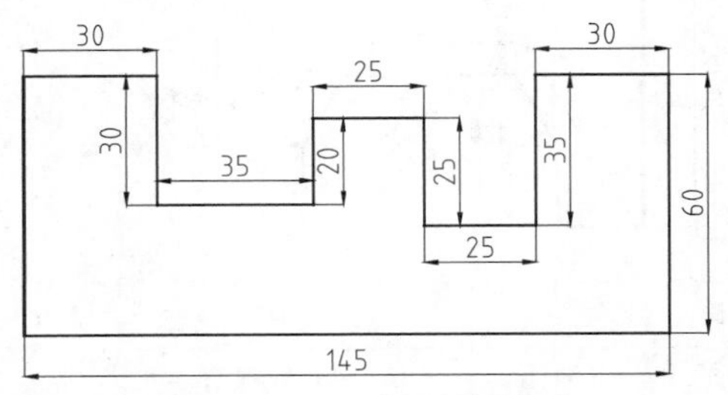

图 1-133 通过“正交”命令绘制图形

01 新建一个空白文档。

02 单击状态栏中的“正交”按钮，或按F8功能键，激活“正交”功能。

03 因为“正交”功能限制了直线的方向，所以绘制水平或垂直直线时，指定方向后直接输入长度值即可，不必再输入完整的坐标值。

04 单击“绘图”面板中的直线按钮，执行“直线”命令，配合“正交”功能，绘制图形，命令行操作如下。

```
命令: _line
指定第一点:                       //在绘图区任意位置单击，拾取一点作为起点
指定下一点或 [放弃(U)]:60↙        //向上移动十字光标，引出90° 正交追踪线，如图1-134所示，此时输入
                                   “60”，定位第二点
指定下一点或 [放弃(U)]:30↙        //向右移动十字光标，引出0° 正交追踪线，如图1-135所示，输入“30”，定位第三点
指定下一点或 [放弃(U)]:30↙        //向下移动十字光标，引出270° 正交追踪线，输入“30”，定位第四点
指定下一点或 [放弃(U)]:35↙        //向右移动十字光标，引出0° 正交追踪线，输入“35”，定位第五点
指定下一点或 [放弃(U)]:20↙        //向上移动十字光标，引出90° 正交追踪线，输入“20”，定位第六点
指定下一点或 [放弃(U)]:25↙        //向右移动十字光标，引出0° 的正交追踪线，输入“25”，定位第七点
```

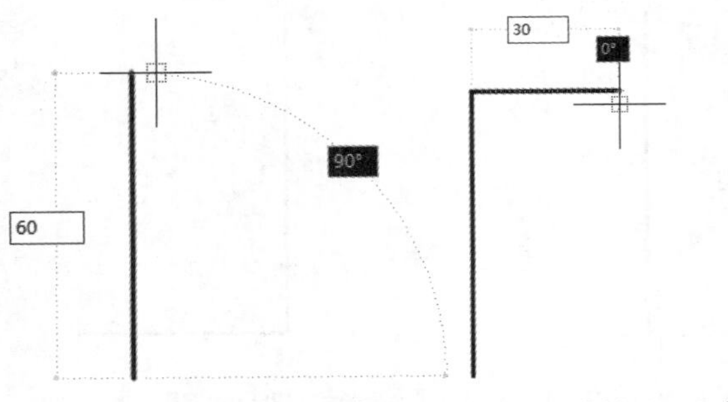

图 1-134 引出 90° 正交追踪线

图 1-135 引出 0° 正交追踪线

05 根据以上方法，配合“正交”功能绘制其他线段，最终的结果如图1-136所示。

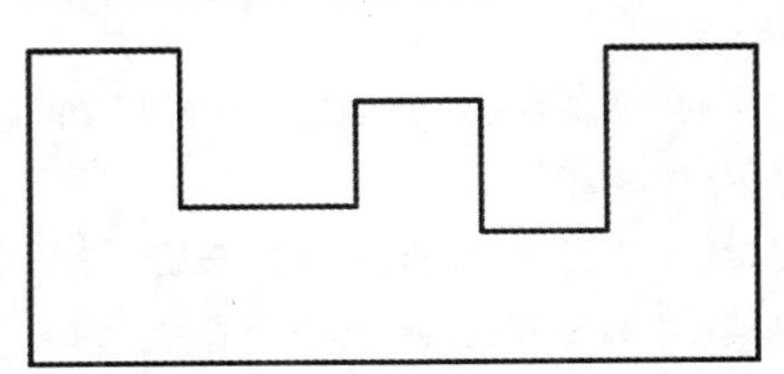

图 1-136 最终结果

实战040 极轴追踪绘图

重点

难度：☆☆☆

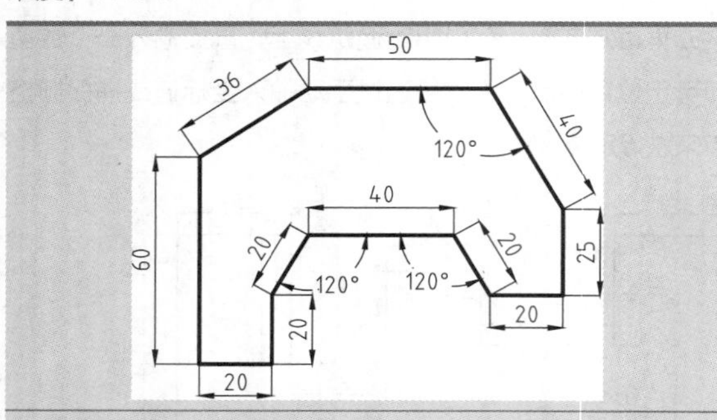

素材文件路径：无

效果文件路径：素材\第 1 章\实战 040 极轴追踪绘图 -OK.dwg

在线视频：第 1 章\实战 040 极轴追踪绘图 .mp4

使用“极轴追踪”命令绘图时，可以按设置的角度增量显示出一条虚线状的延伸辅助线，用户可以沿着该辅助线追踪到十字光标所在的点。“极轴追踪”命令通常用来绘制带角度的线性图形。

“极轴追踪”是一个非常重要的辅助功能，此功能可以在任何角度和方向上引出角度矢量，从而可以很方便地精确定位角度方向上的任何一点。相比于坐标输入、正交等绘图方法来说，极轴追踪功能更为便捷强大，足以绘制绝大部分图形，因此是使用较多的一种绘图方法。下面通过“极轴追踪”命令绘制如图1-137所示的图形。

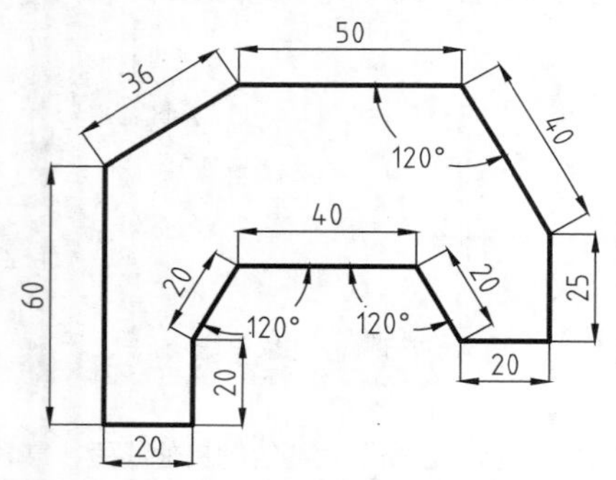

图 1-137 通过“极轴追踪”绘制图形

01 新建一个空白文档。

02 单击状态栏中的“极轴追踪”按钮，或按F10功能键，激活“极轴追踪”功能。

03 用鼠标右键单击状态栏上的“极轴追踪”按钮，然后在弹出的快捷菜单中选择“正在追踪设置”命令，如图1-138所示。

04 在弹出的“草图设置”对话框中勾选“启用极轴追踪”复选框，并将当前的“增量角”设置为60，如图1-139所示。

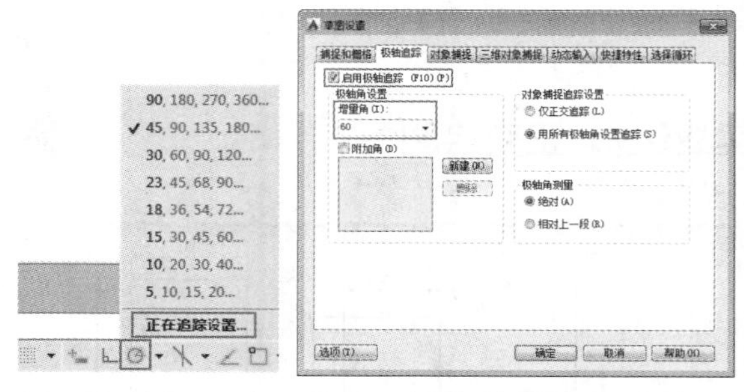

图 1-138 选择“正在追踪设置”命令　图 1-139 设置“极轴追踪”参数

05 单击“绘图”面板中的“直线”按钮，执行“直线”命令，配合“极轴追踪”命令，绘制外框轮廓线，命令行操作如下。

```
命令: _line
指定第一点:
  //在适当位置单击，拾取一点作为起点
指定下一点或 [放弃(U)]:60↙
  //垂直向下移动十字光标，引出270° 的极轴追踪虚
  线，如图1-140所示，此时输入“60”，定位第二点
指定下一点或 [放弃(U)]:20↙
  //水平向右移动十字光标，引出0° 的极轴追踪虚
  线，如图1-141所示，输入“20”，定位第三点
指定下一点或 [放弃(U)]:20↙
  //垂直向上移动十字光标，引出90° 的极轴追踪
  线，如图1-142示，输入“20”，定位第四点
指定下一点或 [放弃(U)]:20↙
  //斜向上移动十字光标，在60° 方向上引出极轴追踪
  虚线，如图1-143所示，输入“20”，定位定第五点
```

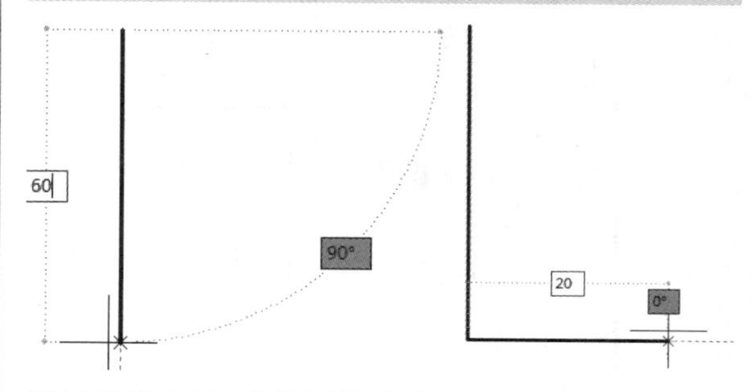

图 1-140 引出 90° 的极轴追踪虚线　图 1-141 引出 0° 的极轴追踪虚线

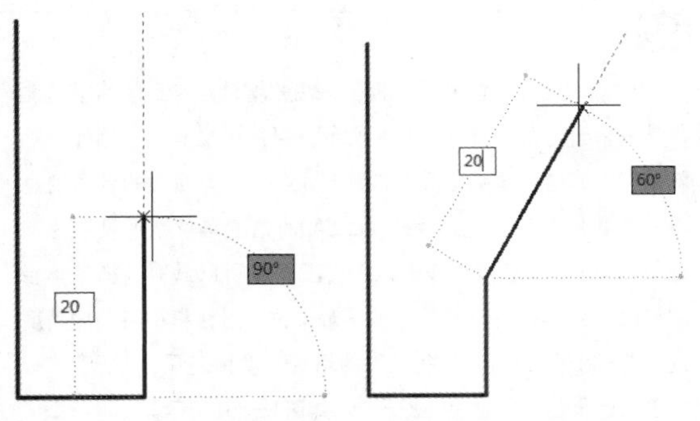

图 1-142 引出 90° 的极轴追踪虚线 图 1-143 60° 的极轴追踪虚线

06 根据以上方法，配合“极轴追踪”命令绘制其他线段，即可绘制出如图1-78所示的图形。

提示

“正交”功能和“极轴追踪”功能不能同时启用。若启用一个，则另一个会自动关闭。

实战041 极轴追踪的设置

进阶

难度：☆☆☆

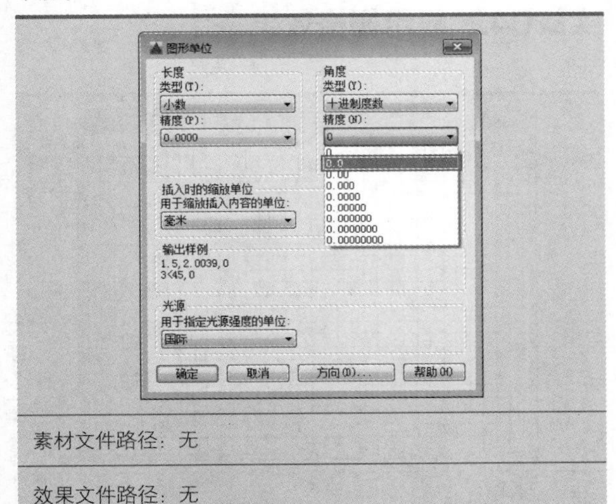

素材文件路径：无

效果文件路径：无

在线视频：第 1 章 \ 实战 041 极轴追踪的设置 .mp4

一般来说，使用“极轴追踪”命令可以绘制任意角度的直线，包括水平方向的0°、180°与垂直方向的90°、270°等，因此某些情况下可以代替“正交”命令使用。但“极轴追踪”命令的功能远不止如此，如果对其设置得当，将大幅提升用户的绘图效率。

01 用鼠标右键单击状态栏上的“极轴追踪”按钮，弹出追踪角度下拉列表，如图1-144所示，其中的数值便为启用“极轴追踪”功能时的捕捉角度。

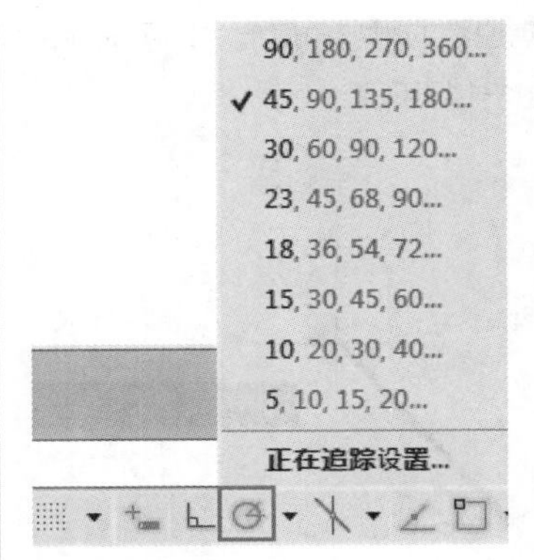

图 1-144 追踪角度下拉列表

02 然后在弹出的快捷菜单中选择“正在追踪设置”命令，弹出“草图设置”对话框，在“极轴追踪”选项卡中可设置“极轴追踪”功能的开关和“增量角”的数值，如图1-145所示。

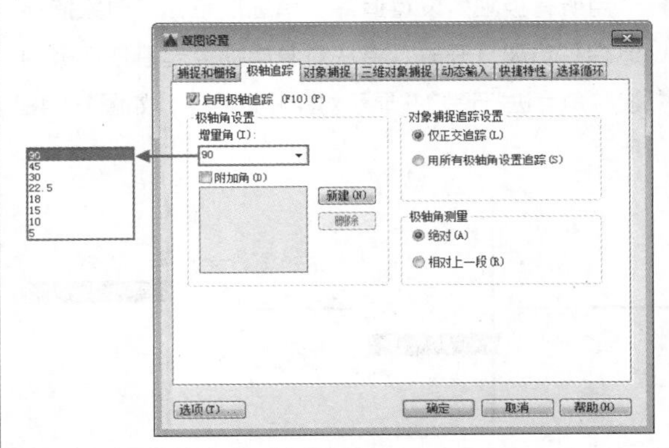

图 1-145 “极轴追踪”选项卡

03 “极轴追踪”选项卡中各选项的含义介绍如下。

◆ “增量角”下拉列表：用于设置极轴追踪角度。当十字光标的相对角度等于该角，或者是该角的整数倍时，屏幕上将显示出追踪路径，如图1-146所示。

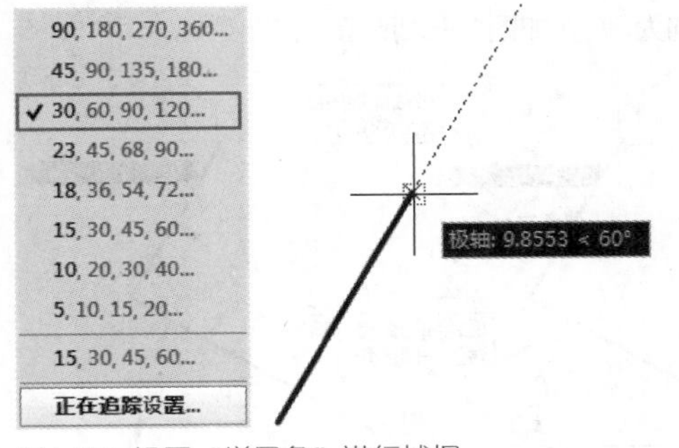

图 1-146 设置“增量角”进行捕捉

◆ “附加角”复选框：增加任意角度值作为极轴追踪的附加角度。勾选“附加角”复选框，并单击“新建”

按钮，然后输入所需追踪的附加角度值，即可捕捉至附加角的角度，如图1-147所示。

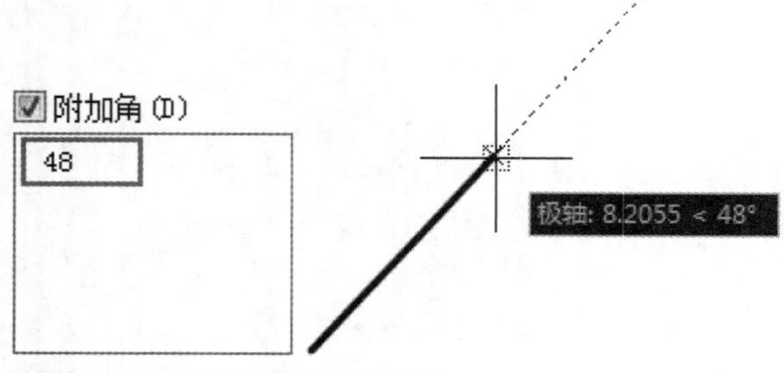

图 1-147 设置“附加角”进行捕捉

◆ “仅正交追踪”单选按钮：当“对象捕捉追踪”功能打开时，仅显示已获得的对象捕捉点的正交（水平和垂直方向）对象捕捉追踪路径，如图1-148所示。

◆ “用所有极轴角设置追踪”单选按钮：“对象捕捉追踪”功能打开时，将从对象捕捉点起沿任何极轴追踪角度进行追踪并显示对象扑捉路径，如图1-149所示。

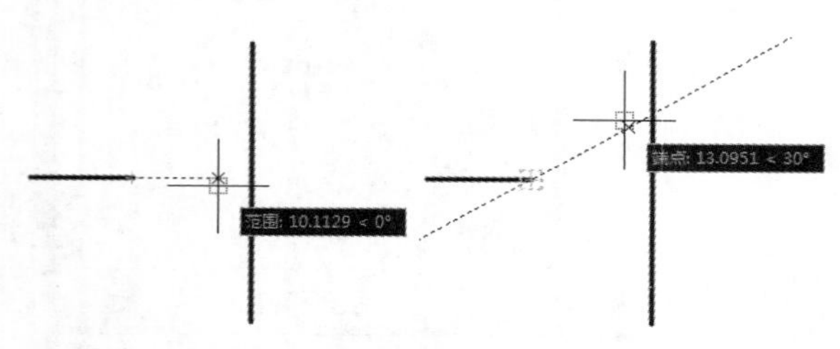

图 1-148 仅从正交方向显示对象捕捉路径 图 1-149 可从极轴追踪角度显示对象捕捉路径

◆ “极轴角测量”选项组：设置极轴角测量的参照标准。“绝对”单选按钮表示使用绝对极坐标，以 X 轴正方向为0°。“相对上一段”单选按钮表示根据上一段绘制的直线确定极轴追踪角度，上一段直线所在的方向为0°，如图1-150所示。

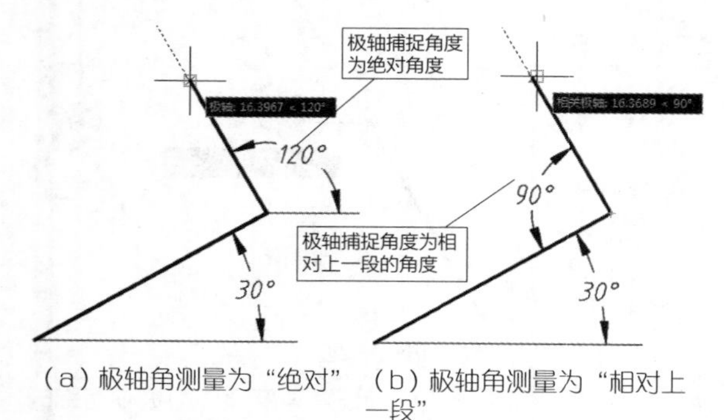

（a）极轴角测量为“绝对” （b）极轴角测量为“相对上一段”

图 1-150 不同的“极轴角测量”效果

提示

细心的读者可能发现，极轴追踪的增量角与后续捕捉角度都是成倍递增的，如图1-146所示。但图中唯有一个例外，那就是23°的增量角度值后直接跳到了45°，与后面的各角度也不成整数倍关系。这是由于AutoCAD的角度单位精度设置为整数，因此22.5°就被四舍五入为了23°。所以只需选择菜单栏“格式”|“单位”命令，在“图形单位”对话框中将角度精度设置为“0.0”，即可使得23°的增量角度值还原为22.5°，极轴追踪时也能正常捕捉至22.5°，如图1-151所示。

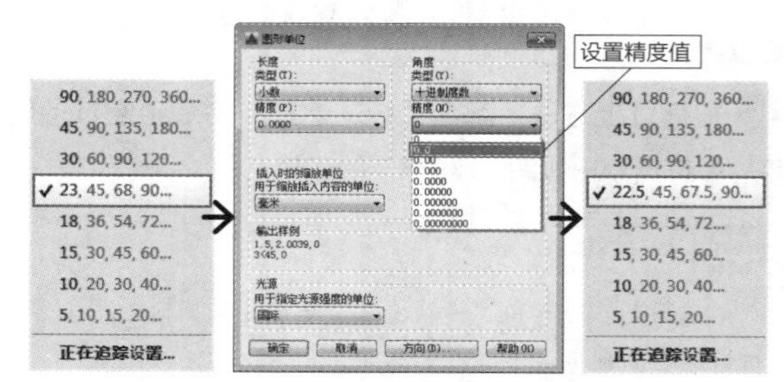

图 1-151 图形单位与捕捉精度的关系

实战042 显示栅格效果

难度：☆

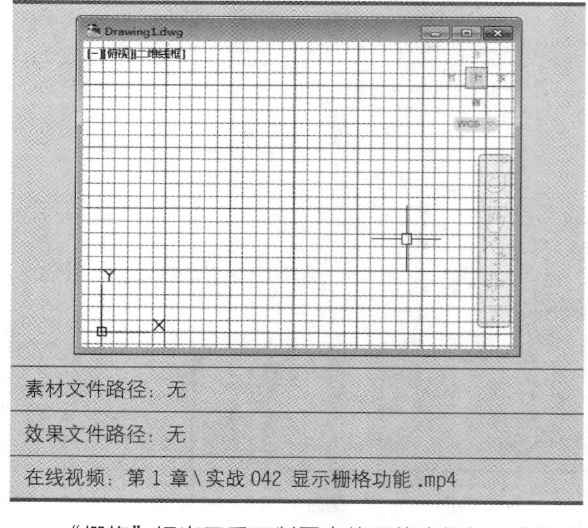

素材文件路径：无

效果文件路径：无

在线视频：第 1 章\实战 042 显示栅格功能 .mp4

“栅格”相当于手工制图中使用的坐标纸，它按照相等的间距在屏幕上显示线矩阵栅格（或点矩阵栅格）。用户可以通过栅格点数目来确定栅格间距，从而达到精确绘图的目的。

1. 显示线矩阵栅格（默认）

01 新建一个空白文档。

02 用鼠标右键单击状态栏上的“显示图形栅格”按钮

▦，选择弹出的“网格设置”选项，如图1-152所示。

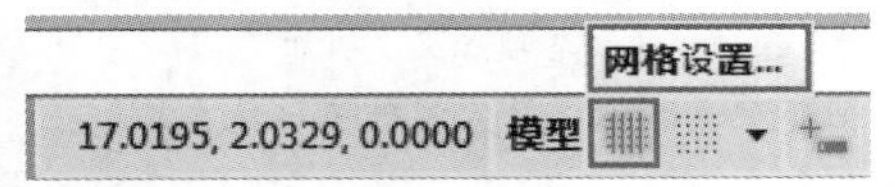

图 1-152 选择“网格设置”选项

03 单击“草图设置”对话框中的“捕捉和栅格”选项卡，然后勾选“启用栅格”复选框，如图1-153所示。

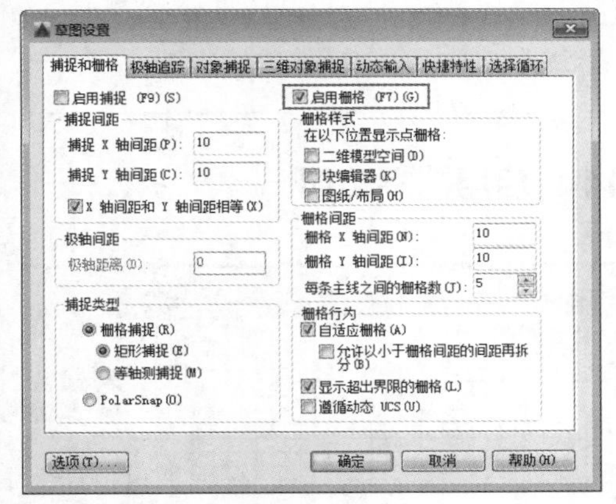

图 1-153 勾选“启用栅格”复选框

04 单击“确定”按钮，返回绘图区即可观察所显现的线矩阵栅格，如图1-154所示。

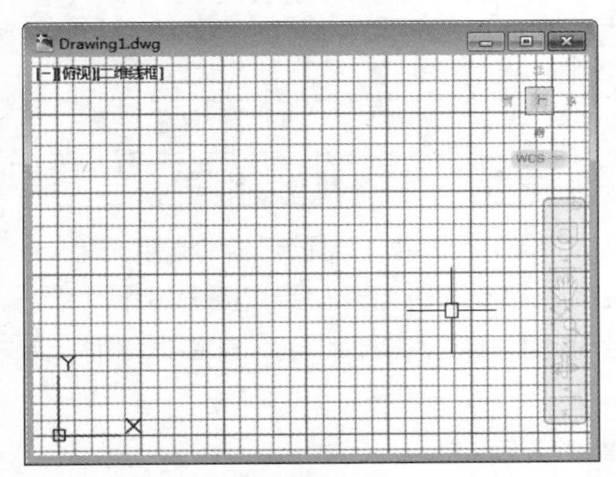

图 1-154 绘图区中的线矩阵栅格

提示

也可以通过单击状态栏上的“显示图形栅格”按钮▦或按F7功能键来切换“栅格”的开、关状态。

2. 显示点矩阵栅格

01 按相同方法打开“草图设置”对话框中的“捕捉和栅格”选项卡。

02 除了勾选“启用栅格”复选框，还要勾选“栅格样式”选项组中的“二维模型空间”复选框，如图1-155所示。

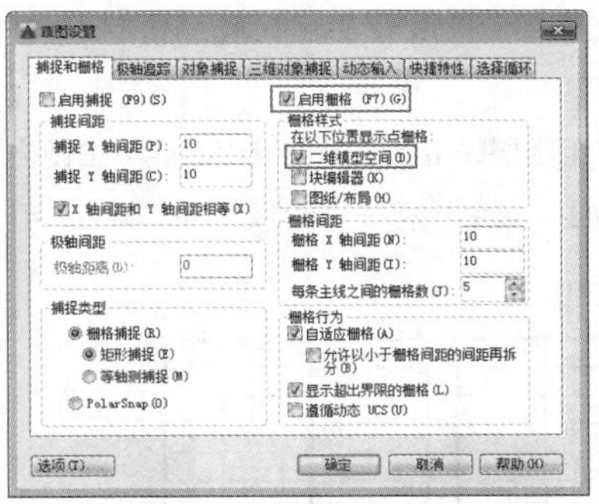

图 1-155 勾选“二维模型空间”复选框

03 单击“确定”按钮，返回绘图区，即可在二维模型空间中显示点矩阵形式的栅格，如图1-156所示。

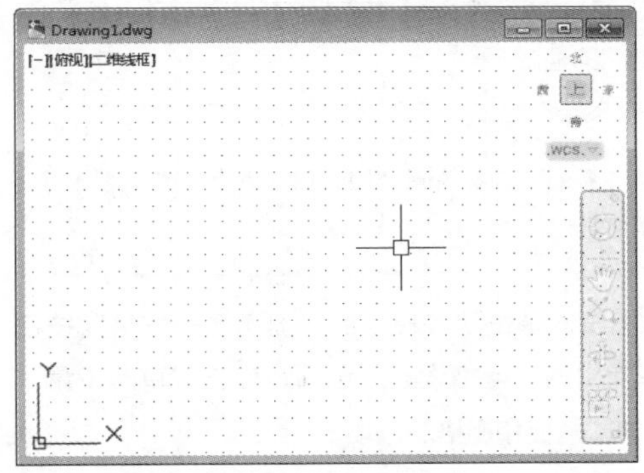

图 1-156 绘图区中的点矩阵栅格

实战043 调整栅格间距

难度：☆☆

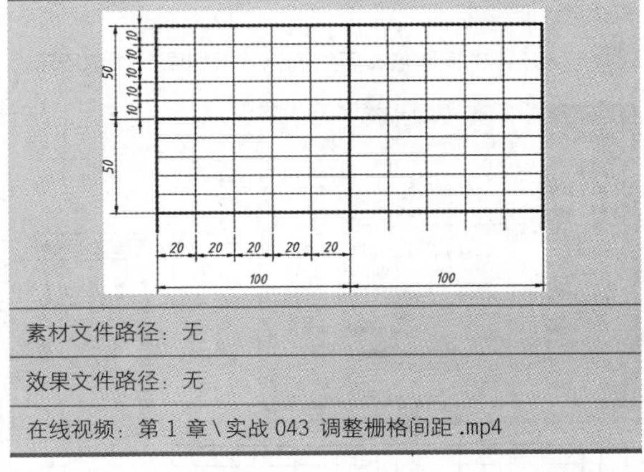

素材文件路径：无

效果文件路径：无

在线视频：第 1 章\实战 043 调整栅格间距 .mp4

通过上一例可知，在AutoCAD 2020中，栅格是点或线的矩阵，遍布图形界限的整个区域，用户可以根据绘图需要调整栅格的间距。

一般情况下，栅格都是正方形的网格，用户可以通过设置间距值来调整正方形的大小，也可以将其设置为非正方形的网格，具体的调整方法介绍如下。

01 新建一个空白文档，并按F7功能键来启用“栅格”功能。

02 观察栅格，可见栅格线由若干颜色较深的线（主栅格线）和颜色较浅的线（辅助栅格线）间隔显示，栅格的组成如图1-157所示。

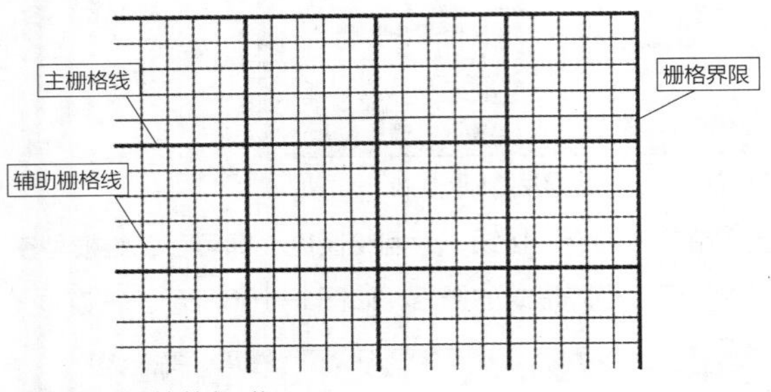

图1-157 栅格的组成

提示

“栅格界限”只有使用“Limits”命令定义了图形界限之后才能显现。

03 用鼠标右键单击状态栏上的“显示图形栅格”按钮▦，选择弹出的“网格设置”选项，单击“草图设置”对话框中的“捕捉和栅格”选项卡。

04 取消勾选“X轴间距和Y轴间距相等”复选框。因为默认情况下，*X*轴间距和*Y*轴间距值是相等的，只有取消勾选该复选框，才能进行自定义输入。然后在右侧的“栅格X轴间距”和“栅格Y轴间距”文框中输入不同的间距值即可。

05 输入不同的间距值，所得栅格效果如图1-158所示。

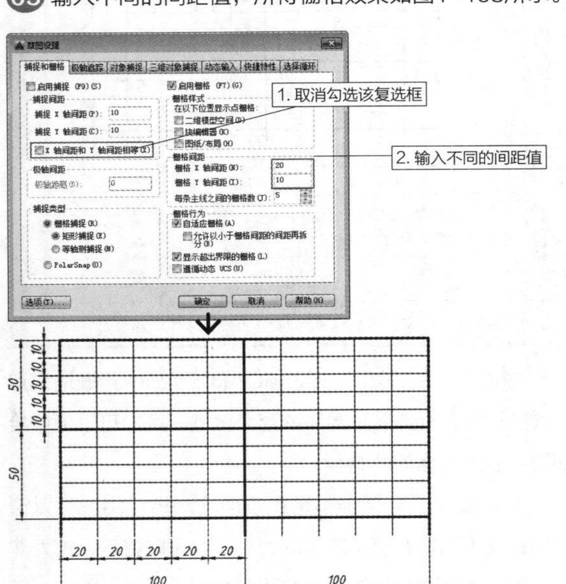

图1-158 不同间距下的栅格效果

提示

“栅格间距”选项组中的各项含义说明如下。

- “栅格X轴间距”文本框：输入辅助栅格线在*X*轴上（横向）的间距值。
- “栅格Y轴间距”文本框：输入辅助栅格线在*Y*轴上（纵向）的间距值。
- “每条主线之间的栅格数”文本框：输入主栅格线之间的辅助栅格线的数量，由此可间接指定主栅格线的间距，即：主栅格线间距=辅助栅格线间距×数量。

实战044 启用捕捉功能

难度：☆

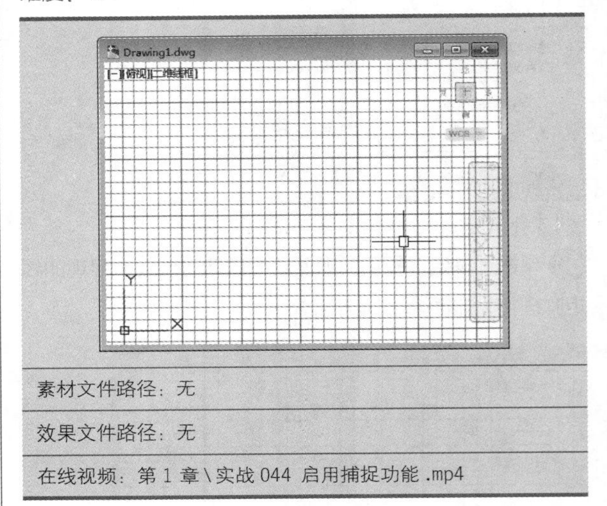

素材文件路径：无

效果文件路径：无

在线视频：第 1 章\实战 044 启用捕捉功能 .mp4

在AutoCAD 2020中，“捕捉”命令是用于设定十字光标在执行命令时移动的距离，使其按照“栅格”命令所限制的间距进行移动。因此“捕捉”经常和“栅格”命令联用。

01 新建一个空白文档。

02 单击状态栏上的“捕捉到图形栅格”按钮▦，如图1-159所示，若高亮显示则为开启状态。

图1-159 启用“捕捉”功能

提示

“捕捉”命令的其他启用方法介绍如下。

- 快捷操作：按F9功能键。
- 快捷键：按Ctrl+B。
- 命令行：输入“SNAP”，按Enter键确认。

实战045 栅格与捕捉绘制图形

难度：☆☆

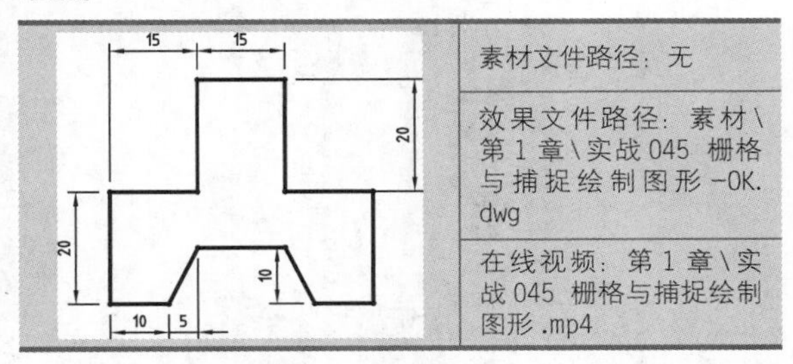

素材文件路径：无

效果文件路径：素材\第 1 章\实战 045 栅格与捕捉绘制图形 -OK.dwg

在线视频：第 1 章\实战 045 栅格与捕捉绘制图形 .mp4

借助“栅格”与“捕捉”命令，可以绘制一些尺寸圆整、外形简单的图形，如钣金零件图、室内平面图等。

01 新建一个空白文档。

02 用鼠标右键单击状态栏上的“捕捉模式”按钮 ，选择“捕捉设置”选项，如图1-160所示，系统弹出“草图设置”对话框。

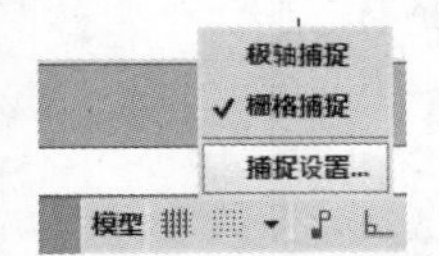

图 1-160 设置选项

03 勾选“启用捕捉”和“启用栅格”复选框，在“捕捉间距”选项组设置“捕捉X轴间距”为5、“捕捉Y轴间距”为5、在“栅格间距”选项组设置“栅格X轴间距”为1、“栅格Y轴间距”为1、“每条主线之间的栅格数”为10，如图1-161所示。

04 单击“确定”按钮，完成栅格参数的设置。

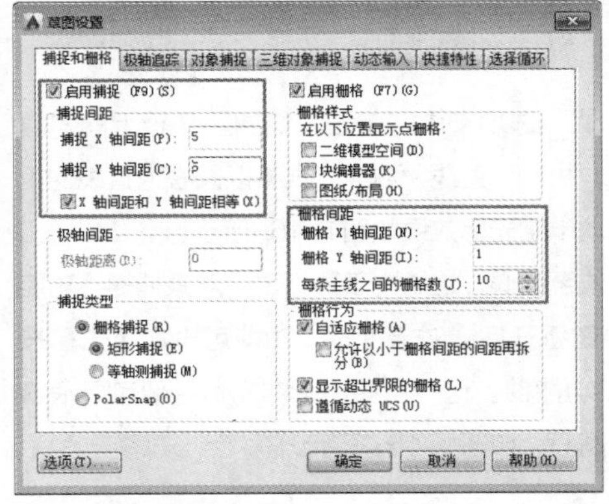

图 1-161 设置栅格参数

05 在命令行中输入“L”，执行“直线”命令，捕捉各栅格点绘制如图1-162所示零件图，最终效果如图1-163所示。

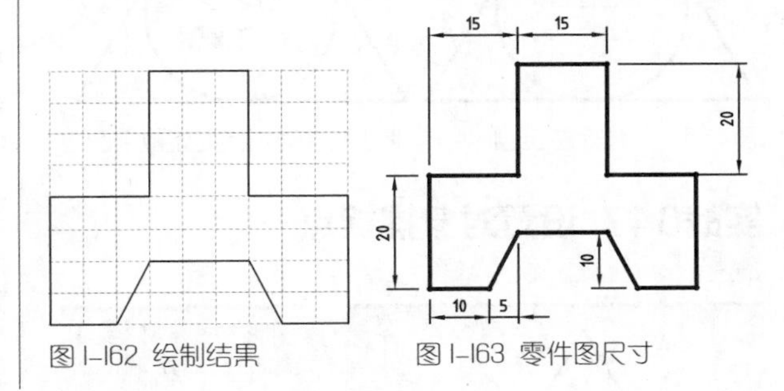

图 1-162 绘制结果　　图 1-163 零件图尺寸

1.7 对象捕捉

由于点坐标法与直接肉眼确定法都有各种弊端，AutoCAD提供了“对象捕捉”命令。在“对象捕捉”功能开启的情况下，系统会自动捕捉某些特征点，如圆心、中点、端点、节点、象限点等，从而为精确绘制图形提供了有利条件。

实战046 启用对象捕捉

难度：☆☆

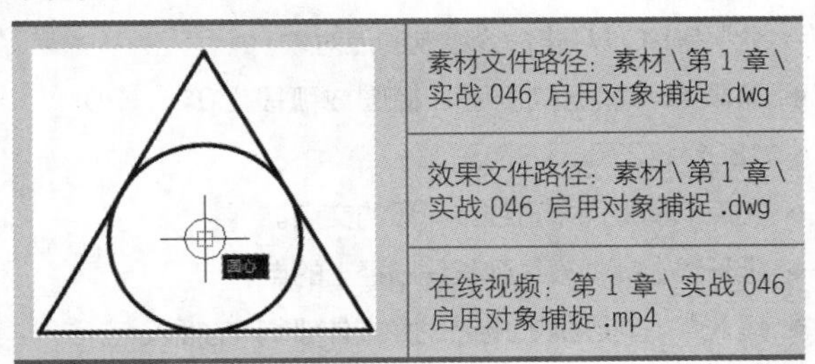

素材文件路径：素材\第 1 章\实战 046 启用对象捕捉 .dwg

效果文件路径：素材\第 1 章\实战 046 启用对象捕捉 .dwg

在线视频：第 1 章\实战 046 启用对象捕捉 .mp4

通过“对象捕捉”命令可以精确定位现有图形对象的特征点，如圆心、中点、端点、节点、象限点等。

01 打开素材文件“第1章\实战046启用对象捕捉.dwg”，如图1-164所示。

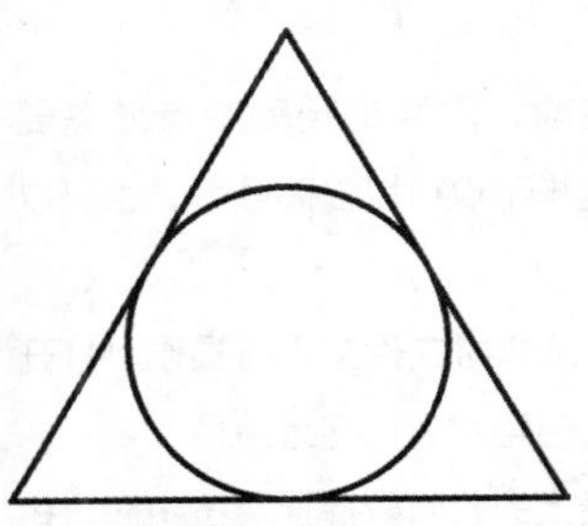

图 1-164 素材文件

02 默认情况下，状态栏中的“对象捕捉”按钮 高亮显示，表示为开启状态。单击该按钮 ，让其淡化显示，如图1-165所示。

图 1-165 关闭“对象捕捉”功能

03 在“默认”选项卡中，单击“绘图”面板上的“直线”按钮，执行“直线”命令。试着以圆心为直线的第一个点，移动十字光标效果如图1-166所示。

04 很难定位至圆心，这是由于关闭了“对象捕捉”功能的原因。要重新开启“对象捕捉”功能可再次单击按钮，或按F3功能键。这时再移动十字光标，便可以很容易地定位至圆心，如图1-167所示。

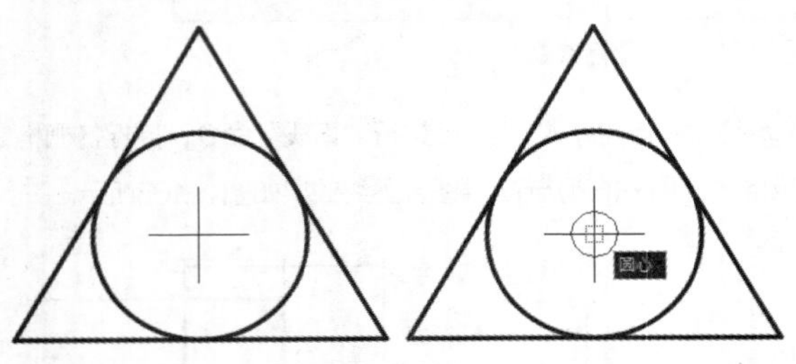

图 1-166 无法定位至圆心　　图 1-167 通过捕捉定位至圆心

实战047 设置对象捕捉点

难度：☆☆☆

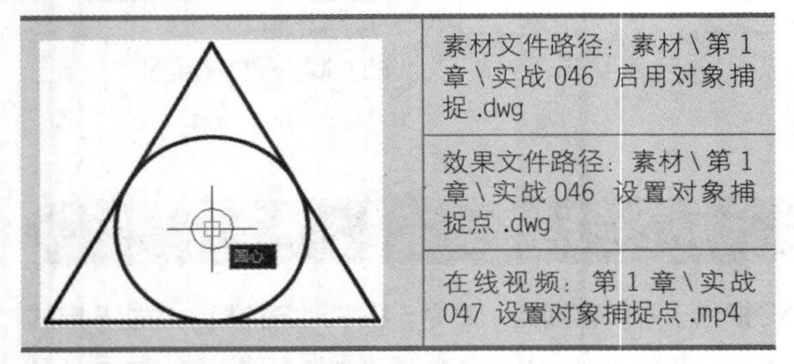

素材文件路径：素材\第1章\实战046 启用对象捕捉.dwg

效果文件路径：素材\第1章\实战046 设置对象捕捉点.dwg

在线视频：第1章\实战047 设置对象捕捉点.mp4

“对象捕捉”命令除了能定位至特征点外，还可以通过设置来选择具体要对哪些点进行捕捉、哪些点不捕捉。

在设置对象捕捉点之前，需要确定哪些点是需要的，哪些点是不需要的。这样不仅可以提高效率，也可以避免捕捉失误。

01 同样使用“实战046”的素材文件来进行操作。打开素材文件“第1章\实战046 启用对象捕捉.dwg”。

02 用鼠标右键单击状态栏上的“对象捕捉”按钮，执行“对象捕捉设置”命令，如图1-168所示。

03 系统自动弹出“草图设置”对话框，在“对象捕捉模式”选项组中勾选需要的特征点，如图1-169所示。

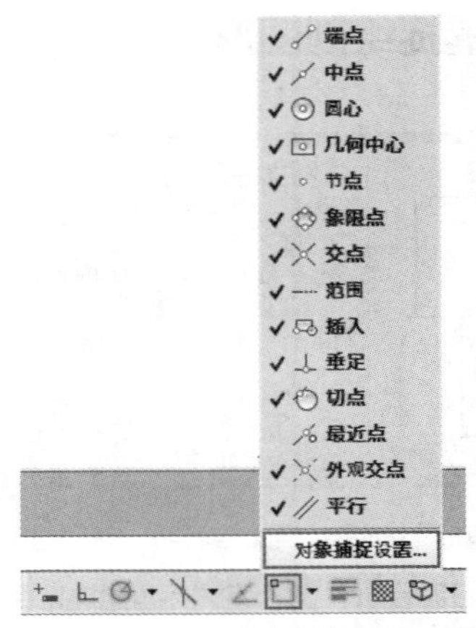

图 1-168 选择“对象捕捉设置”命令

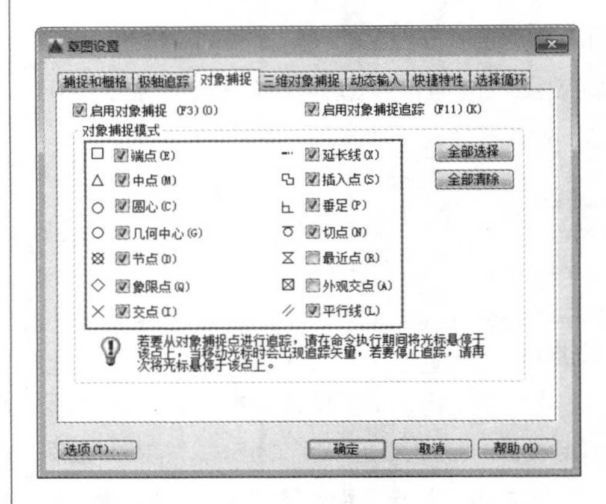

图 1-169 勾选要捕捉的特征点

04 在AutoCAD 2020中共列出14种对象捕捉点和对应的捕捉标记，含义分别介绍如下。

- 端点：捕捉直线或曲线的端点。
- 中点：捕捉直线或弧段的中心点。
- 圆心：捕捉圆、椭圆或弧的中心点。
- 几何中心：捕捉多段线、二维多段线或二维样条曲线的几何中心点。
- 节点：捕捉用“点”“多点”“定数等分”“定距等分”等POINT类命令绘制的点对象。
- 象限点：捕捉位于圆、椭圆或弧段上0°、90°、180°、270°处的点。
- 交点：捕捉两条直线或弧段的交点。
- 延长线：捕捉直线延长线路径上的点。
- 插入点：捕捉图块、标注对象或外部参照的插入点。
- 垂足：捕捉从已知点到已知直线的垂线的垂足。
- 切点：捕捉圆、弧段或其他曲线的切点。
- 最近点：捕捉处在直线、弧段、椭圆或样条曲线上，而且距离十字光标最近的特征点。

- 外观交点：在三维视图中，从某个角度观察两个对象可能相交，但实际并不一定相交，这时可以使用“外观交点”命令捕捉对象在外观上相交的点。
- 平行线：选定路径上的一点，使通过该点的直线与已知直线平行。

05 单击“确定”按钮，返回绘图区。在绘图过程中，当十字光标靠近这些被启用的捕捉特殊点后，便会自动对其进行捕捉，效果如图1-170所示。

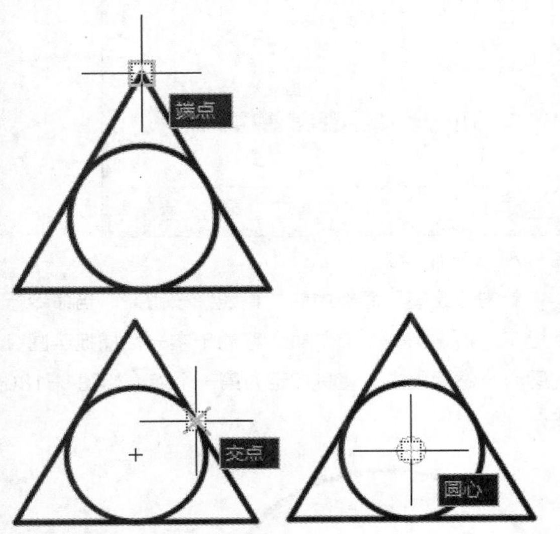

图 1-170 各种捕捉效果

提示

这里需要注意的是，在“对象捕捉”选项卡中，各捕捉特殊点前面的形状符号，如 □、×、○等，即是在绘图区捕捉特征点时显示的对应形状。

实战048 对象捕捉追踪

难度：☆☆

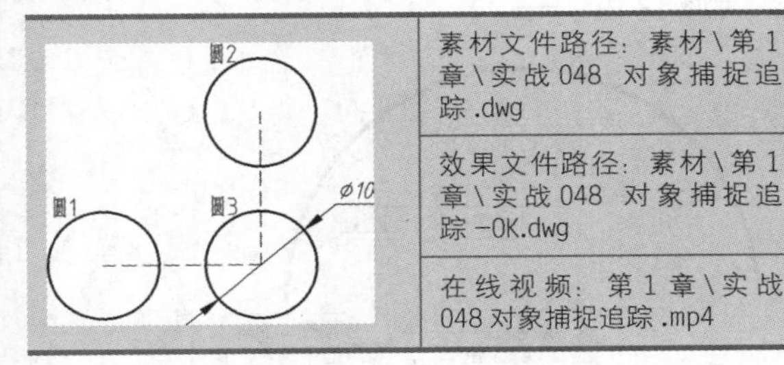

	素材文件路径：素材\第 1 章\实战 048 对象捕捉追踪.dwg
	效果文件路径：素材\第 1 章\实战 048 对象捕捉追踪 -OK.dwg
	在线视频：第 1 章\实战 048 对象捕捉追踪.mp4

启用“对象捕捉追踪”功能后，在绘图的过程中通过“对象捕捉”命令选定点时，将十字光标置于其上，便可以沿该捕捉点的对齐路径引出追踪线。

01 打开素材文件“第1章\实战048启用对象捕捉追踪.dwg”，如图1-171（a）所示。在不借助辅助线的情况下，如果要绘制如图1-171（b）所示的圆3，便可以借助“对象捕捉追踪”功能来完成。

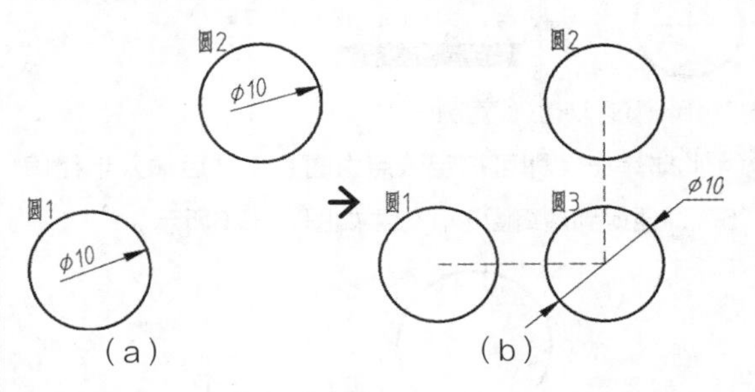

图 1-171 素材文件与完成效果

02 默认情况下，状态栏中的“对象捕捉追踪”按钮高亮显示，为开启状态。单击该按钮，让其淡化显示，如图1-172所示。

图 1-172 关闭“对象捕捉追踪”功能

03 单击“绘图”面板上的“圆”按钮，执行“圆”命令。将十字光标置于圆1的圆心处，然后移动十字光标，可见除了在圆心处有一个“+”符号标记外，并没有其他现象出现，如图1-173所示。这就是关闭了“对象捕捉追踪”功能的效果。

04 要重新开启“对象捕捉追踪”功能，可再次单击按钮，或按F11功能键。这时再将十字光标移动至圆心，便可以发现在圆心处显示出了相应的水平、垂直或指定角度的虚线状的延伸辅助线，如图1-174所示。

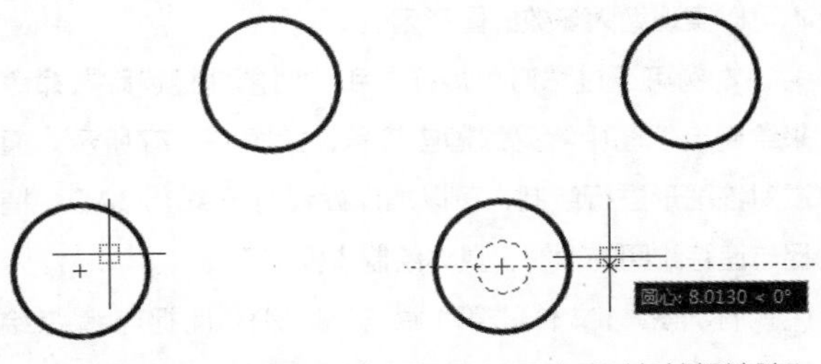

图 1-173 关闭“对象捕捉追踪”功能的效果　图 1-174 开启“对象捕捉追踪”功能的效果

05 再将十字光标移动至圆2的圆心处，等同样出现“+”符号标记后，便将十字光标移动至圆3的大概位置，即可得到由延伸辅助线所确定的圆3圆心点，如图1-175所示。

资源获取验证码：91400

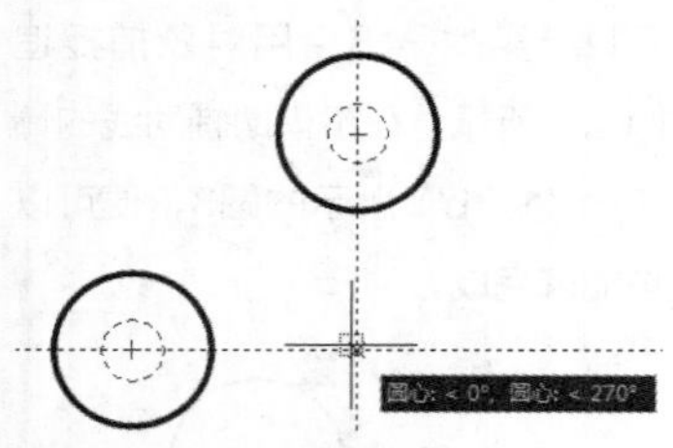

图 1-175 通过延伸线确定圆心

06 此时单击，即可指定该点为圆心，然后输入半径值“5”，便得到最终图形，效果如图1-176所示。

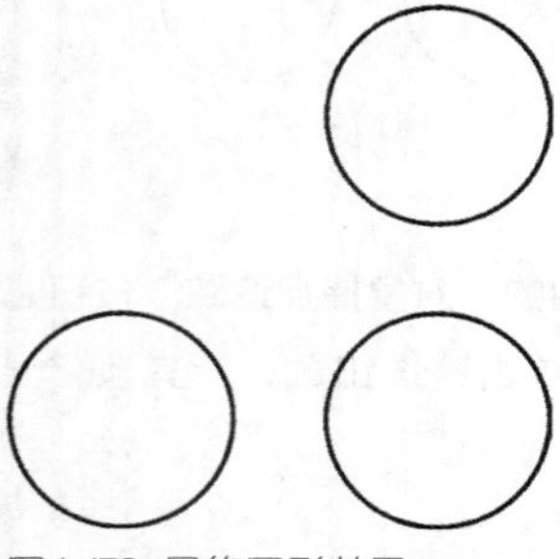

图 1-176 最终图形效果

实战049 捕捉与追踪绘图

重点

难度：☆☆☆

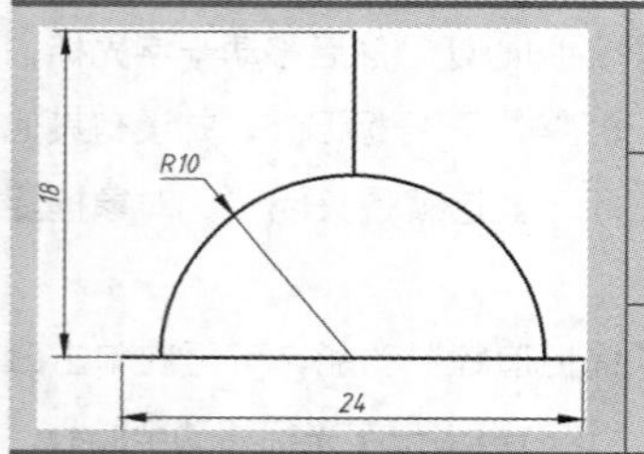

素材文件路径：素材\第 1 章\实战 049 捕捉与追踪绘图 .dwg

效果文件路径：素材\第 1 章\实战 049 捕捉与追踪绘图 -OK.dwg

在线视频：第 1 章\实战 049 捕捉与追踪绘图 .mp4

“对象捕捉追踪”命令通常和“对象捕捉”命令联用。通过利用图形特征点，以及这些点的延伸辅助线，基本可以实现绝大多数的图形定位。

本例可通过“对象捕捉”和“对象捕捉追踪”命令来绘制电气图中常见的插座符号，如图1-177所示。通过对该图形进行绘制，可以加深读者对于AutoCAD中捕捉与追踪绘图的理解，具体绘制步骤如下。

01 打开素材文件“第1章\实战049 捕捉与追踪绘图.dwg”，如图1-178所示。

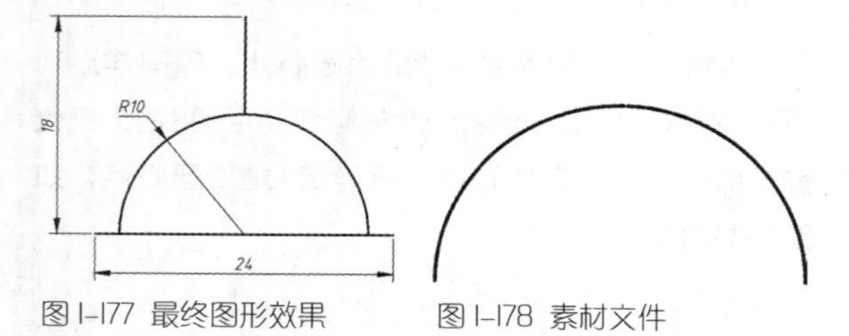

图 1-177 最终图形效果　　图 1-178 素材文件

02 用鼠标右键单击状态栏上的“对象捕捉”按钮，在弹出的快捷菜单中选择“对象捕捉设置”命令，系统弹出“草图设置”对话框，单击“对象捕捉”选项卡，然后勾选其中的“启用对象捕捉”“启用对象捕捉追踪”“圆心”复选框，如图1-179所示。

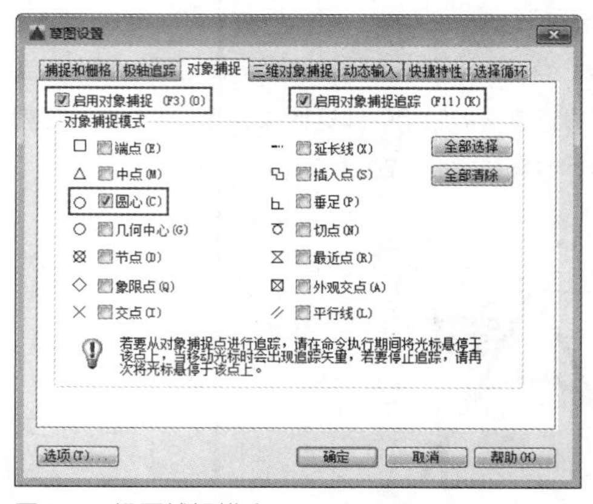

图 1-179 设置捕捉模式

03 单击“绘图”面板中的“直线”按钮，当命令行中提示“指定第一个点”时，移动十字光标捕捉至圆弧的圆心，然后单击，将其指定为第一个点，如图1-180所示。

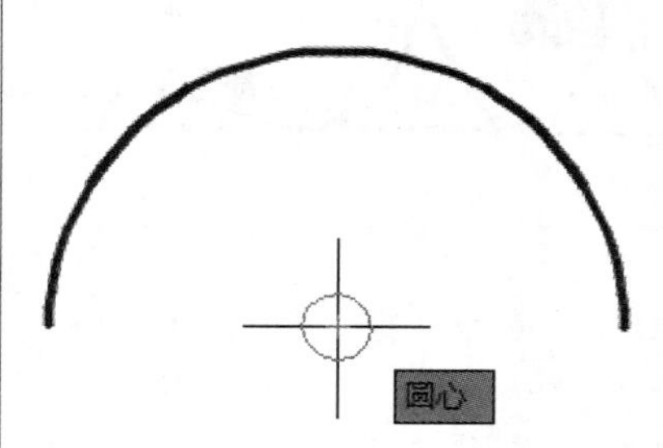

图 1-180 捕捉圆心

04 将十字光标向左移动，引出水平追踪线，然后在动态输入框中输入“12”，再按空格键，即可确定直线的起点，如图1-181所示。

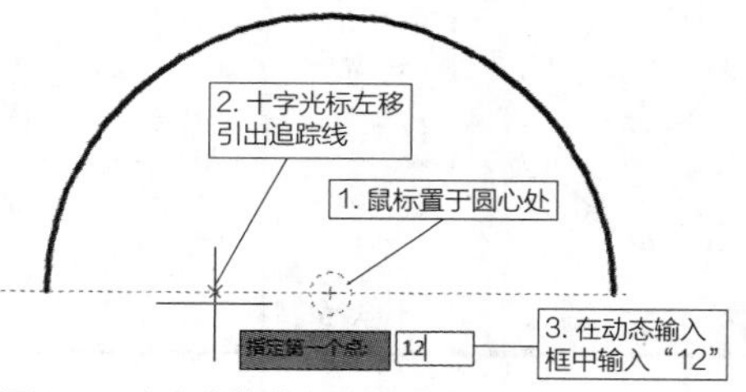

图 1-181 确定直线的起点

05 此时将十字光标向右移动，引出水平追踪线，在动态输入框中输入“24”，按空格键，确定直线终点，即可绘制出直线，如图1-182所示。

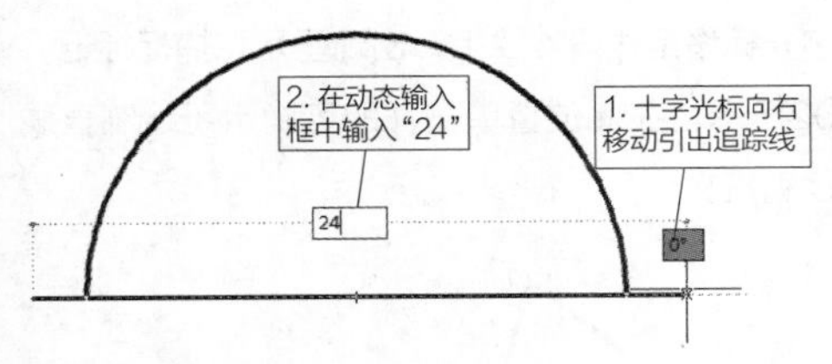

图 1-182 确定直线的终点

06 单击“绘图”面板中的“直线”按钮，当命令行中提示“指定第一个点”时，移动十字光标捕捉至圆弧的圆心，然后向上移动引出垂直追踪线，在动态输入框中输入“10”，按空格键，确定直线的起点，如图1-183所示。

07 再将十字光标沿着垂直追踪线向上移动，在动态输入框中输入“8”，按空格键，确定直线终点，即可绘制出垂直的直线，如图1-184所示。

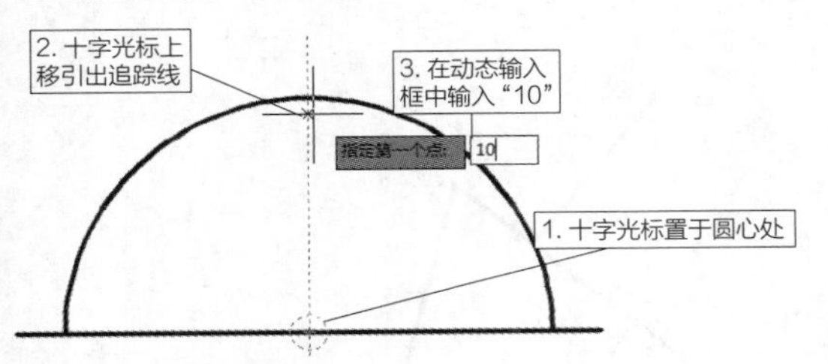

图 1-183 确定直线的起点

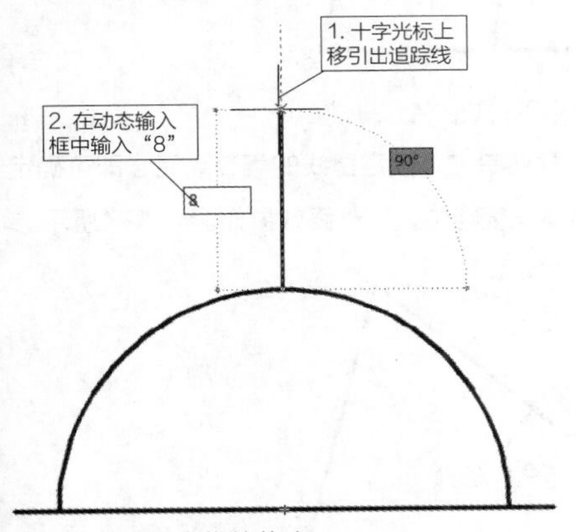

图 1-184 确定直线的终点

实战050 临时捕捉绘图

难度：☆☆

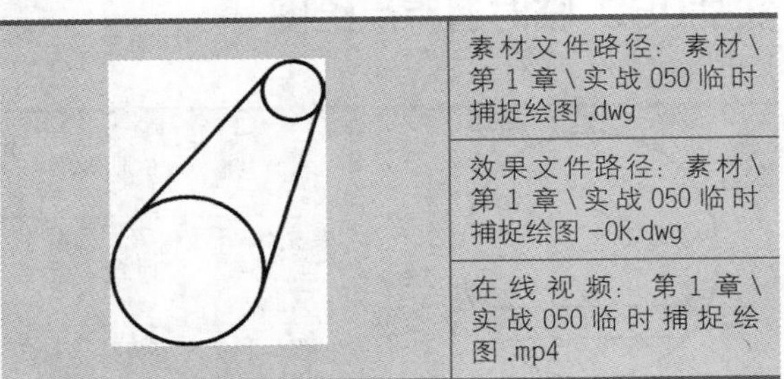

素材文件路径：素材\第 1 章\实战 050 临时捕捉绘图 .dwg
效果文件路径：素材\第 1 章\实战 050 临时捕捉绘图 -OK.dwg
在线视频：第 1 章\实战 050 临时捕捉绘图 .mp4

除了“对象捕捉”命令之外，AutoCAD还有“临时捕捉”命令，同样可以捕捉特征点。但与“对象捕捉”不同的是，“临时捕捉”命令仅限“临时”启用，无法一直生效，不过可在绘图过程中随时启用，因此多用于绘制一些非常规的图形，如一些特定图形的公切线、垂直线等。

01 打开素材文件“第1章\实战050 临时捕捉绘图.dwg”，如图1-185所示。

02 在“默认”选项卡中，单击“绘图”面板上的“直线”按钮，命令行提示指定直线的起点。

03 此时按住Shift键单击鼠标右键，在弹出的临时捕捉快捷菜单中选择“切点”命令，如图1-186所示。

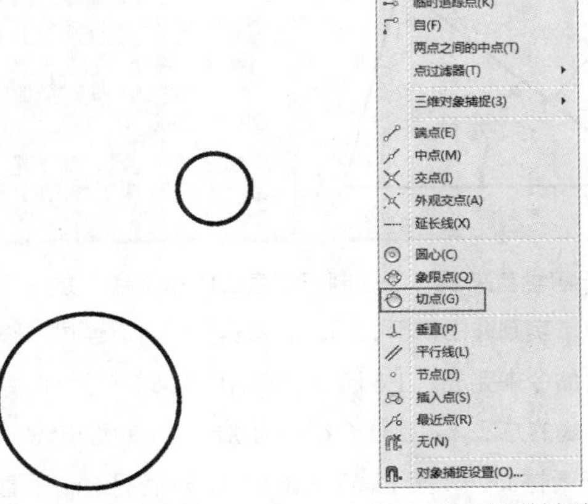

图 1-185 素材文件　　图 1-186 临时捕捉快捷菜单

04 然后将十字光标移到大圆上，出现切点捕捉标记，如图1-187所示，在此位置单击确定直线第一个点。

05 确定第一个点之后，“临时捕捉”命令失效。再重复执行上述步骤，选择“切点”临时捕捉，将十字光标移到小圆上，出现切点捕捉标记时单击，即完成公切线绘制，如图1-188所示。

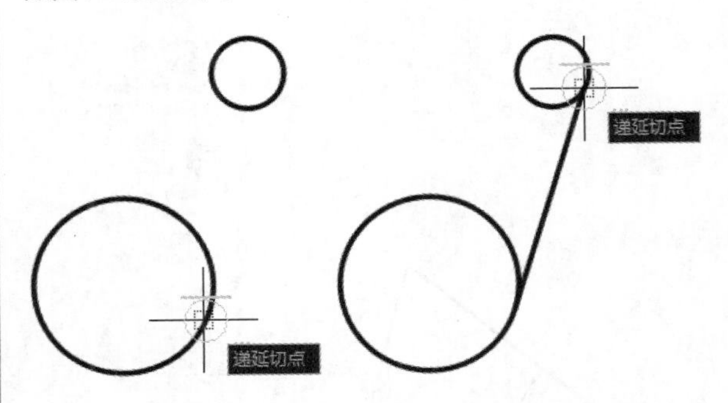

图 1-187 切点捕捉标记　　图 1-188 绘制的第一条公切线

06 重复上述操作步骤，绘制另外一条公切线，效果如图1-189所示。

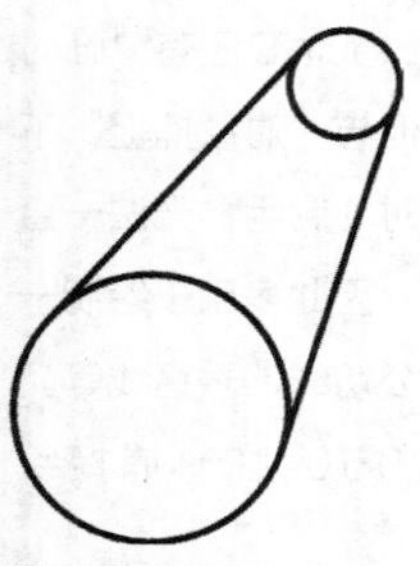

图 1-189 绘制好第二条公切线后的效果

实战051 临时捕捉绘制垂直线

难度：☆☆

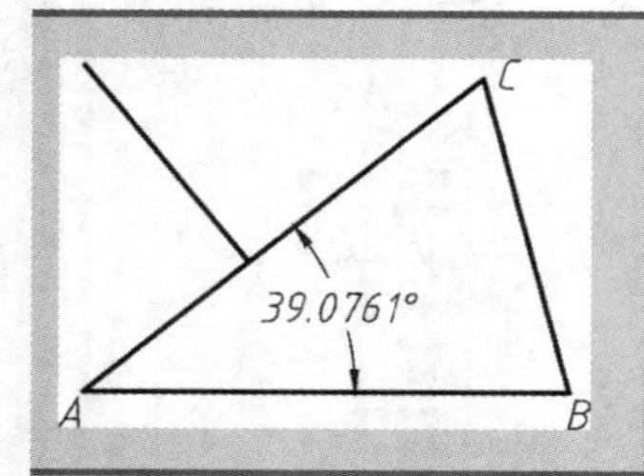	素材文件路径：素材\第1章\实战051 临时捕捉绘制垂直线.dwg
	效果文件路径：素材\第1章\实战051 临时捕捉绘制垂直线-OK.dwg
	在线视频：第1章\实战051 临时捕捉绘制垂直线.mp4

对于初学者来说，“绘制已知直线的垂直线”是一个看似简单，实则非常棘手的问题。其实仍然可以通过“临时捕捉”命令来完成。上例介绍了使用“临时捕捉”命令绘制公切线的方法，本例便介绍如何绘制特定的垂直线。

01 打开素材文件“第1章\实战051 临时捕捉绘制垂直线.dwg”，如图1-190所示。从素材文件中可知线段*AC*的水平夹角为无理数，不可能通过输入角度的方式来绘制它的垂直线。

02 在“默认”选项卡中，单击“绘图”面板上的“直线”按钮，命令行提示指定直线的起点。

03 按住Shift键然后单击鼠标右键，在弹出的临时捕捉快捷菜单中选择“垂直”命令，如图1-191所示。

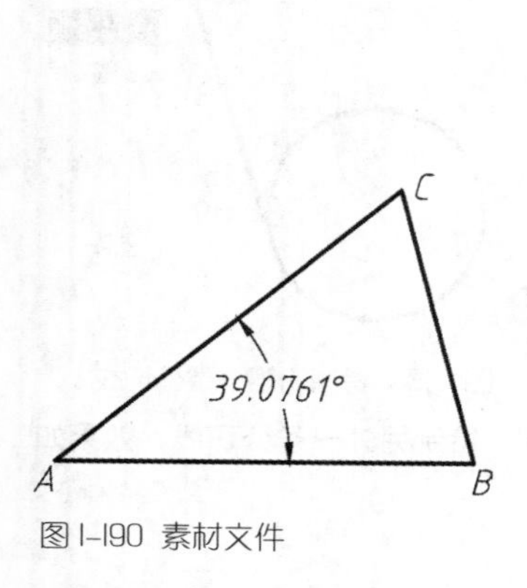

图 1-190 素材文件

临时追踪点(K)
自(F)
两点之间的中点(T)
点过滤器(T)
三维对象捕捉(3)
端点(E)
中点(M)
交点(I)
外观交点(A)
延长线(X)
圆心(C)
象限点(Q)
切点(G)
垂直(P)
平行线(L)
节点(D)
插入点(S)
最近点(R)
无(N)
对象捕捉设置(O)...

图 1-191 临时捕捉快捷菜单

04 将十字光标移至线段*AC*上，出现垂足点捕捉标记，如图1-192所示，在此位置单击，即可确定所绘制直线与线段*AC*垂直。

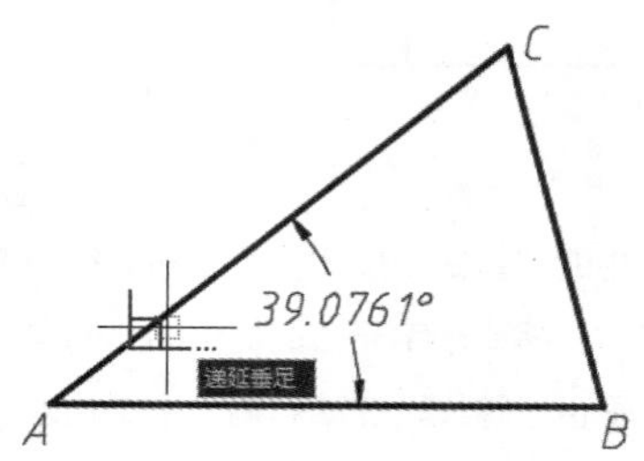

图 1-192 垂足点捕捉标记

05 此时命令行提示指定直线的下一点，同时可以观察到所绘直线在线段*AC*上可以自由滑动，如图1-193所示。

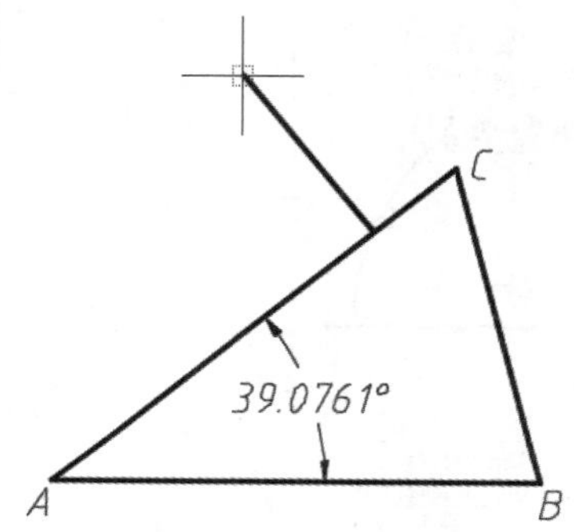

图 1-193 垂直线可在线段*AC*上滑动

06 在图形任意处单击，指定直线的第二点后，即可确定该垂直线的具体长度与位置，最终效果如图1-194所示。

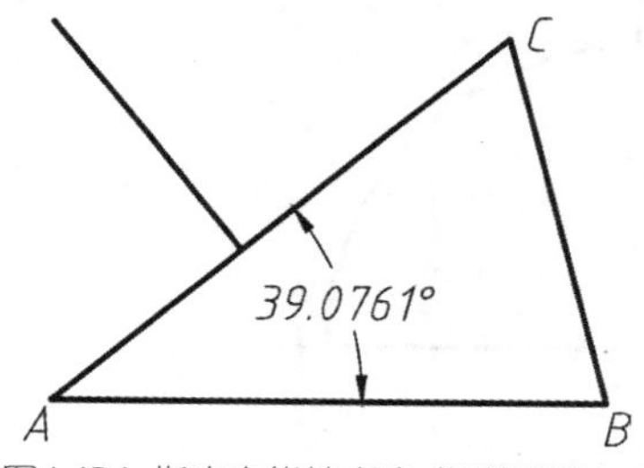

图 1-194 指定直线端点完成垂线绘制

实战052 临时追踪点绘图

重点

难度：☆☆☆

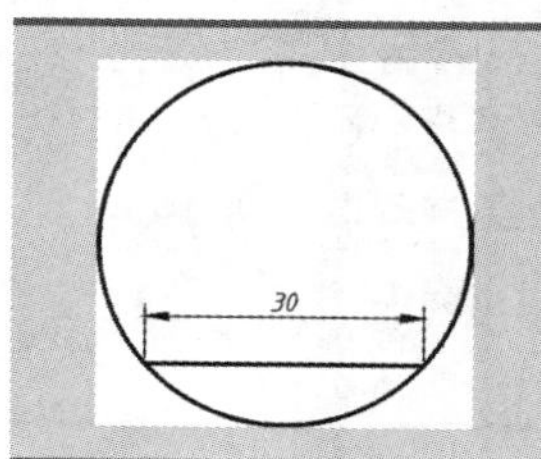	素材文件路径：素材\第1章\实战052 临时追踪点绘图.dwg
	效果文件路径：素材\第1章\实战052 临时追踪点绘图-OK.dwg
	在线视频：第1章\实战052 临时追踪点绘图.mp4

“临时追踪点”命令是在进行图像编辑前临时建立的一个暂时的捕捉点，以供后续绘图参考。在绘图时可通过指定“临时追踪点”来快速指定起点，而无需借助辅助线。

如果要在半径为20的圆中绘制一条指定长度为30的弦，那通常情况下，都是以圆心为起点，分别绘制两条辅助线，才可以得到最终图形，如图1-195所示。

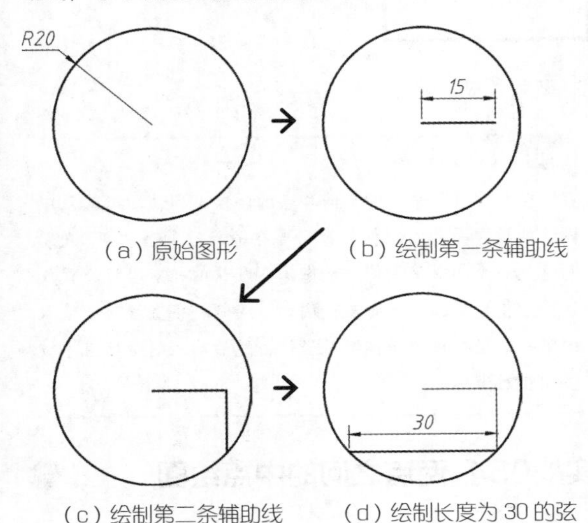

图 1-195 指定弦长的常规画法

如果使用“临时追踪点”命令进行绘制，则可以跳过辅助线的绘制，直接绘制出长度为30的弦，该方法详细步骤如下。

01 打开素材文件“第1章\实战052 临时追踪点绘图.dwg”，如图1-196所示。

02 在“默认”选项卡中，单击“绘图”面板上的“直线”按钮，执行“直线”命令。

03 命令行出现“指定第一个点”的提示时，输入“tt”，执行“临时追踪点”命令，如图1-197所示。也可以在绘图区中单击鼠标右键，在弹出的快捷菜单中选择“临时追踪点”命令。

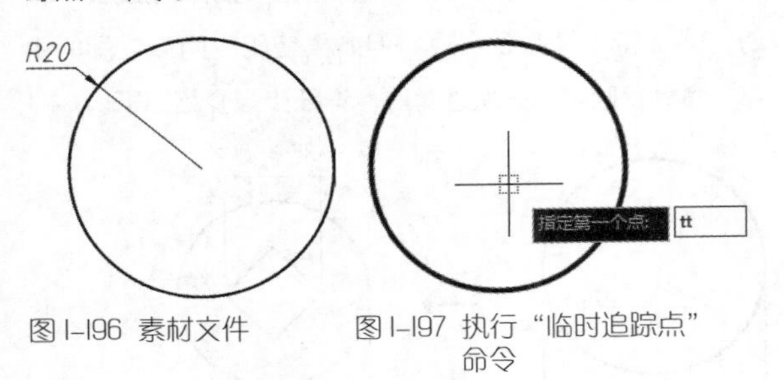

图 1-196 素材文件　　图 1-197 执行“临时追踪点”命令

04 将十字光标移动至圆心处，然后按住鼠标左键水平向右移动十字光标，引出0°的极轴追踪虚线，接着输入“15”，即将临时追踪点指定为圆心右侧距离为15的点，如图1-198所示。

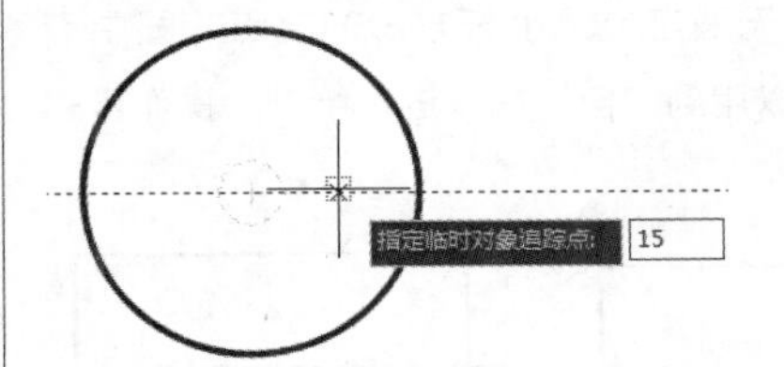

图 1-198 指定“临时追踪点”

05 指定直线起点。垂直向下移动十字光标，引出270°的极轴追踪虚线，到达与圆的交点处，作为直线的起点，如图1-199所示。

06 指定直线终点。水平向左移动十字光标，引出180°的极轴追踪虚线，到达与圆的另一交点处，作为直线的终点，该直线即为所绘制长度为30的弦，如图1-200所示。

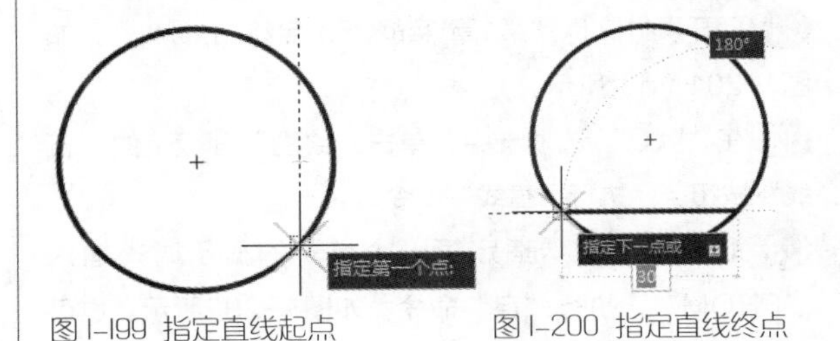

图 1-199 指定直线起点　　图 1-200 指定直线终点

提示

要执行“临时追踪点”操作，除了本例所述的方法外，还可以按执行“临时捕捉”的方法，即在执行命令时，按Shift键然后单击鼠标右键，在弹出的快捷菜单中选择“临时追踪点”命令。

实战053 自绘图

难度：☆☆☆

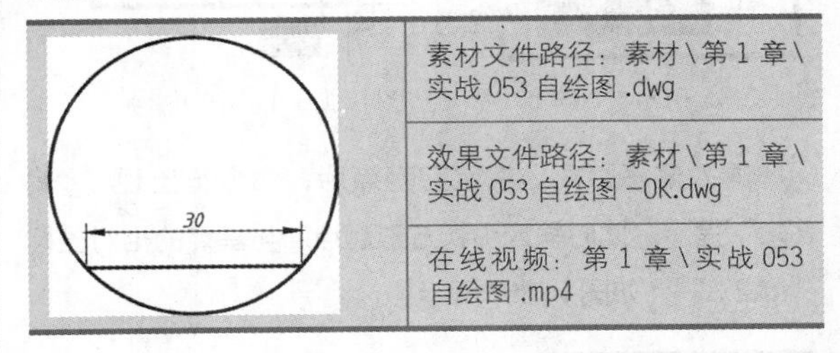

素材文件路径：素材\第 1 章\实战 053 自绘图 .dwg

效果文件路径：素材\第 1 章\实战 053 自绘图 -OK.dwg

在线视频：第 1 章\实战 053 自绘图 .mp4

“自”命令可以帮助用户在正确的位置绘制新对象，当需要指定的点不在任何对象捕捉点上，但在*X*、*Y*轴方向上距现有对象捕捉点的距离是已知的，就可以使用“自”命令来进行捕捉。

如要在图1-201（a）所示的正方形中绘制一个小长方形，如图1-201（b）所示。一般情况下只能借助辅助线来进行绘制，因为“对象捕捉”只能捕捉到正方形每个边上的端点和中点，这样即使通过“对象捕捉”的追踪线也无法定位至小长方形的起点（图中点*A*）。这时就可以用到“自”命令进行绘制，操作步骤如下。

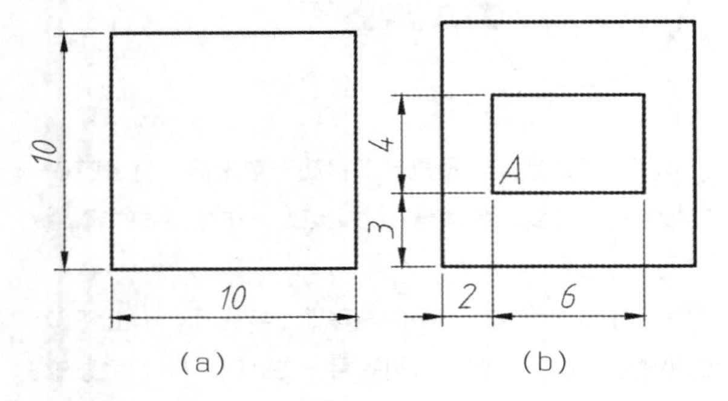

图1-201 素材文件与完成效果

01 打开素材文件“第1章\实战053 自绘图.dwg”，如图1-201（a）所示。

02 在“默认”选项卡中，单击“绘图”面板上的“直线”按钮，执行“直线”命令。

03 命令行出现“指定第一个点”的提示时，输入“FROM”，执行“自”命令，如图1-202所示。也可以在绘图区中单击鼠标右键，在弹出的快捷菜单中选择“自”命令。

04 指定基点。此时命令行提示需要指定一个基点，选择正方形的左下角端点作为基点，如图1-203所示。

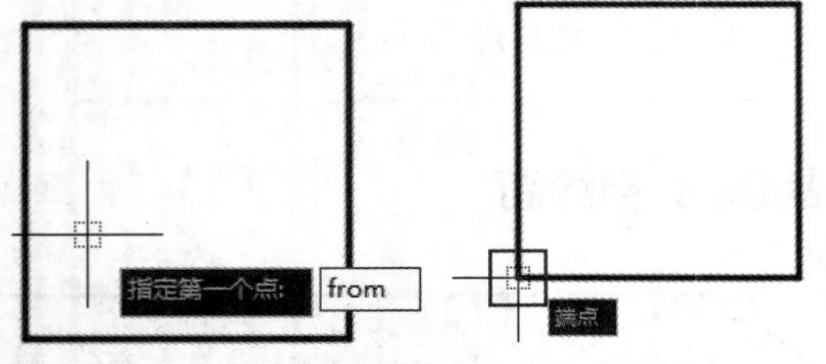

图1-202 执行“自”命令　　图1-203 指定基点

05 输入偏移距离。指定完基点后，命令行出现“<偏移>:”提示，此时输入小长方形起点*A*与基点的相对坐标“@2,3”，如图1-204所示。

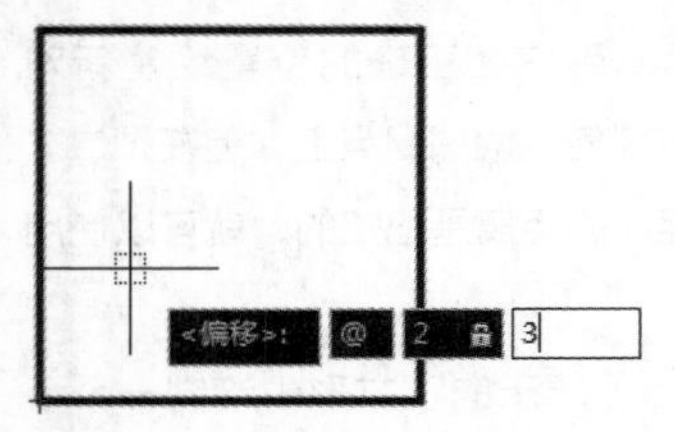

图1-204 输入偏移距离

06 绘制图形。输入完毕后即可将直线起点定位至点*A*处，然后按给定尺寸绘制图形即可，如图1-205所示。

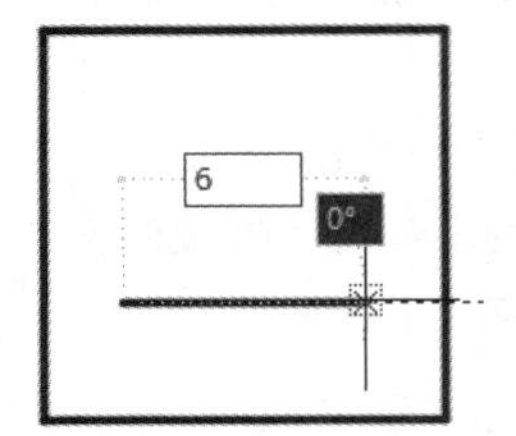

图1-205 绘制图形

提示

在为“自”命令指定偏移点的时候，即使动态输入中默认的设置是相对坐标，也需要在输入时加上“@”来表明这是一个相对坐标值。动态输入默认的相对坐标设置仅适用于指定第二点的时候，例如，绘制一条直线时，输入的第一个坐标值被当作绝对坐标，随后输入的坐标值才被当作相对坐标。

实战054 两点之间的中点绘图

难度：☆☆☆

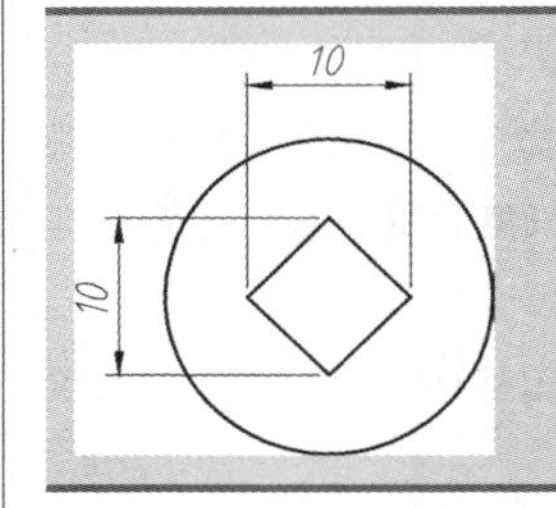

素材文件路径：素材\第1章\实战054 两点之间的中点绘图.dwg
效果文件路径：素材\第1章\实战054 两点之间的中点绘图-OK.dwg
在线视频：第1章\实战054 两点之间的中点绘图.mp4

“两点之间的中点”命令可以在执行对象捕捉或对象捕捉替代时使用，用以捕捉两定点之间连线的中点。“两点之间的中点”命令使用较为灵活，熟练掌握后可以快速绘制出众多独特的图形。

如图1-206所示，在已知圆的情况下，要绘制出对角线长度为半径值的正方形。通常只能借助辅助线或“移动”“旋转”等命令实现，但如果使用“两点之间的中点”命令，则可以一次性解决，详细步骤介绍如下。

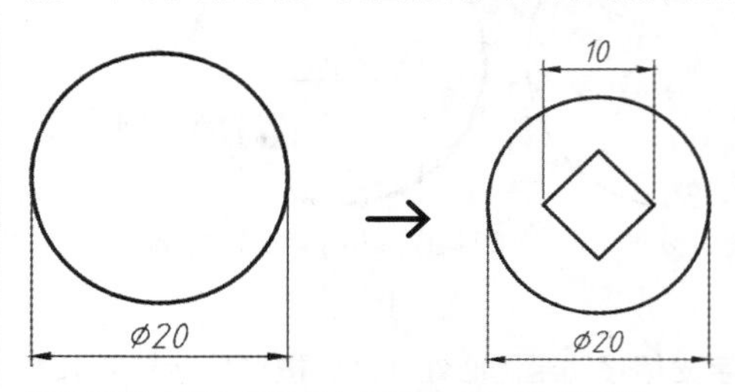

图1-206 使用“两点之间的中点”绘制图形

01 打开素材文件“第1章\实战054 两点之间的中点绘图.dwg”，如图1-207所示。

02 在“默认”选项卡中，单击“绘图”面板上的“直线”按钮，执行“直线”命令。

03 命令行出现“指定第一个点”的提示时，输入“MTP”，执行“两点之间的中点”命令，如图1-208所示。也可以在绘图区中单击鼠标右键，在弹出的快捷菜单中选择“两点之间的中点”命令。

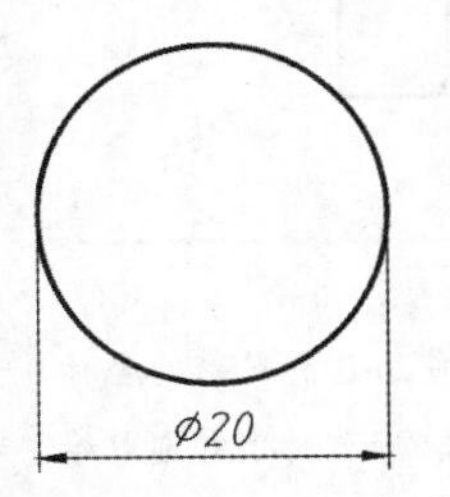

图1-207 素材文件

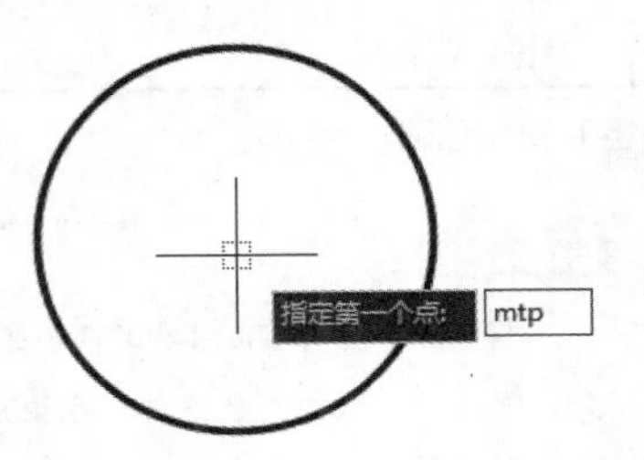

图1-208 执行“两点之间的中点”命令

04 指定中点的第一个点。将十字光标移动至圆心处，捕捉圆心为中点的第一个点，如图1-209所示。

05 指定中点的第二个点。将十字光标移动至圆最右侧的象限点处，捕捉该象限点为中点的第二个点，如图1-210所示。

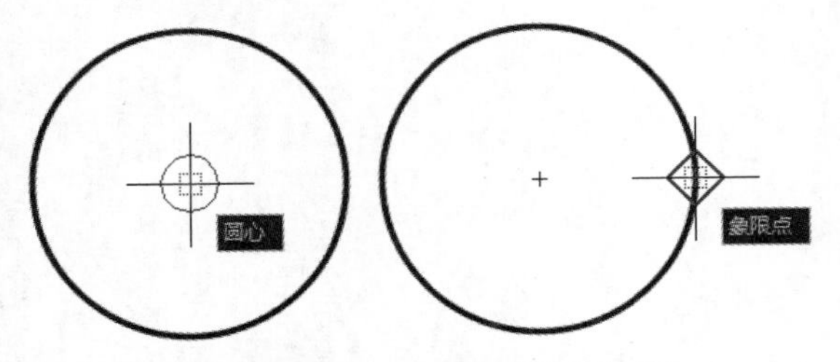

图1-209 捕捉圆心为中点的第一个点　图1-210 捕捉象限点为中点的第二个点

06 直线的起点自动定位至圆心与象限点之间连线的中点处，接着按相同方法将直线的终点定位至圆心与上象限点连线的中点处，如图1-211所示。

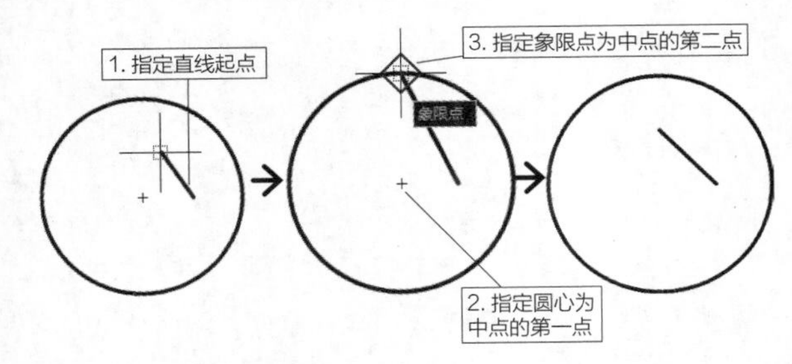

图1-211 定位直线的第二个点

07 按相同方法，绘制其余的线段，最终效果如图1-212所示。

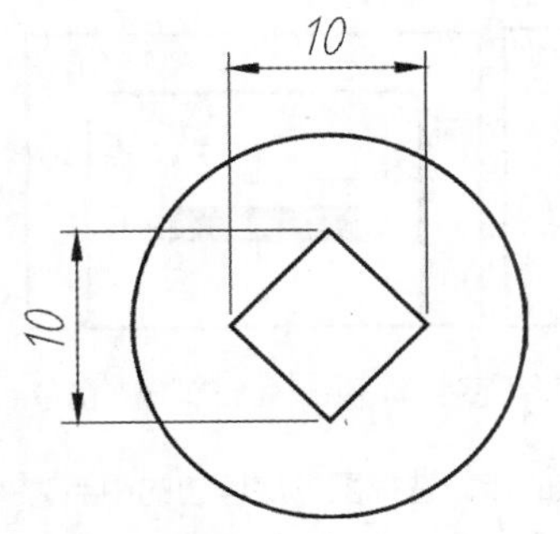

图1-212 绘制图形效果

实战055 点过滤器绘图

难度：☆☆☆

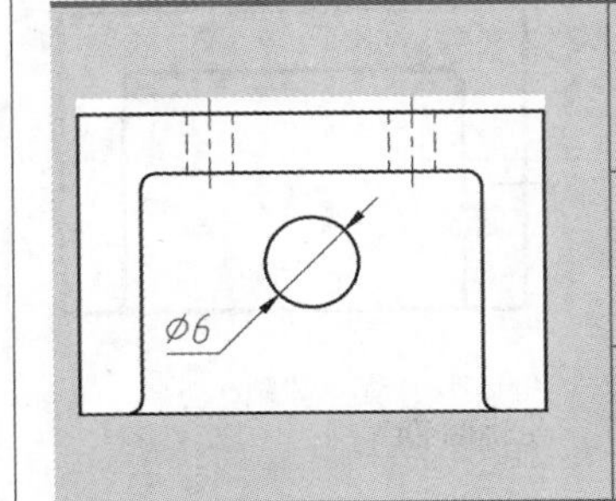

素材文件路径：素材\第1章\实战055 点过滤器绘图.dwg

效果文件路径：素材\第1章\实战055 点过滤器绘图-OK.dwg

在线视频：第1章\实战055 点过滤器绘图.mp4

“点过滤器”命令可以用于提取一个已知对象的*X*坐标值和另一个对象的*Y*坐标值，从而拼凑出一个新的（*X*，*Y*）坐标点位置，是一种非常规的定位方法。

如图1-213所示的图例中，定位面的孔位于矩形的中心，这是通过从定位面的水平直线段和垂直直线段的中点提取出*X*、*Y*轴坐标而实现的，即通过“点过滤器”命令来捕捉孔的圆心。

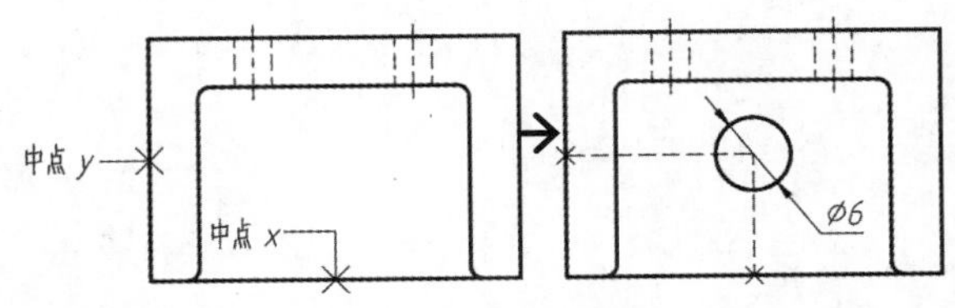

图1-213 使用“点过滤器”命令绘制图形

01 打开素材文件“第1章\实战055 点过滤器绘图.dwg”，如图1-214所示。

02 在“默认”选项卡中，单击“绘图”面板上的“圆”按钮，执行“圆”命令。

03 命令行出现“指定圆的圆心”的提示时，输入“X”，执行“点过滤器”命令，如图1-215所示。也可以在绘图区中单击鼠标右键，在弹出的快捷菜单中选择“点过滤器”中的“X”命令。

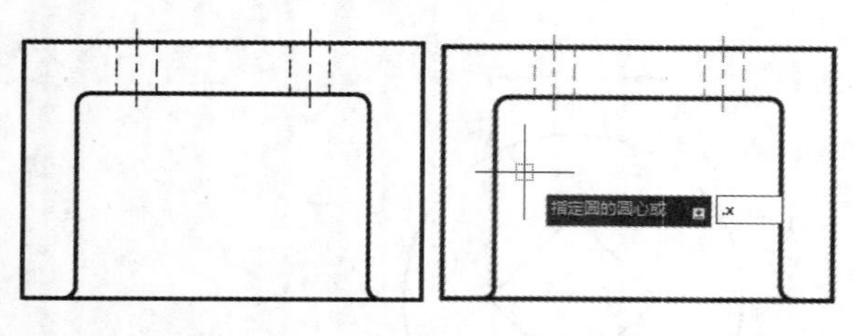

图 1-214 素材文件　　图 1-215 执行“点过滤器”命令

04 指定要提取X坐标值的点。选择图形底侧边的中点，即提取该点的X坐标值，如图1-216所示。

05 指定要提取Y坐标值的点。选择图形左侧边的中点，即提取该点的Y坐标值，如图1-217所示。

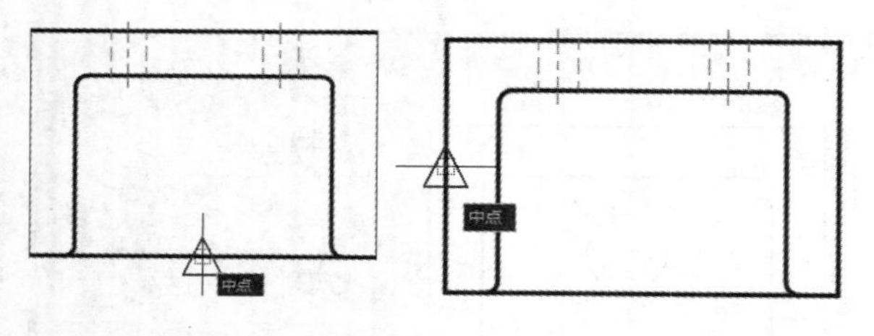

图 1-216 指定要提取 X 坐标值的点　　图 1-217 指定要提取 Y 坐标值的点

06 系统将新提取的X、Y坐标值指定为圆心坐标值，接着输入直径值“6”，即可绘制如图1-218所示的图形

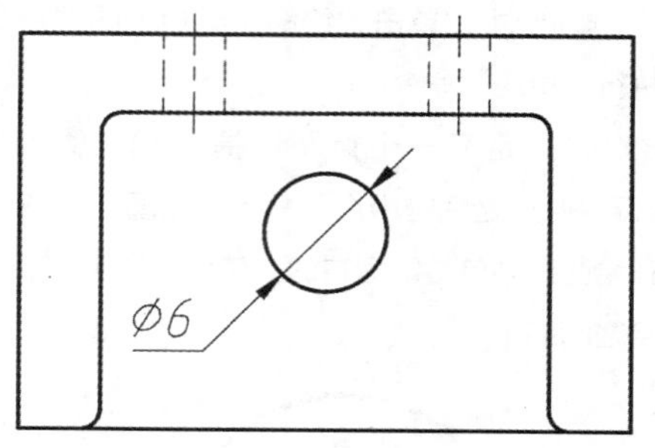

图 1-218 绘制圆

提示

并不需要坐标值的X和Y部分都使用已有对象的坐标值。例如，可以使用已有的一条直线的Y坐标值并选取绘图区上任意一点的X坐标值来构建X、Y坐标值。

第 2 章
二维图形的绘制

任何复杂的图形都可以分解成多个基本的二维图形，这些基本图形包括“点”“直线”“圆”“多边形”“圆弧”“样条曲线”等，AutoCAD 2020为用户提供了强大的绘图功能，用户可以非常轻松地绘制这些图形。通过本章的学习，用户将会对AutoCAD绘制平面图形的方法有一个全面的了解和认识，并能熟练掌握常用的绘图命令。

2.1 点类图形绘制

点是所有图形中最基本的图形对象，可以用来作为捕捉和偏移对象的参考点，也可以设置特定的点样式，来显示出不同的图形效果。

实战056 设置点样式

难度：☆☆

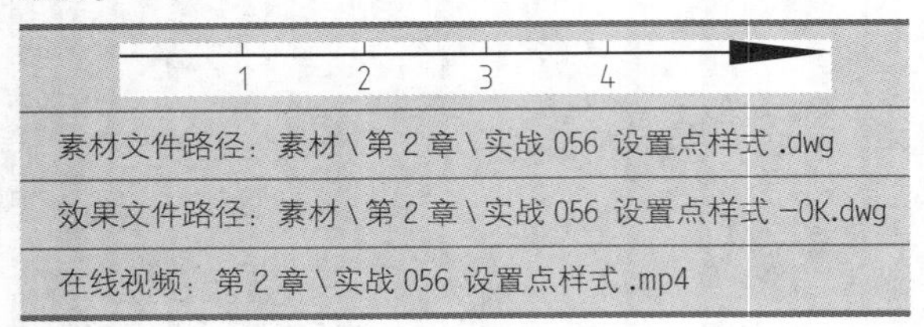

素材文件路径：素材\第 2 章\实战 056 设置点样式 .dwg

效果文件路径：素材\第 2 章\实战 056 设置点样式 -OK.dwg

在线视频：第 2 章\实战 056 设置点样式 .mp4

从理论上来讲，点是没有长度和大小的图形对象。在AutoCAD中，默认情况下点显示为一个小圆点，在屏幕上很难被看清，因此可以使用“点样式”设置，调整点的外观形状，也可以调整点的尺寸大小，以便根据需要，让点显示在图形中。

01 打开素材文件“第2章\实战056 设置点样式.dwg”，如图2-1所示。

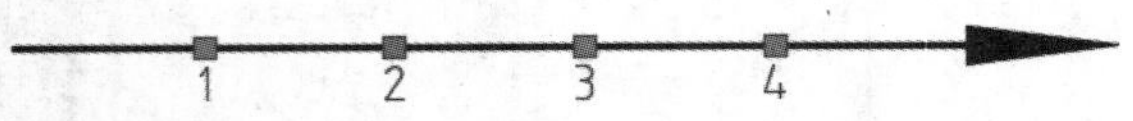

图 2-1 素材文件

02 单击“默认”选项卡上“实用工具”面板中的“点样式”按钮 点样式...，如图2-2所示。

03 系统弹出“点样式”对话框，根据需要，在对话框中选择第一排最右侧的形状样式，然后选中“按绝对单位设置大小”单选按钮，设置“点大小”为2，如图2-3所示。

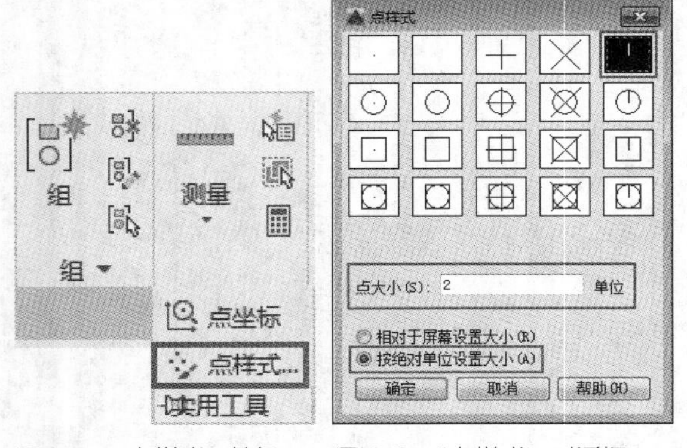

图 2-2 “点样式”按钮　　图 2-3 “点样式”对话框

04 单击“确定”按钮，关闭对话框，完成“点样式”的设置，最终效果如图2-4所示。

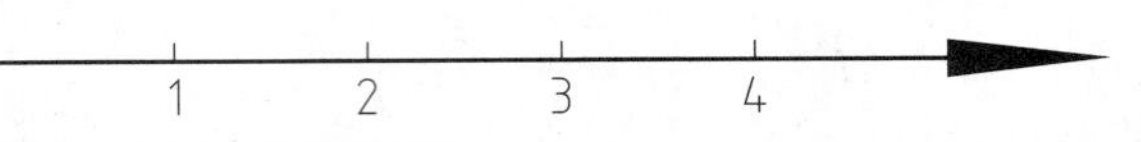

图 2-4 矢量线的刻度效果

提示

“点样式”对话框中各选项的含义说明如下。

“点大小”文本框：用于设置点的显示大小，与下面的两个选项有关。

“相对于屏幕设置大小”单选按钮：用于按绘图屏幕尺寸的百分比设置点的显示大小，在进行视图缩放操作时，点的显示大小并不改变，在命令行输入“RE”命令即可重生成，始终保持与屏幕的相对比例，如图2-5所示。

“按绝对单位设置大小”单选按钮：使用实际单位设置点的大小，同其他的图形元素（如直线、圆等），当进行视图缩放操作时，点的显示大小也会随之改变，如图2-6所示。

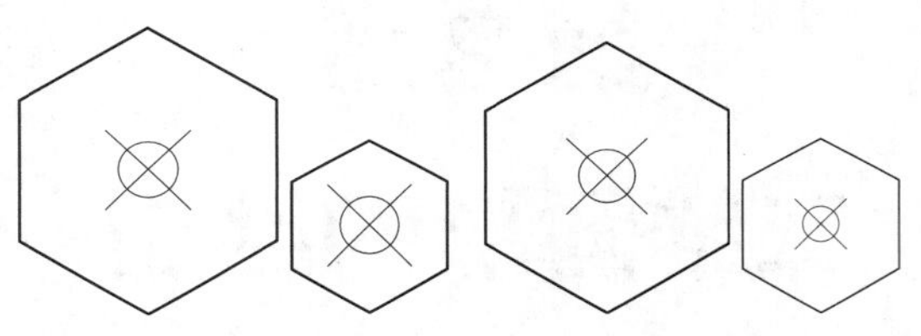

图 2-5 视图缩放时点大小相对于屏幕不变　　图 2-6 视图缩放时点大小相对于图形不变

实战057 创建单点

难度：☆☆

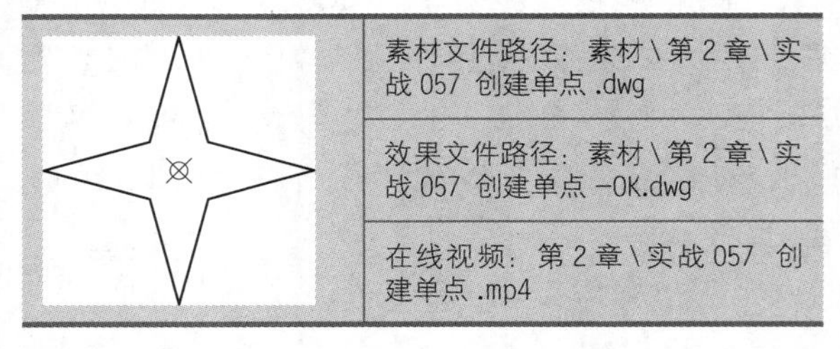

素材文件路径：素材\第 2 章\实战 057 创建单点 .dwg

效果文件路径：素材\第 2 章\实战 057 创建单点 -OK.dwg

在线视频：第 2 章\实战 057 创建单点 .mp4

创建单点就是执行一次命令只能指定一个点，指定完后自动结束命令。“单点”命令在AutoCAD 2020中已经较少使用。

01 打开素材文件“第2章\实战057 创建单点.dwg”，如图2-7所示。

02 设置点样式。在命令行中输入“DDPTYPE”，执行“点样式”命令，弹出“点样式”对话框，选择如图2-8所示的点样式。

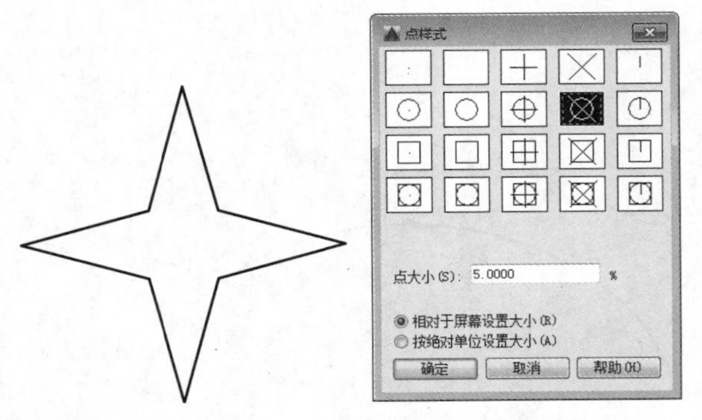

图 2-7 素材文件　　图 2-8 设置点样式

03 在命令行输入“POINT”并按Enter键，然后移动十字光标，启用“对象捕捉追踪”功能捕捉图形的中心，如图2-9所示。

04 在捕捉点处单击，即可完成绘制单点，效果如图2-10所示。

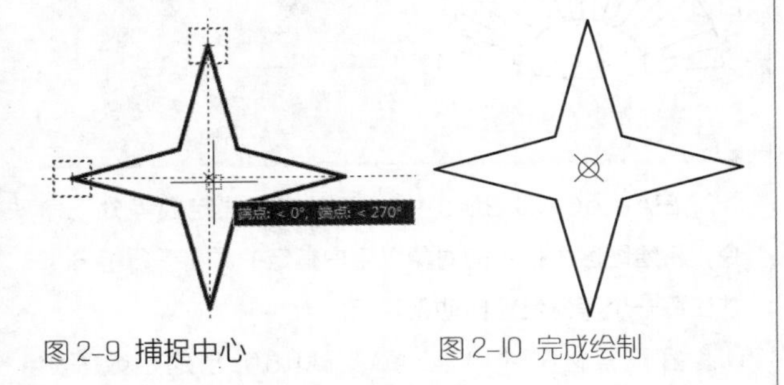

图 2-9 捕捉中心　　图 2-10 完成绘制

实战058 创建多点

难度：☆

素材文件路径：素材\第 2 章\实战 058 创建多点 .dwg
效果文件路径：素材\第 2 章\实战 058 创建多点 -OK.dwg
在线视频：第 2 章\实战 058 创建多点 .mp4

创建多点是指执行一次命令可以连续指定多个点，直到按Esc键结束命令。

01 打开素材文件“第2章\实战058 创建多点.dwg”，如图2-11所示。

02 素材文件中已经预先设置好了点样式，因此无需再重复设置，当然读者也可以根据自己偏好进行调整。

03 单击“绘图”面板中的“多点”按钮，如图2-12所示。

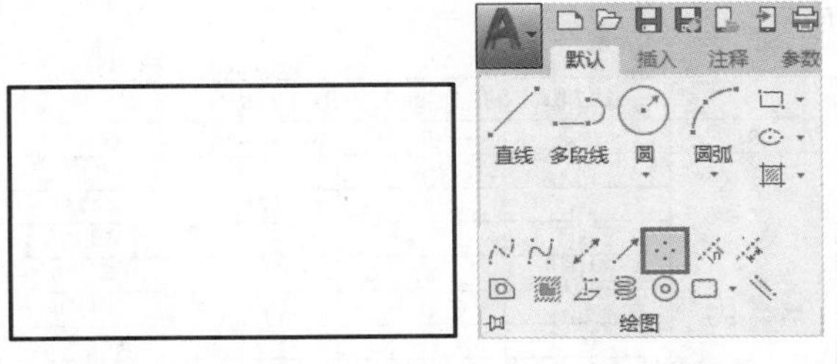

图 2-11 素材文件　　图 2-12 设置点样式

04 根据命令行的提示，在矩形的各边中点处单击即可创建点，如图2-13所示。

05 最后按Esc键退出命令，完成多点的创建，结果如图2-14所示。

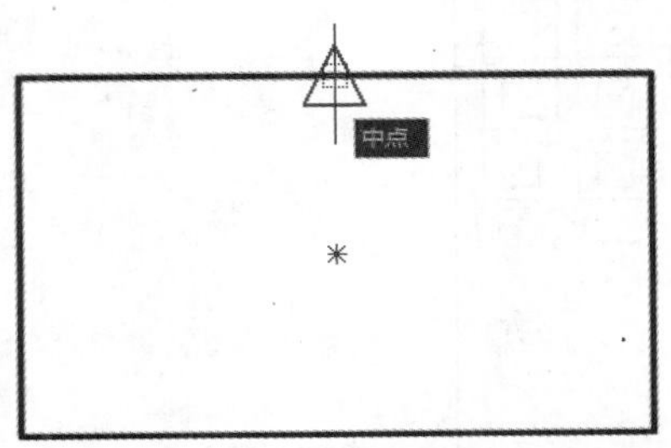

图 2-13 捕捉矩形上的各边中点

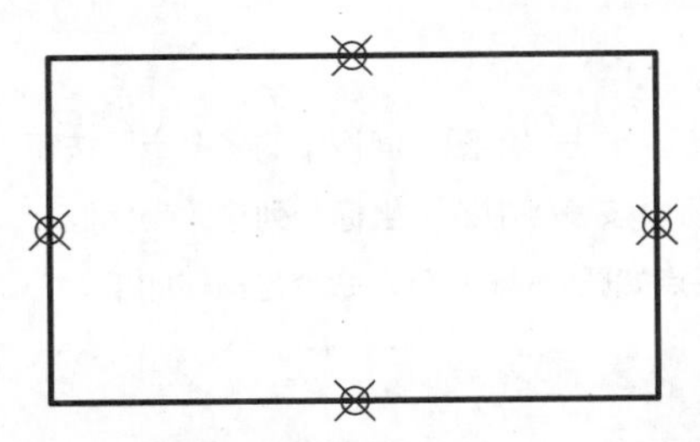

图 2-14 创建多点的效果

实战059 指定坐标创建点

难度：☆

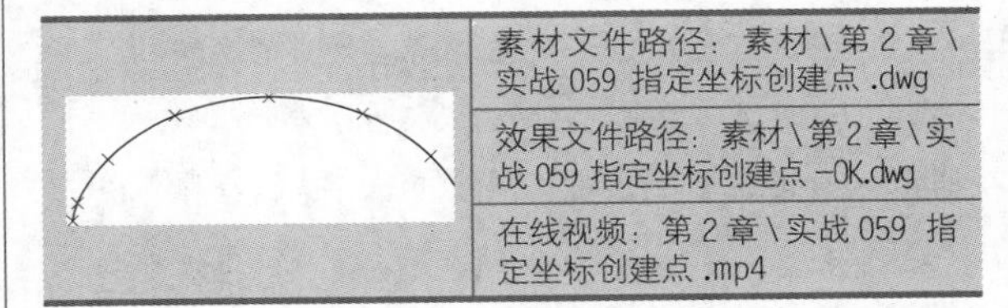

素材文件路径：素材\第 2 章\实战 059 指定坐标创建点 .dwg
效果文件路径：素材\第 2 章\实战 059 指定坐标创建点 -OK.dwg
在线视频：第 2 章\实战 059 指定坐标创建点 .mp4

除了移动十字光标直接在绘图区上指定点之外，还可以通过设置点的坐标来创建点，该方法常用于绘制一些数学函数曲线。

01 打开素材文件“第2章\实战059 指定坐标创建点.dwg”，如图2-15所示。

02 设置点样式。选择“格式”|“点样式”命令，在弹出的“点样式”对话框中选择图示点样式，如图2-16

所示。

摆线方程式: x=R×(t-sint),y=R×(1-cost)				
R	t	x=r×(t-sint)	y=r×(1-cost)	坐标 (x,y)
R=10	0	0	0	(0,0)
	$\frac{1}{4}\pi$	0.8	2.9	(0.8,2.9)
	$\frac{1}{2}\pi$	5.7	10	(5.7,10)
	$\frac{3}{4}\pi$	16.5	17.1	(16.5,17.1)
	π	31.4	20	(31.4,20)
	$\frac{5}{4}\pi$	46.3	17.1	(46.3,17.1)
	$\frac{3}{2}\pi$	57.1	10	(57.1,10)
	$\frac{7}{4}\pi$	62	2.9	(62,2.9)
	2π	62.8	0	(62.8,0)

图 2-15 素材文件

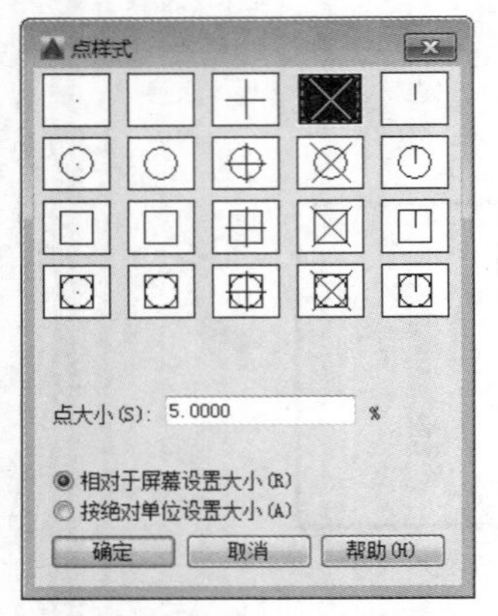

图 2-16 设置点样式

03 绘制各特征点。单击“绘图”面板中的“多点”按钮，然后在命令行中按表格中的“坐标”列输入坐标值，所绘制的9个特征点如图2-17所示，命令行操作如下。

```
命令: _point
当前点模式:  PDMODE=3  PDSIZE=0.0000
指定点: 0,0↙                  //输入第一个点的坐标
指定点: 0.8, 2.9↙             //输入第二个点的坐标
指定点: 5.7, 10↙              //输入第三个点的坐标
指定点: 16.5, 17.1↙           //输入第四个点的坐标
指定点: 31.4, 20↙             //输入第五个点的坐标
指定点: 46.3, 17.1↙           //输入第六个点的坐标
指定点: 57.1, 10↙             //输入第七个点的坐标
指定点: 62, 2.9↙              //输入第八个点的坐标
指定点: 62.8, 0↙              //输入第九个点的坐标
指定点: *取消*                //按Esc键取消多点绘制
```

04 再用“样条曲线”命令连接各点，即可绘制圆滑的数学函数曲线。单击“绘图”面板中的“样条曲线拟合”按钮，执行“样条曲线”命令，然后依次连接绘制的9个特征点即可，如图2-18所示。

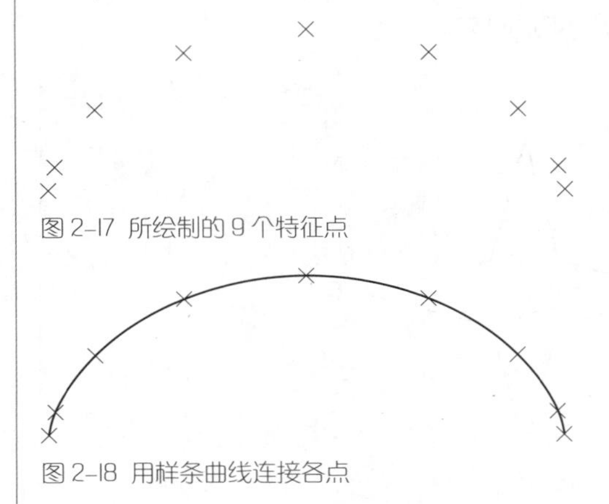

图 2-17 所绘制的 9 个特征点

图 2-18 用样条曲线连接各点

实战060 创建定数等分点

难度：☆☆

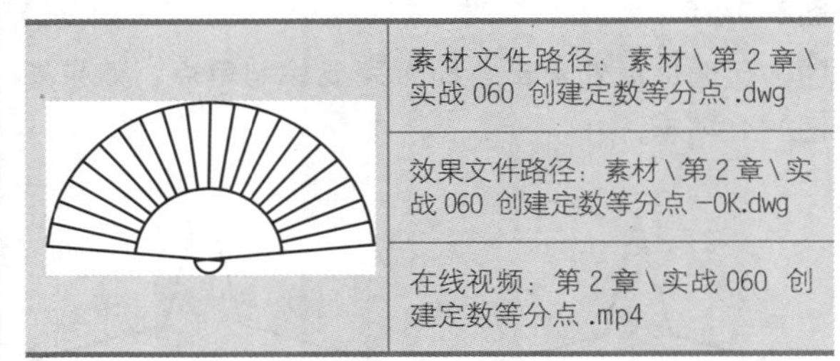

素材文件路径：素材\第 2 章\实战 060 创建定数等分点 .dwg

效果文件路径：素材\第 2 章\实战 060 创建定数等分点 -OK.dwg

在线视频：第 2 章\实战 060 创建定数等分点 .mp4

在AutoCAD 2020中，可以使用“定数等分”命令，将绘图区中指定的对象以用户指定的数量进行等分，并在每一个等分位置自动创建点。

01 打开素材文件“第2章\实战060 创建定数等分点.dwg”，如图2-19所示。

02 在“默认”选项卡中，单击“绘图”面板中的“定数等分”按钮，如图2-20所示，执行“定数等分”命令。

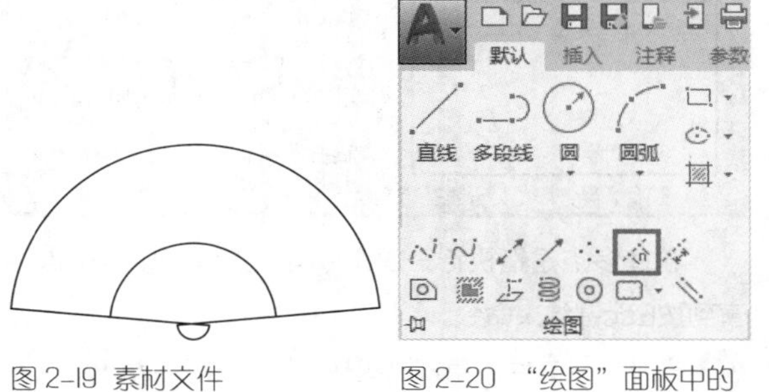

图 2-19 素材文件

图 2-20 “绘图”面板中的“定数等分”按钮

03 根据命令行提示，依次选择两条圆弧，输入项目数“20”，按Enter键完成定数等分，如图2-21所示，命令行操作如下。

```
命令: _divide
        //执行“定数等分”命令
选择要定数等分的对象:
        //选择上段圆弧
输入线段数目或 [块(B)]: 20↙
        //输入等分的数量，按Enter键后自动结束命令
↙
        //按Enter键重复执行“定数等分”命令
命令: DIVIDE
选择要定数等分的对象:
        //选择下段圆弧
输入线段数目或 [块(B)]: 20↙
        //输入等分的数量，按Enter键确认后自动结
        束命令
```

04 单击“绘图”面板中的“直线”按钮，绘制连接直线。然后在命令行中输入“DDPTYPE”，执行“点样式”命令，将点样式设置为初始默认状态，最终效果图2-22所示。

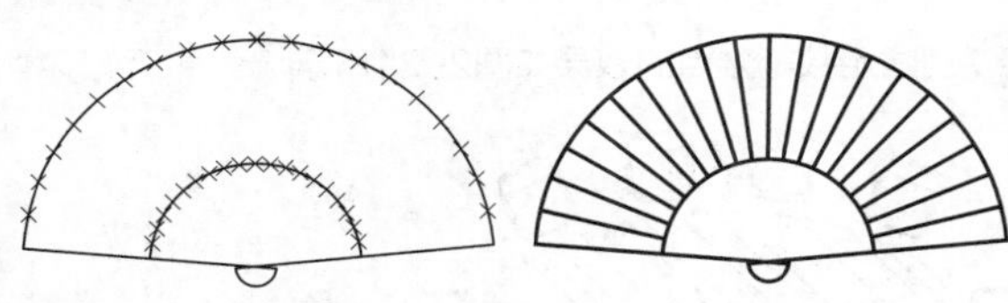

图 2-21 定数等分　　图 2-22 完成效果

实战061 创建定距等分点

难度：☆☆

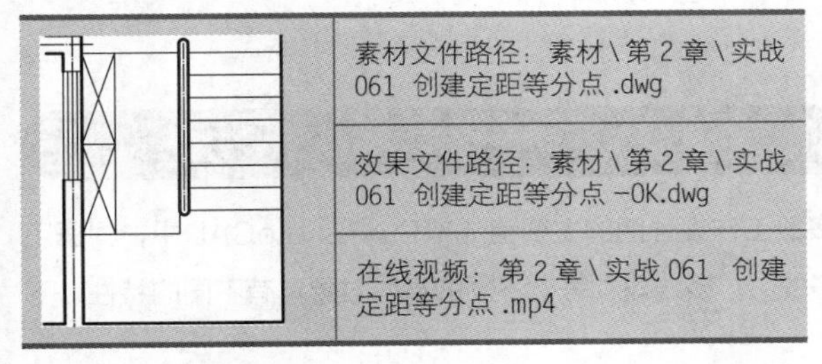

	素材文件路径：素材\第 2 章\实战 061 创建定距等分点 .dwg
	效果文件路径：素材\第 2 章\实战 061 创建定距等分点 -OK.dwg
	在线视频：第 2 章\实战 061 创建定距等分点 .mp4

在AutoCAD 2020中，“定距等分”是指在指定的对象上按输入的长度值进行等分，每一个等分位置都将自动创建等分点。

01 打开素材文件“第2章\实战061 创建定距等分点.dwg”，如图2-23所示。

02 设置点样式。在命令行中输入“DDPTYPE”，执行“点样式”命令，系统弹出“点样式”对话框，根据需要选择点样式，如图2-24所示。

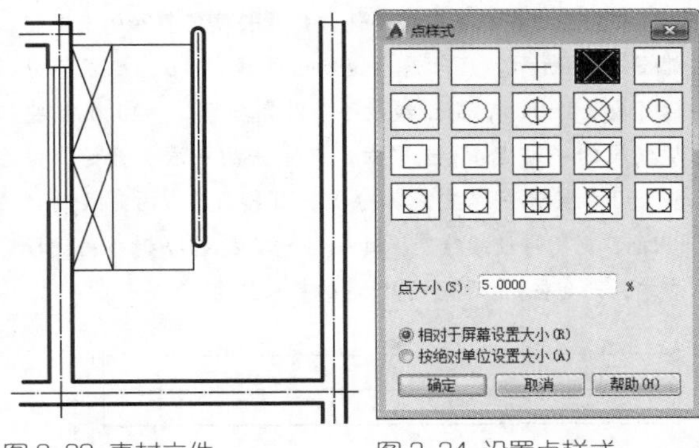

图 2-23 素材文件　　图 2-24 设置点样式

03 执行“定距等分”命令。单击“绘图”面板中的“定距等分”按钮，将楼梯口左侧的直线段按每段250mm进行等分，结果如图2-25所示，命令行操作如下。

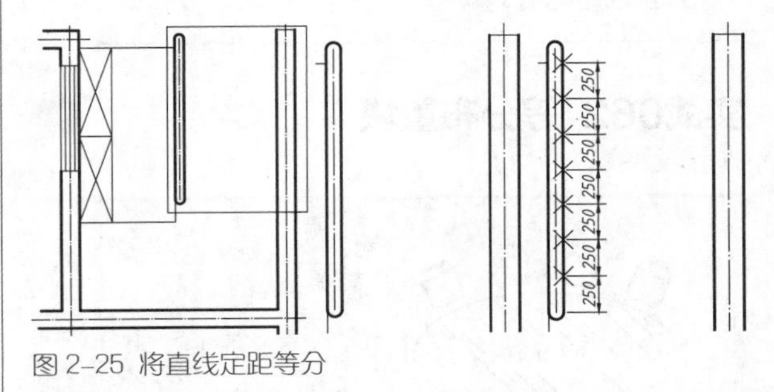

图 2-25 将直线定距等分

```
命令: _measure            //执行“定距等分”命令
选择要定距等分的对象:  //选择素材直线
指定线段长度或 [块(B)]: 250↙
//输入要等分的距离，按Enter键确认后自动结束命令
```

04 在“默认”选项卡中，单击“绘图”面板上的“直线”按钮，以各等分点为起点向右绘制直线，结果如图2-26所示。

05 将点样式重新设置为默认状态，即可得到楼梯图形，如图2-27所示。

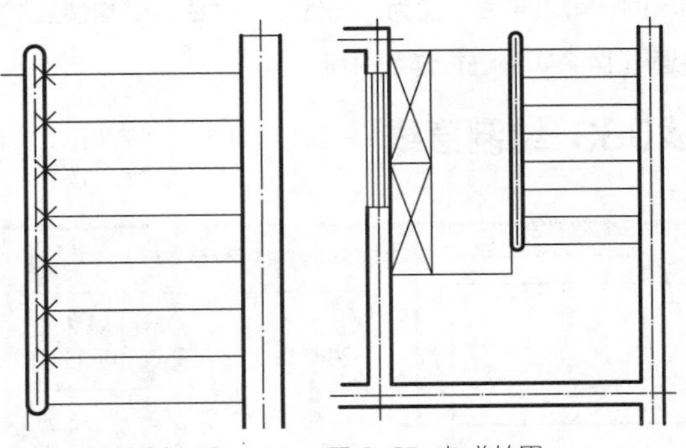

图 2-26 绘制台阶　　图 2-27 完成效果

提示

有时会出现总长度值不能被每段长度值整除的情况。如图2-28所示，已知总长500mm的线段*AB*，要求等分后每段长150mm，则该线段不能被完全等分。AutoCAD将从线段的一端点*A*（选取对象时单击的一端）开始，每隔150mm绘制一个定距等分点，到接近点*B*的时候剩余50mm，则不再继续绘制。如果在选取线段*AB*时单击线段右端，则会得到如图2-29所示的等分结果。

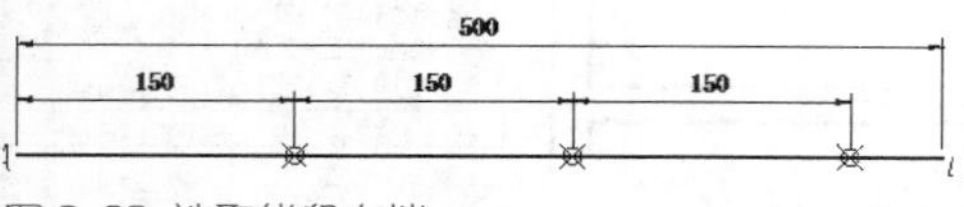

图2-28 选取线段左端

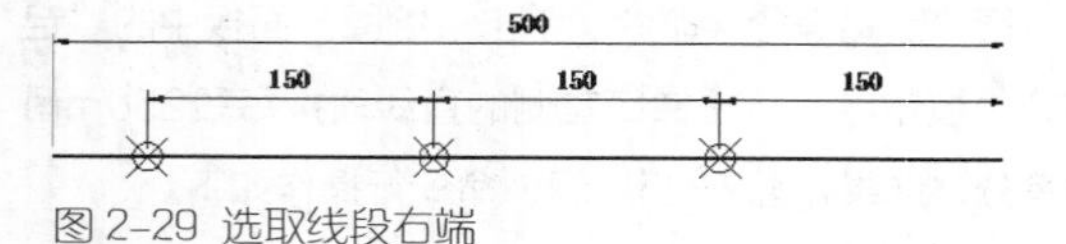

图2-29 选取线段右端

实战062 等分布置块

进阶

难度：☆☆☆

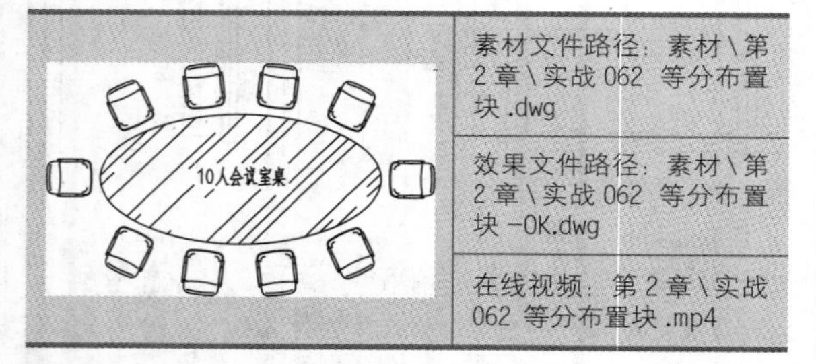

素材文件路径：素材\第2章\实战062 等分布置块.dwg
效果文件路径：素材\第2章\实战062 等分布置块-OK.dwg
在线视频：第2章\实战062 等分布置块.mp4

“定数等分”和“定距等分”命令除了可以绘制点外，还可以通过选择子命令“块”来对图形进行编辑，类似于“阵列”命令。但在某些情况下比“阵列”更灵活，尤其是在绘制室内布置图的时候。

01 打开素材文件“第2章\实战062 等分布置块.dwg”，如图2-30所示。素材中已经创建好了名为“yizi”的块。

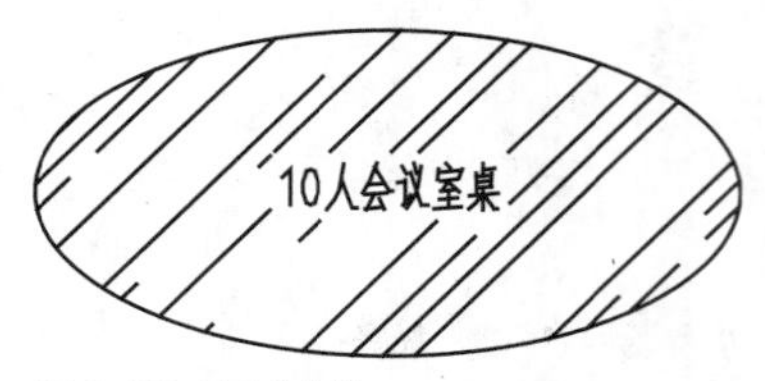

图2-30 素材文件

02 在“默认”选项卡中，单击“绘图”面板中的“定数等分”按钮，根据命令提示绘制图形，命令行操作如下。

```
命令: _divide                        //执行“定数等分”命令
选择要定数等分的对象:                 //选择桌子边
输入线段数目或 [块(B)]: B↙           //选择“B(块)”选项
输入要插入的块名: yizi↙              //输入图块名
是否对齐块和对象? [是(Y)/否(N)] <Y>: ↑
                                     //按Enter键
输入线段数目: 10↙                    //输入等分数“10”
```

03 创建定数等分点的效果如图2-31所示。

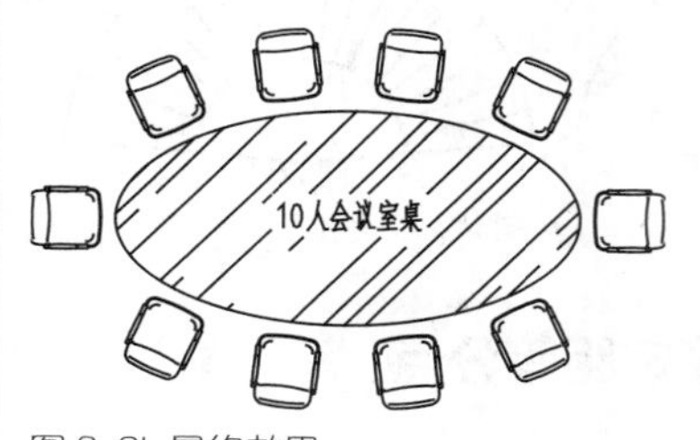

图2-31 最终效果

2.2 线类图形绘制

线类图形是AutoCAD中最基本的图形对象，也是绝大多数工作设计图的主要组成部分。在AutoCAD中，根据用途的不同，可以将线分类为“直线”“射线”“构造线”“多线”“多线段”等。不同的直线对象具有不同的特性，下面将通过14个实战进行详细讲解。

实战063 绘制直线

难度：☆

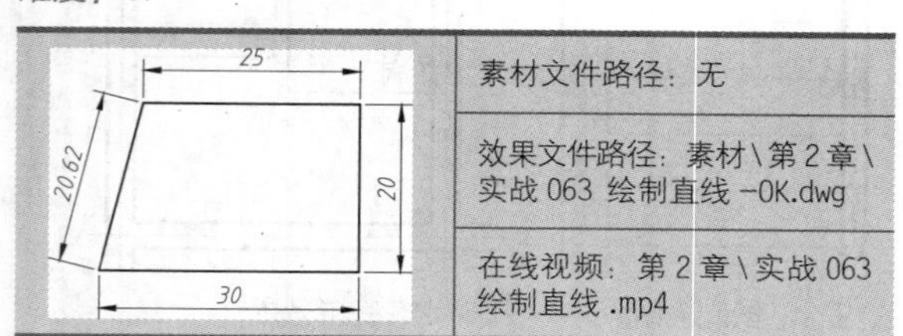

素材文件路径：无
效果文件路径：素材\第2章\实战063 绘制直线-OK.dwg
在线视频：第2章\实战063 绘制直线.mp4

直线是绘图中最常用的图形对象，使用也非常简单，只要指定了起点和终点，就可绘制出一条直线。

01 新建一个空白文档。

02 在功能区中，单击“默认”选项卡中“绘图”面板上的“直线”按钮，在绘图区任意指定一点为起点。

03 按尺寸绘制如图2-32所示的图形，命令行操作如下。

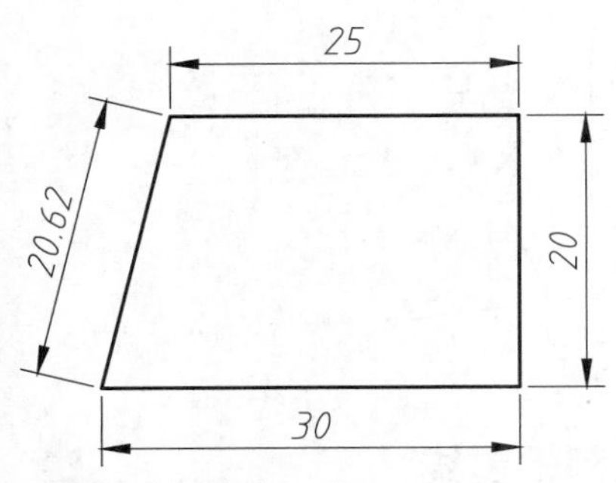

图 2-32 简单直线图形

```
命令: _line
        //单击“直线”按钮，执行“直线”命令
指定第一个点:
        //指定第一个点
指定下一点或 [放弃(U)]: 30↙
        //十字光标向右移动，引出水平追踪线，输
        入底边长度值“30”
指定下一点或 [放弃(U)]: 20↙
        //十字光标向上移动，引出垂直追踪线，输
        入侧边长度值“20”
指定下一点或 [闭合(C)/放弃(U)]: 25↙
        //十字光标向左移动，引出水平追踪线，输
        入顶边长度值“25”
指定下一点或 [闭合(C)/放弃(U)]: C ↙
        //输入“C”，闭合图形，结果如图2-32所示
```

提示

“直线”命令本身的操作十分简单，因此在绘制过程中需配合其他辅助绘图工具（如极轴、正交、捕捉等）才能得到最终的图形。

实战064 绘制射线

难度：☆

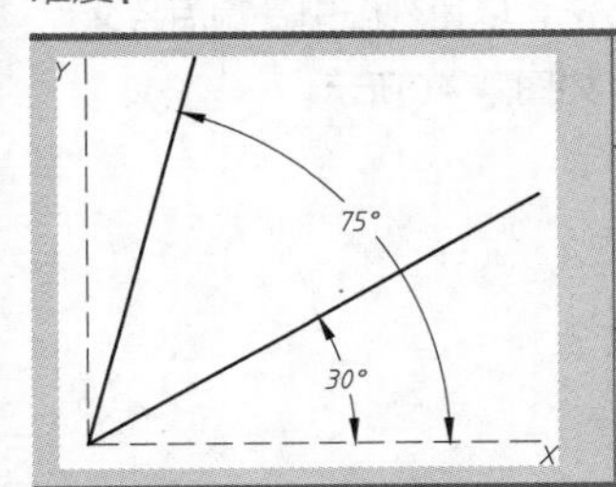

素材文件路径：无
效果文件路径：素材\第 2 章\实战 064 绘制射线 -OK.dwg
在线视频：第 2 章\实战 064 绘制射线 .mp4

射线是一端固定而另一端无限延伸的直线，它只有起点和方向，没有终点，主要用于辅助定位，或者作为角度参考线。

01 新建一个空白文档。

02 在“默认”选项卡中，单击“绘图”面板中的“射线”按钮，如图2-33所示。

03 执行“射线”命令，按命令行提示，在绘图区的任意位置处单击指定一点作为起点，然后在命令行中输入各通过点的坐标，结果如图2-34所示，命令行操作如下。

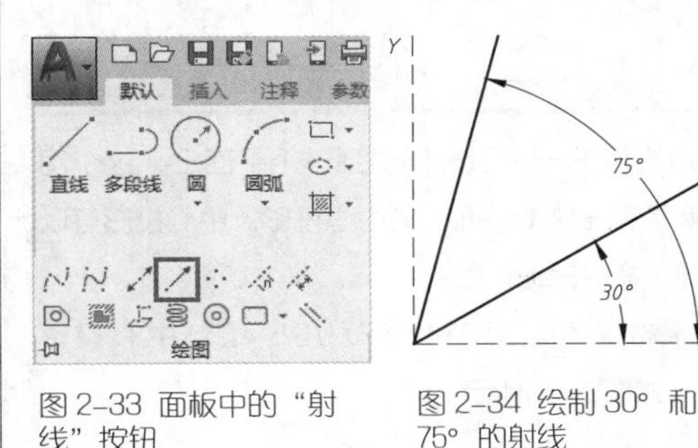

图 2-33 面板中的“射线”按钮　　图 2-34 绘制 30° 和 75° 的射线

```
命令: _ray
        //执行“射线”命令
指定起点:
        //输入射线的起点，可以用鼠标指定点或在命
        令行中输入点的坐标
指定通过点: <30↙
        //输入“<30”表示通过点位于与水平方向夹角
        为30° 的直线上
角度替代: 30
        //射线角度被锁定至30°
指定通过点:
        //在任意点处单击即可绘制30° 角度线
指定通过点: <75↙
        //输入“<75”表示通过点位于与水平方向夹角
        为75° 的直线上
角度替代: 75
        //射线角度被锁定至75°
指定通过点:
        //在任意点处单击即可绘制75° 角度线
指定通过点:↙
        //按Enter键结束命令
```

提示

执行“射线”命令，指定射线的起点后，可以根据“指定通过点”的提示指定多个通过点，绘制经过相同起点的多条射线，直到按Esc键或Enter键退出为止。

实战065 绘制中心投影图

进阶

难度：☆☆☆

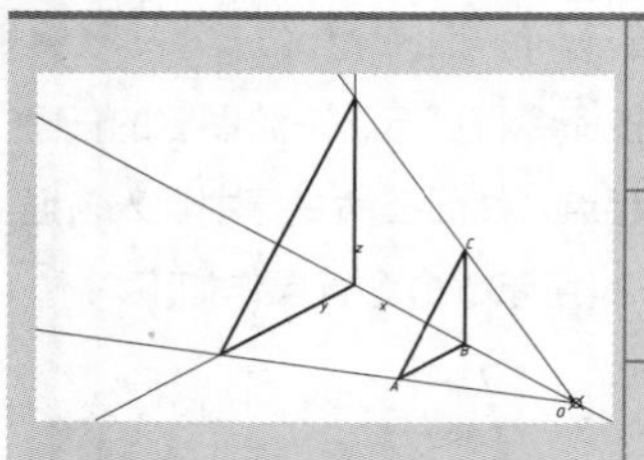

素材文件路径：素材\第2章\实战065 绘制中心投影图.dwg

效果文件路径：素材\第2章\实战065 绘制中心投影图-OK.dwg

在线视频：第2章\实战065 绘制中心投影图.mp4

一个点光源把一个图形照射到一个平面上，这个图形的影子就是它在这个平面上的中心投影。中心投影可以使用“射线”命令来进行绘制。

01 打开素材文件“第2章\实战065 绘制中心投影图.dwg”，如图2-35所示。

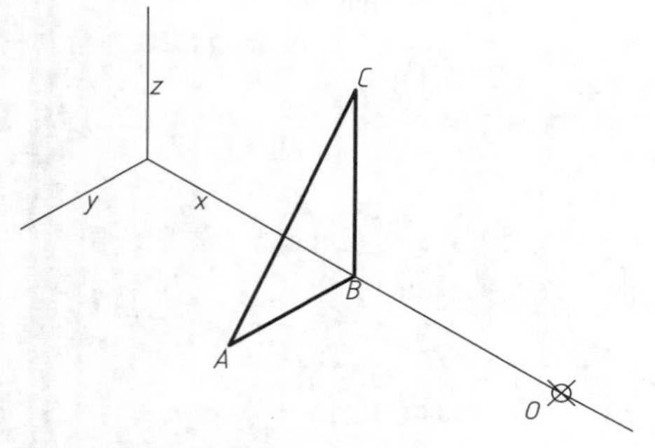

图2-35 素材文件

02 在“默认”选项卡中，单击“绘图”面板中的“射线”按钮，以点*O*为起点，依次指定点*A*、*B*、*C*为下一通过点，绘制3条投影线，如图2-36所示。

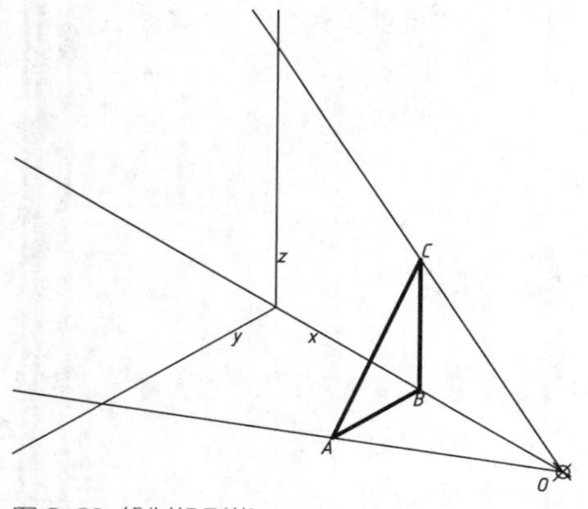

图2-36 绘制投影线

03 单击“默认”选项卡中“绘图”面板上的“直线”按钮，执行“直线”命令，依次捕捉投影线与坐标轴的交点，这样得到的新三角形，便是原△*ABC*在*YZ*平面上的投影，如图2-37所示。

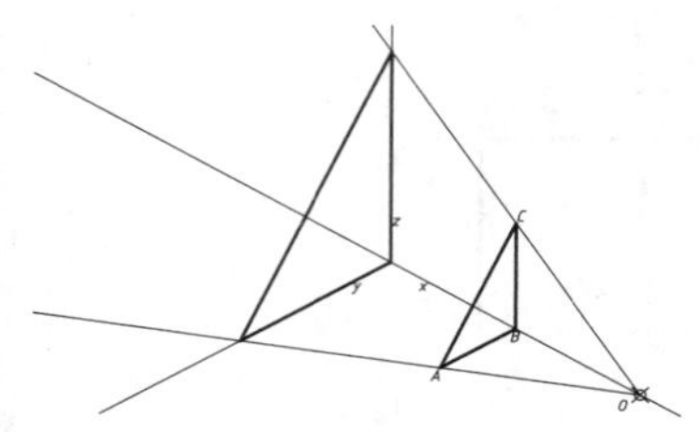

图2-37 中心投影图

实战066 绘制相贯线

进阶

难度：☆☆☆

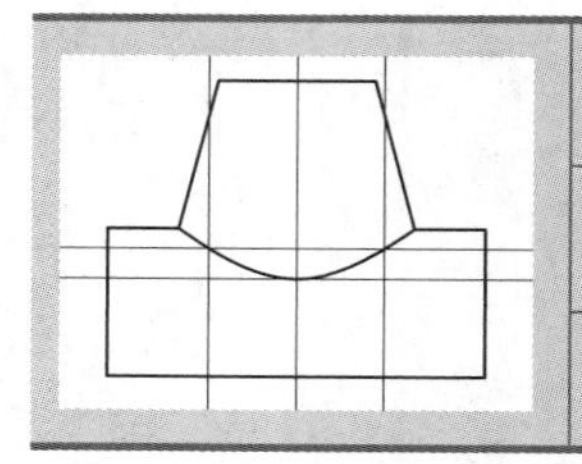

素材文件路径：素材\第2章\实战066 绘制相贯线.dwg

效果文件路径：素材\第2章\实战066 绘制相贯线-OK.dwg

在线视频：第2章\实战066 绘制相贯线.mp4

两物体相交称为两物体相贯，它们表面形成的交线称作相贯线。在绘制该类零件的三视图时，必然会涉及相贯线的绘制方法。在学习了“射线”命令和投影方法后，便可以通过投影方法来绘制相贯线。

01 打开素材文件“第2章\实战066 绘制相贯线.dwg”，如图2-38所示。

02 绘制投影线。单击“绘图”面板中的“射线”按钮，以左视图中各端点与交点为起点向左绘制投影线，如图2-39所示。

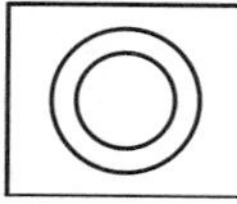

图2-38 素材文件

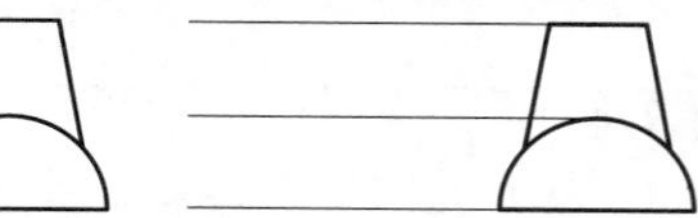

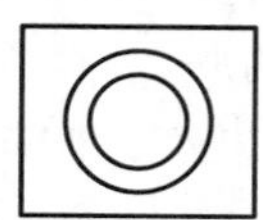

图2-39 绘制水平投影线

03 绘制投影线。按相同方法，以俯视图中各端点与交点为起点，向上绘制投影线，如图2-40所示。

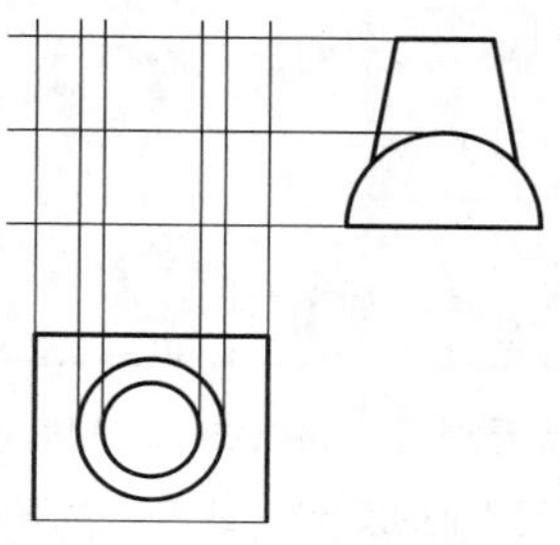

图2-40 绘制竖直投影线

04 绘制主视图轮廓。绘制主视图轮廓之前，先要分析俯视图与左视图中各特征点的投影关系（俯视图中的点，如点*1*、*2*等，即相当于左视图中的点*1*'、*2*'，下同），然后单击“绘图”面板中的“直线”按钮，连接各点的投影在主视图中的交点，即可绘制出主视图轮廓，如图2-41所示。

05 求一般交点。目前所得的图形还不足以绘制出完整的相贯线，因此需要另外找出两点，借以绘制出投影线来获取相贯线上的点（原则上五点才能确定一条曲线）。按“长对正、宽相等、高平齐”的原则，在俯视图和左视图上绘制如图2-42所示的两条直线作为辅助线，删除多余射线。

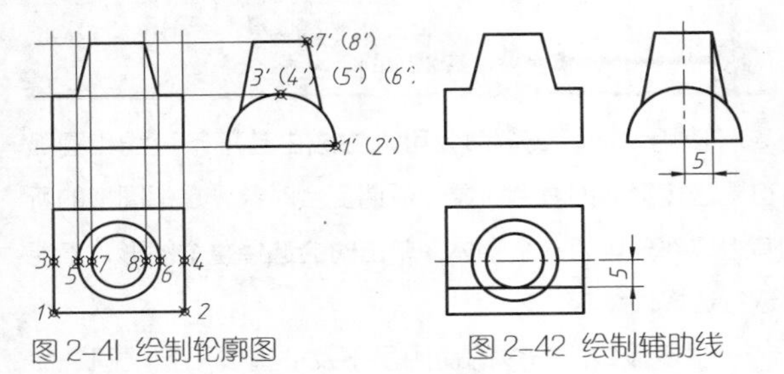

图 2-41 绘制轮廓图　　图 2-42 绘制辅助线

06 绘制投影线。以辅助线与图形的交点为起点，分别使用“射线”命令绘制投影线，如图2-43所示。

07 绘制相贯线。单击“绘图”面板中的“样条曲线拟合”按钮，连接主视图中各投影线的交点，即可得到相贯线，如图2-44所示。

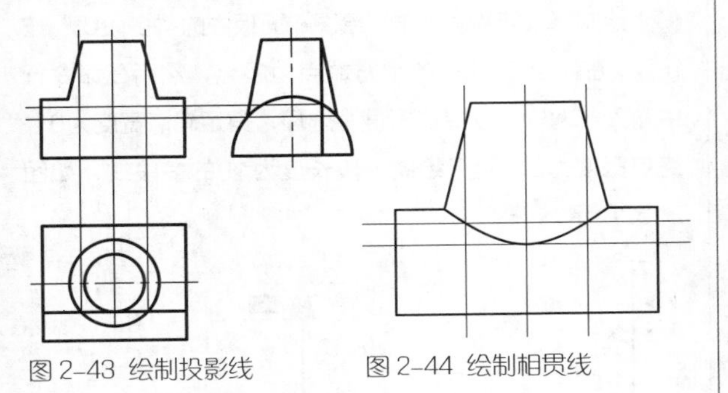
图 2-43 绘制投影线　　图 2-44 绘制相贯线

实战067 绘制构造线

难度：☆☆

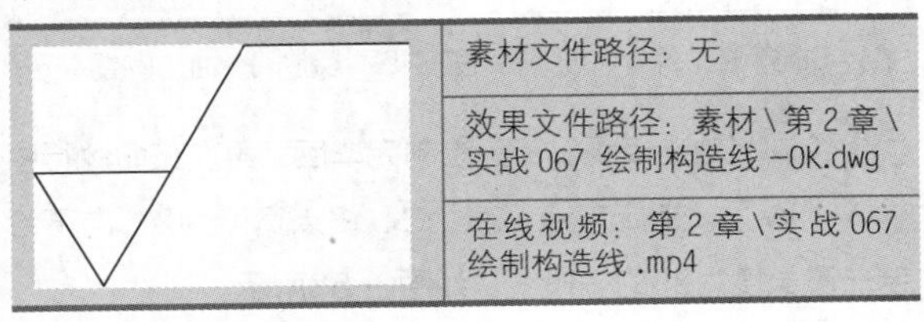

素材文件路径：无

效果文件路径：素材\第 2 章\实战 067 绘制构造线 -OK.dwg

在线视频：第 2 章\实战 067 绘制构造线 .mp4

构造线是两端无限延伸的直线，没有起点和终点，只需指定两个点即可确定一条构造线。主要用于绘制辅助线和修剪边界。在绘制具体的零件图或装配图时，可以先创建两条互相垂直的构造线作为中心线。

本例使“构造线”命令来绘制机械制图中常见的粗糙度符号。

01 新建一个空白文档。

02 单击“绘图”面板中的“构造线”按钮，绘制60°倾斜角的构造线，如图2-45所示，命令行操作如下。

```
命令：_xline    //执行“构造线”命令
指定点或 [水平(H)/垂直(V)/角度(A)/二等分(B)/偏移(O)]: A↙
                //选择“角度”选项
输入构造线的角度 (0) 或 [参照(R)]: 60↙
                //输入构造线的角度
指定通过点:
                //在绘图区任意一点单击确定通过点
指定通过点: *取消*
                //按Esc键退出“构造线”命令
```

03 按空格键或Enter键重复执行“构造线”命令，绘制第二条构造线，如图2-46所示，命令行操作如下。

```
命令: XLINE
指定点或 [水平(H)/垂直(V)/角度(A)/二等分(B)/偏移(O)]: A↙
                //选择“角度”选项
输入构造线的角度 (0) 或 [参照(R)]: R↙
                //使用参照角度
选择直线对象:
                //选择上一条构造线作为参照对象
输入构造线的角度 <0>: 60↙
                //输入构造线角度
指定通过点:     //任意单击一点确定通过点
指定通过点:     //按Esc键退出命令
```

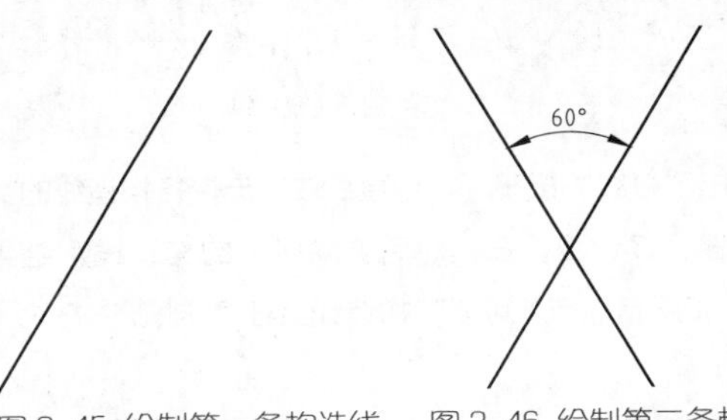

图 2-45 绘制第一条构造线　　图 2-46 绘制第二条构造线

04 重复执行“构造线”命令，绘制水平的构造线，如图2-47所示，命令行操作如下。

```
命令：_xline
指定点或 [水平(H)/垂直(V)/角度(A)/二等分(B)/偏移(O)]: H↙
                //选择“水平”选项
指定通过点:     //选择两条构造线的交点作为通过点
指定通过点: *取消*
                //按Esc键退出“构造线”命令
```

05 重复执行“构造线”命令，绘制与水平构造线平行的第一条构造线，如图2-48所示，命令行操作如下。

```
命令：_xline
指定点或 [水平(H)/垂直(V)/角度(A)/二等分(B)/偏移(O)]: O↙
                //选择“偏移”选项
指定偏移距离或 [通过(T)] <150.0000>: 5↙
                //输入偏移距离
选择直线对象:   //选择第一条水平构造线
指定向哪侧偏移: //在所选构造线上侧单击
```

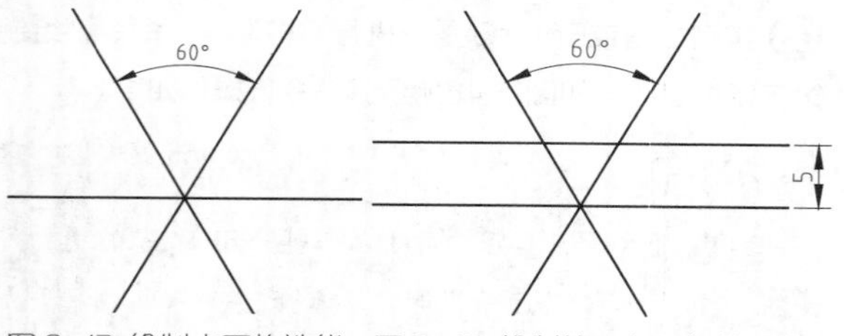

图 2-47 绘制水平构造线　图 2-48 绘制第一条平行构造线

06 重复执行“构造线”命令，绘制与水平构造线平行的第二条构造线，如图2-49所示，命令行操作如下。

```
命令：_xline
指定点或 [水平(H)/垂直(V)/角度(A)/二等分(B)/偏移(O)]: O↙
                //选择“偏移”选项
指定偏移距离或 [通过(T)] <150.0000>: 10.5↙
                //输入偏移距离
选择直线对象:   //选择第一条水平构造线
指定向哪侧偏移: //在所选构造线上侧单击
```

07 单击“直线”按钮，用直线依次连接各构造线的交点*A*、*B*、*C*、*D*、*E*，然后删除多余的构造线，结果如图2-50所示。点*A*可以在构造线上任意选取。

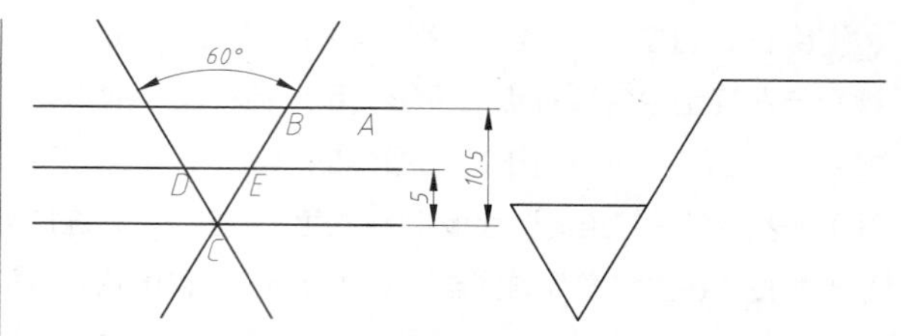

图 2-49 绘制第二条平行构造线　图 2-50 粗糙度符号

实战068 绘制带线宽的多段线

难度：☆☆

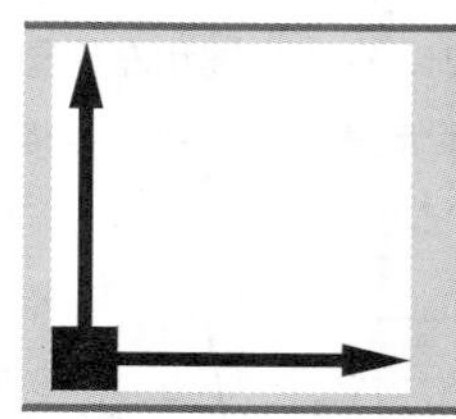

素材文件路径：素材\第 2 章\实战 068 绘制带线宽的多段线 .dwg

效果文件路径：素材\第 2 章\实战 068 绘制带线宽的多段线 -OK.dwg

在线视频：第 2 章\实战 068 绘制带线宽的多段线 .mp4

使用“多段线”命令可以生成由若干条直线和圆弧首尾连接形成的复合对象。所谓复合对象，是指图形的所有组成部分均为一个整体，单击时会选择整个图形，不能进行选择性编辑。

“多段线”命令的使用虽不及“直线”和“圆”命令频繁，但却可以通过指定线段宽度来绘制出许多独特的图形，这是其他命令所不具备的优势。本例通过灵活定义多段线的线宽来一次性绘制坐标系箭头图形。

01 打开素材文件“第2章\实战068 绘制带线宽的多段线.dwg”，如图2-51所示。

02 绘制*Y*轴箭头。单击“绘图”面板中的“多段线”按钮，指定竖直线段的上方端点为起点，然后在命令行中输入“W”，选择“宽度”选项，指定起点宽度为0、终点宽度为5，向下绘制一段长度为10的多段线，如图2-52所示。

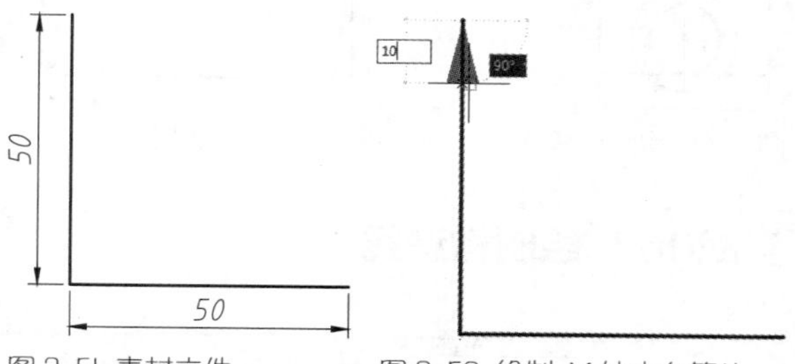

图 2-51 素材文件　图 2-52 绘制 *Y* 轴方向箭头

03 绘制*Y*轴连接线。箭头绘制完毕后，再次在命令行中输入“W”，指定起点宽度为2、终点宽度为2，向下绘制一段长度为35的多段线，如图2-53所示。

04 绘制基点方框。连接线绘制完毕后，再输入“W”，指定起点宽度为10、终点宽度为10，向下绘制一段多段线至直线交点，如图2-54所示。

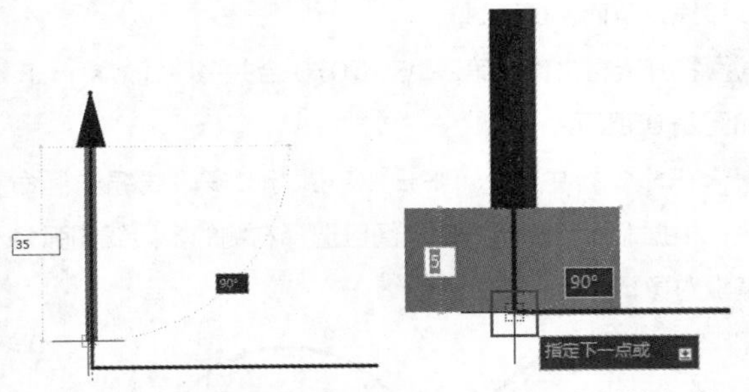

图 2-53 绘制 *Y* 轴连接线　　图 2-54 向下绘制基点方框

05 保持线宽不变，向右移动十字光标，绘制一段长度为5的多段线，效果如图2-55所示。

06 绘制*X*轴连接线。指定起点宽度为2、终点宽度为2，向右绘制一段长度为35的多段线，如图2-56所示。

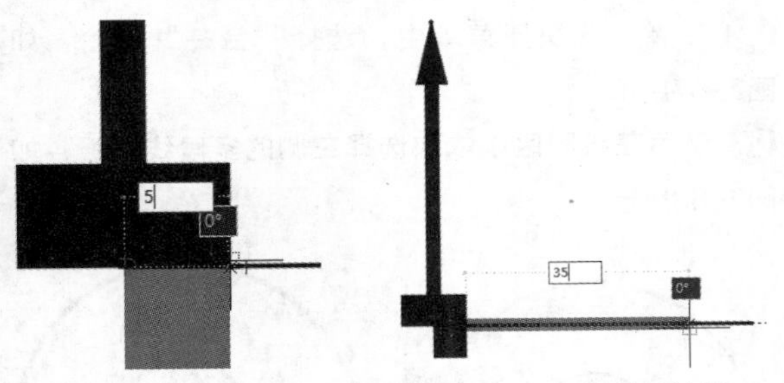

图 2-55 向右绘制基点方框　　图 2-56 绘制 *X* 轴连接线

07 绘制*X*轴箭头。按之前的方法，绘制*X*轴右侧的箭头，起点宽度为5、终点宽度为0，如图2-57所示。

08 按Enter键，退出多段线的绘制，坐标系箭头标识绘制完成，如图2-58所示。

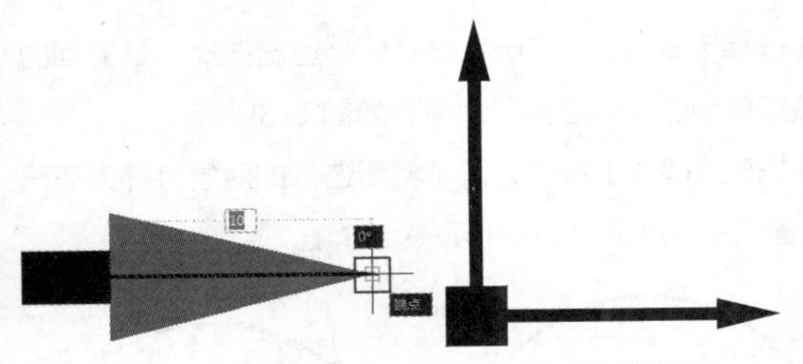

图 2-57 绘制 *X* 轴箭头　　图 2-58 完成效果

提示

在多段线绘制过程中，可能预览图形不会及时显示出带有宽度的转角效果，让用户误以为绘制出错。其实只要按Enter键完成多段线的绘制，便会自动为多段线添加转角处的平滑效果。

实战069 绘制带圆弧的多段线

难度：☆☆☆

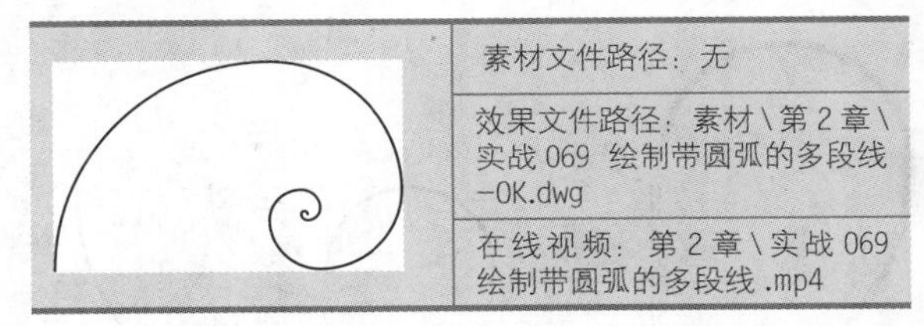

在执行“多段线”命令时，选择“圆弧”选项后便开始创建与上一线段（或圆弧）相切的圆弧段。可以利用该功能来绘制一些特殊的曲线图形。

本例根据“多段线”命令中的“圆弧”自动相切的特性，来绘制一段斐波那契螺旋线，具体步骤介绍如下。

01 新建一个空白文档。

02 在默认选项卡中单击“绘图”面板上的“多段线”按钮，任意指定绘图区一点为起点。

03 创建第一段圆弧。在命令行中输入“A”，执行“圆弧”命令，再输入“D”，选择“方向”选项来绘制圆弧。接着沿正上方指定一点为圆弧切向方向，然后水平向右移动十字光标，绘制一段距离为2的圆弧段，如图2-59所示。

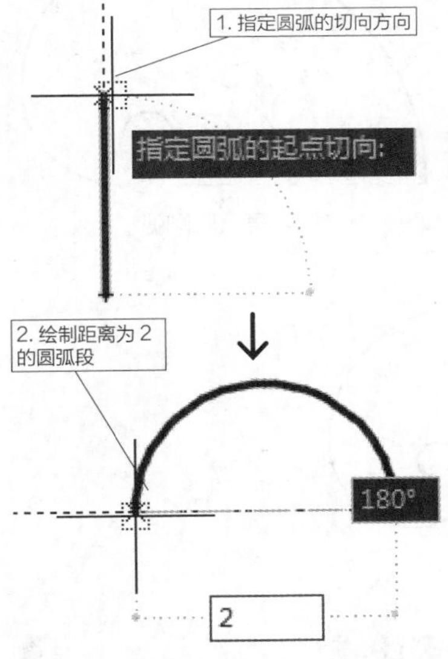

图 2-59 创建第一段圆弧

04 创建第二段圆弧。紧接上步骤进行操作，在命令行中输入“CE”，选择“圆心”选项绘制圆弧。指定第一段圆弧、也是多段线的起点（带有“+”标记）为圆心，绘制一段跨度为90°的圆弧，如图2-60所示。

05 创建第三段圆弧。接上一步骤进行操作，在命令行中输入“R”，选择“半径”选项绘制圆弧。根据斐波那契数列规律可知第三段圆弧半径为4，然后指定角度为90°，如图2-61所示。

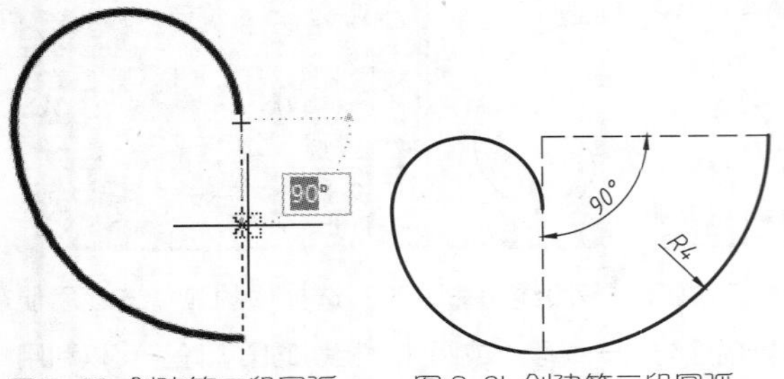

图 2-60 创建第二段圆弧　　图 2-6l 创建第三段圆弧

06 创建第四段圆弧。紧接上一步骤进行操作，在命令行中输入“A”，选择“角度”选项绘制圆弧。指定夹角为90°，然后指定半径为6，效果如图2-62所示。

07 创建第五段圆弧。再次输入“R”，选择“半径”选项绘制圆弧。指定半径为10、角度为90°，得到第五段圆弧，如图2-63所示。

08 按相同方法，绘制其余段圆弧，即可得到斐波那契螺旋线，如图2-64所示。

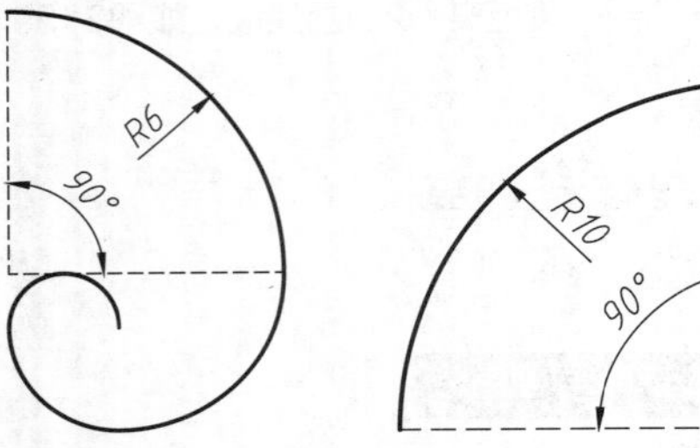

图 2-62 创建第四段圆弧

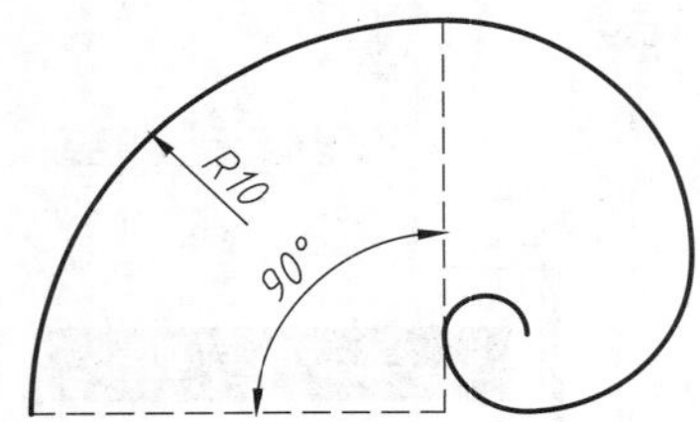

图 2-63 创建第五段圆弧

图 2-64 创最终效果

实战070 合并多段线

难度：☆☆☆

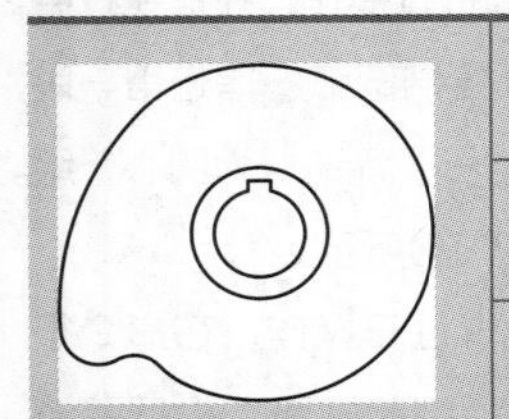	素材文件路径：素材\第2章\实战070 合并多段线.dwg
	效果文件路径：素材\第2章\实战070 合并多段线-OK.dwg
	在线视频：第2章\实战070 合并多段线.mp4

在AutoCAD 2020中，用户可以根据需要将直线圆弧或多段线连接到指定的非闭合多段线上，将其进行合并操作。这个功能在三维建模中经常用到，用以创建封闭的多段线，从而生成面域。

01 打开素材文件“第2章\实战070 合并多段线.dwg”，如图2-65所示。

02 在命令行中输入“PE”，执行“多段线编辑”命令，根据命令行提示，在绘图区选择右侧的多段线圆弧为编辑对象，如图2-66所示。

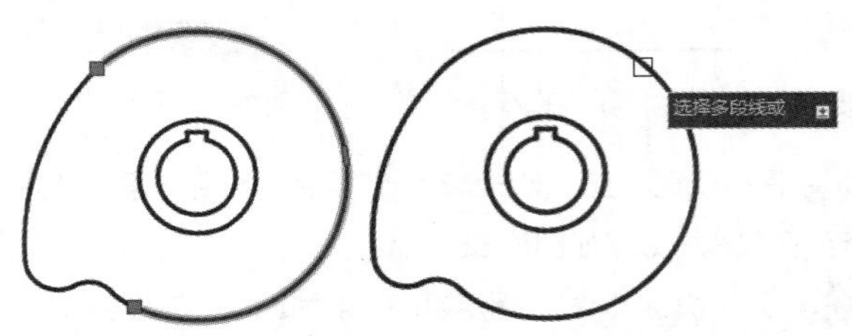

图 2-65 素材文件　　图 2-66 选择右侧的多段线圆弧

03 在弹出的快捷菜单中，选择“合并”命令，如图2-67所示。

04 然后在绘图区中依次选择左侧的多段线圆弧，如图2-68所示。

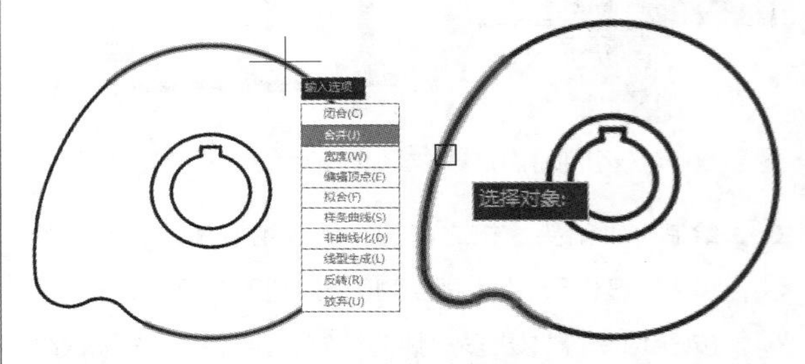

图 2-67 选择“合并”命令　　图 2-68 选择左侧的多段线圆弧

05 选择完毕后，按Enter键确认，退出选择，在返回的快捷菜单中选择“合并”命令，如图2-69所示。

06 按Esc键退出操作，即可将所选择的对象合并为多段线，最终效果如图2-70所示。

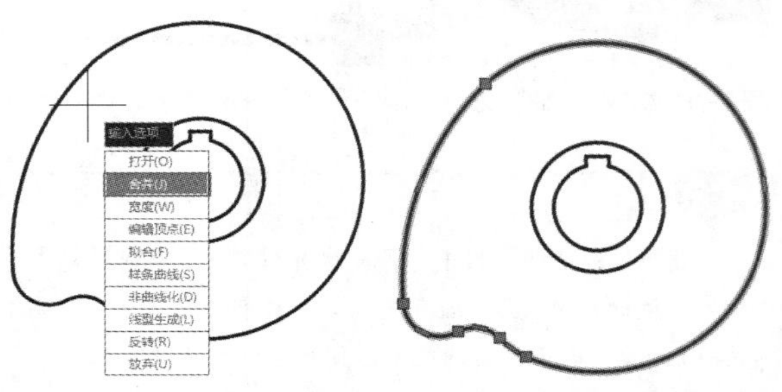

图 2-69 选择“合并”命令　　图 2-70 多段线的合并效果

提示

本例通过弹出的快捷菜单来完成多段线的编辑操作，这种操作的前提是必须打开“动态输入”功能。如果没有打开“动态输入”功能，也可以在命令行中输入命令来完成，方法可见“实战071”。

实战071 调整多段线宽度

难度：☆☆☆

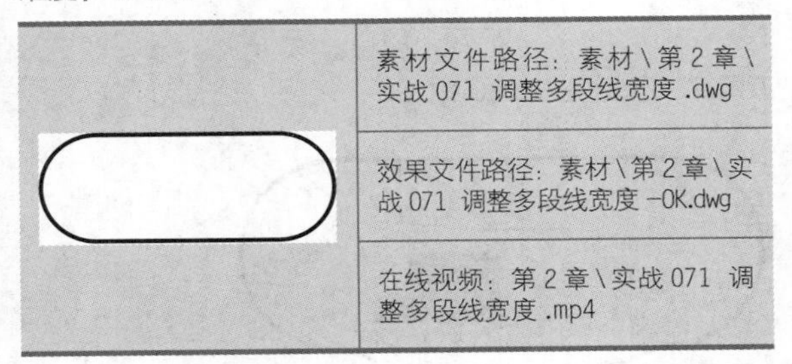

	素材文件路径：素材\第 2 章\实战 071 调整多段线宽度 .dwg
	效果文件路径：素材\第 2 章\实战 071 调整多段线宽度 -OK.dwg
	在线视频：第 2 章\实战 071 调整多段线宽度 .mp4

“多段线”的宽度除了在创建过程中指定，还可以通过“多段线编辑”命令进行修改。

01 打开素材文件“第2章\实战071 调整多段线宽度.dwg”，如图2-71所示。

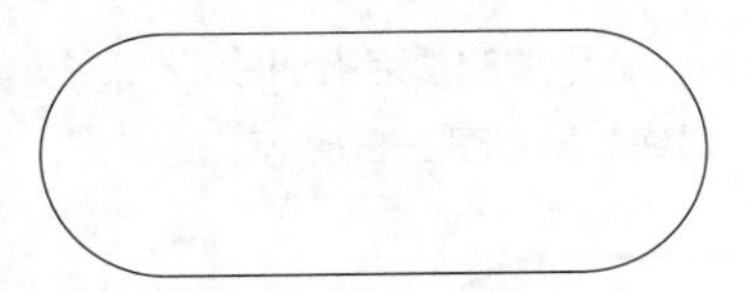

图 2-71 素材文件

02 在命令行中输入“PE”，执行“多段线编辑”命令，选择跑道为要编辑的多段线。

03 在命令行中输入“W”，执行“宽度”命令，按Enter键确认，接着输入新的线宽值“2”，再按Enter键退出，结果如图2-72所示，命令行操作如下。

```
命令：PE↙
            //执行“多段线编辑”命令
PEDIT
选择多段线或 [多条(M)]:
            //选择跑道图形
输入选项 [打开(O)/合并(J)/宽度(W)/编辑顶点(E)/拟合(F)/样条曲线(S)/非曲线化(D)/线型生成(L)/反转(R)/放弃(U)]: W↙
            //选择“宽度”选项
指定所有线段的新宽度：2↙
            //输入新的线宽度
输入选项 [打开(O)/合并(J)/宽度(W)/编辑顶点(E)/拟合(F)/样条曲线(S)/非曲线化(D)/线型生成(L)/反转(R)/放弃(U)]: ↙
            //按Enter键退出命令
```

图 2-72 修改线宽值后的图形

实战072 为多段线插入顶点

难度：☆☆☆

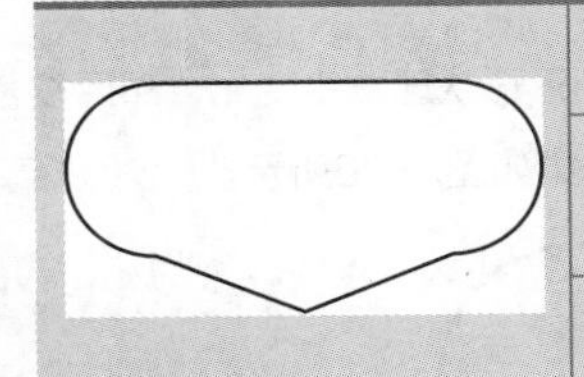	素材文件路径：素材\第 2 章\实战 072 调整多段线宽度 .dwg
	效果文件路径：素材\第 2 章\实战 072 为多段线插入顶点 -OK.dwg
	在线视频：第 2 章\实战 072 为多段线插入顶点 .mp4

“多段线编辑”命令中的“顶点”选项，可以对多段线的顶点进行增加、删除、移动等操作，从而修改整条多段线的形状。

01 同样使用素材文件“第2章\实战072 调整多段线宽度.dwg”进行操作。

02 在命令行中输入“PE”并按Enter键，执行“多段线编辑”命令，选择跑道为要编辑的多段线对象，在弹出的快捷菜单中选择“编辑顶点”命令，如图2-73所示。

03 进入下一级快捷菜单，在该菜单中选择“插入”命令，如图2-74所示。

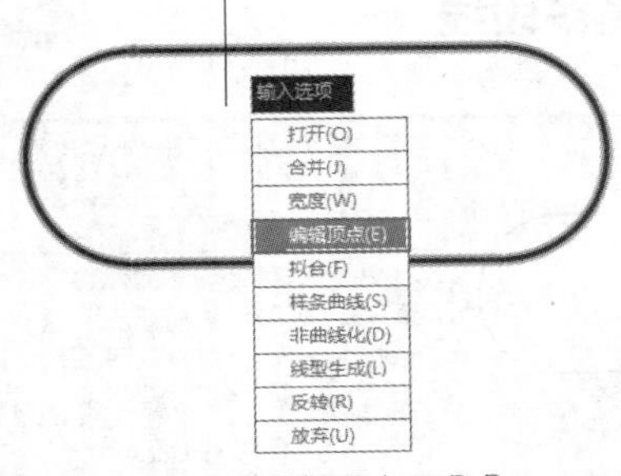

图 2-73 选择“编辑顶点”命令

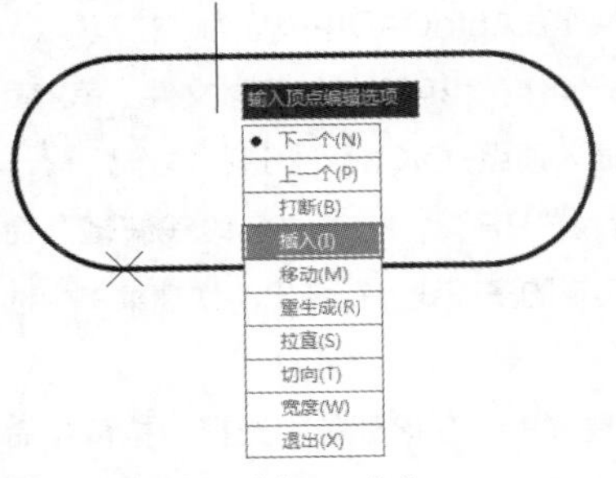

图 2-74 选择“插入”命令

04 命令行提示为新顶点指定位置，可以在边线中点的正下方空白区域单击指定一点，如图2-75所示。

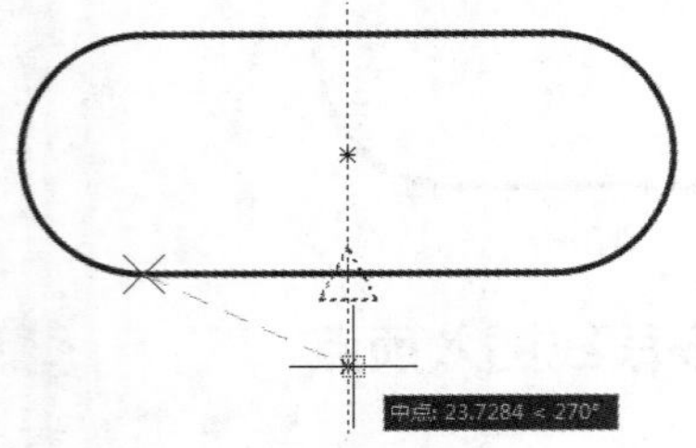

图 2-75 指定新顶点的位置

05 指定完新顶点后，可见图形形状已发生变化，然后按Esc键即可退出操作，最终结果如图2-76所示。

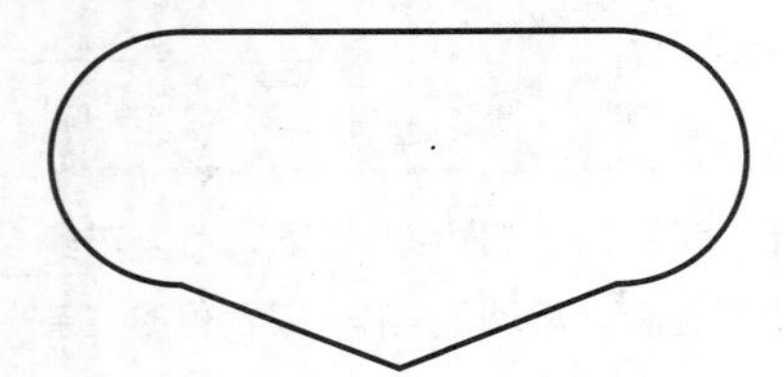

图 2-76 添加新顶点之后的图形

提示

选择“插入”命令可以在所选的顶点后增加新顶点，从而增加多段线的线段数目。所选的顶点会用“×”标记标明，用户也可以在图2-74所示的下一级快捷菜单中选择“下一个”或“上一个”命令来调整所选顶点的位置，从而调整要插入顶点的位置。

实战073 拉直多段线

难度：☆☆☆

	素材文件路径：素材\第2章\实战073 为多段线插入顶点-OK.dwg
	效果文件路径：素材\第2章\实战073 拉直多段线-OK.dwg
	在线视频：第2章\实战073 拉直多段线.mp4

既然可以为多段线添加顶点，自然也可以从多段线中删除顶点。这一操作在AutoCAD中被称为“拉直”。

01 延续上一例进行操作，也可以打开素材文件“第2章\实战072 为多段线插入顶点-OK.dwg”进行操作。

02 在命令行中输入“PE”，执行“多段线编辑”命令，选择跑道为要编辑的多段线，在弹出的快捷菜单中选择“编辑顶点”命令。

03 进入下一级快捷菜单，在该菜单中选择“拉直”命令，如图2-77所示。

04 进入“拉直”命令的快捷菜单，选择“下一个”命令，将顶点“×”标记移动至图2-78处。

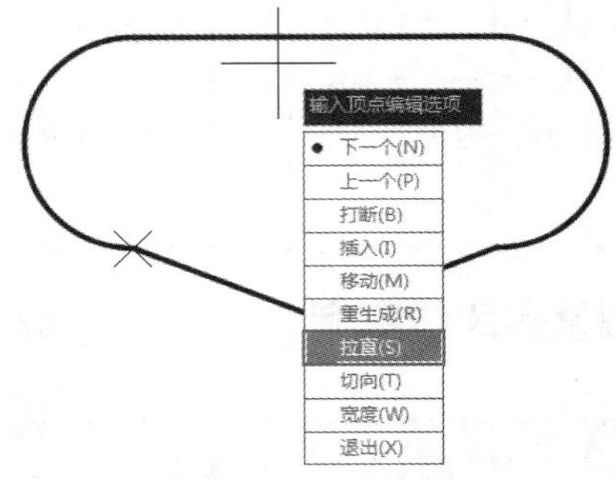

图 2-77 选择“拉直”命令

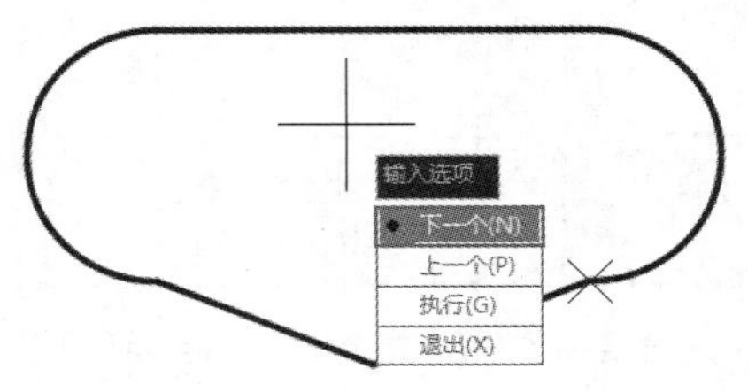

图 2-78 移动顶点标记

05 所选顶点确定无误后，选择“执行”命令，如图2-79所示。

06 可见图形已被拉直，新添加的顶点被删除。然后按Esc键即可退出操作，最终效果如图2-80所示。

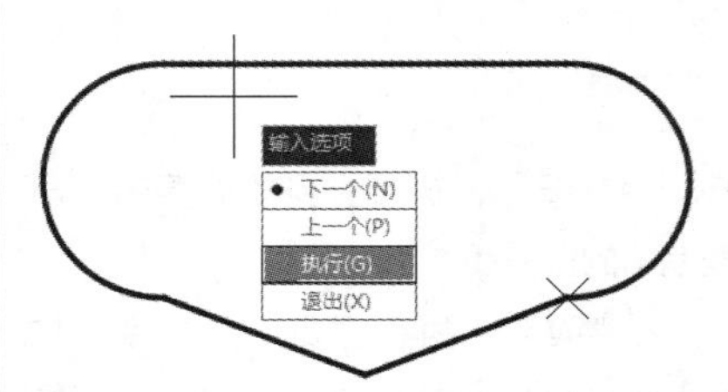

图 2-79 选择“拉直”命令

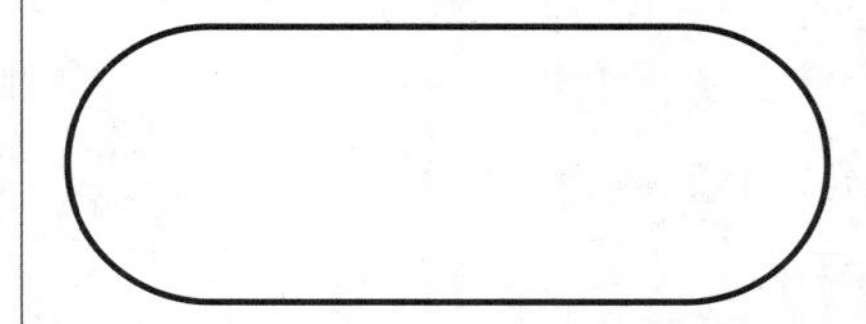

图 2-80 删除顶点标记

提示

“拉直”命令可以删除顶点并拉直多段线，它以指定的端点为起点，通过在“下一个”命令中移动“×”标记，删除起点与该标记点之间的所有顶点，从而拉直多段线。指定的端点是在选择“编辑顶点”命令后通过“下一个”或“上一个”命令来指定的，同样也是用“×”标记。

实战074 创建多线样式

难度：☆☆

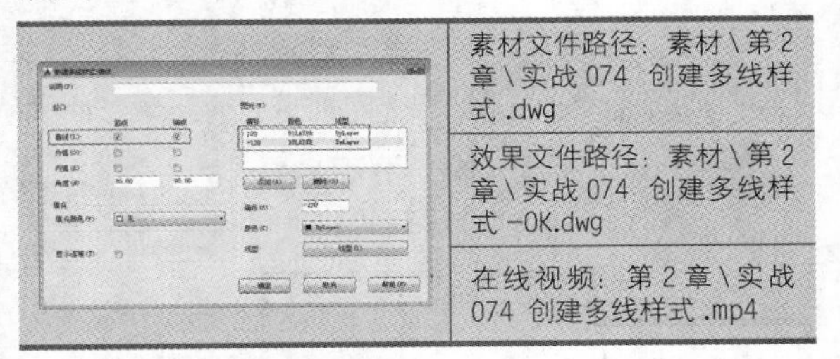

素材文件路径：素材\第 2 章\实战 074 创建多线样式 .dwg

效果文件路径：素材\第 2 章\实战 074 创建多线样式 -OK.dwg

在线视频：第 2 章\实战 074 创建多线样式 .mp4

在使用“多线”命令进行绘制前，需要事先指定“多线”的样式。不同的多线样式，可以得到完全不同的效果。

多线的使用虽然方便，但是默认的STANDARD样式过于简单，无法用来应对现实工作中所遇到的各种问题（如绘制带有封口的墙体线），这时就可以通过创建新的多线样式来解决，具体步骤如下。

01 打开素材文件“第2章\实战074 创建多线样式.dwg”。

02 在命令行中输入“MLSTYLE”并按Enter键，系统弹出“多线样式”对话框，如图2-81所示。

03 单击“新建”按钮新建(N)...，系统弹出“创建新的多线样式”对话框，新建样式名为“墙体”，基础样式为STANDARD，单击“确定”按钮，如图2-82所示。

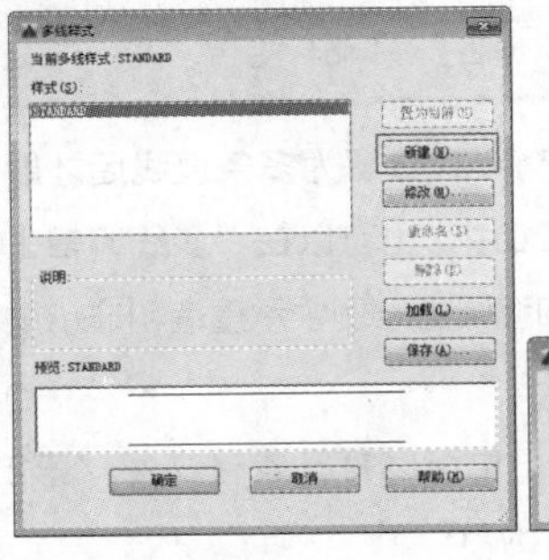

图 2-81 “多线样式”对话框

图 2-82 “创建新的多线样式”对话框

04 系统弹出“新建多线样式：墙体”对话框，在“封口”选项组中勾选“直线”后的“起点”和“端点”两个复选框，在“图元”选项组设置“偏移”为120和-120，如图2-83所示，单击“确定”按钮，返回“多线样式”对话框。

05 单击“置为当前”按钮，单击“确定”按钮，关闭对话框，完成墙体多线样式的设置。单击快速访问工具栏中的“保存”按钮，保存文件，如图2-84所示。

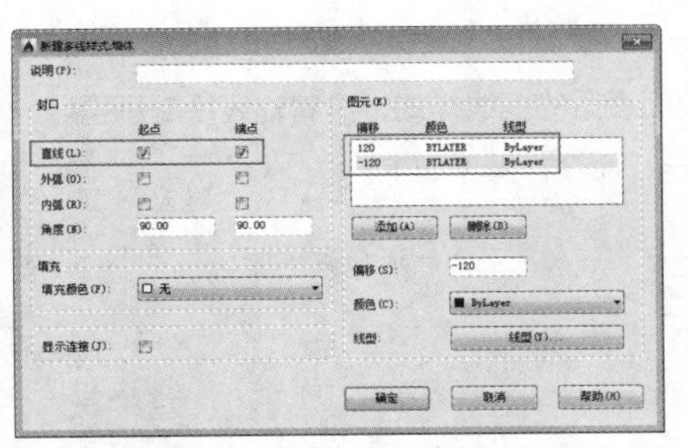

图 2-83 设置“封口”和“偏移值”

图 2-84 创建的“墙体”多线样式

实战075 绘制多线

难度：☆☆

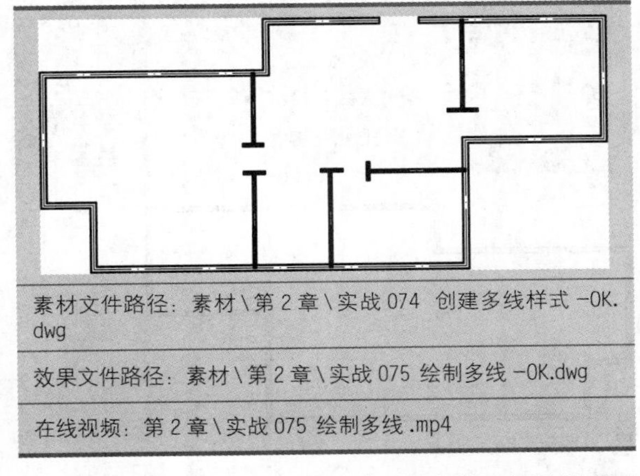

素材文件路径：素材\第 2 章\实战 074 创建多线样式 -OK.dwg

效果文件路径：素材\第 2 章\实战 075 绘制多线 -OK.dwg

在线视频：第 2 章\实战 075 绘制多线 .mp4

多线由多条平行线组合而成，平行线之间的距离可以随意设置，能大大提高绘图效率。“多线”命令一般用于绘制建筑与室内墙体等。

01 延续上一例进行绘制，或打开素材文件“第2章\实战074 创建多线样式-OK.dwg”，如图2-85所示。

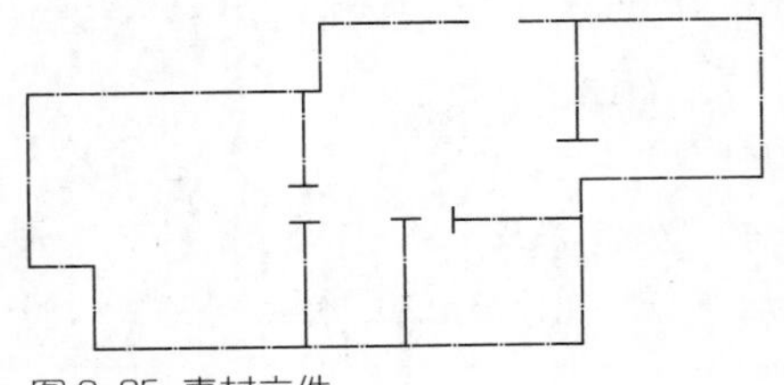

图 2-85 素材文件

02 在命令行输入“ML”并按Enter键，执行“多线”命令，使用前面设置的多线样式，沿着轴线绘制承重墙，如图2-86所示，命令行操作如下。

```
命令：ML↙          //执行“多线”命令
MLINE
当前设置：对正 = 上，比例 = 20.00，样式 = 墙体
指定起点或 [对正(J)/比例(S)/样式(ST)]： S↙
                   //选择“比例”选项
输入多线比例<20.00>： 1↙
                   //输入多线比例
当前设置：对正 = 上，比例 = 1.00，样式 = 墙体
指定起点或 [对正(J)/比例(S)/样式(ST)]： J↙
                   //选择“对正”选项
输入对正类型 [上(T)/无(Z)/下(B)] <上>： Z↙
                   //选择“无”选项
当前设置：对正 = 无，比例 = 1.00，样式 = 墙体
指定起点或 [对正(J)/比例(S)/样式(ST)]：
                   //沿着轴线绘制墙体
指定下一点：
指定下一点或 [放弃(U)]：
指定下一点或 [闭合(C)/放弃(U)]：↙
                   //按Enter键结束绘制
```

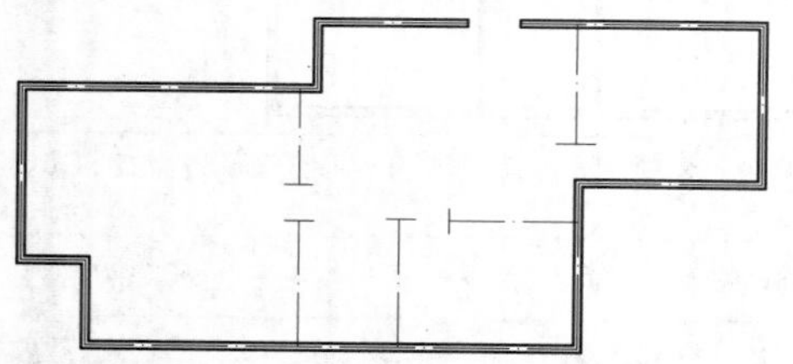

图 2-86 绘制承重墙

03 按空格键重复命令，绘制非承重墙，如图2-87所示，命令行操作如下。

```
MLINE↙            //执行“多线”命令
当前设置：对正 = 无，比例 = 1.00，样式 = 墙体
指定起点或 [对正(J)/比例(S)/样式(ST)]： S↙
                  //选择“比例”选项
输入多线比例<1.00>： 0.5↙
                  //输入多线比例
当前设置：对正 = 无，比例 = 0.50，样式 = 墙体
指定起点或 [对正(J)/比例(S)/样式(ST)]：
指定下一点：
                  //沿着内部轴线绘制墙体
指定下一点或 [放弃(U)]：↙
                  //按Enter键结束绘制
```

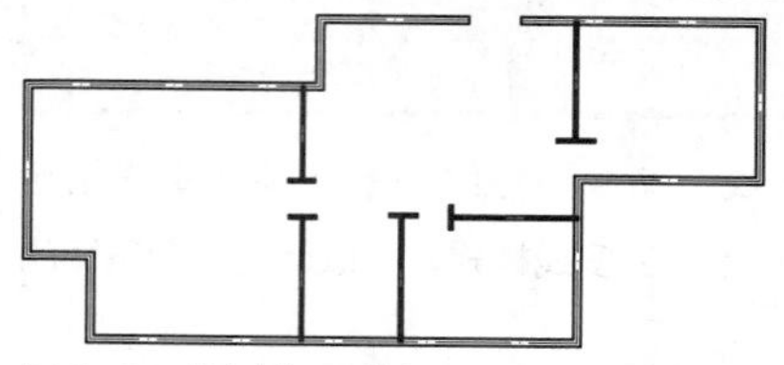

图 2-87 绘制非承重墙

实战076 编辑多线

难度：☆☆

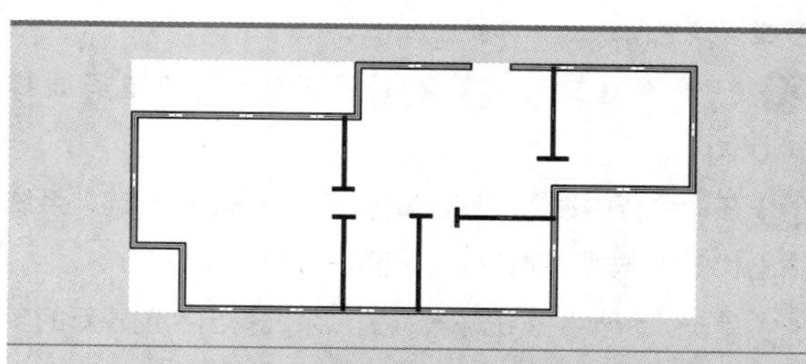

素材文件路径：素材\第 2 章\实战 075 绘制多线 -OK.dwg

效果文件路径：素材\第 2 章\实战 076 编辑多线 -OK.dwg

在线视频：第 2 章\实战 076 编辑多线 .mp4

多线是复合对象，只有将其分解为多条直线后才能编辑。但在AutoCAD 2020中，也可以在“多线编辑工具”对话框中进行编辑，如编辑上一例中承重墙和非承重墙的结合处。

01 延续上一例进行操作，也可以打开素材文件“第2章\实战075 绘制多线-OK.dwg”。

02 在命令行中输入“MLEDIT”，执行“多线编辑”命令，弹出“多线编辑工具”对话框，如图2-88所示。

03 选择其中的“T形合并”选项，系统自动返回到绘图区，根据命令行提示对墙体结合处进行编辑，如图2-89所示，命令行操作如下。

```
命令： MLEDIT↙        //执行“多线编辑”命令
选择第一条多线：      //选择竖直墙体
选择第二条多线：      //选择水平墙体
选择第一条多线 或 [放弃(U)]：↙
                      //重复操作
```

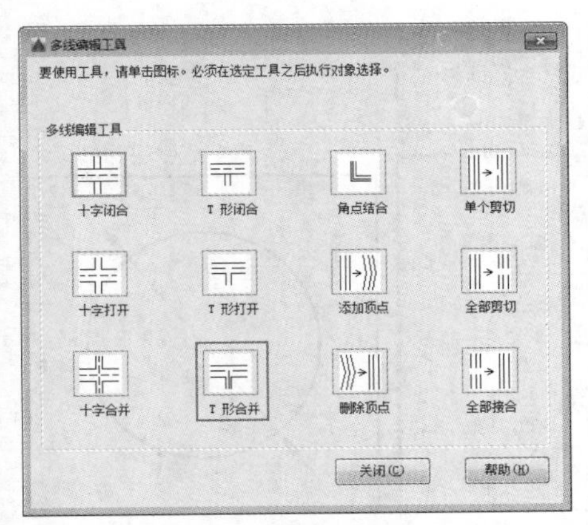

图 2-88 “多线编辑工具”对话框

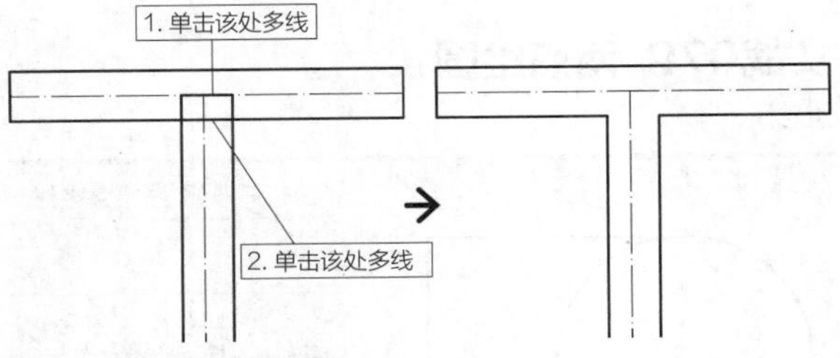

图 2-89 合并多线交接处

04 重复上述操作，对所有墙体结合处执行“T形合并”命令，效果如图2-90所示。

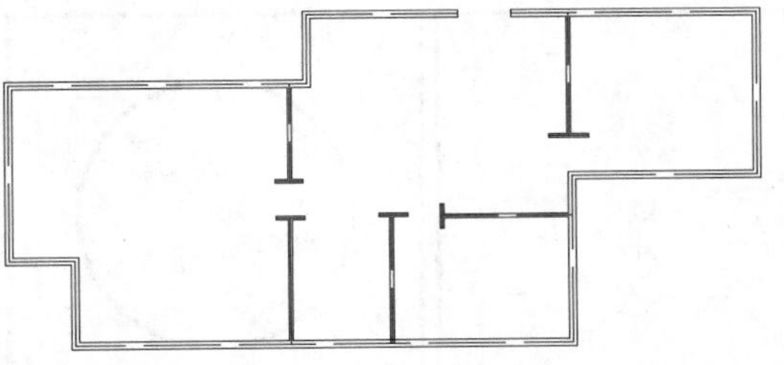

图 2-90 T 形合并的效果

05 在命令行中输入“LA”，执行“图层特性管理器”命令，在弹出的“图层特性管理器”中隐藏“轴线”图层，最终效果如图2-91所示。

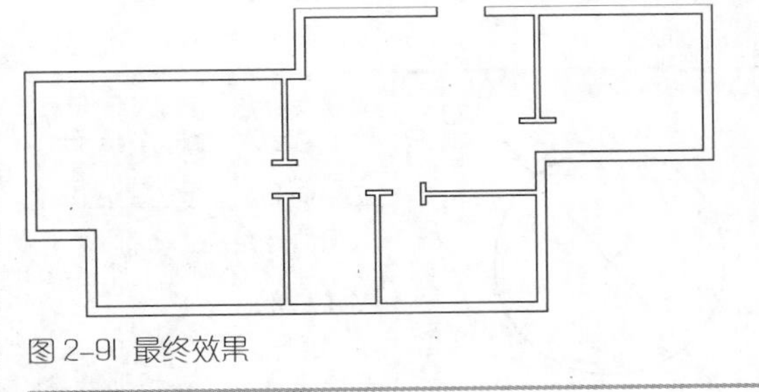

图 2-91 最终效果

提示

中间红色的轴线可以删除也可以隐藏图层，隐藏图层的操作请见本书第7章。

2.3 曲线类图形绘制

在AutoCAD中，“圆”“圆弧”“椭圆”“椭圆弧”“圆环”都属于圆类图形，其他还有“样条曲线”“螺旋线"等曲线类图形。其绘制方法相比于直线类图形较为复杂，下面将通过22个实战进行讲解。

实战077 圆心与半径绘制圆

难度：☆

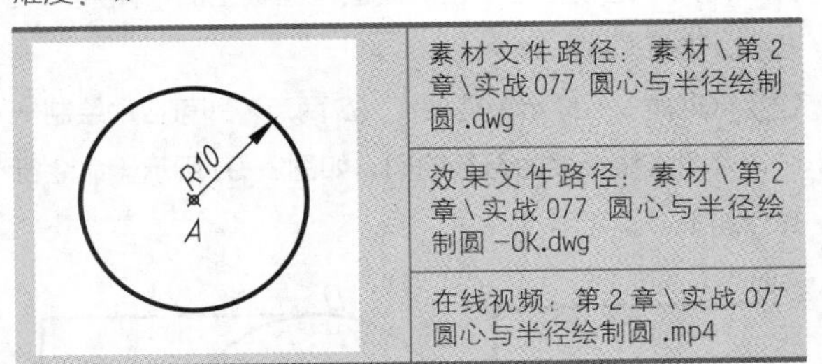

素材文件路径：素材\第2章\实战077 圆心与半径绘制圆.dwg

效果文件路径：素材\第2章\实战077 圆心与半径绘制圆-OK.dwg

在线视频：第2章\实战077 圆心与半径绘制圆.mp4

圆在各种设计图形中都应用频繁，对应的创建方法也很多。本例介绍其中最常用的一种，即通过指定圆心位置并输入半径值来绘制圆。

01 打开素材文件“第2章\实战077 圆心与半径绘制圆.dwg”，如图2-92所示。

02 在命令行中输入“C”并按Enter键，或单击“绘图”面板上的“圆”按钮，执行“圆”命令。

03 根据命令行提示，选择点*A*为圆心，然后在命令行中直接输入半径值“10”，即可绘制一个圆，如图2-93所示，命令行操作如下。

```
命令：C↙
CIRCLE
指定圆的圆心或[三点(3P)/两点(2P)/切点、切点、半径(T)]:
                //选择点A。也可以输入点A的坐标值
指定圆的半径或[直径(D)]：10↙
                //输入半径值，也可以输入相对于圆心的
                相对坐标，确定圆周上一点
```

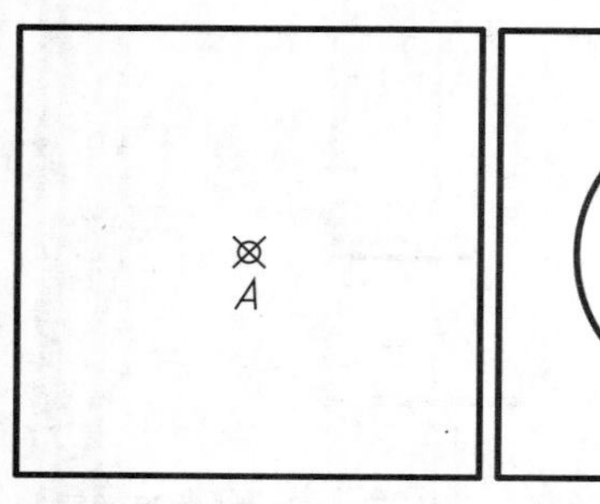

图 2-92 素材文件

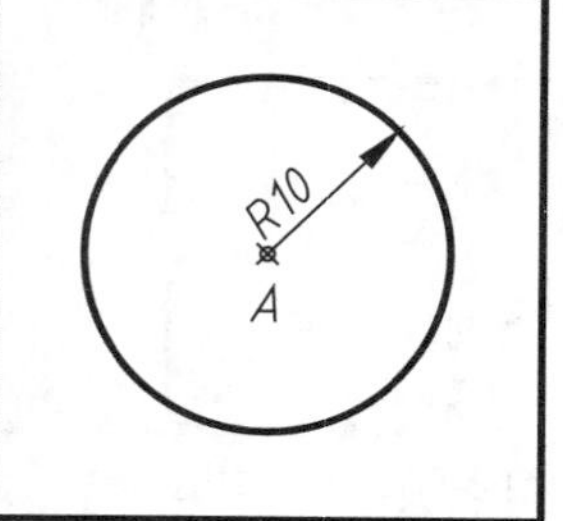

图 2-93 通过指定圆心位置与半径值绘制圆

实战078 圆心与直径绘制圆

难度：☆

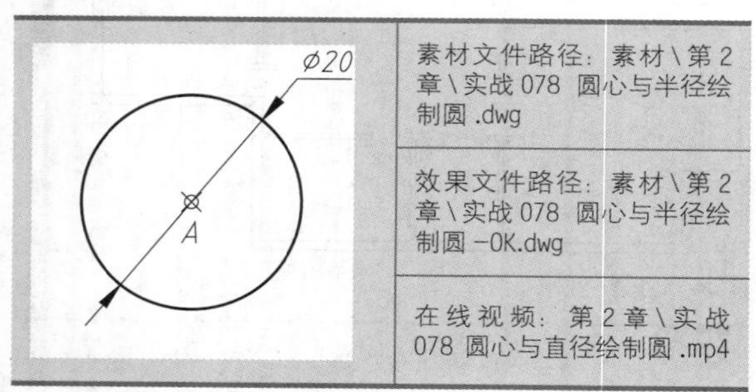

素材文件路径：素材\第 2 章\实战 078 圆心与半径绘制圆 .dwg

效果文件路径：素材\第 2 章\实战 078 圆心与半径绘制圆 -OK.dwg

在线视频：第 2 章\实战 078 圆心与直径绘制圆 .mp4

指定圆心坐标后，除了输入半径值，还可选择输入直径值来绘制圆，此种方法同上一例相差不大。

01 同样使用素材文件“第2章\实战078 圆心与半径绘制圆.dwg”进行操作。

02 在命令行中输入“C”并按Enter键，或单击“绘图”面板上的“圆心，直径”按钮，如图2-94所示，执行“圆”命令。

03 根据命令行提示，选择点A为圆心，然后在命令行中选择“直径”选项，输入直径值“20”，即可绘制一个圆，如图2-95所示，命令行操作如下。

```
命令：C↙
CIRCLE
指定圆的圆心或[三点(3P)/两点(2P)/切点、切点、半径(T)]:
          //选择点A。也可以输入点A的坐标值
指定圆的半径或[直径(D)]<80.1736>：D↙
          //选择直径选项
指定圆的直径<200.00>：20↙
          //输入直径值
```

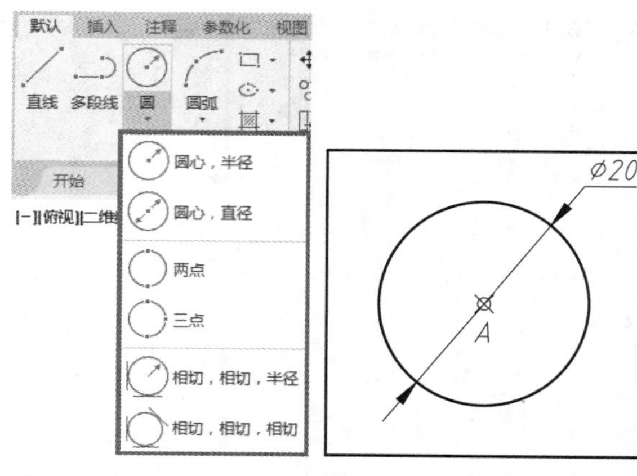

图 2-94 “绘图”面板上的“圆心，直径”按钮

图 2-95 通过指定圆心位置与直径值绘制圆

实战079 两点绘圆

难度：☆☆

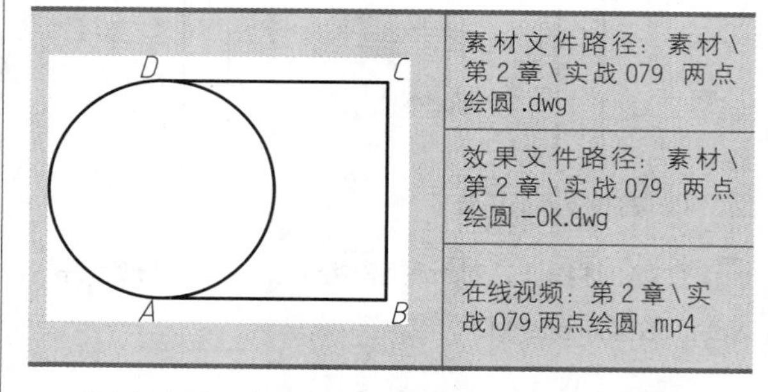

素材文件路径：素材\第 2 章\实战 079 两点绘圆 .dwg

效果文件路径：素材\第 2 章\实战 079 两点绘圆 -OK.dwg

在线视频：第 2 章\实战 079 两点绘圆 .mp4

两点绘圆，实际上是以这两点的连线为直径，以两点连线的中点为圆心画圆。系统会自动提示指定圆直径的第一个端点和第二个端点。

01 打开素材文件“第2章\实战079 两点绘圆.dwg”，如图2-96所示。

02 在命令行中输入“C”并按Enter键，再输入“2P”选择“两点”选项，或单击“绘图”面板上的“两点”按钮，执行“圆”命令。

03 根据命令行提示，捕捉A、D两点，即可自动绘制一个以AD连线长度为直径的圆，如图2-97所示，命令行操作如下。

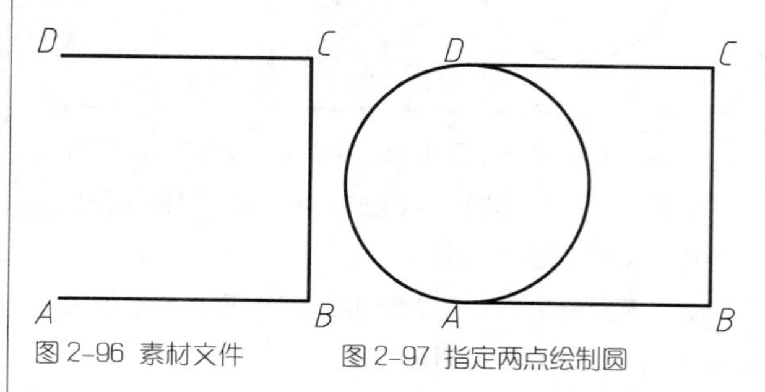

图 2-96 素材文件

图 2-97 指定两点绘制圆

```
命令：C↙
CIRCLE
指定圆的圆心或[三点(3P)/两点(2P)/切点、切点、半径(T)]：2P↙
        //选择"两点"选项
指定圆直径的第一个端点：
        //单击选择第一个端点A
指定圆直径的第二个端点：
        //单击选择第二个端点D，或输入相对于
        第一个端点的相对坐标
```

实战080 三点绘圆

难度：☆☆

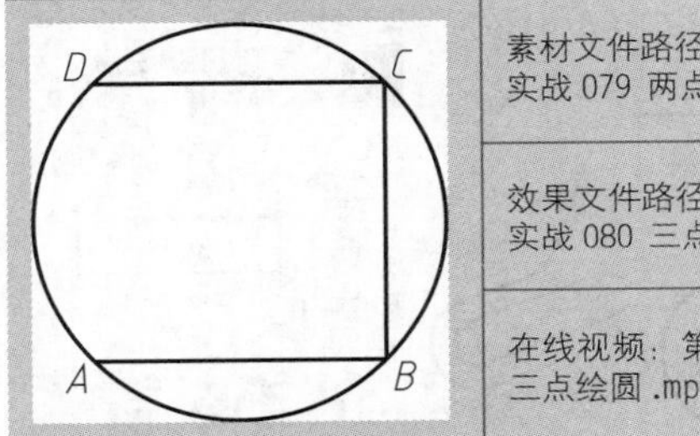

素材文件路径：素材\第2章\实战079 两点绘圆.dwg

效果文件路径：素材\第2章\实战080 三点绘圆-OK.dwg

在线视频：第2章\实战080 三点绘圆.mp4

三点绘圆，实际上是绘制通过这三点所确定的三角形唯一的外接圆。系统会提示指定圆上的第一个点、第二个点和第三个点。

01 同样使用素材文件"第2章\实战079 两点绘圆.dwg"进行操作。

02 在命令行中输入"C"并按Enter键，再输入"3P"选择"三点"选项，或单击"绘图"面板上的"三点"按钮，如图2-98所示，执行"圆"命令。

03 根据命令行提示，依次捕捉点A、B、C，即可自动绘制出△ABC唯一的外接圆，如图2-99所示，命令行操作如下。

```
命令：C↙
CIRCLE
指定圆的圆心或[三点(3P)/两点(2P)/切点、切点、半径
(T)]：3P↙                //选择"三点"选项
指定圆上的第一个点：        //单击选择点A
指定圆上的第二个点：        //单击选择点B
指定圆上的第三个点：        //单击选择点C
```

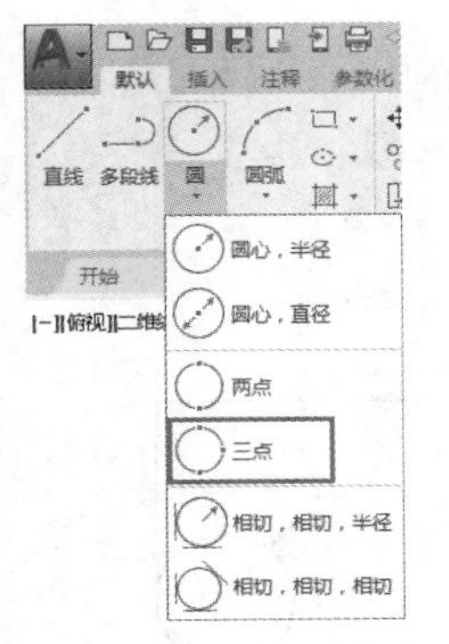

图2-98 "绘图"面板上的"三点"按钮

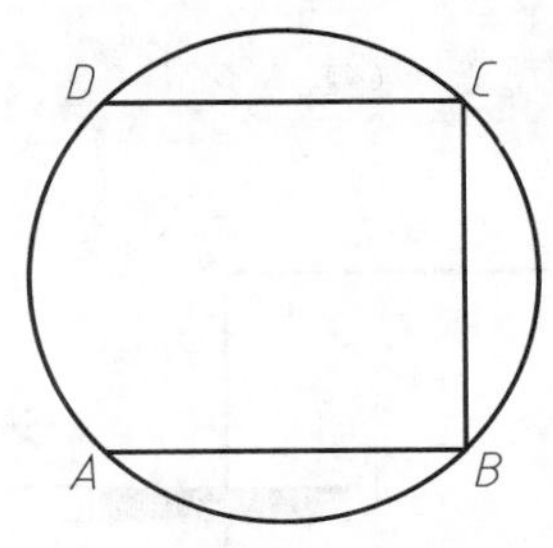

图2-99 指定3点绘制圆

实战081 相切、相切、半径绘圆

难度：☆☆

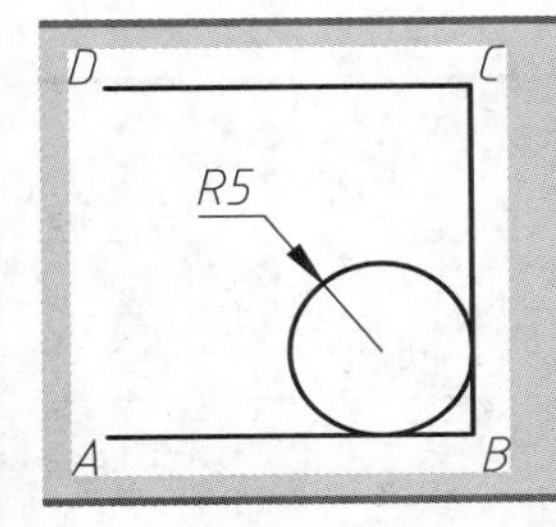

素材文件路径：素材\第2章\实战079 两点绘圆.dwg

效果文件路径：素材\第2章\实战081 相切、相切、半径绘圆-OK.dwg

在线视频：第2章\实战081 相切、相切、半径绘圆.mp4

如果已经存在两个图形对象，并已知圆的半径值，就可以绘制出与这两个对象相切的公切圆。

01 同样使用素材文件"第2章\实战079 两点绘圆.dwg"进行操作。

02 在命令行中输入"C"并按Enter键，再输入"T"选择"切点、切点、半径"选项，或单击"绘图"面板上的"相切、相切、半径"按钮，执行"圆"命令。

03 根据命令行提示，分别在线段AB、BC上单击一点确定切点，位置不用精确，如图2-100所示。

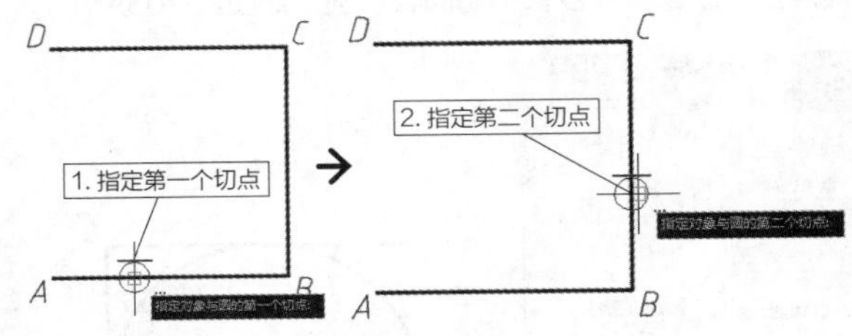

图2-100 指定切点创建第一段圆弧

04 然后输入半径值即可自动绘制出与线段AB、BC相切的公切圆，如图2-101所示，命令行操作如下。

```
命令：_circle
指定圆的圆心或 [三点(3P)/两点(2P)/切点、切点、半径
(T)]：T↙            //选择"切点、切点、半径"选项
```

指定对象与圆的第一个切点：//单击线段AB上任意一点

指定对象与圆的第二个切点：//单击线段BC上任意一点

指定圆的半径：5↙ //输入半径值

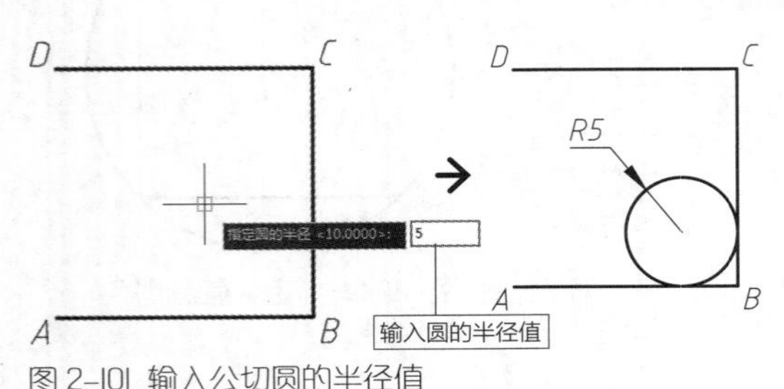

图 2-101 输入公切圆的半径值

实战082 相切、相切、相切绘圆

难度：☆☆

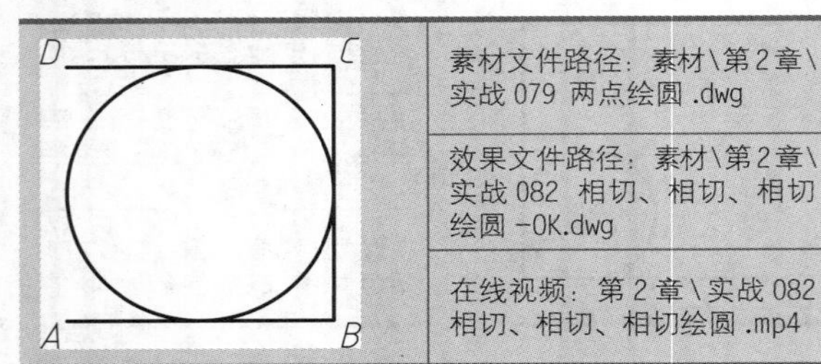

素材文件路径：素材\第2章\实战 079 两点绘圆 .dwg

效果文件路径：素材\第2章\实战 082 相切、相切、相切绘圆 -OK.dwg

在线视频：第 2 章\实战 082 相切、相切、相切绘圆 .mp4

选择3条切线来绘制圆，可以绘制出与3个图形对象均相切的公切圆。要注意与“三点”之间的区别。

01 同样使用素材文件“第2章\实战079 两点绘圆.dwg”进行操作。

02 单击“绘图”面板上的“相切，相切，相切”按钮，如图2-102所示，执行“圆”命令。

03 根据命令行提示，分别在线段AB、BC和CD上各单击一点指定切点，位置不用精确，即可自动绘制出与线段AB、BC、CD都相切的公切圆，如图2-103所示。

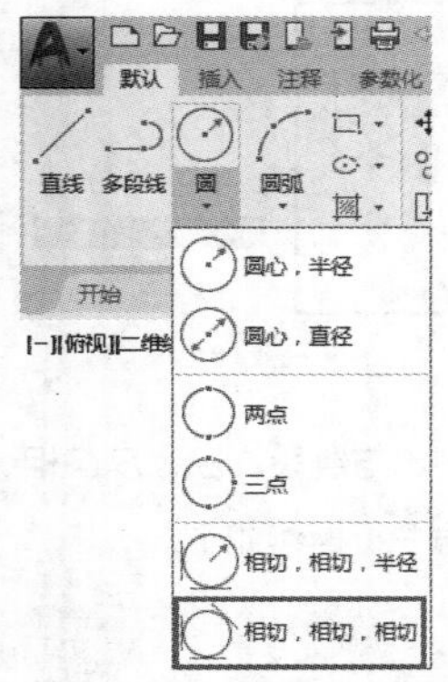

图 2-102 “绘图”面板上的“相切，相切，相切”按钮

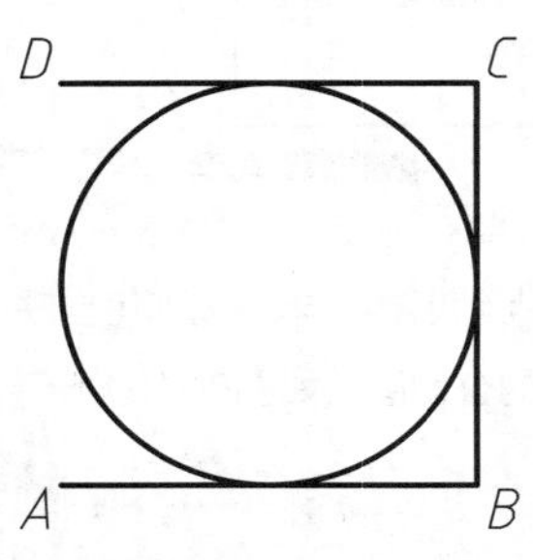

图 2-103 指定 3 个切点绘制圆

实战083 圆图形应用

难度：☆☆

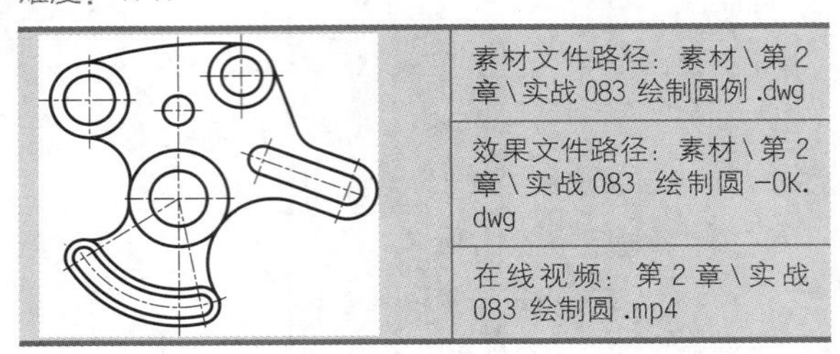

素材文件路径：素材\第 2 章\实战 083 绘制圆例 .dwg

效果文件路径：素材\第 2 章\实战 083 绘制圆 -OK.dwg

在线视频：第 2 章\实战 083 绘制圆 .mp4

本例将用前面所介绍的绘圆命令绘制完整的零件图形，读者可以比较它们之间的不同。

01 打开素材文件“第3/实战083 绘制圆.dwg”，如图2-104所示。

02 在“默认”选项卡中，单击“绘图”面板中的“圆心，半径”按钮，如图2-105所示。

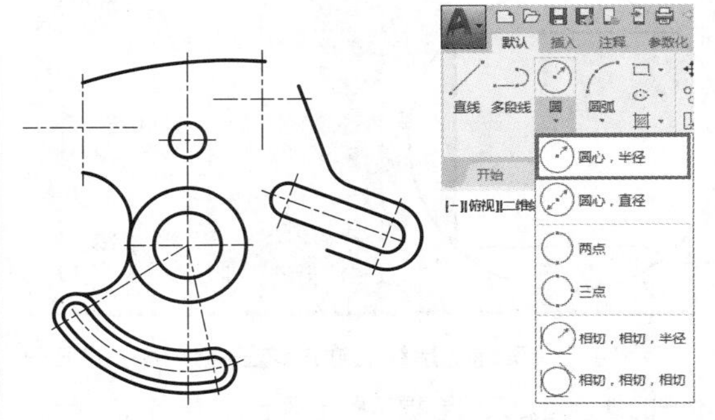

图 2-104 素材文件

图 2-105 “绘图”面板中的“圆心，直径”按钮

03 根据命令行提示，以右侧中心线的交点为圆心，绘制半径为8的圆形，如图2-106所示。

04 单击“绘图”面板中的“圆心，直径”按钮，以左侧中心线的交点为圆心，绘制直径为20的圆形，如图2-107所示。

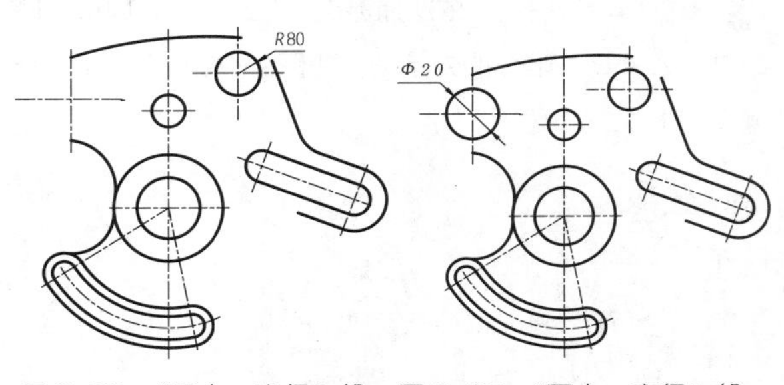

图 2-106 “圆心，半径”绘制圆

图 2-107 “圆心，直径”绘制圆

05 单击“绘图”面板中的“两点”按钮，分别捕捉两条圆弧的端点1、2，绘制结果如图2-108所示。

06 单击“绘图”面板中的“相切，相切，半径”

按钮，捕捉与圆相切的两个切点*3*、*4*，输入半径值“13”，按Enter键确认，绘制结果如图2-109所示。

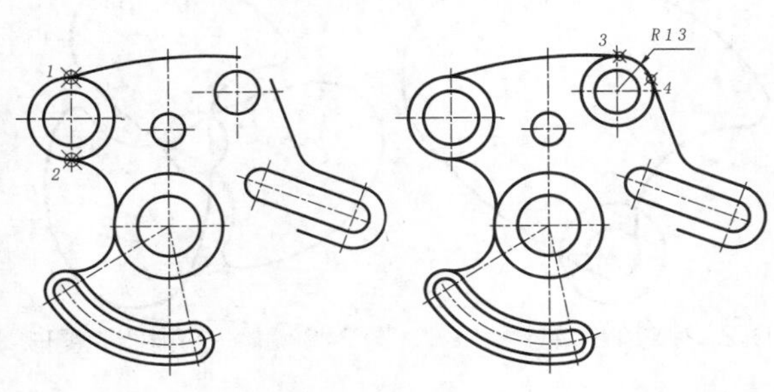

图 2-108 “两点”绘制圆　　图 2-109 “相切，相切，半径”绘制圆

07 重复执行“圆”命令，使用“切点，切点，切点”的方法绘制圆，捕捉与圆相切的3个切点*5*、*6*、*7*，绘制结果如图2-110所示。

08 在命令行中输入“TR”，执行“修剪”命令，修剪多余弧线，最终效果如图2-111所示。

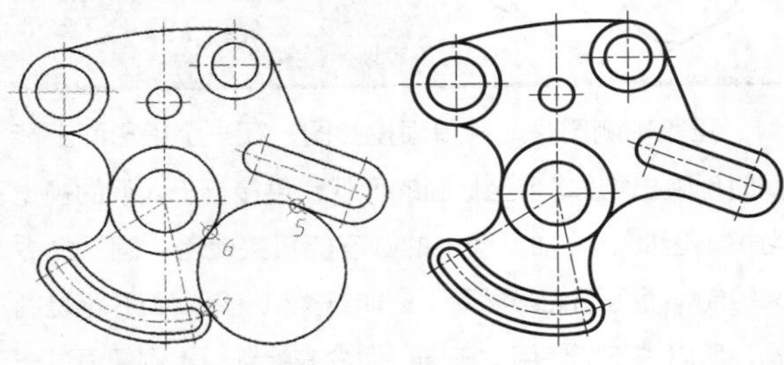

图 2-110 “切点、切点、半径”绘制圆　　图 2-111 最终效果图

实战084 绘制风扇叶片

重点

难度：☆☆☆

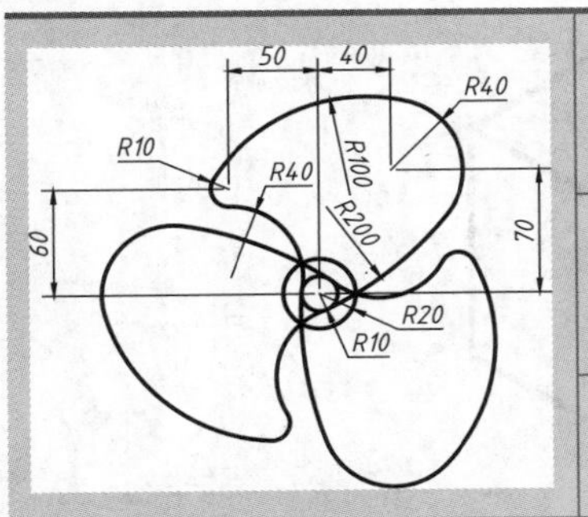

素材文件路径：素材\第 2 章\实战 084 绘制风扇叶片 .dwg

效果文件路径：素材\第 2 章\实战 084 绘制风扇叶片 -OK.dwg

在线视频：第 2 章\实战 084 绘制风扇叶片 .mp4

本例绘制风扇叶片图形，由3个相同的叶片组成。该图形几乎全部由圆弧组成，而且彼此之间都是相切关系。在绘制的时候可以先绘制其中的一个叶片，然后再通过“阵列”或“复制”的方法得到其他的部分，最后修剪即可。在绘制本图时会引入一些暂时还没有介绍的命令，如“阵列”和“修剪”，这些编辑命令将在第3章进行介绍，本例只需随书操作，大致了解它的用法即可。

01 新建一个空白文档。

02 单击“绘图”面板中的“圆”按钮，以“圆心，半径”方法绘图，在绘图区中任意指定一点为圆心，在命令行提示指定圆的半径值时输入“10”，即可绘制一个半径为10的圆，如图2-112所示。

03 接着使用相同的方法，执行“圆”命令，捕捉半径为10的圆的圆心，绘制一个半径为20的同心圆，如图2-113所示。

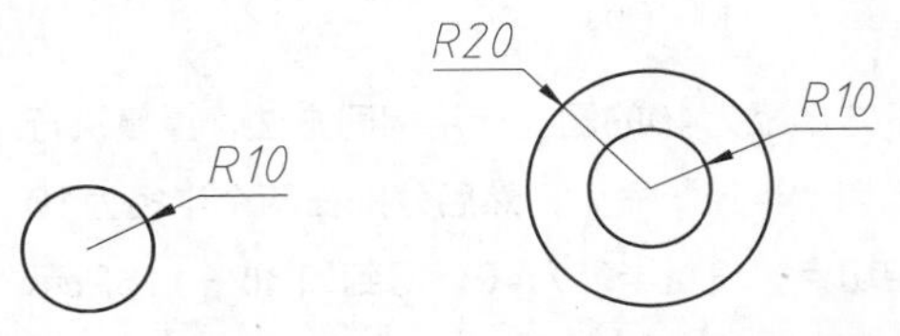

图 2-112 绘制半径为 10 的圆　　图 2-113 绘制半径为 20 的同心圆

04 绘制辅助线。单击“绘图”面板中的“多段线”按钮，绘制如图2-114所示的两条多段线，此线是用来绘制左上方半径为10的圆弧和右上方半径为40的圆弧的辅助线。

05 单击“绘图”面板中的“圆”按钮，以辅助线的两个端点为圆心，分别绘制半径为10和半径为40的圆，如图2-115所示。

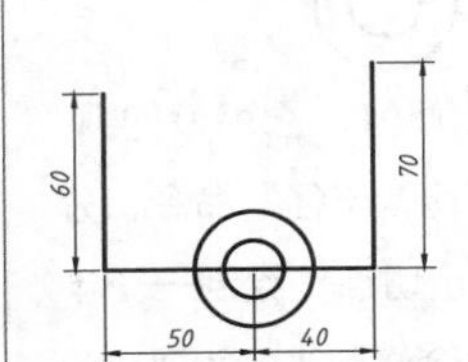

图 2-114 绘制辅助线

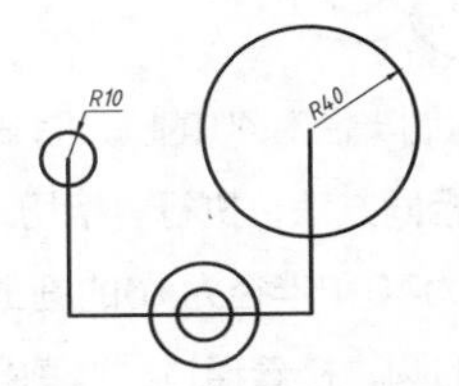

图 2-115 绘制半径为 10 和 40 的圆

06 绘制半径为100的圆。单击“绘图”面板中的“圆”按钮，在下拉列表中选择“相切，相切，半径”选项，然后根据命令行提示，先在半径为10的圆上指定第一个切点，再在半径为40的圆上指定第二个切点，接着输入半径值“100”，即可得到如图2-116所示的圆。

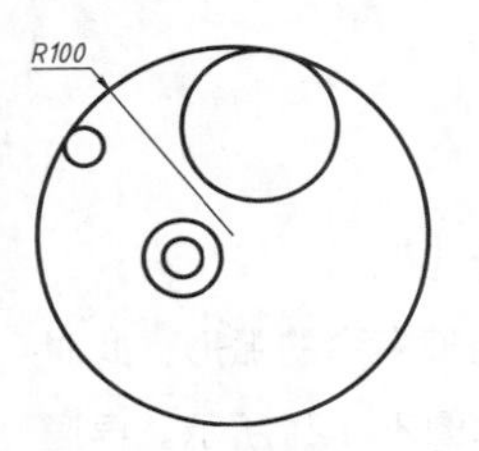

图 2-116 绘制半径为 100 的圆

07 修剪半径为100的圆。绘制完成后退出“圆”命令，

然后在命令行中输入“TR”，再连续按两次空格键，接着移动十字光标至圆的下方，即可预览该圆的修剪效果，单击即可执行“修剪”命令，效果如图2-117所示。

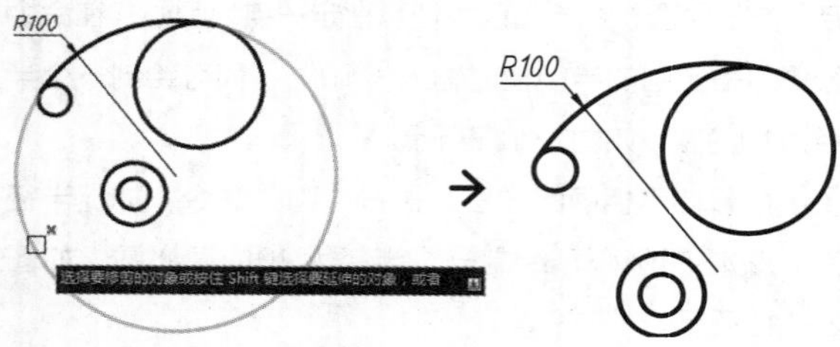

图 2-117 修剪半径为 100 的圆

08 绘制下方半径为40的圆。使用相同方法，重复执行“相切，相切，半径”命令，然后分别在两个半径为10的圆上指定切点，设置半径为40，得到如图2-118所示的圆。

09 修剪半径为40的圆。在命令行中输入“TR”，然后连续按两次空格键，选择圆弧外侧的部分进行修剪，修剪后的效果如图2-119所示。

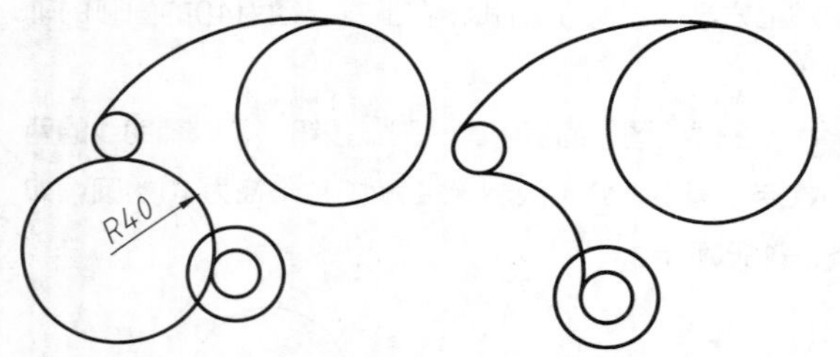

图 2-118 绘制半径为 40 的圆　图 2-119 修剪半径为 40 的圆

10 使用相同方法，执行“相切，相切，半径”命令，分别在半径为40和半径为10的圆上指定切点，绘制一个半径为200的圆，接着通过“修剪”命令修剪半径为200的圆上多余的弧线，效果如图2-120所示。

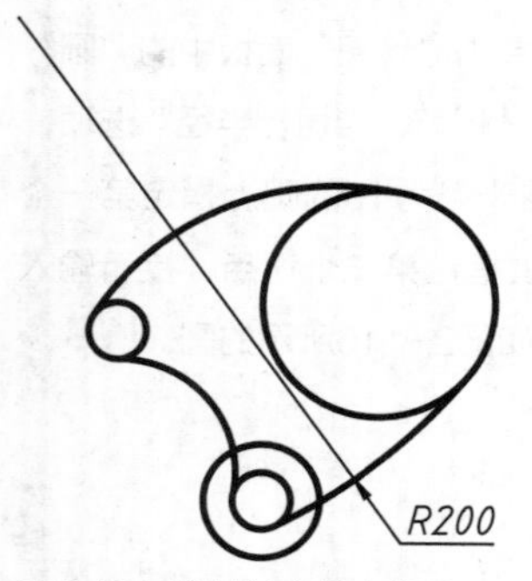

图 2-120 绘制并修剪半径为 200 的圆

11 重复执行“修剪”命令，修剪掉多余的弧形，此时风扇的单个叶片已经绘制完成，如图2-121所示。再通过“阵列“命令将叶片旋转复制3份，即可得到最终的效果，如图2-122所示。“阵列”命令将在第3章介绍。

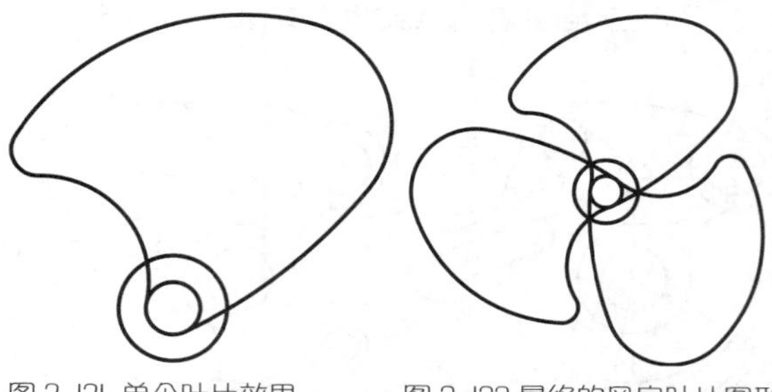

图 2-121 单个叶片效果　图 2-122 最终的风扇叶片图形

实战085 绘制正等轴测图中的圆

难度：☆☆☆

素材文件路径：素材\第 2 章\实战 085 绘制正等轴测图中的圆 .dwg

效果文件路径：素材\第 2 章\实战 085 绘制正等轴测图中的圆-OK.dwg

在线视频：第 2 章\实战 085 绘制正等轴测图中的圆 .mp4

正等轴测图是一种单面投影图，在一个投影面上能同时反映出物体3个坐标面的形状，更接近于人们的视觉习惯。因此正等轴测图中的圆不能直接使用“圆”命令来绘制，而且它们虽然看上去非常类似椭圆，但并不是椭圆，所以也不能使用“椭圆”命令来绘制。本例便通过一个案例来介绍正等轴测图中圆的画法。

01 打开素材文件“第2章\实战085 绘制正等轴测图中的圆.dwg”，如图2-123所示。

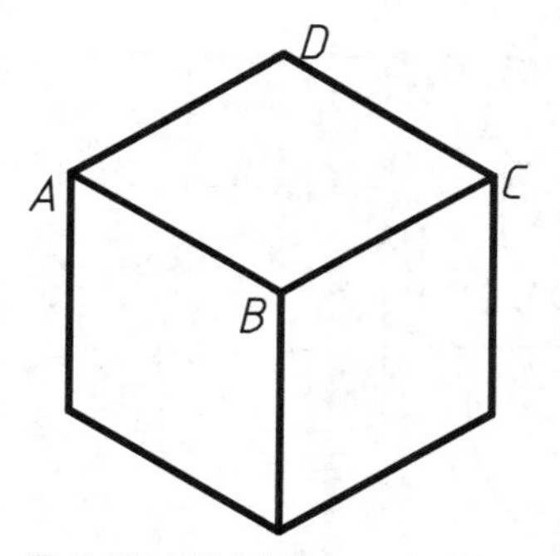

图 2-123 素材文件

02 需要在3个坐标面上分别绘制圆，绘制方法是相似的，这里先介绍顶面上圆的绘制方法，如图2-124所示。

03 单击“绘图”面板中的“直线”按钮，连接线段AB与CD的中点，以及线段AD与BC的中点，如图2-125所示。

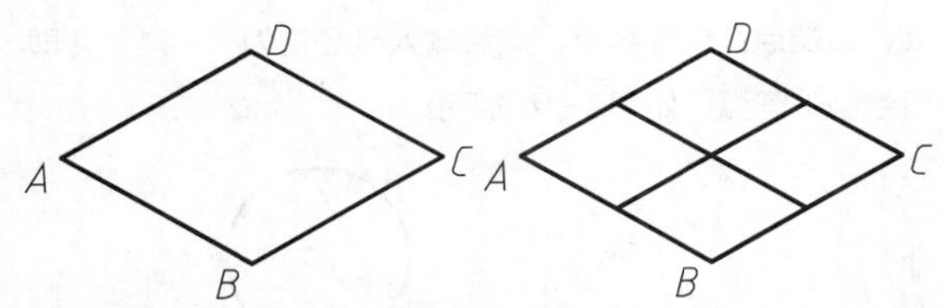

图 2-124 轴测图中的顶面局部 图 2-125 连接线段上的中点

04 再次执行“直线”命令，连接点*B*和线段*AD*的中点，以及点*D*和线段*BC*的中点，如图2-126所示。

05 重复执行“直线”命令，连接点*A*和点*C*，此时得到线段*AC*与步骤03绘制的直线的两个交点，如图2-127所示。

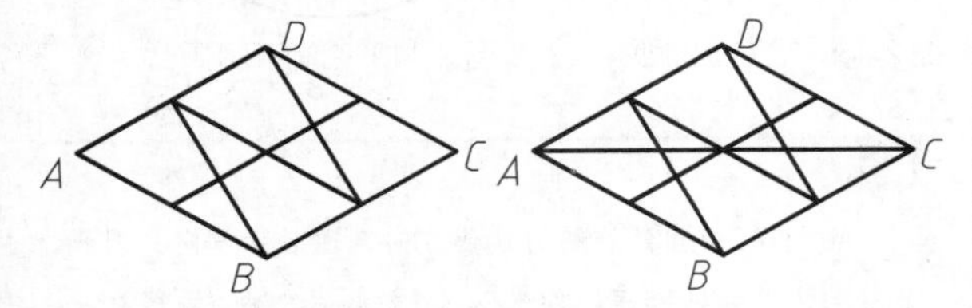

图 2-126 连接线段的中点 图 2-127 连接 *AC* 两点

06 单击“绘图”面板中的“圆”按钮，以“圆心，半径”方法绘图，以左侧交点为圆心，将半径点捕捉至线段*AD*的中点处，如图2-128所示。

07 使用相同方法，以右侧交点为圆心，将半径点捕捉至线段*BC*的中点处，如图2-129所示。

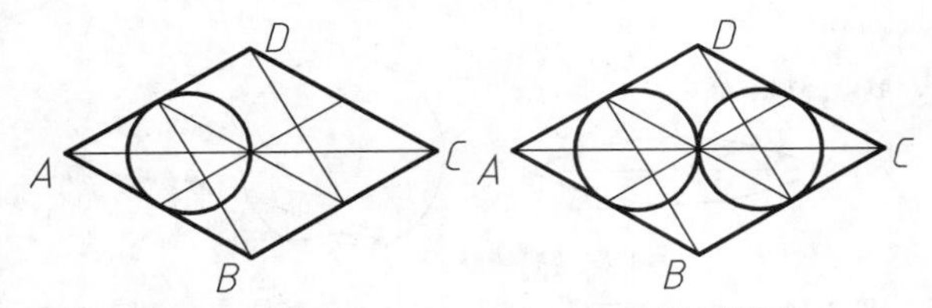

图 2-128 绘制左侧圆 图 2-129 绘制右侧圆

08 执行“TR”（修剪）和“Delete”（删除）命令，将虚线处的部分修剪或删除，得到如图2-130所示的图形。

09 单击“绘图”面板中的“圆”按钮，分别以点*B*、*D*为圆心，将半径点捕捉至所得圆弧的端点，如图2-131所示。

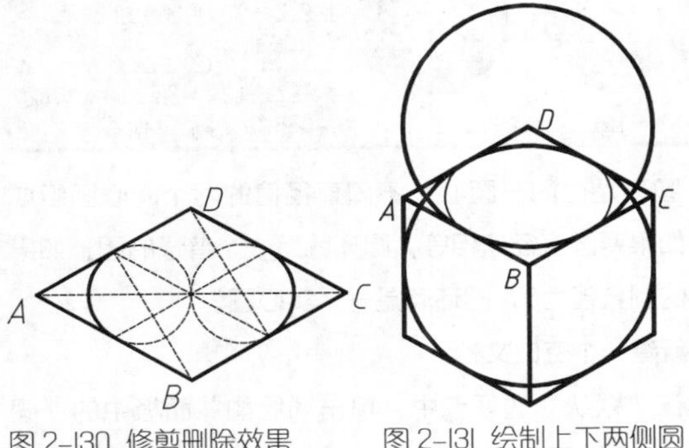

图 2-130 修剪删除效果 图 2-131 绘制上下两侧圆

10 在命令行中输入“TR”，然后连续按两次空格键，修剪所得的圆，得到如图2-132所示的图形，至此便绘制完成了一个顶面上的圆。

11 使用相同方法绘制其他面上的圆，最终如图2-133所示。

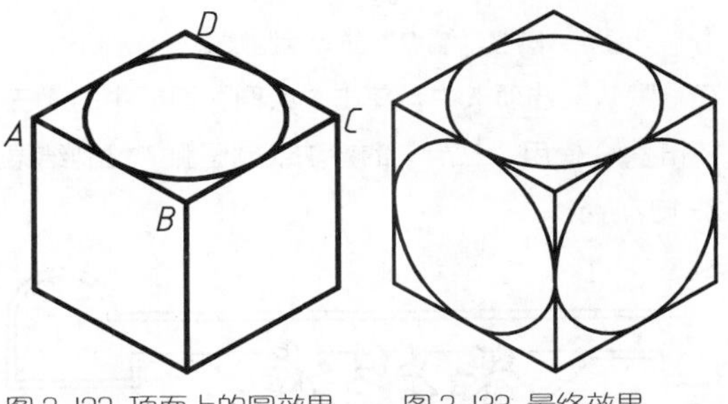

图 2-132 顶面上的圆效果 图 2-133 最终效果

实战086 绘制圆弧

难度：☆☆☆

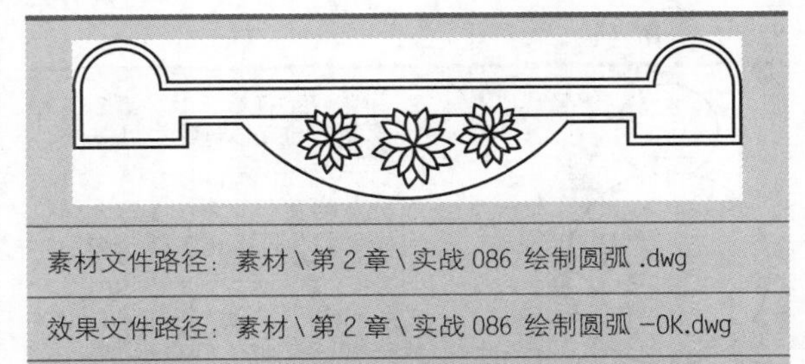

素材文件路径：素材\第 2 章\实战 086 绘制圆弧 .dwg

效果文件路径：素材\第 2 章\实战 086 绘制圆弧 -OK.dwg

在线视频：第 2 章\实战 086 绘制圆弧 .mp4

圆弧是AutoCAD中创建最多的图形之一，它在各类设计图中都大量使用，如机械、园林、室内等。熟练掌握各种圆弧的创建方法，对于提高使用AutoCAD绘制的综合能力很有帮助。

01 打开素材文件“第2章\实战086 绘制圆弧.dwg”，如图2-134所示。

图 2-134 素材文件

02 在“默认”选项卡中，单击“绘图”面板中的“起点，端点，方向”按钮，使用“起点，端点，方向”的方法绘制两侧的圆弧，方向垂直向上，绘制结果如图2-135所示。

图 2-135 “起点，端点，方向”命令绘制圆弧

03 重复执行“圆弧”命令，使用“起点，圆心，端点”的方法绘制圆弧，绘制结果如图2-136所示。

图 2-136 “起点，圆心，端点”命令绘制圆弧

04 在“默认”选项卡中，单击“绘图”面板中的“三点”按钮，使用“三点”的方法绘制圆弧，绘制结果如图2-137所示。

图 2-137 绘制大圆弧

实战087 控制圆弧方向

进阶

难度：☆☆☆

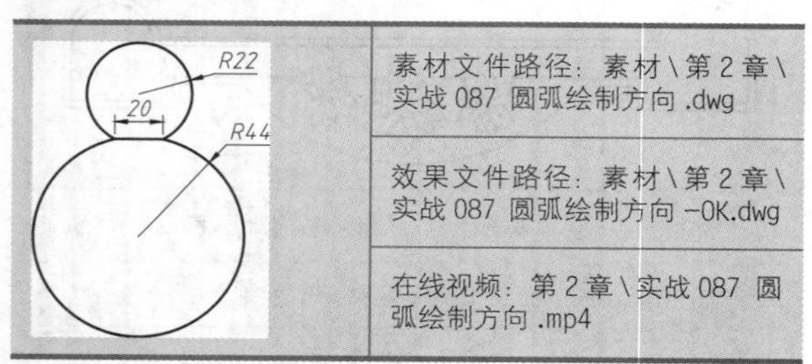

素材文件路径：素材\第 2 章\实战 087 圆弧绘制方向 .dwg
效果文件路径：素材\第 2 章\实战 087 圆弧绘制方向 -OK.dwg
在线视频：第 2 章\实战 087 圆弧绘制方向 .mp4

初学者有时绘制出来的结果会与设想的不一样，这是因为没有弄清楚圆弧的大小和方向的缘故，下面通过一个经典练习来介绍对圆弧方向的控制。

01 打开素材文件“第2章\实战087 圆弧绘制方向.dwg”，如图2-138所示。

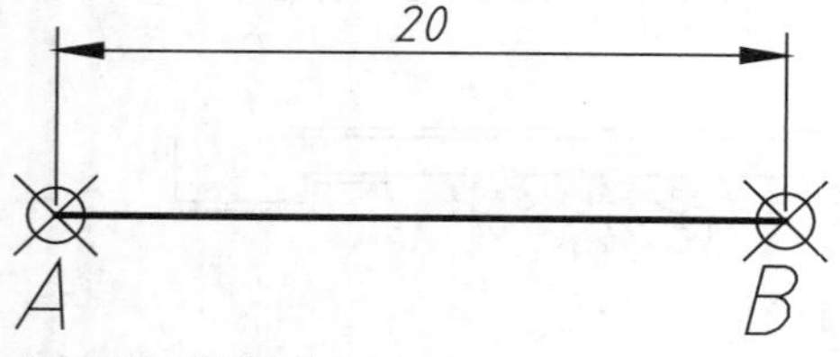

图 2-138 素材文件

02 绘制上圆弧。单击“绘图”面板中“圆弧”按钮的下拉箭头▼，在下拉列表中选择“起点，端点，半径”选项，接着选择直线的右端点*B*作为起点、左端点*A*作为终点，然后输入半径值为“-22”，即可绘制上圆弧，如图2-139所示。

03 绘制下圆弧。按Enter键或空格键，重复执行“起点，端点，半径”命令，接着选择直线的左端点*A*作为起点，右端点*B*作为终点，然后输入半径值为“-44”，即可绘制下圆弧，如图2-140所示。

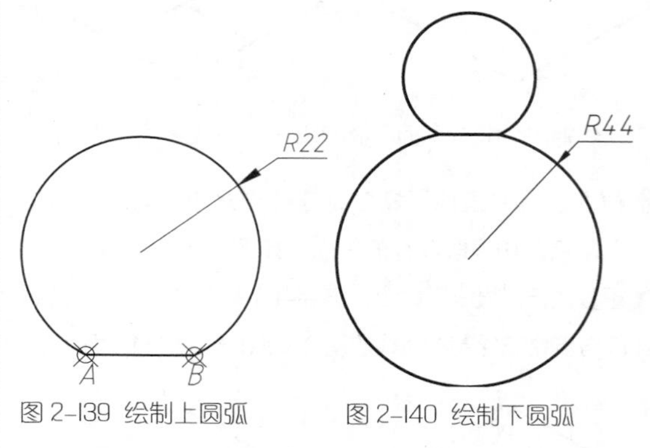

图 2-139 绘制上圆弧　图 2-140 绘制下圆弧

提示

AutoCAD中圆弧绘制的默认方向是逆时针方向，因此在绘制上圆弧的时候，如果以点*A*为起点、点*B*为终点，则会绘制出如图2-141所示的圆弧（命令行虽然提示按Ctrl键反转反向，但实际绘制时还是会按原方向处理）。根据几何学的知识可知，在半径值已知的情况下，弦长对应着两段圆弧：优弧（弧长较长的一段）和劣弧（弧长较短的一段）。而在AutoCAD中只有输入负值才能绘制出优弧，具体关系如图2-142所示。

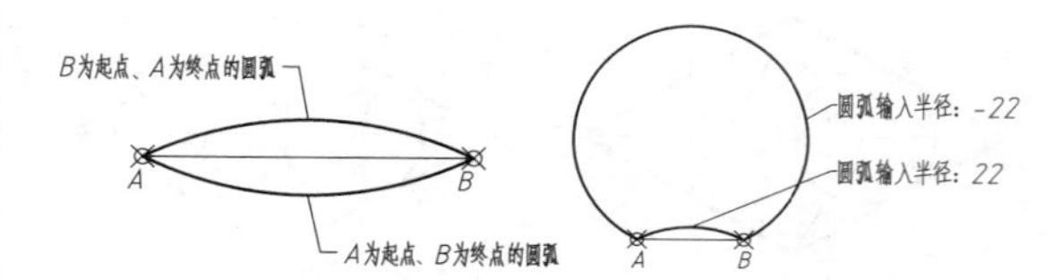

图 2-141 不同起点与终点的圆弧　图 2-142 输入不同半径值的圆弧

实战088 绘制圆环

难度：☆☆

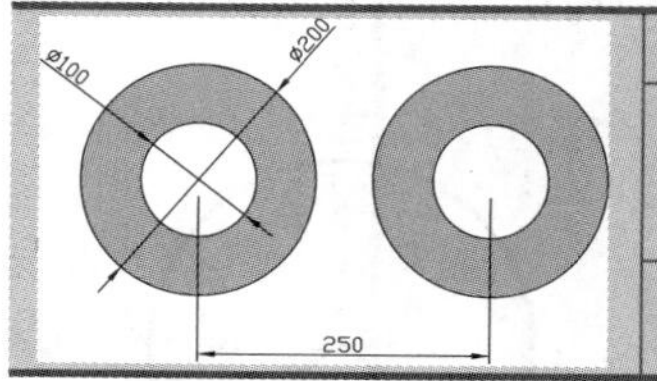

素材文件路径：无
效果文件路径：素材\第 2 章\实战 088 绘制圆环 -OK.dwg
在线视频：第 2 章\实战 088 绘制圆环 .mp4

圆环是由同一圆心、不同直径值的两个同心圆组成的。如果两圆直径值相等，圆环就是一个普通的圆；如果内部的圆直径为0，圆环就是一个实心圆。

01 新建一个空白文档。

02 在“默认”选项卡中，单击“绘图”面板中的“圆环”按钮◎，如图2-143所示。

03 绘制外径为200、内径为100、水平距离为250的两组圆环，如图2-144所示，命令行操作如下。

```
命令：_donut        //执行“圆环”命令
指定圆环的内径<0.5000>：100↙
                   //输入内径
指定圆环的外径<1.0000>：200↙
                   //输入外径
指定圆环的中心点或<退出>：
                   //在绘图区域合适位置任意拾取一
                   点作为第一组圆环圆心
指定圆环的中心点或<退出>：@250，0↙
                   //输入第二组圆环圆心的相对坐标
指定圆环的中心点或<退出>：↙
                   //按Enter键结束命令
```

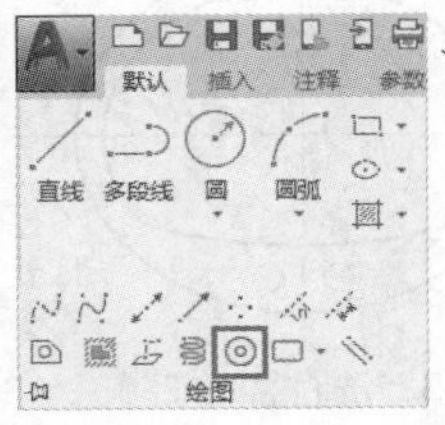

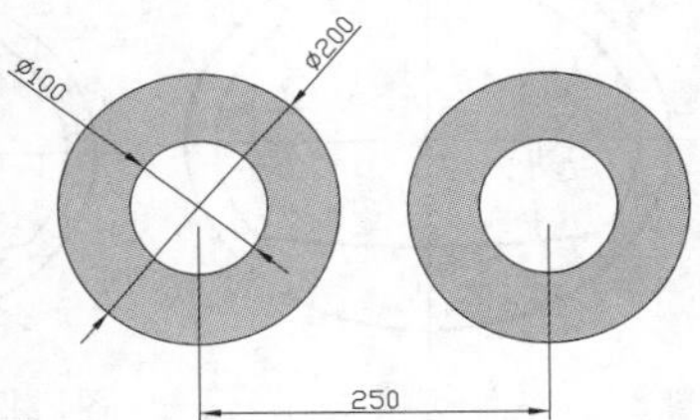

图 2-143 “绘图”面板上的“圆环”按钮　图 2-144 绘制圆环

提示

“圆环”在指定了内径值和外径值之后，便可以一直以该参数进行放置，直至按Enter键结束。因此使用“圆环”命令可以快速创建大量实心或空心圆，在这种情况下比使用“圆”命令要方便快捷。

实战089 绘制椭圆

难度：☆☆

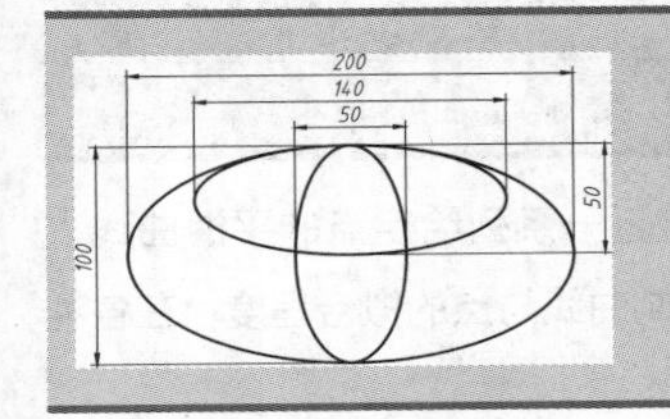

素材文件路径：无
效果文件路径：素材\第2章\实战089 绘制椭圆-OK.dwg
在线视频：第2章\实战089 绘制椭圆.mp4

椭圆是一种特殊样式的圆，与圆相比，椭圆的半径长度值不一。其形状由定义其长度值和宽度值的两条轴决定，较长轴的称为长轴，较短的轴称为短轴。

椭圆图形在生活中比较常见，如地面拼花、室内吊顶造型等。本例便通过椭圆图形来绘制如图2-145所示的图形。

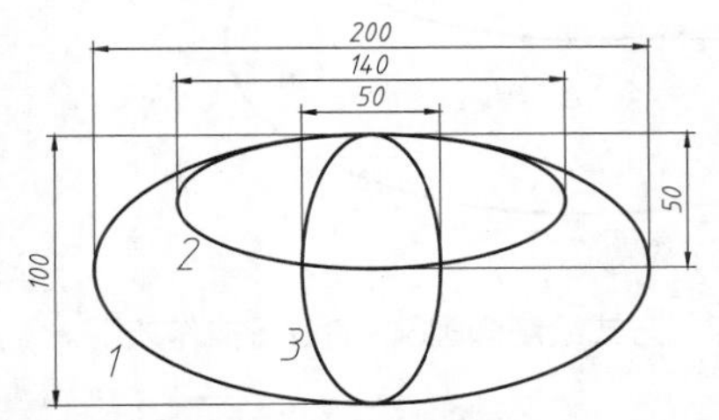

图 2-145 由椭圆组成的图形

01 新建一个空白文档。

02 单击“绘图”面板上的“圆心”按钮，绘制椭圆1，如图2-146所示，命令行操作如下。

```
命令：_ellipse
指定椭圆的轴端点或 [圆弧(A)/中心点(C)]：_c
                   //中心点方式绘制椭圆
指定椭圆的中心点：0,0↙
                   //以原点为椭圆中心
指定轴的端点：100,0↙
                   //输入轴端点的坐标
指定另一条半轴长度或 [旋转(R)]：50↙
                   //输入另一半轴长度
```

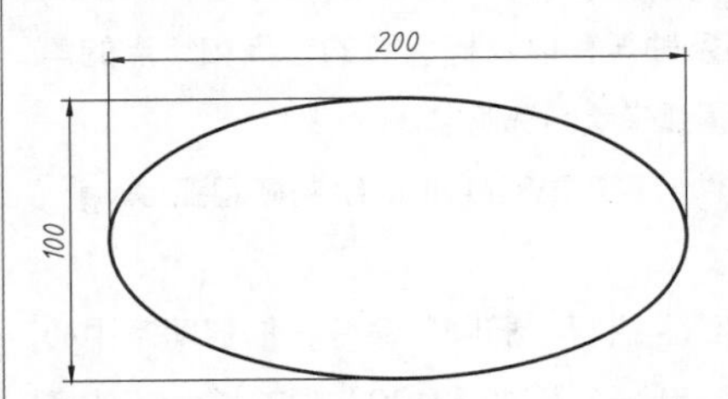

图 2-146 绘制第一个椭圆

03 单击“绘图”面板上的“轴端点”按钮，绘制椭圆2，如图2-147所示，命令行操作如下。

```
命令：_ellipse
指定椭圆的轴端点或 [圆弧(A)/中心点(C)]：0,50↙
                   //输入轴的第一个端点坐标
指定轴的另一个端点：0,0↙
                   //输入轴的第二个端点坐标
指定另一条半轴长度或 [旋转(R)]：70↙
                   //输入另一条轴的长度
```

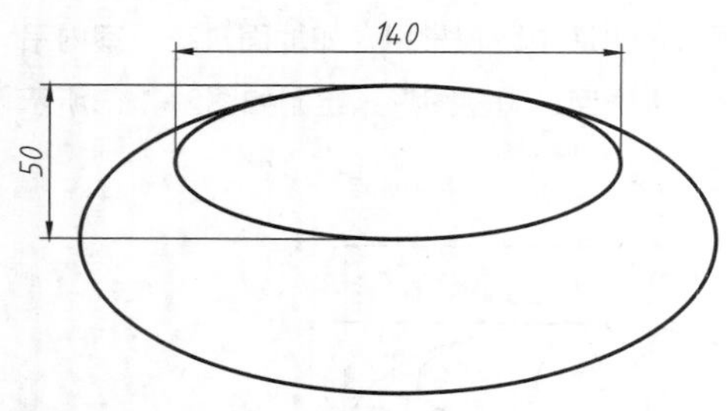

图 2-147 绘制第二个椭圆

04 重复“轴端点”方式绘制椭圆3，命令行操作如下。

```
命令：_ellipse
指定椭圆的轴端点或 [圆弧(A)/中心点(C)]：0,50↙
指定轴的另一个端点：0,-50↙
指定另一条半轴长度或 [旋转(R)]：25↙
```

实战090 绘制椭圆弧

难度：☆☆

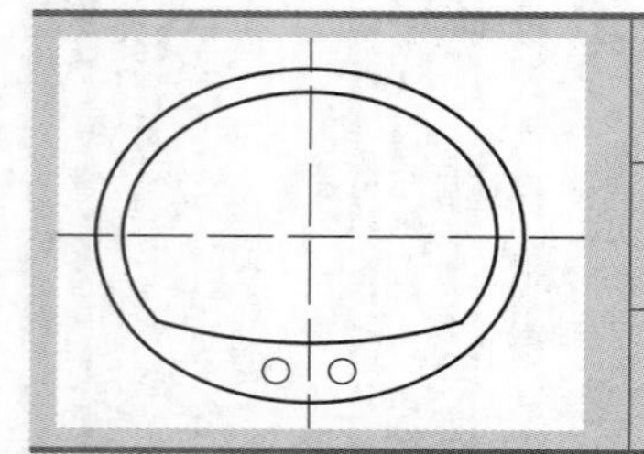

素材文件路径：素材\第 2 章\实战 090 绘制椭圆弧 .dwg
效果文件路径：素材\第 2 章\实战 090 绘制椭圆弧 -OK.dwg
在线视频：第 2 章\实战 090 绘制椭圆弧 .mp4

椭圆弧是椭圆的一部分。要绘制椭圆弧，需要指定其所在椭圆的两条轴长，以及椭圆弧的起点和终点的角度。本例通过椭圆弧来绘制洗脸盆。

01 打开素材文件“第2章\实战090 绘制椭圆弧.dwg”如图2-148所示。

02 绘制外轮廓线。执行“椭圆”命令，捕捉两条中心线交点为中心，绘制一个长轴长为80、短轴长为65的椭圆，如图2-149所示。

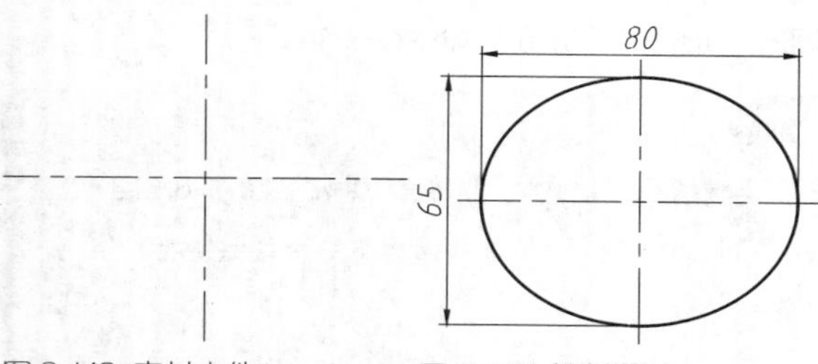

图 2-148 素材文件　　图 2-149 绘制椭圆

03 绘制椭圆弧。执行“椭圆弧”命令，捕捉两条中心线交点为中心，绘制一个长轴长为70、短轴长为56的椭圆弧，跨度为120°，如图2-150所示。

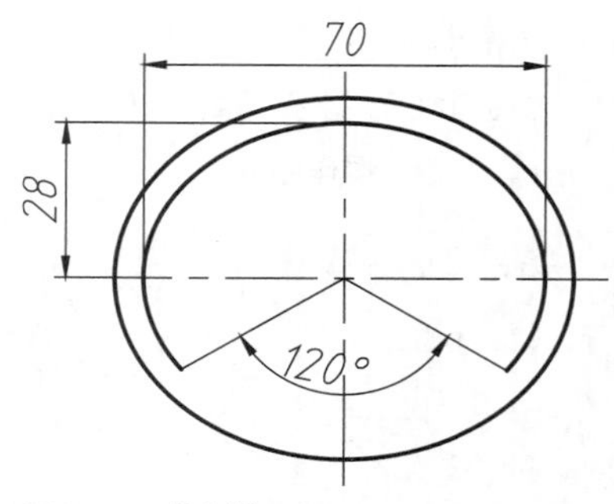

图 2-150 绘制椭圆弧

04 绘制圆弧。在“绘图”面板上单击“圆弧”按钮 的下拉箭头，选择“起点，端点，半径”选项，以椭圆弧的端点为起点和终点，绘制一个半径为200的圆弧，如图2-151所示。

05 绘制水龙头安装孔。执行“圆”命令绘制两个半径为5的圆孔，最终结果如图2-152所示。

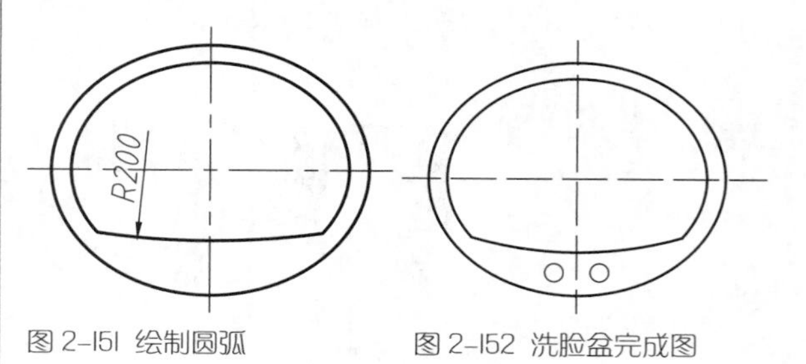

图 2-151 绘制圆弧　　图 2-152 洗脸盆完成图

实战091 绘制样条曲线

难度：☆☆

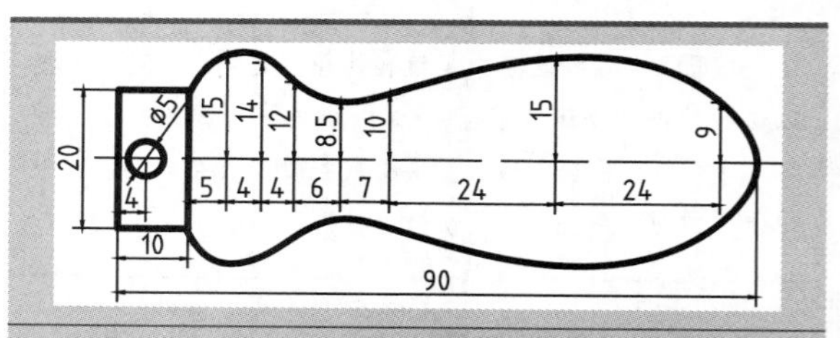

素材文件路径：素材\第 2 章\实战 091 绘制样条曲线 .dwg
效果文件路径：素材\第 2 章\实战 091 绘制样条曲线 -OK.dwg
在线视频：第 2 章\实战 091 绘制样条曲线 .mp4

样条曲线是经过或接近一系列给定点的平滑曲线，它能够自由编辑，并能控制曲线与点的拟合程度，在各种设计绘图中均有应用。

01 打开素材文件“第2章\实战091 绘制样条曲线.dwg”，如图2-153所示。

图 2-153 绘制第一个椭圆

02 设置点样式。在菜单栏中选择“格式”|“点样式”命令，弹出“点样式”对话框，如图2-154所示。

03 定位样条曲线的通过点。单击“修改”面板中的“偏移”按钮，将中心线偏移，并在偏移线交点绘制通过点，结果如图2-155所示。

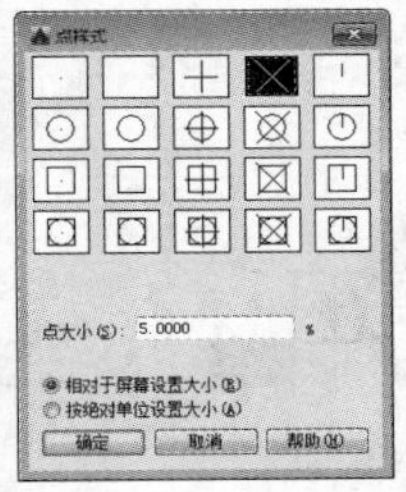

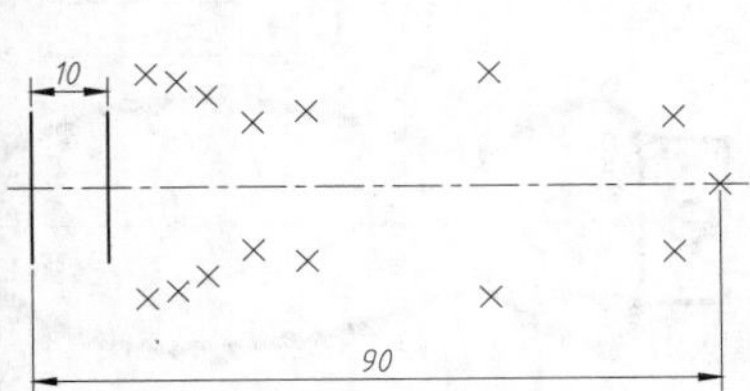

图 2-154 “点样式”对话框　图 2-155 绘制样条曲线的通过点

04 绘制样条曲线。单击“绘图”面板中的“样条曲线拟合”按钮，以左上角辅助点为起点，按顺时针方向依次连接各辅助点，结果如图2-156所示。

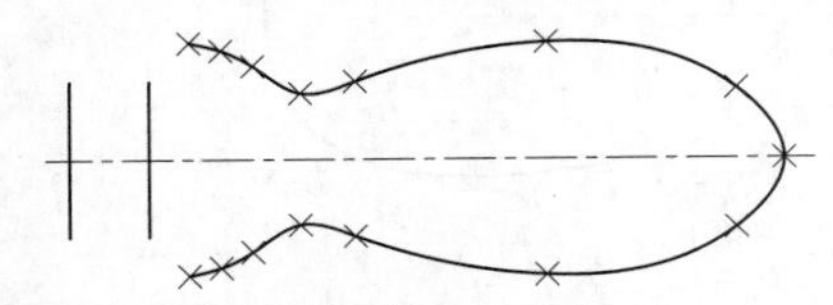

图 2-156 绘制样条曲线

05 闭合样条曲线。在命令行中输入“C”并按Enter键，闭合样条曲线，结果如图2-157所示.

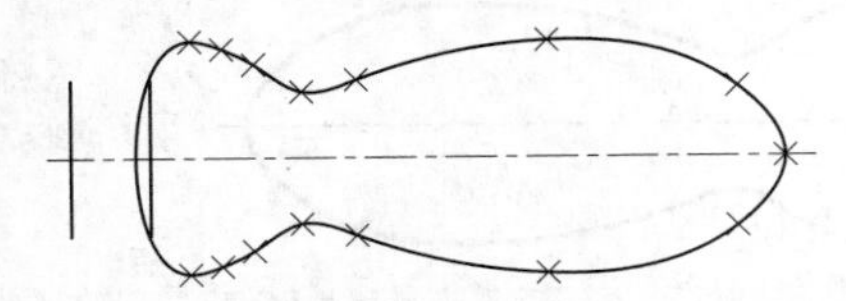

图 2-157 闭合样条曲线

06 绘制圆和外轮廓线。分别单击“绘图”面板中的“直线”和“圆”按钮，绘制直径为4的圆，如图2-158所示。

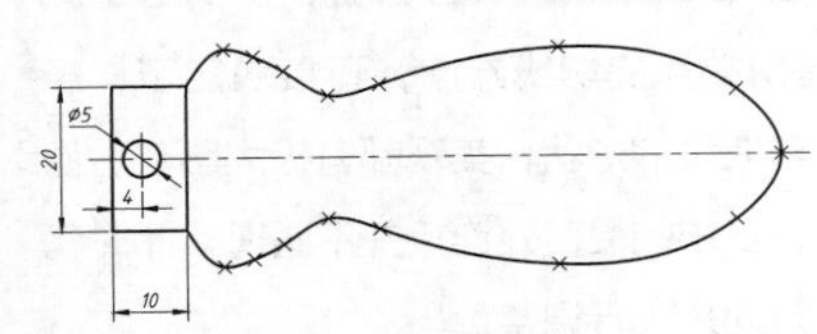

图 2-158 绘制圆和外轮廓线

07 修剪整理图形。单击“修改”面板中的“修剪”按钮，修剪多余样条曲线，并删除辅助点，结果如图2-159所示。

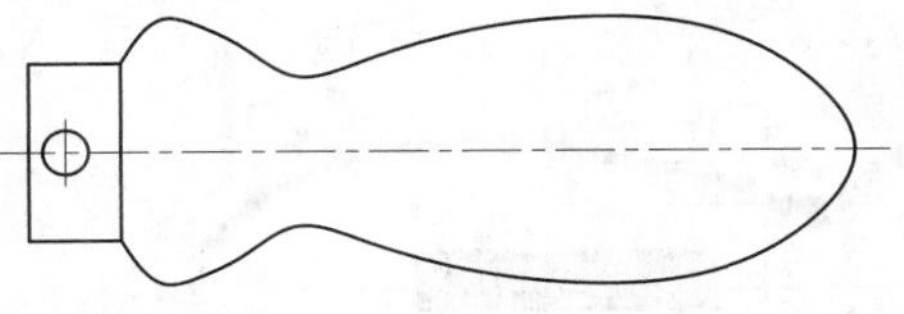

图 2-159 修剪整理图形

实战092 为样条曲线插入顶点

难度：☆☆☆

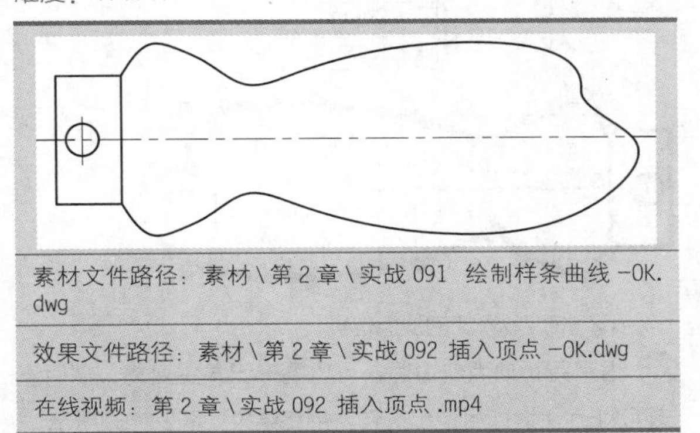

素材文件路径：素材\第 2 章\实战 091 绘制样条曲线 -OK.dwg

效果文件路径：素材\第 2 章\实战 092 插入顶点 -OK.dwg

在线视频：第 2 章\实战 092 插入顶点 .mp4

样条曲线具有许多特征，如数据点的数量及位置、端点特征性和切线方向等，“编辑样条曲线”命令可以改变曲线的这些特征。

01 延续上一例进行操作，或打开素材文件“第2章\实战091 绘制样条曲线-OK.dwg”。

02 在“默认”选项卡中，单击“修改”面板中的“编辑样条曲线”按钮，如图2-160所示。

图 2-160 选择“编辑样条曲线”按钮

03 选择样条曲线，执行“编辑样条曲线”命令，然后在弹出的快捷菜单中选择“编辑顶点”命令，如图2-161所示。

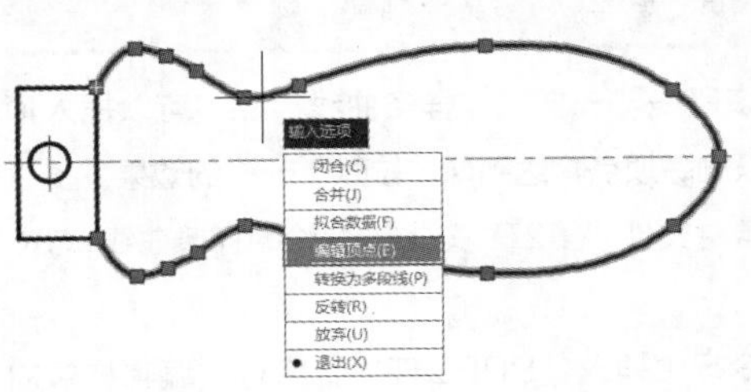

图 2-161 选择“编辑顶点”命令

04 进入下一级快捷菜单，在该菜单中选择“添加”命令，然后根据命令行提示为新顶点指定位置，如图2-162所示。

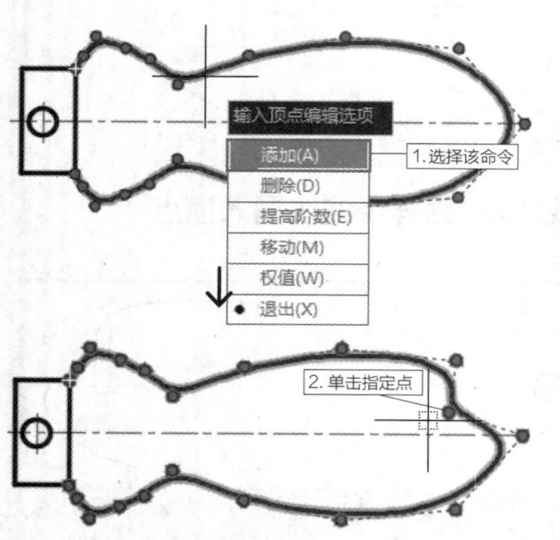

图 2-162 指定要添加的顶点位置

05 指定完新顶点位置后，可见图形已发生变化，然后连按两次Enter键即可退出操作，最终结果如图2-163所示。

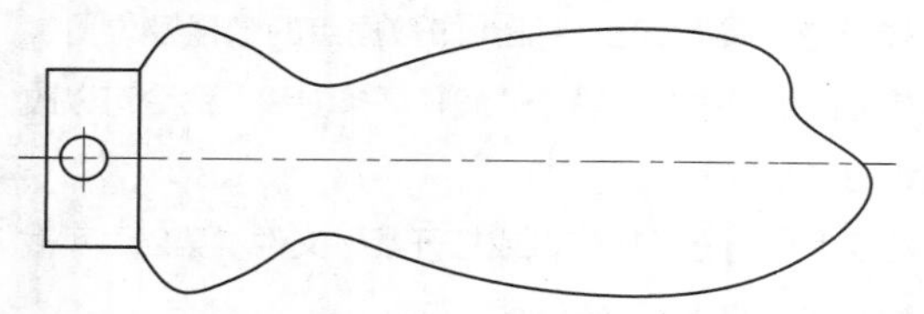

图 2-163 添加顶点后的图形

实战093 为样条曲线删除顶点

难度：☆☆☆

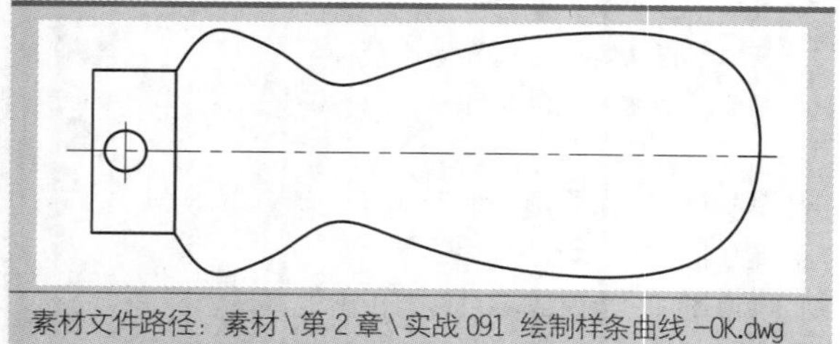

素材文件路径：素材\第 2 章\实战 091 绘制样条曲线 -OK.dwg

效果文件路径：素材\第 2 章\实战 093 删除顶点 -OK.dwg

在线视频：第 2 章\实战 093 删除顶点 .mp4

同“多段线”一样，“样条曲线”除了可以插入顶点，也可以删除顶点，达到像“拉直”一样的效果。

01 打开素材文件“第2章\实战091 绘制样条曲线-OK.dwg”。

02 在命令行中输入“SPEDIT”，执行“编辑样条曲线”命令，选择样条曲线，在弹出的快捷菜单中选择“编辑顶点”命令。

03 进入下一级快捷菜单，在该菜单中选择“删除”命令，然后根据命令行提示在样条曲线上选择要删除的顶点，如图2-164所示。

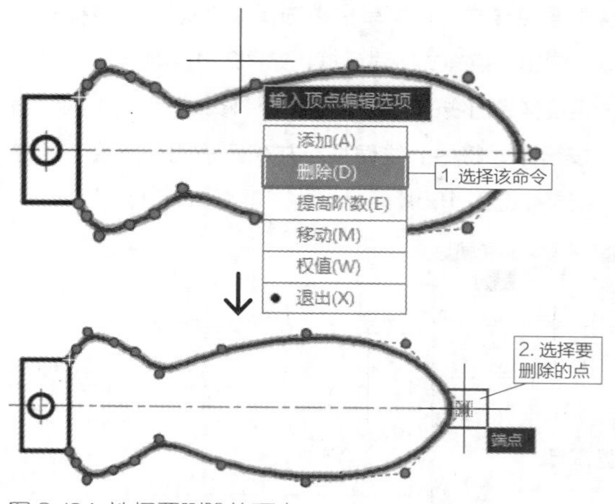

图 2-164 选择要删除的顶点

04 指定完要删除的顶点后，可见图形已发生变化，然后连按两次Enter键即可退出操作，最终结果如图2-165所示。

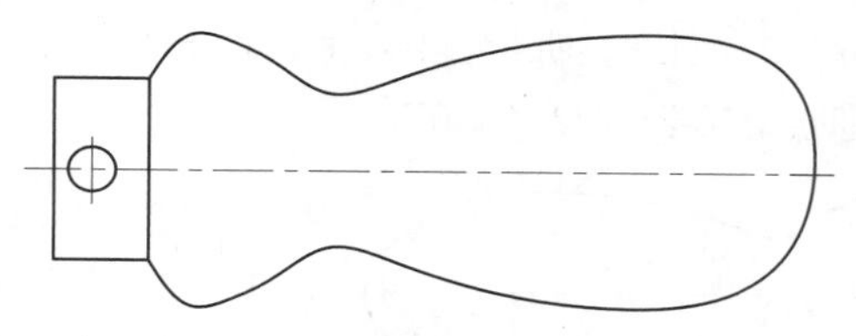

图 2-165 删除顶点后的图形

实战094 修改样条曲线切线方向

难度：☆☆☆

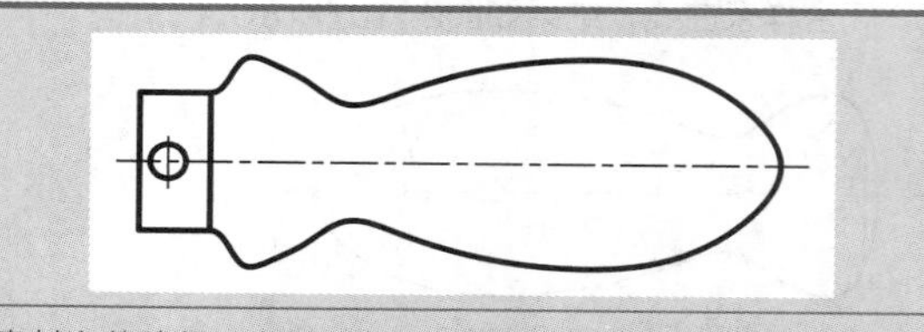

素材文件路径：素材\第 2 章\实战 091 绘制样条曲线 -OK.dwg

效果文件路径：素材\第 2 章\实战 094 修改切线方向 -OK.dwg

在线视频：第 2 章\实战 094 修改切线方向 .mp4

样条曲线首尾两端点的切线方向，直接决定了样条曲线的最终形态，对曲线的形状、美观都有极大影响。像上例中的手柄图形，在末端接口处连接并不圆滑，此时就可以通过修改切线方向来进行调整。

01 打开素材文件“第2章\实战091 绘制样条曲线-OK.dwg”。

02 在“默认”选项卡中，单击“修改”面板中的“编辑样条曲线”按钮，如图2-166所示。

03 选择样条曲线，执行“编辑样条曲线”命令，然后在弹出的快捷菜单中选择“拟合数据”命令，如图2-167所示。

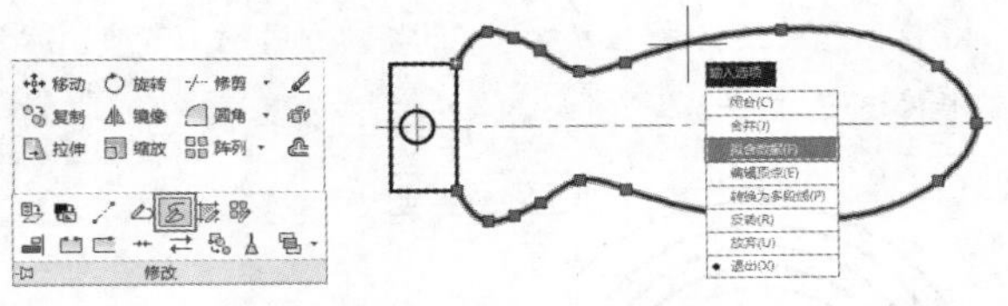

图 2-166 “修改”面板中的“编辑样条曲线”按钮　图 2-167 选择“拟合数据”命令

04 进入下一级快捷菜单，选择“切线”命令，然后根据命令行提示为样条曲线首尾两个端点指定切线方向，如图2-168所示。

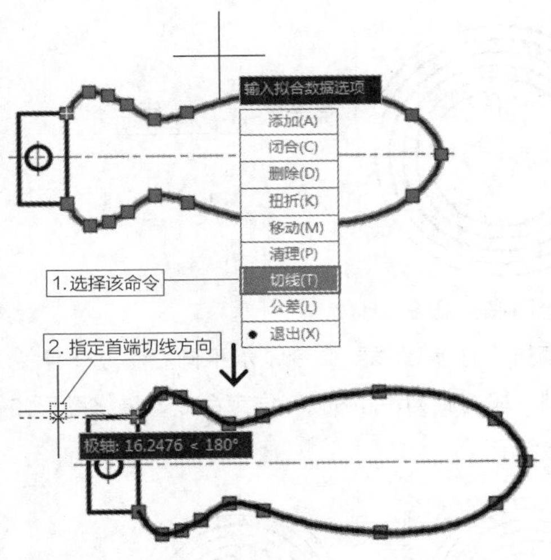

图 2-168 指定切线方向

05 按Enter键确定首端端点处的切线方向，系统自动切换至末端端点切线方向，按相同方法进行指定，再连按两次Enter键即可退出操作，效果如图2-169所示。

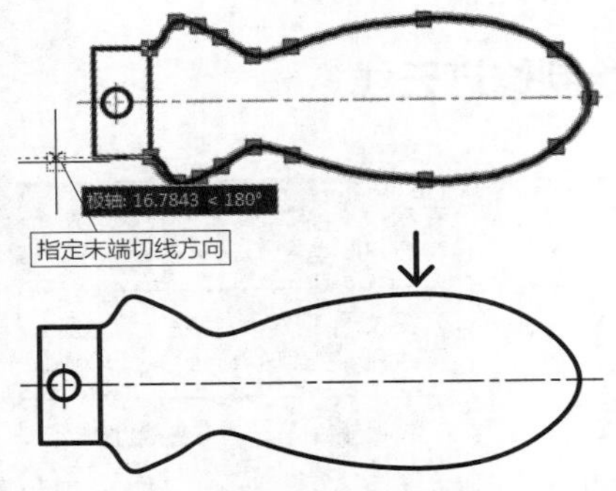

图 2-169 重新指定切线方向后的图形

实战095 绘制螺旋线

难度：☆☆☆

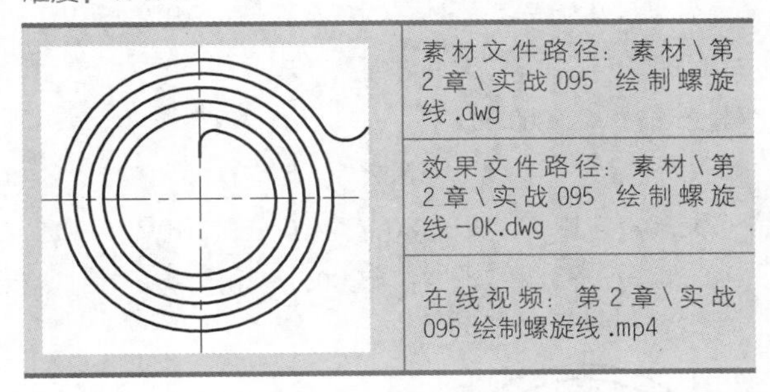

素材文件路径：素材\第2章\实战095 绘制螺旋线.dwg

效果文件路径：素材\第2章\实战095 绘制螺旋线-OK.dwg

在线视频：第2章\实战095 绘制螺旋线.mp4

AutoCAD 提供了一项专门用来绘制螺旋线的命令——“螺旋”，适用于绘制弹簧、发条、螺纹、旋转楼梯等螺旋线。

01 打开素材文件“第2章\实战095 绘制螺旋线.dwg”，如图2-170所示。

02 单击“绘图”面板中的“螺旋”按钮，如图2-171所示，执行“螺旋”命令。

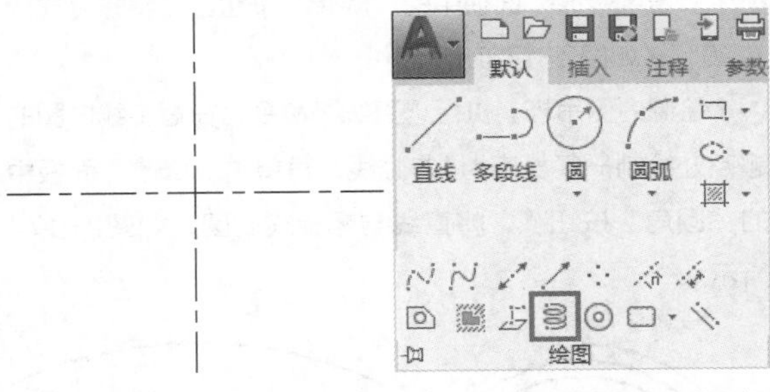

图 2-170 素材文件　图 2-171 “绘图”面板中的“螺旋”按钮

03 以中心线的交点为中心点，绘制底面半径为10、顶面半径为20、圈数为5、高度为0、旋转方向为顺时针的平面螺旋线，如图2-172所示，命令行操作如下。

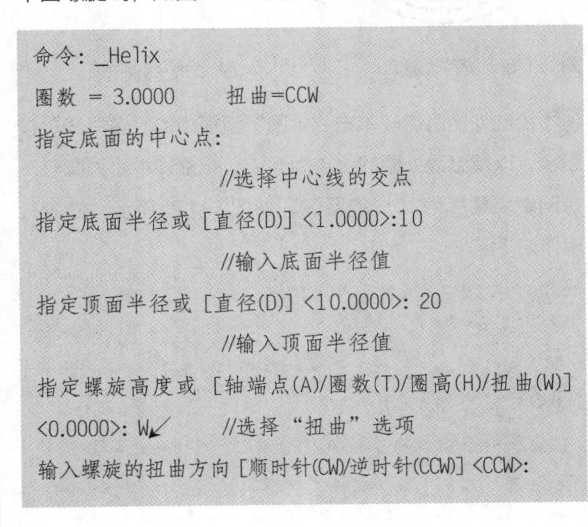

```
命令: _Helix
圈数 = 3.0000      扭曲=CCW
指定底面的中心点:
                //选择中心线的交点
指定底面半径或 [直径(D)] <1.0000>:10
                //输入底面半径值
指定顶面半径或 [直径(D)] <10.0000>: 20
                //输入顶面半径值
指定螺旋高度或 [轴端点(A)/圈数(T)/圈高(H)/扭曲(W)]
<0.0000>: W↙      //选择“扭曲”选项
输入螺旋的扭曲方向 [顺时针(CW)/逆时针(CCW)] <CCW>:
```

```
CW↙                  //选择顺时针旋转方向
指定螺旋高度或 [轴端点(A)/圈数(T)/圈高(H)/扭曲(W)]
<0.0000>: T↙         //选择“圈数”选项
输入圈数 <3.0000>:5↙
                     //输入圈数
指定螺旋高度或 [轴端点(A)/圈数(T)/圈高(H)/扭曲(W)]
<0.0000>:            //指定高度为0，结束操作
```

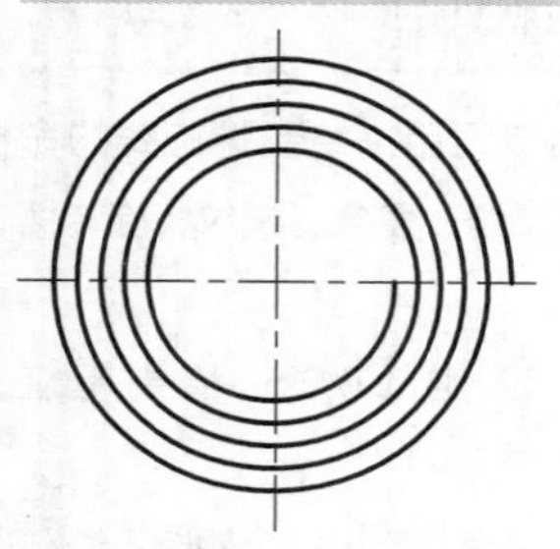

图 2-172 绘制螺旋线

04 单击“修改”面板中的“旋转”按钮，将螺旋线旋转90°，如图2-173所示。

05 绘制内侧吊杆。执行“直线”命令，在螺旋线内圈的起点处绘制一条长度为4的竖线，再单击“修改”面板中的“圆角”按钮，将直线与螺旋线倒圆，如图2-174所示。

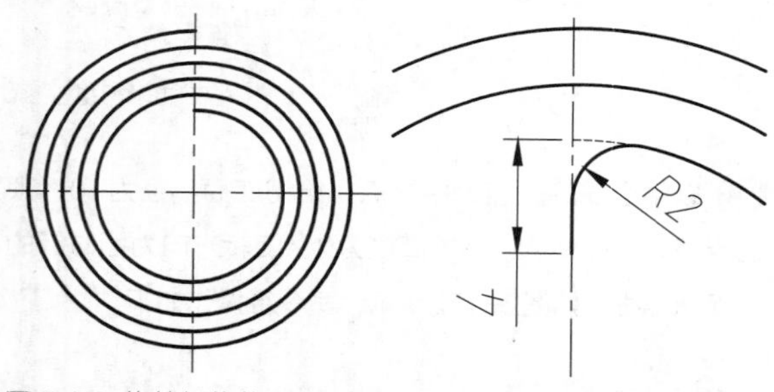

图 2-173 旋转螺旋线　　图 2-174 绘制内侧吊杆

06 绘制外侧吊钩。单击“绘图”面板中的“多段线”按钮，以螺旋线外圈的终点为起点、螺旋线中心为圆心，绘制端点角度为30° 的圆弧，如图2-175所示，命令行操作如下。

```
命令: _pline
指定起点:            //指定螺旋线的终点
当前线宽为 0.0000
指定下一个点或 [圆弧(A)/半宽(H)/长度(L)/放弃(U)/宽度
(W)]: A              //选择“圆弧”选项
指定圆弧的端点(按住 Ctrl 键以切换方向)或
[角度(A)/圆心(CE)/方向(D)/半宽(H)/直线(L)/半径(R)\第二
个点(S)/放弃(U)/宽度(W)]: CE↙
                     //选择“圆心”选项
指定圆弧的圆心:  //指定螺旋线中心为圆心
指定圆弧的端点(按住 Ctrl 键以切换方向)或 [角度(A)/
长度(L)]: 30         //输入端点角度
```

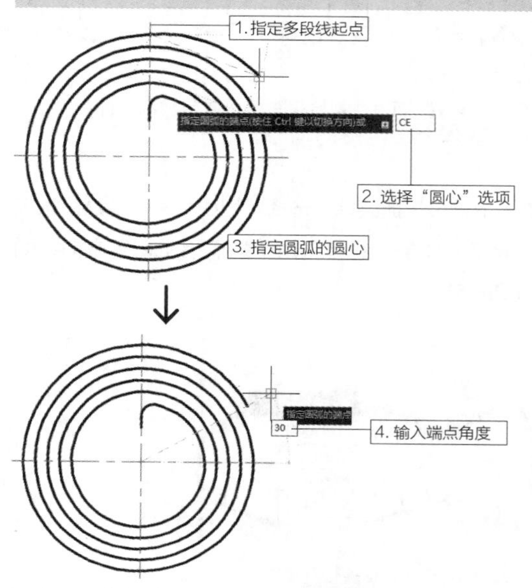

图 2-175 绘制第一段多段线

07 继续执行“多段线”命令，水平向右移动十字光标，绘制一段跨距为6的圆弧，结束命令，最终图形如图2-176所示。

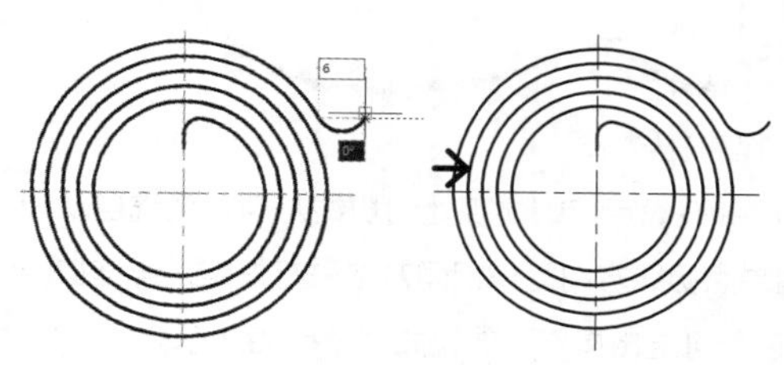

图 2-176 绘制第二段多段线

实战096 绘制修订云线

难度：☆☆

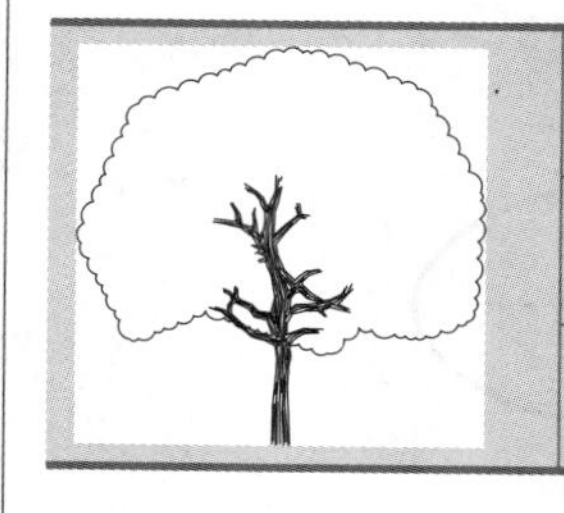

素材文件路径：素材\第 2 章\实战 096 绘制修订云线 .dwg

效果文件路径：素材\第 2 章\实战 096 绘制修订云线 -OK.dwg

在线视频：第 2 章\实战 096 绘制修订云线 .mp4

修订云线是一类特殊的线条，它的形状类似于云朵，主要用于突出显示图纸中已修改的部分，在园林绘图中常用于绘制灌木。其组成参数包括多个控制点、最大弧长和最小弧长。

01 打开素材文件“第2章\实战096 绘制修订云线.dwg”，如图2-177所示。

02 在“默认”选项卡中，单击“绘图”面板中“修订云线”下的“多边形”按钮⬠，如图2-178所示，执行“修订云线”命令。

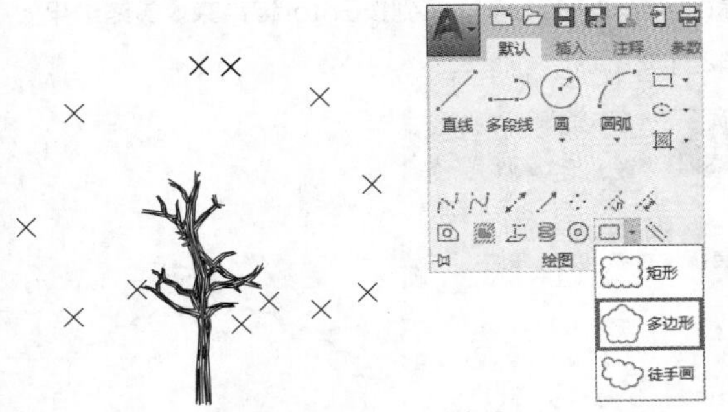

图 2-177 素材文件

图 2-178 “绘图”面板中的“多边形”按钮

03 在命令行中输入“A”，按Enter键，根据命令提示分别设置云线的最小弧长为50、最大弧长为150。注意所指定的最大弧长值不能超过最小弧长值的3倍。

04 然后依次指定素材文件中的点为多边形的顶点，按Enter键完成修订云线的绘制，结果如图2-179所示，命令行操作如下。

```
命令: _revcloud  //执行“修订云线”命令
最小弧长: 10 最大弧长: 20 样式: 普通 类型: 多边形
指定起点或 [弧长(A)/对象(O)/矩形(R)/多边形(P)/徒手画(F)/样式(S)/修改(M)] <对象>: _P
指定起点或 [弧长(A)/样式(S)/修改(M)] <对象>: A↙
                //选择“弧长”选项
指定最小弧长 <10>:50↙
                //指定最小弧长并按Enter键确认
指定最大弧长 <20>:150↙
                //指定最小弧长并按Enter键确认
指定起点或 [弧长(A)/对象(O)/矩形(R)/多边形(P)/徒手画(F)/样式(S)/修改(M)] <对象>:
指定下一点:        //指定素材文件中的点
指定下一点或 [放弃(U)]:
......
指定下一点或 [放弃(U)]: ↙
                //按Enter键完成修订云线
```

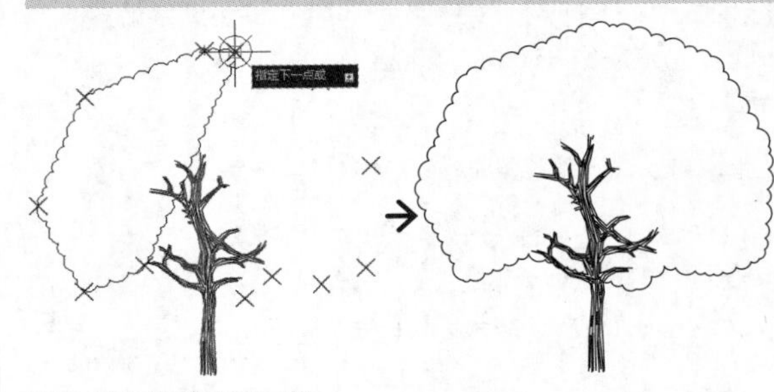

图 2-179 绘制修订云线

提示

在绘制修订云线时，若不希望它自动闭合，可在绘制过程中将十字光标移动到合适的位置后，单击鼠标右键来结束绘制。

实战097 将图形转换为云线

难度：☆☆

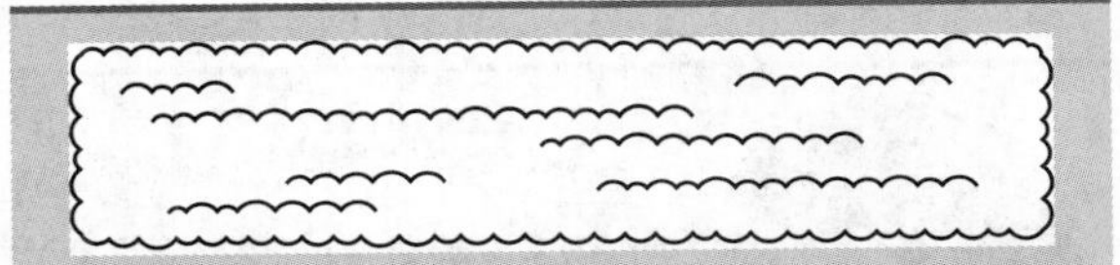

素材文件路径：素材\第 2 章\实战 097 将图形转换为云线 .dwg

效果文件路径：素材\第 2 章\实战 097 将图形转换为云线 -OK.dwg

在线视频：第 2 章\实战 097 将图形转换为云线 .mp4

除了使用“修订云线”命令绘制云线外，还可以将现成的图形转换为修订云线。

01 打开素材文件“第2章\实战097 转换修订云线.dwg”，如图2-180所示。

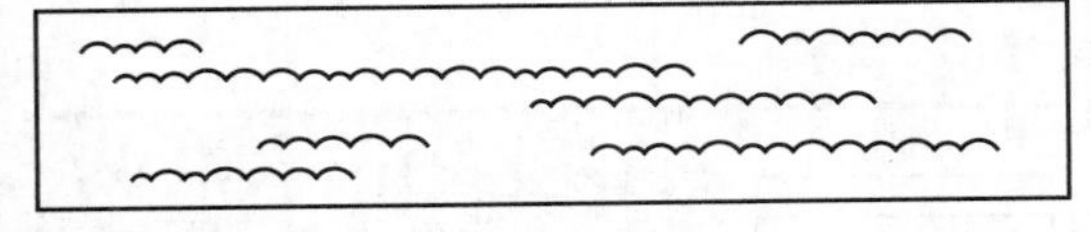

图 2-180 素材文件

02 单击“绘图”面板中的“修订云线”按钮▭，执行“修订云线”命令，对矩形进行修改，命令行操作如下。

```
命令: _REVCLOUD
                //执行“修订云线”命令
指定起点或 [弧长(A)/对象(O)/样式(S)] <对象>: A↙
```

```
            //选择“弧长”选项
指定最小弧长 <10>: 100↙
            //指定最小弧长并按Enter键确认
指定最大弧长 <100>: 200↙
            //指定最大弧长并按Enter键确认
指定起点或 [弧长(A)/对象(O)/样式(S)] <对象>: O↙
            //选择“对象”选项
反转方向 [是(Y)/否(N)] <否>: ↙
            //不反转方向，按Enter键确定，再
            按Enter键完成修订云线
```

03 绘制的结果如图2-181所示。

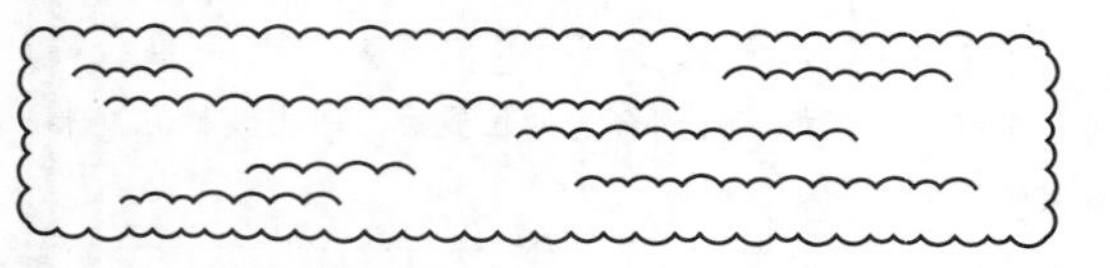

图 2-181 绘制的结果

实战098 徒手绘图

难度：☆☆☆

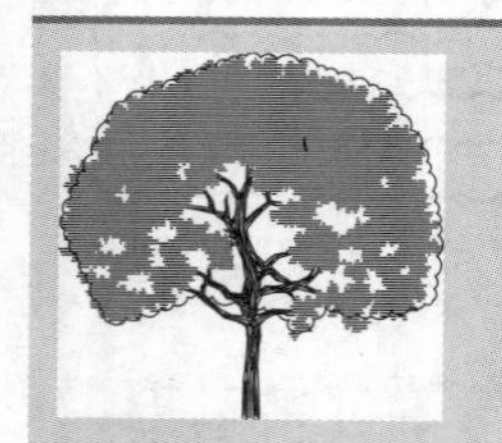	素材文件路径：素材\第 2 章\实战 096 绘制修订云线 .dwg 效果文件路径：素材\第 2 章\实战 098 徒手绘图 -OK.dwg 在线视频：第 2 章\实战 098 徒手绘图 .mp4

使用“徒手画”命令（sketch）可以通过模仿手绘效果创建一系列独立的线段或多段线。这种绘图方式通常适用于签名、木纹、自由轮廓及植物等不规则图形的绘制。

01 同样使用素材文件“第2章\实战096 绘制修订云线.dwg”进行操作。

02 在“默认”选项卡中，单击“绘图”面板中“修订云线”下的“徒手画”按钮，如图2-182所示，执行“徒手画”命令。

03 根据提示，任意指定一点为起点，然后移动十字光标即可自动进行绘制，直到按Enter键结束。最终结果如图2-183所示。

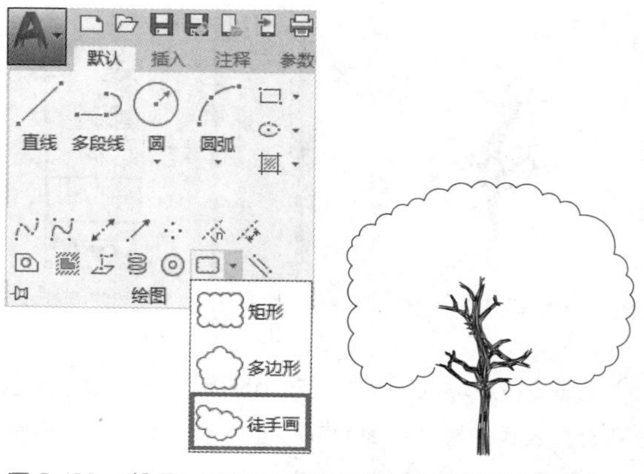

图 2-182 “绘图”面板中的“徒手画”按钮　图 2-183 徒手绘制的图形

2.4 多边图形绘制

多边形图形包括矩形和正多边形，也是在绘图过程中使用较多的一类图形，下面便通过4个实战对这类图形的画法及操作进行讲解。

实战099 绘制正方形

重点

难度：☆☆☆

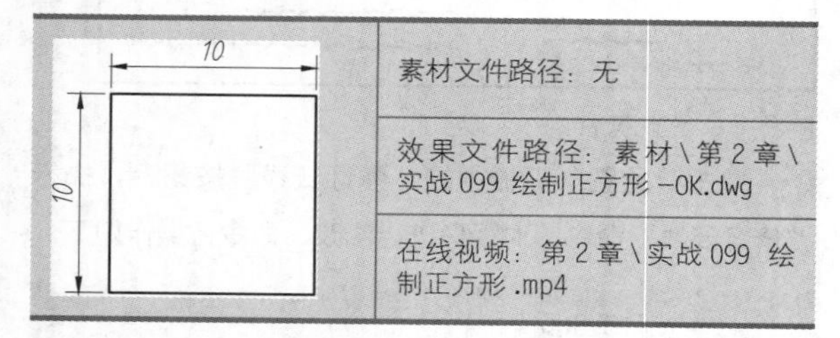

素材文件路径：无

效果文件路径：素材\第 2 章\实战 099 绘制正方形 -OK.dwg

在线视频：第 2 章\实战 099 绘制正方形 .mp4

在AutoCAD 中，使用“矩形”命令，可以通过直接指定矩形的起点及对角点完成矩形的绘制。正方形可看成是特殊的矩形，因此本例通过绘制边长为10的正方形，让读者了解“矩形”命令的使用。

1. 通过相对坐标绘制

01 新建一个空白文档。

02 在“默认”选项卡中，单击“绘图”面板中的“矩形”按钮，如图2-184所示，执行“矩形”命令。

03 在绘图区中任意指定一点为起点，然后输入相对坐标“@10,10”指定为对角点，即可绘制一个边长为10的正方形，如图2-185所示，命令行操作如下。

```
命令：_rectang
                //执行“矩形”命令
指定第一个角点或 [倒角(C)/标高(E)/圆角(F)/厚度(T)/宽
度(W)]:
                //在绘图区中任意指定一点
指定另一个角点或 [面积(A)/尺寸(D)/旋转(R)]: @10,10↙
                //输入对角点的相对坐标
```

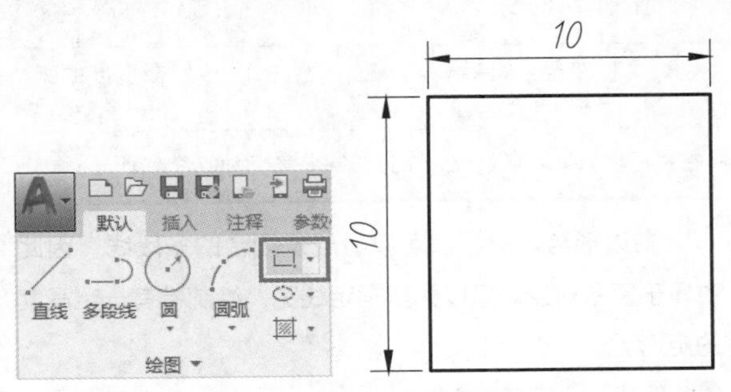

图 2-184 “绘图”面板上的“矩形”按钮　图 2-185 绘制正方形

提示

还可以通过如下方法来执行“矩形”命令。

- 菜单栏：选择“绘图”|“矩形”命令。
- 命令行：输入“RECTANG”或“REC”。

2. 通过面积绘制

01 单击“绘图”面板中的“矩形”按钮□，执行“矩形”命令。

02 在绘图区中任意指定一点为起点，然后输入“A”，选择“面积”选项，根据命令行提示进行操作，最终结果如图2-185所示，命令行操作如下。

```
命令：_rectang
指定第一个角点或 [倒角(C)/标高(E)/圆角(F)/厚度(T)/宽
度(W)]:
指定另一个角点或 [面积(A)/尺寸(D)/旋转(R)]: A↙
                //选择“面积”选项
输入以当前单位计算的矩形面积 <0.0000>:100↙
                //输入所绘制正方形的面积，即100
计算矩形标注时依据 [长度(L)/宽度(W)] <长度>:↙
                //选择“长度”选项
输入矩形长度 <0.0000>:10↙
                //输入长度值，按Enter键即得到正方形
```

3. 通过尺寸绘制

01 单击“绘图”面板中的“矩形”按钮□，执行“矩形”命令。

02 在绘图区中任意指定一点为起点，然后输入“D”，选择“尺寸”选项，根据命令行提示进行操作，最终结果如图2-185所示，命令行操作如下。

```
命令：_rectang
指定第一个角点或 [倒角(C)/标高(E)/圆角(F)/厚度(T)/宽
度(W)]:
指定另一个角点或 [面积(A)/尺寸(D)/旋转(R)]: D↙
                //选择“尺寸”选项
指定矩形的长度 <0.0000>:10↙
                //输入长度值
指定矩形的宽度 <0.0000>:10↙
                //输入宽度值，按Enter键即得到正
                方形
```

实战100 绘制带倒角的矩形

难度：☆☆

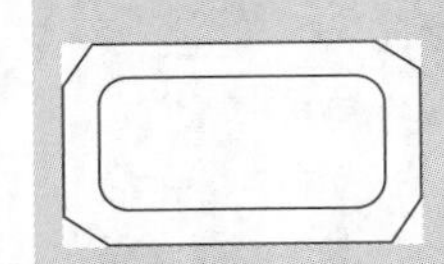	素材文件路径：无
	效果文件路径：素材\第 2 章\实战 100 绘制带倒角的矩形 -OK.dwg
	在线视频：第 2 章\实战 100 绘制带倒角的矩形 .mp4

AutoCAD的“矩形”命令不仅能够绘制常规矩形，还可以为矩形设置倒角、圆角、宽度和厚度值，生成不同类型的边线和边角效果。

01 新建一个空白文档。

02 单击“绘图”面板上的“矩形”按钮□，绘制矩形，如图2-186所示，命令行操作如下。

```
命令：_rectang
指定第一个角点或 [倒角(C)/标高(E)/圆角(F)/厚度(T)/宽
度(W)]: C↙
                //选择“倒角”选项
指定矩形的第一个倒角距离 <0.0000>: 10↙
                //输入第一个倒角距离
指定矩形的第二个倒角距离 <10.0000>: 15↙
                //输入第二个倒角距离
指定第一个角点或 [倒角(C)/标高(E)/圆角(F)/厚度(T)/宽
度(W)]: 0,0↙
                //输入矩形第一个角点坐标
```

```
指定另一个角点或 [面积(A)/尺寸(D)/旋转(R)]: 120,70↙
                //输入对角点坐标
```

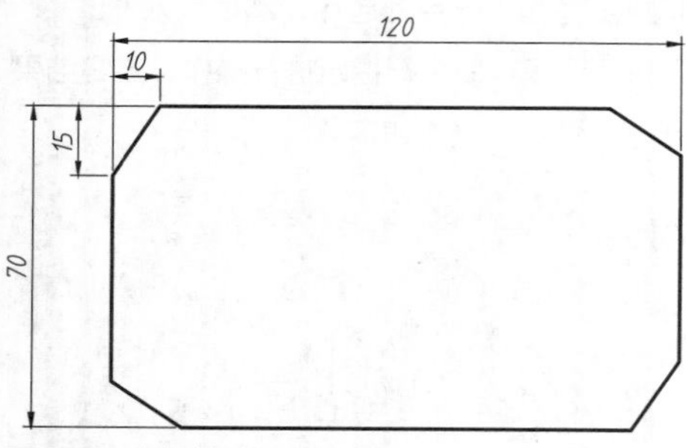

图 2-186 倒斜角的矩形

03 重复执行“矩形”命令，绘制内部矩形，如图2-187所示，命令行操作如下。

```
命令: _rectang
指定第一个角点或 [倒角(C)/标高(E)/圆角(F)/厚度(T)/宽度(W)]:F↙
                //选择“圆角”选项
指定矩形的圆角半径<12.0000>: 10↙
                //设置圆角半径为10
指定第一个角点或 [倒角(C)/标高(E)/圆角(F)/厚度(T)/宽度(W)]:12,12↙
                //指定第一个角点坐标
指定另一个角点或 [面积(A)/尺寸(D)/旋转(R)]: D↙
                //选择“尺寸”选项
指定矩形的长度<10.0000>:96↙
                //输入矩形长度
指定矩形的宽度<10.0000>:46↙
                //输入矩形宽度
指定另一个角点或 [面积(A)/尺寸(D)/旋转(R)]:
                //在上一个角点的右上方任意一点单击，确定矩形的方向
```

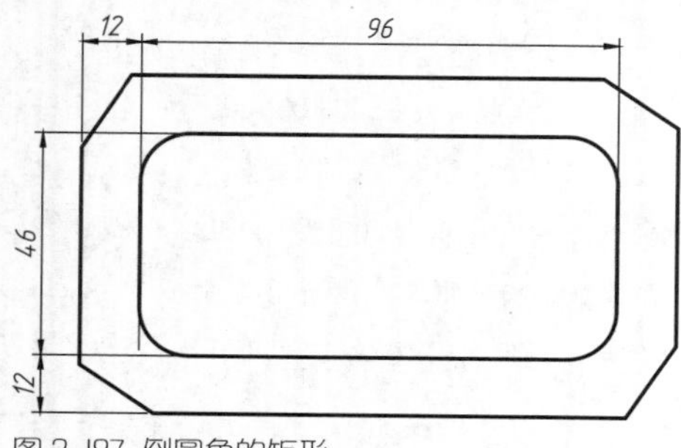

图 2-187 倒圆角的矩形

实战101 绘制带宽度的矩形

难度：☆☆

素材文件路径：无

效果文件路径：素材\第 2 章\实战 101 绘制带宽度的矩形 -OK.dwg

在线视频：第 2 章\实战 101 绘制带宽度的矩形 .mp4

多边形与矩形，都可以看成是闭合的多段线，因此也属于复合对象。可以为其指定线宽，绘制带有一定宽度的矩形。

01 新建一个空白文档。

02 单击“绘图”面板上的“矩形”按钮□，执行“矩形”命令。

03 在命令行中输入“W”，选择“宽度”选项，输入线宽值“1”，然后在绘图区中任意指定一点为起点，输入对角点相对坐标“@60,20”，最终结果如图2-188所示，命令行操作如下。

```
命令: _rectang
指定第一个角点或 [倒角(C)/标高(E)/圆角(F)/厚度(T)/宽度(W)]: W↙
                //选择“宽度”选项
指定矩形的线宽 <0.0000>: 1↙
                //输入线宽值
指定第一个角点或 [倒角(C)/标高(E)/圆角(F)/厚度(T)/宽度(W)]:
                //在绘图区中任意指定一点
指定另一个角点或 [面积(A)/尺寸(D)/旋转(R)]: @60,20↙
                //输入对角点的相对坐标
```

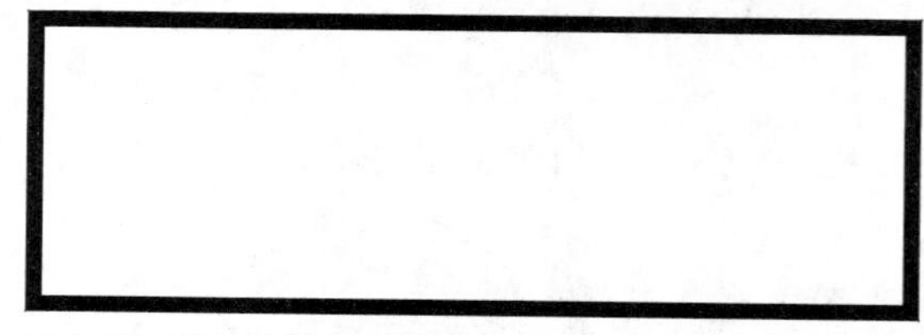
图 2-188 绘制的带宽度的矩形

实战102 绘制多边形

难度：☆☆☆

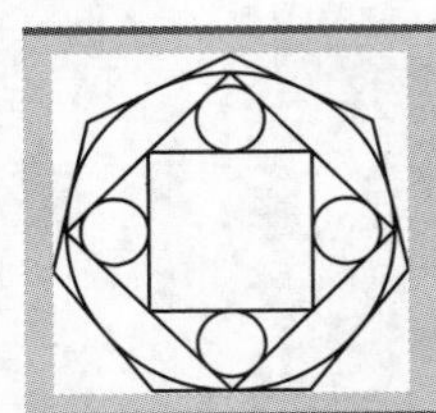	素材文件路径：无
	效果文件路径：素材\第 2 章\实战 102 绘制多边形 -OK.dwg
	在线视频：第 2 章\实战 102 绘制多边形 .mp4

AutoCAD中的多边形为正多边形，是由3条或3条以上长度相等的线段首尾相接形成的闭合图形，其边的数值范围为3～1024。

01 新建一个空白文档。

02 在“默认”选项卡中，单击“绘图”面板上的“多边形”按钮，如图2-189所示，执行“多边形”命令。

03 绘制一个正七边形，如图2-190所示，命令行操作如下。

```
命令：_polygon
                //执行“多边形”命令
输入侧面数<6>:7↙
                //输入边数
指定正多边形的中心点或 [边(E)]:
                //在绘图区域单击任意一点
输入选项 [内接于圆(I)/外切于圆(C)] <IA>: C↙
                //选择“外切于圆”选项
指定圆的半径：50↙
                //输入圆心半径值
```

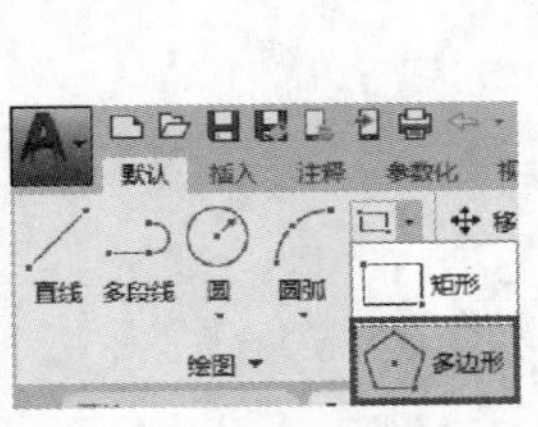

图 2-189 “绘图”面板上的“多边形”按钮

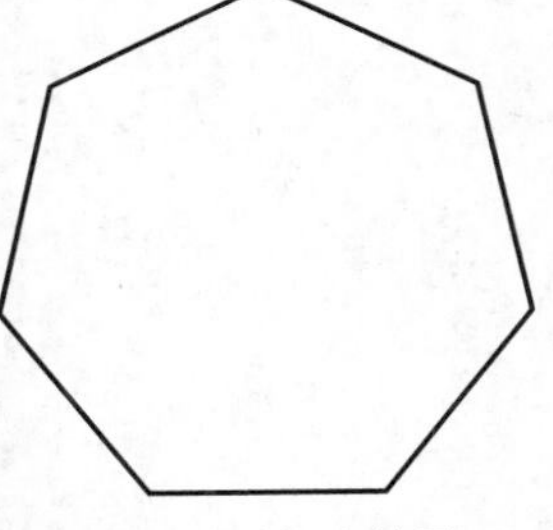

图 2-190 绘制正七边形

04 单击“绘图”面板上的“圆”按钮，执行“圆”命令,绘制正七边形的内切圆，如图2-191所示，命令行操作如下。

```
命令：_circle
                //执行“圆”命令
指定圆的圆心或 [三点(3P)/两点(2P)/切点、切点、半径(T)]: 3P↙
                //选择“三点”选项
指定圆上的第一个点：
                //捕捉任意一条边的中点
指定圆上的第二个点：
                //捕捉另一条边的中点
指定圆上的第三个点：
                //捕捉第三条边的中点
```

05 再次单击“多边形”按钮，以圆心为多边形中心，选择“内接于圆”选项，捕捉到点*A*，定义内接圆半径，绘制正四边形，如图2-192所示。

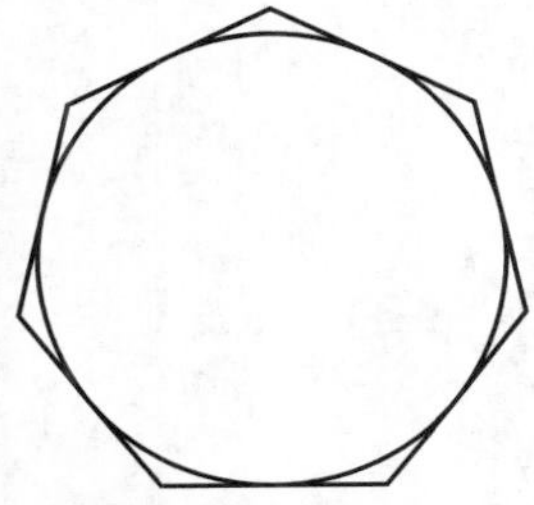

图 2-191 绘制内切圆

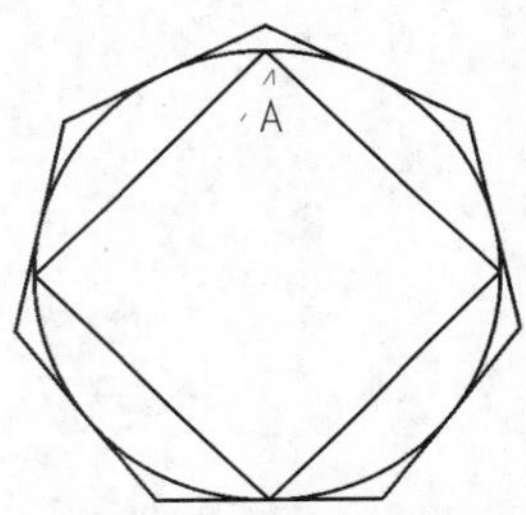

图 2-192 绘制正四边形

06 重复执行“多边形”命令，以圆心为正四边形的中心，选择“内接于圆”选项，捕捉到上一个正四边形边线中点，定义内接圆半径，绘制正四边形，如图2-193所示。

07 在“绘图”面板上单击“圆”按钮下的下拉箭头，选择“相切，相切，相切”选项，绘制4个圆，结果如图2-194所示。

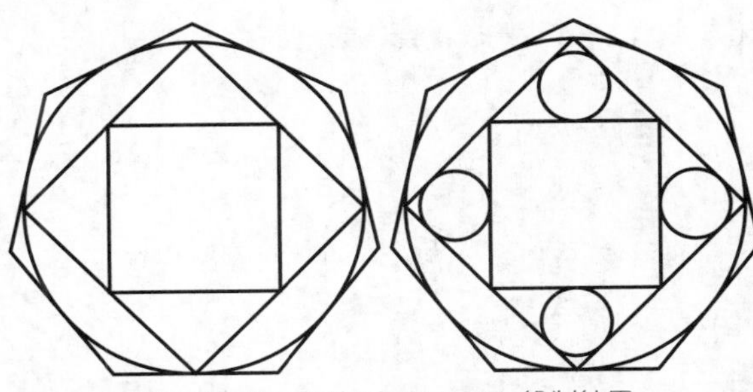

图 2-193 绘制第二个正四边形 图 2-194 绘制结果

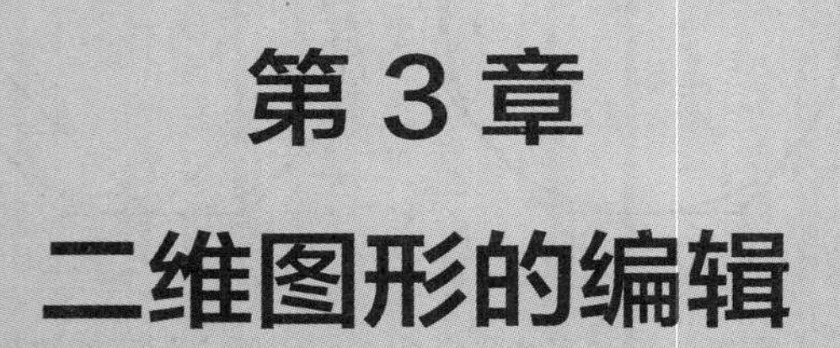

第3章 二维图形的编辑

第2章介绍了各种图形对象的绘制方法，为了给图形创建的更多细节特征并提高绘图的效率，AutoCAD提供了许多编辑命令，常用的有“移动”“复制”“修剪”“倒角”“圆角”等。本章将详细讲解这些命令的使用方法，进一步提高读者绘制复杂图形的能力。

3.1 图形的编辑

AutoCAD绘图不可能一蹴而就，要想得到最终的完整图形，就必须用到“偏移”“修剪”“删除”等各种编辑命令来处理已经绘制好的图形。对于一张完整的AutoCAD设计图来说，用于编辑的时间可能占绘制总时间的70%以上，因此各种编辑类命令才是学习AutoCAD绘图的重点所在。

实战103 指定两点移动图形

难度：☆☆

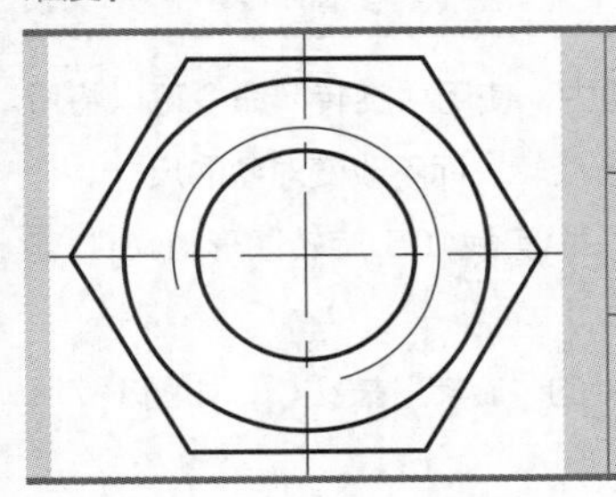

素材文件路径：素材\第 3 章\实战 103 指定两点移动图形 .dwg

效果文件路径：素材\第 3 章\实战 103 指定两点移动图形 -OK.dwg

在线视频：第 3 章\实战 103 指定两点移动图形 .mp4

“移动”命令是将图形从一个位置平移到另一个位置，移动过程中图形的大小、形状和倾斜角度均不改变。

01 打开素材文件“第3章\实战103 指定两点移动图形.dwg”，图形如图3-1所示。

02 在“默认”选项卡中，单击“修改”面板中的“移动”按钮✥，如图3-2所示，执行“移动”命令。

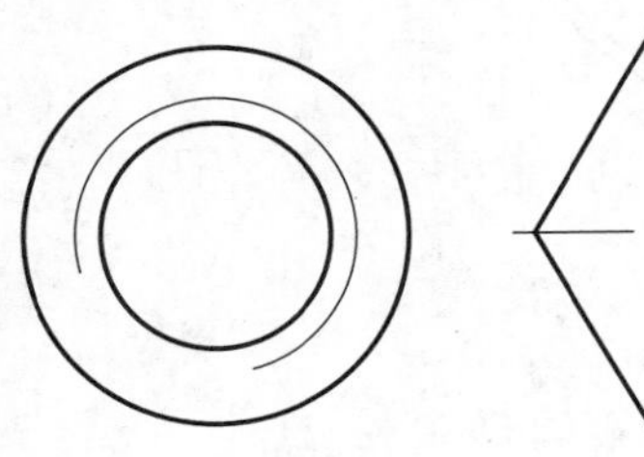

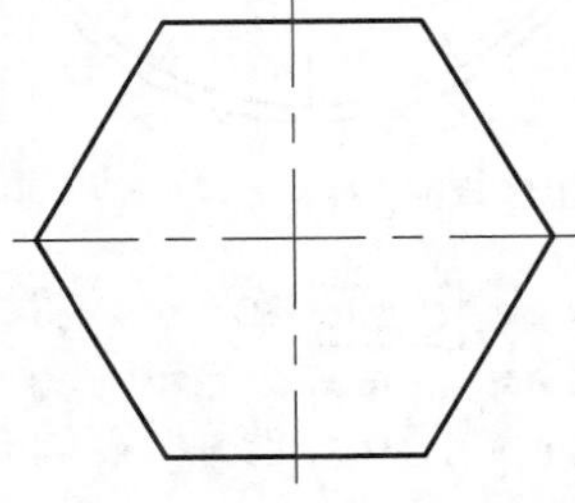

图 3-1 素材文件

图 3-2 “修改”面板中的“移动”按钮

03 在绘图区选择右侧的多边形和中心线为移动对象，并按Enter键确认，然后根据提示，在中心线交点处单击，即指定其为基点。

04 移动十字光标时可见所选图形会实时移动，将十字光标移动至左图的圆心上，单击即可放置，效果如图3-3所示，命令行操作如下。

```
命令：_move          //执行“移动”命令
选择对象：找到 3 个
                     //选择要移动的对象
选择对象：↙          //按Enter键完成选择
指定基点或 [位移(D)] <位移>:
                     //选取移动对象的基点
指定第二个点或 <使用第一个点作为位移>:
                     //选取移动的目标点，放置图形
```

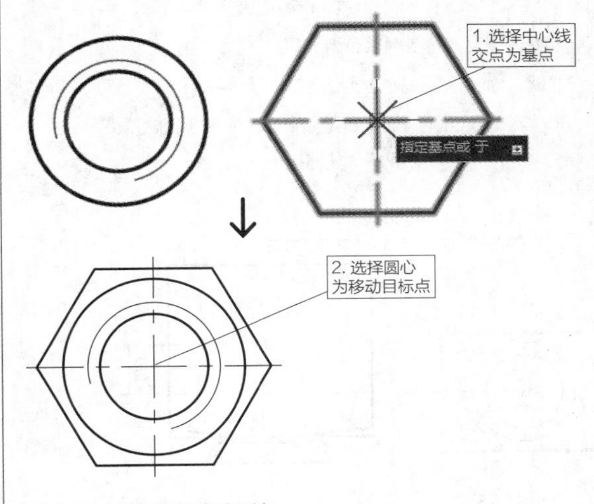

图 3-3 指定两点移动对象

提示

还可以通过以下方法执行“移动”命令。

- 菜单栏：选择“修改” | “移动”命令。
- 命令行：输入“MOVE”或“M”。

实战104 指定距离移动图形

难度：☆☆

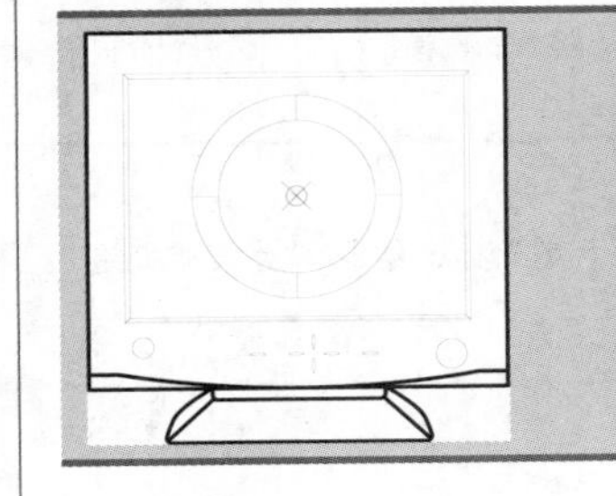

素材文件路径：素材\第 3 章\实战 104 指定距离移动图形 .dwg

效果文件路径：素材\第 3 章\实战 104 指定距离移动图形 -OK.dwg

在线视频：第 3 章\实战 104 指定距离移动图形 .mp4

除了指定基点和移动目标点外，还可以选择移动对象，通过指定方向和距离来移动图形。

01 打开素材文件“第3章\实战104 指定距离移动图形.dwg”，如图3-4所示。

02 在命令行中输入“M”，按Enter键确认，执行“移动”命令。

03 选择左侧的图形为移动对象，然后在命令行中输入“D”，选择“位移”选项，输入相对位移值“@500,100”，按Enter键完成操作，效果如图3-5所示，命令行操作如下。

```
命令: MOVE
选择对象: 指定对角点: 找到 1 个
                    //选择要移动的对象
选择对象: ↙          //按Enter键完成选择
指定基点或 [位移(D)] <位移>:D↙
                    //选择“位移”选项
指定位移 <0.0000, 0.0000, 0.0000>:  @500,100↙
                    //输入位移值
```

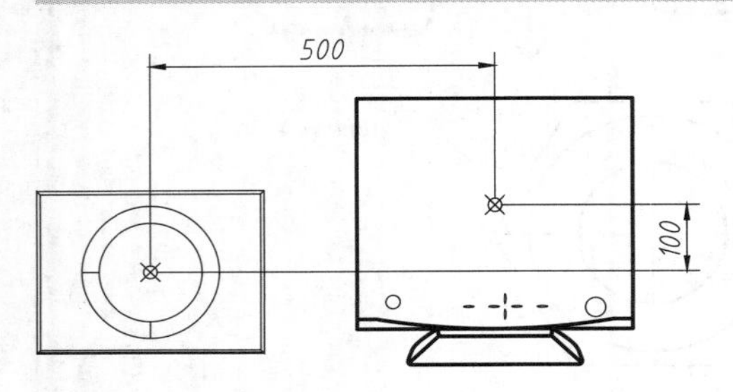

图3-4 素材文件

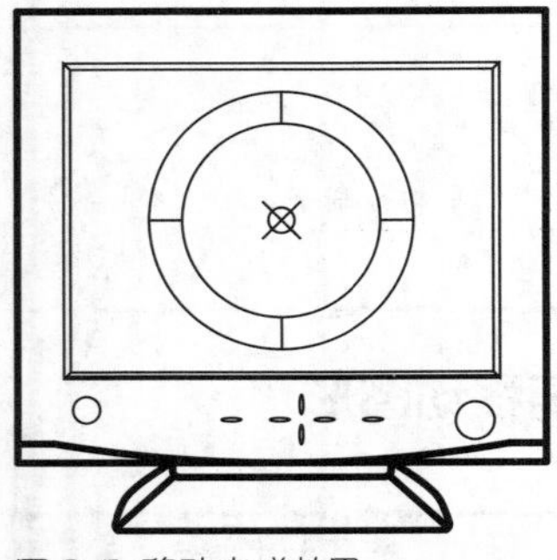

图3-5 移动完成效果

提示

也可以直接通过移动十字光标，结合“对象捕捉追踪”功能来指定距离。

实战105 旋转图形

难度：☆☆

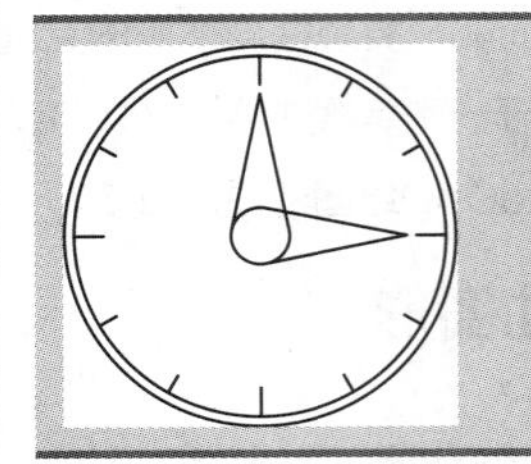

素材文件路径：素材\第3章\实战105 旋转图形.dwg
效果文件路径：素材\第3章\实战105 旋转图形-OK.dwg
在线视频：第3章\实战105 旋转图形.mp4

在AutoCAD 2020中，使用“旋转”命令可以将所选对象按指定的角度进行旋转，而不改变对象的尺寸。

01 打开素材文件“第3章\实战105 旋转图形.dwg”，如图3-6所示。

02 单击“修改”面板中的“旋转”按钮，如图3-7所示，执行“旋转”命令。

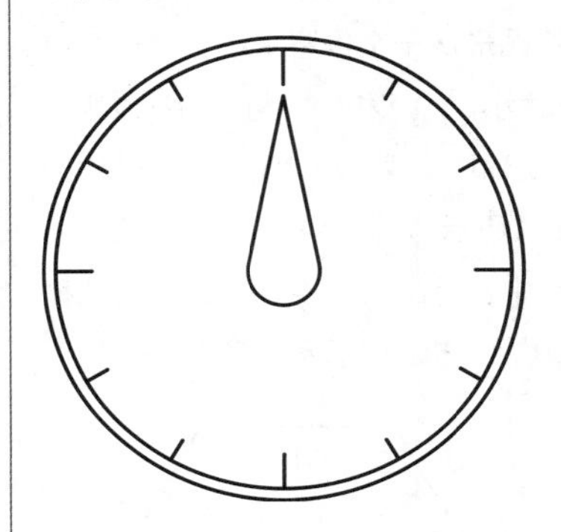

图3-6 素材文件

图3-7 “修改”面板中的“旋转”按钮

03 选择指针图形为旋转对象，然后指定圆心为基点，将指针图形旋转-90°，并保留源对象，如图3-8所示，命令行操作如下。

```
命令: _rotate
                    //执行“旋转”命令
UCS 当前的正角方向: ANGDIR=逆时针  ANGBASE=0
选择对象: 指定对角点: 找到 3 个
                    //选择旋转对象
选择对象: ↙
                    //按Enter键结束选择
```

```
指定基点：
        //指定圆心为旋转中心
指定旋转角度，或 [复制(C)/参照(R)] <0>: C↙
        //选择“复制”选项
旋转一组选定对象
指定旋转角度，或 [复制(C)/参照(R)] <0>: -90↙
        //输入旋转角度，按Enter键结束操作
```

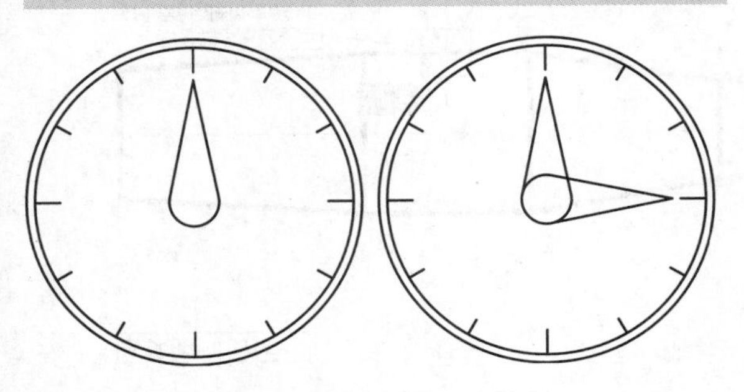

图 3-8 旋转图形效果

提示

默认情况下逆时针旋转的角度为正值，顺时针旋转的角度为负值。

实战106 参照旋转图形

难度：☆☆☆

素材文件路径：素材\第 3 章\实战 106 参照旋转图形 .dwg

效果文件路径：素材\第 3 章\实战 106 参照旋转图形 -OK.dwg

在线视频：第 3 章\实战 106 参照旋转图形 .mp4

如果图形在基准坐标系上的初始角度为无理数，或者未知，那么可以使用“参照”旋转的方法，将对象从指定的角度位置旋转到新的绝对角度位置。此方法特别适合旋转那些角度值为非整数的对象。

01 打开素材文件“第3章\实战106 参照旋转图形.dwg”，如图3-9所示。图中指针指在下午一点半多的位置，可见其水平夹角为一个无理数。

02 在命令行中输入“RO”，按Enter键确认，执行“旋转”命令。

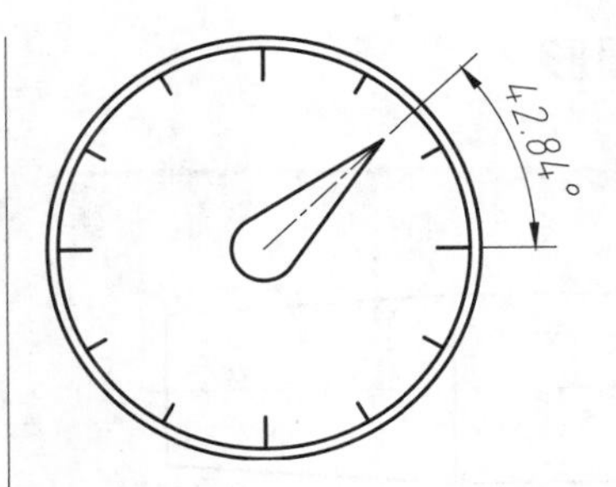

图 3-9 素材文件

03 选择指针为旋转对象，然后指定圆心为旋转中心，接着在命令行中输入“R”，选择“参照”选项，再指定参照角度第一点、参照角度第二点，这两点的连线与*X*轴的夹角即为参照角，如图3-10所示。

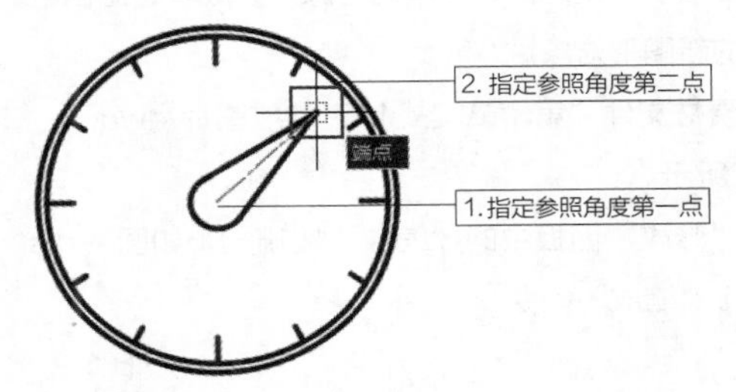

图 3-10 指定参照角

04 接着在命令行中输入新的角度值“60”，即可替代原参照角度，成为新的图形，结果如图3-11所示。

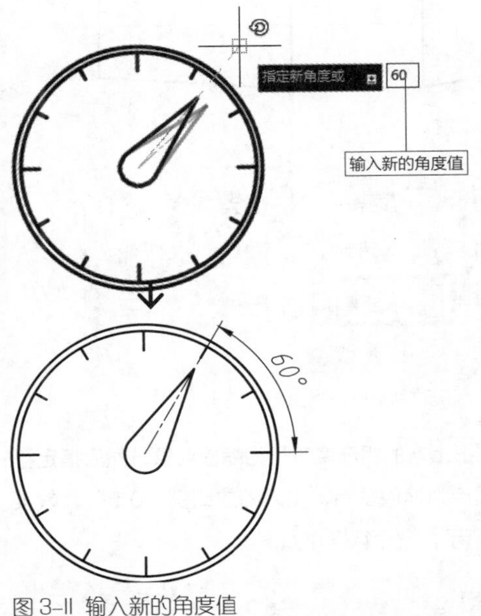

图 3-11 输入新的角度值

提示

最后所输入的新角度值，为图形与世界坐标系*X*轴夹角的绝对角度值。

实战107 缩放图形

难度：☆☆

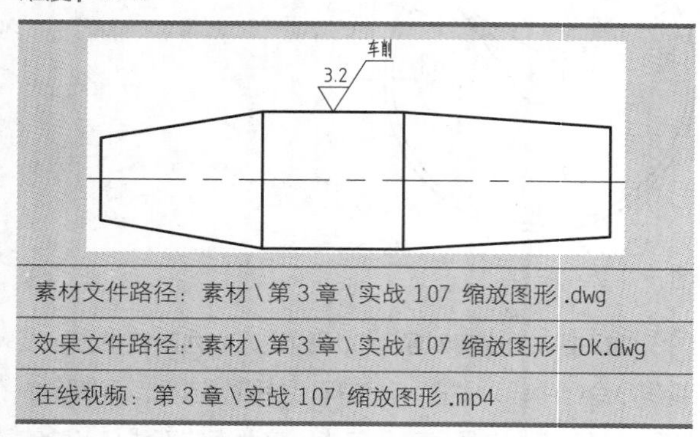

素材文件路径：素材\第 3 章\实战 107 缩放图形 .dwg

效果文件路径：素材\第 3 章\实战 107 缩放图形 -OK.dwg

在线视频：第 3 章\实战 107 缩放图形 .mp4

“缩放”命令可以将图形对象以指定的基点为参照，放大或缩小一定比例，创建出与源对象成一定比例且形状相同的新图形对象。

01 打开素材文件“第3章\实战107 缩放图形.dwg”，如图3-12所示。

02 单击“修改”面板中的“缩放”按钮，如图3-13所示，执行“缩放”命令。

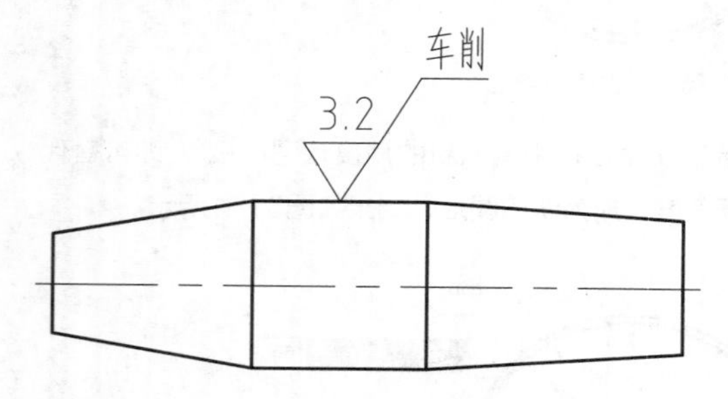

图 3-12 素材文件

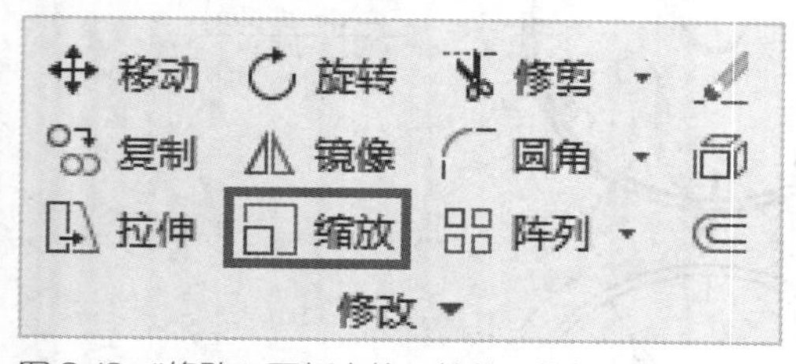

图 3-13 “修改”面板中的“缩放”按钮

03 选择图形上方的粗糙度符号为缩放对象，然后指定符号的下方顶点为缩放基点，输入缩放比例“0.5”，效果如图3-14所示，命令行操作如下。

```
命令：_scale        //执行“缩放”命令
选择对象：指定对角点：找到 6 个
                   //选择粗糙度符号
选择对象：↙         //按Enter键完成选择
指定基点：          //选择粗糙度符号下方顶点作为基点
指定比例因子或 [复制(C)/参照(R)]：0.5↙
                   //输入缩放比例，按Enter键完成缩放
```

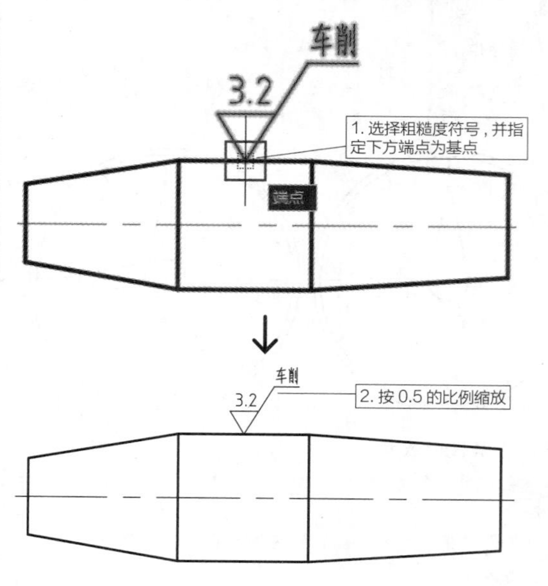

图 3-14 缩放图形效果

实战108 参照缩放图形

重点

难度：☆☆☆

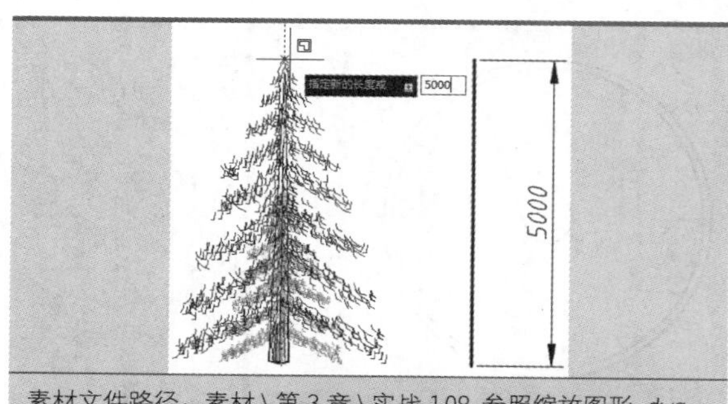

素材文件路径：素材\第 3 章\实战 108 参照缩放图形 .dwg

效果文件路径：素材\第 3 章\实战 108 参照缩放图形 -OK.dwg

在线视频：第 3 章\实战 108 参照缩放图形 .mp4

“参照缩放”同“参照旋转”一样，都可以将非常规的对象修改为特定的大小或角度。只不过“参照缩放”可以用来修改各种外来图块的大小，因此在室内、园林等设计中应用较多。

01 打开素材文件“第3章\实战108 参照缩放图形.dwg”，如图3-15所示。

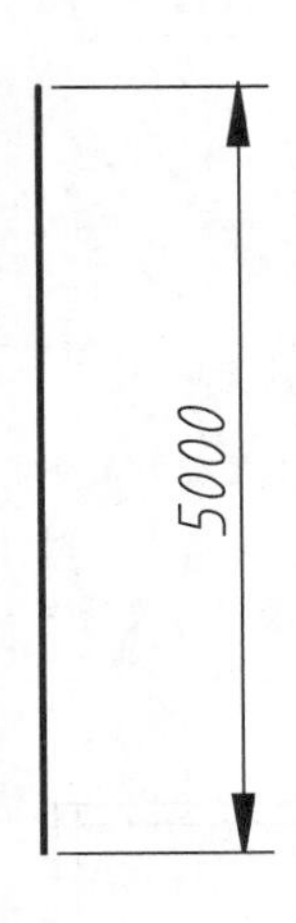

图 3-15 素材文件

02 在“默认”选项卡中，单击“修改”面板中的“缩放”按钮，执行“缩放”命令，选择树形图块，并指定树形图块的最下方中点为基点，如图3-16所示。

图 3-16 指定基点

03 此时根据命令行提示，选择“参照”选项，然后指定参照长度的测量起点，再指定测量终点，即指定原始的树高。接着输入新的参照长度，即最终的树高度5000，如图3-17所示，命令行操作如下。

```
指定比例因子或 [复制(C)/参照(R)]: R↙
                //选择“参照”选项
                //指定参照长度的测量起点
指定参照长度 <2839.9865>: 指定第二点:
                //指定参照长度的测量终点
指定新的长度或 [点(P)] <1.0000>: 5000
                //指定新的参照长度
```

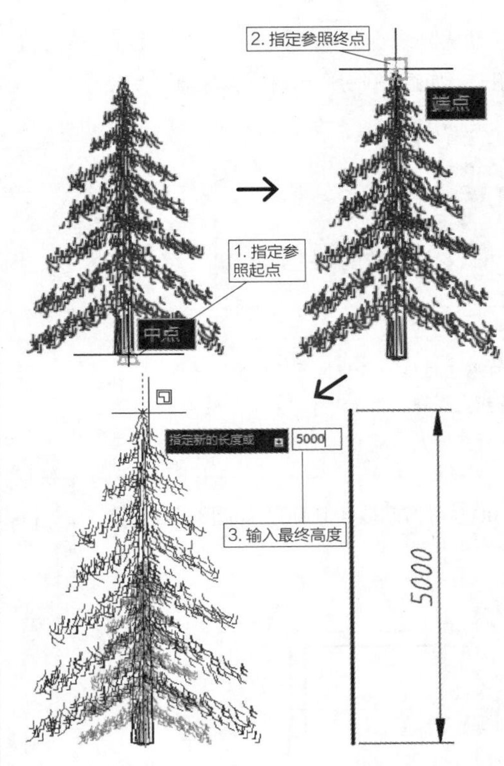

图 3-17 参照缩放

实战109 拉伸图形

难度：☆☆

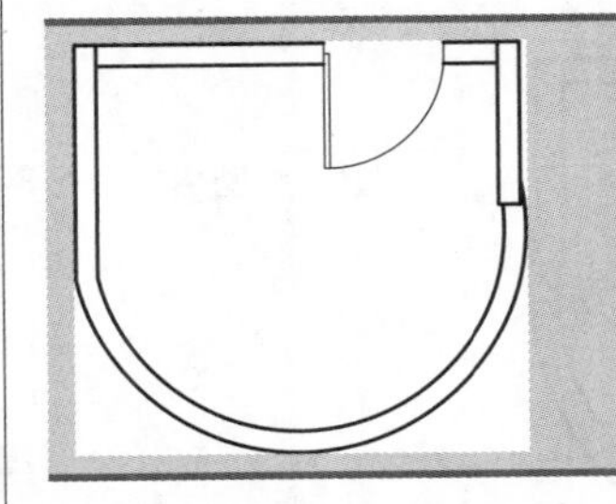	素材文件路径：素材\第 3 章\实战 109 拉伸图形 .dwg
	效果文件路径：素材\第 3 章\实战 109 拉伸图形 -OK.dwg
	在线视频：第 3 章\实战 109 拉伸图形 .mp4

“拉伸”命令可以将选择的对象按指定方向和角度进行拉伸或缩短，使对象的形状发生改变。

01 打开素材文件“第3章\实战109 拉伸图形.dwg”，如图3-18所示。

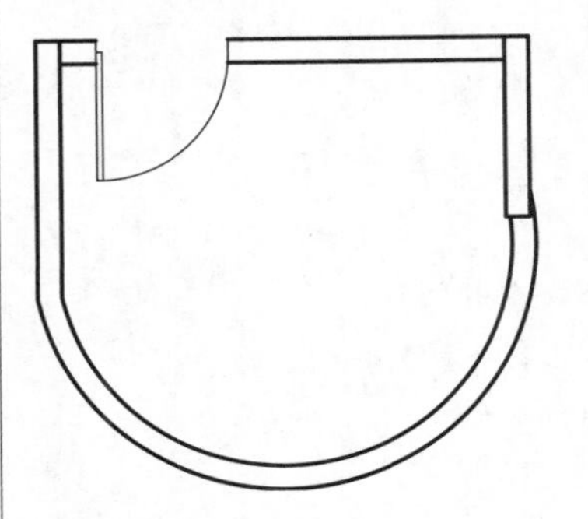

图 3-18 素材文件

02 在“默认”选项卡中，单击“修改”面板上的“拉伸”按钮，如图3-19所示，执行“拉伸”命令。

图 3-19 “修改”面板中的“拉伸”按钮

提示

还可以通过以下方法执行“拉伸”命令。

- 菜单栏：选择“修改”|“拉伸”命令。
- 命令行：输入“S”或“STRETCH”。

03 将门沿水平方向拉伸1800，如图3-20所示，命令行操作如下。

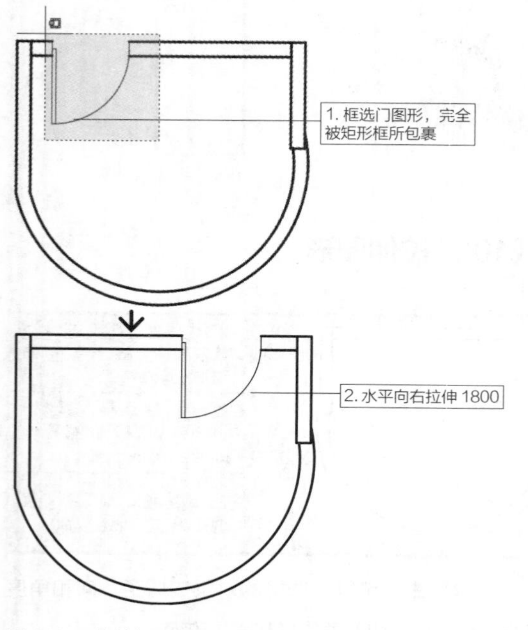

图 3-20 拉伸门图形

```
命令：_stretch                    //执行“拉伸”命令
以交叉窗口或交叉多边形选择要拉伸的对象...
选择对象：指定对角点：找到 11 个
    //框选对象，注意要框选整个门图形
选择对象：↙                       //按Enter键结束选择
指定基点或 [位移(D)] <位移>:
                                  //在绘图区指定任意一点
指定第二个点或 <使用第一个点作为位移>：<正交 开> 1800↙
    //打开“正交”功能，在水平方向移动十字光标并输入拉伸距离
```

提示

如果只是要使对象发生平移，那在选择时一定要将拉伸对象全部框选，如上例所示。如果在选择对象时没有全部框选，对象不会发生平移，只会发生变形，如图3-21所示。

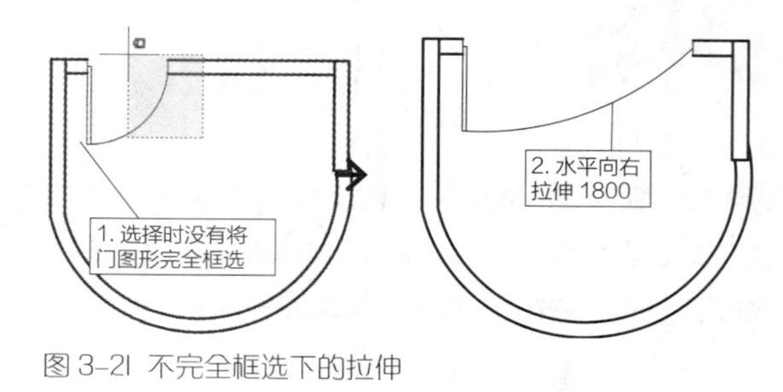

图 3-21 不完全框选下的拉伸

实战110 参照拉伸图形

难度：☆☆☆

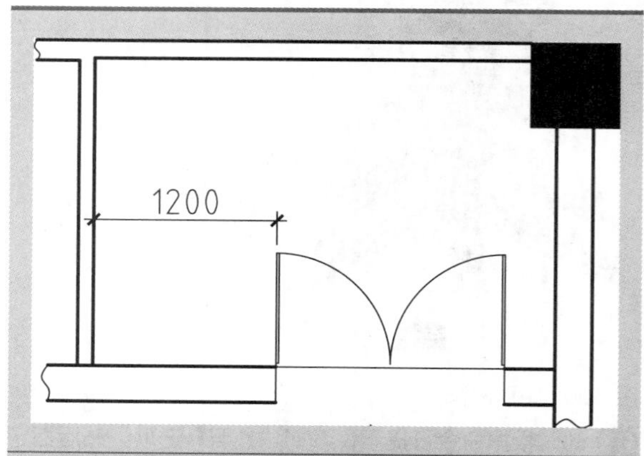

素材文件路径：素材\第 3 章\实战 110 参照拉伸图形 .dwg

效果文件路径：素材\第 3 章\实战 110 参照拉伸图形 -OK.dwg

在线视频：第 3 章\实战 110 参照拉伸图形 .mp4

同“参照旋转”“参照缩放”一样，“拉伸”命令也可以指定一个基点，然后通过输入数值的方式从这个点开始，对非常规的图形进行拉伸。

在进行室内设计的时候，经常需要根据客户要求对图形进行修改，如调整门、窗类图形的位置等。在大多数情况下，通过“拉伸”命令都可以完成修改。但如果碰到如图3-22所示的情况，仅靠“拉伸”命令就很难达到效果，因为距离差值并非整数，这时就可以利用“自”功能来辅助修改，保证图形修改的准确性。

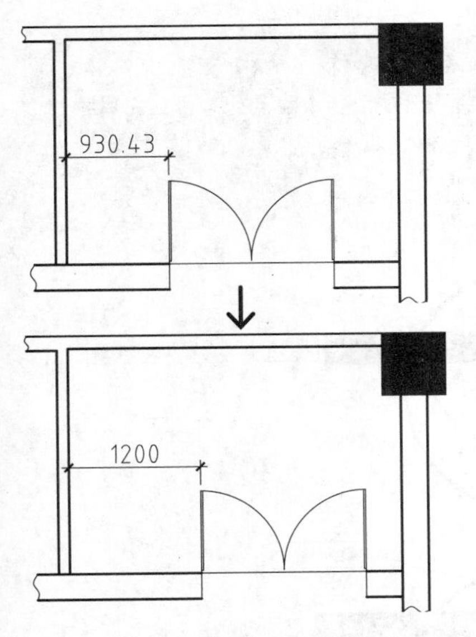

图 3-22 修改门的位置

01 打开素材文件“第3章\实战110 参照拉伸图形.dwg”，如图3-23所示。

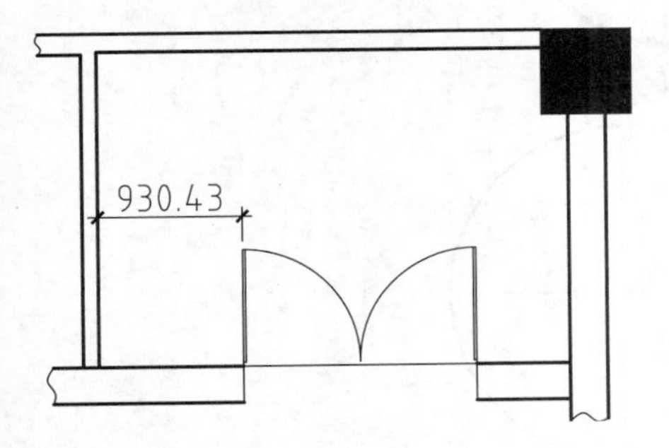

图 3-23 素材文件

02 在命令行中输入“S”，执行“拉伸”命令，命令行提示选择对象时按住鼠标左键不动，从右往左框选整个门图形，如图3-24所示。

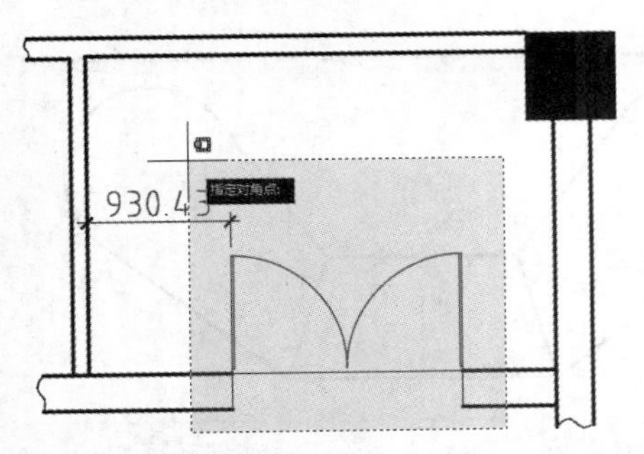

图 3-24 框选门图形

03 指定拉伸基点。框选后按Enter键确认，然后命令行提示指定拉伸基点，选择门图形左侧边的下端点为基点（即尺寸测量点），如图3-25所示。

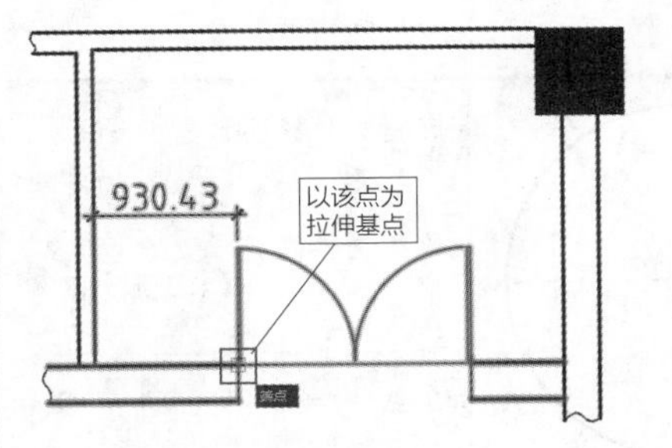

图 3-25 指定拉伸基点

04 指定“自”命令基点。拉伸基点指定之后命令行便提示指定拉伸的第二个点，此时输入“FROM”，或在绘图区中单击鼠标右键，在弹出的快捷菜单中选择“自”命令，以左侧的墙角测量点为“自”命令的基点，如图3-26所示。

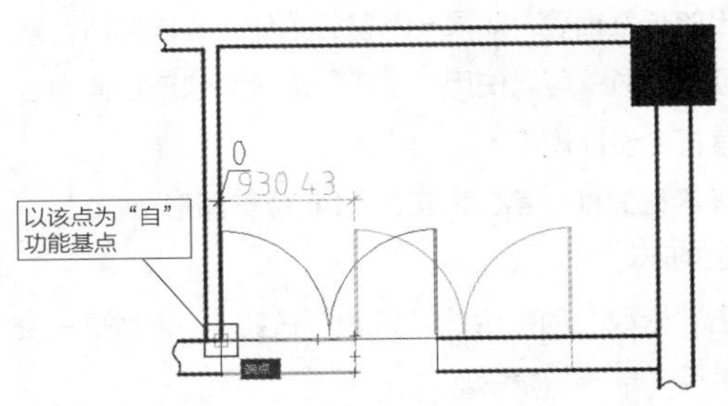

图 3-26 指定“自”命令基点

05 输入拉伸距离。此时将十字光标向右移动，输入偏移距离“1200”，即可得到最终的图形，如图3-27所示。

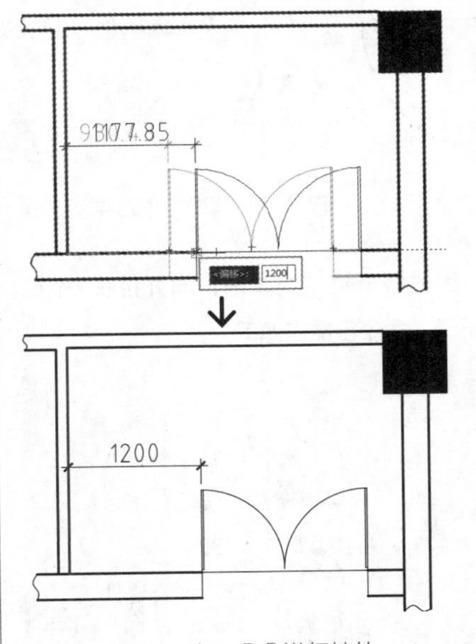

图 3-27 通过“自”命令进行拉伸

实战111 拉长图形

难度：☆☆

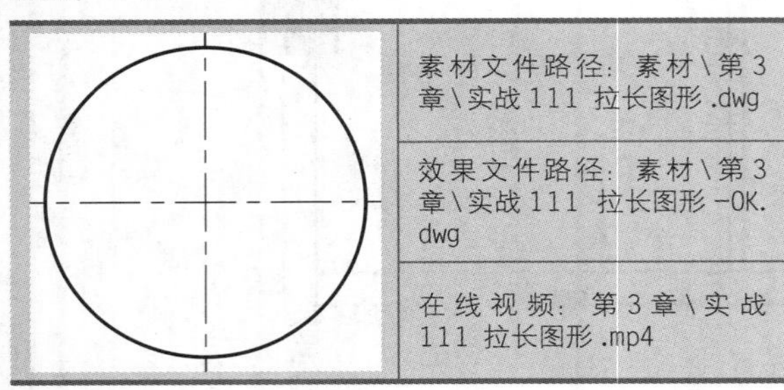

素材文件路径：素材\第3章\实战111 拉长图形.dwg

效果文件路径：素材\第3章\实战111 拉长图形-OK.dwg

在线视频：第3章\实战111 拉长图形.mp4

“拉长”命令可以改变原图形的长度，把原图形拉伸或缩短。通过指定一个长度增量、角度增量（对于圆弧）、总长度来进行修改。

大部分图形（如圆、矩形）均需要绘制中心线，而在绘制中心线的时候，通常需要将中心线延长至图形外，且延伸出的长度相等。如果一条条去拉伸中心线的话，就略显麻烦，这时就可以使用“拉长”命令来快速延伸中心线，使其符合设计规范。

01 打开素材文件“第3章\实战111 拉长图形.dwg”，如图3-28所示。

02 单击“修改”面板中的“拉长”按钮，如图3-29所示，执行“拉长”命令。

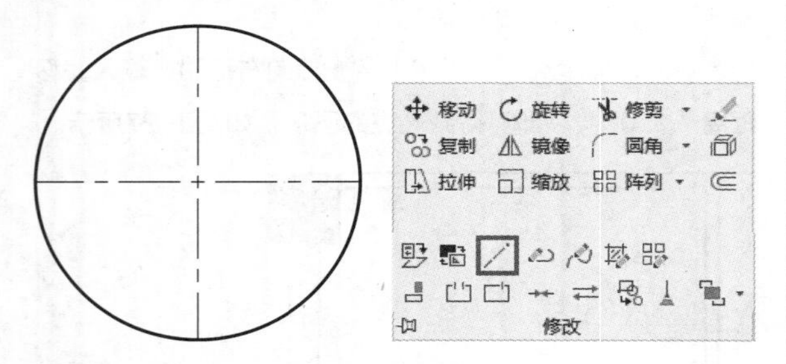

图3-28 素材文件

图3-29 “修改”面板中的“拉长”按钮

03 在两条中心线的各个端点处单击，向外拉长3个单位，如图3-30所示，命令行操作如下。

```
命令：_lengthen
选择对象或 [增量(DE)/百分数(P)/全部(T)/动态(DY)]:DE↙        //选择“增量”选项
输入长度增量或 [角度(A)] <0.5000>: 3↙
                                                  //输入每次拉长增量
选择要修改的对象或 [放弃(U)]:
选择要修改的对象或 [放弃(U)]:
选择要修改的对象或 [放弃(U)]:
选择要修改的对象或 [放弃(U)]:
        //依次在两条中心线4个端点处单击，完成拉长
选择要修改的对象或 [放弃(U)]: ↙
        //按Enter键结束命令
```

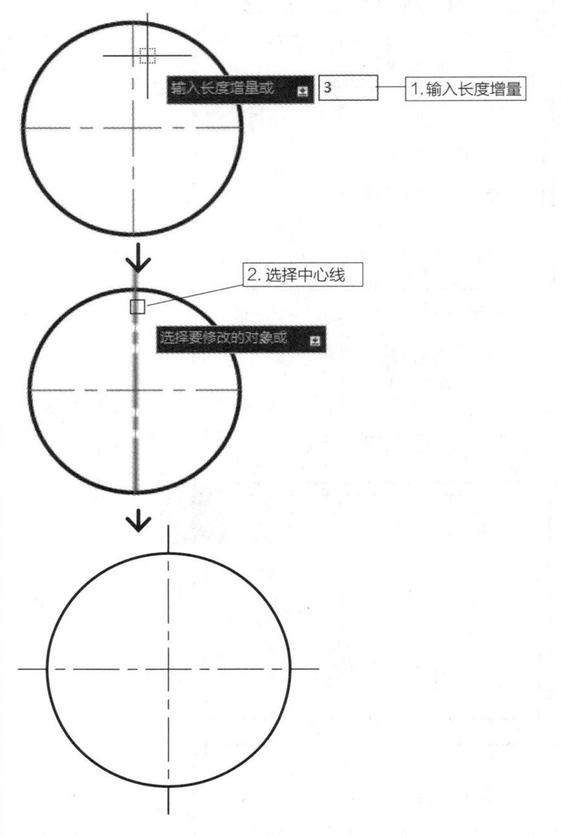

图3-30 拉长中心线

实战112 修剪图形

难度：☆☆

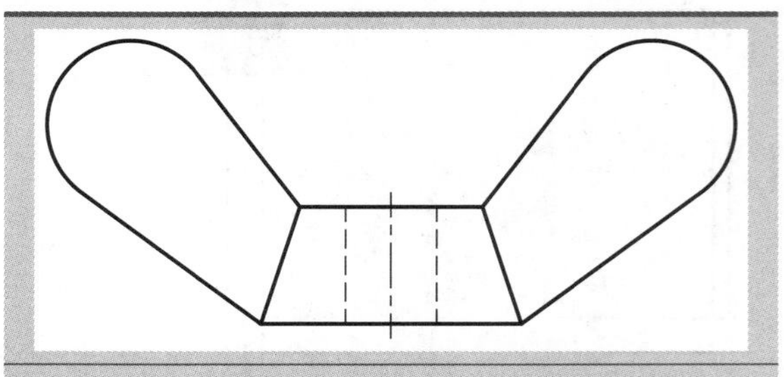

素材文件路径：素材\第3章\实战112 修剪图形.dwg

效果文件路径：素材\第3章\实战112 修剪图形-OK.dwg

在线视频：第3章\实战112 修剪图形.mp4

“修剪”命令是将超出边界的多余部分修剪掉，它可以修剪直线、圆、圆弧、多段线、样条曲线和射线等，

是最常用的命令之一。

01 打开素材文件“第3章\实战112 修剪图形.dwg”，如图3-31所示。

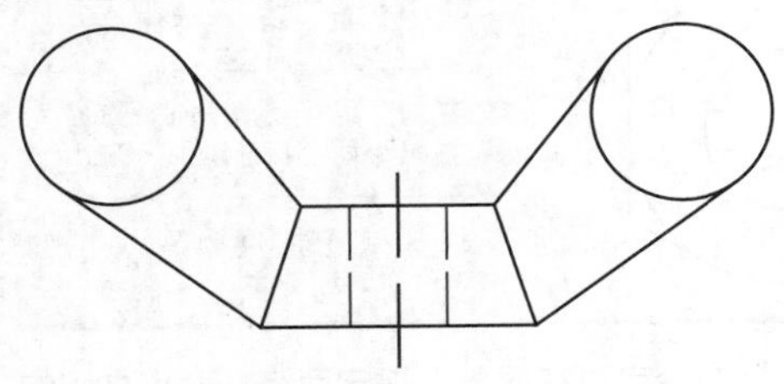

图 3-31 素材文件

02 在“默认”选项卡中，单击“修改”面板上的“修剪”按钮，如图3-32所示，执行“修剪”命令。

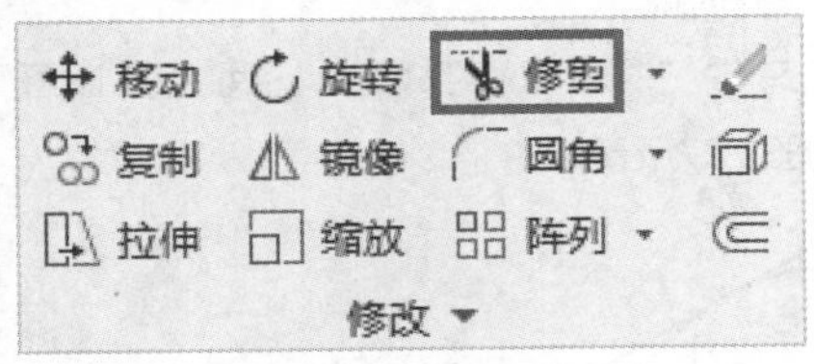

图 3-32 “修改”面板中的“修剪”按钮

03 根据命令行提示进行修剪操作，结果如图3-33所示，命令行操作如下。

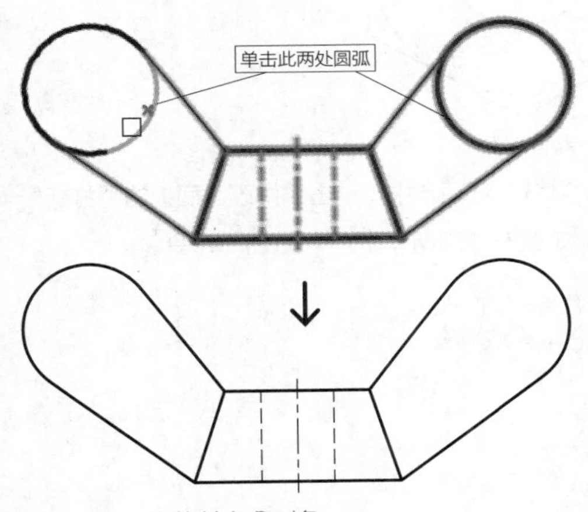

图 3-33 一次修剪多个对象

```
命令: _trim                         //执行“修剪”命令
当前设置:投影=UCS，边=无
选择剪切边...
选择对象或 <全部选择>:↙              //选择所有对象作为修剪边界
选择要修剪的对象，或按住 Shift 键选择要延伸的对象，或[栏选(F)/窗交(C)/投影(P)/边(E)/删除(R)/放弃(U)]:
                                    //分别单击两段圆弧，完成修剪
```

提示

还可以通过以下方法执行“修剪”命令。

- ◆ 菜单栏：选择“修改” | “修剪”命令。
- ◆ 命令行：输入“TRIM”或“TR”。

实战113 延伸图形

难度：☆☆

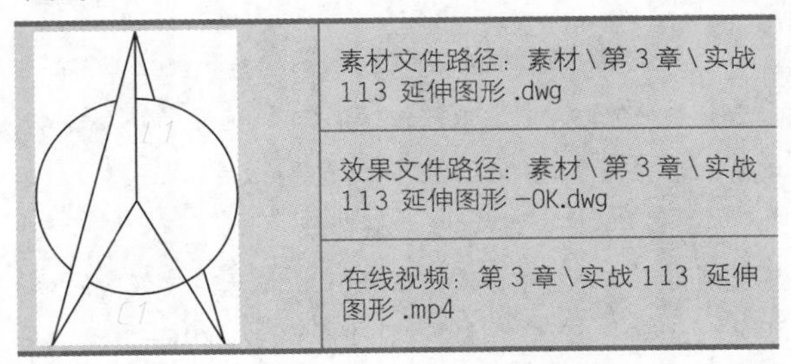

素材文件路径：素材\第 3 章\实战 113 延伸图形 .dwg
效果文件路径：素材\第 3 章\实战 113 延伸图形 -OK.dwg
在线视频：第 3 章\实战 113 延伸图形 .mp4

“延伸”命令是将对象进行扩展，使其与其他对象的边相接。

01 打开素材文件“第3章\实战113 延伸图形.dwg”，如图3-34所示。

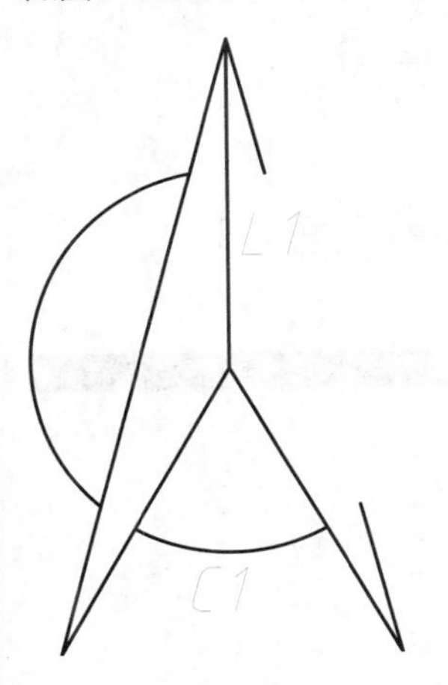

图 3-34 素材文件

02 在“默认”选项卡中，单击“修改”面板上的“延伸”按钮，如图3-35所示，执行“延伸”命令。

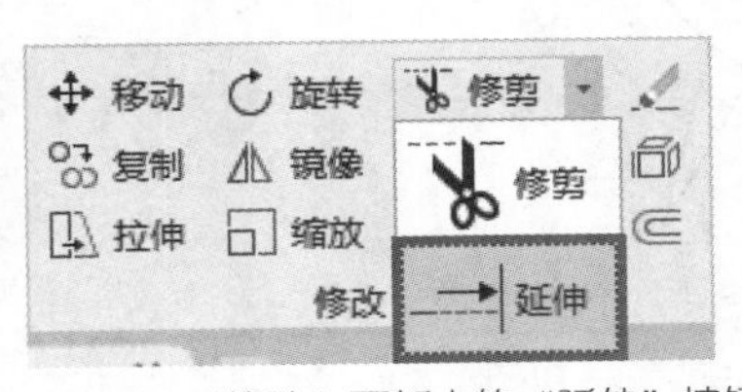

图 3-35 “修改”面板中的“延伸”按钮

03 先选择延伸边界 *L1*，再选择要延伸的圆弧 *C1*，按Enter键结束，如图3-36所示，命令行操作如下。

```
命令: _extend
        //执行“延伸”命令
当前设置:投影=UCS, 边=延伸
选择边界的边...
选择对象或 <全部选择>: 找到 1 个
        //单击选择直线L 1
选择对象:↙
        //按Enter键结束选择
选择要延伸的对象, 或按住 Shift 键选择要修剪的对象, 或[栏选(F)/窗交(C)/投影(P)/边(E)/放弃(U)]:
        //单击圆弧C 1 右侧部分
选择要延伸的对象, 或按住 Shift 键选择要修剪的对象, 或[栏选(F)/窗交(C)/投影(P)/边(E)/放弃(U)]: ↙
        //按Enter键结束命令
```

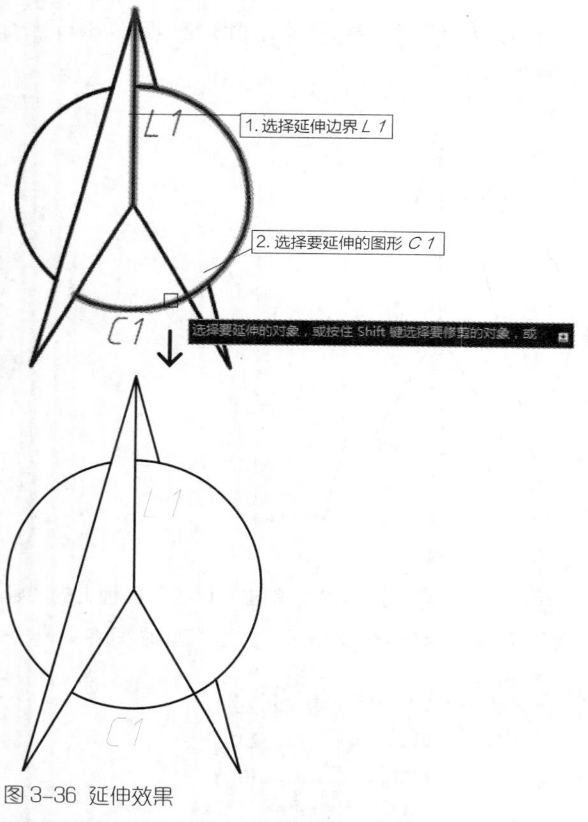

图 3-36 延伸效果

提示

在选择延伸边界的时候，可以连按两次Enter键，直接跳至选择要延伸的图形。这种操作方法会默认整个图形为边界，选择对象后将延伸至最近的图形上。

实战114 两点打断图形

难度：☆☆

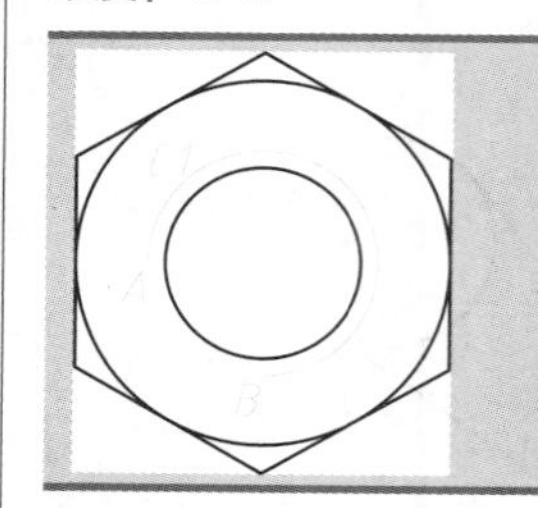

	素材文件路径：素材\第3章\实战114 两点打断图形.dwg
	效果文件路径：素材\第3章\实战114 两点打断图形-OK.dwg
	在线视频：第3章\实战114 两点打断图形.mp4

“打断”命令可以在对象上指定两点，两点之间的部分会被删除。被打断的对象不能是组合形体，如图块等，只能是单独的线条，如直线、圆弧、圆、多段线、椭圆、样条曲线、圆环等。

01 打开素材文件“第3章\实战114 两点打断图形.dwg”，如图3-37所示。

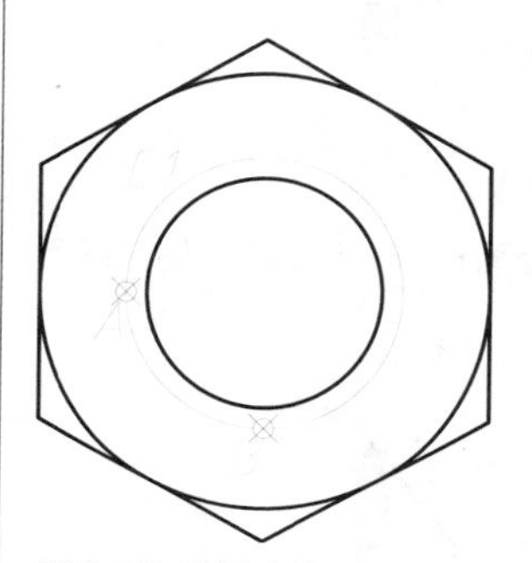
图 3-37 素材文件

02 在“默认”选项卡中，单击“修改”面板的“打断”按钮，如图3-38所示，执行“打断”命令。

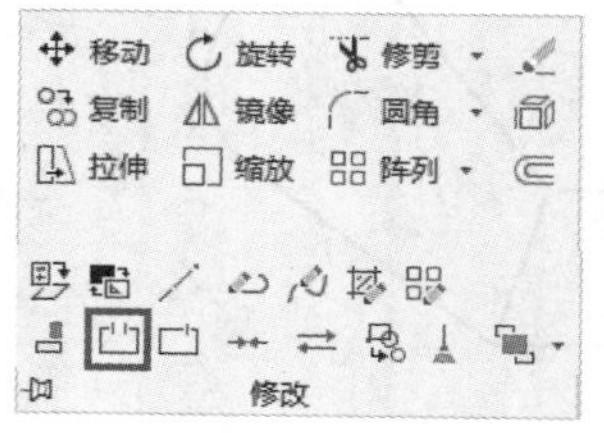

图 3-38 “修改”面板中的“打断”按钮

03 将圆C 1在两象限点打断，如图3-39所示，命令行操作如下。

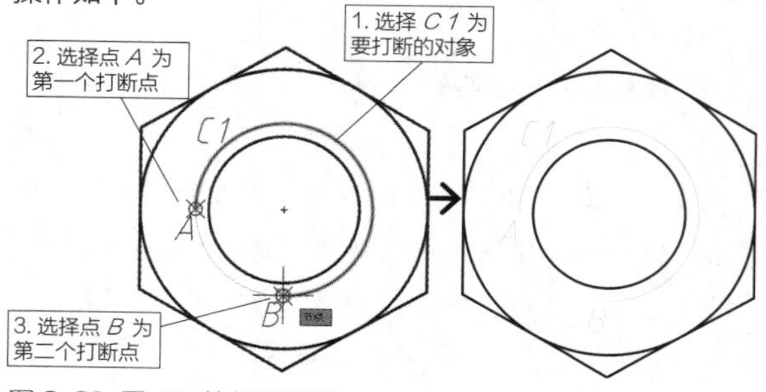

图 3-39 圆C1 的打断效果

```
命令：_break          //执行“打断”命令
选择对象：            //单击选择圆C1作为打断对象
指定第二个打断点 或 [第一点(F)]：F↙
                      //选择“第一点”选项
指定第一个打断点：
                      //捕捉到圆C1的左象限点A
指定第二个打断点：↙
                      //捕捉到圆C1的下象限点B，
                      按Enter键结束操作
```

提示

默认情况下，系统会以选择对象时的拾取点作为第一个打断点，若此时直接在对象上选取另一点，即可删除两点之间的图形线段。但这样的打断效果往往不符合要求，因此可在命令行中输入“F”，选择“第一点”选项，通过指定第一点来达到准确的打断效果。

实战115 单点打断图形

难度：☆☆

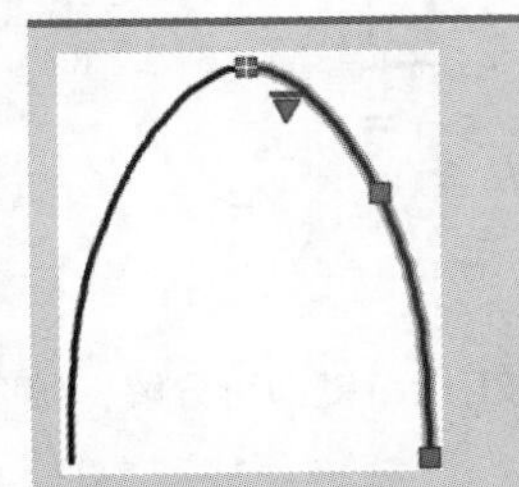

素材文件路径：素材\第3章\实战115 单点打断图形.dwg
效果文件路径：素材\第3章\实战115 单点打断图形-OK.dwg
在线视频：第3章\实战115 单点打断图形.mp4

在AutoCAD 2020中，除了“打断”命令，还有“打断于点”命令。该命令是从“打断”命令衍生出来的，“打断于点”是指通过指定一个打断点，将对象从该点处断开成两个对象，断开处没有间隙。

01 打开素材文件“第3章\实战115 单点打断图形.dwg”，如图3-40所示。

02 在“默认”选项卡中，单击“修改”面板上的“打断于点”按钮，如图3-41所示，执行“打断于点”命令。

03 选择抛物线为要打断的对象，然后指定其最上方的顶点为打断点，即可将抛物线从该点分为两段弧线，如图3-42所示。

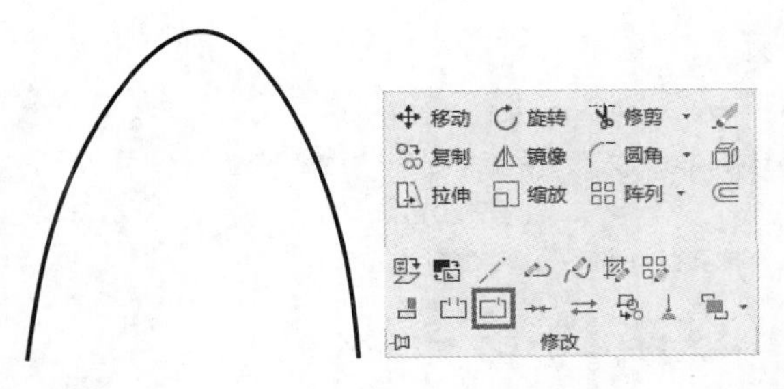

图3-40 素材文件

图3-41 “修改”面板中的“打断于点”按钮

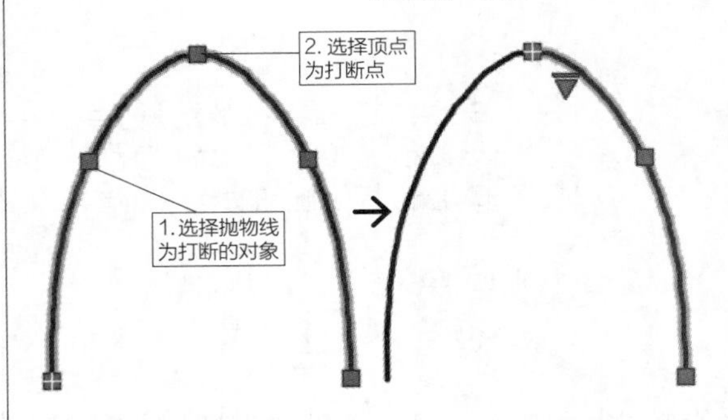

图3-42 打断于点的抛物线

提示

“打断于点”命令不能打断完全闭合的对象（如圆、椭圆、多边形等）

实战116 合并图形

难度：☆☆

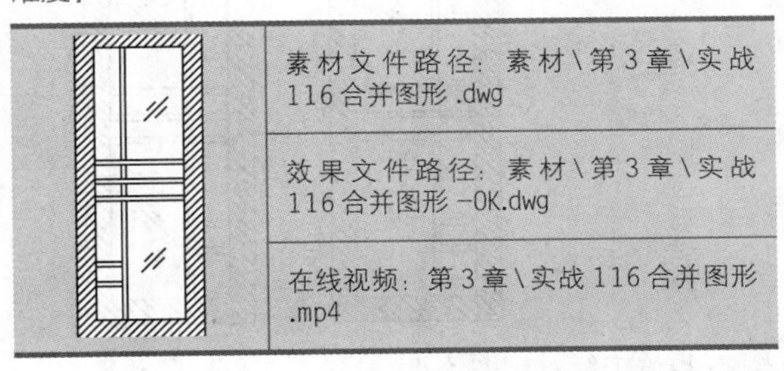

素材文件路径：素材\第3章\实战116合并图形.dwg
效果文件路径：素材\第3章\实战116合并图形-OK.dwg
在线视频：第3章\实战116合并图形.mp4

“合并”命令适用于将独立的图形对象合并为一个整体。它可以将多个对象进行合并，对象包括直线、多段线、三维多段线、圆弧、椭圆弧、螺旋线和样条曲线等。

01 打开素材文件“第3章\实战116 合并图形.dwg”，如图3-43所示。

02 在“默认”选项卡中，单击“修改”面板上的“合并”按钮，如图3-44所示，执行“合并”命令。

03 合并线段$L1$和$L2$，如图3-45所示，命令行操作如下。

```
命令: _join
                //执行"合并"命令
选择源对象或要一次合并的多个对象: 找到 1 个
                //选择直线L1
选择要合并的对象: 找到 1 个, 总计 2 个
                //选择直线L2
选择要合并的对象: ↙
                //按Enter键结束选择, 完成合并
```

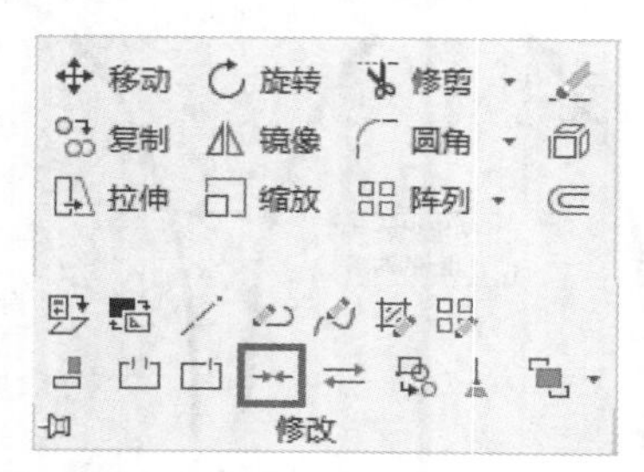

图 3-43 素材文件　图 3-44 "修改"面板中的"合并"按钮

04 重复执行"合并"命令，合并另外3条水平线段，如图3-46所示。

05 执行"修剪"命令，修剪竖线段，如图3-47所示，完成门框的修改。

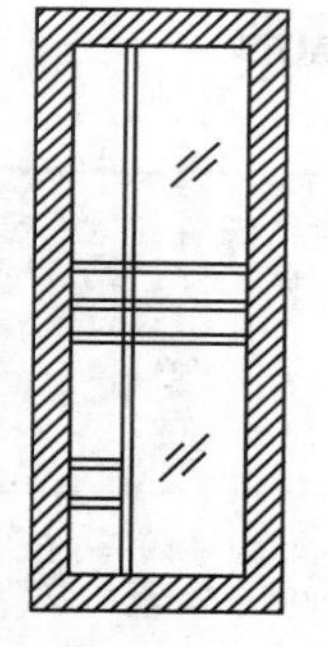

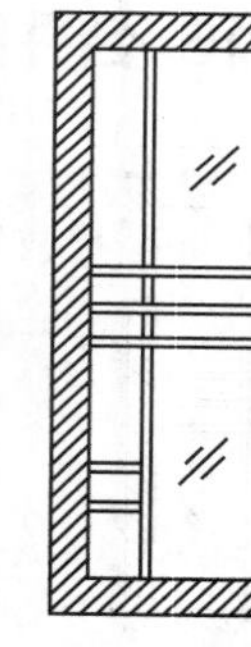

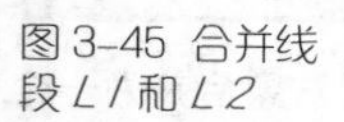

图 3-45 合并线段 L1 和 L2　图 3-46 合并其他线段　图 3-47 修剪的结果

实战117 分解图形

难度：☆☆

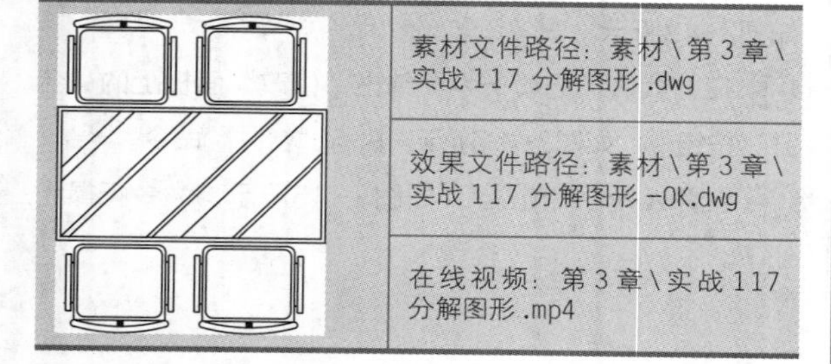

素材文件路径：素材\第 3 章\实战 117 分解图形 .dwg

效果文件路径：素材\第 3 章\实战 117 分解图形 -OK.dwg

在线视频：第 3 章\实战 117 分解图形 .mp4

"分解"命令是将某些特殊的对象分解成多个独立的部分，以便更具体地编辑。此命令主要用于将复合对象，如矩形、多段线、块、填充等，还原为一般的图形对象。

01 打开素材文件"第3章\实战117 分解图形.dwg"，如图3-48所示。

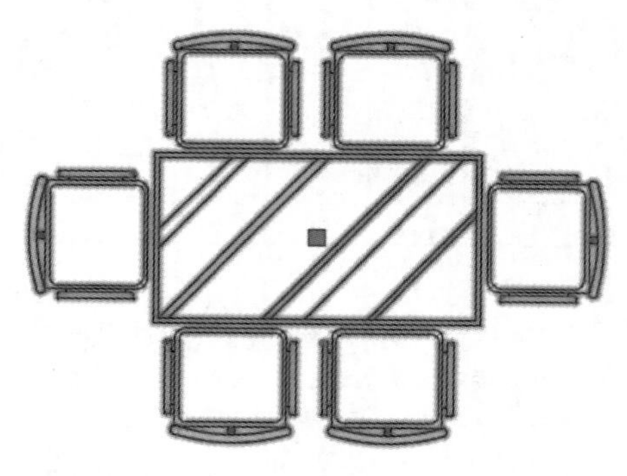

图 3-48 素材文件

02 在"默认"选项卡中，单击"修改"面板上的"分解"按钮，如图3-49所示，执行"分解"命令。

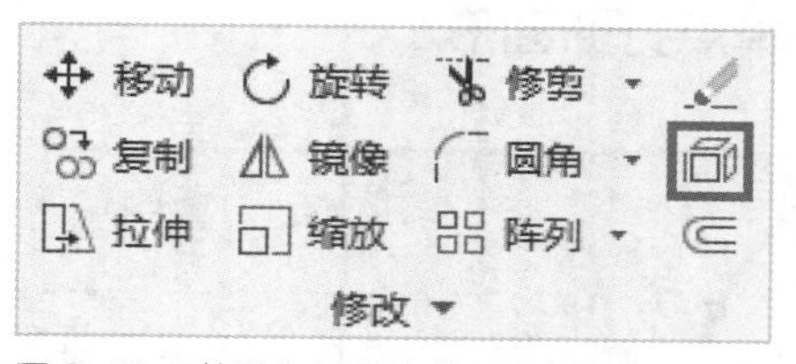

图 3-49 "修改"面板中的"分解"按钮

03 选择要分解的图形，然后按Enter键即可分解，如图3-50所示，命令行操作如下。

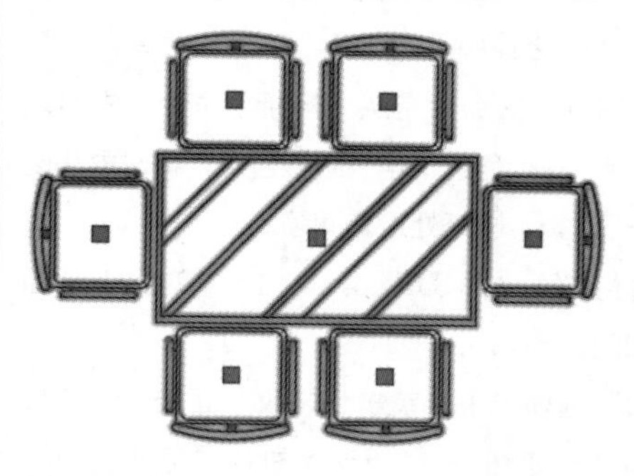

图 3-50 分解后的图形

```
命令: _explode
                //执行"分解"命令
选择对象: 指定对角点: 找到 1 个
                //选择整个图块作为分解对象
选择对象: ↙     //按Enter键完成分解
```

04 可见椅子与餐桌已不是一个整体，接着选择左右两把椅子，按Delete键即可删除，如图3-51所示。

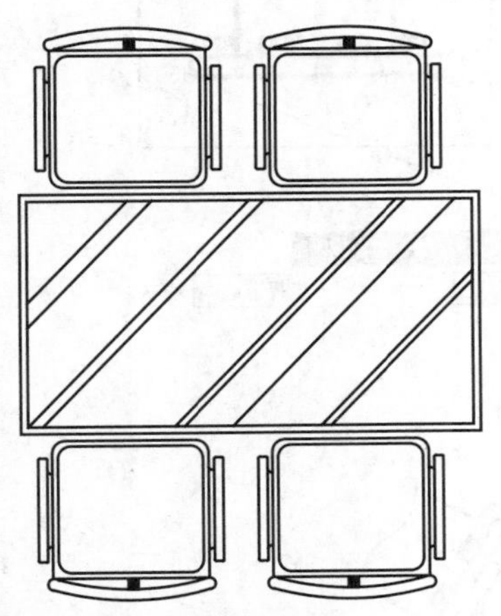

图 3-5l 删除左右的椅子

实战118 删除图形

难度：☆☆

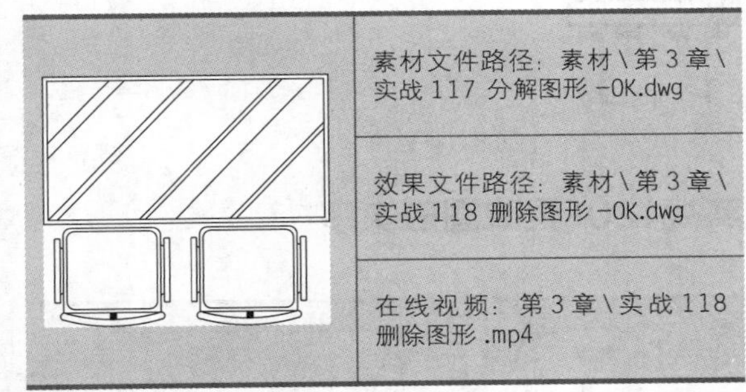

素材文件路径：素材 \ 第 3 章 \ 实战 117 分解图形 -OK.dwg
效果文件路径：素材 \ 第 3 章 \ 实战 118 删除图形 -OK.dwg
在线视频：第 3 章 \ 实战 118 删除图形 .mp4

“删除”命令可将多余的对象从图形中完全删除，是AutoCAD最为常用的命令之一，使用也极为简单。

01 延续上一例进行操作，也可以打开素材文件“第3章\实战117 分解图形-OK.dwg”。

02 在“默认”选项卡中，单击“修改”面板中的“删除”按钮，如图3-52所示，执行“删除”命令。

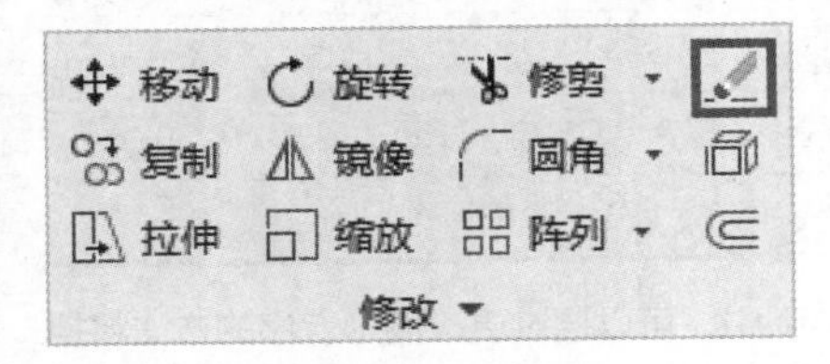

图 3-52 “修改”面板中的“删除”按钮

03 选择上方的两把椅子，按Enter键即可删除，效果如图3-53所示。也可以像上一例中那样，按Delete键进行删除。

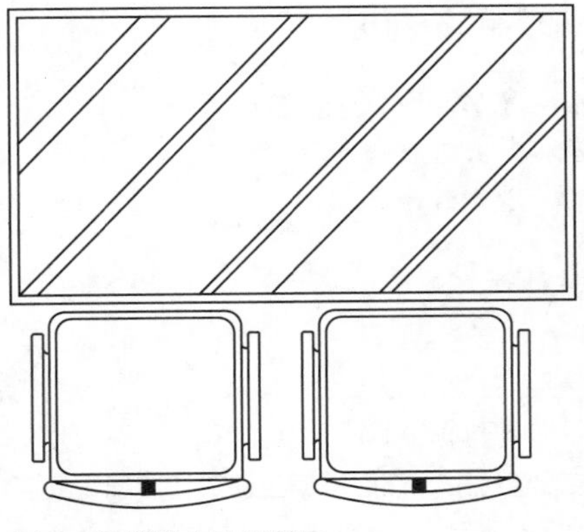

图 3-53 删除上方的椅子

实战119 对齐图形

难度：☆☆☆

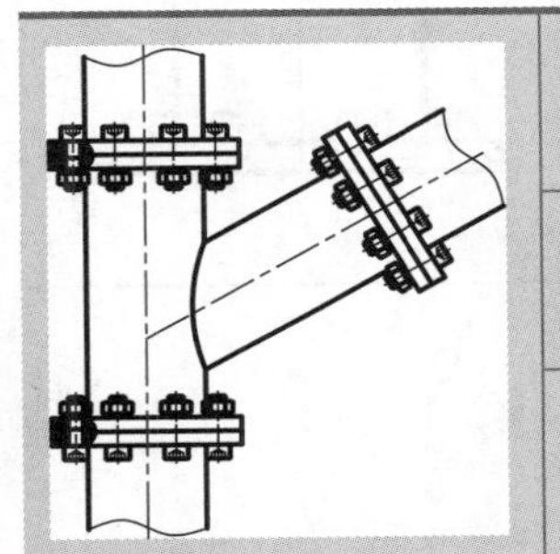

素材文件路径：素材 \ 第 3 章 \ 实战 119 对齐图形 .dwg
效果文件路径：素材 \ 第 3 章 \ 实战 119 对齐图形 -OK.dwg
在线视频：第 3 章 \ 实战 119 对齐图形 .mp4

“对齐”命令可以使指定的对象与其他对象对齐，既适用于二维对象，也适用于三维对象。在对齐二维对象时，可以指定1对或2对对齐点（源点和目标点），在对其三维对象时则需要指定3对对齐点。

01 打开素材文件“第3章\实战119 对齐图形.dwg”，如图3-54所示。

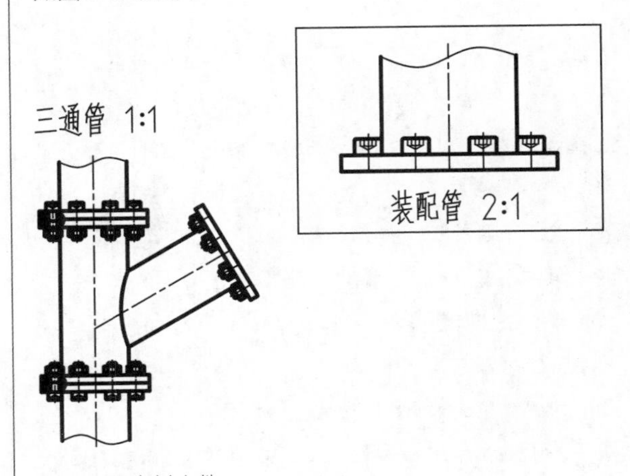

图 3-54 素材文件

02 单击“修改”面板中的“对齐”按钮，如图3-55

所示，执行“对齐”命令。

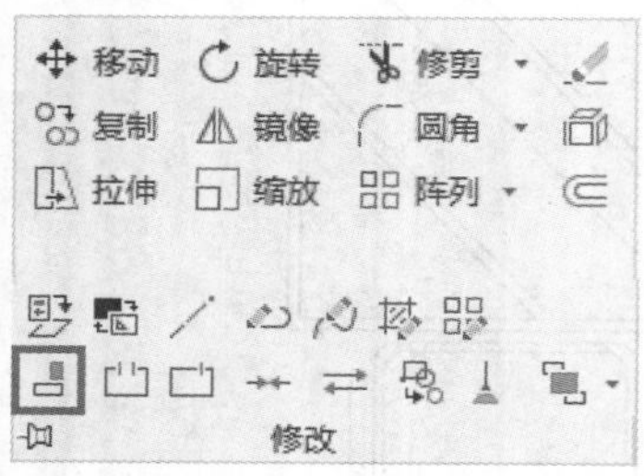

图 3-55 “修改”面板中的“对齐”按钮

03 选择整个装配管图形，然后根据三通管和装配管的连接方式，按图3-56所示，分别指定对应的对齐点（点*1*对应点*2*，点*3*对应点*4*）。

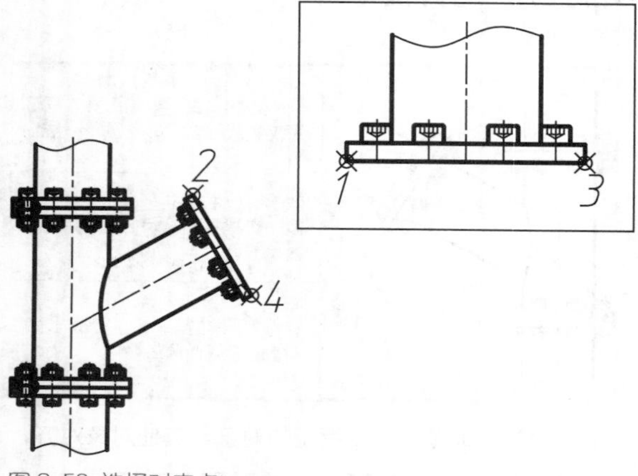

图 3-56 选择对齐点

04 对齐点指定完毕后，按Enter键，命令行提示是否基于对齐点缩放对象，输入“Y”，按Enter键，即可将装配管对齐至三通管中，效果如图3-57所示，命令行操作如下。

```
命令: _align                    //执行“合并”命令
选择对象: 指定对角点: 找到 1 个
选择对象: ↙                     //选择整个装配管图形
指定第一个源点:                 //选择装配管上的点1
指定第一个目标点:               //选择三通管上的点2
指定第二个源点:                 //选择装配管上的点3
指定第二个目标点:               //选择三通管上的点4
指定第三个源点或 <继续>:↙
//按Enter键完成对齐点的指定
是否基于对齐点缩放对象? [是(Y)/否(N)] <否>: Y↙
//输入“Y”执行缩放，按Enter键完成操作
```

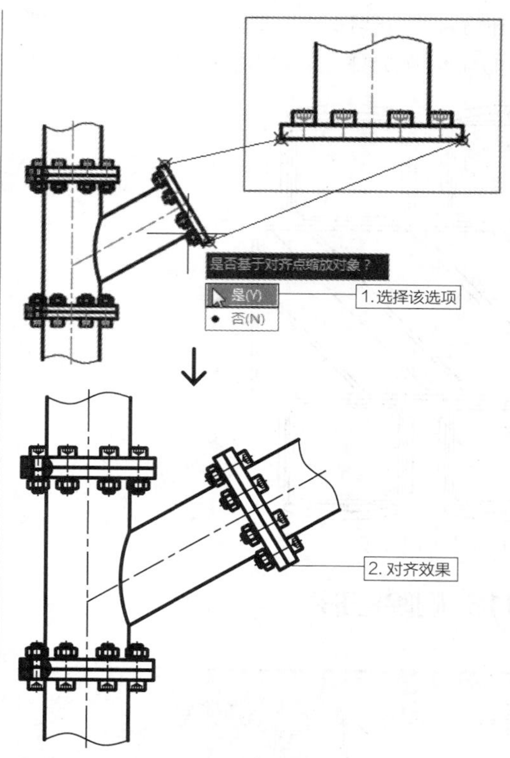

图 3-57 两对对齐点的对齐效果

实战120 更改图形次序

难度：☆☆

素材文件路径：素材\第 3 章\实战 120 更改图形次序 .dwg

效果文件路径：素材\第 3 章\实战 120 更改图形次序 -OK.dwg

在线视频：第 3 章\实战 120 更改图形次序 .mp4

在AutoCAD 中，可以通过更改图形次序的方法将挡在前面的图形后置，或让要显示的图形前置，以避免部分图形被遮盖。

01 打开素材文件“第3章\实战120 更改图形次序.dwg”，如图3-58所示。

图 3-58 素材文件

02 前置道路。选中道路的填充图案，以及道路上的全部线条，接着单击“修改”面板中的“前置”按钮，结果如图3-59所示。

图 3-59 前置道路

03 前置文字。此时道路图形被置于河流图形之上，符合生活实际，但道路名称被遮盖，因此需将文字对象前置。单击“修改”面板中的“将文字前置”按钮，即可完成操作，结果如图3-60所示。

图 3-60 前置文字

04 前置边框。上述步骤操作后图形边框被置于各对象之下，为了打印效果更好可将边框置于最上层，结果如图3-61所示。

图 3-61 前置边框

实战121 输入距离倒角

难度：☆☆☆

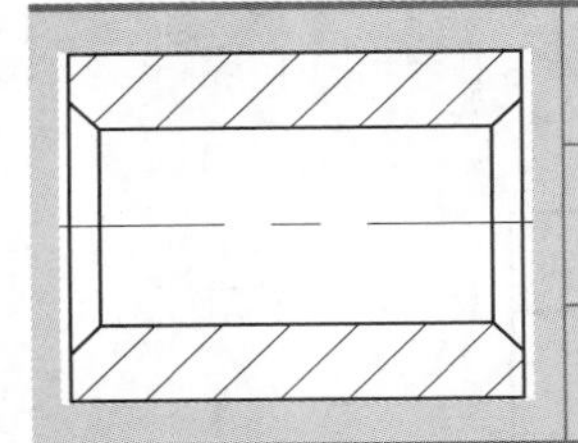

素材文件路径：素材\第 3 章\实战 121 输入距离倒角 .dwg

效果文件路径：素材\第 3 章\实战 121 输入距离倒角 -OK.dwg

在线视频：第 3 章\实战 121 输入距离倒角 .mp4

“倒角”命令用于将两条非平行直线或多段线以一条斜线相连接，在机械、家具、室内等设计图中均有应用。默认情况下，需要选择进行倒角的两条相邻的直线，然后按当前的倒角大小对这两条直线进行倒角。

01 打开素材文件“第3章\实战121 输入距离倒角.dwg”，如图3-62所示。

02 在“默认”选项卡中，单击“修改”面板上的“倒角”按钮，如图3-63所示，执行“倒角”命令。

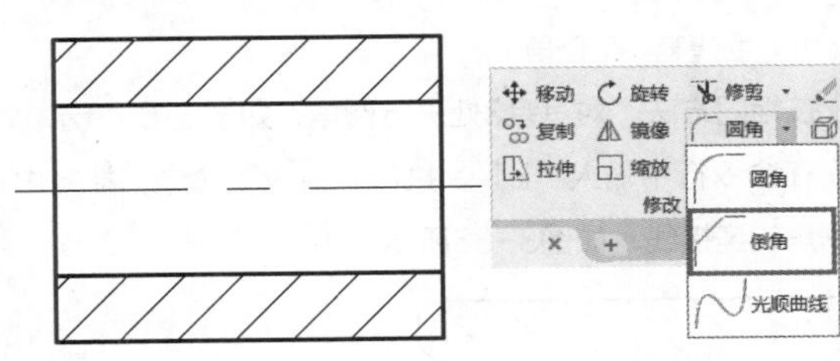

图 3-62 素材文件　　图 3-63 “修改”面板中的“倒角”按钮

03 在命令行中输入“D”，选择“距离”选项，然后输入两侧倒角距离“2”，接着选择直线*L 1*与*L 2*创建倒角，如图3-64所示，命令行操作如下。

```
命令: _chamfer
        //执行"倒角"命令
("修剪"模式)当前倒角距离 1 = 3.0000, 距离 2 =
3.0000
选择第一条直线或 [放弃(U)/多段线(P)/距离(D)/角度(A)/
修剪(T)/方式(E)/多个(M)]:D↙
        //选择"距离"选项
指定 第一个 倒角距离 <0.0000>: 2↙
        //第一个倒角距离为2
指定 第二个 倒角距离 <2.0000>:↙
        //第二个倒角距离默认与第一个倒角距离相同
选择第一条直线或 [放弃(U)/多段线(P)/距离(D)/角度(A)/
修剪(T)/方式(E)/多个(M)]:
        //选择直线L1
选择第二条直线, 或按住 Shift 键选择直线以应用角
点或 [距离(D)/角度(A)/方法(M)]:
        //选择直线L2
```

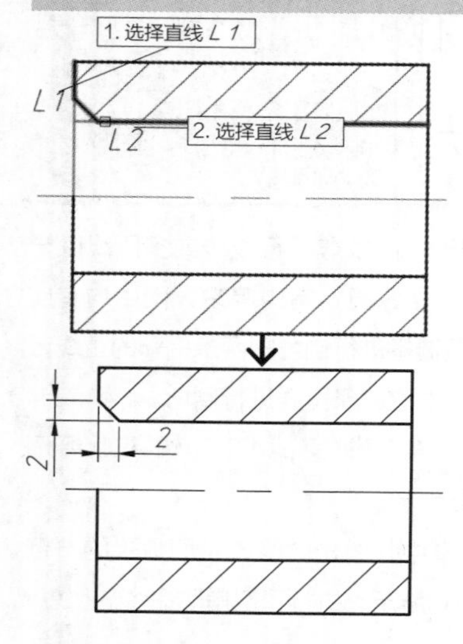

图 3-64 创建第一个倒角

04 按相同方法，对其余3处进行倒角，如图3-65所示。

05 在命令行中输入"L"，执行"直线"命令，补齐内部倒角的连接线，如图3-66所示。

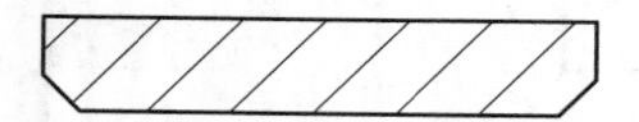

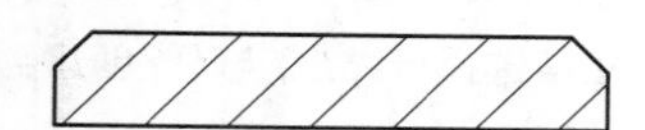

图 3-65 创建其余倒角

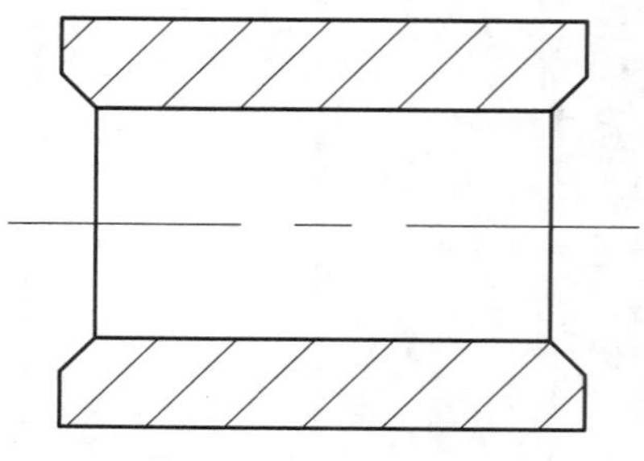

图 3-66 绘制连接线

06 单击"修改"面板上的"合并"按钮，选择直线L1和L3为合并对象，即可快创建速封闭轮廓线，如图3-67所示。

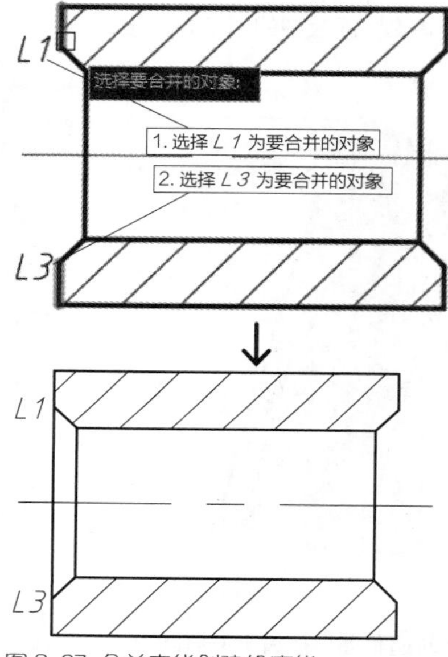

图 3-67 合并直线创建轮廓线

07 使用相同方法，创建另一侧的封闭轮廓线，最终结果如图3-68所示。

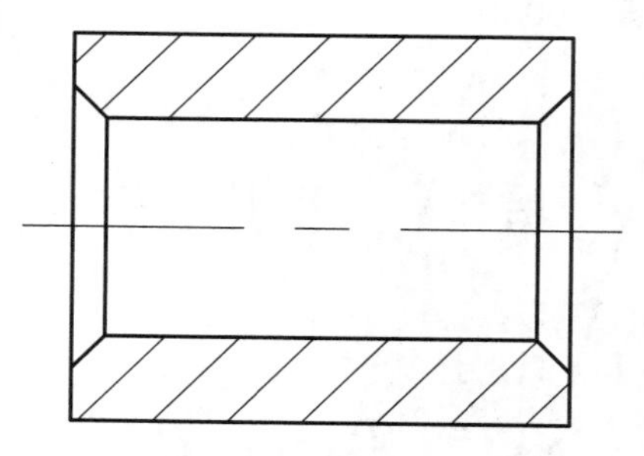

图 3-68 最终倒角图形

提示

还可以通过以下方法执行"倒角"命令。

- 菜单栏：选择"修改" | "倒角"命令。
- 命令行：输入"CHAMFER"或"CHA"。

实战122 输入角度倒角

难度：☆☆

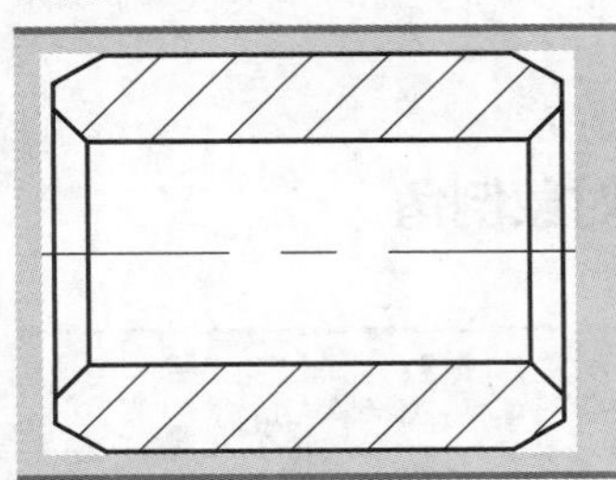

素材文件路径：素材\第 3 章\实战 121 输入距离倒角 -OK.dwg
效果文件路径：素材\第 3 章\实战 122 输入角度倒角 -OK.dwg
在线视频：第 3 章\实战 122 输入角度倒角 .mp4

除了输入距离进行倒角之外，还可以输入角度值和距离进行倒角，如工程图中常见的“3×30°”倒角等。

01 延续上一例进行操作，也可以打开素材文件“第3章\实战121 输入距离倒角-OK.dwg”。

02 在“默认”选项卡中，单击“修改”面板上的“倒角”按钮，执行“倒角”命令。

03 在命令行中输入“A”，选择“角度”选项，然后输入倒角长度值“3”、倒角角度值“30°”，接着选择直线*L 4*与*L 5*创建倒角，如图3-69所示，命令行操作如下。

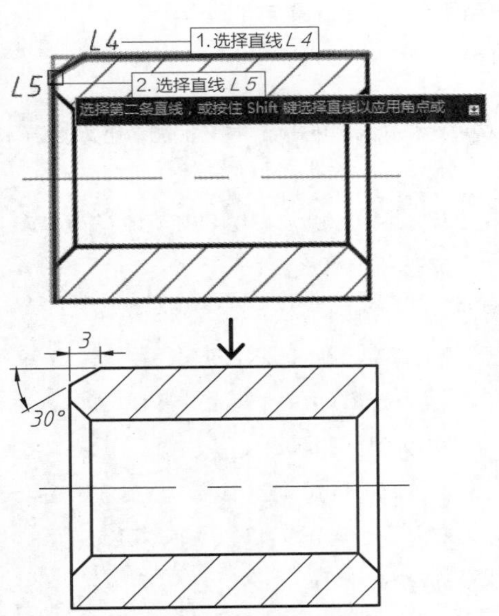

图 3-69 通过距离和角度创建倒角

```
命令：_chamfer
（“修剪”模式）当前倒角距离 1 = 2.0000，距离 2 = 2.0000
选择第一条直线或 [放弃(U)/多段线(P)/距离(D)/角度(A)/修剪(T)/方式(E)/多个(M)]： A↙
                    //选择“角度”选项
指定第一条直线的倒角长度 <0.0000>：3↙
                    //指定倒角长度为3
指定第一条直线的倒角角度 <0>：30↙
                    //指定倒角角度为30°
选择第一条直线或 [放弃(U)/多段线(P)/距离(D)/角度(A)/修剪(T)/方式(E)/多个(M)]：        //选择直线L 4
选择第二条直线，或按住 Shift 键选择直线以应用角点或 [距离(D)/角度(A)/方法(M)]：     //选择直线L 5
```

04 使用相同方法，对其余3处轮廓线进行倒角，最终结果如图3-70所示。

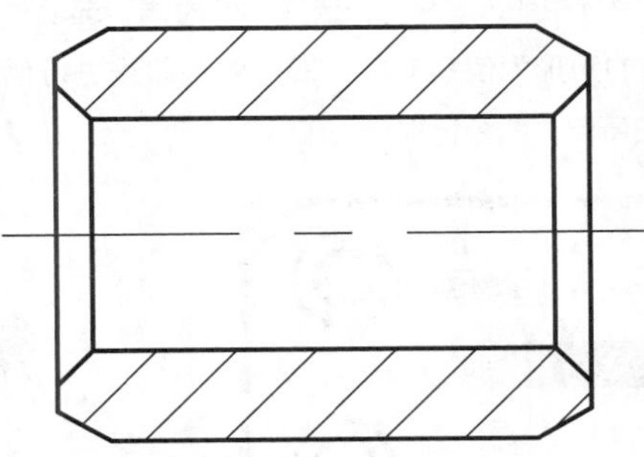

图 3-70 最终倒角图形

提示

选择“角度”选项倒角时，要注意距离和角度的顺序。在AutoCAD 2020中，始终是先选择的对象（*L 4*）满足距离，后选择的对象（*L 5*）满足角度。

实战123 多段线对象倒角

难度：☆☆☆

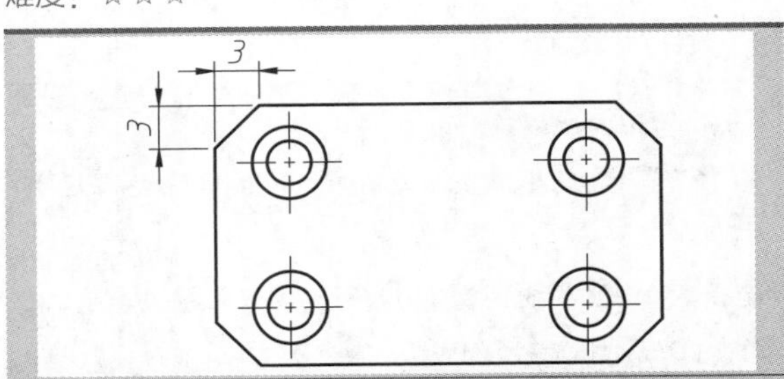

素材文件路径：素材\第 3 章\实战 123 多段线对象倒角 .dwg
效果文件路径：素材\第 3 章\实战 123 多段线对象倒角 -OK.dwg
在线视频：第 3 章\实战 123 多段线对象倒角 .mp4

除了像上一例所介绍的那样一次创建一个倒角，还可以一次性对多段线的所有折角都进行倒角。

01 打开素材文件“第3章\实战123 多段线对象倒角.dwg”，如图3-71所示。

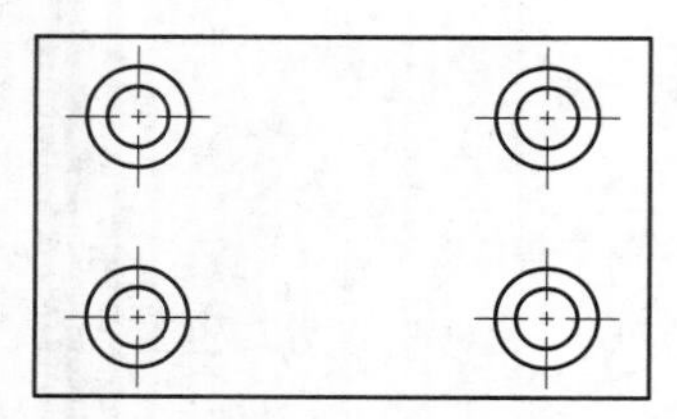

图 3-71 素材文件

02 在“默认”选项卡中，单击“修改”面板上的“倒角”按钮，执行“倒角”命令。

03 先在命令行中输入“D”，选择“距离”选项，然后输入两侧倒角距离为“3”，按Enter键确认。

04 接着在命令行中输入“P”，选择“多段线”选项，然后选择外围的矩形为倒角对象，即可对多段线进行倒角，如图3-72所示，命令行操作如下。

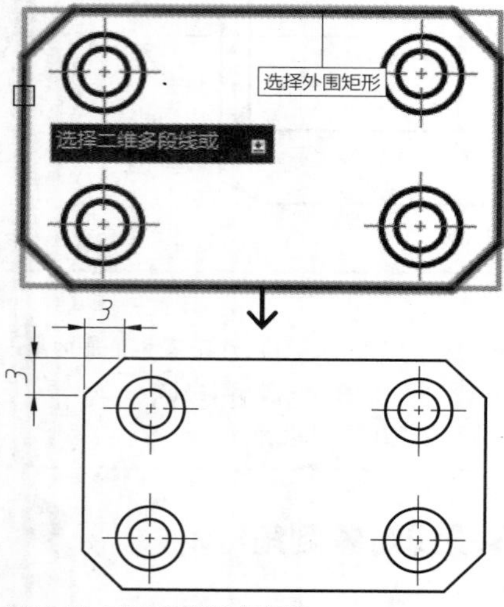

图 3-72 对多段线进行倒角

命令：_chamfer

（“修剪”模式）当前倒角距离 1 = 0.0000，距离 2 = 0.0000

选择第一条直线或 [放弃(U)/多段线(P)/距离(D)/角度(A)/修剪(T)/方式(E)/多个(M)]: D↙

//选择“距离”选项

指定 第一个 倒角距离 <0.0000>: 3↙

//输入第一个倒角距离为3

指定 第二个 倒角距离 <3.0000>: ↙

//第二个倒角距离默认与第一个倒角距离相同

选择第一条直线或 [放弃(U)/多段线(P)/距离(D)/角度(A)/修剪(T)/方式(E)/多个(M)]: P↙

//选择“多段线”选项

选择二维多段线或 [距离(D)/角度(A)/方法(M)]:

//选择外围的矩形

4 条直线已被倒角

实战124 不修剪对象倒角

难度：☆☆

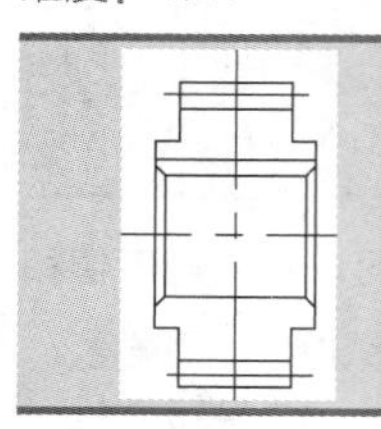	素材文件路径：素材\第 3 章\实战 124 不修剪对象倒角 .dwg
	效果文件路径：素材\第 3 章\实战 124 不修剪对象倒角 -OK.dwg
	在线视频：第 3 章\实战 124 不修剪对象倒角 .mp4

在上述倒角操作中，系统都会自动对图形对象进行修剪。其实也可以在命令行中进行设置，这样便会在保留原图形的基础上创建倒角。

01 打开素材文件“第3章\实战124 不修剪对象倒角.dwg”，如图3-73所示。

02 在“默认”选项卡中，单击“修改”面板上的“倒角”按钮，在直线*L 1*与*L 2*的交点处创建不修剪的倒角，如图3-74所示，命令行操作如下。

命令：_chamfer

（“修剪”模式）当前倒角距离 1 = 2.0000，距离 2 = 2.0000

选择第一条直线或 [放弃(U)/多段线(P)/距离(D)/角度(A)/修剪(T)/方式(E)/多个(M)]: D↙

//选择“距离”选项

指定 第一个 倒角距离 <2.0000>: 2.5↙

//输入第一个倒角距离

指定 第二个 倒角距离 <2.5000>:↙

//按Enter键默认第二个倒角距离

选择第一条直线或 [放弃(U)/多段线(P)/距离(D)/角度(A)/修剪(T)/方式(E)/多个(M)]: T↙

//选择“修剪”选项

输入修剪模式选项 [修剪(T)/不修剪(N)] <修剪>: N↙

//将修剪模式修改为“不修剪”

选择第一条直线或 [放弃(U)/多段线(P)/距离(D)/角度(A)/修剪(T)/方式(E)/多个(M)]:

//选择直线*L1*

选择第二条直线，或按住 Shift 键选择直线以应用角点或 [距离(D)/角度(A)/方法(M)]:

//选择直线*L2*，完成倒角

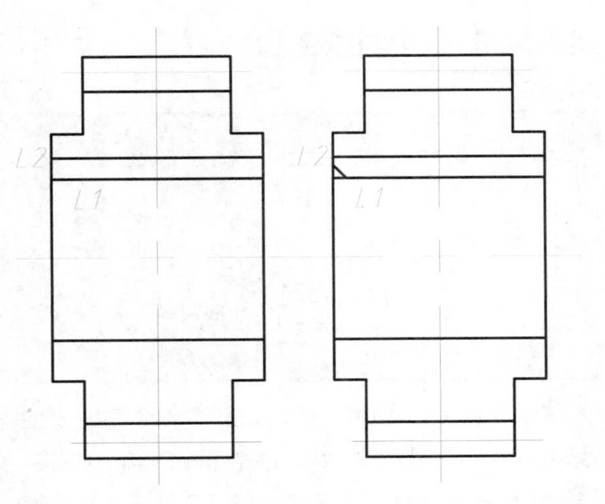

图 3-73 素材文件　　图 3-74 创建 $L1$ 和 $L2$ 间的倒角

03 用同样的方法，创建其他位置的倒角，如图3-75所示。

04 单击"修改"面板上的"修剪"按钮 ，修剪线条，如图3-76所示。单击"绘图"面板上的"直线"按钮 ，绘制倒角连接线，如图3-77所示。

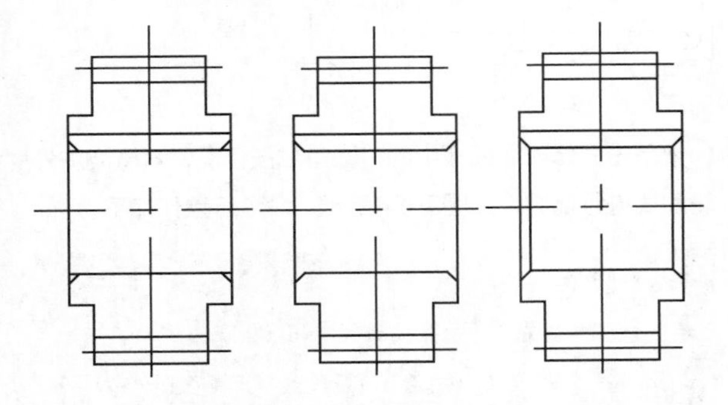

图 3-75 创建其他倒角　　图 3-76 修剪线条　　图 3-77 绘制连接线

实战125 输入半径倒圆

难度：☆☆

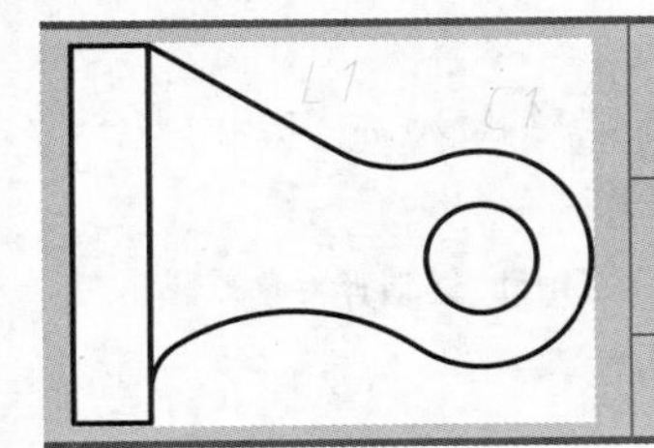

素材文件路径：素材\第 3 章\实战 125 输入半径倒圆 .dwg

效果文件路径：素材\第 3 章\实战 125 输入半径倒圆 -OK.dwg

在线视频：第 3 章\实战 125 输入半径倒圆 .mp4

利用"圆角"命令可以将两条不相连的曲线通过一个圆弧过渡连接起来。同"倒角"命令一样，"圆角"也是绘图中非常常用的编辑命令。

01 打开素材文件"第3章\实战125 输入半径倒圆.dwg"，如图3-78所示。

02 在"默认"选项卡中，单击"修改"面板上的"圆角"按钮 ，如图3-79所示，执行"圆角"命令。

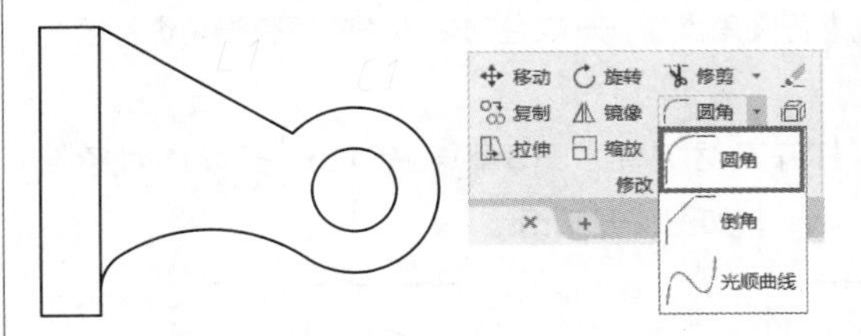

图 3-78 素材文件　　图 3-79 "修改"面板中的"圆角"按钮

03 在命令行中输入"R"，选择"半径"选项，然后输入圆角半径值"10"，接着选择直线$L1$和圆弧$C1$进行倒圆，如图3-80所示，命令行操作如下。

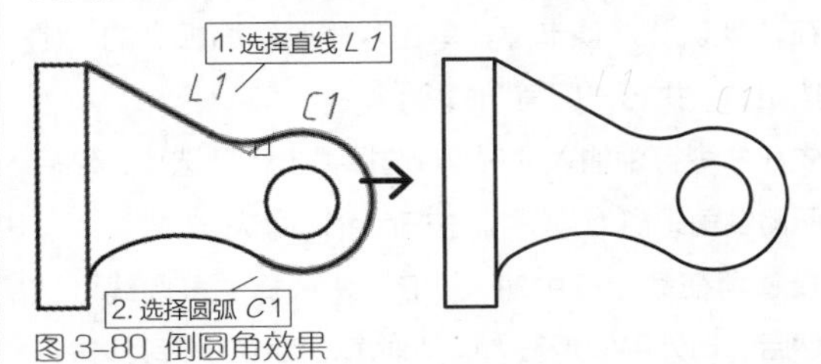

图 3-80 倒圆角效果

```
命令: _fillet                     //执行"圆角"命令
当前设置: 模式 = 修剪, 半径 = 0
选择第一个对象或 [放弃(U)/多段线(P)/半径(R)/修剪(T)/
多个(M)]: R↙                       //选择"半径"选项
指定圆角半径 <0>: 10↙              //输入圆角的半径值
选择第一个对象或 [放弃(U)/多段线(P)/半径(R)/修剪(T)/
多个(M)]:                          //选择直线L1
选择第二个对象，或按住 Shift 键选择对象以应用角
点或 [半径(R)]:                     //选择圆弧C1，完成倒圆角
```

提示

还可以通过以下方法执行"圆角"命令。

- 菜单栏：选择"修改" | "圆角"命令。
- 命令行：输入"FILLET"或"F"。

实战126 多段线对象倒圆

难度：☆☆

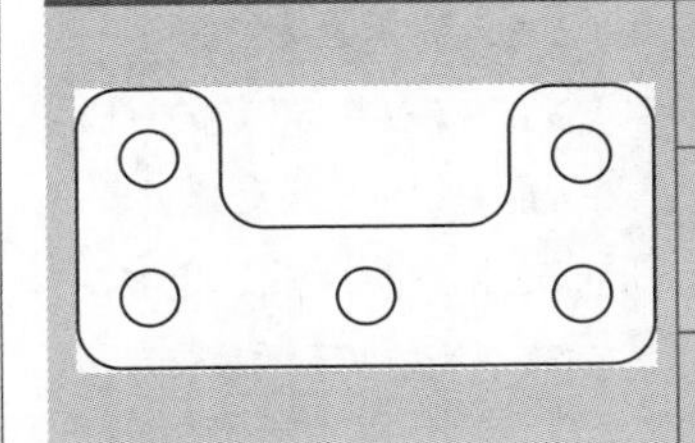

素材文件路径：素材\第 3 章\实战 126 多段线对象倒圆 .dwg

效果文件路径：素材\第 3 章\实战 126 多段线对象倒圆 -OK.dwg

在线视频：第 3 章\实战 126 多段线对象倒圆 .mp4

在AutoCAD 2020中，使用“圆角”命令可以对多段线进行圆角操作，一次性对多段线的所有折角进行倒圆处理。

01 打开素材文件“第3章\实战126 多段线对象倒圆.dwg”，如图3-81所示。

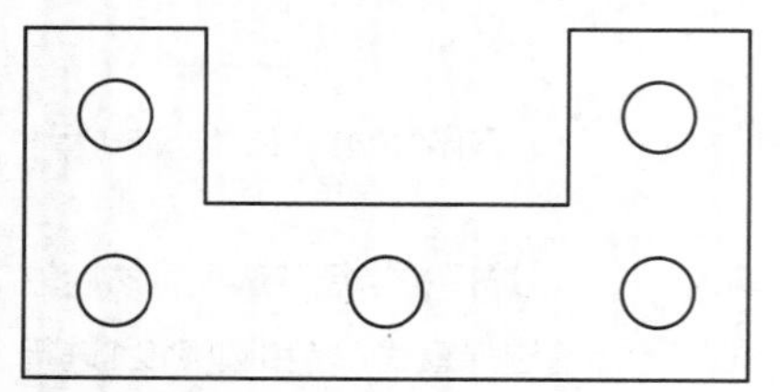

图 3-81 素材文件

02 在“默认”选项卡中，单击“修改”面板上的“圆角”按钮，执行“圆角”命令。

03 先在命令行中输入“F”，选择“半径”选项，然后输入两侧倒角距离为“3”，按Enter键确认。

04 接着再在命令行中输入“P”，选择“多段线”选项，然后选择外围的矩形为圆角对象，即可对多段线进行倒圆，如图3-82所示，命令行操作如下。

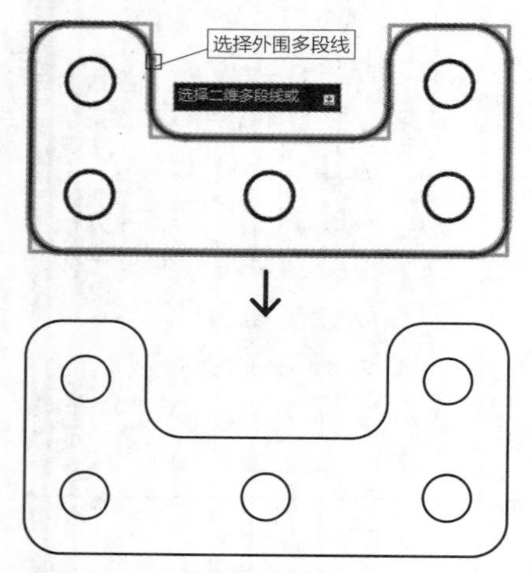

图 3-82 对多段线创建倒圆

```
命令：_fillet
当前设置：模式 = 修剪，半径 = 0.0000
选择第一个对象或 [放弃(U)/多段线(P)/半径(R)/修剪(T)/
多个(M)]：R↙                    //选择“半径”选项
指定圆角半径 <0.0000>：3↙ //输入圆角的半径值
选择第一个对象或 [放弃(U)/多段线(P)/半径(R)/修剪(T)/
多个(M)]：P↙                    //选择“多段线”选项
选择二维多段线或 [半径(R)]://选择外围的多段线
8 条直线已被圆角               //外围所有折角均被倒圆
```

实战127 多个对象倒圆

难度：☆☆

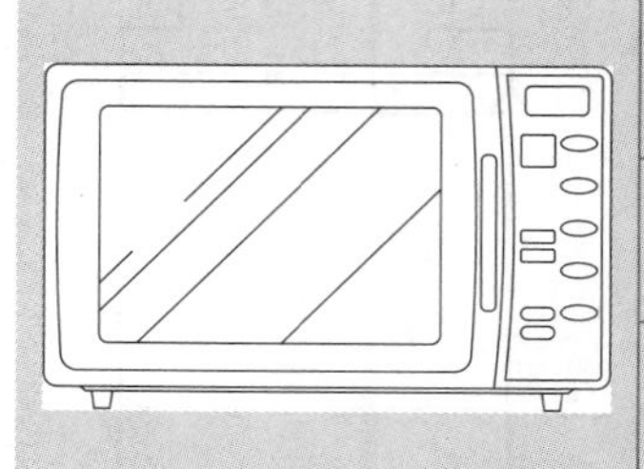

	素材文件路径：素材\第 3 章\实战 127 多个对象倒圆 .dwg
	效果文件路径：素材\第 3 章\实战 127 多个对象倒圆 -OK.dwg
	在线视频：第 3 章\实战 127 多个对象倒圆 .mp4

在AutoCAD 2020中，使用“圆角”命令可以一次性对多组对象进行倒圆角，大大节省编辑图形所需的时间。

01 打开素材文件“第3章\实战127 多个对象倒圆.dwg”，如图3-83所示。

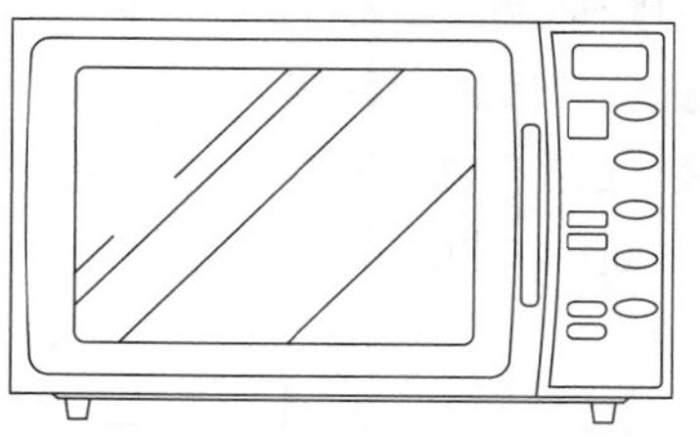

图 3-83 素材文件

02 单击“修改”面板中的“圆角”按钮，对微波炉外轮廓线进行倒圆，如图3-84所示，命令行操作如下。

```
命令：_fillet
当前设置：模式 = 修剪，半径 = 0.0000
选择第一个对象或 [放弃(U)/多段线(P)/半径(R)/修剪(T)/
多个(M)]：M↙        //选择“多个”选项
选择第一个对象或 [放弃(U)/多段线(P)/半径(R)/修剪(T)/
多个(M)]：R↙        //选择“半径”选项
指定圆角半径 <0.0000>：12↙
                    //输入半径值“12”
选择第一个对象或 [放弃(U)/多段线(P)/半径(R)/修剪(T)/
多个(M)]：          //单击第一条直线
选择第二个对象，或按住 Shift 键选择对象以应用角
点或 [半径(R)]：    //单击第二条直线
```

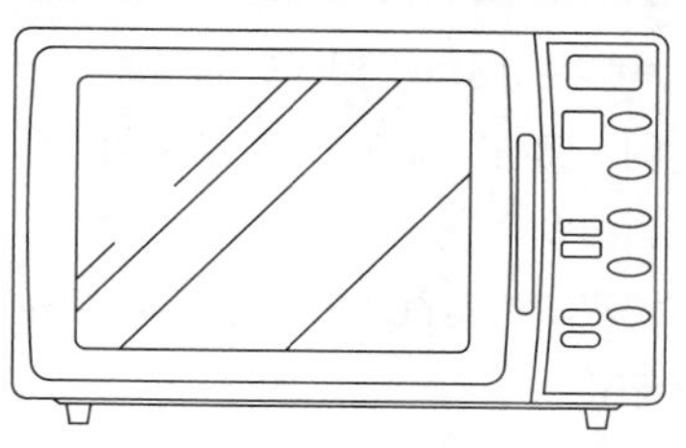

图 3-84 对外围轮廓线倒圆角

提示

“多段线”选项和“多个”选项都可以快速为多个对象倒圆角。“多段线”相对效率更高，但仅适用于多段线对象；“多个”则可以对任何图形无差别使用，但只能通过单击选择来进行，类似于重复命令。

实战128 不相连对象倒角

难度：☆☆

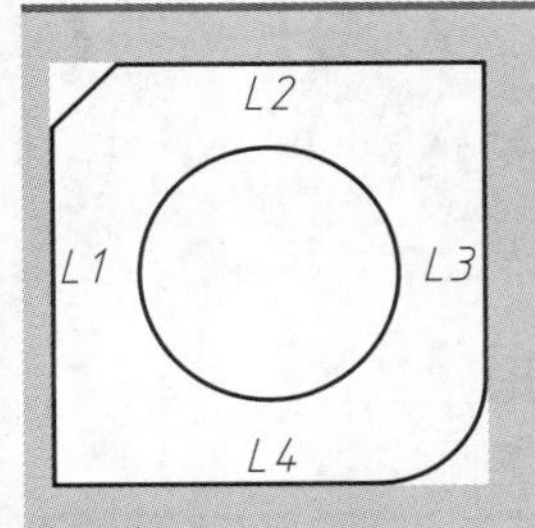

素材文件路径：素材\第 3 章\实战 128 不相连对象倒角 .dwg

效果文件路径：素材\第 3 章\实战 128 不相连对象倒角 -OK.dwg

在线视频：第 3 章\实战 128 不相连对象倒角 .mp4

“倒角”命令除了对相连对象起作用外，还可以对非相连的对象起作用。直接对不相连的线段进行倒角，同样可以获得圆角或斜角效果。

01 打开素材文件“第3章\实战128 不相连对象倒角.dwg”，如图3-85所示。

02 单击“修改”面板上的“倒角”按钮，执行“倒角”命令，设置倒角距离为3，选择线段L 1和L 2进行倒角，效果如图3-86所示。

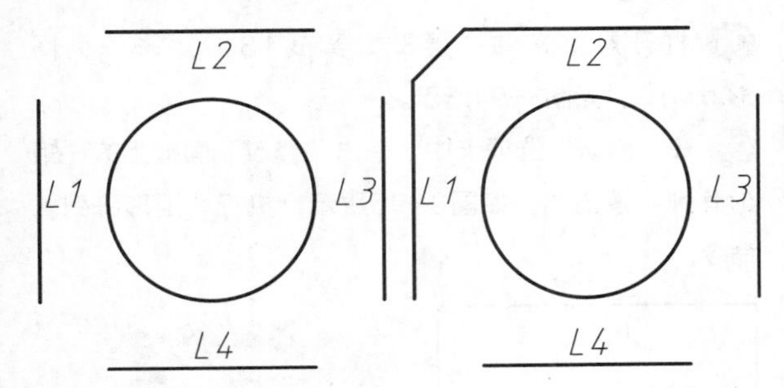

图 3-85 素材文件　　图 3-86 对线段 L 1 和 L 2 倒距离为 3 的角

03 设置倒角距离为0，对线段L 2和L 3进行倒角，可见两线段自动延伸并相交，如图3-87所示。

04 单击“修改”面板上的“圆角”按钮，执行“圆角”命令，设置圆角半径为5，选择线段L 3和L 4进行倒圆，效果如图3-88所示。

05 再设置倒圆半径为0，对线段L 4和L 1进行倒圆，可见两线段自动延伸并相交，如图3-89所示。

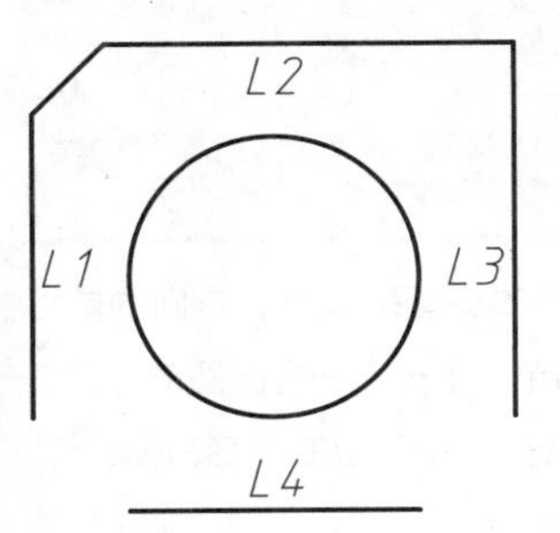

图 3-87 对线段 L 2 和 L 3 倒距离为 0 的角

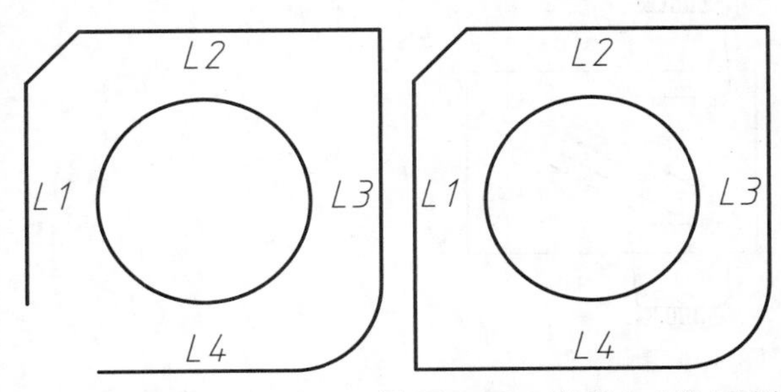

图 3-88 对线段 L 3 和 L 4 倒半径为 5 的圆角　　图 3-89 对线段 L 4 和 L 1 倒半径为 0 的圆角

提示

通过上例可知，当倒角距离或倒圆半径为0时，所得的倒角效果就是自动延伸线段至相交。因此可以利用该特性来快速封闭图形轮廓。此外还可以按住Shift键来快速创建半径为0的圆角，如图3-90所示。

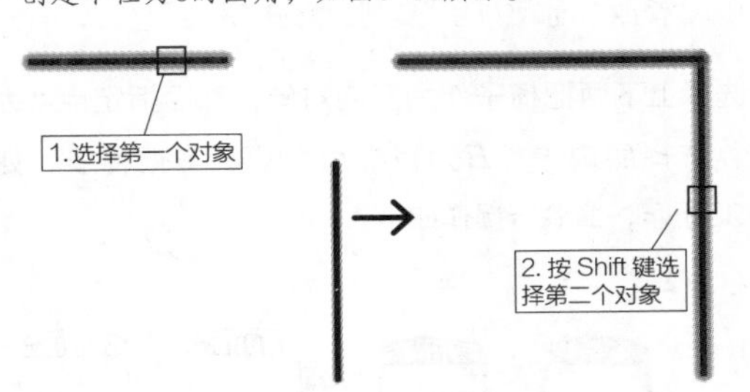

图 3-90 快速创建半径为 0 的圆角

3.2 图形的重复

如果设计图中含有大量重复或相似的图形，就可以使用图形复制类命令进行快速绘制，如“复制”“偏移”“镜像”“阵列”等。本节将通过8个实战进行介绍。

实战129 复制图形

难度：☆☆

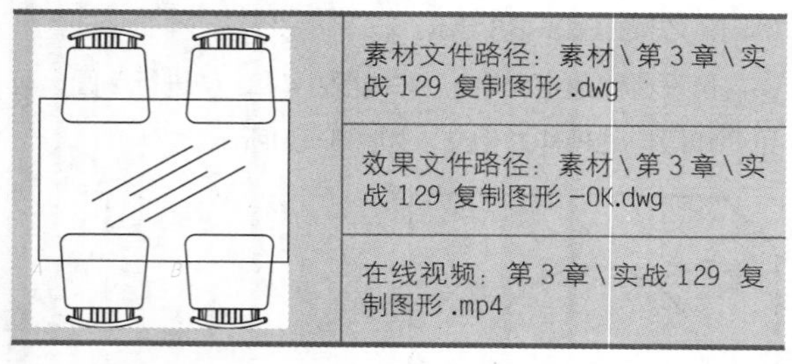

	素材文件路径：素材\第 3 章\实战 129 复制图形 .dwg
	效果文件路径：素材\第 3 章\实战 129 复制图形 -OK.dwg
	在线视频：第 3 章\实战 129 复制图形 .mp4

“复制”命令是指在不改变图形大小、方向的前提下，重新生成一个或多个与源对象一模一样的图形。

01 打开素材文件“第3章\实战129 复制图形.dwg”，如图3-91所示。

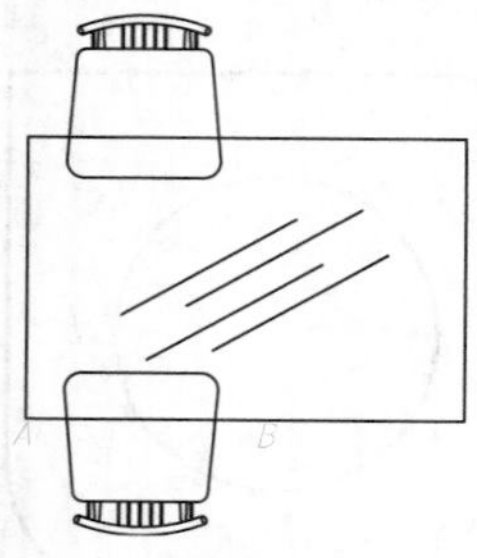

图 3-91 素材文件

02 在“默认”选项卡中，单击“修改”面板上的“复制”按钮，如图3-92所示，执行“复制”命令。

图 3-92 “修改”面板中的“复制”按钮

03 选择上下两把椅子作为复制对象，然后指定点*A*为基点，选择底边中点*B*为目标点，复制多把椅子，如图3-93所示，命令行操作如下。

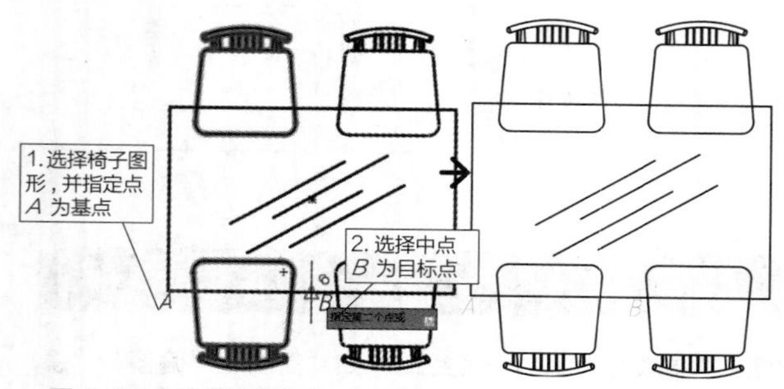

图 3-93 复制图形效果

```
命令：_copy        //执行“复制”命令
选择对象：指定对角点：找到 64 个，总计 64 个
//选择左侧两把椅子的所有轮廓线
选择对象：↙        //按Enter键结束选择
当前设置：  复制模式 = 多个
指定基点或 [位移(D)/模式(O)/多个(M)] <位移>:
//捕捉点A作为复制基点
指定第二个点或 [阵列(A)] <使用第一个点作为位移>:
//捕捉底边中点B为目标点
指定第二个点或 [阵列(A)/退出(E)/放弃(U)] <退出>:↙
//系统默认可继续复制，按Enter键结束复制
```

实战130 矩形阵列图形

难度：☆☆

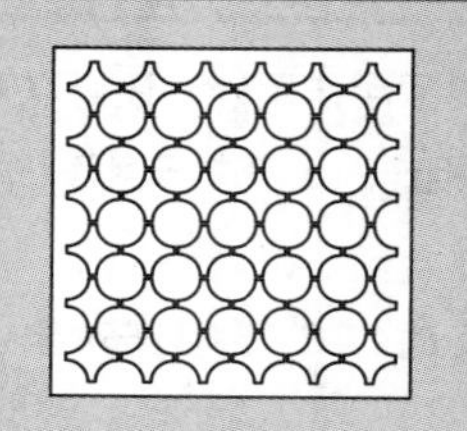	素材文件路径：素材\第 3 章\实战 130 矩形阵列图形 .dwg
	效果文件路径：素材\第 3 章\实战 130 矩形阵列图形 -OK.dwg
	在线视频：第 3 章\实战 130 矩形阵列图形 .mp4

“矩形阵列”命令可以将图形呈行列状进行排列，如园林平面图中的道路绿化、建筑立面图的窗格、规律摆放的桌椅等。

01 打开素材文件“第3章\实战130 矩形阵列图形.dwg”，如图3-94所示。

02 在“默认”选项卡中，单击“修改”面板上的“矩形阵列”按钮，如图3-95所示，执行“矩形阵列”命令。

图 3-94 素材文件

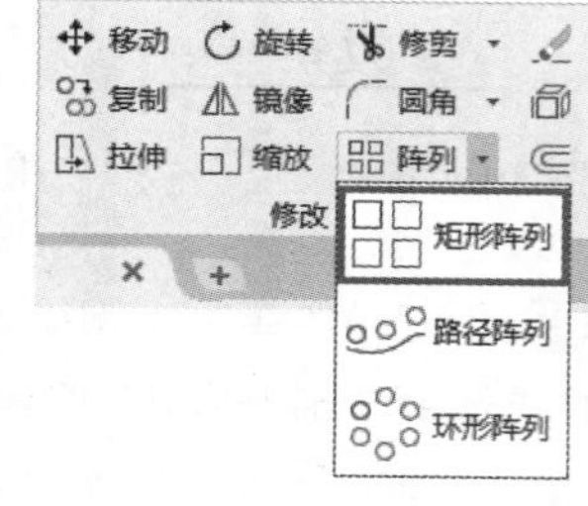

图 3-95 “修改”面板中的“矩形阵列”按钮

03 选择左下角菱形图案作为阵列对象，进行矩形阵列，如图3-96所示，命令行操作如下。

命令：_arrayrect
//执行“矩形阵列”命令
选择对象：指定对角点：找到 8 个
//选择菱形图案
选择对象：↙
//按Enter键结束选择
选择夹点以编辑阵列或［关联(AS)/基点(B)/计数(COU)/间距(S)/列数(COL)/行数(R)/层数(L)/退出(X)］<退出>：COU↙
//选择“计数”选项
输入列数数或［表达式(E)］<4>：6↙
//输入列数
输入行数数或［表达式(E)］<3>：6↙
//输入行数
选择夹点以编辑阵列或［关联(AS)/基点(B)/计数(COU)/间距(S)/列数(COL)/行数(R)/层数(L)/退出(X)］<退出>：S↙
//选择“间距(S)”选项
指定列之间的距离或［单位单元(U)］<322.4873>：75↙
//输入列间距
指定行之间的距离 <539.6354>:75↙
//输入行间距
选择夹点以编辑阵列或［关联(AS)/基点(B)/计数(COU)/间距(S)/列数(COL)/行数(R)/层数(L)/退出(X)］<退出>:↙
//按Enter键退出阵列

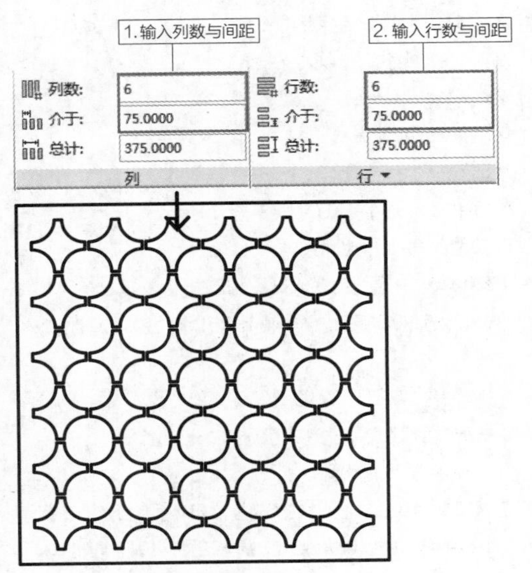

图 3-96 矩形阵列图形效果

实战131 路径阵列图形

难度：☆☆

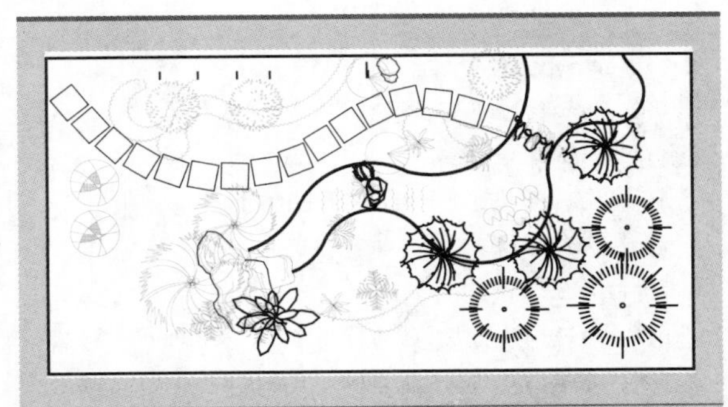

素材文件路径：素材 \ 第 3 章 \ 实战 131 路径阵列图形 .dwg

效果文件路径：素材 \ 第 3 章 \ 实战 131 路径阵列图形 -OK.dwg

在线视频：第 3 章 \ 实战 131 路径阵列图形 .mp4

“路径阵列”命令可沿曲线（可以是直线、多段线、三维多段线、样条曲线、螺旋、圆弧、圆或椭圆）阵列复制图形。

01 打开素材文件“第3章\实战131 路径阵列图形.dwg”，如图3-97所示。

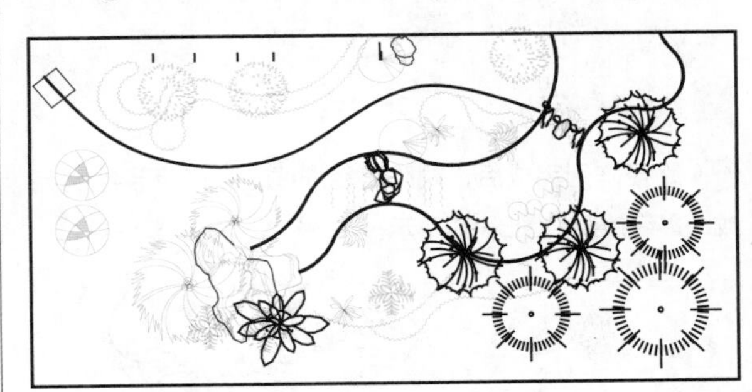

图 3-97 素材文件

02 在“默认”选项卡中，单击“修改”面板中的“路径阵列”按钮，如图3-98所示，执行“路径阵列”命令。

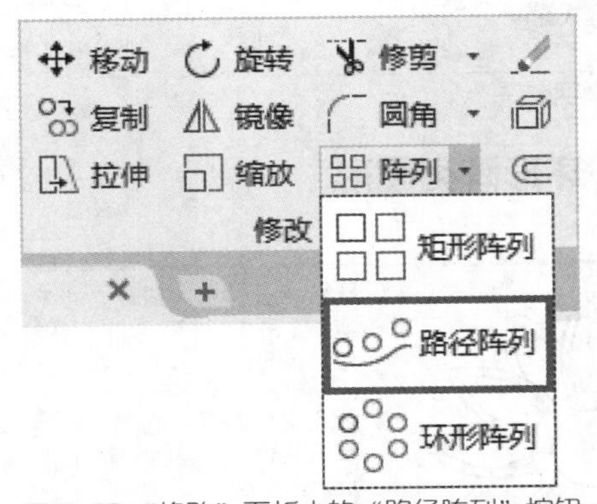

图 3-98 “修改”面板中的“路径阵列”按钮

03 选择阵列对象和阵列曲线进行阵列，命令行操作如下。

```
命令: _arraypath
        //执行“路径阵列”命令
选择对象: 找到 1 个
        //选择矩形汀步图形，按Enter键确认
类型 = 路径  关联 = 是
选择路径曲线:
        //选择样条曲线作为阵列路径，按Enter键确认
选择夹点以编辑阵列或 [关联(AS)/方法(M)/基点(B)/切向(T)/项目(I)/行(R)/层(L)/对齐项目(A)/z方向(Z)/退出(X)] <退出>:
I↙
        //选择“项目”选项
指定沿路径的项目之间的距离或 [表达式(E)] <126>:
700↙
        //输入项目距离
最大项目数 = 16
指定项目数或 [填写完整路径(F)/表达式(E)] <16>:↙
        //按Enter键确认阵列数量
选择夹点以编辑阵列或 [关联(AS)/方法(M)/基点(B)/切向(T)/项目(I)/行(R)/层(L)/对齐项目(A)/z方向(Z)/退出(X)] <退出
>:↙      //按Enter键完成操作
```

04 路径阵列完成后，删除路径曲线，矩形汀步绘制完成，最终效果如图3-99所示。

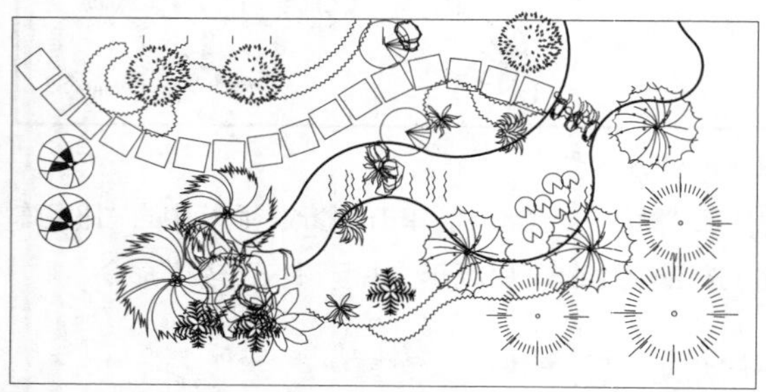

图 3-99 路径阵列结果

实战132 环形阵列图形

难度：☆☆

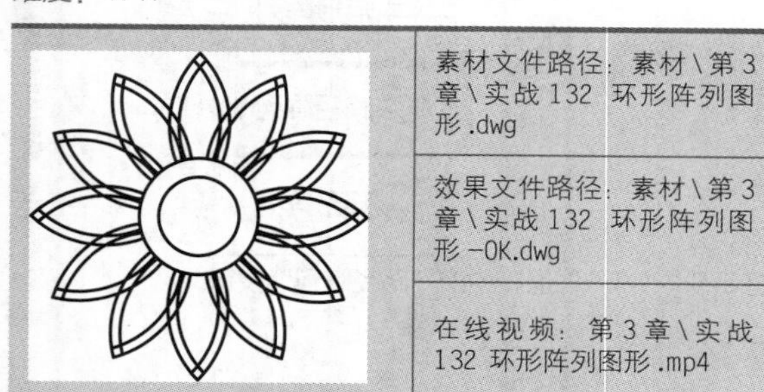

素材文件路径：素材\第3章\实战132 环形阵列图形.dwg

效果文件路径：素材\第3章\实战132 环形阵列图形-OK.dwg

在线视频：第3章\实战132 环形阵列图形.mp4

“环形阵列”即极轴阵列，是以某一点为中心点进行环形复制，阵列结果是使阵列对象沿中心点的四周均匀排列成环形。

01 打开素材文件“第3章\实战132 环形阵列图形.dwg”，如图3-100所示。

02 在“默认”选项卡中，单击“修改”面板上的“环形阵列”按钮，如图3-101所示，执行“环形阵列”命令。

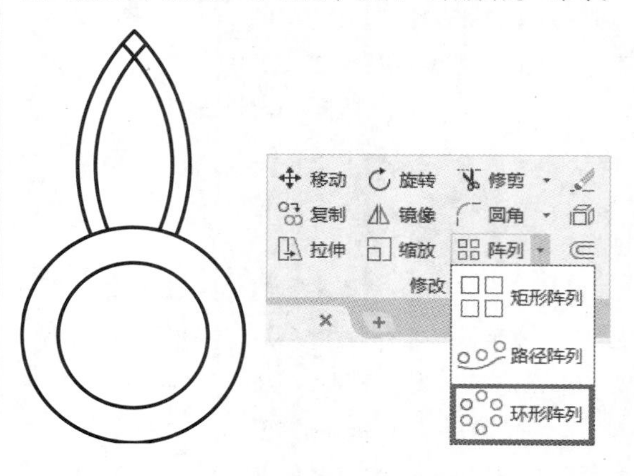

图 3-100 素材文件　　图 3-101 “修改”面板中的“环形阵列”按钮

03 选择上方的花瓣图形为阵列对象，圆心为阵列中心点，输入阵列数量“12”，阵列图形如图3-102所示，命令行操作如下。

```
命令: _arraypolar
        //执行“环形阵列”命令
选择对象: 指定对角点: 找到 4 个
        //选择圆外的花纹图形
选择对象: ↙
        //按Enter键完成选择
类型 = 极轴  关联 = 是
指定阵列的中心点或 [基点(B)/旋转轴(A)]:
        //捕捉圆心作为中心点
选择夹点以编辑阵列或 [关联(AS)/基点(B)/项目(I)/项目间角度(A)/填充角度(F)/行(ROW)/层(L)/旋转项目(ROT)/退出(X)] <退出>:
I↙
        //选择“项目”选项
输入阵列中的项目数或 [表达式(E)] <6>: 12↙
        //输入阵列的数量
选择夹点以编辑阵列或 [关联(AS)/基点(B)/项目(I)/项目间角度(A)/填充角度(F)/行(ROW)/层(L)/旋转项目(ROT)/退出(X)]
<退出>:↙
        //按Enter键退出阵列
```

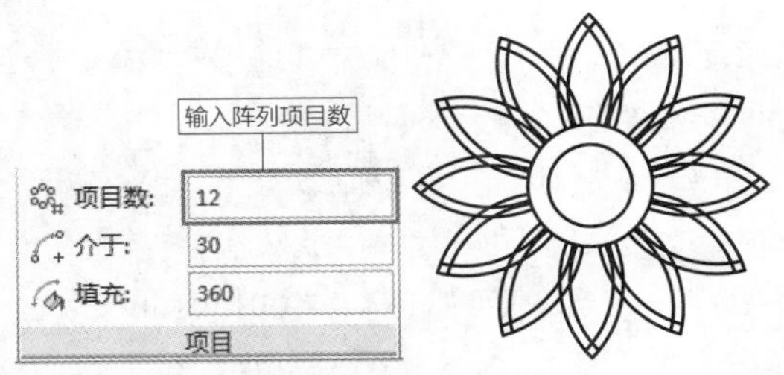

图 3-102 环形阵列图形效果

实战133 偏移图形

难度：☆☆

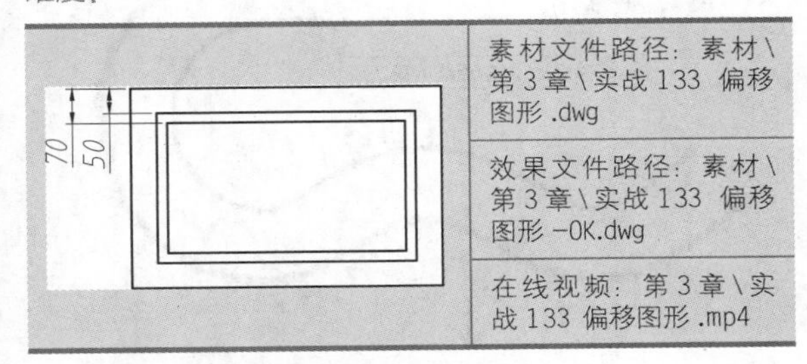

素材文件路径：素材\第 3 章\实战 133 偏移图形 .dwg

效果文件路径：素材\第 3 章\实战 133 偏移图形 -OK.dwg

在线视频：第 3 章\实战 133 偏移图形 .mp4

“偏移”命令可以创建与源对象成一定距离的、形状相同或相似的新图形对象。

01 打开素材文件“第3章\实战133 偏移图形.dwg”，如图3-103所示。

02 在“默认”选项卡中，单击“修改”面板上的“偏移”按钮⊆，如图3-104所示，执行“偏移”命令。

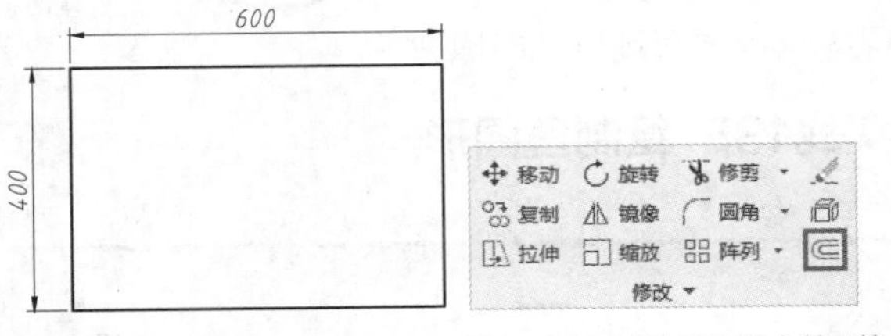

图 3-103 素材文件

图 3-104 “修改”面板中的“偏移”按钮

03 先输入要偏移的距离1“50”，然后选择现有矩形，再将十字光标向矩形内部移动，单击矩形内任意位置即可偏移，效果如图3-105所示，命令行操作如下。

```
命令：_offset        //执行“偏移”命令
当前设置：删除源=否  图层=源  OFFSETGAPTYPE=0
指定偏移距离或 [通过(T)/删除(E)/图层(L)]
<0.0000>:50↙        //指定偏移距离
选择要偏移的对象，或 [退出(E)/放弃(U)] <退出>:
                    //选择矩形
指定要偏移的那一侧上的点，或 [退出(E)/多个(M)/放弃(U)] <退出>:
                    //在矩形内部任意位置单击，完成偏移
选择要偏移的对象，或 [退出(E)/放弃(U)] <退出>:↙
                    //按Enter键结束偏移命令
↙                   //按Enter键重复执行“偏移”命令
当前设置：删除源=否  图层=源  OFFSETGAPTYPE=0
指定偏移距离或 [通过(T)/删除(E)/图层(L)]
<50.0000>:70↙       //指定偏移距离
选择要偏移的对象，或 [退出(E)/放弃(U)] <退出>:
                    //选择外层矩形
指定要偏移的那一侧上的点，或 [退出(E)/多个(M)/放弃(U)] <退出>:    //在矩形内部单击，完成偏移
选择要偏移的对象，或 [退出(E)/放弃(U)] <退出>:↙
                    //按Enter键结束偏移
```

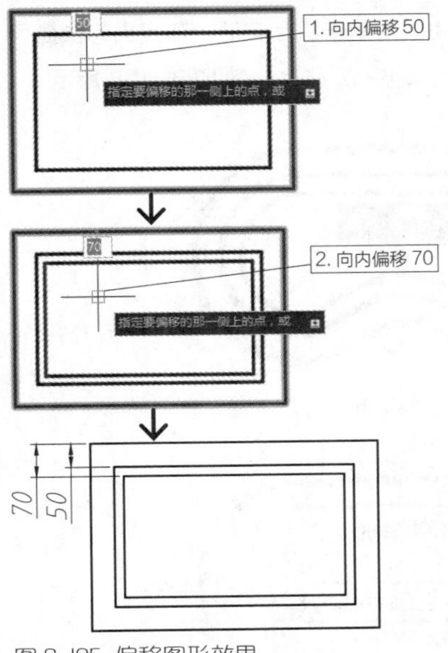

图 3-105 偏移图形效果

实战134 绘制平行对象中心线

难度：☆☆☆

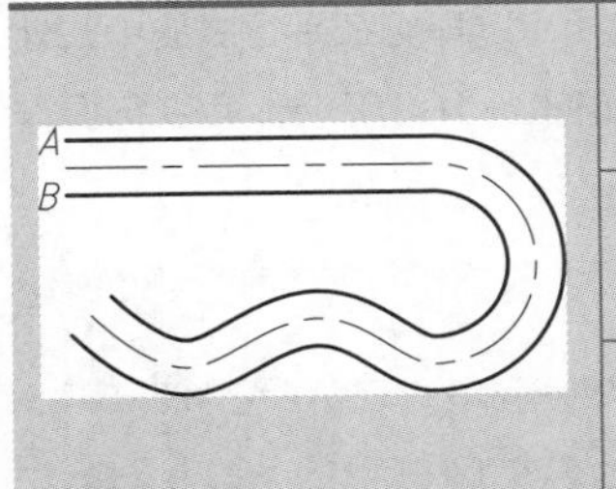

素材文件路径：素材\第 3 章\实战 134 绘制平行对象中心线 .dwg

效果文件路径：素材\第 3 章\实战 134 绘制平行对象中心线 -OK.dwg

在线视频：第 3 章\实战 134 绘制平行对象中心线 .mp4

除了输入距离进行偏移外，还可以指定一个通过点来同时定义偏移的距离和方向。结合“两点之间的中点”命令，非常适用于绘制平行对象的中心线。

01 打开素材文件“第3章\实战134 绘制平行对象中心线.dwg”，如图3-106所示。

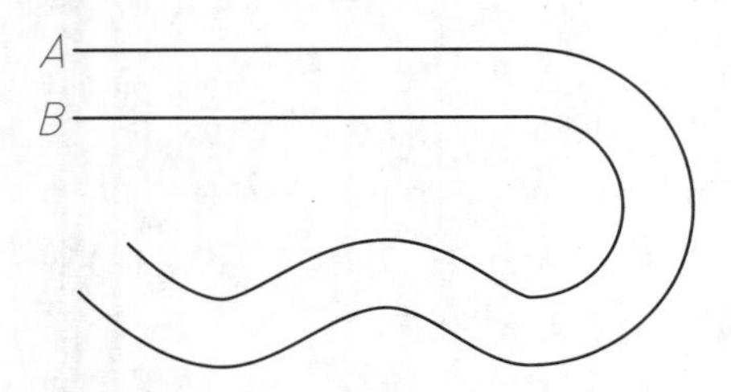

图 3-106 跑道图形

02 在“默认”选项卡中，单击“修改”面板上的“偏移”按钮，执行“偏移”命令。

03 在命令行中输入“T”，选择“通过”选项，再选择任意一条轮廓曲线，命令行提示指定通过点，如图3-107所示。

04 此时按住Shift键再单击鼠标右键，在弹出的快捷菜单中选择“两点之间的中点”命令，如图3-108 所示。

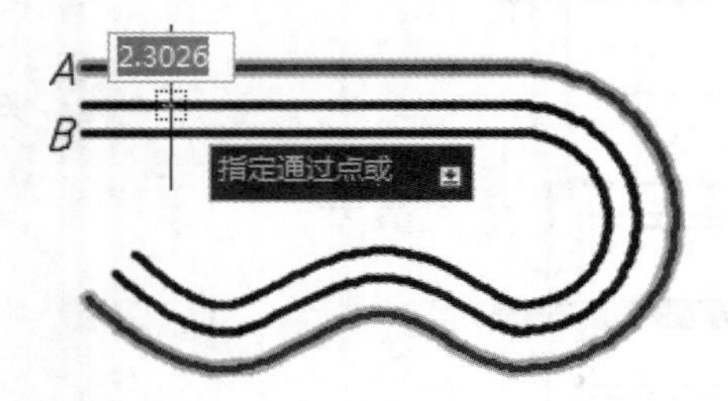

图 3-107 选择“通过”选项

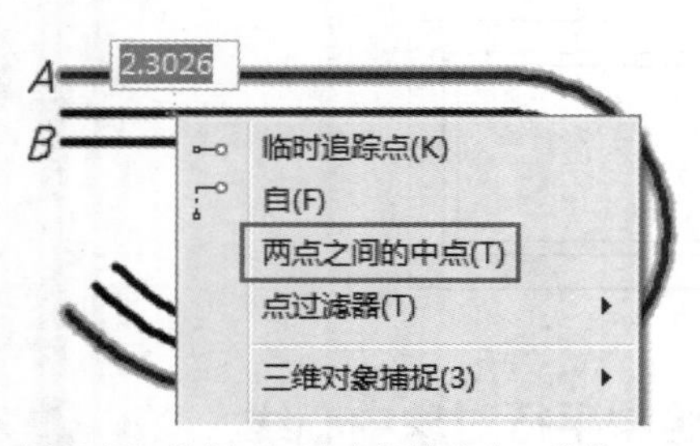

图 3-108 选择“两点之间的中点”命令

05 接着分别指定*A*、*B*两点，即可在平行线的中线处创建一条中心线，效果如图3-109所示，命令行操作如下。

```
命令: _offset
当前设置: 删除源=否  图层=源  OFFSETGAPTYPE=0
指定偏移距离或 [通过(T)/删除(E)/图层(L)] <通过>:T↙
                                    //选择“通过”选项
选择要偏移的对象, 或 [退出(E)/放弃(U)] <退出>:
                                    //选择任意一条轮廓曲线
指定通过点或 [退出(E)/多个(M)/放弃(U)] <退出>:
//按Shfit+右键弹出“临时捕捉”菜单
_m2p 中点的第一点:              //捕捉点A
中点的第二点:                   //捕捉点B
选择要偏移的对象, 或 [退出(E)/放弃(U)] <退出>:↙
//得到中心线, 按Enter键退出操作
```

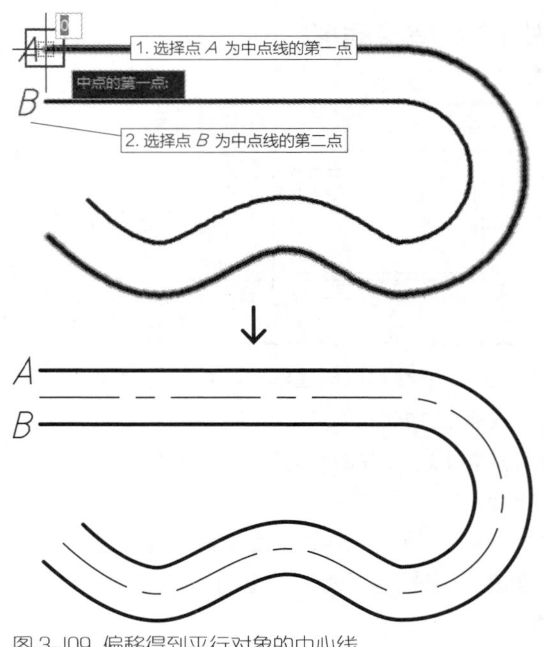

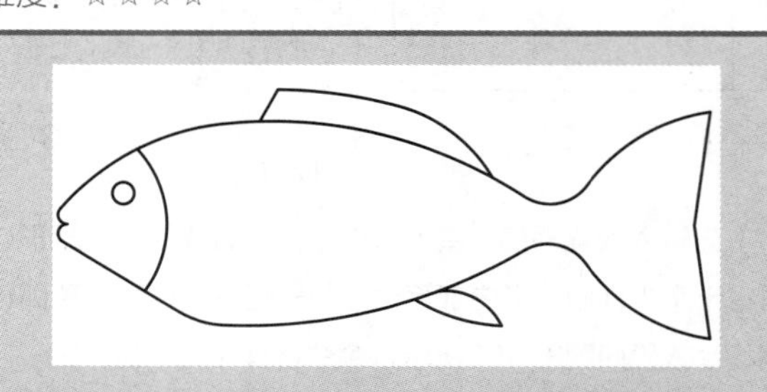

图 3-109 偏移得到平行对象的中心线

实战135 绘制鱼图形

重点

难度：☆☆☆☆

素材文件路径：素材 \ 第 3 章 \ 实战 135 绘制鱼图形 .dwg
效果文件路径：素材 \ 第 3 章 \ 实战 135 绘制鱼图形 -OK.dwg
在线视频：第 3 章 \ 实战 135 绘制鱼图形 .mp4

“偏移”命令是出现频率较高的编辑命令之一，通过对该命令的灵活使用，再结合强大的二维绘图功能，便可以绘制出颇具设计感的图形。

本例结合前面介绍过的“圆弧”等绘图命令，和

上例所学的“偏移”命令，绘制如图3-110所示的鱼图形。

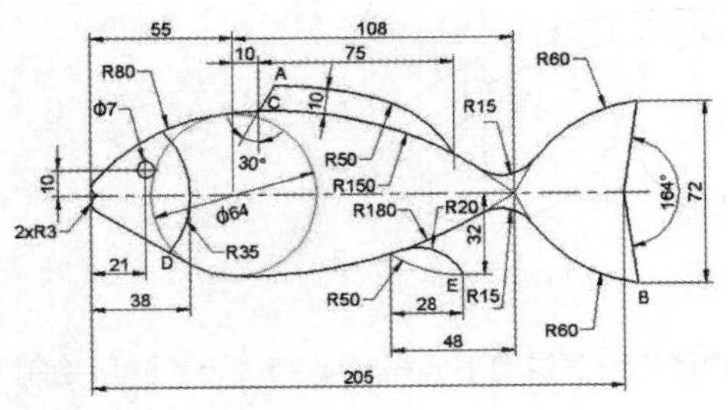

图 3-110 鱼图形尺寸

01 打开素材文件“第3章\实战135 绘制鱼图形.dwg”，如图3-111所示。

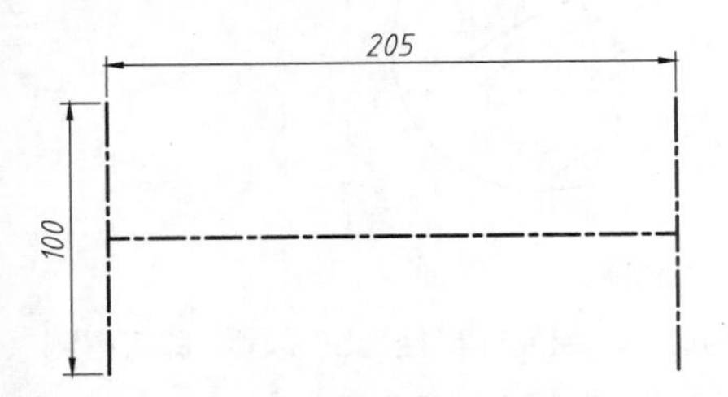

图 3-111 素材文件

02 绘制鱼唇。在命令行中输入“O”执行“偏移”命令，对中心线进行偏移，如图3-112所示。

03 以偏移所得的中心线交点为圆心，分别绘制两个半径为3的圆，如图3-113所示。

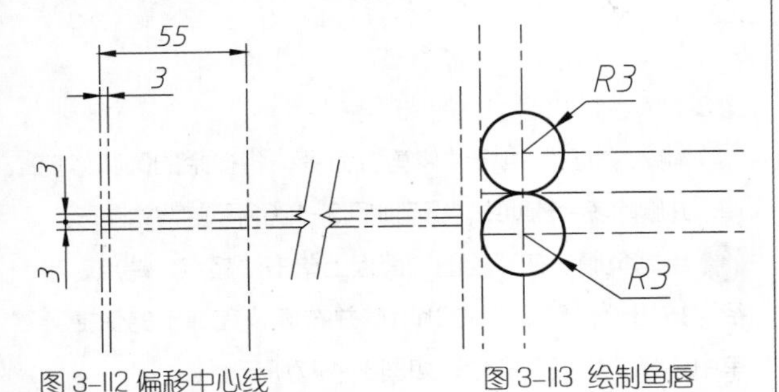

图 3-112 偏移中心线

图 3-113 绘制鱼唇

04 绘制直径为64的辅助圆。输入“C”执行“圆”命令，以偏移中心线与另一条辅助线的交点为圆心，绘制如图3-114所示的圆。

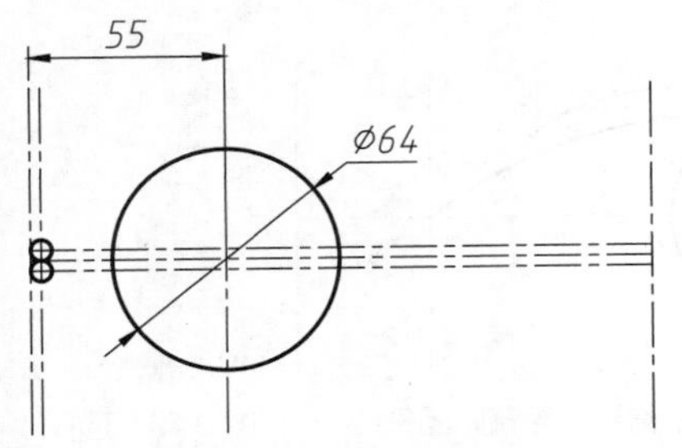

图 3-114 绘制直径为 64 的辅助圆

05 绘制上侧鱼头。在“绘图”面板上单击“相切，相切，半径”按钮，分别在上侧半径为3圆和直径为64的辅助圆上单击一点，输入半径值“80”，结果如图3-115所示。

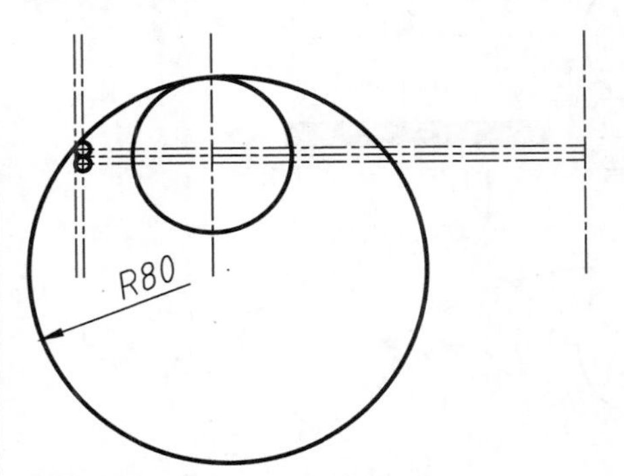

图 3-115 绘制半径为 80 的辅助圆

06 输入“TR”执行“修剪”命令，修剪掉多余的圆弧部分，并删除偏移的辅助线，得到鱼头的上侧轮廓，如图3-116所示。

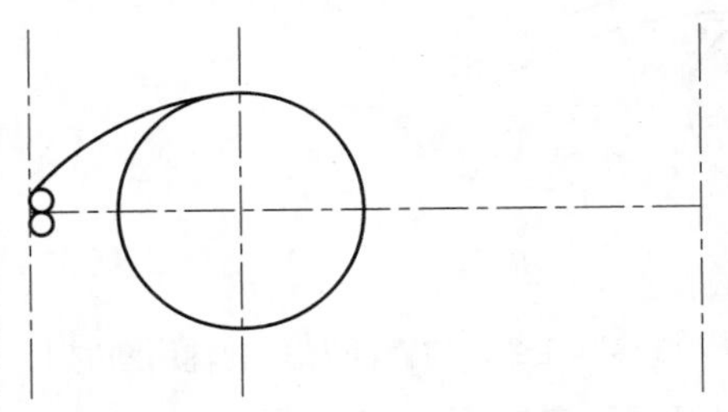

图 3-116 修剪图形

07 绘制鱼背。输入“O”执行“偏移”命令，将直径为64的辅助圆的中心线向右偏移108，效果如图3-117所示。

08 在“绘图”面板上单击“起点，端点，半径”按钮，如图3-118所示。

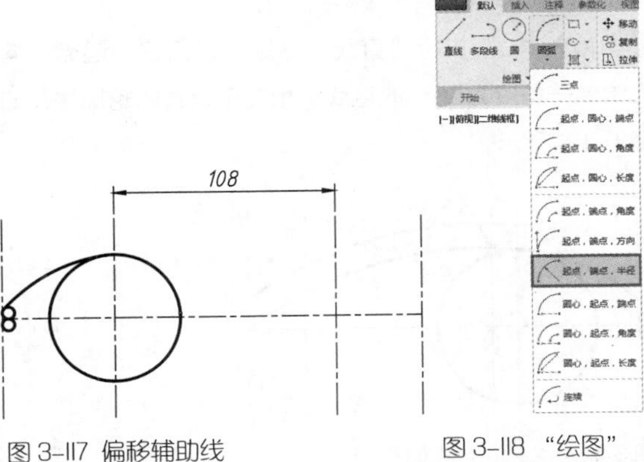

图 3-117 偏移辅助线

图 3-118 “绘图”面板上的“起点，端点，半径”按钮

09 以所得的中心线交点A为起点、鱼头圆弧的端点B为终点，绘制半径为150的圆弧，效果如图3-119所示。

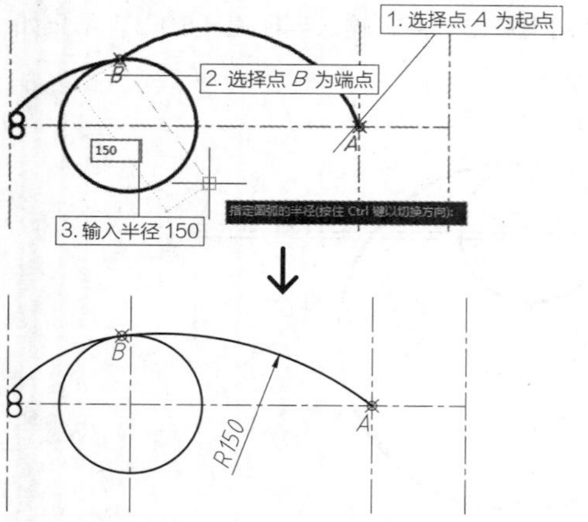

图 3-119 绘制鱼背

10 绘制背鳍。输入“O”执行“偏移”命令，将鱼背弧线向上偏移10，得到背鳍轮廓，如图3-120所示。

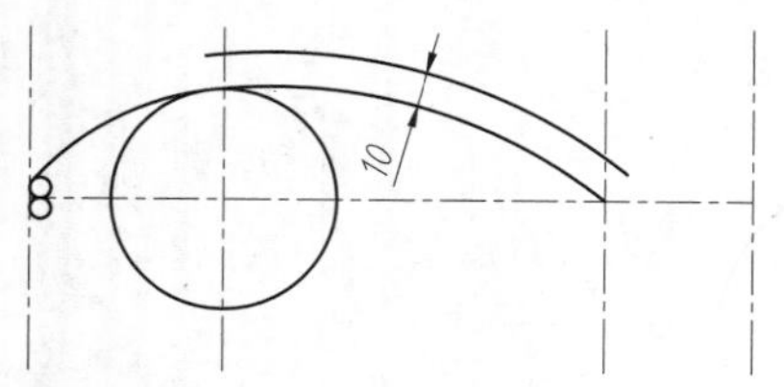

图 3-120 偏移鱼背弧线

11 再次执行“偏移”命令，将直径为64的辅助圆的中心线向右偏移10和75，效果如图3-121所示。

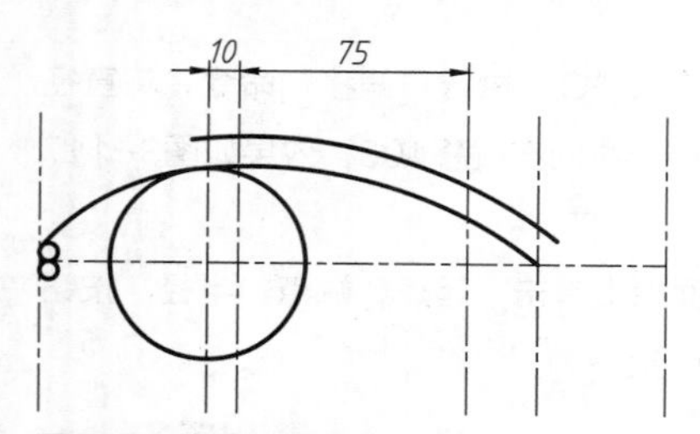

图 3-121 偏移辅助线

12 输入“L”执行“直线”命令，以点C为起点，向上绘制一角度为60° 的直线，相交于背鳍的轮廓线，如图3-122所示。

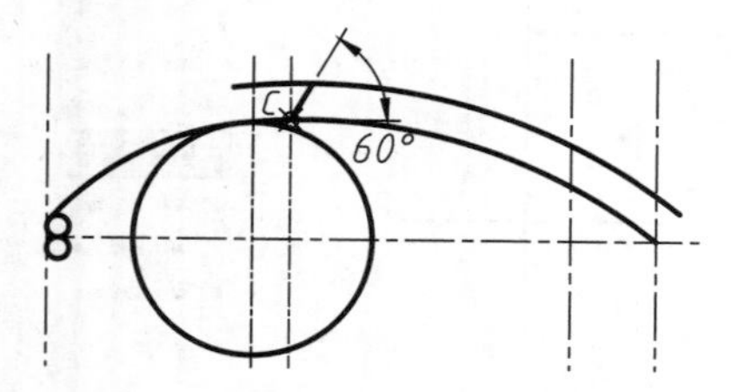

图 3-122 绘制 60° 斜线

13 输入“C”执行“圆”命令，以点D为圆心，绘制一半径为50的圆，如图3-123所示。

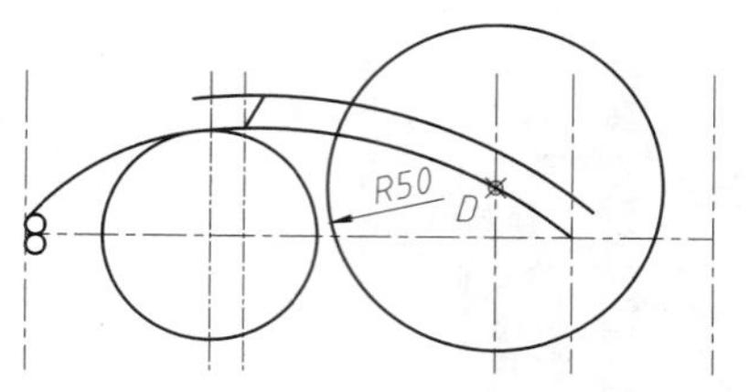

图 3-123 绘制半径为 50 的辅助圆

14 再将背鳍的轮廓线向下偏移50，与上一步骤所绘制的半径为50 的圆得到一个交点E，如图3-124所示。

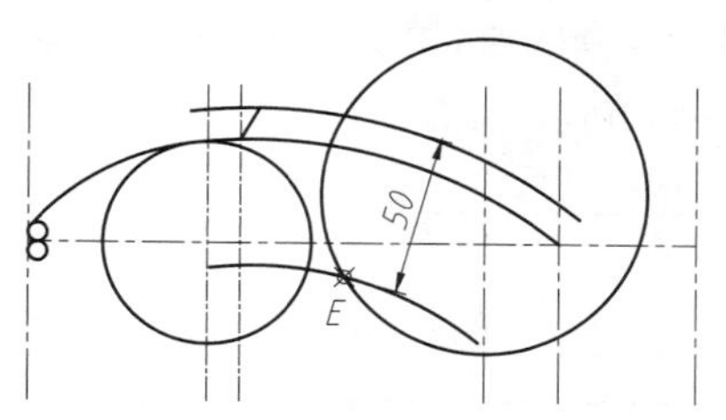

图 3-124 偏移背鳍轮廓线

15 以交点E为圆心，绘制一半径为50的圆，即可得到背鳍尾端的圆弧部分，如图3-125所示。

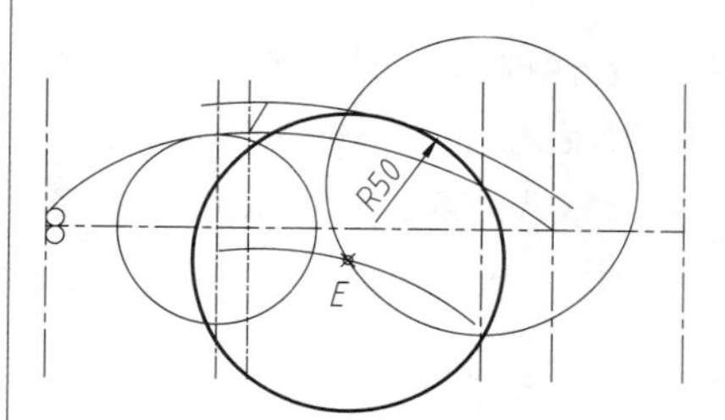

图 3-125 绘制半径为 50 的辅助圆

16 输入“TR”执行“修剪”命令，将多余的圆弧修剪掉，并删除多余辅助线，得到如图3-126所示的背鳍图形。

17 绘制鱼腹。在“绘图”面板上单击“起点、端点、半径”按钮，然后按住Shift键并右键，在弹出的快捷菜单中选择“切点”命令，如图3-127所示。

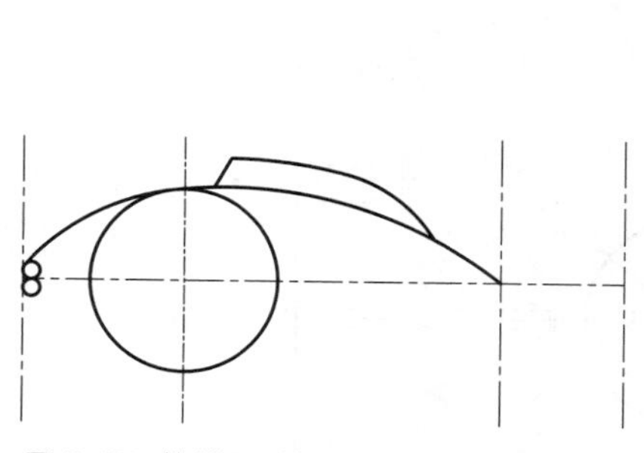

图 3-126 修剪图形得到完整背鳍图形

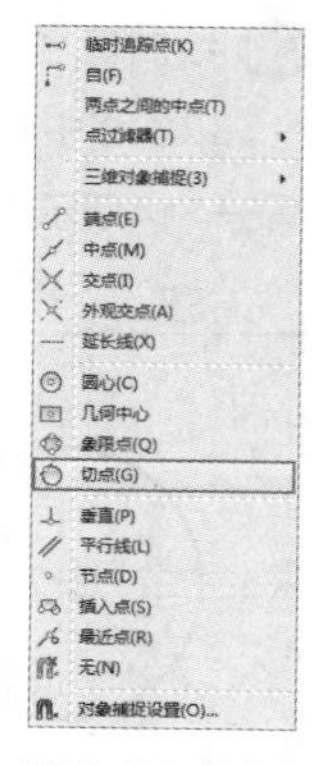

图 3-127 选择“切点”选项

18 在辅助圆上捕捉切点F，以该点为圆弧的起点，然后捕捉辅助线的交点G，以该点为圆弧的终点，接着输入半径值“180”，得到鱼腹圆弧，如图3-128所示。

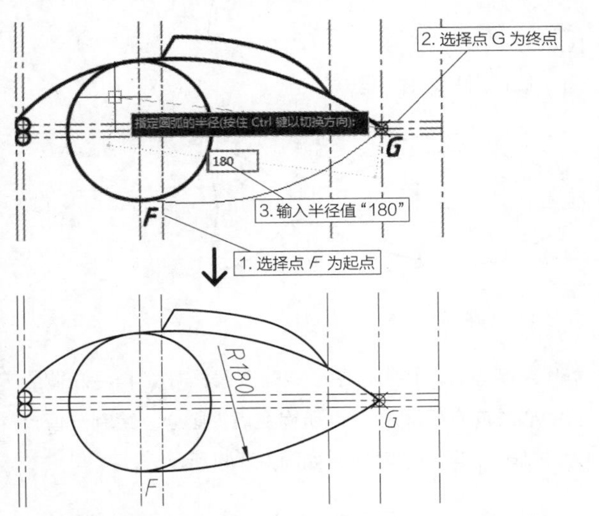

图 3-128 绘制鱼腹

19 绘制下侧鱼头。单击“默认”选项卡中“绘图”面板上的“直线”按钮，执行“直线”命令，然后按相同方法，分别捕捉下鱼唇与辅助圆上的两个切点，绘制一条公切线，如图3-129所示。

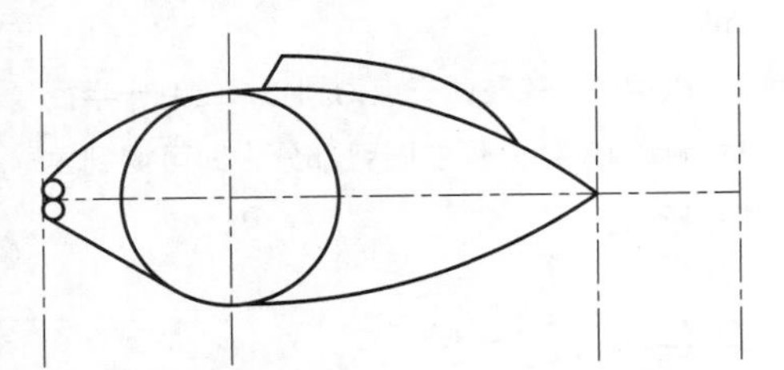

图 3-129 绘制公切线

20 绘制腹鳍。输入“O”执行“偏移”命令，然后按图3-130所示尺寸重新偏移辅助线。

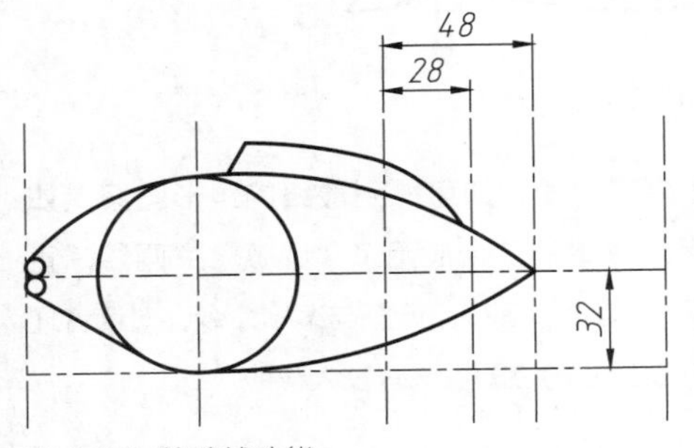

图 3-130 偏移辅助线

21 单击“绘图”面板上的“起点，端点，半径”按钮，以点H为起点、点K为端点，输入半径值“50”，绘制如图3-131所示的圆弧。

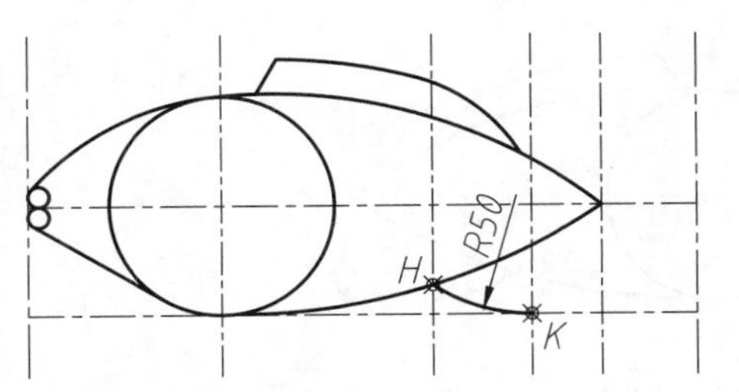

图 3-131 绘制下侧腹鳍

22 输入“C”执行“圆”命令，以点K为圆心，绘制一半径为20的圆，如图3-132所示。

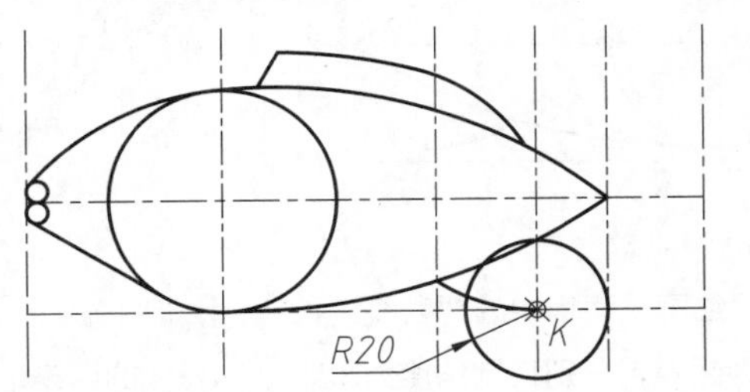

图 3-132 绘制半径为 20 的辅助圆

23 输入“O”执行“偏移”命令，将鱼腹的轮廓线向下偏移20，与上一步骤所绘制的圆得到一个交点 L，如图3-133所示。

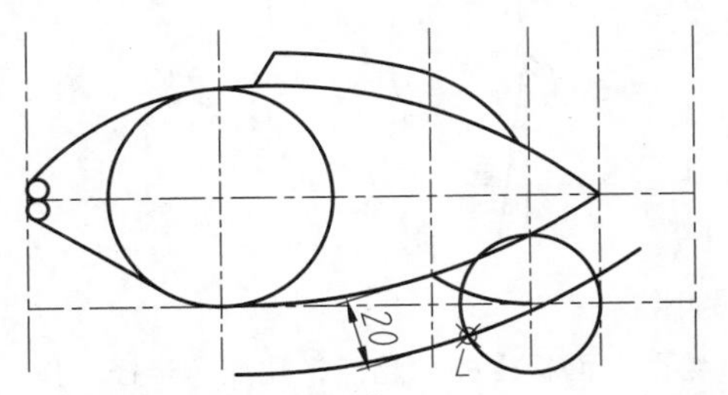

图 3-133 偏移鱼腹轮廓线

24 以交点L为圆心，绘制一个半径为20的圆，即可得到腹鳍上侧的圆弧部分，如图3-134所示。

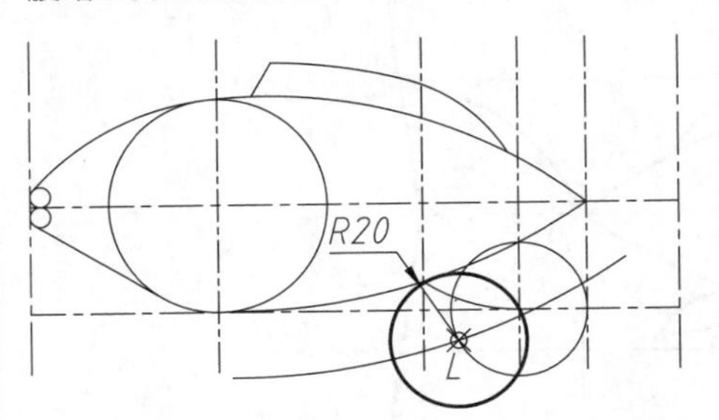

图 3-134 绘制半径为 20 的辅助圆

25 输入“TR”，执行“修剪”命令，将多余的圆弧修剪掉，并删除多余辅助线，得到如图3-135所示的腹鳍图形。

26 绘制鱼尾。单击“修改”面板上的“偏移”按钮，将水平中心线向上下两侧各偏移36，如图3-136所示。

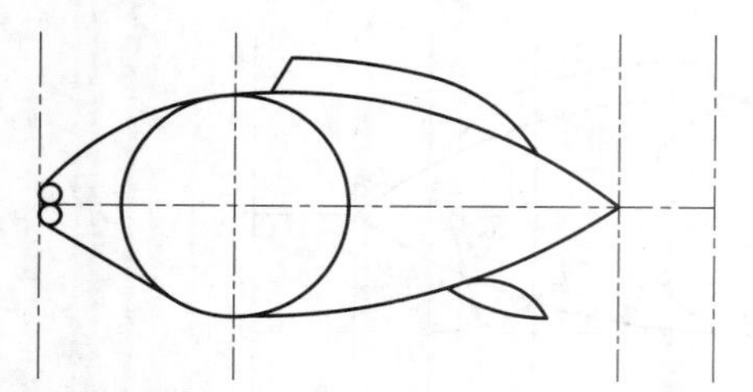

图 3-135 修剪多余辅助线

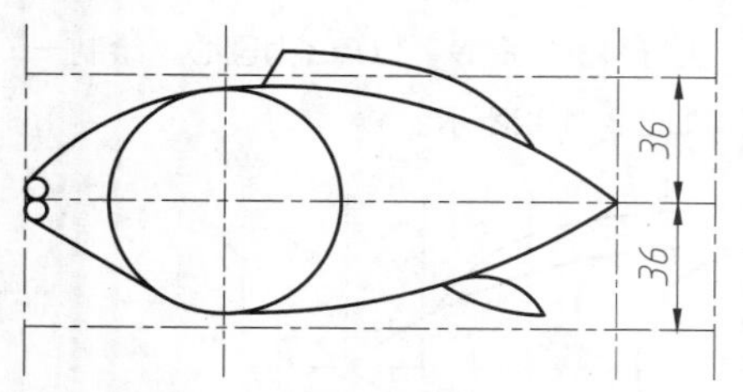

图 3-136 偏移中心线

27 单击“绘图”面板中的“射线”按钮，以中心线的端点M为起点，分别绘制角度为82° 、-82° 的两条射线，如图3-137所示。

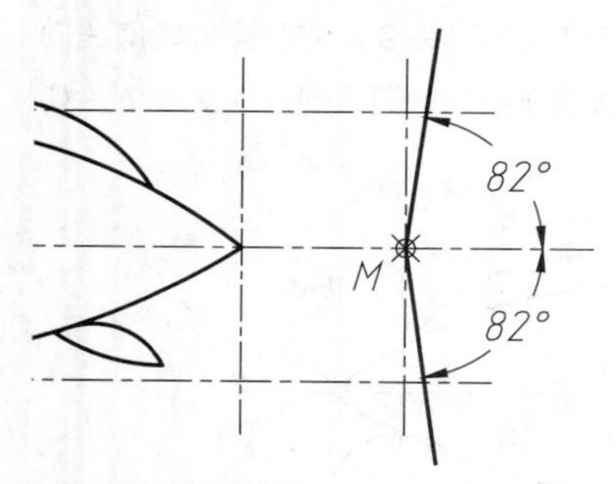

图 3-137 绘制射线

28 单击“绘图”面板上的“起点，端点，半径”按钮，以交点N为起点、交点P为终点，输入半径值“60”，绘制如图3-138所示的圆弧。

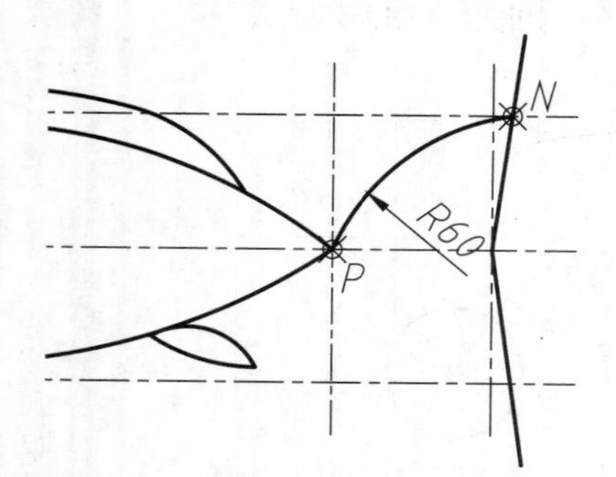

图 3-138 绘制上侧鱼尾

29 以相同方法，绘制下侧的鱼尾。使用“修剪”和“删除”命令，清除多余的辅助线，效果如图3-139所示。

30 单击“修改”面板上的“圆角”按钮，输入倒圆半径值“15”，对鱼尾和鱼身进行倒圆，效果如图3-140所示。

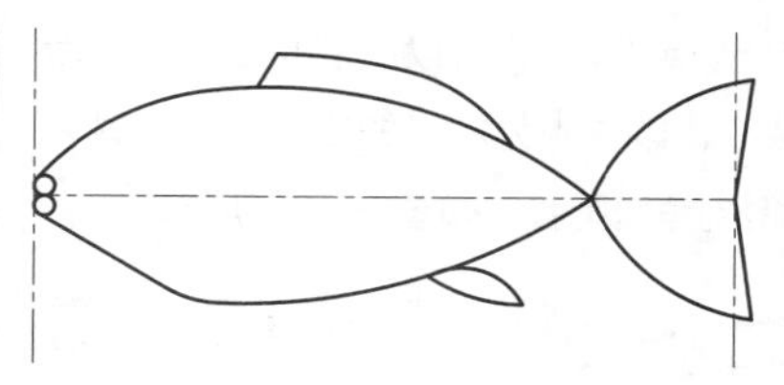

图 3-139 清除多余辅助线

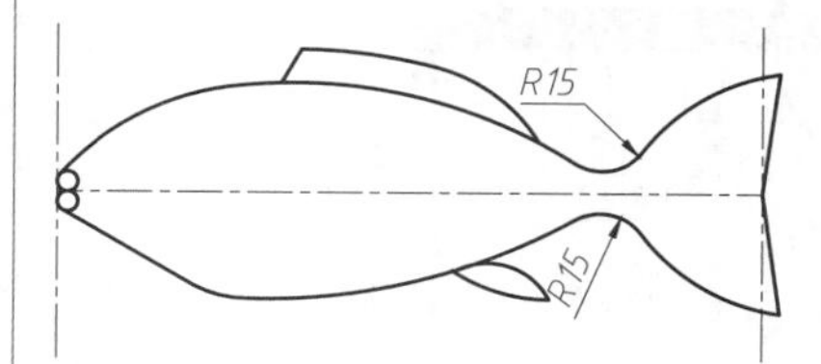

图 3-140 倒圆角

31 绘制鱼眼。将水平中心线向上偏移10，再将左侧竖直中心线向右偏移21，以所得交点为圆心，绘制一直径为7的圆，即可得到鱼眼，如图3-141所示。

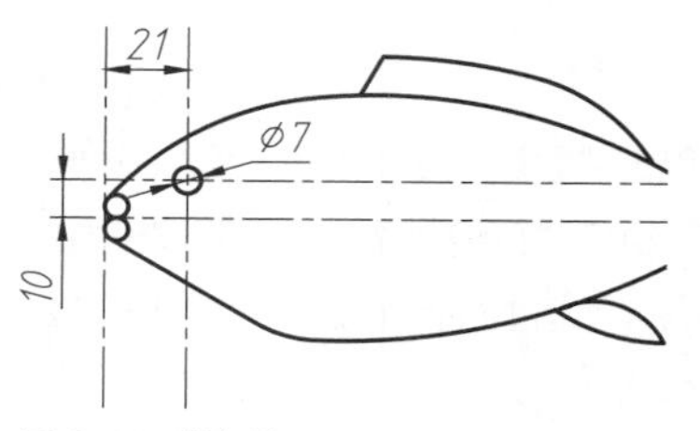

图 3-141 绘制鱼眼

32 绘制鱼鳃。以中心线的左侧交点为圆心，绘制一半径为35的圆，然后修剪鱼身之外的圆弧部分，即可得到鱼鳃，如图3-142所示。

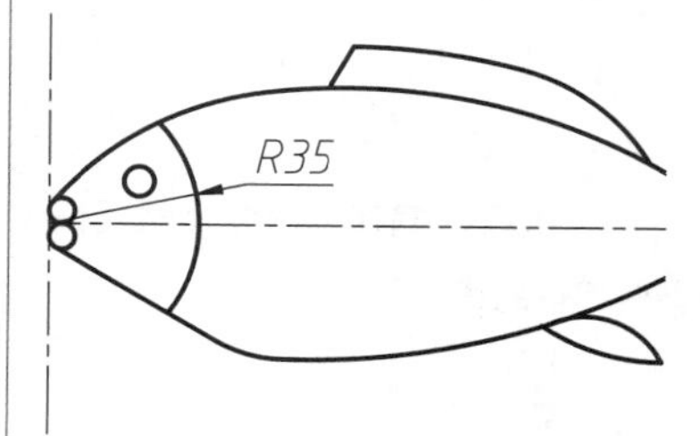

图 3-142 绘制鱼鳃

33 删除多余辅助线，即可得到最终的鱼形图案，如图3-143所示。本例综合应用了“圆弧”“圆”“直线”“偏移”“修剪”等多个绘图与编辑命令，对读者理解并掌握AutoCAD的绘图方法有较大帮助。

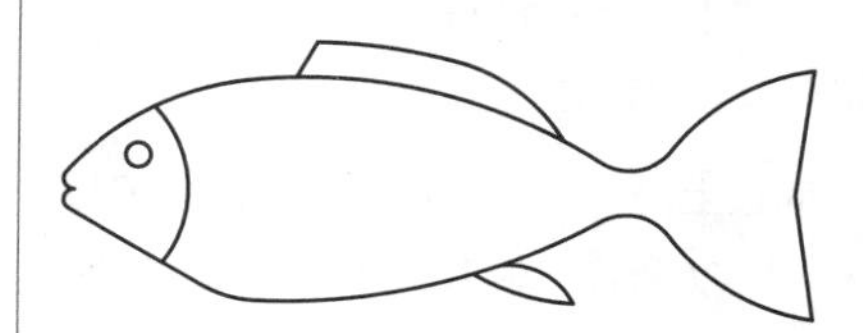

图 3-143 最终的鱼形图

实战136 镜像图形

难度：☆☆

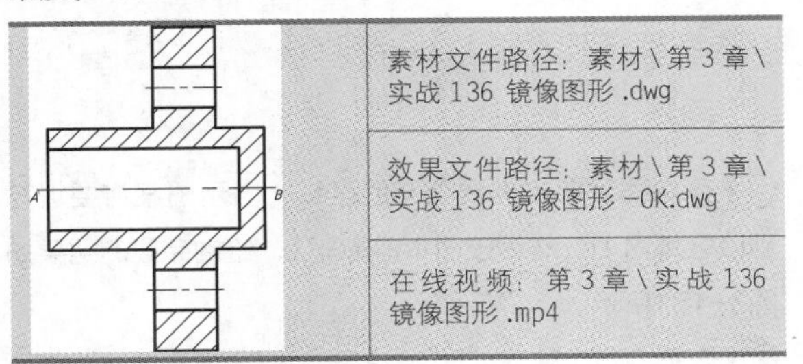

“镜像”命令可以将图形绕指定轴（镜像线）镜像复制，常用于绘制结构规则且有对称特点的图形。

01 打开素材文件“第3章\实战136 镜像图形.dwg”，如图3-144所示。

02 镜像复制图形。单击“修改”面板中的“镜像”按钮 ，如图3-145所示，执行“镜像”命令。

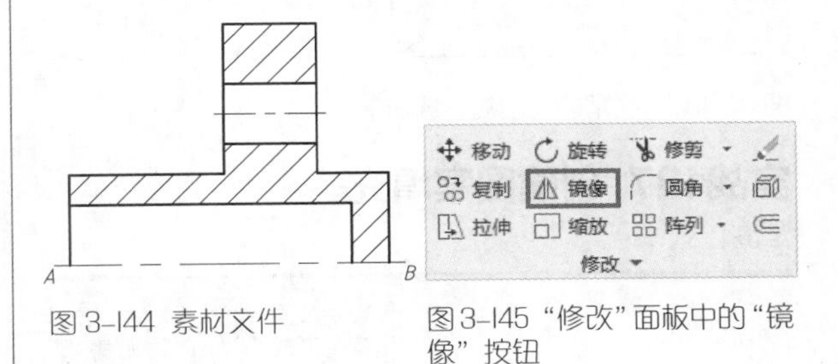

图 3-144 素材文件　　图 3-145 “修改”面板中的“镜像”按钮

03 选择中心线上方所有图形为镜像对象，然后以水平中心线为镜像线，即可镜像复制图形，如图3-146所示，命令行操作如下。

```
命令: _mirror                              //执行“镜像”命令
选择对象: 指定对角点: 找到 19 个            //框选水平中心线以上所有图形
选择对象: ↙                                //按Enter键完成对象选择
指定镜像线的第一点:                          //选择水平中心线的端点A
指定镜像线的第二点:                          //选择水平中心线另一个端点B
要删除源对象吗? [是(Y)/否(N)] <N>:N↙       //选择不删除源对象，按Enter键完成镜像
```

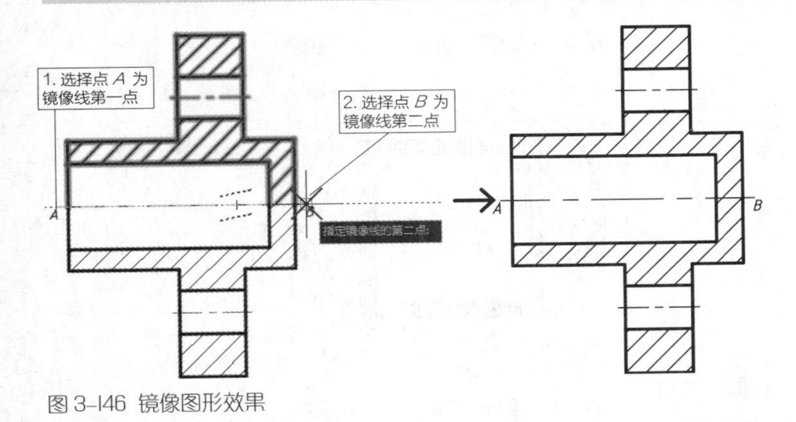

图 3-146 镜像图形效果

3.3 图案填充

图案填充是指用某种图案填充图形中指定的区域，这种方法可以描述对象材料的特性，并增强图形的可读性。使用AutoCAD的图案和渐变色填充功能，可以方便地对图形进行填充，并区别图形中的各个组成部分。本组按钮在AutoCAD中位于“绘图”面板的右下角，“椭圆”和“椭圆弧”按钮的下方，如图3-147所示。

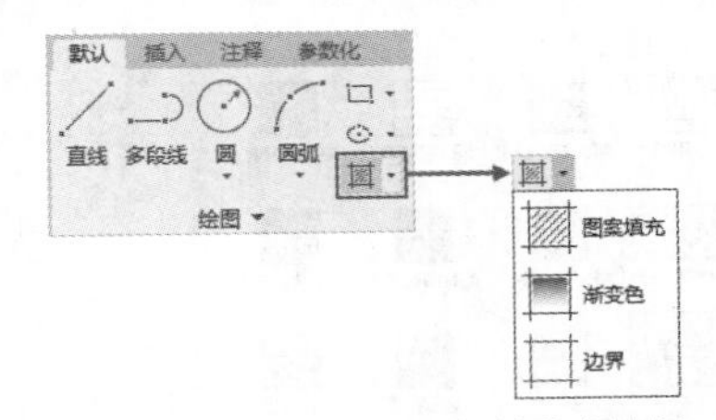

图 3-147 “图案填充”相关命令按钮

AutoCAD 2020是通过“图案填充创建”选项卡来创建填充的。在AutoCAD中执行“图案填充”命令后，将显示“图案填充创建”选项卡，如图3-148所示。选择需要的填充图案，在要填充的区域中单击，生成效果预览，然后于空白处单击或单击“关闭”面板上的“关闭图案填充创建”按钮即可创建。

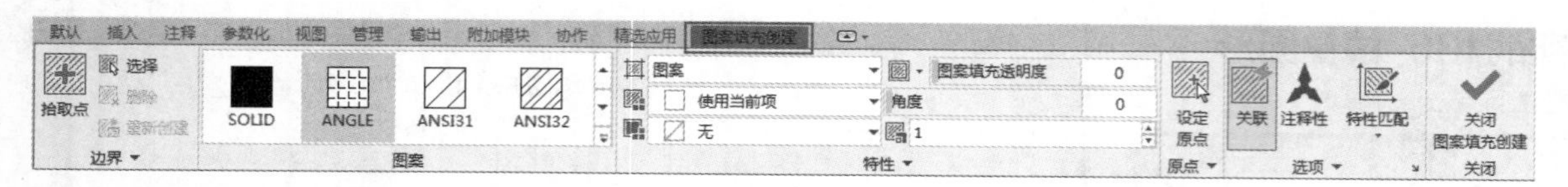

图 3-148 “图案填充创建”选项卡

实战137 创建图案填充

难度：☆☆

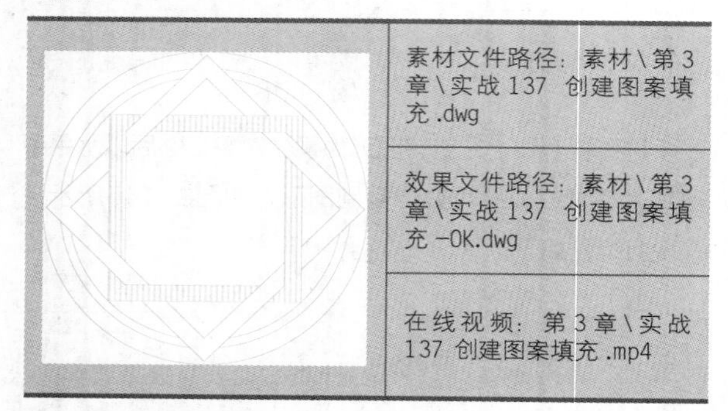

在实际的制图工作中，常常使用不同的填充图案来区分相近的图形，也可以用来表示不同的工程材料。

01 打开素材文件“第3章\实战137 创建图案填充.dwg”，如图3-149所示。

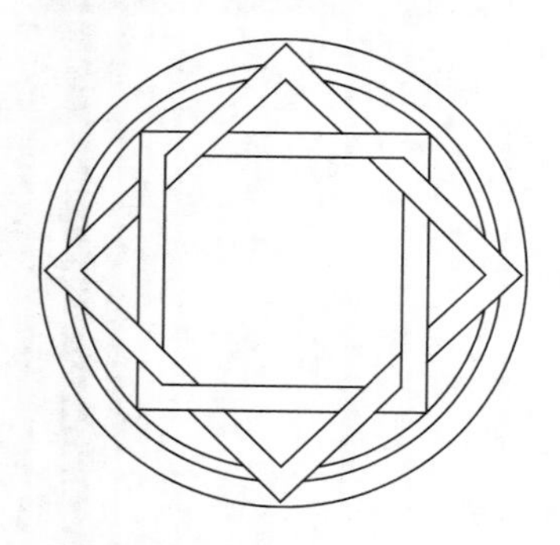

图 3-149 素材文件

02 单击“绘图”面板中的“图案填充”按钮，打开“图案填充创建”选项卡，单击“图案”面板中的下拉按钮，展开列表框，选择其中的“AR-SAND”图案，如图3-150所示。

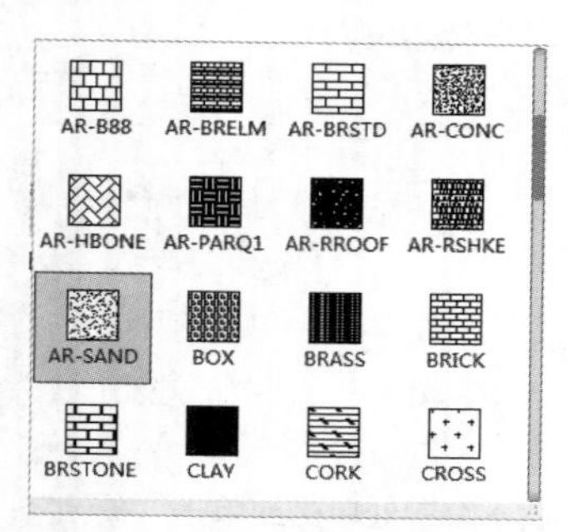

图 3-150 选择“AR-SAND”图案

03 在绘图区单击需要填充的区域（表示图案将要填充到该区域内），然后按Enter键确认，绘制完成的结果如图3-151所示。

04 在命令行中输入“H”，打开“图案填充创建”选项卡，单击“图案”面板中的下拉按钮，展开下拉列表，选择其中的“IS003W100”图案，填充拼花，如图3-152所示。

图 3-151 填充“AR-SAND”图案

图 3-152 填充“IS003W100”图案

实战138 忽略孤岛进行填充

难度：☆☆

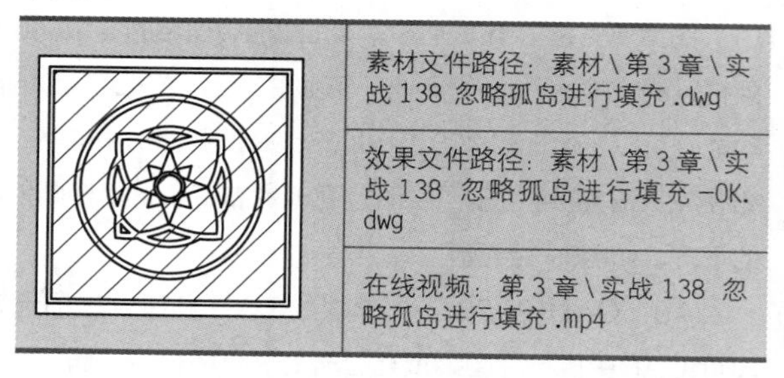

已定义好的填充区域内的封闭区域被称之为“孤岛”，在AutoCAD 2020中，用户可以忽略“孤岛”直

接对图形进行填充。

01 打开素材文件“第3章\实战138 忽略孤岛进行填充.dwg”，如图3-153所示。

02 单击“绘图”面板中的“图案填充”按钮，打开“图案填充创建”选项卡，再单击“选项”面板中的下拉按钮，在展开的面板中选择“忽略孤岛检测”选项，如图3-154所示。

图 3-153 素材文件

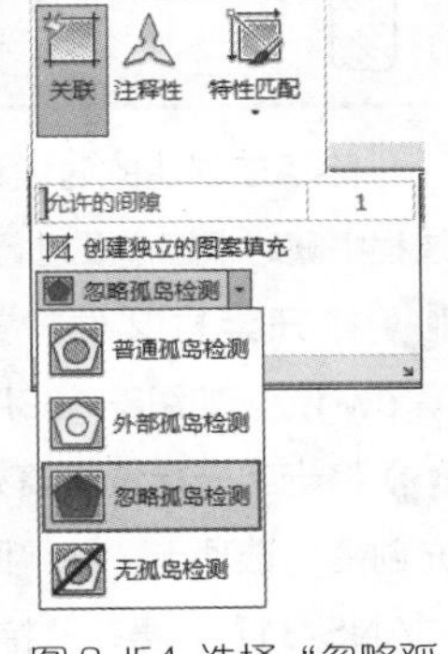

图 3-154 选择“忽略孤岛检测”选项

03 在绘图区的矩形内部（圆形外部）区域单击，并按Enter键确认，即可得到忽略孤岛检测的填充图案，如图3-155所示。

图 3-155 忽略孤岛检测的填充效果

04 如果没有选择“忽略孤岛检测”选项，则填充效果如图3-156所示，读者可以自行试验。

图 3-156 未忽略孤岛检测的填充效果

实战139 修改填充比例

难度：☆☆

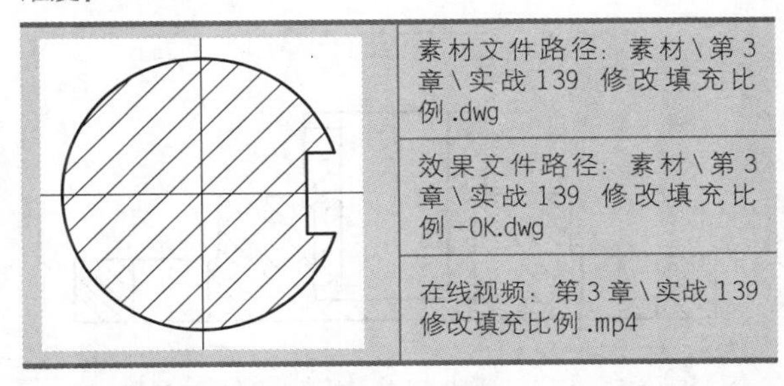

图案填充创建完成后，可以随时对其进行修改，并根据大小修改图案填充的比例。

01 打开素材文件“第3章\实战139 修改填充比例.dwg”，如图3-157所示。可见剖面线填充过于密集。

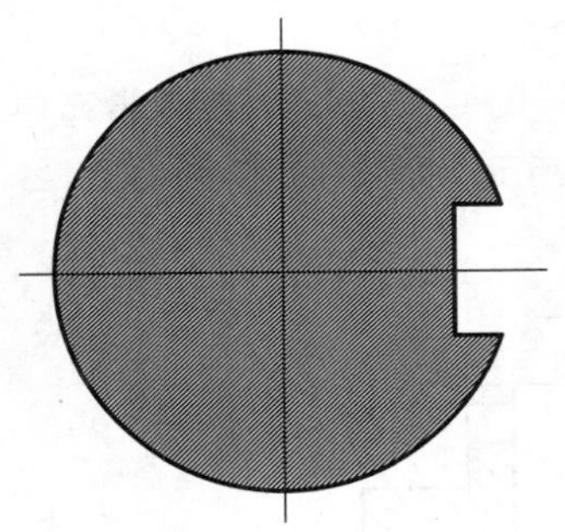

图 3-157 素材文件

02 将十字光标置于填充图案上并单击，即可打开“图案填充创建”选项卡，在“特性”面板中的“比例”文本框中输入新的比例值“10”，如图3-158所示。

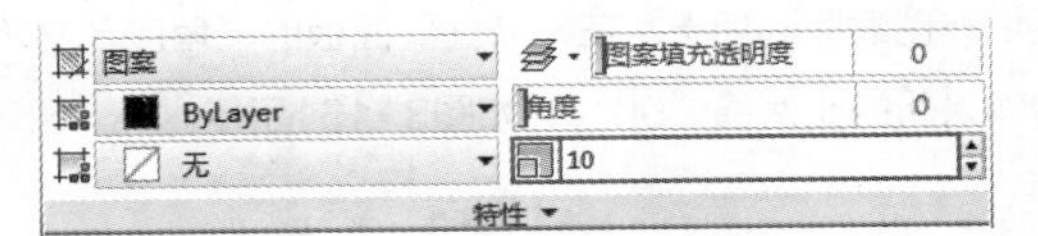

图 3-158 输入新的填充比例

03 按Enter键确认，再按Esc键退出“图案填充创建”选项卡，即可完成修改。更改比例之后的图形如图3-159所示。

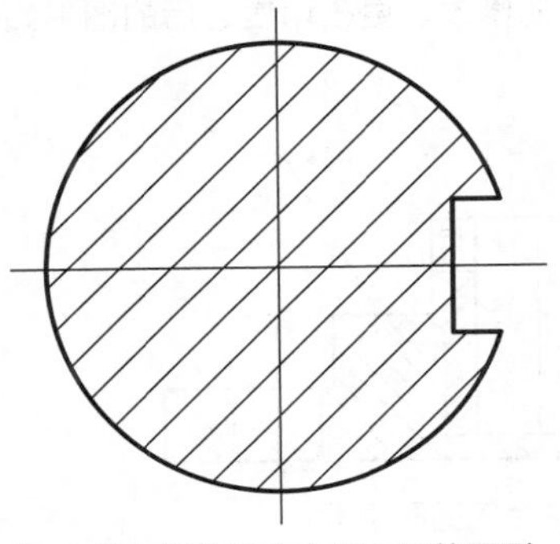

图 3-159 修改填充比例之后的图形

实战140 修改填充角度

难度：☆☆

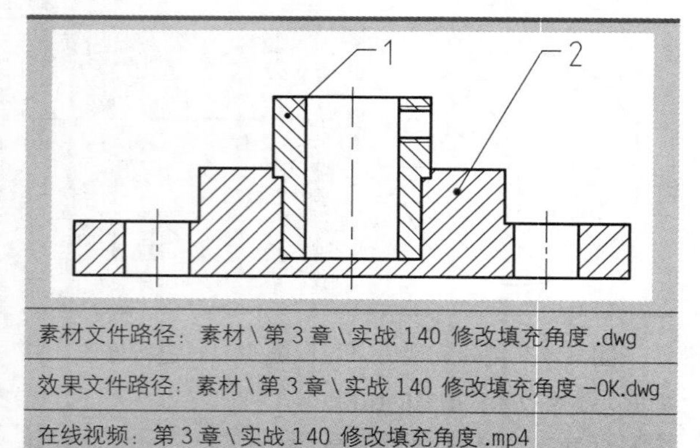

素材文件路径：素材\第 3 章\实战 140 修改填充角度 .dwg

效果文件路径：素材\第 3 章\实战 140 修改填充角度 -OK.dwg

在线视频：第 3 章\实战 140 修改填充角度 .mp4

相接触的两个不同对象，其填充图案必须互不相同，多用于机械装配图中。

01 打开素材文件“第3章\实战140 修改填充角度.dwg”，如图3-160所示，两零件的填充线相同，容易产生混淆。

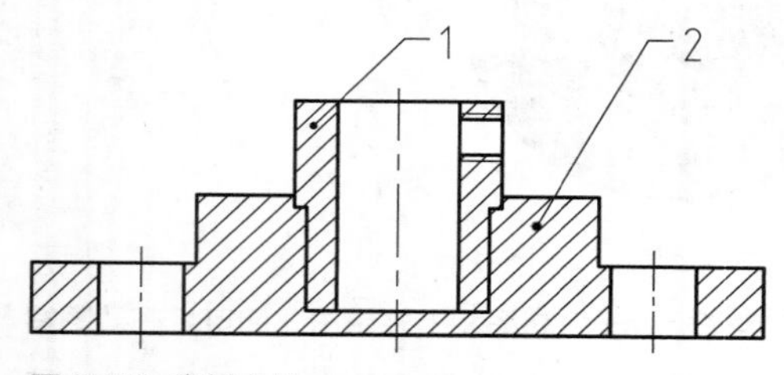

图 3-160 素材文件

02 将十字光标置于1号零件的填充图案上并单击，打开“图案填充创建”选项卡，在“特性”面板的“角度”文本框中输入新的比例值“90”，如图3-161所示。

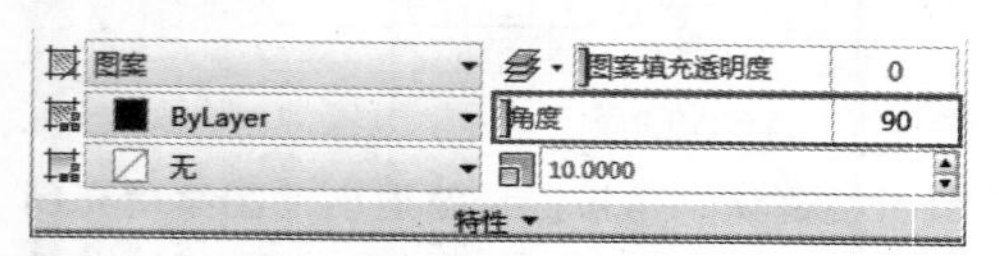

图 3-161 输入新的填充角度

03 按Enter键确认，再按Esc键退出“图案填充创建”选项卡，即可完成修改。更改角度之后的图形如图3-162所示。

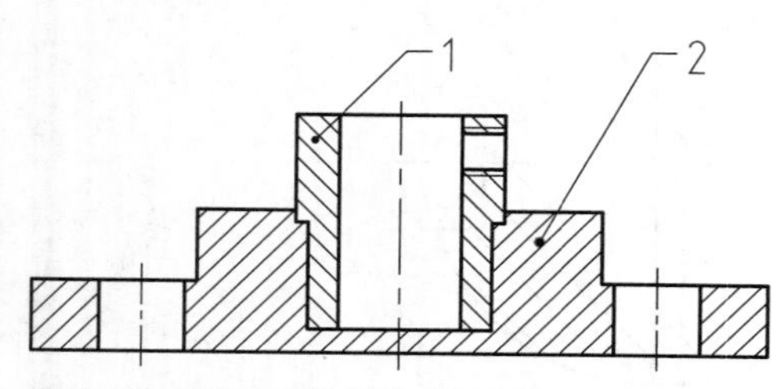

图 3-162 修改填充角度之后的图形

实战141 修改填充图案

难度：☆☆

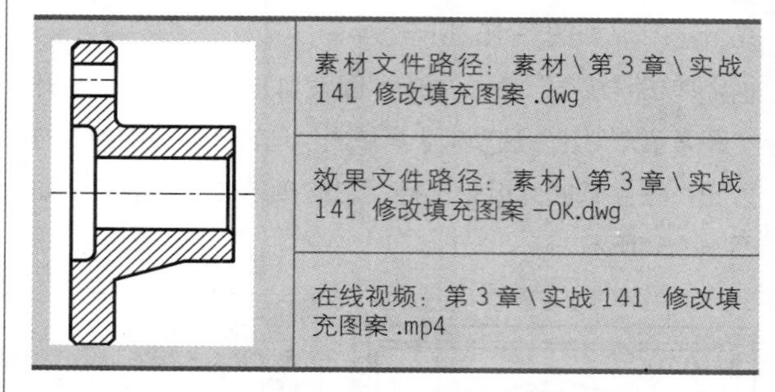

素材文件路径：素材\第 3 章\实战 141 修改填充图案 .dwg

效果文件路径：素材\第 3 章\实战 141 修改填充图案 -OK.dwg

在线视频：第 3 章\实战 141 修改填充图案 .mp4

除了在创建的时候设置好填充图案，还可以在绘图过程中随时根据需要进行修改。

01 打开素材文件“第3章\实战141 修改填充图案.dwg”，如图3-163所示。

02 将十字光标置于填充图案上并单击，打开“图案填充创建”选项卡，在“图案”面板中选择新的填充图案“ANSI31”，再在“特性”面板中设置好角度与比例，如图3-164所示。

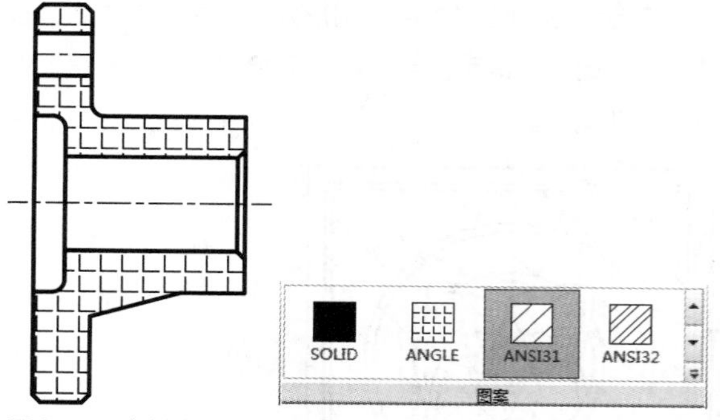

图 3-163 素材文件　图 3-164 选择新的填充图案

03 按Enter键确认，再按Esc键退出“图案填充创建”选项卡，即可完成修改，更改填充图案之后的图形如图3-165所示。

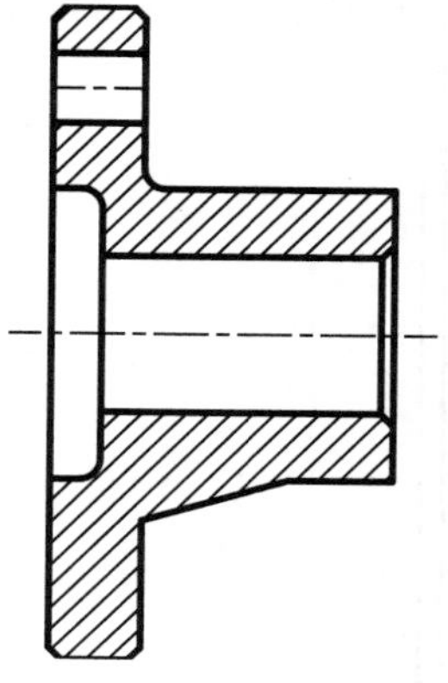

图 3-165 修改填充图案之后的图形

实战142 修剪填充图案

难度：☆☆

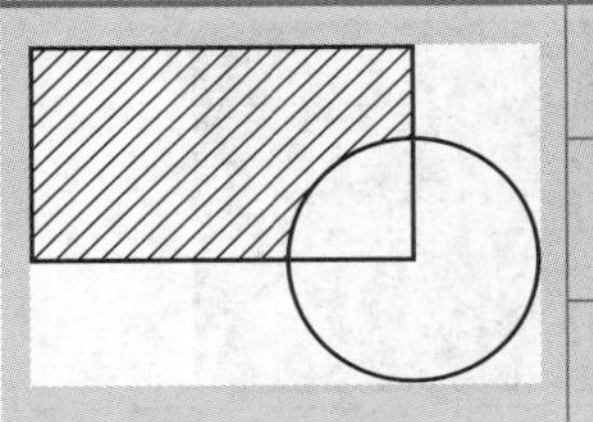

素材文件路径：素材\第3章\实战142 修改填充图案.dwg
效果文件路径：素材\第3章\实战142 修改填充图案-OK.dwg
在线视频：第3章\实战142 修改填充图案.mp4

除了在创建的时候设置好填充图案，还可以在绘图过程中随时根据需要进行修改。

01 打开素材文件“第3章\实战142 修剪填充图案.dwg”，如图3-166所示。

02 单击“修改”面板中的“修剪”按钮，修剪掉包含在圆形区域内的填充图案，结果如图3-167所示，命令行操作如下。

```
命令：_trim
当前设置:投影=UCS，边=无
选择剪切边...
选择对象或 <全部选择>：找到 1 个
            //选择圆
选择对象：↙
            //按Enter键结束选择
选择要修剪的对象，或按住 Shift 键选择要延伸的对象，或[栏选(F)/窗交(C)/投影(P)/边(E)/放弃(U)]:
            //单击包含在圆形区域内的填充图案
选择要修剪的对象，或按住 Shift 键选择要延伸的对象，或[栏选(F)/窗交(C)/投影(P)/边(E)/放弃(U)]: ↙
            //按Enter键结束命令
```

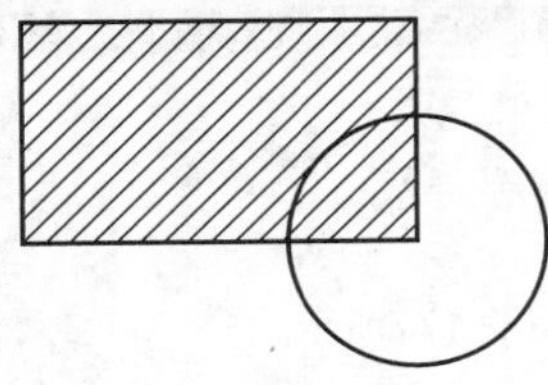

图 3-166 素材文件

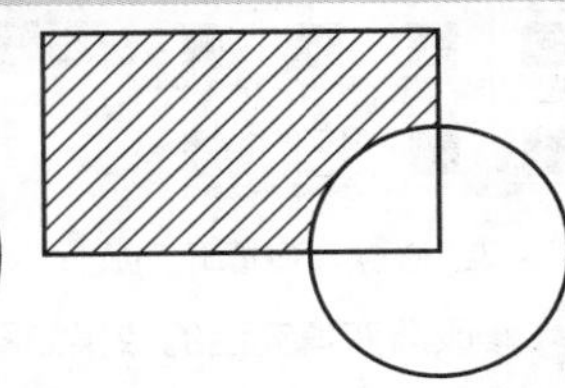

图 3-167 修剪结果

实战143 创建渐变色填充

难度：☆☆☆

素材文件路径：素材\第3章\实战143 创建渐变色填充.dwg
效果文件路径：素材\第3章\实战143 创建渐变色填充-OK.dwg
在线视频：第3章\实战143 创建渐变色填充.mp4

在AutoCAD 2020中，除了填充图案，还可以使用渐变色填充来创建前景色或双色渐变色。渐变色填充是在两种颜色之间，或者一种颜色的不同灰度之间过渡。

01 打开素材文件“第3章\实战143 创建渐变色填充.dwg”，如图3-168所示。

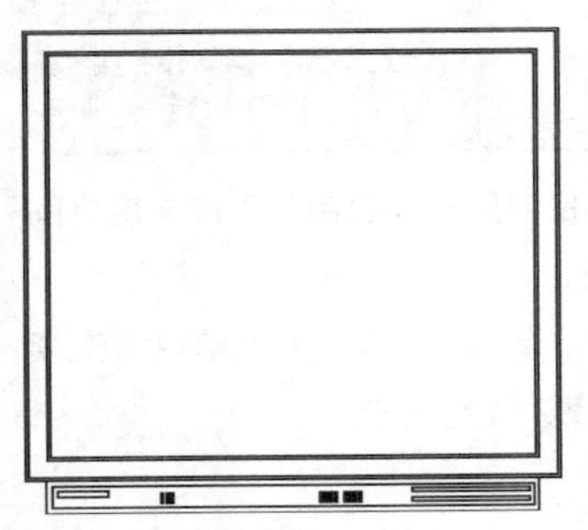

图 3-168 素材文件

02 单击“绘图”面板中的“渐变色”按钮，如图3-169所示，执行“渐变色填充”命令。

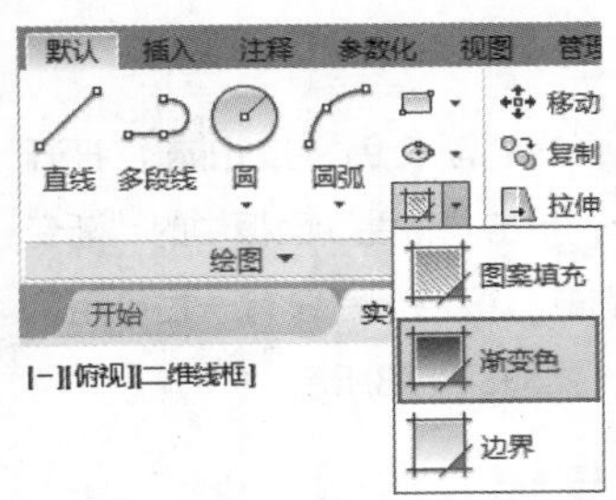

图 3-169 “绘图”面板中的“渐变色”按钮

03 打开“图案填充创建”选项卡，如图3-170所示。通过该选项卡可以在指定对象上创建具有渐变色彩的填充图案，选项卡各面板功能与之前介绍的一致。

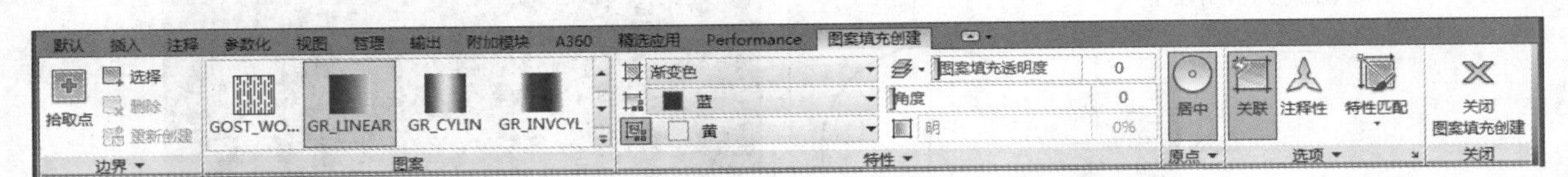

图 3-170 渐变填充的“图案填充创建”选项卡

04 在“图案”面板中选择填充方式，再在“特性”面板中选择颜色，在要填充的区域内单击，即可创建渐变色填充，效果如图3-171所示。

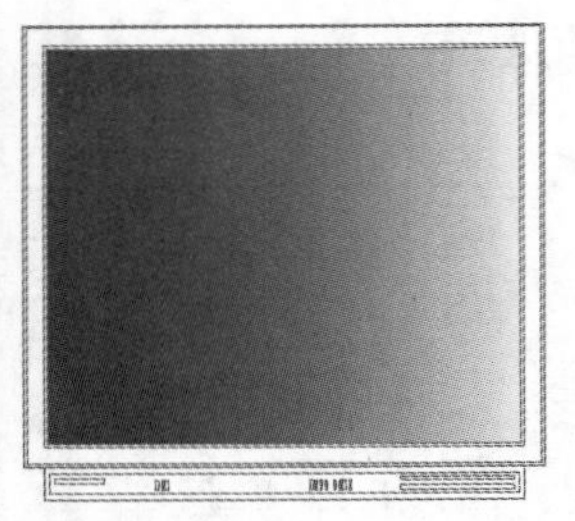

图 3-171 渐变填充后的图形

实战144 创建单色渐变填充

难度：☆☆

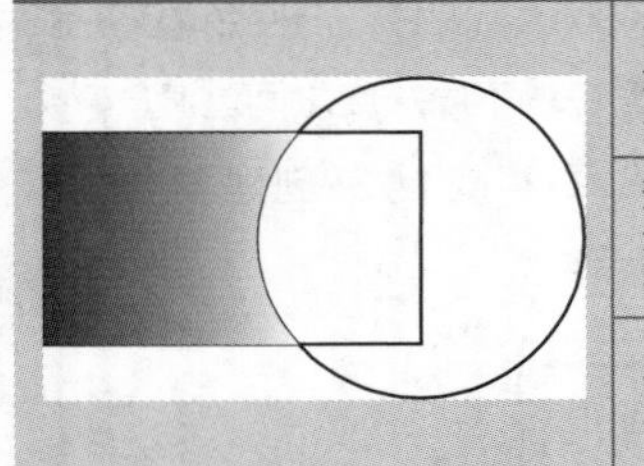

素材文件路径：素材\第3章\实战144 创建单色渐变填充.dwg
效果文件路径：素材\第3章\实战144 创建单色渐变填充-OK.dwg
在线视频：第3章\实战144 创建单色渐变填充.mp4

通过单色渐变填充是使用一种颜色在不同灰度之间的过渡对图形进行填充。

01 打开素材文件“第3章\实战144 创建单色渐变填充.dwg”，素材文件如图3-172所示。

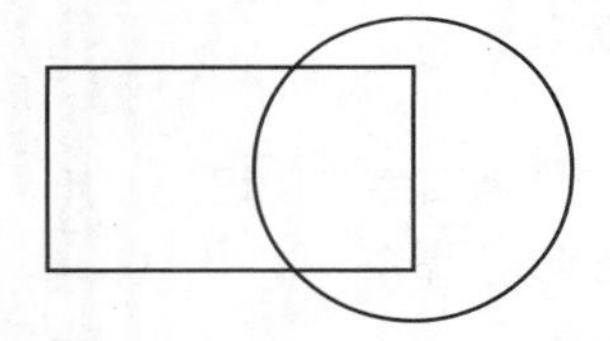

图 3-172 素材文件

02 单击“绘图”面板中的“渐变色”按钮，打开“图案填充创建”选项卡，单击“特性”面板中的“渐变明暗”按钮，此时左侧的“颜色”栏只有一栏可用，设置颜色为“0,0,255”，如图3-173所示。

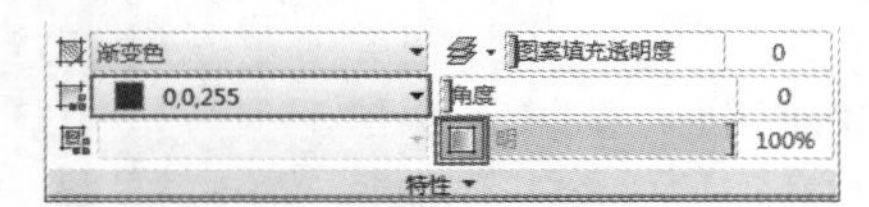

图 3-173 单击“渐变明暗”按钮

03 在矩形内单击拾取填充区域，再按Enter键，即可创建填充，结果如图3-174所示。

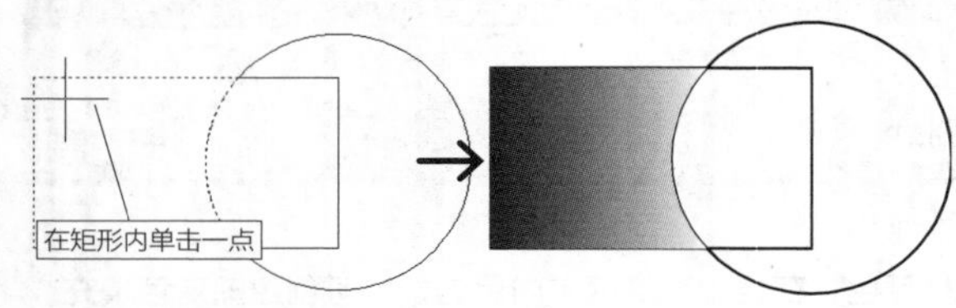

图 3-174 创建的单色渐变填充

实战145 修改渐变填充

难度：☆☆

素材文件路径：素材\第3章\实战145 修改渐变填充.dwg
效果文件路径：素材\第3章\实战145 修改渐变填充-OK.dwg
在线视频：第3章\实战145 修改渐变填充.mp4

渐变填充除了可以在颜色上进行修改之外，还可以对它的渐变方式进行更改，从而创建出形态各异的渐变效果。

01 打开素材文件“第3章\实战145 修改渐变填充.dwg”，如图3-175所示。

图 3-175 素材文件

02 将十字光标置于填充图案上并单击，打开“图案填充创建”选项卡，在“图案”面板中选择新的渐变填充方式“GR-SPHER”，再在“特性”面板中设置好角度与比例，如图3-176所示。

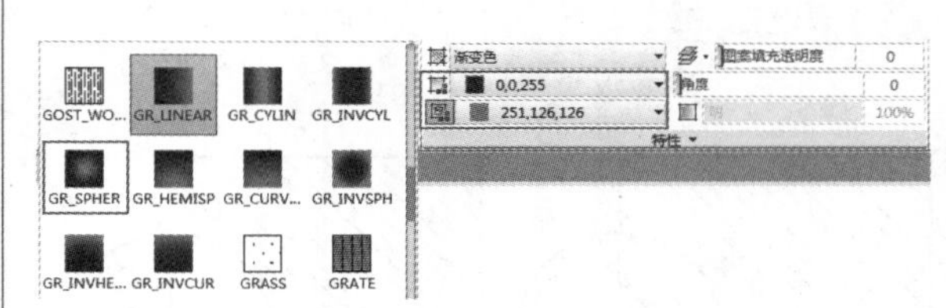

图 3-176 修改渐变填充方式

03 修改渐变填充后的效果如图3-177所示。

图 3-177 修改之后的填充图形

实战146 填充室内平面图 重点

难度：☆☆☆

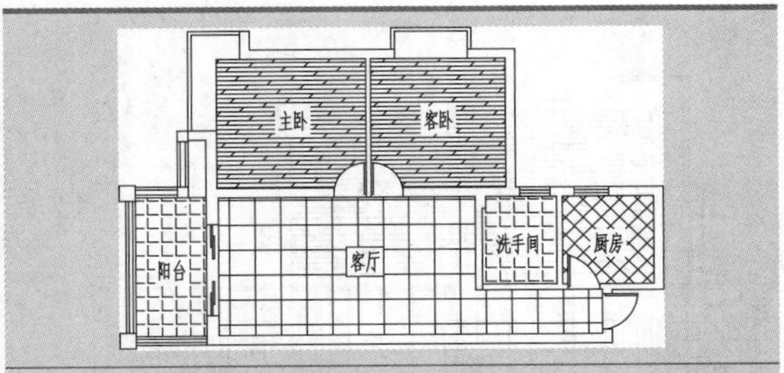

素材文件路径：素材\第 3 章\实战 146 填充室内平面图 .dwg

效果文件路径：素材\第 3 章\实战 146 填充室内平面图 -OK.dwg

在线视频：第 3 章\实战 146 填充室内平面图 .mp4

在进行室内平面图的设计时，可以根据不同区域的装修方式来创建不同图案的填充，让设计图的内容更加丰富。

01 打开素材文件“第3章\实战146 填充室内平面图.dwg”，如图3-178所示。

02 单击“绘图”面板中的“图案填充”按钮，打开“图案填充创建”选项卡。单击“图案”面板上的下拉按钮，选择其中的“DOLMIT”图案，如图3-179所示。

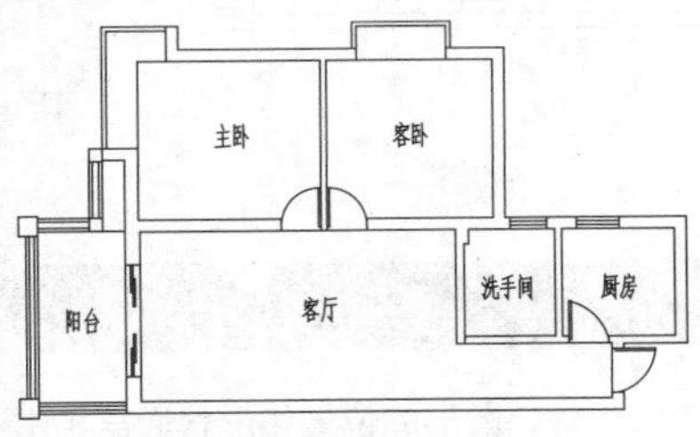

图 3-178 素材文件

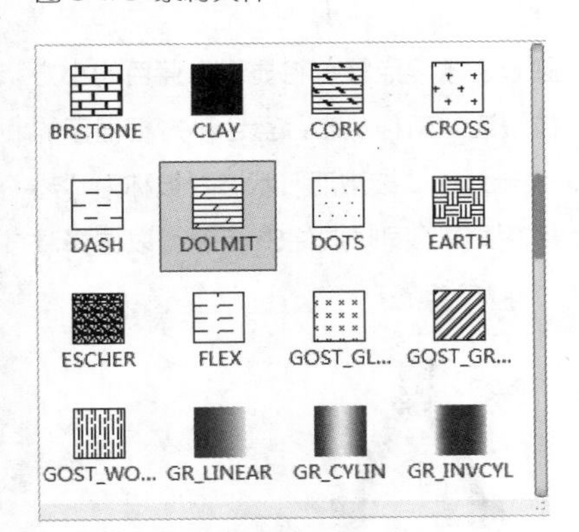

图 3-179 选择“DOLMIT”图案

03 在“特性”面板中将“图案填充比例”设置为18，将“原点”设置为指定的原点，单击“设定原点”按钮，设置填充区域的左端顶点为新原点，如图3-180所示。

04 单击“拾取点”按钮，回到绘图区，在所需填充的主卧区域内单击（表示图形将要填充到区域内），然后按Enter键确认，结果如图3-181所示。

图 3-180 设置填充比例与原点

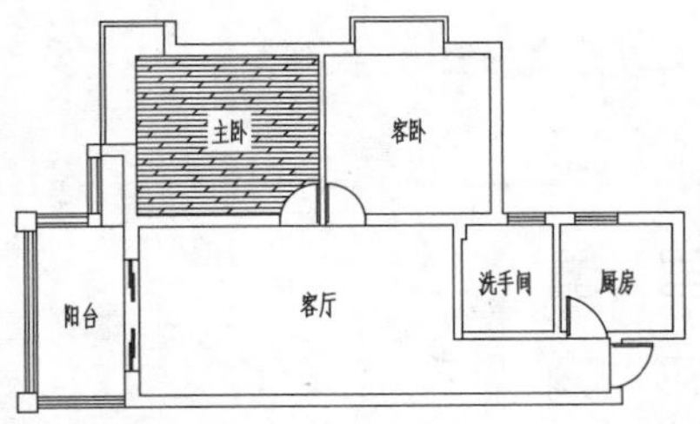

图 3-181 填充主卧

05 以同样的方法填充客卧地砖图案，如图3-182所示。

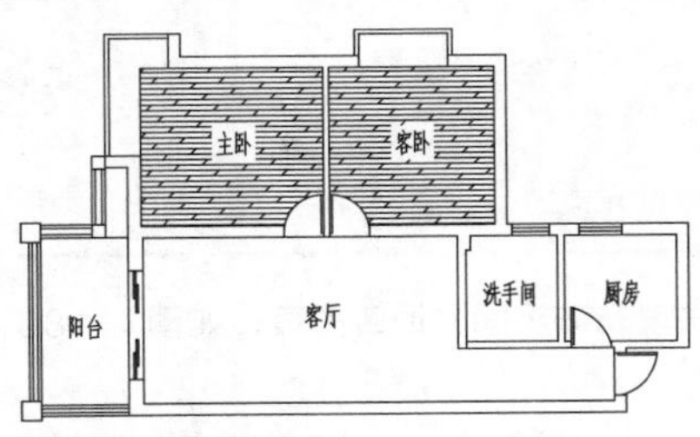

图 3-182 填充客卧

06 使用“图案填充”功能，打开“图案填充创建”选项卡。单击“图案”面板中的下拉按钮，选择其中的“NET”图案，修改“图案填充比例”为200，填充客厅，结果如图3-183所示。

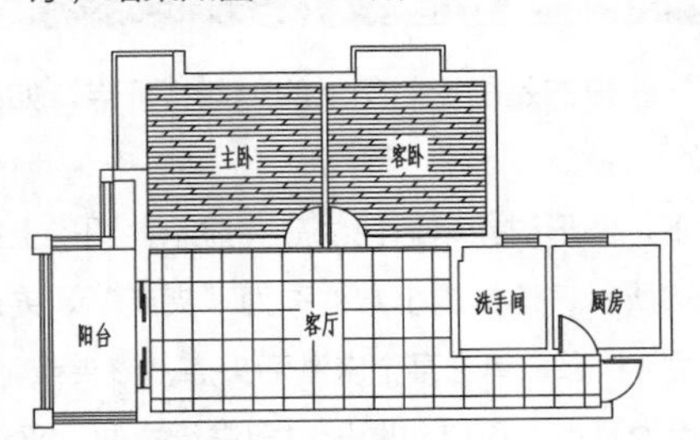

图 3-183 填充客厅

07 重复执行“图案填充”命令，选择“ANGLE”图案，修改“图案填充比例”为50，填充阳台，结果如图3-184所示。

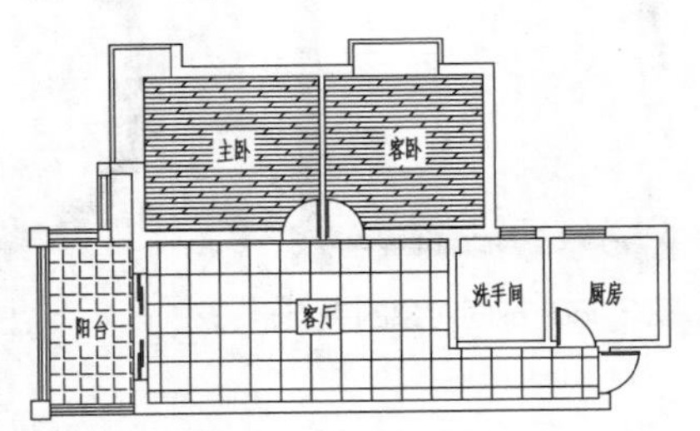

图 3-184 填充阳台

提示

如果在“图案”面板中找不到“NET”图案，可在“特性”面板中的“图案填充类型”下拉列表中选择“图案”选项，然后再进行选择，如图3-185所示。

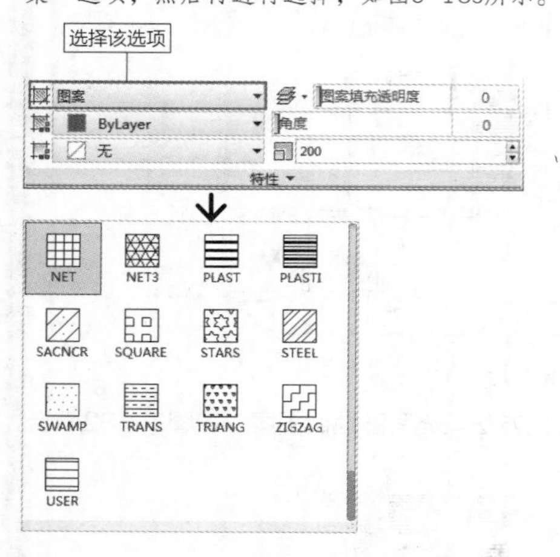

图 3-185 选择图案填充类型

08 以同样的方法填充洗手间的地砖图案，如图3-186所示。

09 使用“图案填充”功能，打开“图案填充创建”选项卡。单击“图案”面板中的下拉按钮，选择其中的“ANSI37”图案，修改“图案填充比例”为100，填充厨房，结果如图3-187所示。至此，室内平面图填充完成。

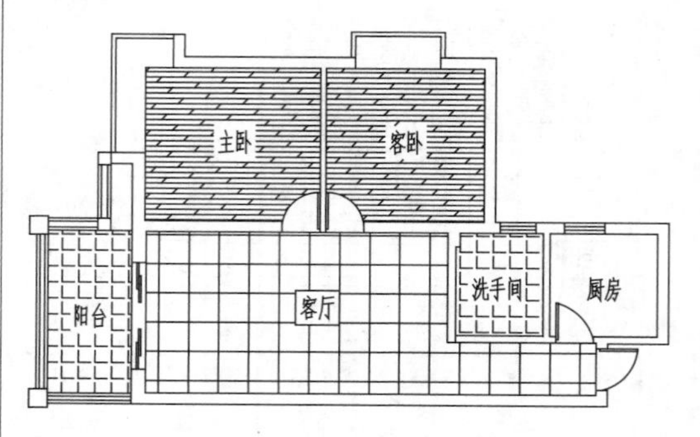

图 3-186 填充洗手间

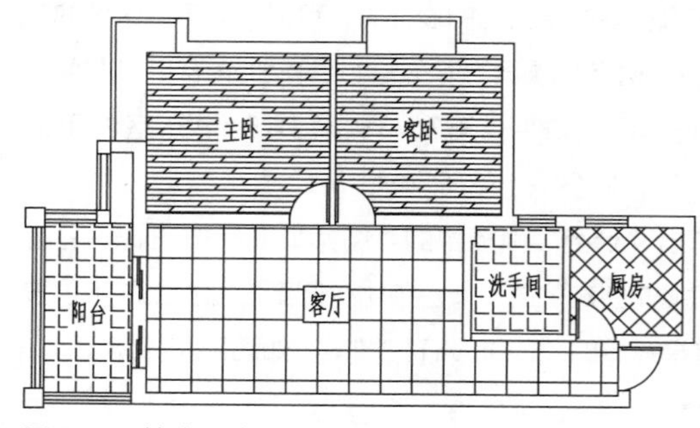

图 3-187 填充厨房

3.4 通过夹点编辑图形

所谓“夹点”，指的是图形对象上的一些特征点，如端点、顶点、中点、中心点等，图形的位置和形状通常是由夹点的位置决定的。

在夹点模式下，图形对象以蓝色线高亮显示，图形上的特征点（如端点、圆心、象限点等）将显示为蓝色的小方框■，如图3-188所示，这样的小方框称为“夹点”。夹点有“未激活”和“被激活”两种状态，蓝色小方框显示的夹点处于“未激活”状态，单击某个未激活夹点，该夹点则以红色小方框显示，表示处于“被激活”状态，被称为“热夹点”。以热夹点为基点，可以对图形对象进行拉伸、平移、复制、缩放和镜像等操作，同时按住Shift键可以选择激活多个热夹点。

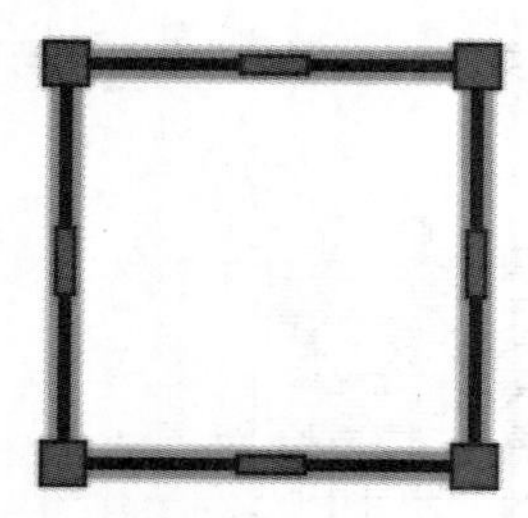
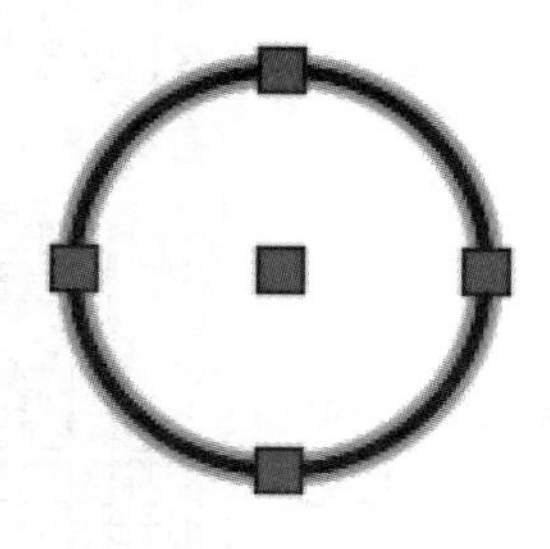
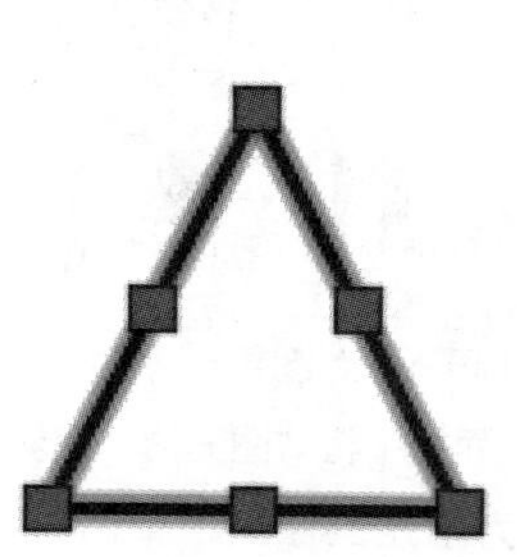

图 3-188 不同对象的夹点

实战147 利用夹点拉伸图形

难度：☆☆

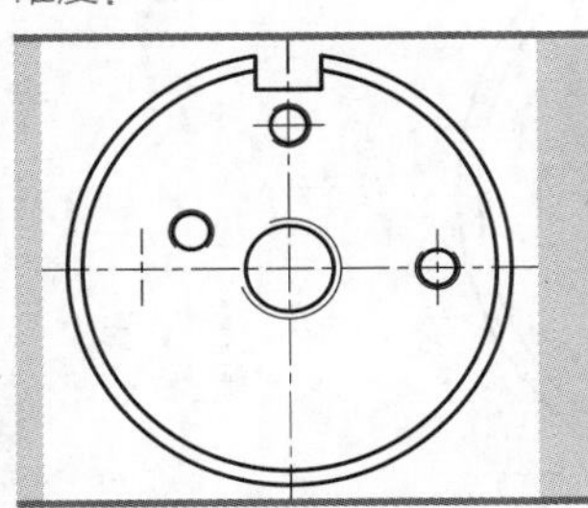

素材文件路径：素材\第 3 章\实战 147 利用夹点拉伸图形 .dwg

效果文件路径：素材\第 3 章\实战 147 利用夹点拉伸图形 -OK.dwg

在线视频：第 3 章\实战 147 利用夹点拉伸图形 .mp4

在不执行任何命令的情况下选择对象，然后单击其中的一个夹点，系统会自动将其作为拉伸的基点，即进入“拉伸”编辑模式。

01 打开素材文件“第3章\实战147 利用夹点拉伸图形.dwg”，如图3-189所示。

02 选择键槽的底边AB，使之呈现夹点状态，如图3-190所示。

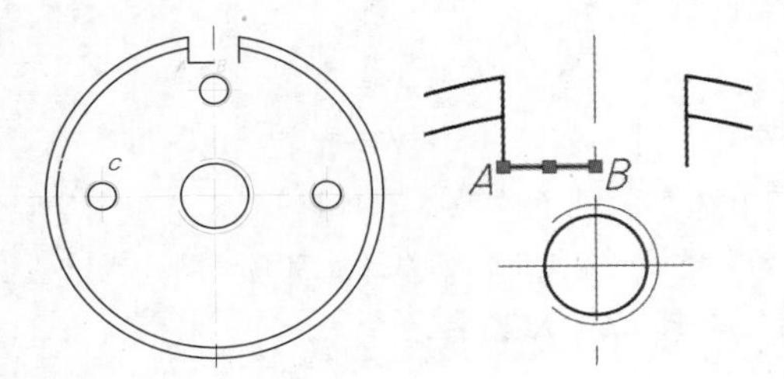

图 3-189 素材文件　　图 3-190 选择线段 AB 显示夹点

03 单击激活右侧夹点B，可见夹点B变为红色，然后配合“端点捕捉”命令拉伸线段至右侧边线端点，如图3-191所示。

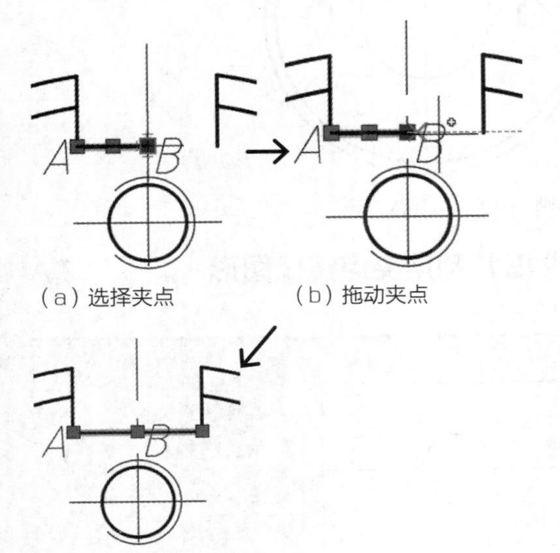

（a）选择夹点　（b）拖动夹点

（c）拉伸结果

图 3-191 利用夹点拉伸对象

提示

对于某些夹点，拖动时只能移动而不能拉伸，如文字、块、直线中点、圆心、椭圆中心和点对象上的夹点。

实战148 利用夹点移动图形

难度：☆☆

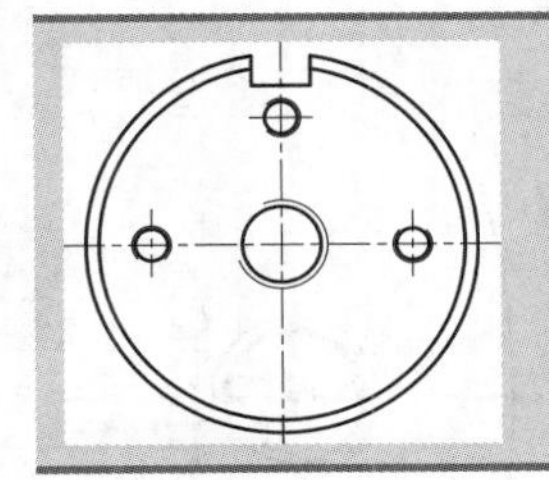

素材文件路径：素材\第 3 章\实战 147 利用夹点拉伸图形 -OK.dwg

效果文件路径：素材\第 3 章\实战 148 利用夹点移动图形 -OK.dwg

在线视频：第 3 章\实战 148 利用夹点移动图形 .mp4

在不执行任何命令的情况下选择对象，然后单击其中的一个夹点，再按1次Enter键，系统会自动将其作为移动的基点，即进入“移动”模式。

01 延续上一例进行操作，也可以打开素材文件“第3章\实战147 利用夹点拉伸图形-OK.dwg”。

02 框选左侧螺纹孔C，使之呈现夹点状态，如图3-192所示。

03 单击激活圆心夹点，按1次Enter键确认，进入“移动”模式，配合“对象捕捉”命令移动圆至左侧辅助线交点处，如图3-193所示。

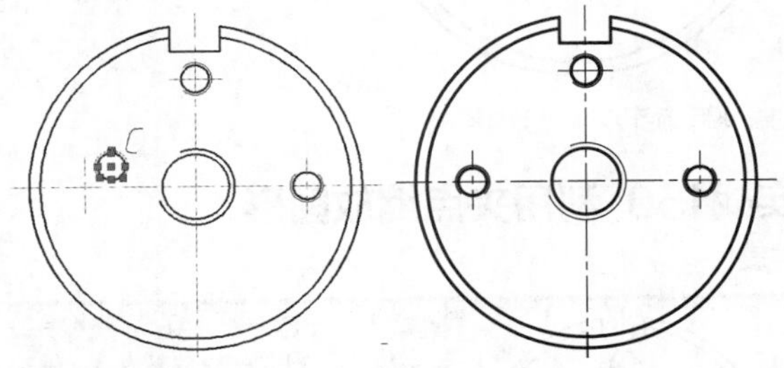

图 3-192 选择螺纹孔 C　　图 3-193 利用夹点移动对象

实战149 利用夹点旋转图形

难度：☆☆

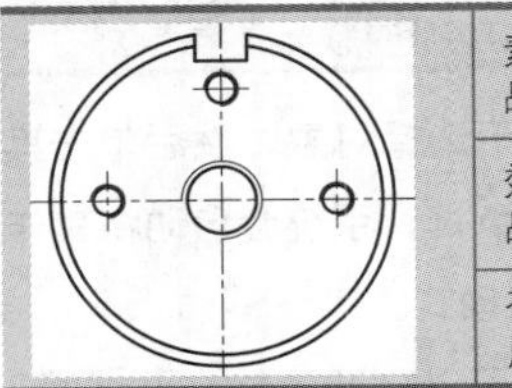

素材文件路径：素材\第 3 章\实战 148 利用夹点移动图形 -OK.dwg

效果文件路径：素材\第 3 章\实战 149 利用夹点旋转图形 -OK.dwg

在线视频：第 3 章\实战 149 利用夹点旋转图形 .mp4

在不执行任何命令的情况下选择对象，然后单击其中的一个夹点，再连按2次Enter键，系统会自动将其作为旋转的基点，即进入“旋转”模式。

01 延续上一例进行操作，也可以打开素材文件“第3章\实战148 利用夹点移动图形-OK.dwg”。

02 框选左侧螺纹孔 *C*，使之呈现夹点状态，如图3-194所示。

03 单击激活圆心夹点，再连按2次Enter键确认，进入“旋转”模式，在命令行中输入“-45”，将螺纹线调整为正确的方向，如图3-195所示。

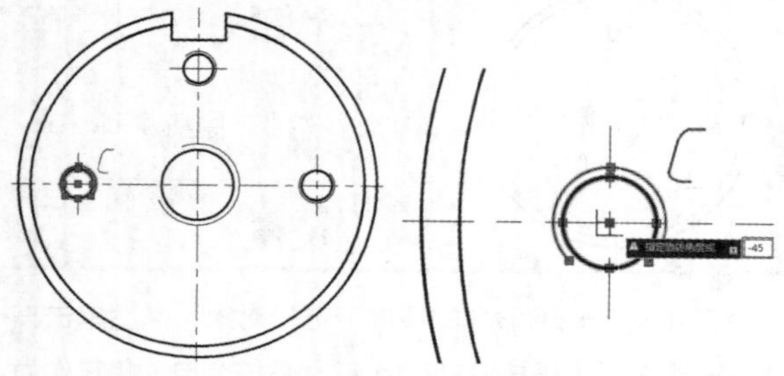

图 3-194 选择螺纹孔 *C*　　图 3-195 利用夹点旋转对象

04 使用相同方法对其他螺纹孔进行调整，效果如图3-196所示。

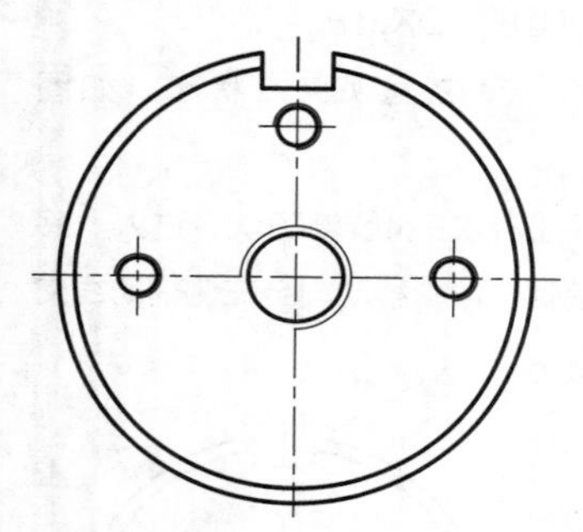

图 3-196 旋转之后的效果

实战150 利用夹点缩放图形

难度：☆☆

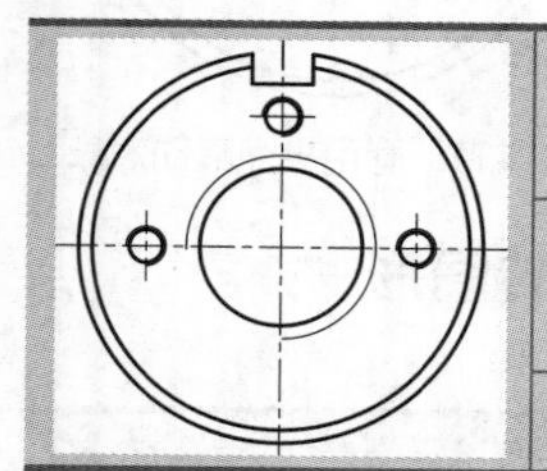

素材文件路径：素材\第 3 章\实战 149 利用夹点旋转图形 -OK.dwg

效果文件路径：素材\第 3 章\实战 150 利用夹点缩放图形 -OK.dwg

在线视频：第 3 章\实战 150 利用夹点缩放图形 .mp4

在不执行任何命令的情况下选择对象，然后单击其中的一个夹点，再连按3次Enter键，系统会自动将其作为缩放的基点，即进入“缩放”模式。

01 延续上一例进行操作，也可以打开素材文件“第3章\实战150 利用夹点旋转图形-OK.dwg”。

02 框选正中心的螺纹孔，使之呈现夹点状态，如图3-197所示。

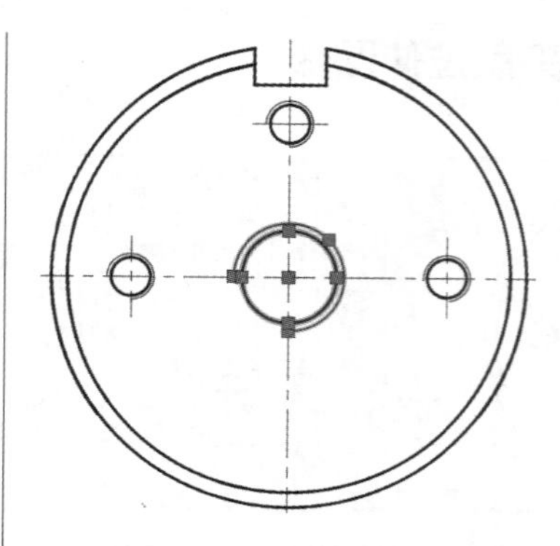

图 3-197 选择中心的螺纹孔

03 单击激活圆心夹点，然后连按3次Enter键，注意命令行提示，进入“缩放”模式，输入比例因子为“2”，缩放螺纹孔，如图3-198所示，命令行操作如下。

```
** MOVE **        //进入“移动”模式
指定移动点 或 [基点(B)/复制(C)/放弃(U)/退出(X)]:↙
** ROTATE (多个) **
                  //进入“旋转”模式
指定移动点 或 [基点(B)/复制(C)/放弃(U)/退出(X)]:↙
** 比例缩放 ** //进入“缩放”模式
指定比例因子或 [基点(B)/复制(C)/放弃(U)/参照(R)/退出(X)]: 2↙         //输入比例因子
```

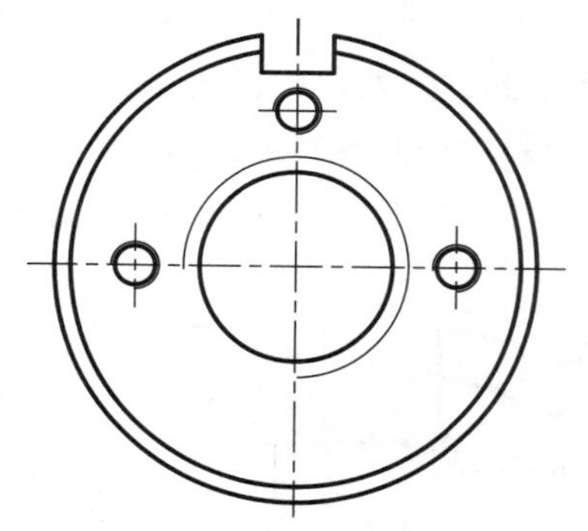

图 3-198 利用夹点缩放对象

实战151 利用夹点镜像图形

进阶

难度：☆☆☆

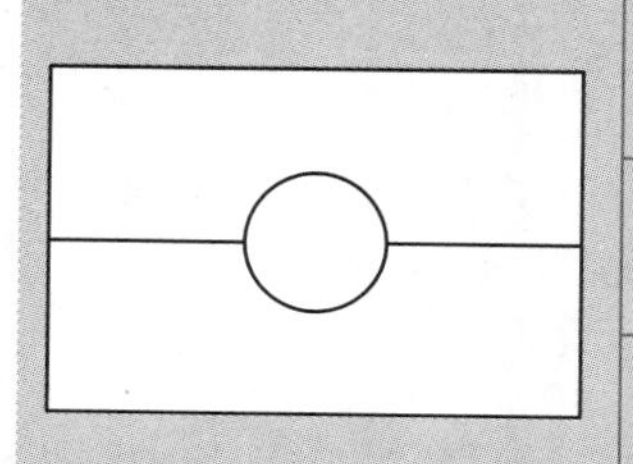

素材文件路径：素材\第 3 章\实战 151 利用夹点镜像图形 .dwg

效果文件路径：素材\第 3 章\实战 151 利用夹点镜像图形 -OK.dwg

在线视频：第 3 章\实战 151 利用夹点镜像图形 .mp4

在不执行任何命令的情况下选择对象，然后单击其中的一个夹点，再连按4次Enter键，系统会自动将其作为镜像线的第一点，即进入“镜像”模式。

01 打开素材文件“第3章\实战151 利用夹点镜像图形.dwg”，如图3-199所示。

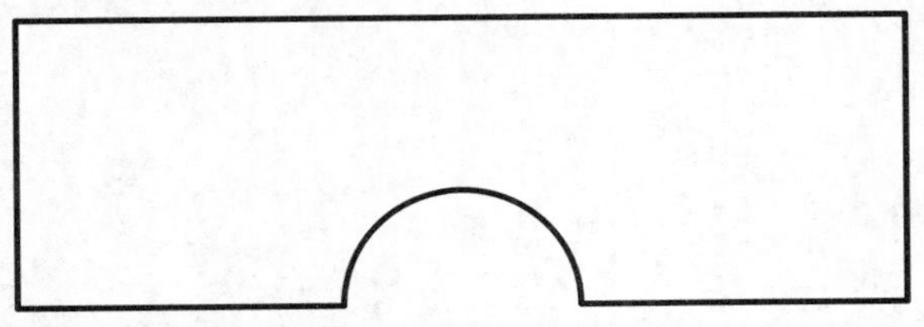

图 3-199 素材文件

02 框选所有图形，使之呈现夹点状态，如图3-200所示。

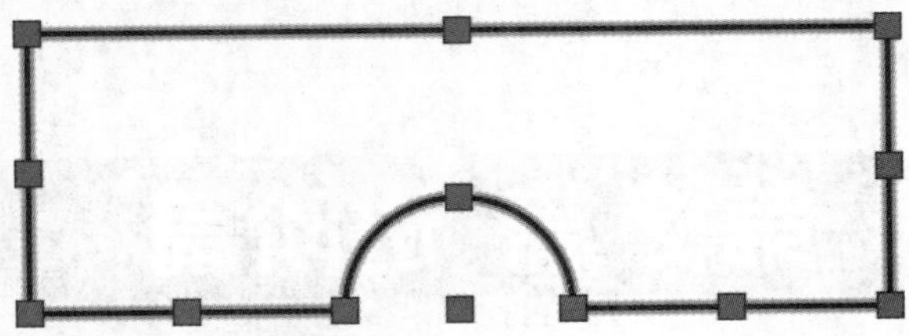

图 3-200 全选图形显示夹点

03 单击选择左下角的夹点，连续按4次Enter键，注意命令行提示，进入“镜像”模式，再水平向右指定一点，即可创建镜像图形，如图3-201所示。

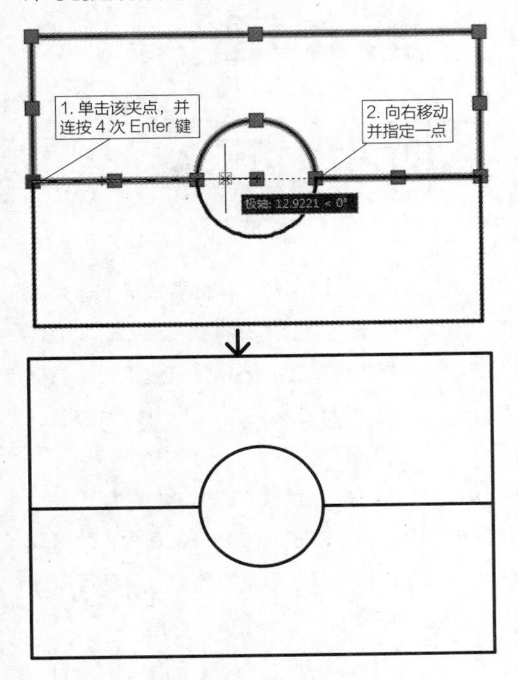

图 3-201 利用夹点镜像图形

实战152 利用夹点复制图形

难度：☆☆☆

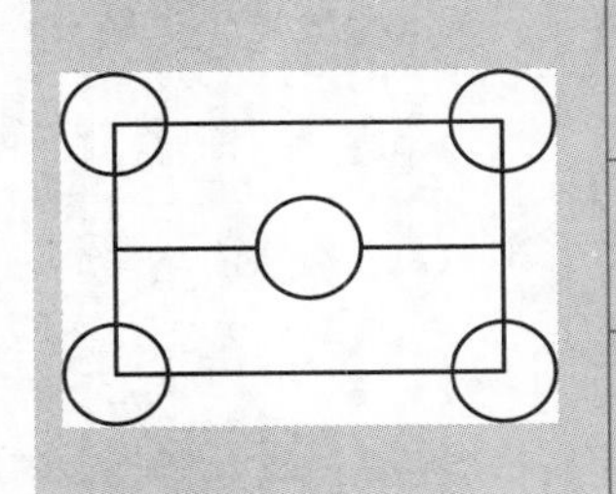

素材文件路径：素材\第3章\实战151 利用夹点镜像图形-OK.dwg
效果文件路径：素材\第3章\实战152 利用夹点复制图形-OK.dwg
在线视频：第3章\实战152 利用夹点复制图形.mp4

选中夹点后进入“移动”模式，然后在命令行中输入“C”，即可进入“复制”模式。

01 延续上一例进行操作，也可以打开素材文件“第3章\实战151 利用夹点镜像图形-OK.dwg”。

02 框选正中心的圆，使之呈现夹点状态，如图3-202所示。

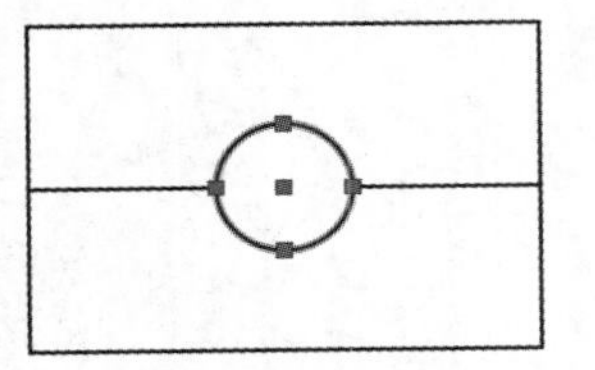

图 3-202 选择中心圆

03 单击激活圆心夹点，按1次Enter键，进入“移动”模式，然后在命令行中输入“C”，选择“复制”选项，接着将所选择的圆复制至外围矩形的4个角点，如图3-203所示，命令行操作如下。

```
** MOVE **        //进入“移动”模式
指定移动点 或 [基点(B)/复制(C)/放弃(U)/退出(X)]:C↙
                  //选择“复制”选项
** MOVE (多个) **
                  //进入“复制”模式
指定移动点 或 [基点(B)/复制(C)/放弃(U)/退出(X)]: ↙
                  //指定放置点，并按Enter键完成操作
```

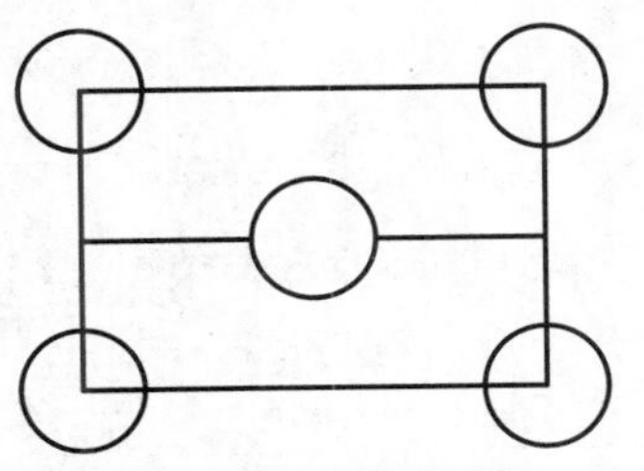

图 3-203 利用夹点复制对象

第 2 篇 进阶篇

第 4 章 图形的标注

使用AutoCAD进行设计绘图时，首先要明确的一点就是：图形中的线条长度并不代表物体的真实尺寸，一切数值都应以标注为准。无论是零件加工，还是建筑施工，所依据的都是标注的尺寸值，因而尺寸标注是绘图中最为重要的部分。

对于不同的对象，其标注所需的尺寸类型也不同。AutoCAD 2020提供了一套完整的尺寸标注的命令，即可以标注直径、半径、角度、直线及圆心位置等对象，还可以标注引线、形位公差等辅助说明。

4.1 标注的组成

标注在AutoCAD 中是一个复合体，以块的形式存储在图形中。对于不同的对象，其定位所需的尺寸类型也不同，因此在了解标注命令之前，需要先了解标注的组成。在AutoCAD 中，一个完整的尺寸标注由“尺寸界线”“尺寸线”“尺寸箭头”“尺寸文字”4个要素构成，如图4-1所示。AutoCAD 的尺寸标注命令和样式设置，都是围绕着这4个要素进行的。

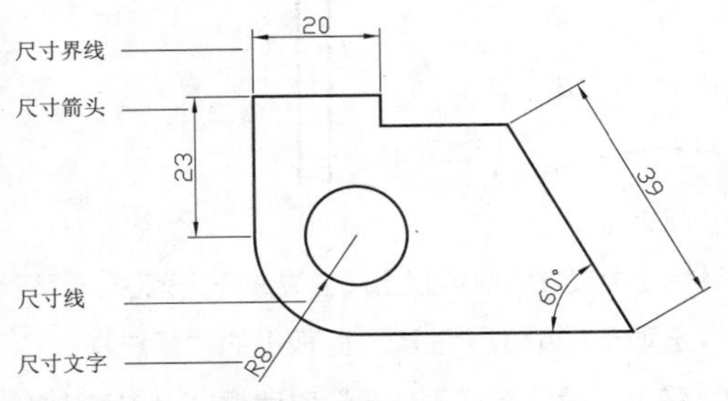

图 4-1 尺寸标注的组成要素

各组成部分的作用与含义如下。

- 尺寸界线：尺寸界线表示所标注尺寸的起止范围。一般从图形的轮廓线、轴线或对称中心线处引出。
- 尺寸箭头：也称为标注符号。标注符号显示在尺寸线的两端，用于指定标注的起止位置。AutoCAD默认使用闭合的填充箭头作为标注符号。此外，AutoCAD还提供了多种箭头符号，以满足不同行业的需要，如建筑制图的箭头以45° 的粗短斜线表示，而机械制图的箭头以实心三角形箭头表示等。
- 尺寸线：用于表明标注的方向和范围。通常与所标注对象平行，放在两根延伸线之间，一般情况下为直线，但在角度标注时，尺寸线呈圆弧形。
- 尺寸文字：表明标注图形的实际尺寸大小，通常位于尺寸线上方或中断处。在进行尺寸标注时，AutoCAD会自动生成所标注对象的尺寸数值，也可以对标注的文字进行修改、添加等编辑操作。

实战153 新建标注样式

难度：☆☆

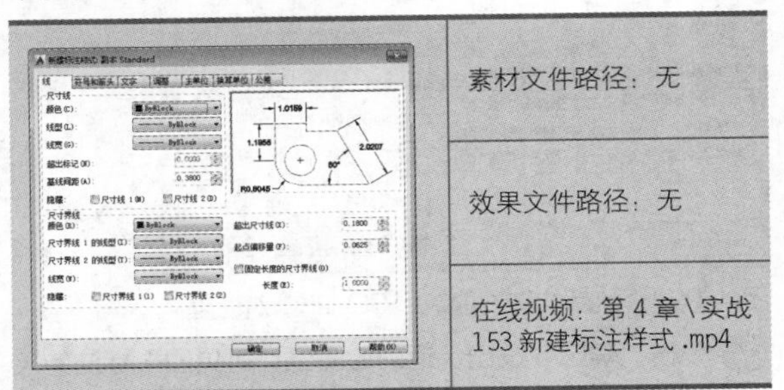

素材文件路径：无

效果文件路径：无

在线视频：第 4 章\实战153 新建标注样式.mp4

标注样式用来控制标注的外观，如箭头样式、文字的大小和尺寸公差等。在同一个AutoCAD文档中，可以同时定义多个不同的标注样式。

01 新建一个空白文档。

02 在“默认”选项卡中，单击“注释”面板中的“标注样式”按钮，如图4-2所示。或在“注释”选项卡的“标注”面板中单击右下角的下拉按钮，如图4-3所示。

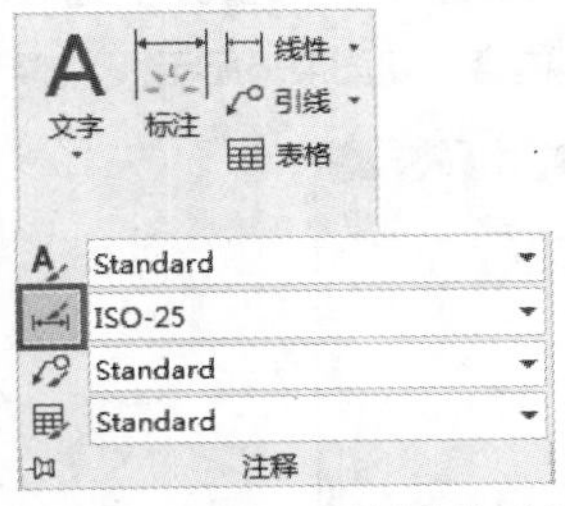

图 4-2 “注释”面板中的“标注样式”按钮

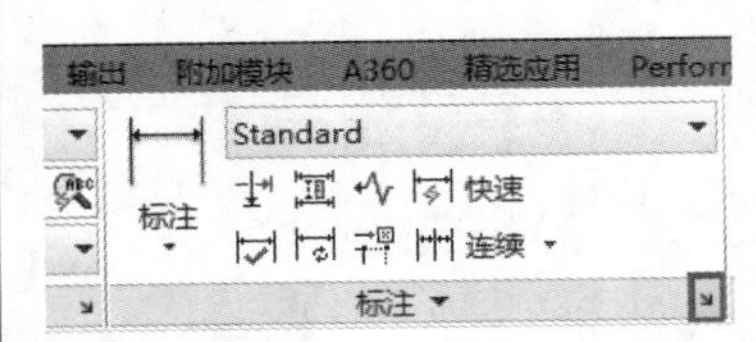

图 4-3 “标注”面板中的“标注样式”按钮

03 执行上述任意一个命令后，系统弹出“标注样式管理器”对话框，如图4-4所示。

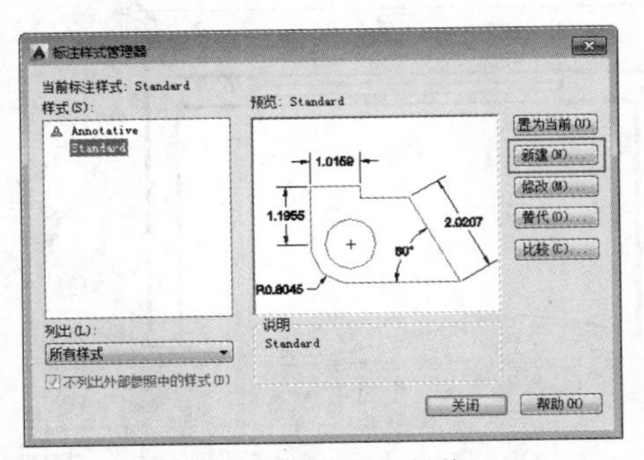

图 4-4 “标注样式管理器”对话框

04 单击“新建”按钮，系统弹出“创建新标注样式”对话框，如图4-5所示。新建“标注样式”时，可以在“新样式名”文本框中输入新样式的名称。在“基础样式”下拉列表中选择一种基础样式，新样式将在该基础样式的基础上进行修改。

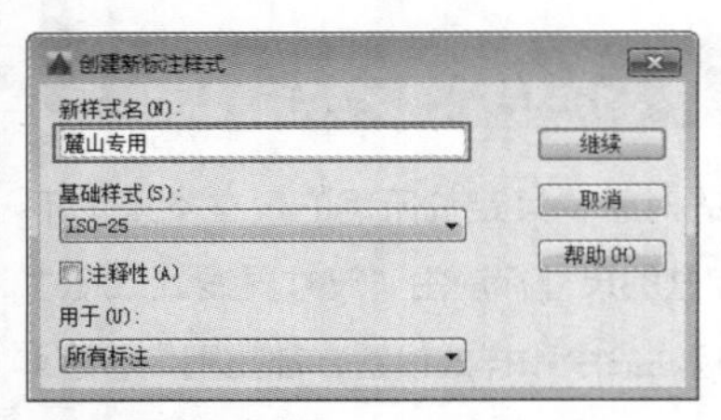

图 4-5 “创建新标注样式”对话框

提示

如果勾选“注释性”复选框，则可将标注定义成可注释对象。

05 设置了新样式的名称、基础样式和适用范围后，单击该对话框中的“继续”按钮，系统弹出“新建标注样式：副本Standard”对话框，可以设置标注中的线、符号和箭头、文字、调整、主单位等内容，如图4-6所示。

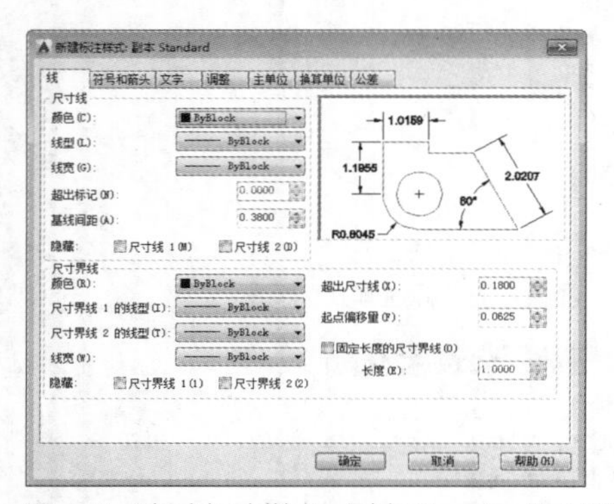

图 4-6 “新建标注样式：副本 Standard”对话框

实战154 设置尺寸线超出

难度：☆☆

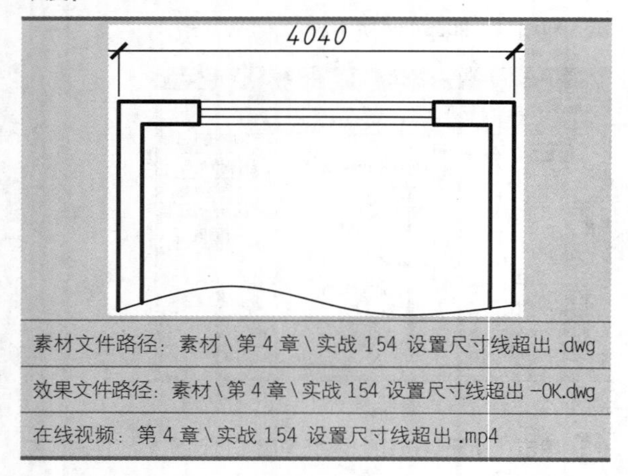

素材文件路径：素材\第 4 章\实战 154 设置尺寸线超出 .dwg

效果文件路径：素材\第 4 章\实战 154 设置尺寸线超出 -OK.dwg

在线视频：第 4 章\实战 154 设置尺寸线超出 .mp4

尺寸线超出一般指尺寸线超出尺寸界线的部分（水平方向超出），当尺寸线的箭头采用倾斜、建筑标记、小点、积分或无标记等样式时，便可以设置尺寸线超出延伸线的长度。

01 打开素材文件“第4章\实战154 设置尺寸线超出.dwg”，如图4-7所示。

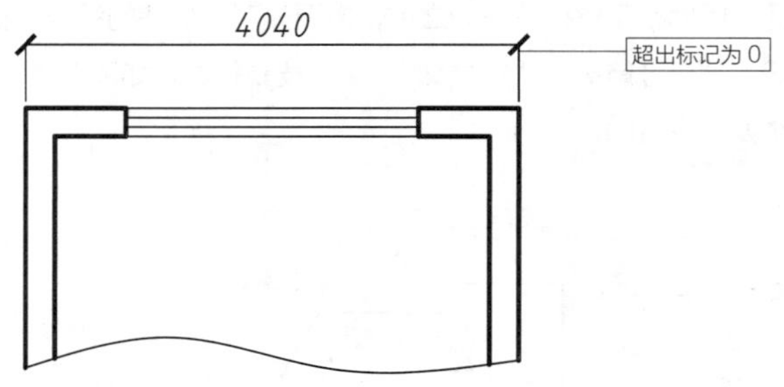

图 4-7 素材文件

02 建筑标注中尺寸线应该超出尺寸界线一定范围。可在“默认”选项卡中单击“注释”面板上的“标注样式”按钮，弹出“标注样式管理器”对话框，单击其中的“修改”按钮，对当前使用的标注样式进行修改，如图4-8所示。

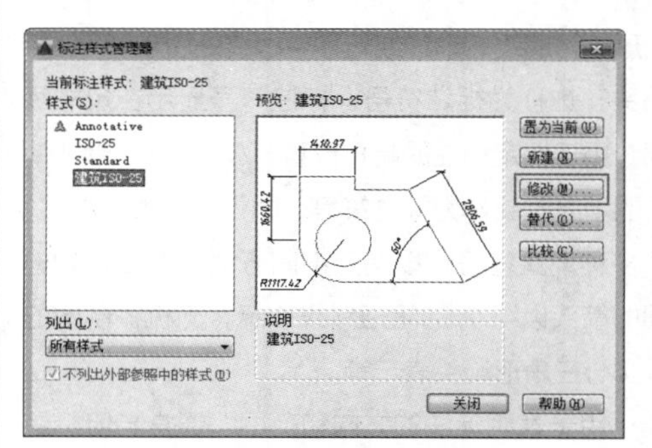

图 4-8 “标注样式管理器”对话框

03 系统弹出“修改标注样式建筑：ISO-25”对话框，选择“线”选项卡，然后在“超出标记”文本框中输入“1”，如图4-9所示。

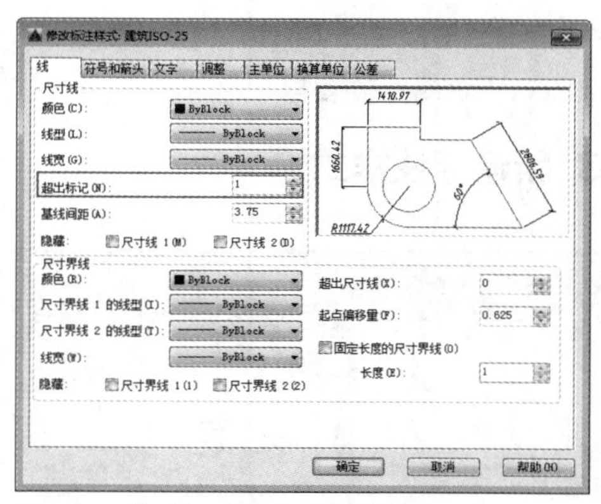

图 4-9 “修改标注样式建筑：ISO-25”对话框

04 单击“确定”按钮，返回绘图区，可见图形标注的尺寸线超出了尺寸界线，如图4-10所示。

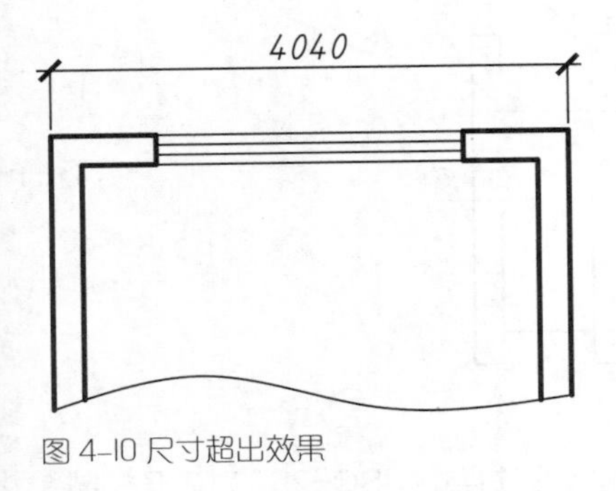

图 4-10 尺寸超出效果

实战155 设置尺寸界线超出

难度：☆☆

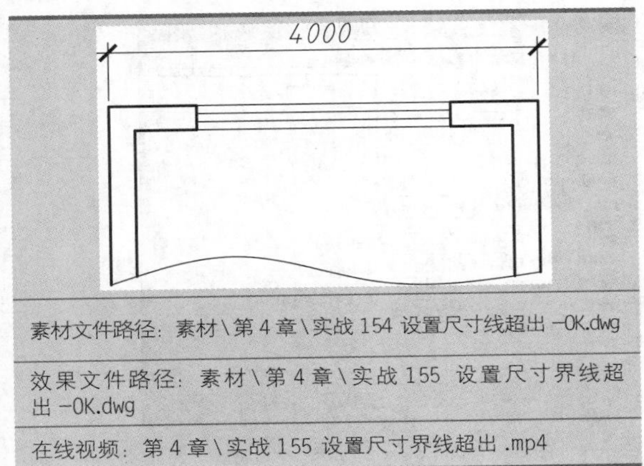

素材文件路径：素材\第 4 章\实战 154 设置尺寸线超出 -OK.dwg

效果文件路径：素材\第 4 章\实战 155 设置尺寸界线超出 -OK.dwg

在线视频：第 4 章\实战 155 设置尺寸界线超出 .mp4

尺寸界线超出是指尺寸界线超出尺寸线的部分（竖直方向超出），一般与尺寸线超出配合使用。

01 延续上一例进行操作，也可以打开素材文件“第4章\实战154 设置尺寸线超出-OK.dwg”。

02 在命令行中输入“D”，按Enter键确认，弹出“标注样式管理器”对话框。接着单击其中的“修改”按钮，对当前使用的标注样式进行修改。

03 系统弹出“修改标注样式建筑：ISO-25”对话框，选择“线”选项卡，然后在“超出尺寸线”文本框中输入“1”，如图4-11所示。

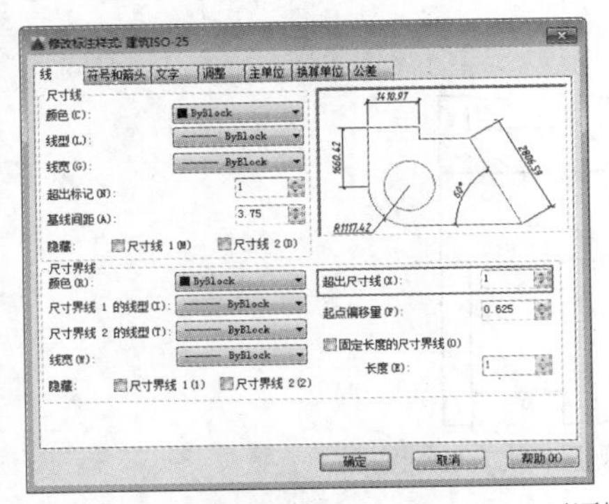

图 4-11 “修改标注样式建筑：ISO-25”对话框

04 单击“确定”按钮，返回绘图区，可见图形标注的尺寸界线超出了尺寸线，如图4-12所示。

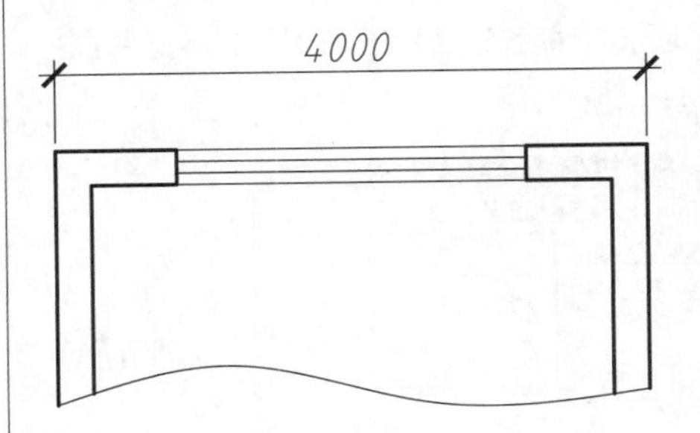

图 4-12 尺寸界线超出效果

提示

建筑标注中“超出标记”与“超出尺寸线”的数值宜设置为相同大小。

实战156 设置标注的起点偏移

难度：☆☆

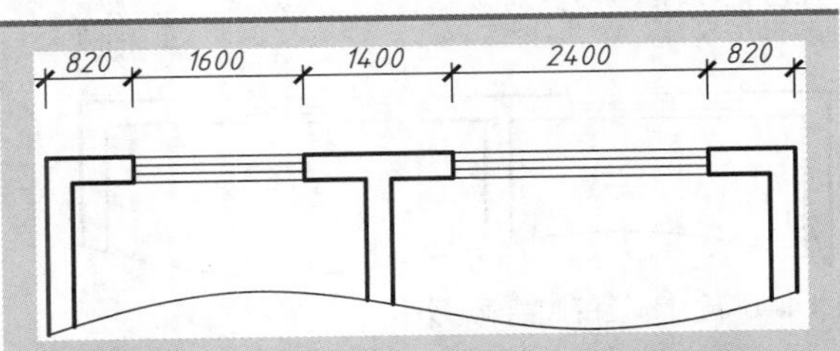

素材文件路径：素材\第 4 章\实战 156 设置标注的起点偏移 .dwg

效果文件路径：素材\第 4 章\实战 156 设置标注的起点偏移 -OK.dwg

在线视频：第 4 章\实战 156 设置标注的起点偏移 .mp4

为了区分尺寸标注和被标注的对象，用户应使尺寸界线与标注对象互不接触，可以通过设置“起点偏移量”来达到该效果，这在室内平面图的标注中尤其明显。

01 打开素材文件“第4章\实战156 设置标注的起点偏移.dwg”，如图4-13所示。

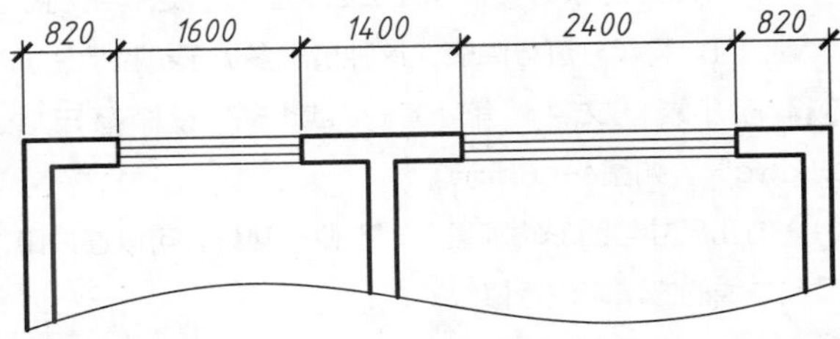

图 4-13 素材文件

02 在“默认”选项卡中单击“注释”面板上的“标注样式”按钮，弹出“标注样式管理器”对话框，单击其中的“修改”按钮，对当前使用的标注样式进行修改。

03 系统弹出“修改标注样式建筑：ISO-25”对话框，选择“线”选项卡，然后在“起点偏移量”文本框中输入“5”，如图4-14所示。

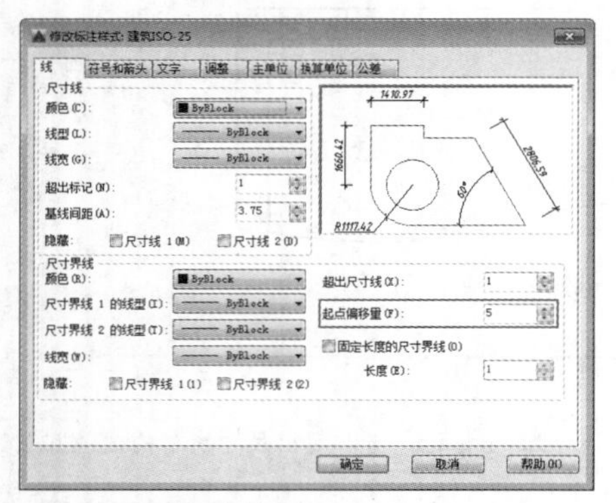

图 4-14 输入起点偏移量

04 单击“确定”按钮，返回绘图区，可见图形的尺寸标注起点均从原起点处向上偏移了一定距离，如图4-15所示。

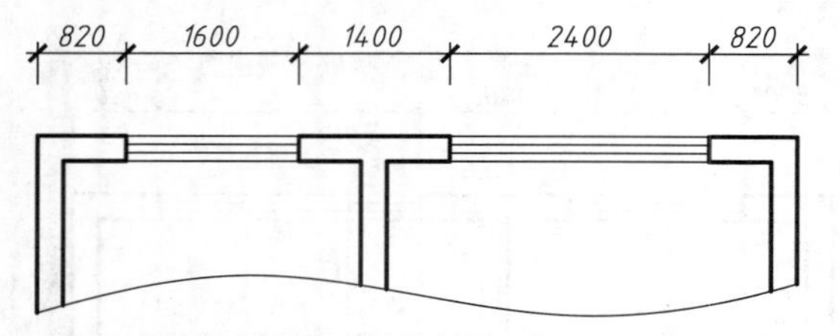

图 4-15 尺寸标注的起点偏移效果

实战157 隐藏尺寸线

难度：☆☆

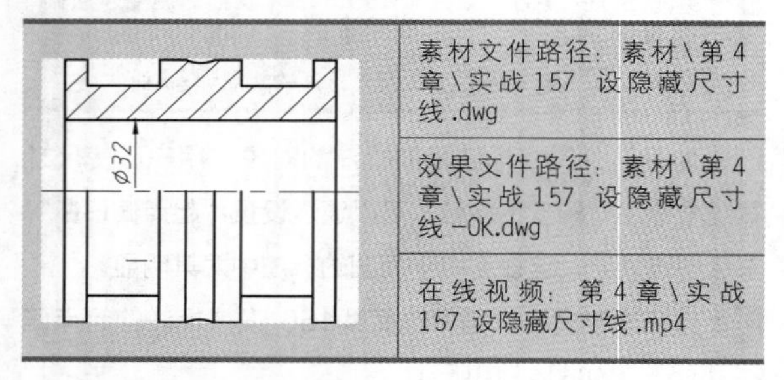

素材文件路径：素材\第4章\实战157 设隐藏尺寸线.dwg

效果文件路径：素材\第4章\实战157 设隐藏尺寸线-OK.dwg

在线视频：第4章\实战157 设隐藏尺寸线.mp4

有时图形对象与尺寸标注会互相重叠，这样不利于查看，可以将尺寸进行隐藏，这种情况多见于机械标注。

01 打开素材文件“第4章\实战157 设隐藏尺寸线.dwg”，如图4-16所示。

02 内孔尺寸与图形轮廓重叠，不便于观察，可以通过隐藏尺寸线的方法来进行修改。

03 在命令行中输入“D”，按Enter键确认，弹出“标注样式管理器”对话框，接着单击其中的“修改”按钮，对当前使用的标注样式进行修改。

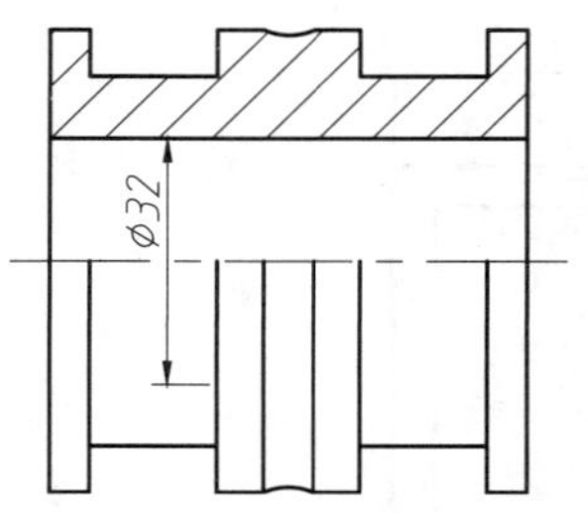

图 4-16 素材文件

04 系统弹出“修改标注样式：ISO-25”对话框，选择“线”选项卡，然后在“尺寸线”选项组的“隐藏”选项后勾选“尺寸线2”复选框，如图4-17所示。

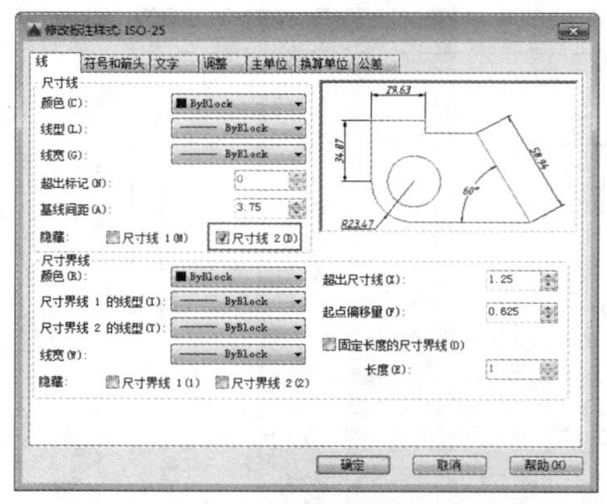

图 4-17 勾选“尺寸线 2”复选框

05 单击“确定”按钮，返回绘图区，可见尺寸显示如图4-18所示，仅出现在剖视图一侧，符合审图习惯。

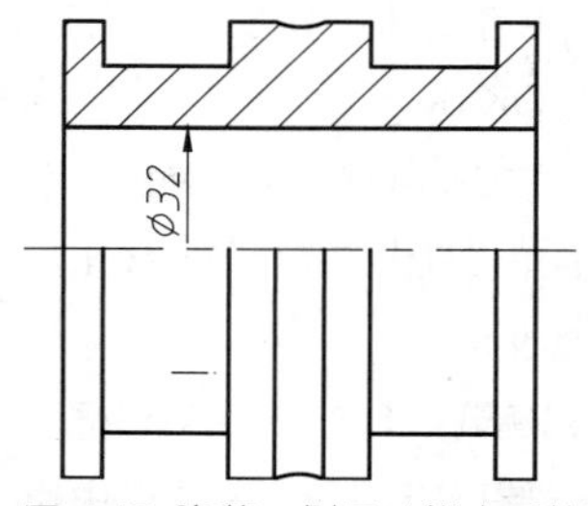

图 4-18 隐藏一侧尺寸线之后的图形

06 如果同样勾选“尺寸线1”复选框，则图形如图4-19所示。

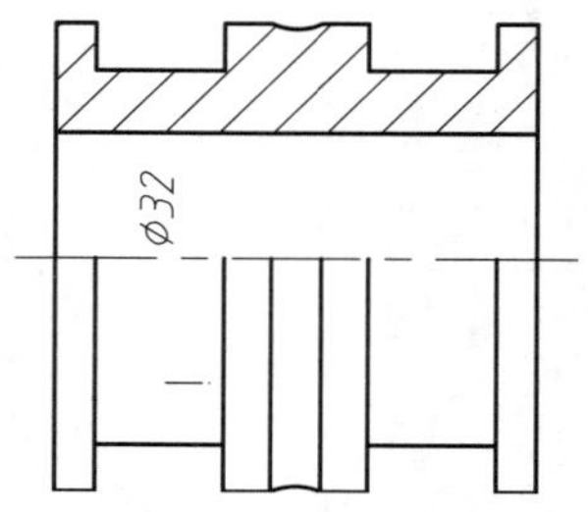

图 4-19 隐藏两侧尺寸线之后的图形

实战158 隐藏尺寸界线

难度：☆☆

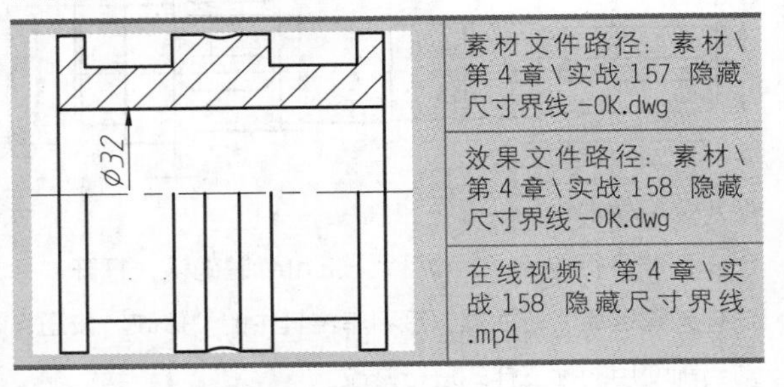

素材文件路径：素材\第 4 章\实战 157 隐藏尺寸界线 -OK.dwg
效果文件路径：素材\第 4 章\实战 158 隐藏尺寸界线 -OK.dwg
在线视频：第 4 章\实战 158 隐藏尺寸界线 .mp4

上一例没有对尺寸界线进行隐藏，因此在图4-19中可见尺寸线的下方仍存有部分尺寸界线。

01 延续上一例进行操作，也可以打开素材文件“第4章\实战157 隐藏尺寸线-OK.dwg”。

02 在命令行中输入“D”，按Enter键确认，弹出“标注样式管理器”对话框，接着单击其中的“修改”按钮，对当前使用的标注样式进行修改。

03 系统弹出“修改标注样式：ISO-25”对话框，选择“线”选项卡，然后在“尺寸界线”选项组的“隐藏”选项后勾选“尺寸界线1”和“尺寸界线2”复选框，如图4-20所示。

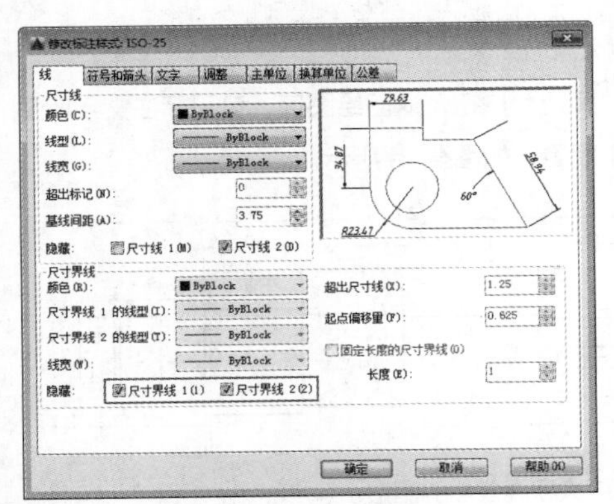

图 4-20 勾选“尺寸界线”复选框

04 单击“确定”按钮，返回绘图区，可见标注下方的尺寸界线被隐藏，如图4-21所示。

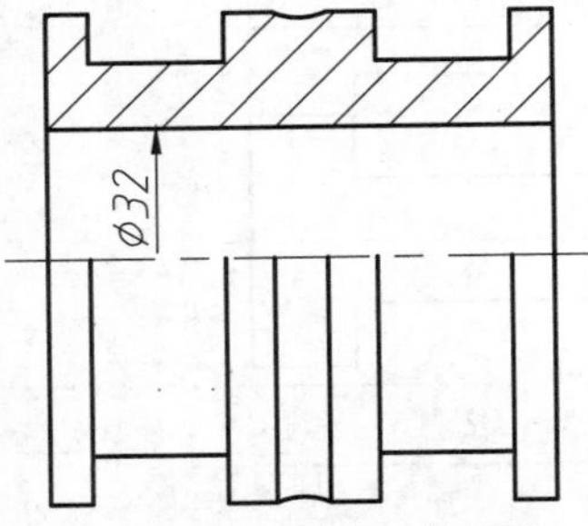

图 4-21 隐藏尺寸界线后的图形

提示

如果要隐藏“尺寸线”，则必须注意也要隐藏相对应的“尺寸界线”。

实战159 设置标注箭头

难度：☆☆

素材文件路径：素材\第 4 章\实战 159 设置标注箭头 .dwg
效果文件路径：素材\第 4 章\实战 159 设置标注箭头 -OK.dwg
在线视频：第 4 章\实战 159 设置标注箭头 .mp4

通常情况下，尺寸线的两个箭头应一致。为了满足不同类型的图形标注需要，AutoCAD 2020设置了20多种箭头样式。

01 打开素材文件“第4章\实战159 设置标注箭头.dwg”，如图4-22所示。

图 4-22 素材文件

02 立面图中的尺寸标注宜使用建筑标准，因此箭头符号需改为建筑标记。

03 在“默认”选项卡中单击“注释”面板上的“标注样式”按钮，弹出“标注样式管理器”对话框，单击其中的“修改”按钮，对当前使用的标注样式进行修改。

04 系统弹出“修改标注样式：ISO-25 ”对话框，选择“符号与箭头”选项卡，然后在“箭头”选项组中“第一格”选项后的下拉列表中选择“建筑标记”选项，再在“箭头大小”文本框中输入“2”，设置箭头大小，如图4-23所示。

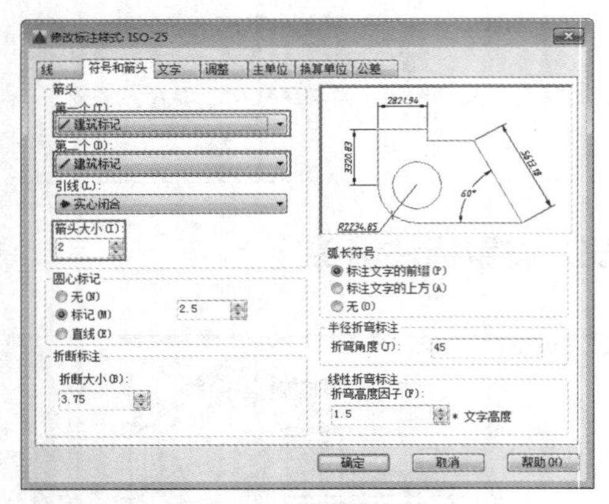

图 4-23 设置箭头符号和大小

05 单击“确定”按钮，返回绘图区，可见图形标注的箭头符号均变为建筑标记，如图4-24所示。

图 4-24 修改箭头符号之后的图形

实战160 设置标注文字

难度：☆☆

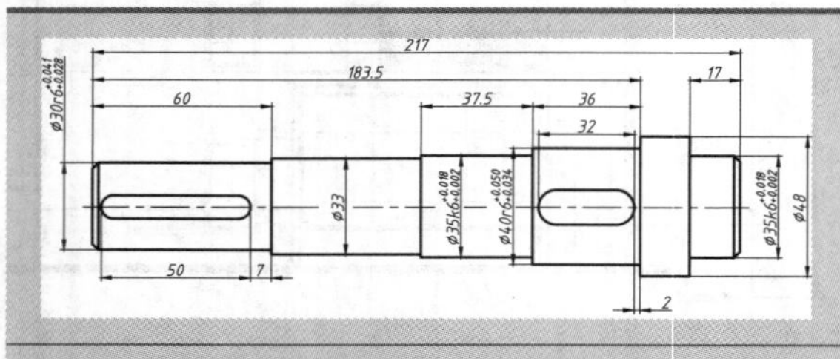

素材文件路径：素材\第 4 章\实战 160 设置标注文字 .dwg

效果文件路径：素材\第 4 章\实战 160 设置标注文字 -OK.dwg

在线视频：第 4 章\实战 160 设置标注文字 .mp4

在“修改标注样式：ISO-25”对话框中既可以选择文字样式，也可以单独设置文字的外观、文字位置和文字的对齐方式等。

01 打开素材文件“第4章\实战160 设置标注文字.dwg”，如图4-25所示。可见图中的标注文字显示过小。

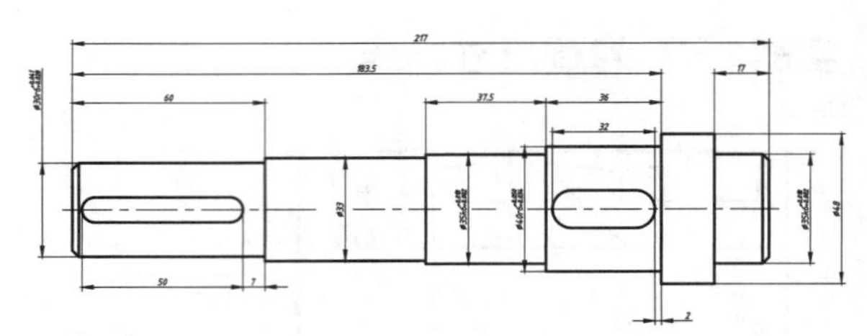

图 4-25 素材文件

02 在命令行中输入“D”，按Enter键确认，打开“标注样式管理器”对话框，接着单击其中的“修改”按钮，对当前使用的标注样式进行修改。

03 系统弹出“修改标注样式：ISO-25”对话框，选择“文字”选项卡，然后在“文字高度”文本框中输入新的高度“5”，如图4-26所示。

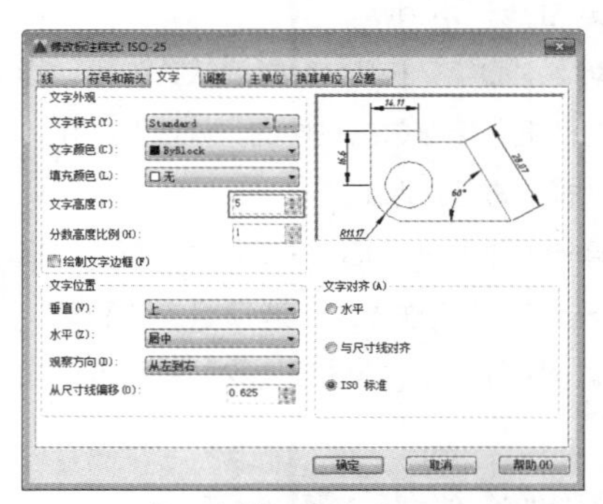

图 4-26 输入新的文字高度

04 单击“确定”按钮，返回绘图区，可见标注文字明显增大，便于观看，如图4-27所示。

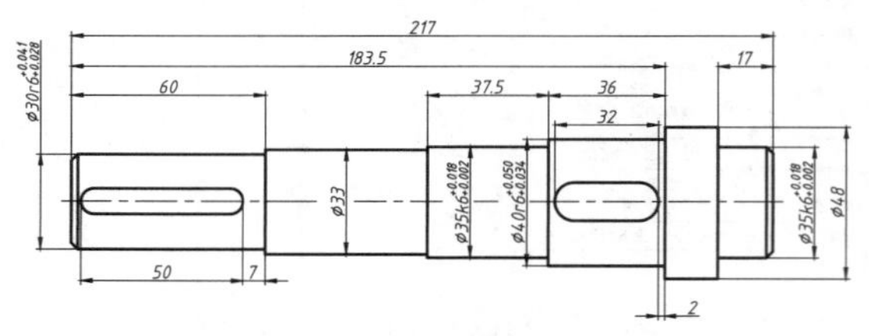

图 4-27 修改文字高度后的图形

实战161 设置文字偏移值

难度：☆☆

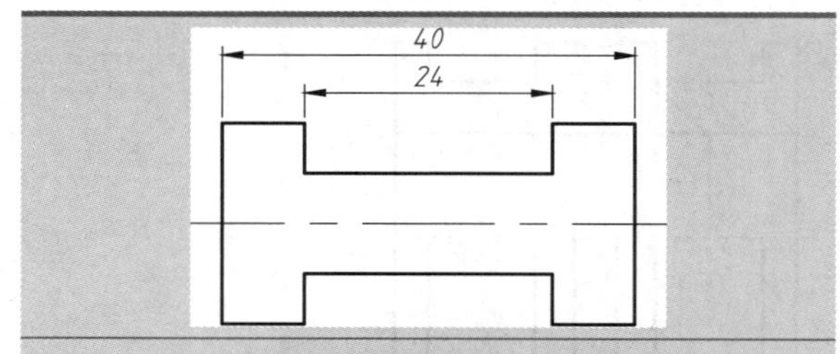

素材文件路径：素材\第 4 章\实战 161 设置文字偏移值 .dwg

效果文件路径：素材\第 4 章\实战 161 设置文字偏移值 -OK.dwg

在线视频：第 4 章\实战 161 设置文字偏移值 .mp4

在AutoCAD 中，还可以设置标注文字与尺寸线之间的距离。距离太近会让标注文字与尺寸线重叠，而太远则又容易让人产生误解。

01 打开素材文件“第4章\实战161 设置文字偏移值.dwg”，如图4-28所示。可见图中的标注文字完全与尺寸线重叠，中间无间距。

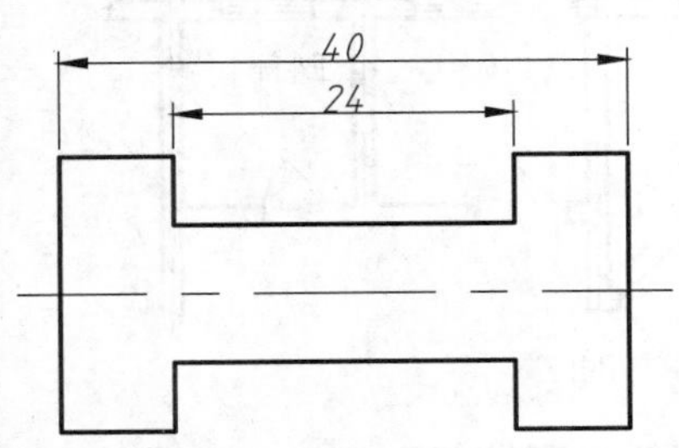

图 4-28 素材文件

02 在命令行中输入“D”，按Enter键确认，打开“标注样式管理器”对话框，接着单击其中的“修改”按钮，对当前使用的标注样式进行修改。

03 系统弹出“修改标注样式：ISO-25”对话框，选择“文字”选项卡，然后在“从尺寸线偏移”文本框中输入新的偏移值“0.625”，如图4-29所示。

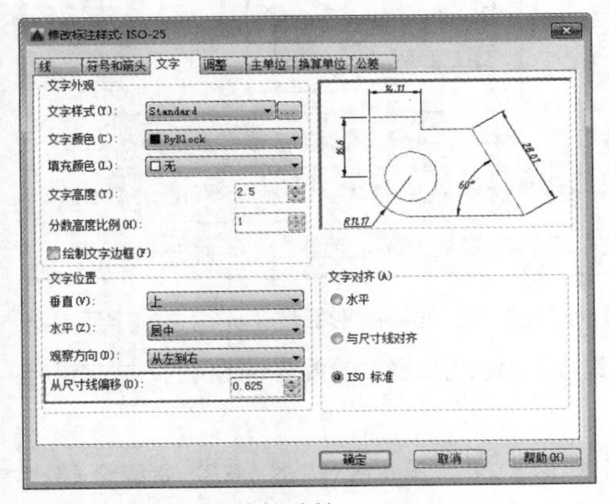

图 4-29 设置文字的偏移值

04 单击“确定”按钮，返回绘图区，可见标注文字从尺寸线处向上偏移了0.625，效果如图4-30所示。

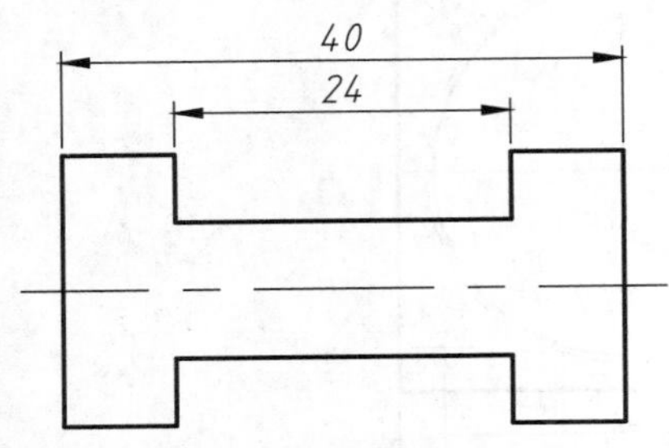

图 4-30 文字偏移距离为 0.625

05 如果在“从尺寸线偏移”文本框中输入偏移值“4”，效果如图4-31所示，可见文字完全偏离了尺寸线。因此该值不宜过大，也不宜过小，宜在0.5~1之间，一般设置为0.625。

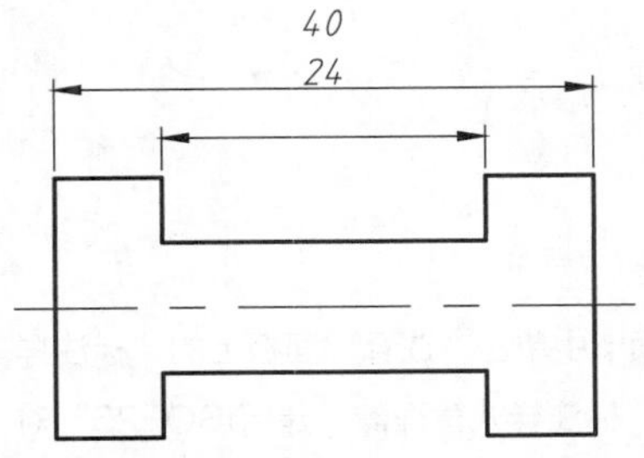

图 4-31 文字偏移距离为 4

实战162 设置标注的引线

难度：☆☆☆

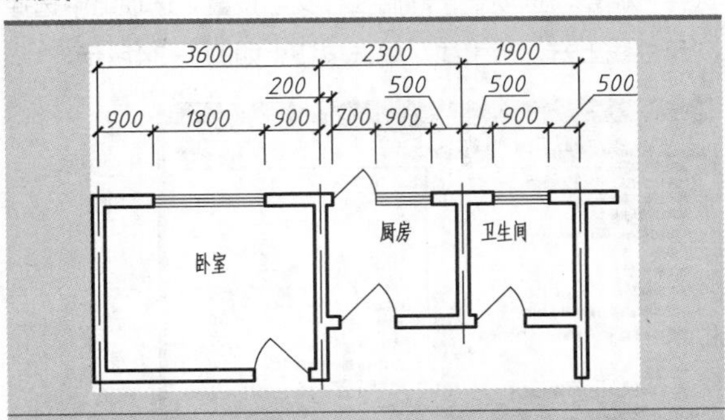

素材文件路径：素材\第 4 章\实战 162 设置标注的引线 .dwg

效果文件路径：素材\第 4 章\实战 162 设置标注的引线 -OK.dwg

在线视频：第 4 章\实战 162 设置标注的引线 .mp4

在建筑、室内的平面图绘制中，经常会出现大量尺寸标注相邻的情况，如果其中有的尺寸标注过小，难免会显示不清楚，这时便可以设置带引线的标注来进行表示。

01 打开素材文件“第4章\实战162 设置标注的引线.dwg”，如图4-32所示。可见图中的标注排列相当紧密，而且右侧的3个“500”尺寸标注部分已被遮盖，不利于查看。

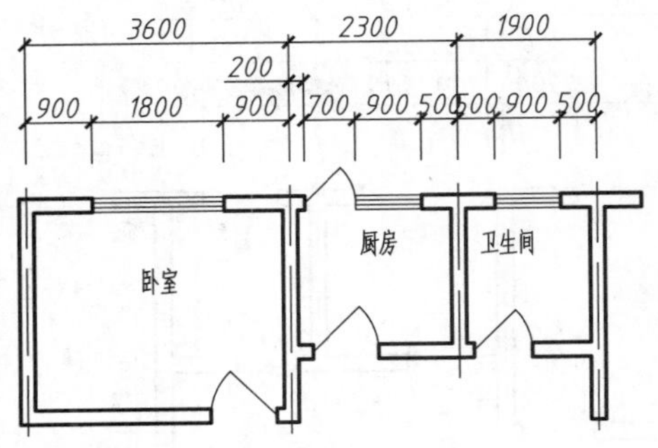

图 4-32 素材文件

02 此时便可以将这部分尺寸标注通过引线的方法引出表示，如图4-33所示。

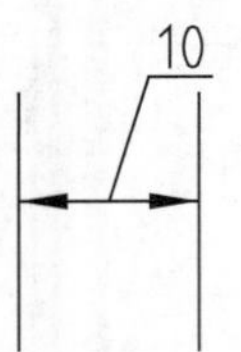

图 4-33 引出尺寸线标注尺寸

03 在“默认”选项卡中单击“注释”面板上的“标注样式”按钮，打开“标注样式管理器：建筑ISO-25”对话框，单击其中的“修改”按钮，对当前使用的标注样式进行修改。

04 系统弹出“修改标注样式：建筑ISO-25”对话框，选择“调整”选项卡，然后在“文字位置”选项组中选择“尺寸线上方，带引线”单选按钮，如图4-34所示。

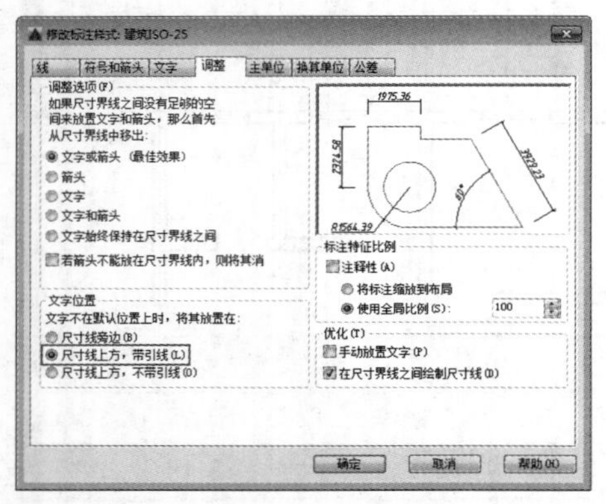

图 4-34 选择“尺寸线上方，带引线”单选按钮

05 单击“确定”按钮，返回绘图区，可见图形标注并没有发生明显变化，但如果对其进行编辑操作的话，便会发现不同。

06 将十字光标置于第一个“500”尺寸标注处，单击选取，再单击中点夹点，通过夹点编辑功能将标注文字拉伸至左侧“200”尺寸标注的同一高度，如图4-35所示。

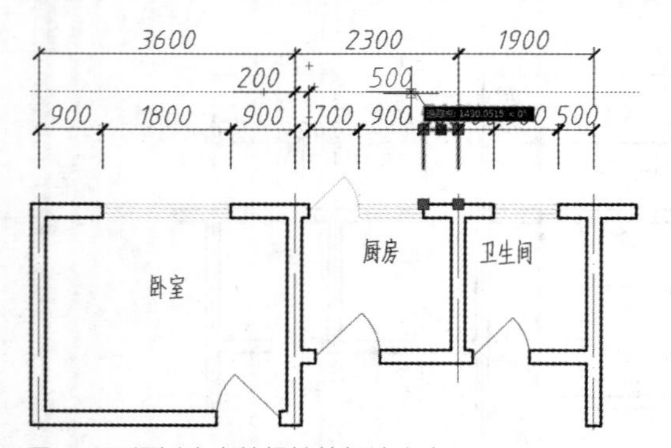

图 4-35 通过夹点编辑拉伸标注文字

07 使用相同方法，对其他的“500”尺寸标注进行拉伸，最终效果如图4-36所示。

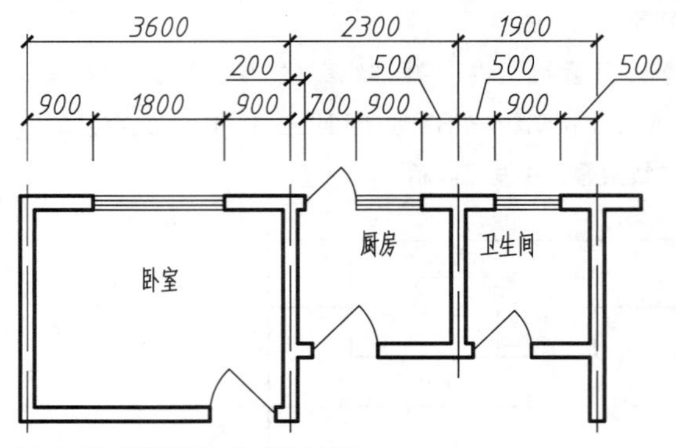

图 4-36 调整标注文字的位置

实战163 设置全局比例

难度：☆☆

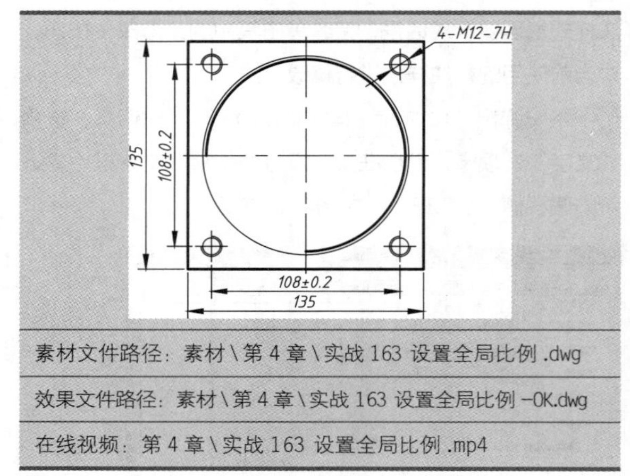

素材文件路径：素材\第 4 章\实战 163 设置全局比例 .dwg

效果文件路径：素材\第 4 章\实战 163 设置全局比例 -OK.dwg

在线视频：第 4 章\实战 163 设置全局比例 .mp4

在AutoCAD 中，如果图形标注（无论是文字还是箭头）显示过小，那么可以通过设置全局比例的方式来进行调整。

01 打开素材文件“第4章\实战163 设置全局比例.dwg”，如图4-37所示。可见图中的标注无论是文字还是箭头均显示过小。

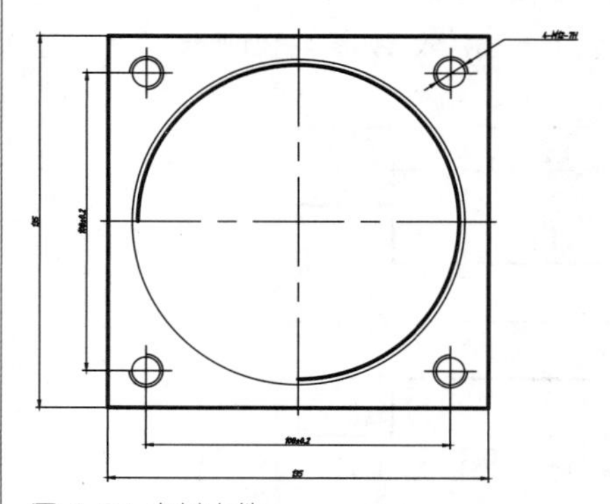

图 4-37 素材文件

02 在命令行中输入“D”，按Enter键确认，打开“标注样式管理器”对话框，接着单击其中的“修改”按钮，对当前使用的标注样式进行修改。

03 系统弹出“修改标注样式：ISO-25”对话框，单击“调整”选项卡，然后在“使用全局比例”文本框中输入新的比例值“3.5”，如图4-38所示。

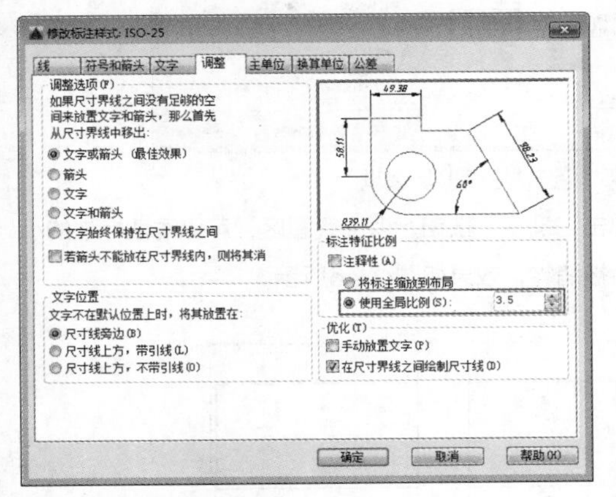

图 4-38 设置全局比例

04 单击“确定”按钮，返回绘图区，可见图形标注得到放大，如图4-39所示。

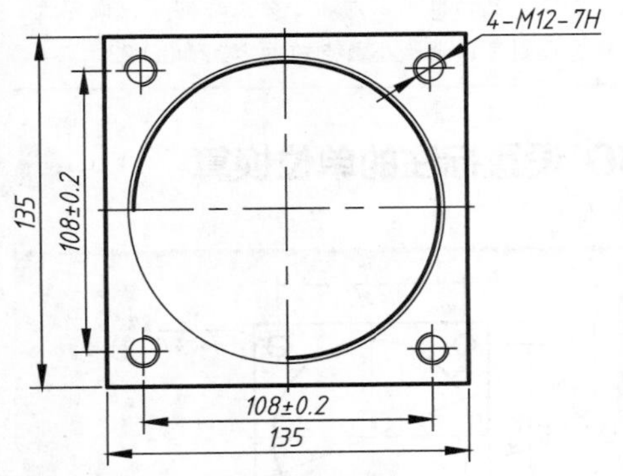

图 4-39 修改全局比例之后的图形

实战164 设置标注精度

难度：☆☆

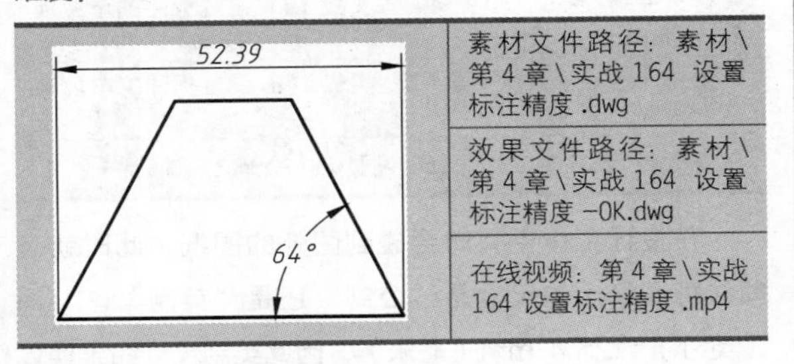

素材文件路径：素材\第 4 章\实战 164 设置标注精度 .dwg

效果文件路径：素材\第 4 章\实战 164 设置标注精度 -OK.dwg

在线视频：第 4 章\实战 164 设置标注精度 .mp4

在AutoCAD 中，有时需要对图形标注的精度进行设置，如角度尺寸一般不保留小数位，这种情况可以通过设置标注精度来解决。

01 打开素材文件“第4章\实战164 设置标注精度.dwg”，如图4-40所示。可见图中的尺寸标注带有小数位。

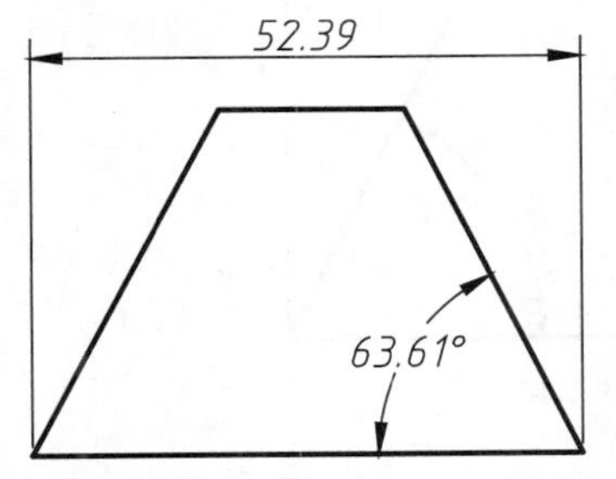

图 4-40 素材文件

02 在命令行中输入“D”，按Enter键确认，打开“标注样式管理器”对话框，接着单击其中的“修改”按钮，对当前使用的标注样式进行修改。

03 系统弹出“修改标注样式：ISO-25”对话框，单击“主单位”选项卡，然后在“角度标注”选项组中设置精度为0，如图4-41所示。

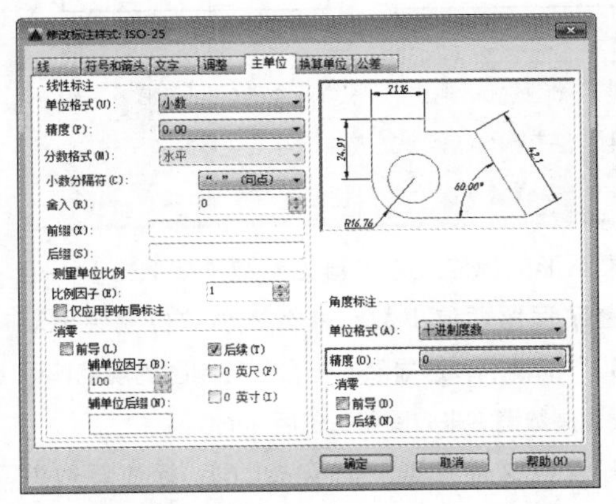

图 4-41 设置标注精度

04 单击“确定”按钮，返回绘图区，可见角度标注小数点后数值被四舍五入处理，效果如图4-42所示。

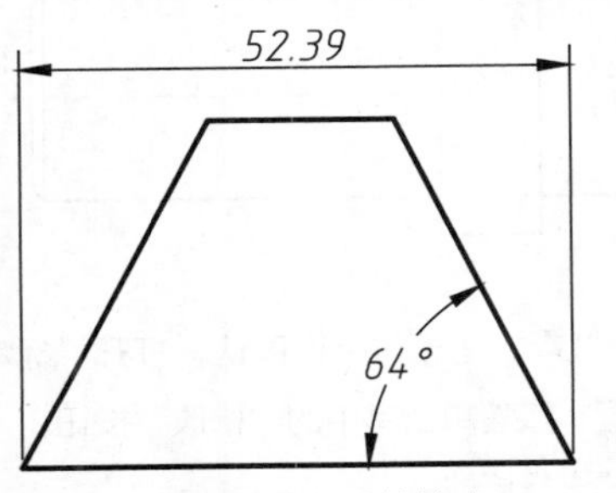

图 4-42 修改角度标注的精度

05 如果在“主单位”选项卡中设置“线性标注”选项组中的精度为0，则显示如图4-43所示。但一般线性尺寸都最好保留两位小数，所以不推荐进行修改。

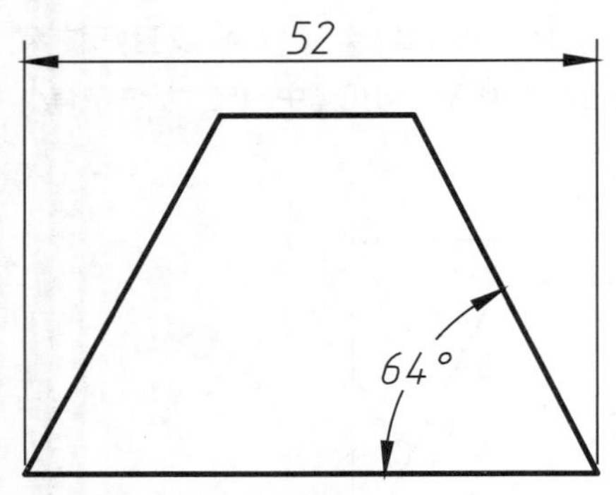

图 4-43 修改线性标注的精度

实战165 标注尾数消零

难度：☆☆

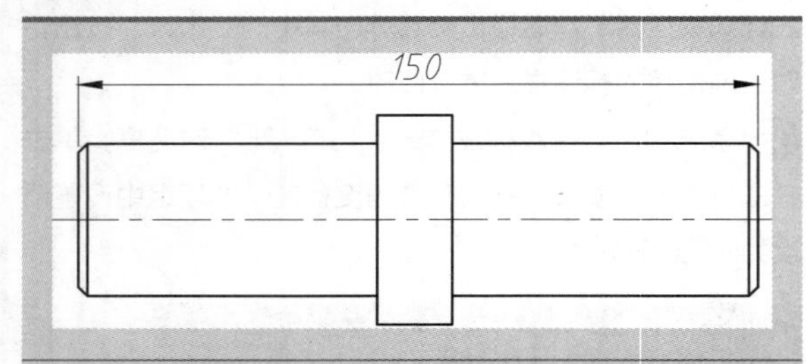

素材文件路径：素材\第 4 章\实战 165 标注尾数消零 .dwg

效果文件路径：素材\第 4 章\实战 165 标注尾数消零 -OK.dwg

在线视频：第 4 章\实战 165 标注尾数消零 .mp4

如果图形的标注尺寸本身为整数（如123），但精度设置了保留两位小数，那么在小数位就会出现“123.00”的情况，这显然不符合工程制图的规范，可以通过设置尾数消零来去除整数位后面的0。

01 打开素材文件“第4章\实战165 标注尾数消零.dwg”，如图4-44所示。

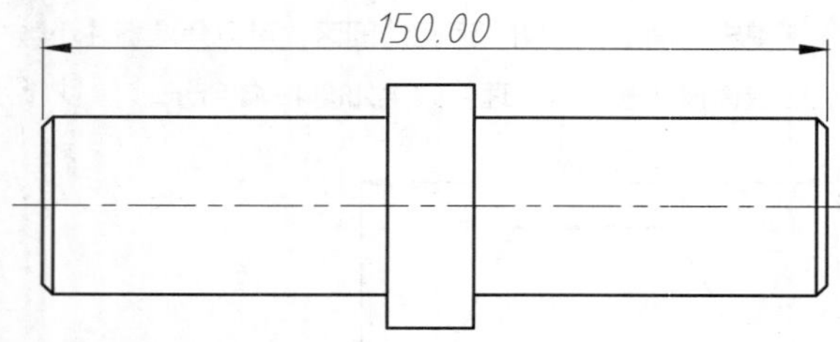

图 4-44 素材文件

02 在命令行中输入“D”，按Enter键确认，打开“标注样式管理器”对话框，接着单击其中的“修改”按钮，对当前使用的标注样式进行修改。

03 系统弹出“修改标注样式：ISO-25”对话框，选择“主单位”选项卡，然后在“消零”选项组中勾选“后续”复选框，如图4-45所示。

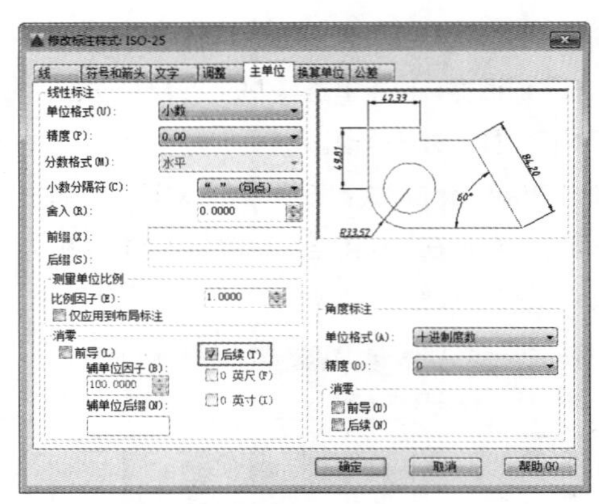

图 4-45 勾选“后续”复选框

04 单击“确定”按钮，返回绘图区，可见线性标注的小数点后被消零，效果如图4-46所示。

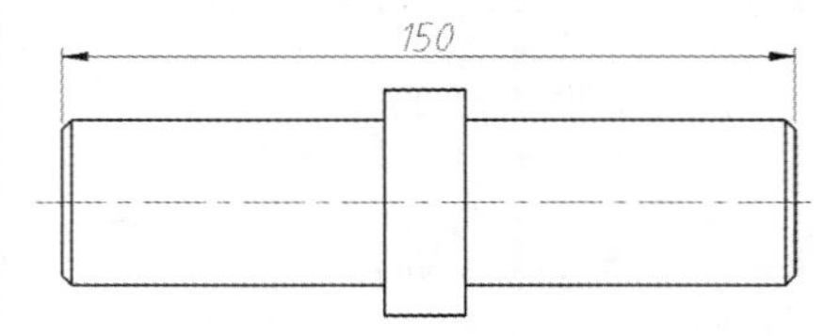

图 4-46 尾数消零的效果

提示

勾选“后续”复选框可以消除小数点后的零，而勾选“前导”复选框则可以消除小数点前的零，如0.123。

实战166 设置标注的单位换算

难度：☆☆☆

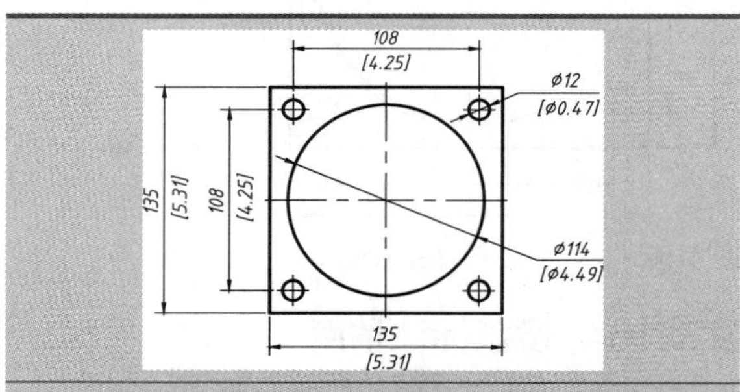

素材文件路径：素材\第 4 章\实战 166 设置标注的单位换算 .dwg

效果文件路径：素材\第 4 章\实战 166 设置标注的单位换算 -OK.dwg

在线视频：第 4 章\实战 166 设置标注的单位换算 .mp4

在设计工作中有时会碰到国外的图纸，此时就必须注意图纸上的尺寸是“公制”还是“英制”。1 in（英寸）= 25.4 mm（毫米），因此英制尺寸如果换算为公制尺寸，需放大25.4倍，反之则缩小1/25.4（约0.0393）。

01 打开素材文件“第4章\实战166 设置标注的单位换算.dwg”，如图4-47所示。

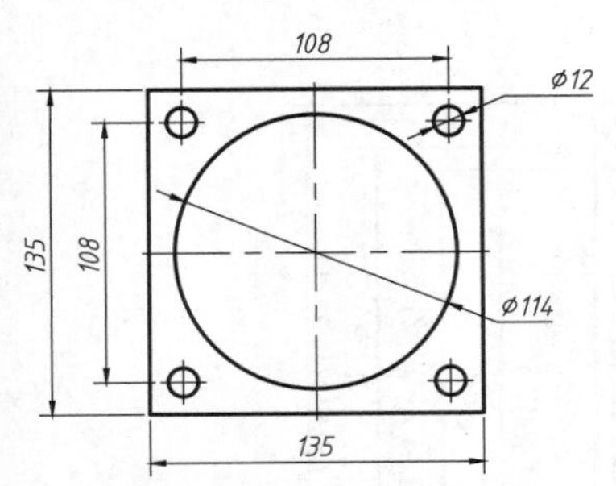

图 4-47 素材文件

02 单击“注释”面板中的“标注样式”按钮，弹出“标注样式管理器”对话框，选择当前正在使用的“ISO-25”标注样式，单击“修改”按钮，如图4-48所示。

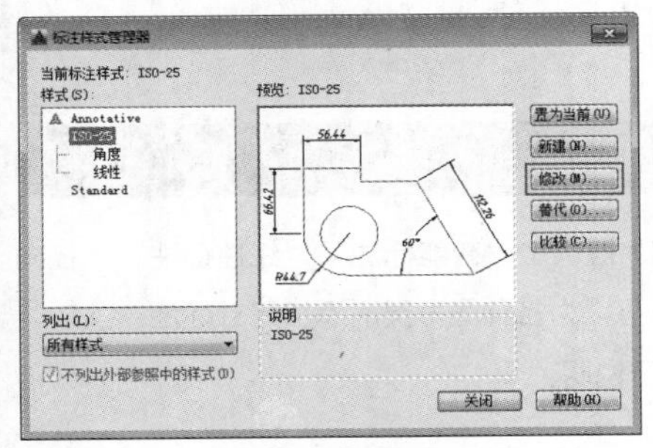

图 4-48 “标注样式管理器”对话框

03 启用换算单位。打开“修改标注样式：ISO-25”对话框，单击“换算单位”选项卡，勾选“显示换算单位”复选框，然后在“换算单位倍数”文本框中输入“0.0393701”，即毫米换算至英寸的比例值，再在“位置”选项组中选择换算尺寸的放置位置，如图4-49所示。

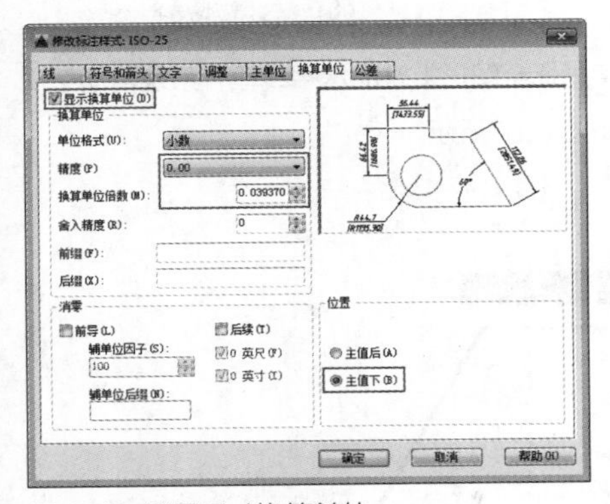

图 4-49 设置尺寸换算单位

04 单击“确定”按钮，返回绘图区，可见在原标注区域的指定位置处添加了带括号的数值，该值即为英制尺寸，如图4-50所示。

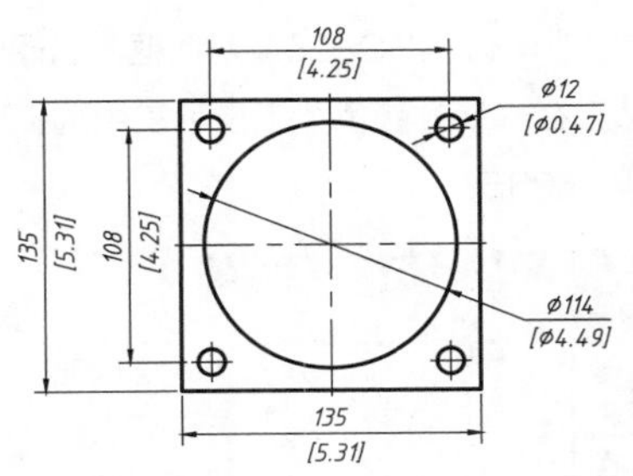

图 4-50 添加换算尺寸之后的标注

实战167 凸显标注文字

难度：☆☆☆

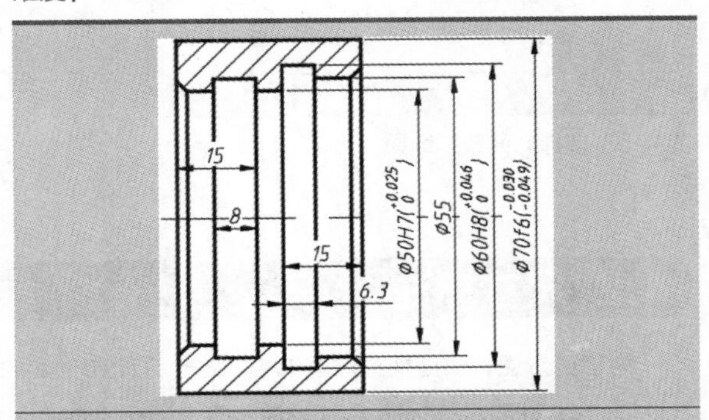

素材文件路径：素材\第 4 章\实战 167 凸显标注文字 .dwg

效果文件路径：素材\第 4 章\实战 167 凸显标注文字 -OK.dwg

在线视频：第 4 章\实战 167 凸显标注文字 .mp4

如果图形中内容很多，那在标注时就难免会出现尺寸文字与图形对象相互重叠的现象。这时可以将标注文字进行凸显，使其从图形对象中突出显示。

01 打开素材文件“第4章\实战167 凸显标注文字.dwg”，如图4-51所示。可见图中的标注与轮廓线、中心线、填充图案等图形对象重叠，很难看清标注文字。

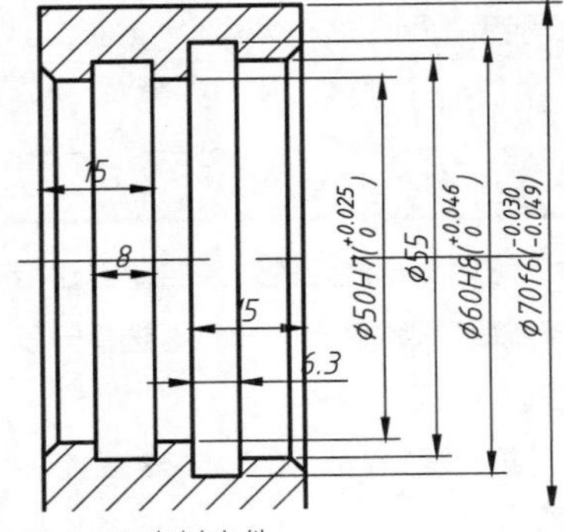

图 4-51 素材文件

02 在命令行中输入“D”，按Enter键确认，打开“标注样式管理器”对话框，接着单击其中的“修改”按钮，对当前使用的标注样式进行修改。

03 系统弹出“修改标注样式：ISO-25”对话框，选择“文字”选项卡，然后在“填充颜色”下拉列表中选择“背景”选项，如图4-52所示。

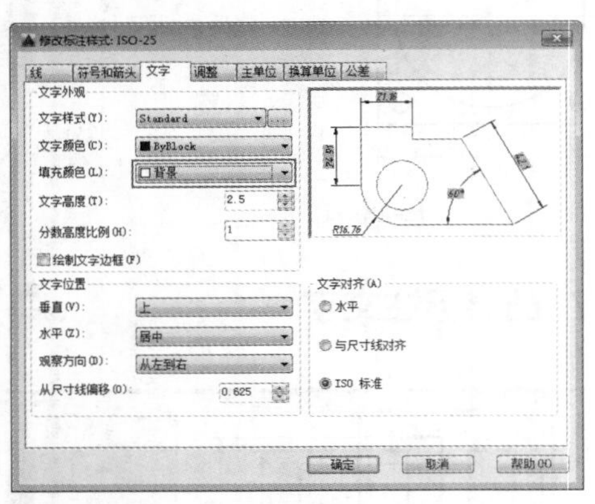

图 4-52 选择“背景”选项

04 单击“确定”按钮，返回绘图区，可见各图形对象在标注文字处自动被“打断”，标注文字得以突出显示，效果如图4-53所示。

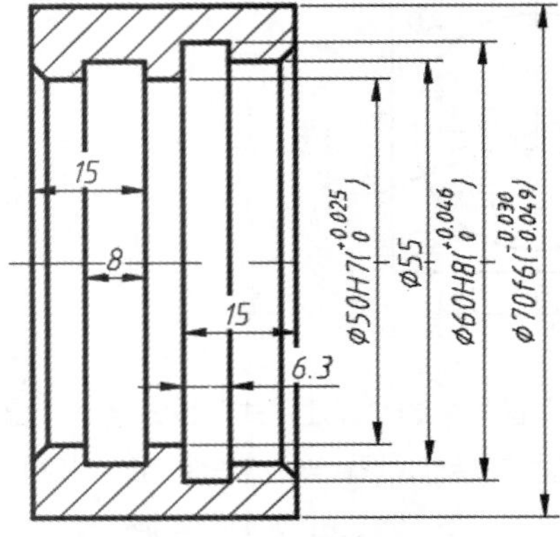

图 4-53 凸显标注文字后的效果

4.2 尺寸标注

为了更方便、快捷地标注图纸中的各个方向和形式的尺寸，AutoCAD 提供了“智能标注”“线性标注”“径向标注”“角度标注”“多重引线标注”等多种标注方法。掌握这些标注方法可以为各种图形灵活添加尺寸标注。

下面将通过12个实战，来对AutoCAD 2020中的各种尺寸标注方法进行说明。

实战168 创建智能标注

难度：☆☆

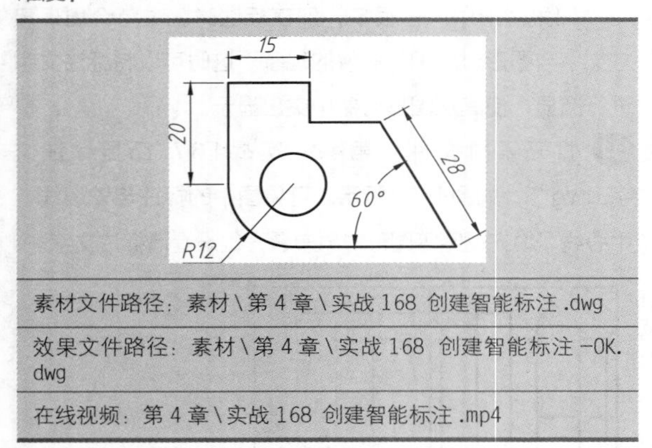

素材文件路径：素材\第 4 章\实战 168 创建智能标注 .dwg

效果文件路径：素材\第 4 章\实战 168 创建智能标注 -OK.dwg

在线视频：第 4 章\实战 168 创建智能标注 .mp4

“智能标注”命令可以根据选定的对象自动创建相应的标注。如选择一条线段，则创建线性标注；选择一段圆弧，则创建半径标注。

01 打开素材文件“第4章\实战168 创建智能标注.dwg”，如图4-54所示。

02 标注水平尺寸。在“默认”选项卡中，单击“注释”面板上的“标注”按钮，如图4-55所示，执行“智能标注”命令。

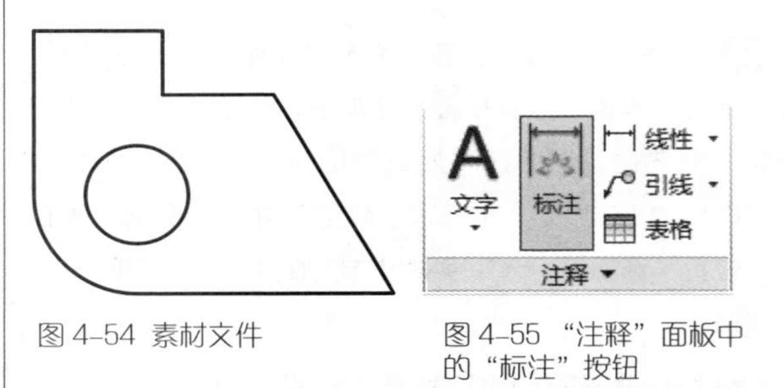

图 4-54 素材文件

图 4-55 “注释”面板中的“标注”按钮

03 移动十字光标至图形上方的水平线段，系统自动生成线性标注，如图4-56所示。

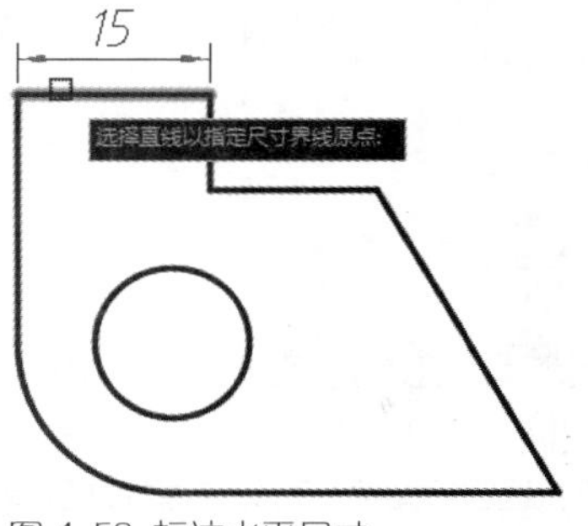

图 4-56 标注水平尺寸

04 标注竖直尺寸。放置好上一步骤创建的尺寸，即可继续执行“智能标注”命令。选择图形左侧的竖直线段，即可标注如图4-57所示的竖直尺寸。

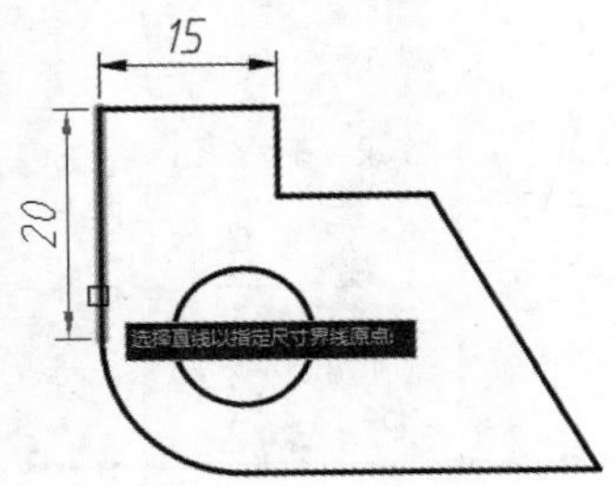

图 4-57 标注竖直尺寸

05 标注半径尺寸。放置好竖直尺寸，接着选择左下角的圆弧段，即可创建半径标注，如图4-58所示。

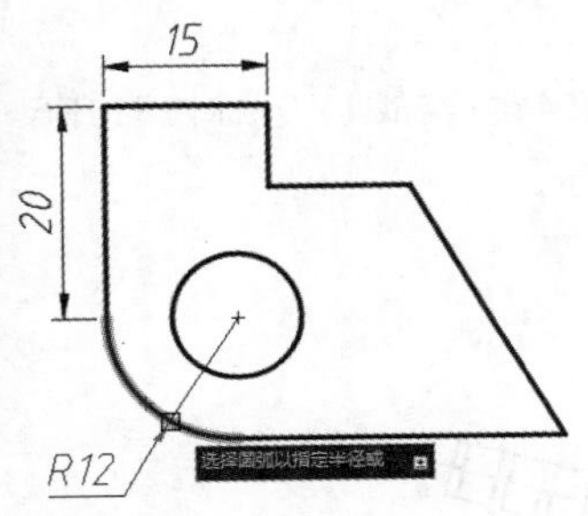

图 4-58 标注半径尺寸

06 标注角度尺寸。放置好半径尺寸，继续执行“智能标注”命令。选择图形底边的水平线，然后不要放置标注，直径选择右侧的斜线，即可创建角度标注，如图4-59所示。

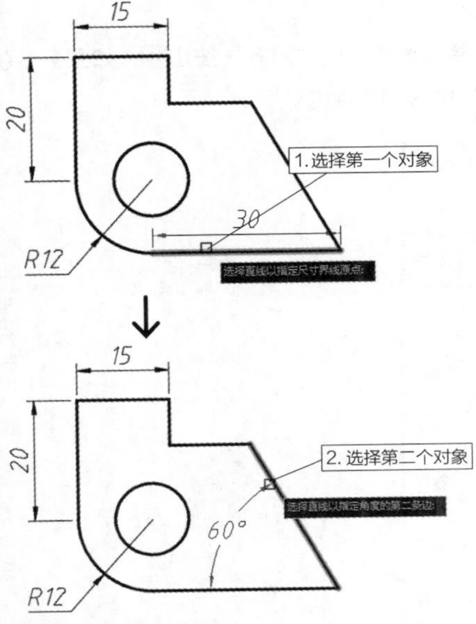

图 4-59 标注角度尺寸

07 标注对齐尺寸。放置角度标注之后，移动十字光标至右侧的斜线，得到如图4-60所示的对齐标注。

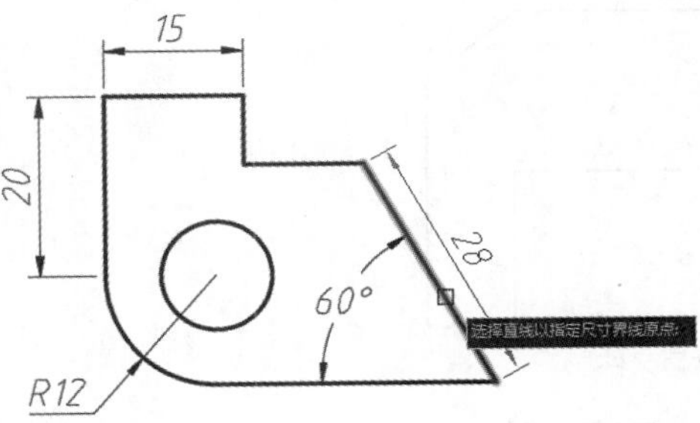

图 4-60 标注对齐尺寸

08 按Enter键结束“智能标注”命令，最终标注效果如图4-61所示。读者也可自行使用“线性”“半径”等传统命令进行标注，以比较两种方法之间的异同。

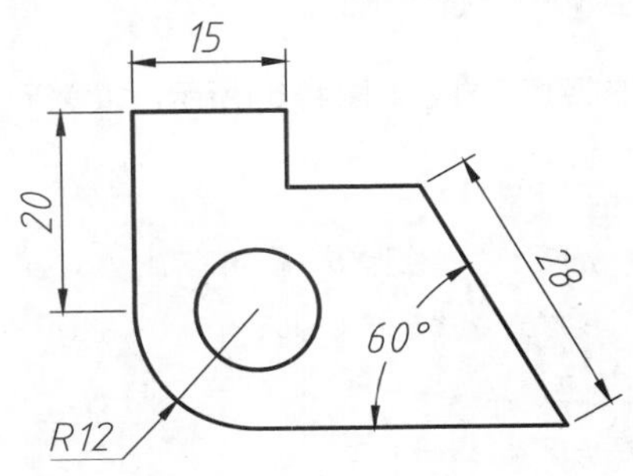

图 4-61 最终效果

实战169 标注线性尺寸

难度：☆☆

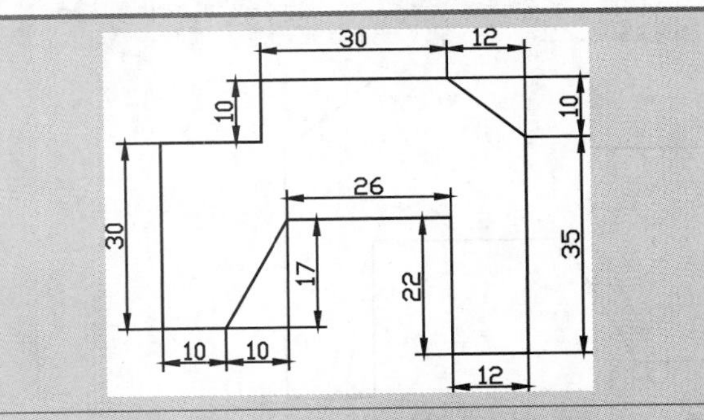

素材文件路径：素材 \ 第 4 章 \ 实战 169 标注线性尺寸 .dwg

效果文件路径：素材 \ 第 4 章 \ 实战 169 标注线性尺寸 -OK.dwg

在线视频：第 4 章 \ 实战 169 标注线性尺寸 .mp4

“线性标注”命令用于标注对象的水平或垂直尺寸。即使标注对象是倾斜的，仍生成水平或竖直方向的标注。

01 打开素材文件“第4章\实战169标注线性尺寸.dwg”，如图4-62所示。

02 单击“注释”面板上的“线性”按钮，如图4-63所示，执行“线性标注”命令。

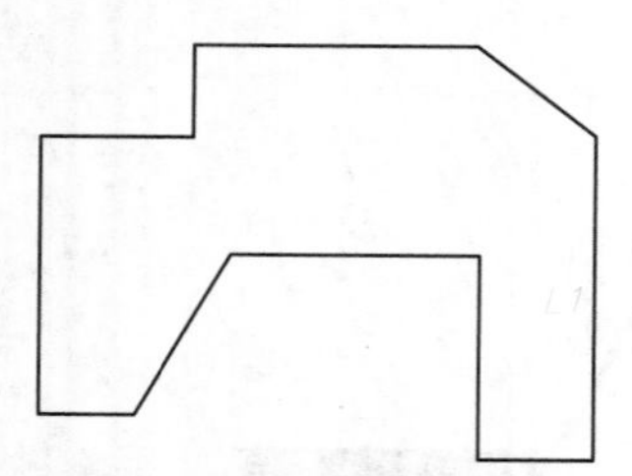

图 4-62 素材文件

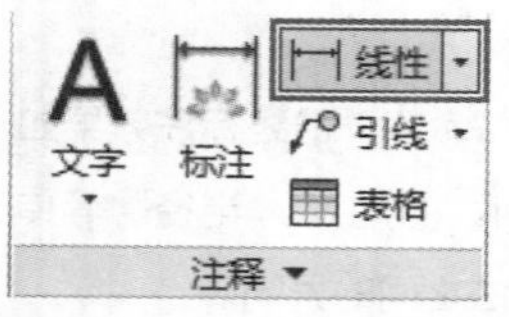

图 4-63 “注释”面板中的“线性”按钮

03 标注直线*L 1*的竖直尺寸，如图4-64所示，命令行操作如下。

```
命令: _dimlinear //执行“线性标注”命令
指定第一个尺寸界线原点或 <选择对象>:
  //捕捉并单击L 1 上端点
指定第二条尺寸界线原点:
  //捕捉并单击L 1 下端点
指定尺寸线位置或[多行文字(M)/文字(T)/角度(A)/水平(H)/垂直(V)/旋转(R)]:
  //向右移动十字光标，在合适位置单击放置尺寸线
```

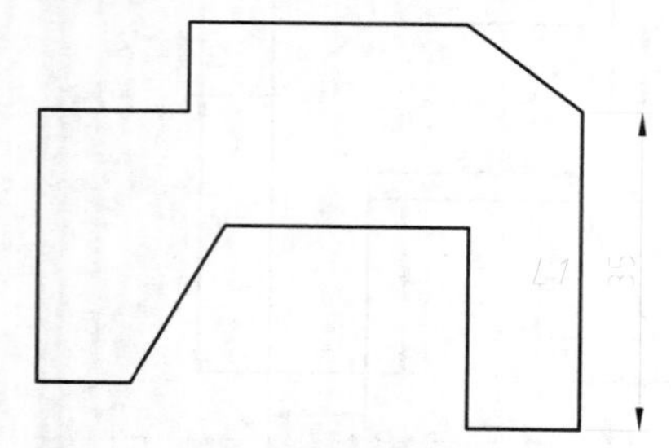

图 4-64 标注直线*L 1*的长度

04 用同样的方法标注其他线性尺寸，标注结果如图4-65所示。

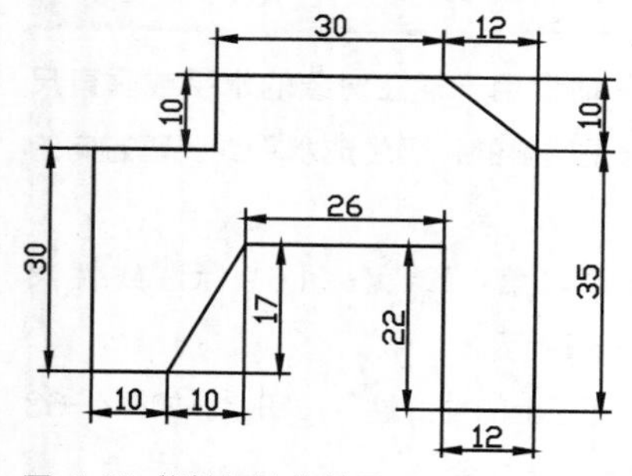

图 4-65 线性标注的结果

实战170 标注对齐尺寸

难度：☆☆

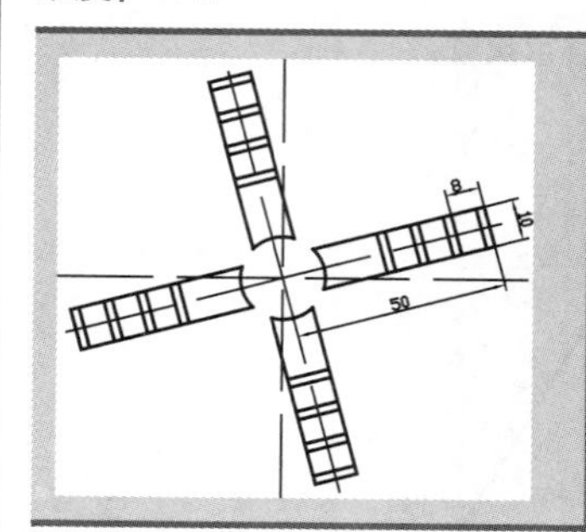

素材文件路径：素材\第 4 章\实战 170 标注对齐尺寸.dwg

效果文件路径：素材\第 4 章\实战 170 标注对齐尺寸 -OK.dwg

在线视频：第 4 章\实战 170 标注对齐尺寸.mp4

在对直线进行标注时，如果该直线的倾斜角度未知，那么“线性标注”命令仅能得到水平尺寸，而无法得到直线的绝对尺寸，这时可以使用“对齐标注命令”来得到准确的测量值。

01 打开素材文件“第4章\实战170 标注对齐尺寸.dwg”，如图4-66所示。

图 4-66 素材文件

02 单击“注释”面板上的“对齐”按钮，如图4-67所示，执行“对齐标注”命令。

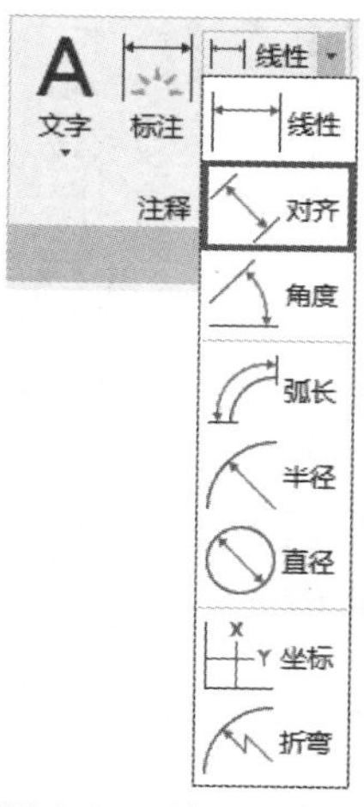

图 4-67 “注释”面板中的“对齐”按钮

03 标注尺寸如图4-68所示，命令行操作如下。

```
命令:_dimaligned                              //执行“对齐标注”命令
指定第一个尺寸界线原点或 <选择对象>:          //捕捉并单击直线L1上任意一点
指定第二条尺寸界线原点:                       //捕捉并单击中心线L2上的垂足
指定尺寸线位置或
[多行文字(M)/文字(T)/角度(A)]:                //移动十字光标，在合适的位置单击放置尺寸线
标注文字 = 50
```

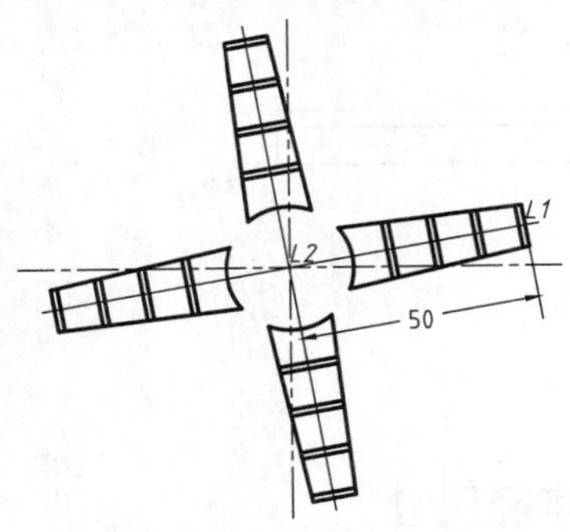

图 4-68 标注对齐尺寸

04 按同样的方法标注其他对齐尺寸，如图4-69所示。

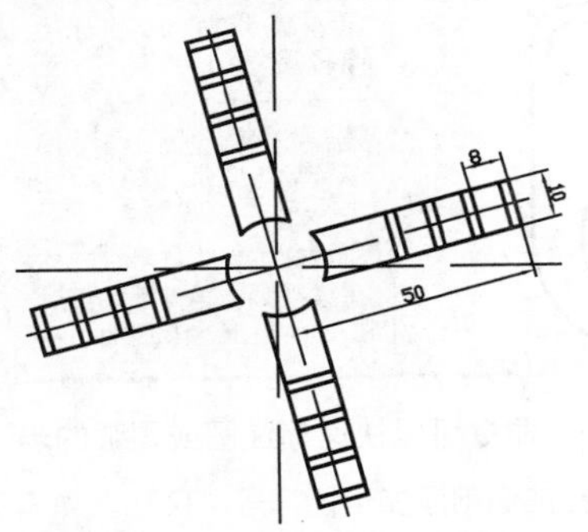

图 4-69 其他对齐尺寸的标注结果

实战171 标注角度尺寸

难度：☆☆

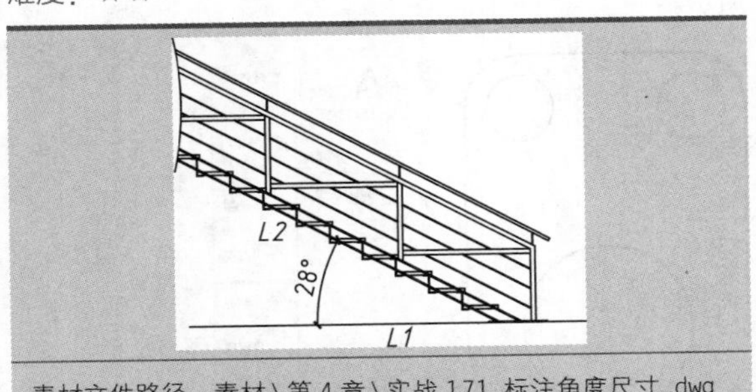

素材文件路径：素材\第 4 章\实战 171 标注角度尺寸.dwg

效果文件路径：素材\第 4 章\实战 171 标注角度尺寸-OK.dwg

在线视频：第 4 章\实战 171 标注角度尺寸.mp4

利用“角度标注”命令不仅可以标注2条呈一定角度的直线或3个点之间的夹角，选择圆弧的话，还可以标注圆弧的圆心角。

01 打开素材文件“第4章\实战171 标注角度尺寸.dwg”，如图4-70所示。

02 单击“注释”面板上的“角度”按钮，执行“角度标注”命令，如图4-71所示。

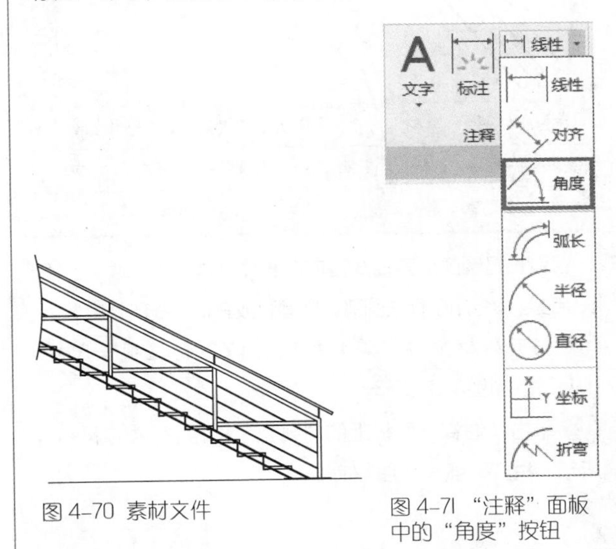

图 4-70 素材文件

图 4-71 “注释”面板中的“角度”按钮

03 分别选择楼梯倾角的2条边线进行标注，如图4-72所示，命令行操作如下。

```
命令: _dimangular
                //执行“角度标注”命令
选择圆弧、圆、直线或 <指定顶点>:
                //选择直线L1
选择第二条直线:
                //选择直线L2
指定标注弧线位置或 [多行文字(M)/文字(T)/角度(A)/象限点(Q)]:        //指定尺寸线位置
```

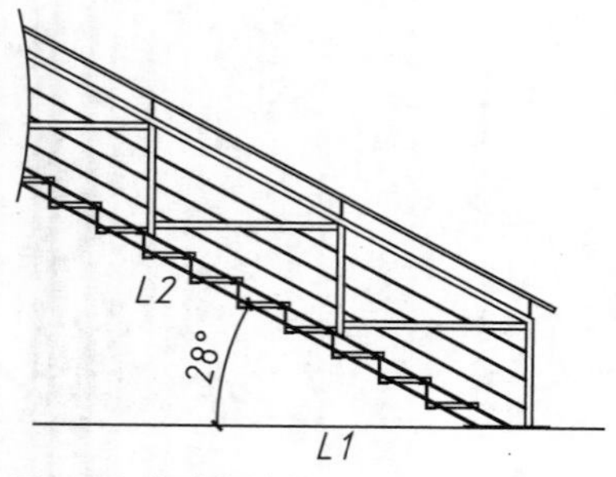

图 4-72 角度标注结果

实战172 标注弧长尺寸

难度：☆☆

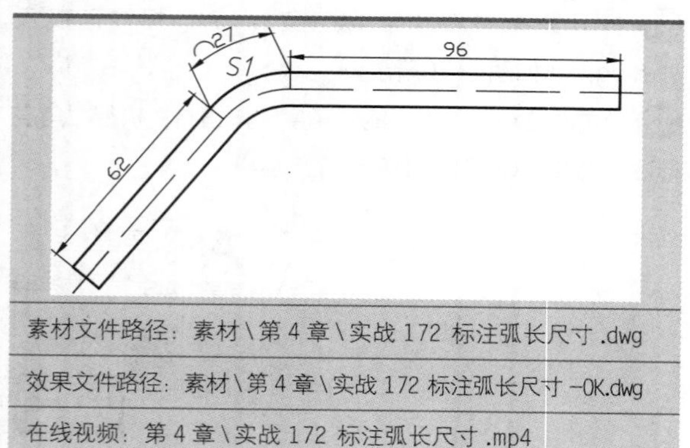

素材文件路径：素材\第 4 章\实战 172 标注弧长尺寸 .dwg
效果文件路径：素材\第 4 章\实战 172 标注弧长尺寸 -OK.dwg
在线视频：第 4 章\实战 172 标注弧长尺寸 .mp4

弧长是圆弧沿其曲线方向的长度，即展开长度。“弧长标注”命令用于标注圆弧、椭圆弧或其他弧线的长度。

01 打开素材文件“第4章\实战172 标注弧长尺寸.dwg”，如图4-73所示。

02 单击“注释”面板上的“弧长”按钮，如图4-74所示，执行“弧长标注”命令。

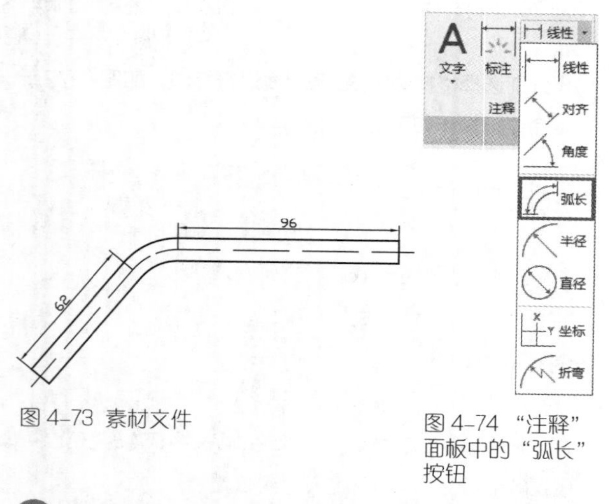

图 4-73 素材文件

图 4-74 “注释”面板中的“弧长”按钮

03 标注连接处的弧长，如图4-75所示，命令行操作如下。

```
命令：_dimarc
            //执行“弧长标注”命令
选择弧线段或多段线圆弧段：
            //单击选择圆弧S1
指定弧长标注位置或 [多行文字(M)/文字(T)/角度(A)/部分(P)/引线(L)]:
            //指定尺寸线的位置
```

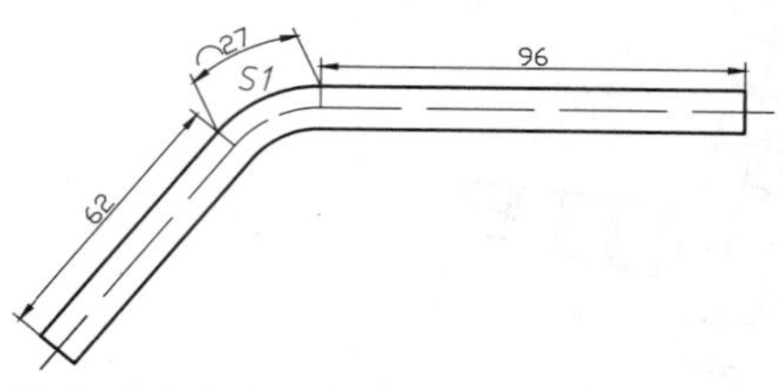

图 4-75 弧长标注结果

实战173 标注半径尺寸

难度：☆☆

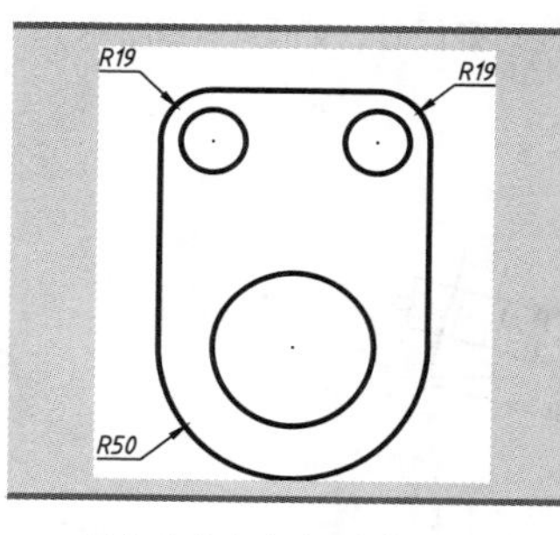

素材文件路径：素材\第 4 章\实战 173 标注半径尺寸 .dwg
效果文件路径：素材\第 4 章\实战 173 标注半径尺寸 -OK.dwg
在线视频：第 4 章\实战 173 标注半径尺寸 .mp4

利用“半径标注”命令可以快速标注圆或圆弧的半径大小，系统自动在标注值前添加半径符号“R”。

01 打开素材文件“第4章\实战173 标注半径尺寸.dwg”，如图4-76所示。

02 单击“注释”面板上的“半径”按钮，如图4-77所示。

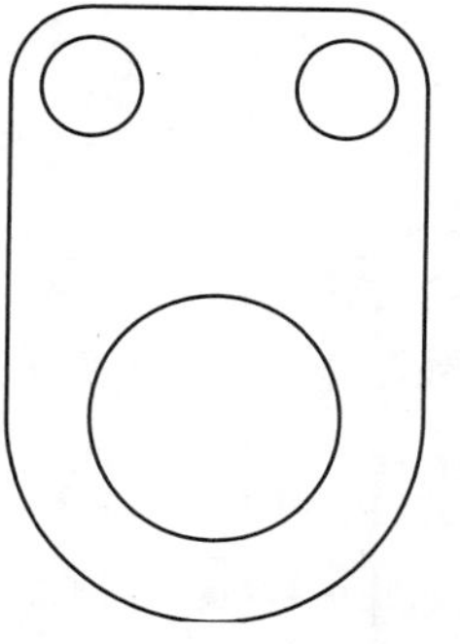
图 4-76 素材文件

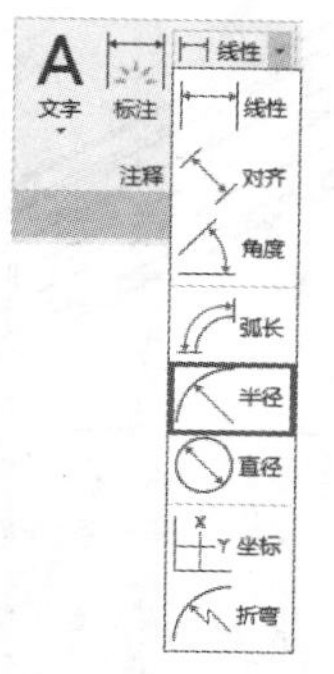

图4-77 “注释”面板中的“半径”按钮

03 标注圆弧半径，如图4-78所示，命令行操作如下。

```
命令: _dimdiameter
        //执行“半径标注”命令
选择圆弧或圆:
        //选择标注对象
指定尺寸线位置或 [多行文字(M)/文字(T)/角度(A)]:
        //指定标注放置的位置
```

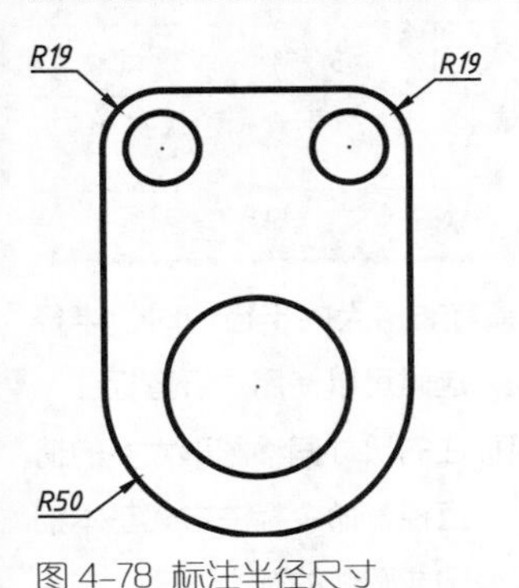

图 4-78 标注半径尺寸

实战174 标注直径尺寸

难度：☆☆

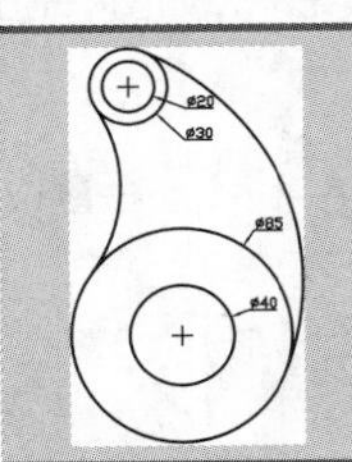	素材文件路径：素材\第 4 章\实战 174 标注直径尺寸 .dwg
	效果文件路径：素材\第 4 章\实战 174 标注直径尺寸 -OK.dwg
	在线视频：第 4 章\实战 174 标注直径尺寸 .mp4

利用“直径标注”命令可以标注圆或圆弧的直径大小，系统自动在标注值前添加直径符号“Ø”。

01 打开素材文件“第4章\实战174 标注直径尺寸.dwg”，如图4-79所示。

02 单击“注释”面板上的“直径”按钮，执行“直径标注”命令，如图4-80所示。

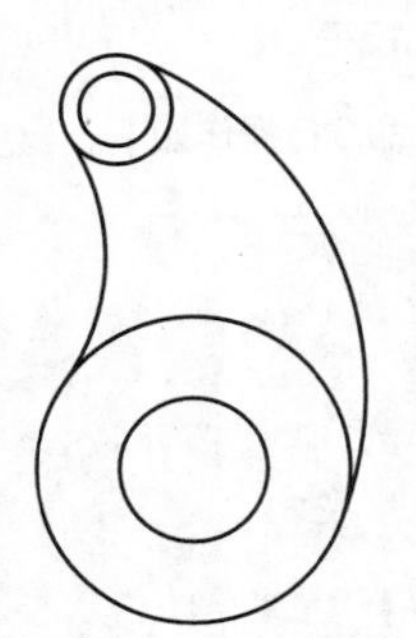
图 4-79 素材文件

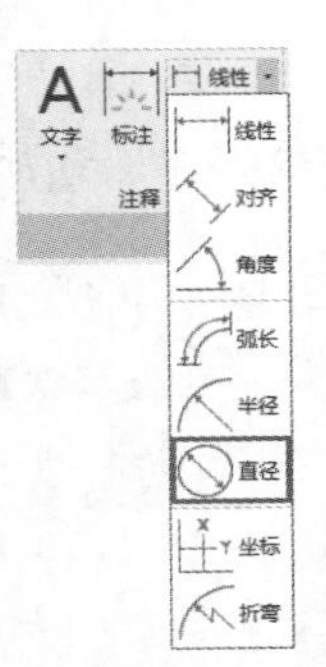

图 4-80 “注释”面板中的“直径”按钮

03 标注圆和圆弧的直径，如图4-81所示，命令行操作如下。

```
命令: _dimdiameter
        //执行“直径标注”命令
选择圆弧或圆:
        //选择圆的边线
指定尺寸线位置或 [多行文字(M)/文字(T)/角度(A)]:
        //指定标注放置的位置
……   //重复执行“直径标注”命令，标注其他圆
```

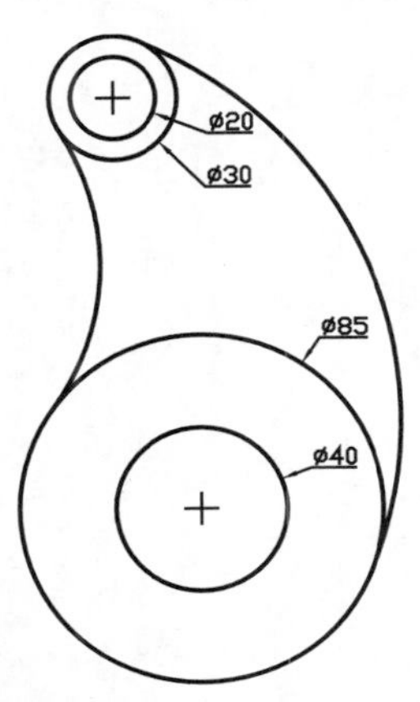

图 4-81 直径标注结果

提示

“半径标注”命令适用于非整圆图形对象的标注，如倒圆、圆弧等；而“直径标注”命令则适用于整圆图形的标注，如孔、轴等。

实战175 标注坐标尺寸

难度：☆☆☆

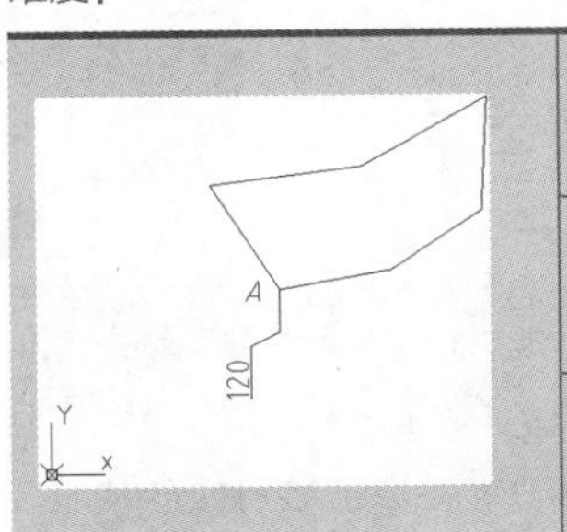	素材文件路径：素材\第 4 章\实战 175 标注坐标尺寸 .dwg
	效果文件路径：素材\第 4 章\实战 175 标注坐标尺寸 -OK.dwg
	在线视频：第 4 章\实战 175 标注坐标尺寸 .mp4

“坐标标注”是一类特殊的尺寸标注，用于标注某些点相对于UCS原点的 *X* 和 *Y* 坐标。

01 打开素材文件“第4章\实战175 标注坐标尺寸.dwg”，如图4-82所示。

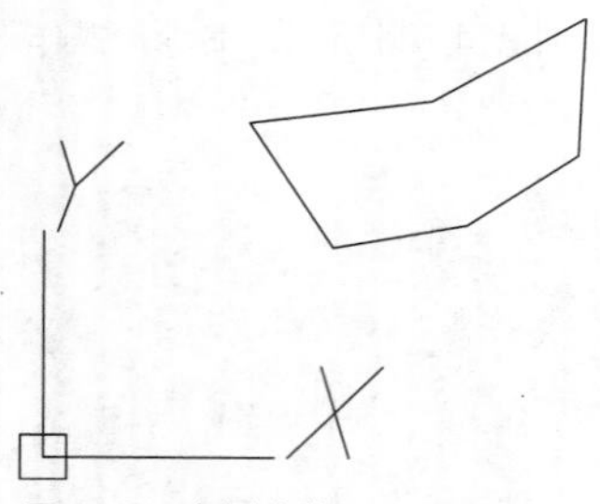

图 4-82 素材文件

02 在“默认”选项卡中，单击“注释”面板上的“坐标”按钮，如图4-83所示，执行“坐标标注”命令。

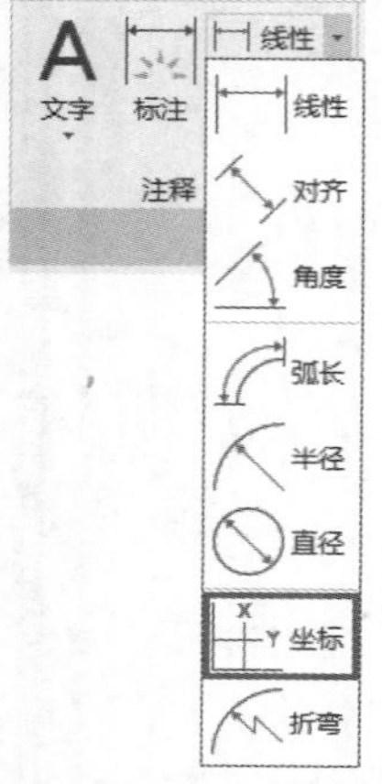

图 4-83 “注释”面板中的“坐标”按钮

03 标注顶点*A*的*X*坐标，如图4-84所示，命令行操作如下。

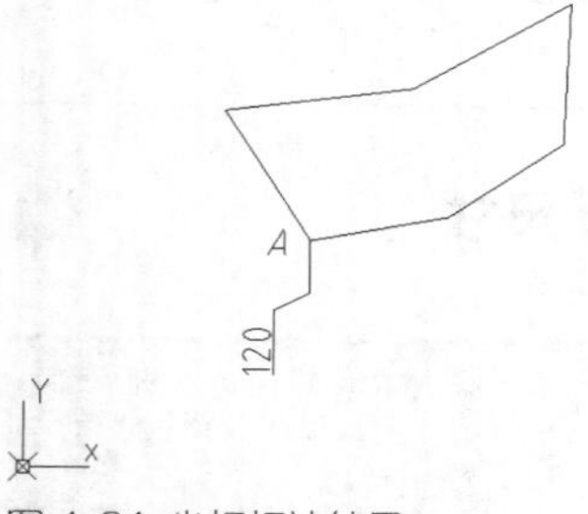

图 4-84 坐标标注结果

```
命令：_dimordinate          //执行“坐标标注”命令
指定点坐标：                //单击选择点A
指定引线端点或 [X 基准(X)/Y 基准(Y)/多行文字(M)/文字(T)/角度(A)]：X↙          //选择标注X坐标
指定引线端点或 [X基准(X)/Y基准(Y)/多行文字(M)/文字(T)/角度(A)]：
        //移动十字光标，在合适位置单击放置标注
```

实战176 折弯标注尺寸

难度：☆☆

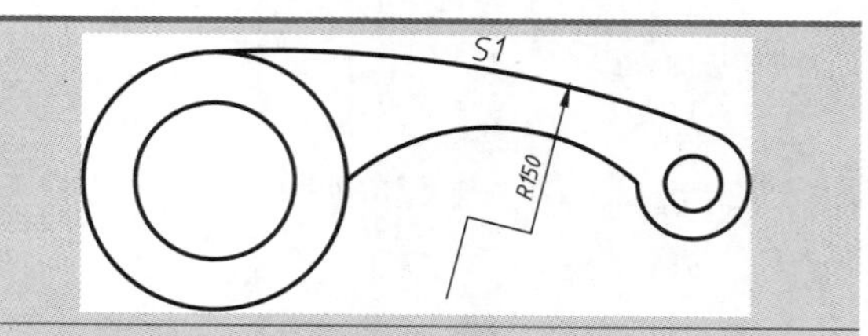

素材文件路径：素材\第 4 章\实战 176 折弯标注尺寸 .dwg

效果文件路径：素材\第 4 章\实战 176 折弯标注尺寸 -OK.dwg

在线视频：第 4 章\实战 176 折弯标注尺寸 .mp4

当图形本身很小，却具有非常大的半径值时，半径标注的尺寸线就会显得过长，这时可以使用“折弯标注”命令来注释图形，以免出现标注的尺寸偏移图形太多的情况。该标注方式与“半径”“直径”命令标注方式基本相同，但需要指定一个位置代替圆或圆弧的圆心。

01 打开素材文件“第4章\实战176 折弯标注尺寸.dwg”，如图4-85所示。

02 单击“注释”面板上的“折弯”按钮，如图4-86所示，执行“折弯标注”命令。

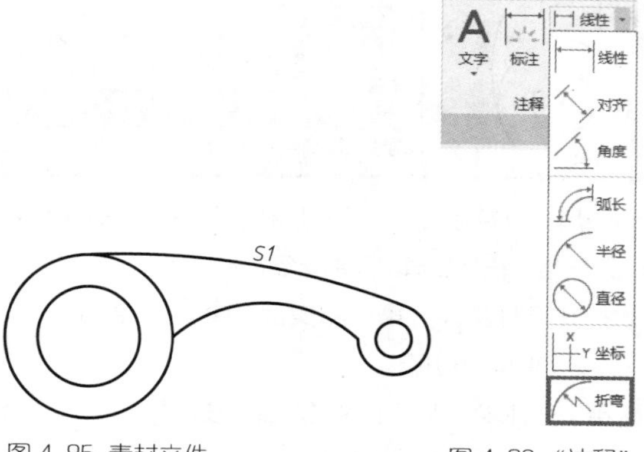

图 4-85 素材文件

图 4-86 “注释”面板中的“折弯”按钮

03 标注圆弧的半径，如图4-87所示，命令行操作如下。

```
命令：_dimjogged        //执行“折弯标注”命令
选择圆弧或圆：          //选择圆弧S1
指定图示中心位置：      //指定圆心位置，即标注的端点
标注文字 = 150
指定尺寸线位置或 [多行文字(M)/文字(T)/角度(A)]：
                        //指定尺寸线位置
指定折弯位置：          //指定折弯位置，完成标注
```

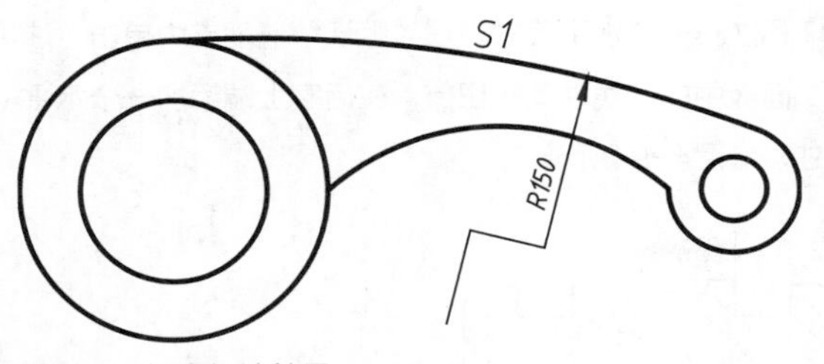

图 4-87 折弯标注结果

提示

如果直接对R150圆弧进行“半径”标注，则会出现如图4-88所示的结果。可见半径标注由于圆心的位置太远，而出现过长的尺寸线。

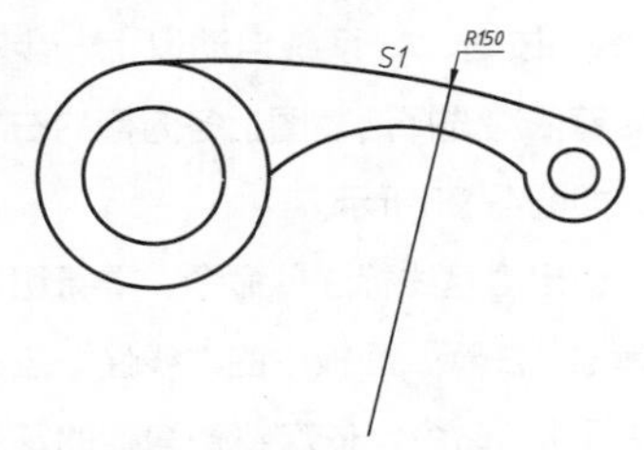

图 4-88 直接半径标注结果

实战177 连续标注尺寸

难度：☆☆

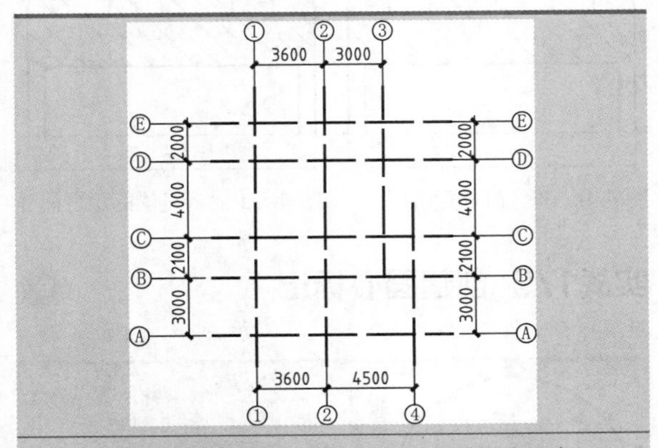

素材文件路径：素材\第 4 章\实战 177 连续标注尺寸 .dwg

效果文件路径：素材\第 4 章\实战 177 连续标注尺寸 -OK.dwg

在线视频：第 4 章\实战 177 连续标注尺寸 .mp4

“连续标注”是以指定的尺寸界线（必须以“线性”“坐标”“角度”标注界限）为基线进行标注，但“连续标注”所指定的基线仅作为与该尺寸标注相邻的连续标注尺寸的基线，以此类推，下一个标注尺寸都以前一个标注与其相邻的尺寸界线为基线进行标注。

01 打开素材文件“第4章\实战177 连续标注尺寸.dwg”，如图4-89所示。

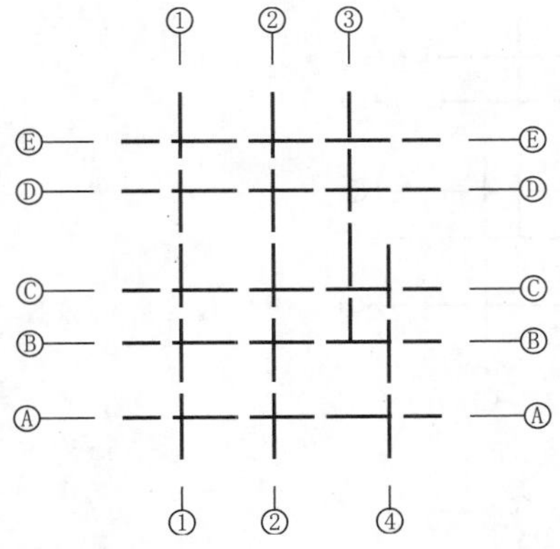

图 4-89 素材文件

02 标注第一个竖直尺寸。在命令行中输入“DLI”，执行“线性标注”命令，为轴线添加第一个尺寸标注，如图4-90所示。

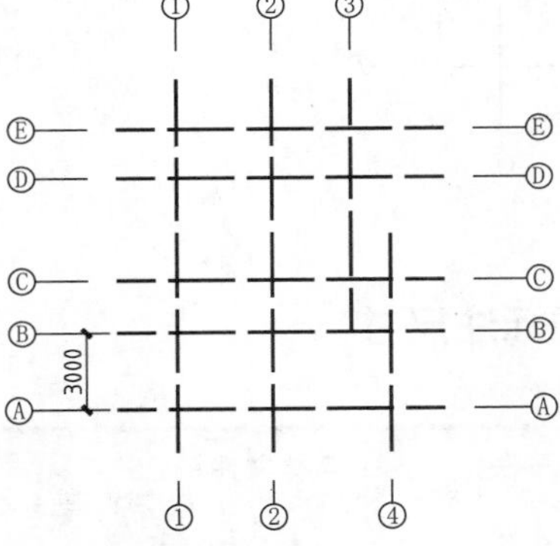

图 4-90 线性标注

03 在“注释”选项卡中，单击“标注”面板中的“连续”按钮，执行“连续标注”命令，命令行操作如下。

```
命令: DCO↙        DIMCONTINUE
                  //执行“连续标注”命令
选择连续标注:      //选择标注
指定第二条尺寸界线原点或 [放弃(U)/选择(S)] <选择>:
                  //指定第二条尺寸界线原点
标注文字 = 2100
指定第二条尺寸界线原点或 [放弃(U)/选择(S)] <选择>:
标注文字 = 4000
                  //按Esc键退出绘制，完成连续标注的结果如图4-91所示。
```

04 用上述相同的方法继续标注轴线尺寸，结果如图4-92所示。

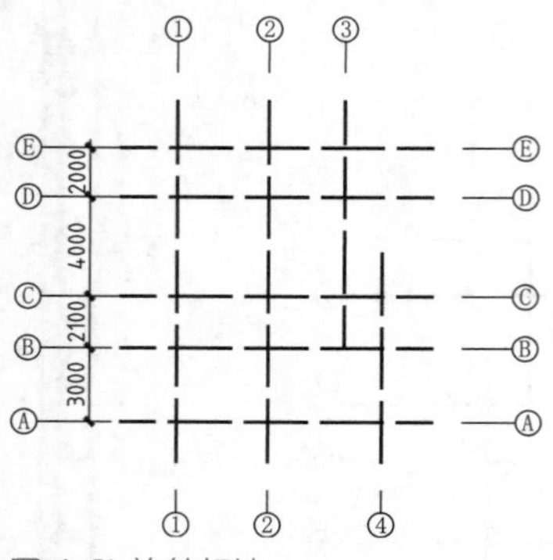

图 4-91 连续标注

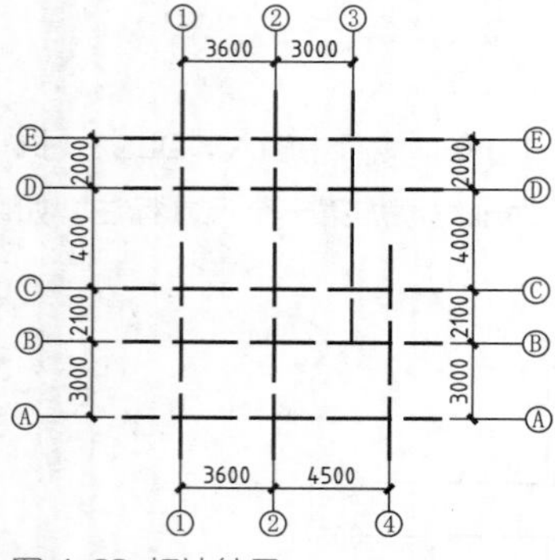

图 4-92 标注结果

实战178 基线标注尺寸

难度：☆☆

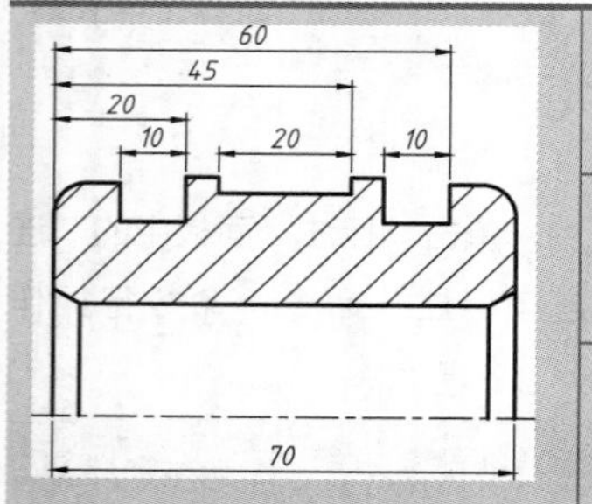

素材文件路径：素材\第 4 章\实战 178 基线标注尺寸 .dwg

效果文件路径：素材\第 4 章\实战 178 基线标注尺寸 -OK.dwg

在线视频：第 4 章\实战 178 基线标注尺寸 .mp4

“基线标注”命令用于以同一尺寸界线为基准的一系列尺寸标注，即从某一点引出的尺寸界线作为第一条尺寸界线，依次进行多个对象的尺寸标注。

01 打开素材文件“第4章\实战178 基线标注尺寸.dwg”，如图4-93所示。

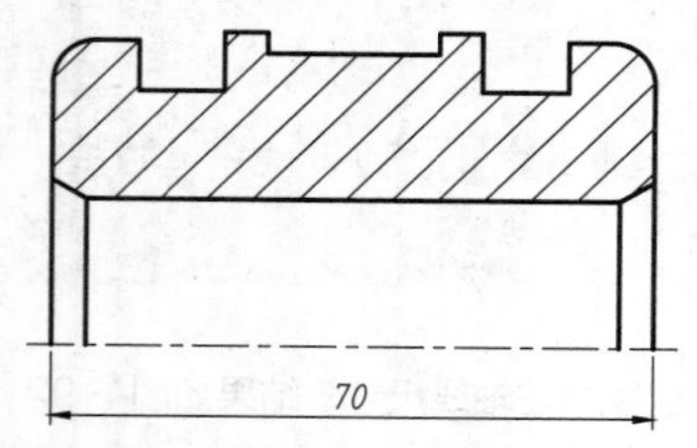

图 4-93 素材文件

02 标注第一个水平尺寸。在“默认”选项卡中单击“注释”面板中的“线性”按钮，在活塞上端添加一个水平尺寸，如图4-94所示。

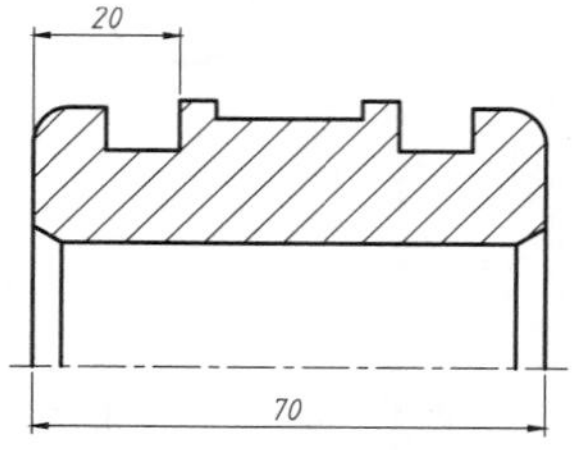

图 4-94 标注第一个水平尺寸

03 标注沟槽定位尺寸。切换至“注释”选项卡，单击“标注”面板中的“基线”按钮，系统自动以上一步骤创建的标注为基准。接着依次选择活塞图上各沟槽的右侧端点，用作定位尺寸，如图4-95所示。

04 补充沟槽定型尺寸。退出“基线标注”命令，重新切换到“默认”选项卡，单击“注释”面板中的“线性”按钮，再次执行“线性标注”命令，依次将各沟槽的定型尺寸补齐，如图4-96所示。

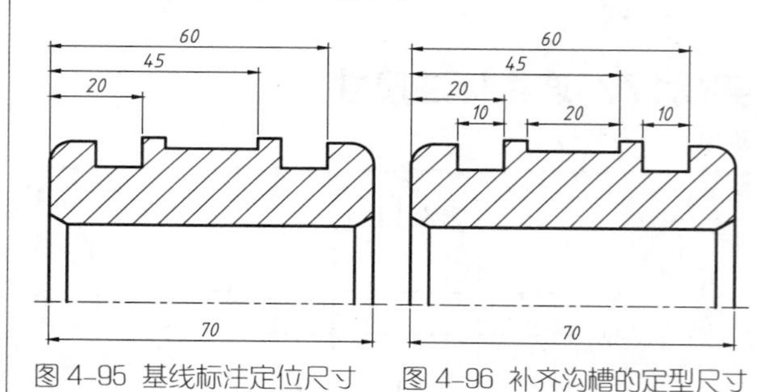

图 4-95 基线标注定位尺寸　图 4-96 补齐沟槽的定型尺寸

实战179 创建圆心标记

难度：☆☆☆

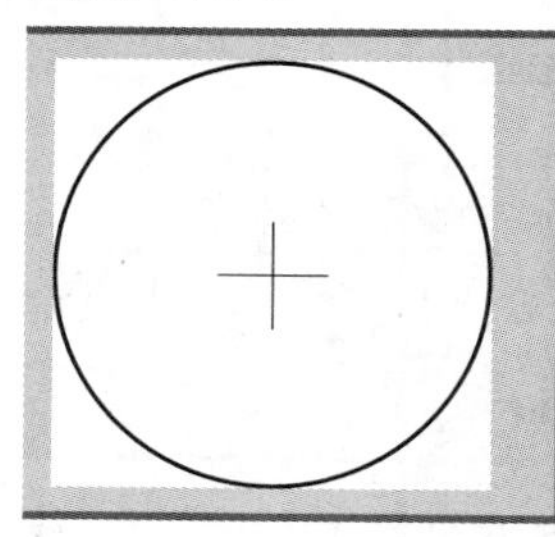

素材文件路径：素材\第 4 章\实战 179 创建圆心标记 .dwg

效果文件路径：素材\第 4 章\实战 179 创建圆心标记 -OK.dwg

在线视频：第 4 章\实战 179 创建圆心标记 .mp4

除了通过“对象捕捉”命令捕捉圆心，还可以通过创建“圆心标记”来标注圆和圆弧的圆心位置。

01 打开“第4章\实战179 创建圆心标记.dwg”素材文件，已经绘制好了一个圆，如图4-97所示。

02 在“注释”选项卡中，单击“中心线”面板上的“圆心标记”按钮，如图4-98所示，执行“圆心标记”命令。

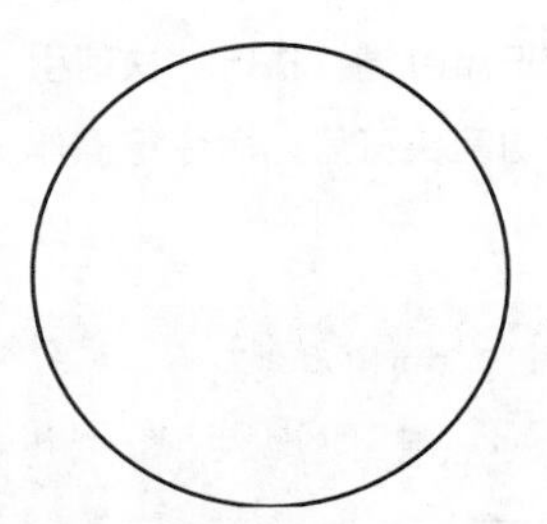

图 4-97 素材文件

图 4-98 “标注”面板中的“圆心标记”按钮

03 选择素材中的圆，即可创建圆心标记，如图4-99所示，命令行操作如下。

```
命令：_dimcenter        //执行“圆心标记”命令
选择圆弧或圆：          //选择圆
```

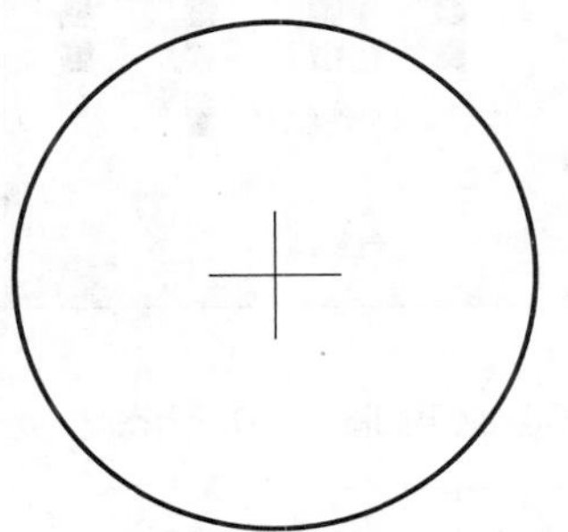

图 4-99 创建的圆心标记

4.3 引线标注

引线标注由箭头、引线、基线、多行文字和图块部分组成，用于在图纸上引出说明文字。AutoCAD中的引线标注包括“快速引线”和“多重引线”。

实战180 快速引线标注形位公差

难度：☆☆

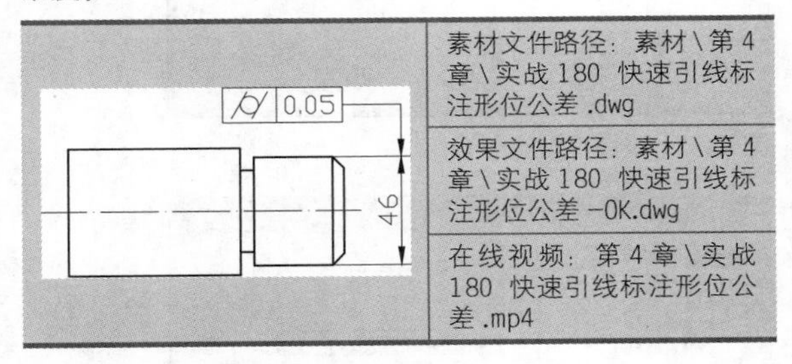

素材文件路径：素材\第4章\实战180 快速引线标注形位公差.dwg

效果文件路径：素材\第4章\实战180 快速引线标注形位公差-OK.dwg

在线视频：第4章\实战180 快速引线标注形位公差.mp4

在产品设计及工程施工时很难做到分毫无差，最终产品不仅有尺寸误差，而且还有形状上的误差和位置上的误差，因此必须考虑形位公差标注。通常将形状误差和位置误差统称为“形位误差”，这类误差影响产品的功能实现，因此设计时应规定相应的“公差”，并按规定的标注符号标注在图样上。

01 打开素材文件“第4章\实战180 标注形位公差.dwg”，如图4-100所示。

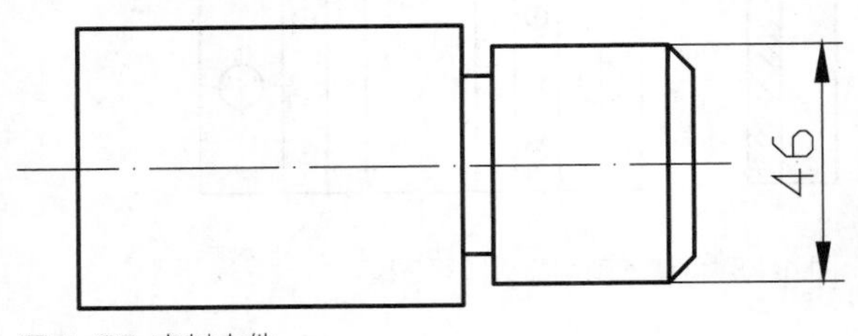

图 4-100 素材文件

02 在命令行输入“LE”并按Enter键，执行“快速引线”命令，在命令行选择“设置”选项，系统弹出“引线设置”对话框，设置“注释类型”为“公差”，如图4-101所示。

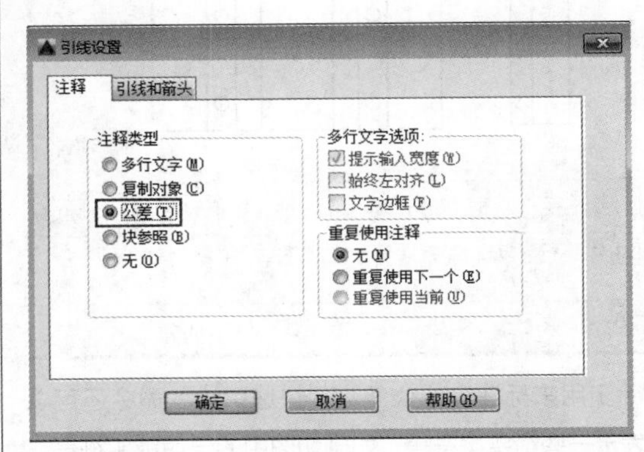

图 4-101 “引线设置”对话框

03 关闭“引线设置”对话框，继续执行命令行操作。

```
指定第一个引线点或 [设置(S)] <设置>:
        //选择尺寸线的上端点
指定下一点:
        //在竖直方向上合适位置确定转折点
指定下一点:
        //水平向左移动十字光标，在合适位置单击
```

04 引线确定之后，系统弹出“形位公差”对话框，选择公差类型并输入公差值，如图4-102所示。

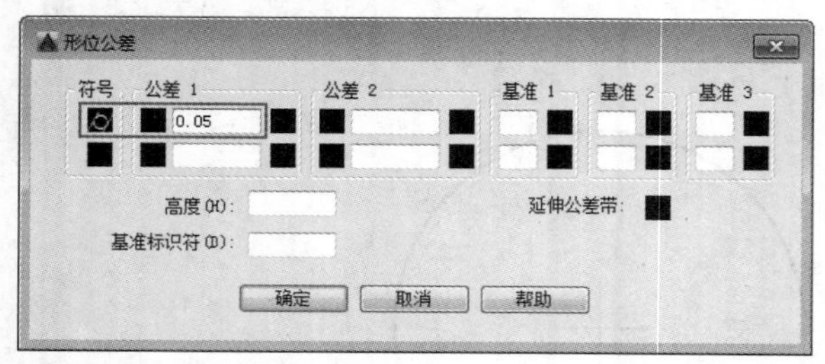

图 4-102 “形位公差”对话框

05 单击“确定”按钮，标注结果如图4-103所示。

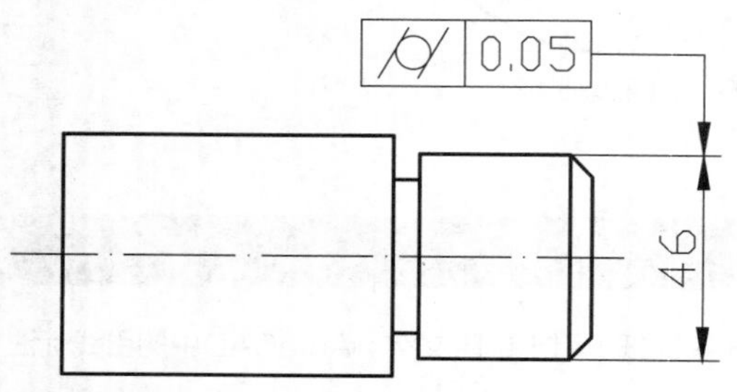

图 4-103 添加的形位公差效果

实战181 快速引线绘制剖切符号

难度：☆☆

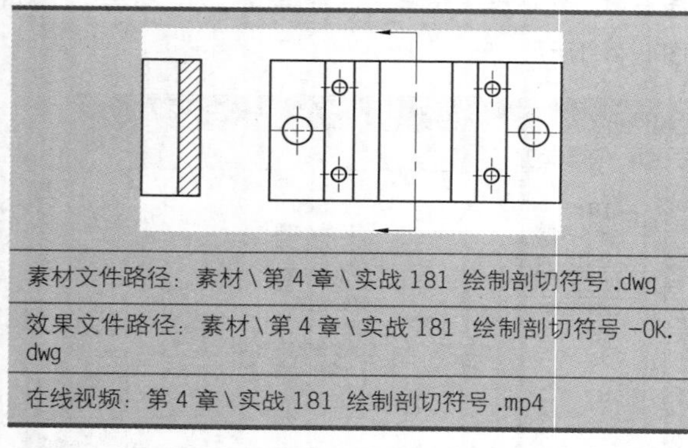

素材文件路径：素材\第 4 章\实战 181 绘制剖切符号 .dwg

效果文件路径：素材\第 4 章\实战 181 绘制剖切符号 -OK.dwg

在线视频：第 4 章\实战 181 绘制剖切符号 .mp4

除了用来标注形位公差，“快速引线”命令还可以用来表示一些箭头类符号，如剖切图中的剖切箭头符号。

01 打开素材文件“第4章\实战181 绘制剖切符号.dwg”，如图4-104所示。

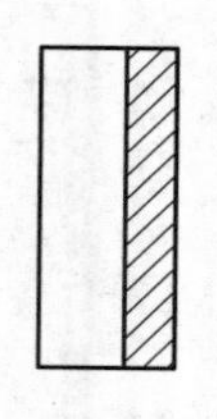
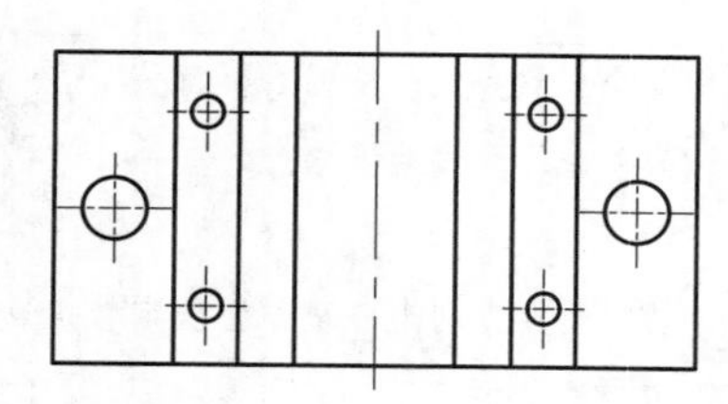

图 4-104 素材文件

02 在命令行输入“LE”并按Enter键，执行“快速引线”命令，绘制剖视图中的剖切箭头符号，命令行操作如下。

```
命令:LE↙ QLEADER          //执行“快速引线”命令
指定第一个引线点或 [设置(S)] <设置>: S↙
    //选择“设置”选项，系统弹出“引线设置”对
    话框，设置引线格式如图4-105和图4-106所示
指定第一个引线点或 [设置(S)] <设置>:
   //在图形上方合适位置单击确定箭头位置
指定下一点:
   //对齐到竖直中心线确定转折点
指定下一点:
   //向下移动十字光标，在合适位置单击完成标注
```

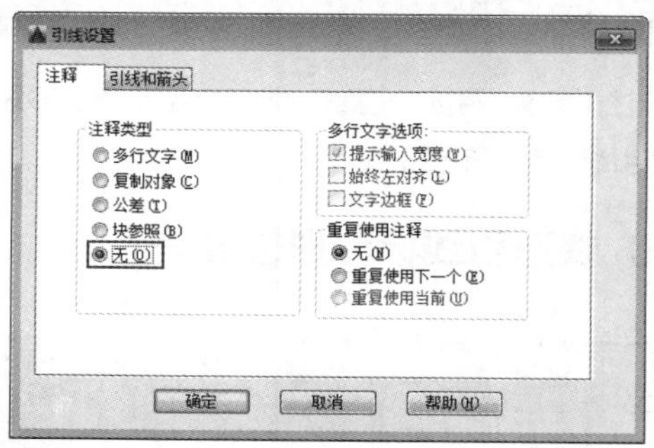

图 4-105 设置注释类型

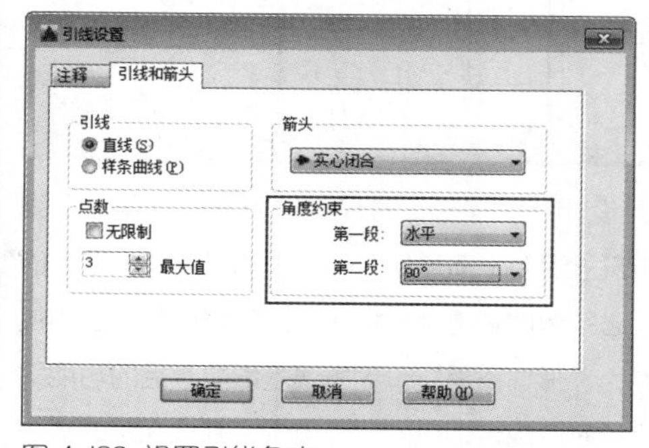

图 4-106 设置引线角度

03 绘制的剖切箭头符号如图4-107所示。

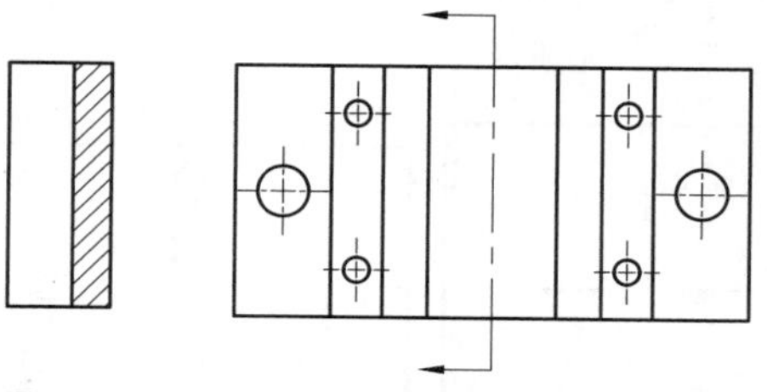

图 4-107 创建的剖切箭头符号效果

实战182 创建多重引线样式

难度：☆☆

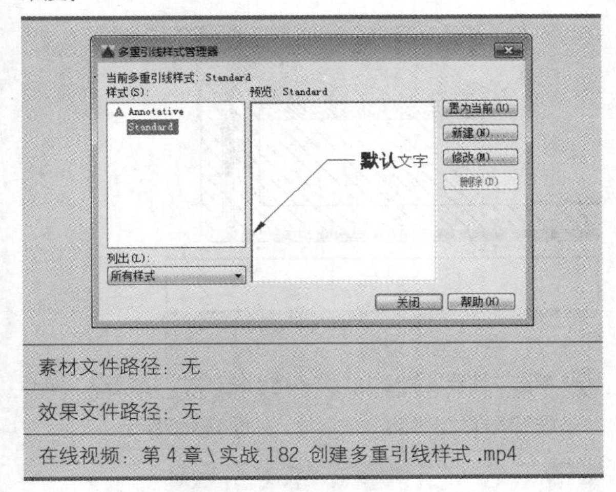

素材文件路径：无

效果文件路径：无

在线视频：第 4 章\实战 182 创建多重引线样式 .mp4

与尺寸、多线样式类似，用户可以在文档中创建多种不同的多重引线标注样式，在进行引线标注时，可以方便地修改或切换标注样式。

01 新建一个空白文档。

02 在“默认”选项卡中，单击“注释”面板上的“多重引线样式”按钮，如图4-108所示，或在“注释”选项卡的“引线”面板中单击右下角的下拉按钮，如图4-109所示。

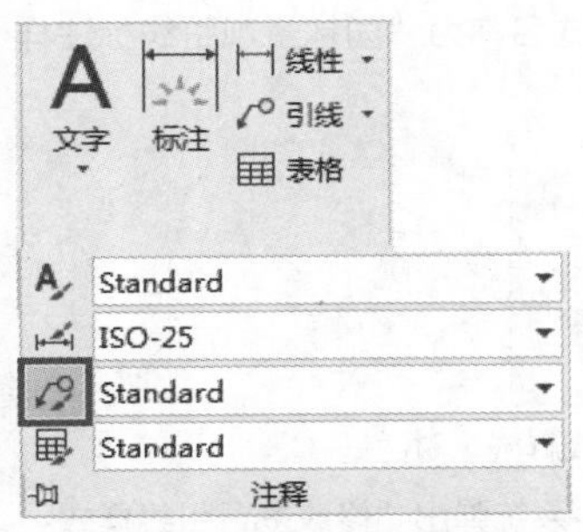

图 4-108 “注释”面板中的“多重引线样式”按钮

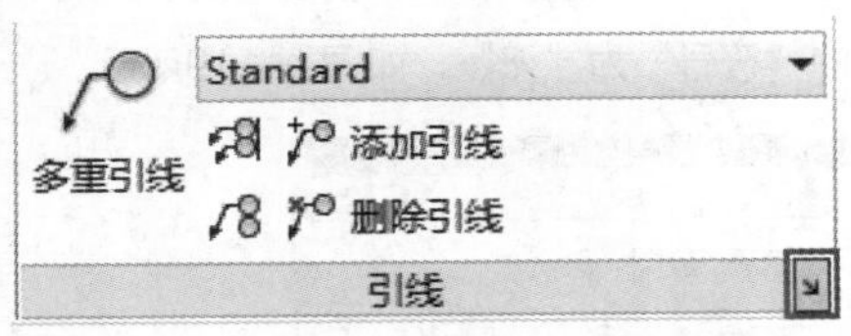

图 4-109 “引线”面板中的“标注样式”按钮

03 执行上述任意一个命令后，系统弹出“多重引线样式管理器”对话框，如图4-110所示。

04 单击“新建”按钮，弹出“创建新多重引线样式”对话框，输入新样式的名称为“引线标注”，如图4-111所示。

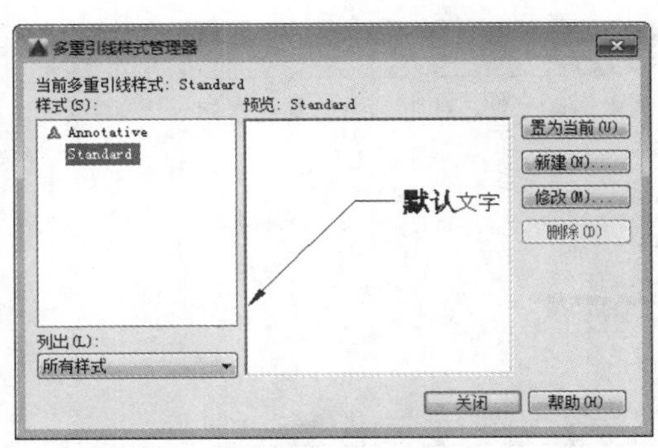

图 4-110 “多重引线样式管理器”对话框

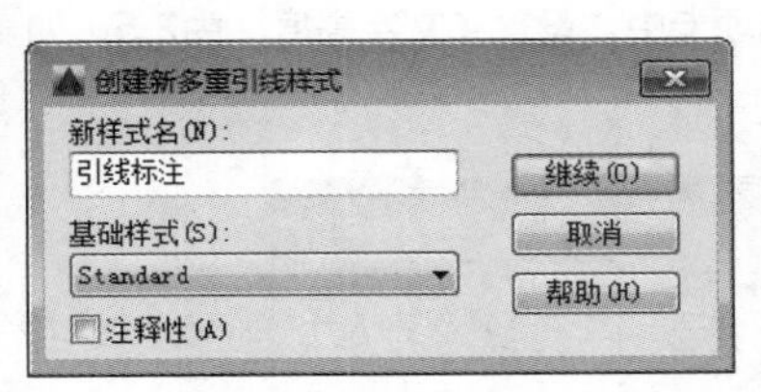

图 4-111 “创建新多重引线样式”对话框

05 单击“继续”按钮，系统弹出“修改多重引线样式：引线标注”对话框，如图4-112所示。

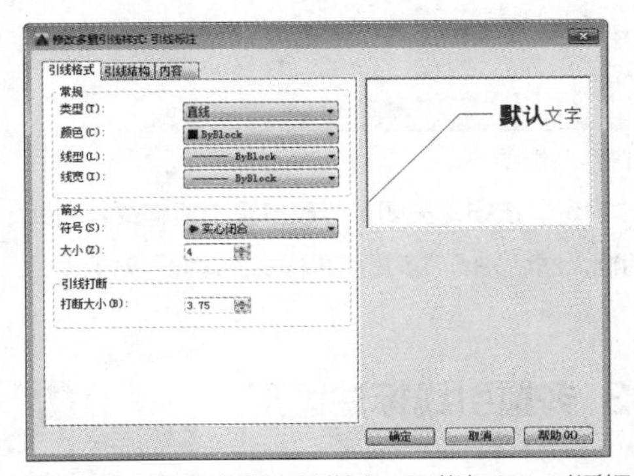

图 4-112 “修改多重引线样式：引线标示”对话框

06 在“引线格式”选项卡中，设置箭头符号为“直角”，设置箭头大小为0.5，如图4-113所示。

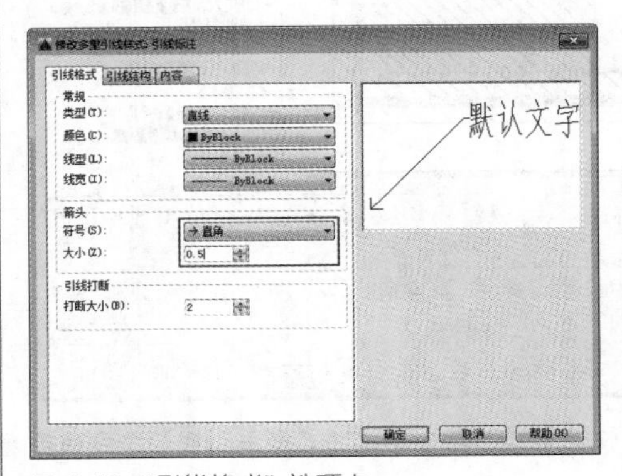

图 4-113 “引线格式”选项卡

07 在“引线结构”选项卡中，设置“最大引线点数”为3、“设置基线距离”为1，如图4-114所示。

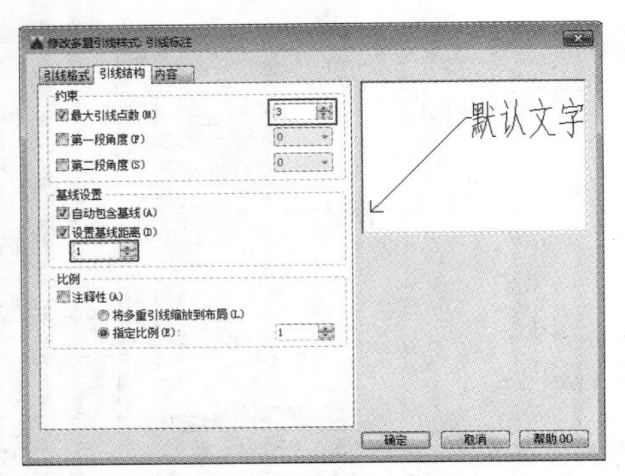

图 4-114 “引线结构”选项卡

08 在“内容”选项卡中，设置“文字高度”为2.5，如图4-115所示。

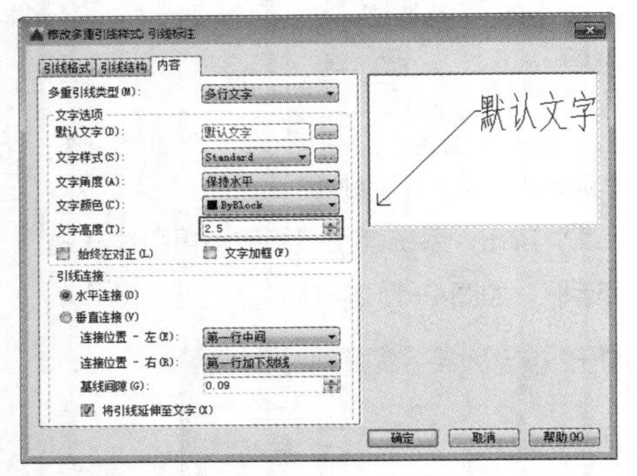

图 4-115 “内容”选项卡

09 单击“确定”按钮，关闭“修改多重引线样式：引线标注”对话框。然后关闭“多重引线样式管理器”对话框，完成创建。

实战183 多重引线标注图形

重点

难度：☆☆☆

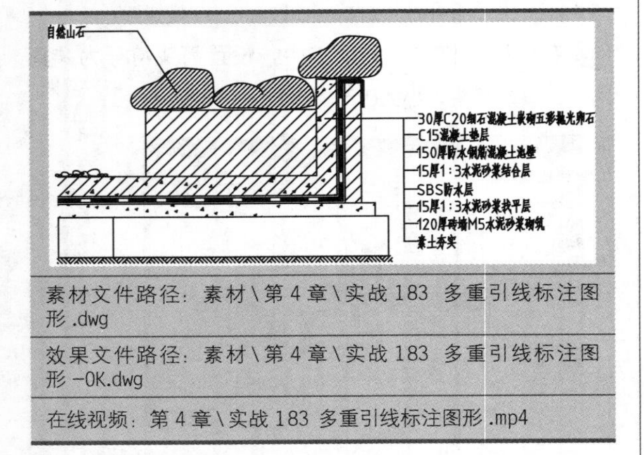

素材文件路径：素材\第4章\实战183 多重引线标注图形.dwg

效果文件路径：素材\第4章\实战183 多重引线标注图形-OK.dwg

在线视频：第4章\实战183 多重引线标注图形.mp4

与“快速引线”命令相比，“多重引线”命令有更丰富的格式，且命令执行更为方便快捷，因此“多重引线”适合作为大量引线的标注方式，如标注零件序号和材料说明。

01 打开素材文件“第4章\实战183 多重引线标注图形.dwg”，如图4-116所示。

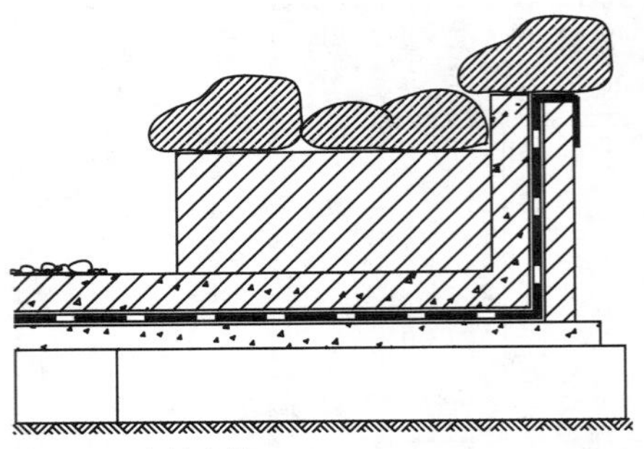

图 4-116 素材文件

02 单击“注释”面板上的“多重引线样式”按钮，弹出“多重引线样式管理器”对话框，如图4-117所示。

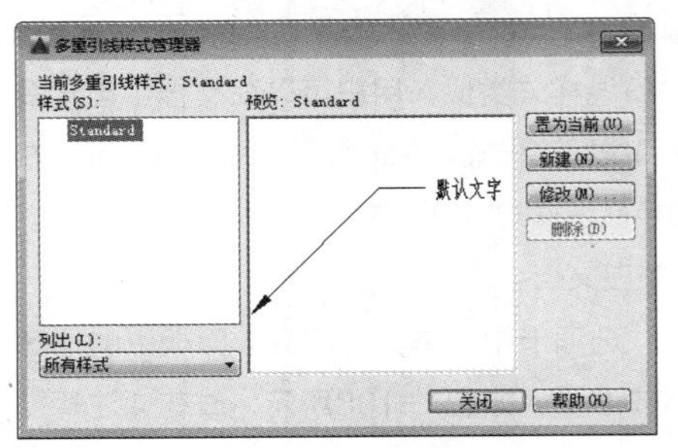

图 4-117 “多重引线样式管理器”对话框

03 单击“新建”按钮，系统弹出“创建新多重引线样式”对话框，输入新样式名称为“园林景观引线标注样式”，如图4-118所示。

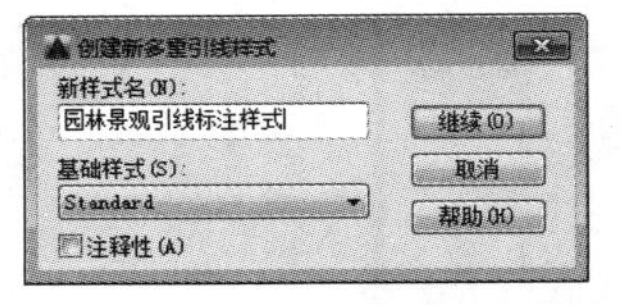

图 4-118 “创建新多重引线样式”对话框

04 单击“继续”按钮，系统弹出“修改多重引线样式：园林景观引线标注样式”对话框，在“引线格式”选项卡中，设置箭头的“符号”为“无”，如图4-119所示。

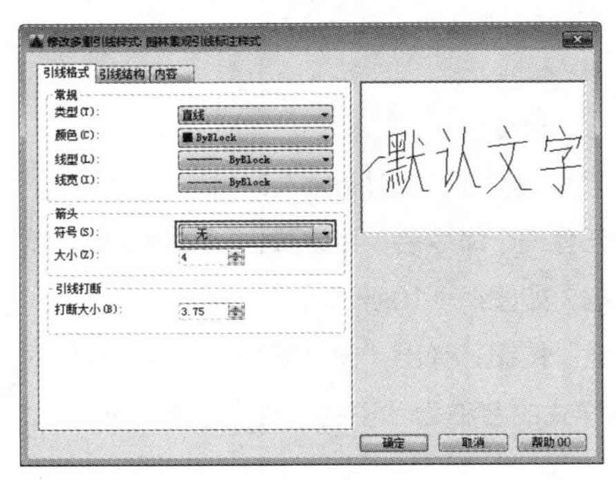

图 4-119 “引线格式”选项卡

05 在“引线结构”选项卡中，设置“设置基线距离”为100，如图4-120所示。

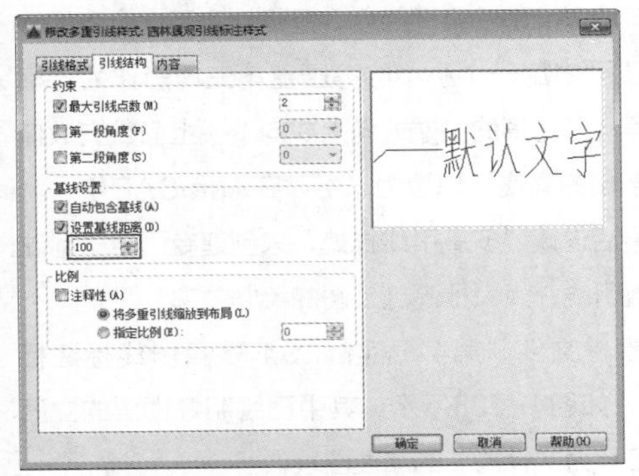

图 4-120 “引线结构”选项卡

06 在“内容”选项卡中，设置“文字高度”为100，如图4-121所示。

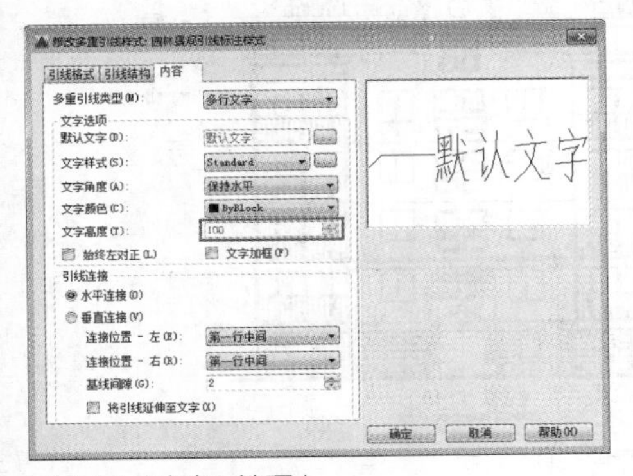

图 4-121 “内容”选项卡

07 单击“确定”按钮，关闭“修改多重引线样式：园林景观引线标注样式”对话框。然后关闭“多重引线样式管理器”对话框，完成创建。

08 在命令行输入“LE”并按Enter键，执行“快速引线”命令，在命令行选择“设置”选项，系统弹出“引线设置”对话框，设置“注释类型”为“多行文字”，如图4-122所示。设置“箭头”为“无”，如图4-123所示。

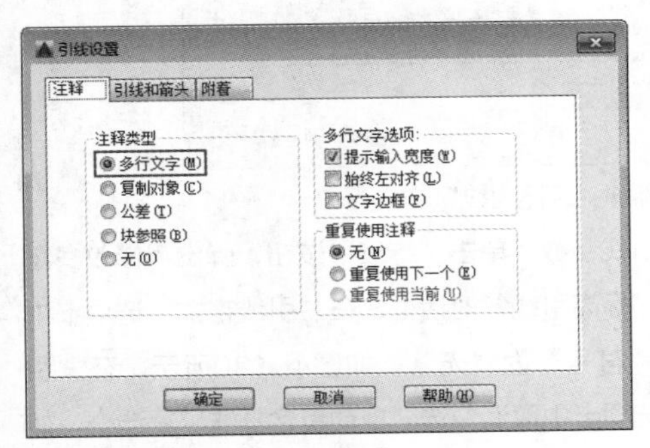

图 4-122 “注释”选项卡

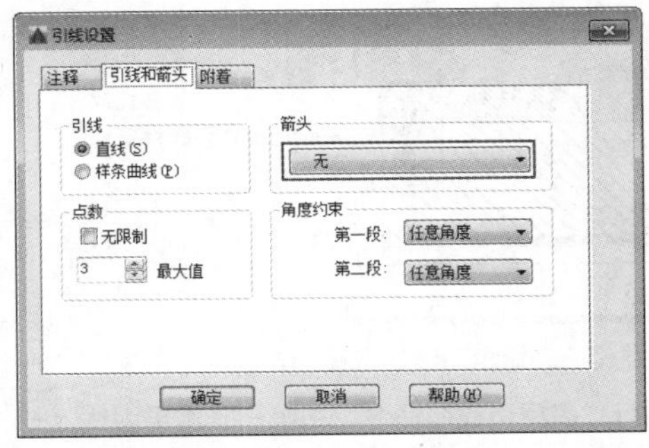

图 4-123 “引线和箭头”选项卡

09 设置完成后，关闭“引线设置”对话框。继续执行命令行操作，标注引线注释，如图4-124所示，命令行操作如下。

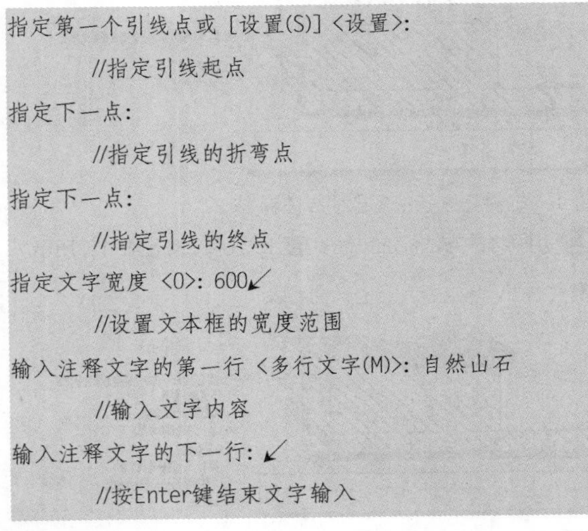
指定第一个引线点或 [设置(S)] <设置>:

//指定引线起点

指定下一点:

//指定引线的折弯点

指定下一点:

//指定引线的终点

指定文字宽度 <0>: 600↙

//设置文本框的宽度范围

输入注释文字的第一行 <多行文字(M)>: 自然山石

//输入文字内容

输入注释文字的下一行: ↙

//按Enter键结束文字输入

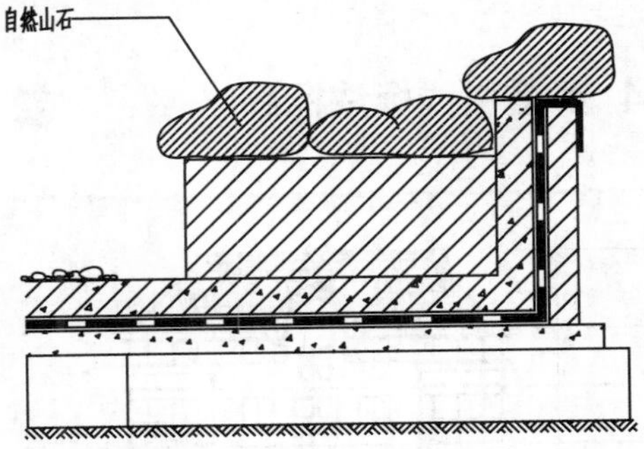

图 4-124 快速引线标注

提示

命令行中的“指定文字宽度”是设置文本框的宽度范围，并非设置文字大小。快速引线标注的文字大小取决于当前文字样式中的文字高度。

10 在“注释”选项卡中，单击“引线”面板上的“多重引线”按钮，执行“多重引线”命令，标注水平引线注释，如图4-125所示。

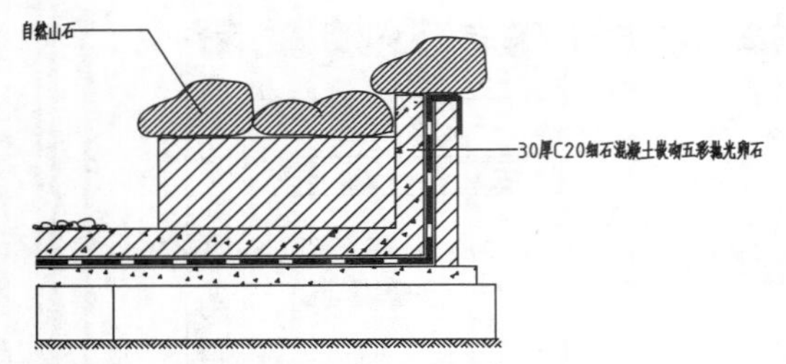

图 4-125 标注第一条水平引线注释

11 重复执行“多重引线”命令，由第一条水平引线上一点为起点，向下引出第二条多重引线，并添加文字标注，如图4-126所示。

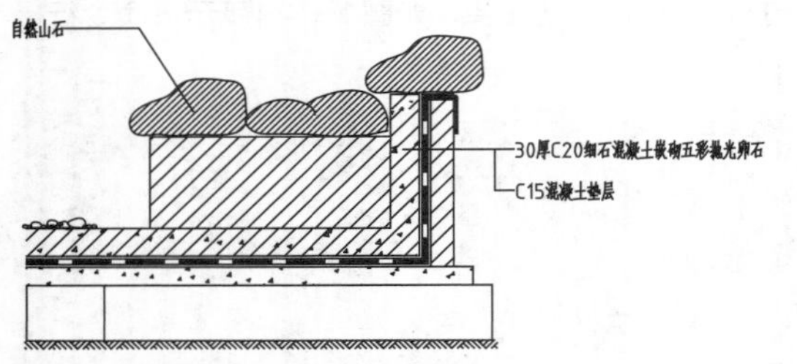

图 4-126 标注第二条多重引线注释

12 用同样的方法标注其他多重引线注释，如图4-127所示。

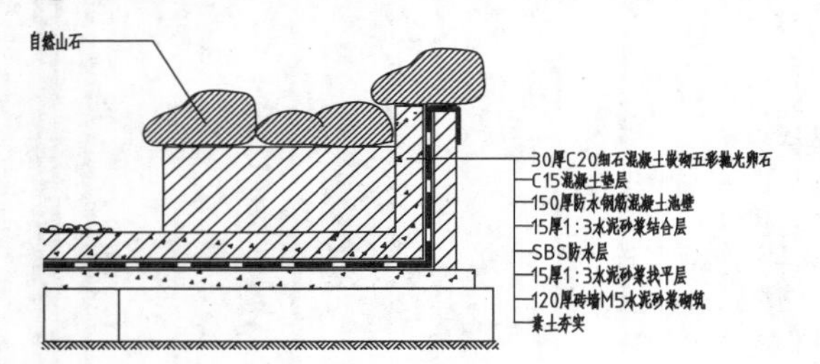

图 4-127 标注其他多重引线注释

实战184 多重引线标注标高

进阶

难度：☆☆☆☆

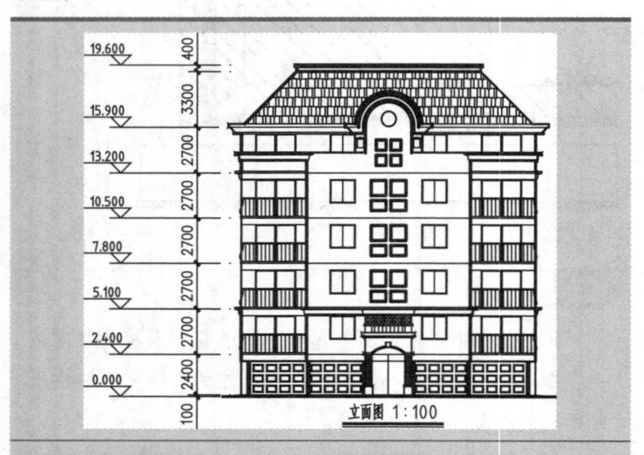

素材文件路径：素材\第4章\实战184 多重引线标注标高.dwg

效果文件路径：素材\第4章\实战184 多重引线标注标高-OK.dwg

在线视频：第4章\实战184 多重引线标注标高.mp4

在建筑设计中，常使用“标高”来表示建筑物各部分的高度。“标高”是建筑物某一部位相对于基准面（“标高”的零点）的竖向高度，是建筑物竖向定位的依据。在施工图中用一个小小的等腰直角三角形作为“标高”的符号，三角形的尖端或向上或向下，上面带有数值（即所指部位的高度，单位为米）。在AutoCAD中，就可以通过灵活设置“多重引线样式”来创建专门用于标注标高的多重引线，大大提高施工图的绘制效率。

01 打开素材文件“第4章\实战184 多重引线标注标高.dwg”，如图4-128所示。其中已绘制好楼层的立面图，以及名称为“标高”的属性图块。

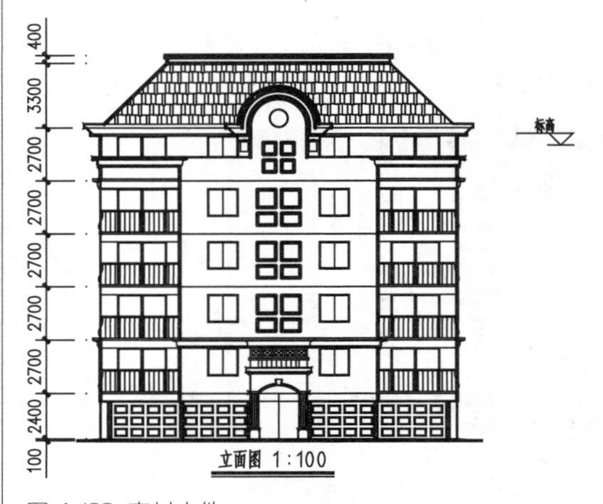

图 4-128 素材文件

02 创建引线样式。在“默认”选项卡中单击“注释”面板下拉列表中的“多重引线样式”按钮，弹出“多重引线样式管理器”对话框，单击“新建”按钮，新建一名称为“标高引线”的样式，如图4-129所示。

图 4-129 新建“标高引线”样式

03 设置引线参数。单击“继续”按钮，弹出“修改多重引线样式：标高引线”对话框，在“引线格式”选项卡中设置箭头“符号”为“无”，如图4-130所示。在“引线结构”选项卡中取消勾选“自动包含基线”复选框，如图4-131所示。

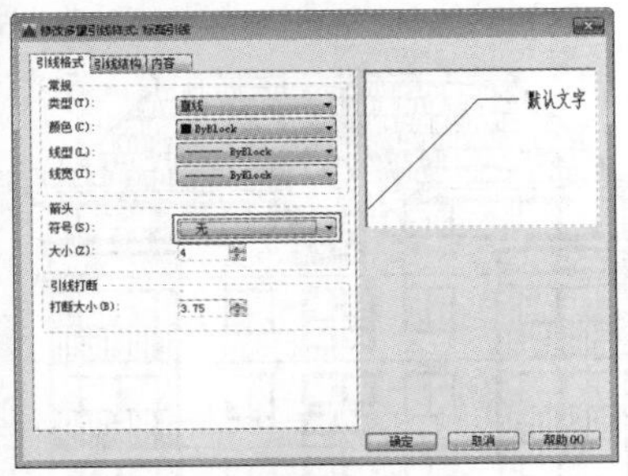

图 4-130 设置箭头“符号”为“无”

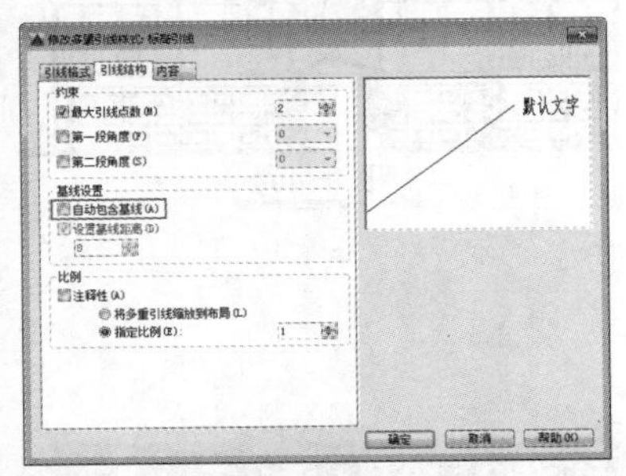

图 4-131 取消勾选“自动包含基线”复选框

04 设置引线内容。切换至“内容”选项卡，在“多重引线类型”下拉列表中选择“块”，然后在“源块”下拉列表中选择“用户块”，即用户自己所创建的图块，如图4-132所示。

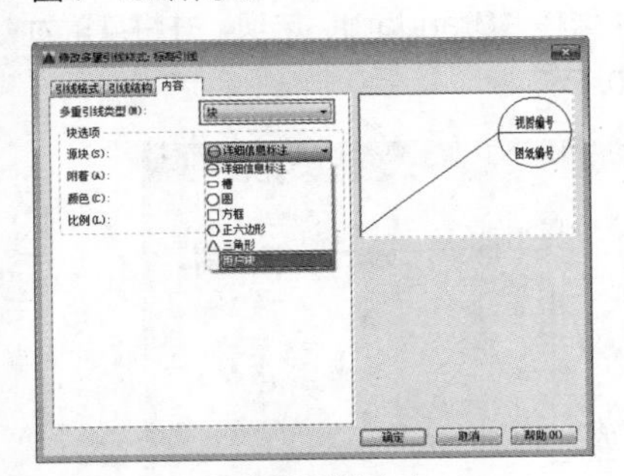

图 4-132 设置多重引线内容

05 接着系统自动弹出“选择自定义内容块”对话框，在下拉列表中提供了图形中所有的图形块，在其中选择素材文件中已创建好的“标高”图块即可，如图4-133所示。

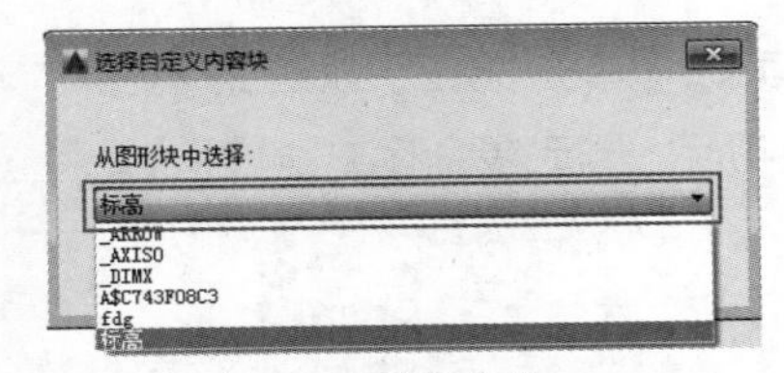

图 4-133 选择“标高”图块

06 选择后自动返回“修改多重引线样式：标高引线”对话框，然后在“内容”选项卡的“附着”下拉列表中选择“插入点”选项，所有引线参数设置完成，如图4-134所示。

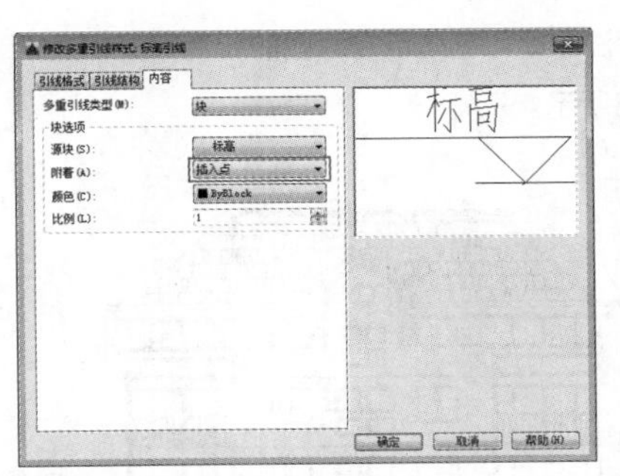

图 4-134 设置多重引线的附着点

07 单击“确定”按钮完成引线设置，返回“多重引线样式管理器”对话框，将“标高引线”样式置为当前，如图4-135所示。

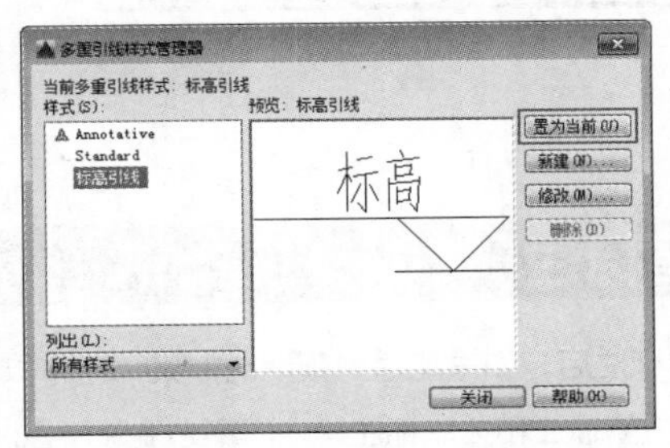

图 4-135 将“标高引线”样式置为当前

08 标注标高。返回绘图区后，在“默认”选项卡中，单击“注释”面板上的“引线”按钮，执行“多重引线”命令，从左侧标注的最下方尺寸界线端点开始，水平向左引出第一条引线，然后单击放置，弹出“编辑属性”对话框，输入标高值“0.000”，即基准标高，如图4-136所示。

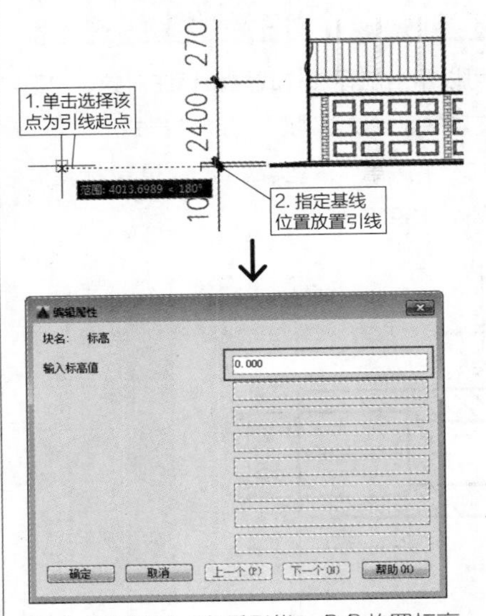

图 4-136 通过“多重引线”命令放置标高

09 标注效果如图4-137所示。接着按相同方法，对其余位置进行标高标注，即可创建该立面图的所有标高，最终效果如图4-138所示。

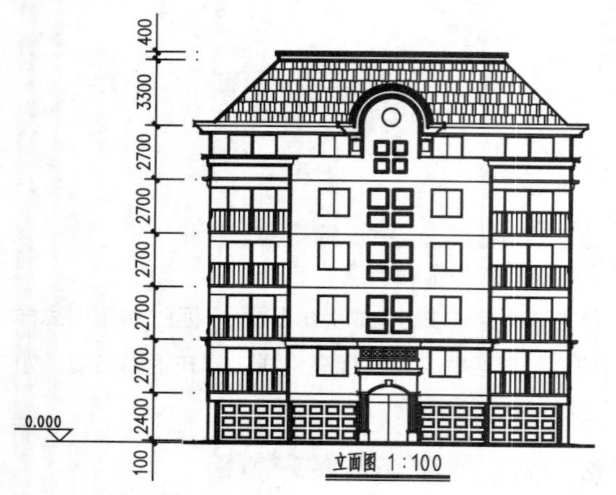

图 4-137 标注第一个标高

图 4-138 标注其余标高

4.4 编辑标注

在创建尺寸标注后，如未能达到预期的效果，还可以对尺寸标注进行编辑，如修改尺寸标注文字的内容、调整标注文字的位置、更新标注和关联标注等，而不必删除所标注的尺寸对象再重新进行标注。

实战185 更新标注样式

难度：☆☆

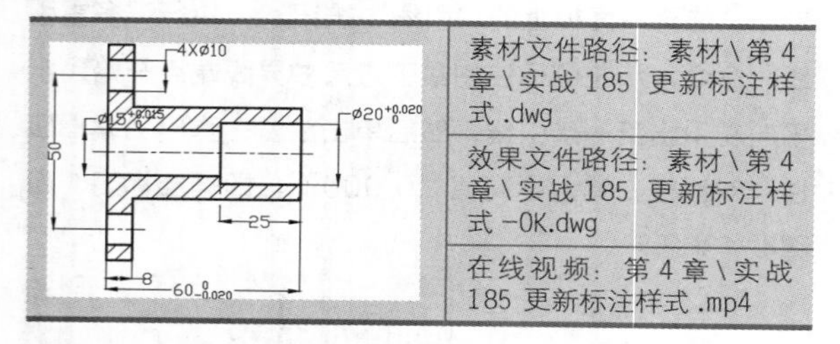

素材文件路径：素材\第4章\实战185 更新标注样式.dwg

效果文件路径：素材\第4章\实战185 更新标注样式-OK.dwg

在线视频：第4章\实战185 更新标注样式.mp4

更新标注可以用当前标注样式更新标注对象，也可以将标注系统变量保存或恢复到选定的标注样式。

01 打开素材文件“第4章\实战185 更新标注样式.dwg”，如图4-139所示。

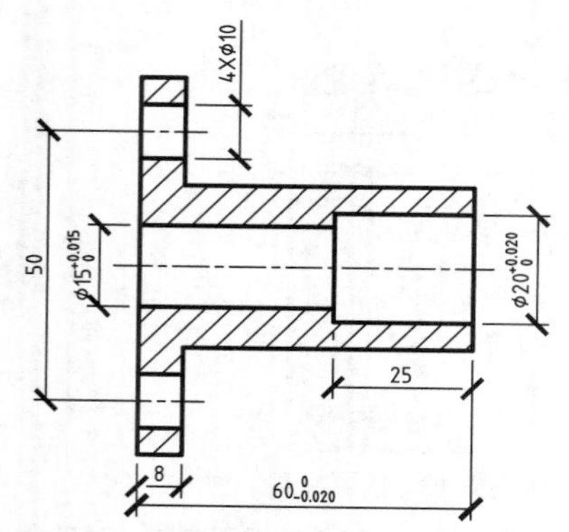

图 4-139 素材文件

02 在“默认”选项卡中，展开“注释”面板，在“标注样式”下拉列表中选择“Standard”选项，并将其置为当前，如图4-140所示。

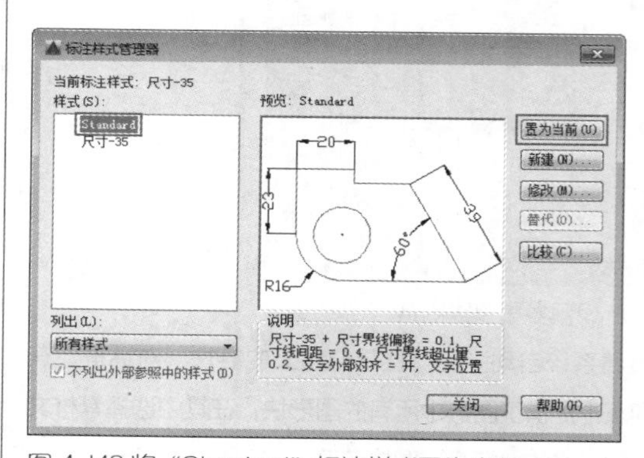

图 4-140 将“Standard”标注样式置为当前

03 在“注释”选项卡中，单击“标注”面板上的“更新”按钮，如图4-141所示，执行“更新标注”命令。

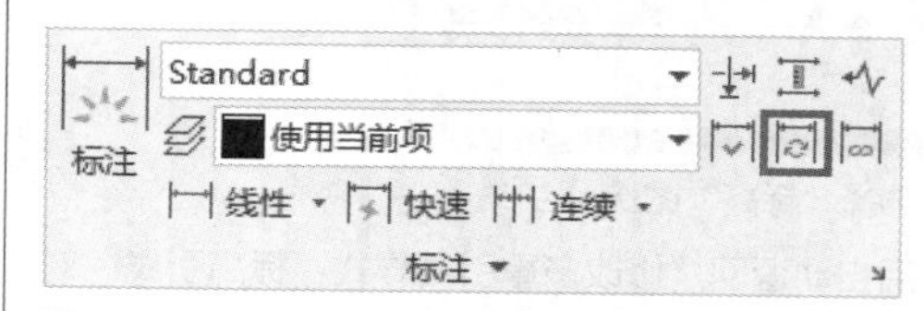

图 4-141 “标注”面板中的“更新”按钮

04 将标注的尺寸样式更新为当前样式，如图4-142所示，命令行操作如下。

```
命令：_dimstyle //执行"更新标注"命令
当前标注样式：Standard  注释性：否
输入标注样式选项
[注释性(AN)/保存(S)/恢复(R)/状态(ST)/变量(V)/应用(A)/?]
<恢复>：_apply
选择对象：找到 1 个
选择对象：找到 1 个，总计 2 个
选择对象：找到 1 个，总计 3 个
选择对象：找到 1 个，总计 4 个
选择对象：找到 1 个，总计 5 个
选择对象：找到 1 个，总计 6 个
选择对象：找到 1 个，总计 7 个
                    //选择所有的尺寸标注
选择对象：↙     //按Enter键结束选择，完成标注更新
```

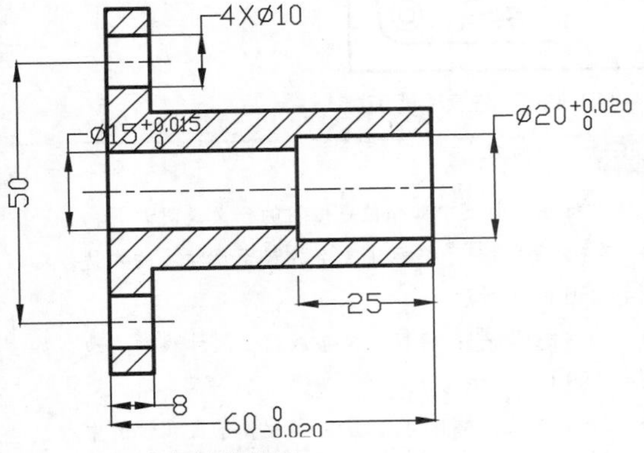

图 4-142 更新标注的结果

实战186 编辑尺寸标注

难度：☆☆

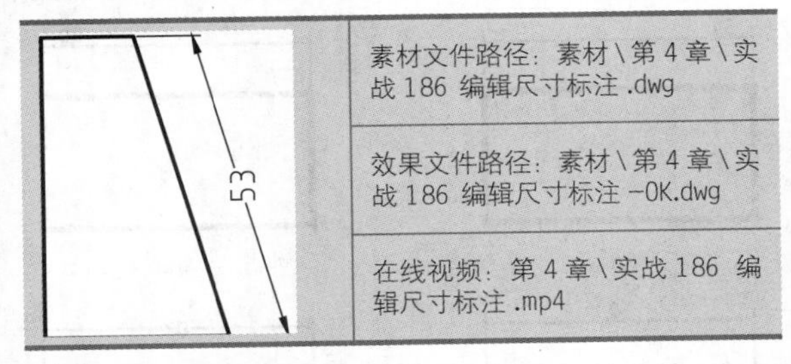

素材文件路径：素材\第 4 章\实战 186 编辑尺寸标注.dwg

效果文件路径：素材\第 4 章\实战 186 编辑尺寸标注 -OK.dwg

在线视频：第 4 章\实战 186 编辑尺寸标注.mp4

利用"编辑标注"命令可以一次修改一个或多个尺寸标注对象上的文字内容、方向、放置位置及倾斜尺寸界限。

01 打开素材文件"第4章\实战186 编辑尺寸标注.dwg"，如图4-143所示。

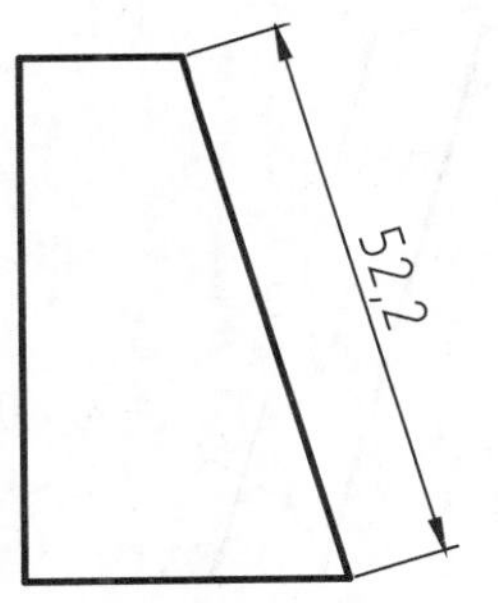

图 4-143 素材文件

02 修改标注。在命令行中输入"DED"并按Enter键，将尺寸值修改为53，如图4-144所示，命令行操作如下。

```
命令：DED↙DIMEDIT     //执行"编辑标注"命令

输入标注编辑类型 [默认(H)/新建(N)/旋转(R)/倾斜(O)]
<默认>：R↙           //选择"新建"选项，系统弹出文本框和文字格式编辑器，输入"53"，按快捷键Ctrl+Enter完成输入
选择对象：找到 1 个    //选中尺寸标注
选择对象：↙          //确定修改
```

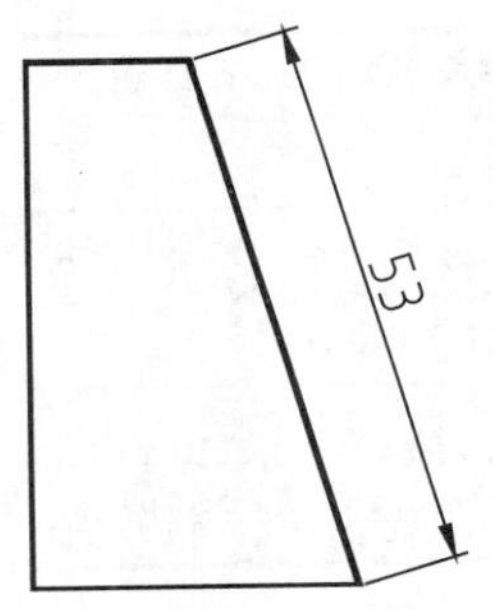

图 4-144 修改标注值

03 旋转标注。在命令行中输入"DED"并按Enter键，将文字旋转90°，如图4-145所示，命令行操作如下。

```
命令：DED↙DIMEDIT        //执行"编辑标注"命令
输入标注编辑类型 [默认(H)/新建(N)/旋转(R)/倾斜(O)]
<默认>：R↙              //选择"旋转"选项
指定标注文字的角度：90↙  //输入旋转角度
选择对象：找到 1 个       //选中尺寸标注
选择对象：↙             //确定旋转
```

04 倾斜尺寸界线。在命令行中输入"DED"并按Enter键，将尺寸界限调整到水平方向，如图4-146所示，命令行操作如下。

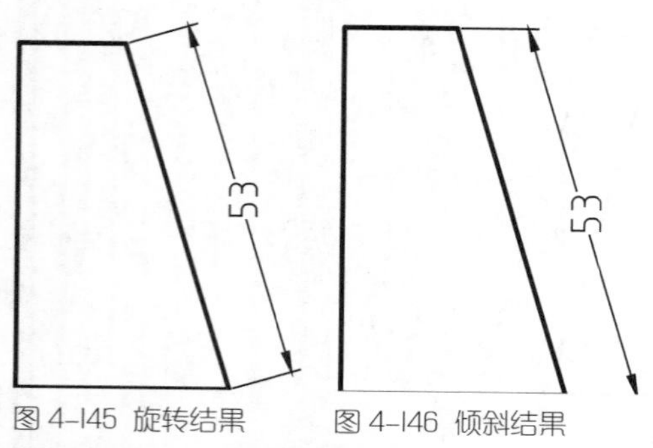

图 4-145 旋转结果　　图 4-146 倾斜结果

```
命令: DED↙                    //执行“编辑标注”命令
DIMEDIT
输入标注编辑类型 [默认(H)/新建(N)/旋转(R)/倾斜(O)]
<默认>: C↙                    //选择“倾斜”选项
选择对象: 找到 1 个            //选中尺寸标注
选择对象: ↙                   //按Enter键结束选择
输入倾斜角度 (按 Enter 键表示无): 0↙
                              //输入倾斜角度
```

实战187 编辑标注文字的位置

难度：☆☆

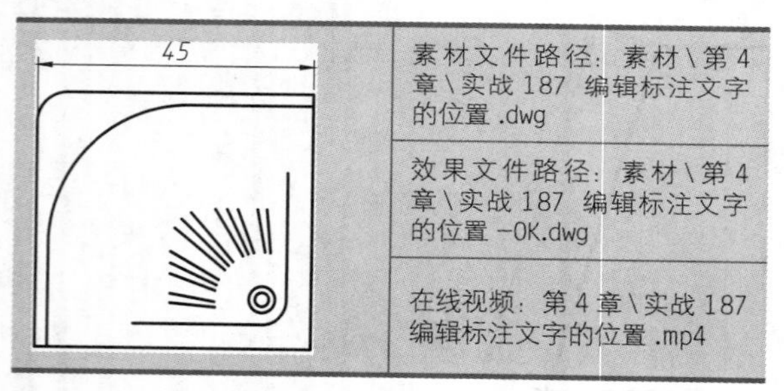

素材文件路径：素材\第 4 章\实战 187 编辑标注文字的位置.dwg
效果文件路径：素材\第 4 章\实战 187 编辑标注文字的位置 -OK.dwg
在线视频：第 4 章\实战 187 编辑标注文字的位置.mp4

使用“编辑标注文字”命令可以修改标注文字的对齐方式和文字的角度，调整标注文字在标注上的位置。

01 打开素材文件“第4章\实战187 编辑标注文字的位置.dwg”，如图4-147所示。

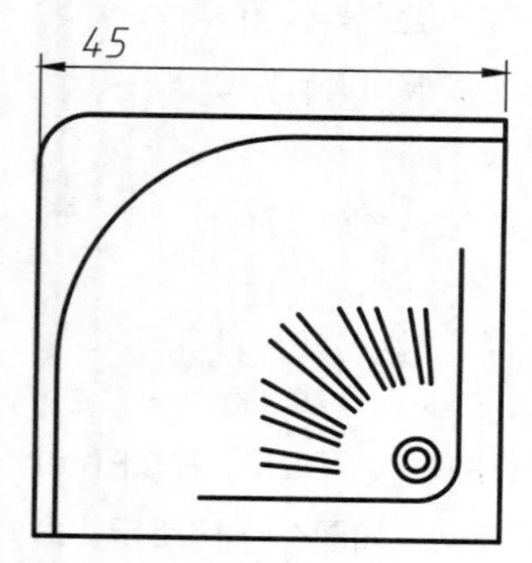

图 4-147 素材文件

02 在功能区中选择“注释”选项卡，然后展开“标注”面板，单击其中的“居中对正”按钮，如图4-148所示。

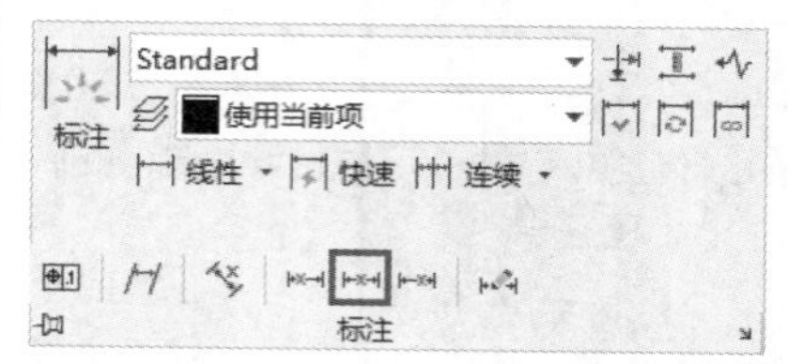

图 4-148 “标注”面板上的“居中对正”按钮

03 在绘图区中的线性标注“45”上单击，即可将该标注文字对齐方式设置为居中对正，效果如图4-149所示。

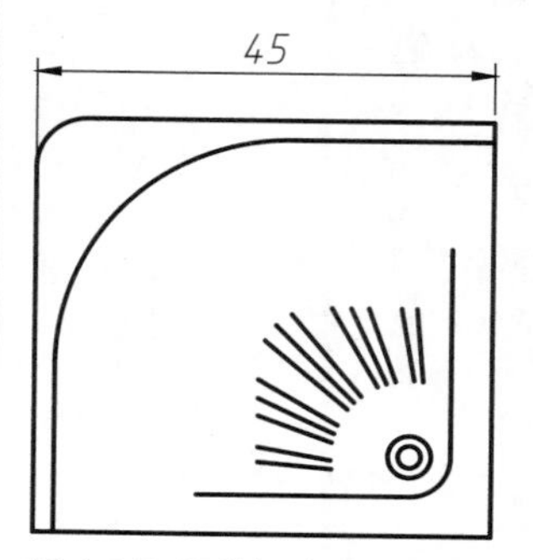

图 4-149 调整标注文字的位置

提示

“标注”面板中部分位置按钮的含义说明如下。

- “左对齐”：将标注文字放置于尺寸线的左边，如图4-150（a）所示。
- “右对齐”：将标注文字放置于尺寸线的右边，如图4-150（b）所示。
- “居中对正”：将标注文字放置于尺寸线的中心，如图4-150（c）所示。
- “文字角度”：用于修改标注文字的旋转角度，与“DIMEDIT”命令的旋转选项效果相同，如图4-150（d）所示。

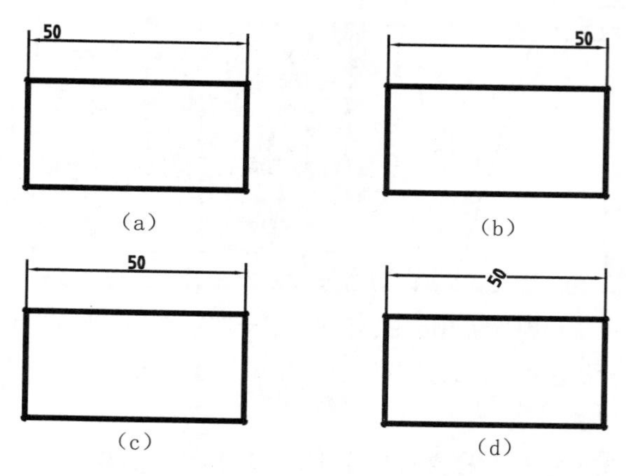

图 4-150 各种文字位置标注效果

实战188 编辑标注文字的内容

难度：☆☆

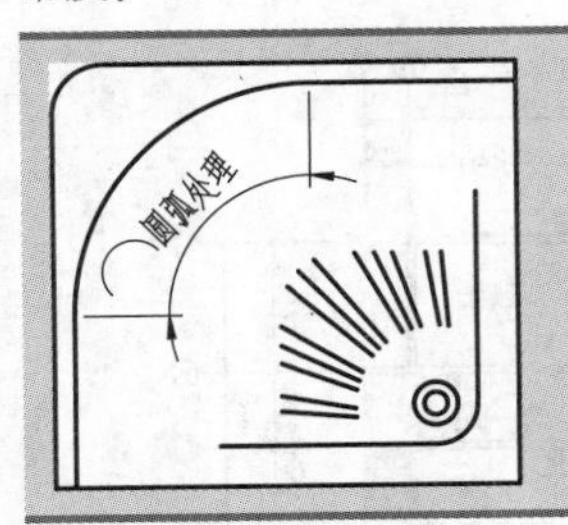

素材文件路径：素材\第 4 章\实战 188 编辑标注文字的内容 .dwg
效果文件路径：素材\第 4 章\实战 188 编辑标注文字的内容 -OK.dwg
在线视频：第 4 章\实战 188 编辑标注文字的内容 .mp4

在AutoCAD 中，尺寸标注中的标注文字也是文字的一种，因此可以对其进行单独修改。

01 打开素材文件“第4章\实战188 编辑标注文字的内容.dwg”，如图4-151所示。

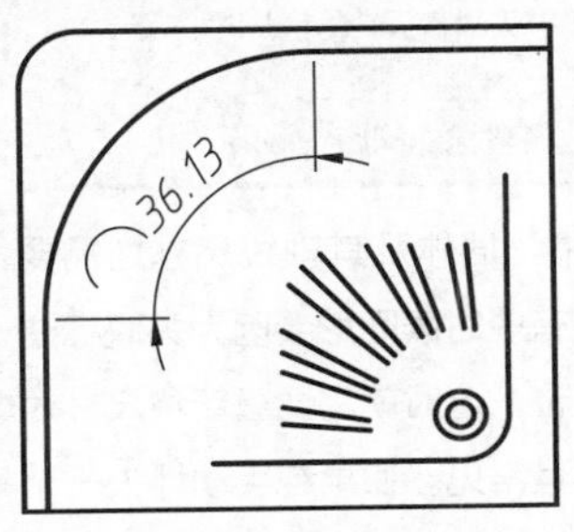

图 4-151 素材文件

02 在圆弧尺寸标注上双击，切换至“文字编辑器”选项卡，同时标注变为可编辑状态，在其中输入“圆弧处理”，如图4-152所示。

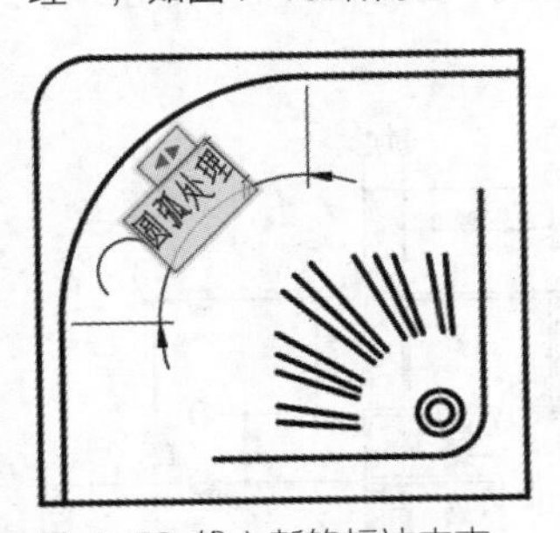

图 4-152 输入新的标注文本

03 在绘图区的空白处单击，退出编辑状态，完成修改，效果如图4-153所示。

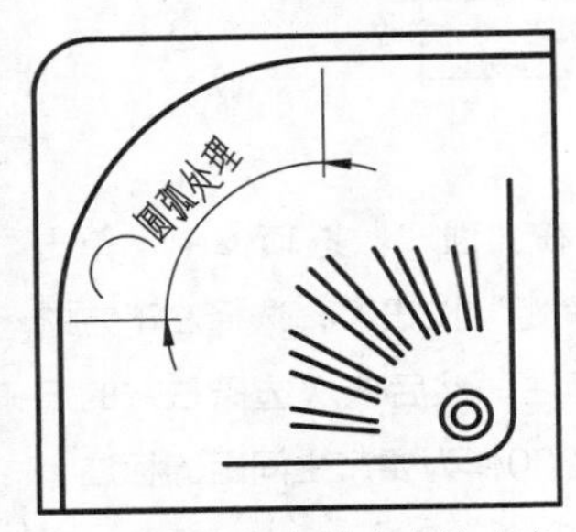

图 4-153 编辑标注文字的内容

实战189 打断标注

难度：☆☆☆

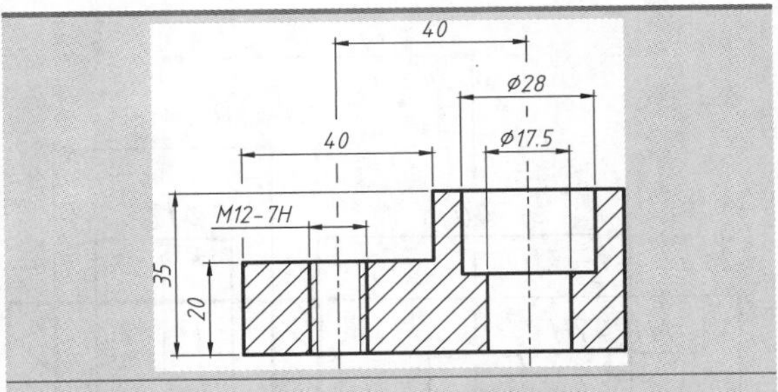

素材文件路径：素材\第 4 章\实战 189 打断标注 .dwg
效果文件路径：素材\第 4 章\实战 189 打断标注 -OK.dwg
在线视频：第 4 章\实战 189 打断标注 .mp4

如果图形中孔系繁多，结构复杂，那图形的定位尺寸、定形尺寸就相当丰富，而且互相交叉，对用户观察图形有一定影响，这时就可以使用“标注打断”命令来优化图形显示。

01 打开素材文件“第4章\实战189 打断标注.dwg”，如图4-154所示。可见各标注相互交叉，有尺寸标注被遮挡。

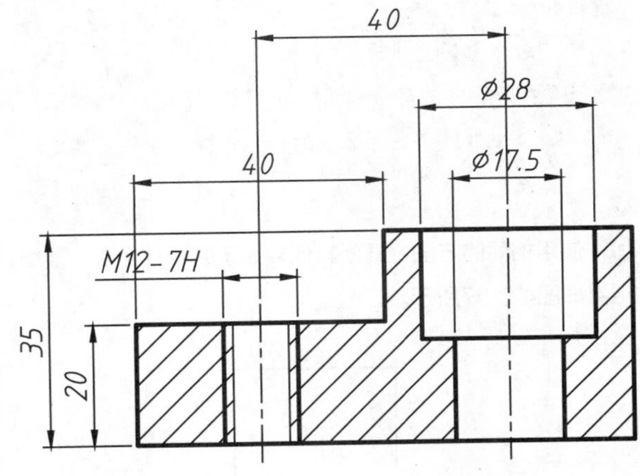

图 4-154 素材文件

02 在“注释”选项卡中，单击“标注”面板中的“打断”按钮，如图4-155所示，执行“标注打断”命令。

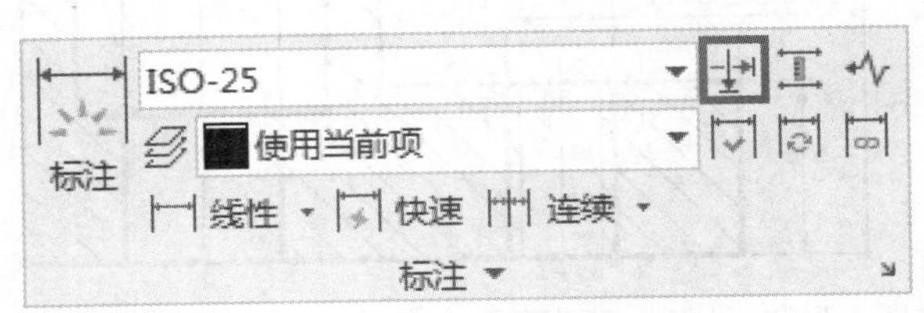

图 4-155 “标注”面板上的“打断”按钮

03 然后在命令行中输入“M”，选择“多个”选项，接着选择最上方的尺寸标注“40”，连按两次Enter键，完成打断标注的选取，如图4-156所示，命令行操作如下。

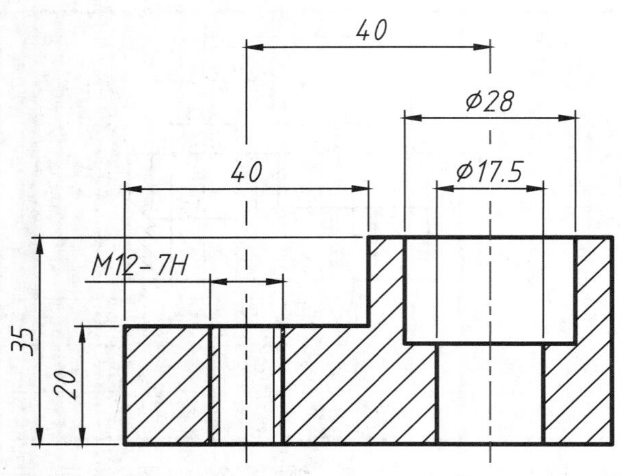

图 4-156 打断尺寸标注“40”

```
命令: _dimbreak
选择要添加/删除折断的标注或 [多个(M)]: M↙
    //选择“多个”选项
选择标注: 找到 1 个
    //选择最上方的尺寸标注“40”为要打断的尺寸
选择标注: ↙
    //按Enter键完成选择
选择要折断标注的对象或 [自动(A)/删除(R)] <自动>:↙
    //按Enter键完成要显示的标注选择，即所有其他
    标注1 个对象已修改
```

04 使用相同的方法，打断其他要显示的尺寸标注，最终结果如图4-157所示。

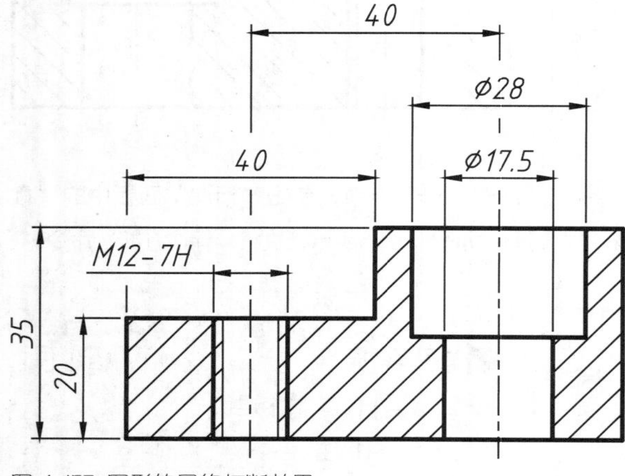

图 4-157 图形的最终打断效果

实战190 调整标注间距

重点

难度：☆☆☆

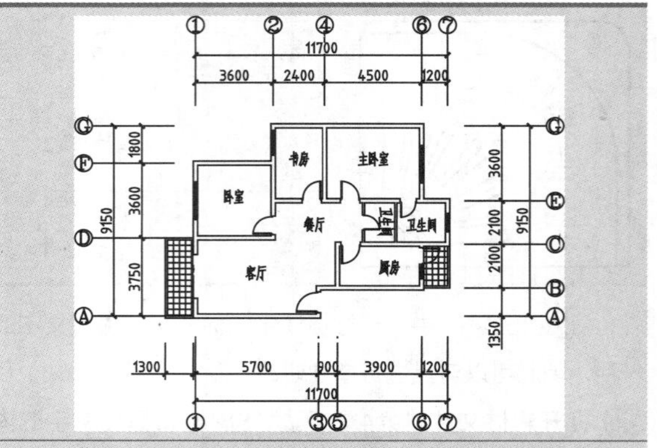

素材文件路径：素材 \ 第 4 章 \ 实战 190 调整标注间距 .dwg

效果文件路径：素材 \ 第 4 章 \ 实战 190 调整标注间距 -OK.dwg

在线视频：第 4 章 \ 实战 190 调整标注间距 .mp4

在建筑等工程类图纸中，墙体及其轴线尺寸均需要整列或整排地对齐。但是，有些时候图形会因为关联标注点的设置问题，导致尺寸移位，这时就需要重新将尺寸对齐，这在打开外来图纸时尤其常见。如果纯手动地去一个个调整标注，那效率十分低下，这时就可以借助“调整间距”命令来快速整理图形。

01 打开素材文件“第4章\实战190 调整标注间距.dwg”，如图4-158所示。可见图形中各尺寸出现了移位。

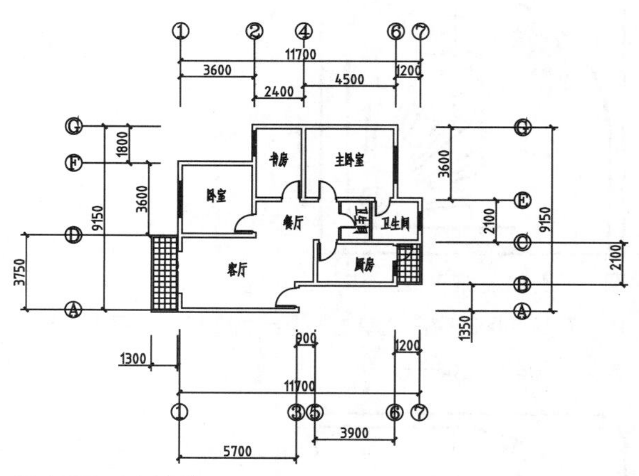

图 4-158 素材文件

02 水平对齐底部尺寸。在“注释”选项卡中，单击“标注”面板中的“调整间距”按钮，选择左下方的阳台尺寸1300作为基准标注，然后依次选择右方的尺寸5700、900、3900、1200作为要产生间距的标注，

输入间距值“0”，则所选尺寸都统一水平对齐至尺寸1300处，如图4-159所示，命令行操作如下。

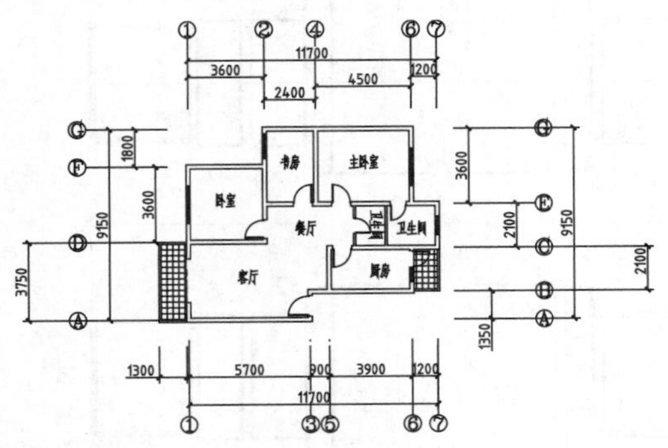

图 4-159 水平对齐尺寸

```
命令: _dimspace
选择基准标注:                              //选择尺寸1300
选择要产生间距的标注:找到 1 个              //选择尺寸5700
选择要产生间距的标注:找到 1 个，总计 2 个
                                           //选择尺寸900
选择要产生间距的标注:找到 1 个，总计 3 个
                                           //选择尺寸3900
选择要产生间距的标注:找到 1 个，总计 4 个
                                           //选择尺寸1200
选择要产生间距的标注: ↙
        //按Enter键，结束选择
输入值或 [自动(A)] <自动>: 0↙
        //输入间距值“0”，得到水平排列
```

03 垂直对齐右侧尺寸。选择右下方尺寸1350为基准尺寸，然后选择上方的尺寸2100、2100、3600，输入间距值“0”，得到垂直对齐尺寸，如图4-160所示。

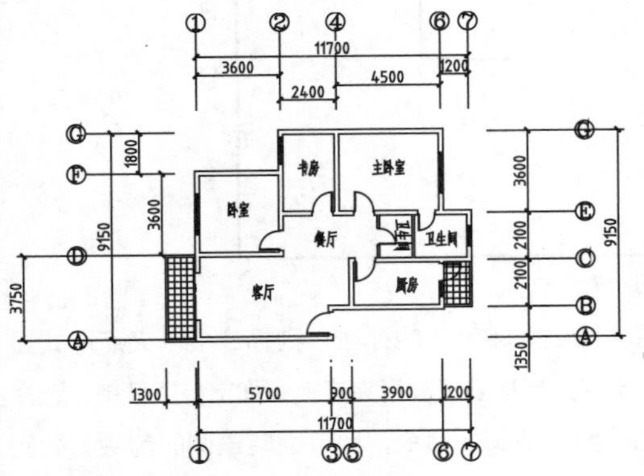

图 4-160 垂直对齐尺寸

04 对齐其他尺寸。按相同方法，对齐其余尺寸，最外层的总长尺寸除外，效果如图4-161所示。

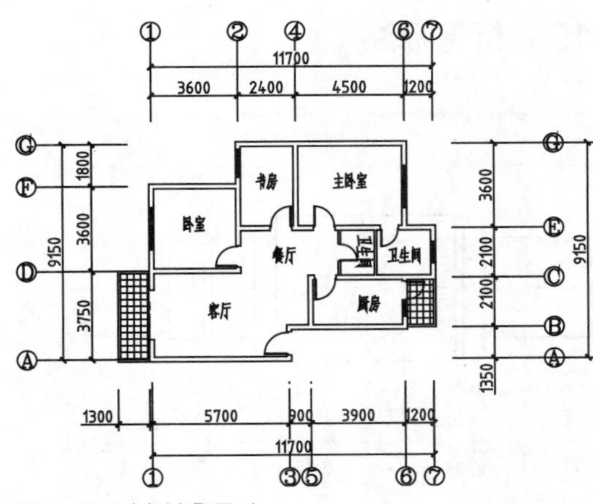

图 4-161 对齐其余尺寸

05 调整外层间距。再次执行“调整间距”命令，仍选择左下方的阳台尺寸1300作为基准尺寸，然后选择下方的总长尺寸11700为要产生间距的尺寸，输入间距值“1300”，效果如图4-162所示。

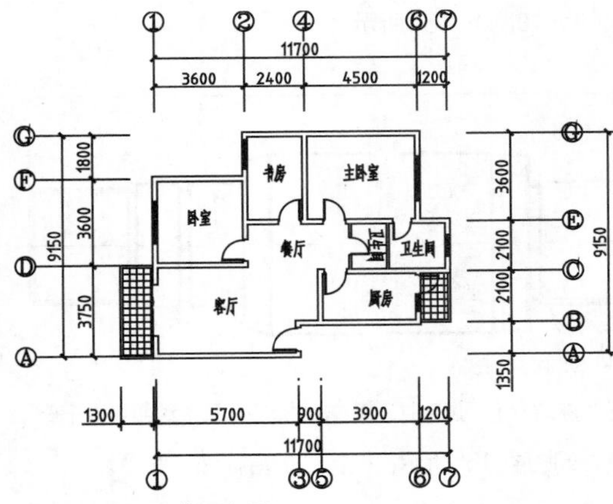

图 4-162 调整外层间距

06 按相同方法，调整所有的外层总长间距，最终结果如图4-163所示。

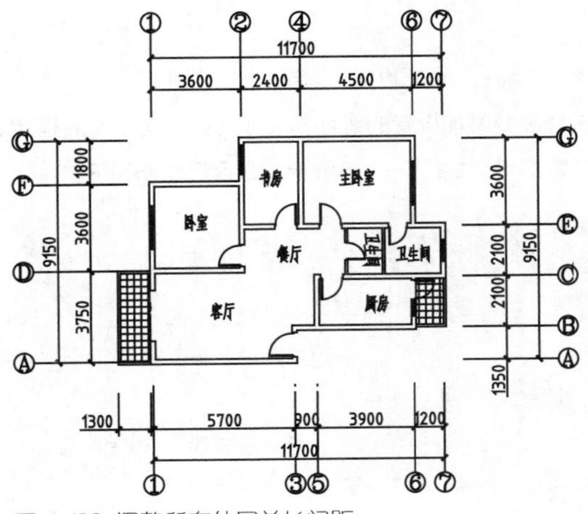

图 4-163 调整所有外层总长间距

实战191 折弯标注

难度：☆☆

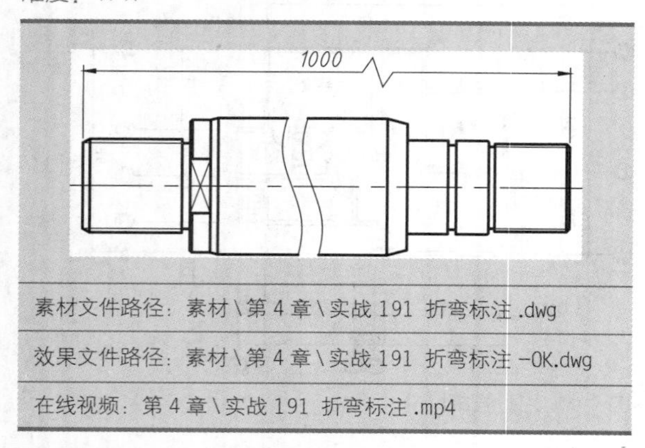

素材文件路径：素材\第 4 章\实战 191 折弯标注 .dwg

效果文件路径：素材\第 4 章\实战 191 折弯标注 -OK.dwg

在线视频：第 4 章\实战 191 折弯标注 .mp4

在标注细长杆件打断视图的长度尺寸时，可以使用“折弯标注”命令，在线性标注的尺寸线上生成折弯符号。

01 打开素材文件“第4章\实战191 折弯线性标注.dwg”，如图4-164所示。

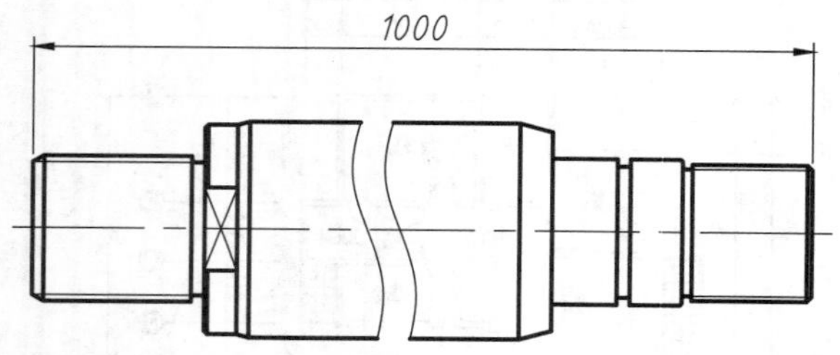

图 4-164 素材文件

02 在“注释”选项卡中，单击“标注”面板中的“折弯”按钮，如图4-165所示，执行“折弯标注”命令。

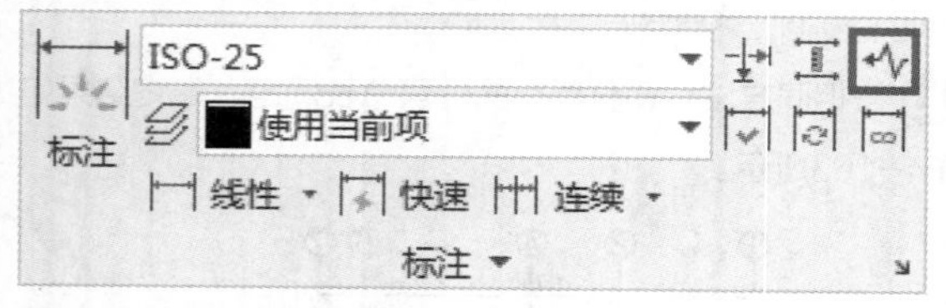

图 4-165 “标注”面板上的“折弯标注”按钮

03 选择需要添加折弯的线性标注或对齐标注，然后指定折弯位置即可，如图4-166所示，命令行操作如下。

```
命令: _dimjogline                //执行“折弯标注”命令
选择要添加折弯的标注或 [删除(R)]:
                                //选择要折弯的标注1000
指定折弯位置 (或按 Enter键):
                                //指定折弯位置，结束命令
```

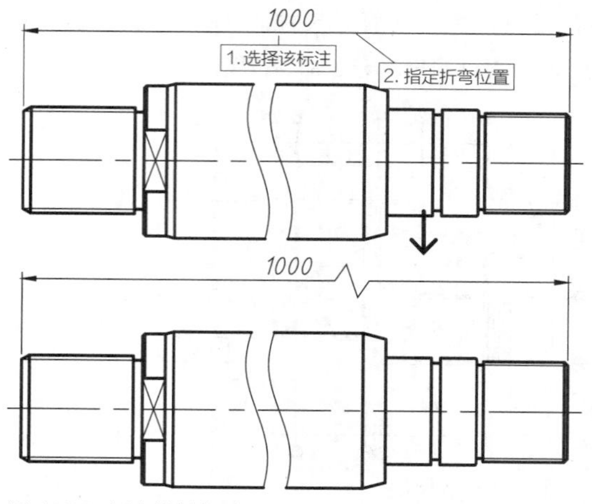

图 4-166 折弯线性标注

实战192 翻转标注箭头

难度：☆☆

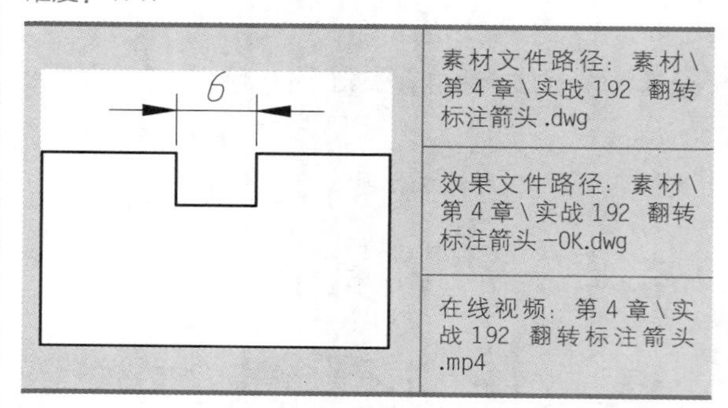

素材文件路径：素材\第 4 章\实战 192 翻转标注箭头 .dwg

效果文件路径：素材\第 4 章\实战 192 翻转标注箭头 -OK.dwg

在线视频：第 4 章\实战 192 翻转标注箭头 .mp4

当尺寸界限内的空间狭窄时，可使用“翻转箭头”命令将尺寸箭头翻转到尺寸界限之外，使尺寸标注更清晰。

01 打开素材文件“第4章\实战192 翻转标注箭头.dwg”，如图4-167所示。

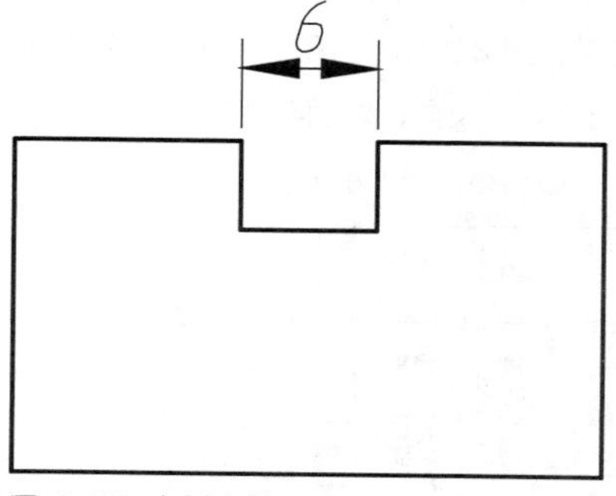

图 4-167 素材文件

02 选中需要翻转箭头的标注，则标注会以夹点形式显示。将十字光标移到尺寸线夹点上，弹出快捷菜单，选择其中的“翻转箭头”命令，即可翻转该侧的箭头，如图4-168和图4-169所示。

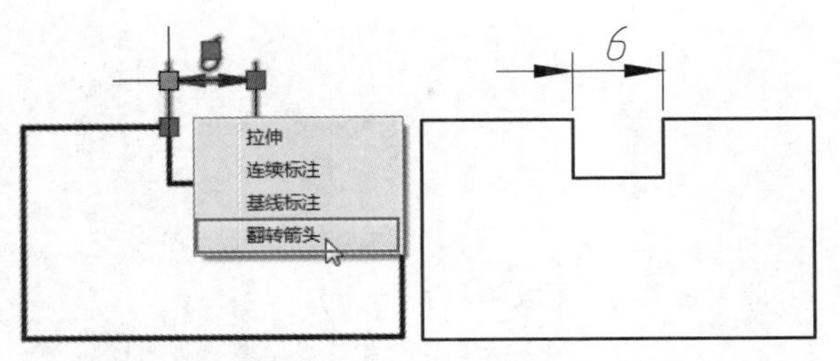

图 4-168 选择快捷菜单中“翻转箭头”命令　　图 4-169 翻转一侧箭头

03 使用同样的操作翻转另一侧的箭头，效果如图4-170所示。

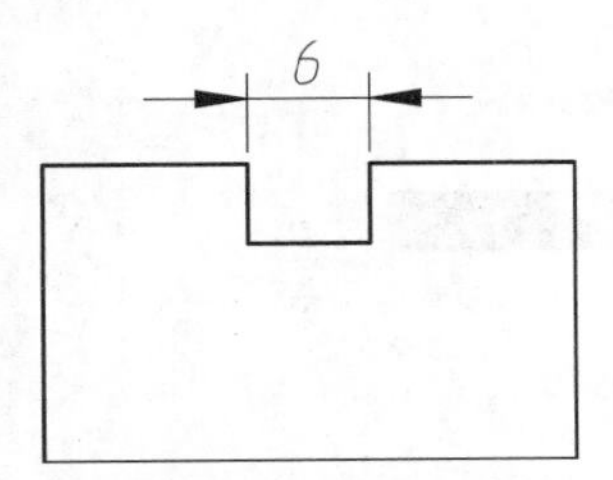

图 4-170 翻转两侧箭头

实战193 添加多重引线

难度：☆☆

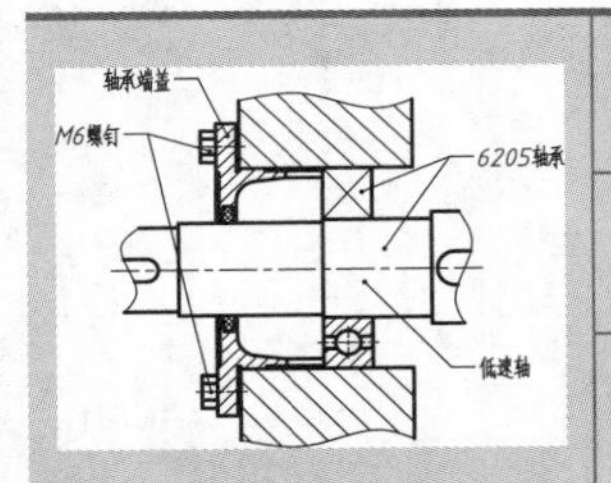

素材文件路径：素材\第 4 章\实战 193 添加多重引线.dwg
效果文件路径：素材\第 4 章\实战 193 添加多重引线-OK.dwg
在线视频：第 4 章\实战 193 添加多重引线.mp4

通过“添加引线”命令可以将引线添加至现有的多重引线对象，从而创建一对多的引线效果。

01 打开素材文件“第4章\实战193 添加多重引线.dwg”，如图4-171所示。

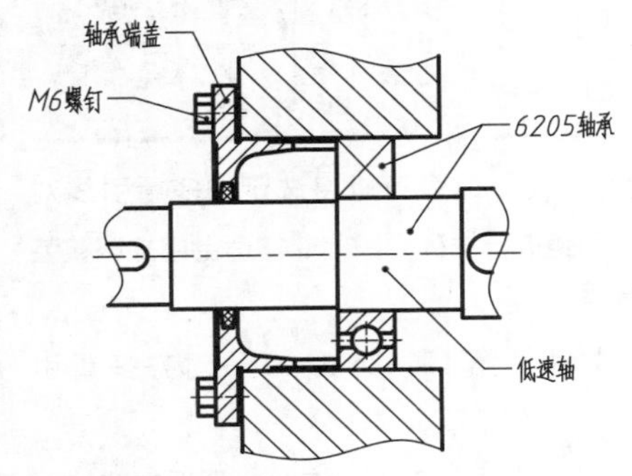

图 4-171 素材文件

02 在“默认”选项卡中，单击“注释”面板中的“添加引线”按钮，如图4-172所示，执行“添加引线”命令。

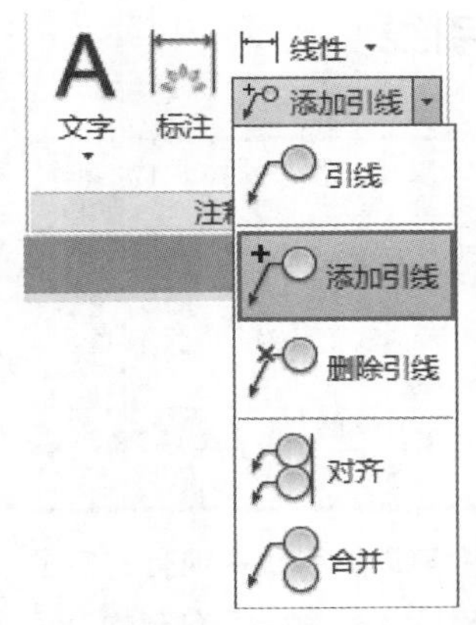

图 4-172 “注释”面板上的“添加引线”按钮

03 执行命令后，直接选择要添加引线的多重引线M6螺钉，然后再选择下方的一个螺钉图形，作为添加的新引线的箭头放置点，如图4-173所示，命令行操作如下。

```
命令：_mleaderdit
        //执行“添加引线”命令
选择多重引线：
        //选择要添加引线的多重引线
找到 1 个
指定引线箭头位置或 [删除引线(R)]: ↙
        //在下方螺钉图形中指定新引线箭头位置，按
        Enter键完成操作
```

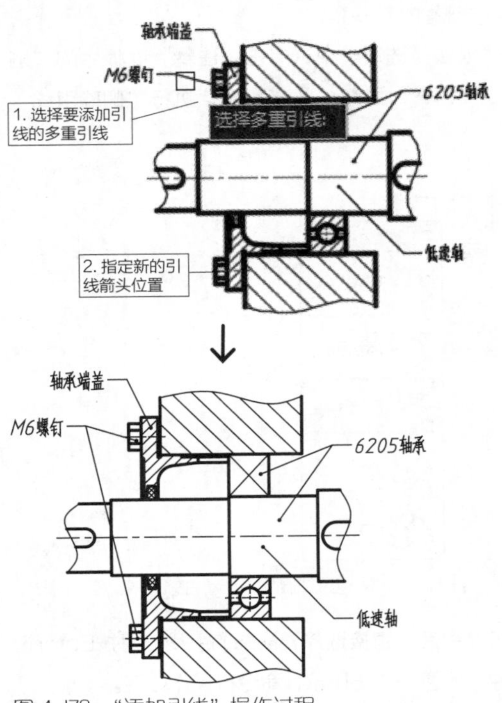

图 4-173 “添加引线”操作过程

实战194 删除多重引线

难度：☆☆

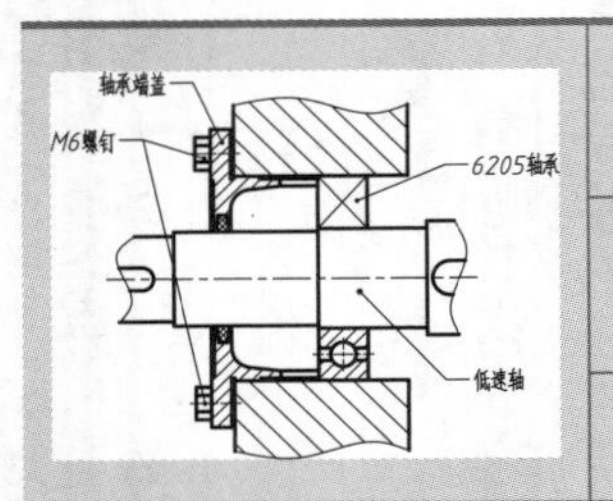	素材文件路径：素材\第 4 章\实战 193 添加多重引线 -OK.dwg
	效果文件路径：素材\第 4 章\实战 194 删除多重引线 -OK.dwg
	在线视频：第 4 章\实战 194 删除多重引线 .mp4

利用“删除引线”命令可以将引线从现有的多重引线对象中删除，即将“添加引线”命令所创建的引线删除。

01 延续上一例进行操作，也可以打开素材文件“第4章\实战193 添加多重引线-OK.dwg”，如图4-174所示。可见图中右侧的“6205轴承”标注多重引线有一条多余的引线。

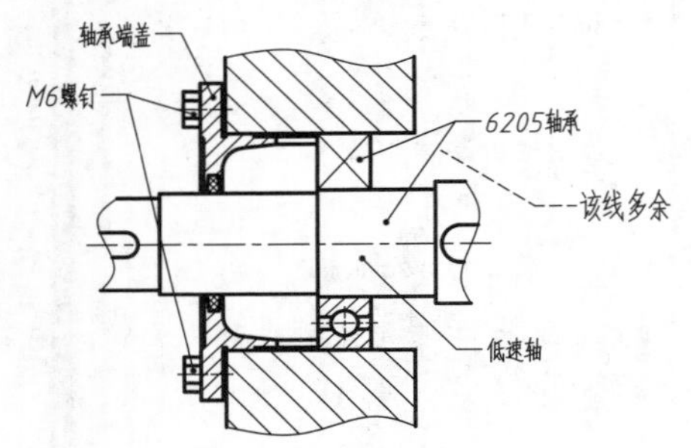

图 4-174 要删除的多余引线

02 在“默认”选项卡中，单击“注释”面板中的“删除引线”按钮，如图4-175所示，执行“删除引线”命令。

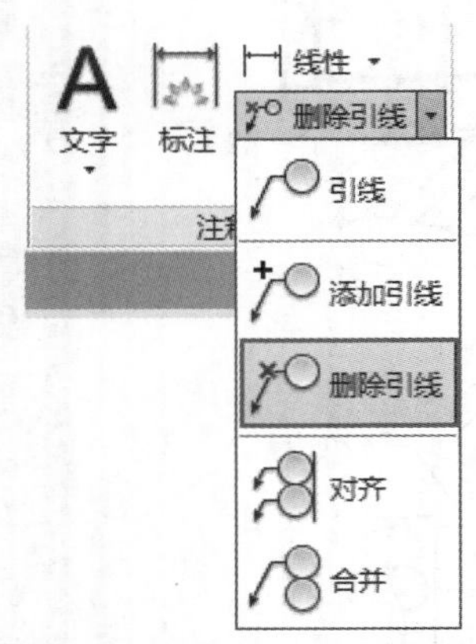

图 4-175 “注释”面板上的“删除引线”按钮

03 执行命令后，直接选择要删除的引线，再按Enter键即可删除，如图4-176所示，命令行操作如下。

```
命令：AIMLEADEREDITREMOVE
                //执行“删除引线”命令
选择多重引线：  //选择“6205轴承”多重引线
找到 1 个
指定要删除的引线或 [添加引线(A)]:
                //选择下方多余的一条多重引线
指定要删除的引线或 [添加引线(A)]: ↙
                //按Enter键结束命令
```

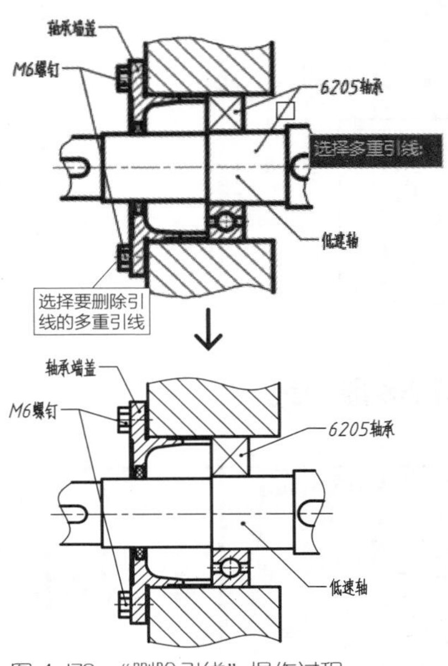

图 4-176 “删除引线”操作过程

实战195 对齐多重引线

难度：☆☆

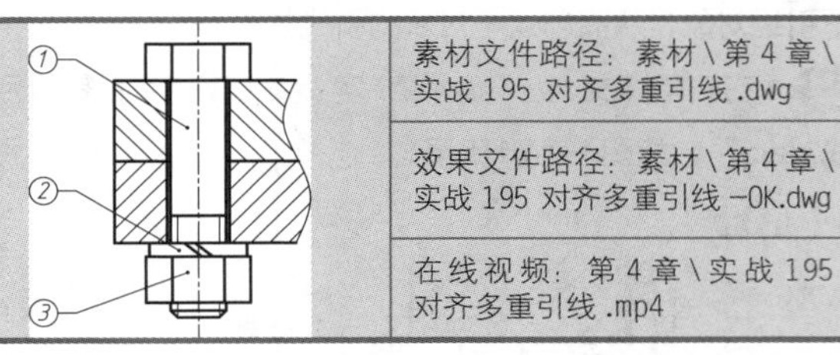	素材文件路径：素材\第 4 章\实战 195 对齐多重引线 .dwg
	效果文件路径：素材\第 4 章\实战 195 对齐多重引线 -OK.dwg
	在线视频：第 4 章\实战 195 对齐多重引线 .mp4

利用“对齐引线”命令可以将选定的多重引线对齐，并按一定的间距进行排列，因此非常适合用来调整装配图中的零件序号。

01 打开素材文件“第4章\实战195 对齐多重引线.dwg”，如图4-177所示。

02 在“默认”选项卡中，单击“注释”面板中的“对齐”按钮，如图4-178所示，执行“对齐引线”命令。

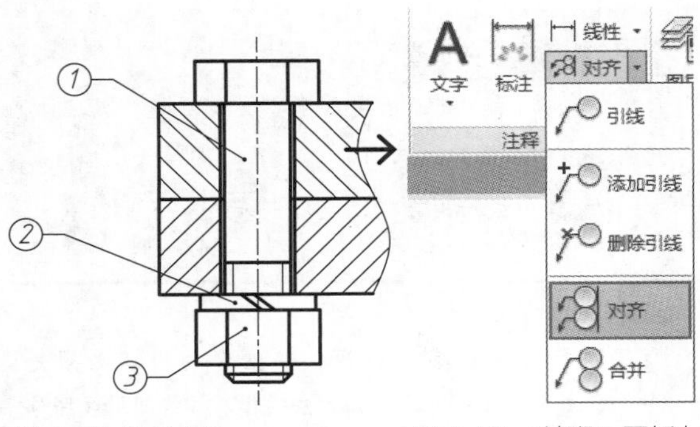

图 4-177 素材文件　　图 4-178 “注释”面板上的“对齐”按钮

03 执行命令后，选择所有要进行对齐的多重引线，然后按Enter键确认，接着根据提示指定一条基准多重引线①，则其余多重引线均对齐至该多重引线，如图4-179所示，命令行操作如下。

```
命令：_mleaderalign          //执行“对齐引线”命令
选择多重引线：指定对角点：找到 6 个
        //选择所有要进行对齐的多重引线
选择多重引线：↙              //按Enter键完成选择
当前模式：使用当前间距        //显示当前的对齐设置
选择要对齐到的多重引线或 [选项(O)]：
        //选择作为对齐基准的多重引线①
指定方向：
        //移动十字光标指定对齐方向，单击结束命令
```

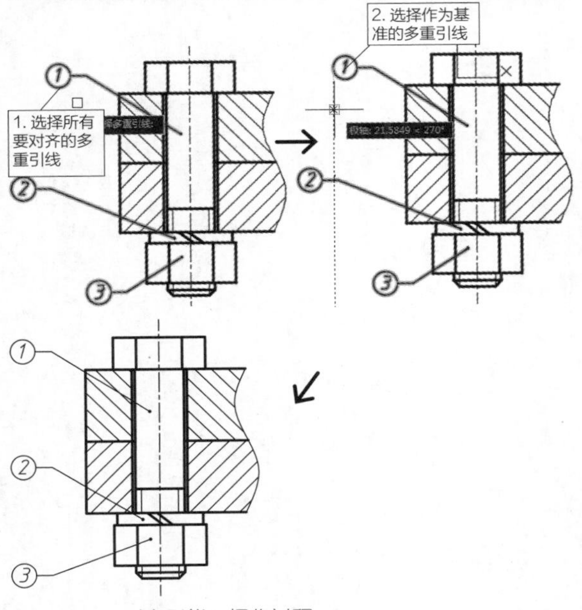

图 4-179 “对齐引线”操作过程

实战196 合并多重引线

难度：☆☆☆

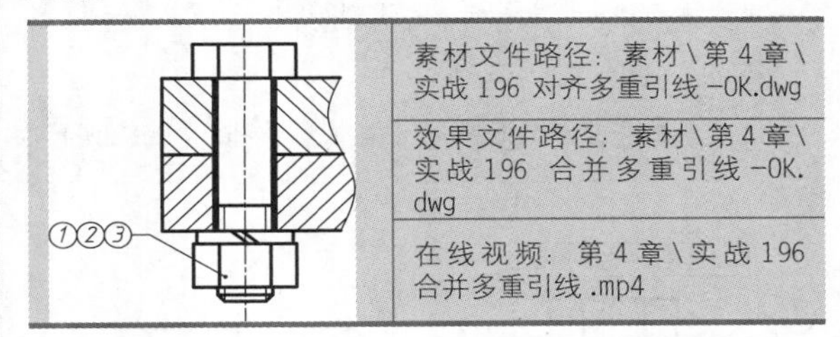

素材文件路径：素材\第 4 章\实战 196 对齐多重引线 -OK.dwg
效果文件路径：素材\第 4 章\实战 196 合并多重引线 -OK.dwg
在线视频：第 4 章\实战 196 合并多重引线 .mp4

利用“合并引线”命令可以将包含“块”的多重引线组织成一行或一列，并使用单引线显示结果，多见于机械行业中的装配图。

在装配图中，有时会遇到若干个零部件成组出现的情况，如1个螺栓，就可能配有2个弹性垫圈和1个螺母。如果都要对应一条多重引线来表示，那图形排列就会非常凌乱，因此一组紧固件及装配关系清楚的零件组，可采用多重引线，如图4-180所示。

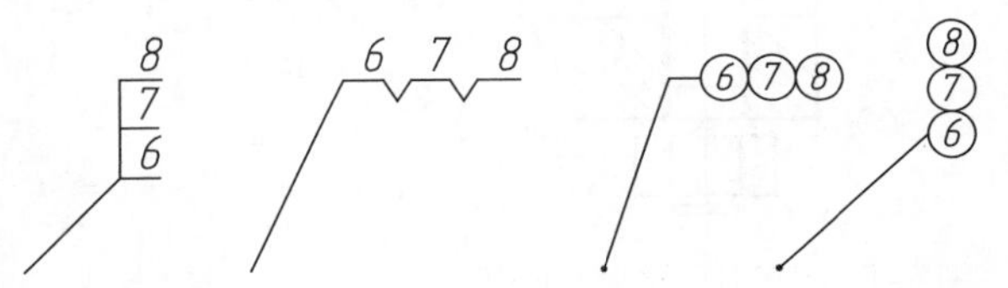

图 4-180 零件组的编号形式

01 延续上一例进行操作，也可以打开素材文件“第4章\实战195 对齐多重引线-OK.dwg”。

02 在“默认”选项卡中，单击“注释”面板中的“合并”按钮，如图4-181所示，执行“合并引线”命令。

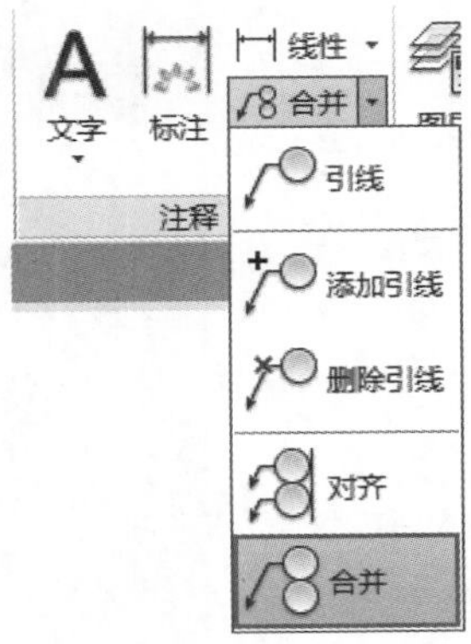

图 4-181 “注释”面板中的“合并”按钮

03 执行命令后，选择所有要合并的多重引线，然后按Enter键确认，接着根据提示选择多重引线的排列方式，或直接单击放置多重引线，如图4-182所示，命令行操作如下。

```
命令: _mleadercollect                                    //执行“合并引线”命令
选择多重引线: 指定对角点: 找到 3 个                         //选择所有要进行合并的多重引线
选择多重引线: ↙                                          //按Enter键完成选择
指定收集的多重引线位置或 [垂直(V)/水平(H)/缠绕(W)] <水平>:   //选择引线排列方式，或单击结束命令
```

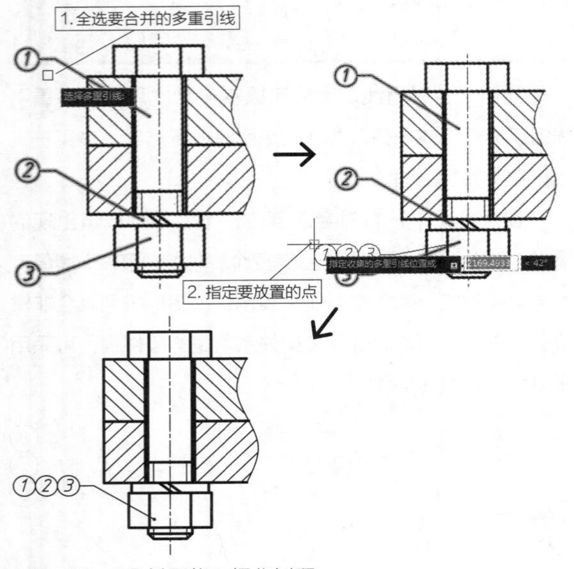

图 4-182 “合并引线”操作过程

提示

要执行合并的多重引线，其注释的内容必须是“块”；如果是多行文字，则无法操作。最终的引线序号应按顺序依次排列，不能出现数字颠倒、错位的情况。错位现象的出现是由于用户在操作时没有按顺序选择多重引线所致，因此无论是单独点选，还是一次性框选，都需要考虑各引线的选择先后顺序，如图4-183所示。

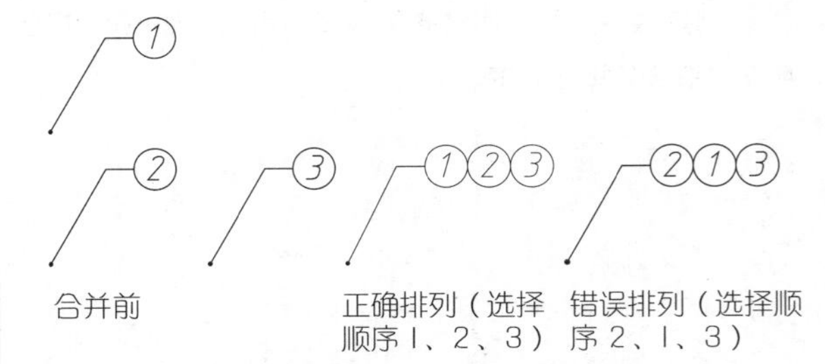

图 4-183 选择顺序对“合并引线”效果的影响

第 5 章

文字与表格的创建

文字和表格是图纸中的重要组成部分，用于注释和说明图形中难以表达的特征，如机械图纸中的技术要求、材料明细表，以及建筑图纸中的安装施工说明、图纸目录表等。本章介绍AutoCAD中文字、表格的设置和创建方法。

5.1 文字的创建与编辑

文字注释是绘图过程中很重要的内容进行设计时，不仅要绘制出图形，还需要在图形中标注一些注释性的文字，这样可以对不便于表达的图形设计加以说明，使设计表达更加清晰。

实战197 创建文字样式

难度：☆☆

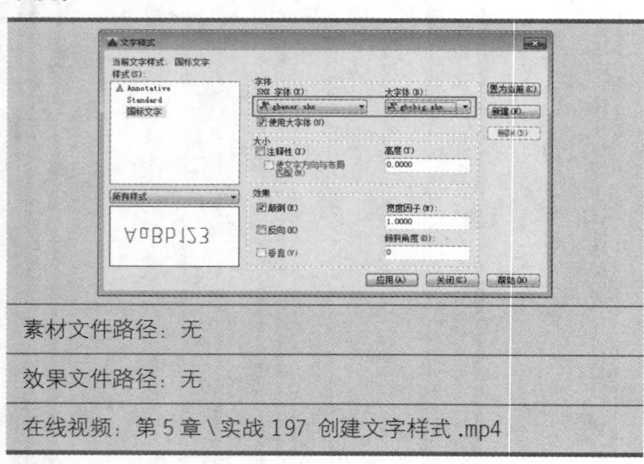

素材文件路径：无

效果文件路径：无

在线视频：第 5 章 \ 实战 197 创建文字样式 .mp4

文字样式是同一类文字的格式设置的集合，包括字体、字高、显示效果等。文字样式既要根据国家制图标准要求，又要根据实际情况来设置。

01 新建一个空白文档。

02 在“默认”选项卡中，单击“注释”面板中的“文字样式”按钮A，系统弹出“文字样式”对话框，如图5-1所示。

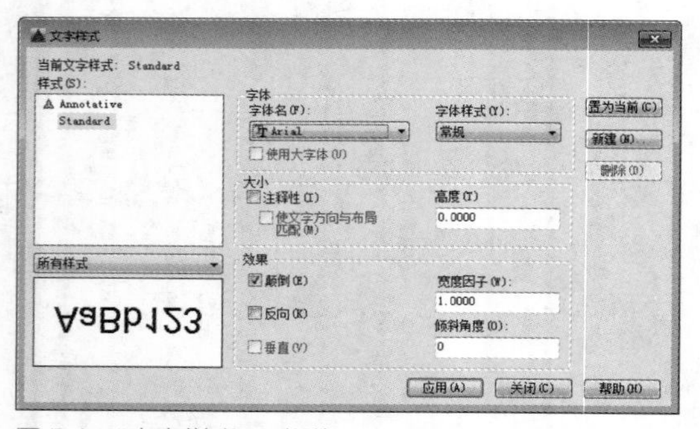

图 5-1 “文字样式”对话框

03 单击“新建”按钮，弹出“新建文字样式”对话框，在“样式名”文本框中输入“国标文字”，如图5-2所示。

图 5-2 “新建文字样式”对话框

04 单击“确定”按钮，在样式列表框中新增“国标文字”文字样式，如图5-3所示。

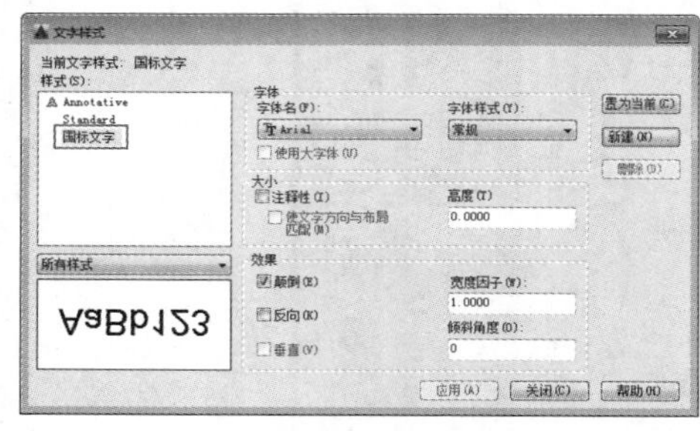

图 5-3 新建文字样式

05 在“字体”选项组下的“SHX字体”下拉列表中选择“gbenor.shx”字体，勾选“使用大字体”复选框，在“大字体”下拉列表中选择“gbcbig.shx”字体。其他选项保持默认状态，如图5-4所示。

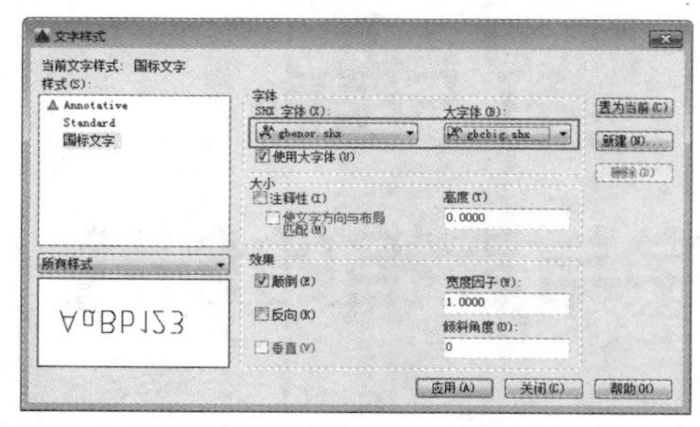

图 5-4 更改设置

06 单击“应用”按钮，然后单击“置为当前”按钮，将“国标文字”设置为当前样式。

07 单击“关闭”按钮，完成“国标文字”的创建。创建完成的样式可用于“多行文字”“单行文字”等文字创建命令，也可以用于标注、动态块中的文字。

实战198 应用文字样式

难度：☆☆

计算机辅助设计

素材文件路径：素材 \ 第 5 章 \ 实战 198 应用文字样式 .dwg

效果文件路径：素材 \ 第 5 章 \ 实战 198 应用文字样式 -OK.dwg

在线视频：第 5 章 \ 实战 198 应用文字样式 .mp4

在创建的多种文字样式中，只能有一种文字样式作为当前的文字样式，系统默认创建的文字样式均按照当前文字样式设置。因此要应用文字样式，首先应将其设置为当前文字样式。

01 打开素材文件“第5章\实战198 应用文字样式.dwg”，如图5-5所示。

计算机辅助设计

图 5-5 素材文件

02 默认情况下，“Standard”文字样式是当前文字样式，用户可以根据需要更换为其他的文字样式。

03 选择该文字，然后在“注释”面板的“文字样式控制”下拉列表中选择要置为当前的文字样式即可，如图5-6所示。

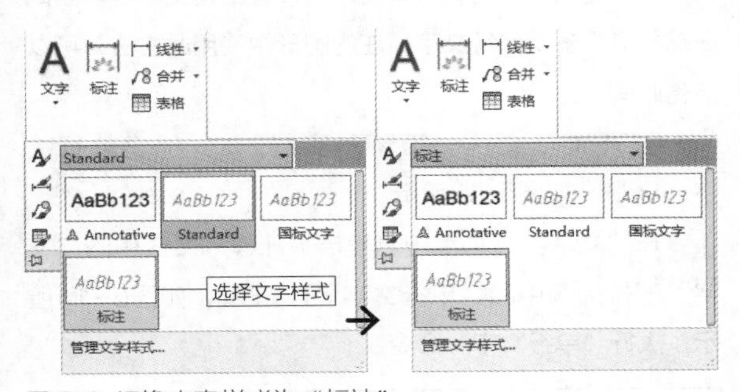

图 5-6 切换文字样式为“标注”

04 素材中的文字对象更改为“标注”样式下的效果，如图5-7所示。

计算机辅助设计

图 5-7 更改样式后的文字

实战199 重命名文字样式

难度：☆☆

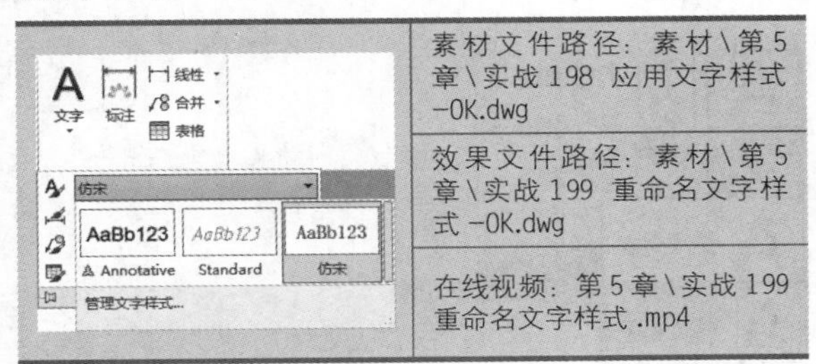

素材文件路径：素材\第5章\实战198 应用文字样式-OK.dwg

效果文件路径：素材\第5章\实战199 重命名文字样式-OK.dwg

在线视频：第5章\实战199 重命名文字样式.mp4

当需要更改文字样式名称时，可以对其进行重命名。除了在创建的时候进行重命名外，还可以使用“重命名”命令来完成。

01 延续上一例进行操作，也可以打开素材文件“第5章\实战198 应用文字样式-OK.dwg”。

02 在命令行输入“RENAME”并按Enter键，弹出“重命名”对话框。在“命名对象”列表框中选择“文字样式”选项，然后在“项数”列表框中选择要重命名的文字样式，这里选择“标注”选项，如图5-8所示。

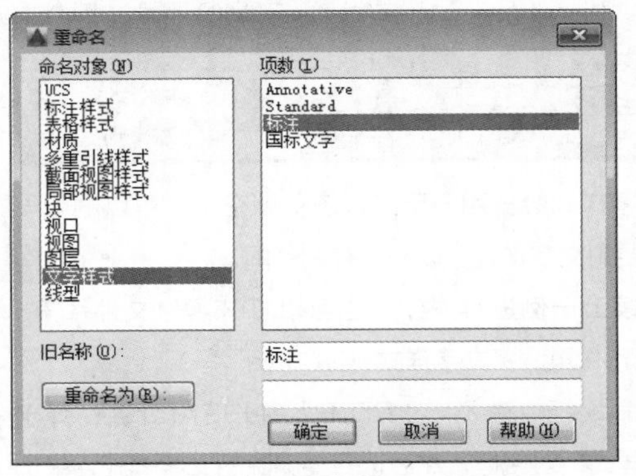

图 5-8 选择重命名的文字样式

03 在“重命名为”文本框中输入新的名称“仿宋”，如图5-9所示。然后单击“重命名为”按钮，“项数”列表框中的名称完成修改，最后单击“确定”按钮关闭该对话框。

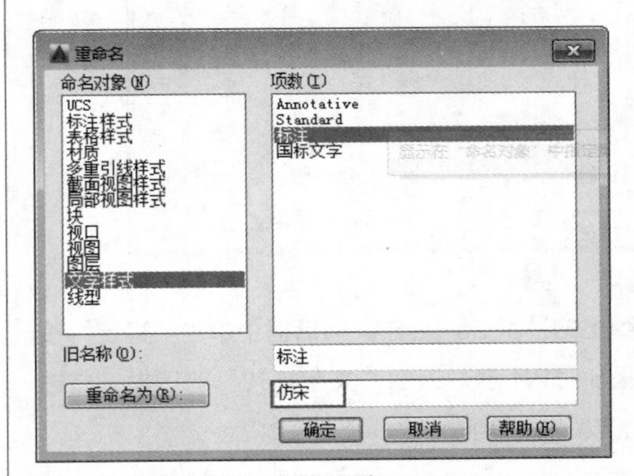

图 5-9 输入文字样式的新名称

04 文字样式的名称修改成功，在“文字样式控制”下拉列表中可以观察到重命名后的样式，如图5-10所示。

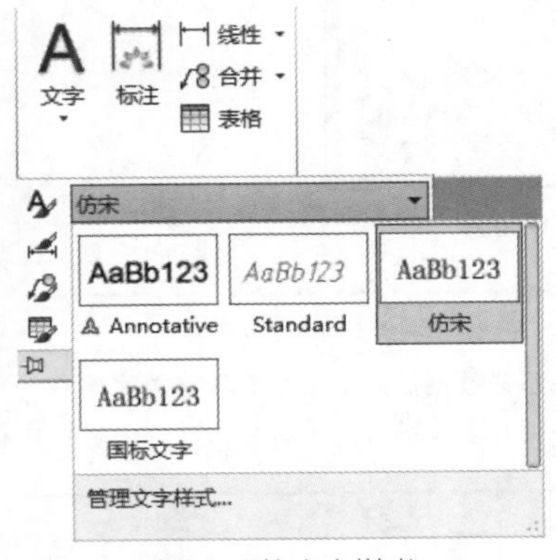

图 5-10 重命名后的文字样式

实战200 删除文字样式

难度：☆☆

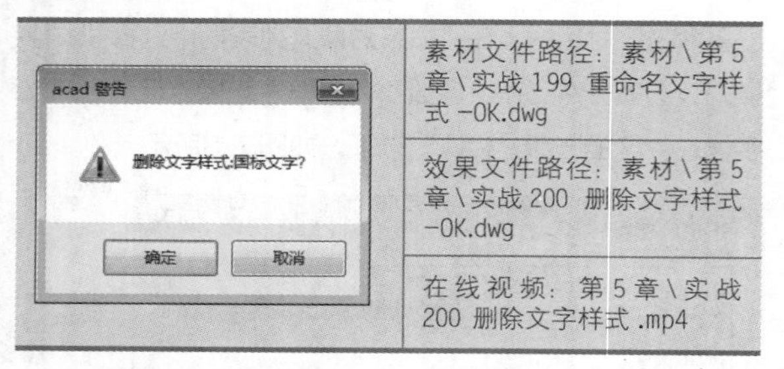

素材文件路径：素材\第5章\实战199 重命名文字样式-OK.dwg

效果文件路径：素材\第5章\实战200 删除文字样式-OK.dwg

在线视频：第5章\实战200 删除文字样式.mp4

文字样式会占用一定的系统存储空间，可以删除一些不需要的文字样式，以节约存储空间。

01 延续上一例进行操作，也可以打开素材文件“第5章\实战199 重命名文字样式-OK.dwg”。

02 在命令行中输入“STYLE”并按Enter键，弹出“文字样式”对话框，然后选择要删除的文字样式，单击“删除”按钮，如图5-11所示。

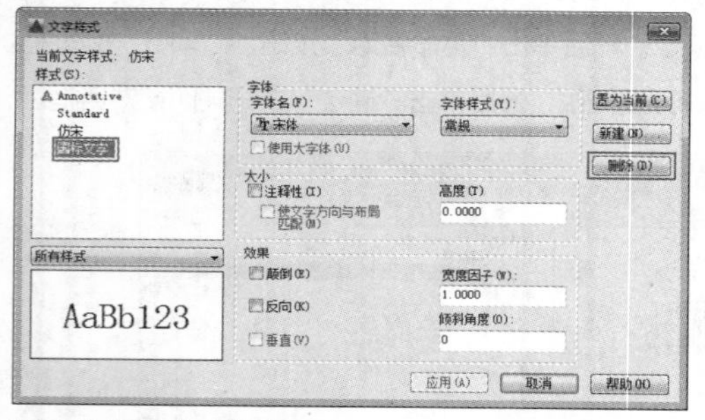

图5-11 删除文字样式

03 在弹出的“acad-警告”对话框中单击“确定”按钮，如图5-12所示。返回“文字样式”对话框，单击“关闭”按钮即可。

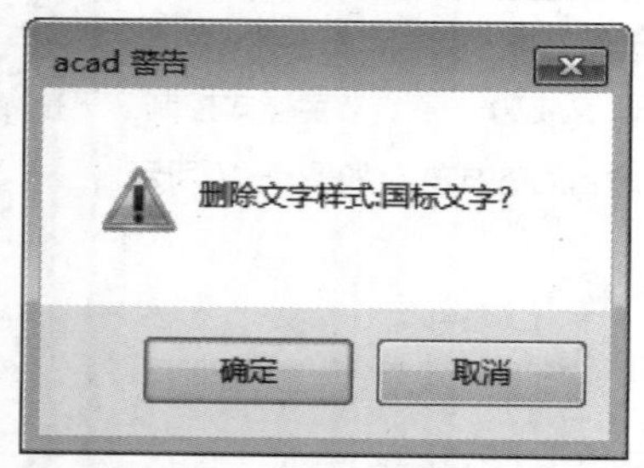

图5-12 完成文字样式的删除

提示

当前的文字样式不能被删除。如果要删除当前文字样式，可以先将别的文字样式置为当前，然后再进行删除。

实战201 创建单行文字

重点

难度：☆☆☆

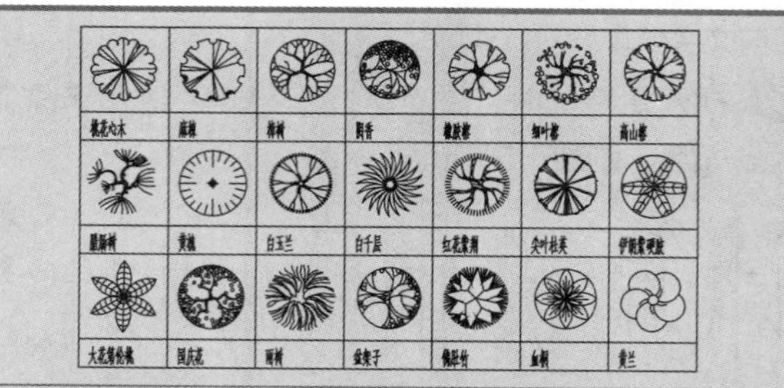

素材文件路径：素材\第5章\实战201 创建单行文字.dwg

效果文件路径：素材\第5章\实战201 创建单行文字-OK.dwg

在线视频：第5章\实战201 创建单行文字.mp4

单行文字输入完成后，可以不退出命令，而直接在另一个要输入文字的地方单击，同样会出现文本框。因此在需要进行多次单行文字标注的图形中使用此方法，可以节省时间。

01 打开素材文件“第5章\实战201 创建单行文字.dwg”，如图5-13所示。

02 在“默认”选项卡中，单击“注释”面板中的“文字”下拉列表中的“单行文字”按钮，如图5-14所示，执行“单行文字”命令。

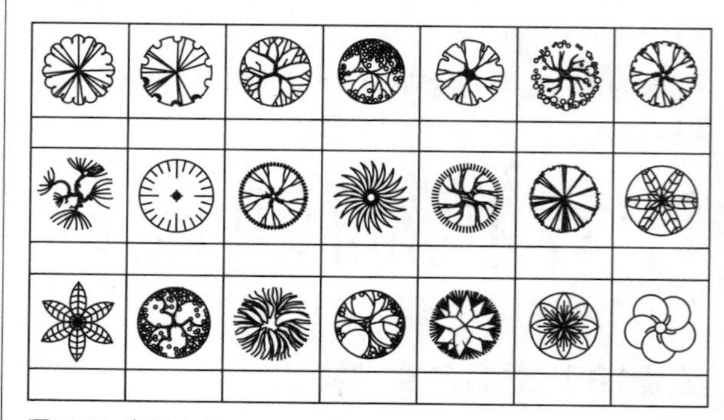

图5-13 素材文件

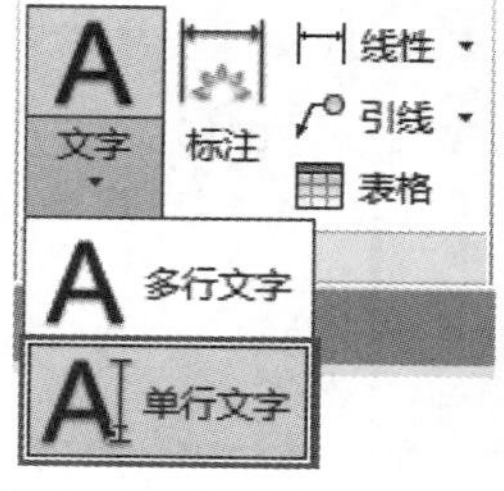

图5-14 “注释”面板中的“单行文字”按钮

03 根据命令行提示输入文字“桃花心木”，如图5-15所示，命令行操作如下。

```
命令: _text
        //执行“单行文字”命令
当前文字样式:  “Standard”   文字高度:  2.5000
注释性: 否
指定文字的起点或 [对正(J)/样式(S)]:
指定高度 <2.5000>: 600↙
        //指定文字高度
指定文字的旋转角度 <0>:↙
        //指定文字角度。按快捷键Ctrl+Enter结束命令
命令: _text
当前文字样式:  “Standard”   文字高度:  2.5000
注释性: 否  对正: 左
指定文字的起点 或 [对正(J)/样式(S)]: J↙
        //选择“对正”选项
输入选项 [左(L)/居中(C)/右(R)/对齐(A)/中间(M)/布满(F)/左上(TL)/中上(TC)/右上(TR)/左中(ML)/正中(MC)/右中(MR)/左下(BL)/中下(BC)/右下(BR)]: TL↙
        //选择“左上”对齐方式
指定文字的左上点:
        //选择表格的左上角点
指定高度 <2.5000>: 600↙
        //输入文字高度值“600”
指定文字的旋转角度 <0>:↙
        //文字旋转角度为0
        //输入文字“桃花心木”
```

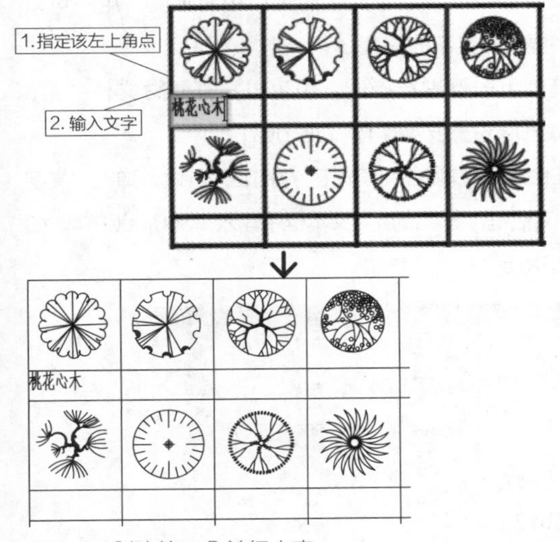

图 5-15 创建第一个单行文字

04 输入完成后，可以不退出命令，直接在右边的框格中单击，同样会出现文本框，输入第二个单行文字：“麻楝”，如图5-16所示。

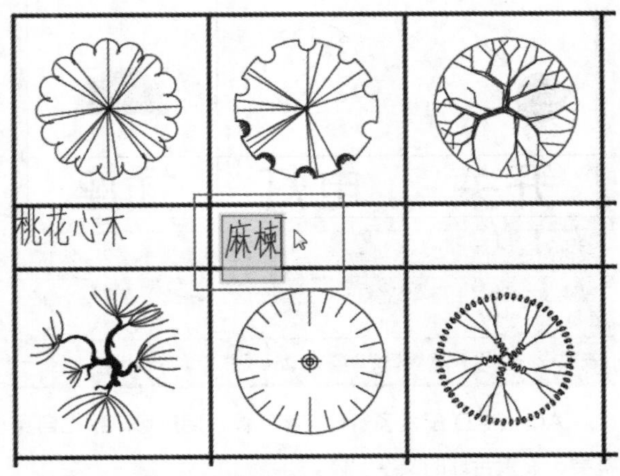

图 5-16 创建第二个单行文字

05 按相同方法，在各个框格中输入植物名称，结果如图5-17所示。

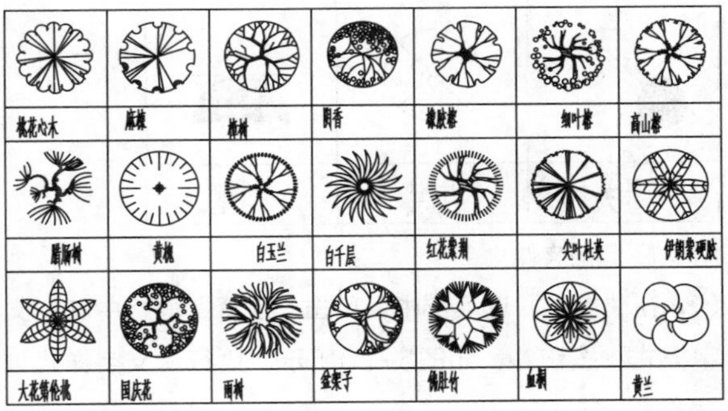

图 5-17 创建其余单行文字

06 使用“移动”命令或通过夹点移动，将各单行文字对齐，最终结果如图5-18所示。

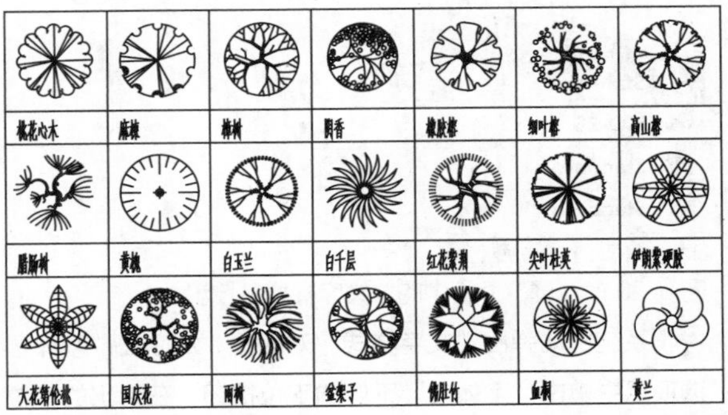

桃花心木 麻楝 樟树 阴香 橡胶榕 细叶榕 高山榕
腊肠树 黄槐 白玉兰 白千层 红花紫荆 尖叶杜英 伊朗紫硬胶
大花第伦桃 国庆花 雨树 盆架子 佛肚竹 血桐 黄兰

图 5-18 对齐所有单行文字

实战202 设置文字字体

难度：☆☆

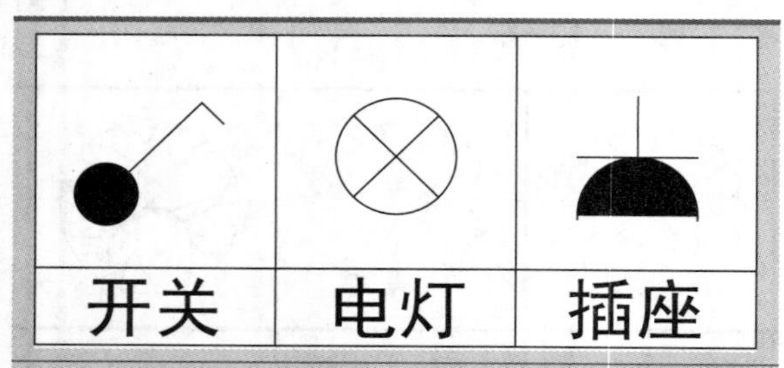

素材文件路径：素材\第 5 章\实战 202 设置文字字体 .dwg

效果文件路径：素材\第 5 章\实战 202 设置文字字体 -OK.dwg

在线视频：第 5 章\实战 202 设置文字字体 .mp4

AutoCAD 配置了多种文字字体，用户可以根据自身需要，设置合理的文字字体。

01 打开素材文件“第5章\实战202 设置文字字体.dwg”，如图5-19所示。

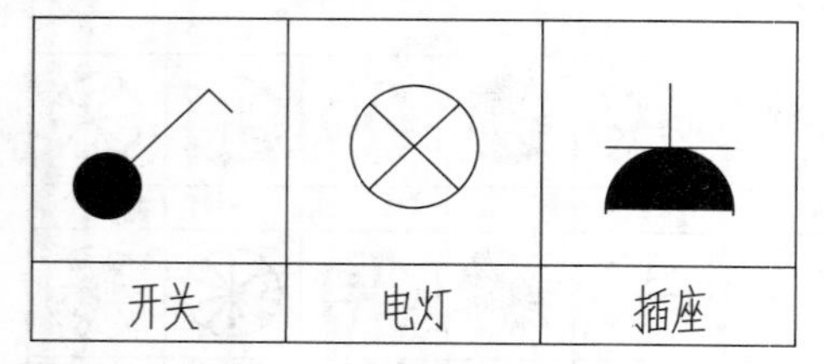

图 5-19 素材文件

02 在“默认”选项卡中，单击“注释”面板中的“文字样式”按钮A，如图5-20所示，执行“文字样式”命令。

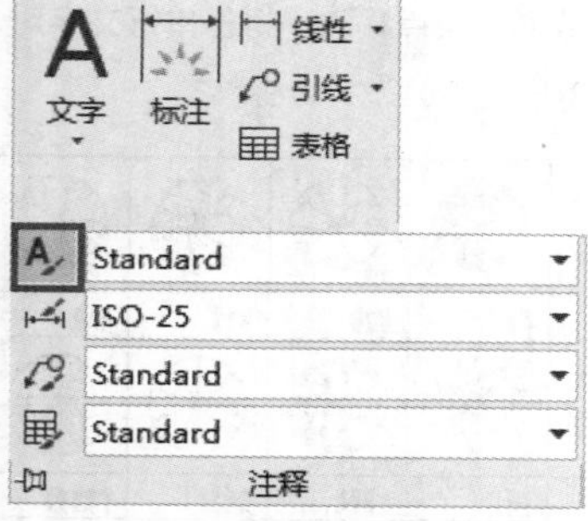

图 5-20 “注释”面板中的“文字样式”按钮

03 系统自动弹出“文字样式”对话框，然后在“字体”选项组中单击“字体名”下侧的下拉按钮，在弹出的下拉列表中选择“黑体”选项，如图5-21所示。

04 在“文字样式”对话框中单击“应用”按钮，再单击“关闭”按钮，返回绘图区，可见各单行文字的字体已经被修改为黑体，如图5-22所示。

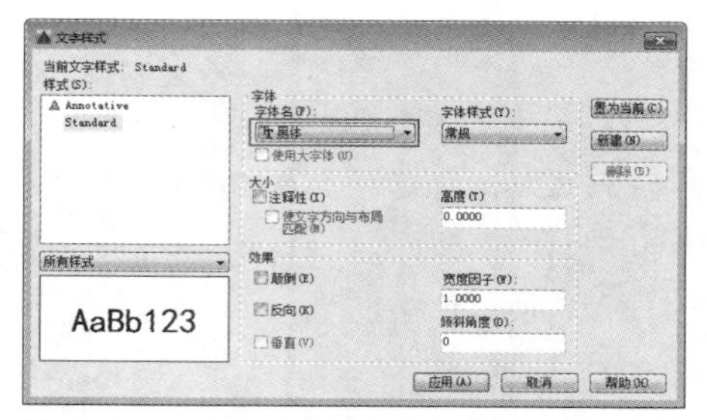

图 5-21 设置新的字体

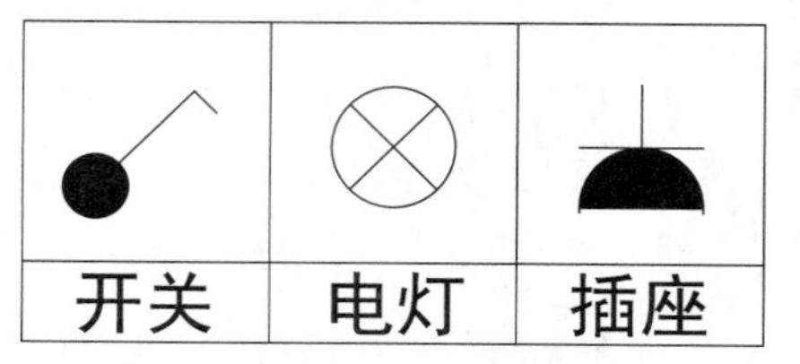

图 5-22 重新设置字体之后的文字效果

实战203 设置文字高度

难度：☆☆

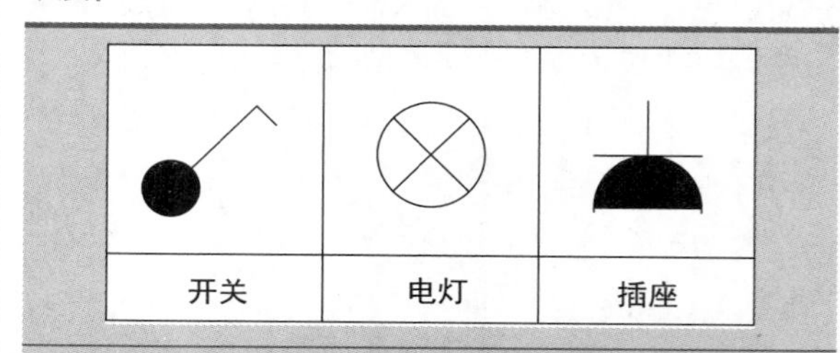

素材文件路径：素材\第 5 章\实战 202 设置文字字体 -OK.dwg

效果文件路径：素材\第 5 章\实战 203 设置文字高度 -OK.dwg

在线视频：第 5 章\实战 203 设置文字高度 .mp4

文字的高度决定了文字的大小和清晰度，用户可以根据需要设置文字的高度。

01 延续上一例进行操作，也可以打开素材文件“第5章\实战202 设置文字字体-OK.dwg”。

02 在命令行中输入“STYLE”并按Enter键，弹出“文字样式”对话框，在“高度”文本框中输入“300.0000”，如图5-23所示。

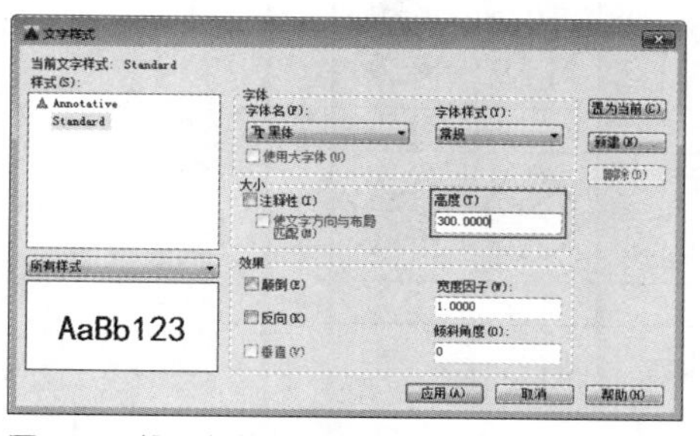

图 5-23 输入新的字高

03 在“文字样式”对话框中单击“应用”按钮，再单击“关闭”按钮，返回绘图区，可见各单行文字的大小已经被修改，效果如图5-24所示。

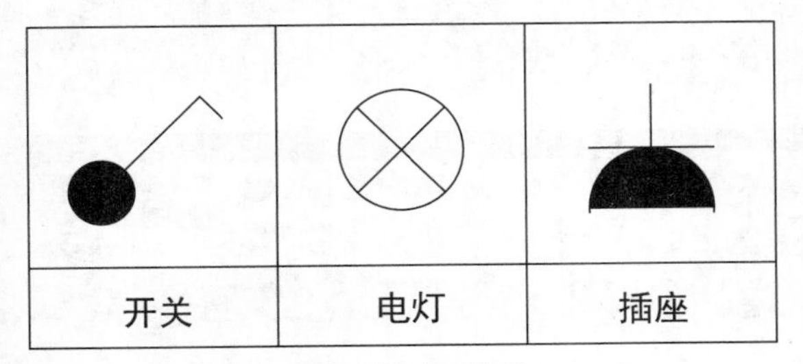

图 5-24 重新设置字高之后的文字效果

实战204 设置文字效果

难度：☆☆

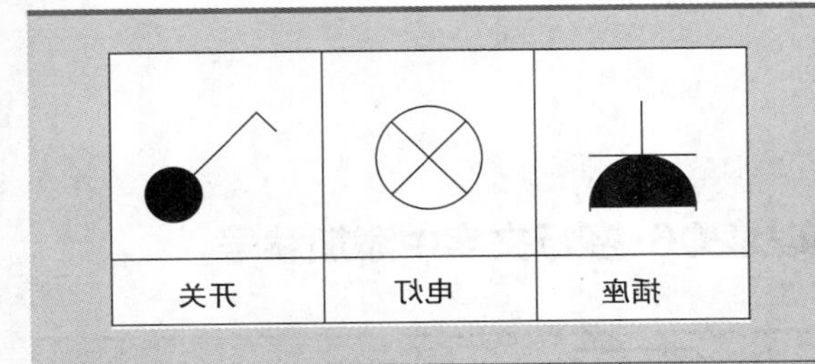

素材文件路径：素材\第 5 章\实战 203 设置文字高度 -OK.dwg

效果文件路径：素材\第 5 章\实战 204 设置文字效果 -OK.dwg

在线视频：第 5 章\实战 204 设置文字效果 .mp4

在AutoCAD中创建了文字样式之后，还可以随时在对话框的“效果”选项组中设置单行文字的显示效果。

01 延续上一例进行操作，也可以打开素材文件“第5章\实战203 设置文字高度-OK.dwg”。

02 在命令行中输入“STYLE”并按Enter键，弹出“文字样式”对话框，然后在“效果”选项组中勾选“反向”复选框，如图5-25所示。

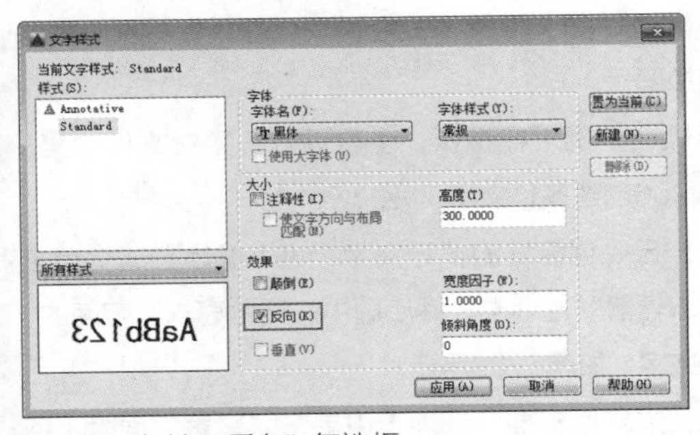

图 5-25 勾选“反向”复选框

03 在“文字样式”对话框中单击“应用”按钮，再单击“关闭”按钮，返回绘图区，可见各单行文字变为反向显示，效果如图5-26所示。

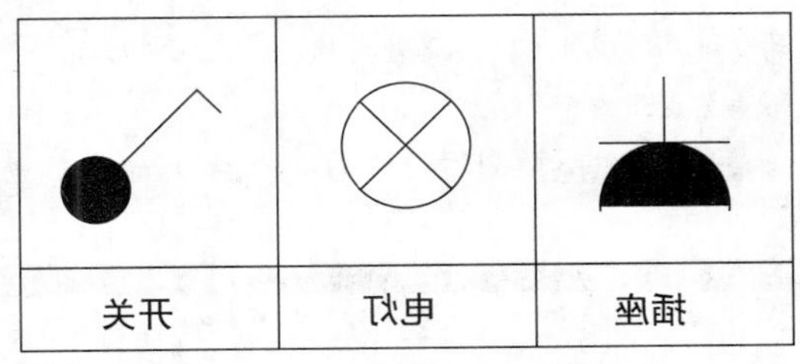

图 5-26 设置“反向”效果之后的文字显示

实战205 创建多行文字

难度：☆☆

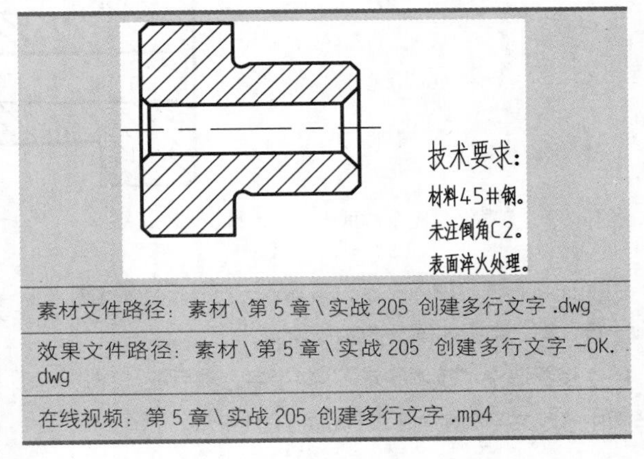

素材文件路径：素材\第 5 章\实战 205 创建多行文字 .dwg

效果文件路径：素材\第 5 章\实战 205 创建多行文字 -OK.dwg

在线视频：第 5 章\实战 205 创建多行文字 .mp4

“多行文字”又称为段落文字，是一种更易于管理的文字对象，可以由两行以上的文字组成，并且作为一个整体处理。

01 打开素材文件“第5章\实战205 创建多行文字.dwg”，如图5-27所示。

02 在“默认”选项卡中，单击“注释”面板“文字”下拉列表中的“多行文字”按钮A，如图5-28所示，执行“多行文字”命令。

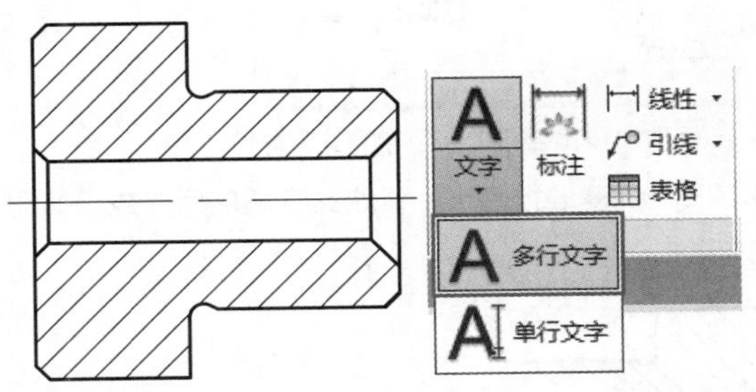

图 5-27 素材文件

图 5-28 “注释”面板中的“多行文字”按钮

03 系统弹出“文字编辑器”选项卡，然后移动十字光标画出多行文字的范围，操作之后绘图区会显示一个文本框，如图5-29所示，命令行操作如下。

```
命令: _mtext                                                    //执行“多行文字”命令
当前文字样式: "Standard"  文字高度: 2.5  注释性: 否
指定第一角点:                                                   //在绘图区域合适位置拾取一点
指定对角点或 [高度(H)/对正(J)/行距(L)/旋转(R)/样式(S)/宽度(W)/栏(C)]:    //指定对角点
```

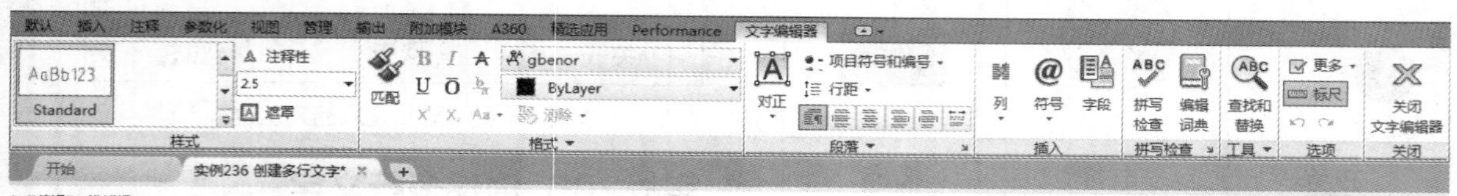

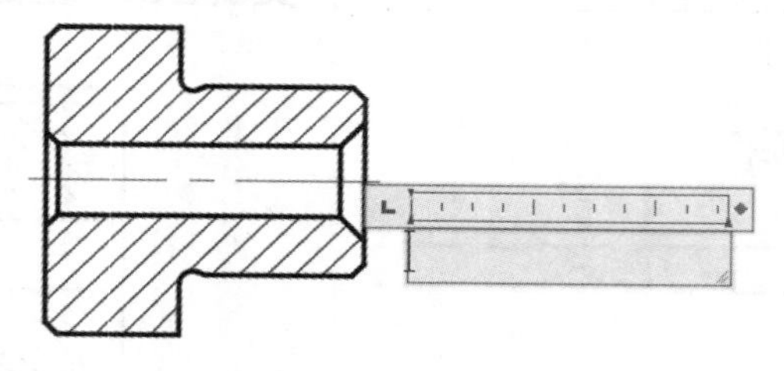

图 5-29 “文字编辑器”选项卡与文本框

04 在文本框内输入文字，每输入一行按Enter键输入下一行，输入结果如图5-30所示。

05 接着选中“技术要求”这4个字，然后在“样式”面板中修改文字高度为3.5，如图5-31所示。

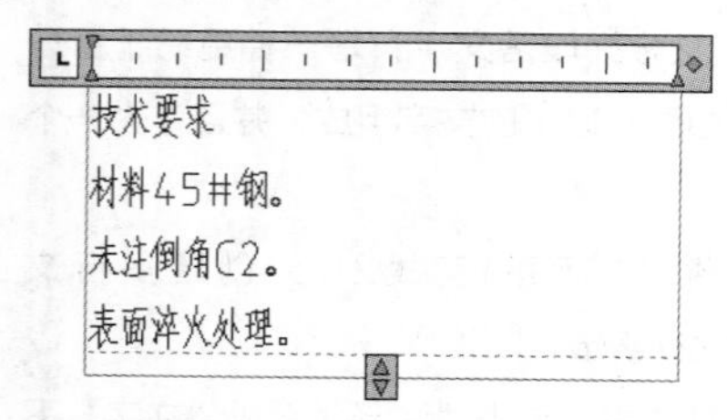

图 5-30 素材文件

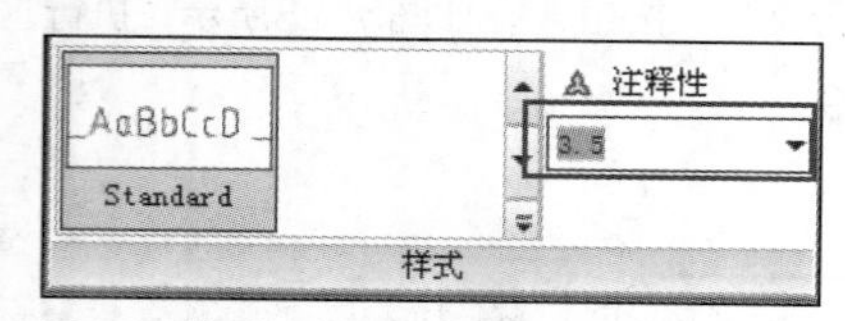

图 5-31 修改“技术要求”4个字的文字高度

06 按Enter键进行修改，修改文字高度后的效果如图5-32所示。

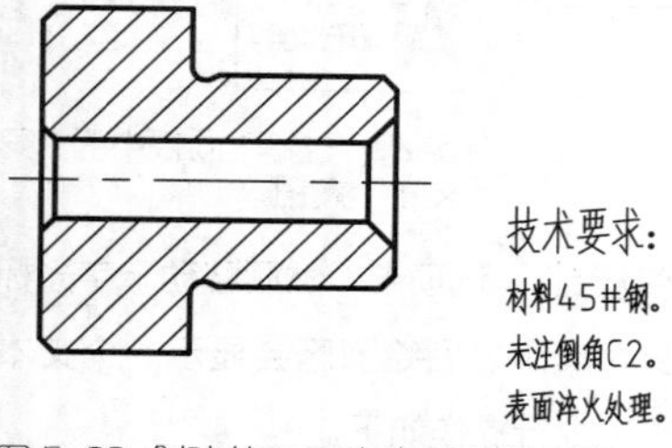

图 5-32 创建的不同字高的多行文字

实战206 多行文字中添加编号

难度：☆☆

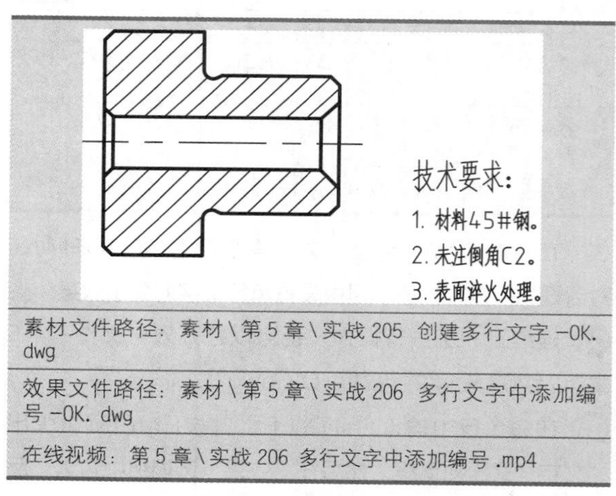

素材文件路径：素材\第 5 章\实战 205 创建多行文字 -OK.dwg

效果文件路径：素材\第 5 章\实战 206 多行文字中添加编号 -OK.dwg

在线视频：第 5 章\实战 206 多行文字中添加编号 .mp4

“多行文字”命令的编辑功能十分强大，能完成许多像Word软件一样的专业文档编辑工作，如本例中为各段落添加编号。

01 延续上一例进行操作，也可以打开素材文件“第5章\实战206创建多行文字-OK.dwg”。

02 双击已经创建好的多行文字，进入编辑模式，单击“文字编辑器”选项卡，然后选中“技术要求”下面的3行说明文字，如图5-33所示。

03 在“文字编辑器”选项卡中单击“段落”面板上的“项目符号和编号”右侧下拉按钮，在下拉列表中设置编号方式为“以数字标记”，如图5-34所示。

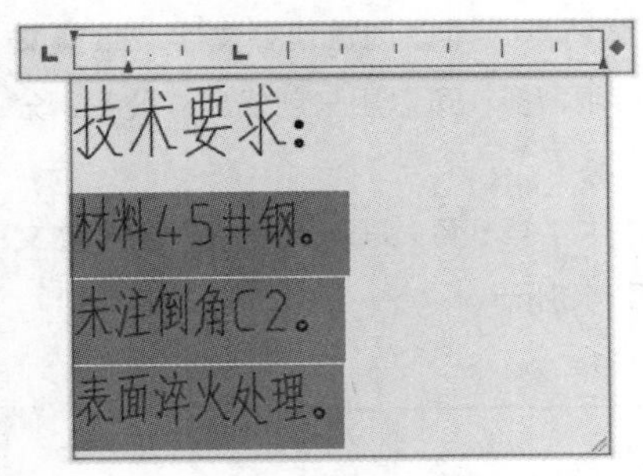

图 5-33 框选要添加编号的文字

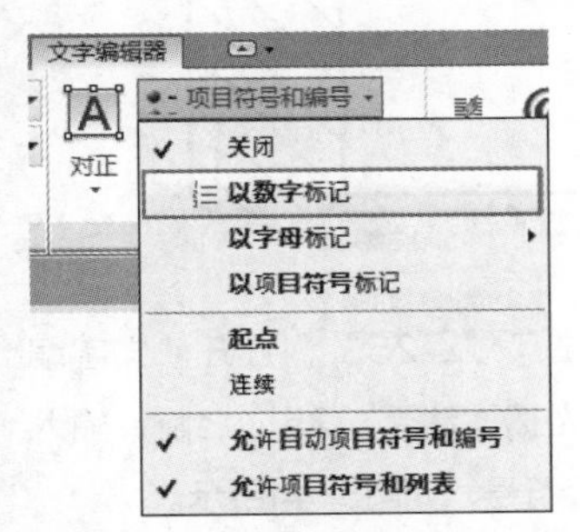

图 5-34 选择“以数字标记”选项

04 在文本框中可以预览添加编号的初步效果，如图5-35所示。

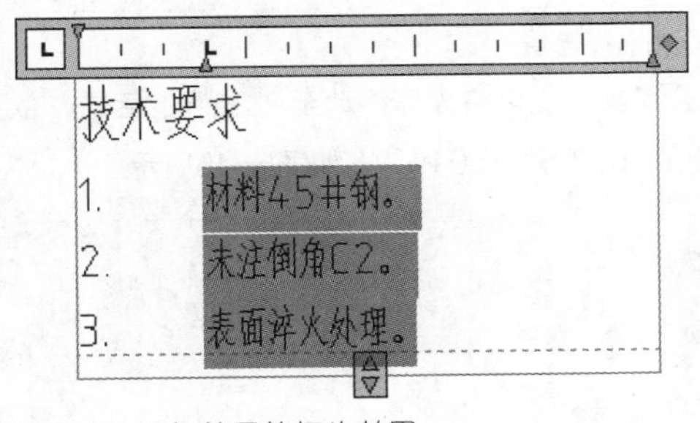

图 5-35 添加编号的初步效果

05 接着调整段落的对齐标尺，减少文字的缩进量，如图5-36所示。

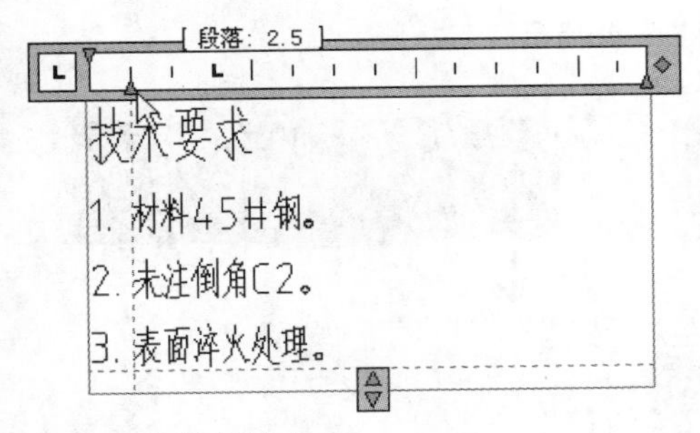

图 5-36 调整段落对齐

06 单击“关闭”面板上的“关闭文字编辑器”按钮，或按快捷键Ctrl+Enter完成多行文字编号的添加，最终效果如图5-37所示。

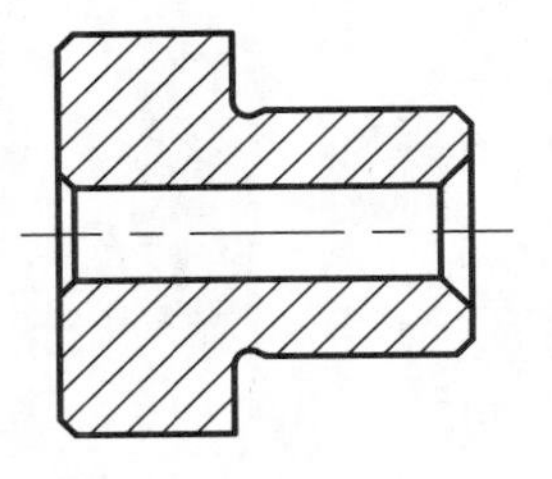

图 5-37 添加编号的多行文字

实战207 添加特殊符号

难度：☆☆

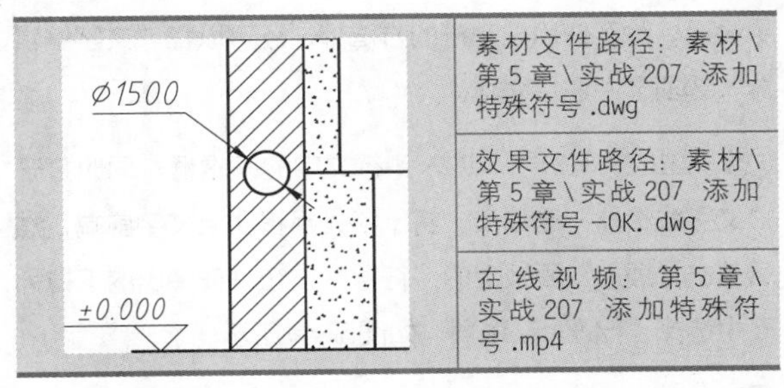

素材文件路径：素材\第 5 章\实战 207 添加特殊符号 .dwg

效果文件路径：素材\第 5 章\实战 207 添加特殊符号 -OK. dwg

在线视频：第 5 章\实战 207 添加特殊符号 .mp4

有些特殊符号在键盘上没有对应键，如指数、度数、直径等。这些特殊符号不能从键盘上直接输入，需要使用软件自带的特殊符号插入功能。在单行文字和多行文字中都可以插入特殊符号。

1. 单行文字中插入特殊符号

01 打开素材文件“第5章\实战207 添加特殊符号.dwg”，如图5-38所示。文件中已经创建两个标高尺寸标注。其中“0.000”是单行文字，“1500”为多行文字。

02 单行文字的可编辑性较弱，只能通过输入控制符的方式插入特殊符号。

03 双击“0.000”，进入单行文字的编辑框，然后移动十字光标至文字前端，输入控制符“%%p”，如图5-39所示。

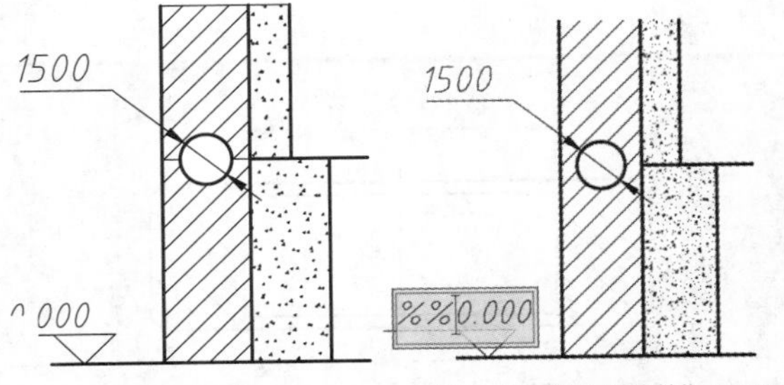

图 5-38 素材文件　　图 5-39 输入控制符“%%p”

04 输入完毕后系统自动将其转换为相应的特殊符号，如图5-40所示，然后在绘图区空白处单击即可退出编辑状态。

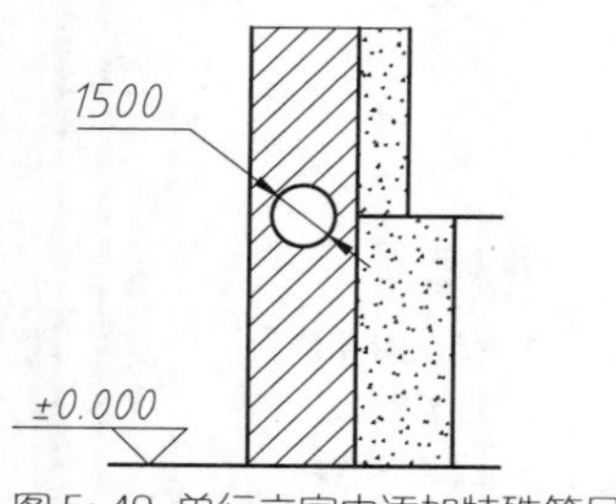

图 5-40 单行文字中添加特殊符号

2. 多行文字中插入特殊符号

01 与单行文字相比，在多行文字中插入特殊符号的方式更灵活。除了使用控制符的方法外，还可以在“文字编辑器”选项卡中进行编辑。

02 双击“1500”，进入多行文字的编辑框，同时打开“文字编辑器”选项卡，将十字光标移动至文字前端，然后单击“插入”面板上的“符号”按钮，在弹出的下拉列表中选择“ %%c”选项，如图5-41所示。

03 上述操作完毕后，便会在“1500”文字之前添加一个直径符号，如图5-42所示。

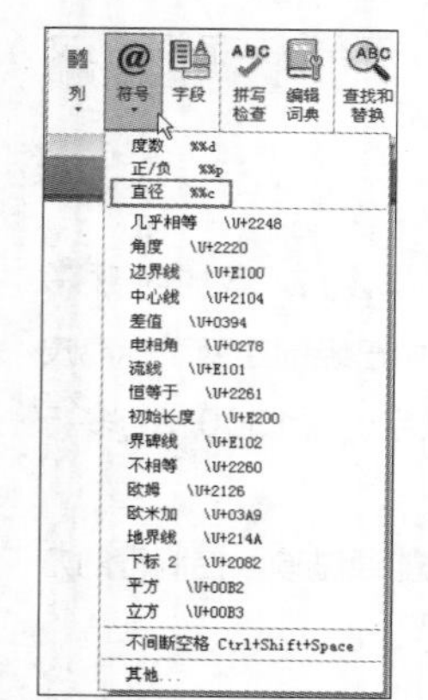

图 5-41 素材文件

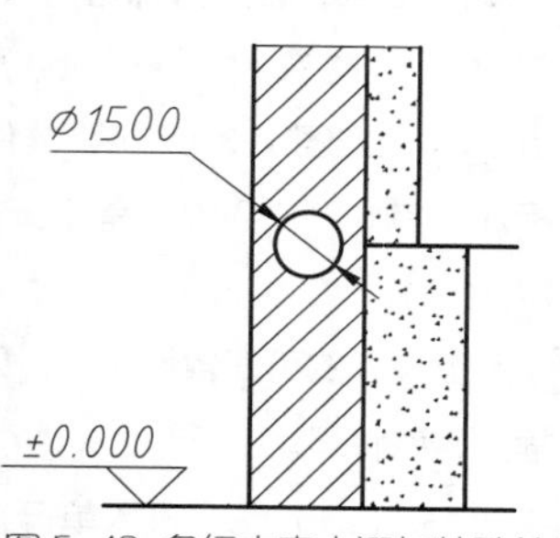

图 5-42 多行文字中添加特殊符号

实战208 创建堆叠文字

难度：☆☆

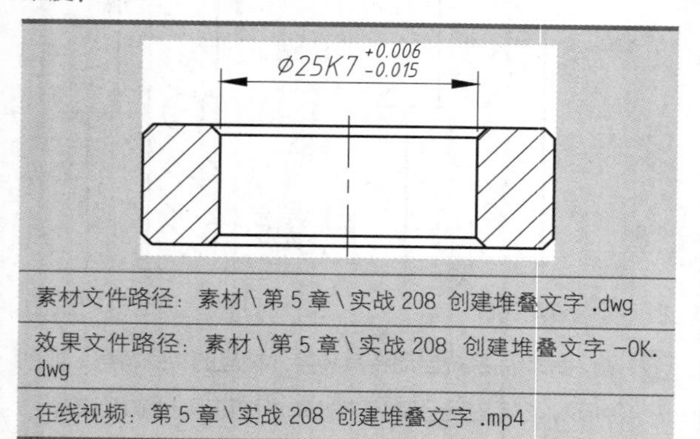

素材文件路径：素材 \ 第 5 章 \ 实战 208 创建堆叠文字 .dwg

效果文件路径：素材 \ 第 5 章 \ 实战 208 创建堆叠文字 -OK.dwg

在线视频：第 5 章 \ 实战 208 创建堆叠文字 .mp4

通过输入分隔符号，可以创建堆叠文字。堆叠文字在机械绘图中应用很多，可以用来创建尺寸公差、分数等。

01 打开素材文件“第5章\实战208 创建堆叠文字.dwg”，如图5-43所示。

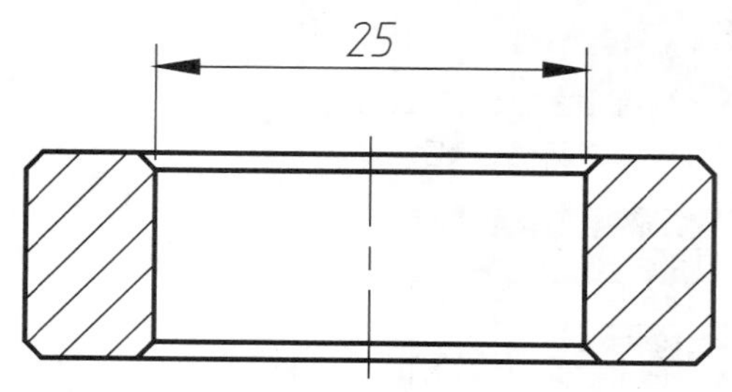

图 5-43 素材文件

02 添加直径符号。双击尺寸“25”，打开“文字编辑器”选项卡，然后将光标移动至“25”之前，输入“%%c”，为其添加直径符号，如图5-44所示。

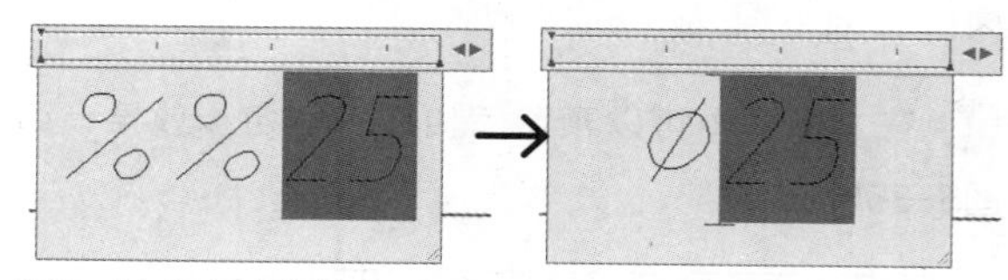

图 5-44 添加直径符号

03 输入公差文字。再将光标移动至“25”的后方，依次输入“K7 +0.006^-0.015”，如图5-45所示。

图 5-45 输入公差文字

04 创建尺寸公差。接着按住鼠标左键，向后拖动，选中“+0.006^-0.015”文字，然后单击“文字编辑器”选项卡“格式”面板中的“堆叠”按钮，即可创建尺寸公差，如图5-46所示。

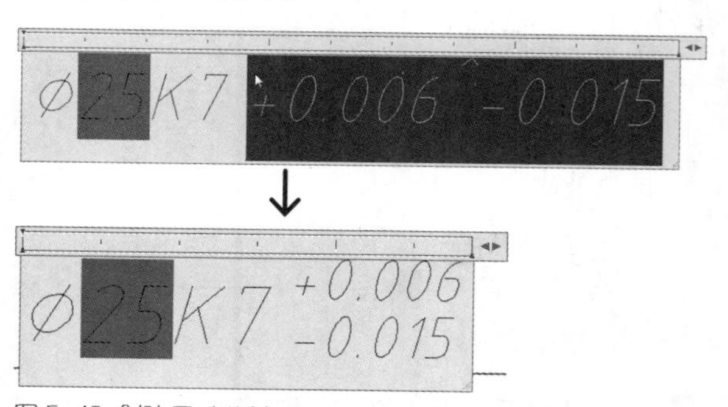

图 5-46 创建尺寸公差

05 在“文字编辑器”选项卡中单击“关闭”按钮，退出编辑状态，修改后的效果如图5-47所示。

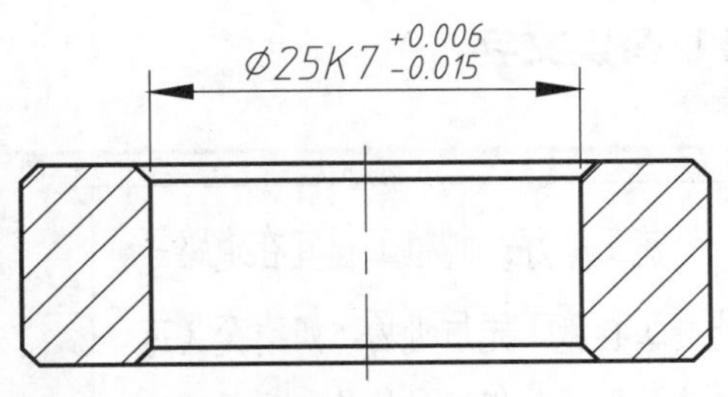

图 5-47 创建堆叠文字

提示

除了本例用到的“^”分隔符号，还有“/”“#”两个分隔符号，分隔效果如图5-48所示。需要注意的是，这些分隔符号必须是英文格式的符号。

14 1/2 → 14 $\frac{1}{2}$

14 1^2 → 14 $\begin{matrix}1\\2\end{matrix}$

14 1#2 → 14 ½

图 5-48 分隔效果

实战209 添加文字背景

难度：☆☆

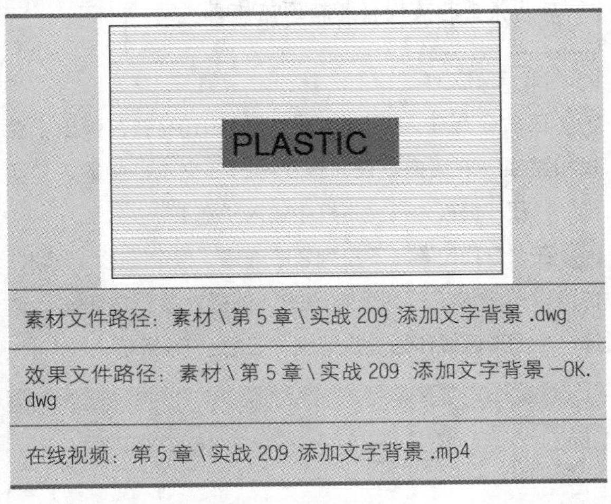

素材文件路径：素材\第 5 章\实战 209 添加文字背景 .dwg

效果文件路径：素材\第 5 章\实战 209 添加文字背景 -OK. dwg

在线视频：第 5 章\实战 209 添加文字背景 .mp4

为了使文字清晰地显示在复杂的图形中，用户可以为文字添加不透明的背景。

01 打开素材文件“第5章\实战209 添加文字背景.dwg”，如图5-49所示。

02 双击文字，系统弹出“文字编辑器”选项卡，单击“样式”面板上的“遮罩”按钮 遮罩，系统弹出“背景遮罩”对话框，参数设置如图5-50所示。

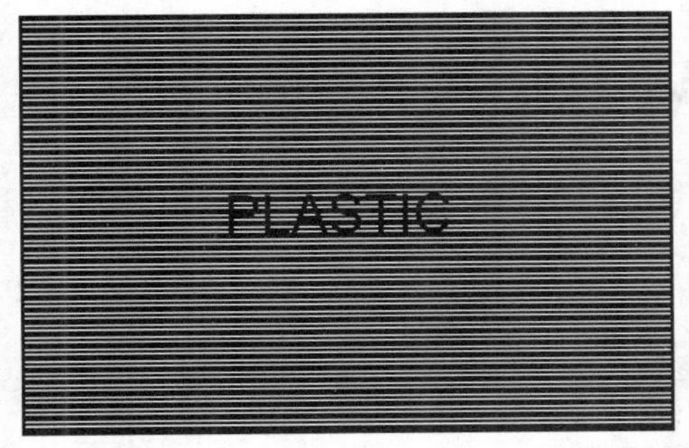

图 5-49 素材文件

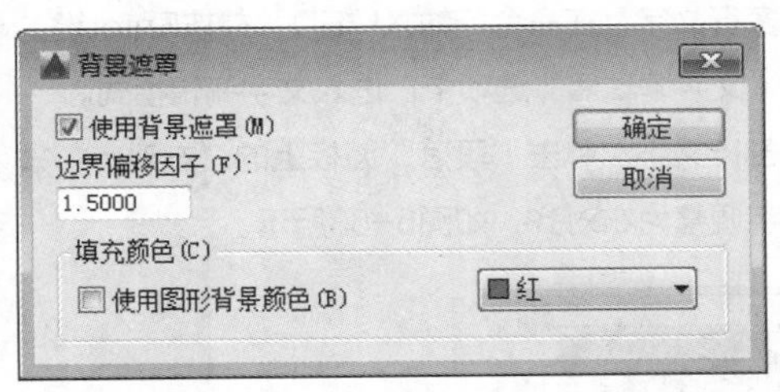

图 5-50 背景遮罩参数设置

03 单击“确定”按钮关闭对话框，文字背景效果如图5-51所示。

图 5-5l 最终效果

实战210 对齐多行文字

难度：☆☆

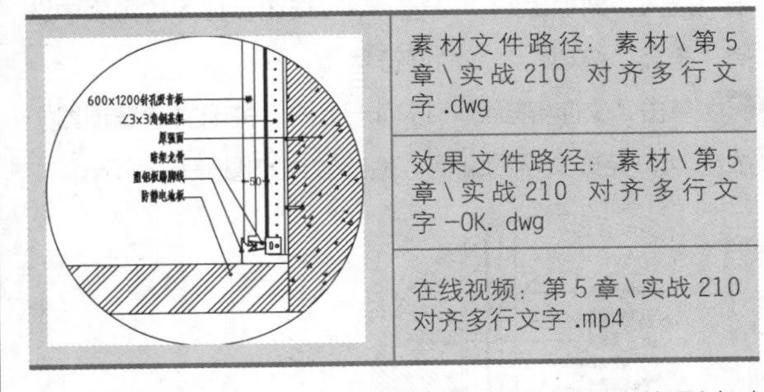

素材文件路径：素材\第 5 章\实战 210 对齐多行文字 .dwg

效果文件路径：素材\第 5 章\实战 210 对齐多行文字 -OK. dwg

在线视频：第 5 章\实战 210 对齐多行文字 .mp4

除了为多行文字添加编号、背景，还可以通过对齐工具来设置多行文字的对齐方式，操作方法同Word软件一致。

01 打开素材文件“第5章\实战210 对齐多行文字.dwg”，如图5-52所示。

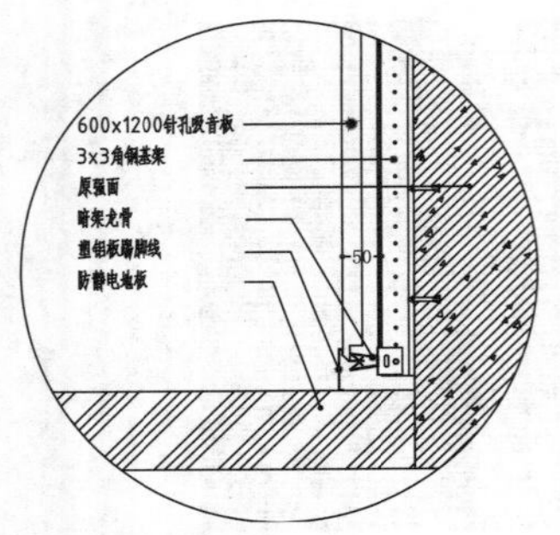

图 5-52 素材文件

02 选中多行文字，在命令行输入“ED”并按Enter键，系统弹出“文字编辑器”选项卡，进入文字编辑模式。

03 选中各行文字，单击“段落”面板上的“右对齐”按钮，文字调整为右对齐，如图5-53所示。

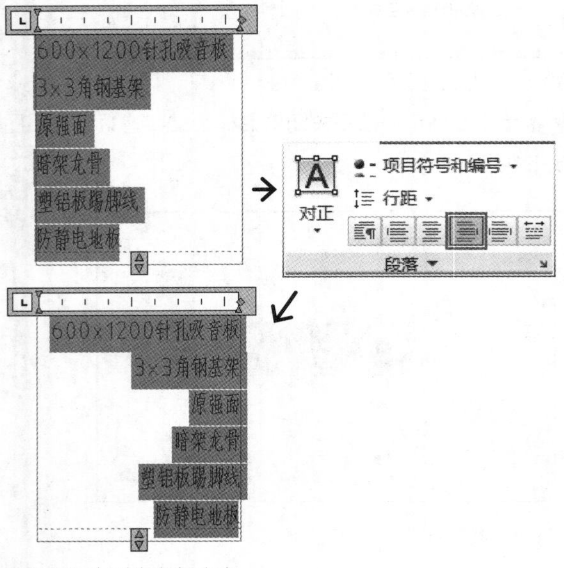

图 5-53 右对齐多行文字

04 在第二行文字前单击，将光标移动到此位置，然后单击“插入”面板上的“符号”下拉按钮，在下拉列表中选择“角度”选项，添加角度符号。

05 单击“文字编辑器”选项卡上的“关闭文字编辑器”按钮，完成文字的编辑，最终效果如图5-54所示。

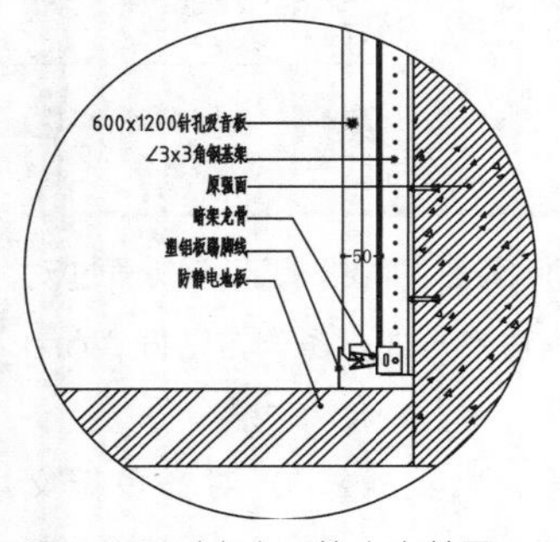

图 5-54 对齐之后的文字效果

实战211 替换文字

难度：☆☆

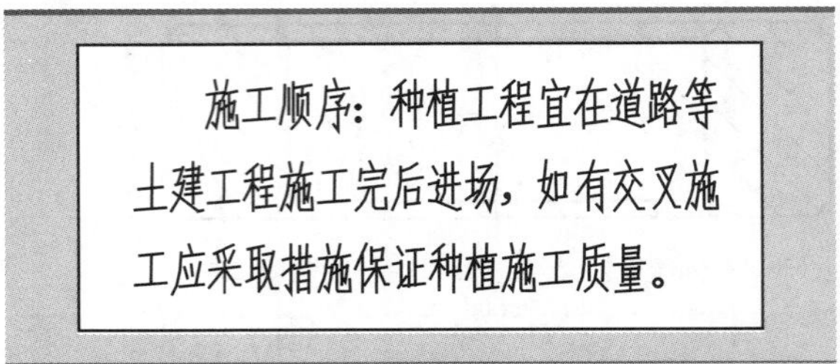

施工顺序：种植工程宜在道路等土建工程施工完后进场，如有交叉施工应采取措施保证种植施工质量。

素材文件路径：素材\第 5 章\实战 211 替换文字 .dwg

效果文件路径：素材\第 5 章\实战 211 替换文字 -OK. dwg

在线视频：第 5 章\实战 211 替换文字 .mp4

当文字标注完成后，如果发现某个字或词输入有误，而它在注释中的多个位置存在，依靠人工逐个查找并修改十分低效。这时可以使用“查找”命令，查找该文字并进行替换。

01 打开素材文件“第5章\实战211 替换文字.dwg”，如图5-55所示。

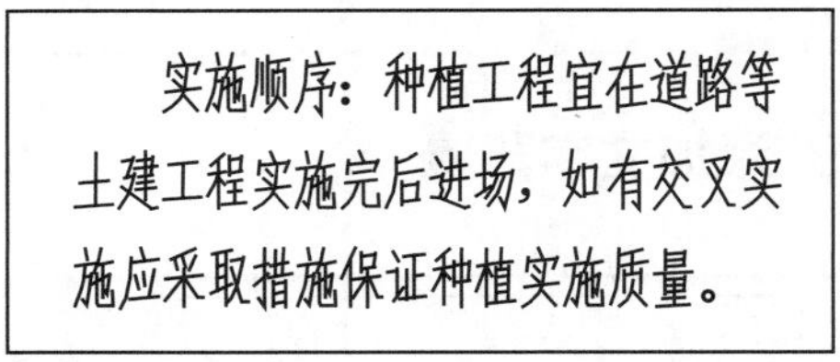

实施顺序：种植工程宜在道路等土建工程实施完后进场，如有交叉实施应采取措施保证种植实施质量。

图 5-55 素材文件

02 在命令行输入“FIND”并按Enter键，弹出“查找和替换”对话框。在“查找内容”文本框中输入“实施”，在“替换为”文本框中输入“施工”。

03 在“查找位置”下拉列表中选择“整个图形”选项，也可以单击该下拉列表右侧的“选择对象”按钮，选择一个图形区域作为查找范围，如图5-56所示。

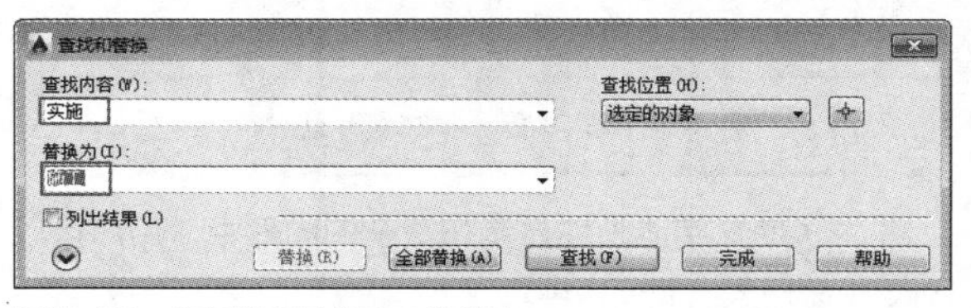

图 5-56 “查找和替换”对话框

04 单击对话框左下角的“更多选项”按钮，展开折叠的对话框。在“搜索选项”选项组中取消勾选“区分大小写”复选框，在“文字类型”选项组中取消勾选“块属性值”复选框，如图5-57所示。

05 单击“全部替换”按钮，将当前文字中所有符合查找条件的字符全部替换。在弹出的“查找和替换”对话框中单击“确定”按钮，关闭对话框，结果如图5-58所示。

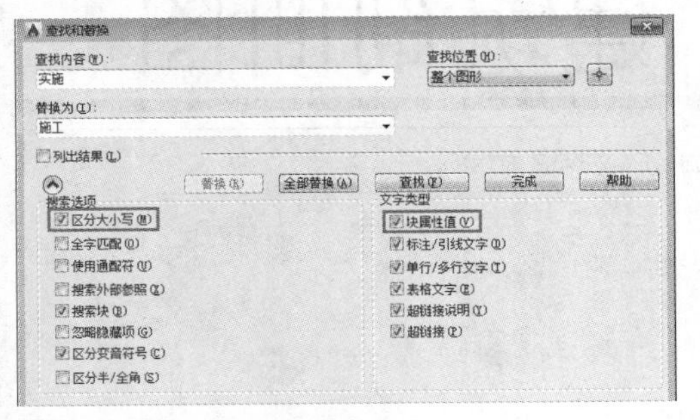

图 5-57 设置查找与替换选项

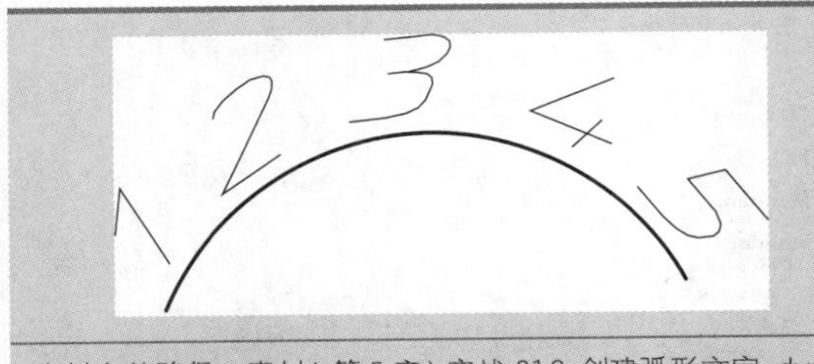

图 5-58 替换结果

实战212 创建弧形文字

进阶

难度：☆☆☆

素材文件路径：素材\第 5 章\实战 212 创建弧形文字 .dwg

效果文件路径：素材\第 5 章\实战 212 创建弧形文字 -OK.dwg

在线视频：第 5 章\实战 212 创建弧形文字 .mp4

很多时候需要对文字进行一些特殊处理，如输入圆弧对齐文字，即所输入的文字沿指定的圆弧均匀分布。要实现这个功能可以手动输入文字后再以阵列的方式完成操作，但在AutoCAD中还有一种更为快捷有效的方法。

01 打开素材文件“第5章\实战212 创建弧形文字.dwg”，如图5-59所示。

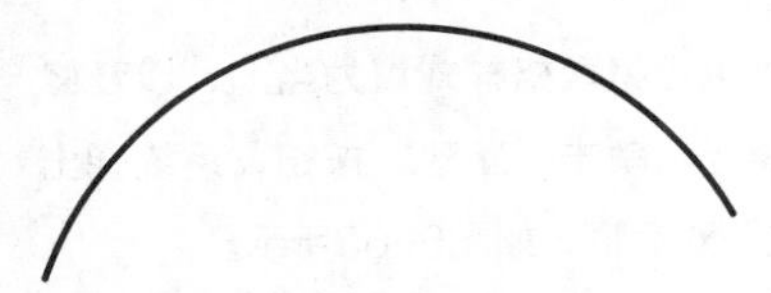

图 5-59 素材文件

02 在命令行中输入“ARCTEXT”，并按Enter键确认，然后选择圆弧，弹出“ArcAlignedText Workshop-Create”对话框。

03 在对话框中设置字体样式，输入文本内容，即可在圆弧上创建弧形文字，如图5-60所示。

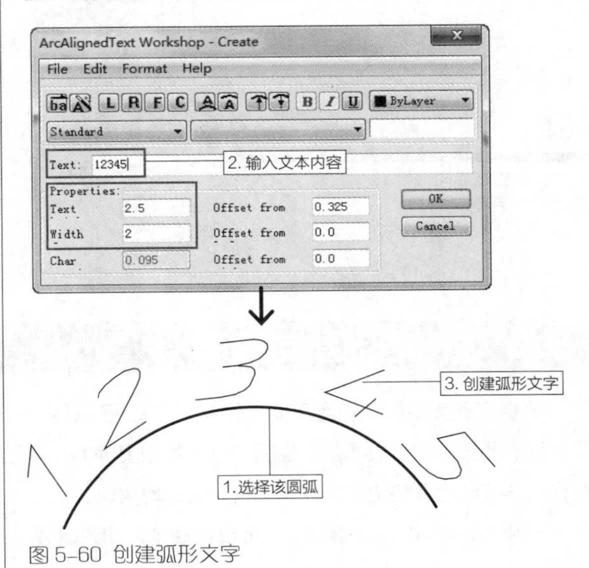

图 5-60 创建弧形文字

实战213 将文字正常显示

进阶

难度：☆☆

建筑剖面图

素材文件路径：素材\第 5 章\实战 213 将文字正常显示 .dwg

效果文件路径：素材\第 5 章\实战 213 将文字正常显示 -OK.dwg

在线视频：第 5 章\实战 213 将文字正常显示 .mp4

有时打开文件后字体和符号变成了问号或有些字体不显示，有时打开文件时提示“缺少SHX字体”或“未找到字体”，出现上述字体无法正确显示的情况均是字体库出现了问题，可能是系统中缺少显示该文字的字体文件、指定的字体不支持全角标点符号或文字样式已被删除等，有的特殊文字需要特定的字体才能正确显示。

01 打开素材文件“第5章\实战213 将文字正常显示.dwg”，如图5-61所示。

02 点选出现问号的文字，单击鼠标右键，在弹出的快捷菜单中选择“特性”命令，系统弹出“特性管理器”对话框。在“特性管理器”对话框的“文字”列表中，可以查看文字的“内容”“样式”“高度”等特性，并且能够进行修改。将其修改为“宋体”样式，如图5-62所示。

图 5-61 素材文件

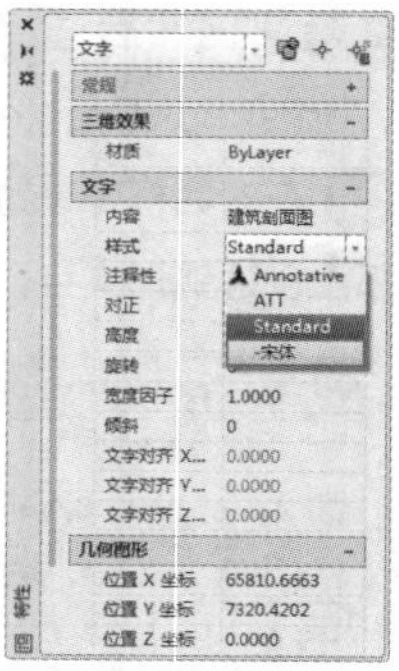

图 5-62 修改文字样式

03 文字得到正确显示，如图5-63所示。

图 5-63 正常显示的文字

5.2 表格的创建与编辑

表格在各类制图中的运用非常普遍，主要用来展示图形相关的标准、数据信息、材料和装配信息等内容。根据不同类型的图形（如机械图、工程图、电子线路图等），对应的制图标准也不相同，这就需要设置符合产品设计要求的表格样式，并利用表格功能快速、清晰、明确地实现。

使用AutoCAD的表格功能，能够自动创建和编辑表格，其操作方法与Word、Excel软件相似。

实战214 创建表格样式

难度：☆☆

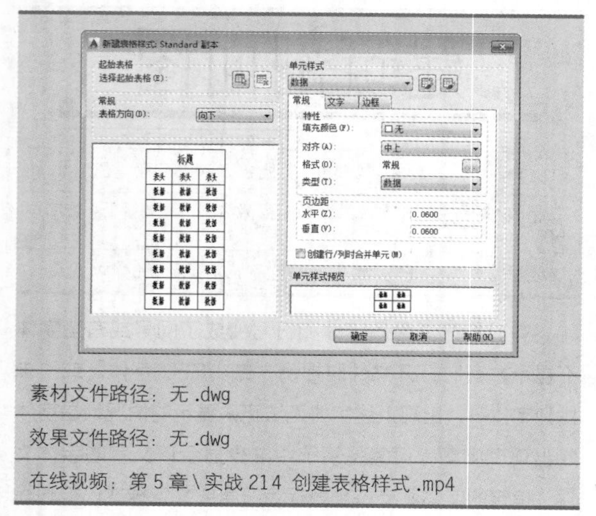

素材文件路径：无 .dwg

效果文件路径：无 .dwg

在线视频：第 5 章 \ 实战 214 创建表格样式 .mp4

与文字类似，AutoCAD中的表格也有一定样式，包括表格内文字的字体、颜色、高度，以及表格的行高、行距等。在插入表格之前，应先创建所需的表格样式。

01 新建一个空白文档。

02 在“默认”选项卡中，单击“注释”面板上的“表格样式”按钮，如图5-64所示。

03 系统弹出“表格样式”对话框，如图5-65所示。

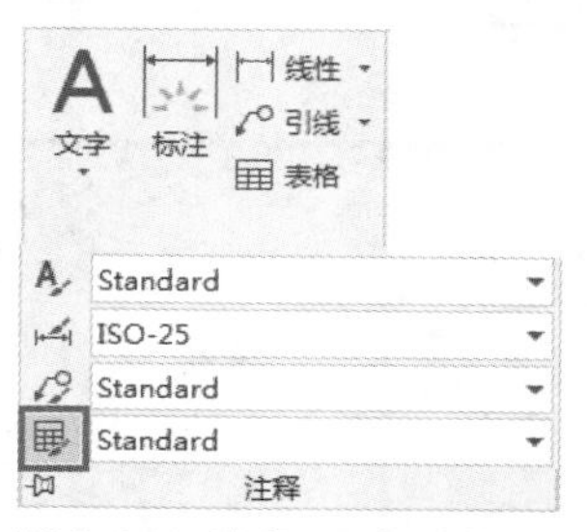

图 5-64 “注释”面板中的“表格样式”按钮

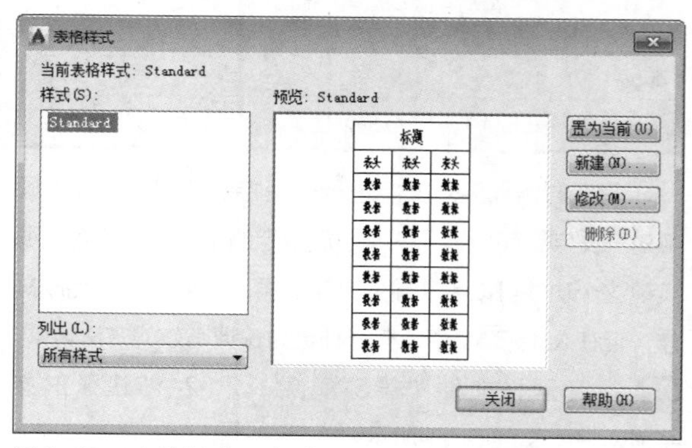

图 5-65 “表格样式”对话框

04 通过该对话框可执行将表格样式置为当前，以及修改、删除或新建等操作。单击“新建”按钮，系统弹出“创建新的表格样式”对话框，如图5-66所示。

05 在“新样式名”文本框中输入表格样式名称，在“基础样式”下拉列表中选择一个表格样式如

"Standard"，单击"继续"按钮，系统弹出"新建表格样式：Standard副本"对话框，如图5-67所示，可以对样式进行具体设置。

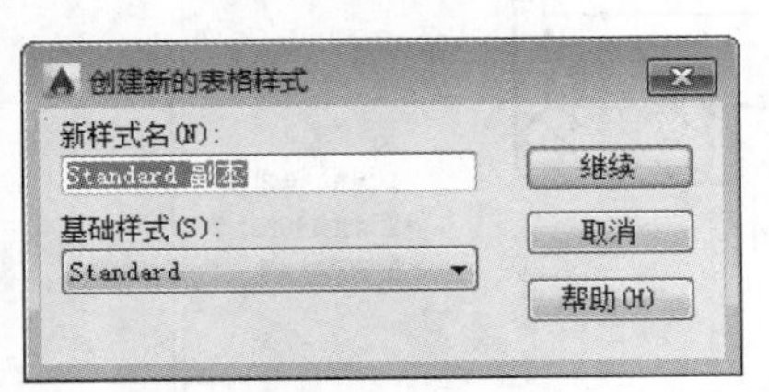

图 5-66 "创建新的表格样式"对话框

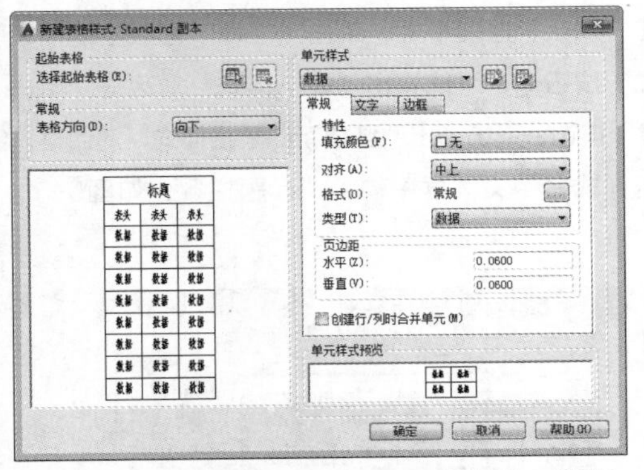

图 5-67 "新建表格样式：Standard 副本"对话框

06 当单击"新建表格样式：Standard副本"对话框中"管理单元样式"按钮时，弹出如图5-68所示"管理单元样式"对话框，在该对话框里可以对单元格样式进行新建、删除和重命名等操作。

图 5-68 "管理单元样式"对话框

实战215 编辑表格样式

难度：☆☆

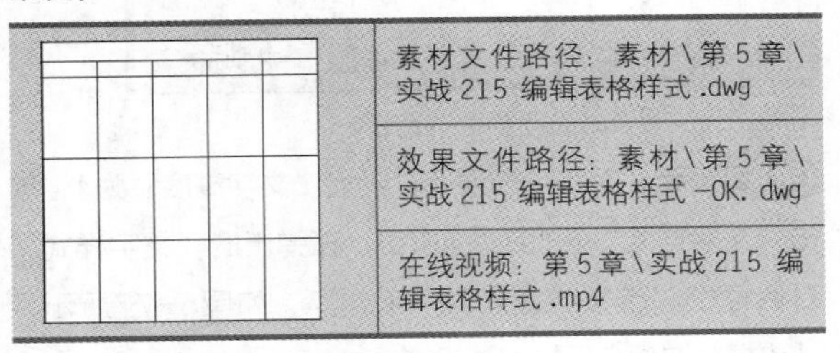

素材文件路径：素材\第 5 章\实战 215 编辑表格样式.dwg

效果文件路径：素材\第 5 章\实战 215 编辑表格样式 -OK. dwg

在线视频：第 5 章\实战 215 编辑表格样式.mp4

在AutoCAD 中，表格样式是用来控制表格基本性质和间距的一组设置，当插入表格对象时，系统使用当前的表格样式。

01 打开素材文件"第5章\实战215 编辑表格样式.dwg"，如图5-69所示。

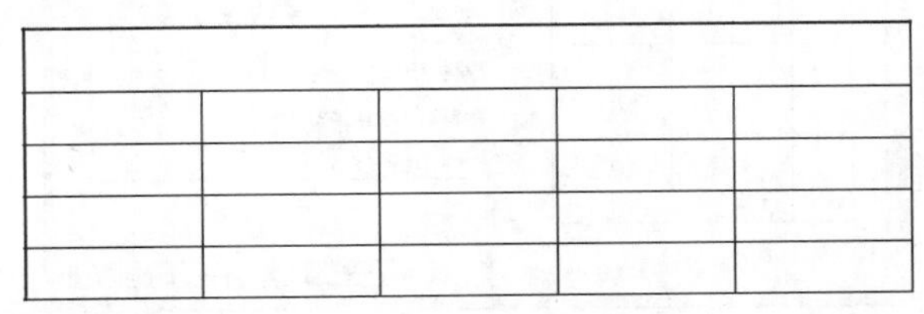

图 5-69 素材文件

02 在"默认"选项卡中，单击"注释"面板上的"表格样式"按钮，弹出"表格样式"对话框，然后选择其中的"Standard"样式，再单击"修改"按钮，如图5-70所示。

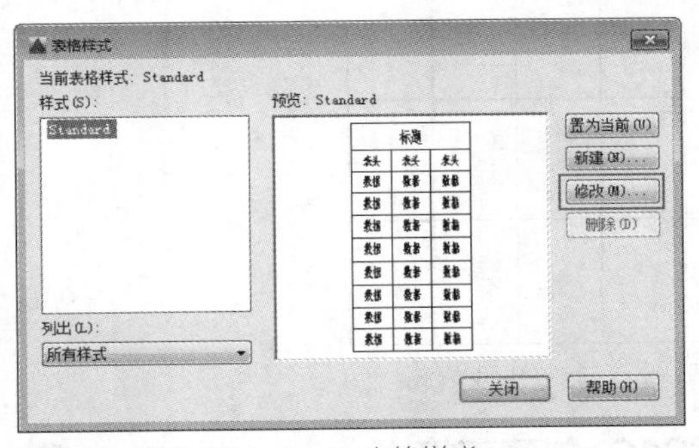

图 5-70 修改"Standard"表格样式

03 系统打开"修改表格样式: Standard"对话框，单击其中的"选择一个表格作为此表格的起始表格"按钮，如图5-71所示。

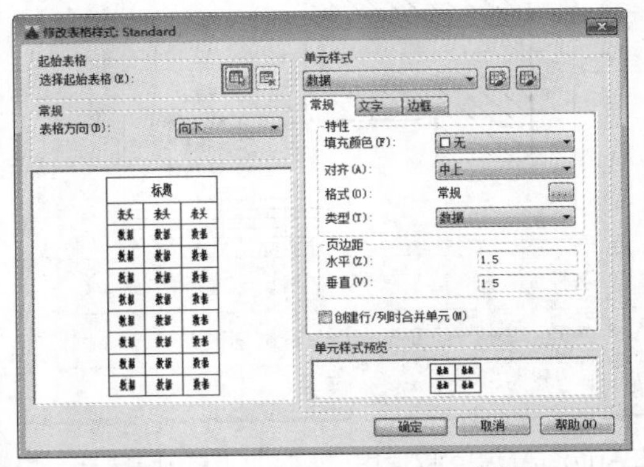

图 5-71 "修改表格样式：Standard"对话框

04 在绘图区选择素材中的表格，然后返回"修改表格样式: Standard"对话框，在"页边距"选项组的"水平""垂直"文本框中分别输入"10""20"，如图5-72所示。

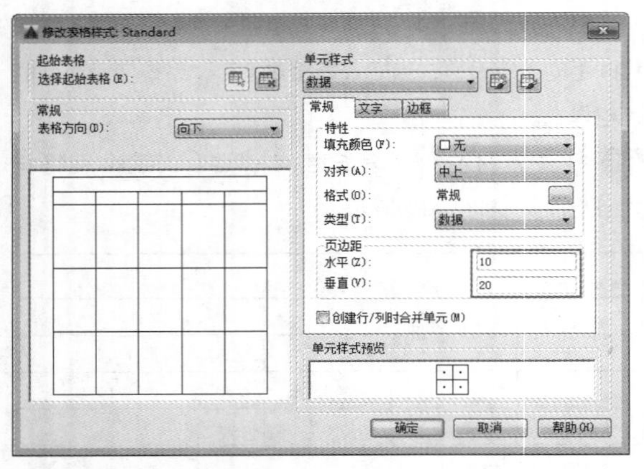

图 5-72 输入新的页边距

05 依次单击对话框中的“确定”和“关闭”按钮，返回绘图区，可见素材中的表格变为如图5-73所示。

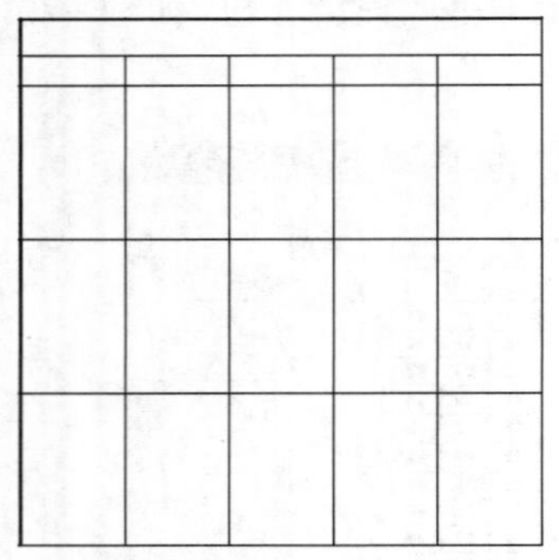

图 5-73 修改样式之后的表格

实战216 创建表格

难度：☆☆☆

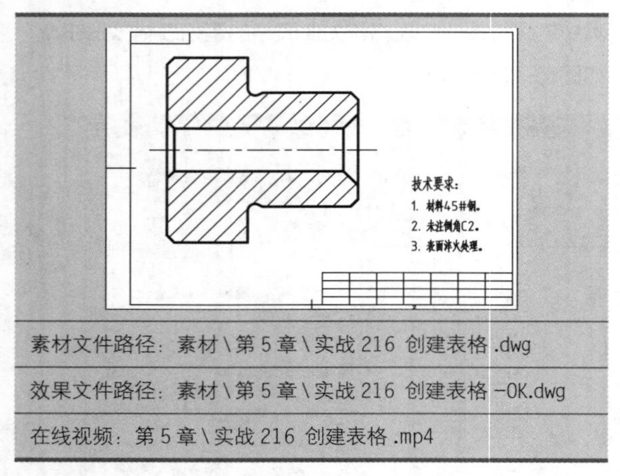

素材文件路径：素材\第 5 章\实战 216 创建表格 .dwg

效果文件路径：素材\第 5 章\实战 216 创建表格 -OK.dwg

在线视频：第 5 章\实战 216 创建表格 .mp4

在AutoCAD中可以使用“表格”工具创建表格，也可以直接使用直线进行绘制。如要使用“表格”工具创建，则必须先创建它的表格样式。

01 打开素材文件“第5章\实战216 创建表格.dwg”，如图5-74所示。

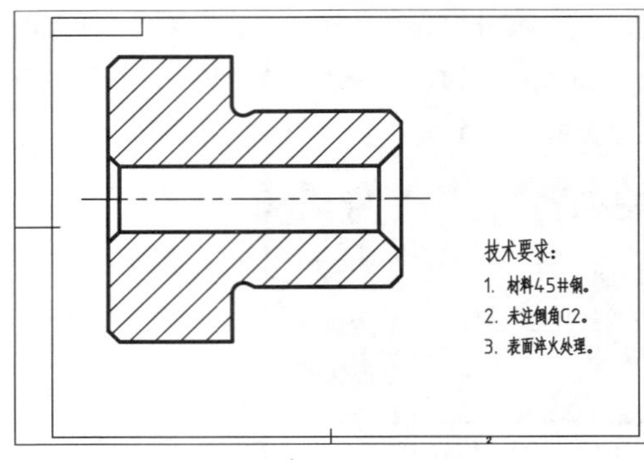

图 5-74 素材文件

02 在“默认”选项卡中，单击“注释”面板上的“表格样式”按钮，系统弹出“表格样式”对话框，单击“新建”按钮，系统弹出“创建新的表格样式”对话框，在“新样式名”文本框中输入“标题栏”，如图5-75所示。

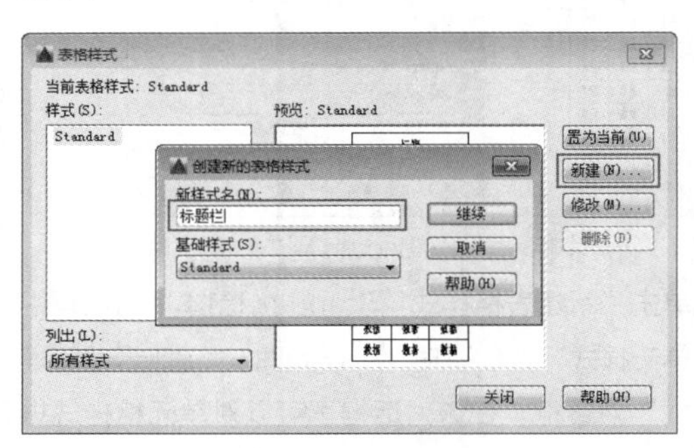

图 5-75 输入表格样式名

03 设置表格样式。单击“继续”按钮，系统弹出“新建表格样式：标题栏”对话框，在“表格方向”下拉列表中选择“向上”选项，并在“常规”选项卡中设置“对齐”为“中上”，如图5-76所示。

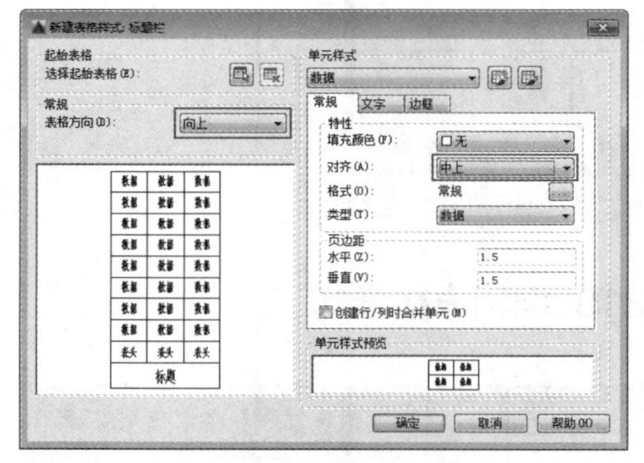

图 5-76 设置表格方向和对齐方式

04 切换至“文字”选项卡，设置“文字高度”为4，单击“文字样式”右侧的...按钮，在弹出的“文字样式”对话框中修改文字样式为“宋体”，如图5-77所示，“边框”选项卡保持默认设置。

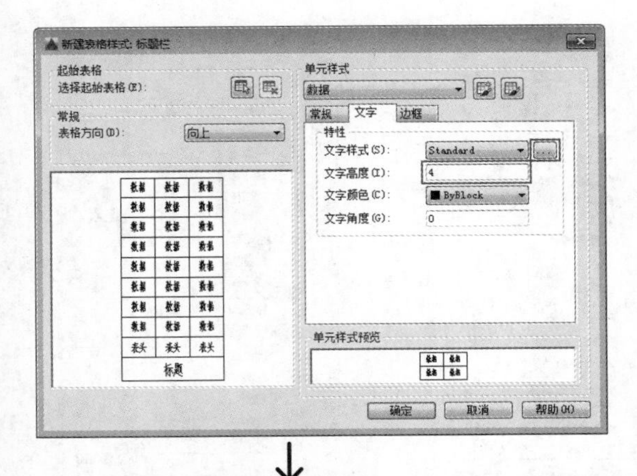

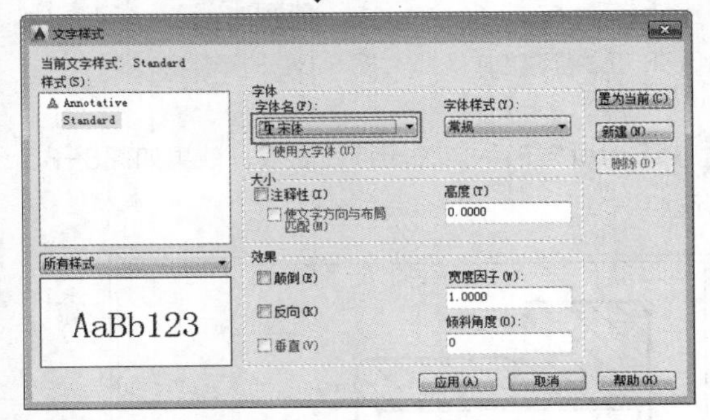

图 5-77 设置文字大小与字体

05 单击“确定”按钮，返回“表格样式”对话框，选择新创建的“标题栏”样式，然后单击“置为当前”按钮，如图5-78所示。单击“关闭”按钮，完成表格样式的创建。

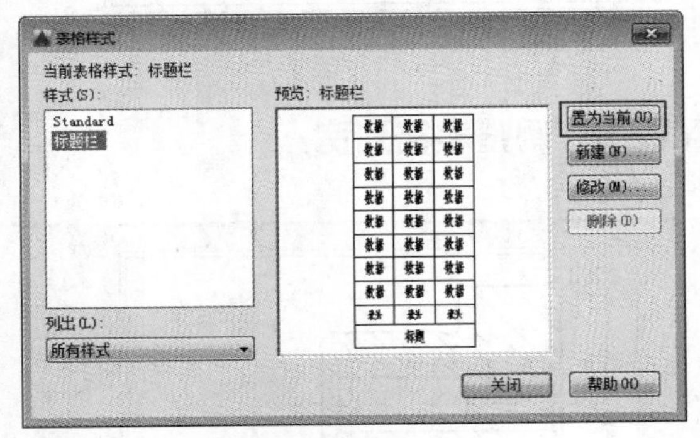

图 5-78 将“标题栏”样式置为当前

06 返回绘图区，在“默认”选项卡中，单击“注释”面板中的“表格”按钮▦，如图5-79所示，执行“创建表格”命令。

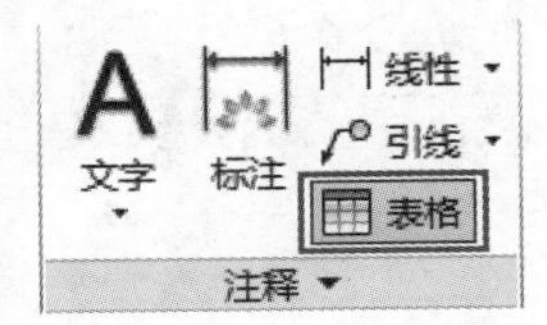

图 5-79 “注释”面板中的“表格”按钮

07 系统弹出“插入表格”对话框，设置“插入方式”为“指定窗口”，然后设置“列数”为7、“数据行数”为2，设置所有行的单元样式均为“数据”，如图5-80所示。

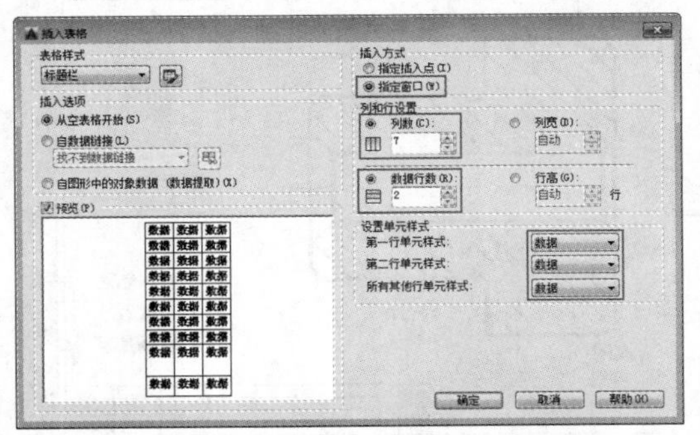

图 5-80 设置插入方式和单元样式

08 单击“插入表格”对话框上的“确定”按钮，然后在绘图区单击，确定表格左下角点，向上移动十字光标，在合适的位置单击，确定表格右下角点，生成的表格如图5-81所示。

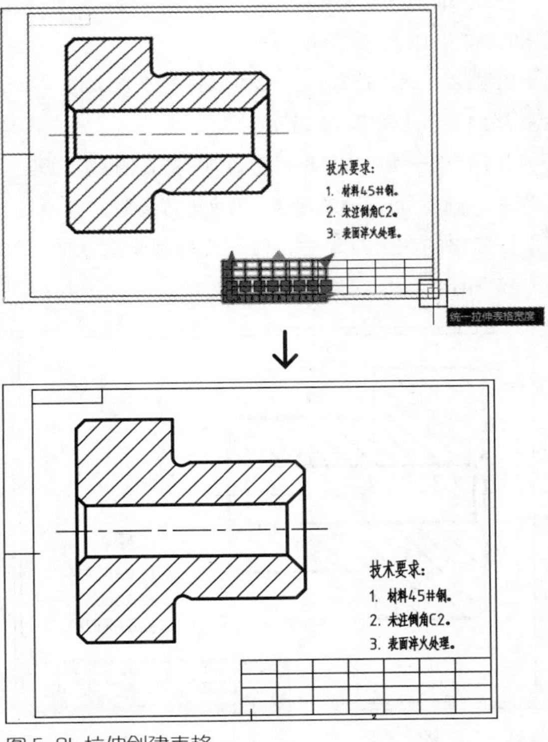

图 5-81 拉伸创建表格

提示

在设置行数的时候需要看清楚对话框中输入的是“数据行数”，这里的数据行数应该减去标题与表头，即“最终行数=数据行数+2”。

实战217 调整表格行高

难度：☆☆

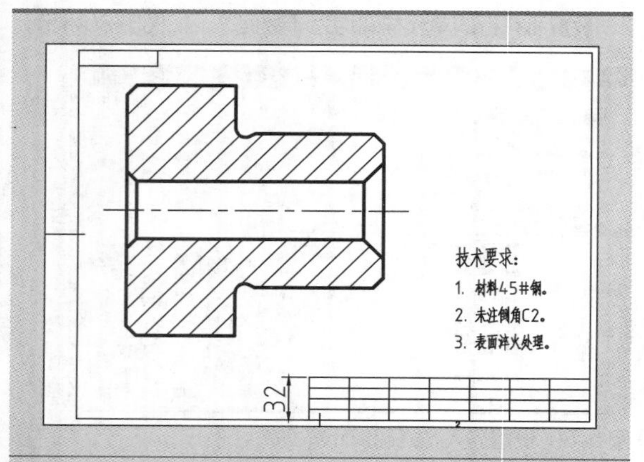

素材文件路径：素材\第5章\实战216 创建表格-OK.dwg

效果文件路径：素材\第5章\实战217 调整表格行高-OK.dwg

在线视频：第5章\实战217 调整表格行高.mp4

在AutoCAD中创建表格后，可以随时根据需要调整表格的高度，以达到设计的要求。

01 延续上一例进行操作，也可以打开素材文件“第5章\实战217 创建表格-OK.dwg”。

02 由于在上一例中的表格是手动创建的，因此尺寸难免不精确，这时就可以通过调整行高来进行调整。

03 在表格的左上方单击，使表格呈现全选状态，如图5-82所示。

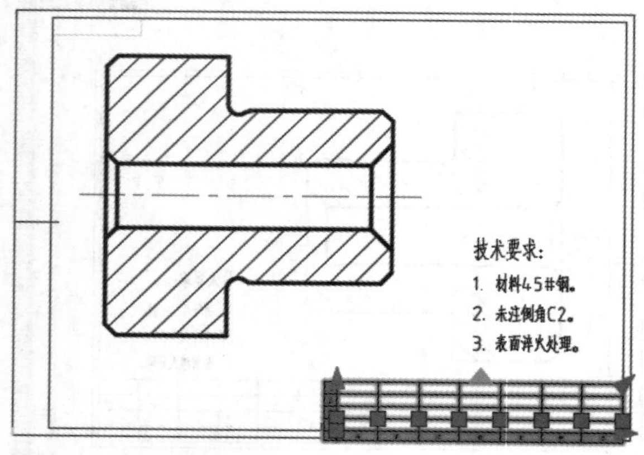

图5-82 选择整个表格

04 在空白处单击鼠标右键，弹出快捷菜单，选择其中的“特性”命令，如图5-83所示。

05 系统弹出该表格的“特性”面板，在“表格”栏的“表格高度”文本框中输入新高度值“32”，即每行高度为8，如图5-84所示。

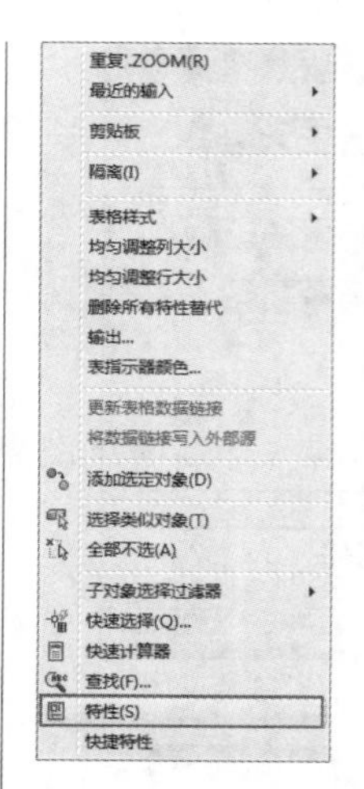

图5-83 在快捷菜单中选择“特性”命令

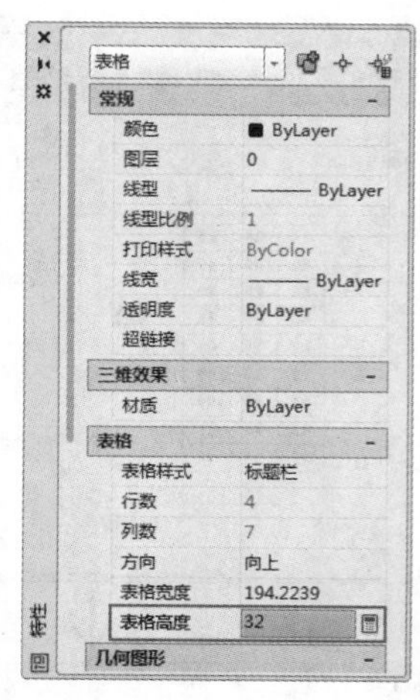

图5-84 选择整个表格

06 按Enter键确认，关闭特性面板，效果如图5-85所示。

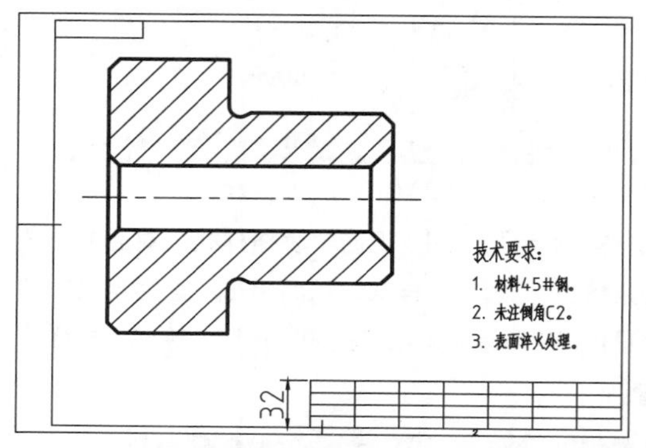

图5-85 调整表格行高后的效果

实战218 调整表格列宽

难度：☆☆

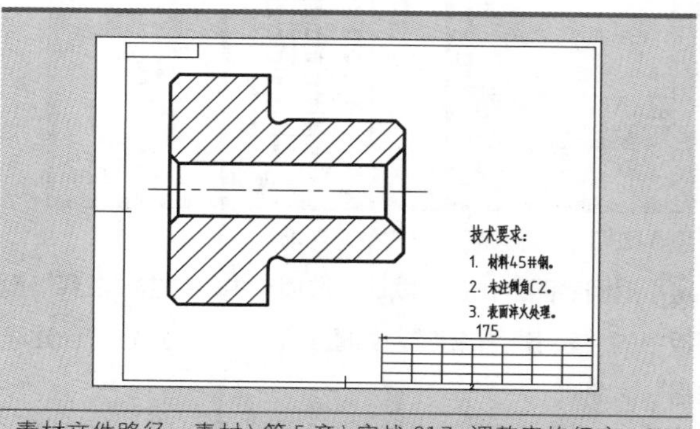

素材文件路径：素材\第5章\实战217 调整表格行高-OK.dwg

效果文件路径：素材\第5章\实战218 调整表格列宽-OK.dwg

在线视频：第5章\实战218 调整表格列宽.mp4

在AutoCAD中除了可以调整行高，还可以随时调整列宽，方法与上一例相似，因此在创建表格时并不需要在一开始就很精确。

01 延续上一例进行操作，也可以打开素材文件“第5章\实战217 调整表格行高-OK.dwg”。

02 同行高一样，原始列宽也是手动拉伸所得，因此可以通过相同方法来进行调整。

03 在表格的左上方单击，使表格呈现全选状态，接着在空白处单击鼠标右键，弹出快捷菜单，选择其中的“特性”命令。

04 系统弹出该表格的“特性”面板，在“表格”栏的“表格宽度”文本框中输入新宽度值“175”，即每列宽为25，如图5-86所示。

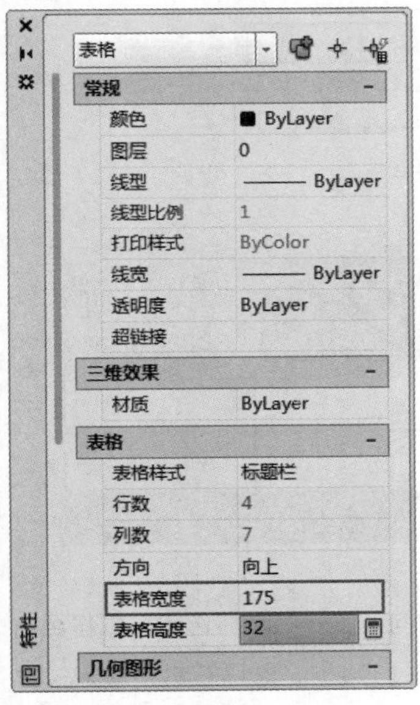

图 5-86 选择整个表格

05 按Enter键确认，关闭“特性”选项，接着将表格移动至原位置，效果如图5-87所示。

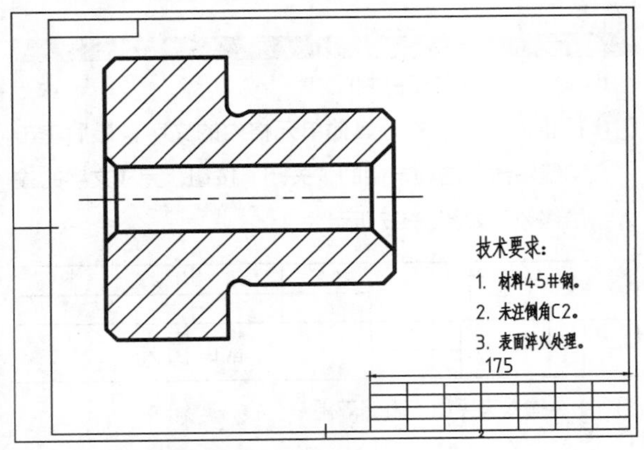

图 5-87 调整表格列宽的效果

实战219 合并单元格

难度：☆☆

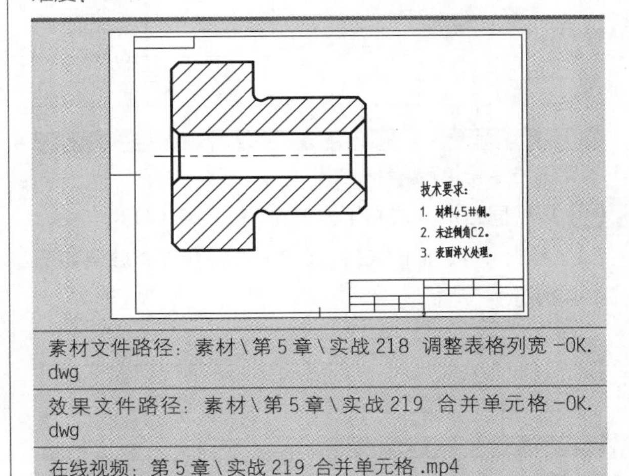

素材文件路径：素材\第 5 章\实战 218 调整表格列宽 -OK.dwg

效果文件路径：素材\第 5 章\实战 219 合并单元格 -OK.dwg

在线视频：第 5 章\实战 219 合并单元格 .mp4

AutoCAD中的表格操作与Office软件类似，如需进行合并操作，只需选中单元格，然后在“表格单元”选项卡中单击相关按钮即可。

01 延续上一例进行操作，也可以打开素材文件“第5章\实战219 调整表格列宽-OK.dwg”。

02 标题栏中的内容信息较多，因此表格形式也比较复杂，本例参考如图5-88所示的标题栏进行编辑。

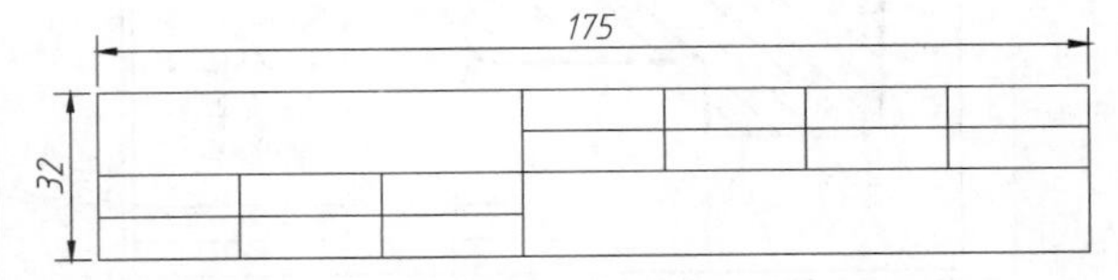

图 5-88 典型的标题栏表格形式

03 在素材文件的表格中选择左上角的6个单元格（A3、A4、B3、B4、C3、C4），如图5-89所示。

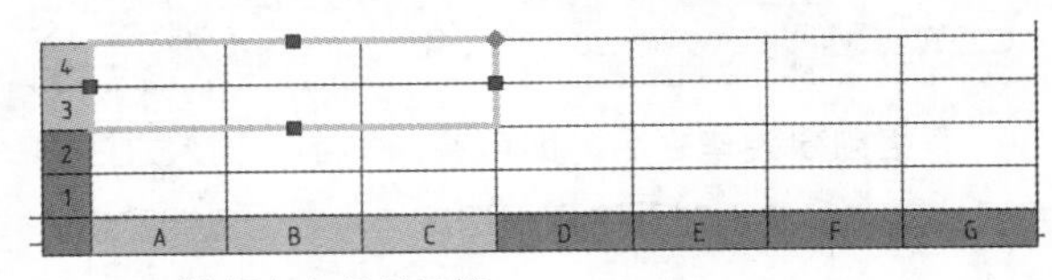

图 5-89 选择左上角单元格

04 选择单元格后，功能区中自动弹出“表格单元”选项卡，在“合并”面板中单击“合并单元”按钮，然后在下拉列表中选择“合并全部”选项，如图5-90所示。

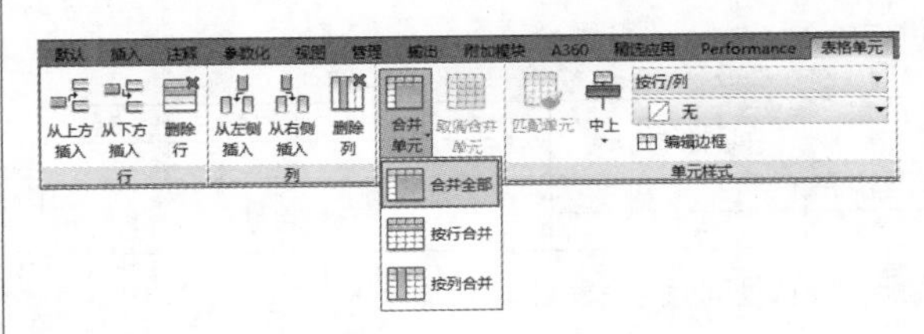

图 5-90 选择“合并全部”选项

05 执行上述操作后，按Esc键退出，完成合并单元格的操作，效果如图5-91所示。

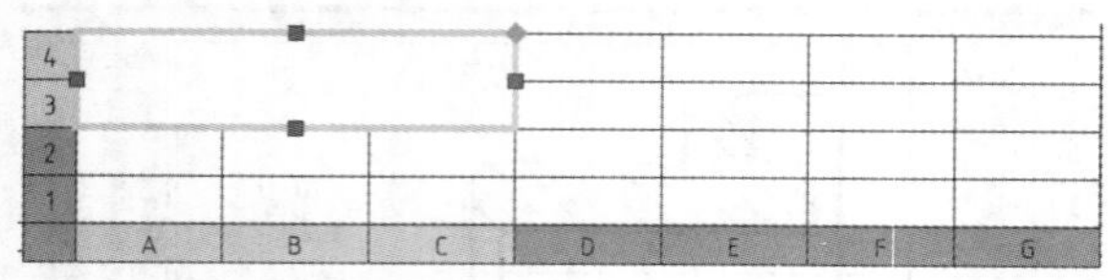

图 5-91 左上角单元格合并效果

06 按相同方法，对右下角的8个单元格（D1、D2、E1、E2、F1、F1、G1、G2）进行合并，效果如图5-92所示。

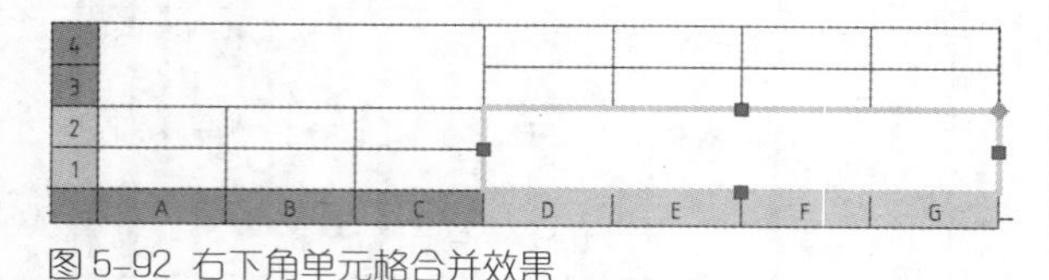

图 5-92 右下角单元格合并效果

实战220 表格中输入文字

难度：☆☆

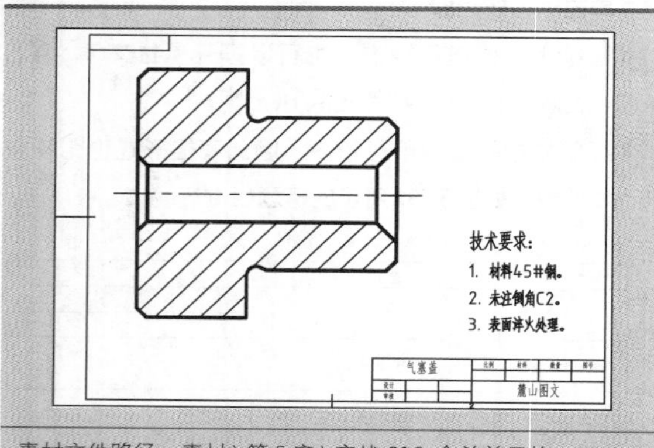

素材文件路径：素材\第5章\实战219 合并单元格-OK.dwg

效果文件路径：素材\第5章\实战220 表格中输入文字-OK.dwg

在线视频：第5章\实战220 表格中输入文字.mp4

表格创建完毕之后，即可输入文字，输入方法同Office软件，输入时要注意根据表格内容信息调整字体大小。

01 延续上一例进行操作，也可以打开素材文件“第5章\实战219 合并单元格-OK.dwg”。

02 典型标题栏的文本内容如图5-93所示，本例便按此进行输入。

零件名称			比例	材料	数量	图号
设计			公司名称			
审核						

图 5-93 典型的标题栏表格形式

03 在左上角大单元格内双击，功能区中自动弹出“文字编辑器”选项卡，且单元格呈现可编辑状态，然后输入文字“气塞盖”，如图5-94所示。可以在“文字编辑器”选项卡中的“样式”面板中设置字高为8，如图5-95所示。

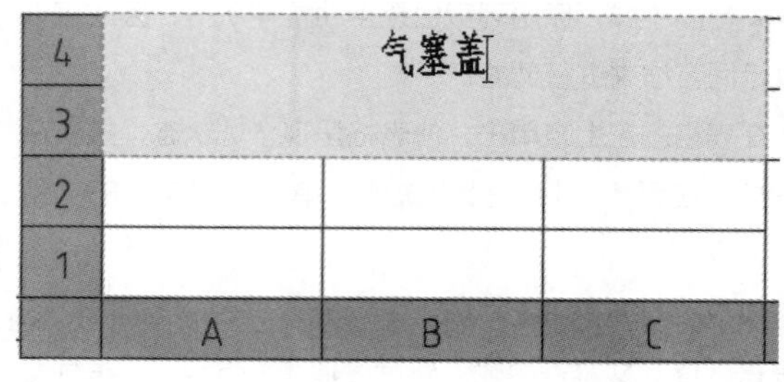

图 5-94 输入文字

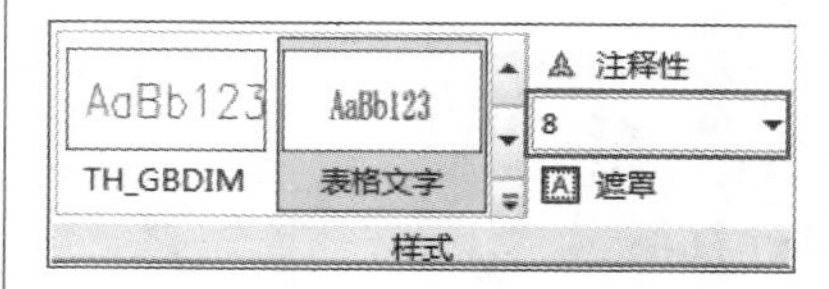

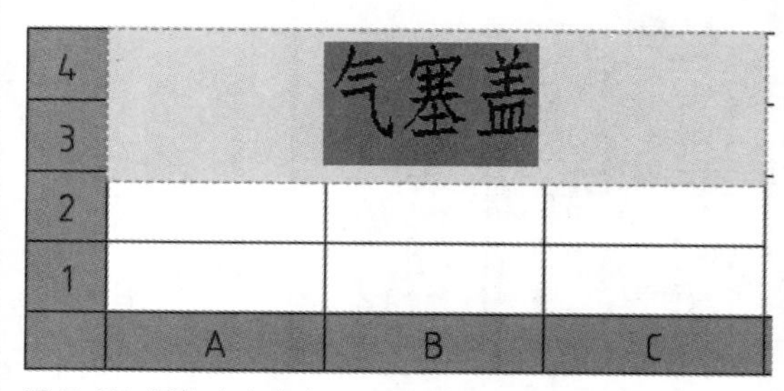

图 5-95 调整文字大小

04 接着按键盘上的方向键“→”，将选定区域移至右侧要输入文字的单元格（D4），然后在其中输入“比例”，字高默认为4，如图5-96所示。

	A	B	C	D	E	F	G
4	气塞盖			比例			
3							
2							
1							

图 5-96 输入D4单元格中的文字

05 按相同方法，输入其他单元格内的文字，最后单击“文字编辑器”选项卡中的“关闭”按钮，完成文字的输入，最终效果如图5-97所示。

气塞盖			比例	材料	数量	图号
设计			麓山图文			
审核						

图 5-97 输入文字后的表格效果

实战221 插入行

难度：☆☆

XX工程项目部					
工程名称					图号
子项名称					比例
设计单位		监理单位			设计
建设单位		制图			负责人
施工单位		审核			日期

素材文件路径：素材\第 5 章\实战 221 插入行 .dwg

效果文件路径：素材\第 5 章\实战 221 插入行 -OK .dwg

在线视频：第 5 章\实战 221 插入行 .mp4

在AutoCAD中，使用“表格单元”选项卡中的相关按钮，可以根据需要增加表格的行数。

01 打开素材文件“第5章\实战221 插入行.dwg”，如图5-98所示。

工程名称					图号
子项名称					比例
设计单位		监理单位			设计
建设单位		制图			负责人
施工单位		审核			日期

图 5-98 素材表格

02 表格的第一行应该为表头，因此可以通过“插入行”命令添加一行。

03 选择表格的最上一行，功能区中弹出“表格单元”选项卡，在“行”面板中单击“从上方插入”按钮，如图5-99所示。

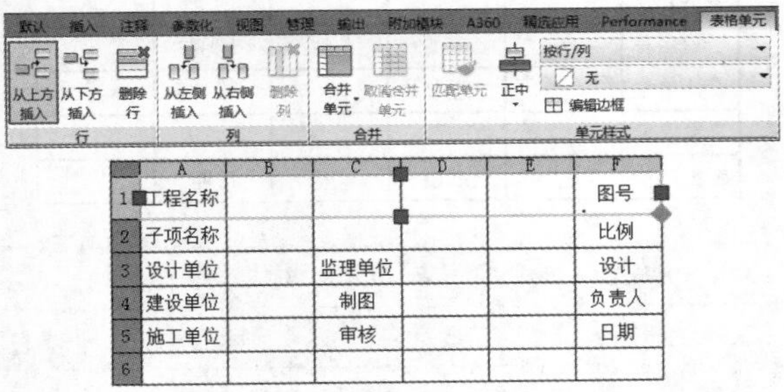

默认 插入 注释 参数化 视图 管理 输出 附加模块 A360 精选应用 Performance 表格单元

从上方插入 从下方插入 删除行 | 从左侧插入 从右侧插入 删除列 | 合并单元 取消合并单元 | 匹配单元 正中 按行/列 无 编辑边框

行 列 合并 单元样式

	A	B	C	D	E	F
1	工程名称					图号
2	子项名称					比例
3	设计单位		监理单位			设计
4	建设单位		制图			负责人
5	施工单位		审核			日期
6						

图 5-99 单击“从上方插入”按钮

04 执行上述操作后，即可在所选行上方新添加一行，样式与所选行一致。按Esc键退出“表格单元”选项卡，完成行的添加，效果如图5-100所示。

工程名称					图号
子项名称					比例
设计单位		监理单位			设计
建设单位		制图			负责人
施工单位		审核			日期

图 5-100 新添加的行

05 全选新插入的行，然后在“表格单元”选项卡的“合并”面板中单击“合并全部”按钮，合并该行，效果如图5-101所示。

工程名称					图号
子项名称					比例
设计单位		监理单位			设计
建设单位		制图			负责人
施工单位		审核			日期

图 5-101 合并单元格

06 双击合并后的行，进入编辑状态后输入“XX工程项目部”，设置字高为20，创建表头，最终效果如图5-102所示。

XX工程项目部					
工程名称					图号
子项名称					比例
设计单位		监理单位			设计
建设单位		制图			负责人
施工单位		审核			日期

图 5-102 在新插入的行中输入文字

实战222 删除行

难度：☆☆

XX工程项目部					
工程名称					图号
子项名称					比例
设计单位		监理单位			设计
建设单位		制图			负责人
施工单位		审核			日期

素材文件路径：素材\第 5 章\实战 221 插入行 -OK .dwg

效果文件路径：素材\第 5 章\实战 222 删除行 -OK .dwg

在线视频：第 5 章\实战 222 删除行 .mp4

在AutoCAD 中，使用“表格单元”选项卡中的相关按钮，可以根据需要删减表格的行数。

01 延续上一例进行操作，也可以打开素材文件“第5章\实战221 插入行-OK.dwg”。

02 可见表格中的最后一行多余，选中该行，在功能区中弹出“表格单元”选项卡，在其中的“行”面板中单击“删除行”按钮，如图5-103所示。

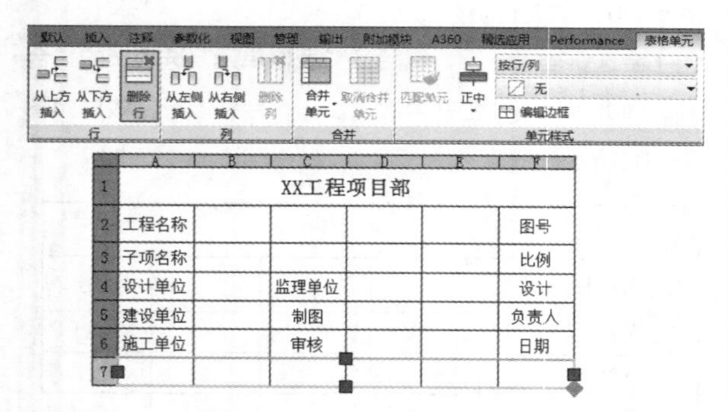

	A	B	C	D	E	F
1	XX工程项目部					
2	工程名称					图号
3	子项名称					比例
4	设计单位		监理单位			设计
5	建设单位		制图			负责人
6	施工单位		审核			日期
7						

图 5-103 选中行进行删除

03 执行上述操作后，所选的行即被删除，接着按Esc键退出“表格单元”选项卡，完成操作，效果如图5-104所示。

XX工程项目部					
工程名称					图号
子项名称					比例
设计单位		监理单位			设计
建设单位		制图			负责人
施工单位		审核			日期

图 5-104 删除行之后的效果

实战223 插入列

难度：☆☆

XX工程项目部						
工程名称					图号	
子项名称					比例	
设计单位		监理单位			设计	
建设单位		制图			负责人	
施工单位		审核			日期	

素材文件路径：素材\第 5 章\实战 222 删除行 -OK.dwg

效果文件路径：素材\第 5 章\实战 223 插入列 -OK. dwg

在线视频：第 5 章\实战 223 插入列 .mp4

在AutoCAD中，使用“表格单元”选项卡中的相关按钮，可以根据需要增加表格的列数。

01 延续上一例进行操作，也可以打开素材文件“第5章\实战222 删除行-OK.dwg”。

02 可见表格中的最右侧缺少一列，选中当前表格中的最右列（列F），功能区中弹出“表格单元”选项卡，在其中的“列”面板中单击“从右侧插入”按钮，如图5-105所示。

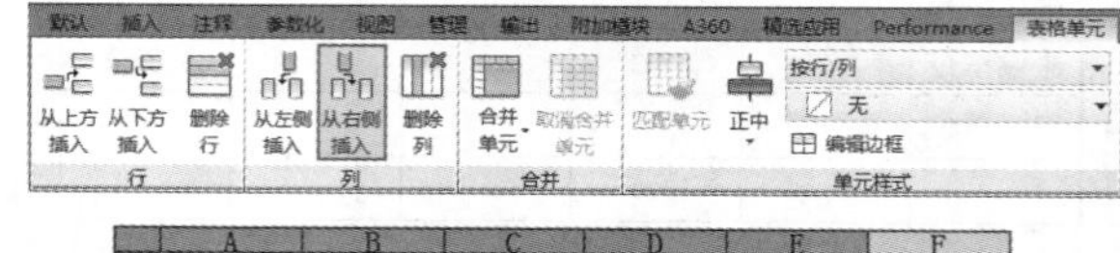

	A	B	C	D	E	F
1	XX工程项目部					
2	工程名称					图号
3	子项名称					比例
4	设计单位		监理单位			设计
5	建设单位		制图			负责人
6	施工单位		审核			日期

图 5-105 单击“从右侧插入”按钮

03 执行上述操作后，即可在所选列右侧新添加一列，样式与所选列一致。执行上述操作后，按Esc键退出“表格单元”选项卡，完成列的添加，效果如图5-106所示。

XX工程项目部						
工程名称					图号	
子项名称					比例	
设计单位		监理单位			设计	
建设单位		制图			负责人	
施工单位		审核			日期	

图 5-106 新添加的列

实战224 删除列

难度：☆☆

XX工程项目部						
工程名称					图号	
子项名称					比例	
设计单位		监理单位			设计	
建设单位		制图			负责人	
施工单位		审核			日期	

素材文件路径：素材\第 5 章\实战 223 插入列 -OK.dwg

效果文件路径：素材\第 5 章\实战 224 删除列 -OK. dwg

在线视频：第 5 章\实战 224 删除列 .mp4

在AutoCAD 中，使用“表格单元”选项卡中的相关按钮，可以根据需要删减表格的列数。

01 延续上一例进行操作，也可以打开素材文件“第5

章\实战223插入列-OK.dwg”。

02 可见表格中间多出了一列（列D或列E），选中多出的列，然后在“表格单元”选项卡的“列”面板中单击“删除列”按钮，如图5-107所示。

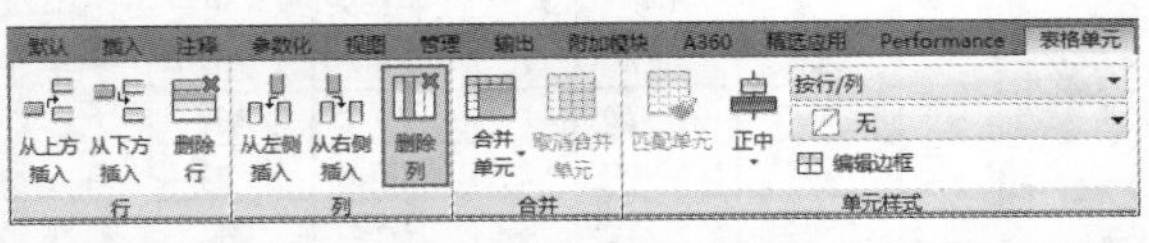

	A	B	C	D	E	F	G
1	XX工程项目部						
2	工程名称					图号	
3	子项名称					比例	
4	设计单位		监理单位			设计	
5	建设单位		制图			负责人	
6	施工单位		审核			日期	

图 5-107 选中列进行删除

03 执行上述操作后，所选的列即被删除，接着按Esc键退出“表格单元”选项卡，完成操作，效果如图5-108所示。

XX工程项目部					
工程名称				图号	
子项名称				比例	
设计单位		监理单位		设计	
建设单位		制图		负责人	
施工单位		审核		日期	

图 5-108 删除列之后的效果

实战225 表格中插入图块

难度：☆☆☆

迎春花		素材文件路径：素材\第5章\实战225 表格中插入图块.dwg
玫瑰		效果文件路径：素材\第5章\实战225 表格中插入图块-OK .dwg
银杏		
垂柳		在线视频：第5章\实战225 表格中插入图块.mp4

在AutoCAD中，除了在表格中输入文字，还可以在其中插入图块，用来创建图纸中的具体图例表格。

01 打开素材文件“第5章\实战225 表格中插入图块.dwg”，如图5-109所示。如果直接使用“移动”命令将图块放置在表格上，效果并不理想，因此本例将使用表格中的“插入块”命令来进行插入。

迎春花	
玫瑰	
银杏	
垂柳	

图 5-109 素材文件

02 选中要插入块的单元格。单击“迎春花”右侧的空白单元格（B1），选中该单元格之后，系统将弹出“表格单元”选项卡，单击“插入”面板上的“块”按钮，如图5-110所示。

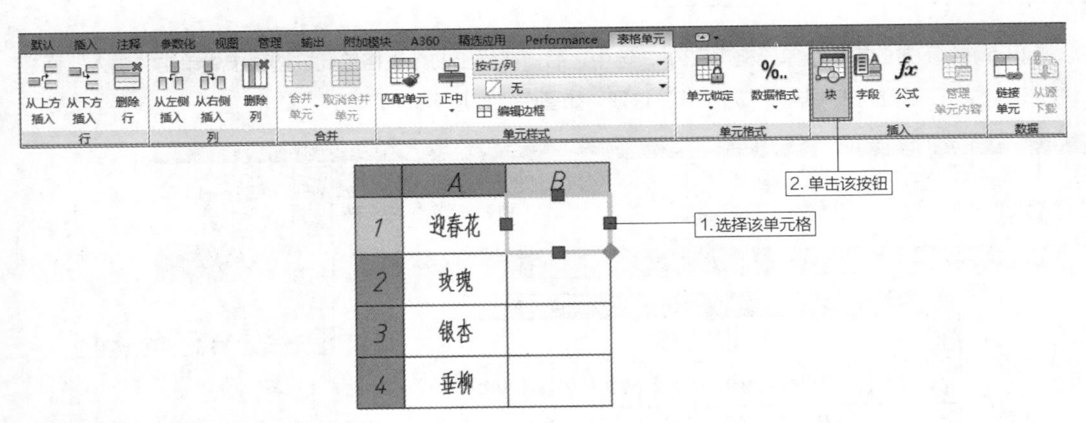

图 5-110 选中要插入块的单元格

03 系统自动弹出“在表格单元中插入块”对话框，然后在对话框的“名称”下拉列表中选择要插入的块文件“迎春花”，在“全局单元对齐”下拉列表中设置对齐方式为“正中”，如图5-111所示。

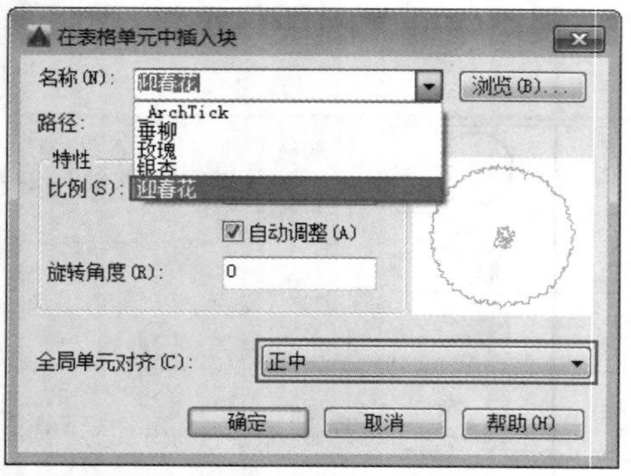

图 5-111 选择要插入的块和对齐效果

04 在对话框的右方可以预览到块的图形，单击“确定”按钮，即可退出对话框，完成插入，如图5-112所示。

05 按相同方法，将其余的块插入至表格中，最终效果如图5-113所示。

迎春花	
玫瑰	
银杏	
垂柳	

图 5-112 块插入至单元格中

迎春花	
玫瑰	
银杏	
垂柳	

图 5-113 所有块插入至表格中

提示

在表格单元中插入块时，块可以自动适应单元的大小，也可以调整单元以适应块的大小，并且可以将多个块插入到同一个表格单元中。

实战226 表格中插入公式

进阶

难度：☆☆☆

材料明细表					
序号	名称	材料	数量	单重（kg）	总重（kg）
1	活塞杆	40Cr	1	7.6	7.6
2	缸头	QT-400	1	2.3	2.3
3	活塞	6020	2	1.7	3.4
4	底端法兰	45	2	2.5	5.0
5	缸筒	45	1	4.9	4.9

素材文件路径：素材 \ 第 5 章 \ 实战 226 表格中插入公式 .dwg

效果文件路径：素材 \ 第 5 章 \ 实战 226 表格中插入公式 -OK.dwg

在线视频：第 5 章 \ 实战 226 表格中插入公式 .mp4

在使用AutoCAD时如果遇到了复杂的计算，可以直接使用表格中自带的公式进行计算。

01 打开素材文件“第5章\实战226 表格中插入公式.dwg”，如图5-114所示。

材料明细表					
序号	名称	材料	数量	单重（kg）	总重（kg）
1	活塞杆	40Cr	1	7.6	
2	缸头	QT-400	1	2.3	
3	活塞	6020	2	1.7	
4	底端法兰	45	2	2.5	
5	缸筒	45	1	4.9	

图 5-114 素材文件

02 可见“总重（kg）”一栏内容仍为空白。已知“总重 = 单重 × 数量”，因此可以通过在表格中创建公式来进行计算，一次性得出该栏的值。

03 选中“总重（kg）”下方的第一个单元格（F3），选中之后，在弹出的“表格单元”选项卡中单击“插入”面板上的“公式”按钮，然后在下拉列表中选择“方程式”选项，如图5-115所示。

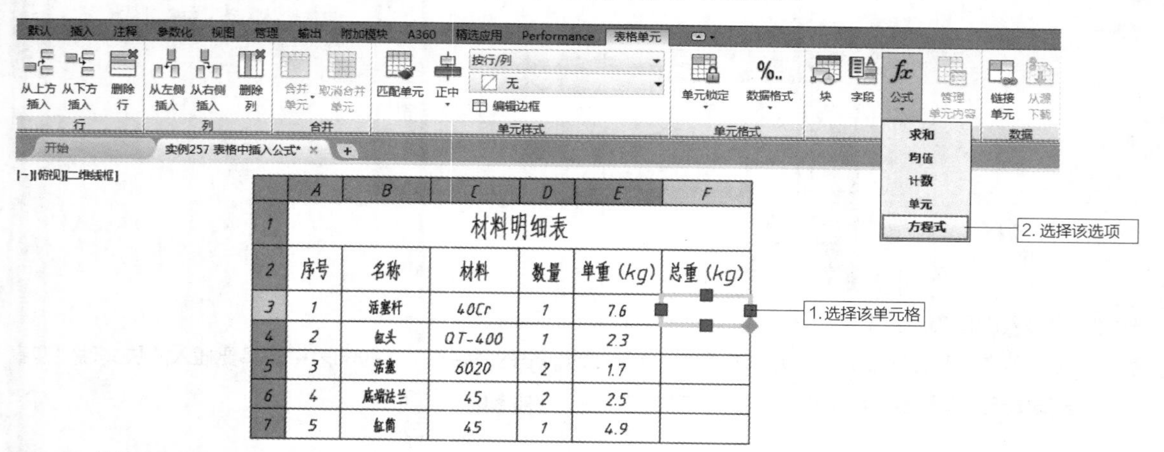

图 5-115 选择要插入公式的单元格

04 选择“方程式”选项后，将激活该单元格，进入文字编辑模式，并自动添加一个“=”符号。接着输入与单元格标号相关的运算公式（=D3xE3），如图5-116所示。

	A	B	C	D	E	F
1	材料明细表					
2	序号	名称	材料	数量	单重（kg）	总重（kg）
3	1	活塞杆	40Cr	1	7.6	=D3×E3
4	2	缸头	QT-400	1	2.3	
5	3	活塞	6020	2	1.7	
6	4	底端法兰	45	2	2.5	
7	5	缸筒	45	1	4.9	

图 5-116 在单元格中输入公式

提示

注意乘号使用数字键盘上的“*”号。

05 按Enter键，得到方程式的运算结果，如图5-117所示。

材料明细表					
序号	名称	材料	数量	单重（kg）	总重（kg）
1	活塞杆	40Cr	1	7.6	7.6
2	缸头	QT-400	1	2.3	
3	活塞	6020	2	1.7	
4	底端法兰	45	2	2.5	
5	缸筒	45	1	4.9	

图 5-117 得到计算结果

06 按相同方法，在其他单元格中插入公式，得到最终的计算效果，如图5-118所示。

材料明细表					
序号	名称	材料	数量	单重（kg）	总重（kg）
1	活塞杆	40Cr	1	7.6	7.6
2	缸头	QT-400	1	2.3	2.3
3	活塞	6020	2	1.7	3.4
4	底端法兰	45	2	2.5	5.0
5	缸筒	45	1	4.9	4.9

图 5-118 最终的计算效果

提示

如果修改了公式所引用的单元格数据，运算结果也随之更新。此外，可以使用Excel软件中的方法，直接拖动单元格，将输入的公式按规律赋予其他单元格，操作步骤如下。

07 选中已经输入了公式的单元格，然后单击右下角的“自动填充”按钮◆，如图5-119所示。

	A	B	C	D	E	F
1	材料明细表					
2	序号	名称	材料	数量	单重（kg）	总重（kg）
3	1	活塞杆	40Cr	1	7.6	7.6
4	2	缸头	QT-400	1	2.3	
5	3	活塞	6020	2	1.7	
6	4	底端法兰	45	2	2.5	
7	5	缸筒	45	1	4.9	

图 5-119 单击“自动填充”按钮

08 将其向下拖动并覆盖至其他的单元格，如图5-120所示。

	A	B	C	D	E	F
1	材料明细表					
2	序号	名称	材料	数量	单重（kg）	总重（kg）
3	1	活塞杆	40Cr	1	7.6	7.6
4	2	缸头	QT-400	1	2.3	
5	3	活塞	6020	2	1.7	
6	4	底端法兰	45	2	2.5	
7	5	缸筒	45	1	4.9	

图 5-120 向下拖动覆盖其他单元格

09 单击确定覆盖，即可将F3单元格的公式按规律赋予F4~F7单元格，效果如图5-121所示。

材料明细表					
序号	名称	材料	数量	单重（kg）	总重（kg）
1	活塞杆	40Cr	1	7.6	7.6
2	缸头	QT-400	1	2.3	2.3
3	活塞	6020	2	1.7	3.4
4	底端法兰	45	2	2.5	5.0
5	缸筒	45	1	4.9	4.9

图 5-121 覆盖效果

实战227 修改表格底纹

难度：☆☆

材料明细表					
序号	名称	材料	数量	单重（kg）	总重（kg）
1	活塞杆	40Cr	1	7.6	7.6
2	缸头	QT-400	1	2.3	2.3
3	活塞	6020	2	1.7	3.4
4	底端法兰	45	2	2.5	5.0
5	缸筒	45	1	4.9	4.9

素材文件路径：素材\第 5 章\实战 226 表格中插入公式 -OK.dwg

效果文件路径：素材\第 5 章\实战 227 修改表格底纹 -OK.dwg

在线视频：第 5 章\实战 227 修改表格底纹 .mp4

表格创建完成之后，可以随时对表格的底纹进行编辑，用以创建特殊的填色。

01 延续上一例进行操作，也可以打开素材文件“第5章\实战226 表格中插入公式-OK.dwg”。

02 选择第一行“材料明细表”为要添加底纹的单元格，使该行呈现选中状态，如图5-122所示。

03 功能区中自动弹出“表格单元”选项卡，然后在“单元样式”面板的“表格单元背景色”下拉列表中设置颜色为“黄”，如图5-123所示。

	A	B	C	D	E	F
1	材料明细表					
2	序号	名称	材料	数量	单重（kg）	总重（kg）
3	1	活塞杆	40Cr	1	7.6	7.6
4	2	缸头	QT-400	1	2.3	2.3
5	3	活塞	6020	2	1.7	3.4
6	4	底端法兰	45	2	2.5	5.0
7	5	缸筒	45	1	4.9	4.9

图 5-122 选择要添加底纹的单元格

图 5-123 选择底纹颜色

04 按Esc键退出“表格单元”选项卡，即可设置表格底纹，效果如图5-124所示。

材料明细表					
序号	名称	材料	数量	单重（kg）	总重（kg）
1	活塞杆	40Cr	1	7.6	7.6
2	缸头	QT-400	1	2.3	2.3
3	活塞	6020	2	1.7	3.4
4	底端法兰	45	2	2.5	5.0
5	缸筒	45	1	4.9	4.9

图 5-124 将所选单元格底纹设置为黄色

05 按相同方法，将“序号”所在的行2所有单元背景设置为绿色，效果如图5-125所示。

材料明细表					
序号	名称	材料	数量	单重（kg）	总重（kg）
1	活塞杆	40Cr	1	7.6	7.6
2	缸头	QT-400	1	2.3	2.3
3	活塞	6020	2	1.7	3.4
4	底端法兰	45	2	2.5	5.0
5	缸筒	45	1	4.9	4.9

图 5-125 创建的底纹效果

实战228 修改表格的对齐方式

难度：☆☆

材料明细表					
序号	名称	材料	数量	单重（kg）	总重（kg）
1	活塞杆	40Cr	1	7.6	7.6
2	缸头	QT-400	1	2.3	2.3
3	活塞	6020	2	1.7	3.4
4	底端法兰	45	2	2.5	5.0
5	缸筒	45	1	4.9	4.9

素材文件路径：素材 \ 第 5 章 \ 实战 227 修改表格底纹 -OK.dwg

效果文件路径：素材 \ 第 5 章 \ 实战 228 修改表格的对齐方式 -OK.dwg

在线视频：第 5 章 \ 实战 228 修改表格的对齐方式 .mp4

在AutoCAD 中，可以根据设计需要调整表格中内容的对齐方式。

01 延续上一例进行操作，也可以打开素材文件“第5章\实战227 修改表格底纹-OK.dwg”。

02 “名称”和“材料”两列内容的对齐方式宜设置为“左对齐”。

03 选择“名称”和“材料”两列中的10个单元格（B3~B7、C3~C7），使之呈现选中状态，如图5-126所示。

04 功能区中自动弹出“表格单元”选项卡，然后在“单元样式”面板中单击“正中”按钮，展开对齐方式的下拉列表，单击其中的“左中”选项（即左对齐），如图5-127所示。

	A	B	C	D	E	F
1	材料明细表					
2	序号	名称	材料	数量	单重（kg）	总重（kg）
3	1	活塞杆	40Cr	1	7.6	7.6
4	2	缸头	QT-400	1	2.3	2.3
5	3	活塞	6020	2	1.7	3.4
6	4	底端法兰	45	2	2.5	5.0
7	5	缸筒	45	1	4.9	4.9

图 5-126 选择要修改对齐方式的单元格

图 5-127 选择新的对齐方式

05 执行上述操作后，即可将所选单元格的内容按新的对齐方式对齐，效果如图5-128所示。

材料明细表					
序号	名称	材料	数量	单重（kg）	总重（kg）
1	活塞杆	40Cr	1	7.6	7.6
2	缸头	QT-400	1	2.3	2.3
3	活塞	6020	2	1.7	3.4
4	底端法兰	45	2	2.5	5.0
5	缸筒	45	1	4.9	4.9

图 5-128 修改对齐方式后的表格

实战229 修改表格的单位精度

难度：☆☆

材料明细表					
序号	名称	材料	数量	单重（kg）	总重（kg）
1	活塞杆	40Cr	1	7.60	7.60
2	缸头	QT-400	1	2.30	2.30
3	活塞	6020	2	1.70	3.40
4	底端法兰	45	2	2.50	5.00
5	缸筒	45	1	4.90	4.90

素材文件路径：素材\第 5 章\实战 228 修改表格的对齐方式-OK.dwg

效果文件路径：素材\第 5 章\实战 229 修改表格的单位精度-OK.dwg

在线视频：第 5 章\实战 229 修改表格的单位精度.mp4

AutoCAD 2020中的表格功能十分强大，除了常规的操作外，还可以设置不同的显示内容和显示精度。

01 延续上一例进行操作，也可以打开素材文件“第5章\实战228 修改表格的对齐方式-OK.dwg”。

02 可见表格中“单重（kg）”和“总重（kg）”列显示的精度为一位小数，但工程设计中需保留至两位小数，因此可对其进行修改。

03 选择“单重（kg）”列中的5个内容单元格（E3~E7），使之呈现选中状态，如图5-129所示。

	A	B	C	D	E	F
1	材料明细表					
2	序号	名称	材料	数量	单重（kg）	总重（kg）
3	1	活塞杆	40Cr	1	7.6	7.6
4	2	缸头	QT-400	1	2.3	2.3
5	3	活塞	6020	2	1.7	3.4
6	4	底端法兰	45	2	2.5	5.0
7	5	缸筒	45	1	4.9	4.9

图 5-129 选择要修改对齐方式的单元格

04 功能区中自动弹出“表格单元”选项卡，然后在“单元格式”面板中单击“数据格式”按钮，展开其下拉列表，选择最后的“自定义表格单元格式”选项，如图5-130所示。

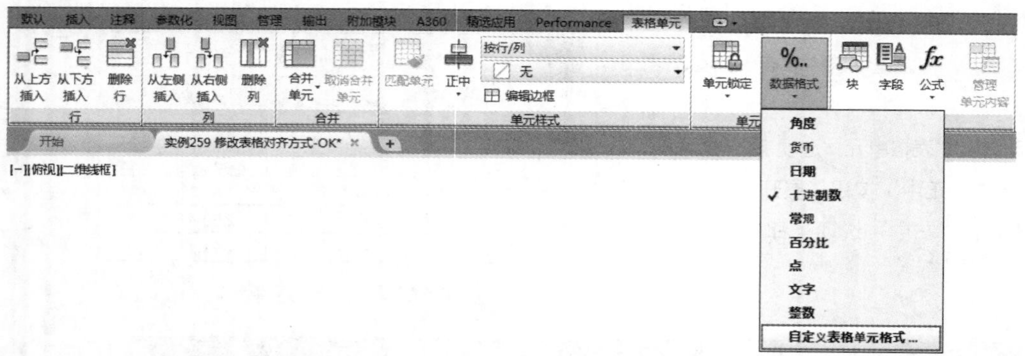

图 5-130 选择“自定义表格单元格式”选项

05 系统弹出“表格单元格式”对话框，然后在“精度”下拉列表中选择“0.00”选项，即表示保留两位小数，如图5-131所示。

图 5-131 “表格单元格式”对话框

06 单击“确定”按钮，返回绘图区，可见表格“单重（kg）”列中的内容已更新，如图5-132所示。

材料明细表					
序号	名称	材料	数量	单重（kg）	总重（kg）
1	活塞杆	40Cr	1	7.60	7.6
2	缸头	QT-400	1	2.30	2.3
3	活塞	6020	2	1.70	3.4
4	底端法兰	45	2	2.50	5.0
5	缸筒	45	1	4.90	4.9

图 5-132 修改“单重（kg）”列的精度

07 按相同方法，选择“总重（kg）”列中的5个单元格（F3~F7），将其显示精度修改为保留两位小数，效果如图5-133所示。

材料明细表					
序号	名称	材料	数量	单重（kg）	总重（kg）
1	活塞杆	40Cr	1	7.60	7.60
2	缸头	QT-400	1	2.30	2.30
3	活塞	6020	2	1.70	3.40
4	底端法兰	45	2	2.50	5.00
5	缸筒	45	1	4.90	4.90

图 5-133 修改显示精度后的表格效果

提示

本例不可像“实战 228”一样直接选取10个单元格，因为“总重（kg）”列中的单元格内容为函数运算结果，与“单重（kg）”列中的文本性质不同，因此系统无法将它们混在一起识别。

实战230 通过Excel创建表格

难度：☆☆☆

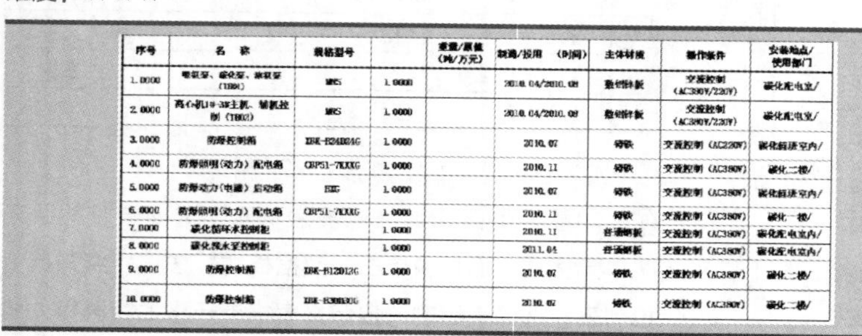

序号	名 称	规格型号		重量/原值（吨/万元）	制造/投用（时间）	主体材质	操作条件	安装地点/使用部门
1.0000	[illegible]（TB01）	MR5	1.0000		2010.04/2010.08	数控钢板	交流控制（AC380V/220V）	碳化配电室/
2.0000	离心机1#-3#主机、辅机控制（TB02）	MR5	1.0000		2010.04/2010.08	数控钢板	交流控制（AC380V/220V）	碳化配电室/
3.0000	防爆控制箱	XBK-B24D24G	1.0000		2010.07	铸铁	交流控制（AC220V）	碳化循环室内/
4.0000	防爆照明（动力）配电箱	CBP51-7KXXG	1.0000		2010.11	铸铁	交流控制（AC380V）	碳化二楼/
5.0000	防爆动力（电磁）启动箱	BXG	1.0000		2010.07	铸铁	交流控制（AC380V）	碳化循环室内/
6.0000	防爆照明（动力）配电箱	CBP51-7KXXG	1.0000		2010.11	铸铁	交流控制（AC380V）	碳化一楼/
7.0000	碳化循环水控制柜		1.0000		2010.11	普通钢板	交流控制（AC380V）	碳化配电室内/
8.0000	碳化浆水泵控制柜		1.0000		2011.04	普通钢板	交流控制（AC380V）	碳化配电室内/
9.0000	防爆控制箱	XBK-B12D12G	1.0000		2010.07	铸铁	交流控制（AC380V）	碳化二楼/
10.0000	防爆控制箱	XBK-B30D30G	1.0000		2010.07	铸铁	交流控制（AC380V）	碳化二楼/

素材文件路径：素材\第5章\实战230 通过Excel创建表格.xls

效果文件路径：素材\第5章\实战230 通过Excel创建表格-OK.dwg

在线视频：第5章\实战230 通过Excel创建表格.mp4

如果要统计的数据过多，如电气设施的统计表，可以先使用Excel软件进行处理，然后再导入AutoCAD中生成表格。因为在一般公司中，这类表格数据都由其他部门提供，设计人员无需自行整理。

01 打开素材文件“第5章\实战230 通过Excel创建表格.xls”，如图5-134所示。

	A	B	C	D	E	F	G	H	I
1		电 气 设 备 设 施 一 览 表							
2	统计：XXX		统计日期：2012年3月22日			审核：XXX		审核日期：2012年3月22日	
3	序号	名 称	规格型号		重量/原值（吨/万元）	制造/投用（时间）	主体材质	操作条件	安装地点/使用部门
4	1	吸氨泵、碳化泵、浓氨泵（TH01）	MNS	1		2010.04/2010.08	敷铝锌板	交流控制（AC380V/220V）	碳化配电室/
5	2	离心机1#-3#主机、辅机控制（TH02）	MNS	1		2010.04/2010.08	敷铝锌板	交流控制（AC380V/220V）	碳化配电室/
6	3	防爆控制箱	XBK-B24D24G	1		2010.07	铸铁	交流控制（AC220V）	碳化值班室内/
7	4	防爆照明（动力）配电箱	CBP51-7KXXG	1		2010.11	铸铁	交流控制（AC380V）	碳化二楼/
8	5	防爆动力（电磁）启动箱	BXG	1		2010.07	铸铁	交流控制（AC380V）	碳化值班室内/
9	6	防爆照明（动力）配电箱	CBP51-7KXXG	1		2010.11	铸铁	交流控制（AC380V）	碳化一楼/
10	7	碳化循环水控制柜		1		2010.11	普通钢板	交流控制（AC380V）	碳化配电室内/
11	8	碳化深水泵控制柜		1		2011.04	普通钢板	交流控制（AC380V）	碳化配电室内/
12	9	防爆控制箱	XBK-B12D12G	1		2010.07	铸铁	交流控制（AC380V）	碳化二楼/
13	10	防爆控制箱	XBK-B30D30G	1		2010.07	铸铁	交流控制（AC380V）	碳化二楼/

图 5-134 素材文件

02 将表格主体（即行3~13、列A~K），复制到剪贴板。

03 然后打开AutoCAD，新建一个空白文档，再选择“编辑”菜单中的“选择性粘贴”命令，弹出“选择性粘贴”对话框，选择其中的“AutoCAD 图元”选项，如图5-135所示。

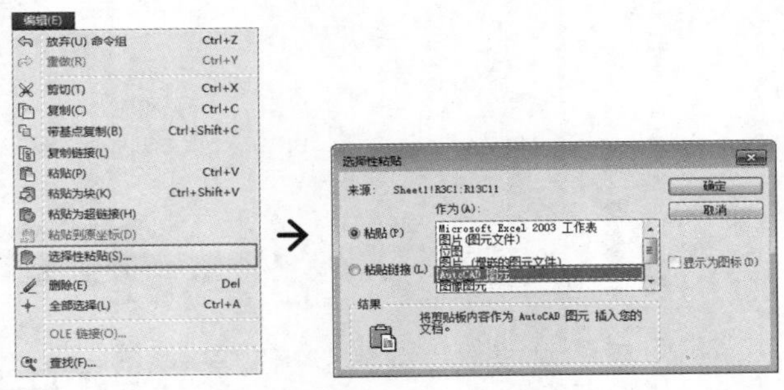

图 5-135 选择性粘贴

04 单击“确定”按钮，表格即转化成AutoCAD中的表格，如图5-136所示。可以根据需要编辑其中的文字，非常方便。

序号	名 称	规格型号		重量/原值（吨/万元）	制造/投用 （时间）	主体材质	操作条件	安装地点/使用部门
1.0000	吸氨泵、碳化泵、浓氨泵（TH01）	MNS	1.0000		2010.04/2010.08	敷铝锌板	交流控制（AC380V/220V）	碳化配电室/
2.0000	离心机1#-3#主机、辅机控制（TH02）	MNS	1.0000		2010.04/2010.08	敷铝锌板	交流控制（AC380V/220V）	碳化配电室/
3.0000	防爆控制箱	XBK-B24D24G	1.0000		2010.07	铸铁	交流控制（AC220V）	碳化值班室内/
4.0000	防爆照明（动力）配电箱	CBP51-7KXXG	1.0000		2010.11	铸铁	交流控制（AC380V）	碳化二楼/
5.0000	防爆动力（电磁）启动箱	BXG	1.0000		2010.07	铸铁	交流控制（AC380V）	碳化值班室内/
6.0000	防爆照明（动力）配电箱	CBP51-7KXXG	1.0000		2010.11	铸铁	交流控制（AC380V）	碳化一楼/
7.0000	碳化循环水控制柜		1.0000		2010.11	普通钢板	交流控制（AC380V）	碳化配电室内/
8.0000	碳化深水泵控制柜		1.0000		2011.04	普通钢板	交流控制（AC380V）	碳化配电室内/
9.0000	防爆控制箱	XBK-B12D12G	1.0000		2010.07	铸铁	交流控制（AC380V）	碳化二楼/
10.0000	防爆控制箱	XBK-B30D30G	1.0000		2010.07	铸铁	交流控制（AC380V）	碳化二楼/

图 5-136 转化为 AutoCAD 中的表格

第6章
图块与参照

在实际制图中，常常需要用到同样的图形，如机械设计中的粗糙度符号和室内设计中的门、床、家居、电器等。如果每次都重新绘制，不但浪费了大量的时间，同时也降低了工作效率。因此，AutoCAD提供了图块的功能，用户可以将一些经常使用的图形对象定义为图块。当需要重新利用到这些图形时，只需要按合适的比例将图块插入到指定的位置即可。

在设计过程中经常会反复调用图形文件、样式、图块、标注、线型等内容，为了提高效率，AutoCAD提供了“设计中心”这一资源管理工具，以对这些资源进行分门别类地管理。

6.1 图块的创建与编辑

图块是一组图形实体的总称，在应用过程中，AutoCAD将图块作为一个独立的完整的对象来操作。利用图块功能，可以有效地提高绘图效率和绘图质量。

实战231 创建内部图块

难度：☆☆☆

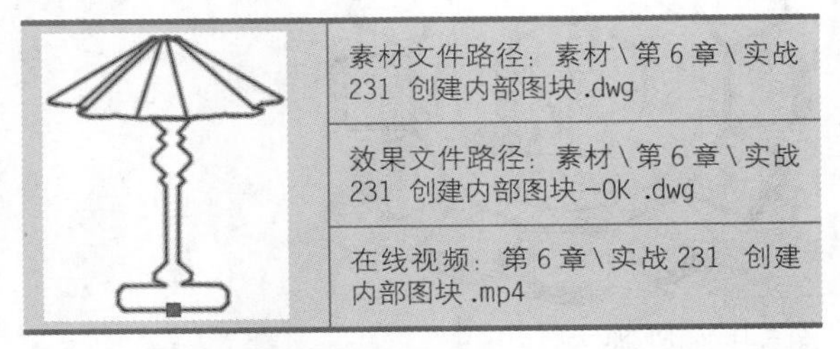

素材文件路径：素材\第 6 章\实战 231 创建内部图块 .dwg

效果文件路径：素材\第 6 章\实战 231 创建内部图块 -OK .dwg

在线视频：第 6 章\实战 231 创建内部图块 .mp4

内部图块是存储在图形文件内部的块，只能在存储文件中使用，而不能在其他图形文件中使用。

01 打开素材文件“第6章\实战231 创建内部图块.dwg”，如图6-1所示。

02 选中所有的图形，然后在“默认”选项卡的“块”面板中单击“创建”按钮，如图6-2所示，执行“创建块”命令。

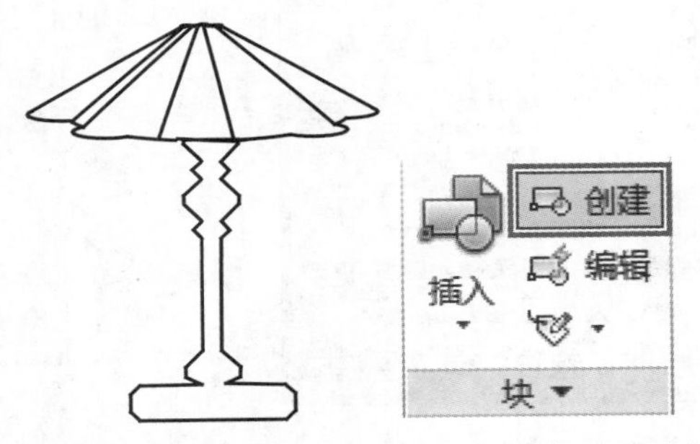

图 6-1 素材文件　　图 6-2 “块”面板中的“创建”按钮

03 系统弹出“块定义”对话框，在对话框的“名称”文本框中输入图块名称“台灯”，如图6-3所示。

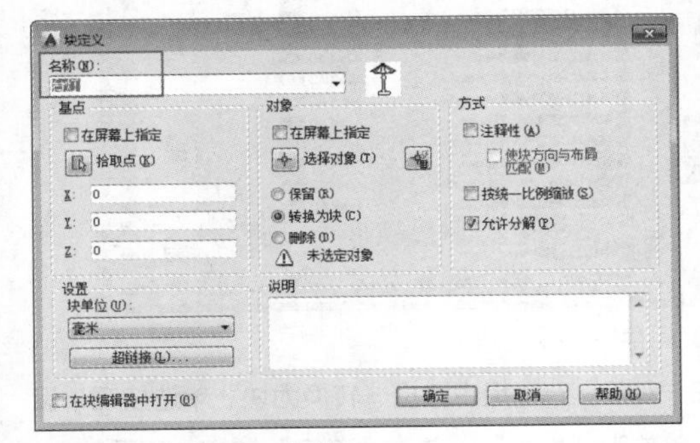

图 6-3 “块定义”对话框

04 单击“基点”选项组中的“拾取点”按钮，系统回到绘图区，单击台灯底座中点位置。这表示定义图块的插入基点为台灯底座的中点，如图6-4所示。

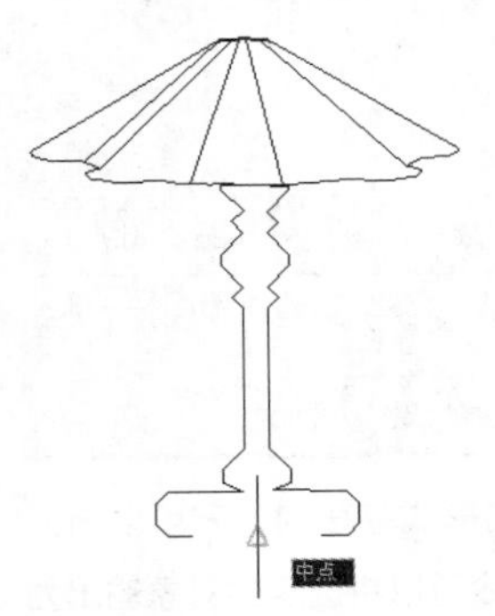

图 6-4 拾取点

05 系统返回“块定义”对话框，“基点”选项组中将会显示刚才捕捉的插入基点的坐标值。

06 将“块单位”设置为“毫米”，在“说明”文本框中输入文字说明“室内设计图库”。单击“确定”按钮，完成内部图块的定义，如图6-5所示。

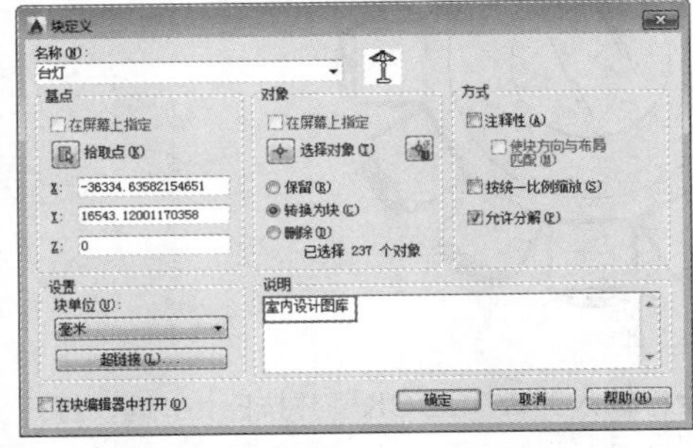

图 6-5 定义内部图块

07 在绘图区选中台灯，可以看出台灯已经被定义为图块，并且在插入基点位置显示夹点，如图6-6所示。

图 6-6 选中台灯图块效果

实战232 创建外部图块

难度：☆☆

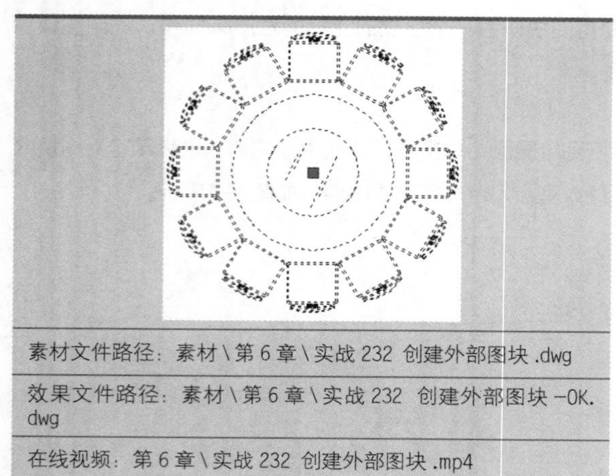

素材文件路径：素材\第6章\实战232 创建外部图块.dwg

效果文件路径：素材\第6章\实战232 创建外部图块-OK.dwg

在线视频：第6章\实战232 创建外部图块.mp4

外部图块是以外部文件的形式存在的，它可以被其他文件引用。使用“写块”命令可以将选定的对象输出为外部图块，并保存到单独的图形文件中。

01 打开素材文件“第6章\实战232 创建外部图块.dwg”，如图6-7所示。

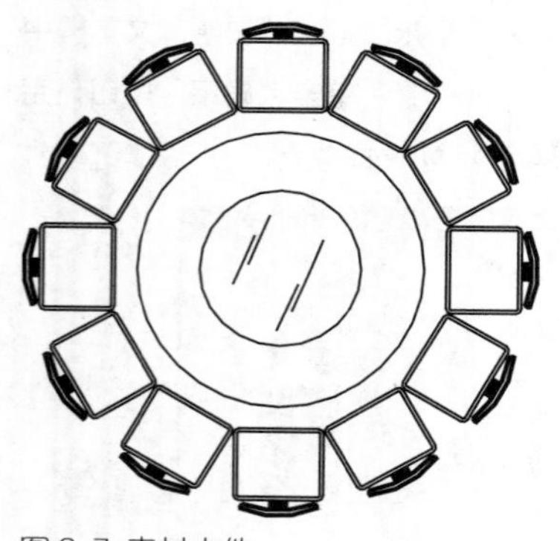

图6-7 素材文件

02 在命令行输入“WBLOCK”并按Enter键，打开“写块”对话框，如图6-8所示。

图6-8 “写块”对话框

03 单击“写块”对话框中的“选择对象”按钮，在绘图区框选所有图形并按Enter键确认，再在“基点”选项组中单击“拾取点”按钮，在绘图区捕捉圆心作为图块的插入基点，如图6-9所示。

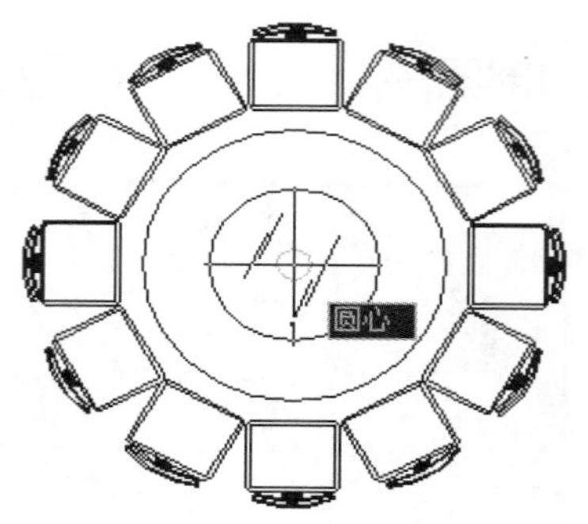

图6-9 拾取圆心为基点

04 系统返回“写块”对话框，单击“文件名和路径”文本框后面的按钮，打开“浏览图形文件”对话框，在其中设置图块的保存路径和图块名称，最后单击“保存”按钮，如图6-10所示。

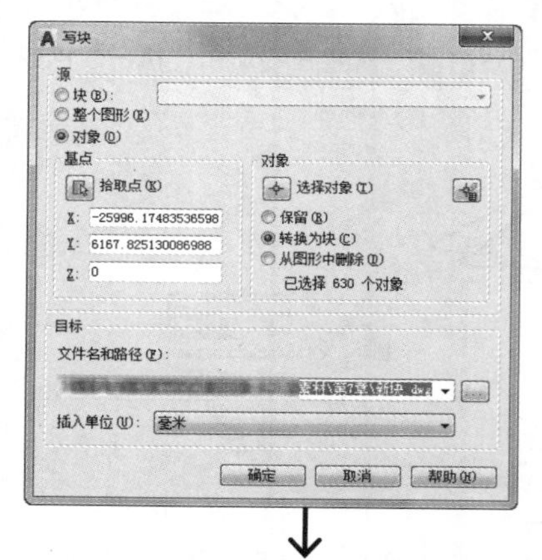

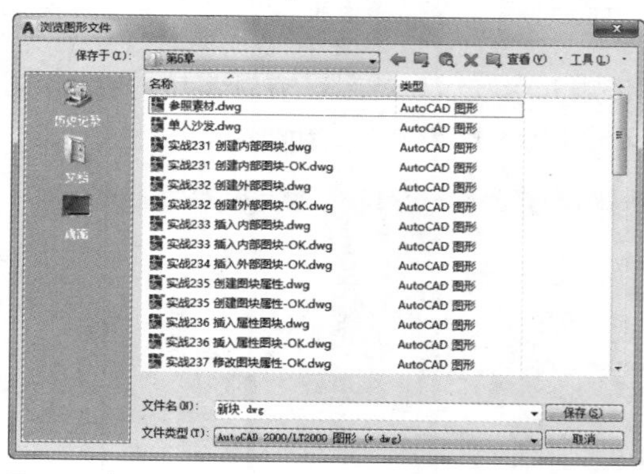

图6-10 保存块

05 在“对象”选项组中选择“转换为块”单选按钮，设置插入单位为“毫米”，单击“确定”按钮，如图6-11所示。

图 6-11 设置块参数

06 在绘图区选中餐桌，可以看出餐桌已经被定义为图块，并且在插入基点位置显示夹点，如图6-12所示。

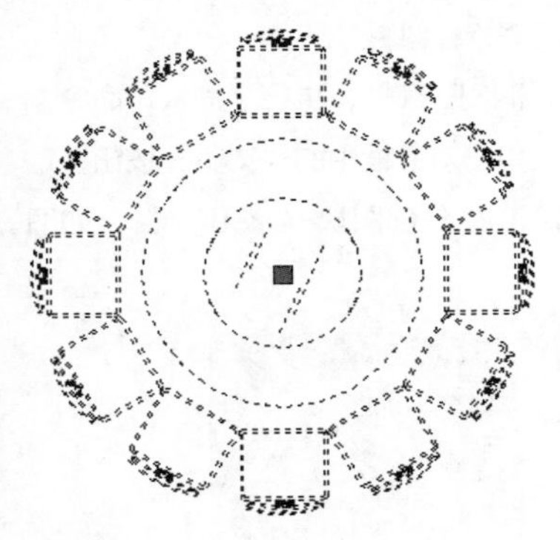

图 6-12 选择块

提示

所谓“内部块”和“外部块”，通俗来说就是临时块与永久块。

实战233 插入内部图块

难度：☆☆

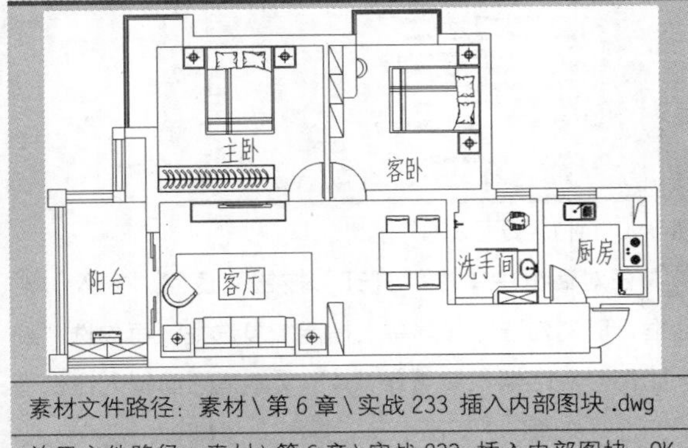

素材文件路径：素材 \ 第 6 章 \ 实战 233 插入内部图块 .dwg

效果文件路径：素材 \ 第 6 章 \ 实战 233 插入内部图块 -OK.dwg

在线视频：第 6 章 \ 实战 233 插入内部图块 .mp4

块定义完成后，就可以插入与块定义关联的块进行调用了。如果是内部图块，则可以在图形中直接调用。

01 打开素材文件“第6章\实战233 插入内部图块.dwg”，如图6-13所示。

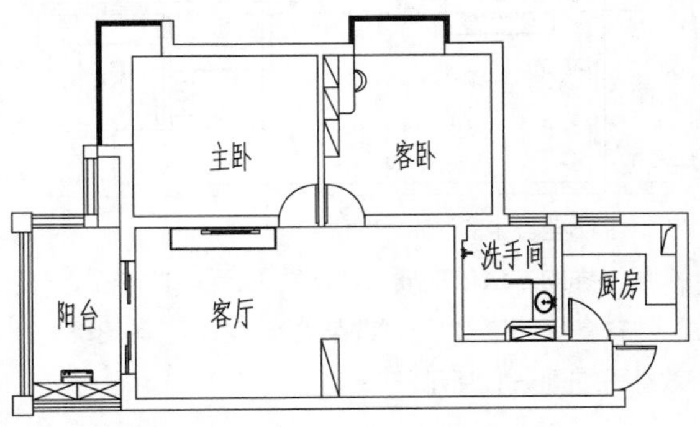

图 6-13 素材文件

02 在“默认”选项卡中单击“块”面板上的“插入”按钮，展开下拉列表，选择“床”图块，如图6-14所示。

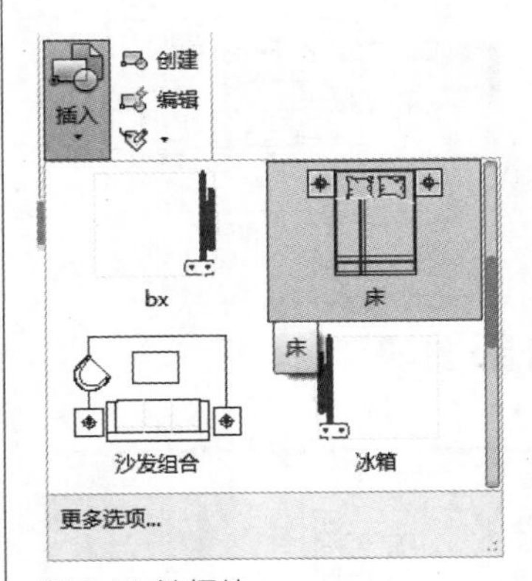

图 6-14 选择块

03 在主卧中的合适位置插入图块，比例为1，如图6-15所示。

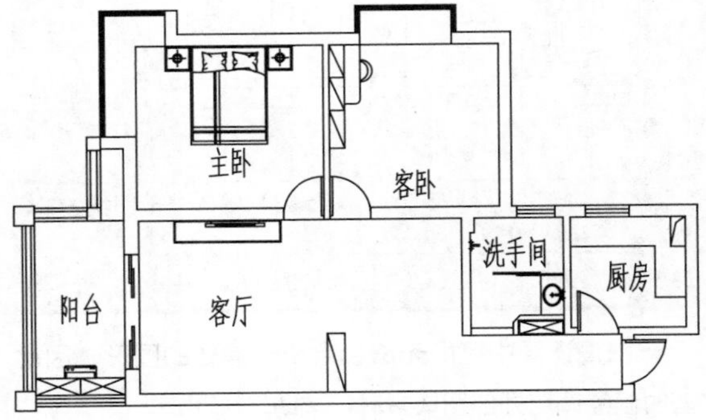

图 6-15 插入主卧中的“床”图块

04 重复执行“插入”命令，展开下拉列表，选择“床”图块，设置旋转“角度”为-90°、比例为1，在客卧的合适位置插入图块，如图6-16所示。

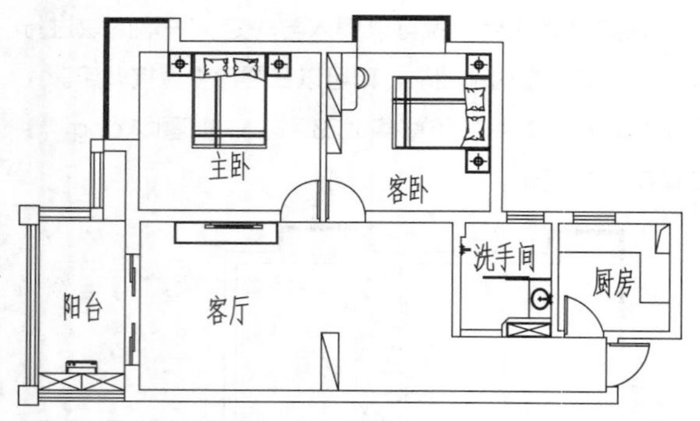

图 6-16 插入客卧中的“床”图块

05 用同样的方法依次插入“沙发组合”“冰箱”“便池”“餐桌”“煤气灶”“洗菜盆”“衣柜”等图块，最终效果图如图6-17所示。

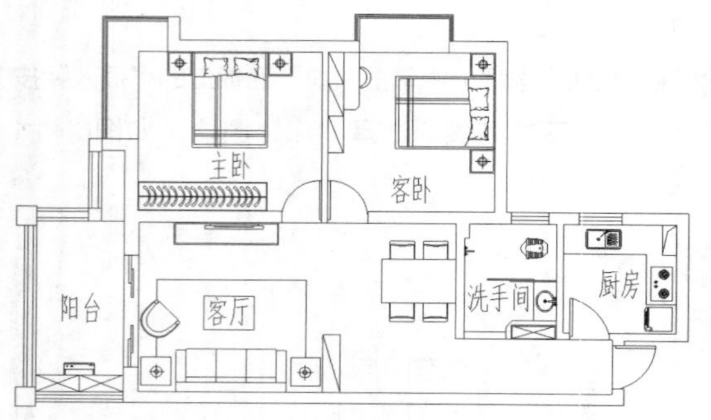

图 6-17 最终效果图

实战234 插入外部图块

难度：☆☆

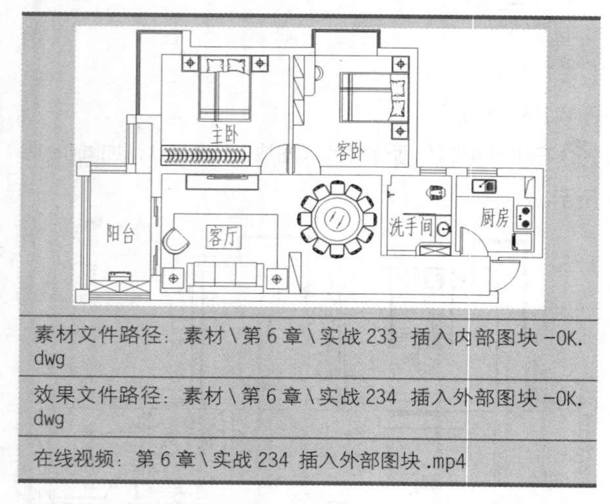

素材文件路径：素材\第 6 章\实战 233 插入内部图块 -OK.dwg

效果文件路径：素材\第 6 章\实战 234 插入外部图块 -OK.dwg

在线视频：第 6 章\实战 234 插入外部图块 .mp4

一张设计图中可能无法包含所有需要的图形，因此有些时候需调用外部图块来进行辅助。

01 延续上一例进行操作，也可以打开素材文件“第6章\实战233 插入内部图块-OK.dwg”。

02 如果要将客厅中的餐桌椅换成圆桌椅（即“实战232”中创建的图形），便可以使用插入外部图块的方法。

03 选择客厅右侧已创建好的餐桌椅图块，按Delete键删除，如图6-18所示。

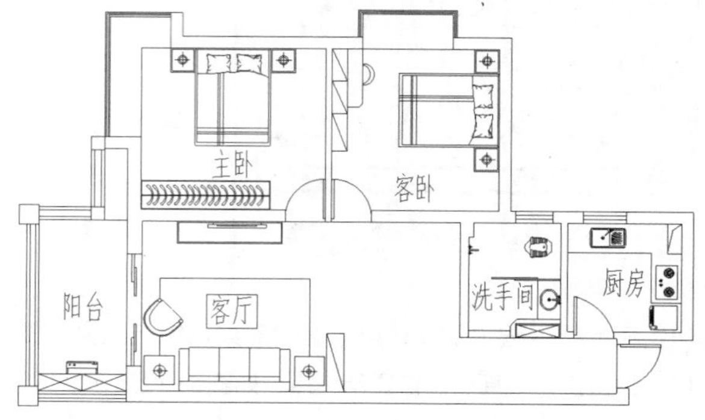

图 6-18 删除客厅右侧的餐桌椅图块

04 在命令行中输入“INSERT”，执行“插入”命令，弹出“插入”对话框，单击对话框中的“浏览”按钮，定位至“第6章\实战232 创建外部图块-OK.dwg”，如图6-19所示。

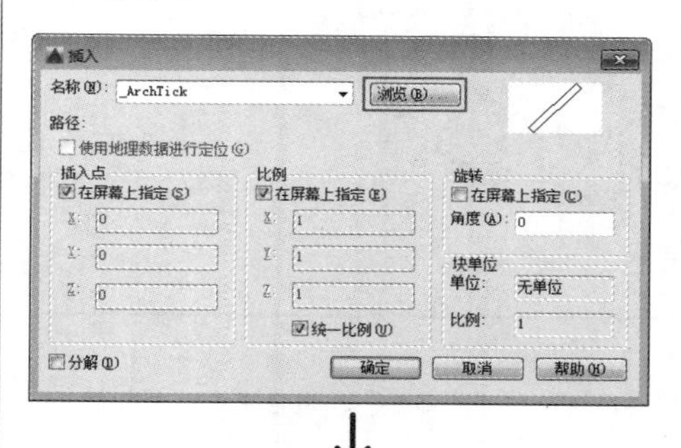

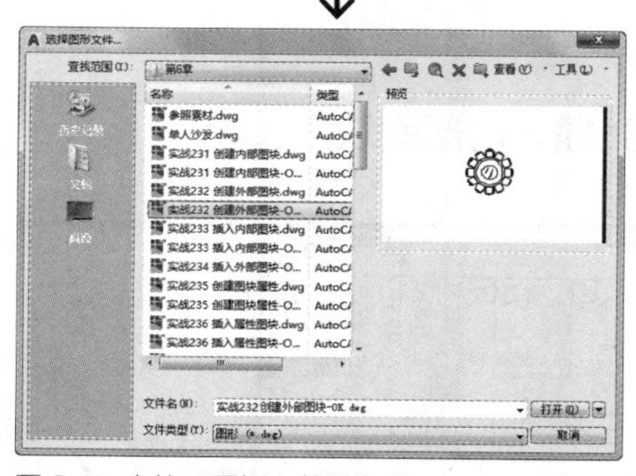

图 6-19 定位至要插入的外部块

05 在对话框中单击“打开”按钮，返回“插入”对话框，取消勾选“在屏幕上指定”复选框，再勾选“统一比例”复选框，接着在“X”文本框后面输入比例值“0.8”，如图6-20所示，即设置图块的比例大小为0.8。

06 单击“确定”按钮，返回绘图区，在客厅的合适位置插入图块，效果如图6-21所示。

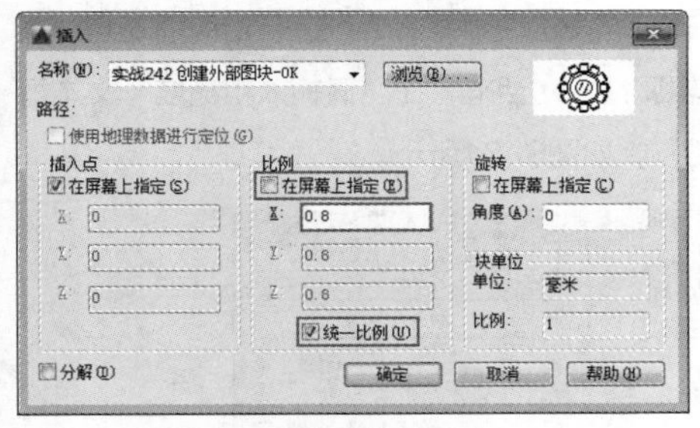

图 6-20 设置插入块的比例大小

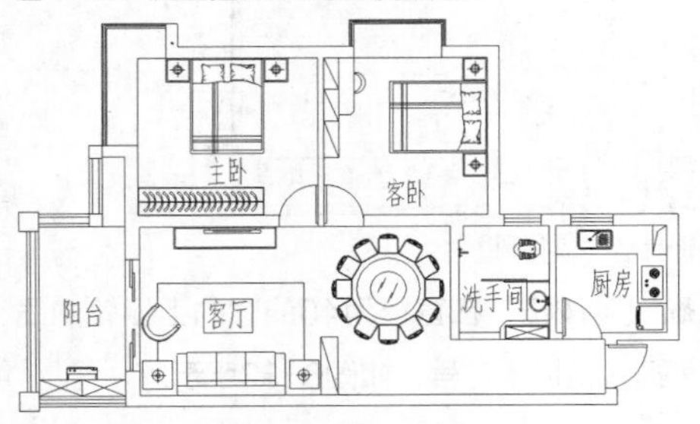

图 6-21 插入外部块的图形效果

实战235 创建图块属性

难度：☆☆☆

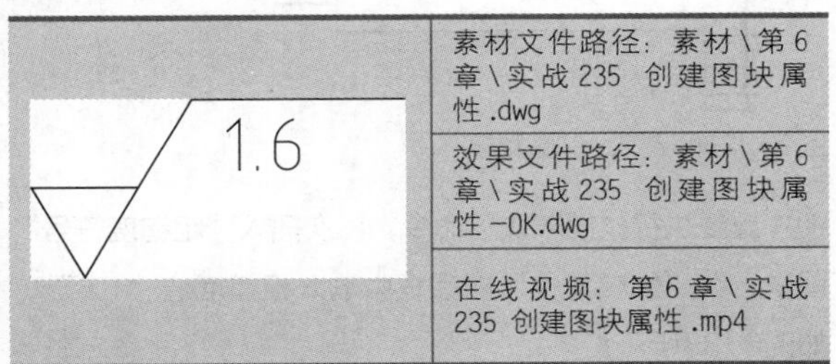

	素材文件路径：素材\第 6 章\实战 235 创建图块属性 .dwg
	效果文件路径：素材\第 6 章\实战 235 创建图块属性 -OK.dwg
	在线视频：第 6 章\实战 235 创建图块属性 .mp4

图块包含的信息可以分为两类：图形信息和非图形信息。图块属性指的是图块的非图形信息，如机械设计中为零件表面定义粗糙度，零件的每个表面粗糙度信息都不一样。图块属性必须和图块结合在一起使用，在图纸上显示为图块的标签或说明，单独的属性是没有意义的。

01 打开素材文件“第6章\实战235 创建图块属性.dwg”文件，如图6-22所示。

02 在“默认”选项卡中单击“块”面板中的“定义属性”按钮，如图6-23所示，执行“定义属性”命令。

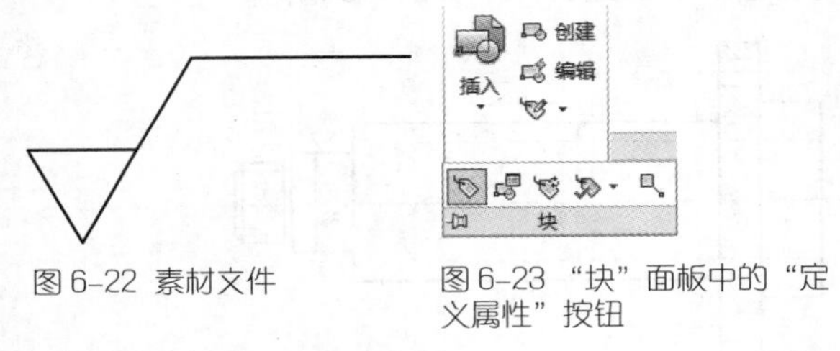

图 6-22 素材文件

图 6-23 “块”面板中的“定义属性”按钮

03 系统自动弹出“属性定义”对话框，在“标记”文本框中输入“粗糙度”，设置“文字高度”为2，如图6-24所示。

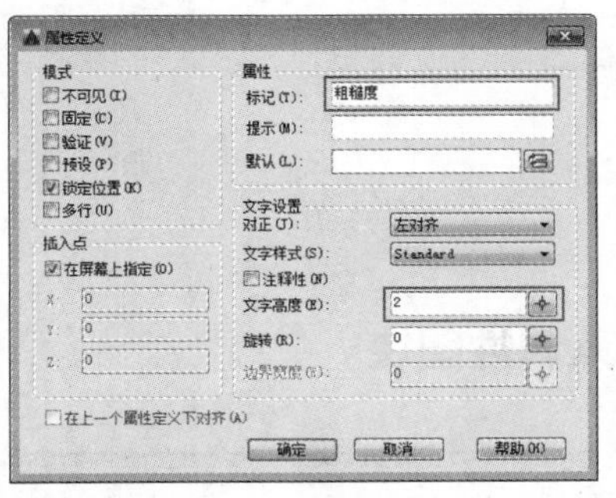

图 6-24 “属性定义”对话框

04 系统返回绘图区后，定义的图块属性标记随十字光标出现，在适当位置单击拾取一点，放置“粗糙度”文字，如图6-25所示。

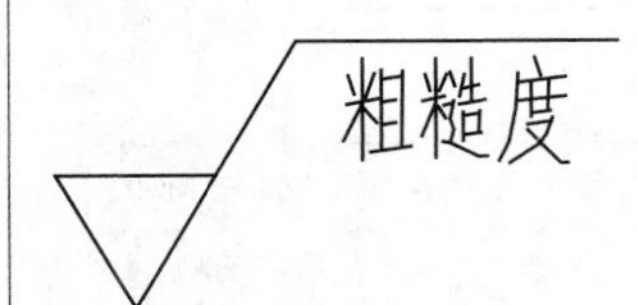

图 6-25 创建好的粗糙度符号效果

05 在“默认”选项卡中，单击“块”面板上的“创建”按钮，系统弹出“块定义”对话框。在“名称”下拉列表中输入“粗糙度符号”，单击“拾取点”按钮，拾取三角形的下角点作为基点，单击“选择对象”按钮，选择整个符号图形和属性定义，如图6-26所示。

图 6-26 “块定义”对话框

06 单击“确定”按钮，系统弹出“编辑属性”对话框，设置“粗糙度”为1.6，如图6-27所示。

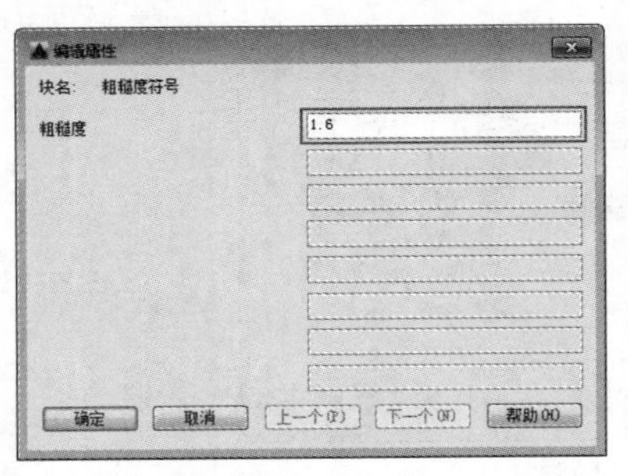

图 6-27 “编辑属性”对话框

07 单击“确定”按钮，“粗糙度符号”属性图块创建完成，如图6-28所示。

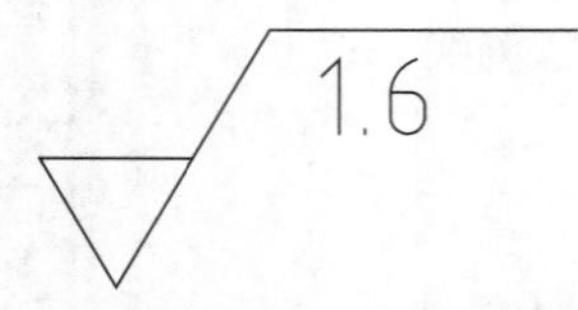

图6-28 “粗糙度符号”属性图块

实战236 插入属性图块

难度：☆☆

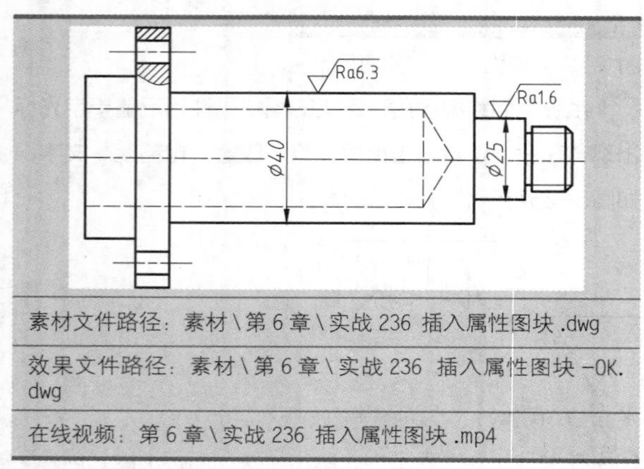

素材文件路径：素材\第6章\实战236 插入属性图块.dwg

效果文件路径：素材\第6章\实战236 插入属性图块-OK.dwg

在线视频：第6章\实战236 插入属性图块.mp4

在一些比较特殊的情况下，使用带属性的图块可以提高绘图效率，如插入包含不同信息的粗糙度符号。

01 打开素材文件“第6章\实战236 插入属性图块.dwg”，如图6-29所示。

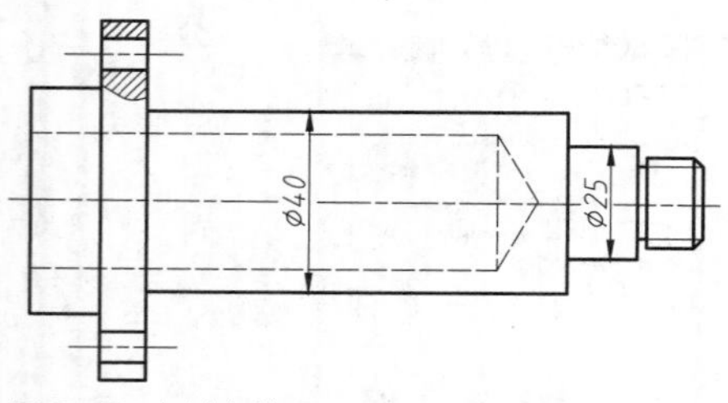

图6-29 素材文件

02 在命令行中输入“INSERT”并按Enter键，执行“插入块”命令，系统弹出“插入”对话框，在对话框中选择“粗糙度符号”图块，如图6-30所示。

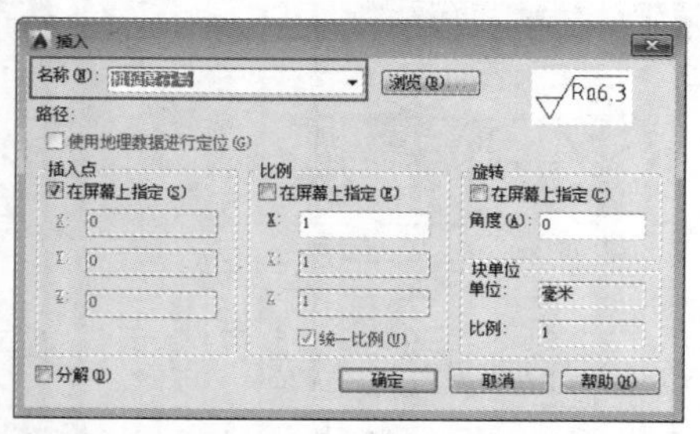

图6-30 选择插入图块

03 单击“确定”按钮，根据命令行提示拾取插入点，系统弹出“编辑属性”对话框，在“请输入粗糙度”文本框中输入“6.3”，如图6-31所示。

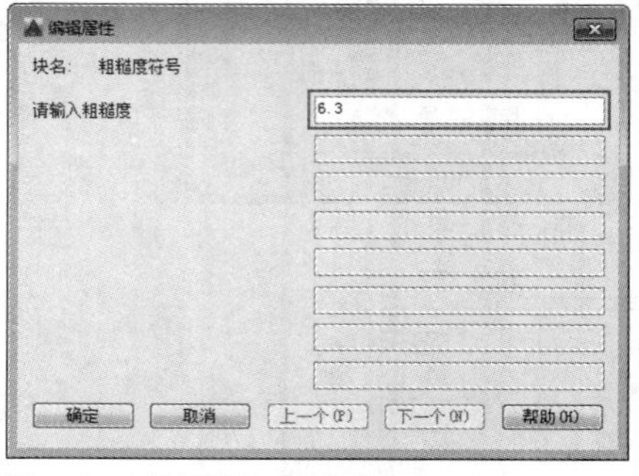

图6-31 “编辑属性”对话框

04 单击“确定”按钮，在直径为40的圆的上侧轮廓线上单击，即可插入粗糙度符号，如图6-32所示。

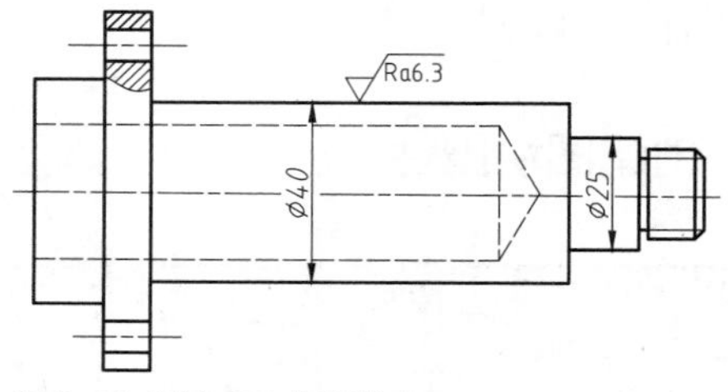

图6-32 插入6.3的粗糙度

05 重复执行“插入块”命令，再次插入“粗糙度符号”图块，在“编辑属性”对话框中输入粗糙度值“1.6”，如图6-33所示。

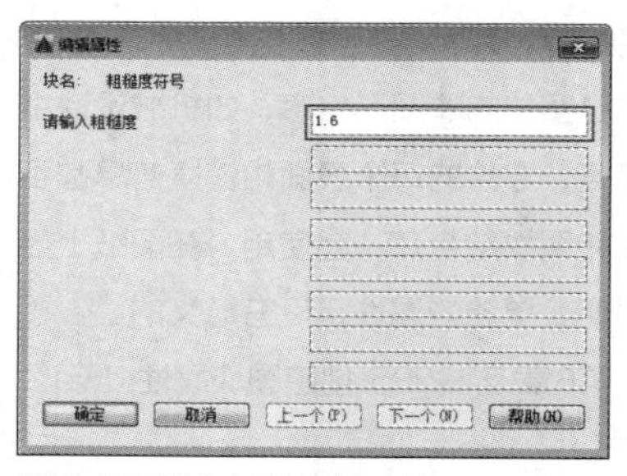

图6-33 输入新的粗糙度值

06 在直径为25的圆的上侧轮廓线上单击，即可插入粗糙度为1.6的粗糙度符号，如图6-34所示。

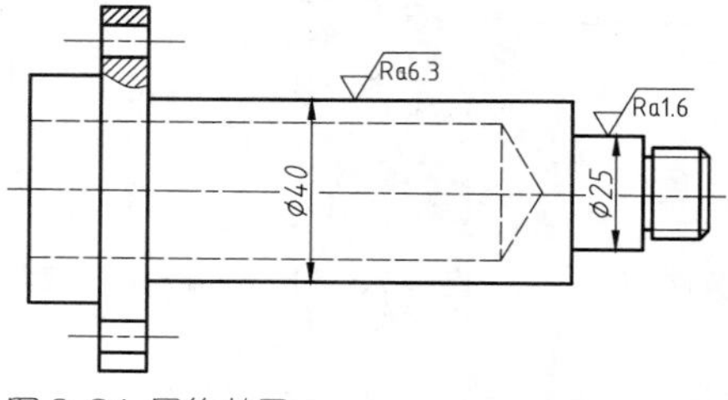

图6-34 最终效果

实战237 修改图块属性

难度：☆☆

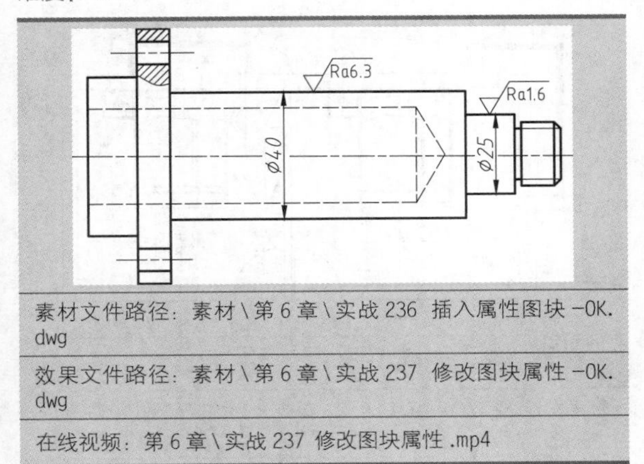

素材文件路径：素材\第 6 章\实战 236 插入属性图块 -OK.dwg

效果文件路径：素材\第 6 章\实战 237 修改图块属性 -OK.dwg

在线视频：第 6 章\实战 237 修改图块属性 .mp4

属性图块创建完毕后，还可以使用“增强属性编辑器”对话框方便地修改属性值和属性文字的格式。

01 延续上一例进行操作，也可以打开素材文件“第6章\实战236 插入属性图块-OK.dwg”。

02 直径为25的圆的粗糙度标注在审核时可能会被认为设定得太高，因此可以通过修改块属性值的方法来进行调整。

03 直接双击圆的廓线上的1.6粗糙度符号，打开“增强属性编辑器”对话框，在“属性”选项卡中选中修改的属性值后，在“值”文本框中输入修改后的新值“3.2”，如图6-35所示。

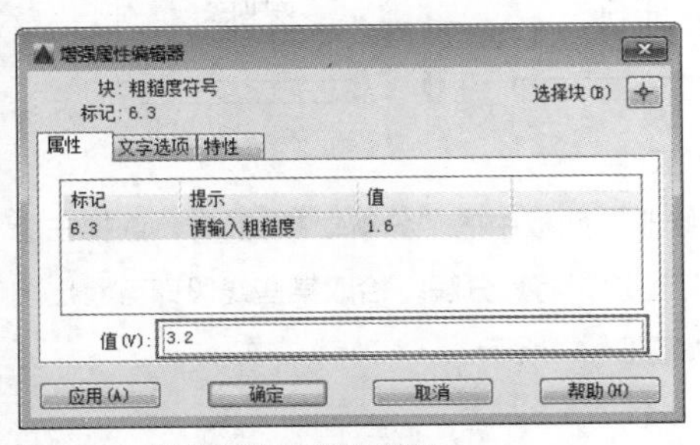

图 6-35 输入新的粗糙度数值

04 单击“确定”按钮，完成修改，修改粗糙度标注之后的图形如图6-36所示。

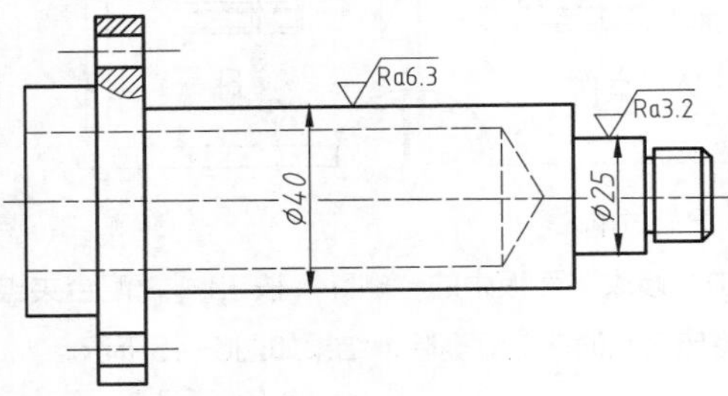

图 6-36 修改属性值效果

实战238 重定义图块属性

难度：☆☆

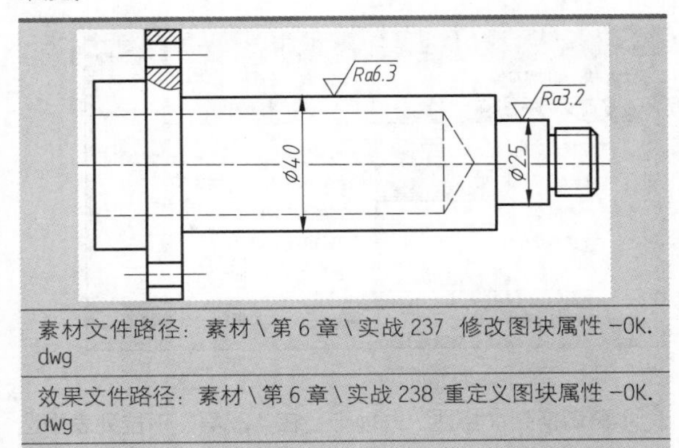

素材文件路径：素材\第 6 章\实战 237 修改图块属性 -OK.dwg

效果文件路径：素材\第 6 章\实战 238 重定义图块属性 -OK.dwg

在线视频：第 6 章\实战 238 重定义图块属性 .mp4

使用“块属性管理器”对话框，可以修改所有图块的块属性定义，更新相应的所有图块。但同步操作仅能修改块属性定义，不能修改属性值。

01 延续上一例进行操作，也可以打开素材文件“第6章\实战237 修改图块属性-OK.dwg”。

02 通过重定义图块属性，可以一次性修改图形中的两个粗糙度属性，但不能修改属性值。

03 在命令行中输入“BATTMAN”，系统自动弹出“块属性管理器”对话框，对话框中显示了已附加到图块的所有块属性列表，如图6-37所示。

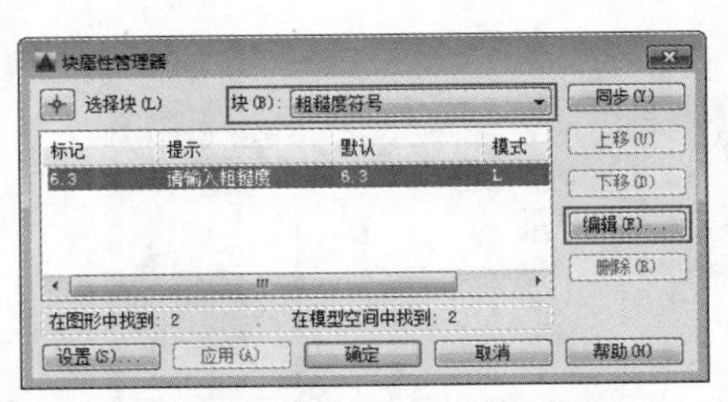

图 6-37 “块属性管理器”对话框

04 在对话框的“块”下拉列表中选择“粗糙度符号”选项，对话框下侧会自动显示图形中所含的块数量，然后单击对话框中的“编辑”按钮，进入“编辑属性”对话框，如图6-38所示。

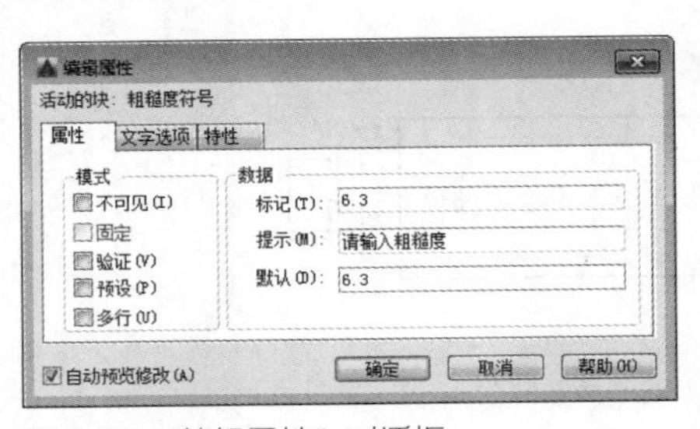

图 6-38 “编辑属性”对话框

05 在对话框中选择“文字选项”选项卡，修改文字“高度”为3，对正方式为“左对齐”，如图6-39所示。

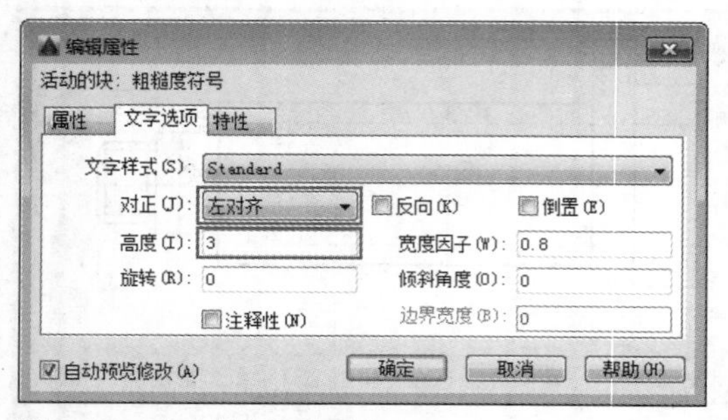

图 6-39 “文字选项”选项卡

06 再切换到“特性”选项卡，在“图层”下拉列表中选择“文本层”选项，如图6-40所示。

图 6-40 “特性”选项卡

07 单击“确定”按钮，完成属性的修改，返回“块属性管理器”对话框，然后单击右侧的“同步”按钮，如图6-41所示。

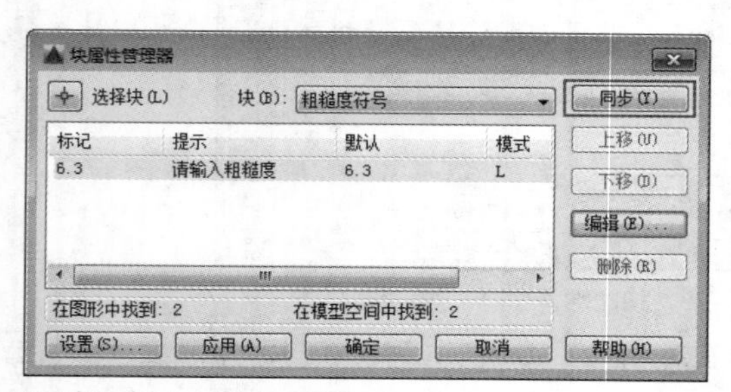

图 6-41 单击“同步”按钮

08 再单击“确定”按钮，即可以更新相应的所有图块，操作结果如图6-42所示。

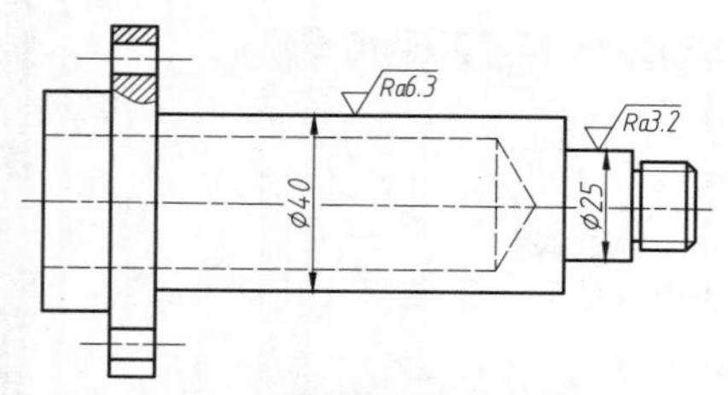

图 6-42 自动更新图块属性效果

实战239 重定义图块外形

难度：☆☆

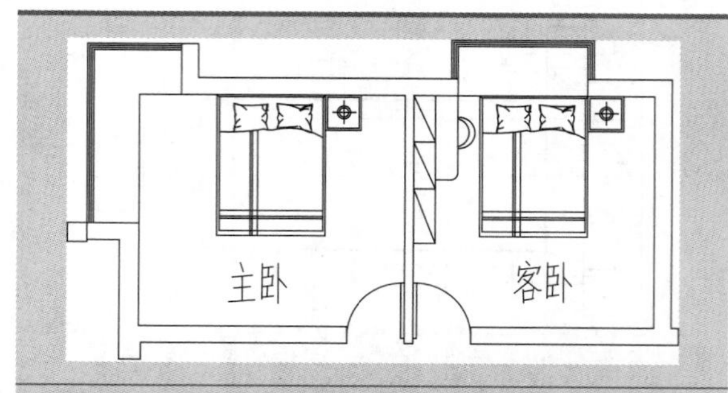

素材文件路径：素材\第 6 章\实战 239 重定义图块外形.dwg

效果文件路径：素材\第 6 章\实战 239 重定义图块外形 -OK.dwg

在线视频：第 6 章\实战 239 重定义图块外形.mp4

除了图块的属性可以重新定义外，还可以对图块的外形进行重新定义，只要对一个图块进行修改，文件中所有相同图块都会被修改。

01 打开素材文件“第6章\实战239 重定义图块外形.dwg”，如图6-43所示。

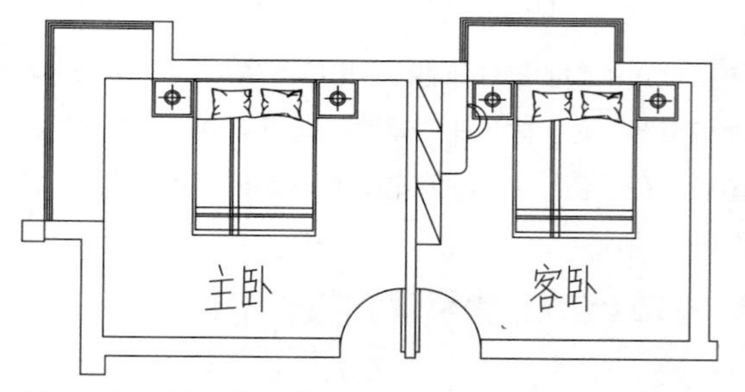

图 6-43 素材文件

02 单击“修改”面板中的“分解”按钮，选择主卧室内的床头灯图块，将其分解，拾取某些线段即可看出图形被分解，如图6-44所示。

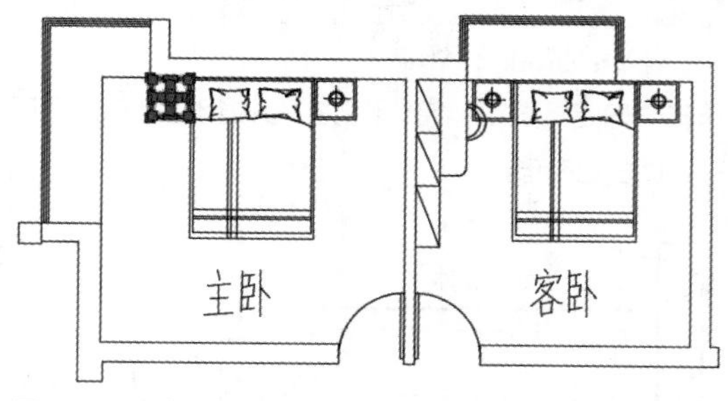

图 6-44 分解效果

03 单击“修改”面板中的“删除”按钮，配合夹点编辑，将床左侧的床头灯删除，结果如图6-45所示。

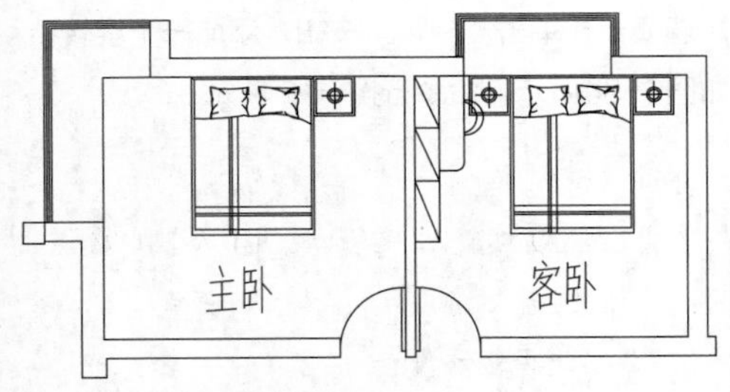

图 6-45 删除左侧床头灯

04 在“默认”选项卡的“块”面板中单击“创建”按钮，执行“创建块”命令，系统弹出“块定义”对话框。

05 在“名称”文本框中输入图块名称“床”（与原图块名相同），然后重新选择主卧室中的床图形，指定新的基点，将其创建为新的“床”图块，如图6-46所示。

图 6-46 重新定义“床”图块

06 单击“确定”按钮，系统弹出“块-重新定义块”对话框，提示原图块被重新定义，选择“重新定义块”选项，如图6-47所示。

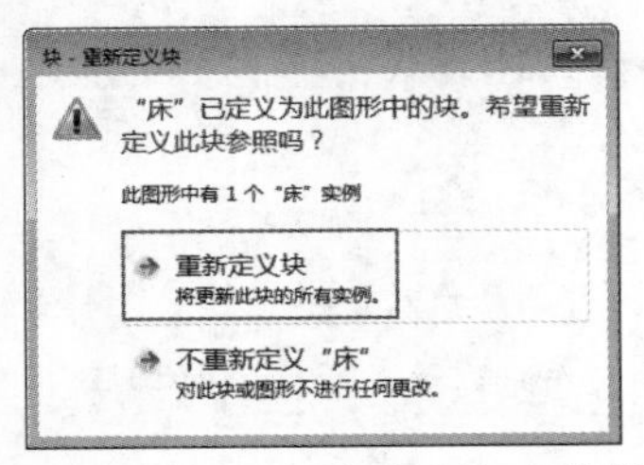

图 6-47 “块 - 重新定义块”对话框

07 返回绘图区可见客卧中的床图块外形自动得到更新，效果如图6-48所示。

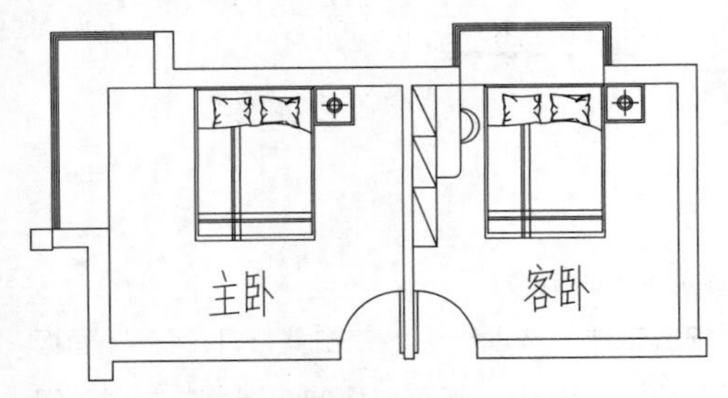

图 6-48 自动更新图块外形效果

实战240 创建动态块

难度：☆☆☆

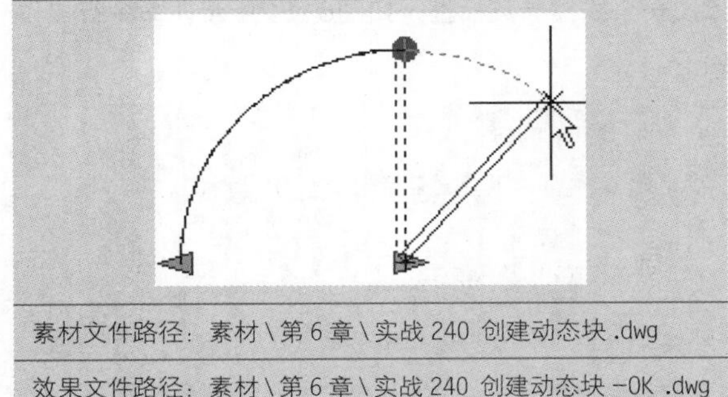

素材文件路径：素材\第 6 章\实战 240 创建动态块 .dwg

效果文件路径：素材\第 6 章\实战 240 创建动态块 -OK .dwg

在线视频：第 6 章\实战 240 创建动态块 .mp4

在AutoCAD中，可以为普通图块添加动作，将其转换为动态图块。动态图块可以直接通过移动动态夹点来调整图块大小、角度，避免了频繁地输入参数或执行命令（如缩放、旋转、镜像等命令），使图块的操作变得更加简单。

01 打开素材文件“第6章\实战240 创建动态块.dwg”，如图6-49所示。

02 在命令行中输入“BE”并按Enter键，系统弹出“编辑块定义”对话框，选择“门”图块，如图6-50所示。

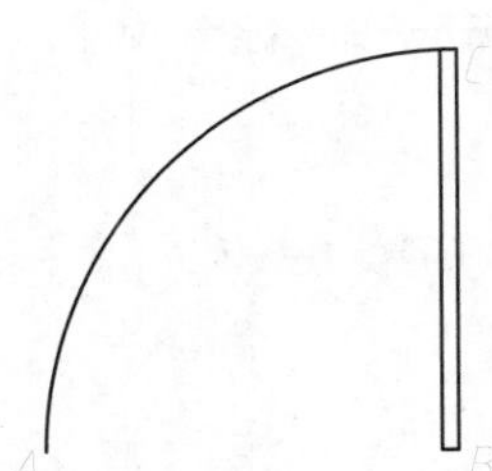

图 6-49 素材文件

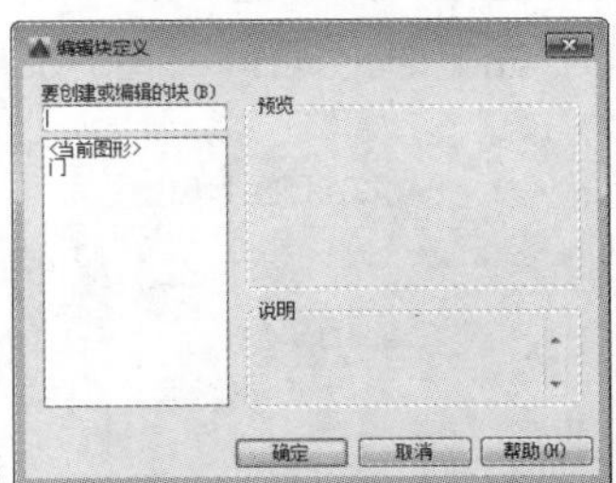

图 6-50 “编辑块定义”对话框

03 单击“确定”按钮，进入块编辑模式，系统弹出“块编辑器”选项卡，同时弹出“块编写选项板”选项板，如图6-51所示。

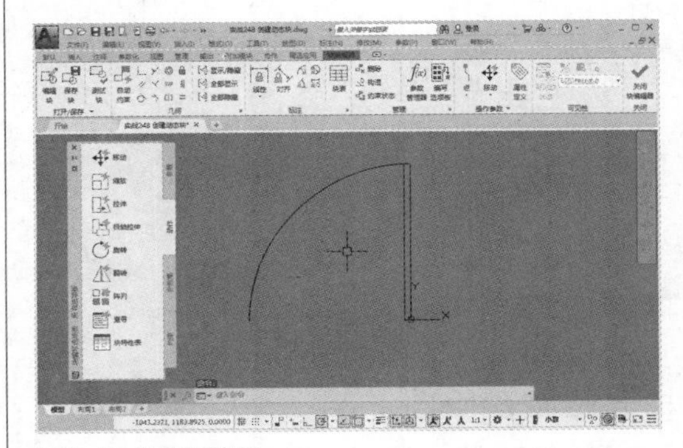

图 6-51 块编辑窗口

04 为块添加线性参数。单击“块编写选项板”选项板上的“参数”选项卡，单击“线性参数”按钮，为门宽添加一个线性参数标签，如图6-52所示，命令行操作如下。

```
命令：_BParameter 线性
指定起点或 [名称(N)/标签(L)/链(C)/说明(D)/基点(B)/选项板(P)/值集(V)]:
                    //选择圆弧端点A
指定端点：          //选择矩形端点B
指定标签位置：      //向下移动十字光标，在合适位置
                    单击放置线性参数标签
```

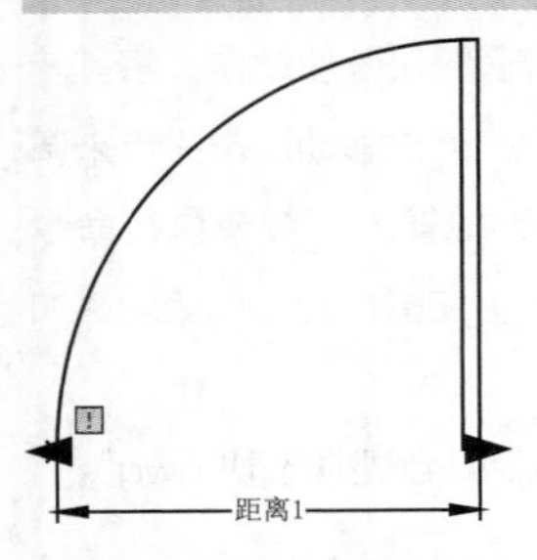

图6-52 添加线性参数标签

05 为线性参数标签添加动作。单击“块编写选项板”选项板上的“动作”选项卡，单击“缩放”按钮，为线性参数标签添加缩放动作，如图6-53所示，命令行操作如下。

```
命令：_BActionTool 缩放
选择参数：      //选择上一步添加的线性参数标签
指定动作的选择集
选择对象：找到 1 个
选择对象：找到 1 个，总计 2 个
                //依次选择门图形包含的全部轮廓线，
                包括一条圆弧和一个矩形
选择对象：      //按Enter键结束选择，完成动作的创建
```

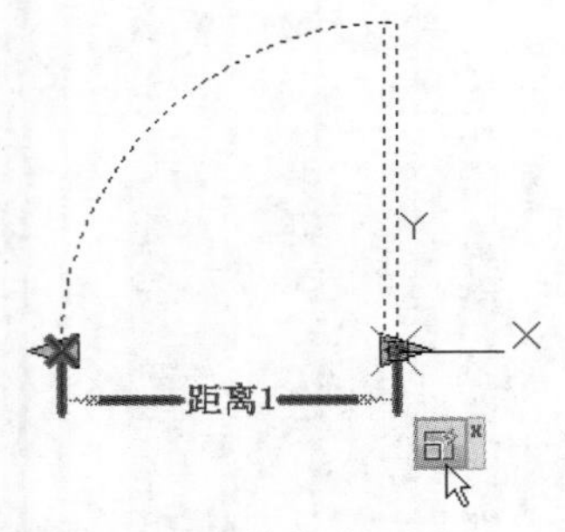

图6-53 添加缩放动作

06 为块添加旋转参数。单击“块编写选项板”选项板上的“参数”选项卡，单击“旋转”按钮，添加一个旋转参数标签，如图6-54所示，命令行操作如下。

```
命令：_BParameter 旋转
指定基点或 [名称(N)/标签(L)/链(C)/说明(D)/选项板(P)/值集(V)]:       //选择矩形角点B作为旋转基点
指定参数半径：   //选择矩形角点C定义参数半径
指定默认旋转角度或 [基准角度(B)] <0>: 90↙
                 //设置默认旋转角度为90°
指定标签位置：
                 //移动旋转参数标签，在合适位置单
                 击放置标签
```

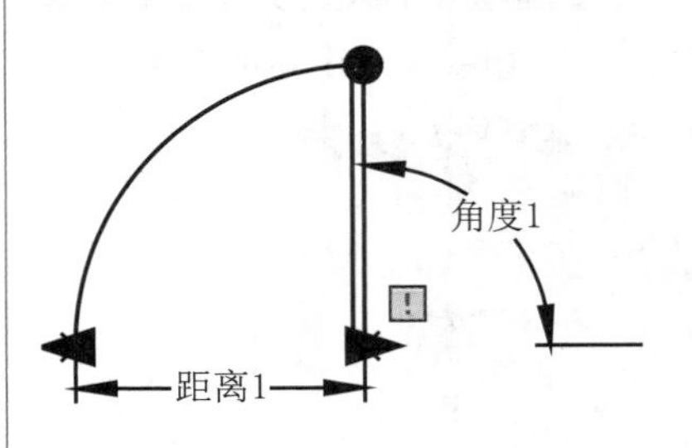

图6-54 添加旋转参数

07 为旋转参数添加动作。单击“块编写选项板”选项板中的“动作”选项卡，单击“旋转”按钮，为旋转参数添加旋转动作，如图6-55所示，命令行操作如下。

```
命令：_BActionTool 旋转
选择参数：      //选择创建的角度参数
指定动作的选择集
选择对象：找到 1 个
                //选择矩形作为动作对象
选择对象：      //按Enter键结束选择，完成动作的创建
```

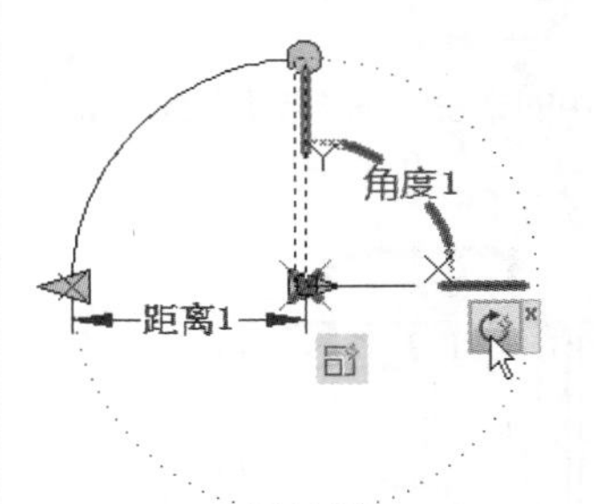

图6-55 添加旋转动作

08 在“块编辑器”选项卡中，单击“打开/保存”面板上的“保存块”按钮，保存对块的编辑。单击“关闭

块编辑器”按钮 ，关闭“块编辑器”选项卡，返回绘图区。此时单击创建的动态块，该块上出现3个夹点显示，如图6-56所示。

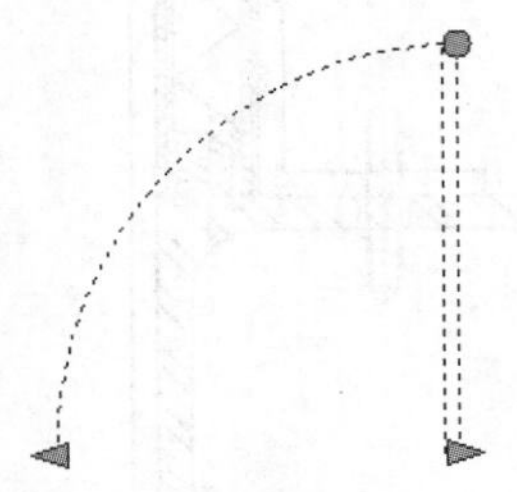

图 6-56 块的夹点显示

09 移动三角形夹点可以修改门的大小，如图6-57所示。而移动圆形夹点可以修改门的打开角度，如图6-58所示。门符号动态块创建完成。

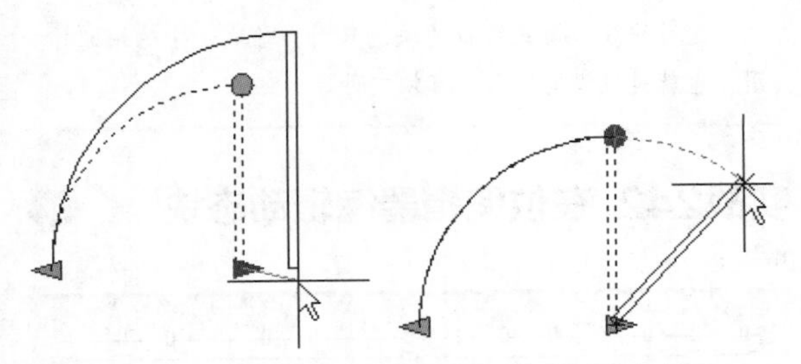

图 6-57 移动三角形夹点　图 6-58 移动圆形夹点

实战241 块编辑器编辑动态块

进阶

难度：

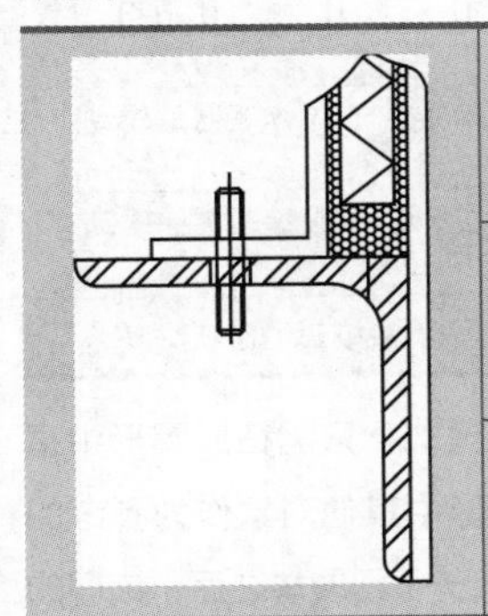

素材文件路径：素材\第 6 章\实战 241 块编辑器编辑动态块.dwg

效果文件路径：素材\第 6 章\实战 241 块编辑器编辑动态块 -OK.dwg

在线视频：第 6 章\实战 241 块编辑器编辑动态块.mp4

进入块编辑模式之后，可以与编辑普通图形对象相同的方法修改动态块，还可以添加属性定义、约束、动态等参数。

01 打开素材文件“第6章\实战241 块编辑器编辑动态块.dwg”，如图6-59所示。

02 在命令行输入“INSERT”并按Enter键，执行“插入块”命令，插入素材“第6章\实战241 双头螺柱.dwg”外部块，单击“修改”面板上的“移动”按钮，将外部块移动到中心线安装位置，如图6-60所示。

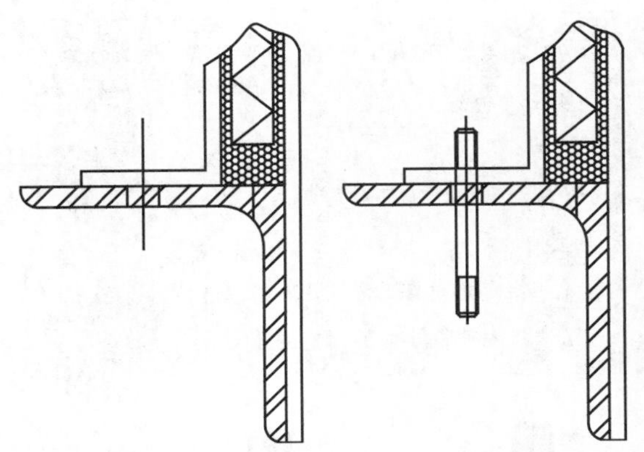

图 6-59 素材文件　图 6-60 插入的双头螺柱图块

03 选中插入的双头螺柱图块，然后在“默认”选项卡中，单击“块”面板上的“编辑”按钮，系统弹出“编辑块定义”对话框，如图6-61所示。单击“确定”按钮，进入块编辑模式。

04 如果“块编写选项板”选项板没有被打开，单击“管理”面板上的“块编写选项板”按钮，将其打开。

05 在“块编写选项板”选项板中，单击“参数”选项卡，单击“线性”按钮，为螺柱的无螺纹段添加一个线性参数标签，如图6-62所示。

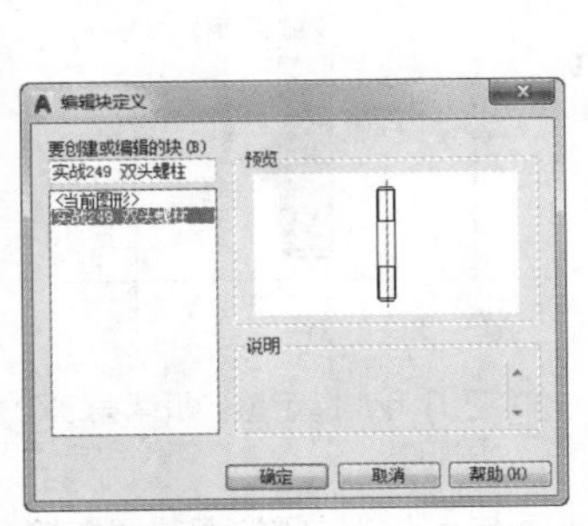

图 6-61 “编辑块定义”对话框

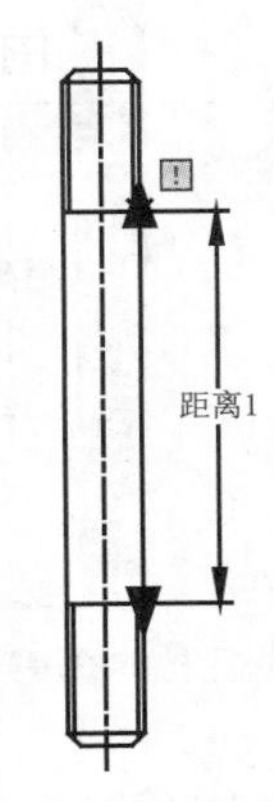

图 6-62 添加的线性参数

06 在“块编写选项板”选项板中，单击“动作”选项卡，单击“拉伸”按钮，为螺柱添加一个长度方向的拉伸动作，如图6-63所示，命令行操作如下。

```
命令: _BActionTool
选择参数:
        //选择创建的线性参数
指定要与动作关联的参数点或输入 [起点(T)/第二点(S)]
<起点>: //选择线性参数的一个节点，如图6-64所示
指定拉伸框架的第一个角点或 [圈交(CP)]:
```

```
        //对齐到如图6-65所示的水平位置，作为拉伸
        第一角点
指定对角点：
        //拖动窗口，指定对角点，如图6-66所示
指定要拉伸的对象
选择对象：指定对角点：找到 13 个，总计 13 个
        //选择拉伸框架内的所有图形对象
```

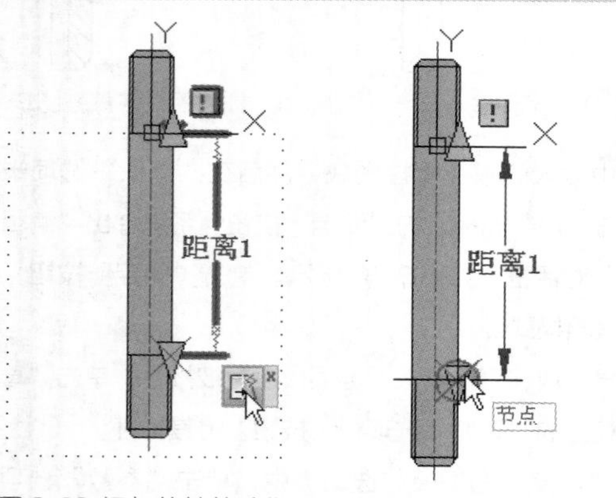

图 6-63 添加的拉伸动作　　图 6-64 选择节点

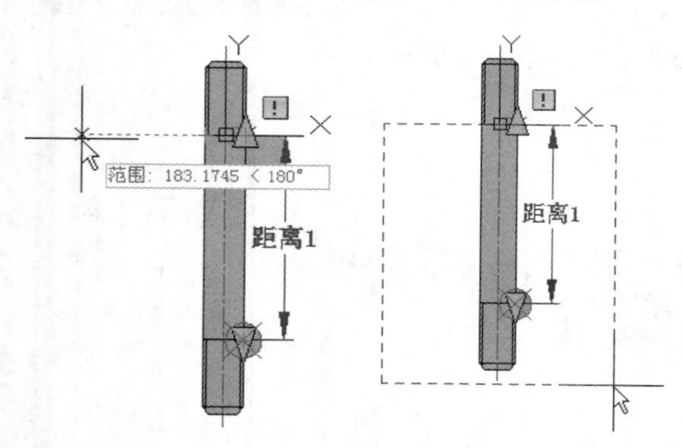

图 6-65 指定拉伸框架第一个角点　　图 6-66 指定拉伸框架第二个角点

07 单击“块编辑器”选项卡上的“关闭块编辑器”按钮，系统弹出提示对话框，如图6-67所示。选择“保存更改”按钮，回到绘图区。

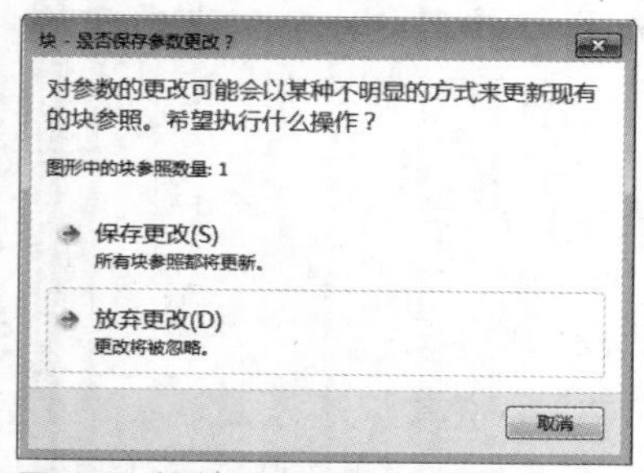

图 6-67 保存更改的提示对话框

08 单击双头螺柱图块，图块上出现夹点，如图6-68所示。移动三角形夹点可以修改螺柱的长度，修改的结果如图6-69所示。

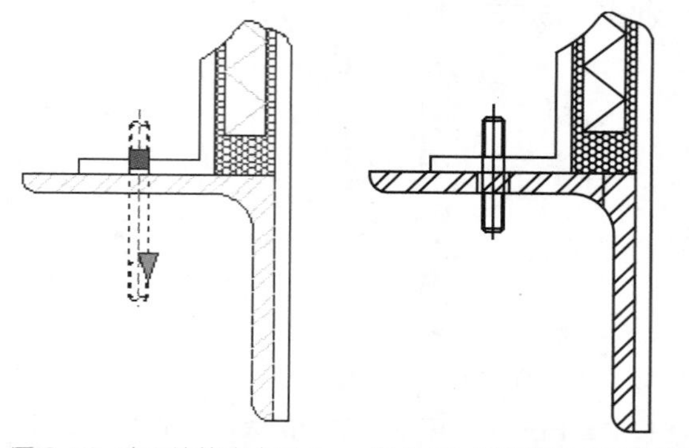

图 6-68 动态块的夹点显示　　图 6-69 调整螺柱长度的效果

提示

通过块编辑模式编辑的块，只对当前文件中的块起作用，也就是说没有修改外部块文件。

实战242 在位编辑器编辑动态块

难度：☆☆☆☆

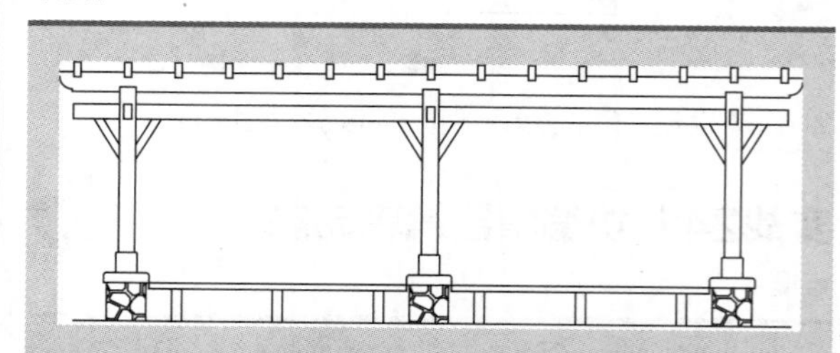

素材文件路径：素材\第 6 章\实战 242 在位编辑器编辑动态块 .dwg

效果文件路径：素材\第 6 章\实战 242 在位编辑器编辑动态块 -OK.dwg

在线视频：第 6 章\实战 242 在位编辑器编辑动态块 .mp4

在位编辑块不进入块编辑模式，只需在原图形中直接编辑块即可。对于需要以图形中其他对象作为参考的块，在位编辑十分有用。如插入一个门图块之后，该门的宽度需要以门框的宽度作为参考，如果进入块编辑模式编辑该块，将会隐藏其他图形对象，无法做到实时参考。

01 打开素材文件“第6章\实战242 在位编辑器编辑动态块.dwg”，如图6-70所示。

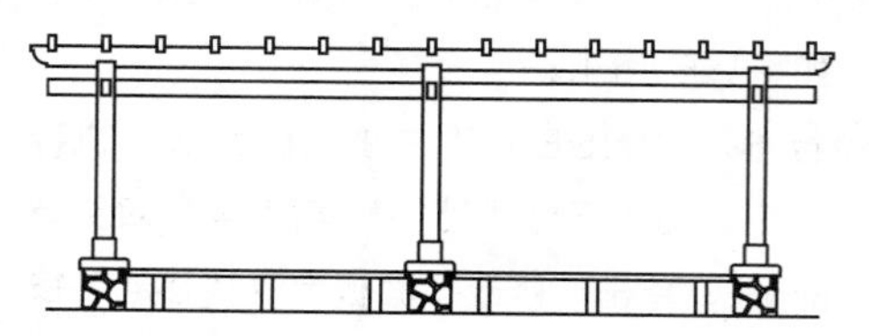

图 6-70 素材文件

02 选中任意一个柱子图块，然后单击鼠标右键，在快捷菜单中选择“在位编辑块”命令，系统弹出“参照编辑”对话框，如图6-71所示。

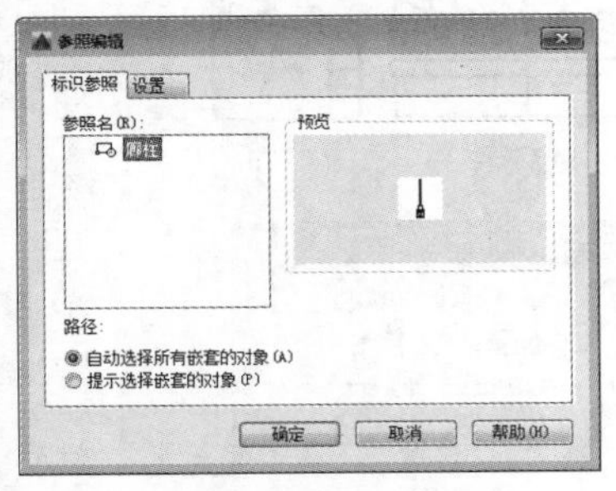

图 6-71 “参照编辑”对话框

03 单击“参照编辑”对话框上的“确定”按钮，进入在位编辑模式，系统弹出“编辑参照”面板，如图6-72所示。执行“直线”“偏移”“镜像”等命令，绘制柱子到横梁的斜撑，如图6-73所示。

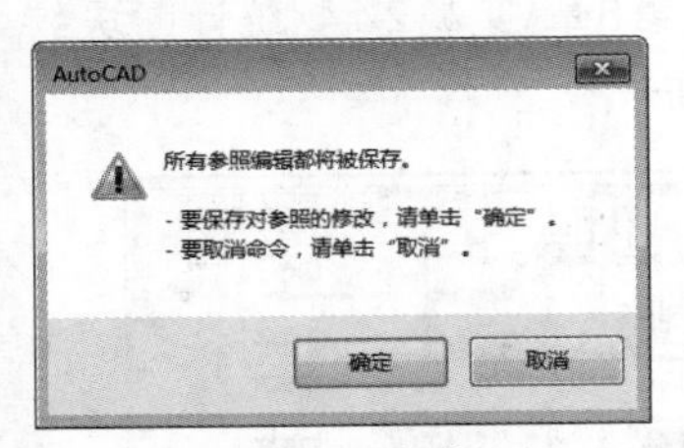

图 6-72 “编辑参照”面板

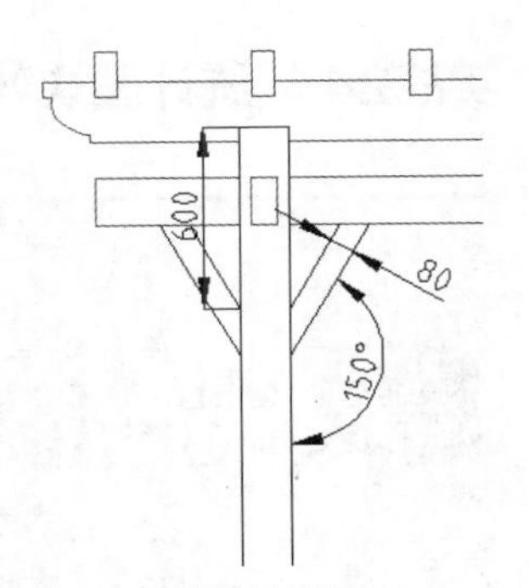

图 6-73 修改块图形

04 单击“编辑参照”面板上的“保存修改”按钮，系统弹出提示对话框，如图6-74所示，单击“确定”按钮完成块的在位编辑。

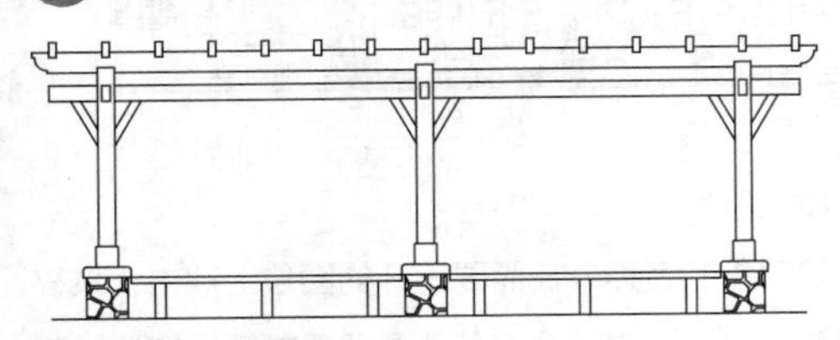

图 6-74 系统提示对话框

05 廊柱的在位编辑效果如图6-75所示。

图 6-75 在位编辑效果

实战243 设计中心插入图块

难度：☆☆☆

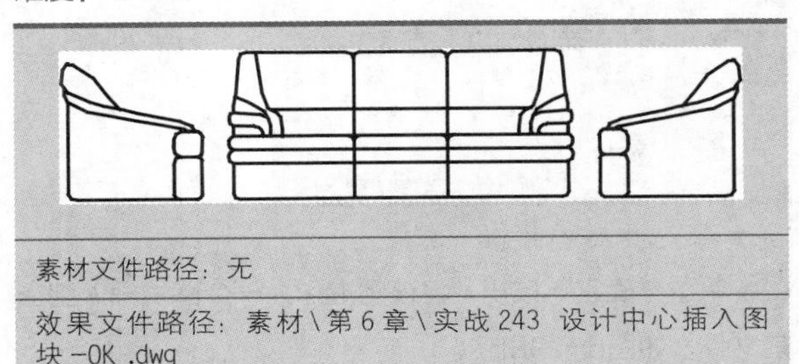

素材文件路径：无

效果文件路径：素材\第 6 章\实战 243 设计中心插入图块 -OK .dwg

在线视频：第 6 章\实战 243 设计中心插入图块 .mp4

前面介绍了利用“插入块”命令插入图块的方法，而利用“设计中心”插入图块的功能更强大，可以直接使用拖动的方式，将某个图形文件作为外部块插入到当前文件中，也可以将外部图形文件中包含的图层、线型、样式、图块等对象插入到当前文件中，因而省去了创建图层、样式的操作。

01 新建一个空白文档。

02 按快捷键Ctrl+2，打开“设计中心”选项板。

03 单击“文件夹”选项卡，在树状图目录中定位至“第6章”素材文件夹，该文件夹中包含的所有图形文件显示在内容区，如图6-76所示。

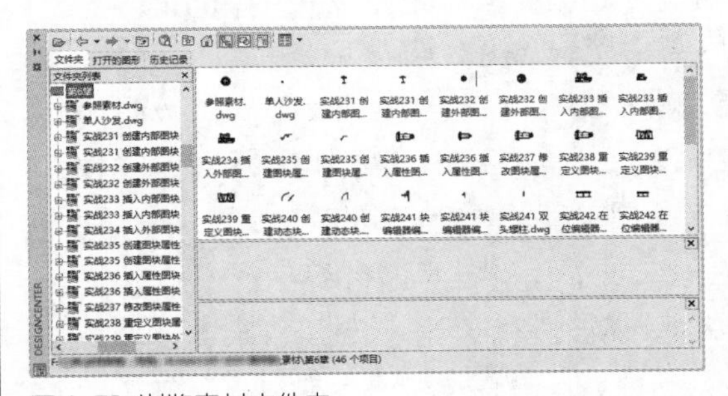

图 6-76 浏览素材文件夹

04 在内容区选择“长条沙发”文件并单击鼠标右键，弹出快捷菜单，如图6-77所示，选择“插入为块”命令，系统弹出“插入”对话框，如图6-78所示。

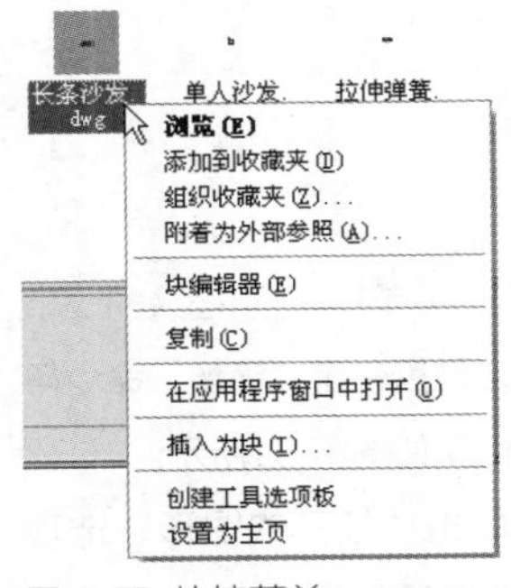

图 6-77 快捷菜单

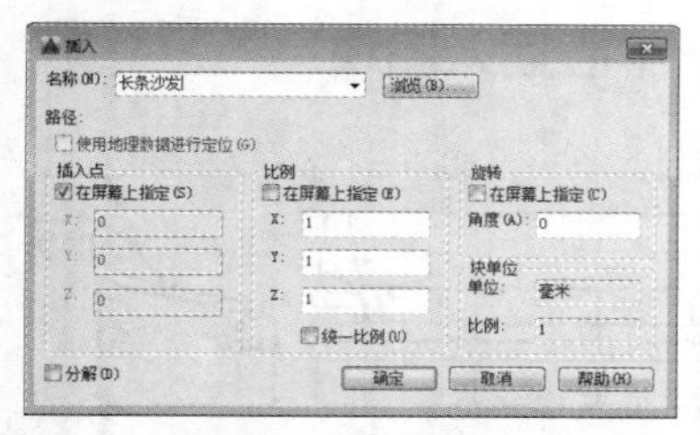

图 6-78 “插入”对话框

05 单击“确定”按钮，将该图形作为一个图块插入到当前文件，如图6-79所示。

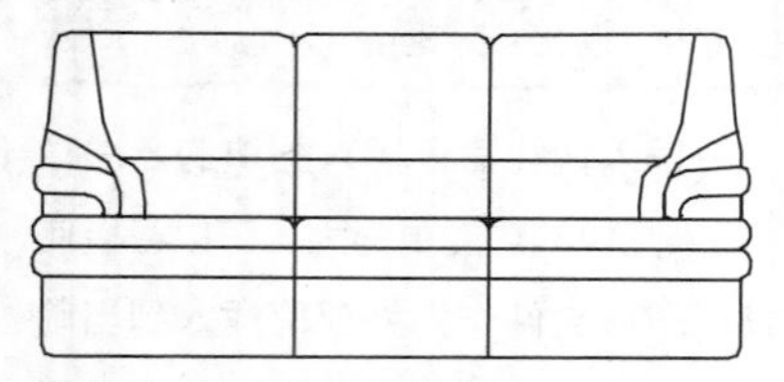

图 6-79 插入的长条沙发

06 在内容区选择同文件夹的“单人沙发”图形文件，将其移动到绘图区，根据命令行提示插入单人沙发，如图6-80所示，命令行操作如下。

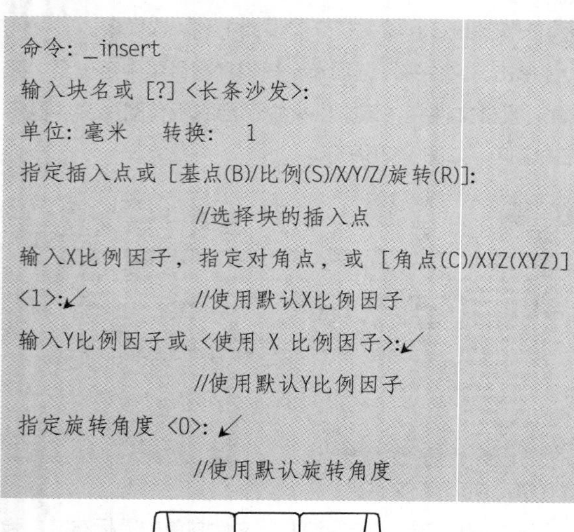

```
命令：_insert
输入块名或 [?] <长条沙发>:
单位：毫米    转换：  1
指定插入点或 [基点(B)/比例(S)/X/Y/Z/旋转(R)]:
                    //选择块的插入点
输入X比例因子，指定对角点，或 [角点(C)/XYZ(XYZ)]
<1>:↙               //使用默认X比例因子
输入Y比例因子或 <使用 X 比例因子>:↙
                    //使用默认Y比例因子
指定旋转角度 <0>: ↙
                    //使用默认旋转角度
```

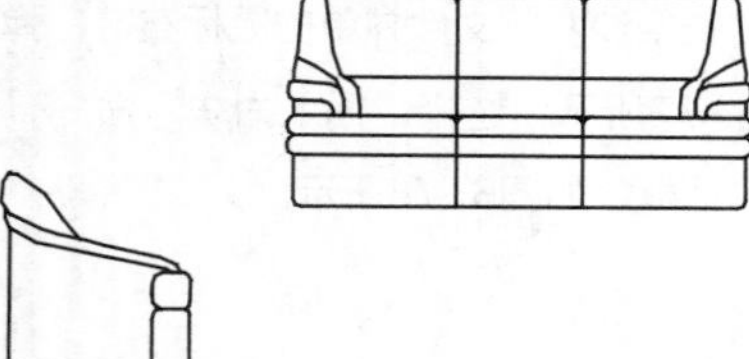

图 6-80 插入单人沙发

07 在命令行输入“M”并按Enter键，将刚插入的“单人沙发”图块移动到合适位置，然后使用“镜像”命令得到一个与之对称的单人沙发，结果如图6-81所示。

08 在“设计中心”选项板单击“打开的图形”选项卡，树状图目录中显示当前打开的图形文件，选择“块”选项，在内容区显示当前文件中的两个图块，如图6-82所示。

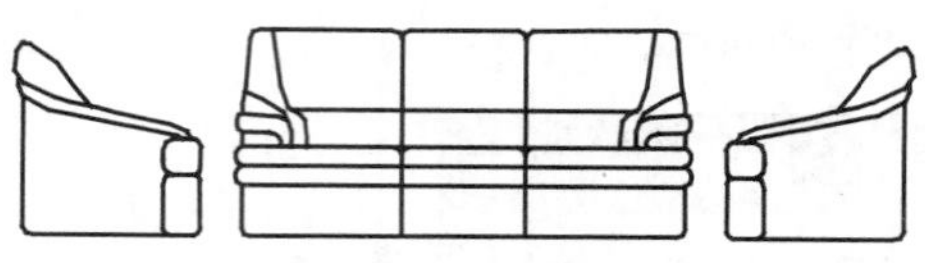

图 6-81 移动和镜像沙发的效果

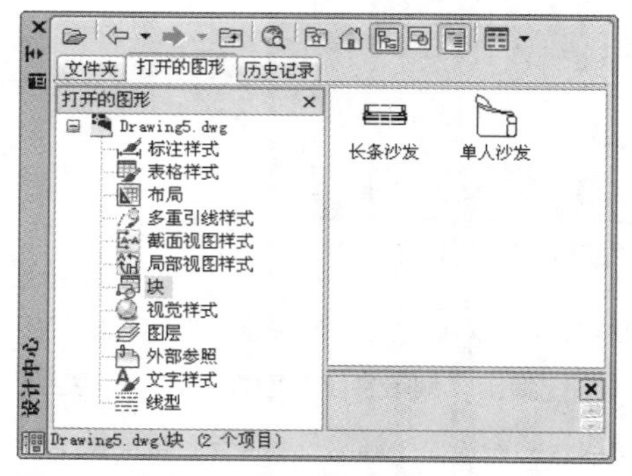

图 6-82 当前文件中的图块

实战244 统计图块数量

进阶

难度：☆☆☆

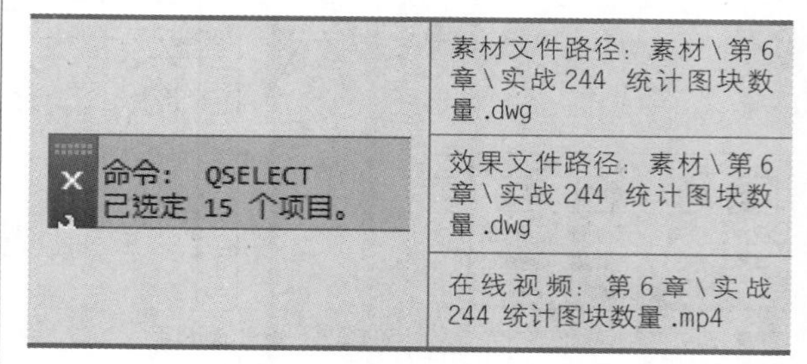

素材文件路径：素材\第6章\实战244 统计图块数量.dwg

效果文件路径：素材\第6章\实战244 统计图块数量.dwg

在线视频：第6章\实战244 统计图块数量.mp4

在室内、园林等设计图纸中，都具有非常多的图块，若要人工进行统计则工作效率很低，且准确率不高，这时就可以使用“快速选择”命令来进行统计。

01 打开素材文件“第6章\实战244 统计图块数量.dwg”，如图6-83所示。

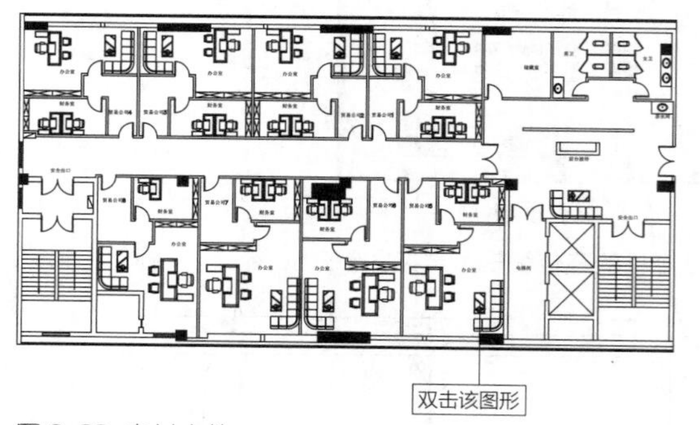

图 6-83 素材文件

02 查找块对象的名称。在需要统计的图块上双击，系统弹出“编辑块定义”对话框，在“要创建或编辑的块”列表框中显示图块名称，如图6-84所示。

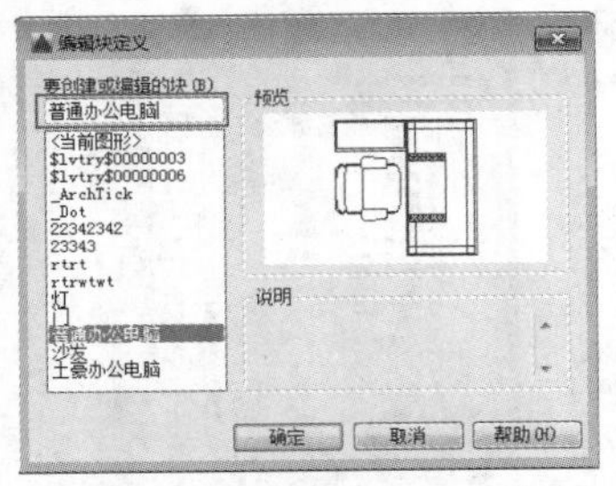

图 6-84 “编辑块定义”对话框

03 在命令行中输入“QSELECT”并按Enter键，弹出“快速选择”对话框，在“应用到”下拉列表中选择“整个图形”选项，在“对象类型”下拉列表中选择“块参照”选项，在“特性”列表中选择“名称”选项，再在“值”下拉列表框中选择“普通办公电脑”选项，设置“运算符”为“= 等于”选项，如图6-85所示。

04 设置完成后单击对话框中“确定”按钮，在命令行中就会显示找到对象的数量，如图6-86所示，已选定15台普通办公电脑。

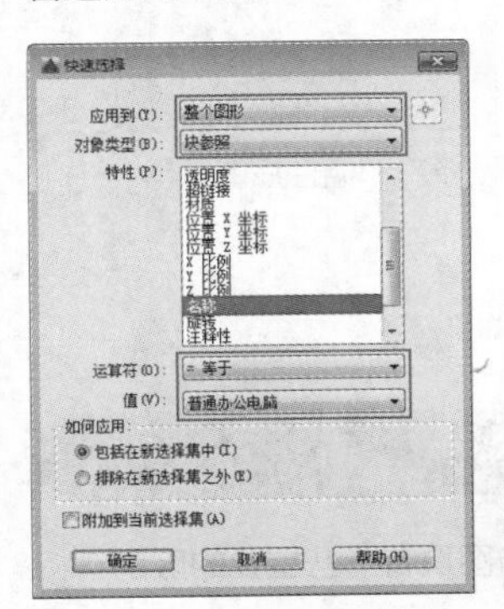

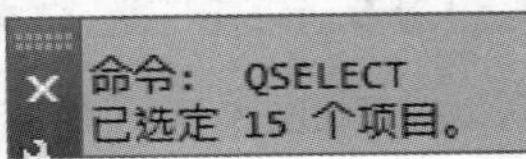

图 6-85 “快速选择”对话框 图 6-86 命令行中显示数量

实战245 图块的重命名

难度：☆☆

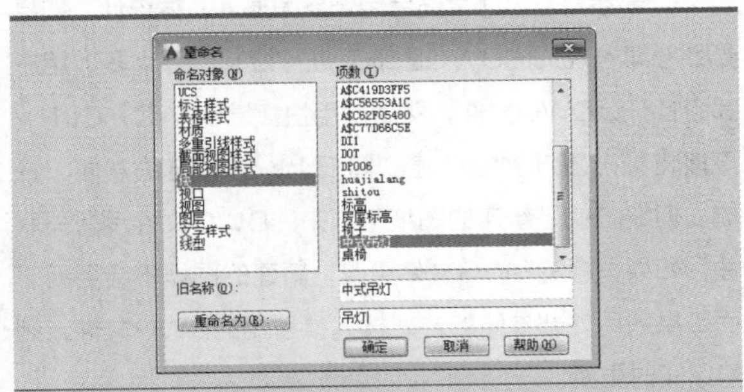

素材文件路径：素材\第 6 章\实战 245 图块的重命名 .dwg

效果文件路径：素材\第 6 章\实战 245 图块的重命名 -OK.dwg

在线视频：第 6 章\实战 245 图块的重命名 .mp4

创建图块后，对其进行重命名的方法有多种。如果是外部图块文件，可直接在保存目录中对该图块文件进行重命名；如果是内部图块，可使用重命名命令“RENAME”或“REN”来更改图块的名称。

01 打开素材文件“第6章\实战245 图块的重命名.dwg”。

02 在命令行中输入“REN”执行“重命名图块”命令，系统弹出“重命名”对话框，如图6-87所示。

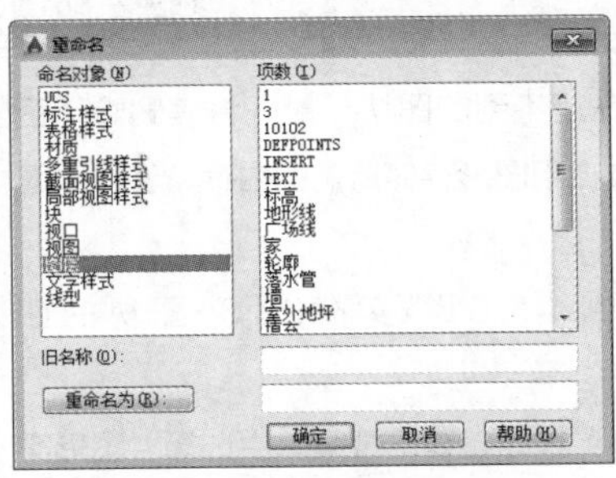

图 6-87 “重命名”对话框

03 在对话框左侧的“命名对象”列表框中选择“块”选项，在右侧的“项数”列表框中选择“中式吊灯”选项，如图6-88所示。

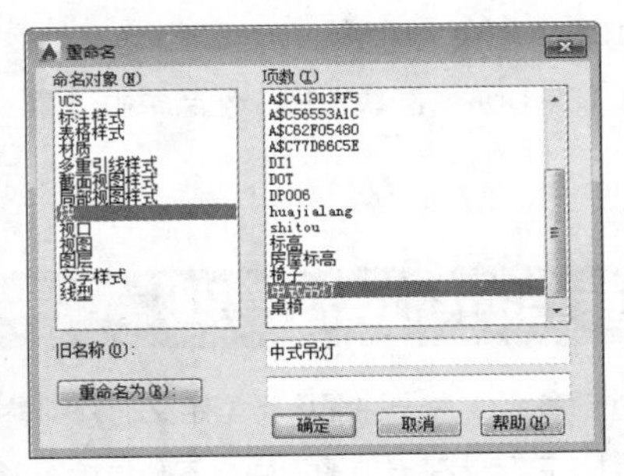

图 6-88 选择需重命名对象

04 在“旧名称”文本框中显示的是该图块的现有名称“中式吊灯”，在“重命名为”按钮后面的文本框中输入新名称“吊灯”，如图6-89所示。

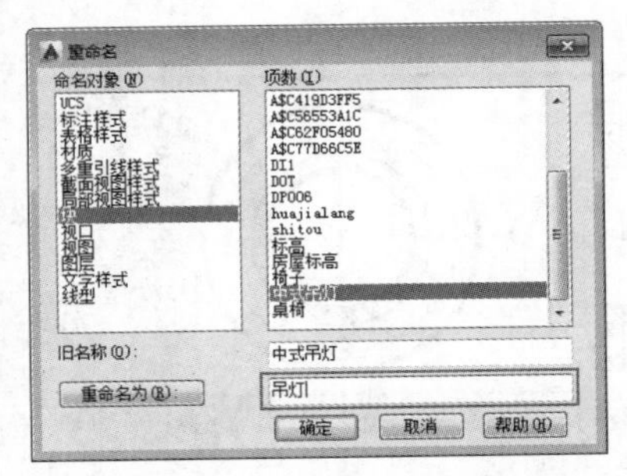

图 6-89 输入新名称完成重命名

05 单击“重命名为”按钮修改名称，然后单击“确定”按钮确定操作，重命名图块完成。

实战246 图块的删除

难度：☆☆

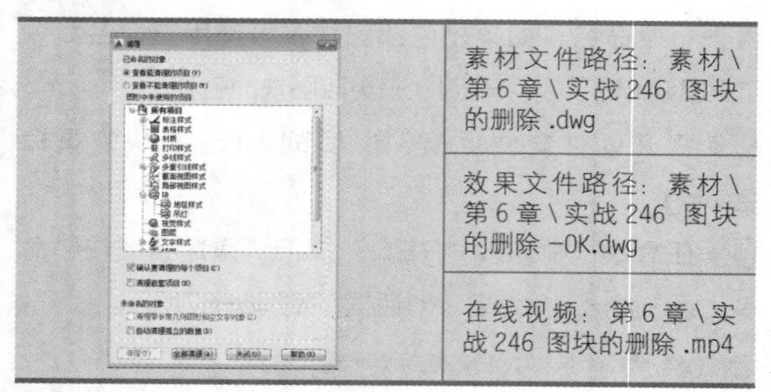

素材文件路径：素材\第6章\实战246 图块的删除.dwg
效果文件路径：素材\第6章\实战246 图块的删除-OK.dwg
在线视频：第6章\实战246 图块的删除.mp4

图形中如果存在用不到的图块，最好将其删除，否则过多的图块文件会占用图形存储所需的内存，使得绘图时系统反应变慢。

01 打开素材文件“第6章\实战246 图块的删除.dwg”。

02 单击“应用程序”按钮，在下拉菜单中选择“图形实用工具”中的“清理”命令，如图6-90所示。系统自动弹出“清理”对话框，如图6-91所示。

03 选择“查看能清理的项目”单选按钮，在“图形中未使用的项目”列表框中双击“块”选项，展开此项将显示当前图形文件中的所有内部块，如图6-92所示。

04 选择要删除的“DP006”图块选项，然后单击“清理”按钮，清理后如图6-93所示。

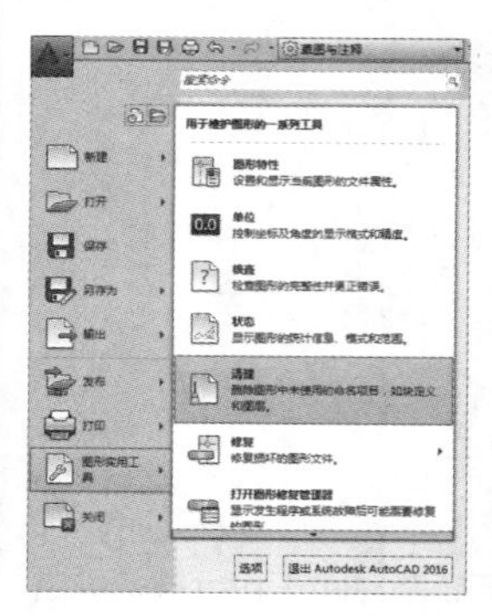

图6-90 “应用程序”按钮中的“图形实用工具”

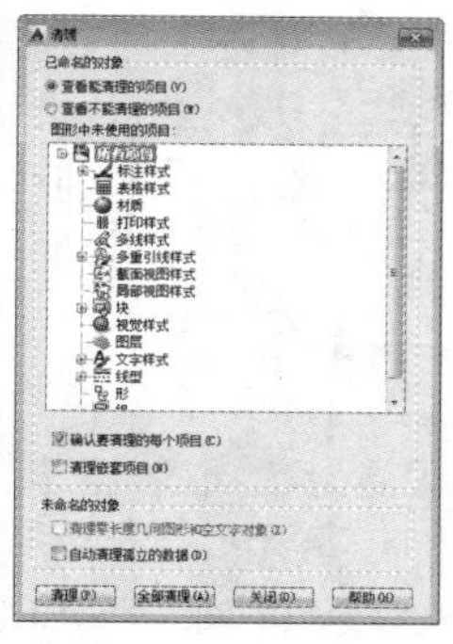

图6-91 “清理”对话框

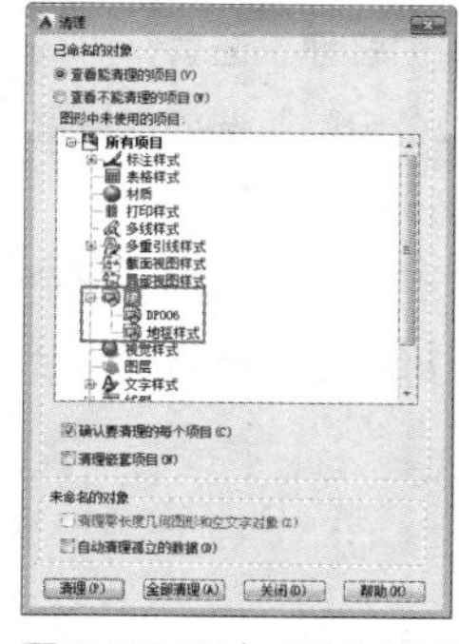

图6-92 双击“块”选项

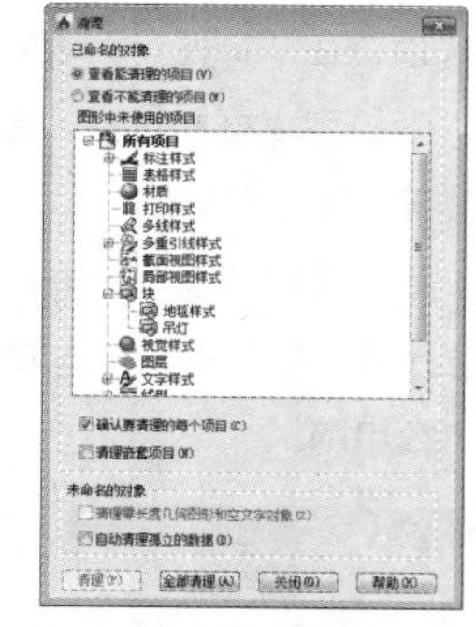

图6-93 清理后的效果

6.2 外部参照的引用与管理

AutoCAD将外部参照作为一种图块类型定义。外部参照也可以提高绘图效率，但它与图块有一些重要的区别：将图形作为图块插入时，它存储在当前图形中，不随原始图形的改变而更新；将图形作为外部参照时，会将该参照图形链接到当前图形，对参照图形所做的任何修改都会显示在当前图形中。一个图形可以作为外部参照同时附着到多个图形中，同样也可以将多个图形作为外部参照附着到单个图形中。

实战247 附着DWG外部参照

难度：☆☆☆

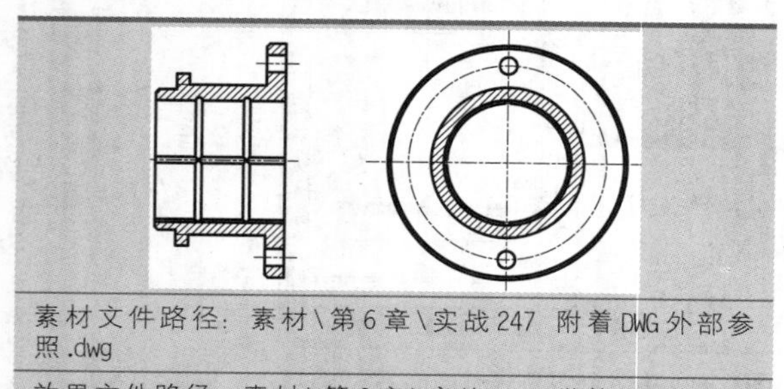

素材文件路径：素材\第6章\实战247 附着DWG外部参照.dwg
效果文件路径：素材\第6章\实战247 附着DWG外部参照-OK.dwg
在线视频：第6章\实战247 附着DWG外部参照.mp4

外部参照图形非常适合用作参考插入。据统计，如果要参考某一现成的DWG图纸来进行绘制，那大多数用户都会打开该DWG文件，然后使用快捷键Ctrl+C、Ctrl+V直接将图形复制到新创建的图纸上。这种方法方便、快捷，但缺陷就是新建的图纸与原来的DWG文件没有关联性，如果参考的DWG文件更改，新建的图纸不会更新。而如果采用外部参照的方式插入参考用的DWG文件，则可以实时更新。

01 打开素材文件“第6章\实战247 附着DWG外部参照.dwg”，如图6-94所示。

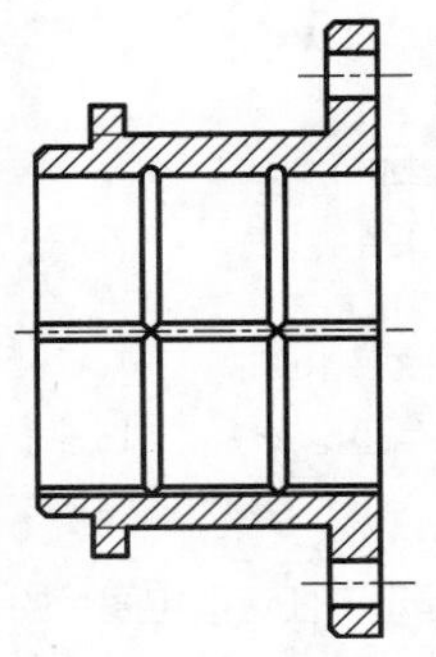

图 6-94 素材文件

02 在“插入”选项卡中，单击“参照”面板中的“附着”按钮，系统弹出“选择文件”对话框，在其中找到“参照素材.dwg”文件，如图 6-95所示。

图 6-95 “选择文件”对话框

03 单击“打开”按钮，系统弹出“附着外部参照”对话框，所有选项保持默认状态，如图 6-96所示。

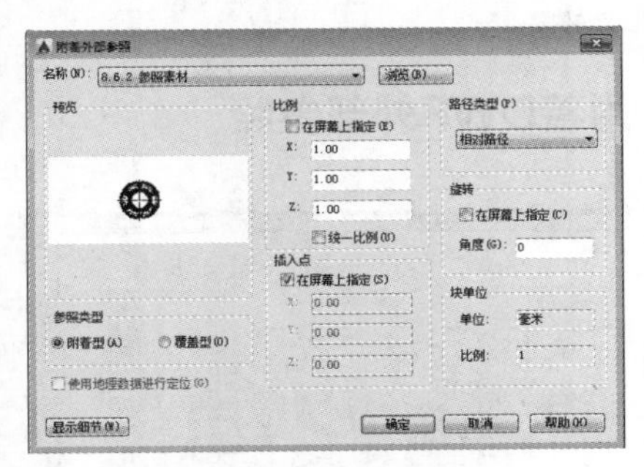

图 6-96 “附着外部参照”对话框

04 单击“确定”按钮，在绘图区指定端点，并调整其位置，即可附着外部参照，如图 6-97所示。

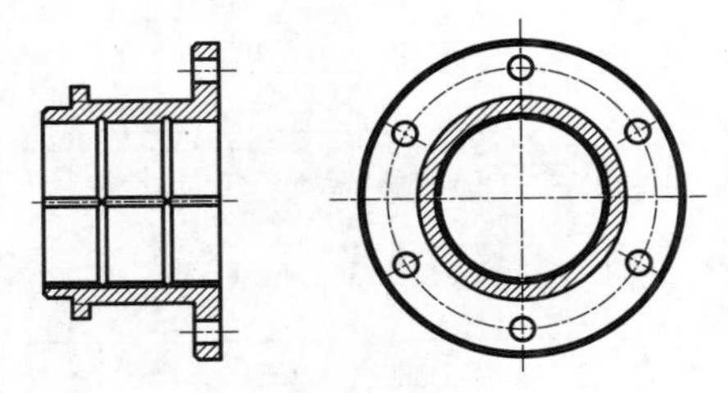

图 6-97 附着参照效果

05 插入的参照图形为该零件的右视图，此时就可以结合现有图形与参照图形绘制零件的其他视图，或者进行标注。

06 读者可以先按Ctrl+S快捷键进行保存，然后退出该文件。接着打开“参照素材.dwg”文件，并删除其中的4个小孔，如图6-98所示，保存后退出。

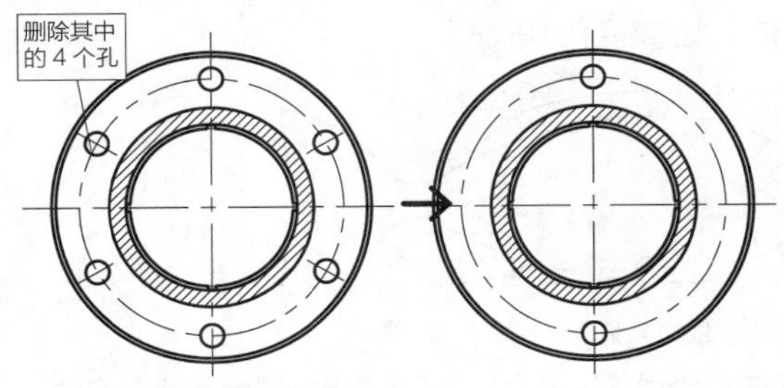

图 6-98 对参照文件进行修改

07 此时再重新打开“实战247 附着DWG外部参照.dwg”文件，则会出现如图6-99所示的提示，单击“重载 参照素材”链接，则图形变为如图6-100所示。这样参照对象得到了实时更新，可以保证设计的准确性。

图 6-99 参照提示

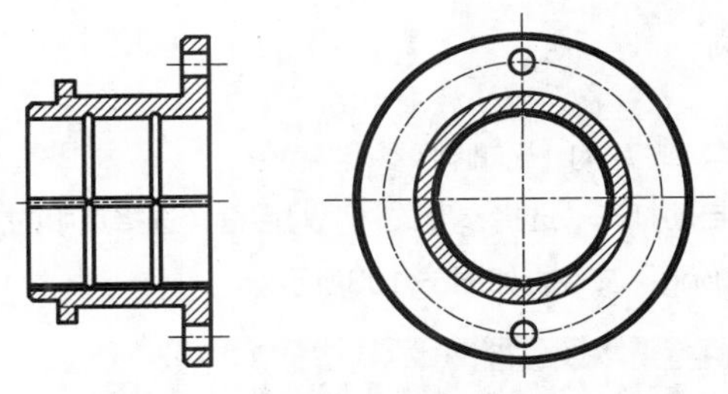

图 6-100 更新参照对象后的附着效果

实战248 附着图片外部参照

难度：☆☆

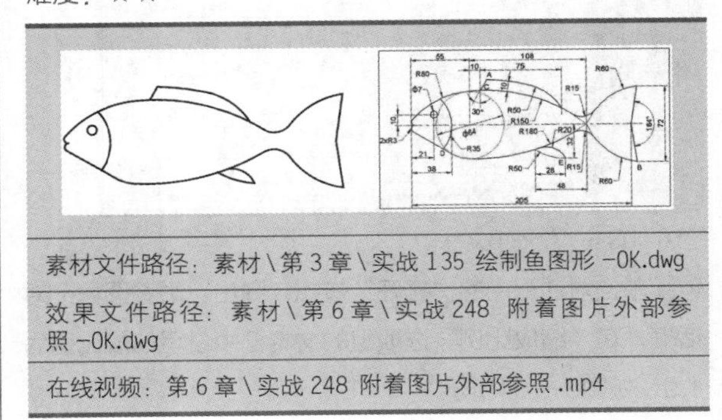

素材文件路径：素材\第 3 章\实战 135 绘制鱼图形 -OK.dwg

效果文件路径：素材\第 6 章\实战 248 附着图片外部参照 -OK.dwg

在线视频：第 6 章\实战 248 附着图片外部参照 .mp4

在AutoCAD 中，附着图片参照与外部参照一样，其图形由一些称为像素的小方块或点的矩形栅格组成，附着后的图形像图块一样为一个整体，用户可以对其进行多次重复附着。

01 打开素材文件“第4章\实战135 绘制鱼图形-OK.dwg”，如图6-101所示。

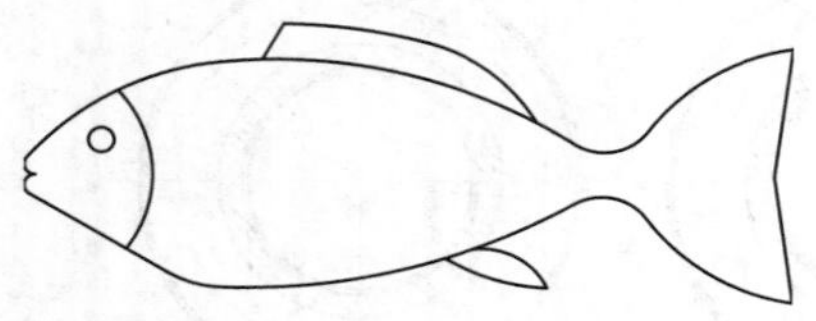

图 6-101 素材文件

02 在菜单栏中选择“插入”|“光栅图像参照”命令，如图6-102所示。

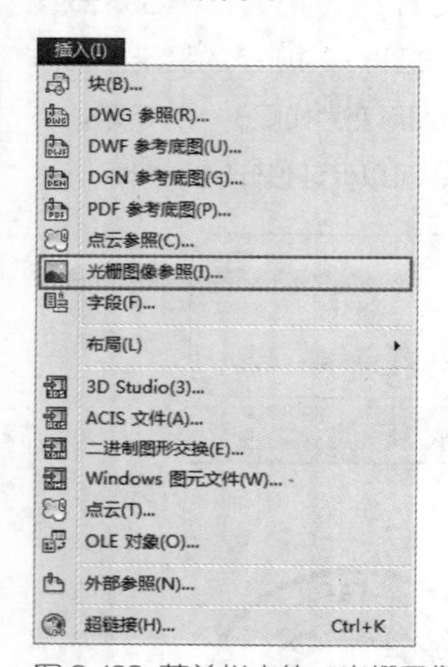

图 6-102 菜单栏中的“光栅图像参照”命令

03 系统自动打开“选择参照文件”对话框，选择其中的“鱼画法.png”文件，如图6-103所示。

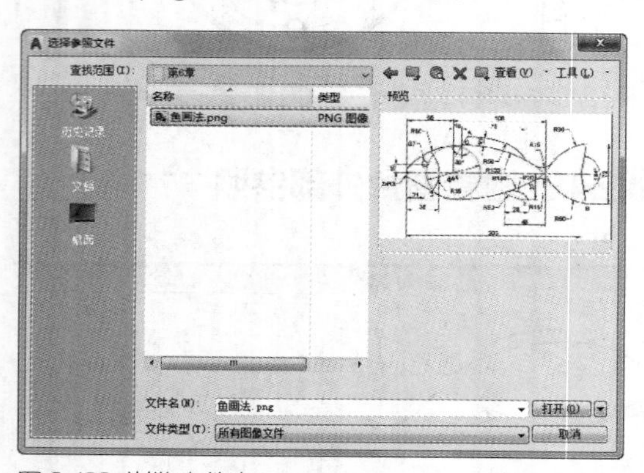

图 6-103 浏览文件夹

04 单击对话框中的“打开”按钮，弹出“附着图像”对话框，在“缩放比例”选项组的文本框中设置缩放比例为1.5，如图6-104所示。

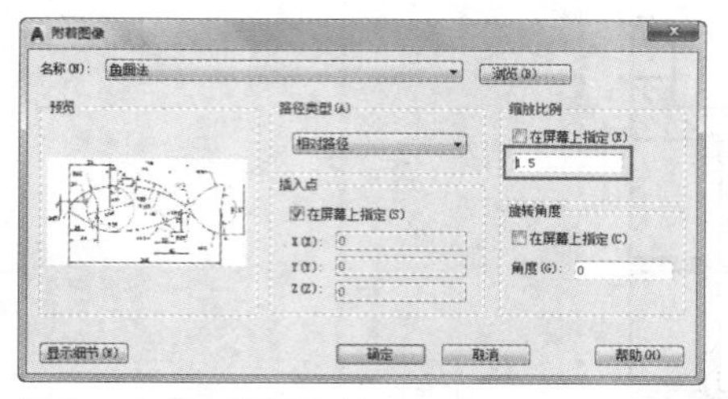

图 6-104 设置附着参数

05 单击“确定”按钮，在命令行提示下任意指定图片的放置点，即可附着该图片参照，然后进行对比，效果如图6-105所示。

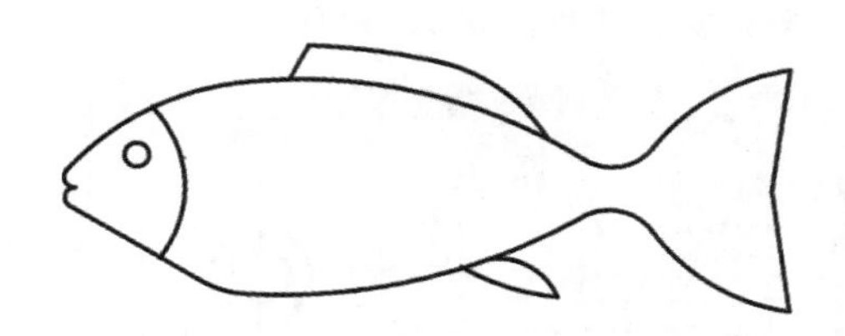

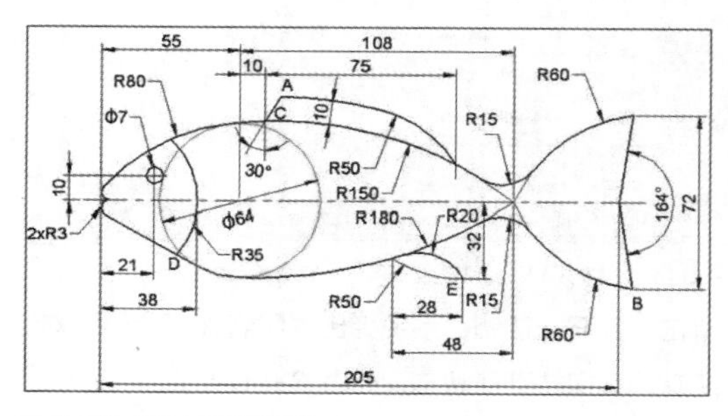

图 6-105 图片附着效果

实战249 附着DWF外部参照

难度：☆☆☆

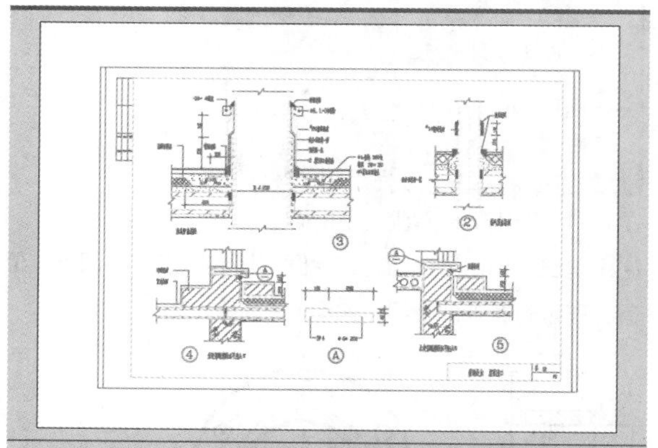

素材文件路径：素材\第 6 章\实战 249 附着 DWF 外部参照 .dwf

效果文件路径：素材\第 6 章\实战 249 附着 DWF 外部参照 -OK.dwg

在线视频：第 6 章\实战 249 附着 DWF 外部参照 .mp4

DWF是一种从DWG格式文件创建的高压缩的文件格式，可以将DWF文件作为参考底图附着至图形文件上。

01 新建一个空白文档。

02 在菜单栏中选择“插入”|“DWF参考底图”命令，执行“DWF参照”命令，如图6-106所示。

图 6-106 菜单栏中的“DWF 参考底图”命令

03 系统自动弹出“选择参照文件”对话框，在其中选择“实战249 附着DWF外部参照.dwf”文件，如图6-107所示。

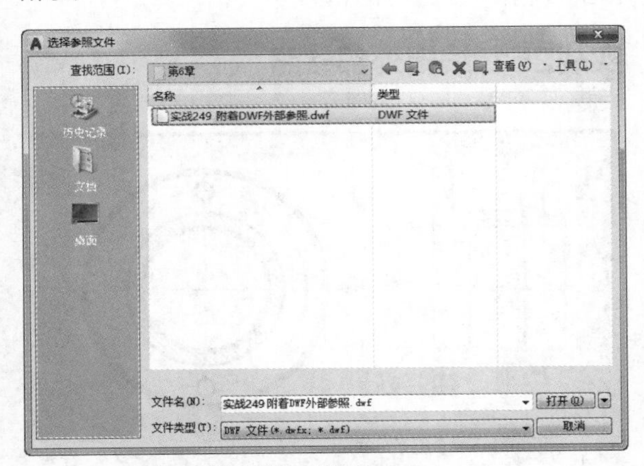

图 6-107 “选择参照文件”对话框

04 单击对话框中的“打开”按钮，弹出“附着DWF参考底图”对话框，所有选项皆保持默认，如图6-108所示。

05 在左侧的图形框中可见该DWF文件内含多个参考底图，任意选择其中一个，单击“确定”按钮，在命令行提示下任意指定图片的放置点，即可附着该DWF参照，如图6-109所示。

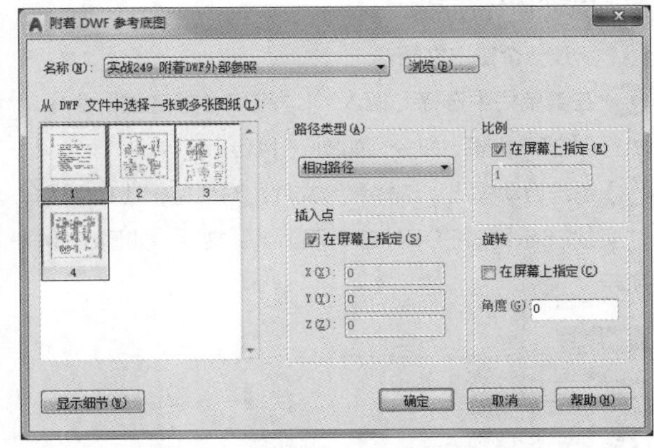

图 6-108 “附着 DWF 参考底图”对话框

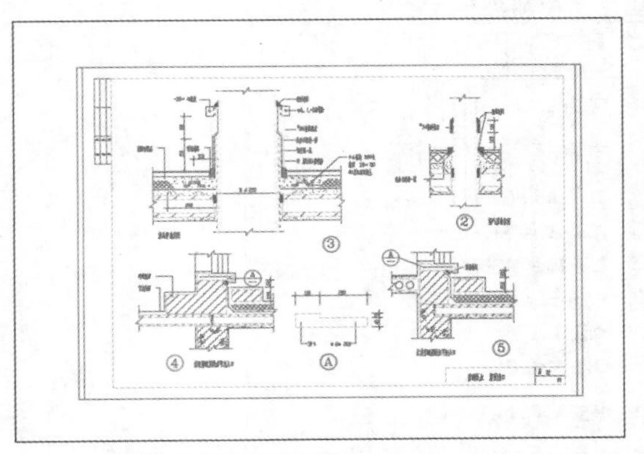

图 6-109 附着 DWF 底图的效果

实战250 附着PDF外部参照

难度：☆☆

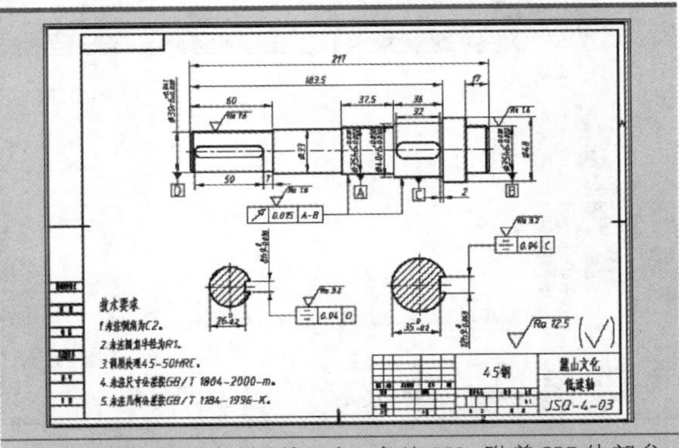

素材文件路径：素材 \ 第 6 章 \ 实战 250 附着 PDF 外部参照 .pdf

效果文件路径：素材 \ 第 6 章 \ 实战 250 附着 PDF 外部参照 -OK.dwg

在线视频：第 6 章 \ 实战 250 附着 PDF 外部参照 .mp4

在AutoCAD 中，用户可以附着PDF文件进行辅助绘图，对于多页PDF文件一次只能附着一页，因此要注意与DWF附着的区别。

01 新建一个空白文档。

02 在菜单栏中选择“插入”|“PDF参考底图”命令，执行“PDF参照”命令，如图6-110所示。

03 系统自动弹出“选择参照文件”对话框，在其中选择“实战250 附着PDF外部参照.pdf”文件，如图6-111所示。

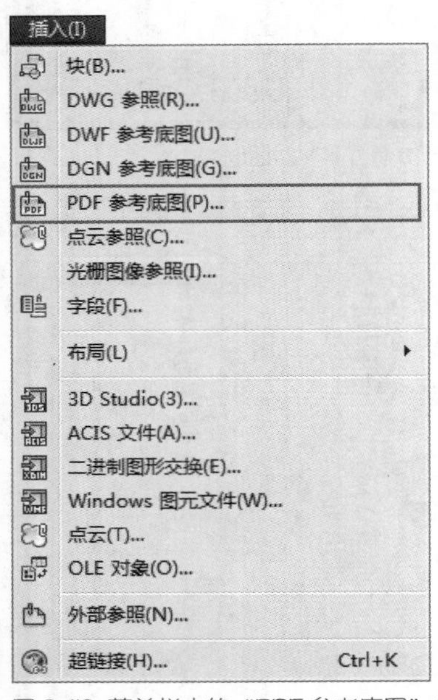

图 6-110 菜单栏中的“PDF 参考底图”命令

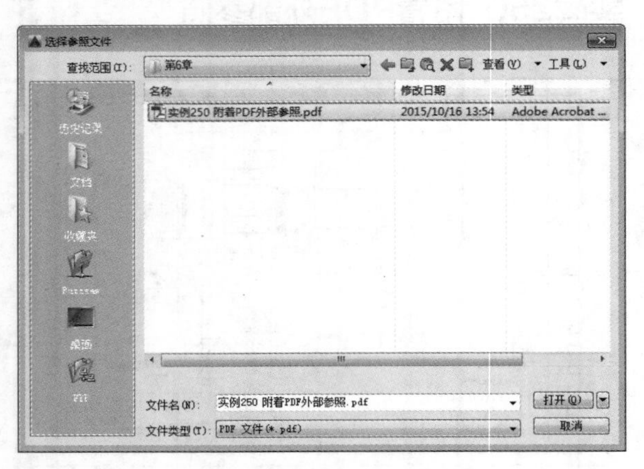

图 6-111 “选择参照文件”对话框

04 单击对话框中的“打开”按钮，弹出“附着PDF参考底图”对话框，所有选项皆保持默认，如图6-112所示。

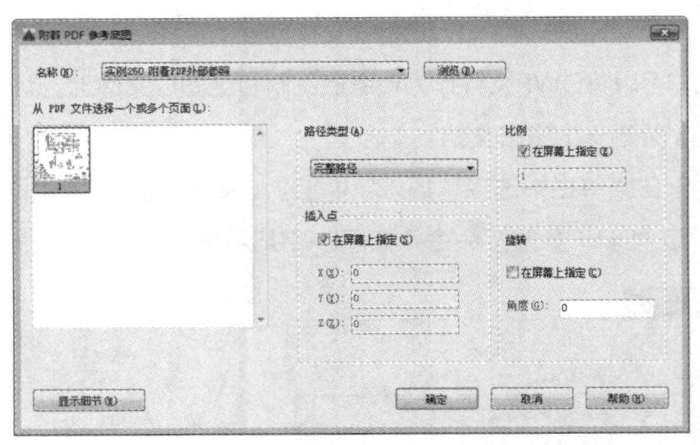

图 6-112 “附着 PDF 参考底图”对话框

05 在左侧的图形框中选择一个参考底图，单击“确定”按钮，在命令行提示下任意指定图片的放置点，即可附着该PDF参照，效果如图6-113所示。

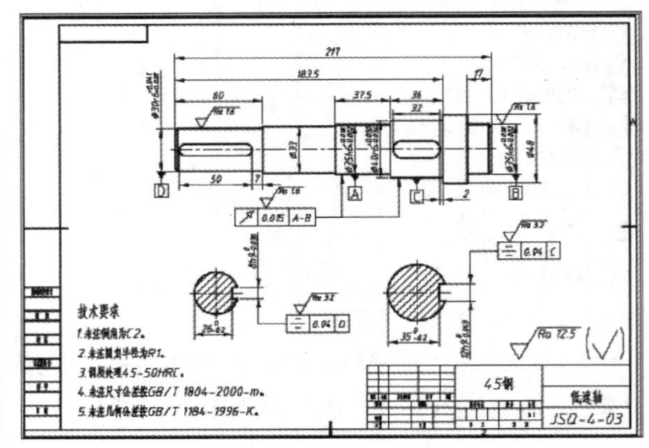

图 6-113 附着 PDF 底图的效果

实战251 编辑外部参照

重点

难度：☆☆☆

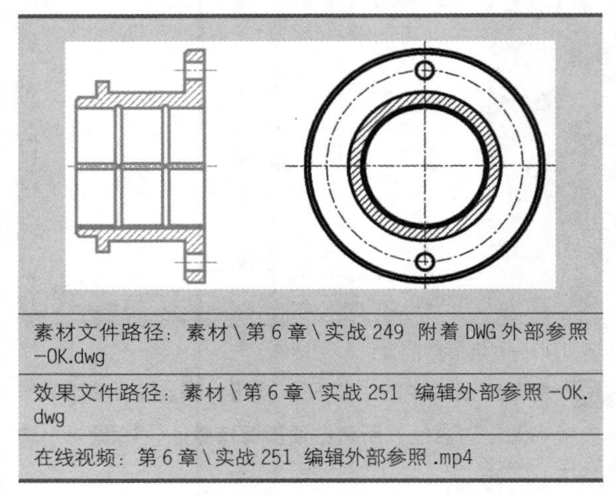

素材文件路径：素材\第 6 章\实战 249 附着 DWG 外部参照 -OK.dwg

效果文件路径：素材\第 6 章\实战 251 编辑外部参照 -OK.dwg

在线视频：第 6 章\实战 251 编辑外部参照 .mp4

在图形中插入了外部参照之后，可以根据需要对外部参照图形进行管理、编辑、剪裁和绑定等操作。

01 延续“实战247”进行操作，也可以打开素材文件“第6章\实战249 附着DWG外部参照-OK.dwg”，如图6-114所示。可见附着图形淡化显示。

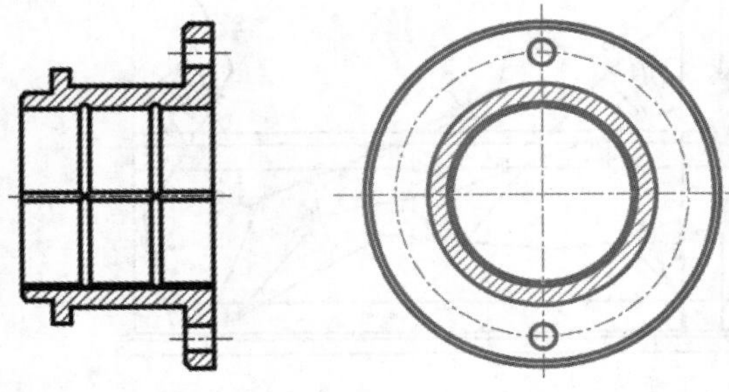

图 6-114 素材文件

02 单击功能区的“插入”选项卡，然后单击“参照”面板中的“编辑参照”按钮，如图6-115所示，执行“编辑参照”命令。

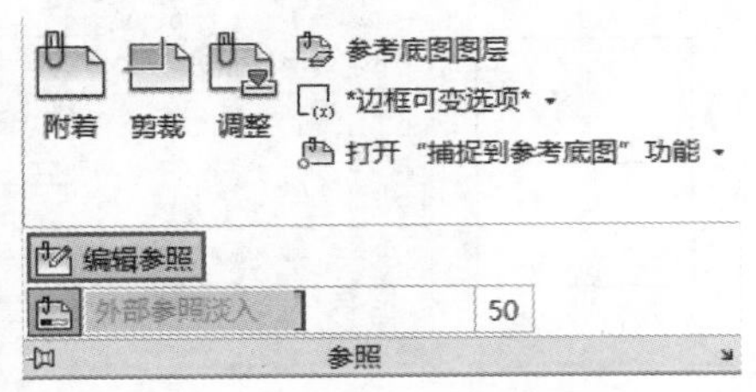

图 6-115 “参照”面板中的“编辑参照”按钮

03 此时十字光标呈现选中状态，选择右侧的参照图形进行编辑，弹出“参照编辑”对话框，在对话框中可以设置是否编辑参照图形中的参照对象，即嵌套对象，如图6-116所示。

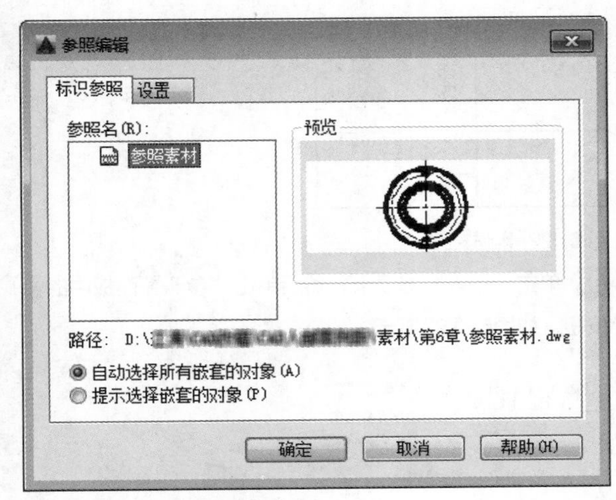

图 6-116 “参照编辑”对话框

04 在对话框中单击“确定”按钮，系统弹出提示对话框，提示该参照文件的编辑信息，如图6-117所示。

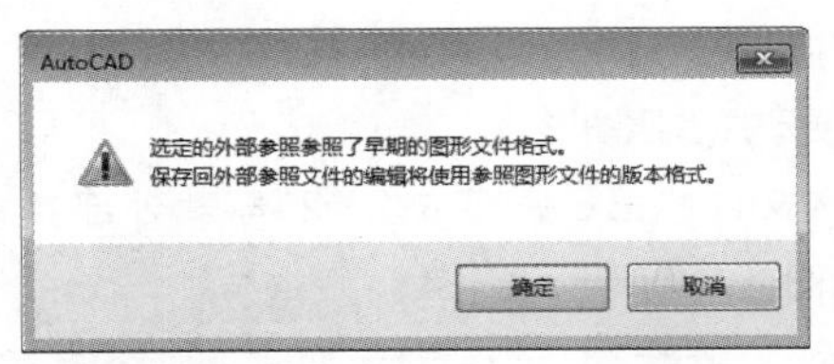

图 6-117 提示对话框

05 单击“确定”按钮，即可进入外部参照的编辑模式，此时绘图区中可见原参照图形加强显示，而原图形淡化显示，如图6-118所示。可执行绘图或编辑命令对其修改。

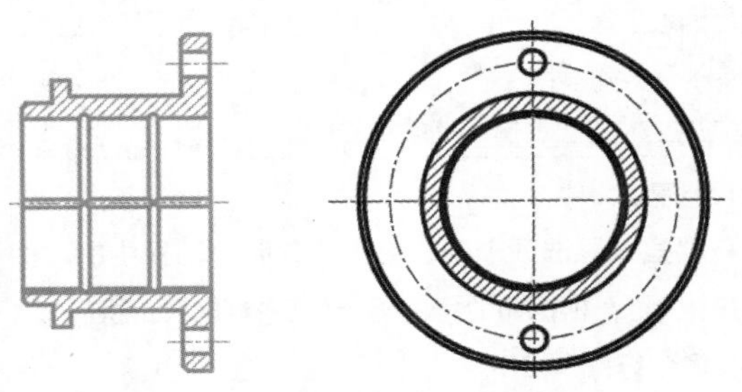

图 6-118 编辑状态下的外部参照图形

06 在功能区中多出了“编辑参照”面板，如图6-119所示。待参照图形修改完毕后，单击其中的“保存修改”按钮，即可完成外部参照图形的编辑。

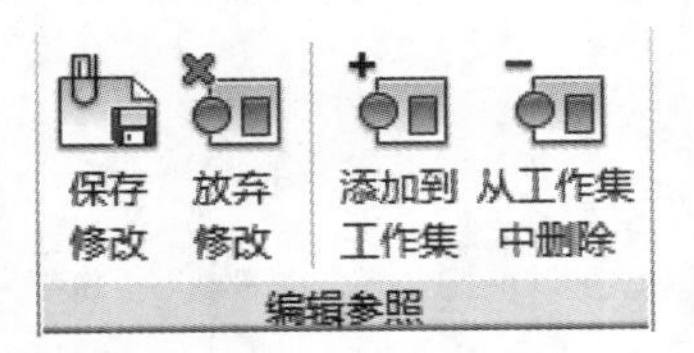

图 6-119 “编辑参照”面板

实战252 剪裁外部参照

难度：☆☆

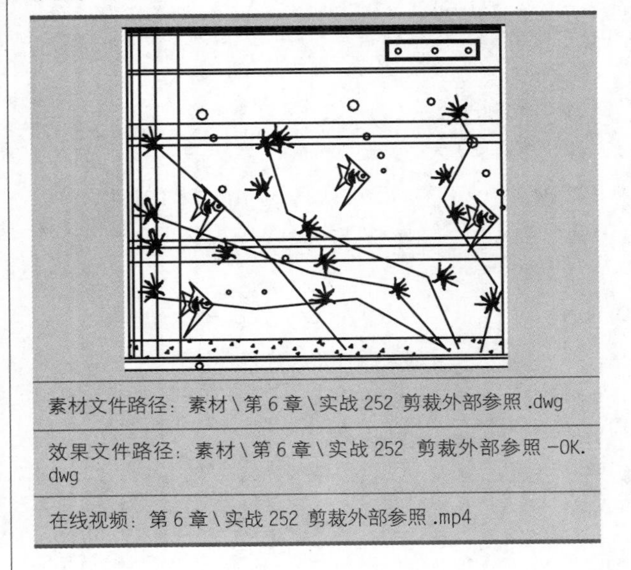

素材文件路径：素材\第 6 章\实战 252 剪裁外部参照 .dwg

效果文件路径：素材\第 6 章\实战 252 剪裁外部参照 -OK.dwg

在线视频：第 6 章\实战 252 剪裁外部参照 .mp4

在AutoCAD 中，剪裁外部参照可以去除多余的参照部分，而无需更改原参照图形。

01 打开素材文件“第6章\实战252 剪裁外部参照.dwg”，如图6-120所示。

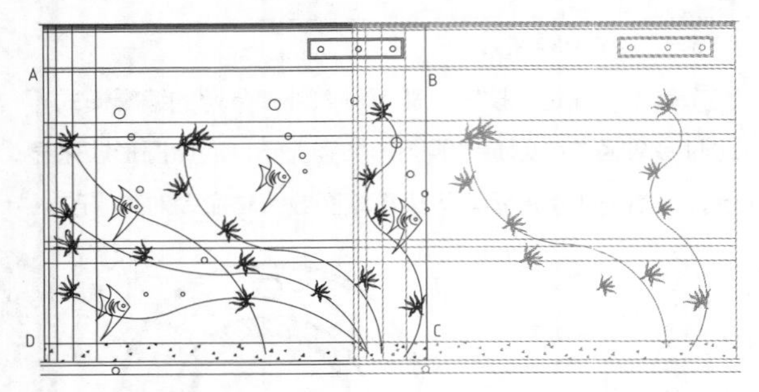

图 6-120 素材文件

02 在“插入”选项卡中，单击“参照”面板中的“剪裁”按钮，根据命令行的提示修剪参照，如图6-121所示，命令行操作如下。

```
命令: _xclip
                //执行“剪裁”命令
选择对象: 找到 1 个
                //选择外部参照
选择对象:
输入剪裁选项
[开(ON)/关(OFF)/剪裁深度(C)/删除(D)/生成多段线(P)/新建边界(N)] <新建边界>: ON↙
                //选择“开”选项
输入剪裁选项
[开(ON)/关(OFF)/剪裁深度(C)/删除(D)/生成多段线(P)/新建边界(N)] <新建边界>: N↙
                //选择“新建边界”选项
外部模式 - 边界外的对象将被隐藏。
指定剪裁边界或选择反向选项:
[选择多段线(S)/多边形(P)/矩形(R)/反向剪裁(I)] <矩形>:
P↙              //选择“多边形”选项
指定第一点:
                //拾取点A、B、C、D，指定剪裁边
                界，如图6-120所示
指定下一点或 [放弃(U)]:
指定下一点或 [放弃(U)]:
指定下一点或 [放弃(U)]: ↙
                //按Enter键完成修剪
```

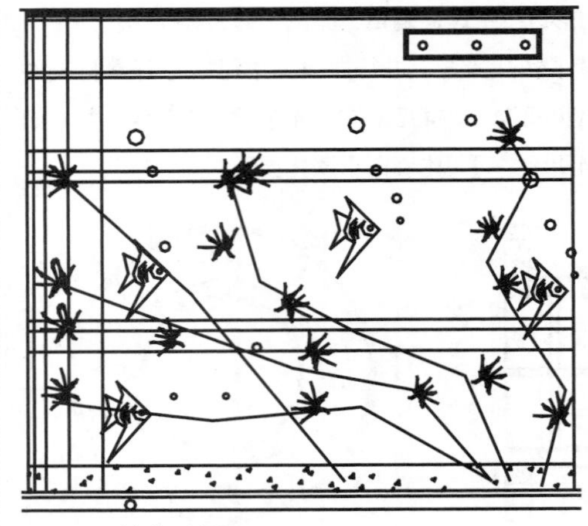

图 6-121 剪裁后效果

实战253 卸载外部参照

难度：☆☆

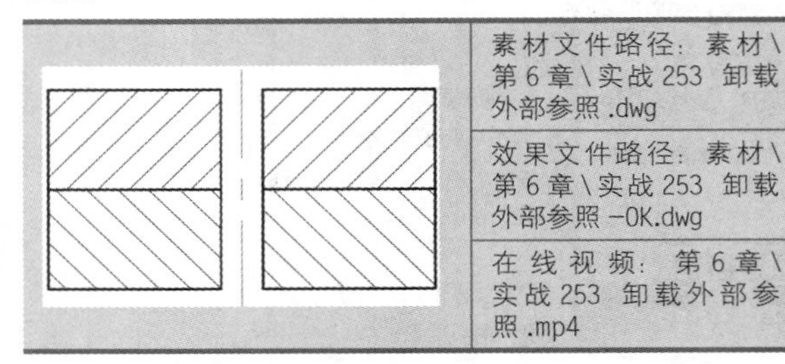

素材文件路径：素材\第6章\实战253 卸载外部参照.dwg

效果文件路径：素材\第6章\实战253 卸载外部参照-OK.dwg

在线视频：第6章\实战253 卸载外部参照.mp4

如果要隐藏外部参照图形的显示，可以使用“卸载”命令，对指定的外部参照进行卸载，该操作可以隐藏所选的参照图形。

01 打开素材文件“第6章\实战253 卸载外部参照.dwg”，如图6-122所示，图中显示了螺钉图形。

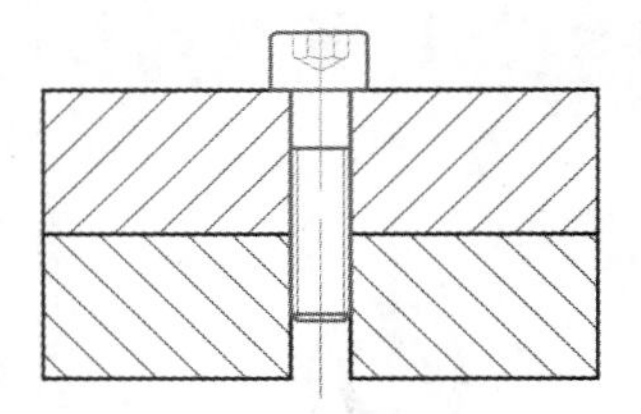

图 6-122 素材文件

02 单击“插入”选项卡，然后单击“参照”面板中的按钮，如图6-123所示。

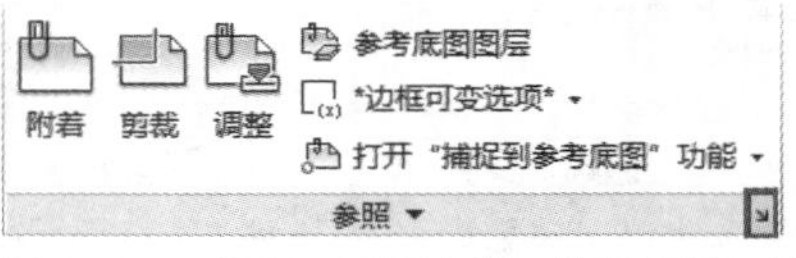

图 6-123 “参照”面板中的“外部参照”按钮

03 执行上述操作后，系统打开“文件参照”选项板，选择其中的“实战253 外部参照”选项，然后单击鼠标右键，在弹出的快捷菜单中选择“卸载”命令，如图6-124所示。

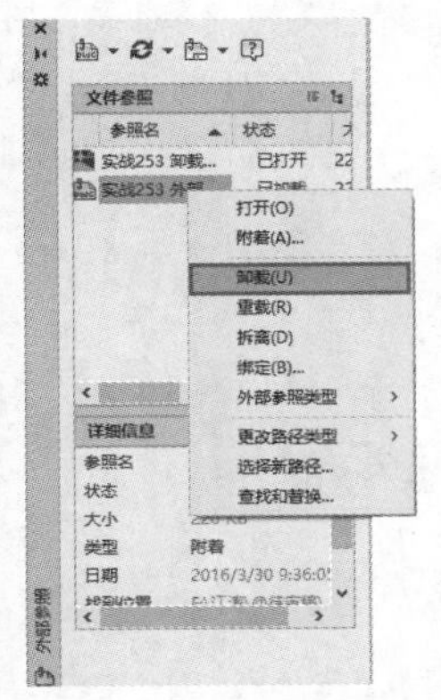

图 6-124 选择外部参照并卸载

04 在绘图区可见素材文件中的螺钉图形被隐藏，如图6-125所示。

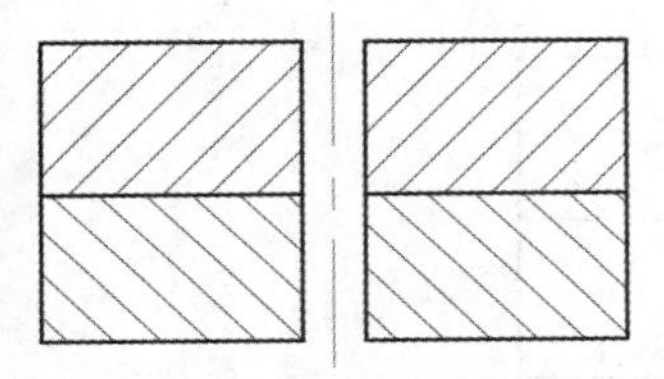

图 6-125 卸载外部参照之后的图形

实战254 重载外部参照

难度：☆☆

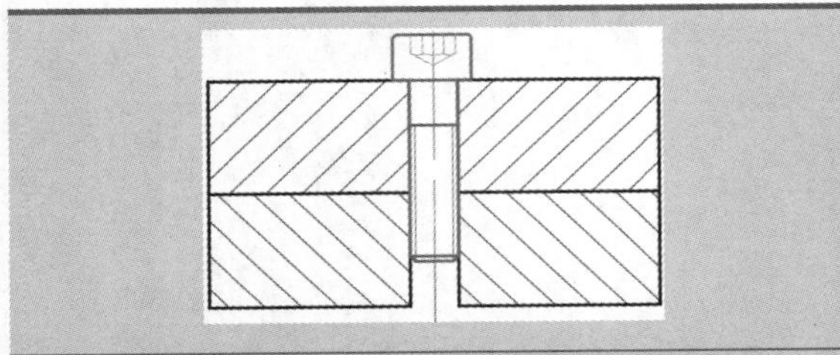

素材文件路径：素材\第 6 章\实战 253 卸载外部参照 -OK.dwg

效果文件路径：素材\第 6 章\实战 254 重载外部参照 -OK.dwg

在线视频：第 6 章\实战 254 重载外部参照 .mp4

被卸载之后的外部参照图形并没有被删除，仍然保留在原文件中，还可以执行“重载”命令来将其还原。

01 延续上一例进行操作，也可以打开素材文件“第6章\实战253 卸载外部参照-OK.dwg”。

02 单击“插入”选项卡，然后单击“参照”面板中的按钮。

03 在弹出的“文件参照”选项板中可见“实战253 外部参照”选项右侧显示“已卸载”，然后选择该选项并单击鼠标右键，在弹出的快捷菜单中选择“重载”命令，如图6-126所示。

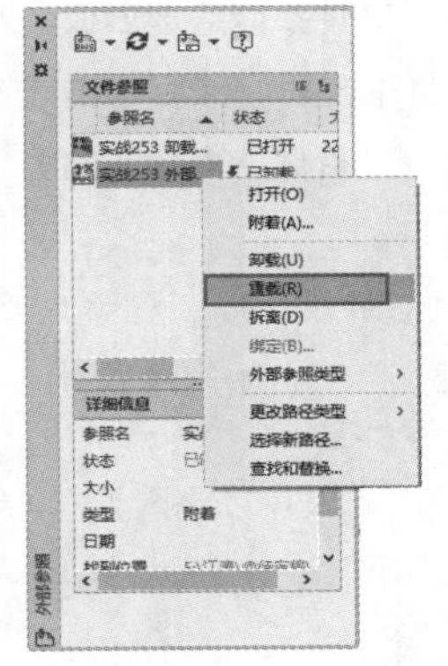

图 6-126 选择外部参照并重载

04 在绘图区可见素材文件中的螺钉图形重新被显示，如图6-127所示。

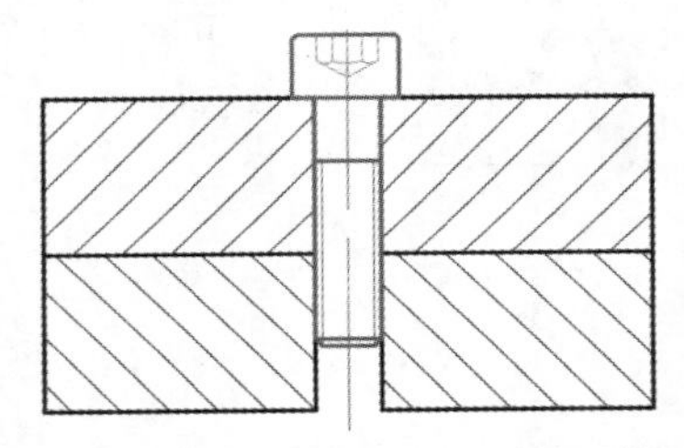

图 6-127 重载外部参照之后的图形

实战255 拆离外部参照

难度：☆☆

素材文件路径：素材\第 6 章\实战 254 重载外部参照 -OK.dwg

效果文件路径：素材\第 6 章\实战 255 拆离外部参照 -OK.dwg

在线视频：第 6 章\实战 255 拆离外部参照 .mp4

要从图形中完全删除外部参照，需要执行“拆离”命令而不是“删除”或“卸载”命令。因为删除外部参照不会删除与其关联的图层定义，而使用“拆离”命令，才能删除与外部参照有关的所有关联信息。

01 延续上一例进行操作，也可以打开素材文件“第6章\实战255 重载外部参照-OK.dwg”。

02 单击“插入”选项卡，然后单击“参照”面板中的↘按钮。

03 执行上述操作后，系统打开“文件参照”选项板，选择其中的“实战253 外部参照”选项，然后单击鼠标右键，在弹出的快捷菜单中选择“拆离”命令，如图6-128所示。

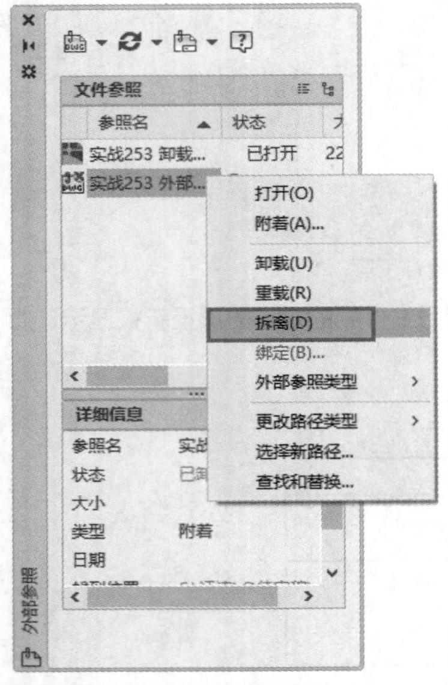

图 6-128 选择外部参照并拆离

04 可见无论是绘图区素材文件上的螺钉，还是在“文件参照”选项板中的“实战253 外部参照”选项，均被彻底删除，如图6-129所示。

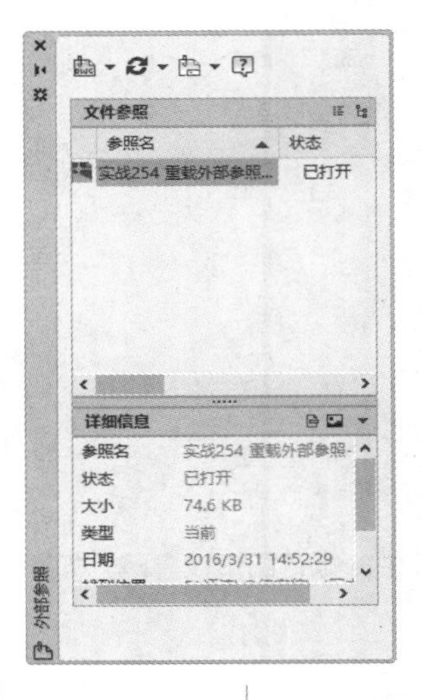

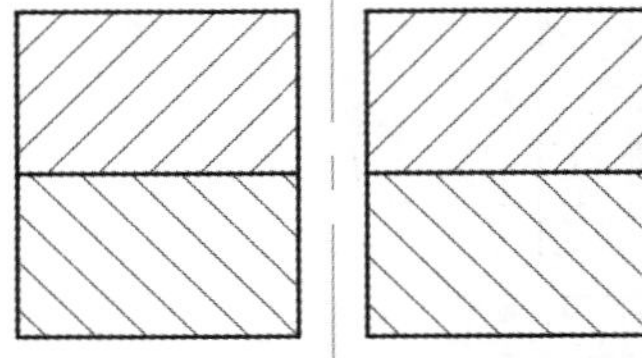

图 6-129 拆离外部参照之后的选项板和图形

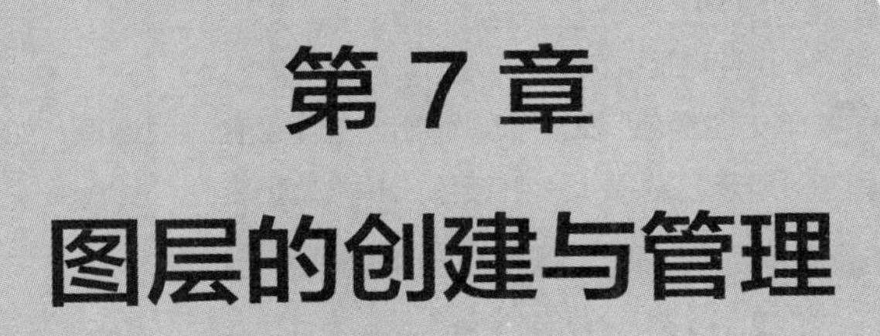

第 7 章 图层的创建与管理

图层是AutoCAD提供给用户的组织图形的强有力工具。AutoCAD的图形对象必须绘制在某个图层上，它可以是默认的图层，也可以是用户自己创建的图层。利用图层的特性，如颜色、线宽、线型等，可以非常方便地区分不同的对象。此外，AutoCAD还提供了大量的图层管理功能，如打开/关闭、冻结/解冻、加锁/解锁等，这些功能使用户在绘图时可以非常方便地组织图层。

7.1 图层的创建

为了根据图形的相关属性对图形进行分类，AutoCAD引入了“图层（Layer）”的概念，也就是把线型、线宽、颜色和状态等属性相同的图形对象放进同一个图层，以方便用户管理图形。

在绘图前指定每一个图层的线型、线宽、颜色和状态等属性，并使具有相同属性的图形对象都在同一个图层上，在绘图时只需要指定其所在的图层即可，这样既简化了绘图过程，又便于图形管理。用户可以根据不同的特征、类别或用途，将图形对象分类放置到不同的图层中。同一个图层中的图形对象具有许多相同的外观属性，如线宽、颜色、线型等。

实战256 新建图层

重点

难度：☆☆☆

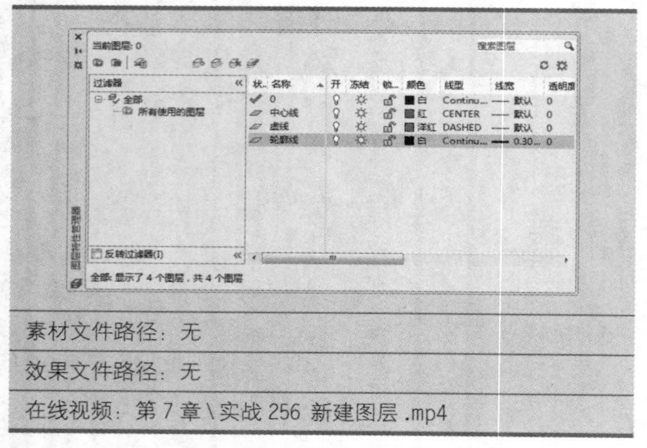

素材文件路径：无

效果文件路径：无

在线视频：第 7 章 \ 实战 256 新建图层 .mp4

图层新建和设置在“图层特性管理器”选项板中进行，包括组织图层结构和设置图层属性、状态等。

01 新建一个空白文档。

02 在“默认”选项卡中，单击“图层”面板上的“图层特性”按钮，如图7-1所示，执行“图层特性”命令。

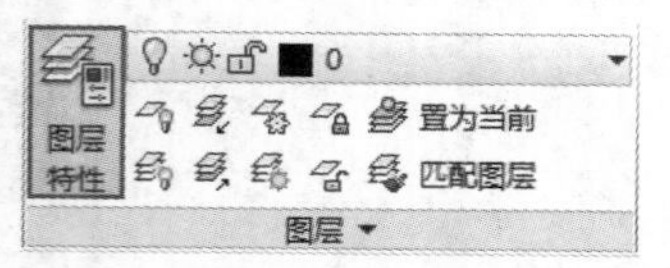

图 7-1 “图层”面板中的“图层特性”按钮

03 系统弹出“图层特性管理器”选项板，单击“新建图层”按钮，新建图层。系统以默认名称“图层1”新建图层，如图7-2所示。

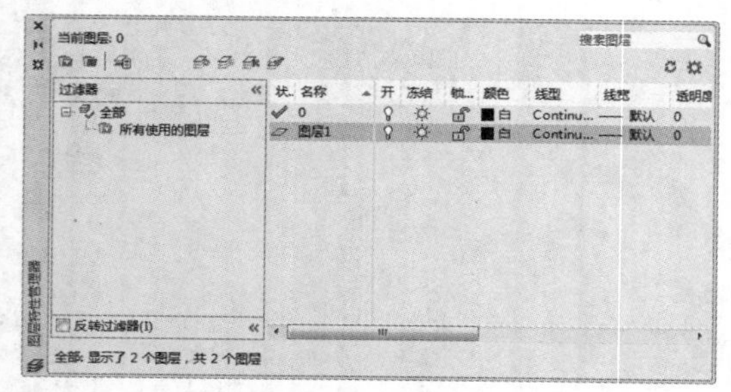

图 7-2 “图层特性管理器”选项板

04 单击鼠标右键“图层1”，在弹出的快捷菜单中选择“重命名图层”命令，更改名称为“中心线”，如图7-3所示。

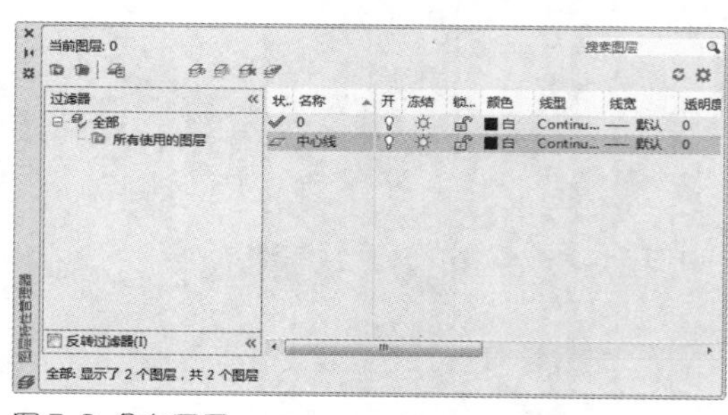

图 7-3 命名图层

05 单击“颜色”属性值，弹出“选择颜色”对话框，如图7-4所示，选择“索引颜色：1”选项。

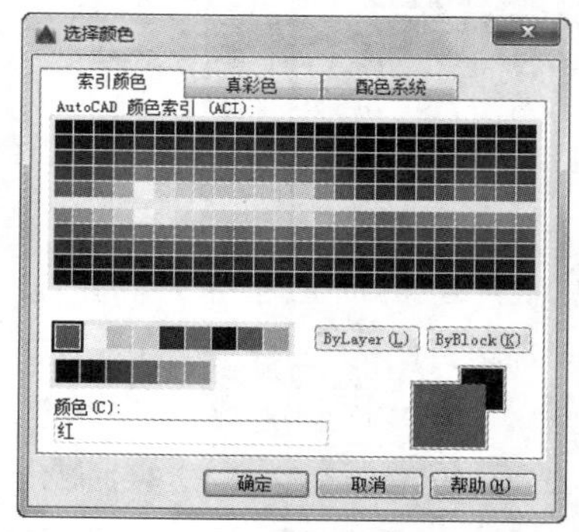

图 7-4 “选择颜色”对话框

06 单击“确定”按钮，返回“图层特性管理器”选项板，如图7-5所示。

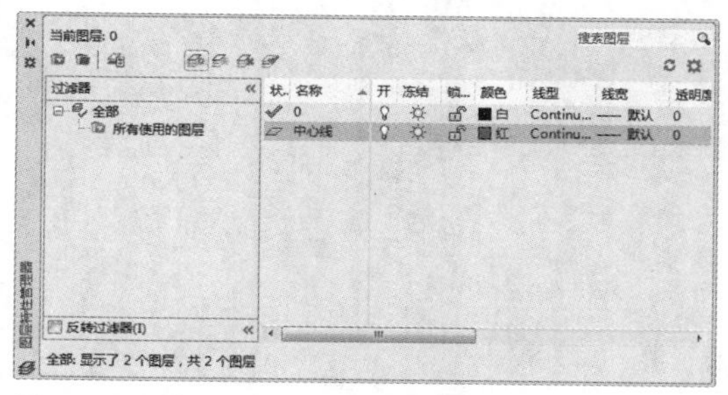

图 7-5 设置颜色

07 单击“线型”属性值，弹出“选择线型”对话框。单击“加载”按钮，在弹出的“加载或重载线型”对话框中选择“CENTER”线型，如图7-6所示。

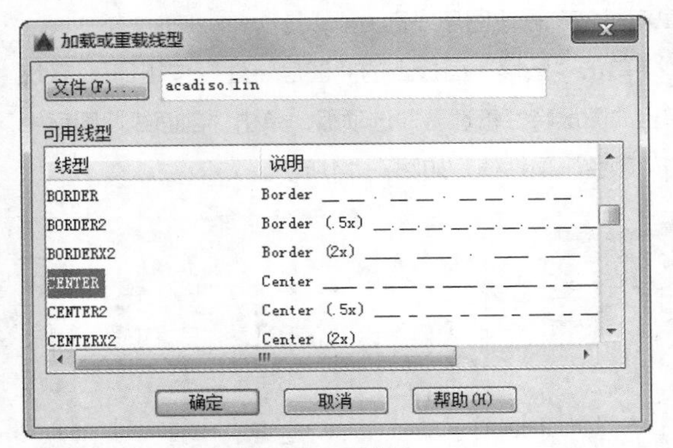

图 7-6 “加载或重载线型”对话框

08 单击“确定”按钮，返回“选择线型”对话框。再次选择“CENTER”线型，然后单击“确定”按钮，如图7-7所示。

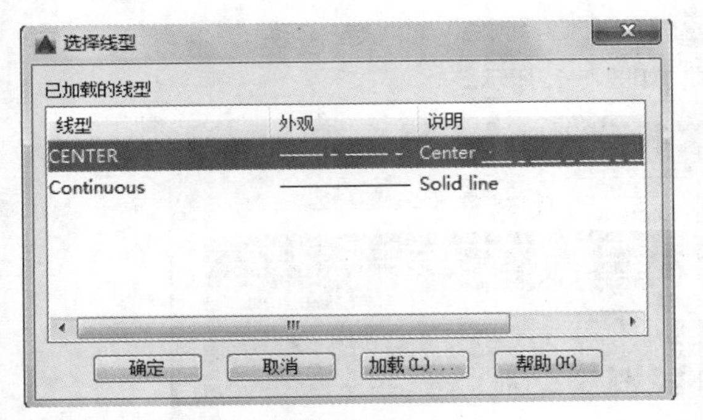

图 7-7 “选择线型”对话框

09 单击“确定”按钮，返回“图层特性管理器”选项板，设置线型效果如图7-8所示。

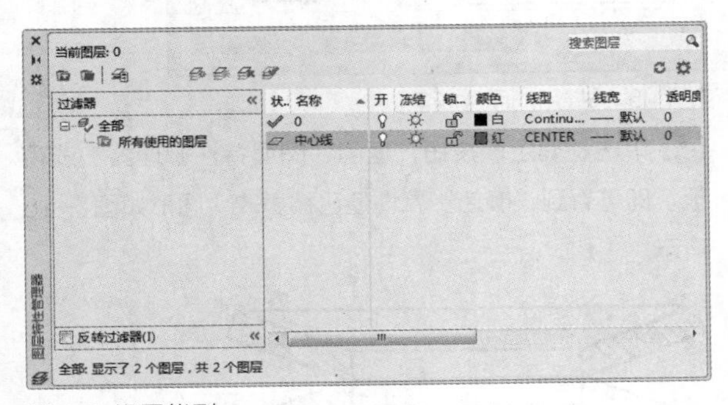

图 7-8 设置线型

10 按照同样的方法，新建“虚线”图层，设置“颜色”为“索引颜色：6”，设置“线型”为“DASHED”。新建“轮廓线”图层，设置“颜色”为“索引颜色：7”，设置“线型”为“CONTINUOUS”，设置“线宽”为0.30mm，最终效果如图7-9所示。

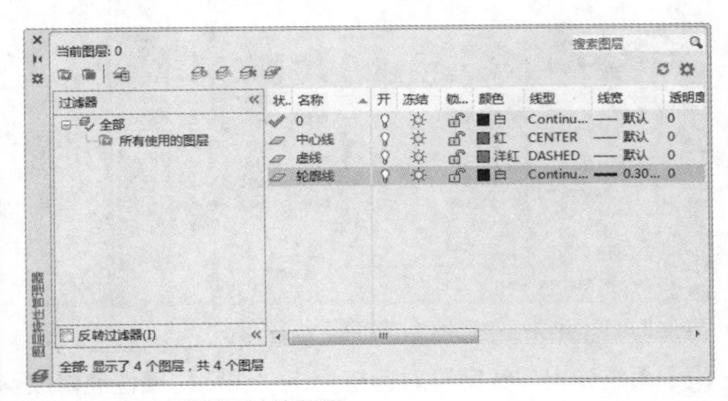

图 7-9 新建并设置其他图层

提示

若先选择一个图层再新建另一个图层，则新图层与被选择的图层具有相同的颜色、线型、线宽等设置。

实战257 修改图层线宽

难度：☆☆

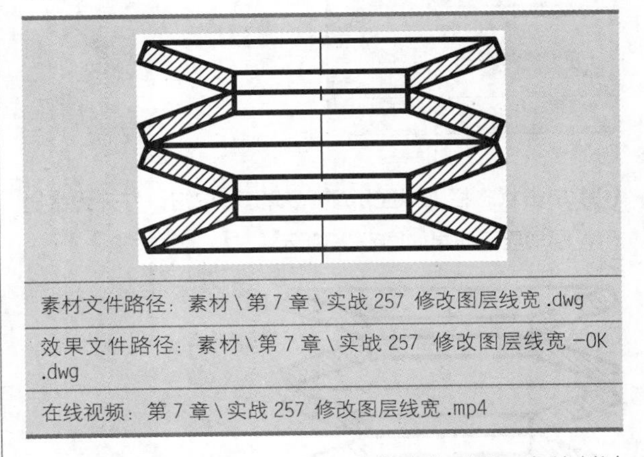

素材文件路径：素材\第 7 章\实战 257 修改图层线宽 .dwg

效果文件路径：素材\第 7 章\实战 257 修改图层线宽 -OK .dwg

在线视频：第 7 章\实战 257 修改图层线宽 .mp4

线宽是控制线条显示和打印宽度的属性，在绘制过程中可以随时根据设计要求对其进行修改。

01 打开素材文件“第7章\实战257 修改图层线宽.dwg”，如图7-10所示。

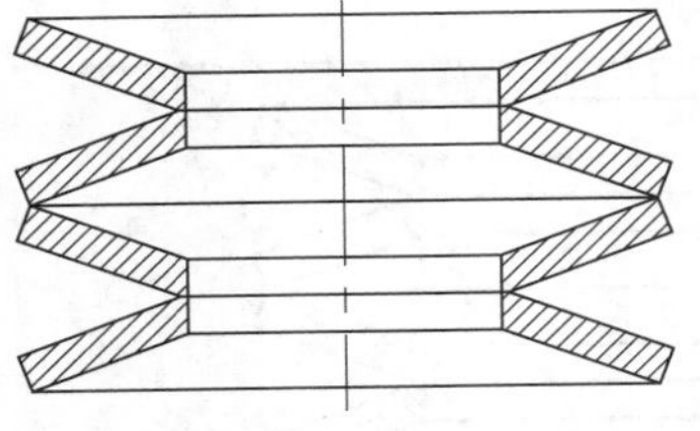

图 7-10 素材文件

02 单击“图层”面板上的“图层特性”按钮，打开“图层特性管理器”选项板，单击“轮廓线层”对应的“线宽”属性值，如图7-11所示。

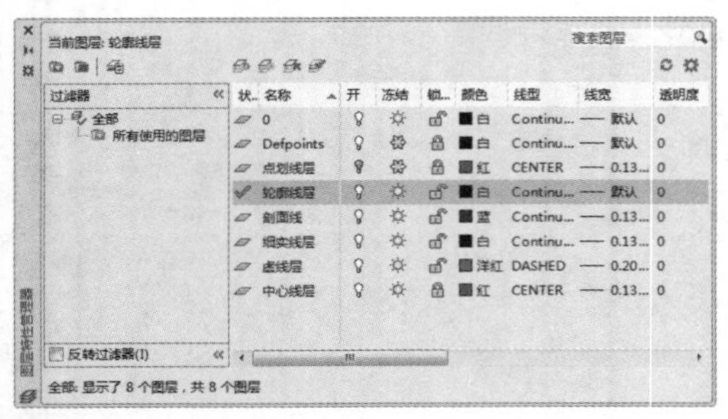

图 7-11 “图层特性管理器”选项板

03 系统弹出“线宽”对话框，将“线宽”属性值修改为0.30mm，如图7-12所示，然后关闭“图层特性管理器”选项板。

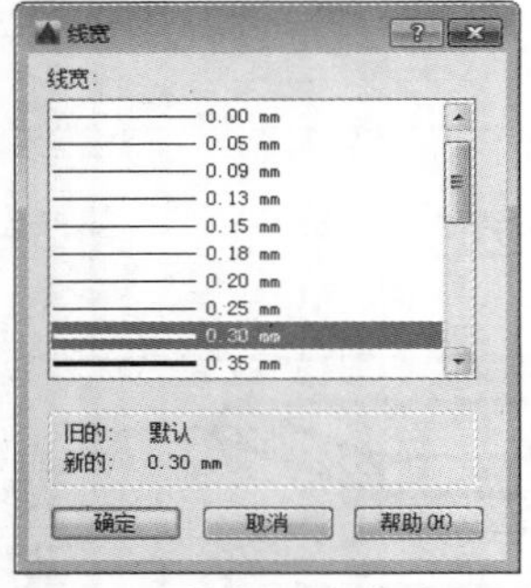

图 7-12 “线宽”对话框

04 单击状态栏上“显示/隐藏线宽”按钮，打开线宽显示，图形显示效果如图7-13所示。

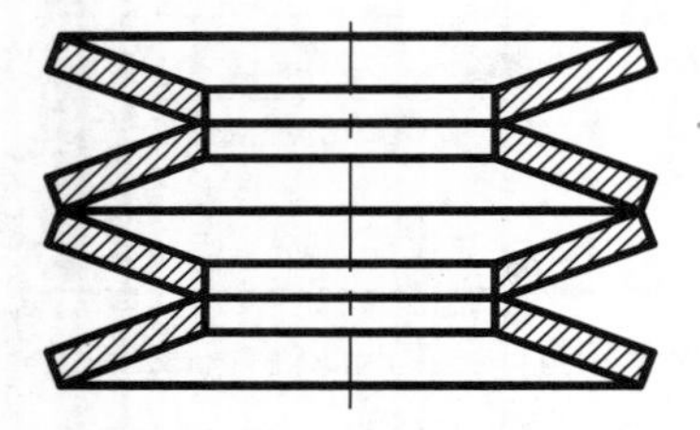
图 7-13 修改线宽的显示效果

实战258 修改图层颜色

难度：☆☆

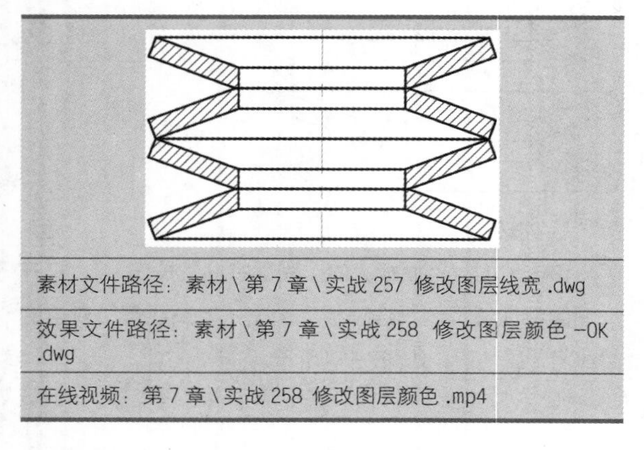

素材文件路径：素材\第 7 章\实战 257 修改图层线宽 .dwg

效果文件路径：素材\第 7 章\实战 258 修改图层颜色 -OK .dwg

在线视频：第 7 章\实战 258 修改图层颜色 .mp4

除了在创建图层的时候设置好颜色属性外，在绘制过程中可以随时根据设计要求对其进行修改。

01 延续上一例进行操作，也可以打开素材文件“第7章\实战257 修改图层线宽.dwg”。

02 单击“图层”面板上的“图层特性”按钮，系统弹出“图层特性管理器”选项板，单击“剖面线”图层中的“颜色”属性值，如图7-14所示。

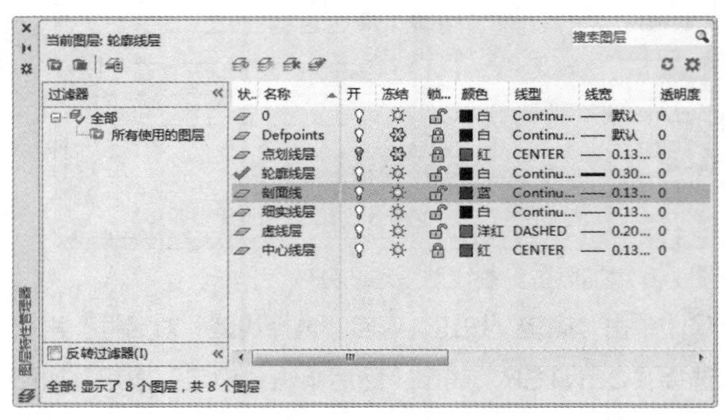

图 7-14 “图层特性管理器”选项板

03 弹出“选择颜色”对话框，选择“索引颜色：7”选项，如图7-15所示。

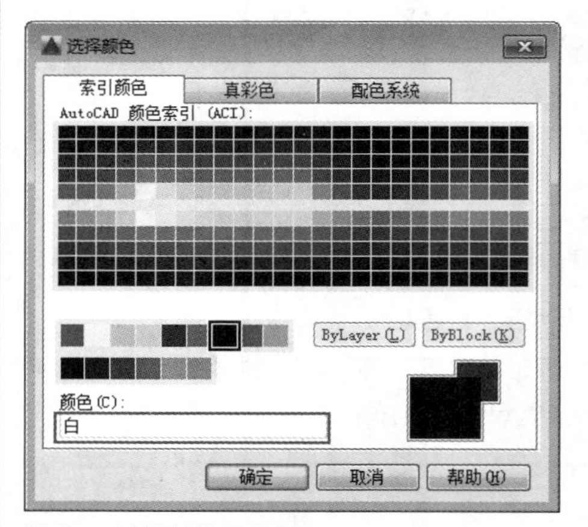

图 7-15 选择新的图层颜色

04 单击“确定”按钮，返回“图层特性管理器”选项板，即可看到“颜色”属性值已被更改，图形如图7-16所示。

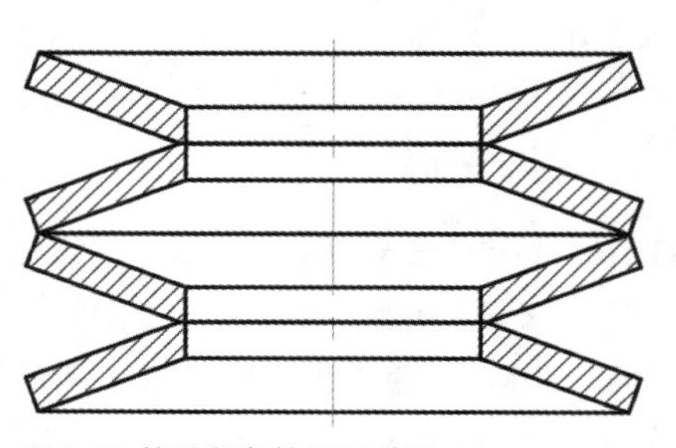
图 7-16 修改颜色的显示效果

实战259 修改图层线型

难度：☆☆

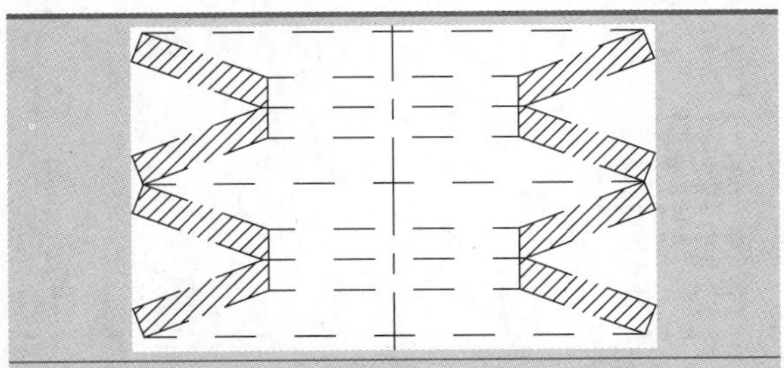

素材文件路径：素材\第 7 章\实战 258 修改图层颜色 -OK .dwg

效果文件路径：素材\第 7 章\实战 259 修改图层线型 -OK .dwg

在线视频：第 7 章\实战 259 修改图层线型 .mp4

除了在创建图层的时候设置好线型属性外，在绘制过程中可以随时根据设计要求对其进行修改。

01 延续上一例进行操作，也可以打开素材文件“第7章\实战258 修改图层颜色-OK .dwg”。

02 在“默认”选项卡中，单击“图层”面板上的“图层特性”按钮，系统弹出“图层特性管理器”选项板，单击“轮廓线层”图层中的“线型”属性值，如图7-17所示。

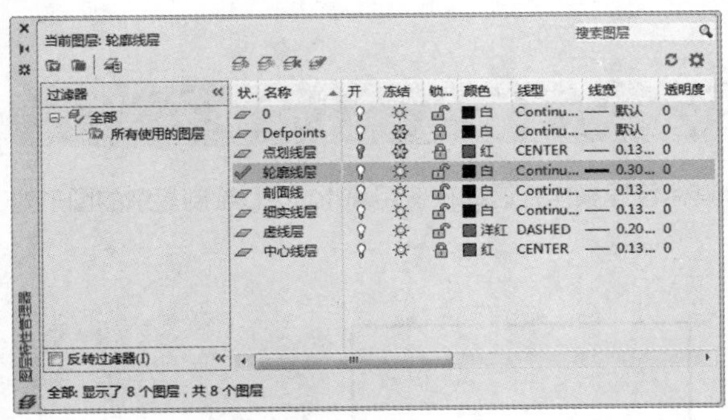

图 7-17 “图层特性管理器”选项板

03 系统自动弹出“选择线型”对话框，单击“加载”按钮，弹出“加载或重载线型”对话框，选择“DASHDOT”线型，如图7-18所示。

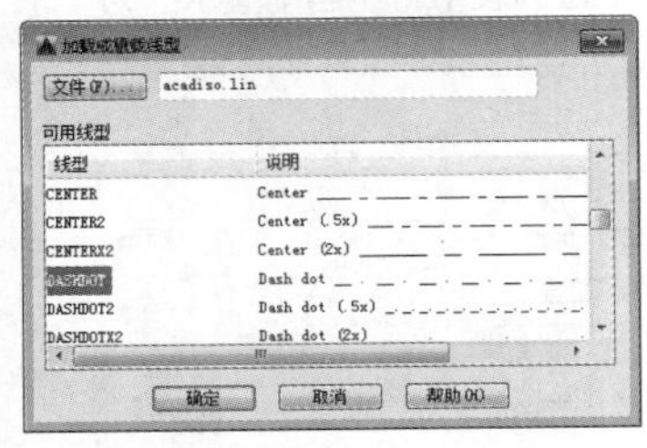

图 7-18 加载线型

04 单击“确定”按钮，返回“选择线型”对话框，选择“DASHDOT”线型，如图7-19所示。

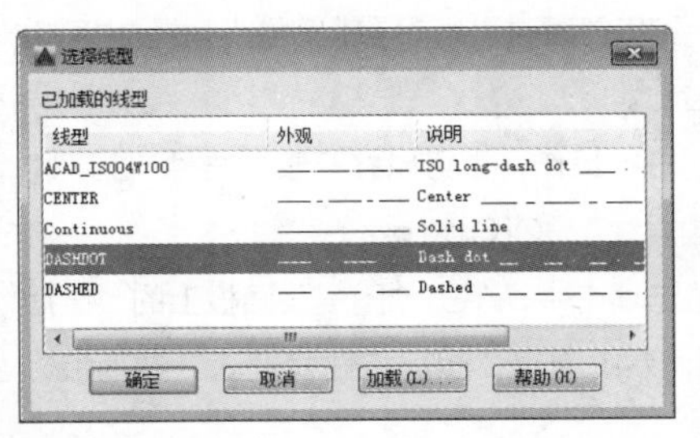

图 7-19 选择 DASHDOT 线型

05 单击“确定”按钮，返回“图层特性管理器”选项板，即可看到“轮廓线层”图层的“线型”属性值被修改，如图7-20所示。

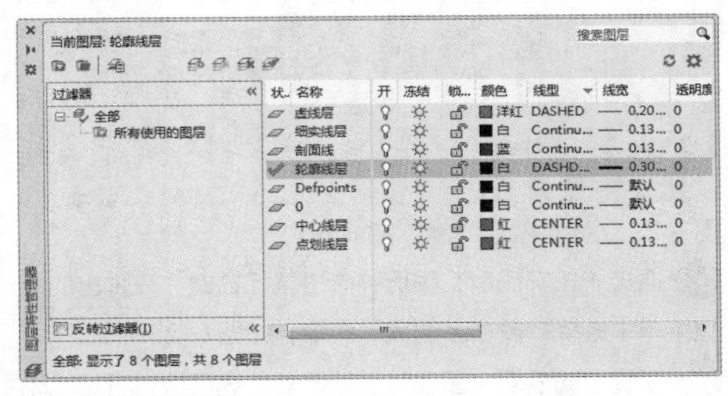

图 7-20 修改线型

06 关闭选项板，效果如图7-21所示。

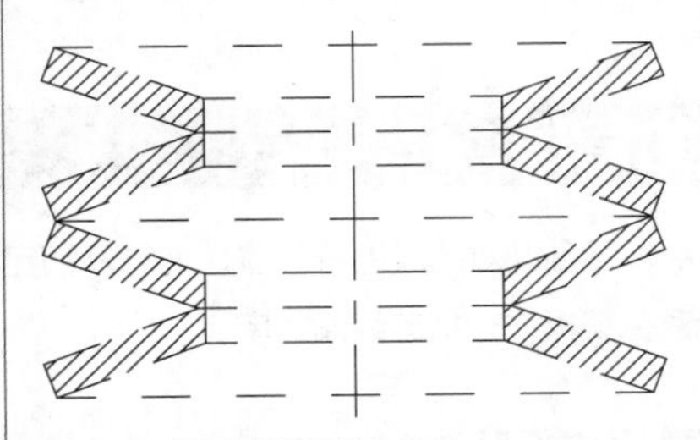

图 7-21 修改线型后的效果

实战260 重命名图层

难度：☆☆

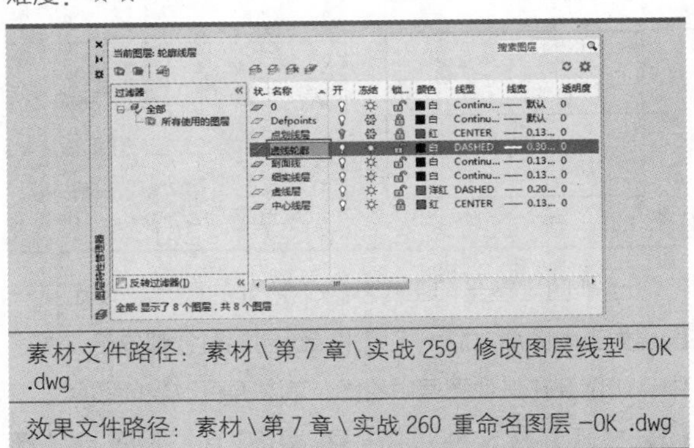

素材文件路径：素材\第 7 章\实战 259 修改图层线型 -OK .dwg

效果文件路径：素材\第 7 章\实战 260 重命名图层 -OK .dwg

在线视频：第 7 章\实战 260 重命名图层 .mp4

在AutoCAD 2020中，默认创建的新图层名称为“图层1”，除了在创建时进行设置，在绘制过程中可以随时修改图层名称。

01 延续上一例进行操作，也可以打开素材文件“第7章\实战259 修改图层线型-OK .dwg”。

02 在“默认”选项卡中，单击“图层”面板上的“图层特性”按钮，系统弹出“图层特性管理器”选项板，如图7-22所示。

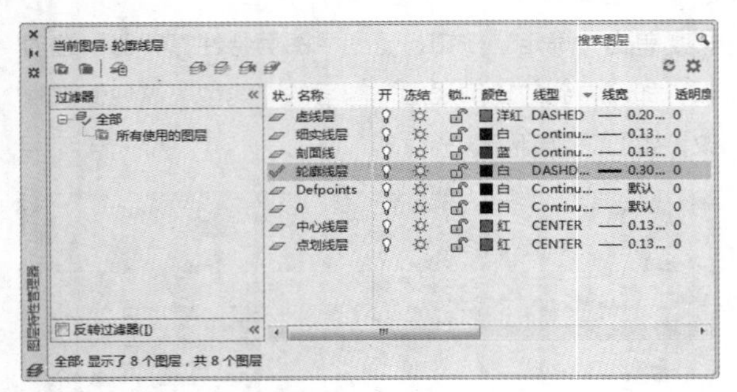

图 7-22 “图层特性管理器”选项板

03 选择“轮廓线层”图层并单击鼠标右键，在弹出的快捷菜单中选择“重命名图层”命令，如图7-23所示。

04 系统自动返回“图层特性管理器”选项板，可见“轮廓线层”图层名变为可编辑状态，将其修改为“虚线轮廓”，如图7-24所示。

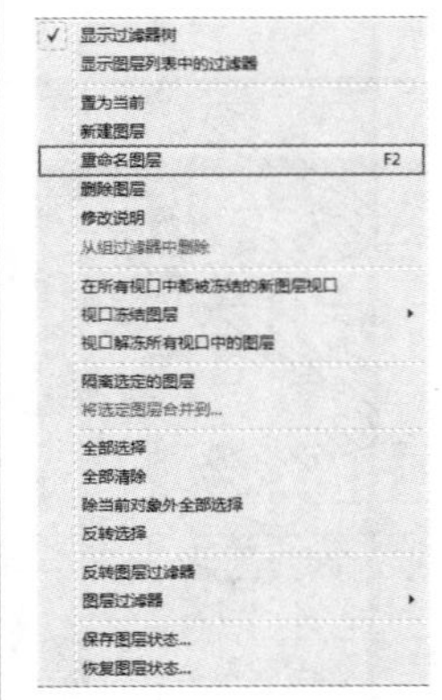

图 7-23 选择“重命名图层”命令

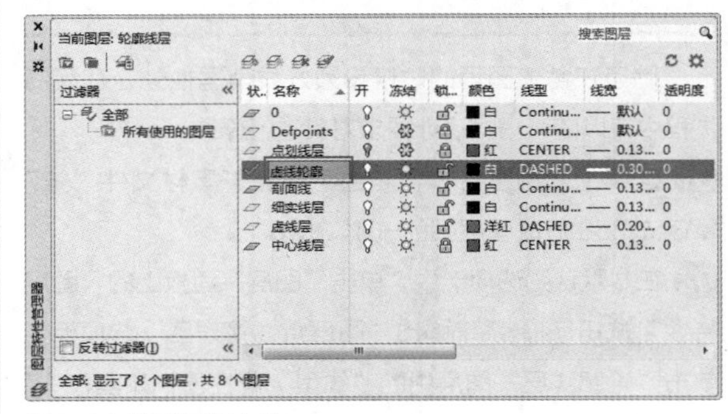

图 7-24 修改图层名称

7.2 图层的管理

在AutoCAD中，还可以对图层进行隐藏、冻结及锁定等其他管理操作，这样在使用AutoCAD绘制复杂的图形对象时，可以有效地避免误操作，提高绘图效率。

实战261 设置当前图层

难度：☆☆

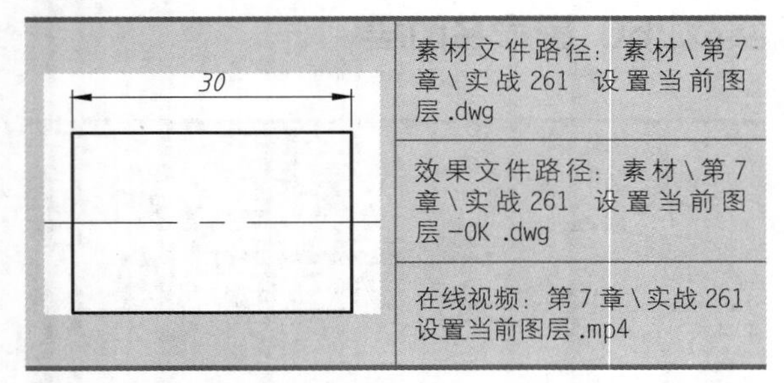

素材文件路径：素材\第7章\实战261 设置当前图层.dwg

效果文件路径：素材\第7章\实战261 设置当前图层-OK .dwg

在线视频：第7章\实战261 设置当前图层.mp4

当前图层是当前工作状态下所处的图层，设定某一图层为当前图层之后，接下来所绘制的对象都位于该图层中。如果要在其他图层中绘图，就需要更改当前图层。

01 打开素材文件“第7章\实战261 设置当前图层.dwg”，如图7-25所示。

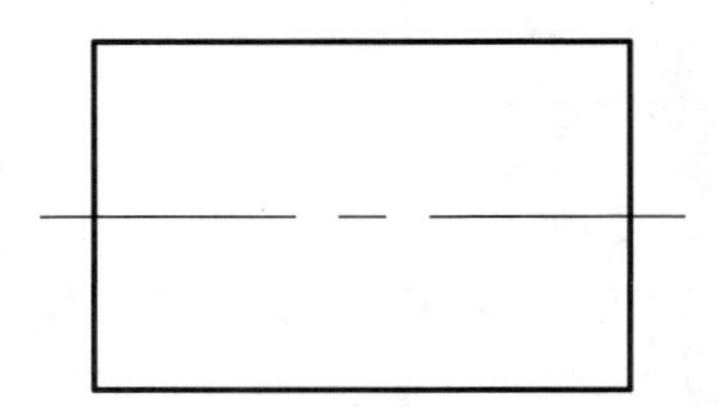
图 7-25 素材文件

02 在“图层”面板的下拉列表中可见当前显示的为“轮廓线”图层，如图7-26所示。

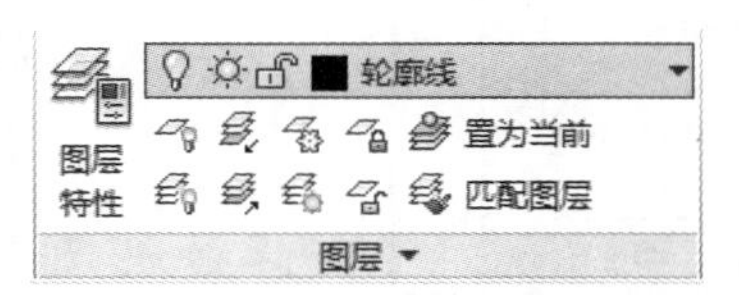

图 7-26 “图层”面板显示当前图层为“轮廓线”图层

03 此时如果执行“标注”命令，则会显示“轮廓线”效果，与正常的标注显示不符（太粗），如图7-27所示。

04 因此可在“图层”面板的下拉列表中选择“标注线”图层，将其设置为当前图层，如图7-28所示。

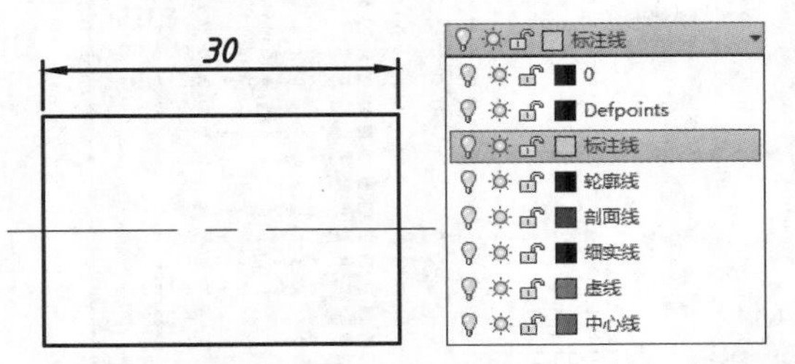

图 7-27 “轮廓线”图层下的错误标注效果　　图 7-28 将“标注线”图层置为当前

05 再次执行“标注”命令，则可见标注变为正确的显示效果，如图7-29所示。

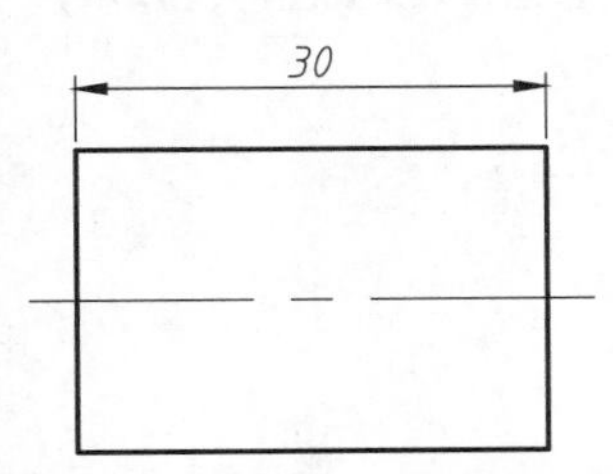

图 7-29 “标注线”图层下的正确标注效果

提示

还可以通过如下方法来将图层“置为当前”。

◆ 命令行：在命令行中输入“CLAYER”，然后输入图层名称，即可将该图层置为当前。

◆ “图层特性管理器”选项板：在“图层特性管理器”选项板中选择目标图层，单击“置为当前”按钮，被置为当前的图层在项目前会出现✔符号。

◆ 功能区：在“默认”选项卡中，单击“图层”面板中“置为当前”按钮 置为当前 ，即可将所选图形对象的图层置为当前，如图7-30所示。

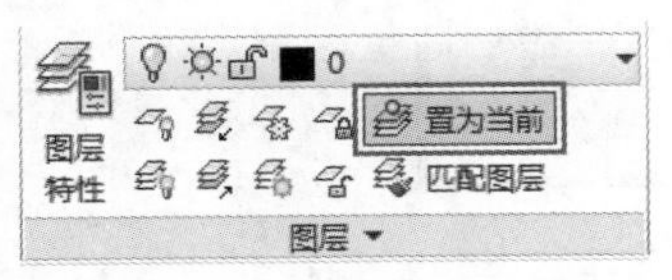

图 7-30 “图层”面板中的“置为当前”按钮

实战262 转换对象图层

难度：☆☆

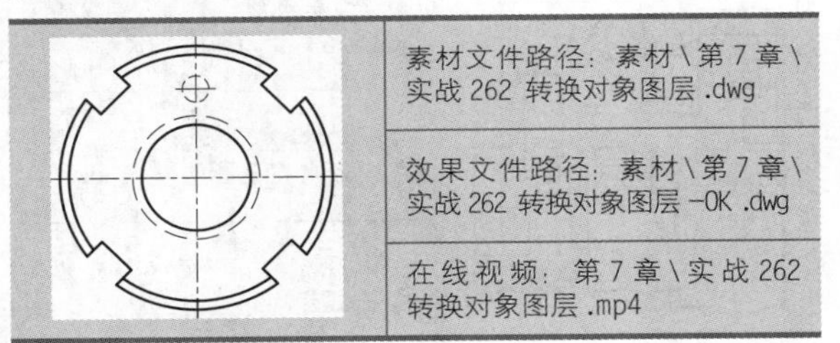

素材文件路径：素材\第 7 章\实战 262 转换对象图层 .dwg

效果文件路径：素材\第 7 章\实战 262 转换对象图层 -OK .dwg

在线视频：第 7 章\实战 262 转换对象图层 .mp4

在绘制图形时，为了使图形信息显示得更清晰、有序，并能更加方便地修改、观察及打印图形，用户常需要在各个图层之间进行切换。

01 打开素材文件“第7章\实战262 转换对象图层.dwg”，如图7-31所示。

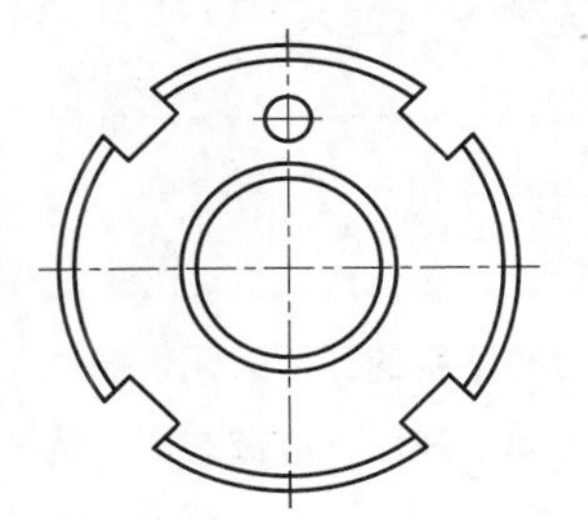

图 7-31 素材文件

02 选择两个圆作为切换图层的对象，如图7-32所示。

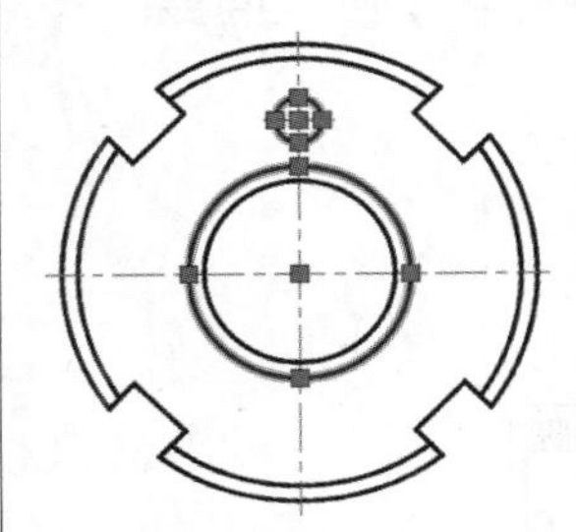

图 7-32 选择对象

03 在“默认”选项卡中，单击“图层”面板上的“图层”按钮，并在其下拉列表中选择“虚线层”图层，如图7-33所示。

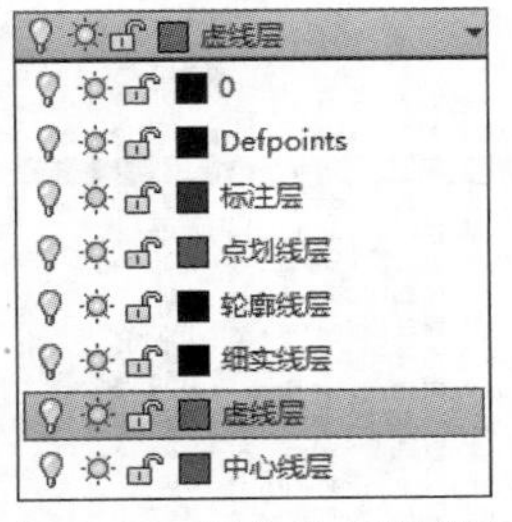

图 7-33 “图层”下拉列表

04 图形对象由粗实线层转换到虚线层，显示效果如图7-34所示。

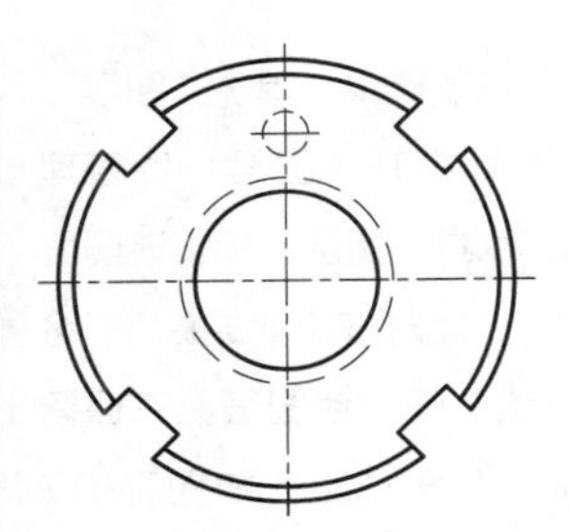

图 7-34 最终效果图

实战263 关闭图层

难度：☆☆

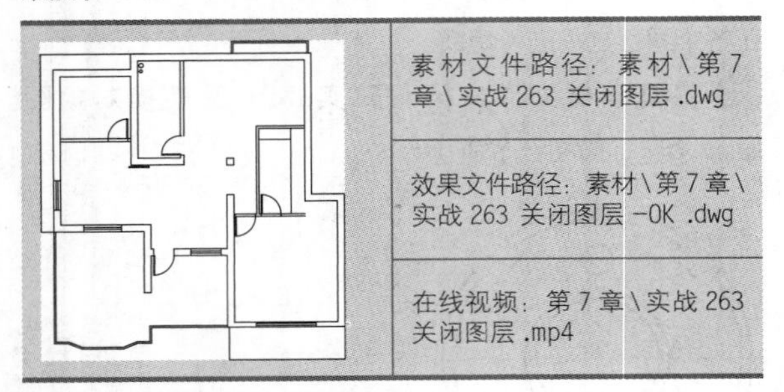

素材文件路径：素材\第7章\实战263 关闭图层.dwg

效果文件路径：素材\第7章\实战263 关闭图层-OK.dwg

在线视频：第7章\实战263 关闭图层.mp4

在绘图的过程中可以将暂时不用的图层关闭，被关闭的图层中的图形对象将不可见，并且不能被选择、编辑、修改及打印。

01 打开素材文件“第7章\实战263 关闭图层.dwg”，如图7-35所示。可见图层全部为开，如图7-36所示。

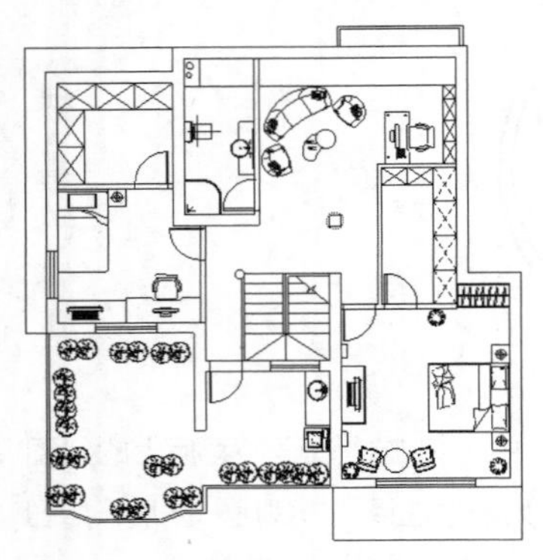

图7-35 素材文件

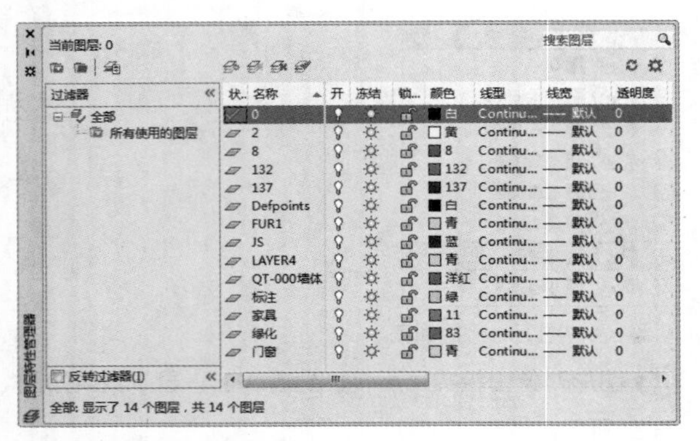

图7-36 素材中的图层

02 设置图层显示。在“默认”选项卡中，单击“图层”面板中的“图层特性”按钮，打开“图层特性管理器”选项板。在列表框内找到“家具”图层，单击该图层前的“打开/关闭图层”按钮，此时按钮变成，即可关闭“家具”图层。再按此方法关闭其他图层，只保留“QT-000墙体”和“门窗”图层开启，如图7-37所示。

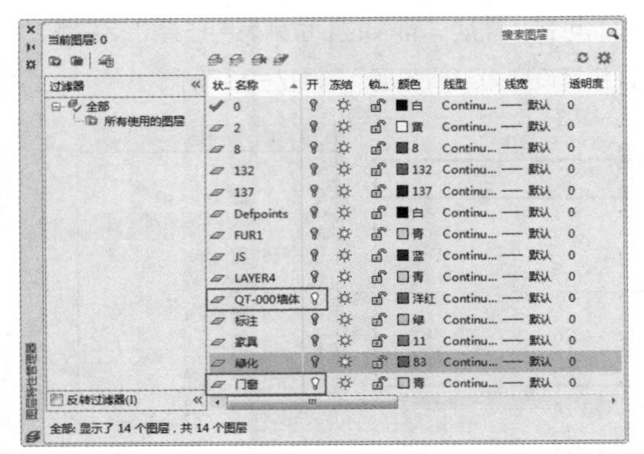

图7-37 关闭除“QT-000墙体”和“门窗”之外的所有图层

03 关闭“图层特性管理器”选项板，此时图形仅包含“QT-000墙体”和“门窗”图层，效果如图7-38所示。

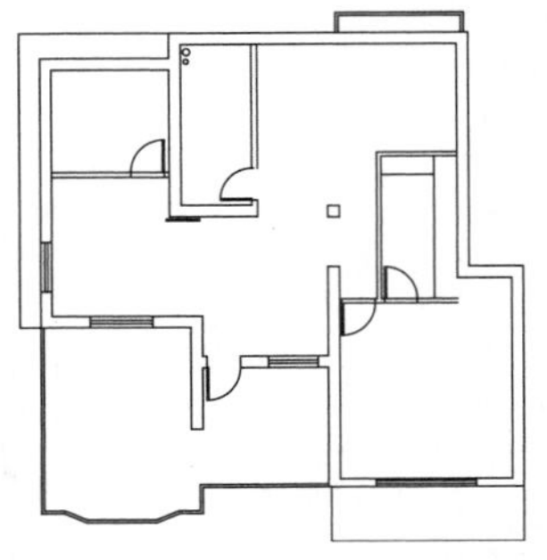

图7-38 关闭图层效果

提示

当关闭的图层为“当前图层”时，将弹出如图7-39所示的确认对话框，此时选择“关闭当前图层”选项即可。关闭当前图层后所有该图层上的图形对象皆不可见。

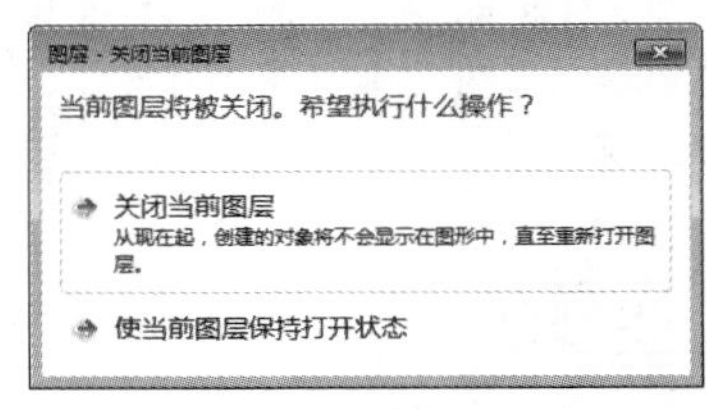

图7-39 确定关闭当前图层

实战264 打开图层

难度：☆☆

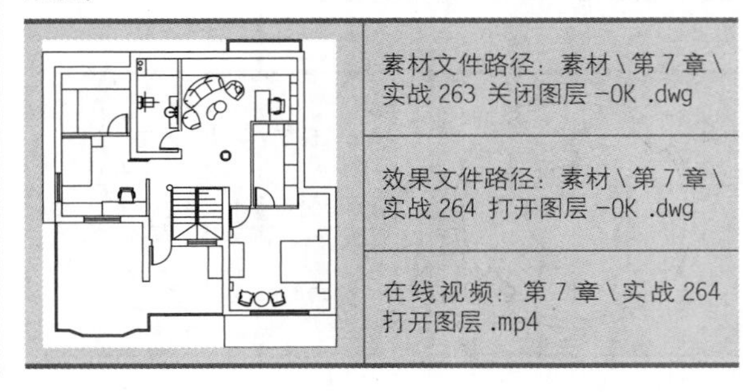

素材文件路径：素材\第7章\实战263 关闭图层-OK.dwg

效果文件路径：素材\第7章\实战264 打开图层-OK.dwg

在线视频：第7章\实战264 打开图层.mp4

如果要打开关闭的图层，可以单击图层前的“打开/关闭图层”按钮 ，将其恢复为打开状态，即可打开图层。

01 延续上一例进行操作，也可以打开素材文件“第7章\实战263 关闭图层-OK .dwg”。

02 在“默认”选项卡中，单击“图层”面板中的“图层特性”按钮 ，打开“图层特性管理器”选项板。在列表框内找到“家具”图层，单击该图层前的“打开/关闭图层”按钮 ，此时按钮变成打开状态，即可开启“家具”图层，如图7-40所示。

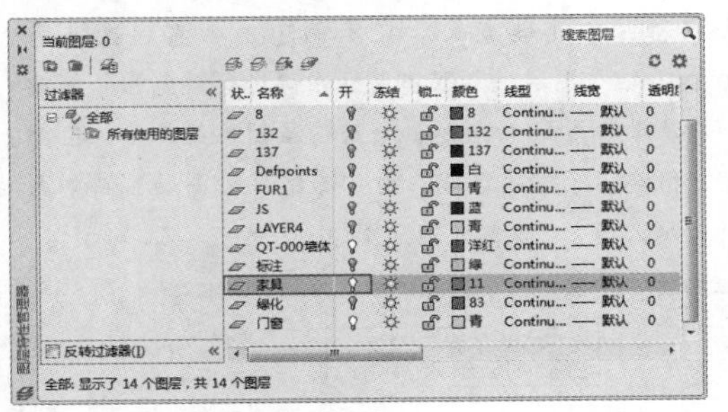

图 7-40 打开“家具”图层

03 关闭“图层特性管理器”选项板，此时图形在墙体和门窗的基础上又添加了家具，效果如图7-41所示。

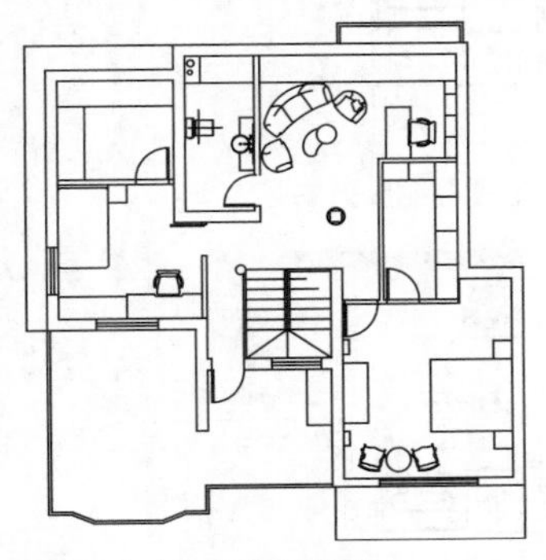
图 7-41 打开图层效果

实战265 冻结图层

难度：☆☆

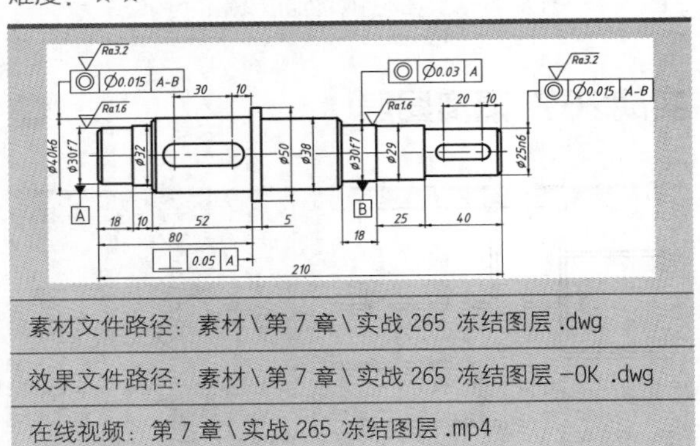

素材文件路径：素材 \ 第 7 章 \ 实战 265 冻结图层 .dwg

效果文件路径：素材 \ 第 7 章 \ 实战 265 冻结图层 -OK .dwg

在线视频：第 7 章 \ 实战 265 冻结图层 .mp4

将长期不需要显示的图层冻结，可以提高系统运行速度，减少图形刷新的时间，因为这些图层将不会被加载到内存中。AutoCAD不会在被冻结的图层上显示、打印或重生成对象。

01 打开素材文件“第7章\实战265 冻结图层.dwg”，如图7-42所示。可见图形上方有绘制过程中遗留的辅助图。

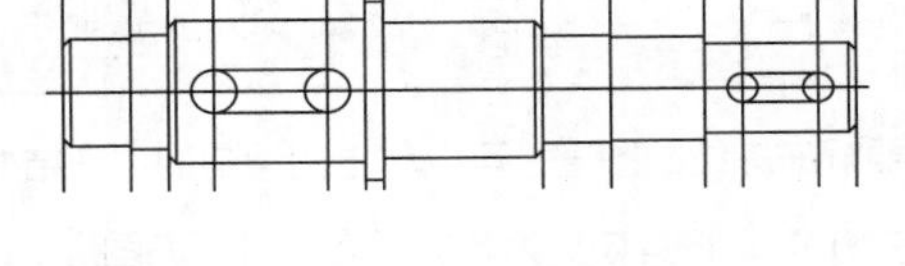
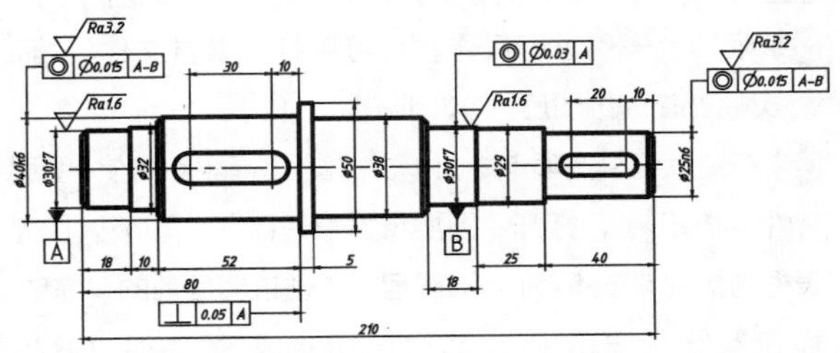
图 7-42 素材文件

02 冻结图层。在“默认”选项卡中，打开“图层”面板中的“图层控制”下拉列表，找到“Defpoints”图层，单击该图层前的“冻结/解冻图层”按钮 ，使其变成 ，即可冻结“Defpoints”图层，如图7-43所示。

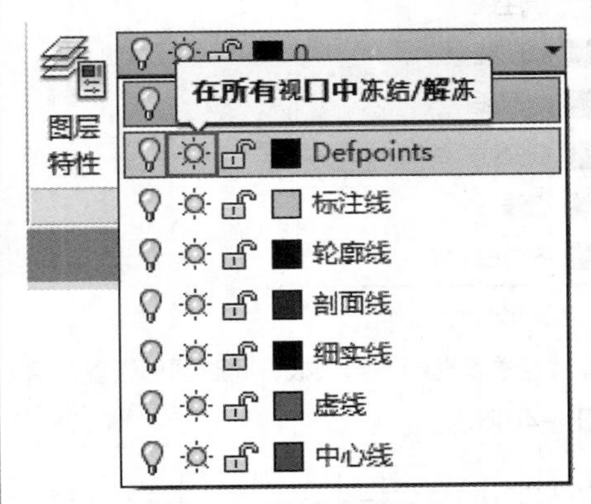

图 7-43 冻结“Defpoints”图层

03 冻结“Defpoints”图层之后的图形如图7-44所示，可见上方的辅助图形被隐藏。

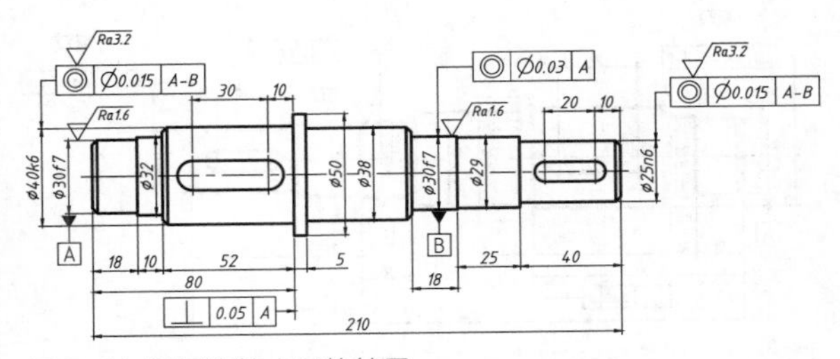
图 7-44 图层冻结之后的结果

实战266 解冻图层

难度：☆☆

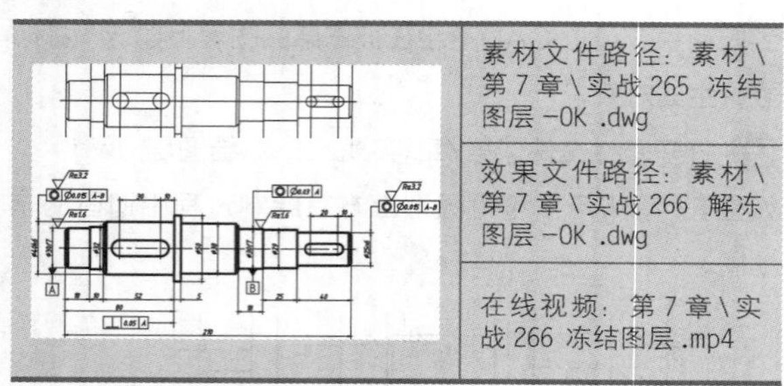

素材文件路径：素材\第 7 章\实战 265 冻结图层 -OK .dwg
效果文件路径：素材\第 7 章\实战 266 解冻图层 -OK .dwg
在线视频：第 7 章\实战 266 冻结图层 .mp4

如果要解冻冻结的图层，可以单击图层前的“冻结/解冻图层”按钮，将其恢复为解冻状态即可解冻图层。

01 延续上一例进行操作，也可以打开素材文件“第7章\实战265 冻结图层-OK .dwg”。

02 在“默认”选项卡中，单击“图层”面板中的“图层特性”按钮，打开“图层特性管理器”选项板。在列表框内找到“Defpoints”图层，单击该图层前的“冻结/解冻图层”按钮，此时按钮变成，即可解冻“Defpoints”图层，如图7-45所示。

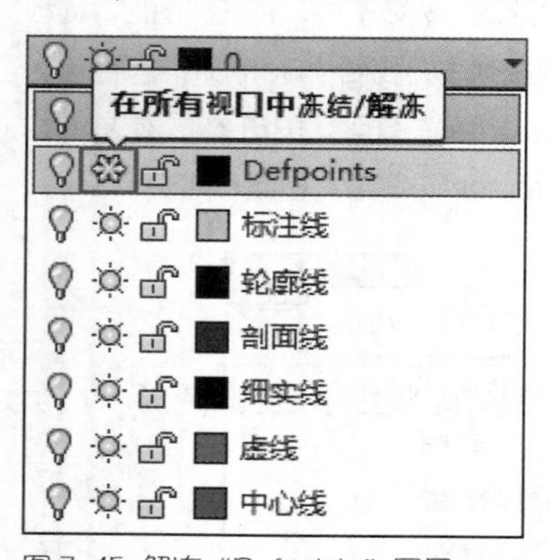

图 7-45 解冻“Defpoints”图层

03 关闭“图层特性管理器”选项板，此时图形恢复为原来效果，如图7-46所示。

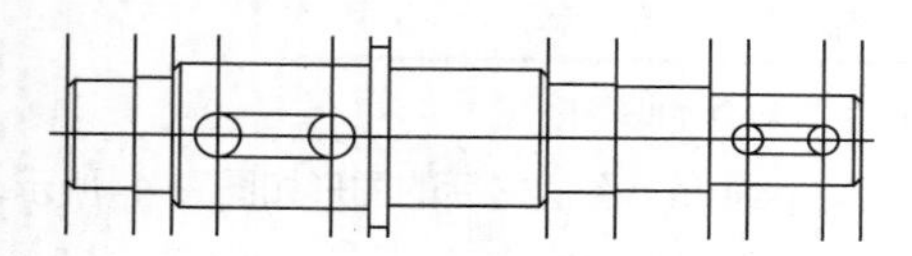

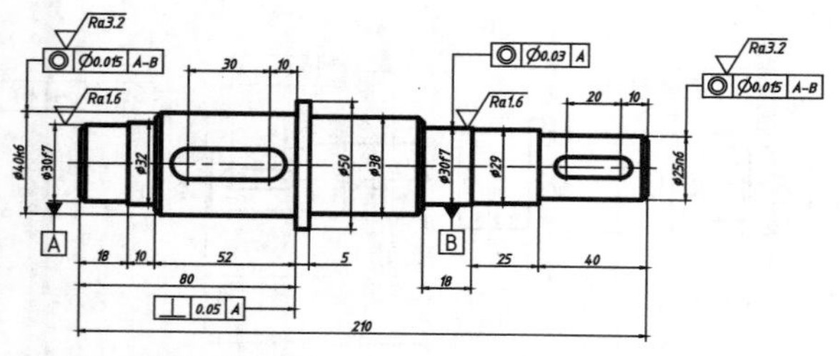

图 7-46 图层解冻效果

提示

图层的“冻结”和“关闭”，都能使得该图层上的对象全部被隐藏，看似效果一致，其实仍有不同。被“关闭”的图层，不能显示、不能编辑、不能打印，但仍然存在于图形文件当中，图形刷新时仍会加载该图层上的对象，可以近似理解为被“忽视”。被“冻结”的图层，除了不能显示、不能编辑、不能打印之外，还不会再被认为属于图形文件，图形刷新时也不会再加载该层上的对象，可以理解为被“无视”。

图层“冻结”和“关闭”的一个典型区别就是图形刷新时的处理差别。在本例中，如果选择关闭“Defpoints”图层，那双击鼠标中键进行“范围”缩放时，则效果如图7-47所示，辅助图虽然已经隐藏，但图形上方仍空出了它的区域；而“冻结”该图层后则如图7-48所示，相当于删除了辅助图。

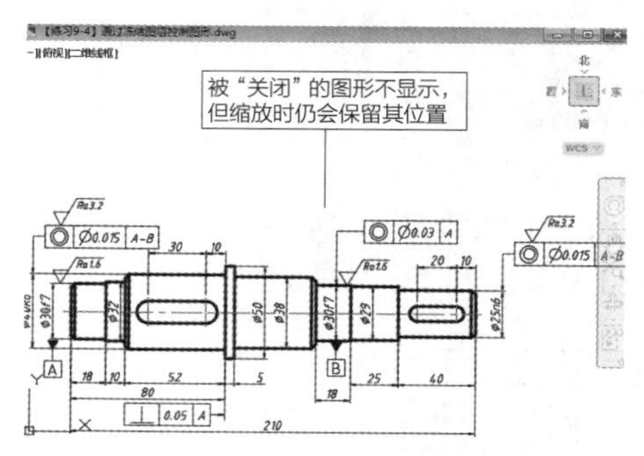

图 7-47 图层“关闭”时的视图缩放效果

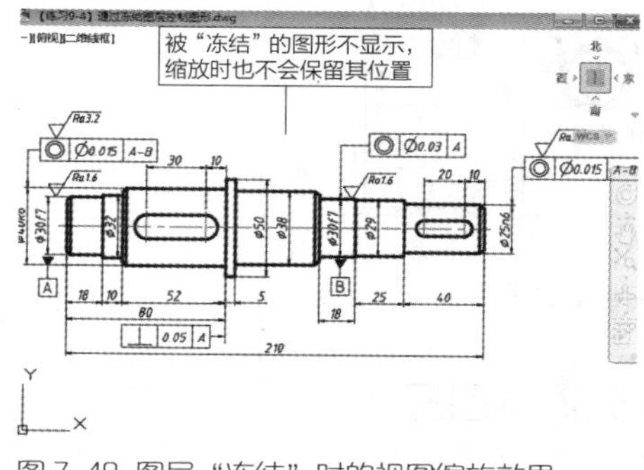

图 7-48 图层“冻结”时的视图缩放效果

实战267 隔离图层

难度：☆☆☆

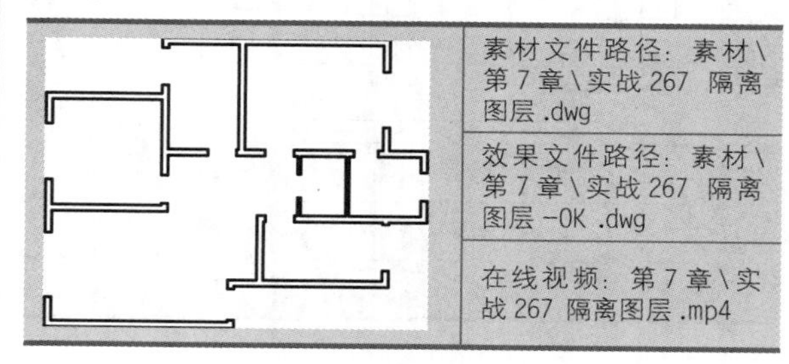

素材文件路径：素材\第 7 章\实战 267 隔离图层 .dwg
效果文件路径：素材\第 7 章\实战 267 隔离图层 -OK .dwg
在线视频：第 7 章\实战 267 隔离图层 .mp4

在AutoCAD中，使用“隔离图层”命令可以关闭除选定对象所在图层之外的所有图层。

01 打开素材文件“第7章\实战267 隔离图层.dwg”，如图7-49所示。

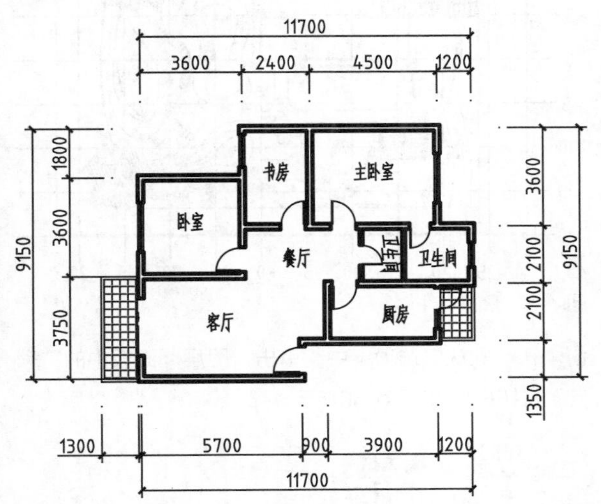

图 7-49 素材文件

02 在“默认”选项卡中，单击“图层”面板中的“隔离”按钮，如图7-50所示，执行“图层隔离”命令。

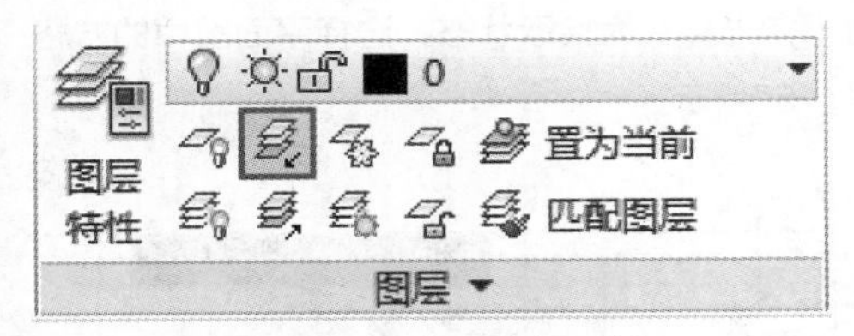

图 7-50 “图层”面板中的“隔离”按钮

03 此时十字光标变为拾取状态，选择平面图中的墙体线，如图7-51所示。

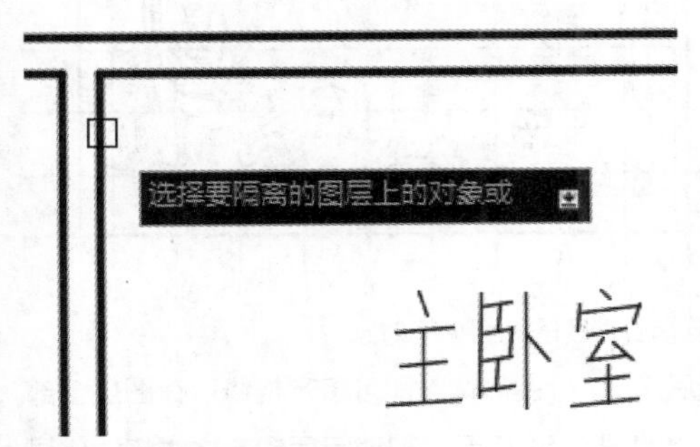

图 7-51 选择要隔离的图层上的对象

04 选择后按Enter键确认，即可将除墙体线所在图层之外的其他所有图层全部关闭，效果如图7-52所示。可见该方法在需要单独显示某图层的情况下较“关闭图层”命令更为便捷。

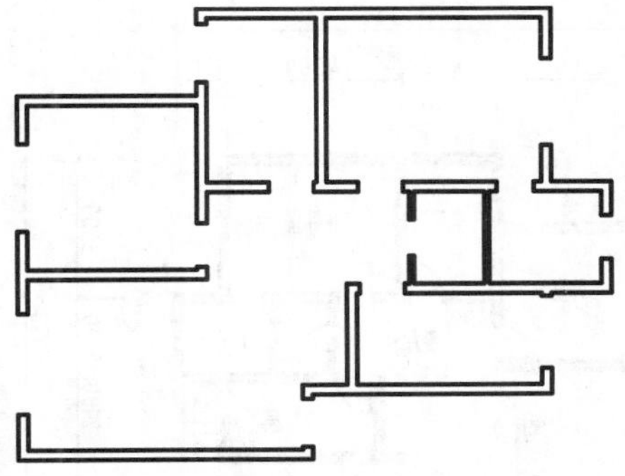

图 7-52 “隔离图层”后的显示效果

实战268 取消图层隔离

难度：☆☆

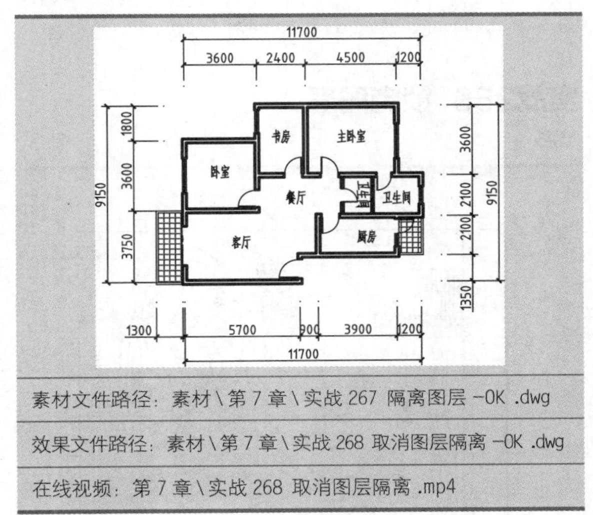

素材文件路径：素材\第 7 章\实战 267 隔离图层 -OK .dwg

效果文件路径：素材\第 7 章\实战 268 取消图层隔离 -OK .dwg

在线视频：第 7 章\实战 268 取消图层隔离 .mp4

在AutoCAD中，“取消隔离”命令可以将图层恢复为隔离之前的状态，且保留使用隔离后对图层设置的更改。

01 延续上一例进行操作，也可以打开素材文件“第7章\实战267 隔离图层-OK .dwg”。

02 在“默认”选项卡中，单击“图层”面板中的“取消隔离”按钮，如图7-53所示，执行“取消隔离”命令。

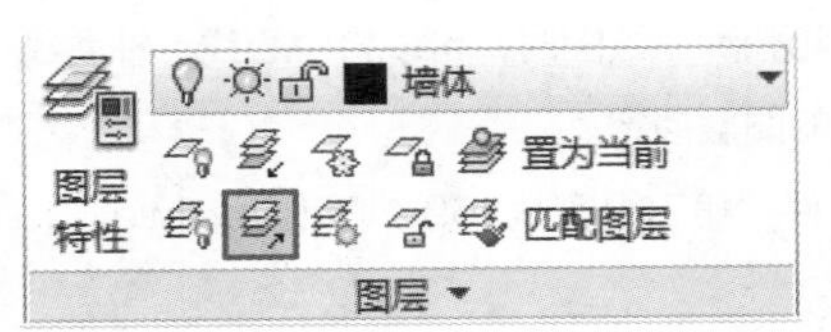

图 7-53 “图层”面板中的“取消隔离”按钮

03 单击该按钮后图形恢复为非隔离状态，如图7-54所示。

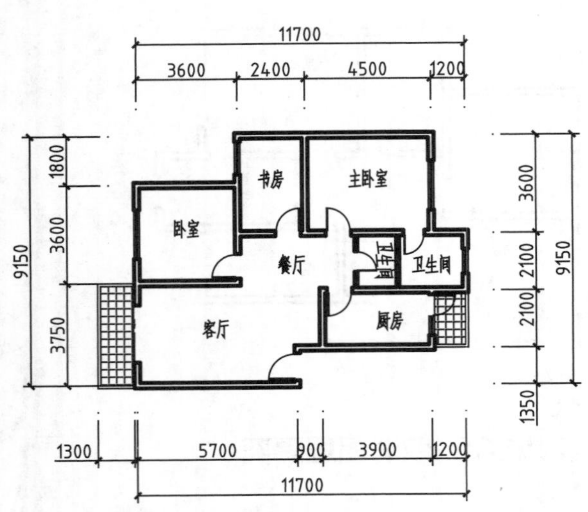

图 7-54 取消隔离图层后的显示效果

实战269 锁定图层

难度：☆☆

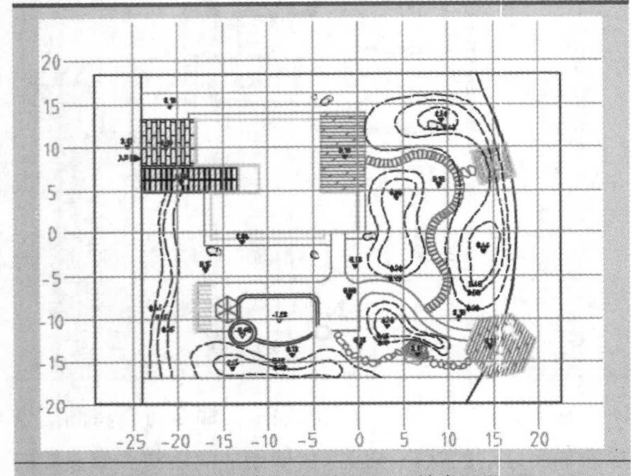

素材文件路径：素材\第 7 章\实战 269 锁定图层 .dwg

效果文件路径：素材\第 7 章\实战 269 锁定图层 -OK .dwg

在线视频：第 7 章\实战 269 锁定图层 .mp4

如果某个图层上的对象只需要显示，不需要进行编辑，那么可以锁定该图层。被锁定图层上的对象仍然可见，但会淡化显示，而且可以被选择、标注和测量，但不能被编辑、修改和删除。绘图时，可以将中心线、辅助线等基准线条所在的图层锁定。

01 打开素材文件“第7章\实战269 锁定图层.dwg”，如图7-55所示。

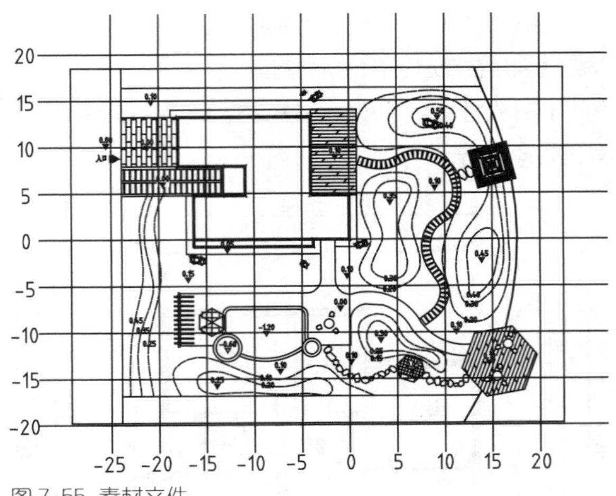

图 7-55 素材文件

02 在“默认”选项卡中，单击“图层”面板中的“锁定”按钮，如图7-56所示。

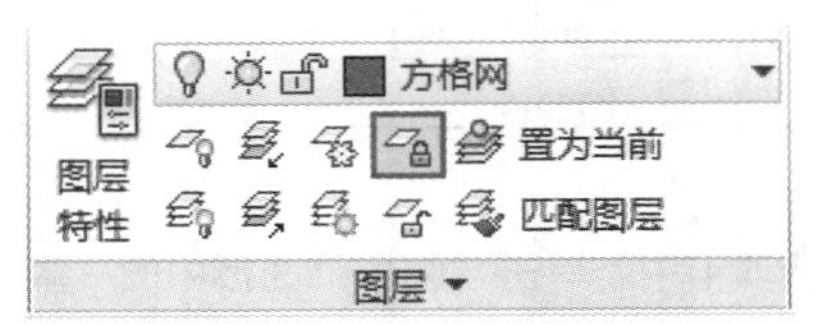

图 7-56 “图层”面板中的“锁定”按钮

03 此时十字光标变为拾取状态，选择平面图中的方格线，如图7-57所示。

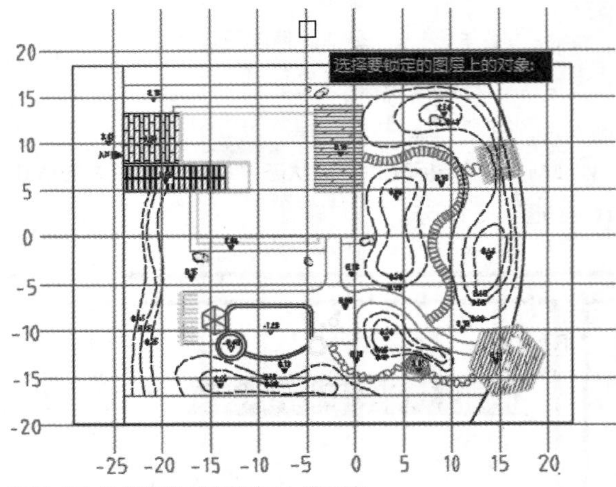

图 7-57 选择要锁定的图层上的对象

04 选择后按Enter键确认，即可将方格线所在图层全部锁定，效果如图7-58所示。被锁定后的方格线将淡化显示，无法被编辑、修改和删除。

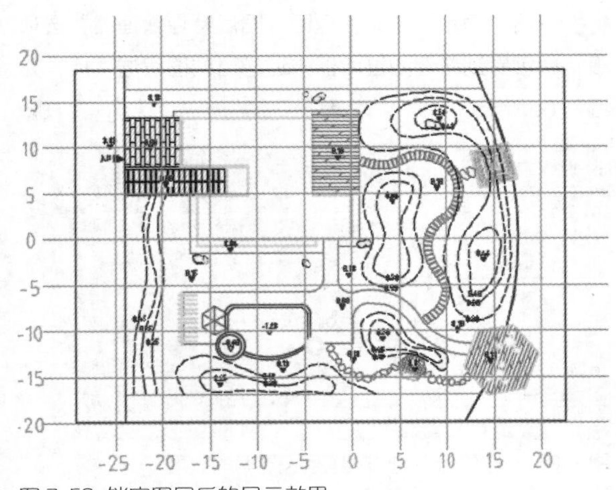

图 7-58 锁定图层后的显示效果

实战270 解锁图层

难度：☆☆

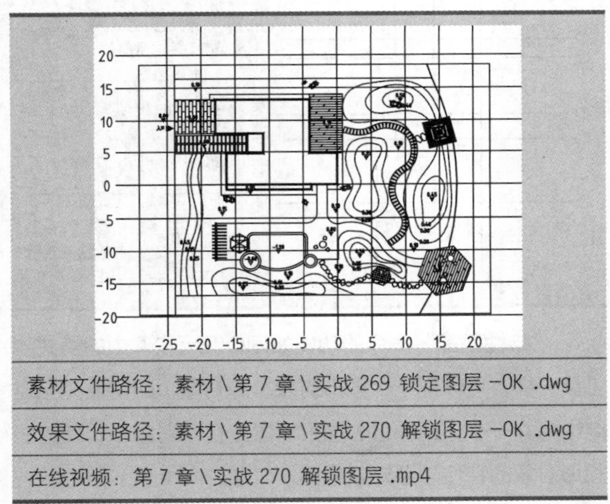

素材文件路径：素材\第 7 章\实战 269 锁定图层 -OK .dwg

效果文件路径：素材\第 7 章\实战 270 解锁图层 -OK .dwg

在线视频：第 7 章\实战 270 解锁图层 .mp4

在AutoCAD 中，“解锁图层”命令可以将之前所有锁定的图层解锁，在这些图层上创建的对象将恢复正常显示，能被编辑与修改。

01 延续上一例进行操作，也可以打开素材文件“第7章\实战269 锁定图层-OK .dwg”。

02 在“默认”选项卡中，单击“图层”面板中的“解锁”按钮，如图7-59所示。

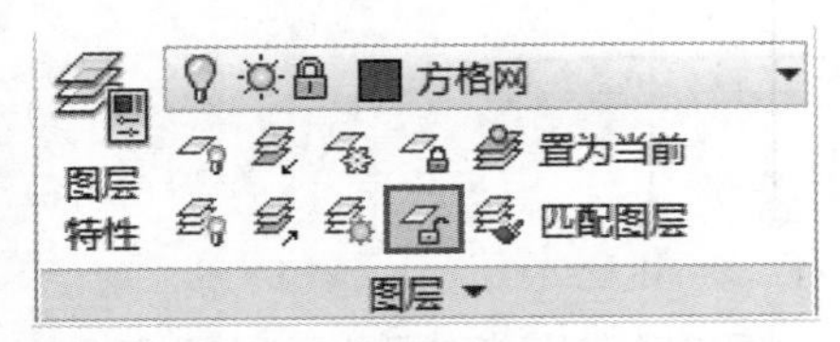

图 7-59 “图层”面板中的“解锁”按钮

03 单击该按钮后选择要解锁的图层上的对象，如图7-60所示。

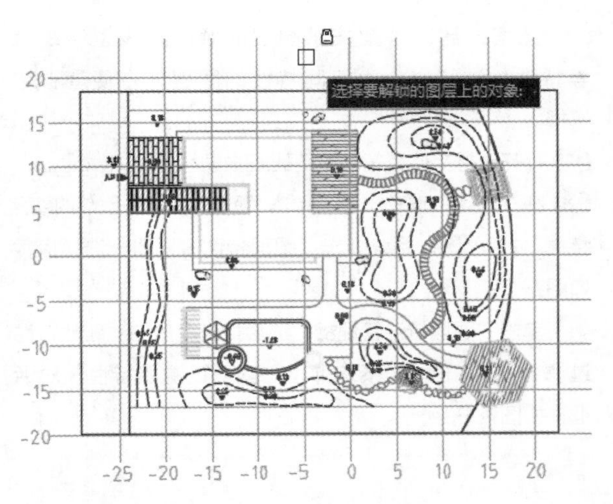

图 7-60 选择要解锁的图层上的对象

04 选择后即可解锁图层，显示效果变为正常，如图7-61所示。

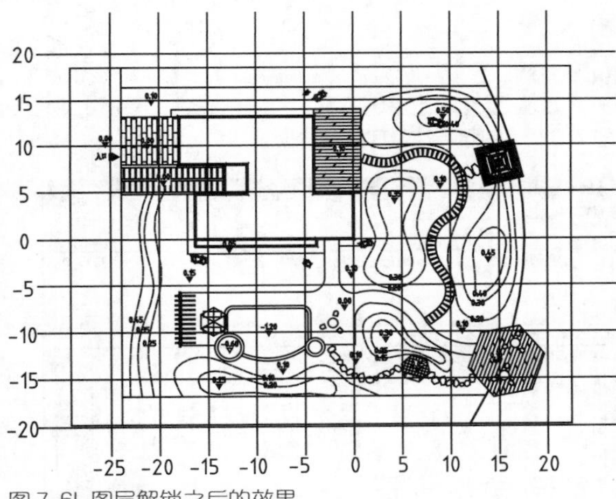

图 7-61 图层解锁之后的效果

实战271 图层过滤

难度：☆☆

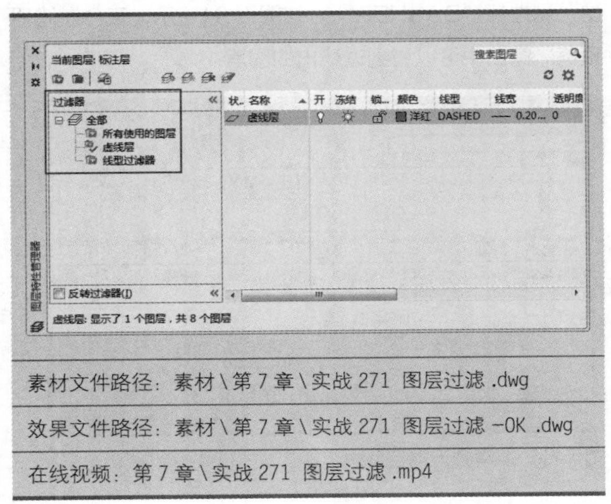

素材文件路径：素材\第 7 章\实战 271 图层过滤 .dwg

效果文件路径：素材\第 7 章\实战 271 图层过滤 -OK .dwg

在线视频：第 7 章\实战 271 图层过滤 .mp4

图层过滤就是指按照图层的颜色、线型、线宽等特性，过滤出一类相同特性的图层，方便查看与选择。

01 打开素材文件“第7章\实战271 图层过滤.dwg”。

02 在“默认”选项卡中，单击“图层”面板上的“图层特性”按钮，系统弹出“图层特性管理器”选项板，如图7-62所示。

03 单击“图层特性管理器”选项板左上角的“新建特性过滤器”按钮，系统弹出“图层过滤器特性”对话框，如图7-63所示。

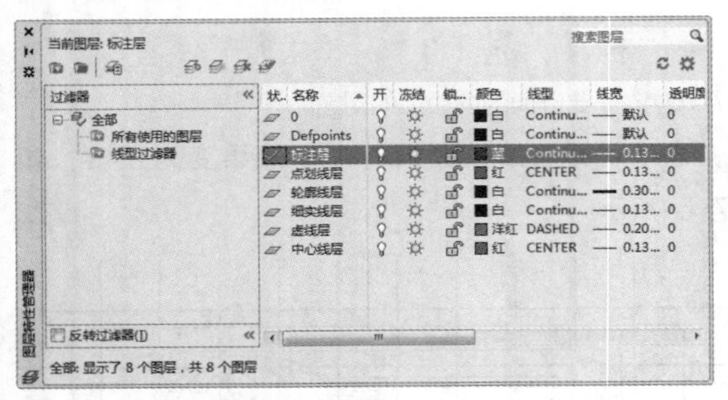

图 7-62 “图层特性管理器”选项板

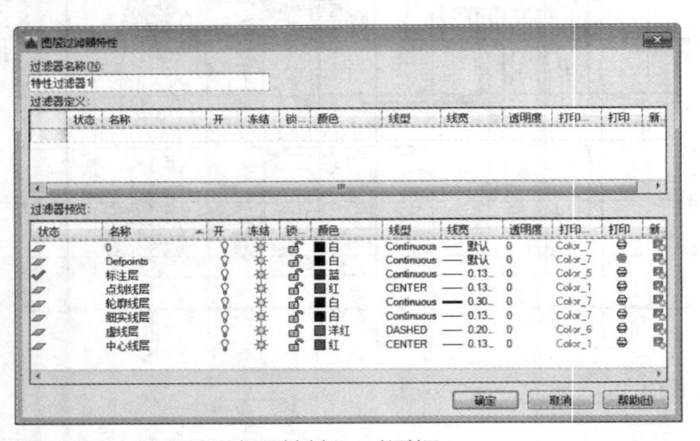

图 7-63 “图层过滤器特性”对话框

04 重命名“特性过滤器1”为“虚线层”，设置“线型”属性值“DASHED”，如图7-64所示，在“过滤器预览”窗口中可以看到过滤出的图层。

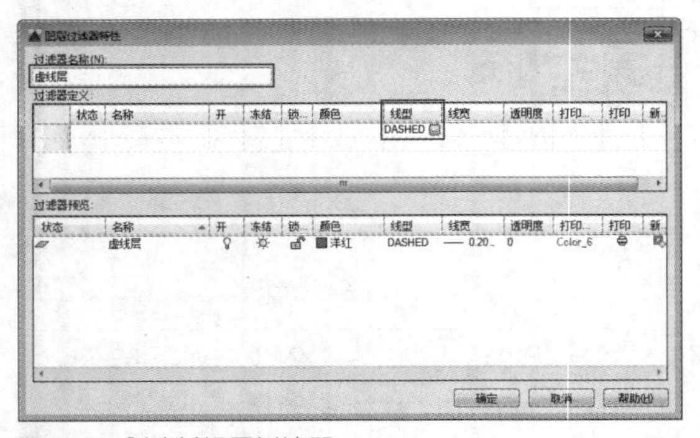

图 7-64 创建并设置过滤器

05 单击“确定”按钮，返回“图层特性管理器”选项板，即可看到新建的过滤器与过滤出的图层选项板，如图7-65所示。

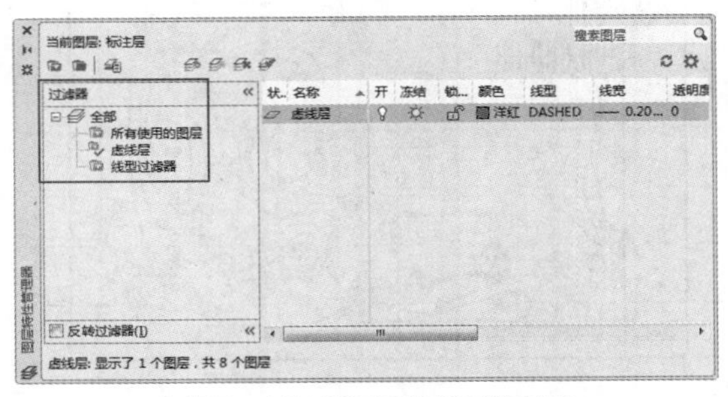

图 7-65 “虚线层”过滤器图层设置后的效果

实战272 特性匹配图层

难度：☆☆

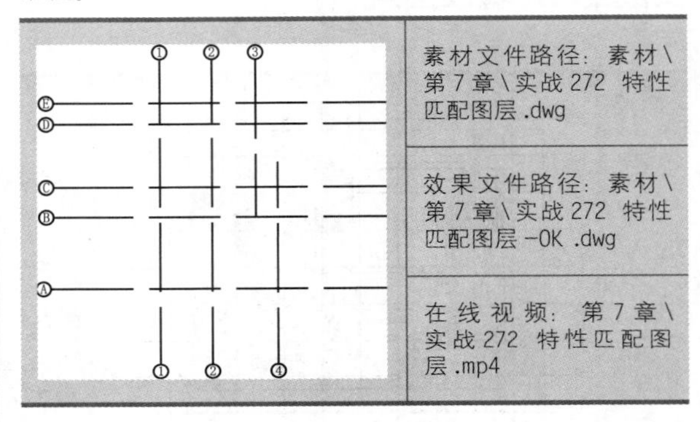

素材文件路径：素材\第7章\实战272 特性匹配图层.dwg

效果文件路径：素材\第7章\实战272 特性匹配图层-OK.dwg

在线视频：第7章\实战272 特性匹配图层.mp4

“特性匹配”命令的功能如同Office软件中的格式刷工具一样，可以把一个图形对象（源对象）的特性完全过继给另外一个（或一组）图形对象（目标对象），使这些图形对象的特性与源对象相同。

01 打开素材文件“第7章\实战272 特性匹配图层.dwg”，如图7-66所示。

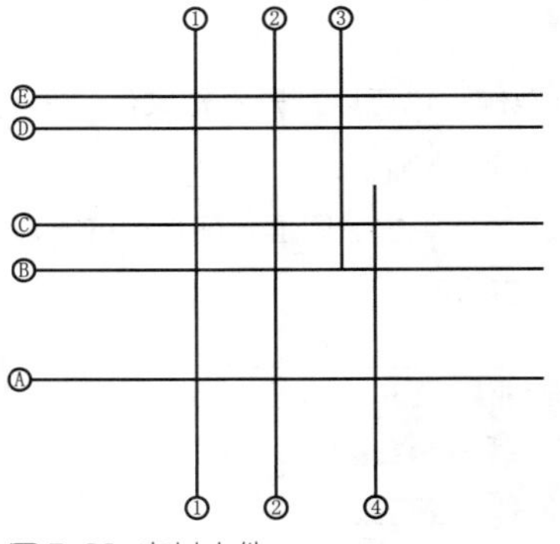

图 7-66 素材文件

02 选择轴线E，编辑其特性，将线型比例设置为200，如图7-67所示。

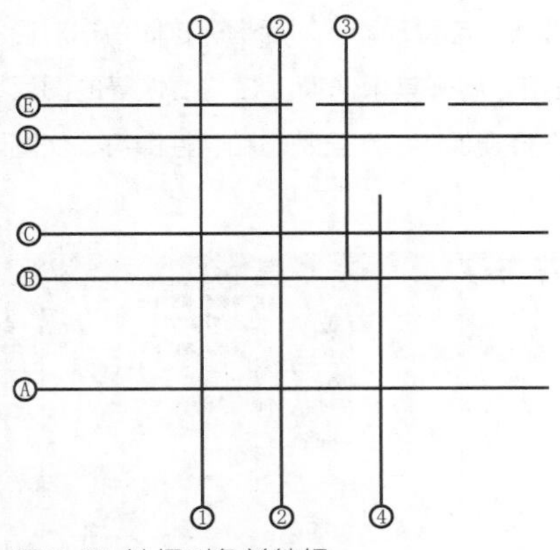

图 7-67 选择对象并编辑

03 在命令行输入“MA”并按Enter键，将轴线E的特性应用到其他轴线上，如图7-68所示，命令行操作如下。

```
命令: MA↙
        //执行“特性匹配”命令
MATCHPROP
选择源对象:
        //单击选择轴线E作为源对象
当前活动设置: 颜色 图层 线型 线型比例 线宽 透明度 厚度 打印样式 标注 文字 图案填充 多段线 视口 表格 材质 阴影显示 多重引线
选择目标对象或 [设置(S)]:
选择目标对象或 [设置(S)]:
选择目标对象或 [设置(S)]:
选择目标对象或 [设置(S)]:
选择目标对象或 [设置(S)]:
选择目标对象或 [设置(S)]:
选择目标对象或 [设置(S)]:
选择目标对象或 [设置(S)]:
        //依次单击其他8条轴线，完成特性匹配
```

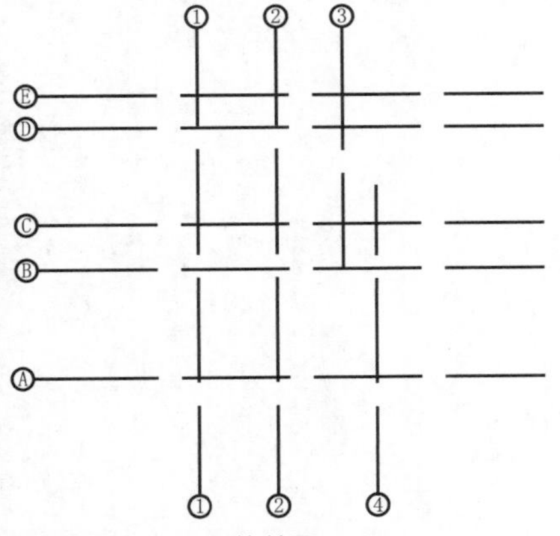

图 7-68 特性匹配的效果

提示

通常，源对象可供匹配的特性很多，执行“特性匹配”命令的过程中，在命令行选择“设置”选项，系统弹出如图7-69所示的“特性设置”对话框。在该对话框中，可以设置哪些特性允许匹配，哪些特性不允许匹配。

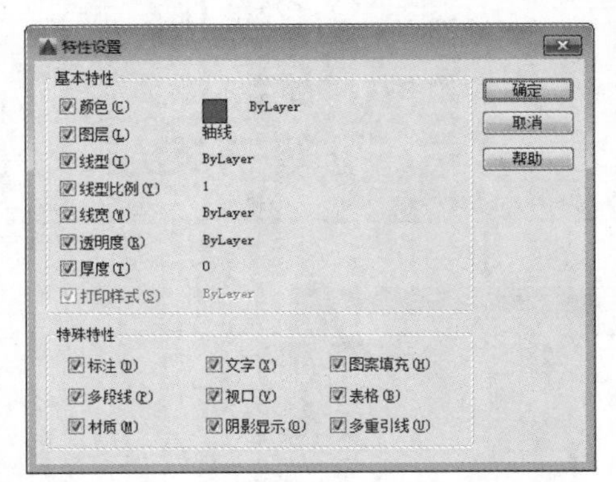

图 7-69 “特性设置”对话框

实战273 保存图层状态

难度：☆☆☆

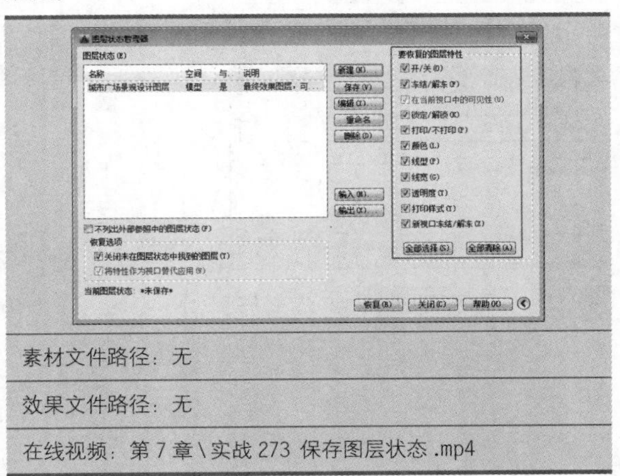

素材文件路径：无

效果文件路径：无

在线视频：第 7 章 \ 实战 273 保存图层状态 .mp4

每次调整所有图层状态和特性都要花费很长的时间。实际上，可以保存并恢复图层状态集，也就是保存并恢复某个图形所在的所有图层的特性和状态，保存图层状态集之后，可随时恢复其状态。

01 新建一个空白文档，创建好所需的图层并设置好它们的各项特性。

02 在“图层特性管理器”选项板中单击“图层状态管理器”按钮，打开“图层状态管理器”对话框，如图7-70所示。

03 在对话框中单击“新建”按钮，系统弹出“要保存的新图层状态”对话框，在该对话框的“新图层状态名”文本框中输入新图层的状态名，如图7-71所示，用户也可以输入说明文字进行备注，最后单击“确定”按钮。

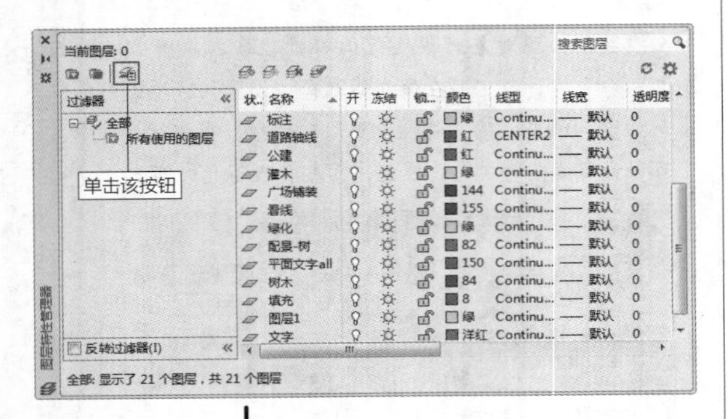

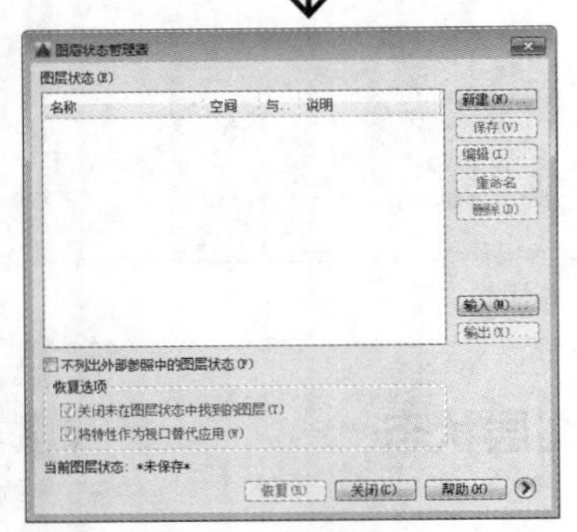

图 7-70 打开“图层状态管理器”对话框

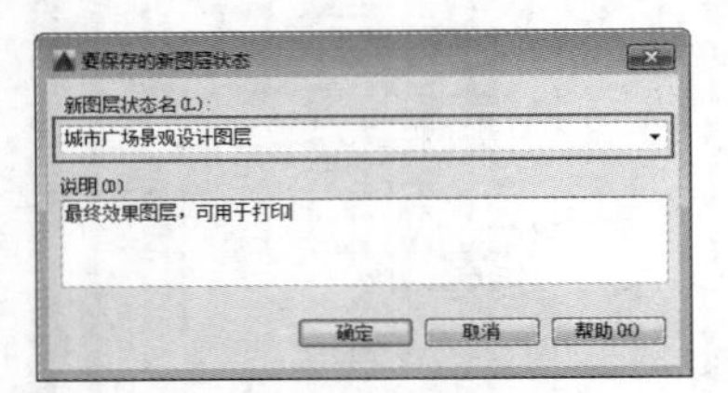

图 7-71 “要保存的新图层状态”对话框

04 系统返回“图层状态管理器”对话框，这时单击对话框右下角的 ⊙ 按钮，展开其余选项。在“要恢复的图层特性”选项组中选择要保存的图层状态和特性即可，如图7-72所示。

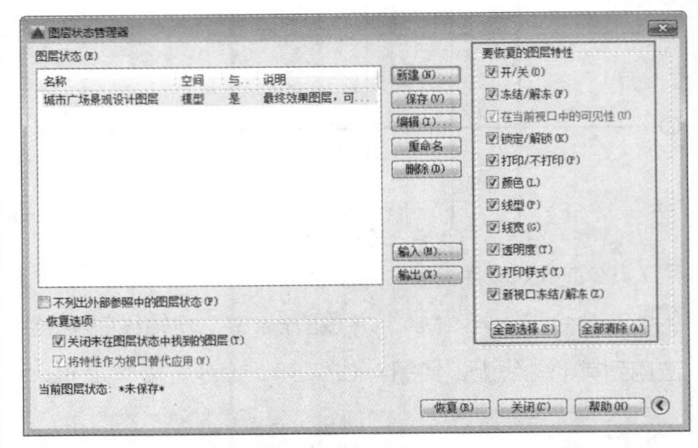

图 7-72 选择要保存的图层状态和特性

提示

没有保存的图层状态和特性在后面进行恢复图层状态的时候就不会起作用。例如，如果仅保存图层的“开/关”状态，然后在绘图时修改图层的“开/关”状态和“颜色”，那恢复图层状态时，仅仅“开/关”状态可以被还原，而“颜色”仍为修改后的新颜色。如果要使得图形与保存图层状态时完全一致（就图层来说），可以勾选“关闭未在图层状态中找到的图层”复选框，这样，在恢复图层状态时，在图层状态已保存之后新建的所有图层都会被关闭。

第 8 章

图形约束与信息查询

“图形约束”是从AutoCAD 2010版本开始新增的一项功能，这在很大程上改变了在AutoCAD中绘制图形的思路和方法。“图形约束”能够使设计更加方便，也是今后设计领域的发展趋势。常用的约束有“几何约束”和“尺寸约束”两种，其中“几何约束”用于控制对象的位置关系，“尺寸约束”用于控制对象的距离、长度、角度和半径值。

计算机辅助设计不可缺少的一个功能就是提供对图形对象的点坐标、距离、周长、面积等属性的查询。AutoCAD 2020提供了查询图形对象的面积、距离、坐标、周长、体积等属性的工具。

8.1 约束的创建与编辑

常用的对象约束有“几何约束”和“尺寸约束”两种。其中，“几何约束”用于控制对象的位置关系，包括“重合约束”“共线约束”“平行约束”“垂直约束”“同心约束”“相切约束”“相等约束”“对称约束”“水平约束”“竖直约束”等；“尺寸约束”用于控制对象的距离、长度、角度和半径值，包括“对齐约束”“水平约束”“竖直约束”“半径约束”“直径约束”“角度约束”等。

实战274 创建重合约束

难度：☆☆

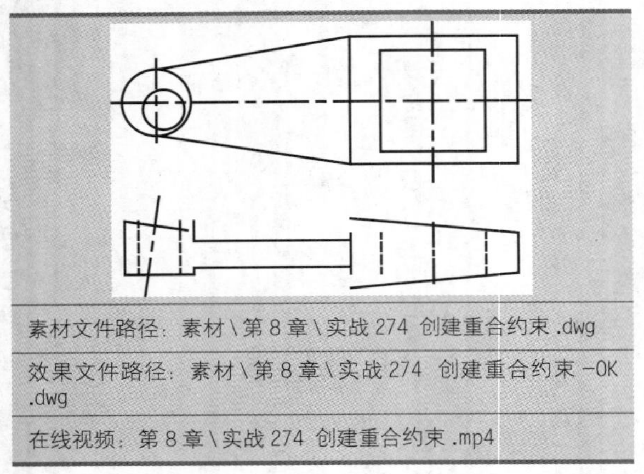

素材文件路径：素材\第8章\实战274 创建重合约束.dwg
效果文件路径：素材\第8章\实战274 创建重合约束-OK.dwg
在线视频：第8章\实战274 创建重合约束.mp4

“重合约束”命令用于约束两点使其重合，或约束一个点使其位于曲线（或曲线的延长线）上。可以使对象上的约束点与某个对象重合，也可以使其与另一对象上的约束点重合。

01 打开素材文件“第8章\实战274 创建重合约束”，如图8-1所示。

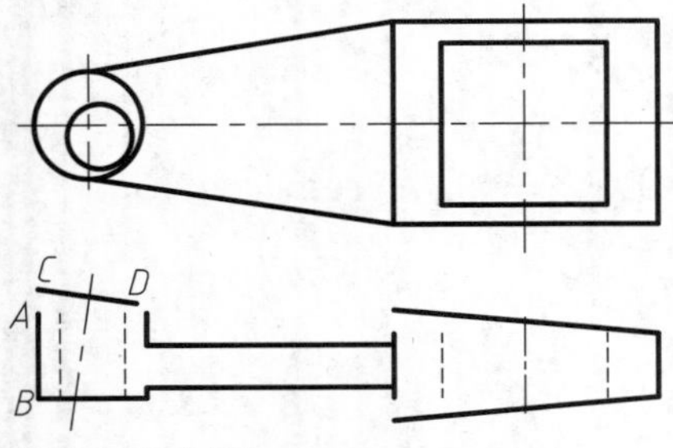

图8-1 素材文件

02 在“参数化”选项卡中，单击“几何”面板上的“重合”按钮，如图8-2所示，执行“重合约束”命令。

图8-2 “几何”面板中的“重合”按钮

03 使线段AB和线段CD的端点在点A重合，如图8-3所示，命令行操作如下。

```
命令：_GcCoincident
                //执行“重合约束”命令
选择第一个点或 [对象(O)/自动约束(A)] <对象>:
                //捕捉并单击点A
选择第二个点或 [对象(O)] <对象>:
                //捕捉并单击点C，完成约束
```

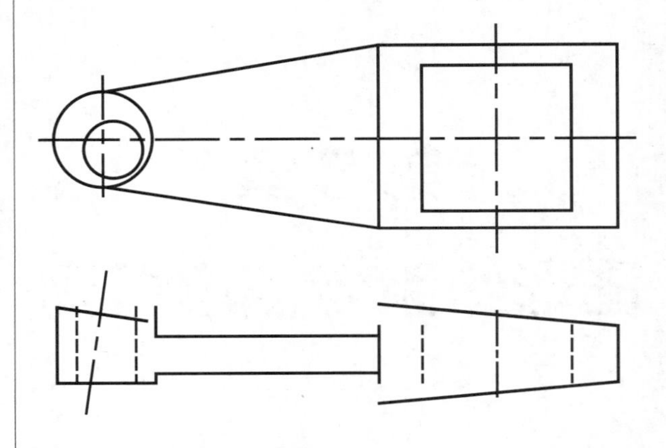

图8-3 重合约束的效果

实战275 创建垂直约束

难度：☆☆

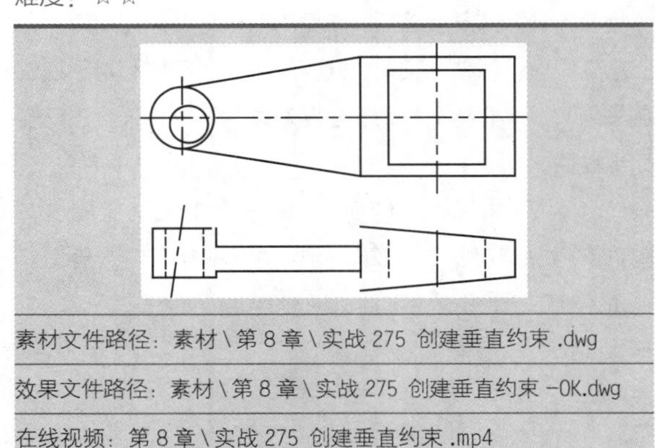

素材文件路径：素材\第8章\实战275 创建垂直约束.dwg
效果文件路径：素材\第8章\实战275 创建垂直约束-OK.dwg
在线视频：第8章\实战275 创建垂直约束.mp4

“垂直约束”命令使选定的直线彼此垂直，“垂直约束”命令可以应用在两个直线对象之间。

01 打开素材文件“第8章\实战275 创建垂直约束”，如图8-4所示。

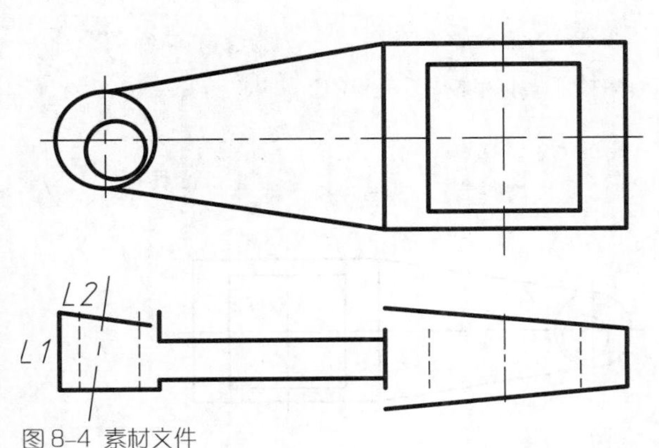

图 8-4 素材文件

02 在“参数化”选项卡中，单击“几何”面板上的“垂直”按钮，如图8-5所示，执行“垂直约束”命令。

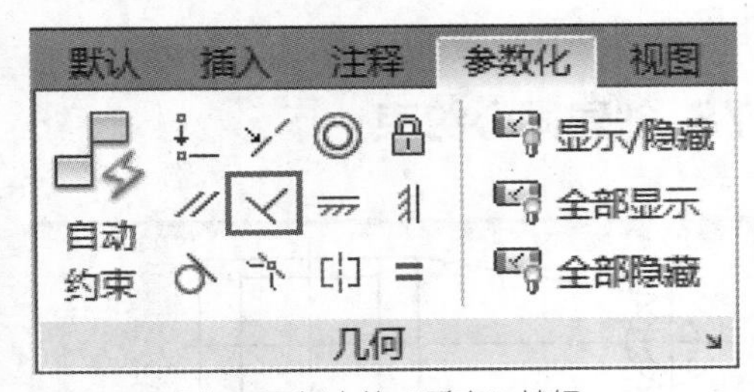

图 8-5 “几何”面板中的“垂直”按钮

03 使直线*L 1*和*L 2*相互垂直，如图8-6所示，命令行操作如下。

```
命令：_GcPerpendicular
                    //执行“垂直约束”命令
选择第一个对象：    //选择直线L 1
选择第二个对象：    //选择直线L 2
```

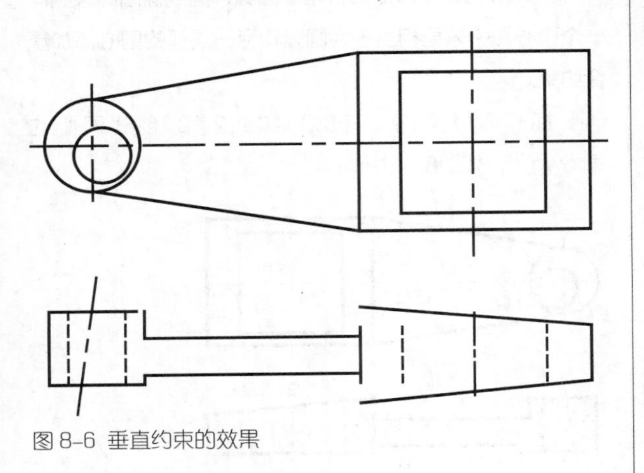

图 8-6 垂直约束的效果

实战276 创建共线约束

难度：☆☆

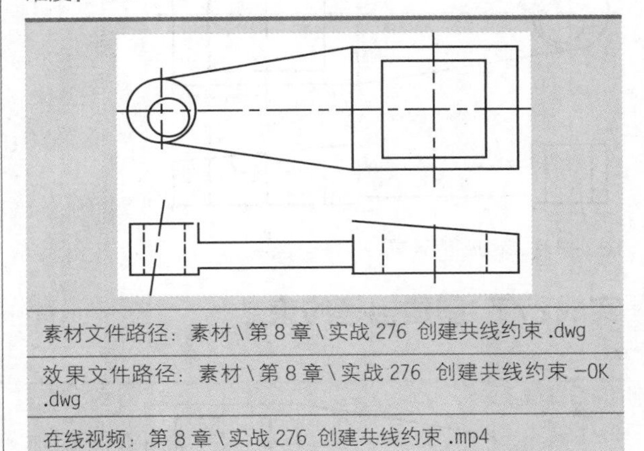

素材文件路径：素材 \ 第 8 章 \ 实战 276 创建共线约束 .dwg
效果文件路径：素材 \ 第 8 章 \ 实战 276 创建共线约束 -OK .dwg
在线视频：第 8 章 \ 实战 276 创建共线约束 .mp4

“共线约束”命令可以控制两条或多条直线到同一直线方向，常用来创建空间共线的对象。

01 打开素材文件“第8章\实战276 创建共线约束.dwg”，如图8-7所示。

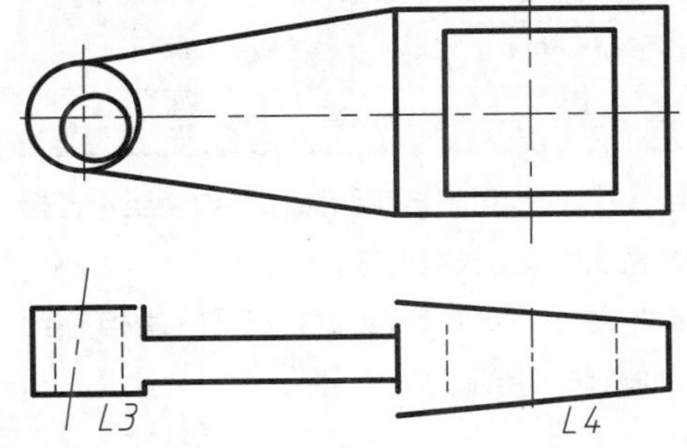

图 8-7 素材文件

02 在“参数化”选项卡中，单击“几何”面板上的“共线”按钮，如图8-8所示，执行“共线约束”命令。

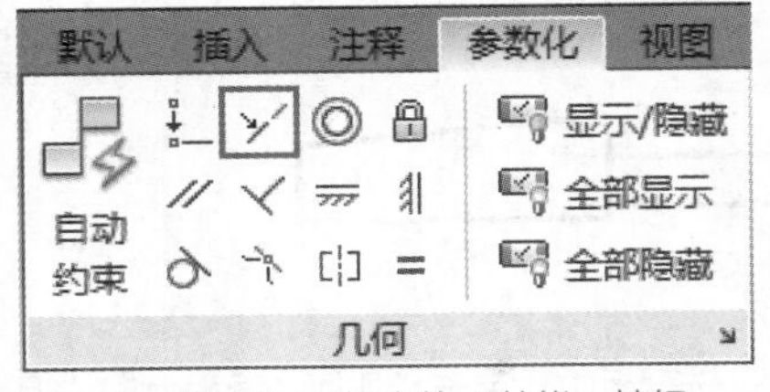

图 8-8 “几何”面板中的“共线”按钮

03 选择*L 3*和*L 4*两条直线，使两条直线共线，如图8-9所示，命令行操作如下。

```
命令：_GcCollinear          //执行“共线约束”命令
选择第一个对象或 [多个(M)]：
                            //选择直线L 3
选择第二个对象：            //选择直线L 4
```

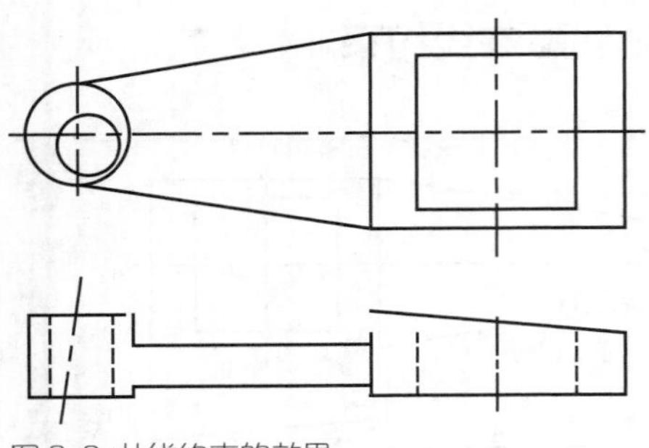

图 8-9 共线约束的效果

实战277 创建相等约束

难度：☆☆

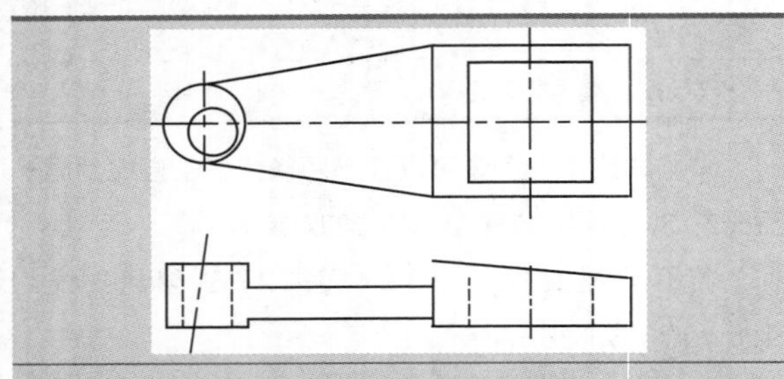

素材文件路径：素材 \ 第 8 章 \ 实战 277 创建相等约束 .dwg

效果文件路径：素材 \ 第 8 章 \ 实战 277 创建相等约束 -OK .dwg

在线视频：第 8 章 \ 实战 277 创建相等约束 .mp4

“相等约束”命令可将选定圆弧和圆约束至半径相等，或将选定直线约束至长度相等。

01 打开素材文件“第8章\实战277 创建相等约束.dwg”，如图8-10所示。

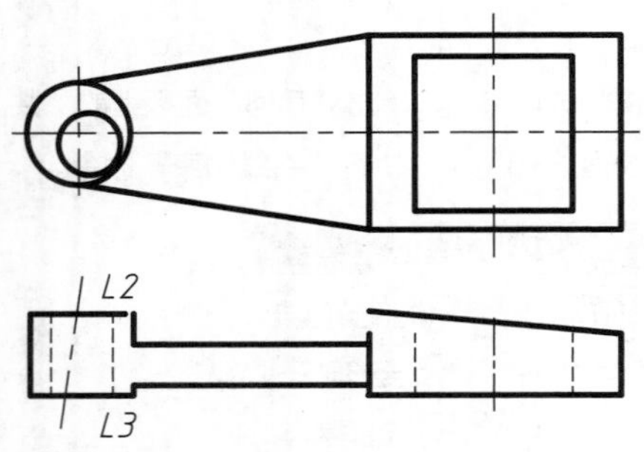

图 8-10 素材文件

02 在“参数化”选项板中，单击“几何”面板上的“相等”按钮[=]，如图8-11所示，执行“相等约束”命令。

图 8-11 “几何”面板中的“相等”按钮

03 选择直线*L 2*和*L 3*，创建相等约束，如图8-12所示，命令行操作如下。

```
命令：_GcEqua↙                //执行“相等约束”命令
选择第一个对象或 [多个(M)]:
                             //选择L 3直线
选择第二个对象:               //选择L 2直线
```

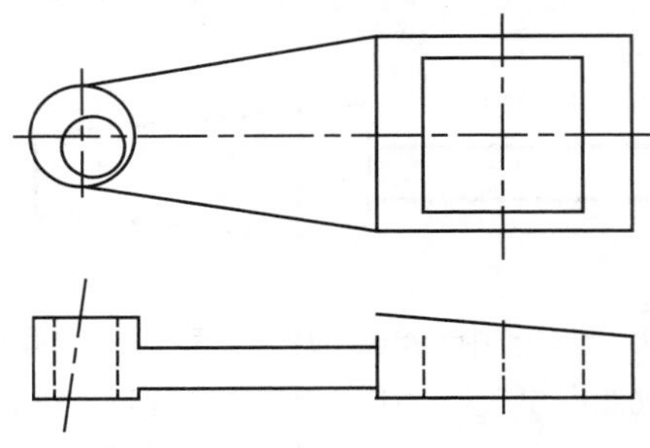

图 8-12 相等约束的效果

实战278 创建同心约束

难度：☆☆

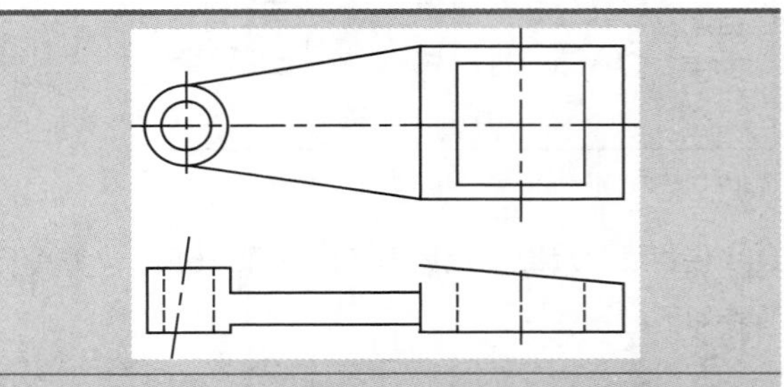

素材文件路径：素材 \ 第 8 章 \ 实战 278 创建同心约束 .dwg

效果文件路径：素材 \ 第 8 章 \ 实战 278 创建同心约束 -OK .dwg

在线视频：第 8 章 \ 实战 278 创建同心约束 .mp4

“同心约束”命令可将两个圆弧、圆或椭圆约束到同一个中心点，效果相当于为圆弧和另一圆弧的圆心添加重合约束。

01 打开素材文件“第8章\实战278 创建同心约束.dwg”，如图8-13所示。

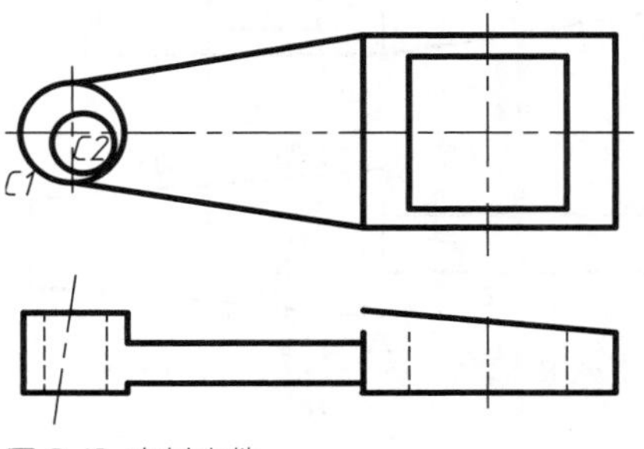

图 8-13 素材文件

02 在“参数化”选项卡中，单击“几何”面板上的“同心”按钮◎，如图8-14所示，执行“同心约束”命令。

图 8-14 “几何”面板中的“同心”按钮

03 选择素材文件中的圆*C 1*和*C 2*，约束两圆同心，如图8-15所示，命令行操作如下。

```
命令: _GcConcentric        //执行“同心约束”命令
选择第一个对象:             //选择圆C 1
选择第二个对象:             //选择圆C 2
```

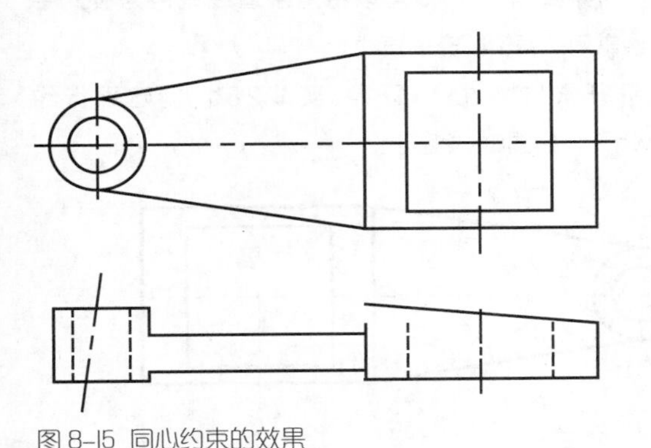

图 8-15 同心约束的效果

实战279 创建竖直约束

难度：☆☆

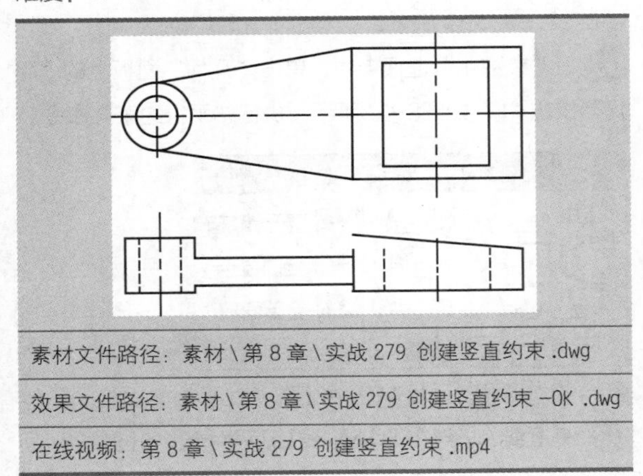

素材文件路径：素材 \ 第 8 章 \ 实战 279 创建竖直约束 .dwg

效果文件路径：素材 \ 第 8 章 \ 实战 279 创建竖直约束 -OK .dwg

在线视频：第 8 章 \ 实战 279 创建竖直约束 .mp4

选择任意直线或点，创建竖直约束，可以使所选直线或点与当前坐标系*Y* 轴平行。

01 打开素材文件“第8章\实战279 创建竖直约束.dwg”，如图8-16所示。

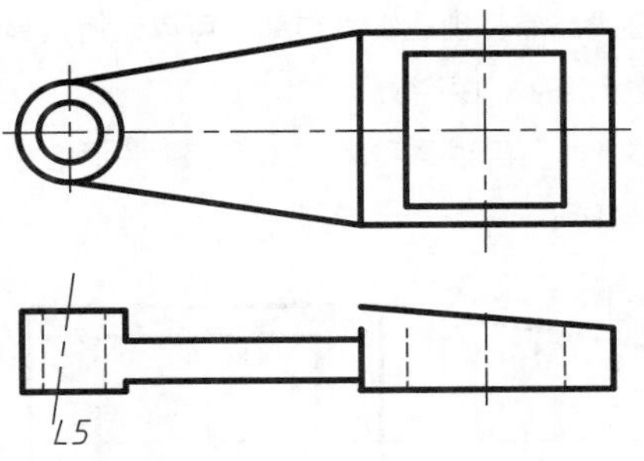

图 8-16 素材文件

02 在“参数化”选项卡中单击“几何”面板上的“竖直”按钮，如图8-17所示，执行“竖直约束”命令。

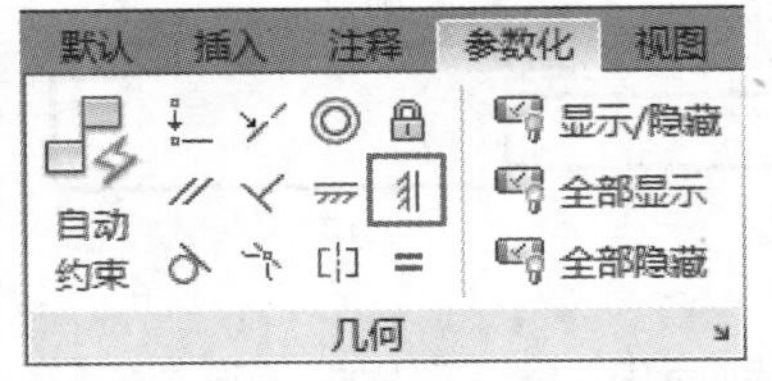

图 8-17 “几何”面板中的“竖直”按钮

03 选择中心线*L 5*，使中心线调整到竖直位置，如图8-18所示，命令行操作如下。

```
命令: _GcVertical↙          //执行“竖直约束”命令
选择对象或 [两点(2P)] <两点>:
                            //选择中心线L 5
```

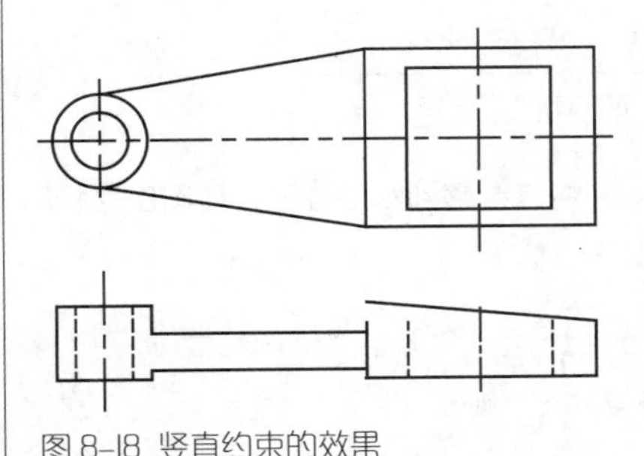

图 8-18 竖直约束的效果

实战280 创建水平约束

难度：☆☆

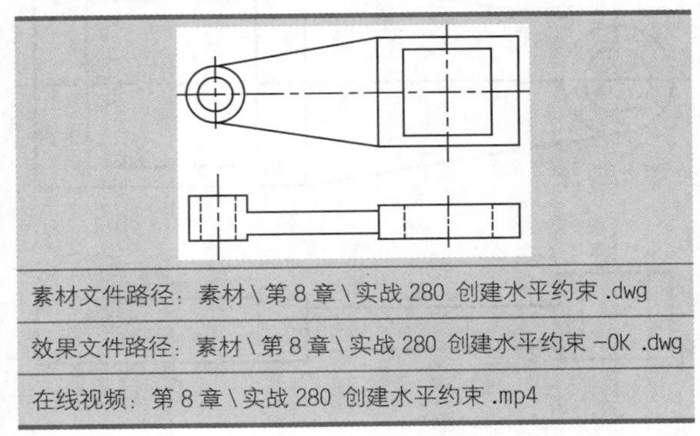

素材文件路径：素材 \ 第 8 章 \ 实战 280 创建水平约束 .dwg

效果文件路径：素材 \ 第 8 章 \ 实战 280 创建水平约束 -OK .dwg

在线视频：第 8 章 \ 实战 280 创建水平约束 .mp4

选择任意直线或点，创建水平约束，可以使所选直线或点与当前坐标系的X轴平行。

01 打开素材文件“第8章\实战280 创建水平约束dwg”，如图8-19所示。

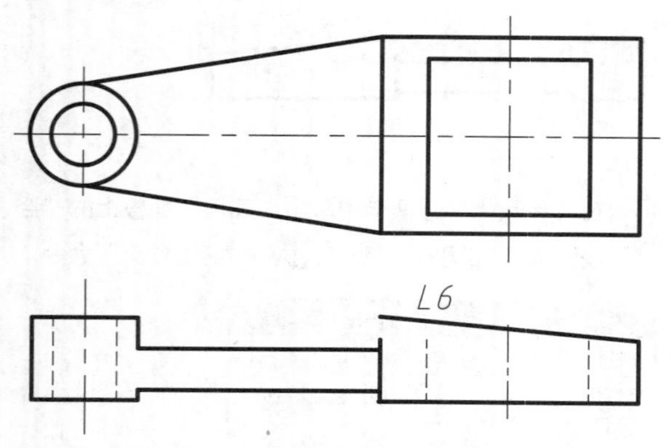

图 8-19 素材文件

02 在“参数化”选项卡中，单击“几何”面板上的“水平”按钮，如图8-20所示，执行“水平约束”命令。

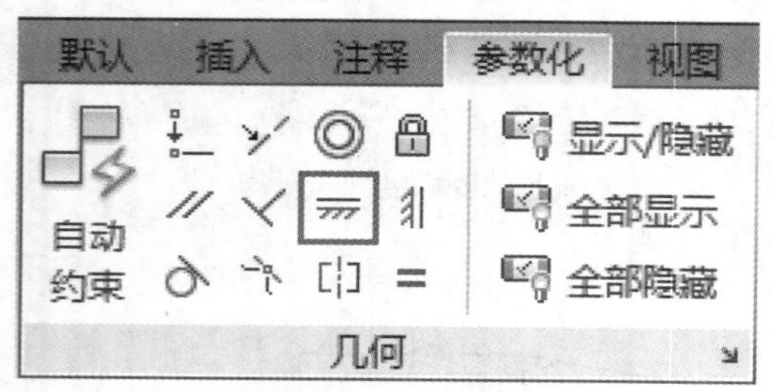

图 8-20 “几何”面板中的“水平”按钮

03 选择直线L 6，将其调整到水平位置，如图8-21所示，命令行操作如下。

```
命令: _GcHorizonta↙        //执行“水平约束”命令
选择对象或 [两点(2P)] <两点>:
                            //在直线L 6右半部分单击
```

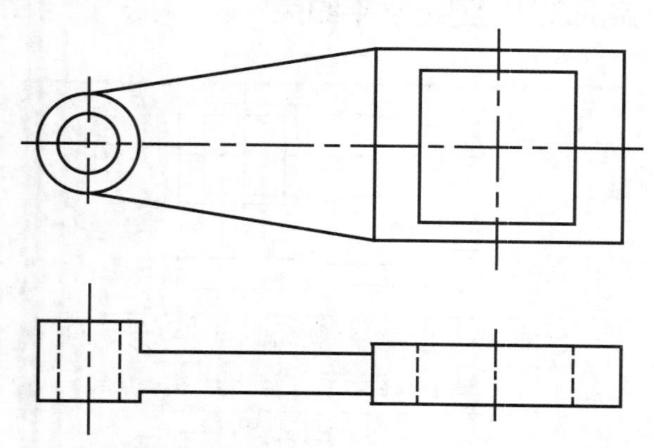

图 8-21 水平约束的效果

实战281 创建平行约束

难度：☆☆

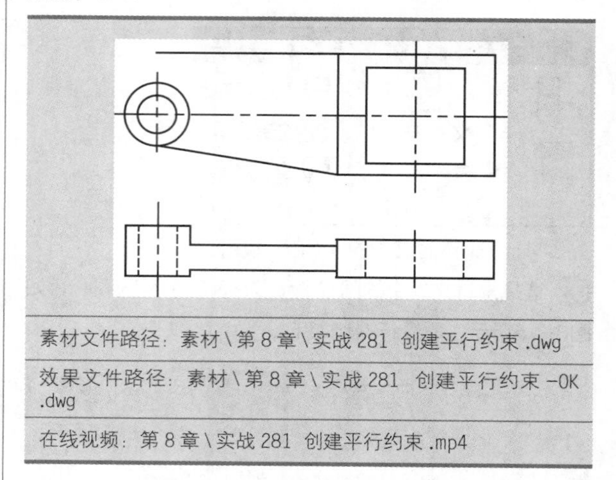

素材文件路径：素材\第8章\实战281 创建平行约束.dwg

效果文件路径：素材\第8章\实战281 创建平行约束-OK.dwg

在线视频：第8章\实战281 创建平行约束.mp4

“平行约束”命令可以将两条直线设置为彼此平行，通常用来编辑相交的直线。

01 打开素材文件“第8章\实战281 创建平行约束.dwg”，如图8-22所示。

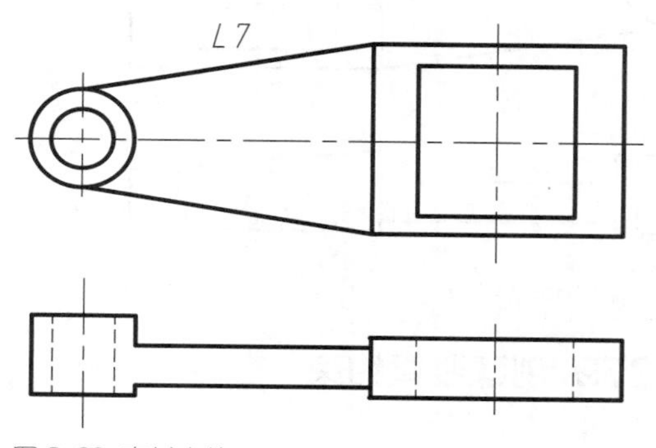

图 8-22 素材文件

02 在“参数化”选项卡中，单击“几何”面板上的“平行”按钮，如图8-23所示，执行“平行约束”命令。

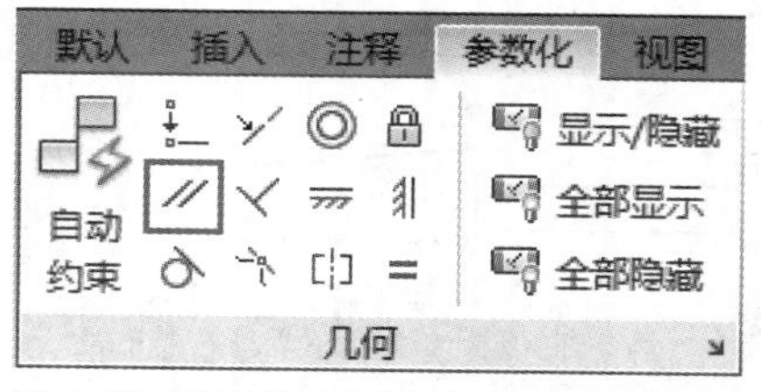

图 8-23 “几何”面板中的“平行”按钮

03 使直线L 7与中心辅助线相互平行，如图8-24所示，命令行操作如下。

```
命令: _GcParalle↙        //执行“平行约束”命令
选择第一个对象:           //选择中心辅助线
选择第二个对象:           //选择直线L 7
```

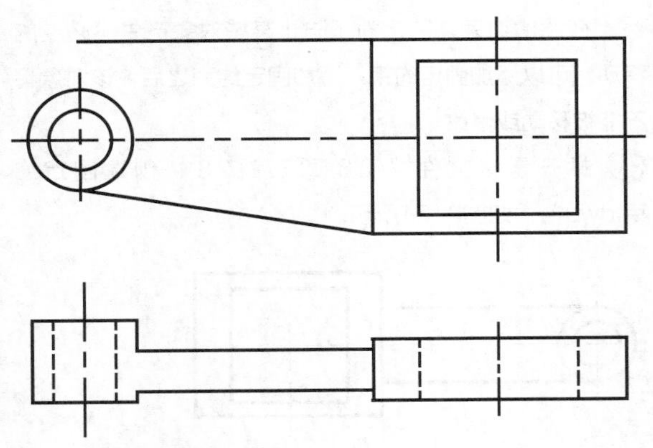

图 8-24 平行约束的效果

实战282 创建相切约束

难度：☆☆

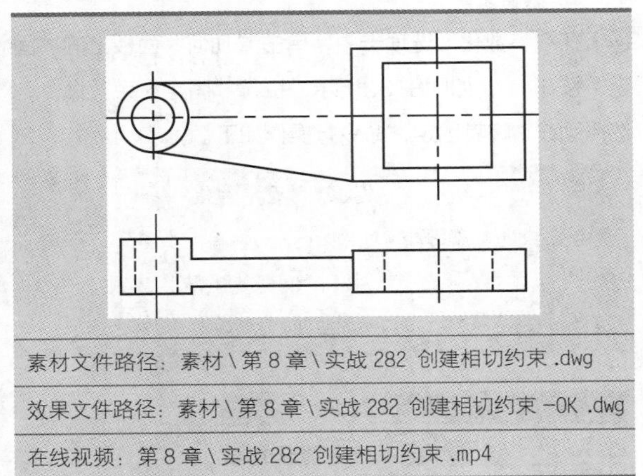

素材文件路径：素材 \ 第 8 章 \ 实战 282 创建相切约束 .dwg

效果文件路径：素材 \ 第 8 章 \ 实战 282 创建相切约束 -OK .dwg

在线视频：第 8 章 \ 实战 282 创建相切约束 .mp4

“相切约束”命令可以使直线和圆弧、圆弧和圆弧处于相切的位置，但单独的相切约束不能控制切点的精确位置。

01 打开素材文件“第8章\实战282 创建相切约束.dwg”，如图8-25所示。

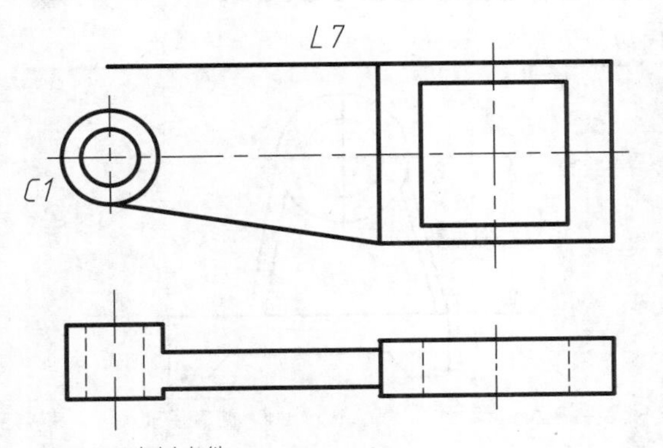

图 8-25 素材文件

02 在“参数化”选项卡中，单击“几何”面板上的“相切”按钮，如图8-26所示，执行“相切约束”命令。

图 8-26 “几何”面板中的“相切”按钮

03 将直线*L7*约束到与圆*C1*相切，如图8-27所示，命令行操作如下。

```
命令：_GcTangent          //执行“相切约束”命令
选择第一个对象：           //选择圆C1
选择第二个对象：           //选择直线L7
```

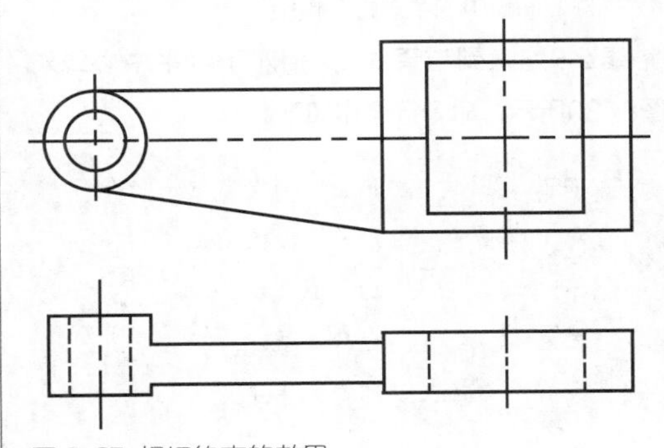

图 8-27 相切约束的效果

实战283 创建对称约束

难度：☆☆

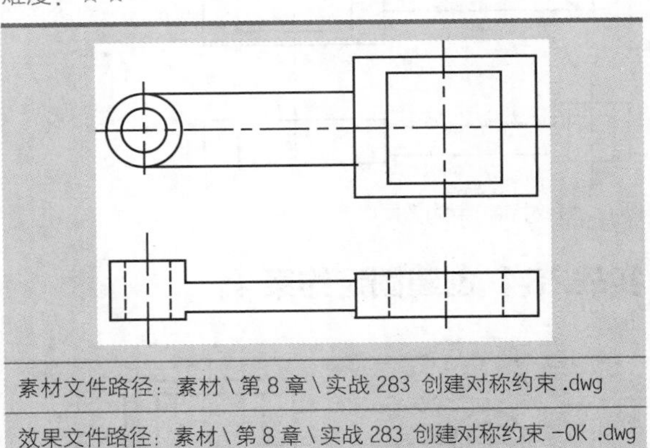

素材文件路径：素材 \ 第 8 章 \ 实战 283 创建对称约束 .dwg

效果文件路径：素材 \ 第 8 章 \ 实战 283 创建对称约束 -OK .dwg

在线视频：第 8 章 \ 实战 283 创建对称约束 .mp4

“对称约束”命令可以使选定的两个对象相对于选定直线对称，作用类似于“镜像”命令。

01 打开素材文件“第8章\实战283 创建对称约束.dwg”，如图8-28所示。

02 在“参数化”选项卡中，单击“几何”面板上的“对称”按钮，如图8-29所示，执行“对称约束”命令。

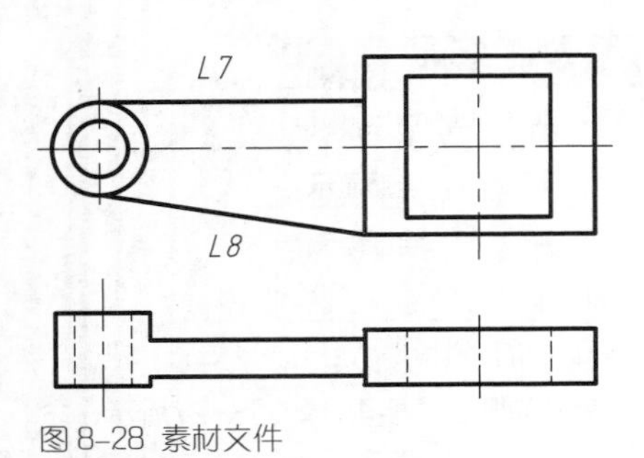

图 8-28 素材文件

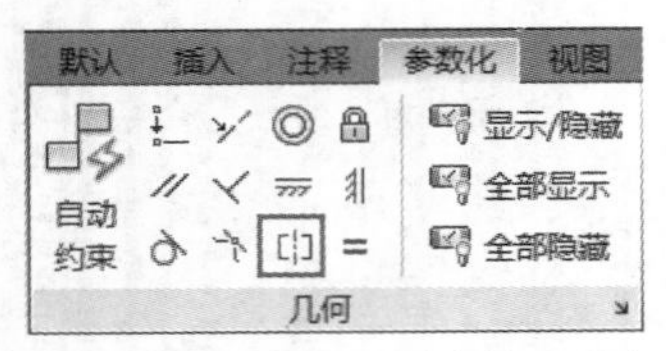

图 8-29 “几何”面板中的“对称”按钮

03 将斜线*L 8*约束到与直线*L 7*相对于水平中心线对称，如图8-30所示，命令行操作如下。

```
命令：_GcSymmetric        //执行“对称约束”命令
选择第一个对象或 [两点(2P)] <两点>:
                          //选择直线L 7
选择第二个对象:           //选择斜线L 8
选择对称直线:             //选择水平中心线
```

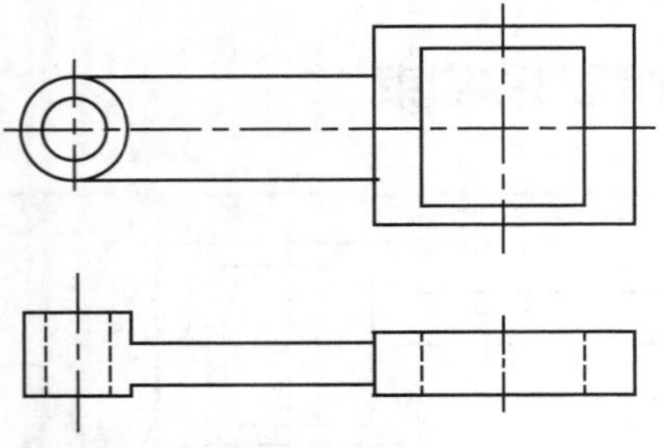

图 8-30 对称约束的效果

实战284 创建固定约束

难度：☆☆

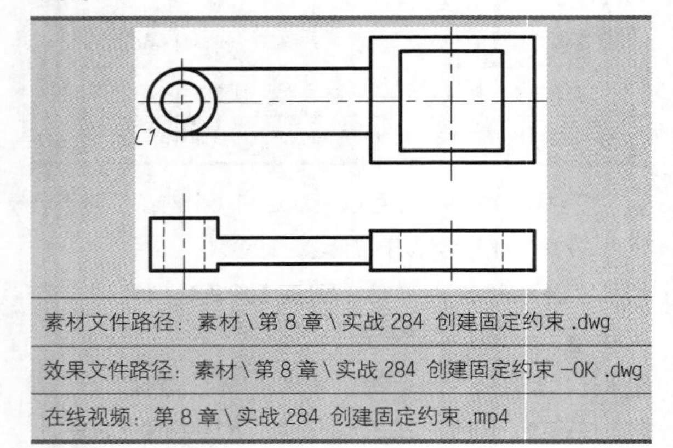

素材文件路径：素材\第 8 章\实战 284 创建固定约束 .dwg

效果文件路径：素材\第 8 章\实战 284 创建固定约束 -OK .dwg

在线视频：第 8 章\实战 284 创建固定约束 .mp4

在添加约束之前，为了防止某些对象产生不必要的移动，可以添加固定约束。添加固定约束之后，该对象将不能被移动或修改。

01 打开素材文件“第8章\实战284 创建固定约束.dwg”，如图8-31所示。

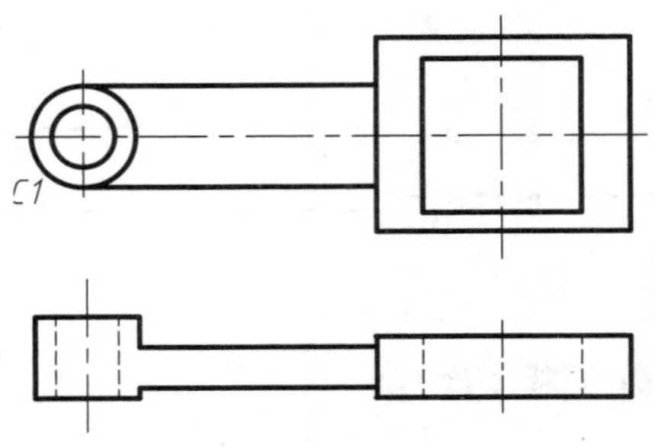

图 8-31 素材文件

02 在“参数化”选项卡中，单击“几何”面板上的“固定”按钮🔒，如图8-32所示，执行“固定约束”命令，选择圆*C 1*将其固定，命令行操作如下。

```
命令：_GcFix              //执行“固定约束”命令
选择点或 [对象(O)] <对象>:↙
                          //按Enter键使用默认选项
选择对象:                 //选择圆C 1
```

图 8-32 “几何”面板中的“固定”按钮

实战285 创建竖直尺寸约束

进阶

难度：☆☆☆

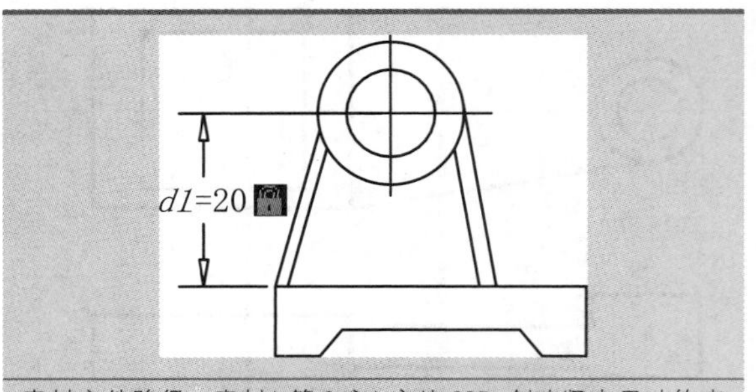

素材文件路径：素材\第 8 章\实战 285 创建竖直尺寸约束 .dwg

效果文件路径：素材\第 8 章\实战 285 创建竖直尺寸约束 -OK .dwg

在线视频：第 8 章\实战 285 创建竖直尺寸约束 .mp4

“竖直尺寸约束”命令是线性约束中的一种，用于约束两点之间的竖直距离，约束之后的两点将始终保持该距离。

01 打开素材文件“第8章\实战285 创建竖直尺寸约束.dwg”，如图8-33所示。

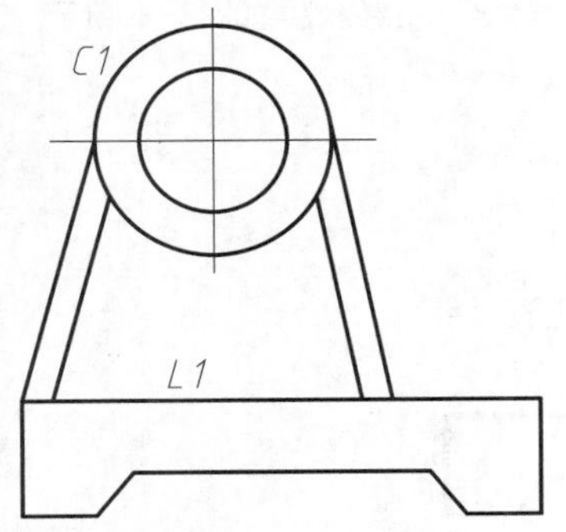

图 8-33 素材文件

02 在“参数化”选项卡中，单击“标注”面板上的“竖直”按钮，如图8-34所示，执行“竖直尺寸约束”命令。

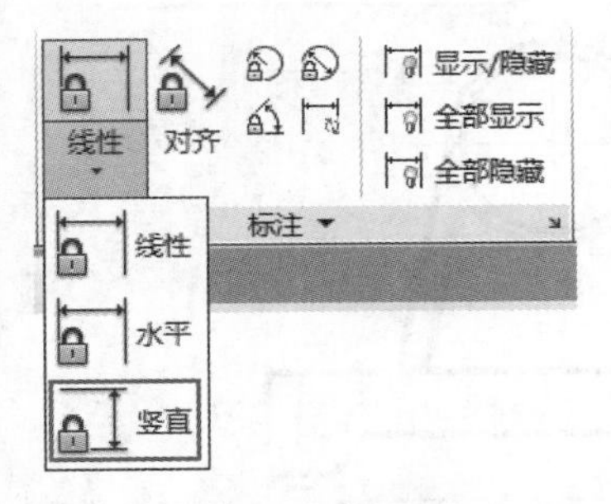

图 8-34 “标注”面板中的“竖直”按钮

03 选择圆 $C1$ 的圆心与素材文件的底边，对其添加竖直尺寸约束，命令行操作如下。

```
命令: _DcVertical↙
        //执行“竖直尺寸约束”命令
指定第一个约束点或 [对象(O)] <对象>:
        //捕捉圆C1的圆心
指定第二个约束点:
        //捕捉直线L1左侧端点
指定尺寸线位置:
        //移动尺寸线，在合适位置单击放置尺寸线
标注文字 = 18.12
        //该尺寸的当前值
```

04 清除尺寸文本框，然后输入数值“20”，按Enter键确认，竖直尺寸约束效果如图8-35所示。

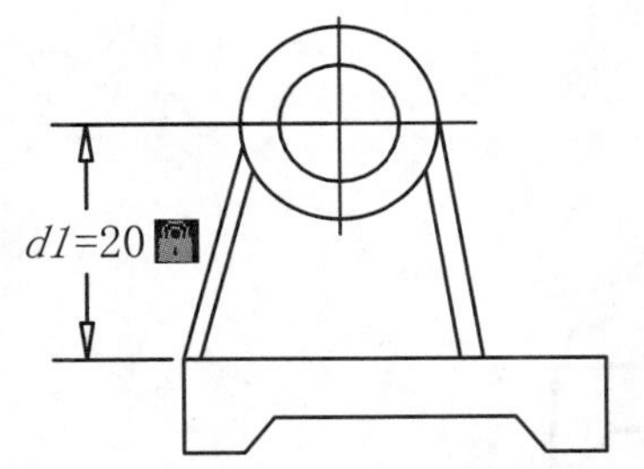

图 8-35 竖直尺寸约束的效果

实战286 创建水平尺寸约束

难度：☆☆☆

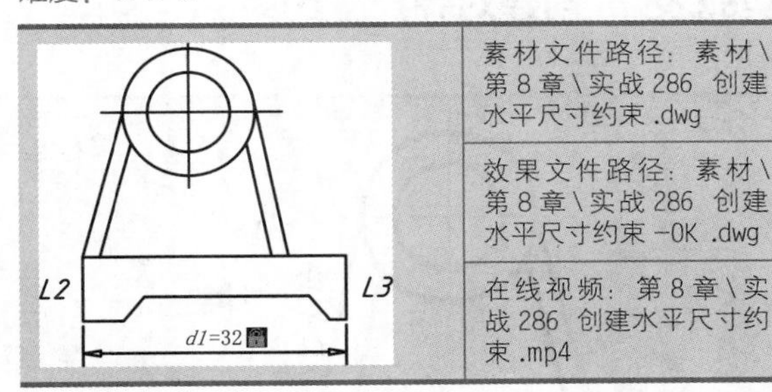

	素材文件路径：素材\第 8 章\实战 286 创建水平尺寸约束.dwg
	效果文件路径：素材\第 8 章\实战 286 创建水平尺寸约束-OK.dwg
	在线视频：第 8 章\实战 286 创建水平尺寸约束.mp4

“水平尺寸约束”命令是线性约束中的一种，用于约束两点之间的水平距离，约束之后的两点将始终保持该距离。

01 打开素材文件“第8章\实战286 创建水平尺寸约束.dwg”。

02 在“参数化”选项卡中，单击“标注”面板上的“水平”按钮，如图8-36所示，执行“水平尺寸约束”命令。

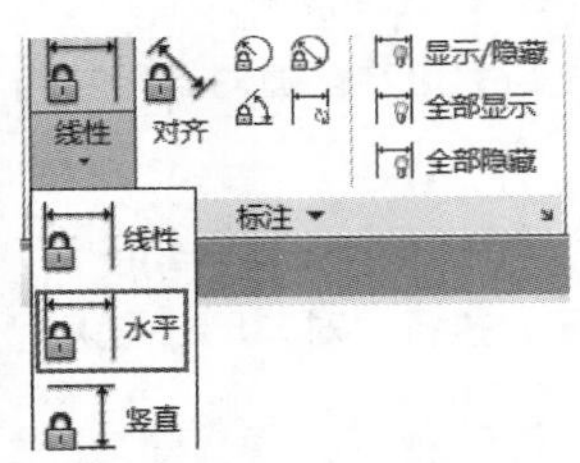

图 8-36 “标注”面板中的“水平”按钮

03 对底座宽边两端点添加水平尺寸约束，命令行操作如下。

```
命令: _DcHorizontal↙        //执行“水平尺寸约束”命令
指定第一个约束点或 [对象(O)] <对象>:
                          //捕捉直线L2下端点
指定第二个约束点:          //捕捉直线L3下端点
指定尺寸线位置:            //指定尺寸线位置
标注文字 = 35              //该尺寸的当前值
```

04 在文本框中输入数值“32”，最终效果如图8-37所示。

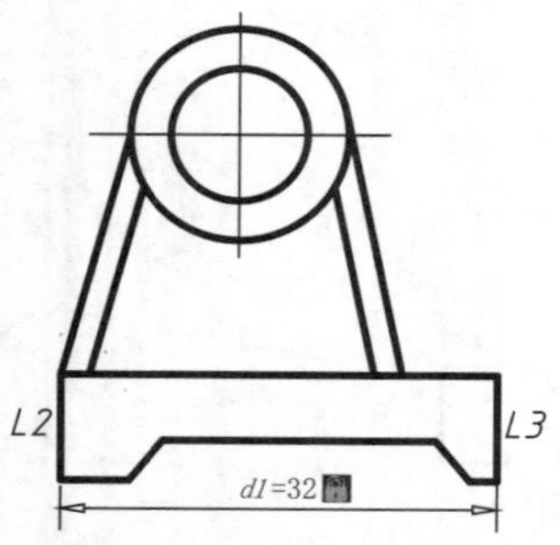

图 8-37 水平尺寸约束的效果

实战287 创建对齐尺寸约束

难度：☆☆

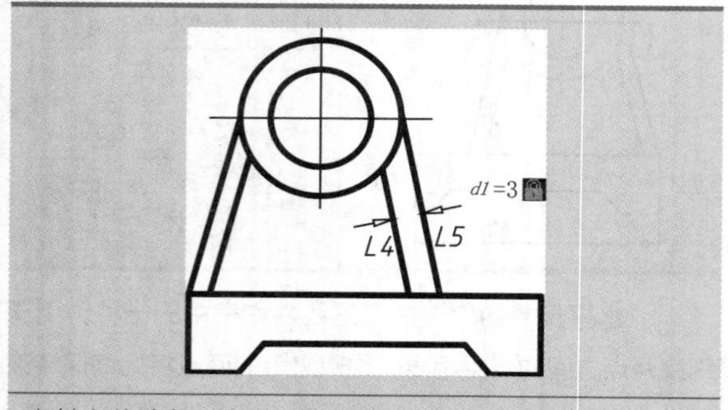

素材文件路径：素材\第 8 章\实战 287 创建对齐尺寸约束.dwg

效果文件路径：素材\第 8 章\实战 287 创建对齐尺寸约束-OK.dwg

在线视频：第 8 章\实战 287 创建对齐尺寸约束.mp4

“对齐尺寸约束”命令用于约束两点或两直线之间的距离，可以约束水平距离、竖直尺寸或倾斜尺寸。

01 打开素材文件“第8章\实战287 创建对齐尺寸约束.dwg”。

02 在“参数化”选项卡中，单击“标注”面板上的“对齐”按钮，如图8-38所示，执行“对齐尺寸约束”命令。

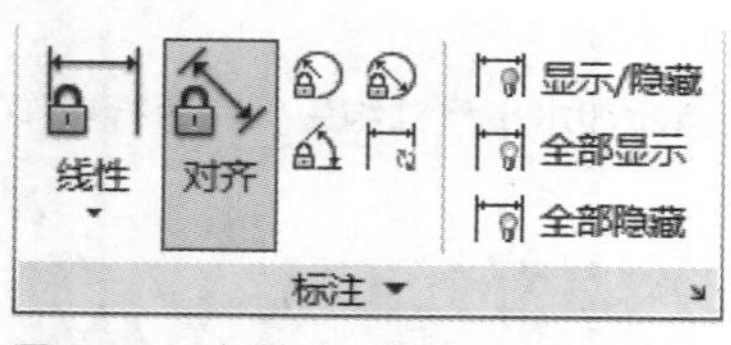

图 8-38 “标注”面板中的“对齐”按钮

03 约束两平行直线$L4$和$L5$的距离，命令行操作如下。

```
命令：_DcAligned          //执行“对齐尺寸约束”命令
指定第一个约束点或 [对象(O)/点和直线(P)/两条直线
(2L)] <对象>: 2L↙        //选择标注两条直线
选择第一条直线：          //选择直线L4
选择第二条直线，以使其平行：
                          //选择直线L5
指定尺寸线位置：          //指定尺寸线位置
标注文字 = 2              //该尺寸的当前值
```

04 在文本框中输入数值“3”，最终效果如图8-39所示。

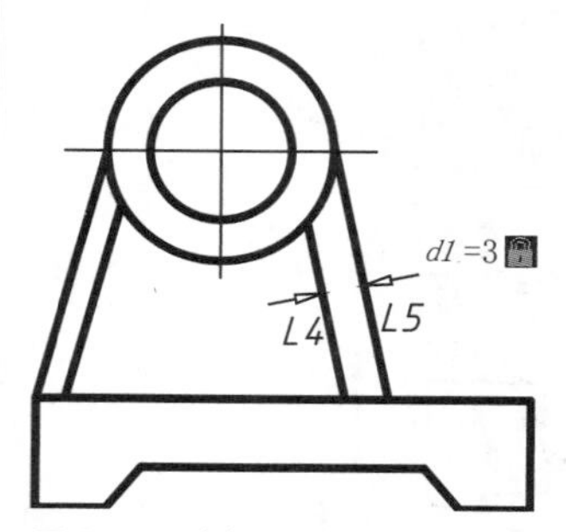

图 8-39 对齐尺寸约束的效果

实战288 创建半径尺寸约束

难度：☆☆

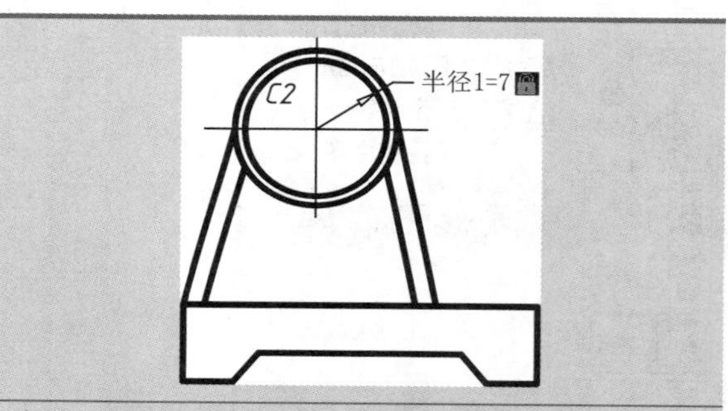

素材文件路径：素材\第 8 章\实战 288 创建半径尺寸约束.dwg

效果文件路径：素材\第 8 章\实战 288 创建半径尺寸约束-OK.dwg

在线视频：第 8 章\实战 288 创建半径尺寸约束.mp4

“半径尺寸约束”命令用于约束圆或圆弧的半径，创建方法同“半径”标注，执行命令后选择对象即可。

01 打开素材文件“第8章\实战288 创建半径尺寸约束.dwg”。

02 在“参数化”选项卡中，单击“标注”面板上的“半径”按钮，如图8-40所示，执行“半径尺寸约束”命令。

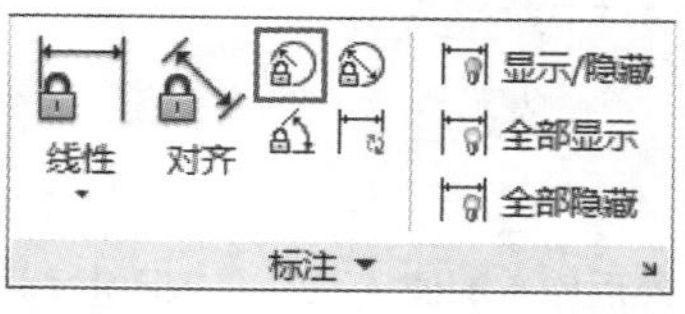

图 8-40 “标注”面板中的“半径”按钮

03 约束圆*C2*的半径尺寸，命令行操作如下。

```
命令：_DcRadius          //执行“半径约束”命令
选择圆弧或圆:            //选择圆C2
标注文字 = 5             //该尺寸的当前值
指定尺寸线位置:          //指定尺寸线位置
```

04 在文本框中输入半径值“7”，最终效果如图8-41所示。

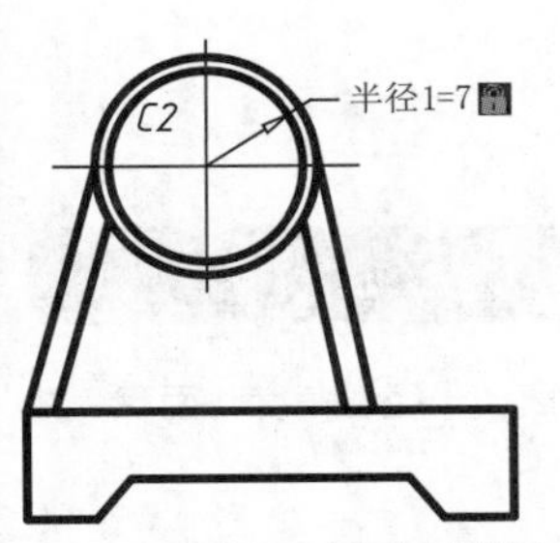

图 8-41 半径尺寸约束的效果

实战289 创建直径尺寸约束

难度：☆☆

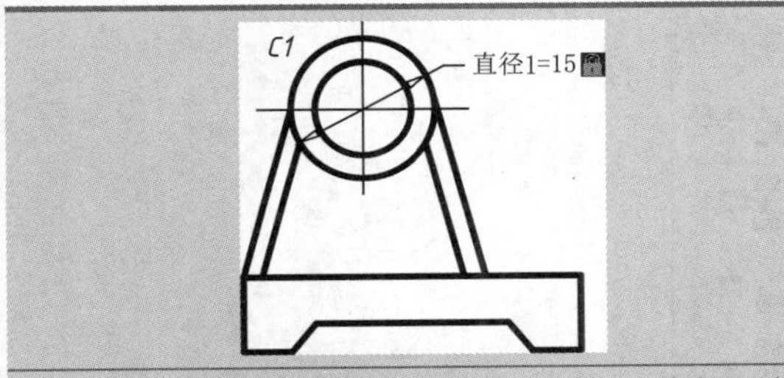

素材文件路径：素材\第 8 章\实战 289 创建直径尺寸约束.dwg

效果文件路径：素材\第 8 章\实战 289 创建直径尺寸约束-OK.dwg

在线视频：第 8 章\实战 289 创建直径尺寸约束.mp4

“直径尺寸约束”命令用于约束圆或圆弧的直径，创建方法同“直径”标注，执行命令后选择对象即可。

01 打开素材文件“第8章\实战289 创建直径尺寸约束.dwg”。

02 在“参数化”选项卡中，单击“标注”面板上的“直径”按钮，如图8-42所示，执行“直径尺寸约束”命令。

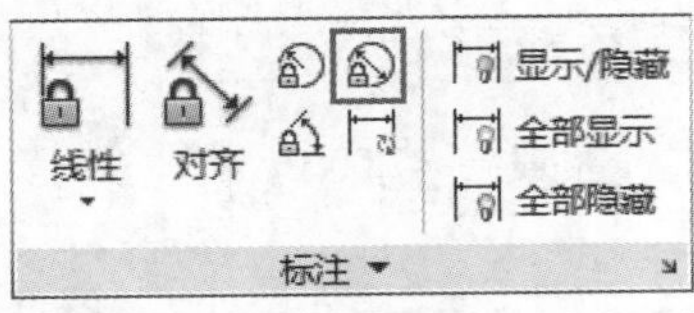

图 8-42 “标注”面板中的“直径”按钮

03 约束圆*C1*的直径尺寸，命令行操作如下。

```
命令：_DcDiameter        //执行“直径约束”命令
选择圆弧或圆:            //选择圆C1
标注文字 =16             //该尺寸的当前值
指定尺寸线位置:          //指定尺寸线位置
```

04 在文本框中输入数值“15”，最终效果如图8-43所示。

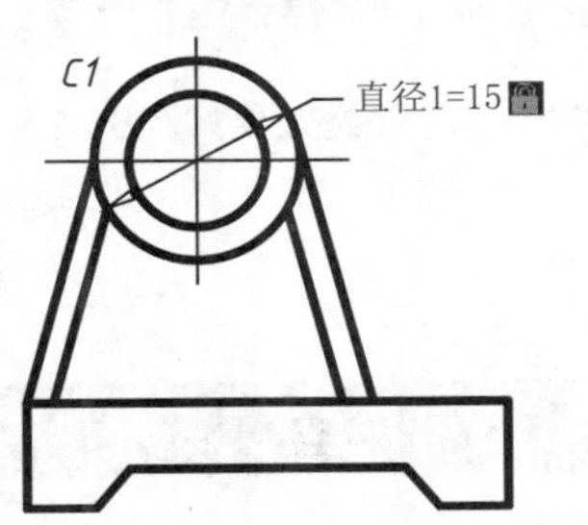

图 8-43 直径尺寸约束的效果

实战290 创建角度尺寸约束

难度：☆☆☆

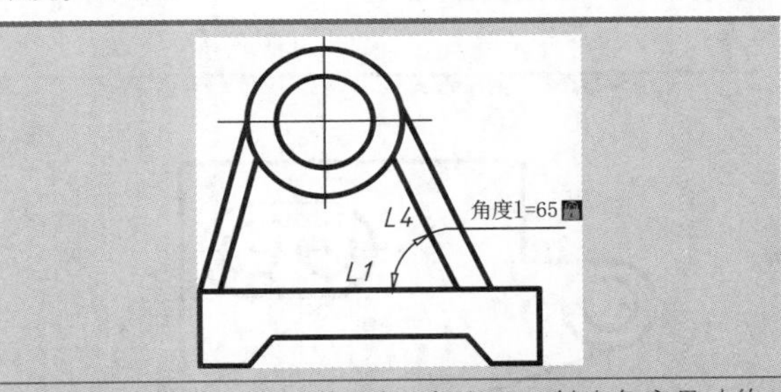

素材文件路径：素材\第 8 章\实战 290 创建角度尺寸约束.dwg

效果文件路径：素材\第 8 章\实战 290 创建角度尺寸约束-OK.dwg

在线视频：第 8 章\实战 290 创建角度尺寸约束.mp4

“角度尺寸约束”命令用于约束直线之间的角度或圆弧的包含角，创建方法同“角度”标注，执行命令后选择对象即可。

01 打开素材文件“第8章\实战290 创建角度尺寸约束.dwg”。

02 在“参数化”选项卡中，单击“标注”面板上的“角度”按钮，如图8-44所示，执行“角度尺寸约束”命令。

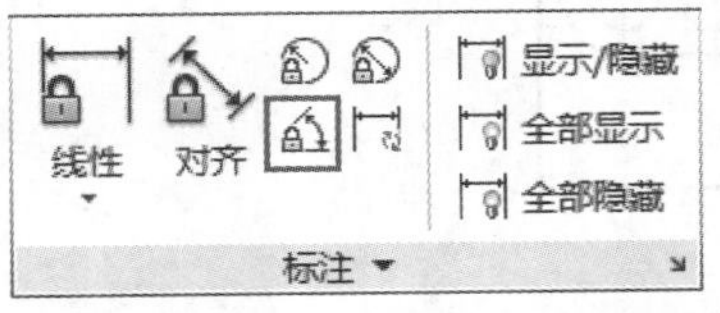

图 8-44 “标注”面板中的“角度”按钮

03 约束倾斜直线*L4*与水平线*L1*的夹角，命令行操作如下。

```
命令: _DcAngular          //执行“角度尺寸约束”命令
选择第一条直线或圆弧或 [三点(3P)] <三点>:
                          //选择水平直线L1
选择第二条直线:           //选择倾斜直线L4
指定尺寸线位置:           //指定尺寸线位置
标注文字 = 78             //该尺寸的当前值
```

04 在文本框中输入数值“65”，最终效果如图8-45所示。

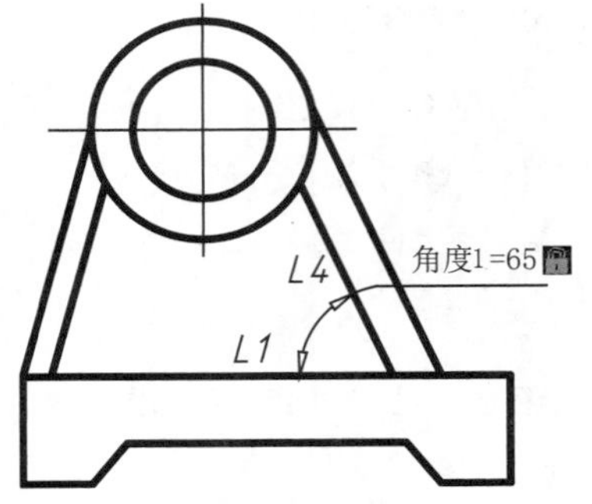

图 8-45 角度尺寸约束的效果

8.2 信息查询

AutoCAD提供的查询功能可以查询图形的几何信息，供绘图时参考，包括图形的距离、半径、角度、面积、体积、质量和状态等。

实战291 查询距离

难度：☆☆

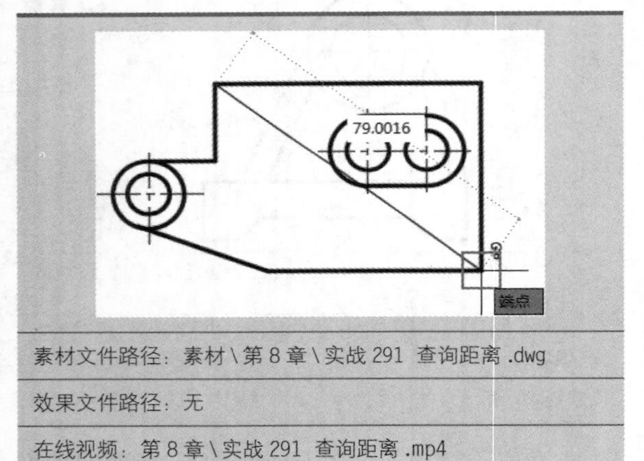

素材文件路径：素材\第 8 章\实战 291 查询距离 .dwg

效果文件路径：无

在线视频：第 8 章\实战 291 查询距离 .mp4

执行“查询距离”命令可以计算空间中任意两点间的距离及连线的倾斜角度。

01 打开素材文件“第8章\实战291 查询距离.dwg”，如图8-46所示。

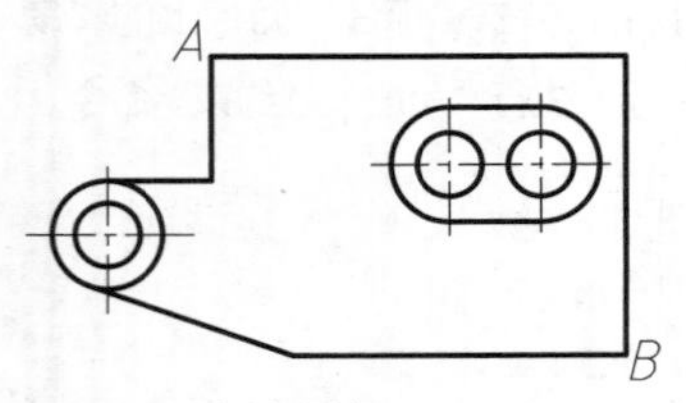

图 8-46 素材文件

02 在“默认”选项卡中，单击“实用工具”面板上的“距离”按钮，如图8-47所示，执行“查询距离”命令。

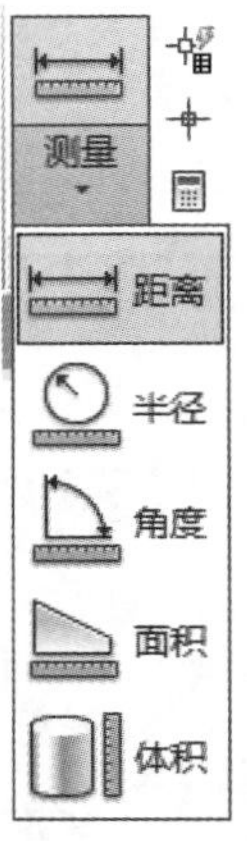

图 8-47 “实用工具”面板上的“距离”按钮

03 选择A、B两点进行查询，结果如图8-48所示，命令行操作如下。

```
命令: _measuregeom
输入选项 [距离(D)/半径(R)/角度(A)/面积(AR)/体积(V)] <
距离>: _distance                    //执行“查询距离”命令
指定第一点:                         //捕捉点A
指定第二个点或 [多个点(M)]: //捕捉点B
距离 = 78.0016, XY 平面中的倾角 = 143, 与 XY
平面的夹角 = 0
X 增量 = ±63.5000, Y 增量 = 47.0000, Z 增量 =
0.0000
输入选项 [距离(D)/半径(R)/角度(A)/面积(AR)/体积(V)/退
出(X)] <距离>: *取消*          //按Esc键退出
```

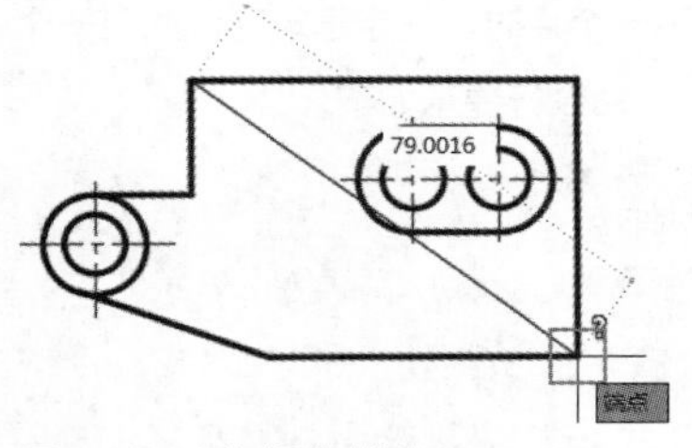

图 8-48 查询距离效果

实战292 查询半径

难度：☆☆

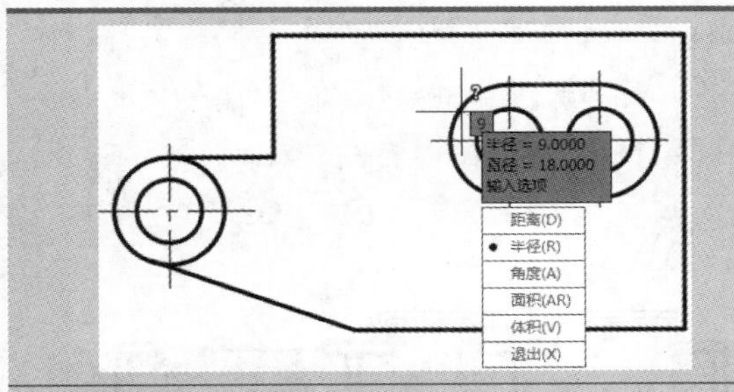

素材文件路径：素材\第 8 章\实战 291 查询距离 .dwg

效果文件路径：无

在线视频：第 8 章\实战 292 查询半径 .mp4

“查询半径”命令用于查询圆、圆弧的半径，执行命令后选择要查询的对象即可。

01 延续上一例进行操作，也可以打开素材文件“第8章\实战291 查询距离.dwg”。

02 在“默认”选项卡中，单击“默认工具”面板上的“半径”按钮，查询圆弧*A*半径，如图8-49所示，命令行操作如下。

```
命令: _measuregeom
输入选项 [距离(D)/半径(R)/角度(A)/面积(AR)/体积(V)]
<距离>: _radius            //执行“查询半径”命令
选择圆弧或圆:              //选择圆弧A
半径 = 8.0
直径 = 18.0
输入选项 [距离(D)/半径(R)/角度(A)/面积(AR)/体积(V)/退
出(X)] <半径>: *取消*      //按Esc键退出
```

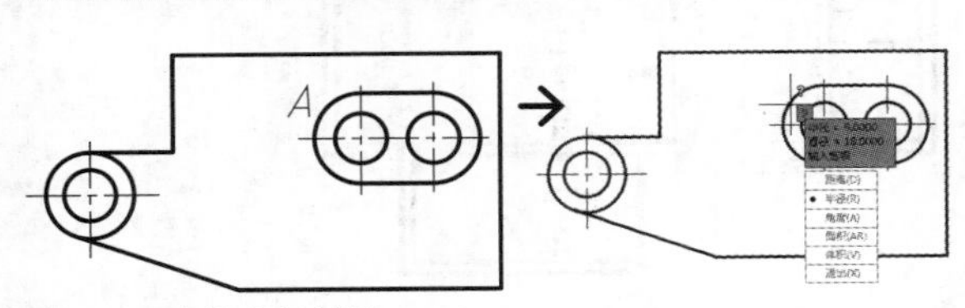

图 8-49 查询半径效果

实战293 查询角度

难度：☆☆

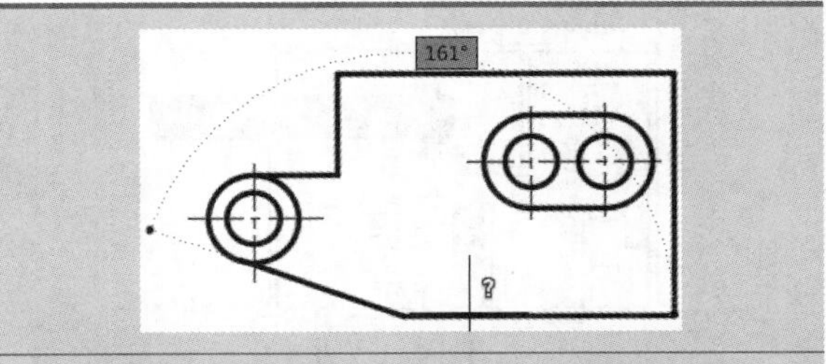

素材文件路径：素材\第 8 章\实战 291 查询距离 .dwg

效果文件路径：无

在线视频：第 8 章\实战 293 查询角度 .mp4

“查询角度”命令用于查询两条直线间的角度，执行命令后选择要查询的对象即可。

01 延续“实战291”进行操作，也可以打开素材文件“第8章\实战291 查询距离.dwg”。

02 在“默认”选项卡中，单击“实用工具”面板上的“角度”按钮，查询直线*L1*、*L2*之间角度，如图8-50所示，命令行操作如下。

```
命令: _measuregeom
输入选项 [距离(D)/半径(R)/角度(A)/面积(AR)/体积(V)]
<距离>: _angle             //执行“查询角度”命令
选择圆弧、圆、直线或 <指定顶点>:
                           //选择直线L1
选择第二条直线:            //选择直线L2
角度 = 161°
输入选项 [距离(D)/半径(R)/角度(A)/面积(AR)/体积(V)/退
出(X)] <角度>: *取消*      //按Esc键退出
```

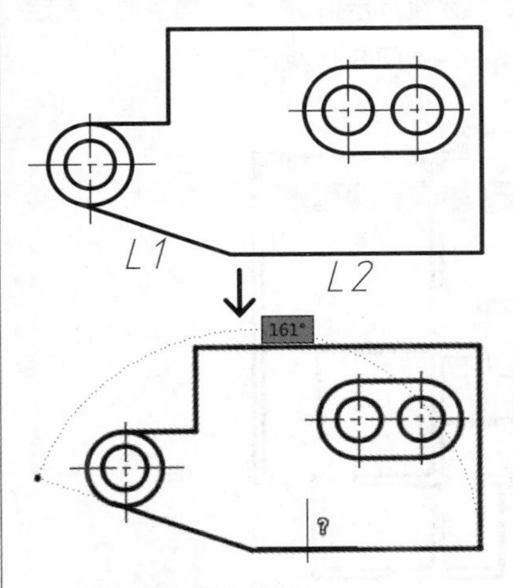

图 8-50 查询角度效果

实战294 查询面积

难度：☆☆☆

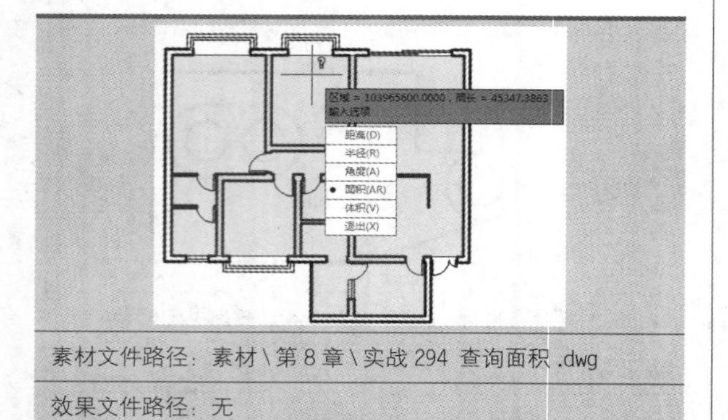

素材文件路径：素材\第8章\实战294 查询面积.dwg

效果文件路径：无

在线视频：第8章\实战294 查询面积.mp4

使用AutoCAD绘制好室内平面图后，可以通过查询方法来获取室内面积。

01 打开素材文件“第8章\实战294 查询面积.dwg”，如图8-51所示。

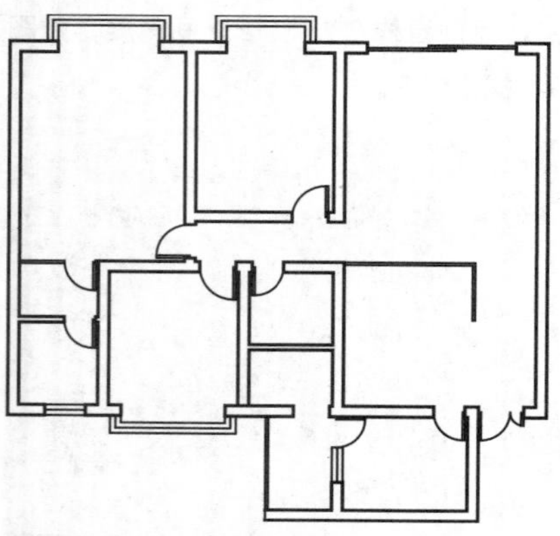

图8-51 素材文件

02 在“默认”选项卡中，单击“实用工具”面板中的“面积”按钮，当系统提示指定第一个角点时，指定建筑区域的第一个角点，如图8-52所示。

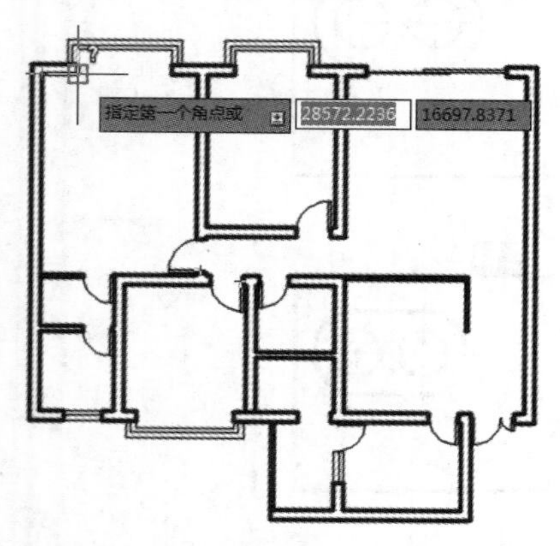

图8-52 指定第一个角点

03 当系统提示指定下一个点时，指定建筑区域的下一个角点，如图8-53所示，命令行提示如下。

```
命令：_measuregeom
输入选项 [距离(D)/半径(R)/角度(A)/面积(AR)/体积(V)] <
距离>：_AR                    //执行“查询面积”命令
指定第一个角点或 [对象(O)/增加面积(A)/减少面积(S)/
退出(X)] <对象(O)>：           //指定第一个角点
指定下一个点或 [圆弧(A)/长度(L)/放弃(U)]：
                              //指定另一个角点
……
指定下一个点或 [圆弧(A)/长度(L)/放弃(U)/总计(T)] <总计>：
区域 = 107624600.0000，周长 = 48780.8332
                              //查询结果
```

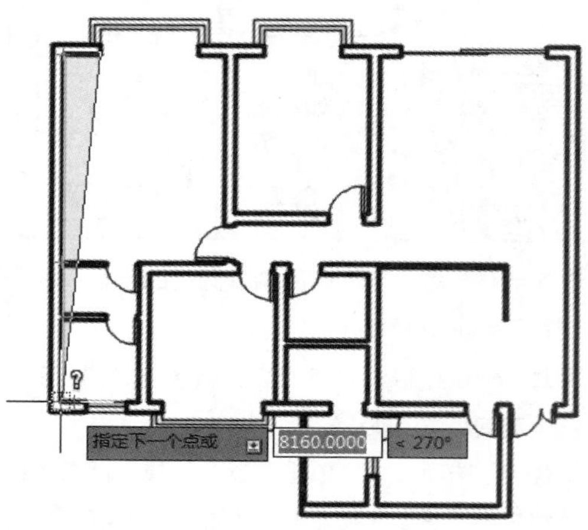

图8-53 指定下一角点

04 根据系统的提示，继续指定建筑区域的其他角点，然后按下空格键进行确认，系统将显示测量出的结果，在弹出的菜单栏中选择“退出”命令，退出操作，如图8-54所示。

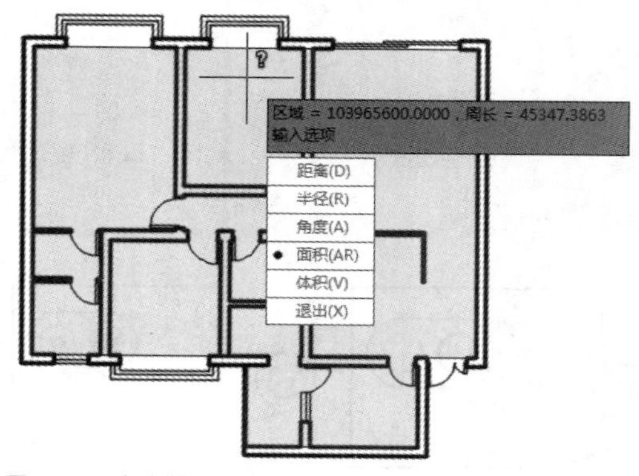

图8-54 查询结果

05 命令行中的“区域”即为所查得的面积，而AutoCAD默认的面积单位为平方毫米（mm^2），因此需转换为常用的平方米（m^2），即107624600 mm^2=107.62 m^2，该住宅粗算面积约为108m^2。

提示

在实际应用中，平面图的单位一般为毫米。因此，这里查询得到的结果，周长的单位为毫米，面积的单位为平方毫米，1 mm^2 = 0.000001 m^2。

06 再使用相同方法加入阳台面积，减去墙体面积，便得到真正的净使用面积，过程略。

提示

可以看出本例中确定查询区域的方法类似于绘制多段线的步骤，这种方法较为烦琐。如果在命令行选择“对象0”选项查询面积，只需选择对象边界即可，但选择的对象必须是一个完整的对象，如圆、矩形、多边形或多段线等。如果不是完整对象，需要先创建面域，使其变成一个整体。

实战295 查询体积

重点

难度：☆☆☆

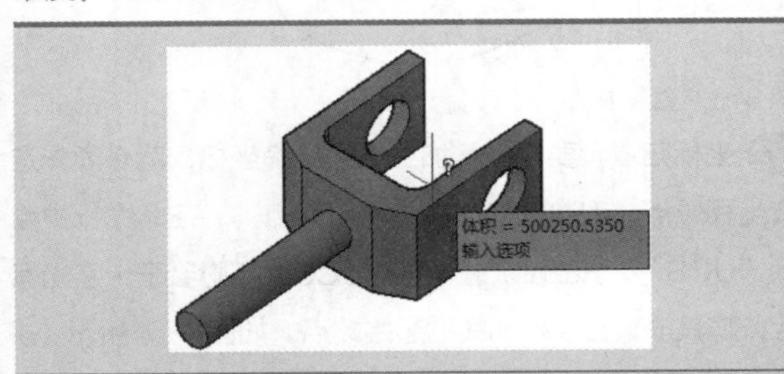

素材文件路径：素材\第 8 章\实战 295 查询体积 .dwg

效果文件路径：无

在线视频：第 8 章\实战 295 查询体积 .mp4

“查询体积”命令用于查询模型的体积，执行命令后选择要查询的对象即可。

01 打开素材文件“第8章\实战295 查询体积.dwg”，如图8-55所示。

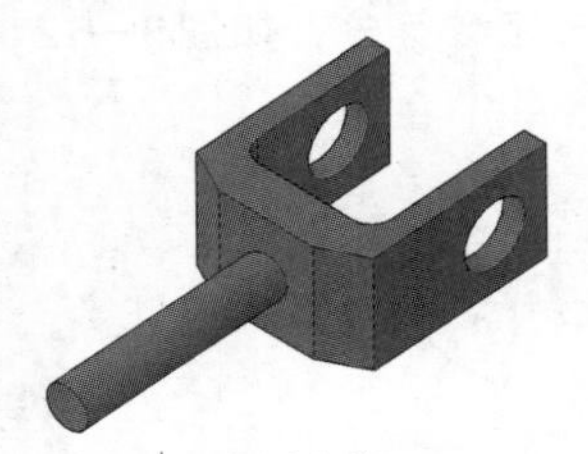

图 8-55 素材文件

02 在“默认”选项卡中，单击“实用工具”面板中的“体积”按钮，当系统提示指定第一个角点时，选择“对象”选项，如图8-56所示。

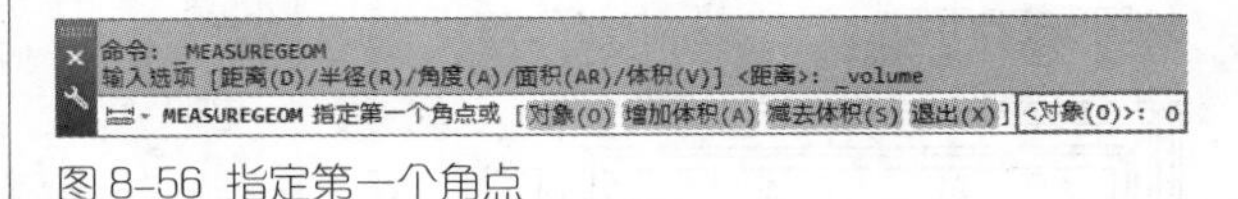

图 8-56 指定第一个角点

03 然后选择零件模型，即可得到如图8-57所示的体积数据。

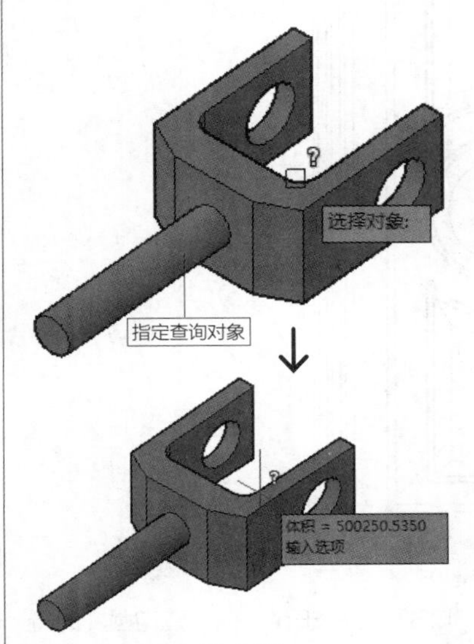

图 8-57 查询对象体积

提示

在实际应用中，零件的单位一般为毫米。因此，这里查询得到的结果，体积的单位为立方毫米。1 mm^3=0.001 cm^3=$10^{-9}m^3$。

实战296 列表查询

难度：☆☆

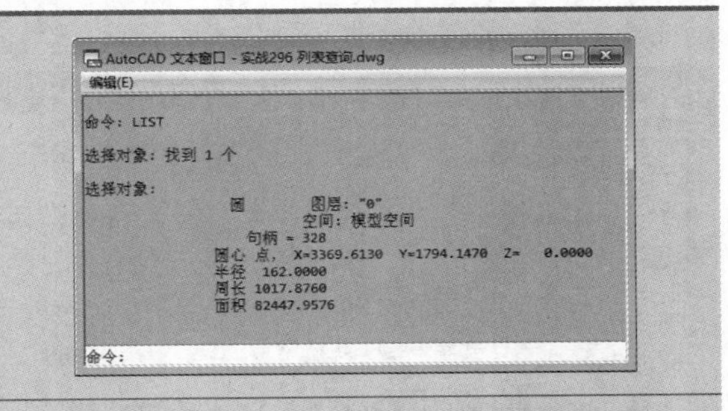

素材文件路径：素材\第 8 章\实战 296 列表查询 .dwg

效果文件路径：无

在线视频：第 8 章\实战 296 列表查询 .mp4

“列表查询”命令可以将所选对象的图层、长度、边界坐标等信息在AutoCAD文本窗口中列出。

01 打开素材文件“第8章\实战296 列表查询.dwg”，如图8-58所示。

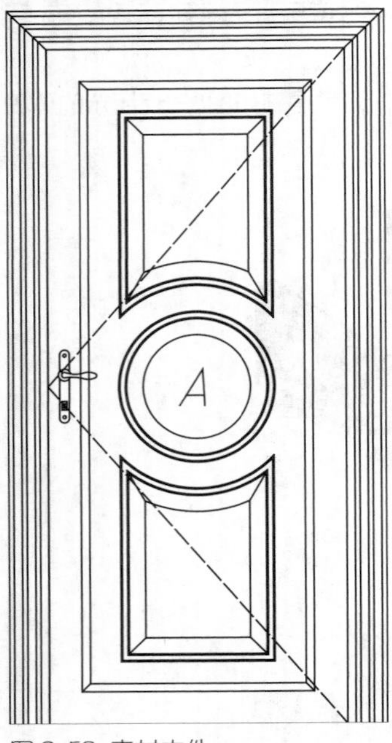

图 8-58 素材文件

02 在命令行输入“LIST”并按Enter键，查询圆*A*的特性，命令行操作如下。

```
命令：LIST↙
            //执行“列表查询”命令
选择对象：找到 1 个
            //选择圆A
选择对象：↙
          //按Enter键结束选择，系统打开AutoCAD
          文本窗口，如图8-59所示
```

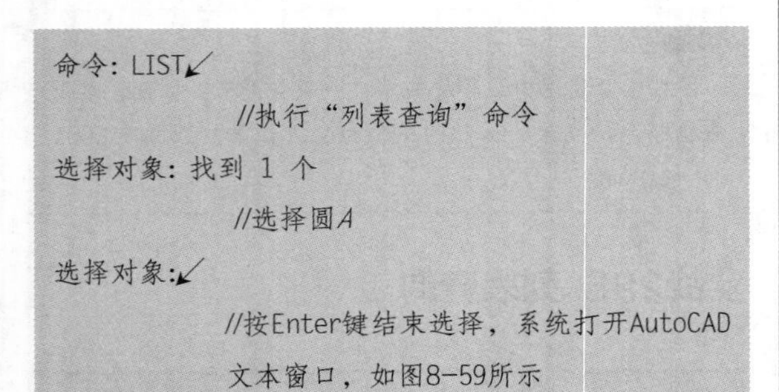

图 8-59 列表查询结果

实战297 查询数控加工点坐标

难度：☆☆☆

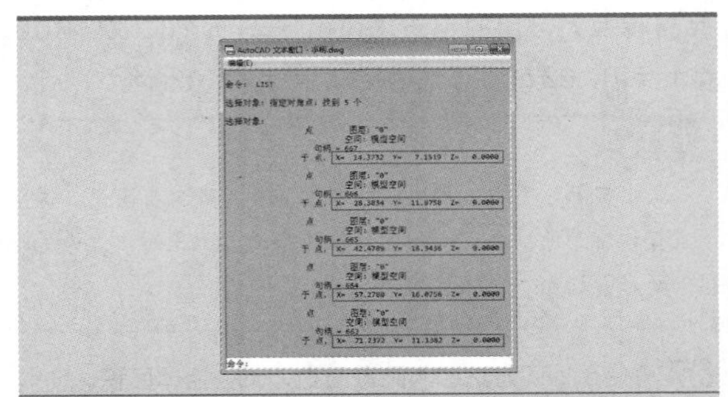

素材文件路径：素材\第8章\实战297 查询数控加工点坐标.dwg

效果文件路径：无

在线视频：第8章\实战297 查询数控加工点坐标.mp4

在机械行业中，经常会看到一些具有曲线外形的零件，如常见的机床手柄。要加工这类零件，就需要获取曲线轮廓上的若干点来作为加工、检验尺寸的参考。

01 打开素材文件“第8章\实战297 查询数控加工点坐标.dwg”，如图8-60所示。

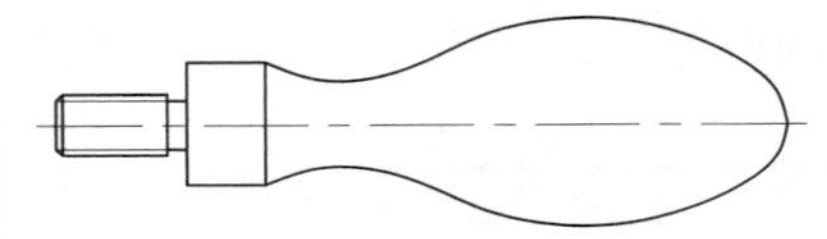

图 8-60 素材文件

02 坐标归零。要得到各加工点的准确坐标，就必须先定位坐标原点，即数据加工中的“对刀点”。在命令行中输入“UCS”，按Enter键，可见UCS坐标附着于十字光标上，将其放置在手柄曲线的起始端点，如图8-61所示。

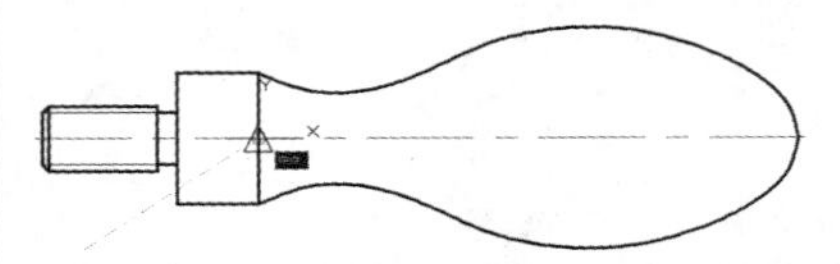

图 8-61 重新定位坐标原点

03 执行定数等分。按Enter键放置UCS坐标，接着单击“绘图”面板中的“定数等分”按钮，选择上方的曲线（上、下两曲线对称，故选其中一条即可），输入项目数“6”，按Enter键完成定数等分，如图8-62所示。

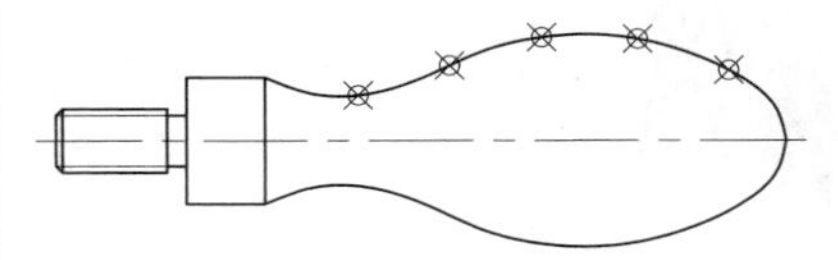

图 8-62 定数等分

04 获取点坐标。在命令行中输入“LIST”，选择各等分点，然后按Enter键，即在命令行中得到坐标值，如图8-63所示。

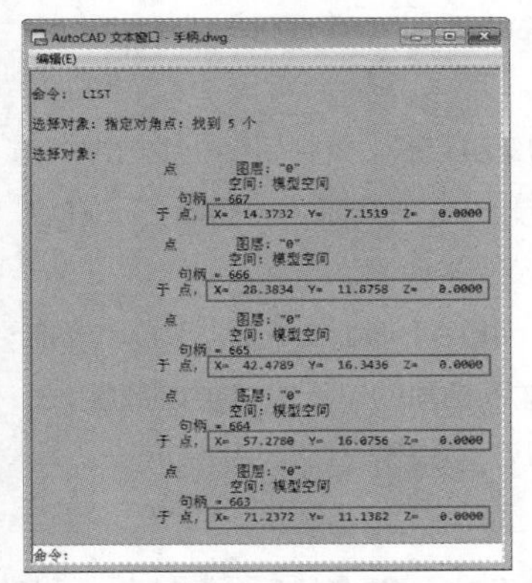

图 8-63 通过“LIST”命令获取点坐标

05 这些坐标值即为各等分点相对于新指定坐标原点的坐标，可用作加工或检验尺寸的参考。

实战298 查询面域/质量特性

难度：☆☆☆

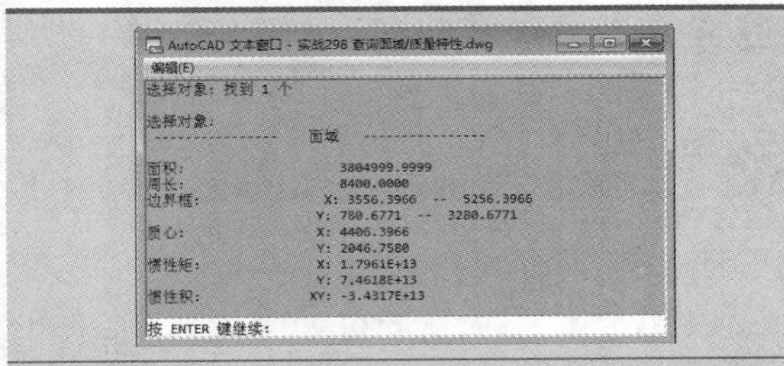

素材文件路径：素材\第 8 章\实战 298 查询面域/质量特性.dwg

效果文件路径：无

在线视频：第 8 章\实战 298 查询面域/质量特性.mp4

“面域/质量特性”也可称为“截面特性”，包括面积、质心位置、惯性矩等，这些特性关系到物体的力学性能，因此在建筑或机械设计中，经常需要查询这些特性。

01 打开素材文件“第8章\实战298 查询面域/质量特性.dwg”，如图8-64所示。

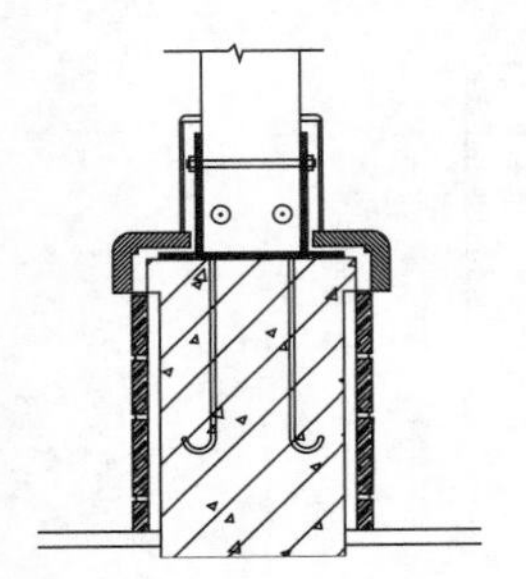

图 8-64 素材文件

02 在“默认”选项卡中，单击“绘图”面板上的“面域”按钮，由混凝土梁的截面轮廓创建一个面域，如图8-65所示。

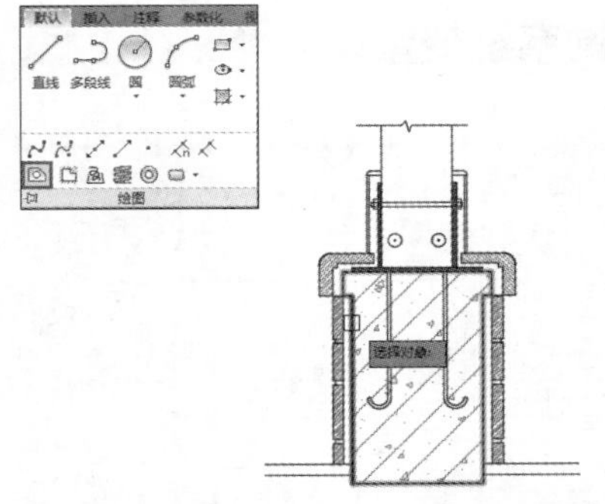

图 8-65 执行“面域”命令创建面域

03 选择“工具”|“查询”|“面域/质量特性”命令，如图8-66所示，查询混凝土梁截面特性，命令行操作如下。

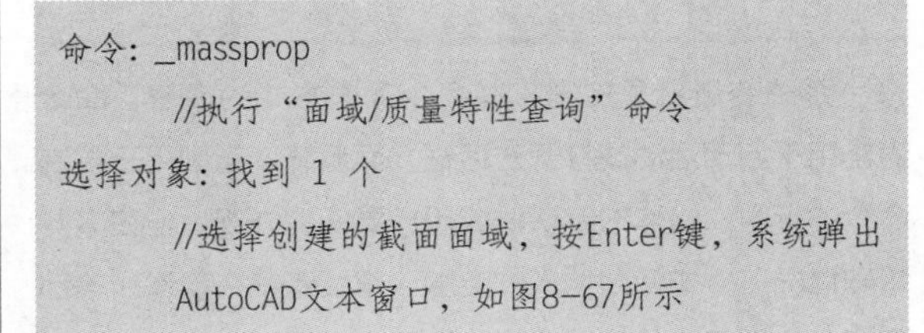

命令: _massprop
//执行“面域/质量特性查询”命令
选择对象: 找到 1 个
//选择创建的截面面域，按Enter键，系统弹出AutoCAD文本窗口，如图8-67所示

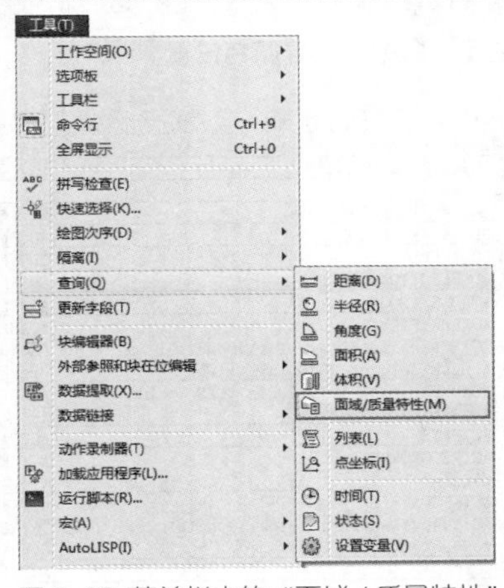

图 8-66 菜单栏中的“面域/质量特性”命令

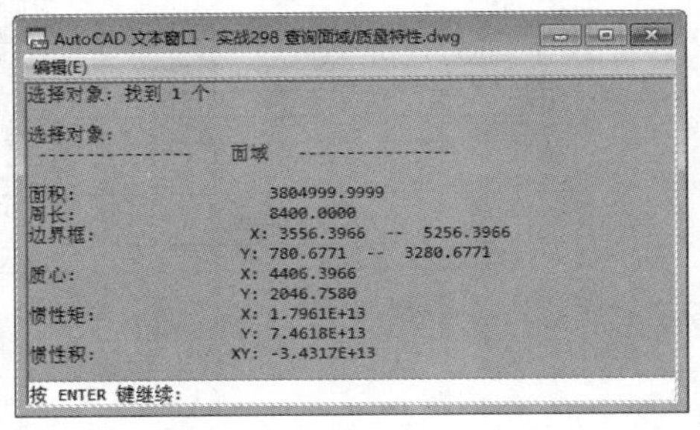

图 8-67 面域/质量特性查询结果

提示

执行该命令时，选择的对象必须是已经创建的面域。

实战299 查询系统变量

难度：☆☆☆

	A	B	C
1	命令：SETVAR	命令：SETVAR	=IF(A1=B1,0,1)
2	输入变量名或 [?]：?	输入变量名或 [?]：?	0
3			0
4	输入要列出的变量 <*>:	输入要列出的变量 <*>:	0
5	3DCONVERSIONMODE 1	3DCONVERSIONMODE 1	0
6	3DDWFPREC 2	3DDWFPREC 2	0
7	3DSELECTIONMODE 1	3DSELECTIONMODE 1	0
8	ACADLSPASDOC 0	ACADLSPASDOC 0	0
9	ACADPREFIX "C:\Users\Administrator\appdata\roaming\autodesk\autocad 2016..." (只读)	ACADPREFIX "C:\Users\Administrator\appdata\roaming\autodesk\autocad 2016..." (只读)	0
10	ACADVER "20.1s (LMS Tech)" (只读)	ACADVER "20.1s (LMS Tech)" (只读)	0
11	ACTPATH ""	ACTPATH ""	0
12	ACTRECORDERSTATE 0 (只读)	ACTRECORDERSTATE 0 (只读)	1
13	ACTRECPATH "C:\Users\Administrator\appdata\roaming\autodesk\autocad 2016..."	ACTRECPATH "C:\Users\Administrator\appdata\roaming\autodesk\autocad 2016..."	1
14	ACTUI 6	ACTUI 6	0
15	AFLAGS 16	AFLAGS 16	0
16	ANGBASE 0	ANGBASE 0	0
17	ANGDIR 0	ANGDIR 0	0
18	ANNOALLVISIBLE 1	ANNOALLVISIBLE 1	0
19	ANNOAUTOSCALE -4	ANNOAUTOSCALE -4	0
20	ANNOTATIVEDWG 0	ANNOTATIVEDWG 0	0
21	APBOX 0	APBOX 0	0
22	APERTURE 8	APERTURE 8	0
23	AREA 0.0000 (只读)	AREA 0.0000 (只读)	0
24	ATTDIA 1	ATTDIA 1	0
25	ATTIPE 0	ATTIPE 0	0
26	ATTMODE 1	ATTMODE 1	0

素材文件路径：无

效果文件路径：无

在线视频：第 8 章 \ 实战 299 查询系统变量 .mp4

系统变量就是控制某些命令工作方式的设置，命令通常用于启动活动或打开对话框，而系统变量则用于控制命令的行为、操作的默认值或用户界面的外观。但在某些特殊情况下，如使用他人的电脑、重装系统、误操作等都可能会变更已有的软件设置，让操作大受影响，这时就可以使用“查询系统变量”命令来恢复原有设置。

01 新建一个图形文件（新建文件的系统变量是默认值），或使用没有问题的图形文件。分别在两个文件中输入“SETVAR”，按Enter键，单击命令行问号再按Enter键，系统弹出“AutoCAD文本窗口”，如图8-68所示。

02 框选文本窗口中的变量数据，复制到Excel文档中。一个位于A列，一个位于B列，比较变量中哪些不一样，这样可以大大减少查询变量的时间。

03 在C列输入公式“=IF(A1=B1,0,1)”，下拉单元格算出所有行的值，这样不相同的单元格就会以数字1表示，相同的单元格会以数字0表示，如图8-69所示，再分析得出哪些变量有问题即可。

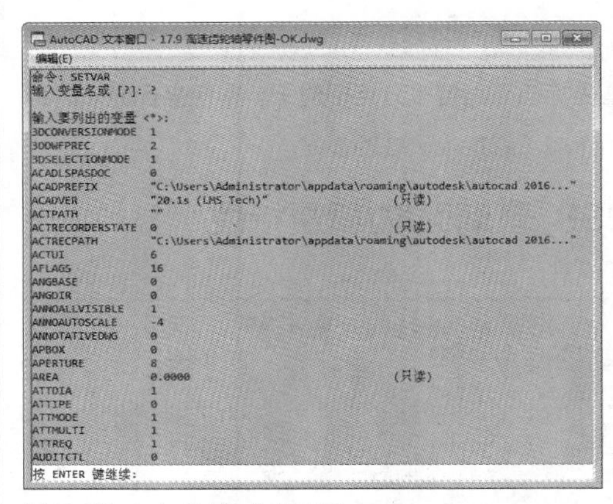

图 8-68 AutoCAD 文本窗口

	A	B	C
1	命令：SETVAR	命令：SETVAR	=IF(A1=B1,0,1)
2	输入变量名或 [?]：?	输入变量名或 [?]：?	0
3			0
4	输入要列出的变量 <*>:	输入要列出的变量 <*>:	0
5	3DCONVERSIONMODE 1	3DCONVERSIONMODE 1	0
6	3DDWFPREC 2	3DDWFPREC 2	0
7	3DSELECTIONMODE 1	3DSELECTIONMODE 1	0
8	ACADLSPASDOC 0	ACADLSPASDOC 0	0
9	ACADPREFIX "C:\Users\Administrator\appdata\roaming\autodesk\autocad 2016..." (只读)	ACADPREFIX "C:\Users\Administrator\appdata\roaming\autodesk\autocad 2016..." (只读)	0
10	ACADVER "20.1s (LMS Tech)" (只读)	ACADVER "20.1s (LMS Tech)" (只读)	0
11	ACTPATH ""	ACTPATH ""	0
12	ACTRECORDERSTATE 0 (只读)	ACTRECORDERSTATE 0 (只读)	1
13	ACTRECPATH "C:\Users\Administrator\appdata\roaming\autodesk\autocad 2016..."	ACTRECPATH "C:\Users\Administrator\appdata\roaming\autodesk\autocad 2016..."	1
14	ACTUI 6	ACTUI 6	0
15	AFLAGS 16	AFLAGS 16	0
16	ANGBASE 0	ANGBASE 0	0
17	ANGDIR 0	ANGDIR 0	0
18	ANNOALLVISIBLE 1	ANNOALLVISIBLE 1	0
19	ANNOAUTOSCALE -4	ANNOAUTOSCALE -4	0
20	ANNOTATIVEDWG 0	ANNOTATIVEDWG 0	0
21	APBOX 0	APBOX 0	0
22	APERTURE 8	APERTURE 8	0
23	AREA 0.0000 (只读)	AREA 0.0000 (只读)	0
24	ATTDIA 1	ATTDIA 1	0
25	ATTIPE 0	ATTIPE 0	0
26	ATTMODE 1	ATTMODE 1	0

图 8-69 变量数据列表

第 9 章 文件的打印与输出

当完成所有的设计和制图工作之后，就需要将图形文件打印为图样或输出为其他格式。本章主要讲述AutoCAD出图过程中涉及的一些问题，包括模型空间与布局空间的转换、打印样式、打印比例设置等，以及不同格式间的文件交互。

9.1 文件的打印

AutoCAD中绘制的图形最终都是通过纸质图纸应用到生产和施工中去，这就需要运用AutoCAD的图形输出和打印功能，AutoCAD的绘图和打印一般在不同的空间进行，因此本章先介绍模型空间和布局空间，再介绍打印样式、页面设置等操作。

在了解打印之前，需要先了解模型空间与布局空间的概念。模型空间和布局空间是AutoCAD的两个功能不同的工作空间。单击绘图区下面的标签页，可以在模型空间和布局空间之间切换。一个打开的图形文件中只有一个模型空间和两个默认的布局空间，用户也可创建更多的布局空间。

实战300 新建布局空间

难度：☆☆

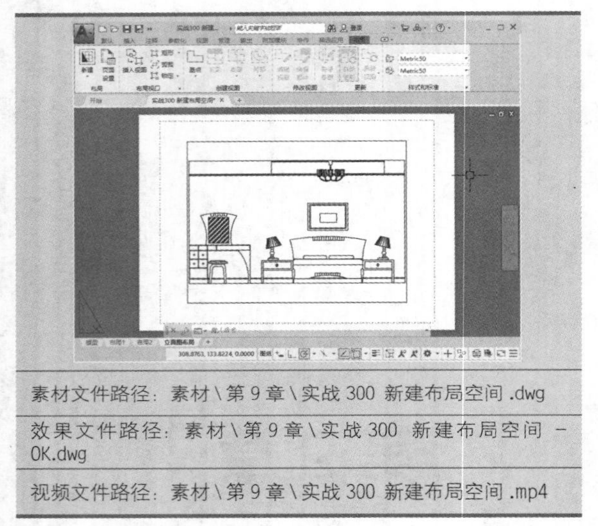

素材文件路径：素材\第9章\实战300 新建布局空间.dwg

效果文件路径：素材\第9章\实战300 新建布局空间-OK.dwg

视频文件路径：素材\第9章\实战300 新建布局空间.mp4

布局是一种图纸空间环境，它模拟显示图纸页面，提供直观的打印设置，主要用来控制图形的输出。布局中所显示的图形与图纸页面上打印出来的图形完全一样。

01 打开素材文件“第9章\实战300 新建布局空间.dwg”，如图9-1所示。

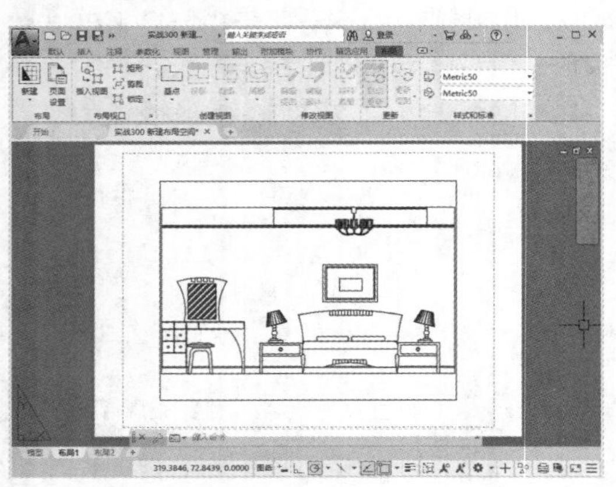

图9-1 素材文件

02 在“布局”选项卡中，单击“布局”面板中的“新建”按钮，新建名为“立面图布局”的布局，命令行操作如下。

```
命令：_layout
输入布局选项 [复制(C)/删除(D)/新建(N)/样板(T)/重命名(R)/另存为(SA)/设置(S)/?] <设置>: _new
输入新布局名 <布局3>: 立面图布局
```

03 完成布局的创建，单击“立面图布局”选项卡，切换至“立面图布局”空间，效果如图9-2所示。

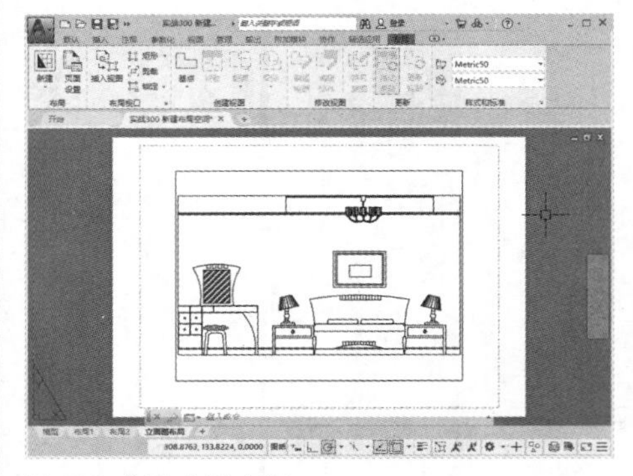

图9-2 创建布局空间

实战301 利用向导工具新建布局

进阶

难度：☆☆☆☆

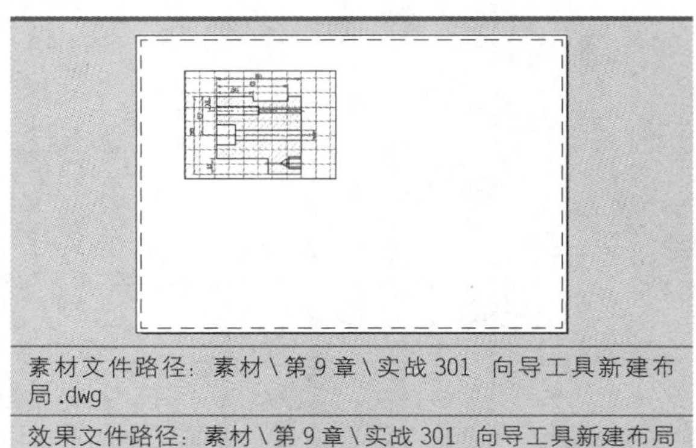

素材文件路径：素材\第9章\实战301 向导工具新建布局.dwg

效果文件路径：素材\第9章\实战301 向导工具新建布局-OK.dwg

视频文件路径：素材\第9章\实战301 向导工具新建布局.mp4

创建布局并重命名为合适的名称，可以起到快速浏览文件的作用，也能快速定位至需要打印的图纸，如立面图、平面图等。本例便利用向导工具来创建这样的布局。

01 打开素材文件“第9章\实战301 向导工具新建布局.dwg”，如图 9-3所示。

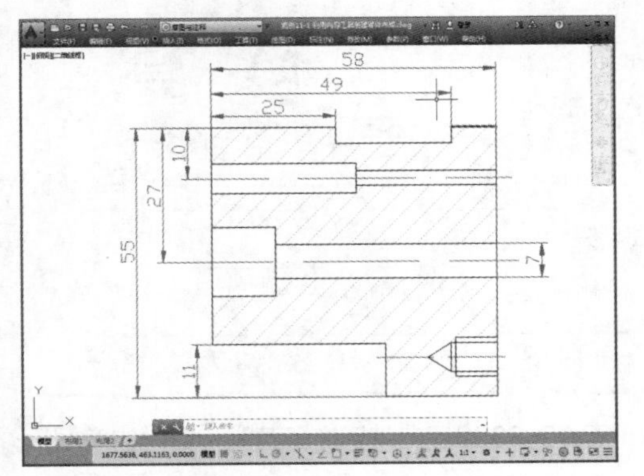

图 9-3 素材文件

02 选择“工具”｜“向导”｜“创建布局”命令，系统弹出“创建布局 – 开始”对话框，输入新布局的名称“零件图布局”，如图 9-4所示。

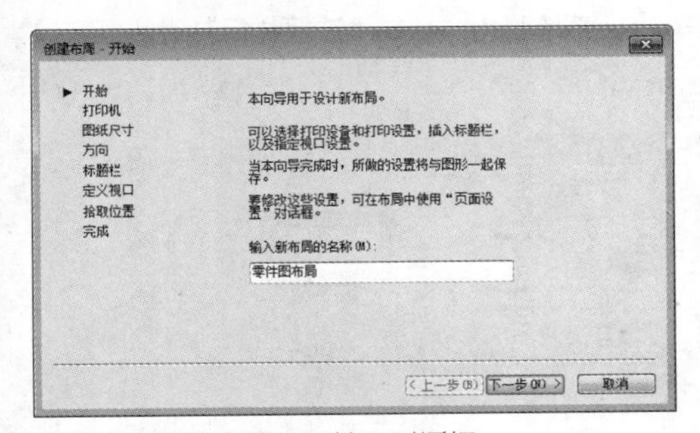

图 9-4 “创建布局 – 开始”对话框

03 单击“下一步”按钮，弹出“创建布局 – 打印机”对话框，如果没有安装打印机，可以随意选择一种打印机，如图 9-5所示。

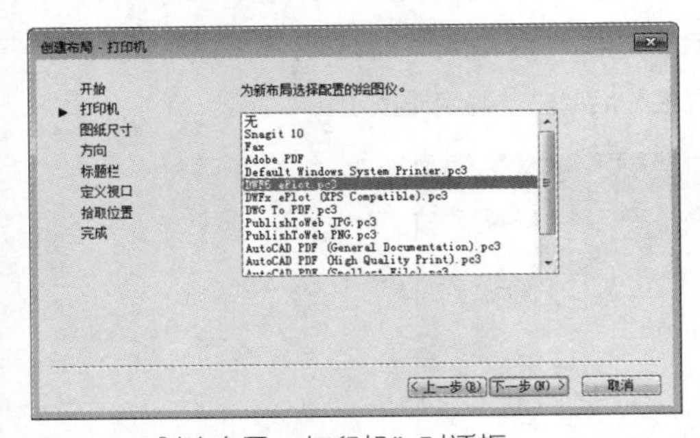

图 9-5 “创建布局 – 打印机”对话框

04 单击“下一步”按钮，弹出“创建布局 – 图纸尺寸”对话框，设置布局打印的图纸大小、图形单位等，如图 9-6所示。

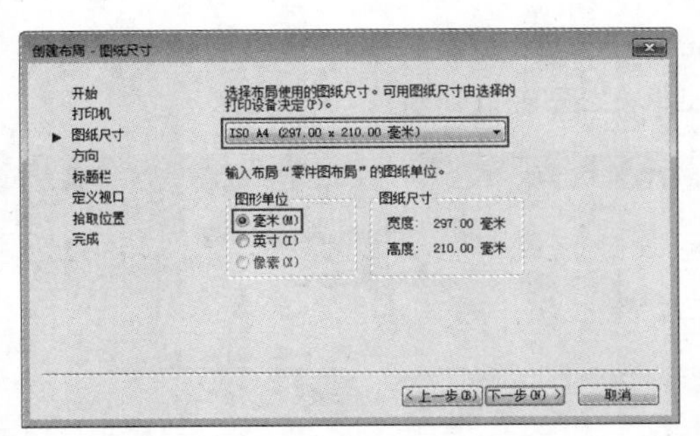

图 9-6 “创建布局 – 图纸尺寸”对话框

05 单击“下一步”按钮，弹出“创建布局 – 方向”对话框中，选中“横向”单选按钮，如图 9-7所示。

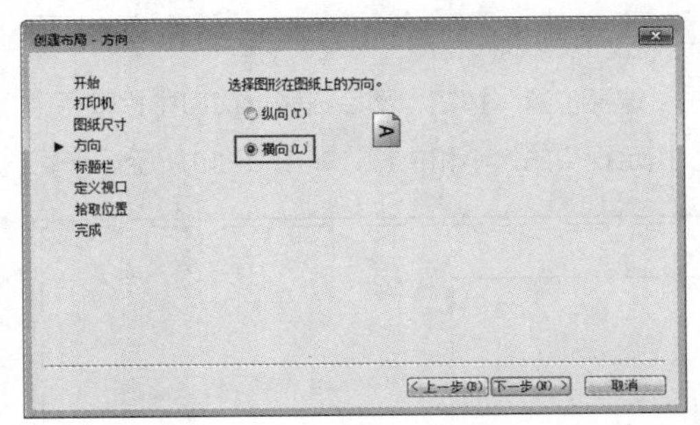

图 9-7 “创建布局 – 方向”对话框

06 单击单击“下一步”按钮，弹出“创建布局 – 标题栏”对话框，这里选择“无”选项，如图 9-8所示。

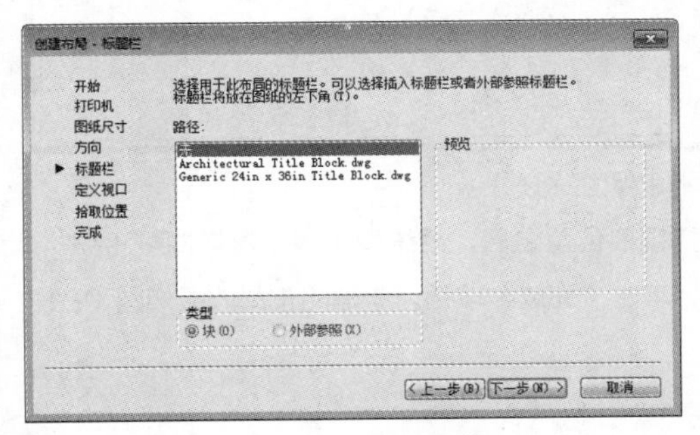

图 9-8 “创建布局 – 标题栏”对话框

07 单击“下一步”按钮，弹出“创建布局 – 定义视口”对话框，设置视口数量和视口比例，如图 9-9所示。

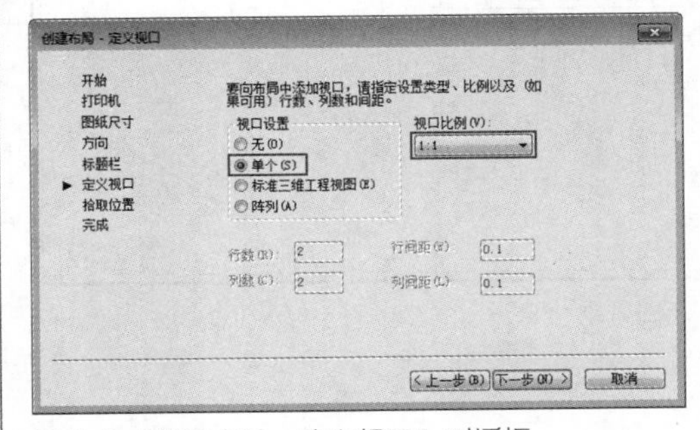

图 9-9 “创建布局 – 定义视口”对话框

08 单击“下一步”按钮，弹出“创建布局 – 拾取位置”对话框，如图 9-10所示。

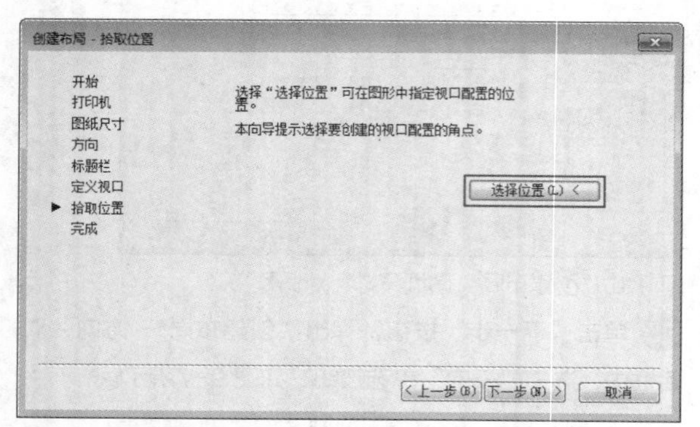

图 9-10 “创建布局 – 拾取位置”对话框

09 单击“选择位置”按钮，然后在图形窗口中拾取两个对角点，指定视口的大小和位置，如图 9-11所示。

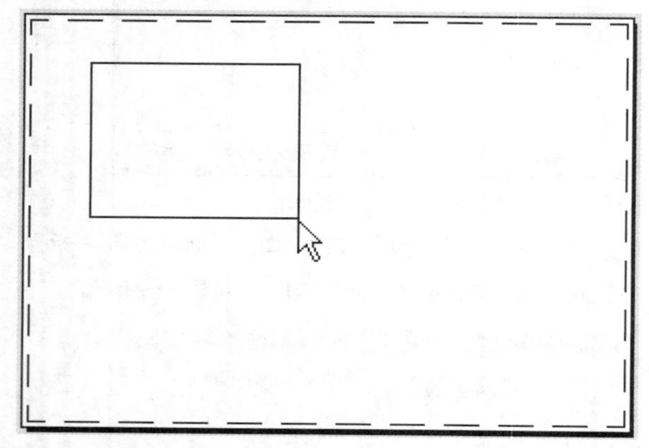

图 9-11 指定视口范围

10 选择视口位置之后，系统弹出“创建布局 – 完成”对话框，单击“完成”按钮，新建的布局效果如图 9-12所示。

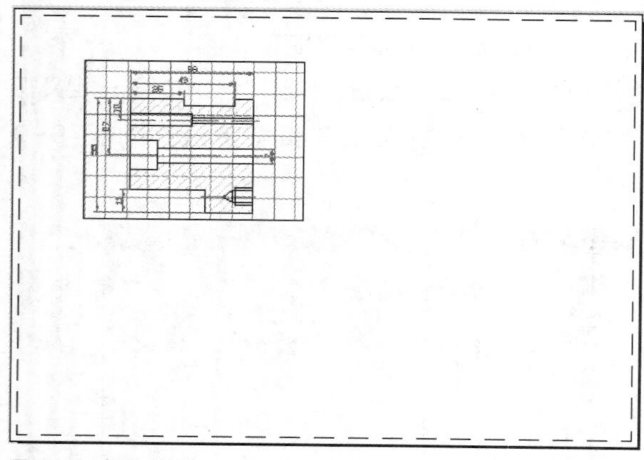

图 9-12 布局效果

实战302 插入样板布局

难度：☆☆

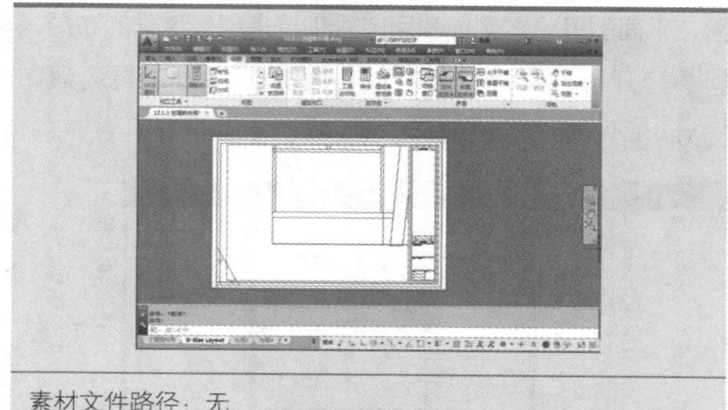

素材文件路径：无

效果文件路径：素材 \ 第 9 章 \ 实战 302 插入样板布局 – OK.dwg

视频文件路径：素材 \ 第 9 章 \ 实战 302 插入样板布局 .mp4

AutoCAD 2020还自带了许多英制和公制的空间模板，因此很多时候可以直接插入这些现成的模板，而无需另行新建。

01 新建一个空白文档。

02 在“布局”选项卡中，单击“布局”面板中的“从样板”按钮，系统弹出“从文件选择样板”对话框，如图 9-13所示。

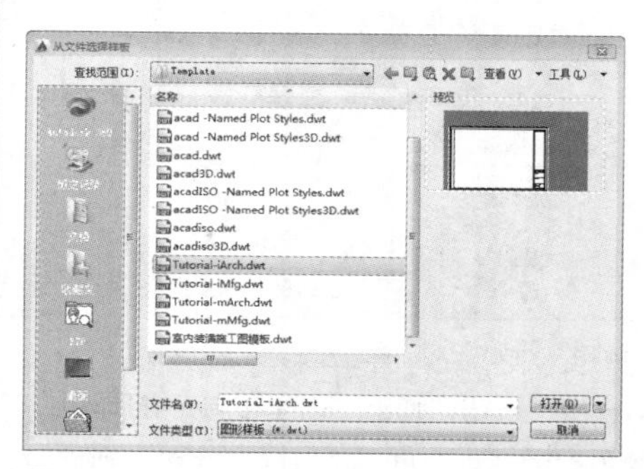

图 9-13 “从文件选择样板”对话框

03 选择“Tutorial – iArch.dwt”样板，单击“打开”按钮，系统弹出“插入布局”对话框，如图 9-14所示，选择布局名称后单击“确定”按钮。

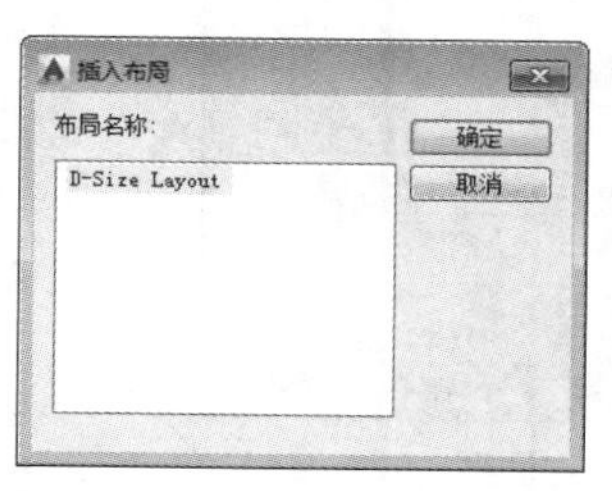

图 9-14 “插入布局”对话框

04 完成样板布局的插入，切换至新创建的“D - Size Layout”布局空间，效果如图 9-15所示。

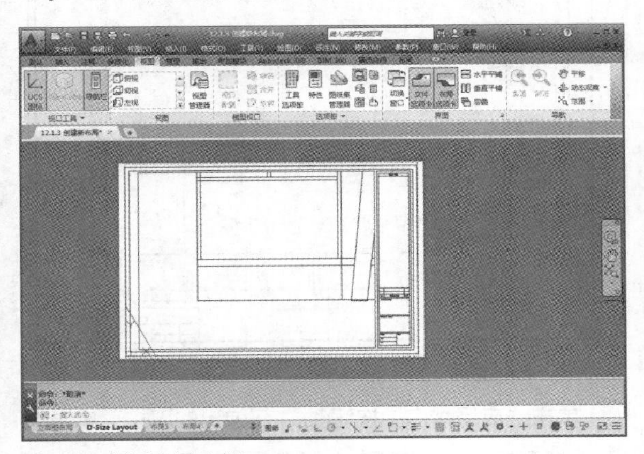

图 9-15 样板布局空间

实战303 创建页面设置

难度：☆☆☆

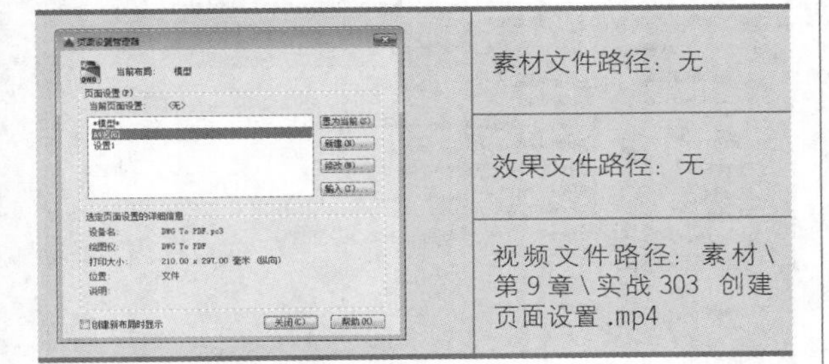

素材文件路径：无

效果文件路径：无

视频文件路径：素材\第 9 章\实战 303 创建页面设置 .mp4

页面设置是出图准备过程中的最后一个步骤，打印的图形在进行布局之前，先要对布局的页面进行设置，以确定出图的纸张大小等参数。页面设置包括打印设备、纸张、打印区域、打印方向等参数的设置。页面设置可以命名保存，可以将同一个命名页面设置应用到多个布局图中，也可以从其他图形中输入命名页设置并应用到当前图形的布局中，这样就避免了在每次打印前都反复进行打印设置的麻烦。

01 新建一个空白文档。

02 在命令行中输入“PAGESETUP”并按Enter键，弹出“页面设置管理器”对话框，如图 9-16所示。

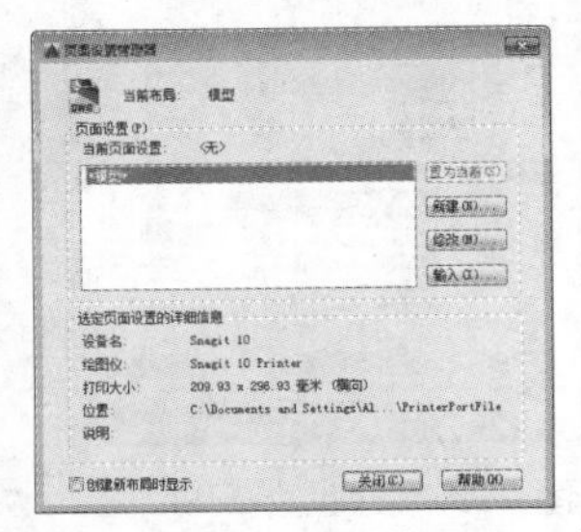

图 9-16 “页面设置管理器”对话框

03 单击“新建”按钮，系统弹出“新建页面设置”对话框，新建一个页面设置，并命名为“A4竖向”，选择基础样式为“无”，如图 9-17所示。

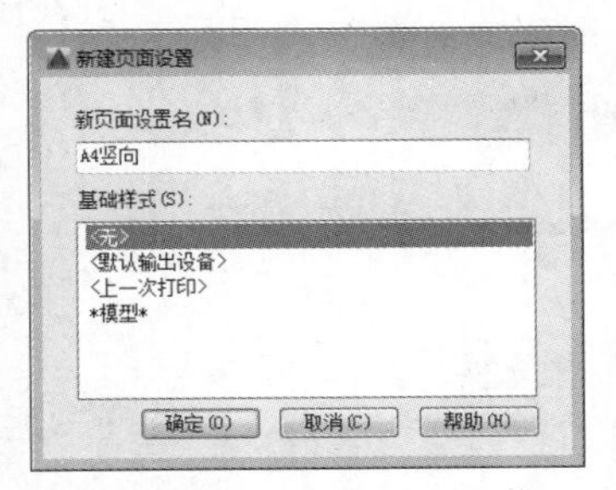

图 9-17 “新建页面设置”对话框

04 单击“确定”按钮，系统弹出“页面设置 - A4竖向”对话框，如图 9-18所示。

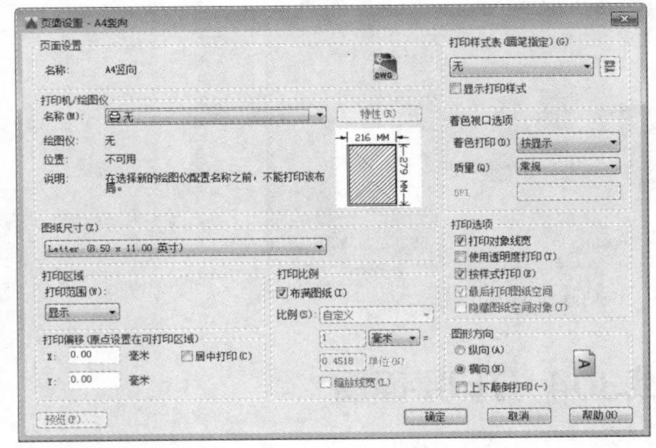

图 9-18 “页面设置 - A4 竖向”对话框

05 在“打印机/绘图仪”下拉列表中选择“DWG To PDF.pc3”打印设备。在“图纸尺寸”下拉列表中选择“ISO full bleed A4 (210.00×297.00 毫米)”选项。在“图形方向”选项组中选中“纵向”单选按钮。在“打印偏移（原点设置在可打印区域）”选项组中勾选“居中打印”复选框，在“打印范围”下拉列表中选择“图形界限”选项，如图 9-19所示。

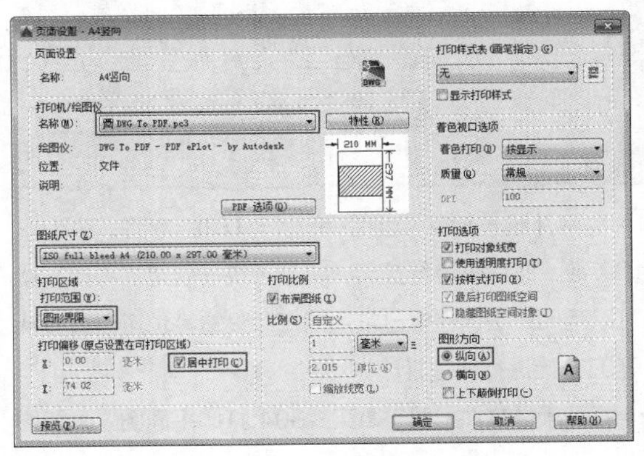

图 9-19 设置页面参数

06 在“打印样式表”下拉列表中选择“acad.ctb”选项，系统弹出提示对话框，如图 9-20所示，单击“是”按钮。最后单击“页面设置 - A4竖向”对话框上的“确定”按钮，创建的“A4竖向”，如图 9-21所示。

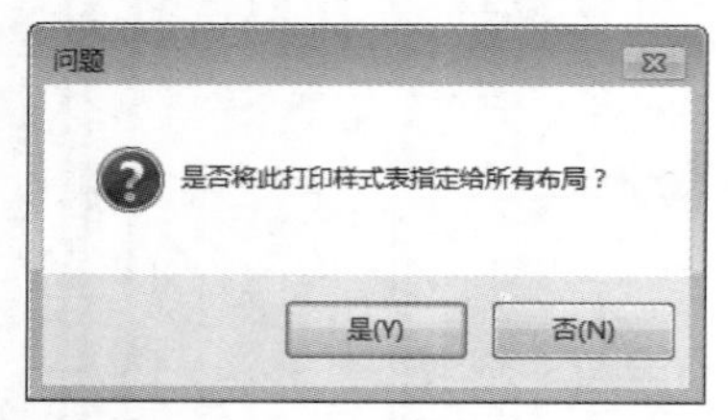

图 9-20 提示对话框

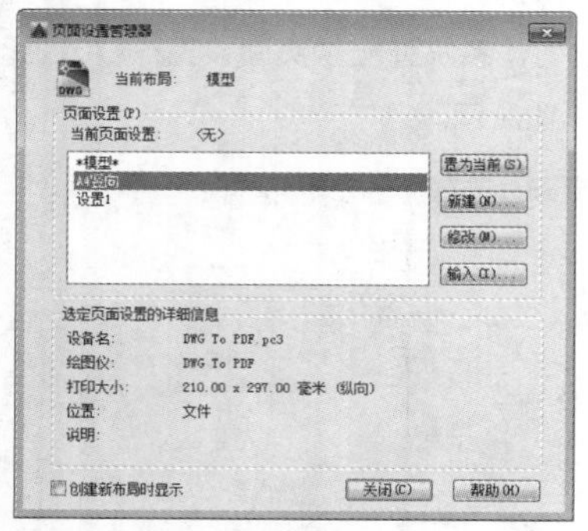

图 9-21 新建的页面设置

实战304 打印平面图

难度：☆☆☆

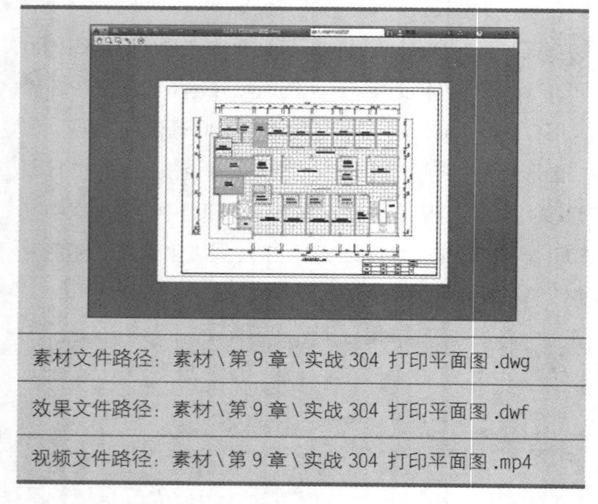

本例介绍直接从模型空间进行打印的方法。先设置打印参数，然后再进行打印，是基于统一规范的考虑。读者可以用此方法调整自己常用的打印设置，也可以直接从步骤07开始进行快速打印。

01 打开素材文件“第9章\实战304 打印平面图”，如图 9-22所示。

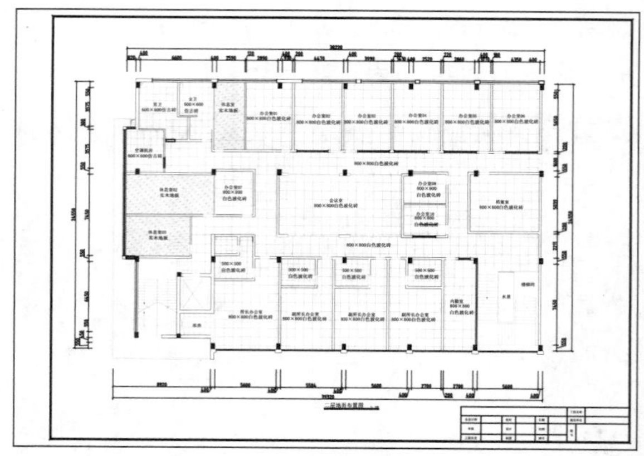

图 9-22 素材文件

02 单击“应用程序”按钮，在弹出的下拉菜单中选择“打印”|“管理绘图仪”命令，系统打开“Plotters”文件夹窗口，如图 9-23所示。

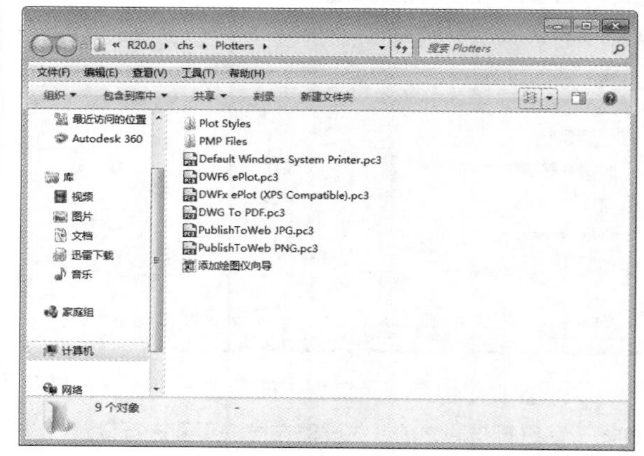

图 9-23 “Plotters”文件夹窗口

03 双击窗口中的“DWF6 ePlot.pc3”图标，系统弹出“绘图仪配置编辑器 - DWF6 ePlot.pc3”对话框。在对话框中单击“设备和文档设置”选项卡，选择“修改标准图纸尺寸（可打印区域）”选项，如图 9-24所示。

04 在“修改标准图纸尺寸”列表框中设置尺寸为“ISO A2（594.00×420.00毫米）”，如图 9-25所示。

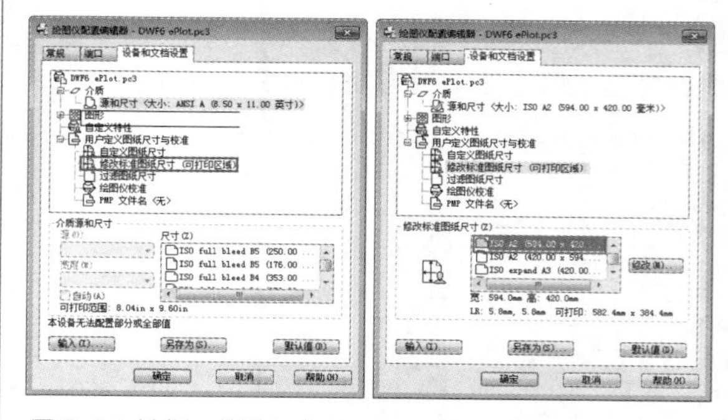

图 9-24 选择“修改标准图纸尺寸（可打印区域）”选项　图 9-25 设置图纸尺寸

05 单击“修改”按钮修改(M)...，系统弹出“自定义图纸尺寸 - 可打印区域”对话框，设置参数，如图 9-26所示。

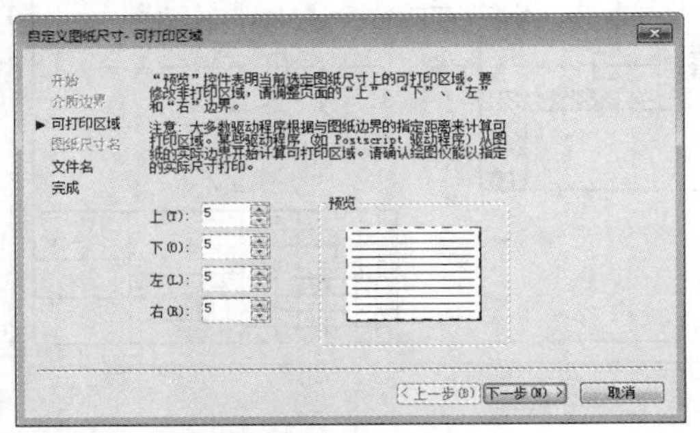

图 9-26 设置图纸打印区域

06 单击“下一步”按钮，系统弹出“自定义尺寸 - 完成”对话框，如图 9-27所示，在对话框中单击“完成”按钮，返回“绘图仪配置编辑器 - DWF6 ePlot.pc3”对话框，单击“确定”按钮，完成参数设置。

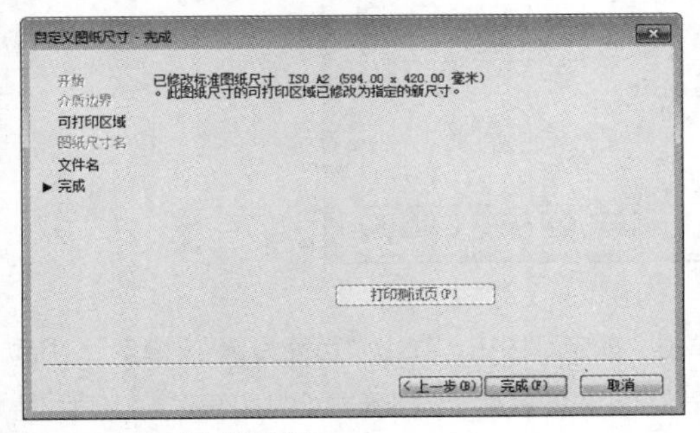

图 9-27 完成参数设置

07 再单击“应用程序”按钮，在下拉菜单中选择“打印” | “页面设置”命令，系统弹出“页面设置管理器”对话框，如图 9-28所示。

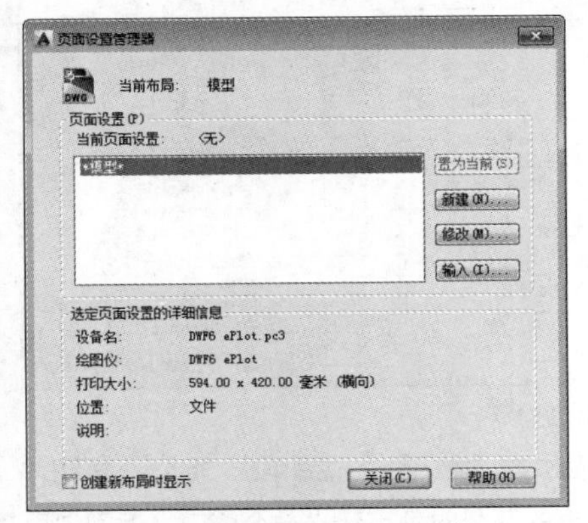

图 9-28 “页面设置管理器”对话框

08 当前布局为“模型”，单击“修改”按钮，系统弹出“页面设置 - 模型”对话框，设置参数，如图 9-29所示。“打印范围”设置为“窗口”，再框选整个素材文件图形。

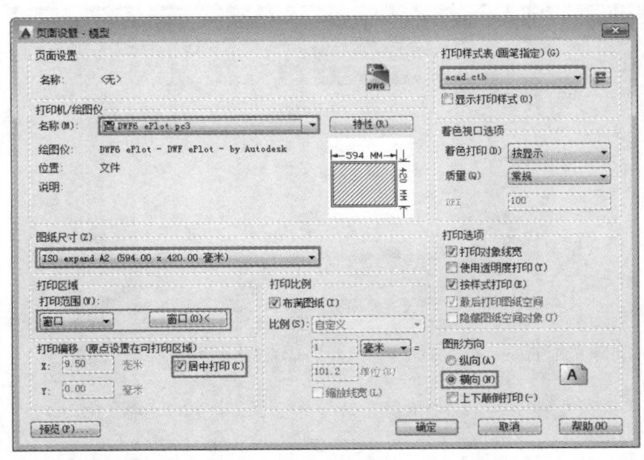

图 9-29 修改页面设置

09 单击“预览”按钮，效果如图 9-30所示。

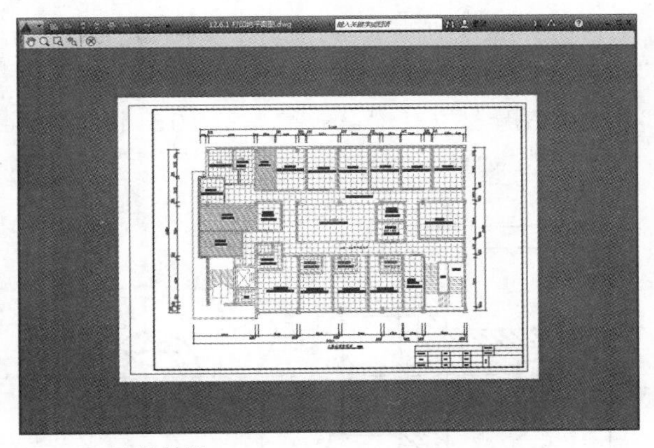

图 9-30 预览效果

10 如果效果满意，单击鼠标右键，在弹出的快捷菜单中选择“打印”命令，系统弹出“浏览打印文件”窗口，如图 9-31所示，设置文件保存路径，单击“保存”按钮，保存文件，完成打印的操作。

图 9-31 保存打印文件

实战305 打印零件图

难度：☆☆☆

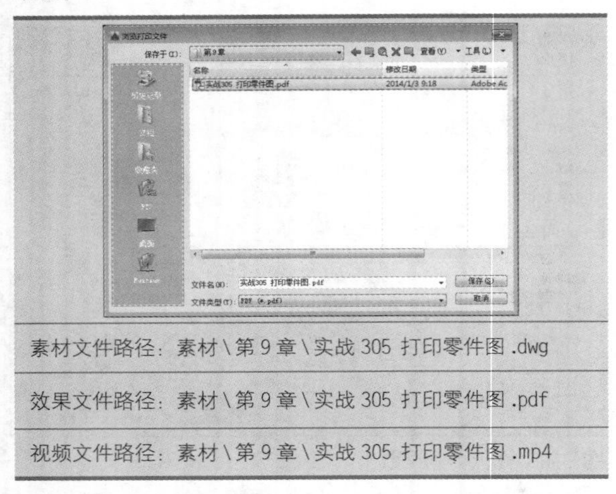

素材文件路径：素材\第 9 章\实战 305 打印零件图 .dwg

效果文件路径：素材\第 9 章\实战 305 打印零件图 .pdf

视频文件路径：素材\第 9 章\实战 305 打印零件图 .mp4

本例介绍机械零件图的打印方法。先设置打印参数，然后再进行打印，是基于统一规范的考虑，读者可以用此方法调整自己常用的打印设置。

01 打开素材文件“第9章\实战305 打印零件图.dwg”，如图 9-32所示。

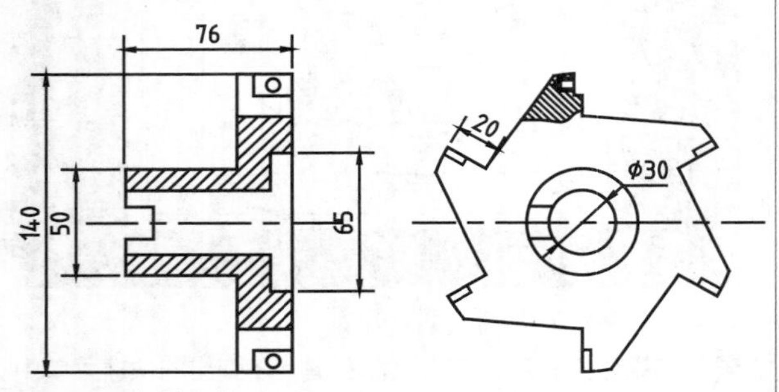

图 9-32 素材文件

02 将“0图层”设置为当前图层，然后在命令行输入“I”并按Enter键，插入“第9章\A3图框.dwg”素材文件，其中块参数设置如图 9-33所示。

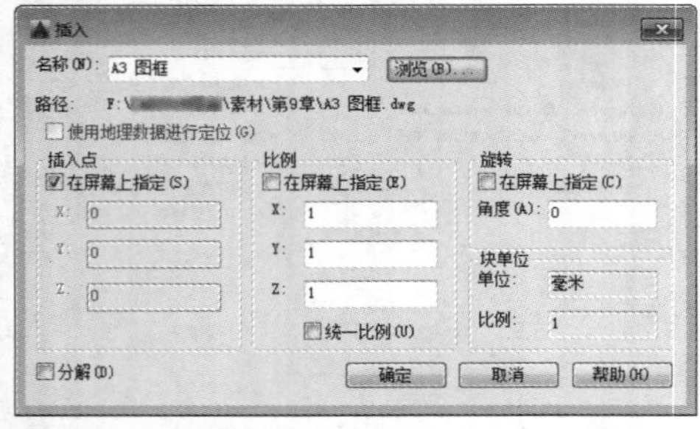

图 9-33 设置参数

03 在命令行输入“M”并按Enter键，执行“移动”命令，适当移动图框的位置，结果如图 9-34所示。

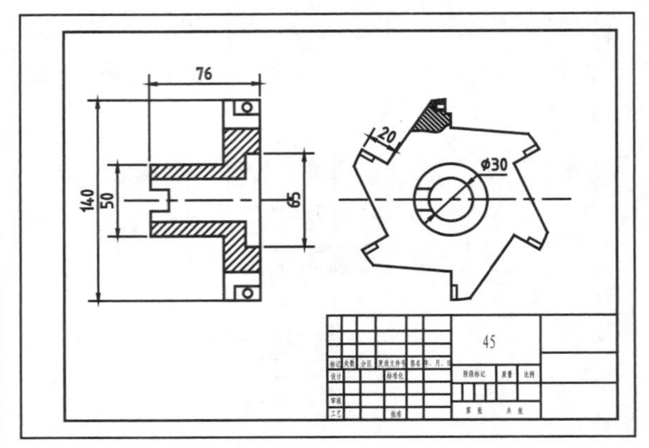

图 9-34 调整图框位置

04 选择“文件”｜“页面设置管理器”命令，弹出“新建页面设置”对话框，单击“确定”按钮，新建一个名为“A3”的页面设置，如图 9-35所示。

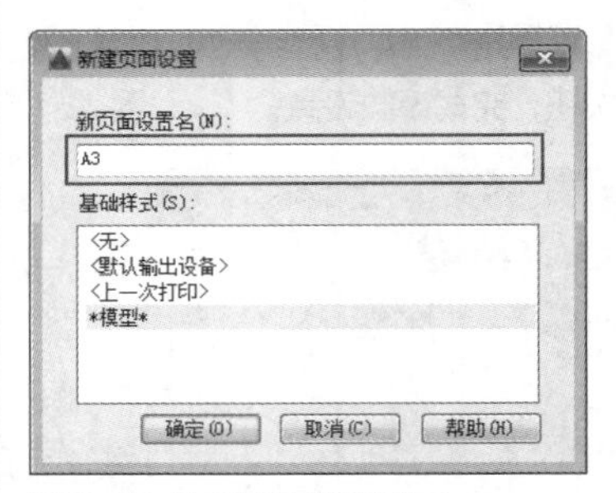

图 9-35 为新页面设置命名

05 单击“确定”按钮，弹出“页面设置 - 模型”对话框，设置打印机的名称、图纸尺寸、打印偏移、打印比例和图形方向等页面参数，如图 9-36所示。

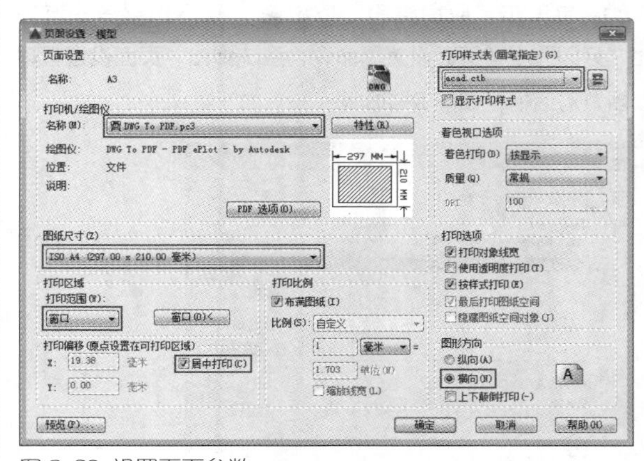

图 9-36 设置页面参数

06 设置打印范围为“窗口”，然后单击“窗口”按钮，在绘图区以图框的两个对角点定义一个窗口。返回“页面设置 - 模型”对话框，单击“确定”按钮完成页面设置。

07 返回“页面设置管理器”对话框，创建的“A3”页面设置在列表框中列出，如图 9-37所示，单击“置为当前”按钮将其置为当前布局。

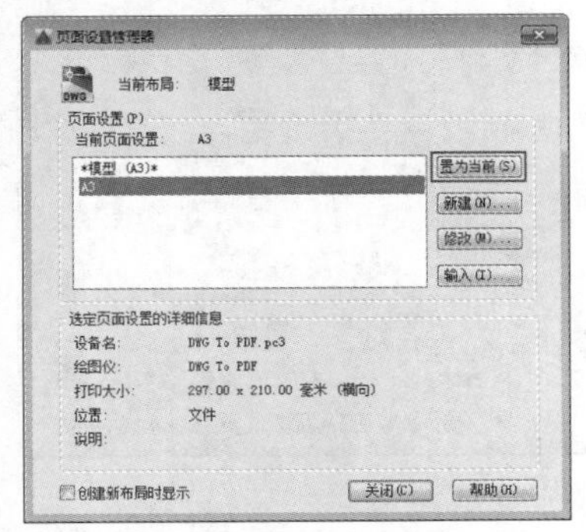

图 9-37 创建的页面设置

08 选择“文件” | “打印预览”命令，对当前图形进行打印预览，预览效果如图 9-38所示。

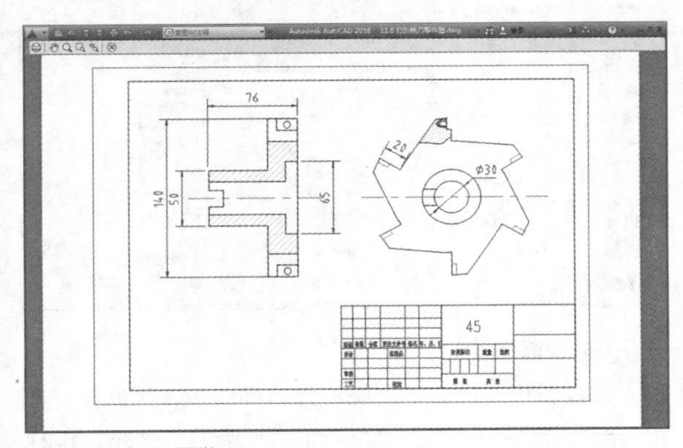

图 9-38 打印预览

09 单击预览窗口左上角的“打印”按钮，系统弹出“浏览打印文件”窗口，如图 9-39所示，选择文件的保存路径。

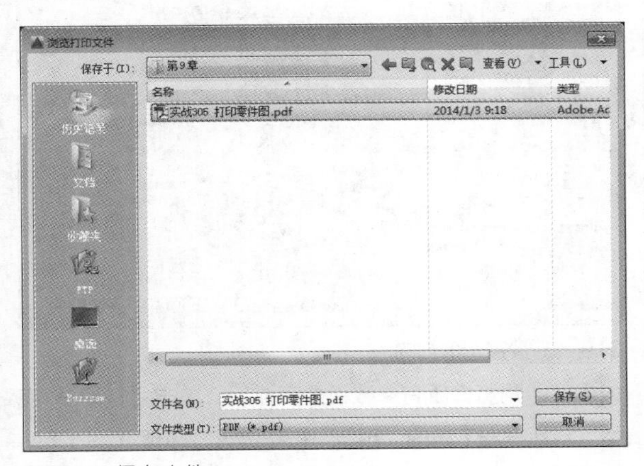

图 9-39 保存文件

10 单击“保存”按钮，开始打印。完成之后，系统在指定路径生成一个PDF格式的文件。

实战306 单比例打印

难度：☆☆☆

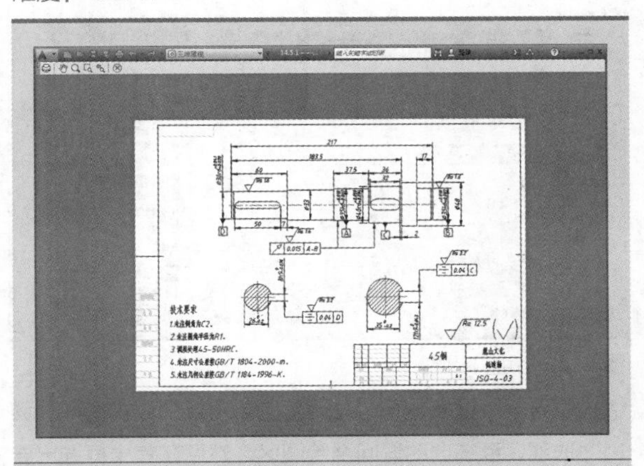

素材文件路径：素材\第 9 章\实战 306 单比例打印 .dwg

效果文件路径：素材\第 9 章\实战 306 单比例打印 .pdf

视频文件路径：素材\第 9 章\实战 306 单比例打印 .mp4

单比例打印通常用于打印简单的图形，机械图纸多用这种方法打印。通过本例的操作，用户可以熟悉布局空间的创建、多视口的创建、视口的调整、打印比例的设置、图形的打印等。

01 打开素材文件“第9章\实战306 单比例打印.dwg”，如图 9-40所示。

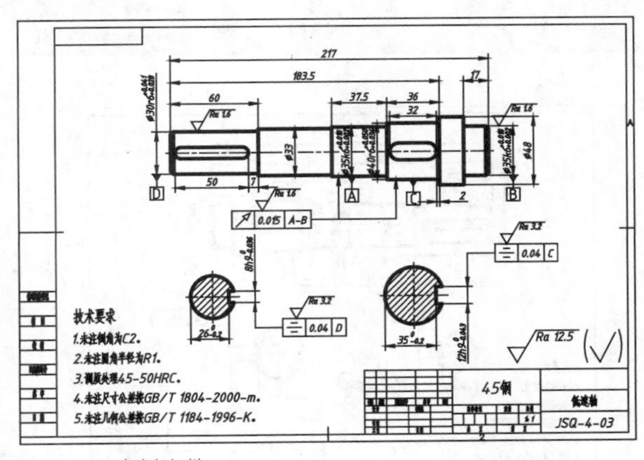

图 9-40 素材文件

02 按快捷键Ctrl+P，弹出“打印 – 模型”对话框。在“名称”下拉列表中选择所需的打印机，本例以“DWG To PDF.pc3”打印机为例。

03 设置图纸尺寸。在“图纸尺寸”下拉列表中选择“ISO full bleed A3（420.00 x 297.00 毫米）”选项，如图 9-41所示。

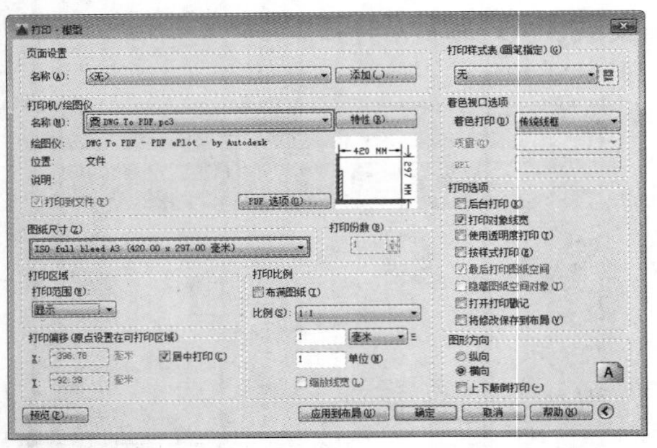

图 9-41 指定打印机

04 设置打印区域。在“打印范围”下拉列表中选择“窗口”选项，系统自动返回至绘图区，然后在其中框选出要打印的区域，如图 9-42所示。

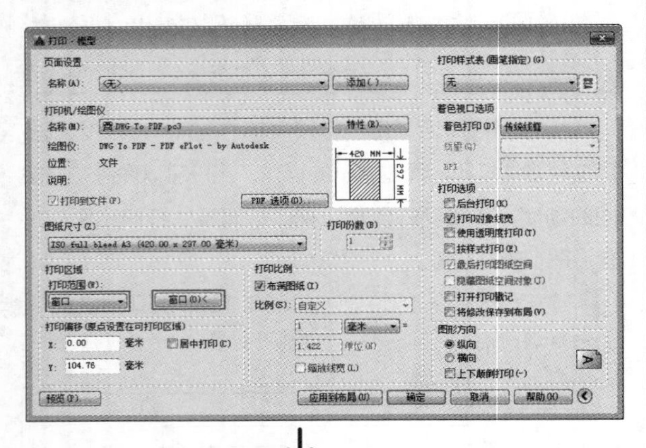

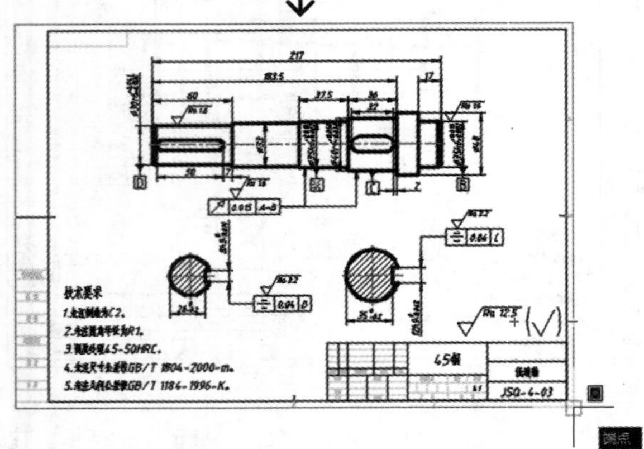

图 9-42 设置打印区域

05 设置打印偏移。返回“打印 - 模型”对话框之后，勾选“打印偏移（原点设置在可打印区域）”选项组中的“居中打印”复选框，如图 9-43所示。

06 设置打印比例。取消勾选“打印比例”选项组中的“布满图纸”复选框，然后在“比例”下拉列表中选择“1：1”选项，如图 9-44所示。

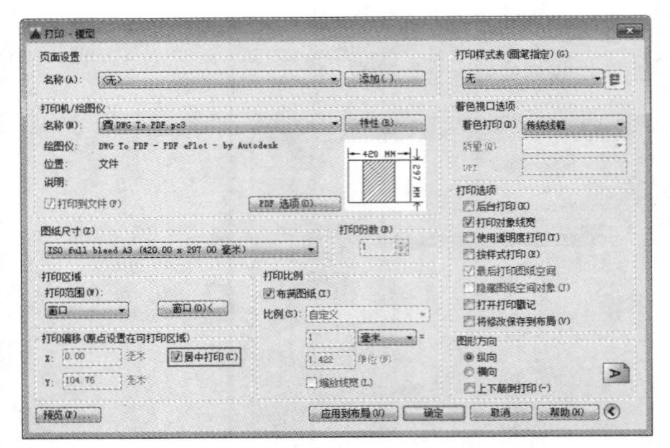

图 9-43 设置打印偏移

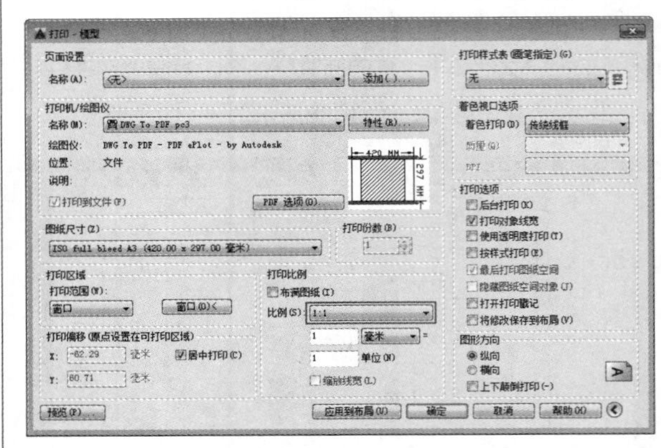

图 9-44 设置打印比例

07 设置图形方向。本例图框为横向放置，因此在“图形方向”选项组中设置打印方向为“横向”，如图 9-45所示。

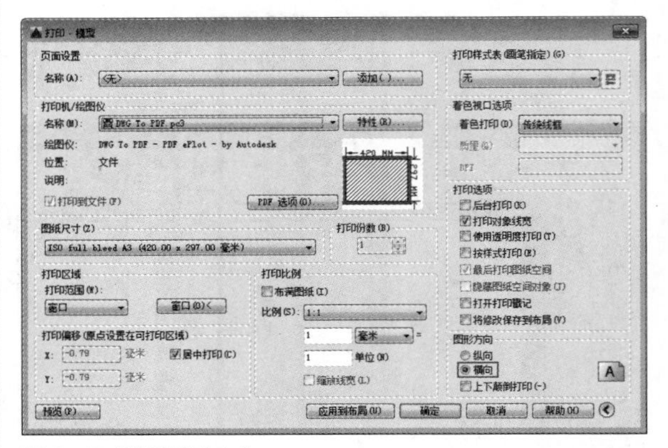

图 9-45 设置图形方向

08 打印预览。所有参数设置完成后，单击“打印 - 模型”对话框左下角的“预览”按钮进行打印预览，效果如图 9-46所示。

09 打印图形。图形显示无误后，便可以在预览窗口中单击鼠标右键，在弹出的快捷菜单中选择“打印”命令，即可进行打印。

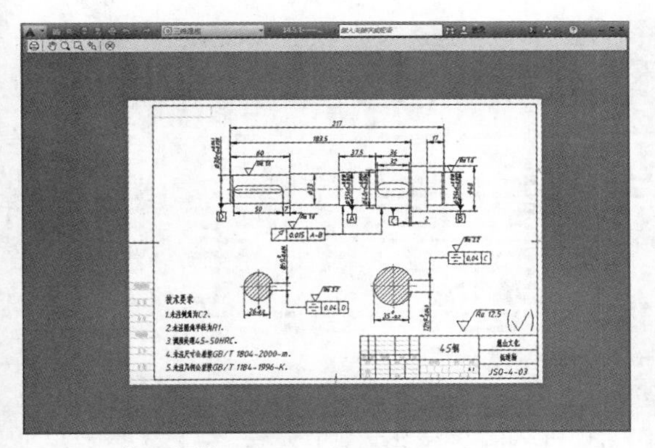

图 9-46 打印预览

实战307 多比例打印

难度：

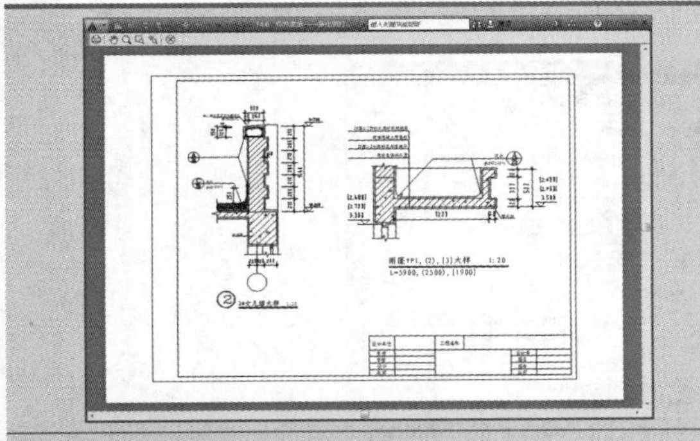

素材文件路径：素材 \ 第 9 章 \ 实战 307 多比例打印 .dwg

效果文件路径：素材 \ 第 9 章 \ 实战 307 多比例打印 - OK.dwg

视频文件路径：素材 \ 第 9 章 \ 实战 307 多比例打印 .mp4

有时图形中可能会出现多种比例关系，因此如果仍使用单比例打印的方法，会使得最终的打印效果差强人意。而使用多比例打印则可以将各个不同部分的比例真实显示，从而在一张图纸上显示不同比例的图形。

01 打开素材文件“第9章\实战307 多比例打印.dwg”，如图 9-47所示。

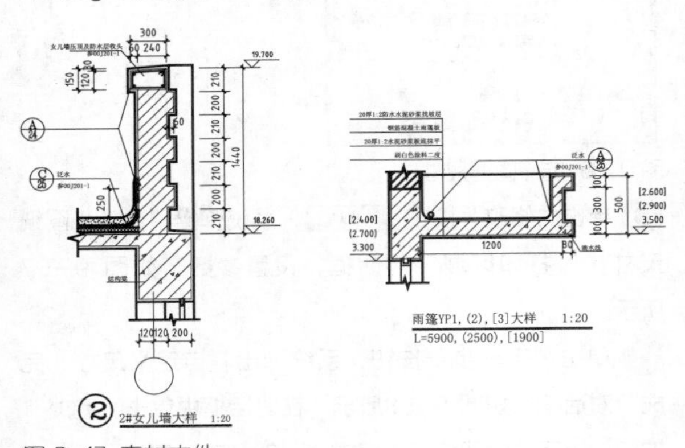

图 9-47 素材文件

02 切换布局空间至“布局1”，如图 9-48所示。

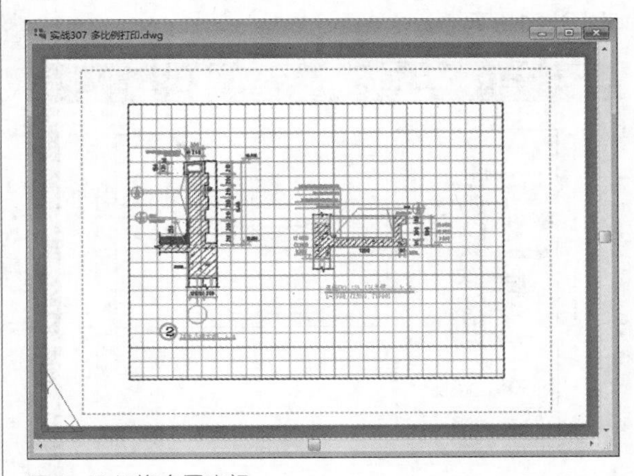

图 9-48 切换布局空间

03 单击“布局1”中的视口，按Delete键删除，如图 9-49所示。

图 9-49 删除视口

04 在“布局”选项卡中，单击“布局视口”面板中的“矩形”按钮，在“布局1”中创建两个视口，如图 9-50所示。

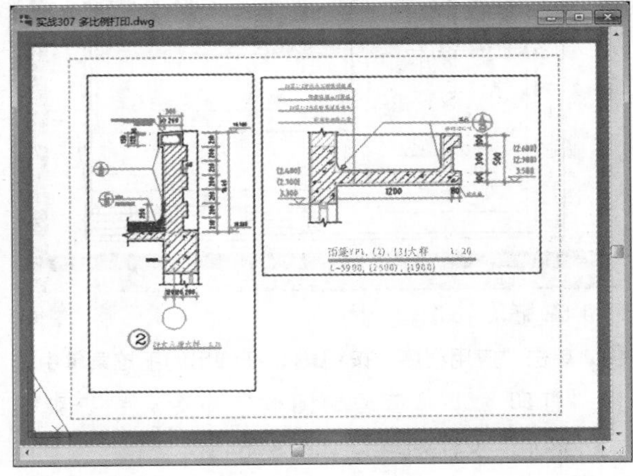

图 9-50 创建视口

05 双击进入视口，对图形进行缩放，调整至合适效果，如图 9-51所示。

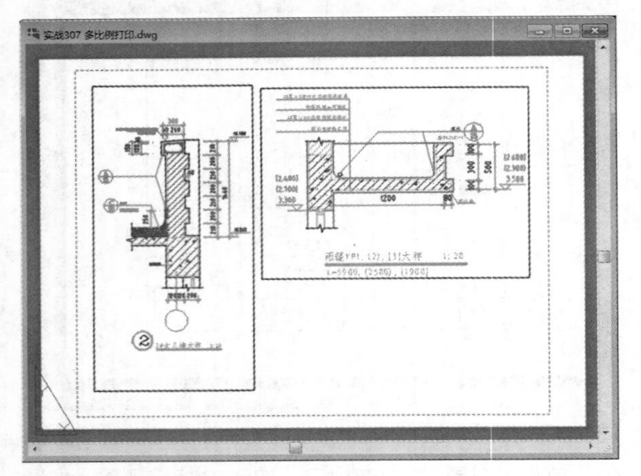
图 9-5l 缩放图形

06 执行“插入”命令，插入A3图框，并调整图框和视口的大小和位置，结果如图 9-52和图 9-53所示。

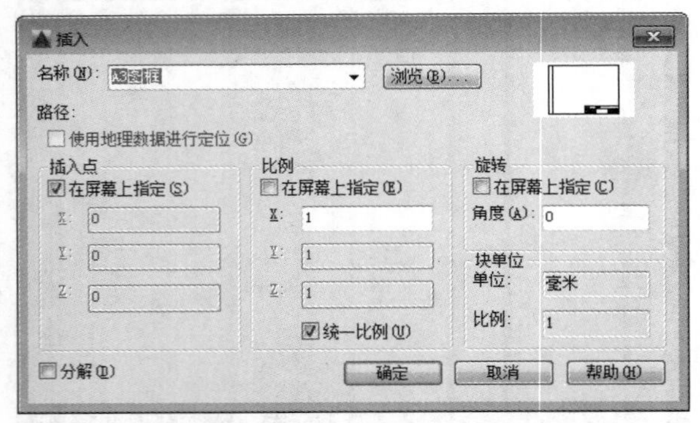

图 9-52 “插入”对话框

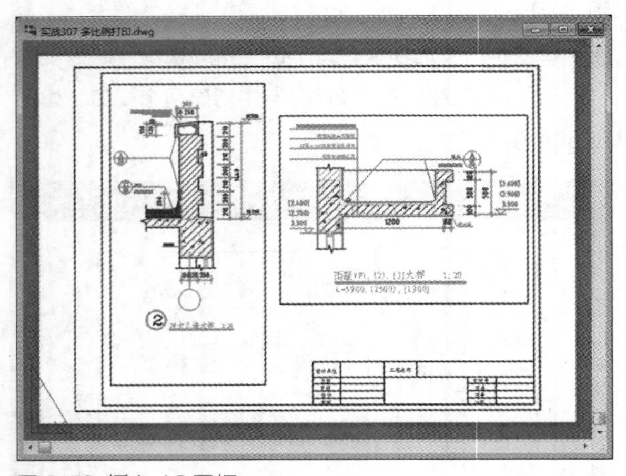
图 9-53 插入 A3 图框

07 单击“应用程序”按钮，在弹出的下拉菜单中选择“打印” | “管理绘图仪”命令，系统弹出“Plotters”文件夹窗口，如图 9-54所示。

图 9-54 “Plotters”文件夹窗口

08 双击窗口中的“DWF6 ePlot.pc3”图标，系统弹出“绘图仪配置编辑器 - DWF6 ePlot.pc3”对话框。在对话框中单击“设备和文档设置”选项卡，选择“修改标准图纸尺寸（可打印区域）”选项，如图 9-55所示。

图 9-55 “绘图仪配置编辑器 - DWF6 ePlot.pc3”对话框

09 在“修改标准图纸尺寸”列表框中设置尺寸为“ISO A3（420.00×297.00毫米）”，如图 9-56所示。

图 9-56 选择图纸尺寸

10 单击“修改”按钮修改(M)...，系统弹出“自定义图纸尺寸 - 可打印区域”对话框，设置参数，如图 9-57所示。

11 单击“下一步”按钮，系统弹出“自定义尺寸 - 完成”对话框，如图 9-58所示，在对话框中单击“完成”按钮，返回“绘图仪配置编辑器 - DWF6 ePlot.pc3”对话框，单击“确定”按钮，完成参数设置。

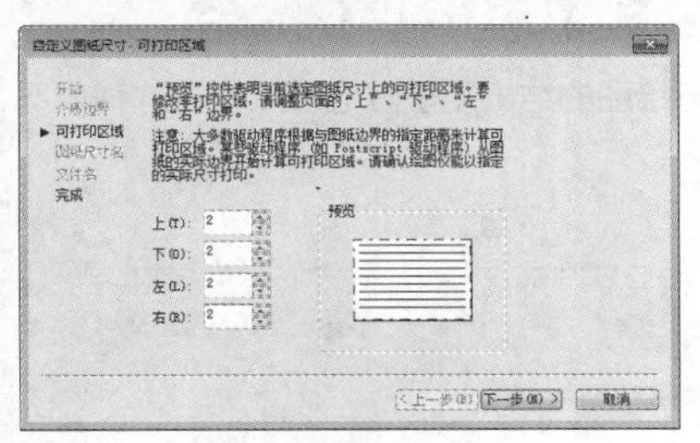

图 9-57 设置图纸打印区域

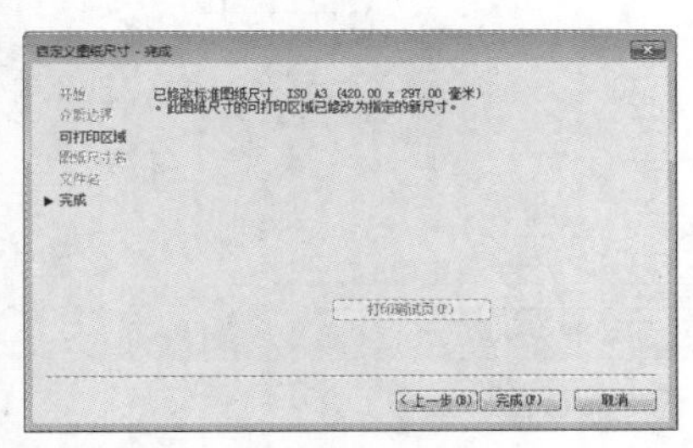

图 9-58 完成参数设置

⑫ 单击“应用程序”按钮▲，在下拉菜单中选择“打印”|“页面设置”命令，系统弹出“页面设置管理器”对话框，如图 9-59所示。

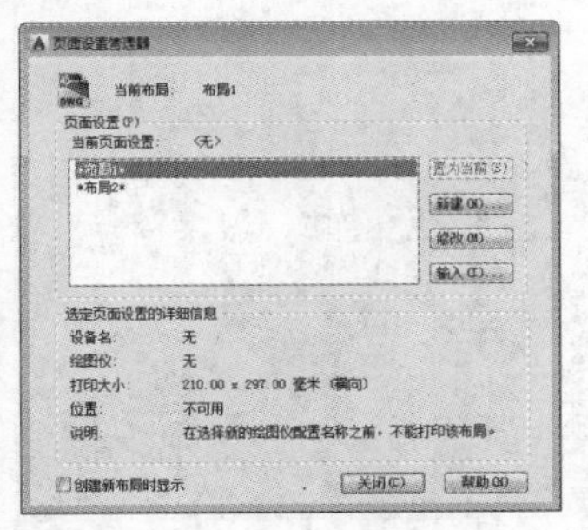

图 9-59 “页面设置管理器”对话框

⑬ 当前布局为“布局1”，单击“修改”按钮，系统弹出“页面设置 - 布局1”对话框，设置参数如图 9-60所示。

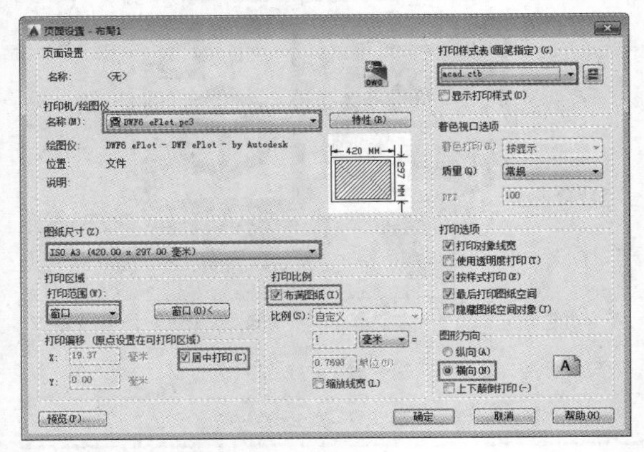

图 9-60 设置页面参数

⑭ 在命令行中输入“LA”，执行“图层特性管理器”命令，新建“视口”图层，并设置为不打印，如图 9-61所示，再将视口边框转变成该图层。

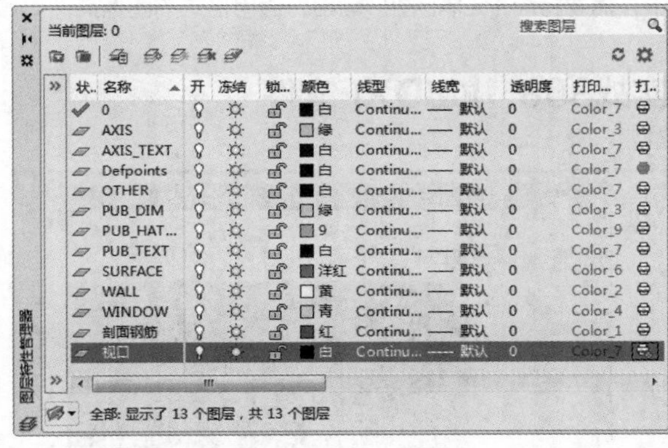

图 9-61 新建“视口”图层

⑮ 单击快速访问工具栏中的“打印”按钮，系统弹出“打印 - 布局1”对话框，单击“预览”按钮，效果如图 9-62所示。

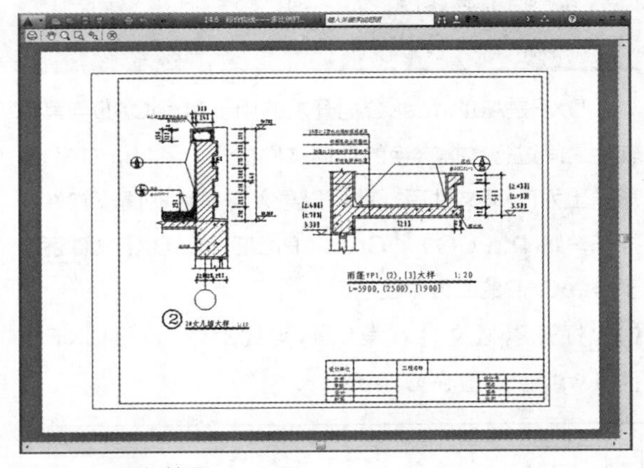

图 9-62 预览效果

⑯ 如果效果满意，单击鼠标右键，在弹出的快捷菜单中选择“打印”命令，系统弹出“浏览打印文件”对话框，如图 9-63所示，设置文件保存路径，单击“保存”按钮，打印图形，完成多视口打印的操作。

图 9-63 保存打印文件

9.2 文件的输出

AutoCAD拥有强大、便捷的绘图功能，有时候用户利用其绘图后，需要将绘图的结果用于其他程序，在这种情况下，需要将AutoCAD图形输出为通用格式的图像文件，如JPG、PDF等。

实战308 输出DXF文件

难度：☆☆

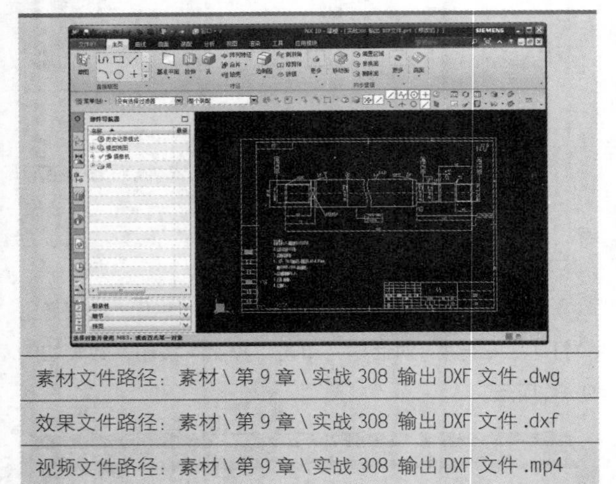

素材文件路径：素材\第 9 章\实战 308 输出 DXF 文件 .dwg

效果文件路径：素材\第 9 章\实战 308 输出 DXF 文件 .dxf

视频文件路径：素材\第 9 章\实战 308 输出 DXF 文件 .mp4

DXF是Autodesk公司开发的用于AutoCAD与其他软件之间进行数据交换的数据文件格式。将AutoCAD图形输出为DXF文件后，就可以导入至其他的建模软件中打开，如NX（UG）、Creo（Pro/E)等，DXF文件适用于AutoCAD的二维草图输出。

01 打开素材文件“第9章\实战308 输出DXF文件.dwg”，如图 9-64所示。

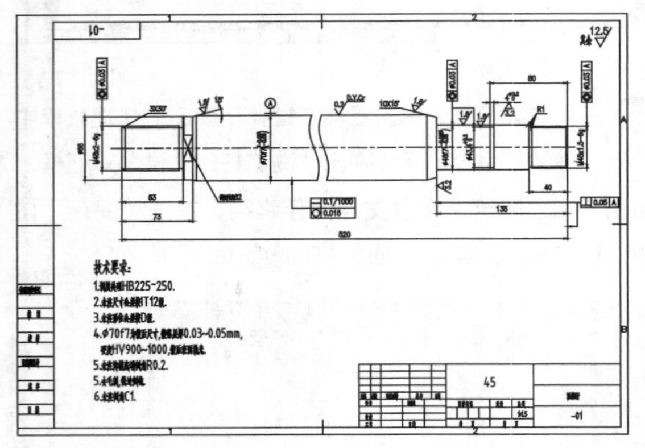

图 9-64 素材文件

02 按Ctrl+Shift+S快捷键，打开“图形另存为”对话框，选择保存路径，再输入新的文件名为“实战308 输出DXF文件.dxf”，在“文件类型”下拉列表中选择“AutoCAD 2013 DXF （*.dxf）”选项，如图 9-65所示。

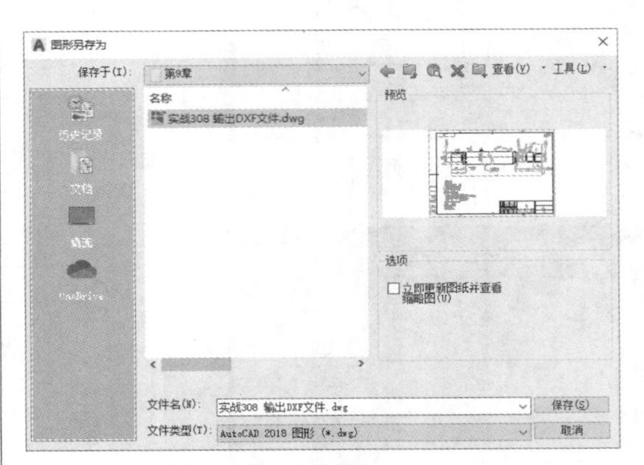

图 9-65 “图形另存为”对话框

03 在建模软件(如NX）中导入生成“实战308 输出DXF文件”文件，最终效果如图 9-66所示。

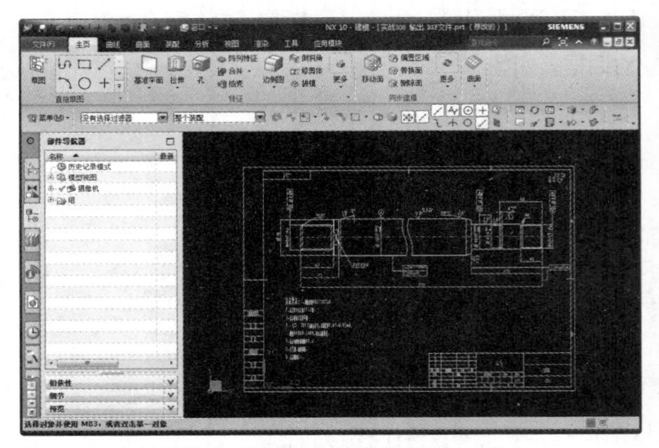

图 9-66 在其他软件（NX）中导入的 DXF 文件

实战309 输出STL文件

难度：☆☆☆

素材文件路径：素材\第 9 章\实战 309 输出 STL 文件 .dwg

效果文件路径：素材\第 9 章\实战 309 输出 STL 文件 .stl

视频文件路径：素材\第 9 章\实战 309 输出 STL 文件 .mp4

STL文件可以将实体数据以三角形网格面形式保存，一般用来转换AutoCAD的三维模型。

01 打开素材文件“第9章\实战309 输出STL文件.dwg”，如图 9-67所示。

02 单击“应用程序”按钮，在弹出的下拉菜单中选择“输出”命令，在右侧的列表框中选择“其他格式”选项，如图 9-68所示。

图 9-67 素材模型　　图 9-68 输出其他格式

03 系统自动打开“输出数据”对话框，在“文件类型”下拉列表中选择“平板印刷（*.stl）”选项，单击“保存”按钮，如图 9-69所示。

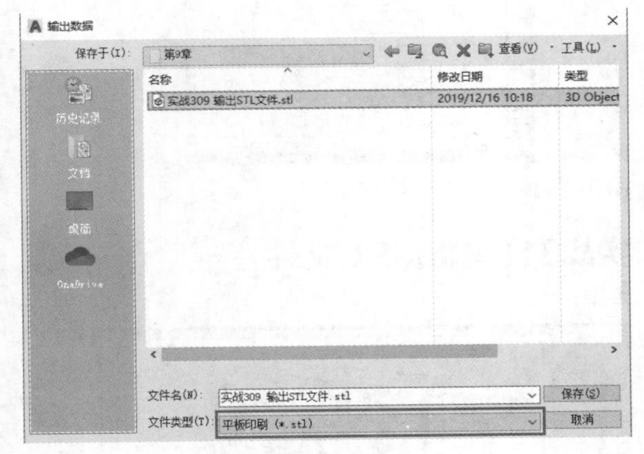

图 9-69 “输出数据”对话框

04 单击“保存”按钮后系统返回绘图区，命令行提示选择实体或无间隙网络，选中整个模型，然后按Enter键完成选择，即可在指定路径生成STL文件，如图 9-70所示。该STL文件可支持3D打印，具体方法请参阅3D打印的有关资料。

图 9-70 输出 STL 文件并打印

实战310 输出PDF文件

难度：☆☆☆☆

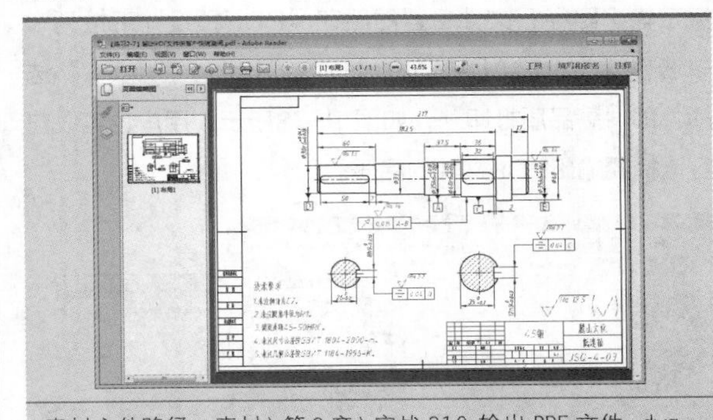

素材文件路径：素材 \ 第 9 章 \ 实战 310 输出 PDF 文件 .dwg

效果文件路径：素材 \ 第 9 章 \ 实战 310 输出 PDF 文件 . pdf

视频文件路径：素材 \ 第 9 章 \ 实战 310 输出 PDF 文件 .mp4

PDF（Portable Document Format，便携式文档格式）是以与应用程序、操作系统、硬件无关的方式进行文件交换所发展出的文件格式。对于AutoCAD用户来说，掌握PDF文件的输出尤为重要。

01 打开素材文件“第9章\实战310 输出PDF文件.dwg”，如图 9-71所示。

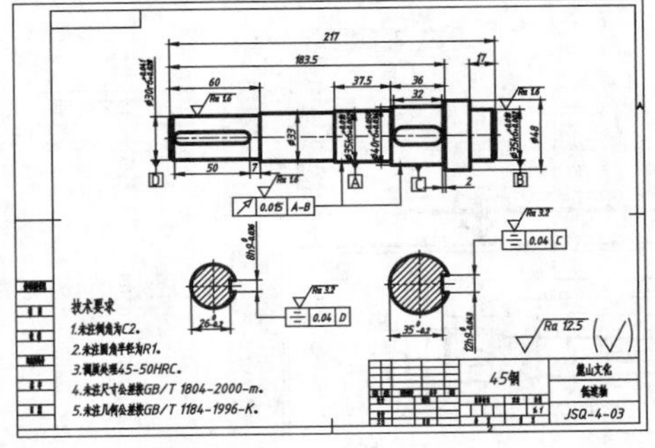

图 9-71 素材模型

02 单击“应用程序”按钮，在弹出的下拉菜单中选择“输出”命令，在右侧的列表框中选择“PDF”选项，如图 9-72所示。

图 9-72 输出 PDF 格式

03 系统自动打开“另存为PDF”对话框，在对话框中指定输出路径、文件名，然后在“PDF预设”下拉列表中选择“AutoCAD PDF（High Quality Print）”选项，即“高品质打印”，如图 9-73所示。用户也可以自行选择要输出PDF文件的品质。

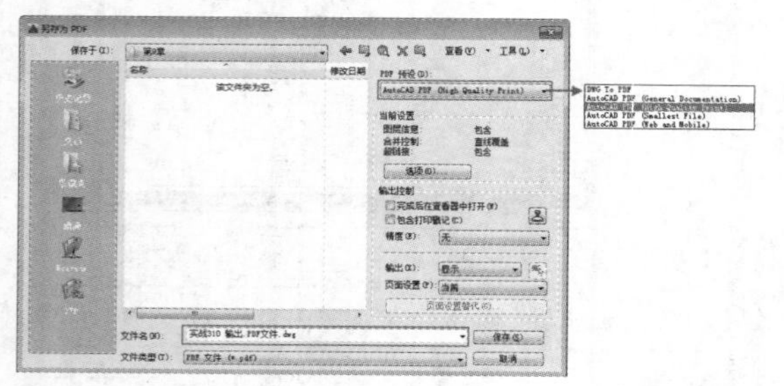

图 9-73 “另存为 PDF”对话框

04 在对话框的“输出”下拉列表中选择“窗口”选项，系统返回绘图区，然后选择素材文件的对角点即可，如图 9-74所示。

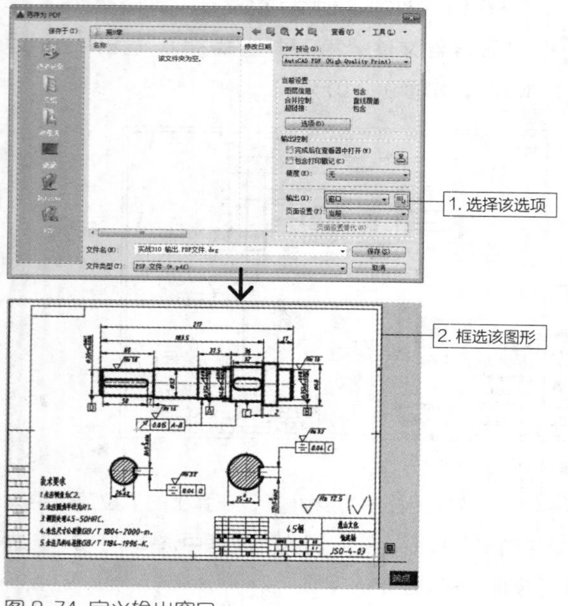

图 9-74 定义输出窗口

05 在对话框的“页面设置”下拉列表中选择“替代”选项，再单击下方的“页面设置替代”按钮，打开“页面设置替代”对话框，在其中设置好打印样式和图纸尺寸，如图 9-75所示。

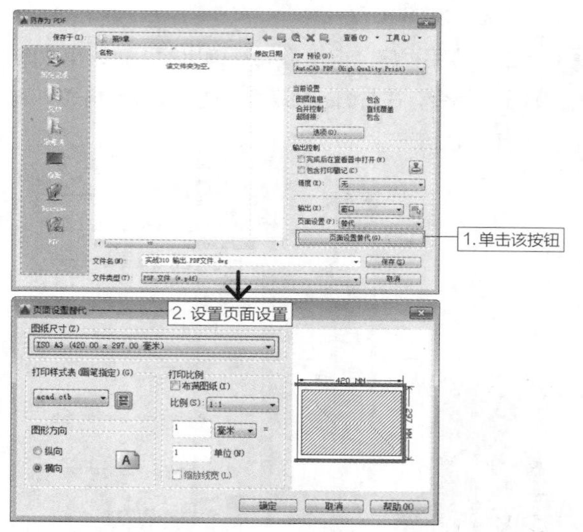

图 9-75 定义页面设置

06 单击“确定”按钮返回“另存为PDF”对话框，再单击“保存”按钮，即可输出PDF文件，效果如图 9-76所示。

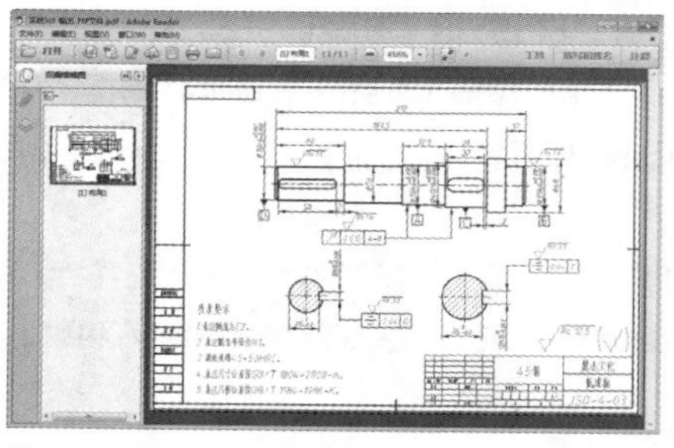

图 9-76 输出的 PDF 文件效果

实战311 输出JPG文件

难度：☆☆☆☆

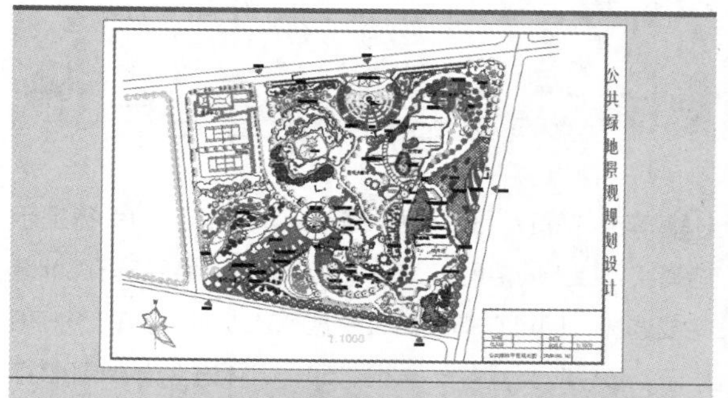

素材文件路径：素材\第 9 章\实战 311 输出 JPG 文件 .dwg

效果文件路径：素材\第 9 章\实战 311 输出 JPG 文件 .jpg

视频文件路径：素材\第 9 章\实战 311 输出 JPG 文件 .mp4

DWG图纸可以截图或导出为JPG、JPEG等图片格式文件，但这样创建的图片分辨率很低，如果图形比较大，就无法满足印刷的要求，因此可以通过打印与输出相配合的方法来进行输出。

01 打开素材文件“第9章\实战311 输出高清JPG文件.dwg”，如图 9-77所示。

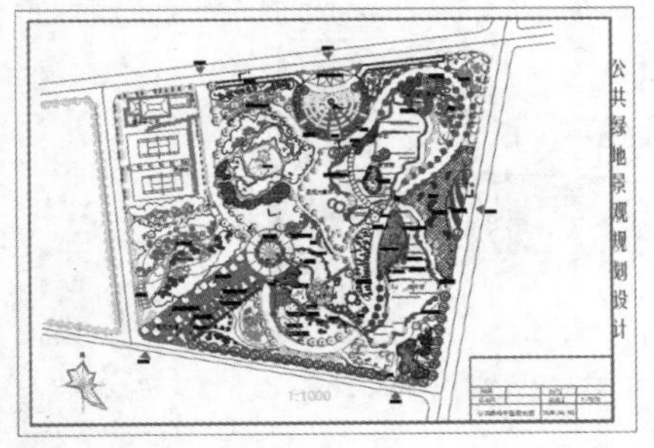

图 9-77 素材文件

02 按Ctrl+P快捷键，弹出“打印 – 模型”对话框。在“名称”下拉列表中选择所需的打印机，本例要输出JPG图片，便选择“PublishToWeb JPG.pc3”打印机，如图 9-78所示。

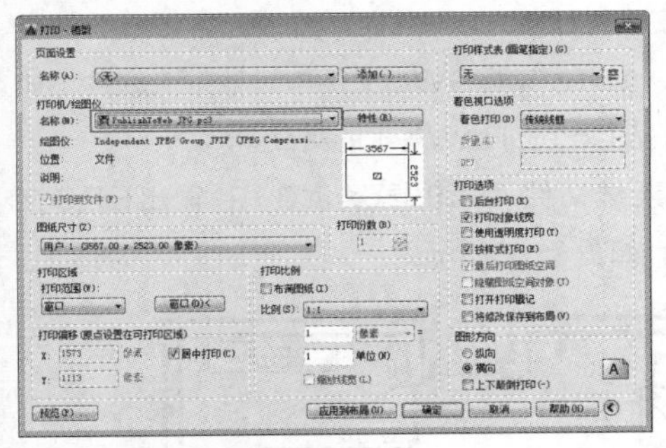

图 9-78 指定打印机

03 单击“PublishToWeb JPG.pc3”右边的“特性”按钮 特性(R)... ，系统弹出“绘图仪配置编辑器 – PublishToWeb JPG.pc3”对话框，选择“用户定义图纸尺寸与校准”选项下的“自定义图纸尺寸”选项，然后单击右下方的“添加”按钮，如图 9-79所示。

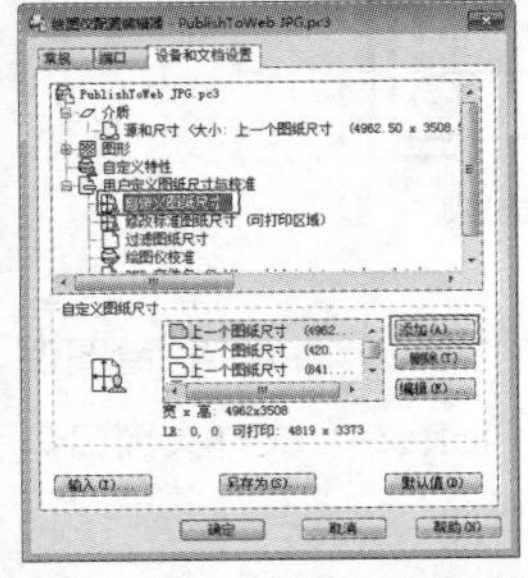

图 9-79 “绘图仪配置编辑器 – PublishToWeb JPG.pc3”对话框

04 系统弹出“自定义图纸尺寸 – 开始”对话框，选中“创建新图纸”单选按钮，然后单击“下一步”按钮，如图 9-80所示。

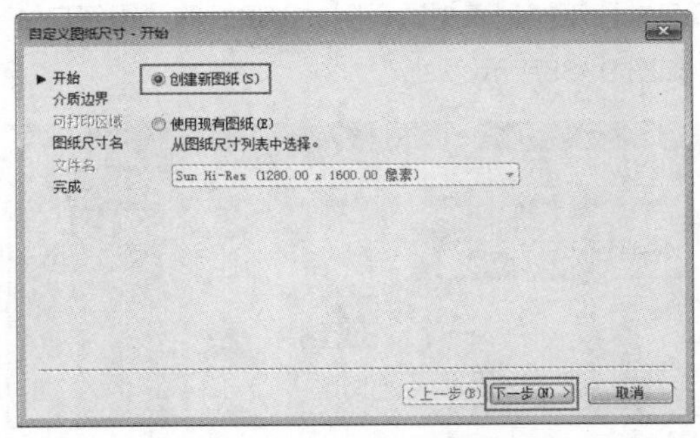

图 9-80 “自定义图纸尺寸 – 开始”对话框

05 调整分辨率。系统跳转到“自定义图纸尺寸 – 介质边界”对话框，这里会提示当前图形的分辨率，可以适量进行调整，如图 9-81所示。

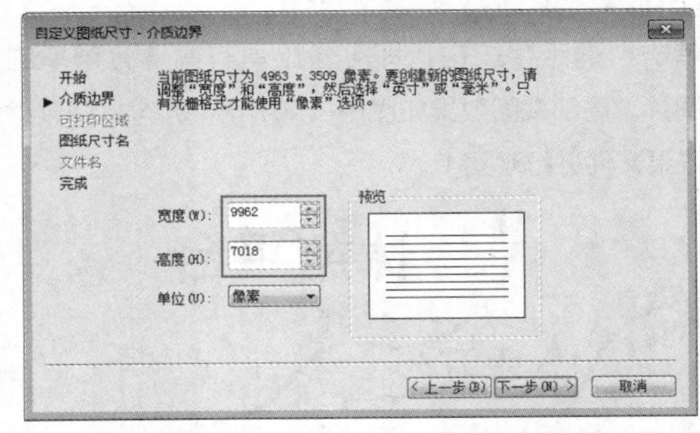

图 9-81 “自定义图纸尺寸 – 介质边界”对话框

提示

调整分辨率时，要注意图形的长宽比应与原图一致。如果所输入的分辨率与原图长、宽不成比例，则最终效果会失真。

06 单击“下一步”按钮，系统跳转到“自定义图纸尺寸 – 图纸尺寸名”对话框，在“图纸尺寸名”文本框中输入图纸尺寸名称，如图 9-82所示。

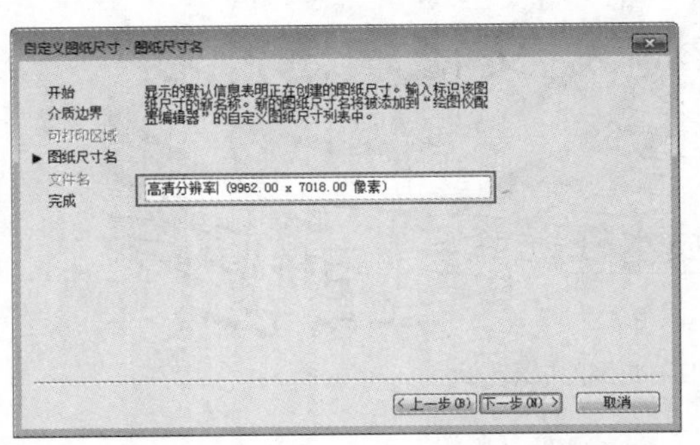

图 9-82 “自定义图纸尺寸 – 图纸尺寸名”对话框

07 单击“下一步”按钮，再单击“完成”按钮，完成高清分辨率的设置。返回“绘图仪配置编辑器”对话框后单击“确定”按钮，再返回“打印 - 模型”对话框，在“图纸尺寸”下拉列表中选择刚才创建好的“图纸尺寸名”，如图 9-83所示。

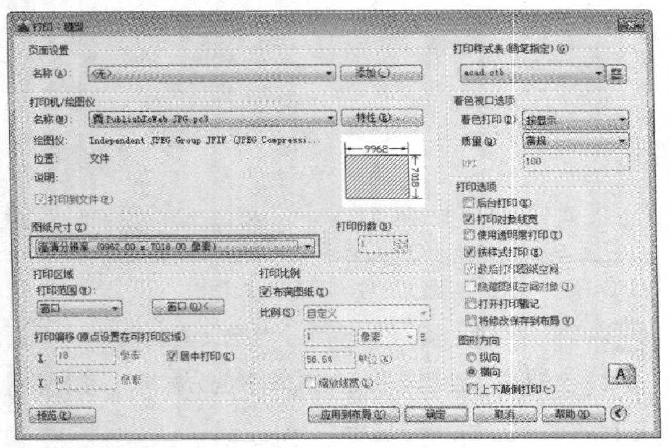

图 9-83 选择图纸尺寸（即分辨率）

08 单击“确定”按钮，即可输出具有高清分辨率的JPG图片，局部截图效果如图 9-84所示（亦可打开素材中的效果文件进行观察）。

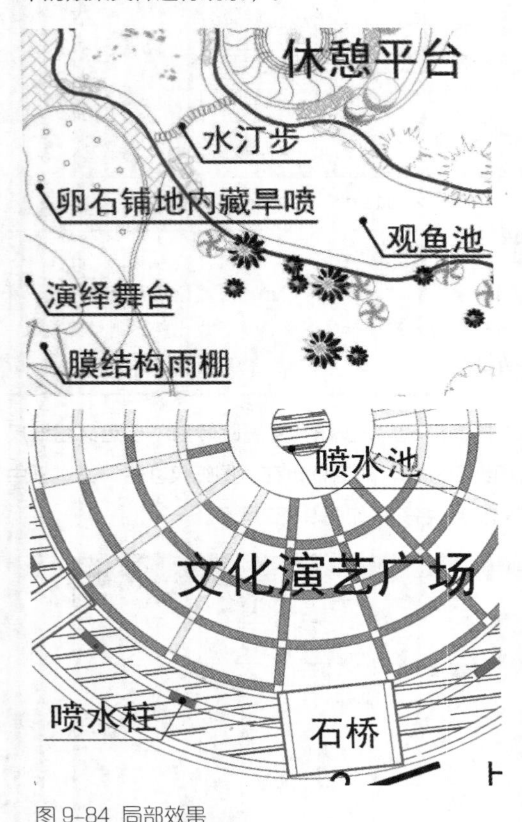

图 9-84 局部效果

实战312 输出EPS文件

进阶

难度：☆☆☆☆

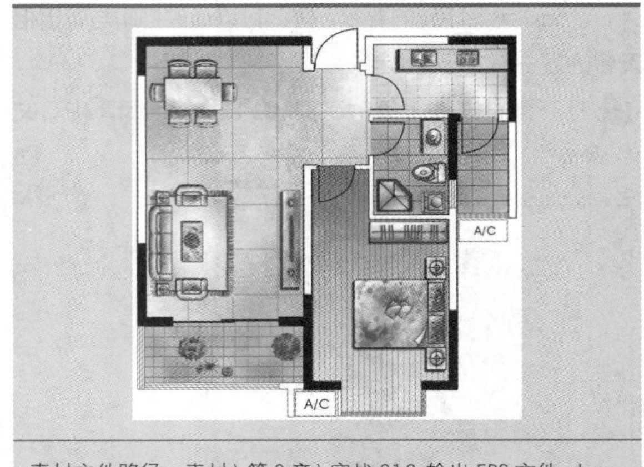

素材文件路径：素材\第 9 章\实战 312 输出 EPS 文件 .dwg

效果文件路径：素材\第 9 章\实战 312 输出 EPS 文件 .eps

视频文件路径：素材\第 9 章\实战 312 输出 EPS 文件 .mp4

对于现在的设计工作者来说，已不能再仅靠一种软件来进行操作，无论是客户要求还是自身发展需求，都在逐渐向多软件互通的方向靠拢。因此使用AutoCAD进行设计时，就必须掌握DWG文件与其他主流软件（如Word、PS、CorelDRAW等）的交互。

01 打开素材文件“第9章\实战312 输出EPS文件.dwg”，如图 9-85所示。

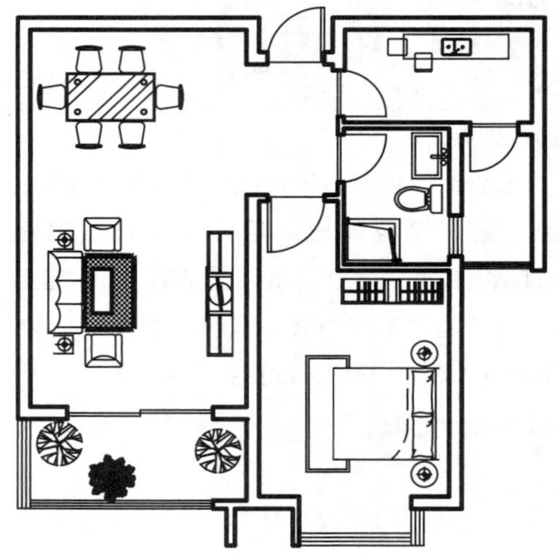

图 9-85 素材文件

02 单击功能区“输出”选项卡“打印”面板中“绘图仪管理器”按钮，系统打开“Plotters”文件夹窗口，如图 9-86所示。

图 9-86 “Plotters”文件夹窗口

03 双击文件夹窗口中“添加绘图仪向导”图标，打开“添加绘图仪 – 简介”对话框，如图 9-87所示。

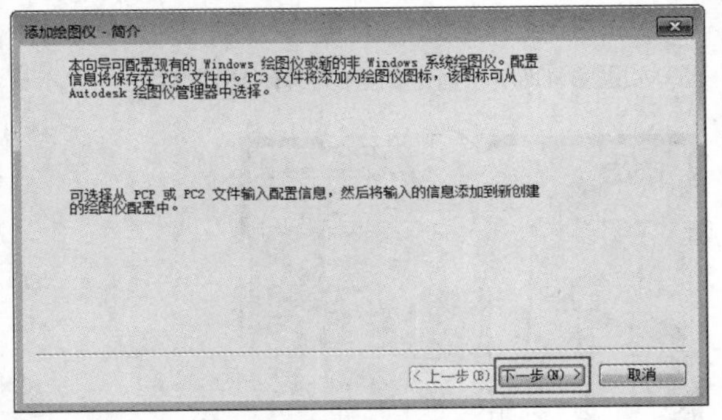

图 9-87 “添加绘图仪 – 简介”对话框

04 单击“添加绘图仪 – 简介”对话框中“下一步”按钮，跳转到“添加绘图仪 – 开始”对话框，如图 9-88所示。

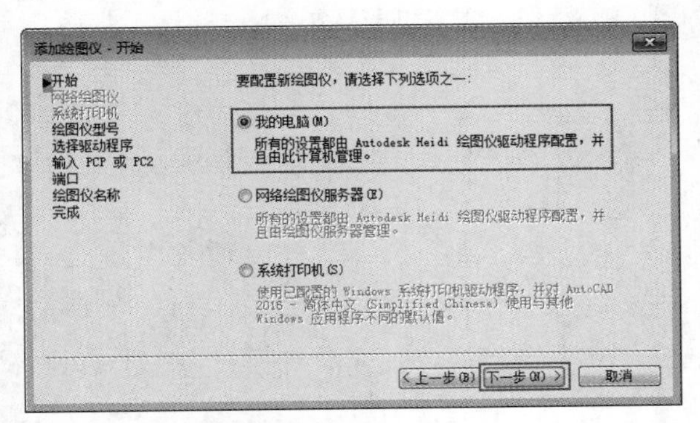

图 9-88 “添加绘图仪 – 开始”对话框

05 选择默认的选项“我的电脑”，单击“下一步”按钮，系统跳转到“添加绘图仪 – 绘图仪型号”对话框，如图 9-89所示。选择默认的生产商及型号，单击“下一步”按钮，系统跳转到“添加绘图仪 – 输入PCP或PC2”对话框，如图 9-90所示。

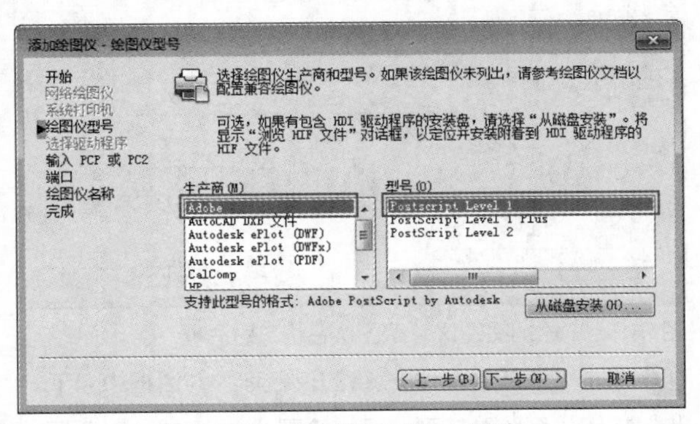

图 9-89 “添加绘图仪 – 绘图仪型号”对话框

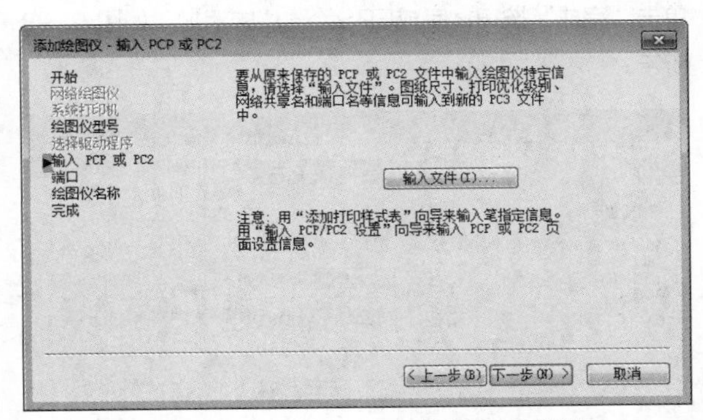

图 9-90 “添加绘图仪 – 输入 PCP 或 PC2”对话框

06 再单击“下一步”按钮，系统跳转到“添加绘图仪 – 端口”对话框，选中“打印到文件”单选按钮，如图 9-91所示。因为是用虚拟打印机输出，打印时会弹出保存文件的对话框，所以选择“打印到文件”。

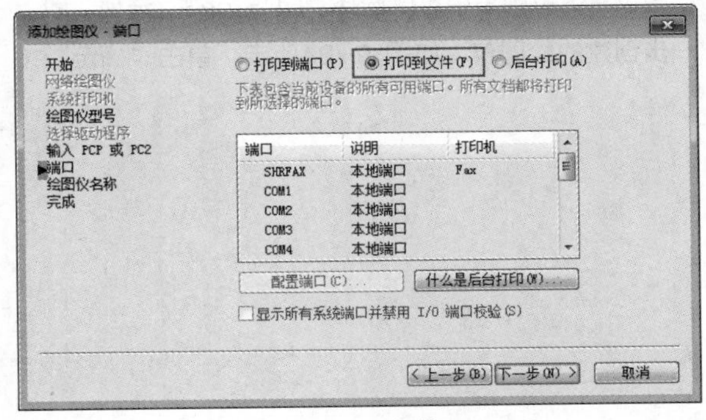

图 9-91 “添加绘图仪 – 端口”对话框

07 单击“添加绘图仪 – 端口”对话框中“下一步”按钮，系统跳转到“添加绘图仪 – 绘图仪名称”对话框，如图 9-92所示。在“绘图仪名称”文本框中输入名称“EPS”。

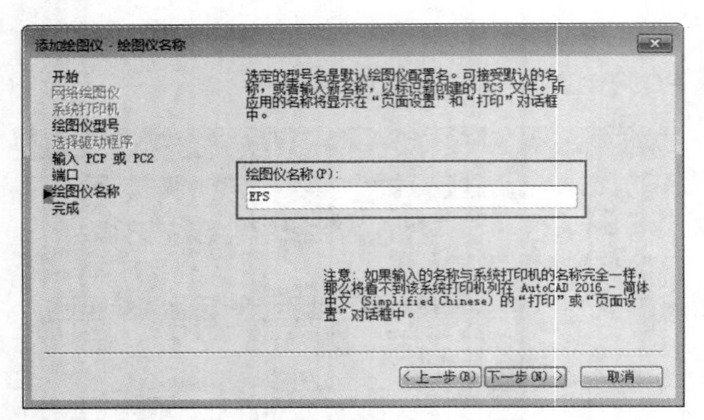

图 9-92 “添加绘图仪 - 绘图仪名称”对话框

08 单击“添加绘图仪 - 绘图仪名称”对话框中“下一步”按钮，系统跳转到“添加绘图仪 - 完成”对话框，单击“完成”按钮，完成EPS绘图仪的添加，如图 9-93所示。

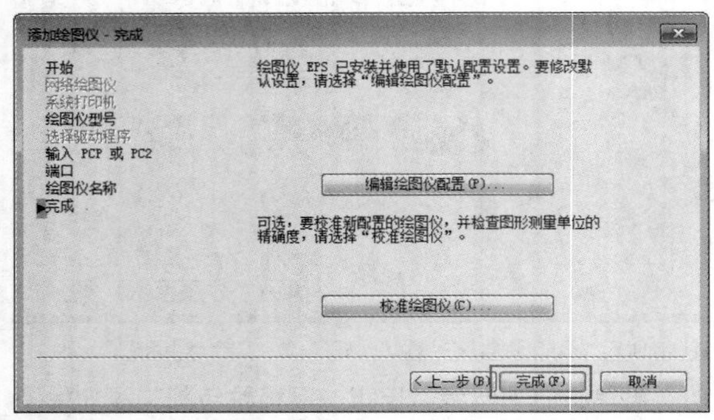

图 9-93 “添加绘图仪 - 完成”对话框

09 单击功能区“输出”选项卡“打印”面板中“打印”按钮，系统弹出“打印 - 模型”对话框，在“打印机/绘图仪”下拉列表中可以选择“EPS.pc3”选项，即上一步创建的绘图仪，如图 9-94所示。单击“确定”按钮，即可创建EPS文件。

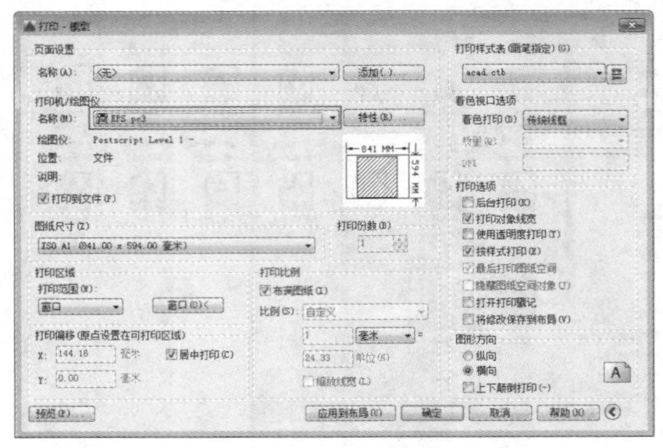

图 9-94 “打印 - 模型”对话框

10 以后通过此绘图仪输出的文件便是EPS格式的文件，用户可以使用AI（Illustrator）、CDR（CorelDraw）、PS（PhotoShop）等图像处理软件打开，然后再进行二次设计，即可得到极具表现效果的设计图，如图 9-95所示，这在室内设计中极为常见。

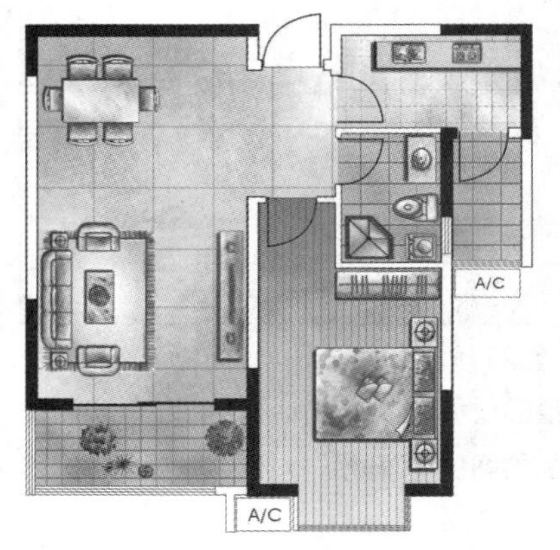

图 9-95 经过 PS 处置后的彩平图

第3篇 三维篇

第10章 三维模型的创建

随着AutoCAD技术的发展与普及，越来越多的用户已不满足于传统的二维绘图设计，因为二维绘图需要想象模型在各方向的投影，需要一定的抽象思维。相比而言，三维设计更符合人们的直观感受。

10.1 三维建模的基础

本节先介绍AutoCAD三维绘图的基础知识，包括三维绘图的基本环境、坐标系及视图的观察等。在开始学习三维建模之前，需要先了解一下AutoCAD中三维建模的工作空间和模型种类。AutoCAD支持3种类型的三维模型："线框模型""表面模型""实体模型"，每种模型都有各自的创建和编辑方法，以及不同的显示效果，如图10-1~图10-3所示。

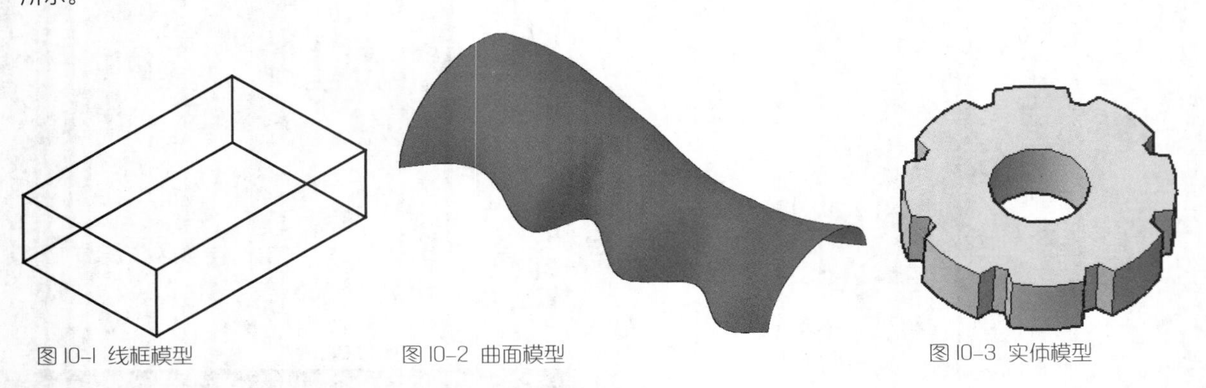

图10-1 线框模型　　图10-2 曲面模型　　图10-3 实体模型

实战313 切换至世界坐标系

难度：☆☆

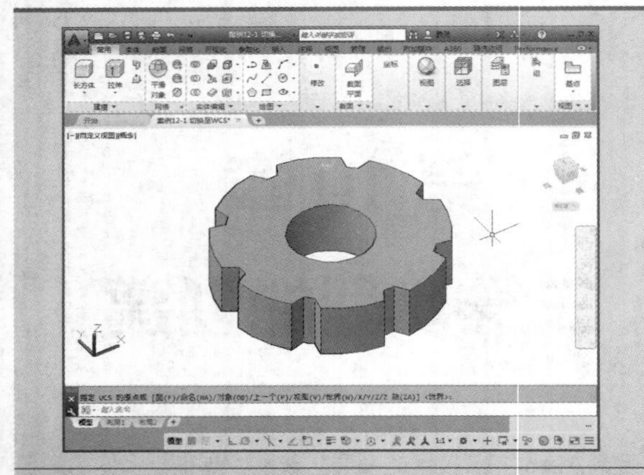

素材文件路径：素材\第10章\实战313 切换至世界坐标系.dwg

效果文件路径：素材\第10章\实战313 切换至世界坐标系-OK.dwg

在线视频：第10章\实战313 切换至世界坐标系.mp4

新建一个空白文档，进入绘图区之后，为了使绘图具有定位基准，系统提供了一个默认的坐标系，即"世界坐标系"，简称WCS。在AutoCAD 2020中，世界坐标系是固定不变的，不能更改其位置和方向。

01 打开素材文件"第10章\实战313 切换至世界坐标系.dwg"，如图10-4所示。

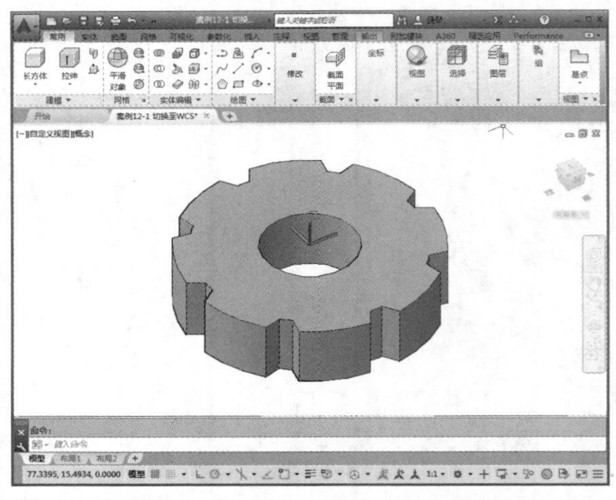

图10-4 素材文件

02 在命令行输入"WCS"并按Enter键，将坐标系恢复到世界坐标系，即绘图区的左下角，如图10-5所示，命令行操作如下。

```
命令：WCS↙
    //执行"新建WCS"命令
当前 WCS 名称：*没有名称*
指定 WCS 的原点或 [面(F)/命名(NA)/对象(OB)/视图(V)/世界(W)/X/Y/Z/Z 轴(ZA)] <世界>：W↙
    //选择"世界"选项
```

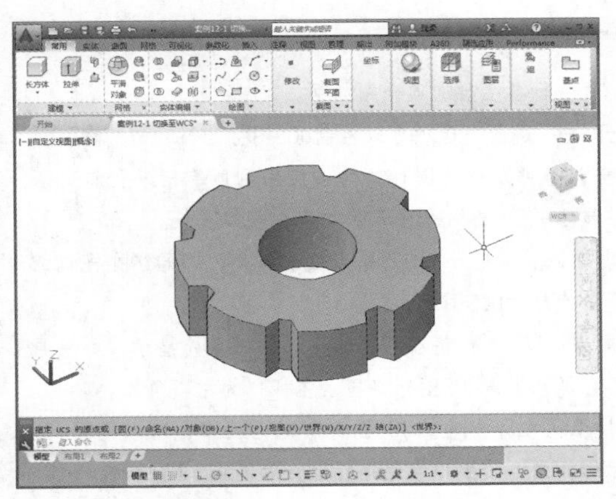

图 10-5 切换至 WCS

实战314 创建用户坐标系

难度：☆☆

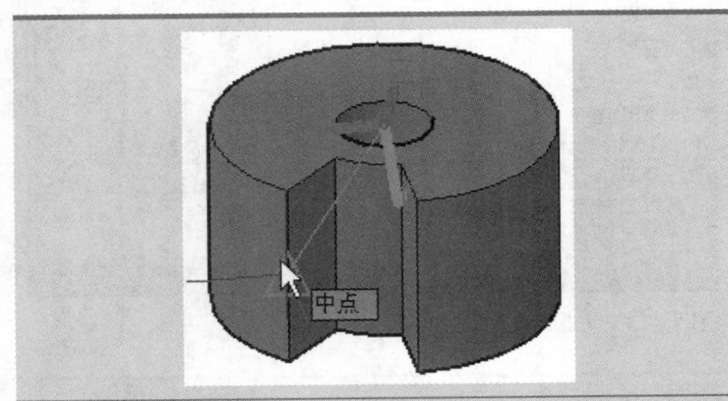

素材文件路径：素材\第 10 章\实战 314 创建用户坐标系 .dwg

效果文件路径：素材\第 10 章\实战 314 创建用户坐标系 -OK.dwg

在线视频：第 10 章\实战 314 创建用户坐标系 .mp4

“用户坐标系”简称UCS，是用户创建的用于临时绘图定位的坐标系。通过重新定义坐标原点的位置，以及*XY*平面和*Z*轴的方向，即可创建一个UCS，UCS使三维建模中的绘图、观察视图操作更为灵活。

01 打开素材文件“第10章\实战314 创建用户坐标系.dwg”，如图10-6所示。

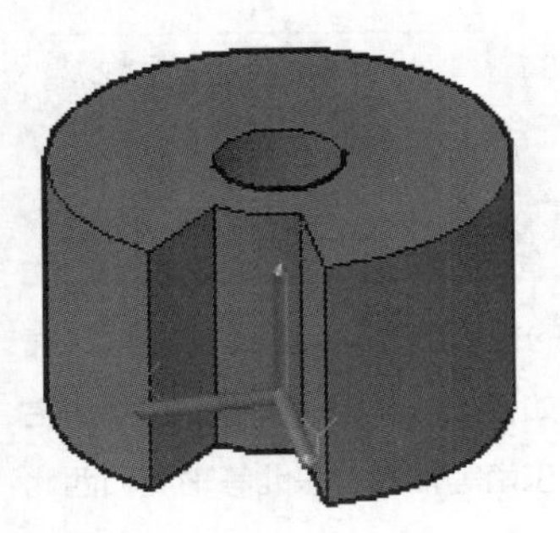

图 10-6 素材文件

02 在命令行输入“UCS”并按Enter键，创建一个UCS，如图10-7所示。

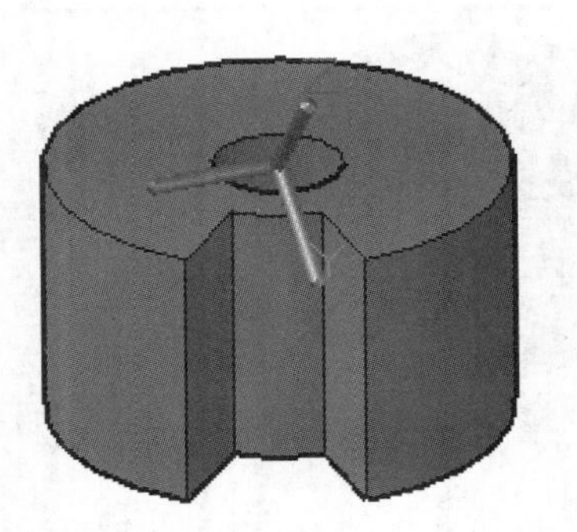

图 10-7 新建的 UCS

03 创建UCS的命令行操作如下。

```
命令：UCS↙
  //执行“新建UCS”命令
当前 UCS 名称：*世界*
指定 UCS 的原点或 [面(F)/命名(NA)/对象(OB)/上一个(P)/视图(V)/世界(W)/X/Y/Z/Z 轴(ZA)] <世界>:↙
  //捕捉到零件顶面圆心，如图10-8所示
指定 X 轴上的点或 <接受>:↙
  //捕捉到0° 极轴方向任意位置单击，如图10-9所示
指定 XY 平面上的点或 <接受>:↙
  //指定图10-10所示的边线中点作为XY平面的通过点
```

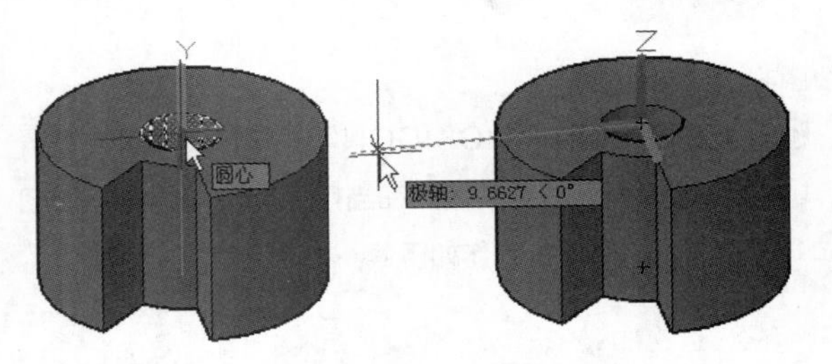

图 10-8 指定坐标原点　图 10-9 指定 *X* 轴方向

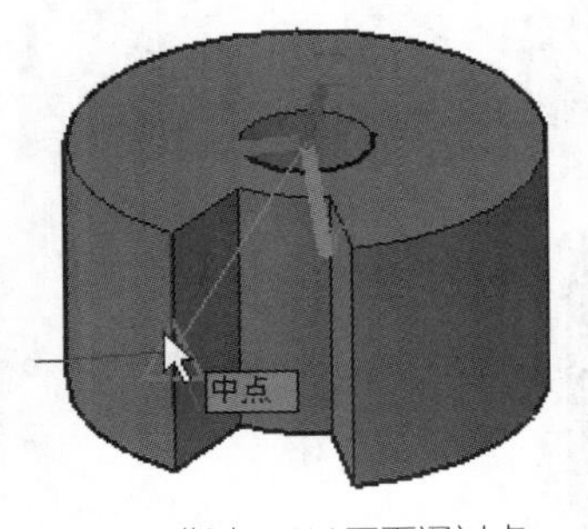

图 10-10 指定 *XY* 平面通过点

实战315 显示用户坐标系

难度：☆☆

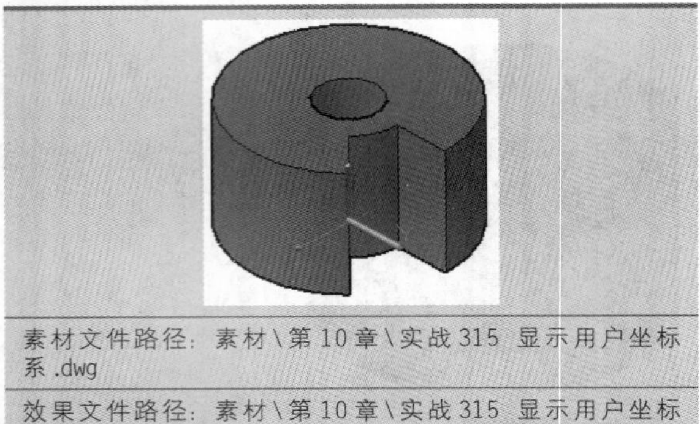

素材文件路径：素材\第 10 章\实战 315 显示用户坐标系 .dwg

效果文件路径：素材\第 10 章\实战 315 显示用户坐标系 -OK.dwg

在线视频：第 10 章\实战 315 显示用户坐标系 .mp4

UCS图标有两种显示位置：一是显示在坐标原点，即用户定义的坐标位置；二是显示在绘图区左下角，此位置的图标并不表示坐标系的位置，仅指示了当前各坐标轴的方向。

01 打开素材文件“第10章\实战315 显示用户坐标系.dwg”，如图10-11所示。

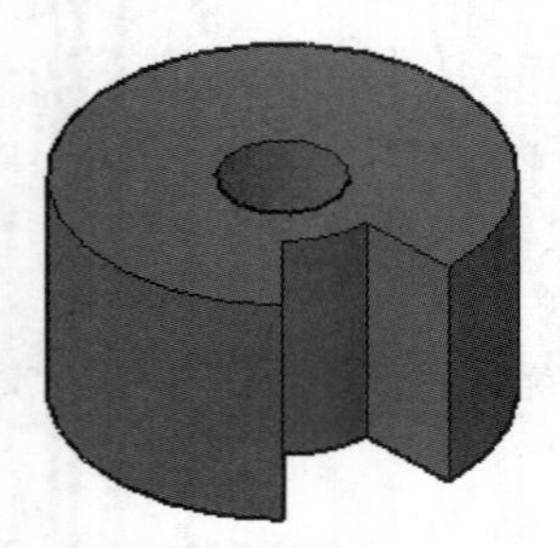

图 10-11 素材文件

02 在命令行输入“UCSICON”并按Enter键，设置UCS图标的显示位置，使其在当前原点位置显示，如图10-12所示，命令行操作如下。

```
命令: UCSICON↙        //执行“显示UCS图标”命令
输入选项 [开(ON)/关(OFF)/全部(A)/非原点(N)/原点(OR)/可选(S)/特性(P)] <开>:OR↙
                       //选择在原点显示UCS图标
```

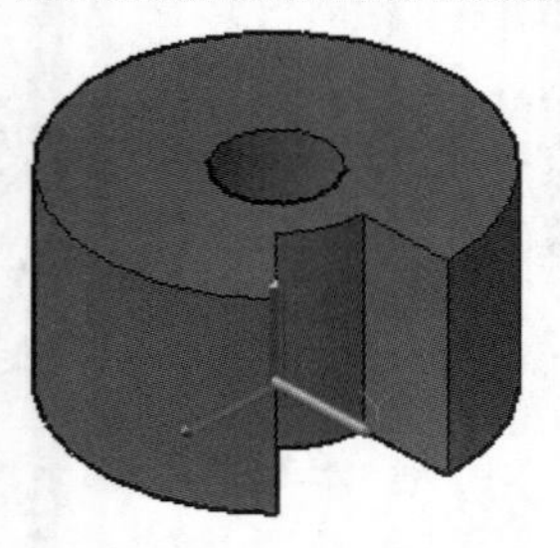

图 10-12 显示 UCS 图标的效果

提示

命令行各主要选项介绍如下。

◆ 开/关：这两个选项可以控制UCS图标的显示与隐藏。

◆ 全部：可以将对图标的修改应用到所有活动视口，否则“显示UCS图标”命令只影响当前视口。

◆ 非原点：此时不管UCS原点位于何处，都始终在视口的左下角处显示UCS图标。

◆ 原点：UCS图标将在当前坐标系的原点处显示，如果原点不在屏幕上，UCS图标将显示在视口的左下角处。

◆ 特性：在弹出的“UCS图标”对话框中，可以设置UCS图标的样式、大小和颜色等特性，如图10-13所示。

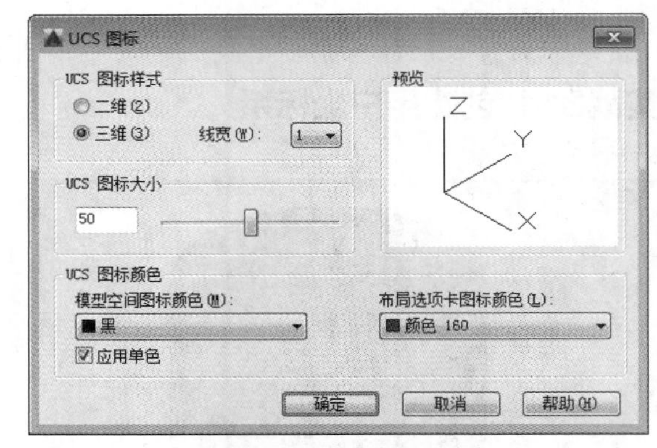

图 10-13 “UCS 图标”对话框

实战316 调整视图方向

难度：☆☆

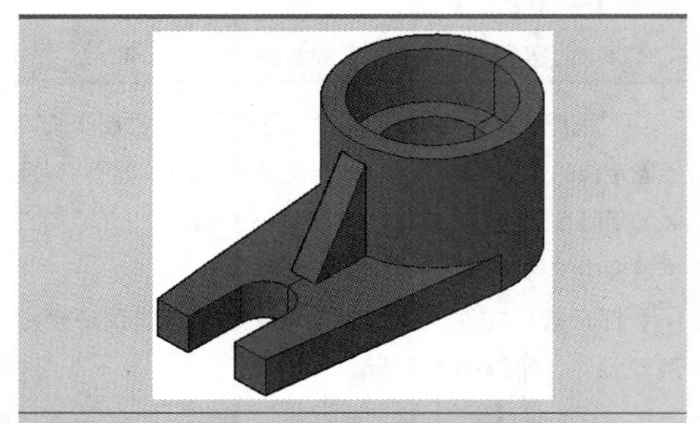

素材文件路径：素材\第 10 章\实战 316 调整视图方向 .dwg

效果文件路径：素材\第 10 章\实战 316 调整视图方向 -OK.dwg

在线视频：第 10 章\实战 316 调整视图方向 .mp4

通过AutoCAD自带的视图工具，可以很方便地将模型视图调节至标准方向，如俯视、仰视、右视、左视、主视、后视、西南等轴测、东南等轴测、东北等轴测和西北等轴测等10个方向。

01 打开素材文件“第10章\实战316 调整视图方

向.dwg”，如图10-14所示。

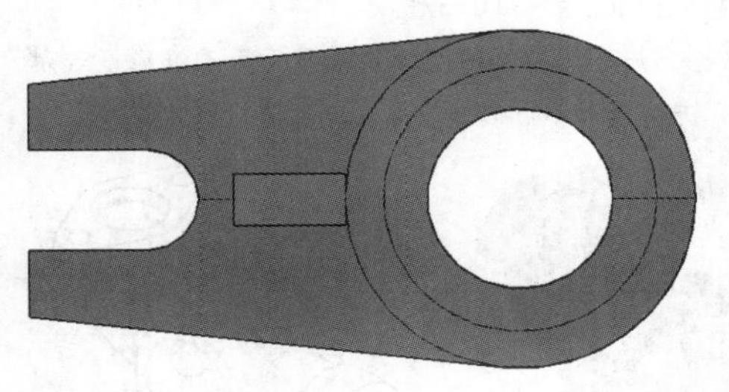

图 10-14 素材文件

02 单击绘图区左上角的视图控件，在弹出的列表中选择“西南等轴测”选项，如图10-15所示。

03 视图转换至西南等轴测视图，结果如图10-16所示。

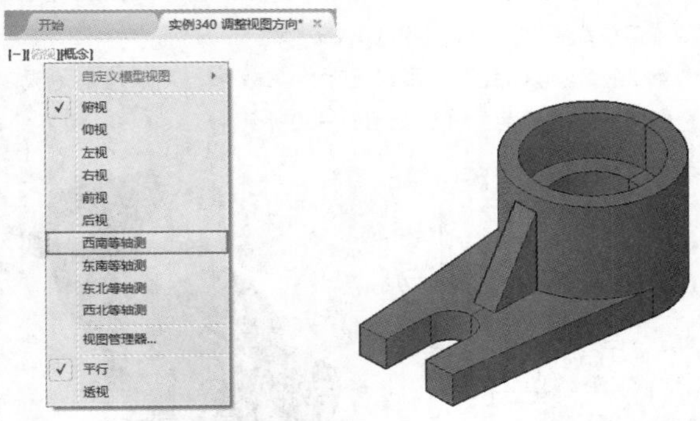

图 10-15 选择“西南等轴测”选项　图 10-16 “西南等轴测”视图

实战317 调整视觉样式

重点

难度：☆☆☆

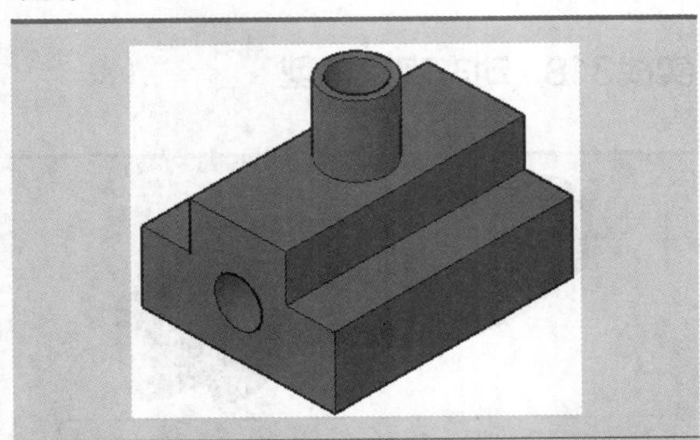

素材文件路径：素材 \ 第 10 章 \ 实战 317 调整视觉样式 .dwg
效果文件路径：素材 \ 第 10 章 \ 实战 317 调整视觉样式 -OK.dwg
在线视频：第 10 章 \ 实战 317 调整视觉样式 .mp4

和视图一样，AutoCAD也提供了多种视觉样式，选择对应的选项，即可快速切换至所需的样式。

01 打开素材文件“第10章\实战317 调整视觉样式.dwg”，如图10-17所示。

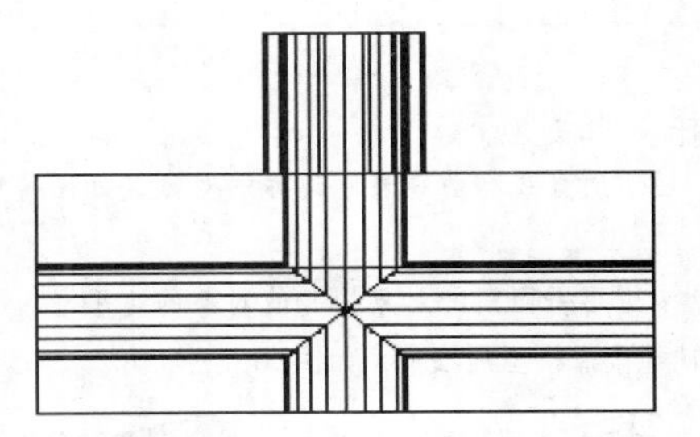

图 10-17 素材文件

02 单击绘图区左上角的视图控件，在弹出的列表中选择“西南等轴测”选项，将视图调整到西南等轴测方向，如图10-18所示。

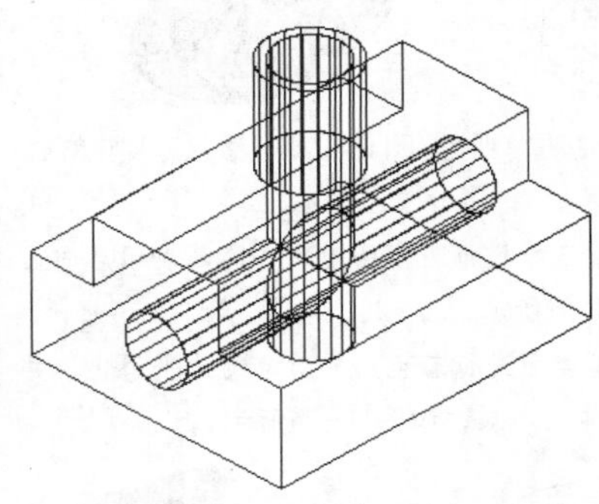

图 10-18 “西南等轴测”视图

03 再单击绘图区左上角的视觉样式控件，在弹出的列表中选择“概念”选项，如图10-19所示。

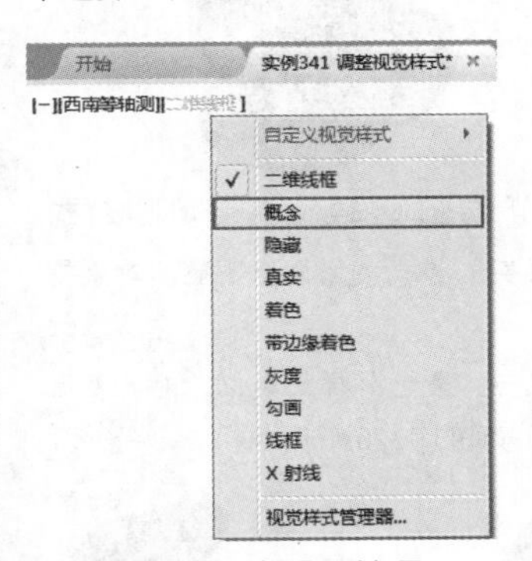

图 10-19 选择“概念”选项

04 调整为“概念”视觉样式的效果如图10-20所示。

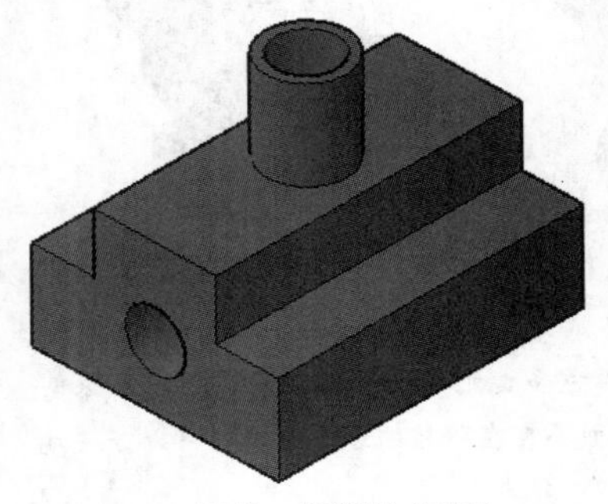

图 10-20 “概念”视觉样式效果

提示

各种视觉样式的含义如下。

◆ 二维线框：显示用直线和曲线表示边界的对象，如图10-21所示。

◆ 概念：着色多边形平面间的对象，并使对象的边平滑化，可以更方便地查看模型的细节，如图10-22所示。

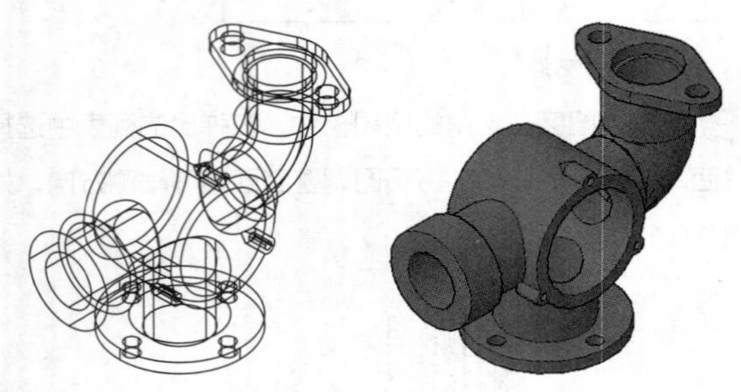

图10-21 “二维线框”视觉样式 图10-22 “概念”视觉样式

◆ 隐藏：显示用三维线框表示的对象并隐藏表示后向面的直线，如图10-23所示。

◆ 真实：对模型表面进行着色，使对象的边平滑化，并显示已附着到对象的材质，如图10-24所示。

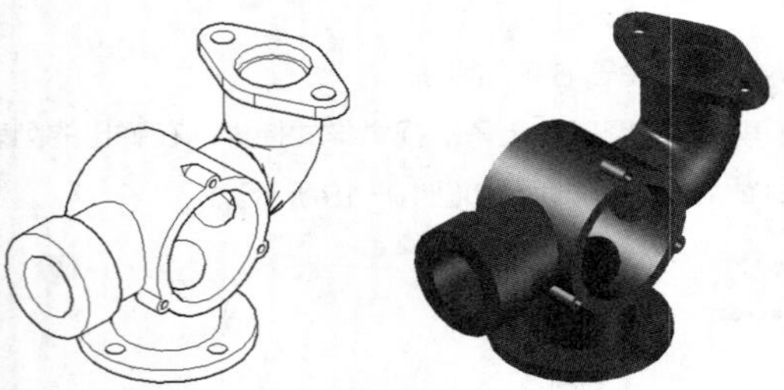

图10-23 “隐藏”视觉样式 图10-24 “真实”视觉样式

◆ 着色：该样式与“真实”样式类似，但不显示对象轮廓线，如图10-25所示。

◆ 带边框着色：该样式与“着色”样式类似，对其表面轮廓线以暗色线条显示，如图10-26所示。

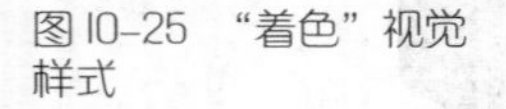

图10-25 “着色”视觉样式 图10-26 “带边框着色”视觉样式

◆ 灰度：以灰色着色多边形平面间的对象，并使对象的边平滑化。着色表面不存在明显的过渡，同样可以方便地查看模型的细节，如图10-27所示。

◆ 勾画：利用手工勾画的笔触效果显示用三维线框表示的对象，并隐藏表示后向面的直线，如图10-28所示。

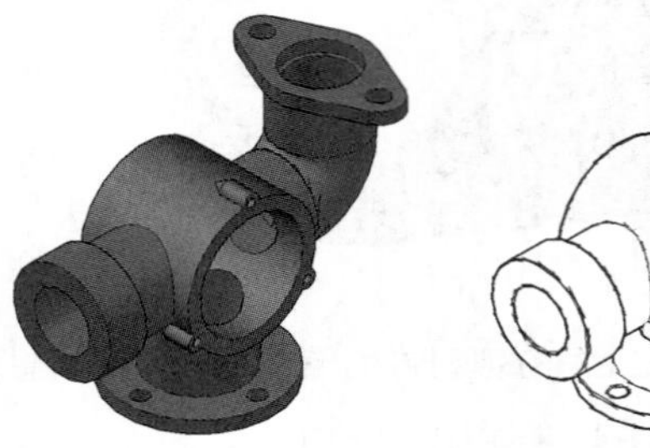

图10-27 “灰度”视觉样式 图10-28 “勾画”视觉样式

◆ 线框：显示用直线和曲线表示边界的对象，效果与“二维线框”类似，如图10-29所示。

◆ X射线：以X射线的形式显示对象效果，可以清楚地观察到对象背面的特征，如图10-30所示。

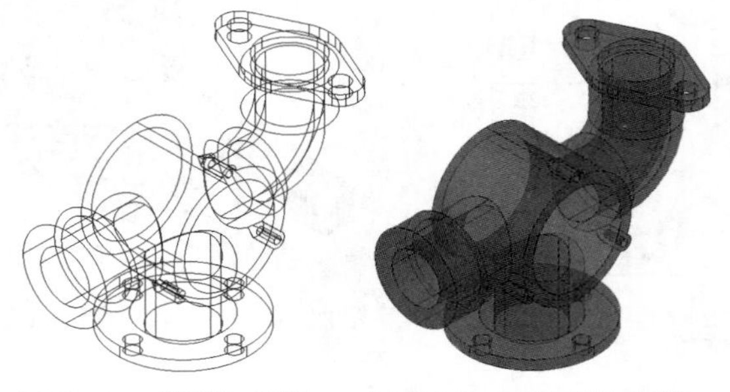

图10-29 “线框”视觉样式 图10-30 “X射线”视觉样式

实战318 动态观察模型

难度：☆☆

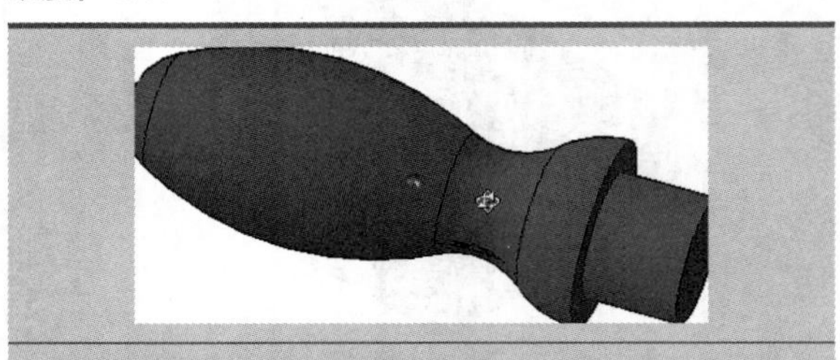

素材文件路径：素材\第10章\实战318 动态观察模型.dwg

效果文件路径：无

在线视频：第10章\实战318 动态观察模型.mp4

AutoCAD提供了一个交互的三维动态观察器，该观察器可以在当前视口中添加一个动态观察控标，用户可以使用鼠标实时地调整控标以得到不同的观察效果。使用三维动态观察器，既可以查看整个模型，也可以查看模型中任意的对象。

01 打开素材文件“第10章\实战318 动态观察模型.dwg”，如图10-31所示。

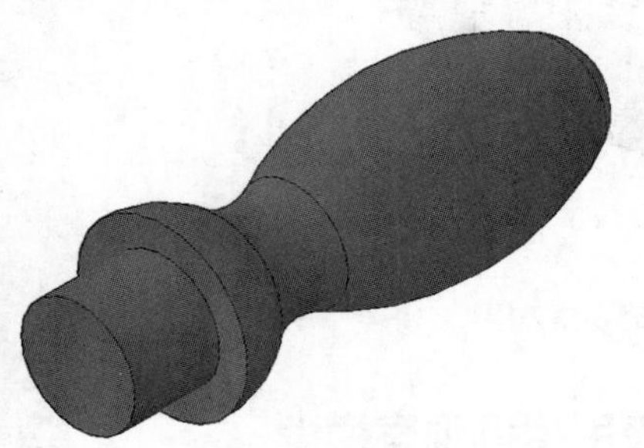

图 10-31 素材模型

02 在“视图”选项卡中，单击“导航”面板上的“动态观察”按钮，如图10-32所示，可以快速执行“三维动态观察”命令。

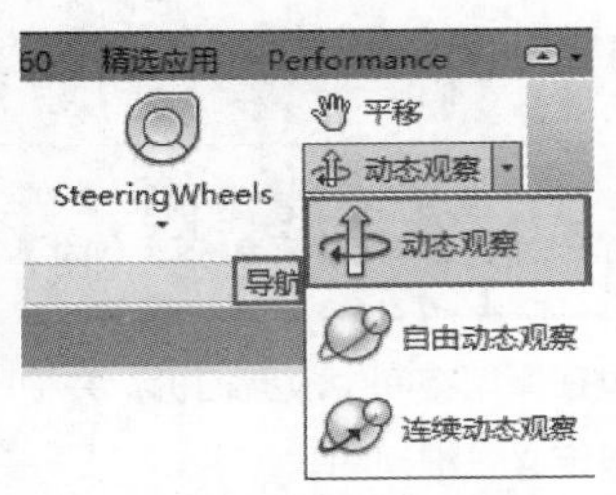

图 10-32 “导航”面板中的“动态观察”按钮

03 此时绘图区十字光标呈形状。按住鼠标左键并移动十字光标可以对模型进行受约束的三维动态观察，如图10-33所示。

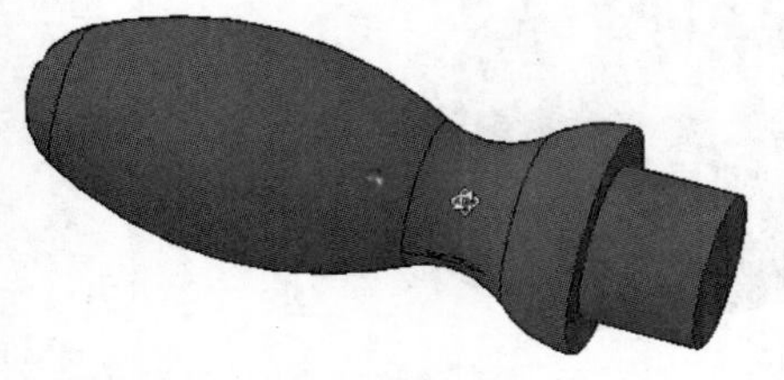

图 10-33 通过“动态观察”观察模型

实战319 自由动态观察模型

难度：☆☆

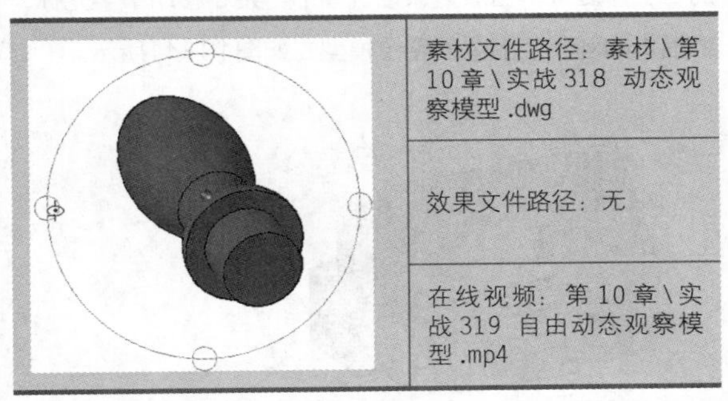

素材文件路径：素材\第10章\实战318 动态观察模型.dwg

效果文件路径：无

在线视频：第10章\实战319 自由动态观察模型.mp4

利用此命令可以对视图中的模型进行任意角度的动态观察，按住鼠标左键并在转盘的外部移动十字光标，使模型围绕延长线通过转盘的中心并垂直于屏幕的轴旋转。

01 延续上一例进行操作，也可以打开素材文件“第10章\实战318 动态观察模型.dwg”。

02 单击“导航”面板中的“自由动态观察”按钮，此时在绘图区显示出一个导航球，如图10-34所示。

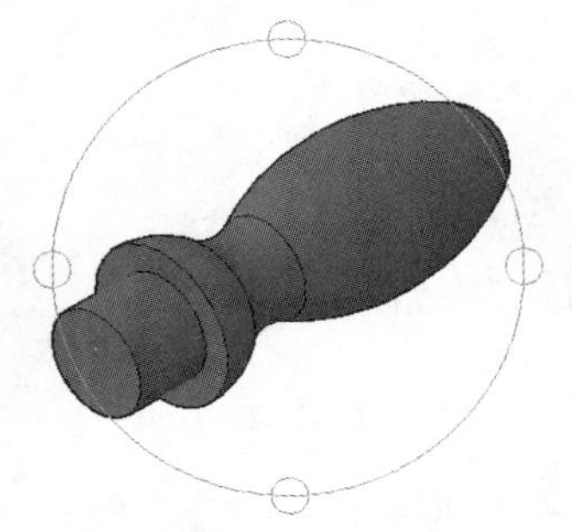

图 10-34 导航球

03 当在弧线球内移动十字光标进行图形的动态观察时，十字光标将变成形状，此时可以将观察点在水平、垂直及对角线等任意方向上移动，即可以对模型做全方位的动态观察，如图10-35所示。

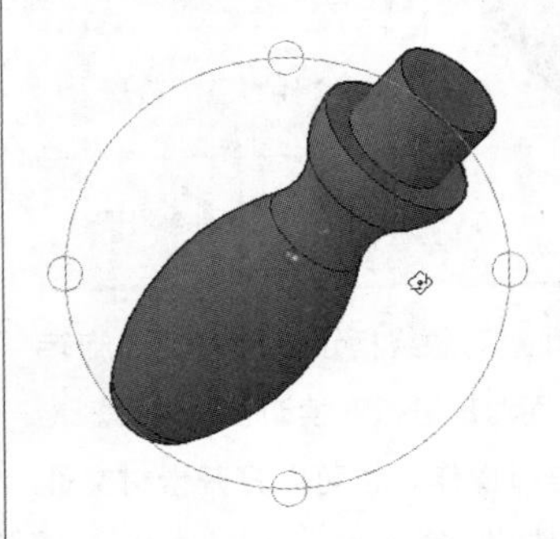

图 10-35 十字光标在弧线球内移动

04 当十字光标在弧线外部移动时，呈形状，此时移动十字光标，模型将围绕着一条穿过弧线球球心且与屏幕正交的轴（即弧线球中间的绿色圆心）进行旋转，如图10-36所示。

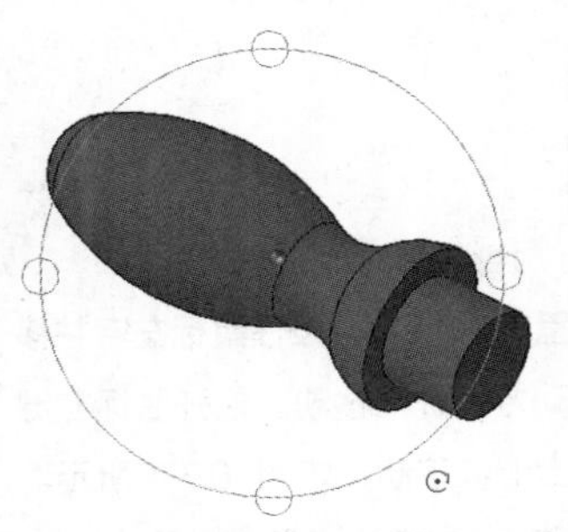

图 10-36 十字光标光标在弧线球外部移动

05 当十字光标光标置于导航球顶部或底部的小圆上时，十字光标光标呈 形状，按鼠标左键并上下移动，将使模型围绕着通过导航球中心的水平轴进行旋转。当十字光标置于导航球左侧或右侧的小圆内时，呈 形状，按住鼠标左键并左右移动，将使模型围绕着通过导航球中心的垂直轴进行旋转，如图10-37所示。

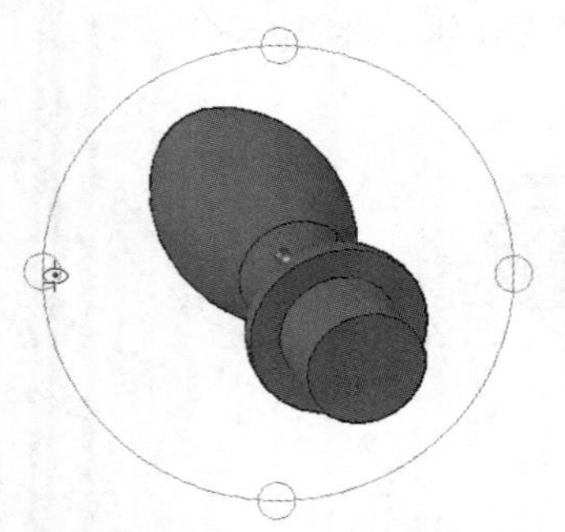

图 10-37 十字光标在左右侧小圆内移动

实战320 连续动态观察模型

难度：☆☆

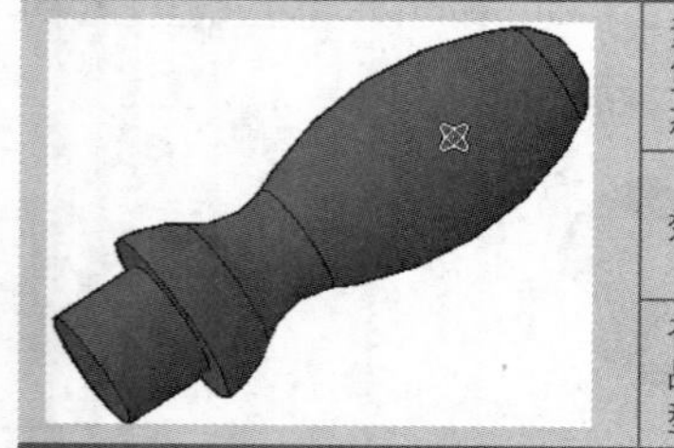	素材文件路径：素材\第 10 章\实战 318 动态观察模型 .dwg
	效果文件路径：无
	在线视频：第 10 章\实战 320 连续动态观察模型 .mp4

利用此命令可以使观察对象绕指定的旋转轴和旋转速度连续做旋转运动，从而对其进行连续动态地观察。

01 延续“实战318”进行操作，也可以打开素材文件“第10章\实战318 动态观察模型.dwg”。

02 单击“导航”面板中的“连续动态观察”按钮 ，如图10-38所示。

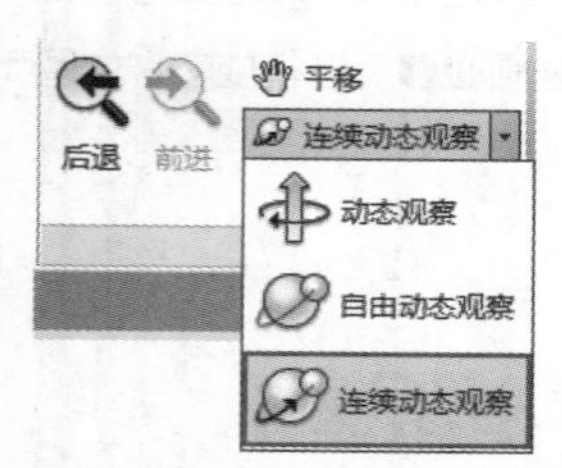

图 10-38 “导航”面板中的“连续动态观察”按钮

03 此时绘图区十字光标呈 形状，再按住鼠标左键并移动十字光标，使对象沿移动方向开始移动。松开鼠标左键后，对象将在指定的方向上继续移动，如图10-39所示。十字光标移动的速度决定了对象的旋转速度。

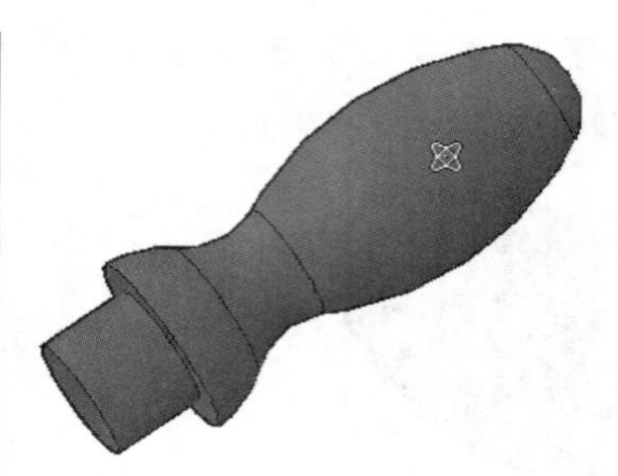

图 10-39 连续动态观察效果

实战321 使用相机观察模型

难度：☆☆☆

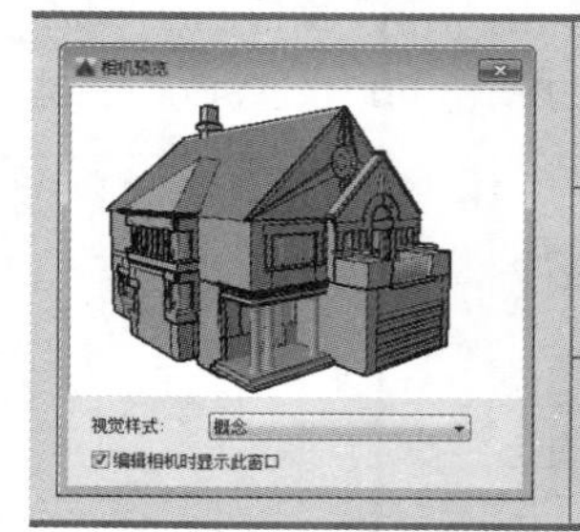	素材文件路径：素材\第 10 章\实战 321 使用相机观察模型 .dwg
	效果文件路径：无
	在线视频：第 10 章\实战 321 使用相机观察模型 .mp4

在AutoCAD 中，通过在模型空间中放置相机，并根据需要调整相机设置，可以定义三维视图。

01 打开素材文件“第10章\实战321 使用相机观察模型.dwg”，如图10-40所示。

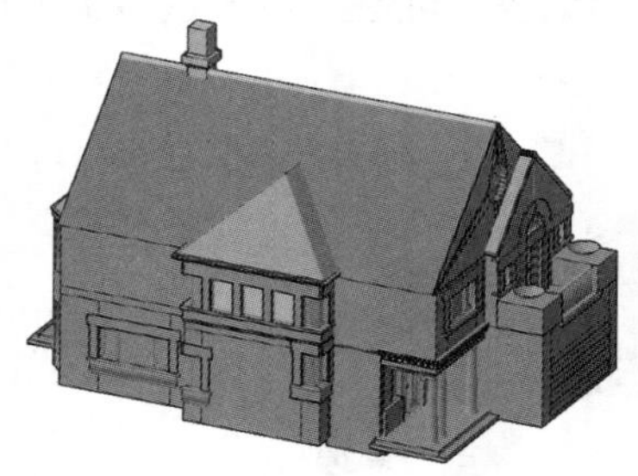

图 10-40 素材文件

02 在命令行中输入“CAM”，执行“相机”命令，按Enter键确认，在绘图区出现一个相机图形，然后在模型的右上方区域单击放置该相机图形，接着移动十字光标，将相机的观察范围覆盖整个模型，如图10-41所示。

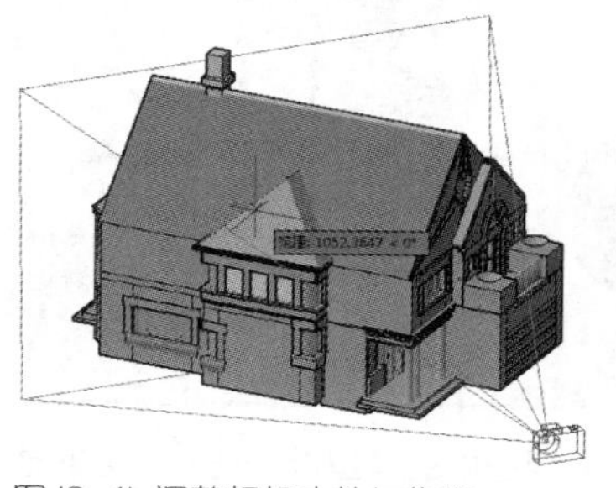

图 10-41 调整相机方位与焦距

03 连按两次Enter键退出命令，完成“相机”命令，在绘图区出现一个相机图形，单击即可打开“相机预览”对话框，在对话框中设置“视觉样式”为“概念”，如图10-42所示。

图 10-42 “相机预览”对话框

04 从对话框中可以观察到相机方位的模型效果，如图10-43所示。

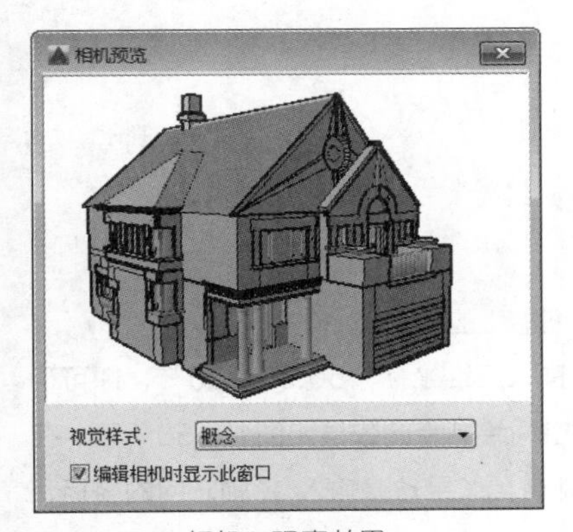

图 10-43 “相机”观察效果

实战322 切换透视投影视图

难度：☆☆

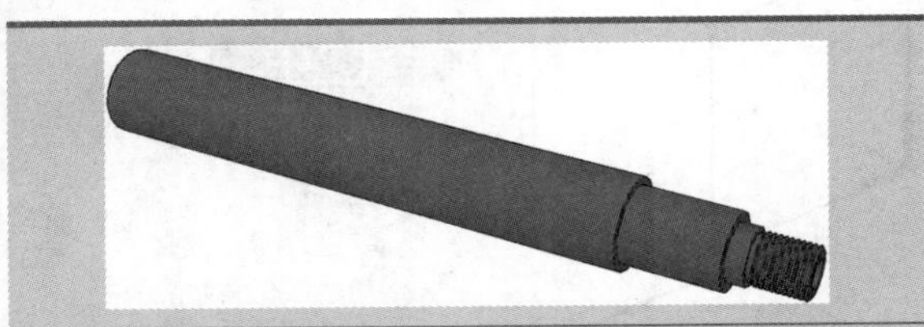

素材文件路径：素材\第 10 章\实战 322 切换透视投影视图 .dwg
效果文件路径：素材\第 10 章\实战 322 切换透视投影视图 -OK.dwg
在线视频：第 10 章\实战 322 切换透视投影视图 .mp4

透视投影模式可以直观地反映模型的真实投影状况，具有较强的立体感。透视投影视图效果取决于理论相机和目标点之间的距离。

01 打开素材文件“第10章\实战322 切换透视投影视图.dwg”，如图10-44所示。

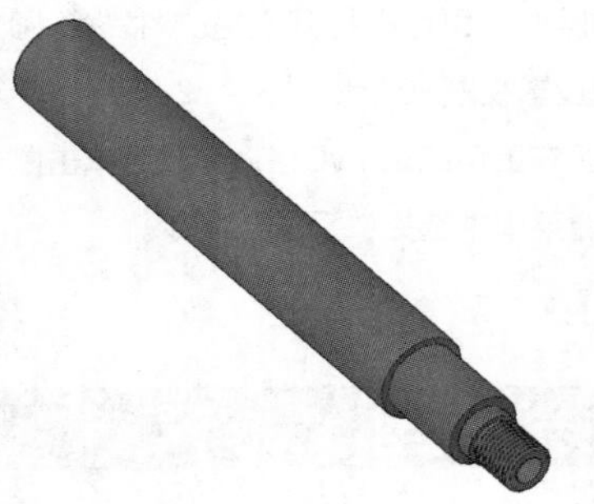

图 10-44 素材文件

02 将十字光标移至绘图区右上角的ViewCube，然后单击鼠标右键，在弹出的快捷菜单中选择“透视”命令，如图10-45所示。

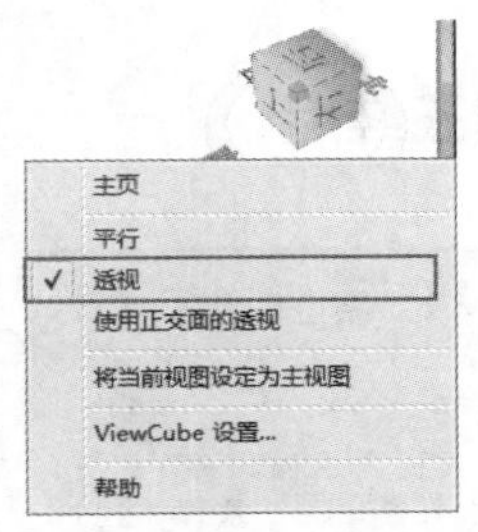

图 10-45 在 ViewCube 的快捷菜单中选择“透视”命令

03 完成上述操作即可得到模型透视投影的视图效果，如图10-46所示。

图 10-46 透视投影视图效果（近大远小）

实战323 切换平行投影视图

难度：☆☆

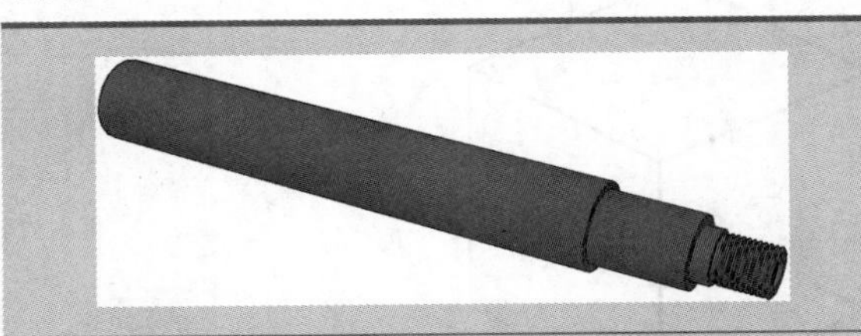

素材文件路径：素材\第 10 章\实战 322 切换透视投影视图 -OK.dwg
效果文件路径：素材\第 10 章\实战 323 切换平行投影视图 -OK.dwg
在线视频：第 10 章\实战 323 切换平行投影视图 .mp4

平行投影模式是平行的光源照射到物体上所得到的投影，可以准确地反映模型的实际形状和结构，是默认的投影模式。

01 延续上一例进行操作，也可以打开素材文件“第10章\实战322 切换透视投影视图-OK.dwg”。

02 将光标移至绘图区右上角的ViewCube，然后单击鼠标右键，在弹出的快捷菜单中选择“平行”命令。

03 完成上述操作即可得到平行投影的模型效果，如图10-47所示。

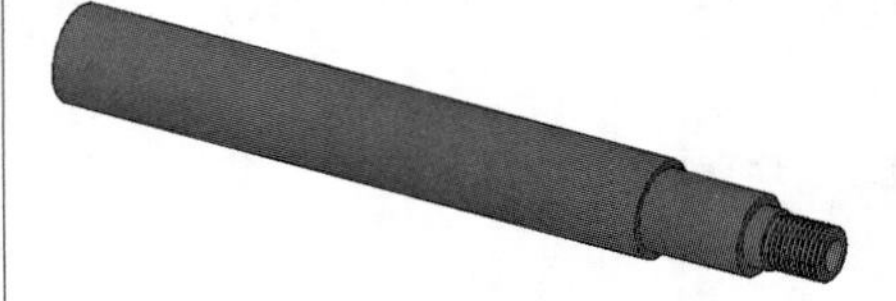

图 10-47 平行投影视图效果（远近一致）

10.2 创建线框模型

三维空间中的点和线是构成三维实体模型的最小几何单元，创建方法与二维对象的点和直线类似，但相比之下，多出一个定位坐标系。在三维空间中，三维点和直线不仅可以用来绘制特征截面并创建模型，还可以构造辅助直线或辅助平面来辅助实体模型创建。一般情况下，三维线段包括“直线”“射线”“构造线”“多段线”“螺旋线”“样条曲线”等类型，而点则可以根据其确定方式分为“特殊点”和“坐标点”两种类型。

实战324 输入坐标创建三维点

难度：☆☆

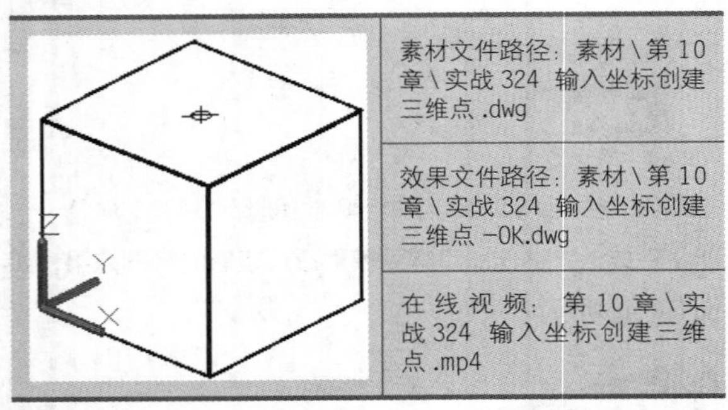

素材文件路径：素材\第10章\实战324 输入坐标创建三维点.dwg

效果文件路径：素材\第10章\实战324 输入坐标创建三维点-OK.dwg

在线视频：第10章\实战324 输入坐标创建三维点.mp4

利用三维空间的点可以绘制“直线”“圆弧”“圆”“多段线”“样条曲线”等基本图形，也可以标注实体模型的尺寸参数，还可以作为辅助点间接创建实体模型。

01 打开素材文件“第10章\实战324 输入坐标创建三维点.dwg”，如图10-48所示。

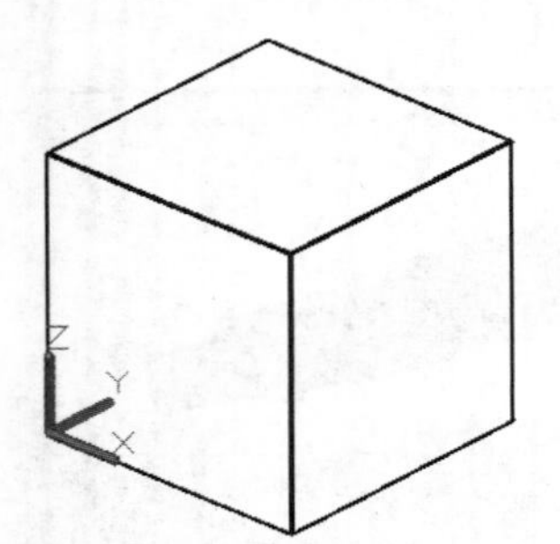

图 10-48 素材文件

02 要绘制三维空间点，在“三维建模”空间中，单击“常用”选项卡中的“绘图”面板上的“多点”按钮 ，如图10-49所示。

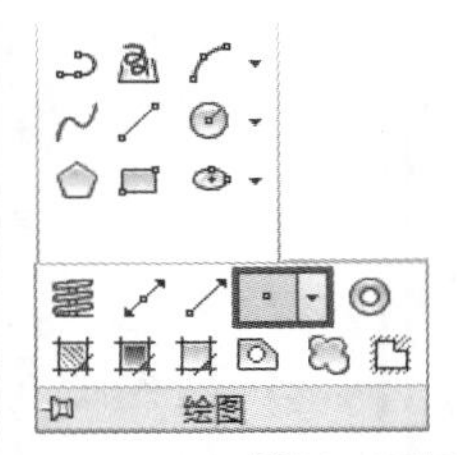

图 10-49 “绘图”面板上的“多点”按钮

03 在命令行内输入三维坐标“50,50,100”，即可确定空间点，三维空间绘制点的效果如图10-50所示。在AutoCAD中绘制点，如果省略输入 Z 轴方向的坐标，系统默认 Z 坐标为0，即该点在 XY 平面内。

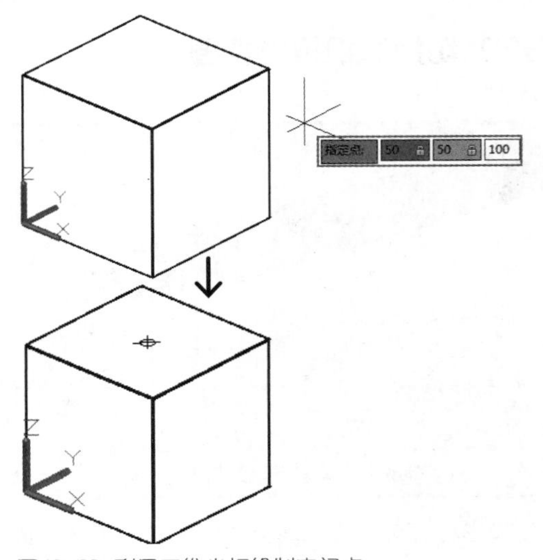

图 10-50 利用三维坐标绘制空间点

实战325 对象捕捉创建三维点

难度：☆☆

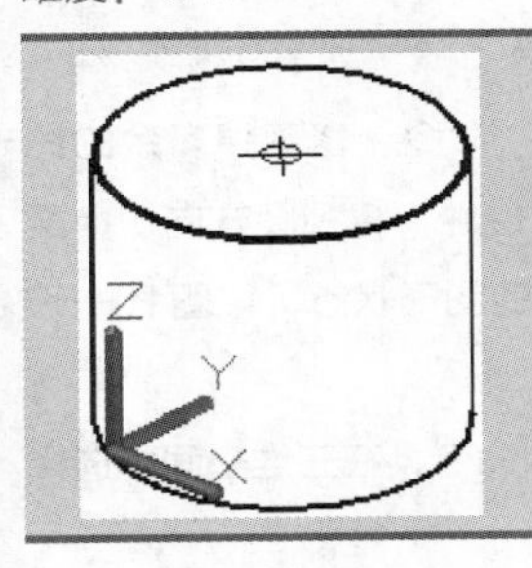	素材文件路径：素材\第 10 章\实战 325 对象捕捉创建三维点 .dwg
	效果文件路径：素材\第 10 章\实战 325 对象捕捉创建三维点 -OK.dwg
	在线视频：第 10 章\实战 325 对象捕捉创建三维点 .mp4

三维实体模型上的一些特殊点，如交点、端点及中点等，可通过“对象捕捉”命令进行捕捉来确定位置。

01 打开素材文件“第10章\实战325 对象捕捉创建三维点.dwg”，如图10-51所示。

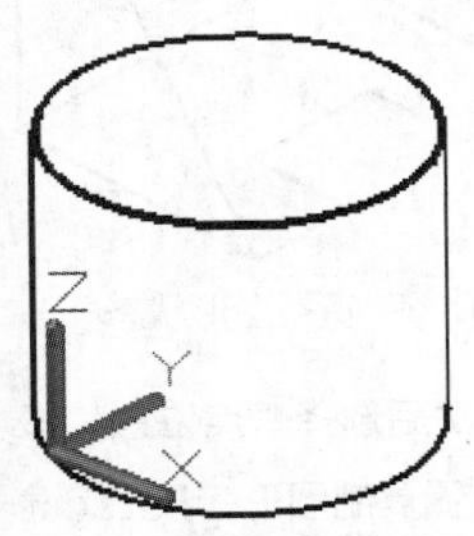

图 10-51 素材文件

02 在“三维建模”空间中，单击“常用”选项卡中“绘图”面板上的“多点”按钮，执行“绘制点”命令。

03 将十字光标移动至素材模型的圆心处，捕捉至圆心，单击即可在该处创建点，如图10-52所示。

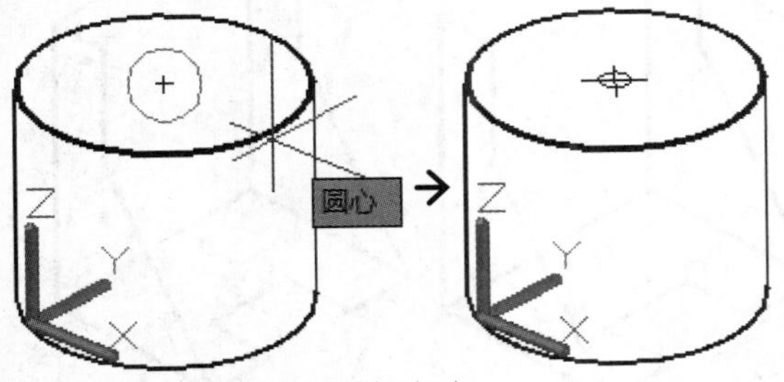

图 10-52 利用对象捕捉绘制空间点

实战326 创建三维直线

难度：☆☆☆☆

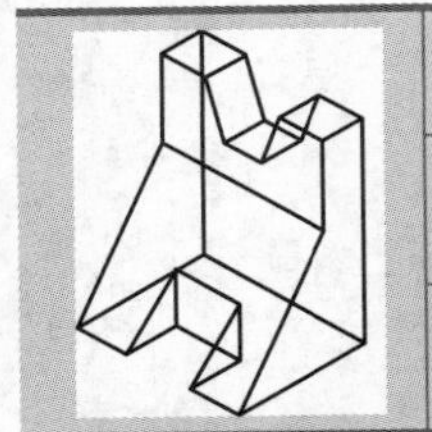	素材文件路径：无
	效果文件路径：素材\第 10 章\实战 326 创建三维直线 -OK.dwg
	在线视频：第 10 章\实战 326 创建三维直线 .mp4

三维直线的绘制方法与二维直线基本一致，只是多了一个Z轴方向上的参数而已，在绘制时仍按二维进行处理即可。

本例使用三维直线来绘制如图10-53所示的三维线架模型。

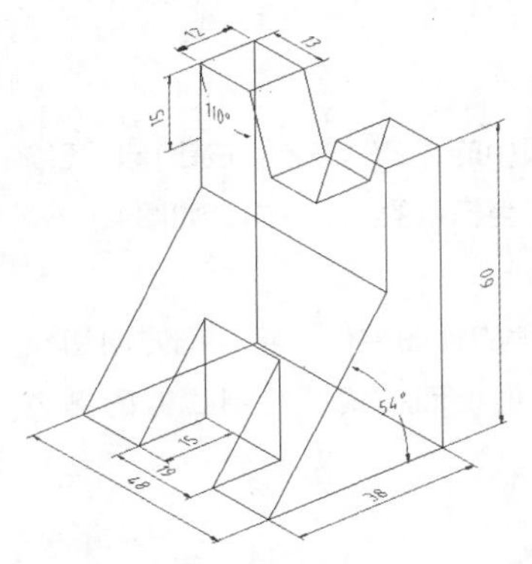

图 10-53 三维线架模型

01 单击快速访问工具栏中的“新建”按钮，系统弹出“选择样板”对话框，选择“acadiso.dwt”样板，单击“打开”按钮，进入绘图模式。

02 单击绘图区左上角的视图控件，将视图方向切换至“东南等轴测”，此时绘图区呈三维空间状态，其坐标系显示如图10-54所示。

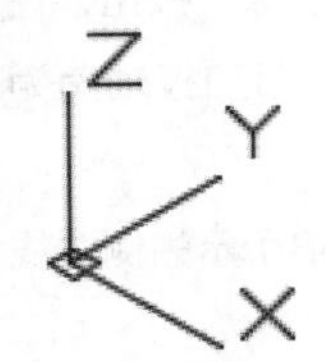

图 10-54 坐标系显示状态

03 执行“直线”命令，根据命令行的提示，在绘图区空白处单击确定第一点，将十字光标向相应位置移动并输入长度值，然后输入“C”闭合选区，完成如图10-55所示线架底边线条的绘制。

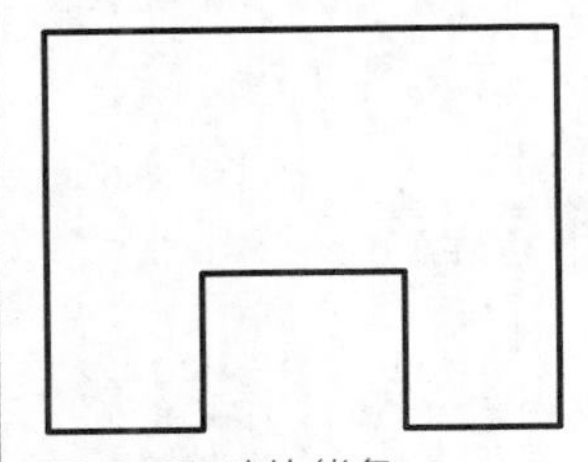

图 10-55 底边线条

04 单击绘图区左上角的视图控件，将视图方向切换至“东南等轴测”，查看所绘制的图形，如图10-56所示。

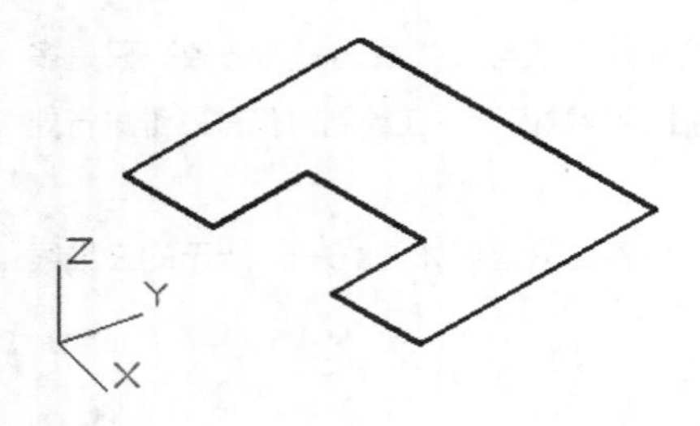

图 10-56 图形状态

05 单击“坐标”面板中的“Z轴矢量”按钮，在绘图区选择两点以确定新坐标系的Z轴方向，如图10-57所示。

06 单击绘图区左上角的视图控件，将视图方向切换至“右视”，进入二维绘图模式，绘制线架的侧边线条。

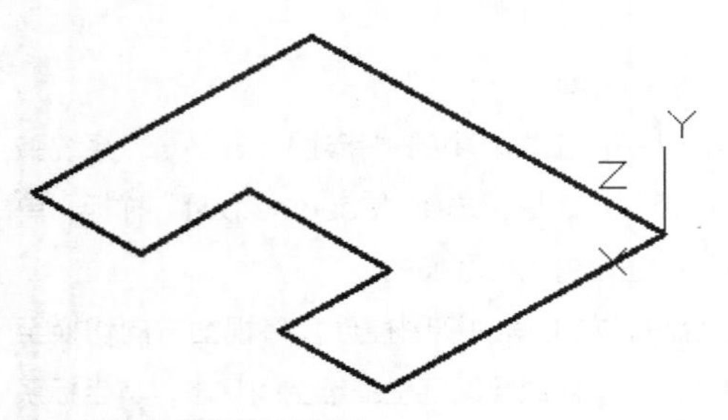

图 10-57 生成的新坐标系

07 用鼠标右键单击状态栏中的“极轴追踪”按钮，在弹出的快捷菜单中选择“设置”命令，添加极轴角为126° 。

08 执行“直线”命令，绘制如图10-58所示的侧边线条，命令行操作如下。

```
命令: LINE ↙
指定第一点:
            //在绘图区指定直线的端点A
指定下一点或 [放弃(U)]: 60↙
指定下一点或 [放弃(U)]: 12↙
            //利用“极轴追踪”命令绘制直线
指定下一点或 [闭合(C)/放弃(U)]:
            //在绘图区指定直线的终点
指定下一点或 [放弃(U)]: *取消*
            //按Esc键，结束绘制直线操作
命令: LINE ↙
            //再次执行“直线”命令，绘制直线
指定第一点:
            //在绘图区单击确定直线另一端点B
指定下一点或 [放弃(U)]:
            //绘制直线完成
```

09 输入“TR”执行“修剪”命令，修剪掉多余的线条，单击绘图区左上角的视图控件，将视图方向切换至“东南等轴测”，查看所绘制的图形状态，如图10-59所示。

10 输入“CO”执行“复制”命令，在三维空间中选择要复制的右侧线条。

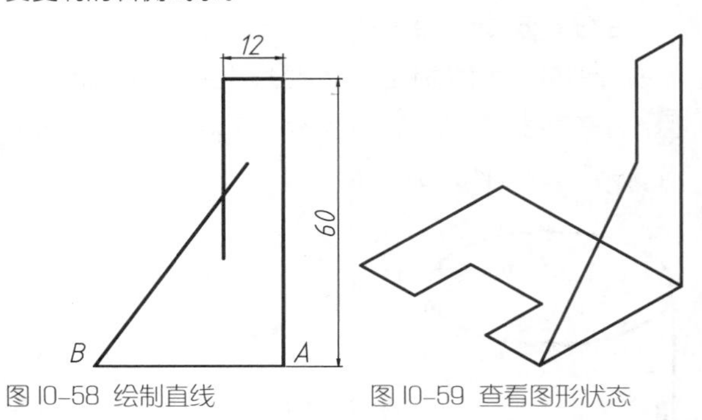

图 10-58 绘制直线　　图 10-59 查看图形状态

11 单击鼠标右键或按Enter键，然后选择基点位置，移动十字光标在合适的位置，单击放置复制图形，按Esc键或Enter键完成复制操作，效果如图10-60所示。

12 单击“坐标”面板中的“三点”按钮，在绘图区选择三点以确定新坐标系的Z轴方向，如图10-61所示。

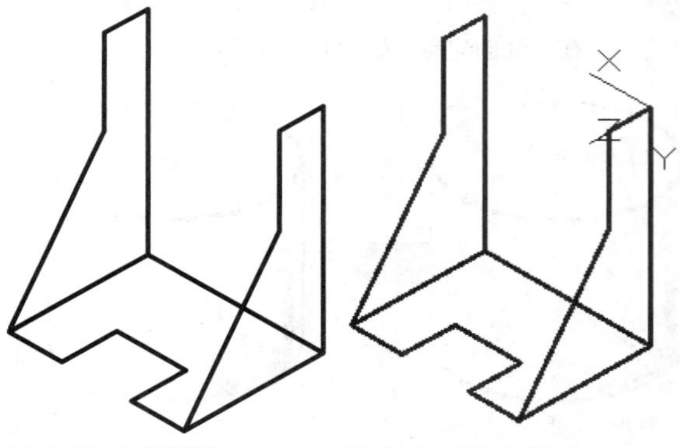

图 10-60 复制图形　　图 10-61 新建坐标系

13 单击绘图区左上角的视图控件，将视图方向切换至“后视”，进入二维绘图模式，绘制线架的后方线条，命令行操作如下。

```
命令: LINE↙
指定第一点:
指定下一点或 [放弃(U)]: 13↙
指定下一点或 [放弃(U)]: @20<290↙
```

```
指定下一点或 [闭合(C)/放弃(U)]: *取消*
//利用极坐标方式绘制直线，按Esc键结束“直线”命令
命令: LINE ↙
指定第一点:
指定下一点或 [放弃(U)]: 13↙
指定下一点或 [放弃(U)]: @20<250↙
指定下一点或 [闭合(C)/放弃(U)]: *取消*
//用同样的方法绘制直线
```

14 输入“O”执行“偏移”命令，将底边直线向上偏移45，如图10-62所示。

15 输入“TR”执行“修剪”命令，修剪掉多余的线条，如图10-63所示。

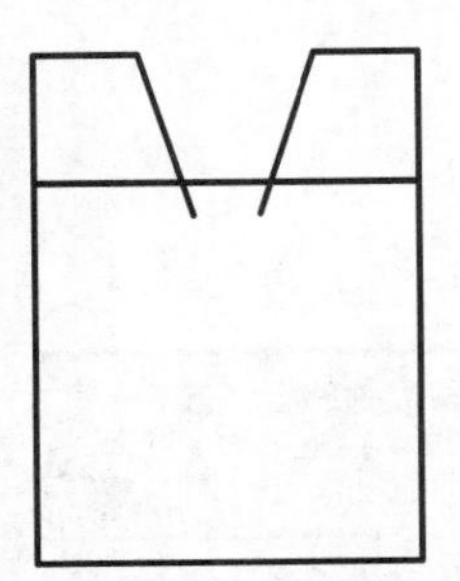

图 10-62 偏移直线

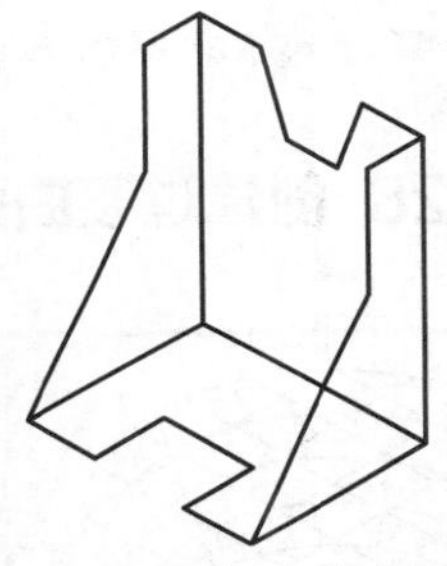

图 10-63 修剪后的图形

16 按照步骤09、步骤10的方法，复制图形，其复制效果如图10-64所示。

17 单击“坐标”面板中的“UCS”按钮，移动十字光标在要放置坐标系的位置单击，按空格键或Enter键，结束操作，生成如图10-65所示的坐标系。

18 单击绘图区左上角的视图控件，将视图方向切换至“前视”，进入二维绘图模式，绘制二维图形，如图10-66所示。

19 单击绘图区左上角的视图控件，将视图方向切换至“东南等轴测”，查看所绘制的图形状态，如图10-67所示。

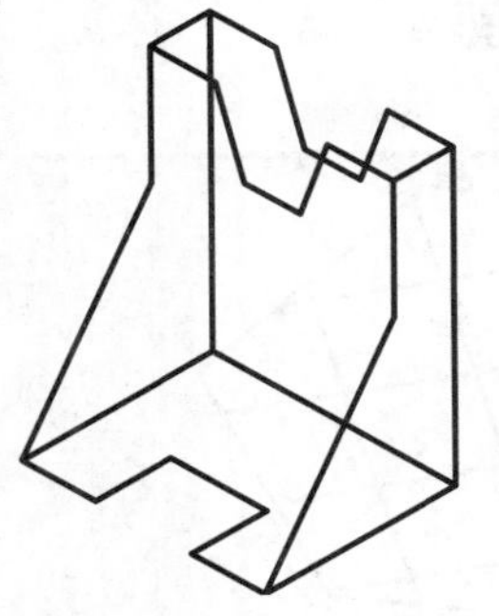

图 10-64 复制图形

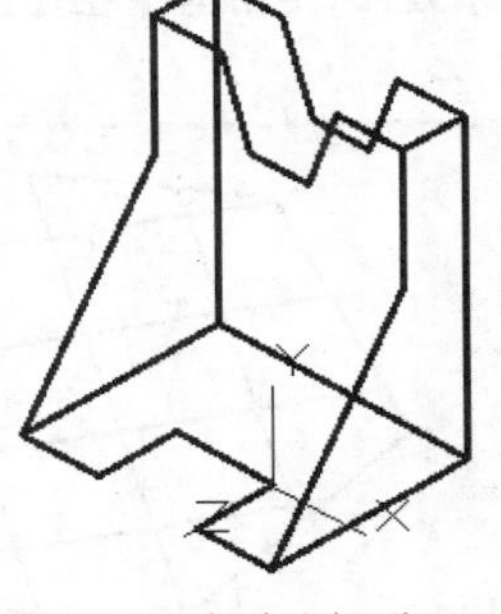

图 10-65 新建坐标系

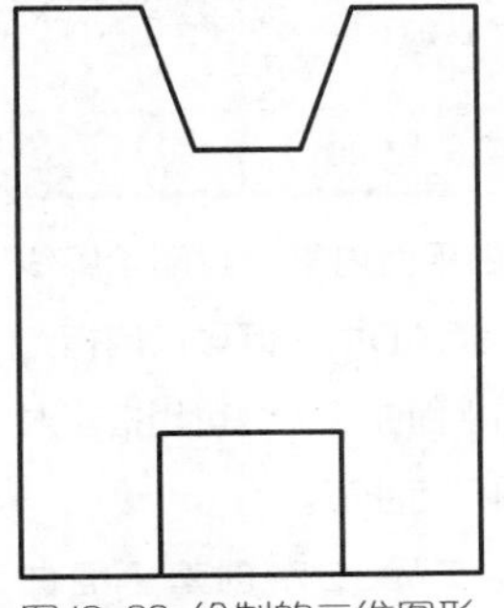

图 10-66 绘制的二维图形

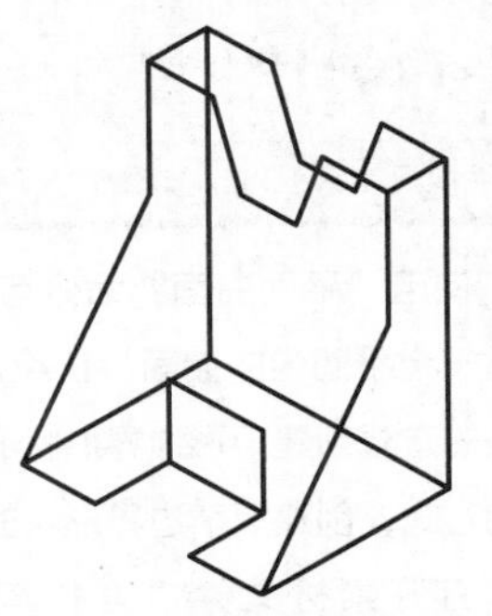

图 10-67 图形的三维状态

20 输入“L”执行“直线”命令，将三维线架中需要连接的部分用直线连接，效果如图10-68所示。完成三维线架模型绘制。

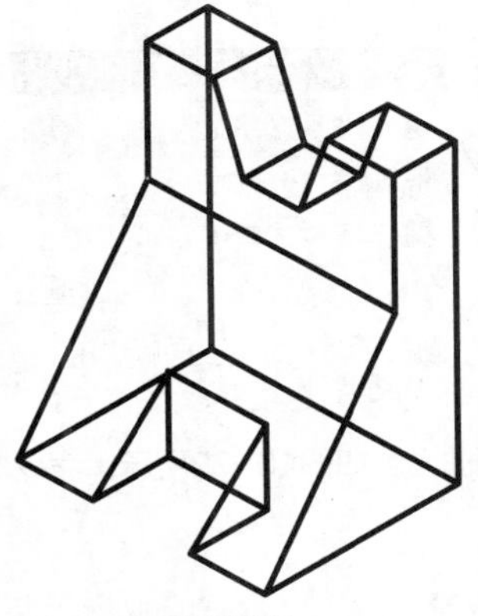

图 10-68 三维线架

10.3 创建曲面模型

曲面模型是不具有厚度和质量特性的壳形对象，也能够进行隐藏、着色和渲染。AutoCAD中曲面的创建和编辑命令集中在功能区的“曲面”选项卡中，如图10-69所示。

图 10-69 “曲面”选项卡

实战327 创建平面曲面

难度：☆☆

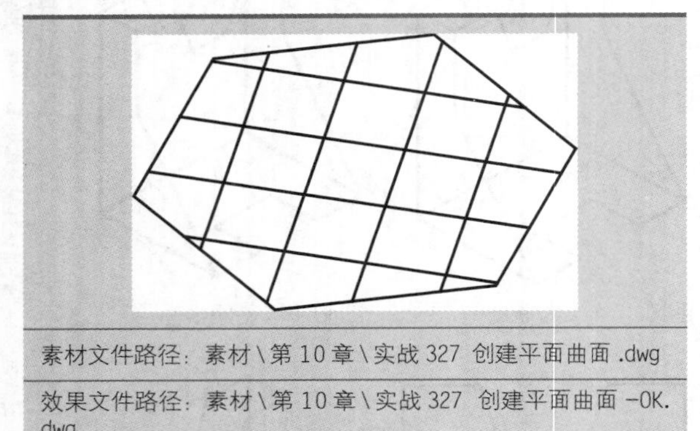

素材文件路径：素材\第 10 章\实战 327 创建平面曲面 .dwg

效果文件路径：素材\第 10 章\实战 327 创建平面曲面 -OK.dwg

在线视频：第 10 章\实战 327 创建平面曲面 .mp4

使用“平面曲面”命令可由平面内某一封闭轮廓线创建一个平面内的曲面。在AutoCAD中，既可以用指定角点的方式创建矩形边界形状的平面曲面，也可用指定对象的方式，创建复杂边界形状的平面曲面。

01 打开素材文件“第10章\实战327 创建平面曲面.dwg”，如图10-70所示。

02 在“曲面”选项卡中，单击“创建”面板上的“平面”按钮，如图10-71所示，执行“平面曲面”命令。

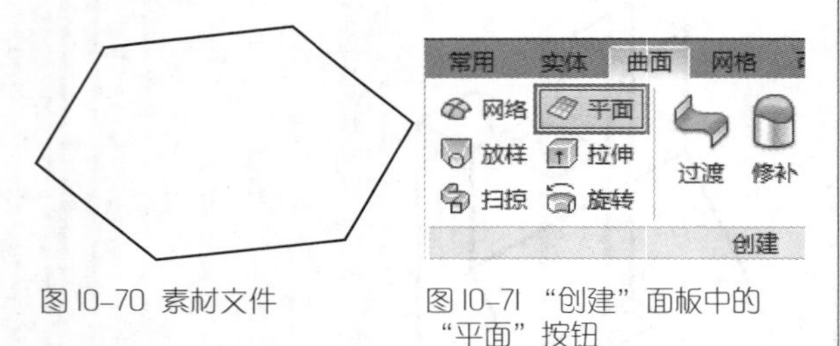

图10-70 素材文件

图10-71 “创建”面板中的“平面”按钮

03 由多边形边界创建平面曲面，如图10-72所示，命令行操作如下。

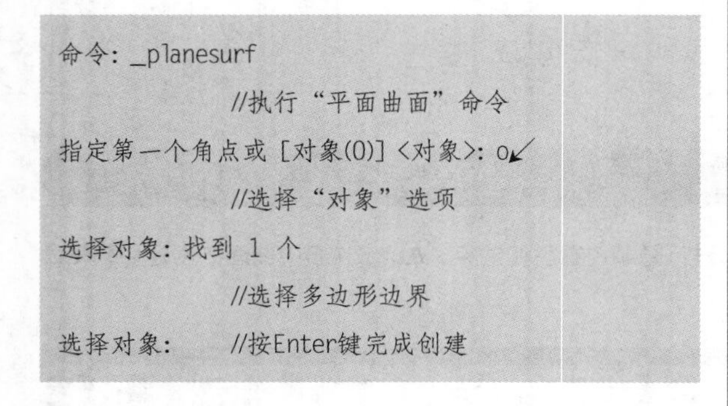

```
命令：_planesurf
            //执行“平面曲面”命令
指定第一个角点或 [对象(O)] <对象>：o↙
            //选择“对象”选项
选择对象：找到 1 个
            //选择多边形边界
选择对象：    //按Enter键完成创建
```

04 选中创建的曲面，按快捷键Ctrl＋1打开“特性”面板，将曲面的U素线数量设置为4，V素线数量设置为4，效果如图10-73所示。

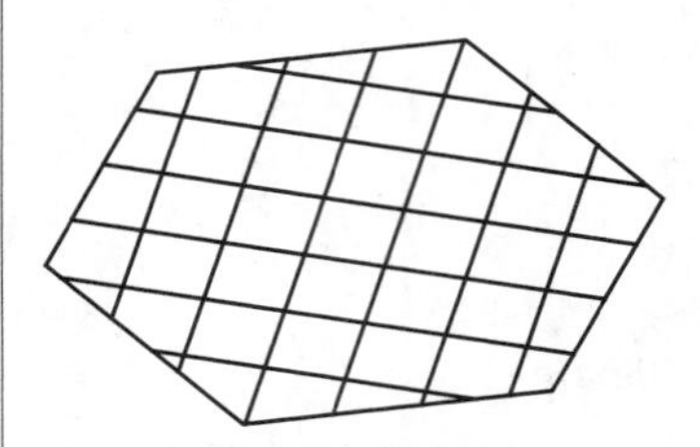

图10-72 创建的平面曲面

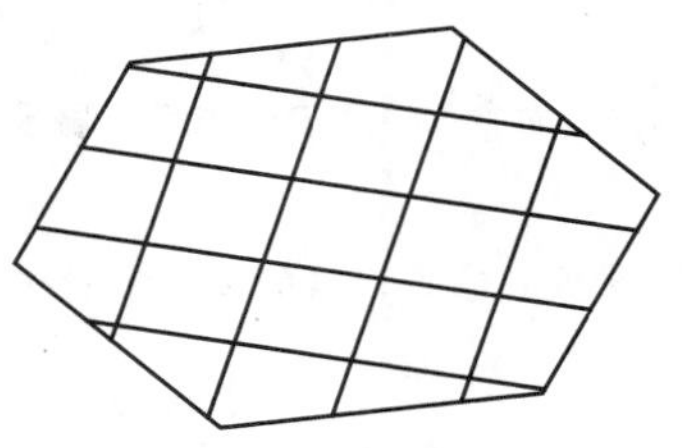

图10-73 修改素线数量的效果

实战328 创建过渡曲面

难度：☆☆

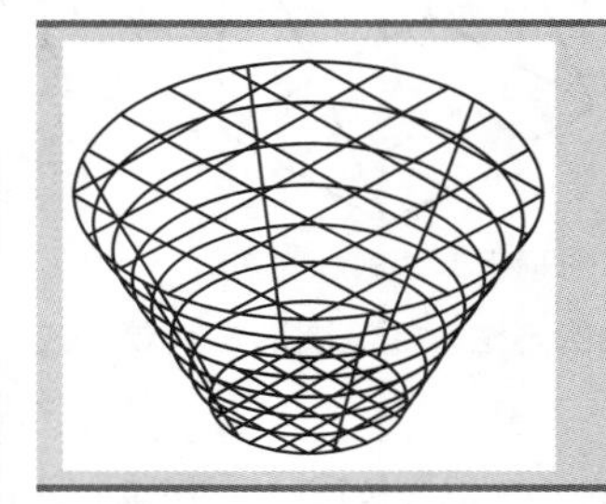

素材文件路径：素材\第 10 章\实战 328 创建过渡曲面 .dwg

效果文件路径：素材\第 10 章\实战 328 创建过渡曲面 -OK.dwg

在线视频：第 10 章\实战 328 创建过渡曲面 .mp4

在两个现有曲面之间创建的连续曲面称为过渡曲面。将两个曲面融合在一起时，需要指定曲面连续性和凸度幅值。

01 打开素材文件“第10章\实战328 创建过渡曲面.dwg”，如图10-74所示。

02 在“曲面”选项卡中，单击“创建”面板上的“过渡”按钮，创建过渡曲面，如图10-75所示，命令行操作如下。

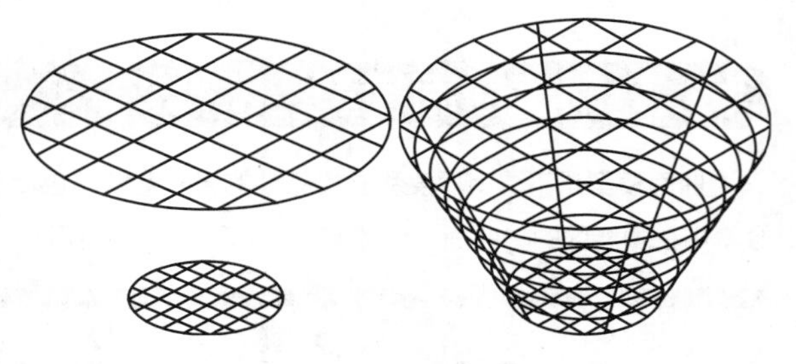

图10-74 素材文件　　图10-75 过渡曲面

```
命令：_surfblend
连续性 = G1 - 相切，凸度幅值 = 0.5
选择要过渡的第一个曲面的边或 [链(CH)]：找到 1 个
              //选择上面的曲面的边线
选择要过渡的第一个曲面的边或 [链(CH)]：↙
              //按Enter键结束选择
选择要过渡的第二个曲面的边或 [链(CH)]：找到 1 个
              //选择下面的曲面边线
选择要过渡的第二个曲面的边或 [链(CH)]：↙
              //按Enter键结束选择
按 Enter 键接受过渡曲面或 [连续性(CON)/凸度幅值(B)]：B↙
              //选择“凸度幅值”选项
第一条边的凸度幅值 <0.5000>：0↙
              //输入凸度幅值
第二条边的凸度幅值 <0.5000>：0↙
按 Enter 键接受过渡曲面或 [连续性(CON)/凸度幅值(B)]：        //按Enter键接受创建的过渡曲面
```

提示

命令行各主要选项介绍如下。

◆ 连续性：选择“连续性”选项时，有G0\G1\G2三种形式连接。G0表示两个对象相连或两个对象的位置是连续的；G1表示两个对象光顺连接，一阶微分连续，或者是相切连续的；G2表示两个对象光顺连接，二阶微分连续，或者两个对象的曲率是连续的。

◆ 凸度幅值：指曲率的取值范围。

实战329 创建修补曲面

难度：☆☆

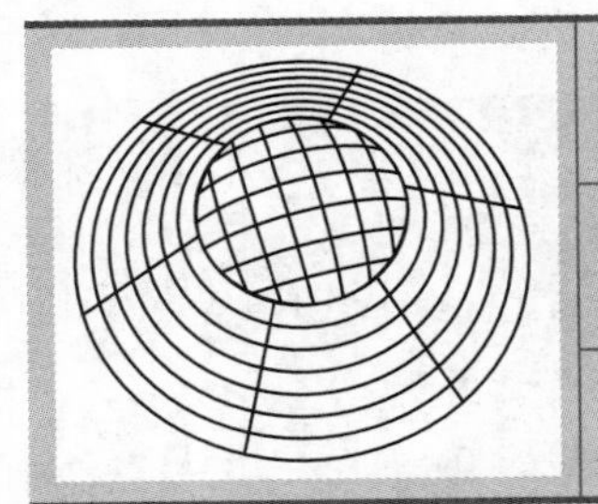

素材文件路径：素材\第 10 章\实战 329 创建修补曲面.dwg
效果文件路径：素材\第 10 章\实战 329 创建修补曲面-OK.dwg
在线视频：第 10 章\实战 329 创建修补曲面.mp4

曲面“修补”即在创建新的曲面或封口时，闭合现有曲面的开放边线，也可以通过闭环添加其他曲线，以约束和引导修补曲面。

01 打开素材文件“第10章\实战329 创建修补曲面.dwg”，如图10-76所示。

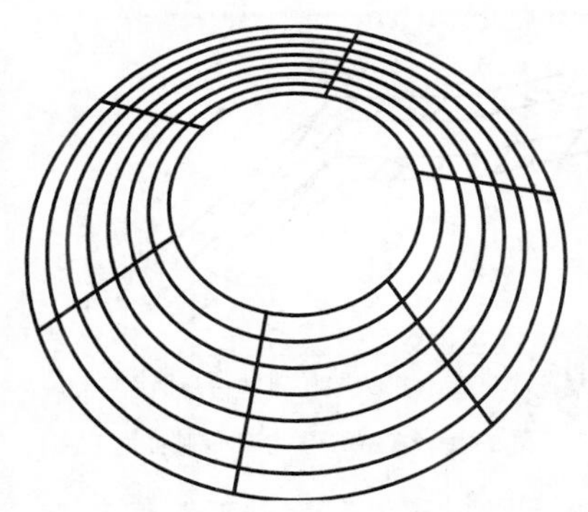

图 10-76 素材文件

02 在“曲面”选项卡中，单击“创建”面板上的“修补”按钮，创建修补曲面，如图10-77所示，命令行操作如下。

```
命令：_durfpatch
              //执行“修补曲面”命令
连续性 = G0 - 位置，凸度幅值 = 0.5
选择要修补的曲面边或 [链(CH)/曲线(CU)] <曲线>：找到 1 个        //选择上部的圆形边线
选择要修补的曲面边或 [链(CH)/曲线(CU)] <曲线>：↙
              //按Enter键结束选择
按 Enter 键接受修补曲面或 [连续性(CON)/凸度幅值(B)/导向(G)]：CON ↙
              //选择“连续性”选项
修补曲面连续性 [G0(G0)/G1(G1)/G2(G2)] <G0>：G1↙
              //选择连续曲率为G1
按 Enter 键接受修补曲面或 [连续性(CON)/凸度幅值(B)/导向(G)]：↙    //按Enter键接受修补曲面
```

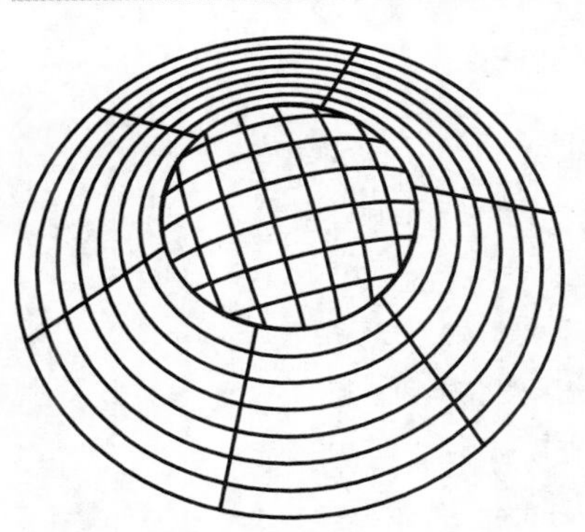

图 10-77 创建的修补曲面

实战330 创建偏移曲面

难度：☆☆

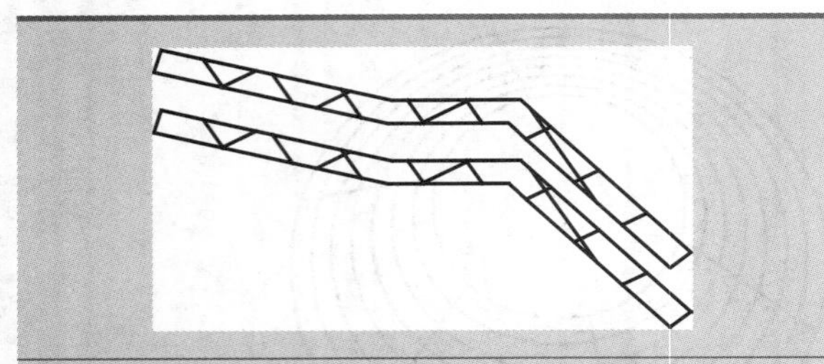

素材文件路径：素材\第10章\实战330 创建偏移曲面.dwg

效果文件路径：素材\第10章\实战330 创建偏移曲面-OK.dwg

在线视频：第10章\实战330 创建偏移曲面.mp4

使用“偏移曲面”命令可以创建与原始曲面平行的曲面，类似于二维对象的“偏移”操作，在创建过程中需要指定偏移距离。

01 打开素材文件“第10章\实战330 创建偏移曲面.dwg”，如图10-78所示。

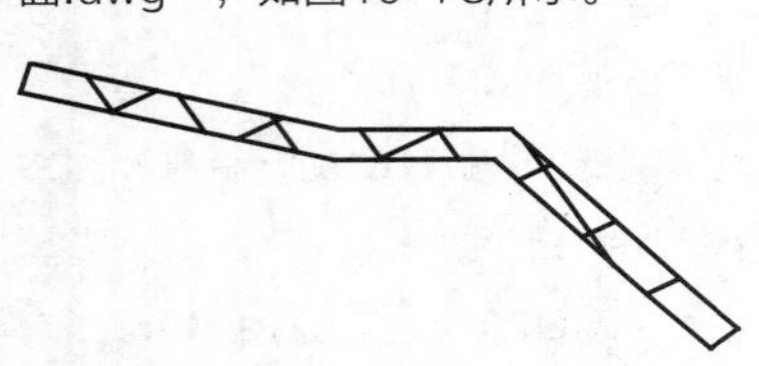

图10-78 素材文件

02 在“曲面”选项卡中，单击“创建”面板上的“偏移”按钮，创建偏移曲面，如图10-79所示，命令行操作如下。

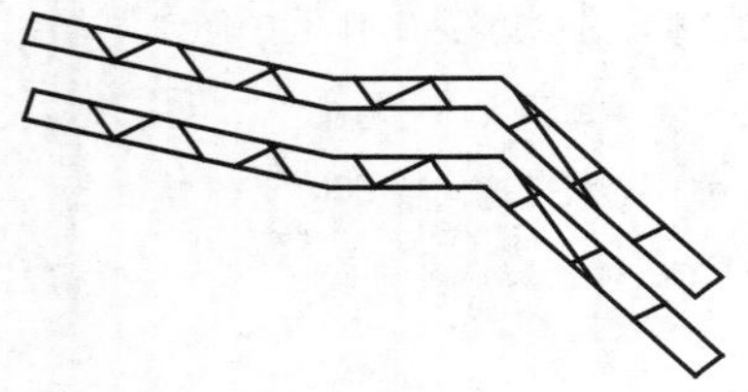

图10-79 偏移曲面的结果

```
命令: _surfoffset
            //执行“偏移曲面”命令
连接相邻边 = 否
选择要偏移的曲面或面域: 找到 1 个
            //选择要偏移的曲面
选择要偏移的曲面或面域: ↙
            //按Enter键结束选择
指定偏移距离或 [翻转方向(F)/两侧(B)/实体(S)/连接(C)/表达式(E)] <20.0000>: 1↙
            //指定偏移距离
1 个对象将偏移。
1个偏移操作成功完成。
```

实战331 创建圆角曲面

难度：☆☆

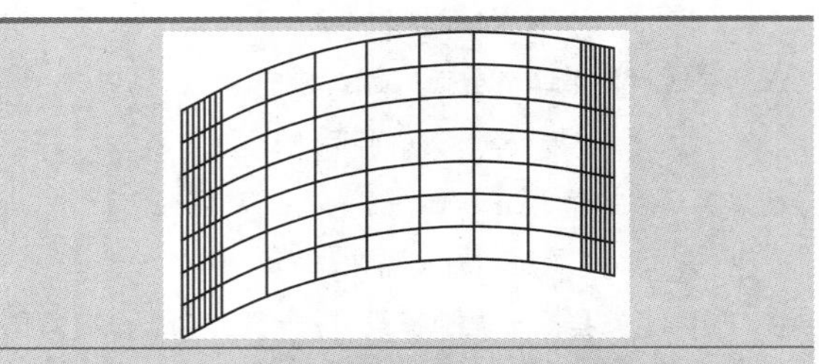

素材文件路径：素材\第10章\实战331 创建圆角曲面.dwg

效果文件路径：素材\第10章\实战331 创建圆角曲面-OK.dwg

在线视频：第10章\实战331 创建圆角曲面.mp4

使用“圆角曲面”命令可以在现有曲面之间的空间中创建新的圆角曲面，圆角曲面具有固定半径轮廓线且与原始曲面相切。

01 打开素材文件“第10章\实战331 创建圆角曲面.dwg”，如图10-80所示。

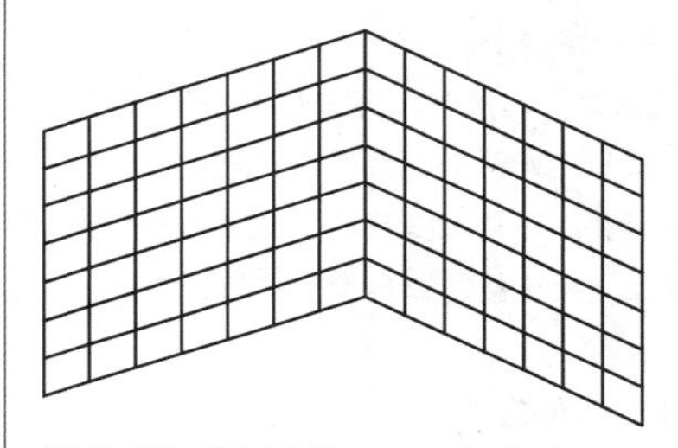

图10-80 素材文件

02 在“曲面”选项卡中，单击“创建”面板上的“圆角”按钮，创建圆角曲面，如图10-81所示，命令行操作如下。

```
命令: _surffillet
半径 = 1.0000, 修剪曲面 = 是
选择要圆角化的第一个曲面或面域或者 [半径(R)/修剪曲面(T)]: R↙ //选择“半径”选项
指定半径或 [表达式(E)] <1.0000>: 2↙
            //指定圆角半径值
选择要圆角化的第一个曲面或面域或者 [半径(R)/修剪曲面(T)]:    //选择要创建圆角的第一个曲面
选择要圆角化的第二个曲面或面域或者 [半径(R)/修剪
```

```
曲面(T)]:      //选择要创建圆角的第二个曲面
按 Enter 键接受圆角曲面或 [半径(R)/修剪曲面(T)]: ↙
            //按Enter键完成圆角创建
```

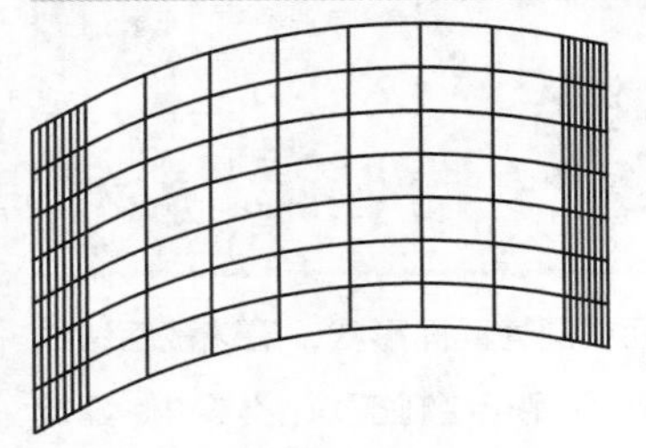

图 10-81 创建的圆角曲面

实战332 创建网络曲面

重点

难度：☆☆☆

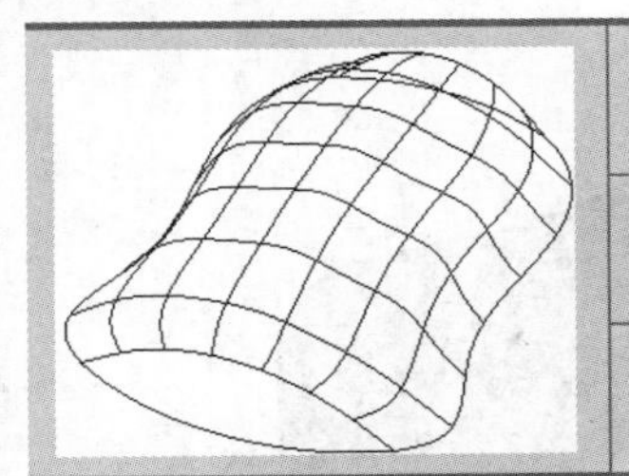

素材文件路径：素材\第10章\实战332 创建网络曲面.dwg

效果文件路径：素材\第10章\实战332 创建网络曲面-OK.dwg

在线视频：第10章\实战332 创建网络曲面.mp4

使用“网络曲面”命令可以在U方向和V方向（包括曲面和实体边子对象）的几条曲线之间的空间中创建曲面，是曲面建模最常用的方法之一。

01 打开素材文件“第10章\实战332 创建网络曲面.dwg”，如图10-82所示。

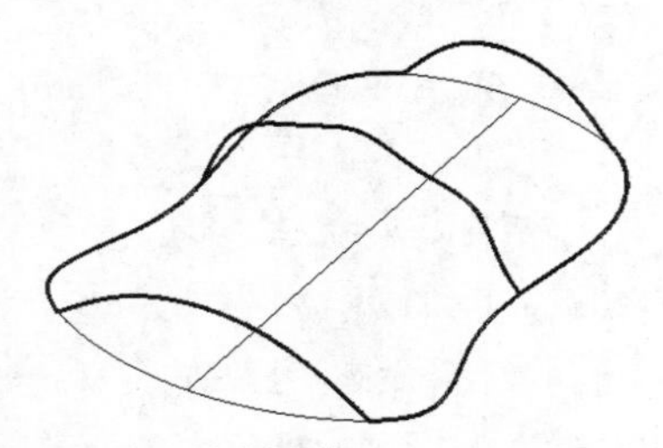

图 10-82 素材文件

02 在“曲面”选项卡中，单击“创建”面板上的“网络”按钮，选择横向的3条样条曲线为第一方向曲线，如图10-83所示。

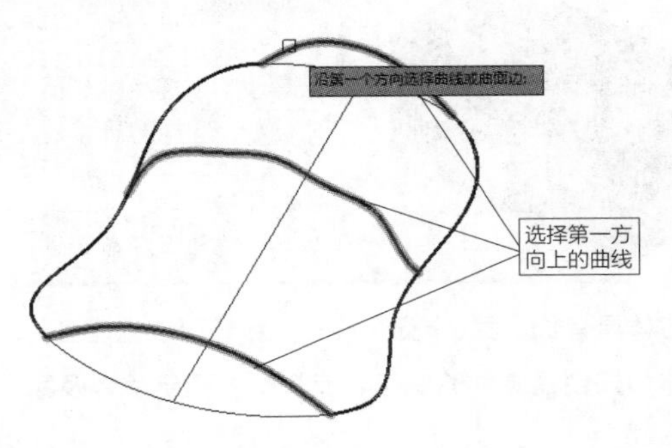

图 10-83 选择第一方向上的曲线

03 选择完毕后按Enter键确认，然后根据命令行提示选择左右两侧的样条曲线为第二方向曲线，如图10-84所示。

04 网络曲面创建完成，如图10-85所示。

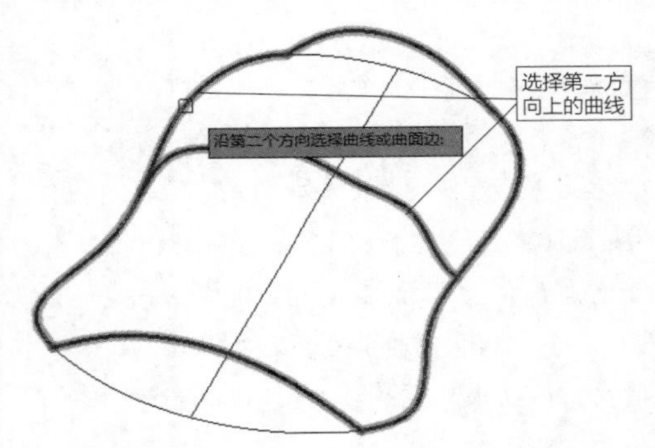

图 10-84 选择第二方向上的曲线

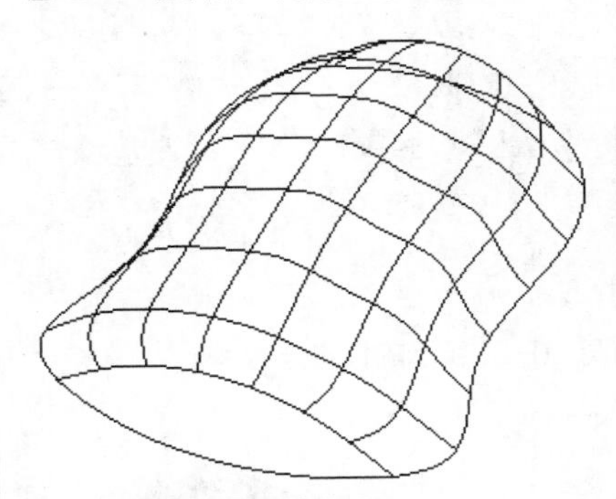

图 10-85 完成的网络曲面

10.4 创建三维实体

“实体模型”是具有更完整信息的模型，不再像曲面模型那样只是一个“空壳”，而是具有厚度和体积的对象。在AutoCAD 中，除了可以直接创建长方体、圆柱体等基本的实体模型，还可以通过对二维对象的“旋转”“拉伸”“扫掠”“放样”等操作创建非常规形状的模型。

实战333 创建长方体

难度：☆☆

素材文件路径：无

效果文件路径：素材\第 10 章\实战 333 创建长方体 -OK.dwg

在线视频：第 10 章\实战 333 创建长方体 .mp4

长方体具有长、宽、高3个尺寸参数，可以创建各种方形基体，如创建零件的底座、支撑板、建筑墙体及家具等。

01 新建一个空白文档。

02 在“常用”选项卡中，单击“建模”面板上“长方体”按钮，如图10-86所示，绘制一个长方体，命令行操作如下。

```
命令: _box        //执行“长方体”命令
指定第一个角点或 [中心(C)]:C↙
                  //选择定义长方体中心
指定中心: 0,0,0↙ //输入坐标，指定长方体中心
指定其他角点或 [立方体(C)/长度(L)]: L↙
                  //由长度定义长方体
指定长度:40↙      //捕捉到 X 轴正向，然后输入长度
                  “40”
指定宽度: 20↙     //输入长方体宽度“20”
指定高度或 [两点(2P)]: 20↙
                  //输入长方体高度“20”
指定高度或 [两点(2P)] <175>:
                  //指定高度
```

03 创建完成如图 10-87所示的长方体。

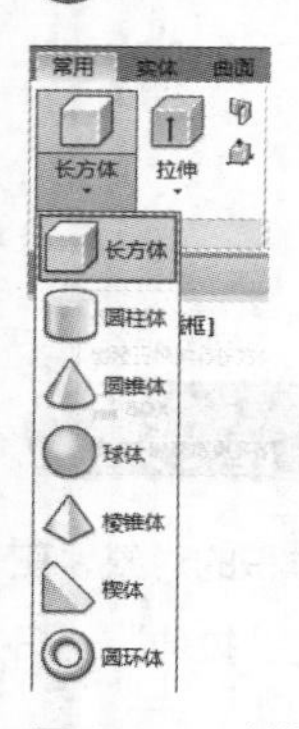

图10-86 “建模”面板中的“长方体”按钮

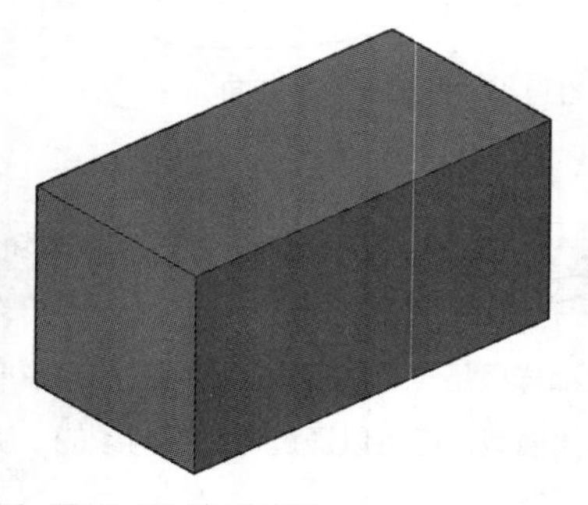

图10-87 完成效果

实战334 创建圆柱体

难度：☆☆

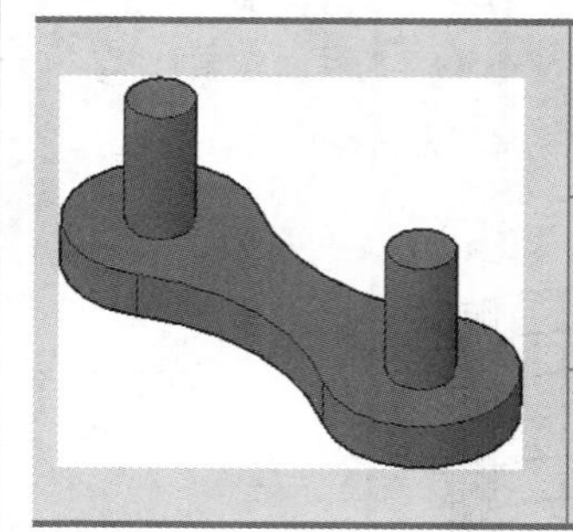

素材文件路径：素材\第 10 章\实战 334 创建圆柱体 .dwg

效果文件路径：素材\第 10 章\实战 334 创建圆柱体 -OK.dwg

在线视频：第 10 章\实战 334 创建圆柱体 .mp4

“圆柱体”是以面或圆为截面形状，沿该截面法线方向拉伸所形成的实体，常用于绘制各类轴类零件、建筑图形中的各类立柱等。

01 打开素材文件“第10章\实战334 创建圆柱体.dwg”，如图 10-88所示。

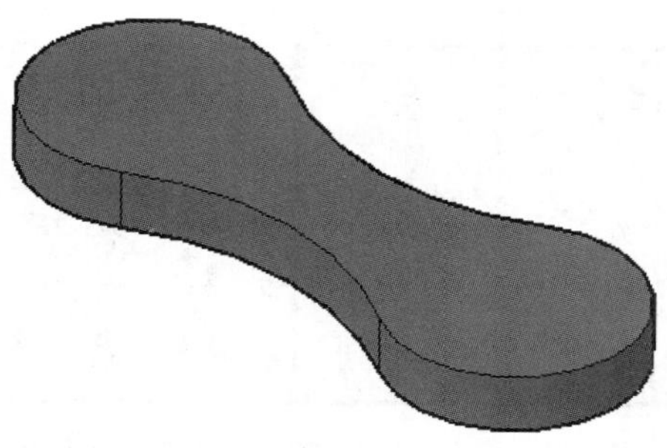

图10-88 素材文件

02 在“常用”选项卡中，单击“建模”面板上“圆柱体”按钮，在底板上面绘制两个圆柱体，命令行操作如下。

```
命令: _cylinder     //执行“圆柱体”命令
指定底面的中心点或 [三点(3P)/两点(2P)/切点、切点、
半径(T)/椭圆(E)]:
                    //捕捉到圆心为中心点
指定底面半径或 [直径(D)] <50.0000>: 7↙
                    //输入圆柱体底面半径值
指定高度或 [两点(2P)/轴端点(A)] <10.0000>: 30↙
                    //输入圆柱体高度
```

03 通过以上操作，即可绘制一个圆柱体，如图10-89所示。

04 重复以上操作，绘制另一边的圆柱体，即可完成连接板的绘制，效果如图10-90所示。

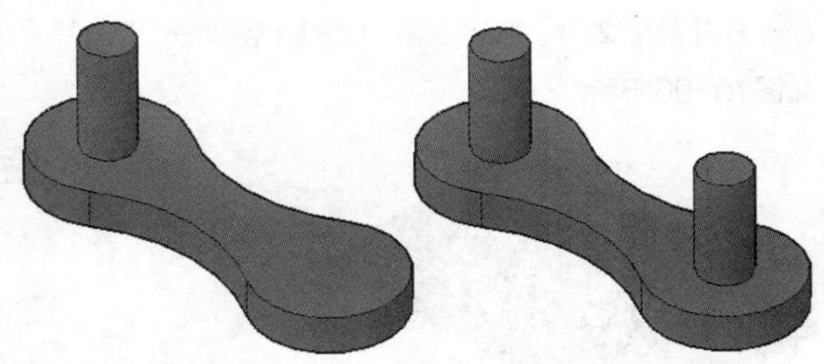

图 10-89 绘制圆柱体　　图 10-90 创建的连接板

实战335 创建圆锥体

难度：☆☆

	素材文件路径：素材 \ 第 10 章 \ 实战 335 创建圆锥体 .dwg
	效果文件路径：素材 \ 第 10 章 \ 实战 335 创建圆锥体 -OK.dwg
	在线视频：第 10 章 \ 实战 335 创建圆锥体 .mp4

“圆锥体”是以圆或椭圆为底面形状、沿其法线方向并按照一定锥度向上或向下拉伸而形成的实体。使用“圆锥体”命令可以创建“圆锥”和“平截面圆锥”两种类型的实体。

01 打开素材文件“第10章\实战335 创建圆锥体.dwg”，如图 10-91所示。

图 10-91 素材文件

02 在“默认”选项卡中，单击“建模”面板上“圆锥体”按钮，绘制一个圆锥体，命令行操作如下。

```
命令：_cone
        //执行“圆锥体”命令
指定底面的中心点或 [三点(3P)/两点(2P)/切点、切点、半径(T)/椭圆(E)]:
        //指定圆锥体底面中心
指定底面半径或 [直径(D)]：6↙
        //输入圆锥体底面半径值
指定高度或 [两点(2P)/轴端点(A)/顶面半径(T)]：7↙
        //输入圆锥体高度
```

03 通过以上操作，即可绘制一个圆锥体，如图10-92所示。

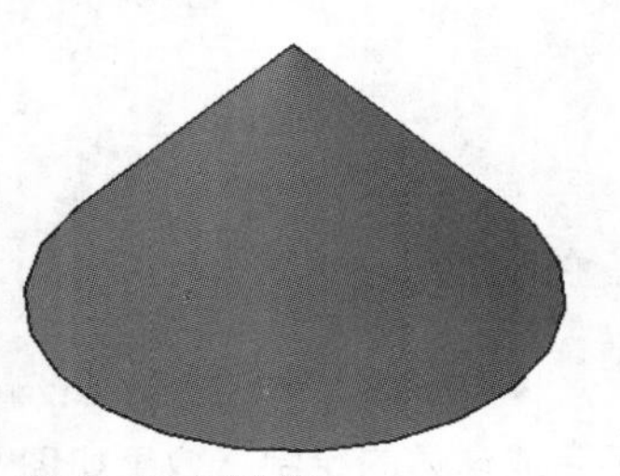

图 10-92 圆锥体

04 执行“移动”命令，将圆锥体移动到圆柱顶面，效果如图 10-93所示。

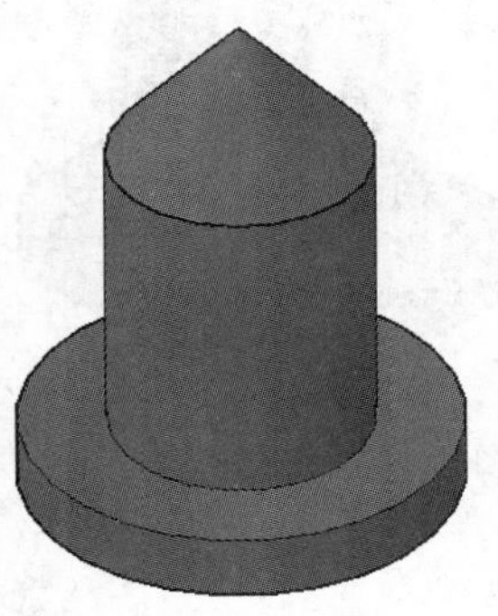

图 10-93 最终模型效果

实战336 创建球体

难度：☆☆

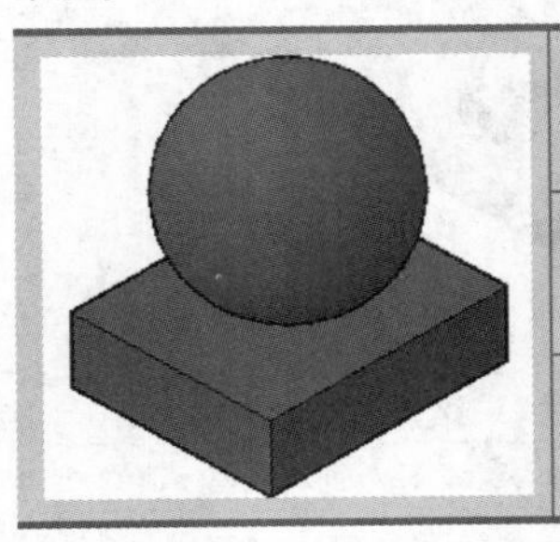	素材文件路径：素材 \ 第 10 章 \ 实战 336 创建球体 .dwg
	效果文件路径：素材 \ 第 10 章 \ 实战 336 创建球体 -OK.dwg
	在线视频：第 10 章 \ 实战 336 创建球体 .mp4

“球体”是在三维空间中，到一个点（即球心）距离相等的所有点的集合形成的实体，它广泛应用于机械、建筑等制图中，如创建档位控制杆、建筑物的球形屋顶等。

01 打开素材文件“第10章\实战336 创建球体.dwg”，如图 10-94所示。

02 在“常用”选项卡中，单击“建模”面板上“球体”

按钮，在底板上绘制一个球体，命令行操作如下。

```
命令：_sphere
        //执行“球体”命令
指定中心点或 [三点(3P)/两点(2P)/切点、切点、半径(T)]：2P↙
        //指定绘制球体方法
指定直径的第一个端点：
        //捕捉到长方体上表面的中心
指定直径的第二个端点：120↙
        //输入球体直径值，绘制完成
```

03 通过以上操作即可完成球体的绘制，效果如图10-95所示。

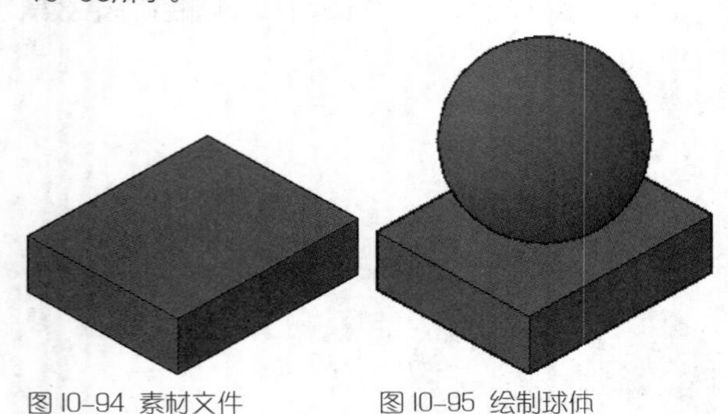
图 10-94 素材文件　　图 10-95 绘制球体

实战337 创建楔体

重点

难度：☆☆☆

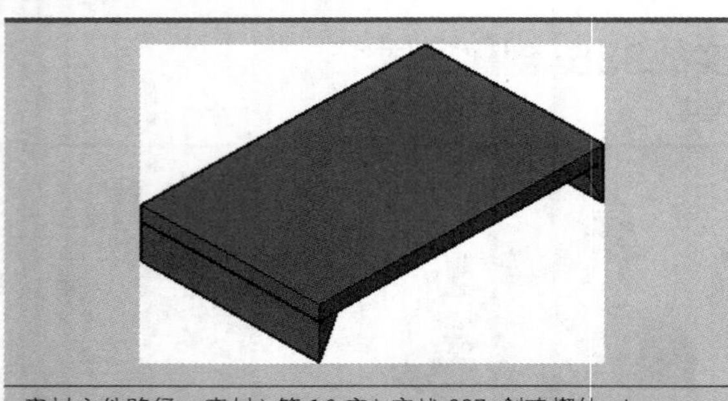

素材文件路径：素材\第 10 章\实战 337 创建楔体 .dwg
效果文件路径：素材\第 10 章\实战 337 创建楔体 -OK.dwg
在线视频：第 10 章\实战 337 创建楔体 .mp4

“楔体”可以看作是以矩形为底面，其一边沿法线方向拉伸所形成的具有楔状特征的实体。该实体通常用于填充物体的间隙，如安装设备时用于调整设备高度及水平度的楔木。

01 打开素材文件“第10章\实战337 创建楔体.dwg”，如图10-96所示。

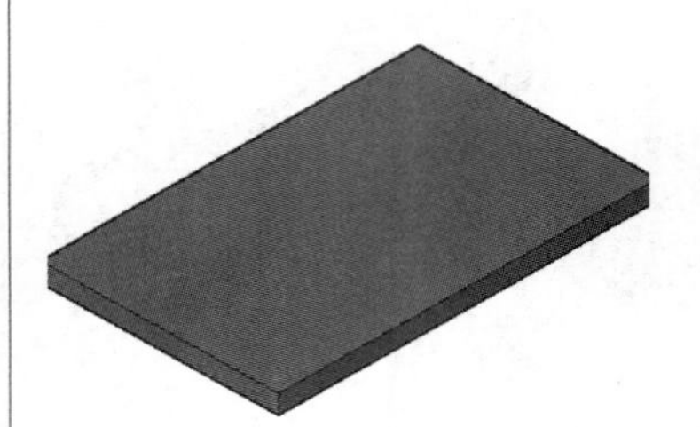
图 10-96 素材文件

02 在“常用”选项卡中，单击“建模”面板上“楔体”按钮，在长方体底面创建两个支撑，命令行操作如下。

```
命令：_wedge
        //执行“楔体”命令
指定第一个角点或 [中心(C)]:
        //指定底面矩形的第一个角点
指定其他角点或 [立方体(C)/长度(L)]:L↙
        //指定第二个角点的输入方式为长度输入
指定长度 ：5↙
        //输入底面矩形的长度
指定宽度： 50↙
        //输入底面矩形的宽度
指定高度或 [两点(2P)] : 10↙
        //输入楔体高度
```

03 完成以上操作即可绘制一个楔体，如图10-97所示。

图 10-97 绘制楔体

04 重复以上操作绘制另一个楔体，输入“ALIGN”执行“对齐”命令将两个楔体移动到合适位置，效果如图10-98所示。

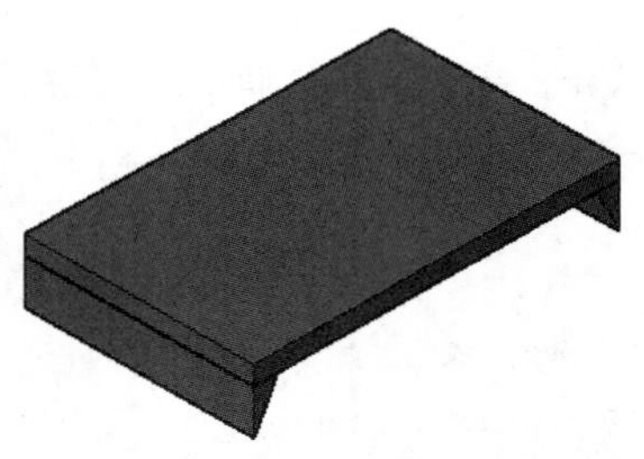
图 10-98 绘制座板

实战338 创建圆环体

难度：☆☆☆

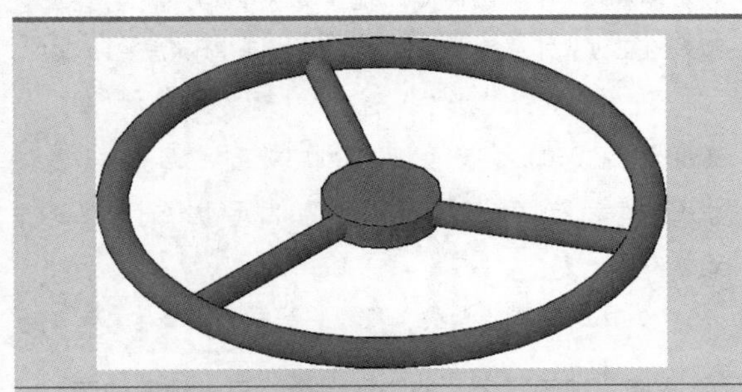

素材文件路径：素材 \ 第 10 章 \ 实战 338 创建圆环体 .dwg
效果文件路径：素材 \ 第 10 章 \ 实战 338 创建圆环体 -OK.dwg
在线视频：第 10 章 \ 实战 338 创建圆环体 .mp4

“圆环体”可以看作是在三维空间内，圆轮廓线绕与其共面直线旋转所形成的实体。该直线即圆环的中心线，直线和圆心的距离即圆环的半径，圆轮廓线的直径即圆环的直径。

01 打开素材文件“第10章\实战338 创建圆环体.dwg”，如图 10-99所示。

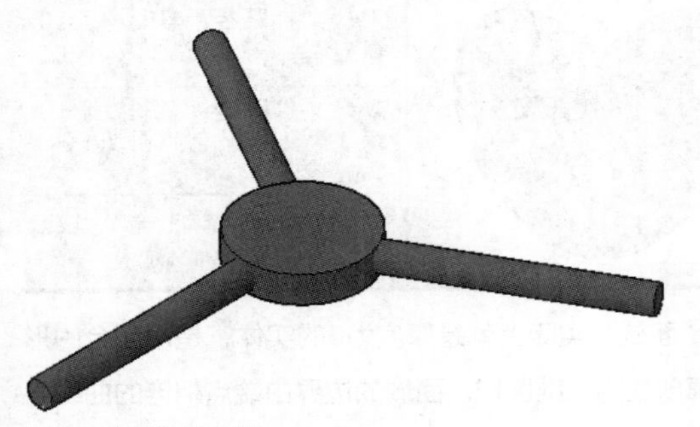

图 10-99 素材文件

02 在“常用”选项卡中，单击“建模”面板上“圆环体”按钮，绘制一个圆环体，命令行操作如下。

```
命令: _torus        //执行“圆环”命令
指定中心点或 [三点(3P)/两点(2P)/切点、切点、半径(T)]:        //捕捉到圆心
指定半径或 [直径(D)] <20.0000>: 45↙
                    //输入圆环半径值
指定圆管半径或 [两点(2P)/直径(D)] : 2.5↙
                    //输入圆管半径值
```

03 通过以上操作，即可绘制一个圆环体，效果如图 10-100所示。

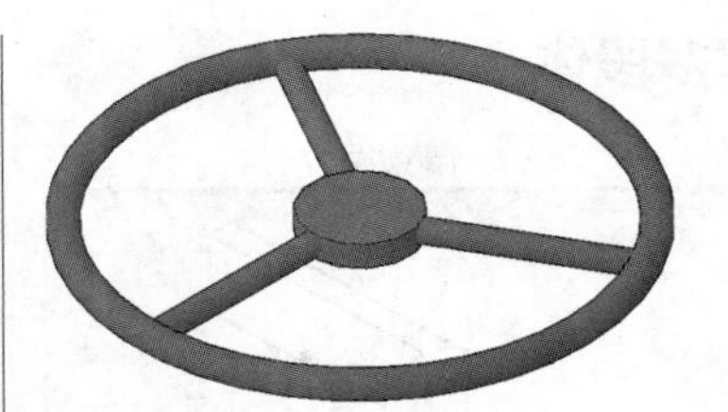

图 10-100 创建的圆环体效果

实战339 创建棱锥体

难度：☆☆

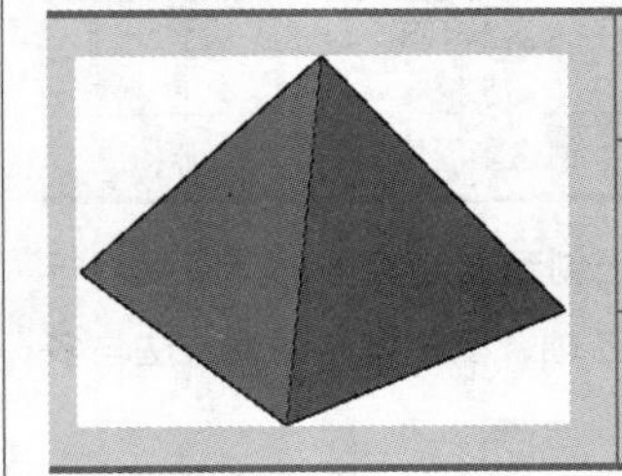

素材文件路径：无
效果文件路径：素材 \ 第 10 章 \ 实战 339 创建棱锥体 -OK.dwg
在线视频：第 10 章 \ 实战 339 创建棱锥体 .mp4

“棱锥体”常用于创建建筑屋顶，其底面平行于XY平面，轴线平行于Z轴，绘制圆锥体需要输入的参数有底面大小和棱锥高度。

01 新建一个空白文档。

02 在“默认”选项卡中，单击“建模”面板上的“棱锥体”按钮，绘制一个棱锥体，如图10-101所示，命令行操作如下。

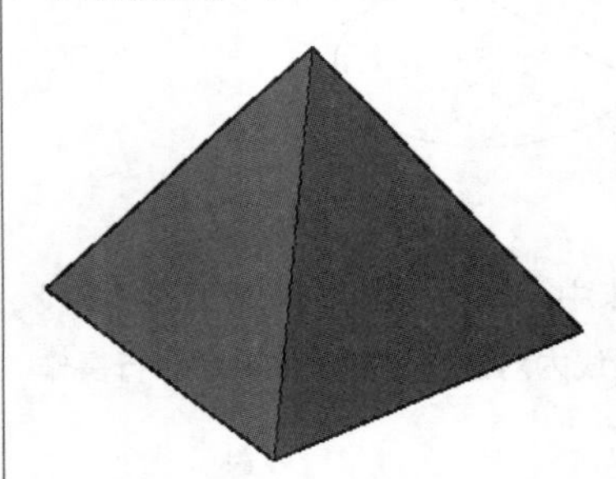

图 10-101 创建的棱锥体效果

```
命令: _pyramid
                    //执行“棱锥体”命令
4 个侧面  外切
指定底面的中心点或 [边(E)/侧面(S)]:
                    //指定底面中心点
指定底面半径或 [内接(I)] <135.6958>:100↙
                    //指定底面半径值
指定高度或 [两点(2P)/轴端点(A)/顶面半径(T)] <-254.5365>:180↙
                    //指定高度
```

实战340 创建多段体

难度：☆☆☆

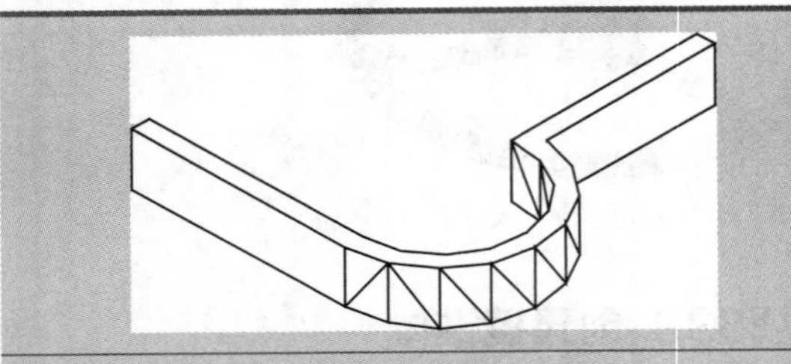

素材文件路径：无
效果文件路径：素材\第 10 章\实战 340 创建多段体 -OK.dwg
在线视频：第 10 章\实战 340 创建多段体 .mp4

"多段体"命令常用于创建三维墙体，其底面平行于 *XY* 平面，轴线平行于 *Z* 轴，多段体的创建方法与多段线类似。

01 新建一个空白文档。

02 单击ViewCube上的"西南等轴测"，将视图方向切换到"西南等轴测"。

03 在命令行输入"PL"并按Enter键，绘制一条二维多段线，如图10-102所示。

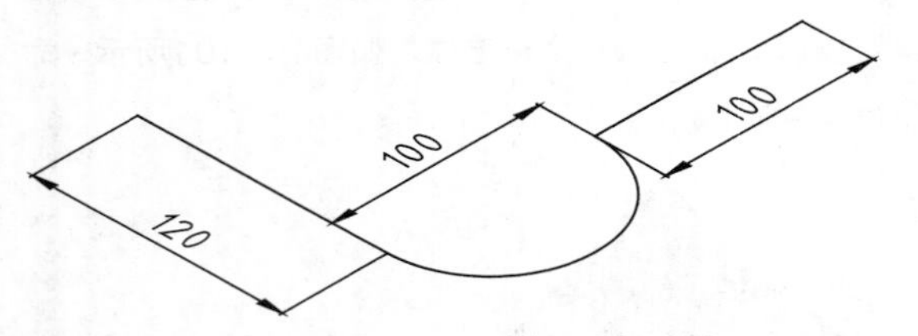

图 10-102 二维多段线

04 在"常用"选项卡中，单击"建模"面板上的"多段体"按钮，以多段线为对象创建多段体，命令行操作如下。

```
命令：_polysolid
                //执行"多段体"命令
高度 = 80.0000，宽度 = 5.0000，对正 = 居中
指定起点或 [对象(O)/高度(H)/宽度(W)/对正(J)] <对象>：H↙
指定高度 <80.0000>：30↙
                //输入多段体高度
高度 = 30.0000，宽度 = 5.0000，对正 = 居中
指定起点或 [对象(O)/高度(H)/宽度(W)/对正(J)] <对象>：W↙
指定宽度 <5.0000>：10↙
                //输入多段体宽度
高度 = 50.0000，宽度 = 10.0000，对正 = 居中
指定起点或 [对象(O)/高度(H)/宽度(W)/对正(J)] <对象>：J↙
输入对正方式 [左对正(L)/居中(C)/右对正(R)] <居中>：C↙
                //选择"居中"选项
高度 = 50.0000，宽度 = 10.0000，对正 = 居中
指定起点或 [对象(O)/高度(H)/宽度(W)/对正(J)] <对象>：O↙
选择对象：
                //选择绘制的多段线，完成多段体
```

05 选择"视图" | "消隐"命令，显示结果如图10-103所示。

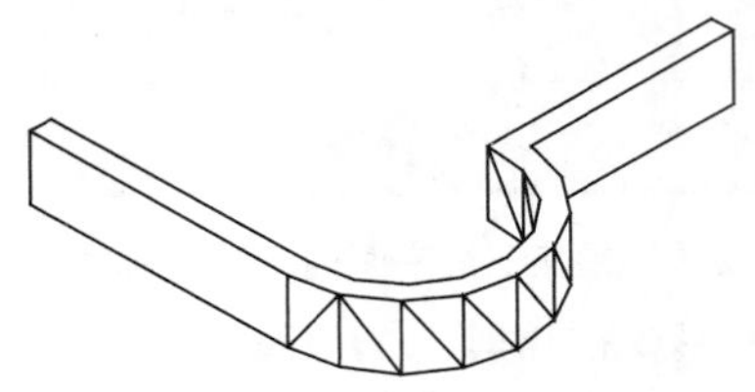

图 10-103 创建的多段体

实战341 创建面域

难度：☆☆

素材文件路径：素材\第 10 章\实战 341 创建面域 .dwg
效果文件路径：素材\第 10 章\实战 341 创建面域 -OK.dwg
在线视频：第 10 章\实战 341 创建面域 .mp4

"面域"实际上就是厚度为0的实体，是用闭合的形状轮廓创建的二维区域。面域的边界由端点相连的曲线组成，曲线上每个端点仅连接两条边。

打开素材文件"第10章\实战341 创建面域.dwg"，如图 10-104所示。

图 10-104 素材文件

在"草图与注释"工作空间中单击"绘图"面板上的"面域"按钮，如图10-105所示，执行"面域"命令。

03 选择素材文件中的封闭轮廓，即可创建面域，如图10-106所示。如果要通过“拉伸”“旋转”等命令创建三维实体，必须先将所选截面转换为面域。

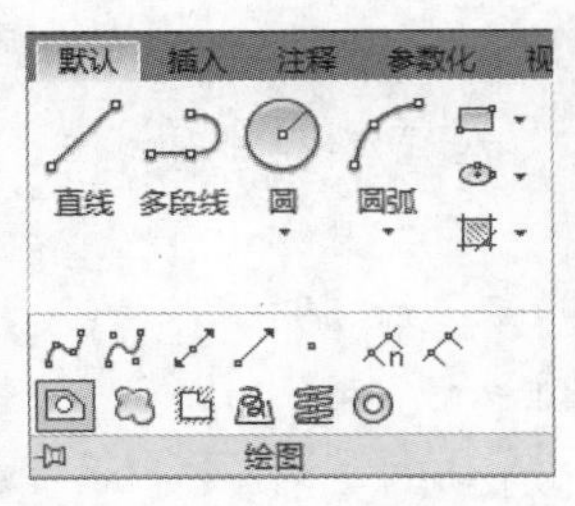

图 10-105 “绘图”面板中的“面域”按钮

图 10-106 创建的面域效果

实战342 拉伸创建实体

难度：☆☆☆

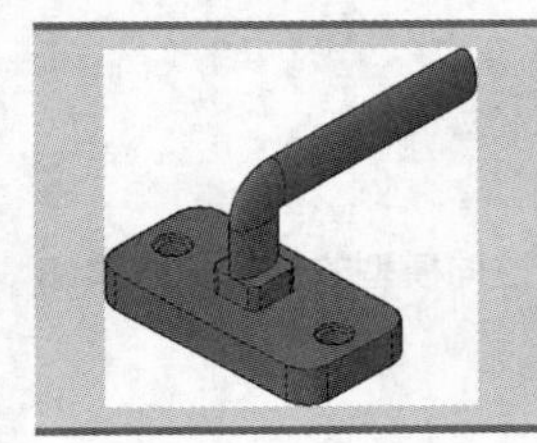	素材文件路径：无
	效果文件路径：素材\第 10 章\实战 342 拉伸创建实体 -OK.dwg
	在线视频：第 10 章\实战 342 拉伸创建实体 .mp4

使用“拉伸”命令可以将二维图形沿其所在平面的法线方向扫描，形成三维实体。该二维图形可以是多段线、多边形、矩形、圆、椭圆、闭合的样条曲线、圆环和面域等。“拉伸”命令常用于创建在某一方向上截面形状固定不变的实体，如机械制图中的齿轮、轴套、垫圈等，以及建筑制图中的楼梯栏杆、管道、异性装饰等。

01 新建一个空白文档。

02 将工作空间切换到“三维建模”工作空间中，单击“绘图”面板中的“矩形”按钮，绘制一个长为10、宽为5的矩形。然后单击“修改”面板中的“圆角”按钮，在矩形边角创建半径为1的圆角。然后绘制两个半径为0.5的圆，其圆心到最近边的距离为1.2，截面轮廓效果如图10-107所示。

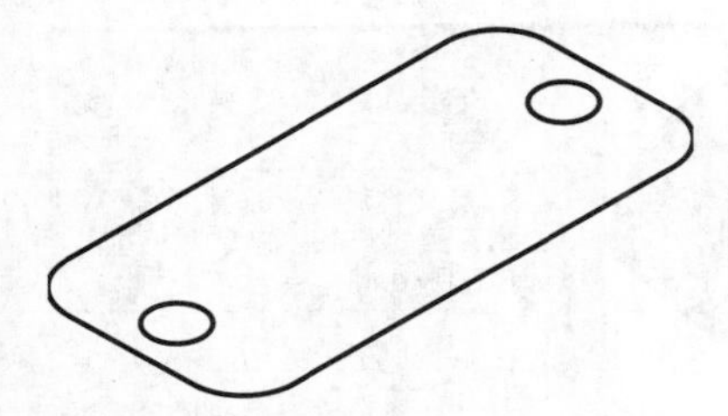

图 10-107 绘制底面

03 将视图方向切换到“东南等轴测”，将截面图形转换为面域，并利用“差集”命令将矩形面域减去两个圆的面域，然后单击“建模”面板上的“拉伸”按钮，拉伸高度为1.5，效果如图10-108所示，命令行操作如下。

```
命令：_extrude
                    //执行“拉伸”命令
当前线框密度： ISOLINES=4，闭合轮廓线创建模式 = 实体
选择要拉伸的对象或 [模式(MO)]：_mo 闭合轮廓线创建模式 [实体(SO)/曲面(SU)] <实体>：_so
选择要拉伸的对象或 [模式(MO)]：找到 1 个
                    //选择面域
指定拉伸的高度或 [方向(D)/路径(P)/倾斜角(T)/表达式(E)]：1.5        //输入拉伸高度
```

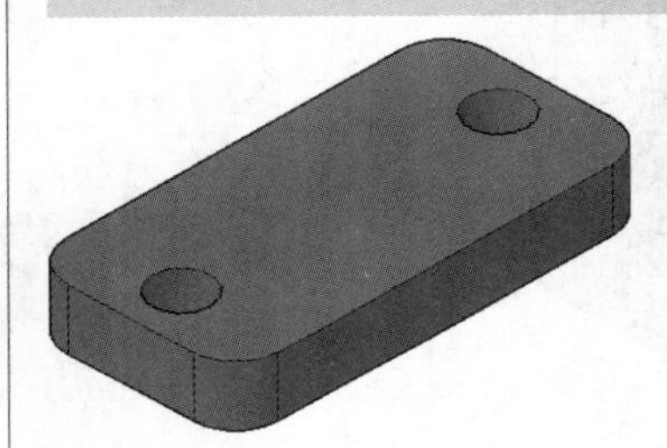

图 10-108 拉伸

04 单击“绘图”面板中的“圆”按钮，绘制两个半径为0.7的圆，位置如图10-109所示。

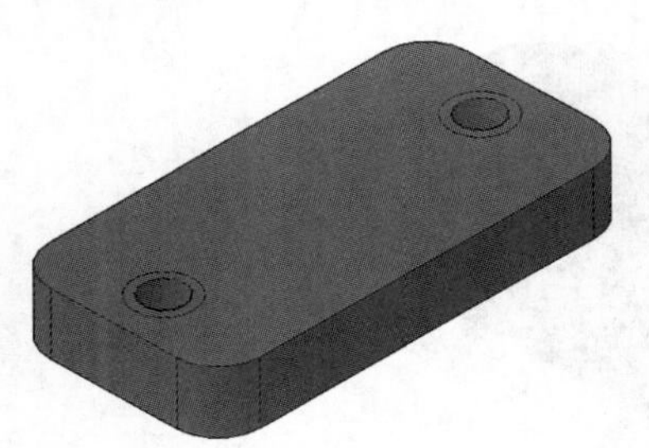

图 10-109 绘制圆

05 单击“建模”面板上的“拉伸”按钮，选择上一步绘制的两个圆，向下拉伸高度为0.2。单击“实体编辑”面板中的“差集”按钮，在底座中减去两圆柱实体，效果如图10-110所示。

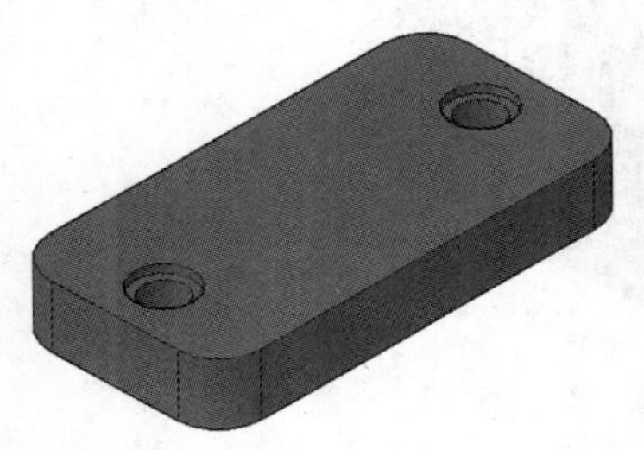

图 10-110 沉孔效果

06 单击“绘图”面板中的“矩形”按钮，绘制一个边长

为2的正方形，在边角处创建半径为0.5的圆角，效果如图10-111所示。

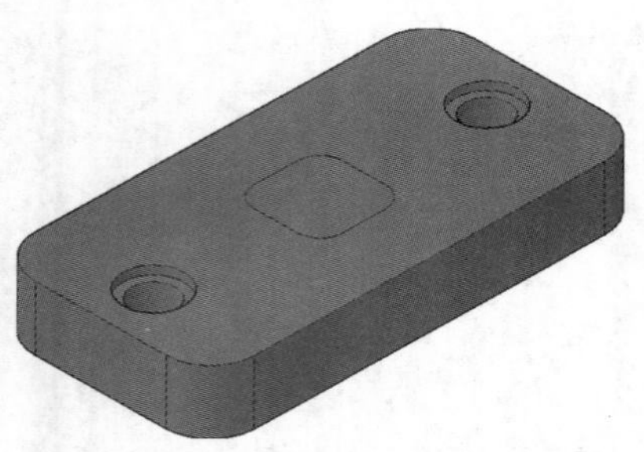

图 10-111 绘制正方形

07 单击“建模”面板上的“拉伸”按钮，拉伸上一步绘制的正方形，拉伸高度为1，效果如图10-112所示。

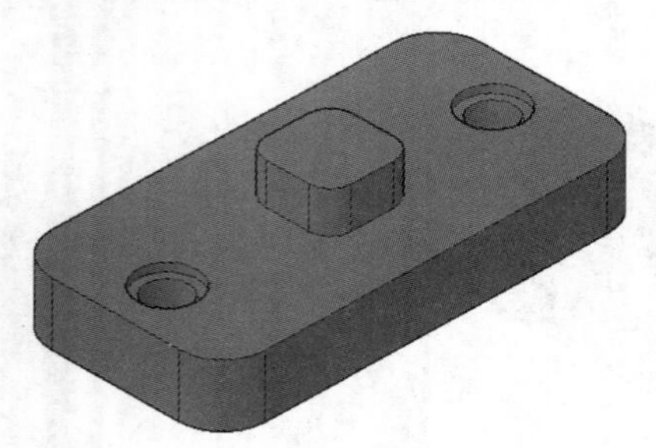

图 10-112 拉伸正方体

08 单击“绘图”面板中的“椭圆”按钮，绘制长轴为2、短轴为1的椭圆，如图10-113所示。

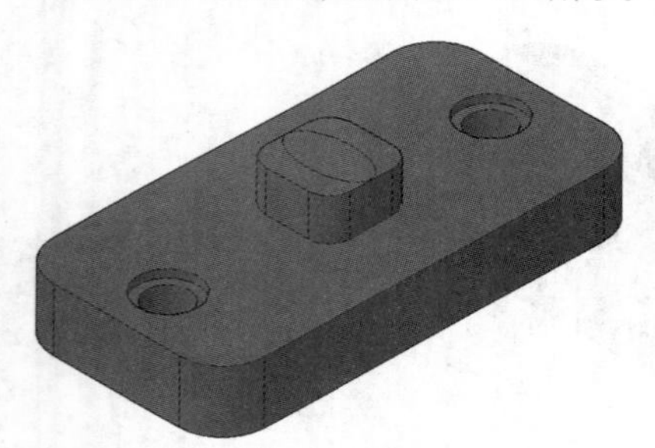

图 10-113 绘制椭圆

09 在椭圆和正方形的交点绘制一个高为3、长为10、圆角为R1的路径，如图10-114所示。

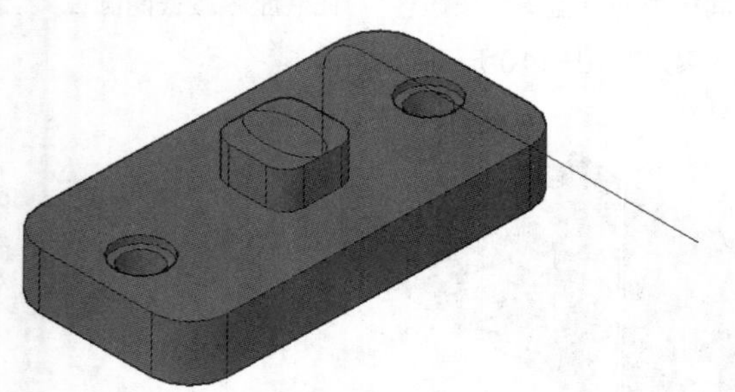

图 10-114 绘制拉伸路径

10 单击“建模”面板上的“拉伸”按钮，拉伸椭圆，拉伸路径选择上一步绘制的拉伸路径，命令行操作如下。

```
命令: _extrude
                    //执行“拉伸”命令
当前线框密度: ISOLINES=4，闭合轮廓线创建模式 = 实体
选择要拉伸的对象或 [模式(MO)]: _mo 闭合轮廓线创建模式 [实体(SO)/曲面(SU)] <实体>: _so
选择要拉伸的对象或 [模式(MO)]: 找到 1 个
                    //选择椭圆
指定拉伸的高度或 [方向(D)/路径(P)/倾斜角(T)/表达式(E)] <1.0000>: P↙
                    //选择路径方式
选择拉伸路径或[倾斜角（T）]:
                    //选择绘制的路径
```

11 通过以上操作步骤即可完成拉伸模型的创建，效果如图10-115所示。

图 10-115 最终模型效果

提示

当沿路径进行拉伸时，拉伸实体起始于拉伸对象所在的平面，终止于路径的终点所在的平面。

实战343 旋转创建实体

难度：☆☆☆

素材文件路径：素材\第10章\实战343 旋转创建实体.dwg

效果文件路径：素材\第10章\实战343 旋转创建实体-OK.dwg

在线视频：第10章\实战343 旋转创建实体.mp4

“旋转”命令可将二维轮廓线绕某一固定轴线旋转一定角度创建实体，用于旋转的二维对象可以是封闭的多

段线、多边形、圆、椭圆、封闭的样条曲线、圆环及封闭区域，每一次只能旋转一个二维对象。

01 打开素材文件“第10章\实战343 旋转创建实体.dwg”，如图10-116所示。

02 在“常用”选项卡中，单击“建模”面板上的“旋转”按钮，如图10-117所示，执行“旋转”命令。

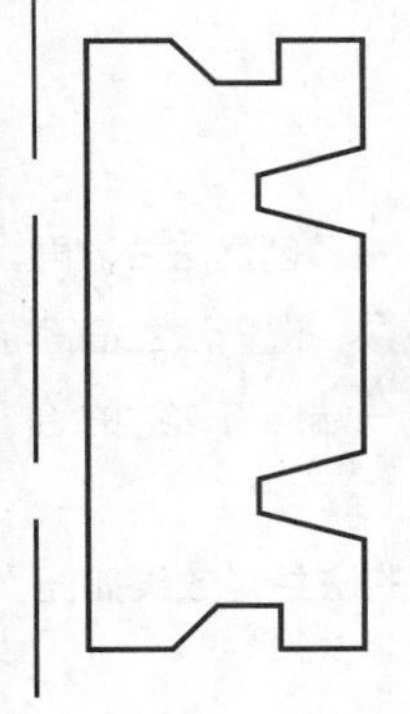

图 10-116 素材文件

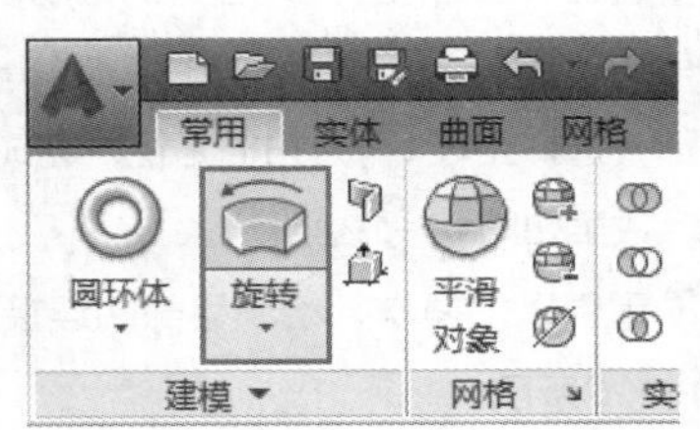

图 10-117 “建模”面板中的“旋转”按钮

03 选取皮带轮轮廓线作为旋转对象，将其旋转360°，效果如图10-118所示，命令行操作如下。

```
命令：_revolve
            //执行“旋转”命令
当前线框密度：ISOLINES=4
选择要旋转的对象：找到 1 个
            //选取皮带轮轮廓线为旋转对象
选择要旋转的对象：↙
            //按Enter键完成选择
指定轴起点或根据以下选项之一定义轴 [对象(O)/X/Y/Z]
<对象>：    //选择直线上端点为轴起点
指定轴端点： //选择直线下端点为轴端点
指定旋转角度或 [起点角度(ST)] <360>：↙
            //使用默认旋转角度
```

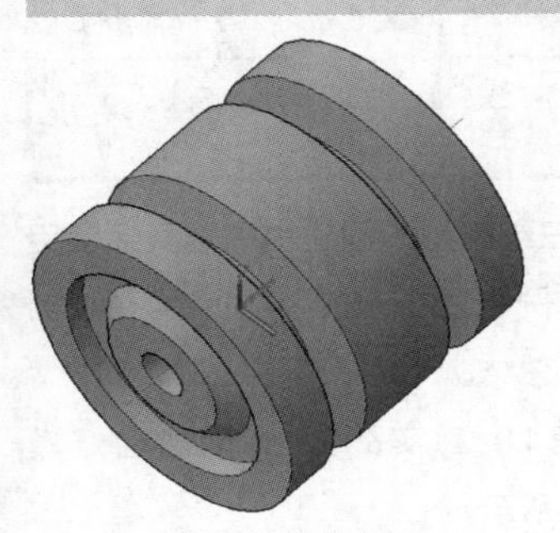

图 10-118 创建的旋转效果

实战344 放样创建实体

难度：☆☆☆

素材文件路径：素材\第 10 章\实战 344 放样创建实体 .dwg

效果文件路径：素材\第 10 章\实战 344 放样创建实体 -OK.dwg

在线视频：第 10 章\实战 344 放样创建实体 .mp4

“放样”命令可将横截面沿指定的路径或导向运动扫描，得到三维实体。横截面指的是具有放样实体截面特征的二维对象，并且使用该命令时必须指定两个或两个以上的横截面来创建放样实体。

01 打开素材文件“第10章\实战344 放样创建实体.dwg”。

02 单击“常用”选项卡“建模”面板中的“放样”按钮，依次选择素材中的4个截面，如图10-119所示，命令行操作如下。

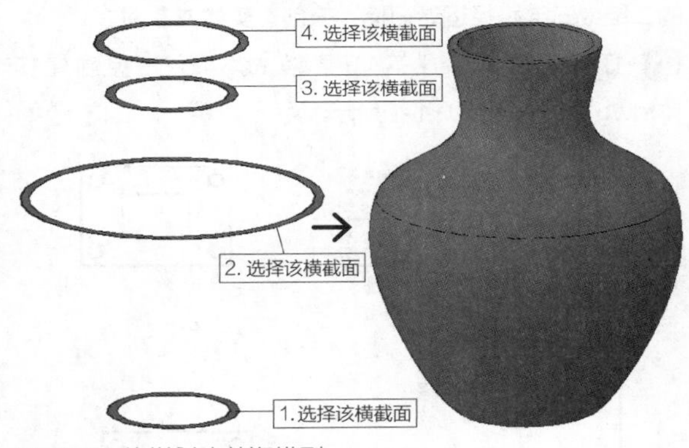

图 10-119 放样创建花瓶模型

```
命令：_loft
            //执行“放样”命令
当前线框密度：ISOLINES=4，闭合轮廓创建模式 = 实体
按放样次序选择横截面或 [点(PO)/合并多条边(J)/模
式(MO)]：_mo 闭合轮廓创建模式 [实体(SO)/曲面(SU)]
<实体>：_su
按放样次序选择横截面或 [点(PO)/合并多条边(J)/模式
(MO)]：找到 1 个
按放样次序选择横截面或 [点(PO)/合并多条边(J)/模式
(MO)]：找到 1 个，总计 2 个
按放样次序选择横截面或 [点(PO)/合并多条边(J)/模式
(MO)]：找到 1 个，总计 3 个
```

```
按放样次序选择横截面或 [点(PO)/合并多条边(J)/模式(MO)]: 找到 1 个, 总计 4 个
按放样次序选择横截面或 [点(PO)/合并多条边(J)/模式(MO)]:
选中了 4 个横截面
输入选项 [导向(G)/路径(P)/仅横截面(C)/设置(S)] <仅横截面>: C↙
            //选择截面连接方式
```

实战345 扫掠创建实体

重点

难度：☆☆☆

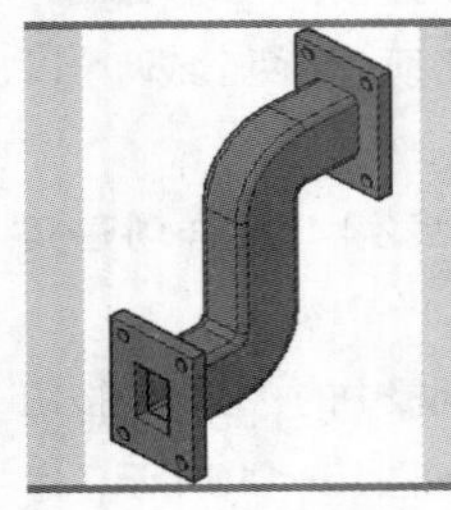	素材文件路径：素材\第 10 章\实战 345 扫掠创建实体 .dwg
	效果文件路径：素材\第 10 章\实战 345 扫掠创建实体 -OK.dwg
	在线视频：第 10 章\实战 345 扫掠创建实体 .mp4

使用“扫掠”命令可以将扫掠对象沿着开放或闭合的二维或三维路径运动扫描，来创建实体或曲面。

01 打开素材文件“第10章\实战345 扫掠创建实体.dwg”，如图 10-120所示。

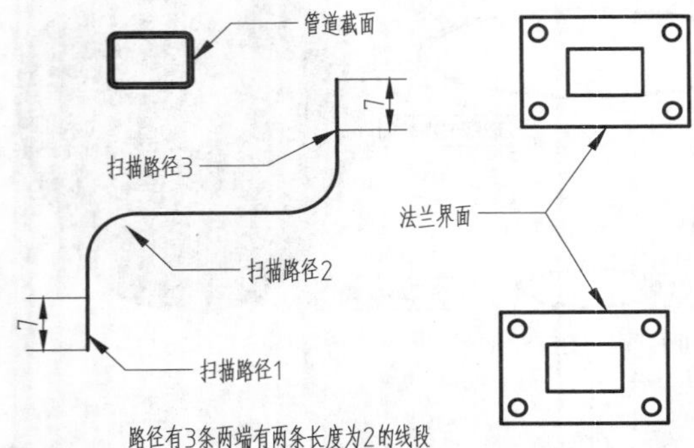

图 10-120 素材文件

02 单击“建模”面板中“扫掠”按钮，选取图中管道的截面图形，选择中间的扫掠路径，完成管道的绘制，如图10-121所示，命令行操作如下。

```
命令: _sweep  //执行“扫掠”命令
当前线框密度: ISOLINES=4, 闭合轮廓创建模式 = 实体
选择要扫掠的对象或 [模式(MO)]: _mo 闭合轮廓创建模式 [实体(SO)/曲面(SU)] <实体>: _so
选择要扫掠的对象或 [模式(MO)]: 找到 1 个
            //选择扫掠的对象管道横截面图形
选择扫掠路径或 [对齐(A)/基点(B)/比例(S)/扭曲(T)]:
            //选择扫掠路径2
```

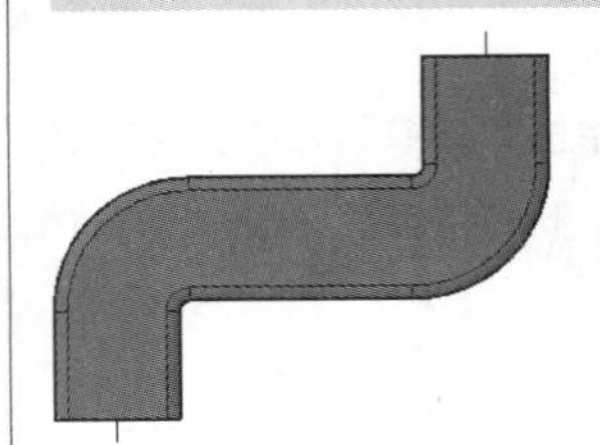

图 10-121 绘制管道

03 通过以上的操作完成管道的绘制，接着创建法兰，再次单击“建模”面板中“扫掠”按钮，选择法兰截面图形，选择路径1作为扫描路径，完成一端连接法兰的绘制，效果如图10-122所示。

04 重复以上操作，绘制另一端连接的法兰，效果如图10-123所示。

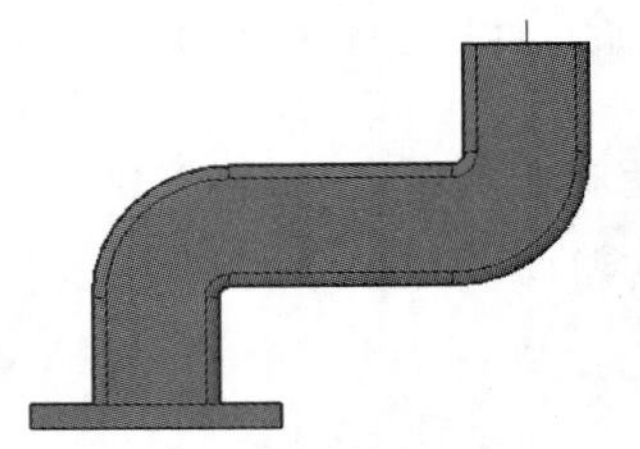

图 10-122 绘制连接板

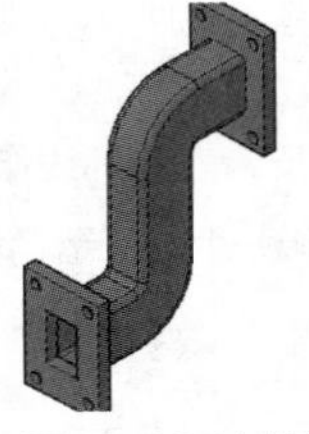

图 10-123 连接管实体

提示

在创建比较复杂的扫掠实体时，可以指定导向曲线来控制点如何匹配相应的横截面，以防止创建的实体或曲面中出现皱褶等缺陷。

实战346 创建台灯模型

难度：☆☆☆☆

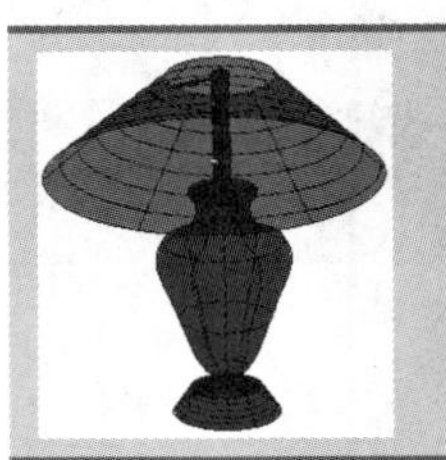	素材文件路径：素材\第 10 章\实战 346 创建台灯模型 .dwg
	效果文件路径：素材\第 10 章\实战 346 创建台灯模型 -OK.dwg
	在线视频：第 10 章\实战 346 创建台灯模型 .mp4

同二维绘图一样，三维模型的创建也需要灵活使用多种命令组合来完成。本例便通过一个经典的台灯建模例子，对前面所学命令进行总结。

01 打开素材文件“第10章\实战346 创建台灯模型.dwg”，如图10-124所示。

02 在“常用”选项卡中，单击“建模”面板上的“放

样”按钮，选择底部的两个圆进行放样，效果如图10-125所示，命令行操作如下。

```
命令：_loft        //执行“放样”命令
当前线框密度：ISOLINES=8，闭合轮廓创建模式 = 实体
按放样次序选择横截面或 [点(PO)/合并多条边(J)/模式(MO)]：_MO 闭合轮廓创建模式 [实体(SO)/曲面(SU)] <实体>：_SO
按放样次序选择横截面或 [点(PO)/合并多条边(J)/模式(MO)]：找到 1 个  //选择第一个圆
按放样次序选择横截面或 [点(PO)/合并多条边(J)/模式(MO)]：找到 1 个，总计 2 个
                    //选择第二个圆
按放样次序选择横截面或 [点(PO)/合并多条边(J)/模式(MO)]：↙        //结束选择对象选中了两个横截面
输入选项 [导向(G)/路径(P)/仅横截面(C)/设置(S)] <仅横截面>：↙          //按Enter键完成放样
```

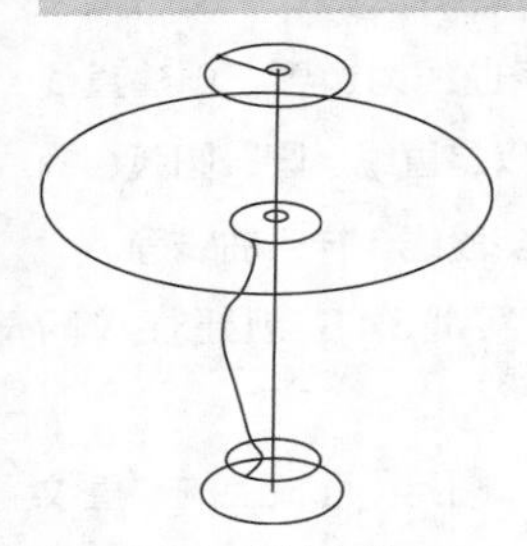

图 10-124 素材文件

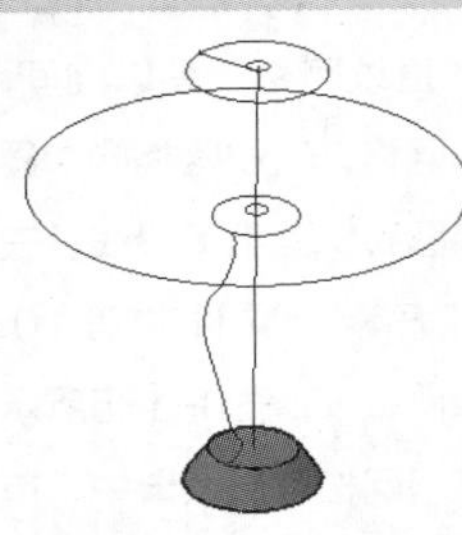

图 10-125 放样管道

03 在“常用”选项卡中，单击“建模”面板上的“旋转”按钮，选择轮廓曲线作为旋转对象，由竖直中心线定义旋转轴，旋转角度360°，效果如图10-126所示。

04 在“常用”选项卡中，单击“建模”面板上的“拉伸”按钮，选择旋转体顶部的圆为拉伸对象，拉伸至小圆处，如图10-127所示。

05 在“常用”选项卡中，单击“建模”面板上的“按住并拖动”按钮，选择下端的小圆并拖到上端的小圆，效果如图10-128所示。

06 在“常用”选项卡中，单击“建模”面板上的“扫掠”按钮，选择竖直平面的小圆作为扫掠对象，以水平直线为路径进行扫掠，效果如图10-129所示。

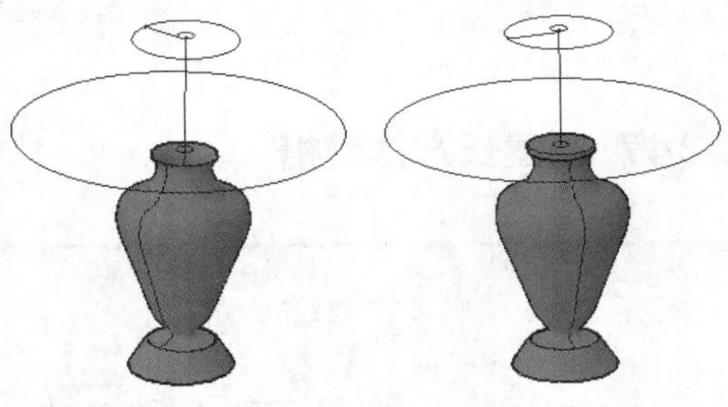

图 10-126 旋转效果　　图 10-127 拉伸效果

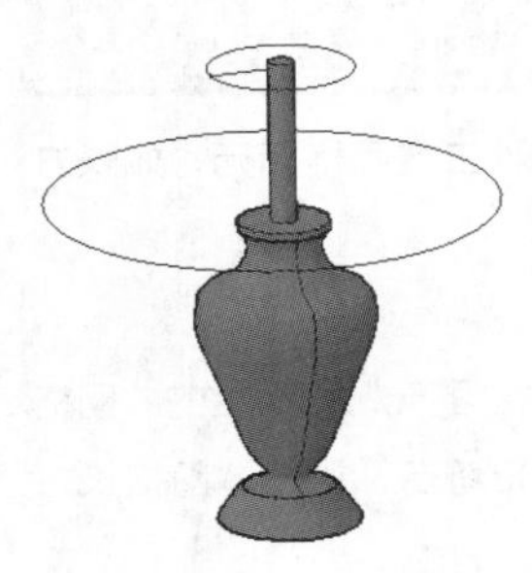

图 10-128 按住并拖动效果

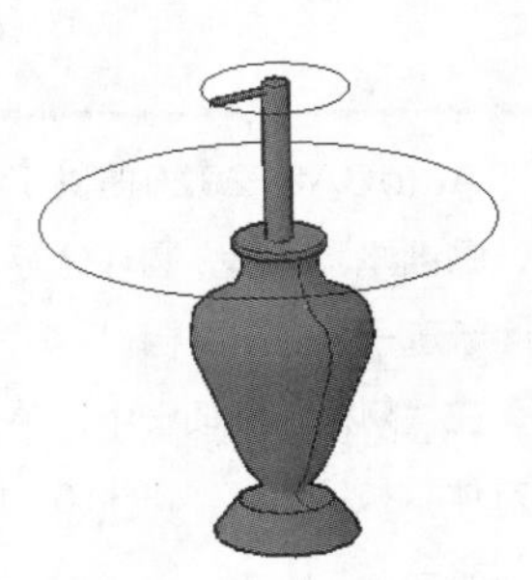

图 10-129 扫掠效果

07 在“常用”选项卡中，单击“建模”面板上的“放样”按钮，在命令行选择放样模式为曲面模式，选择灯罩的两个大圆进行放样，效果如图10-130所示。

08 在“常用”选项卡中，单击“视图”面板上的“视觉样式”下拉按钮，选择“X射线”选项，效果如图10-131所示。

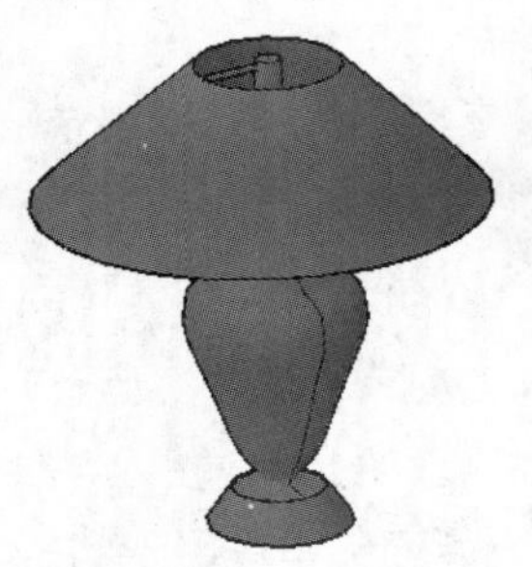

图 10-130 放样效果

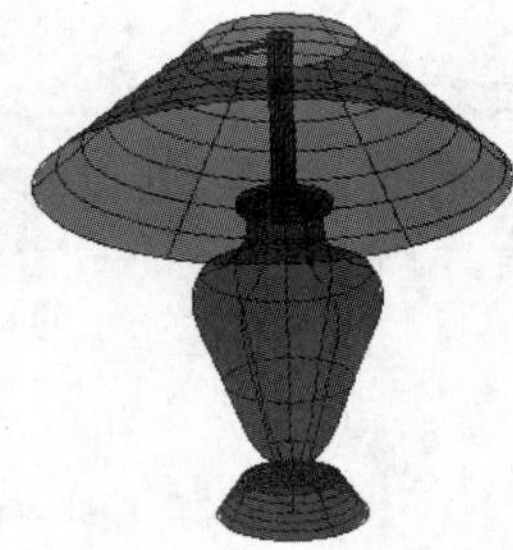

图 10-131 “X 射线”视觉样式

10.5 创建网格模型

“网格模型”是用离散的多边形表示实体的表面，与“曲面”和“实体模型”一样，可以对“网格模型”进行隐藏、着色和渲染。同时网格模型还具有实体模型所没有的编辑方法，包括“锐化”“分割”“增加平滑度”等。

创建网格的方法有多种，包括使用基本网格图元创建规则网格，以及使用二维或三维轮廓线生成复杂网格。AutoCAD 2020的网格命令集中在“网格”选项卡中，如图10-132所示。

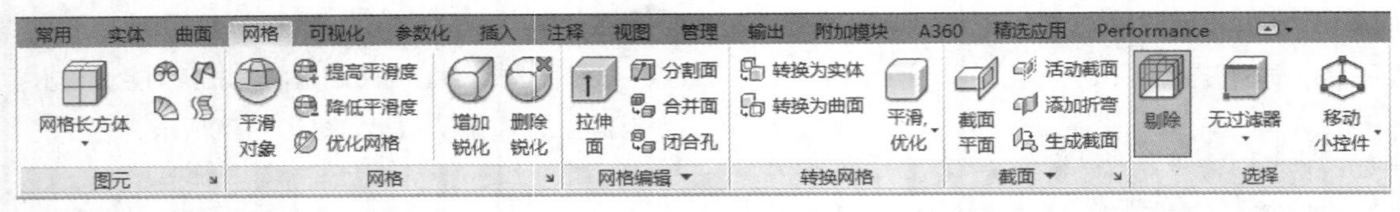

图 10-132 “网格”选项卡

实战347 创建长方体网格

难度：☆☆

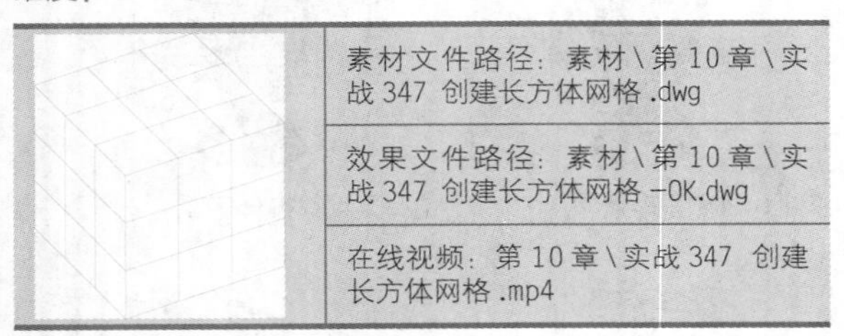

	素材文件路径：素材\第 10 章\实战 347 创建长方体网格 .dwg
	效果文件路径：素材\第 10 章\实战 347 创建长方体网格 -OK.dwg
	在线视频：第 10 章\实战 347 创建长方体网格 .mp4

AutoCAD 2020提供了7种三维网格图元，如长方体、圆锥体、球体、圆环体等。

01 新建一个空白文档。

02 在“网格”选项卡中，单击“图元”面板上的“网格长方体”按钮，如图10-133所示，执行“网格长方体”命令。

03 创建一个尺寸为100×100×100的长方体网格，如图10-134所示，命令行操作如下。

```
命令：_mesh   //执行“网格”命令
当前平滑度设置为：0
输入选项 [长方体(B)/圆锥体(C)/圆柱体(CY)/棱锥体(P)/球体(S)/楔体(W)/圆环体(T)/设置(SE)] <长方体>：B↙
        //选择创建长方体网格
指定第一个角点或 [中心(C)]://在绘图区任意位置单击确定第一角点
指定其他角点或 [立方体(C)/长度(L)]:C↙
        //选择创建立方体
指定长度 <87.0473>：100↙
        //捕捉到0° 极轴方向，然后输入长方体长度
```

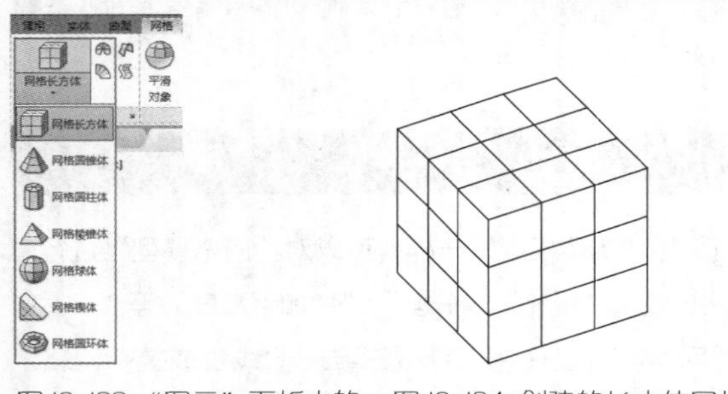

图 10-133 “图元”面板中的“网格长方体”按钮　图 10-134 创建的长方体网格

提示

通过单击“图元”面板中的其他网格选项，可以创建相应的网格基本图元，操作过程与本例一致。

实战348 创建直纹网格

难度：☆☆

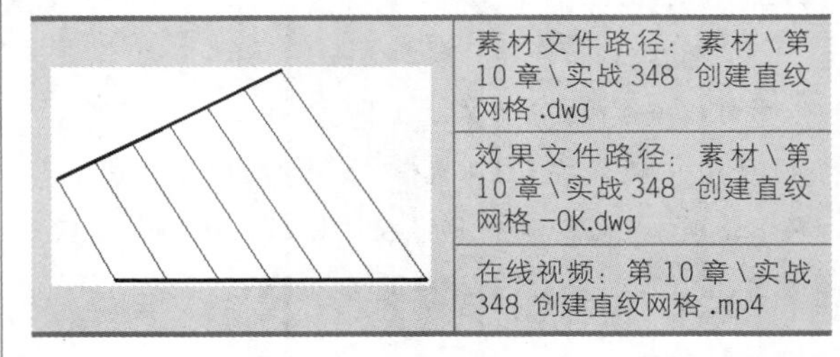

	素材文件路径：素材\第 10 章\实战 348 创建直纹网格 .dwg
	效果文件路径：素材\第 10 章\实战 348 创建直纹网格 -OK.dwg
	在线视频：第 10 章\实战 348 创建直纹网格 .mp4

“直纹网格”是以空间两条曲线为边界，创建直线连接的网格。直纹网格的边界可以是直线、圆、圆弧、椭圆、椭圆弧、二维多段线、三维多段线、样条曲线等。

01 打开素材文件“第10章\实战348 创建直纹网格.dwg”，如图10-135所示。

02 在“网格”选项卡中，单击“图元”面板上的“直纹网格”按钮，如图10-136所示，执行“直纹网格”命令。

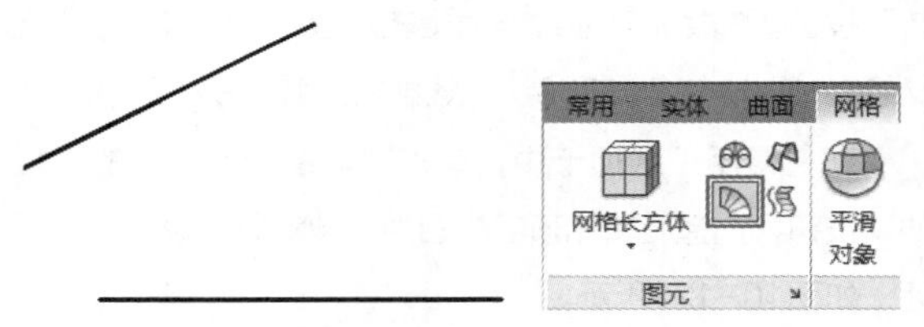

图 10-135 素材文件　图 10-136 “图元”面板中的“直纹网格”按钮

03 分别选择素材文件中的两条直线，即可得到直纹网格，如图10-137所示。

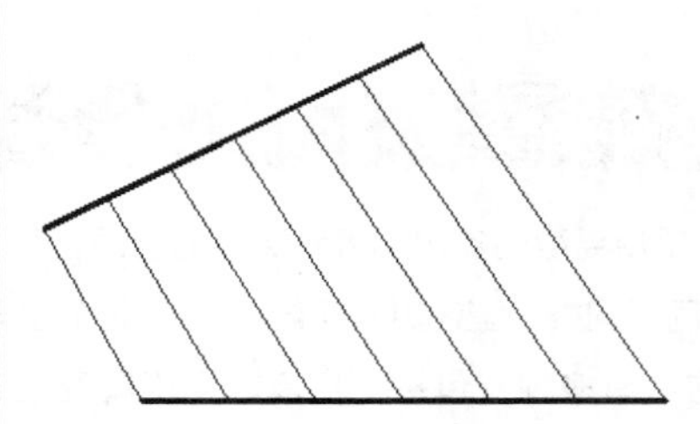

图 10-137 创建的直纹网格效果

提示

在绘制直纹网格的过程中，除了点及其他对象，作为直纹网格轨迹的两个曲线对象必须同时开放或关闭。且在调用命令时，因选择曲线的点不一样，绘制的直线会出现交叉和平行两种情况，如图10-138所示。

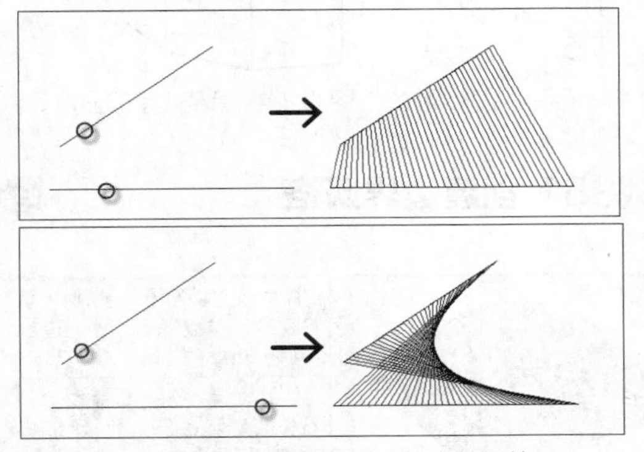

图 10-138 拾取点位置不同所形成的直纹网格

实战349 创建平移网格

难度：☆☆

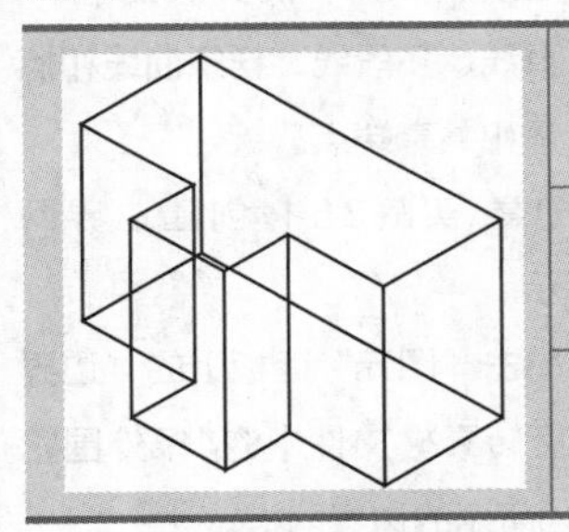

素材文件路径：素材\第 10 章\实战 349 创建平移网格 .dwg

效果文件路径：素材\第 10 章\实战 349 创建平移网格 -OK.dwg

在线视频：第 10 章\实战 349 创建平移网格 .mp4

使用“平移网格”命令可以将平面轮廓沿指定方向进行平移，从而绘制出平移网格。平移的轮廓可以是直线、圆、圆弧、椭圆、椭圆弧、二维多段线、三维多段线和样条曲线等。

01 打开素材文件“第10章\实战349 创建平移网格.dwg”，如图10-139所示。

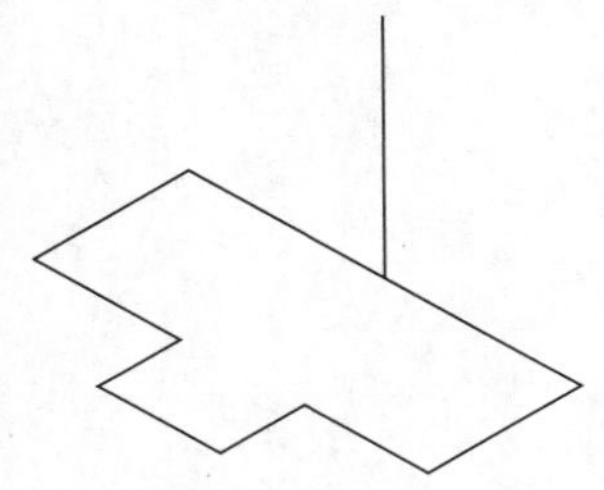

图 10-139 素材文件

02 通过修改surftab1和surftab2系统变量值，调整网格密度，命令行操作如下。

```
命令: SURFTAB1↙             //修改surftab1系统变量值
输入 SURFTAB1 的新值 <6>: 36↙
                            //输入新值
命令: SURFTAB2↙             //修改surftab2系统变量值
输入 SURFTAB2 的新值 <6>: 36↙
                            //输入新值
```

03 在“网格”选项卡中，单击“图元”面板上的“平移网格”按钮，绘制如图10-140所示的平移网格，命令行操作如下。

```
命令: _tabsurf    //执行“平移网格”命令
当前线框密度: SURFTAB1=36
选择用作轮廓曲线的对象:
                  //选择T形轮廓作为平移的对象
选择用作方向矢量的对象:
                  //选择竖直直线作为方向矢量
```

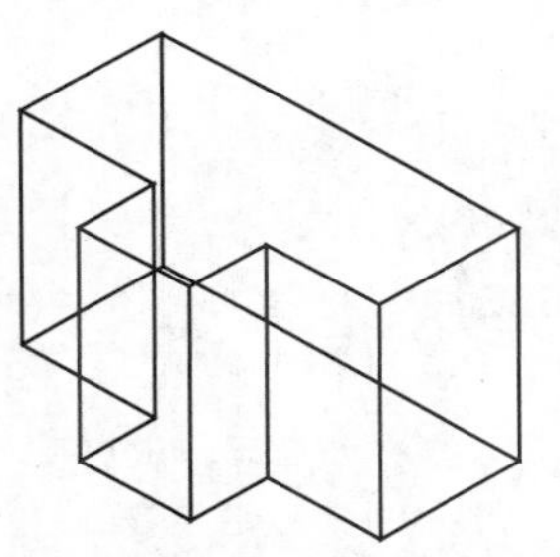

图 10-140 创建的平移网格效果

提示

被平移对象只能是单一轮廓，不能平移创建的面域。

实战350 创建旋转网格

难度：☆☆

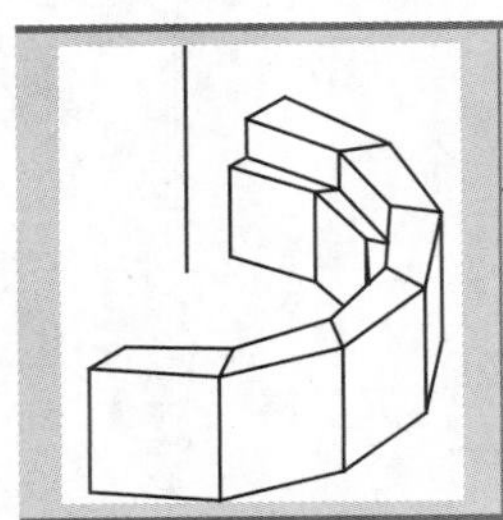

素材文件路径：素材\第 10 章\实战 350 创建旋转网格 .dwg

效果文件路径：素材\第 10 章\实战 350 创建旋转网格 -OK.dwg

在线视频：第 10 章\实战 350 创建旋转网格 .mp4

使用“旋转网格”命令可以将曲线或轮廓绕指定的旋转轴旋转一定的角度，从而创建旋转网格。旋转轴可以是直线，也可以是开放的二维或三维多段线。

01 打开素材文件“第10章\实战350 创建旋转网格.dwg”，如图10-141所示。

02 在“网格”选项卡中，单击“图元”面板上的“旋转网格”按钮，如图10-142所示。

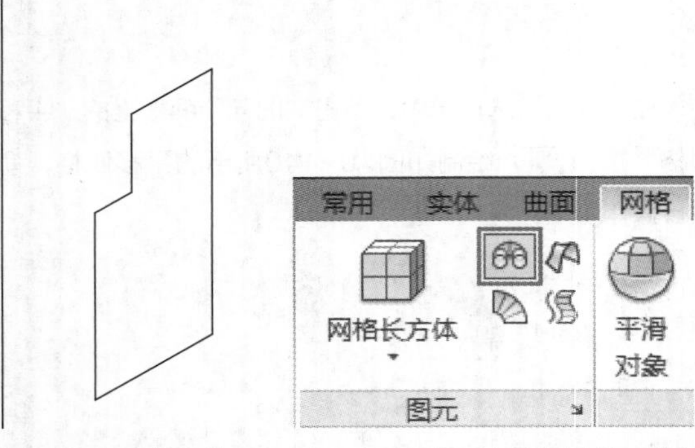

图 10-141 素材文件　　图 10-142 “图元”面板中的“旋转网格”按钮

03 绘制如图10-143所示的旋转网格，命令行操作如下。

```
命令: _revsurf
          //执行“旋转网格”命令
当前线框密度: SURFTAB1=36  SURFTAB2=36
选择要旋转的对象:
          //选择封闭轮廓线
选择定义旋转轴的对象:
          //选择直线
指定起点角度 <0>:↙
          //使用默认起点角度
指定包含角 (+=逆时针, -=顺时针) <360>:180↙
          //输入旋转角度，完成网格创建
```

04 选择“视图”|“消隐”命令，隐藏不可见线条，效果如图10-144所示。

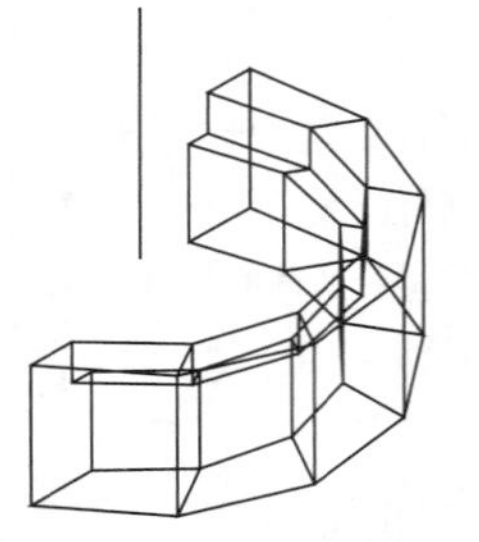

图 10-143 创建的旋转网格

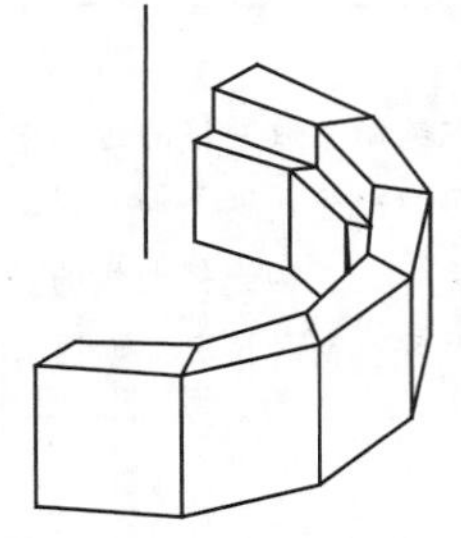

图 10-144 隐藏线条的显示效果

实战351 创建边界网格

难度：☆☆☆

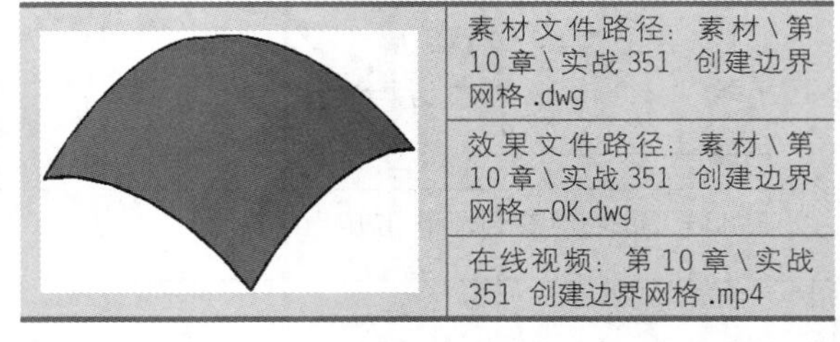

素材文件路径：素材\第10章\实战351 创建边界网格.dwg

效果文件路径：素材\第10章\实战351 创建边界网格-OK.dwg

在线视频：第10章\实战351 创建边界网格.mp4

使用“边界网格”命令可以由4条首尾相连的边创建一个三维多边形网格。创建边界网格时，需要依次选择4条边界。边界可以是圆弧、直线、多段线、样条曲线和椭圆弧等，并且必须形成闭合环和共享端点。

01 打开素材文件“第10章\实战351 创建边界网格.dwg”，如图10-145所示。

02 在“网格”选项卡中，单击“图元”面板上的“边界网格”按钮，然后依次旋转素材文件中的4条外围轮廓边，即可得到如图10-146所示的边界网格。

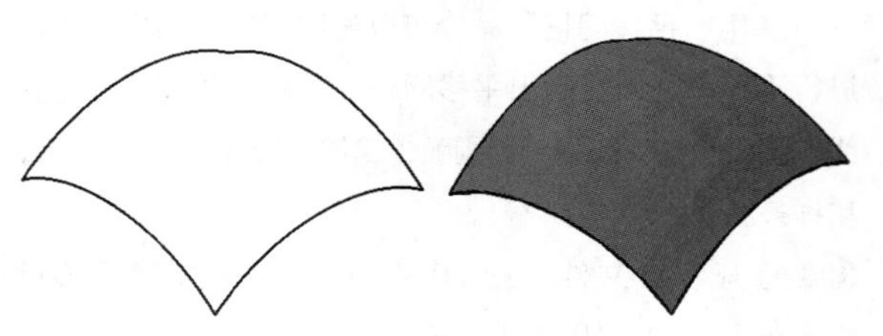

图 10-145 素材文件　　图 10-146 创建的边界网格效果

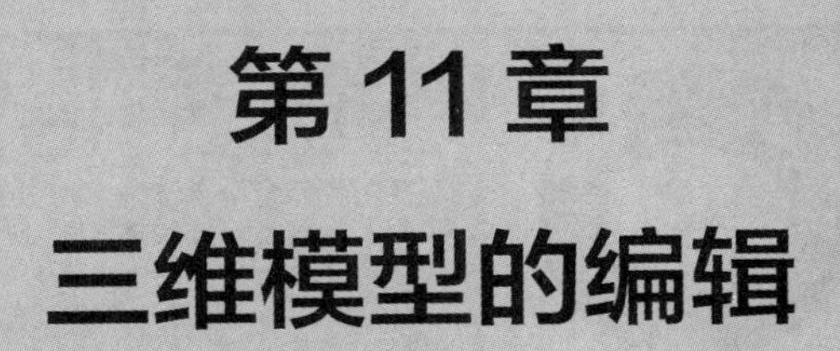

第 11 章 三维模型的编辑

在AutoCAD中，基本的三维建模工具只能创建初步的模型外观，模型的细节部分，如壳、孔、圆角等特征，需要用相应的编辑工具来创建。另外，模型的尺寸、位置、局部形状的修改，也需要用到相应的编辑工具。

11.1 实体模型的编辑

在对三维实体模型进行编辑时，不仅可以对实体上单个表面和单条边线执行编辑操作，同时还可以对整个实体执行编辑操作。常用的编辑命令有“布尔运算（并集、差集、交集）”“三维移动”“三维旋转”“三维对齐”“三维镜像”“三维阵列”等。

实战352 并集三维实体

难度：☆☆

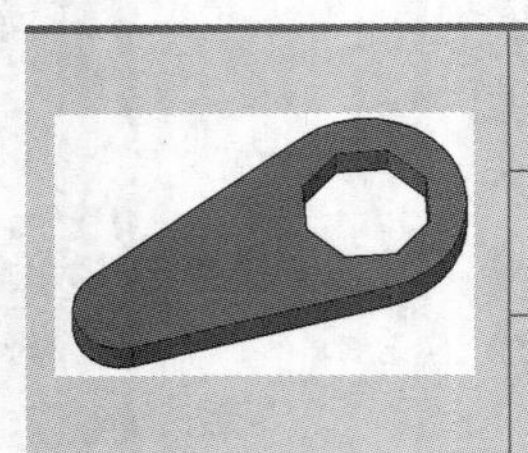

素材文件路径：素材\第 11 章\实战 352 并集三维实体 .dwg

效果文件路径：素材\第 11 章\实战 352 并集三维实体 -OK.dwg

在线视频：第 11 章\实战 352 并集三维实体 .mp4

“并集”运算是将两个或两个以上的实体（或面域）对象组合成为一个新的对象。执行并集操作后，原来各实体相互重合的部分变为一体。

01 打开素材文件“第11章\实战352 并集三维实体.dwg”，如图11-1所示。

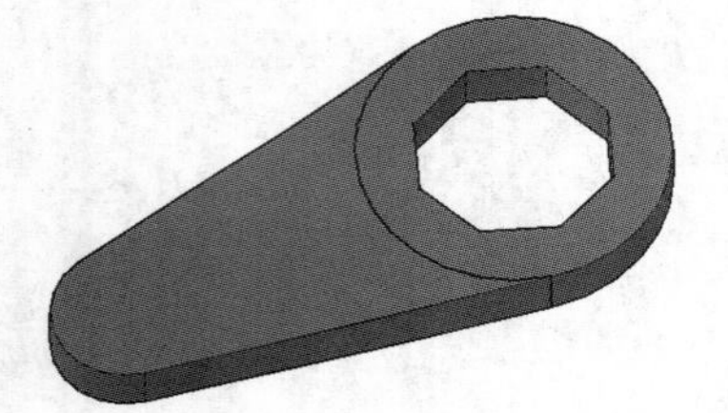

图 11-1 素材文件

02 在“常用”选项卡中，单击“实体编辑”面板中的“并集”按钮，如图11-2所示。

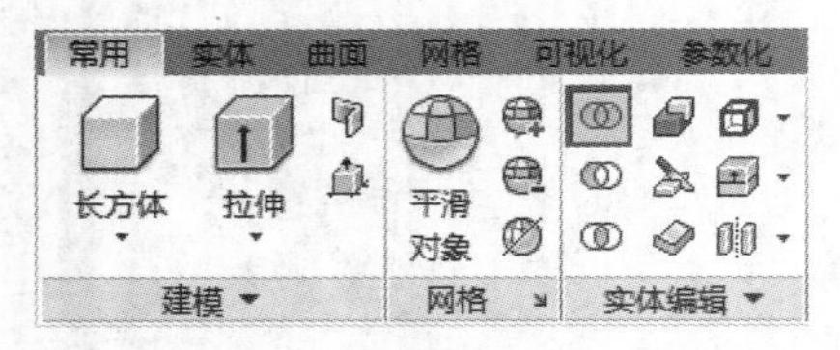

图 11-2 “实体编辑”面板中的“并集”按钮

03 对连接体与圆柱体进行并集运算，结果如图11-3所示，命令行操作如下。

```
命令：_union                        //执行“并集”命令
选择对象：找到 1 个                 //选择连接体
选择对象：找到 1 个，总计 2 个      //选择圆柱体
选择对象：↙                         //按 Enter键完成并
                                      集运算
```

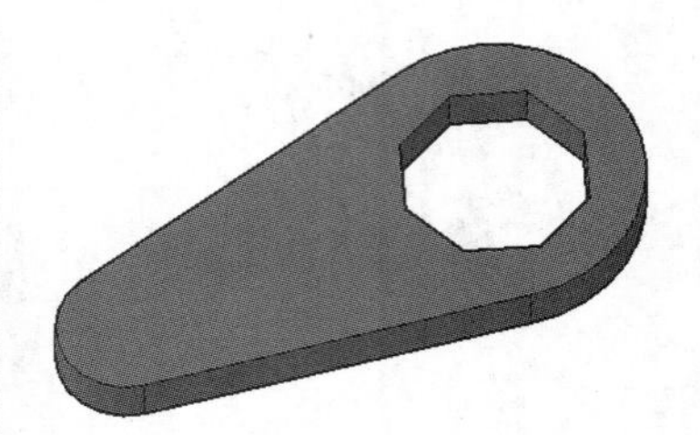

图 11-3 并集运算结果

提示

在对两个或两个以上的三维实体进行并集运算时，即使它们之间没有相互重合的部分，也可以对其进行并集运算。

实战353 差集三维实体

难度：☆☆

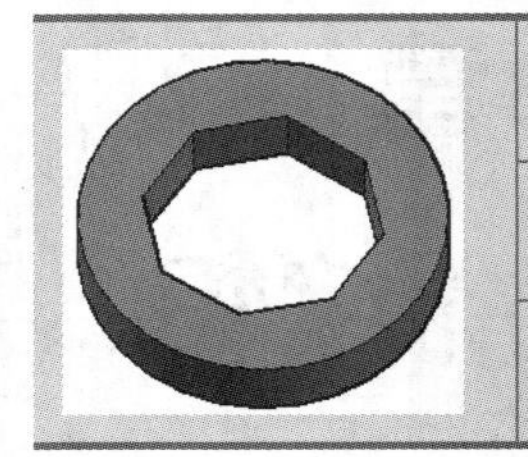

素材文件路径：素材\第 11 章\实战 353 差集三维实体 .dwg

效果文件路径：素材\第 11 章\实战 353 差集三维实体 -OK.dwg

在线视频：第 11 章\实战 353 差集三维实体 .mp4

“差集”运算是将一个对象减去另一个对象而形成新的组合对象。首先选取的对象为被剪切对象，之后选取的对象为剪切对象。

01 打开素材文件“第11章\实战353 差集三维实体.dwg”，如图11-4所示。

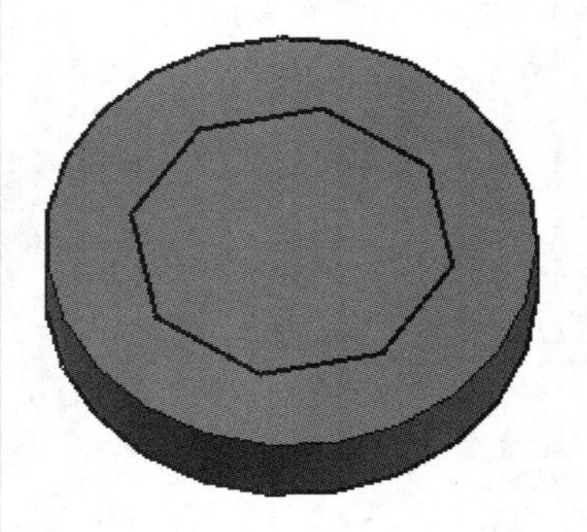

图 11-4 素材文件

02 在“常用”选项卡中，单击“实体编辑”面板上的“差集”按钮，从圆柱体中减去八棱柱，如图11-5所示，命令行操作如下。

```
命令: _subtract              //执行“差集”命令
选择要从中减去的实体、曲面和面域...
选择对象: 找到 1 个          //选择圆柱体
选择对象: 选择要减去的实体、曲面和面域...
选择对象: 找到 1 个          //选择八棱柱
选择对象: ↙                  //按Enter键完成差集运算
```

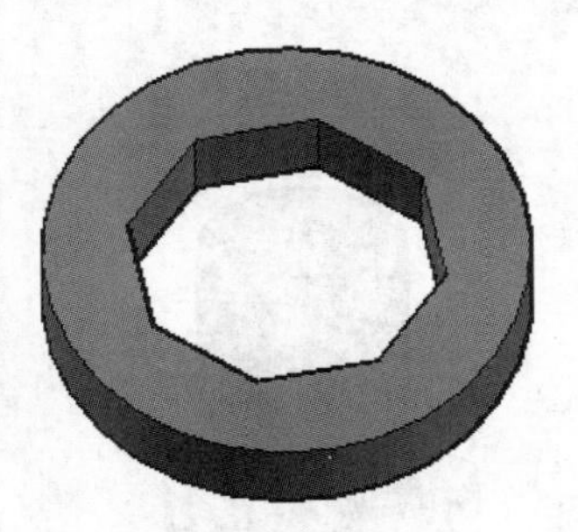

图 11-5 差集运算结果

提示

在执行差集运算操作时，如果第二个对象包含在第一个对象之内，则差集运算的结果是第一个对象减去第二个对象；如果第二个对象只有一部分包含在第一个对象之内，则差集运算的结果是第一个对象减去两个对象的公共部分。

实战354 交集三维实体

难度：☆☆

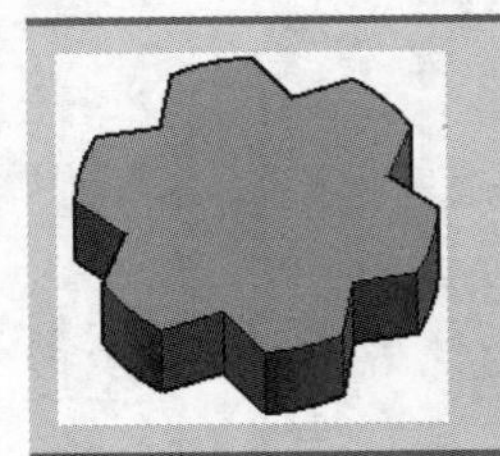	素材文件路径：素材\第 11 章\实战 354 交集三维实体 .dwg
	效果文件路径：素材\第 11 章\实战 354 交集三维实体 -OK.dwg
	在线视频：第 11 章\实战 354 交集三维实体 .mp4

“交集”运算是保留两个或多个相交实体的公共部分，仅属于单个对象的部分被删除，从而获得新的实体。

01 打开素材文件“第11章\实战354 交集三维实体.dwg”，如图11-6所示。

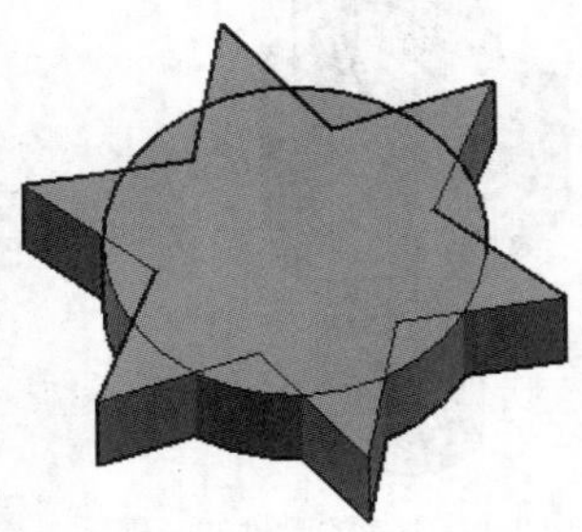

图 11-6 素材文件

02 在“常用”选项卡中，单击“实体编辑”面板上的“交集”按钮，得到六角星和圆柱体的公共部分，如图11-7所示，命令行操作如下。

```
命令: _intersect                   //执行“交集”命令
选择对象: 找到 1 个                //选择六角星
选择对象: 找到 1 个，总计 2 个     //选择圆柱体
选择对象:                          //按Enter键完成交集运算
```

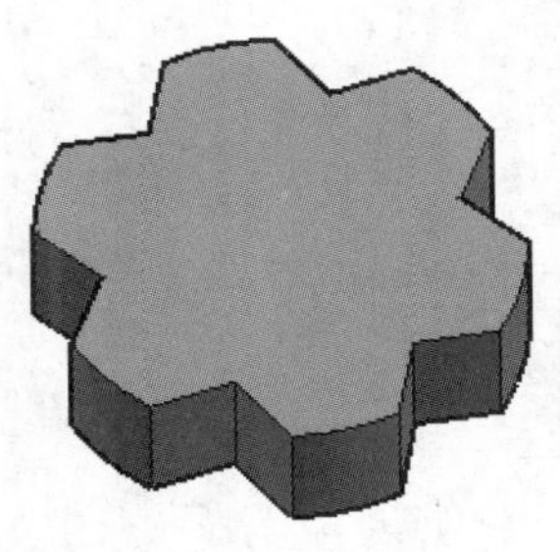

图 11-7 交集运算结果

实战355 布尔运算编辑实体

难度：☆☆☆

	素材文件路径：无
	效果文件路径：素材\第 11 章\实战 355 布尔运算编辑实体 -OK.dwg
	在线视频：第 11 章\实战 355 布尔运算编辑实体 .mp4

AutoCAD的“布尔运算”功能应用贯穿建模的整个过程，尤其是在创建一些机械零件的三维模型时使用更为频繁。布尔运算用来确定多个曲面或实体之间的组合关系，也就是说通过布尔运算可将多个实体组合为一个实体，从而实现一些特殊的造型，如孔、槽、凸台和齿轮都是执行布尔运算组合而成的新特征。

01 新建一个空白文档。

02 在“常用”选项卡中，单击“建模”面板上的“圆柱体”按钮，创建3个圆柱体，如图11-8所示，命令行操作如下。

```
命令: _cylinder
指定底面的中心点或 [三点(3P)/两点(2P)/切点、切点、半径(T)/椭圆(E)]: 30,0↙
指定底面半径或 [直径(D)] <0.2891>: 30↙
```

```
指定高度或 [两点(2P)/轴端点(A)] <-14.0000>: 15↙
    //创建第一个圆柱体，半径值为30，高度为15
    //按Enter键重复执行“圆柱体”命令
命令: _cylinder
指定底面的中心点或 [三点(3P)/两点(2P)/切点、切点、半径(T)/椭圆(E)]: 0,0,0↙
指定底面半径或 [直径(D)] <30.0000>:↙
指定高度或 [两点(2P)/轴端点(A)] <15.0000>:↙
    //创建第二个圆柱体↙
    //按Enter键重复执行“圆柱体”命令
命令: _cylinder
指定底面的中心点或 [三点(3P)/两点(2P)/切点、切点、半径(T)/椭圆(E)]: 30<60↙
    //输入圆心的极坐标
指定底面半径或 [直径(D)] <30.0000>:↙
指定高度或 [两点(2P)/轴端点(A)] <15.0000>:↙
    //创建第三个圆柱体
```

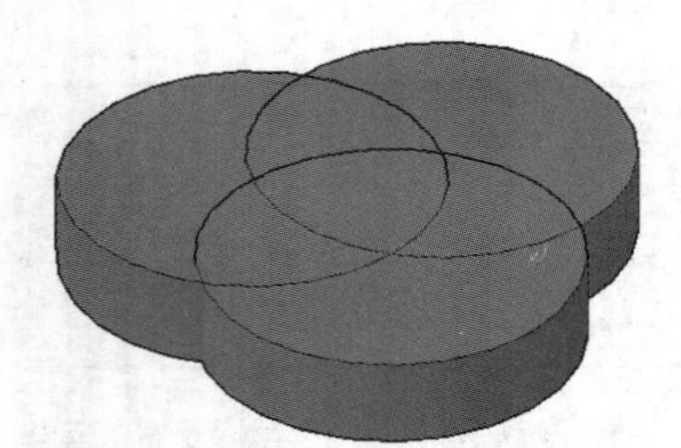

图 11-8 创建的 3 个圆柱体

03 在“常用”选项卡中，单击“实体编辑”面板上的“交集”按钮，选择3个圆柱体为运算对象，交集运算的结果如图11-9所示。

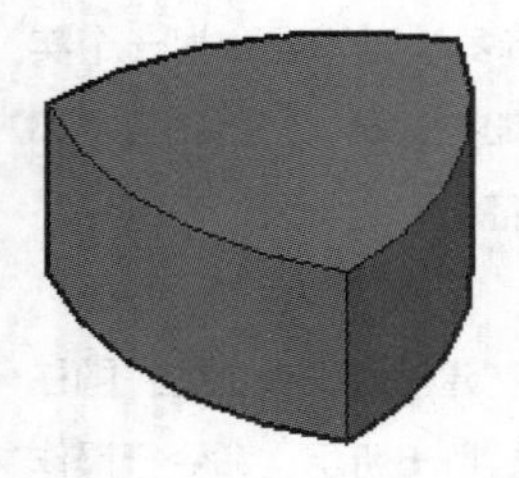

图 11-9 交集运算结果

04 在“常用”选项卡中，单击“建模”面板上的“圆柱体”按钮，创建圆柱体，命令行操作如下。

```
命令: _cylinder
指定底面的中心点或 [三点(3P)/两点(2P)/切点、切点、半径(T)/椭圆(E)]:
    //捕捉到图11-10所示的顶面三维中心点
指定底面半径或 [直径(D)] <30.0000>: 10↙
指定高度或 [两点(2P)/轴端点(A)] <15.0000>: 30↙
    //输入圆柱体的参数，创建的圆柱体如图11-11所示
```

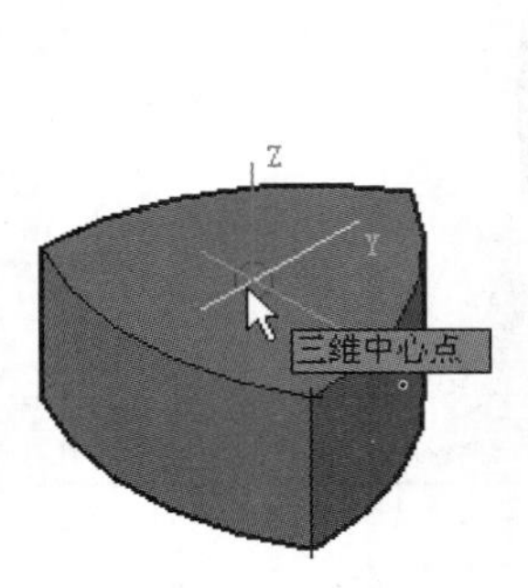

图 11-10 捕捉中心点

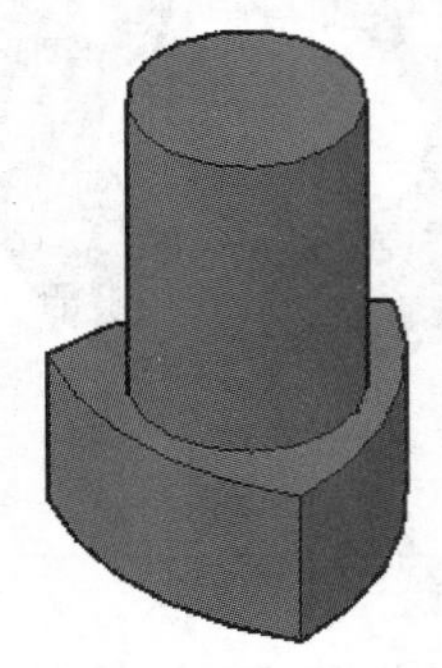

图 11-11 创建的圆柱体

05 在“常用”选项卡中，单击“实体编辑”面板上的“并集”按钮，将凸轮和圆柱体合并为单一实体。

06 在“常用”选项卡中，单击“建模”面板上的“圆柱体”按钮，再次创建圆柱体，命令行操作如下。

```
命令: _cylinder
指定底面的中心点或 [三点(3P)/两点(2P)/切点、切点、半径(T)/椭圆(E)]:
    //捕捉到如图11-12所示的圆柱体顶面中心
指定底面半径或 [直径(D)] <30.0000>:8↙
指定高度或 [两点(2P)/轴端点(A)] <15.0000>: -70↙
    //输入圆柱体的参数，创建的圆柱体如图 11-13 所示
```

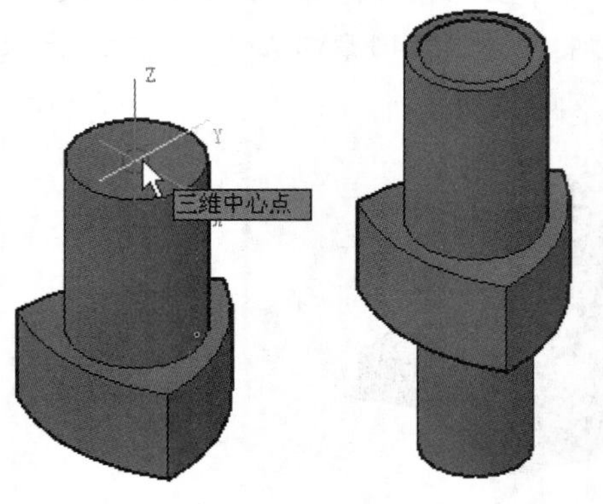

图 11-12 捕捉中心点　　图 11-13 创建的圆柱体

07 在“常用”选项卡中，单击“实体编辑”面板上的“差集”按钮，从组合实体中减去圆柱体，命令行操作如下。

```
命令：_subtract
    //执行“差集”命令
选择要从中减去的实体、曲面和面域...
选择对象：找到 1 个
    //选择组合实体
选择对象： 选择要减去的实体、曲面和面域...
选择对象：找到 1 个
    //选择中间圆柱体
选择对象：↙
    //按Enter键完成差集操作，结果如图
    11-14所示
```

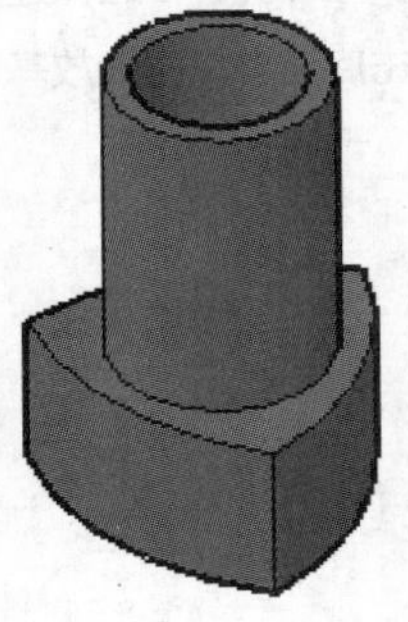

图 11-14 差集运算的结果

提示

指定圆柱体高度时，如果动态输入功能是打开的，则高度的正负值是相对于用户拉伸方向而言的，即正值的高度与拉伸方向相同，负值则相反。如果动态输入功能是关闭的，则高度的正负值是相对于坐标系Z轴方向而言的，即正值的高度沿Z轴正向，负值则相反。

实战356 移动三维实体

难度：☆☆

<table>
<tr><td rowspan="3">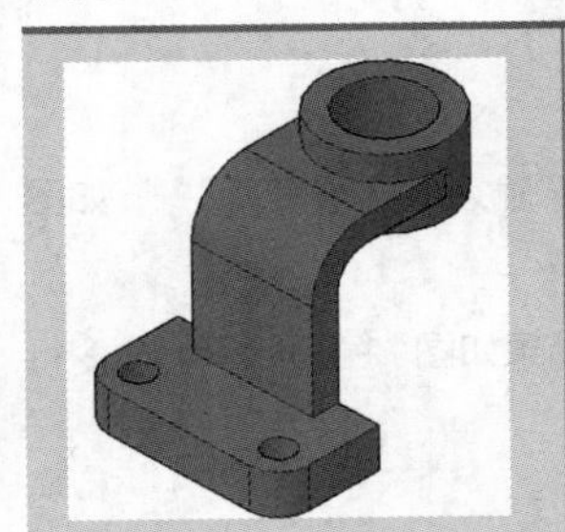</td><td>素材文件路径：素材\第 11 章\实战 356 移动三维实体 .dwg</td></tr>
<tr><td>效果文件路径：素材\第 11 章\实战 356 移动三维实体 -OK.dwg</td></tr>
<tr><td>在线视频：第 11 章\实战 356 移动三维实体 .mp4</td></tr>
</table>

“三维移动”命令可以将实体按指定距离在空间中进行移动，以改变对象的位置。使用“三维移动”命令能将实体沿X、Y、Z轴或其他任意方向，以及沿直线、面或任意两点间移动，从而将其定位到空间的准确位置。

01 打开素材文件“第11章\实战356 移动三维实体.dwg”，如图11-15所示。

02 单击“修改”面板中“三维移动”按钮，选择要移动的底座实体，单击鼠标右键完成对象选择，然后在移动小控件上选择Z轴为约束方向，命令行操作如下。

```
命令：_3dmove
    //执行“三维移动”命令
选择对象：找到 1 个
    //选中底座为要移动的对象
选择对象：
    //单击鼠标右键完成选择
指定基点或 [位移(D)] <位移>:
正在检查 666 个交点...
** MOVE **
指定移动点 或 [基点(B)/复制(C)/放弃(U)/退出(X)]:
    //将底座移动到合适位置，然后单击，结束操作
```

03 通过以上操作即可完成三维实体的移动，效果如图11-16所示。

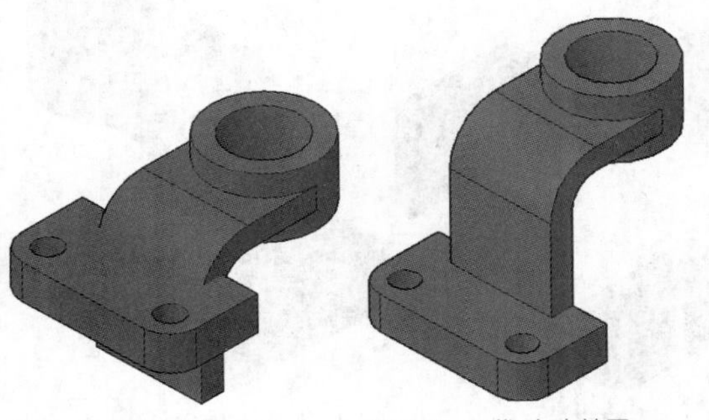

图 11-15 素材文件　　图 11-16 三维移动效果

实战357 旋转三维实体

难度：☆☆

<table>
<tr><td rowspan="3">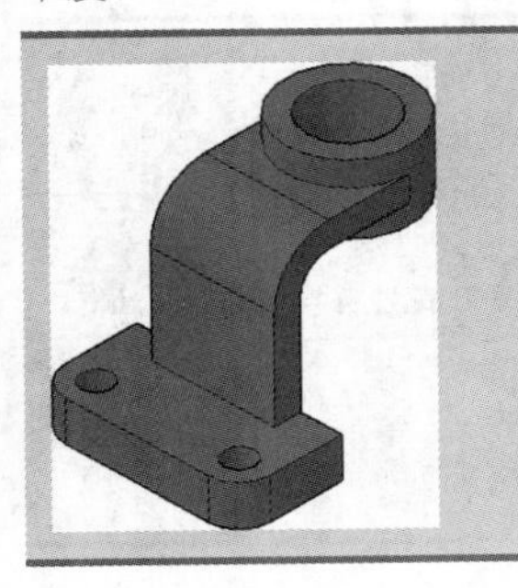</td><td>素材文件路径：素材\第 11 章\实战 357 旋转三维实体 .dwg</td></tr>
<tr><td>效果文件路径：素材\第 11 章\实战 357 旋转三维实体 -OK.dwg</td></tr>
<tr><td>在线视频：第 11 章\实战 357 旋转三维实体 .mp4</td></tr>
</table>

利用“三维旋转”命令可将选取的三维对象和子对象沿指定旋转轴（X轴、Y轴、Z轴）进行自由旋转。

01 打开素材文件“第11章\实战357 旋转三维实体.dwg”，如图 11-17所示。

02 单击“修改”面板上“三维旋转”按钮，选取连接板和圆柱体为旋转的对象，单击鼠标右键完成对象选择。然后选取圆柱中心为基点，选择Z轴为旋转轴。输入旋转角度值“180”，命令行操作如下。

```
命令: _3drotate          //执行“三维旋转”命令
UCS 当前的正角方向: ANGDIR=逆时针  ANGBASE=0
选择对象: 找到 1 个
                         //选择连接板和圆柱为旋转对象
选择对象:                //单击鼠标右键结束选择
指定基点:                //指定圆柱中心点为基点
拾取旋转轴:              //拾取Z轴为旋转轴
指定角的起点或键入角度: 180↙
                          //输入角度值
```

03 通过以上操作即可完成三维实体的旋转，效果如图11-18所示。

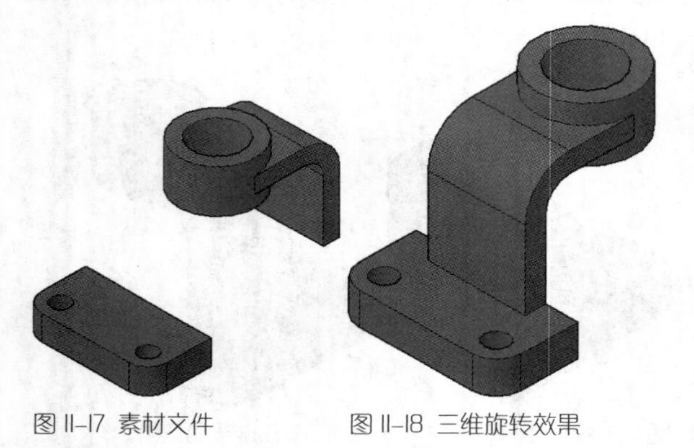

图 11-17 素材文件　　图 11-18 三维旋转效果

实战358 缩放三维实体

难度：☆☆

<table>
<tr><td rowspan="3">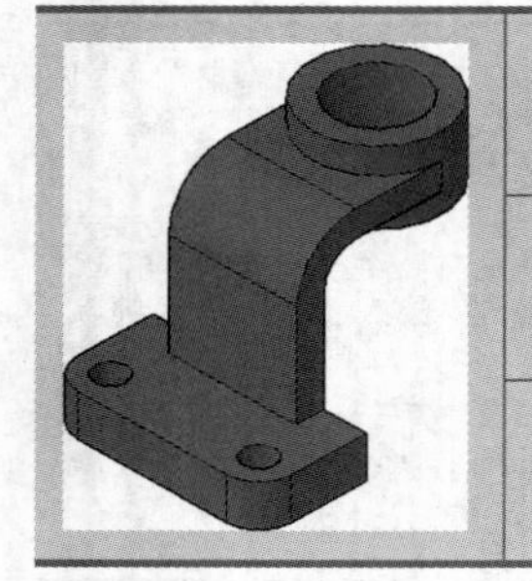</td><td>素材文件路径：素材\第 11 章\实战 358 缩放三维实体.dwg</td></tr>
<tr><td>效果文件路径：素材\第 11 章\实战 358 缩放三维实体 -OK.dwg</td></tr>
<tr><td>在线视频：第 11 章\实战 358 缩放三维实体.mp4</td></tr>
</table>

使用“三维缩放”控件，可以沿轴或平面调整选定对象和子对象的大小，也可以统一调整对象的大小。

01 打开素材文件“第11章\实战358 缩放三维实体.dwg”，如图 11-19所示。

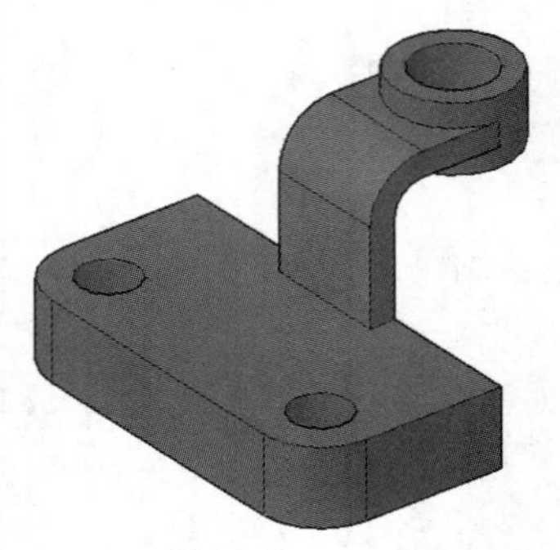

图 11-19 素材文件

02 单击“修改”面板上“三维缩放”按钮，选择连接板和圆柱体为缩放的对象，然后单击底边中点为缩放基点，如图 11-20所示。

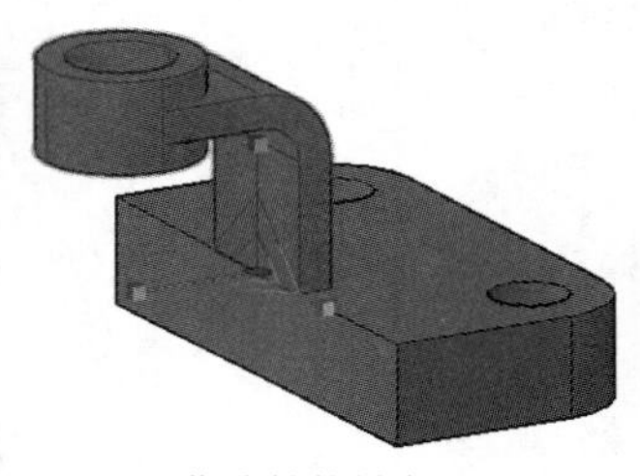

图 11-20 指定缩放基点

03 命令行提示拾取比例轴或平面，在小三角形区域中单击，激活所有比例轴，进行全局缩放，如图11-21所示。

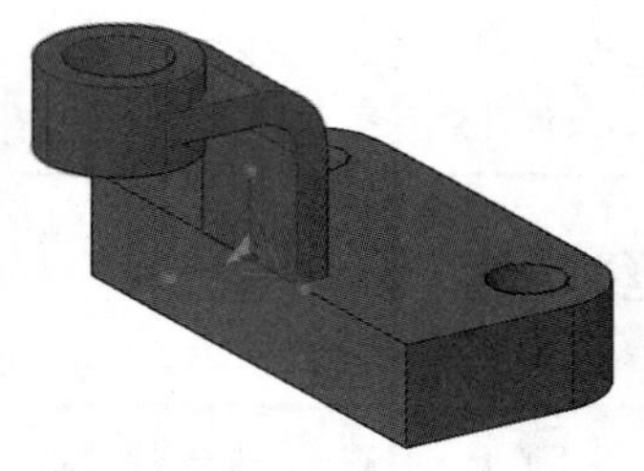

图 11-21 进行全局缩放

04 系统提示指定比例因子，输入比例因子“2”，如图11-22所示。

05 按Enter键完成操作，结果如图11-23所示，命令行操作如下。

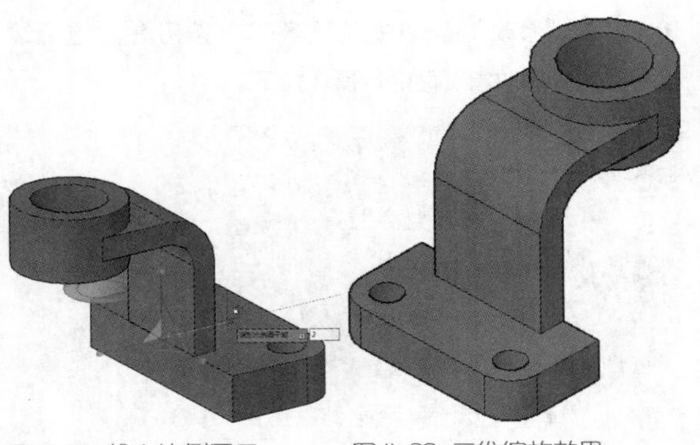

图 11-22 输入比例因子　　图 11-23 三维缩放效果

```
命令: _3dscale
            //执行“三维缩放”命令
选择对象: 找到 1 个
            //选择连接板和圆柱为缩放对象
选择对象:   //单击鼠标右键结束选择
指定基点:   //指定底边中点为基点
拾取比例轴或平面:
            //拾取内部小三角平面为缩放平面
指定比例因子或 [复制(C)/参照(R)]: 2↙
            //输入比例因子
```

提示

在缩放控件中单击选择不同的区域，可以获得不同的缩放效果，具体介绍如下。

◆ 单击最靠近三维缩放控件顶点的区域：将高亮显示控件的所有轴的内部区域，如图11-24所示，此时模型整体按统一比例缩放。

◆ 单击定义平面的轴之间的平行线：将高亮显示控件上轴与轴之间的部分，如图11-25所示，此时会将模型缩放约束至平面。此选项仅适用于网格，不适用于实体或曲面。

◆ 单击轴：仅高亮显示控件上的轴，如图11-26所示，此时会将模型缩放约束至轴上。此选项仅适用于网格，不适用于实体或曲面。

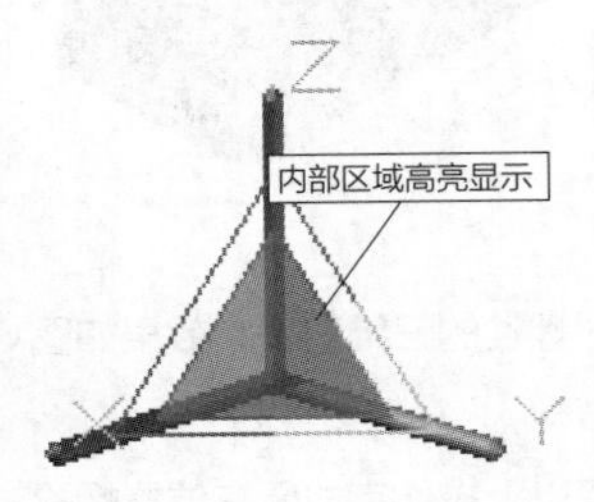

图 11-24 统一比例缩放时的控件

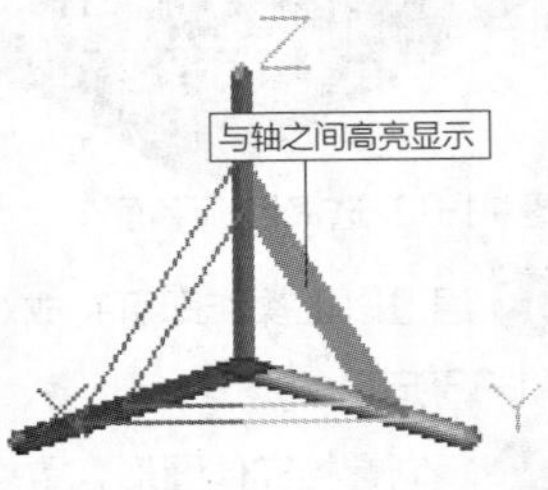

图 11-25 约束至平面缩放时的控件

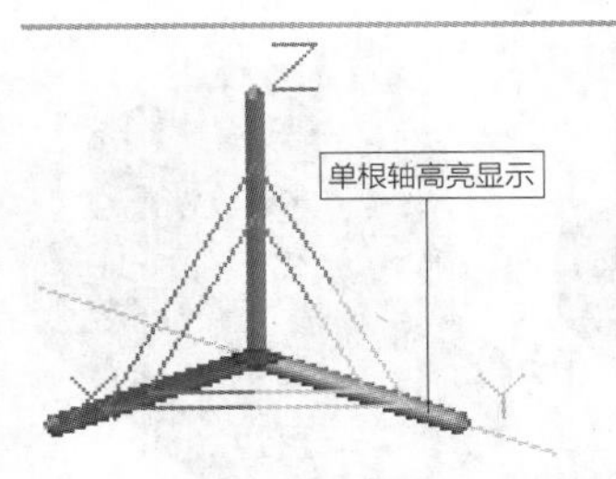

图 11-26 约束至轴上缩放时的控件

实战359 镜像三维实体

难度：☆☆

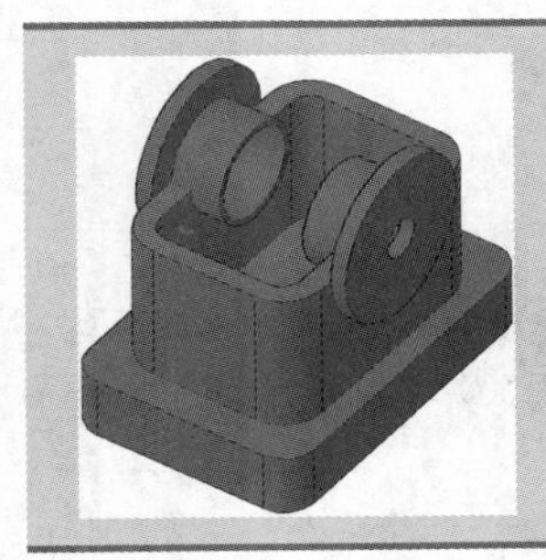

	素材文件路径：素材\第 11 章\实战 359 镜像三维实体 .dwg
	效果文件路径：素材\第 11 章\实战 359 镜像三维实体 -OK.dwg
	在线视频：第 11 章\实战 359 镜像三维实体 .mp4

使用“三维镜像”命令能够将三维对象通过镜像平面获取与之完全相同的对象，其中镜像平面可以是与UCS坐标系平面平行的平面或3点确定的平面。

01 打开素材文件“第11章\实战359 镜像三维实体.dwg”，如图11-27所示。

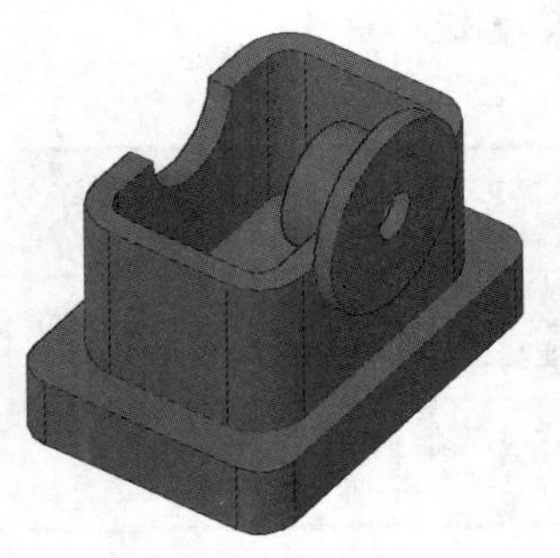

图 11-27 素材文件

02 单击“常用”选项卡“修改”面板中的“三维镜像”按钮，如图11-28所示，执行“三维镜像”命令。

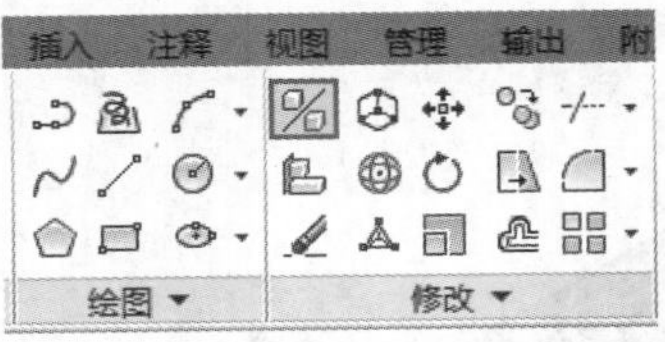

图 11-28 “修改”面板中的“三维镜像”按钮

03 选择已安装的轴盖进行镜像，如图11-29所示，命令行操作如下。

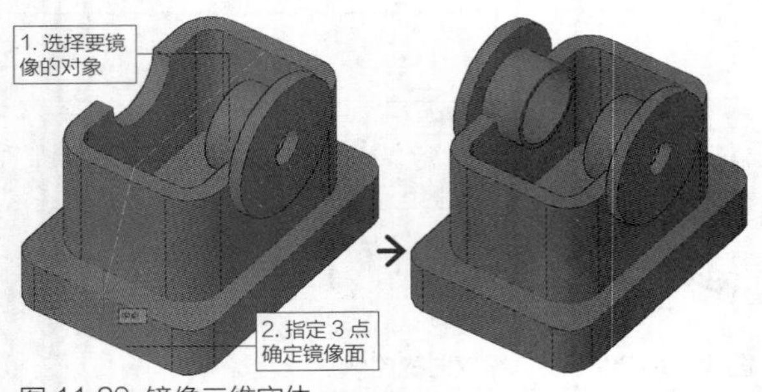

图 11-29 镜像三维实体

```
命令: MIRROR3D↙
  //执行“三维镜像”命令
选择对象: 找到 1 个
选择对象: ↙
  //选择要镜像的对象，按Enter键确认
指定镜像平面（三点）的第一个点或[对象(O)/最近的(L)/Z 轴(Z)/视图(V)/XY 平面(XY)/YZ 平面(YZ)/ZX 平面(ZX)/三点(3)] <三点>:
在镜像平面上指定第二点:
在镜像平面上指定第三点:
  //指定确定镜像面的3个点
是否删除源对象? [是(Y)/否(N)] <否>:↙
  //按Enter键或空格键，系统默认为不删除源对象
```

实战360 对齐三维实体

难度：☆☆

<table>
<tr><td rowspan="3">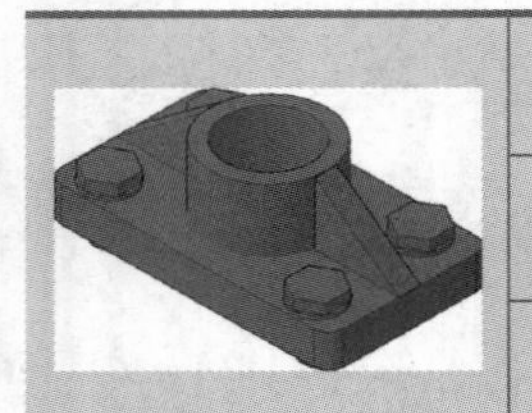</td><td>素材文件路径：素材 \ 第 11 章 \ 实战 360 对齐三维实体 .dwg</td></tr>
<tr><td>效果文件路径：素材 \ 第 11 章 \ 实战 360 对齐三维实体 -OK.dwg</td></tr>
<tr><td>在线视频：第 11 章 \ 实战 360 对齐三维实体 .mp4</td></tr>
</table>

在三维建模环境中，使用“对齐”和“三维对齐”命令可对齐三维对象，从而获得准确的定位效果。

01 打开素材文件“第11章\实战360 对齐三维实体.dwg”，如图11-30所示。

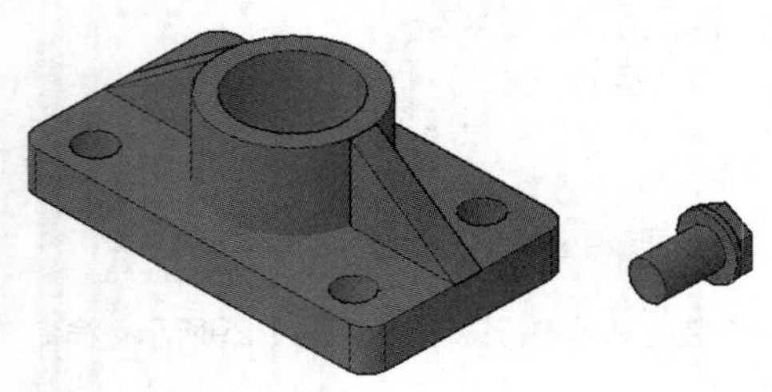

图 11-30 素材文件

02 单击“修改”面板中“三维对齐”按钮，选择螺栓为要对齐的对象，命令行操作如下。

```
命令: _3dalign
    //执行“三维对齐”命令
选择对象: 找到 1 个
    //选中螺栓为要对齐对象
选择对象:
    //单击鼠标右键结束对象选择
指定源平面和方向 ...
指定基点或 [复制(C)]:
指定第二个点或 [继续(C)] <C>:
指定第三个点或 [继续(C)] <C>:
    //在螺栓上指定3点确定源平面，如图11-31所示A、B、C3点，指定目标平面和方向
指定第一个目标点:
指定第二个目标点或 [退出(X)] <X>:
指定第三个目标点或 [退出(X)] <X>:
    //在底座上指定3个点确定目标平面，如图11-32所示A、B、C3点，完成三维对齐操作
```

图 11-31 选择源平面

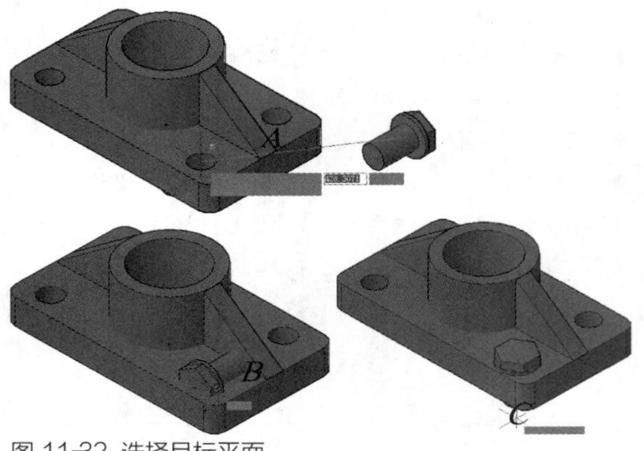

图 11-32 选择目标平面

03 通过以上操作即可完成对螺栓的三维对齐，效果如图11-33所示。

04 复制螺栓实体图形，重复以上操作完成所有位置螺栓的装配，如图11-34所示。

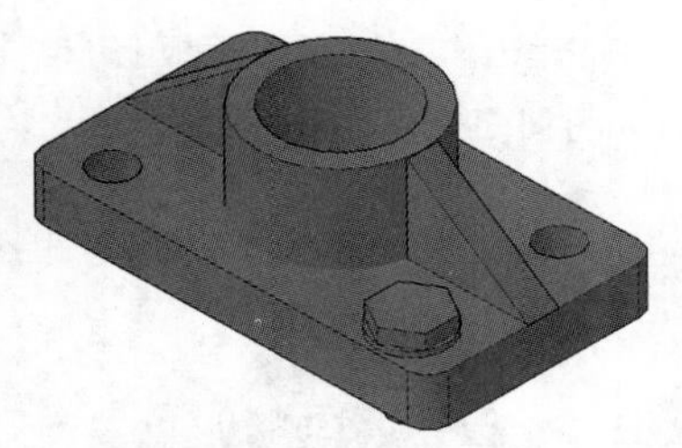

图 11-33 三维对齐效果

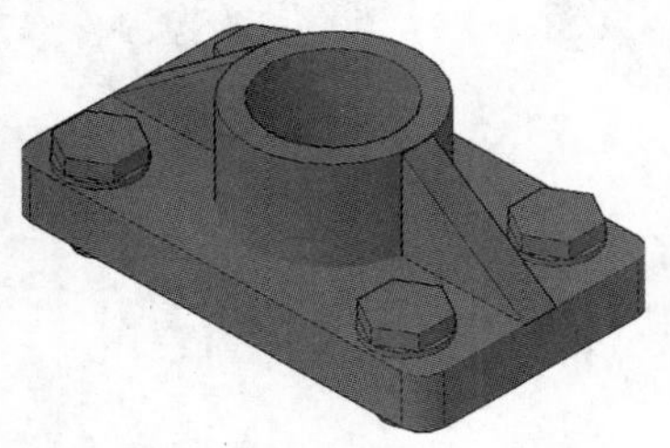

图 11-34 装配效果

实战361 矩形阵列三维实体

难度：☆☆

	素材文件路径：素材\第 11 章\实战 361 矩形阵列三维实体 .dwg
	效果文件路径：素材\第 11 章\实战 361 矩形阵列三维实体 -OK.dwg
	在线视频：第 11 章\实战 361 矩形阵列三维实体 .mp4

使用“矩形阵列”命令可以在三维空间中按矩形阵列的方式，创建指定对象的多个副本。在执行“矩形阵列”命令时，需要指定行数、列数、层数、行间距和层间距，其中一个矩形阵列可设置多行、多列和多层。

01 打开素材文件“第11章\实战361 矩形阵列三维实体.dwg”。

02 在命令行中输入“3DARRAY”，选择圆柱体立柱作为要阵列的对象，进行矩形阵列，如图11-35所示，命令行操作如下。

```
命令：_3darray
                    //执行“三维阵列”命令
选择对象：找到 1 个
选择对象：↙
                    //选择需要阵列的对象
输入阵列类型 [矩形(R)/环形(P)] <矩形>:R↙
                    //选择“矩形”选项
输入行数 (---) <1>: 2↙
                    //指定行数
输入列数 (|||) <1>: 2↙
                    //指定列数
输入层数 (...) <1>: 2↙
                    //指定层数
指定行间距 (---): 1600↙
                    //指定行间距
指定列间距 (|||): 1100↙
                    //指定列间距
指定层间距 (...): 950↙
                    //指定层间距
                    //分别指定矩形阵列参数，按
                    Enter键，完成矩形阵列操作
```

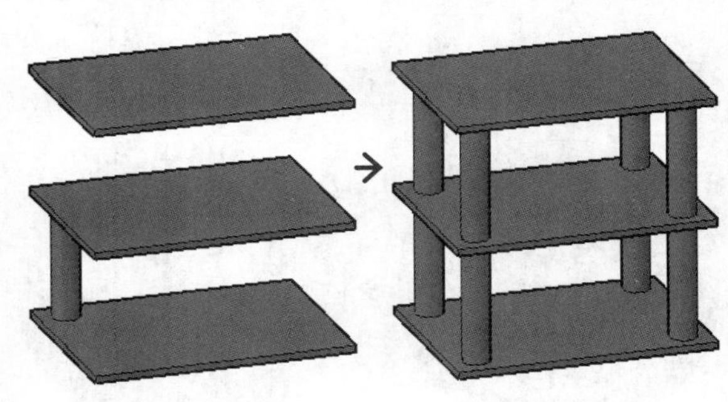

图 11-35 矩形阵列

实战362 环形阵列三维实体

难度：☆☆

	素材文件路径：素材\第 11 章\实战 362 环形阵列三维实体 .dwg
	效果文件路径：素材\第 11 章\实战 362 环形阵列三维实体 -OK.dwg
	在线视频：第 11 章\实战 362 环形阵列三维实体 .mp4

使用“环形阵列”命令可以在三维空间中按环形阵列的方式，创建指定对象的多个副本。在执形“环形阵列”命令时，需要指定阵列的数目、阵列填充的角度、旋转轴的起点和终点，以及对象在阵列后是否绕着阵列中心旋转。

01 打开素材文件“第11章\实战362 环形阵列创建齿轮.dwg”。

02 在命令行中输入“3DARRAY”，将齿沿轴进行环形阵列，如图11-36所示，命令行操作如下。

```
命令: 3DARRAY                    //执行“三维阵列”命令
选择对象: 找到 1 个              //选择齿实体
选择对象:↙                       //按Enter键结束选择
输入阵列类型 [矩形(R)/环形(P)] <矩形>:P↙
                                 //选择“环形”选项
输入阵列中的项目数目: 50↙        //输入阵列数量
指定要填充的角度 (+=逆时针, -=顺时针) <360>:↙
                                 //使用默认角度
旋转阵列对象? [是(Y)/否(N)] <Y>:↙
                                 //选择旋转对象
指定阵列的中心点:                //捕捉到轴端面圆心
指定旋转轴上的第二点: <极轴 开>
                                 //打开极轴，捕捉到Z轴
                                  上任意一点
```

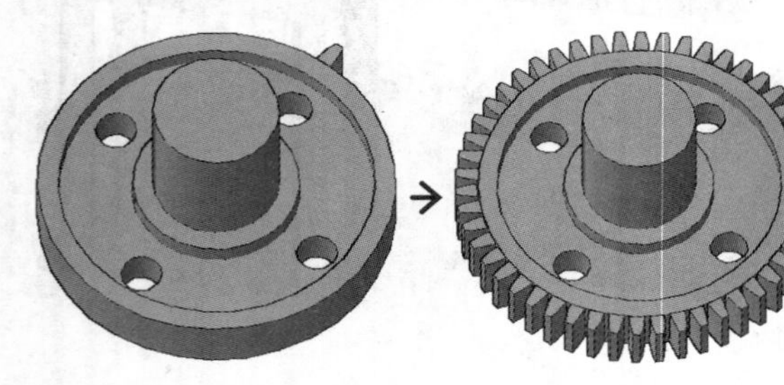

图11-36 环形阵列

实战363 创建三维倒角

难度：☆☆

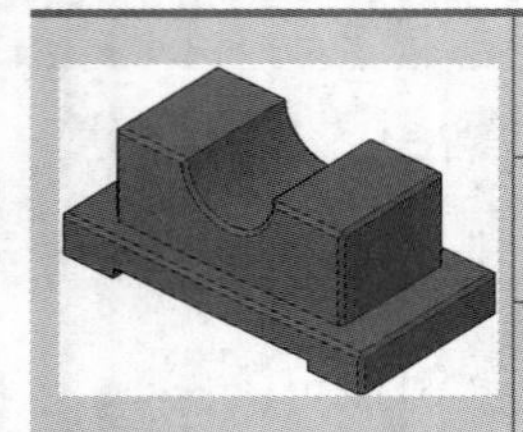

素材文件路径：素材\第11章\实战363 创建三维倒角.dwg
效果文件路径：素材\第3章\实战363 创建三维倒角-OK.dwg
在线视频：第11章\实战363 创建三维倒角.mp4

三维模型的倒角操作相比于二维图形来说，要更为繁琐一些，在进行倒角边的选择时，可能选中目标显示得不明显，这是选择倒角边时要注意的地方。

01 打开素材文件“第11章\实战363 创建三维倒角.dwg”，如图11-37所示。

02 在“实体”选项卡中，单击“实体编辑”面板上“倒角边”按钮，选择如图11-38所示的边线为倒角边，命令行操作如下。

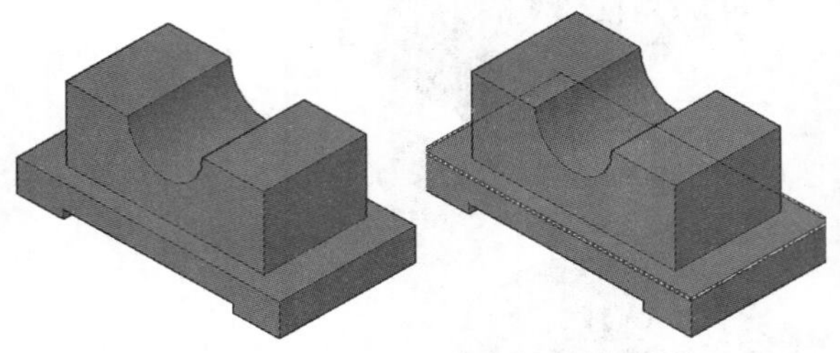

图11-37 素材文件　　图11-38 选择倒角边

```
命令: _chamferedge
     //执行“倒角边”命令
选择一条边或 [环(L)/距离(D)]:
     //选择同一面上需要倒角的边
选择同一个面上的其他边或 [环(L)/距离(D)]:
选择同一个面上的其他边或 [环(L)/距离(D)]:
选择同一个面上的其他边或 [环(L)/距离(D)]:
按 Enter 键接受倒角或 [距离(D)]:D↙
      //单击鼠标右键结束选择倒角边，然后输入
       “D”设置倒角参数
指定基面倒角距离或 [表达式(E)] <1.0000>: 2↙
指定其他曲面倒角距离或 [表达式(E)] <1.0000>: 2↙
      //输入倒角参数
按 Enter 键接受倒角或 [距离(D)]:
      //按Enter键结束倒角边命令
```

03 通过以上操作即可完成倒角边的操作，效果如图11-39所示。

04 重复以上操作，继续完成其他边的倒角操作，效果如图11-40所示。

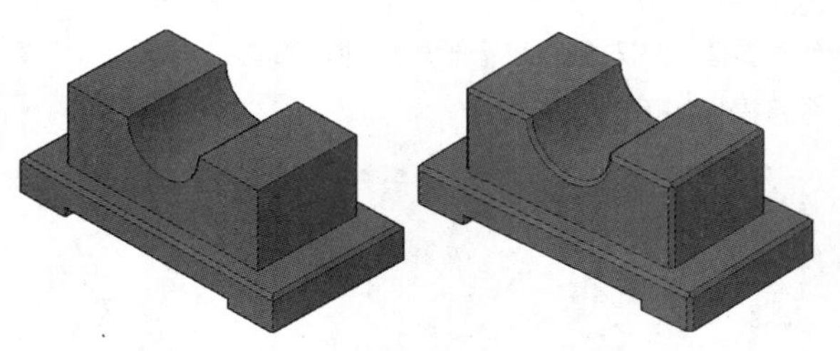

图11-39 倒角效果　　图11-40 完成所有边的倒角

05 三维倒角在顶点处的倒角细节如图11-41所示。

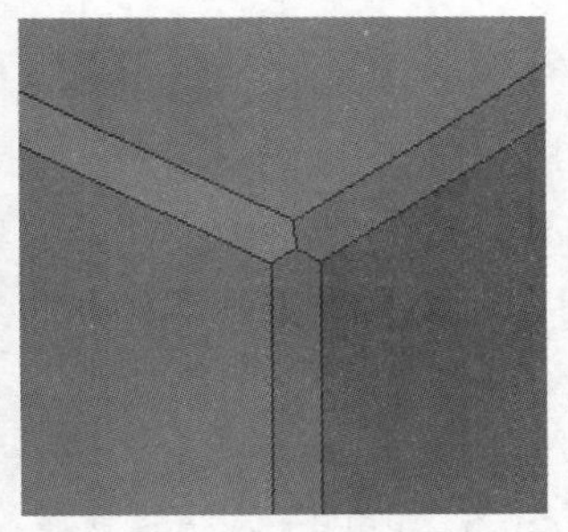

图 11-41 顶点处的倒角细节

实战364 创建三维倒圆

难度：☆☆

<table>
<tr><td rowspan="3">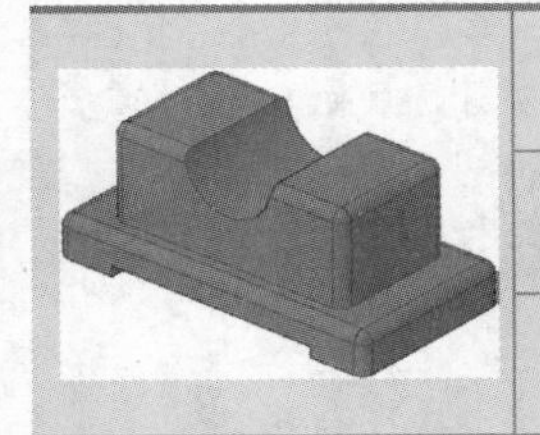</td><td>素材文件路径：素材\第 11 章\实战 364 创建三维倒圆 dwg</td></tr>
<tr><td>效果文件路径：素材\第 11 章\实战 364 创建三维倒圆 -OK.dwg</td></tr>
<tr><td>在线视频：第 11 章\实战 364 创建三维倒圆 .mp4</td></tr>
</table>

三维模型的倒圆角操作相对于倒斜角来说要简单一些，只需选择要倒角的边，然后输入倒角半径值即可。三边相交的顶点倒圆可以得到球面效果。

01 打开素材文件“第11章\实战364 创建三维倒圆.dwg”，如图11-42所示。

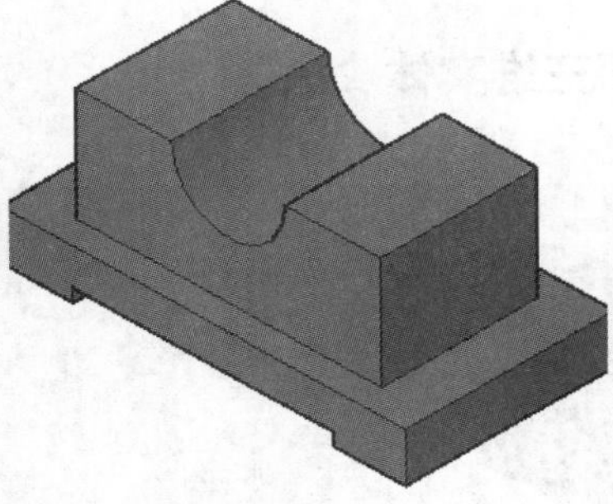

图 11-42 素材文件

02 单击“实体编辑”面板上“圆角边”按钮，选择如图11-43所示的边为要倒圆角的边，命令行操作如下。

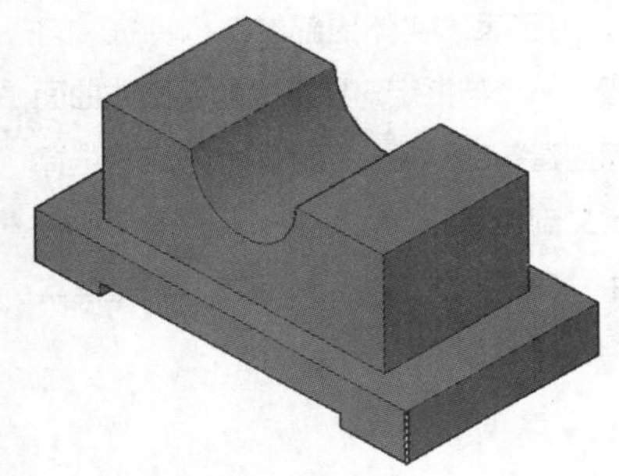

图 11-43 选择倒圆角边

```
命令：_filletedge    //执行“圆角边”命令
半径 = 1.0000
选择边或 [链(C)/环(L)/半径(R)]:
                    //选择要圆角的边
选择边或 [链(C)/环(L)/半径(R)]:
                    //单击鼠标右键结束边选择
已选定 1 个边用于圆角。
按 Enter 键接受圆角或 [半径(R)]:R↙
                    //选择半径参数
指定半径或 [表达式(E)] <1.0000>: 5↙
                    //输入半径值
按 Enter 键接受圆角或 [半径(R)]: ↙
                    //按Enter键结束操作
```

03 通过以上操作即可完成三维圆角的创建，效果如图11-44所示。

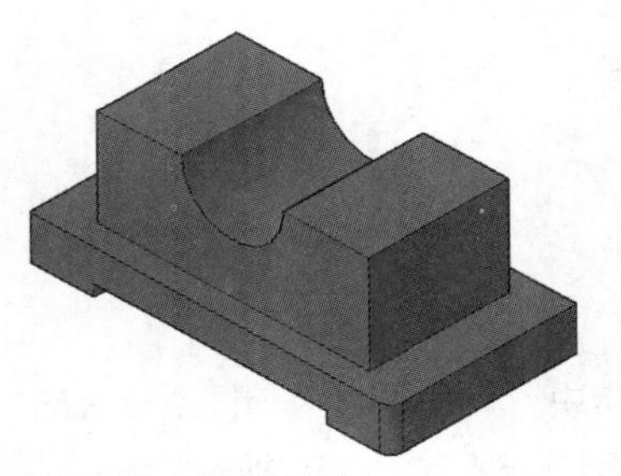

图 11-44 倒圆角效果

04 继续重复以上操作创建其他位置的圆角，效果如图11-45所示。

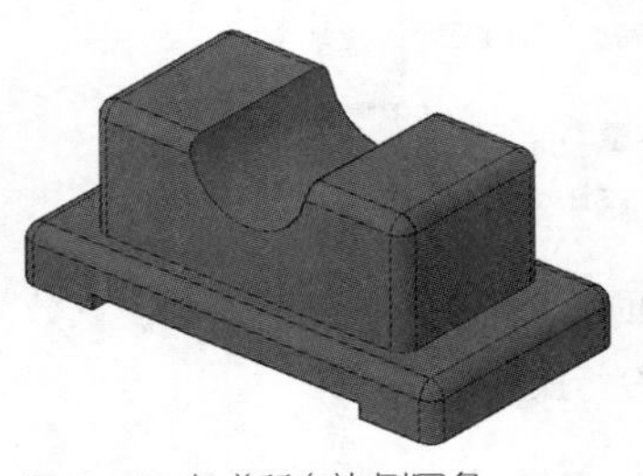

图 11-45 完成所有边倒圆角

05 三维倒圆在顶点处的细节如图11-46所示。

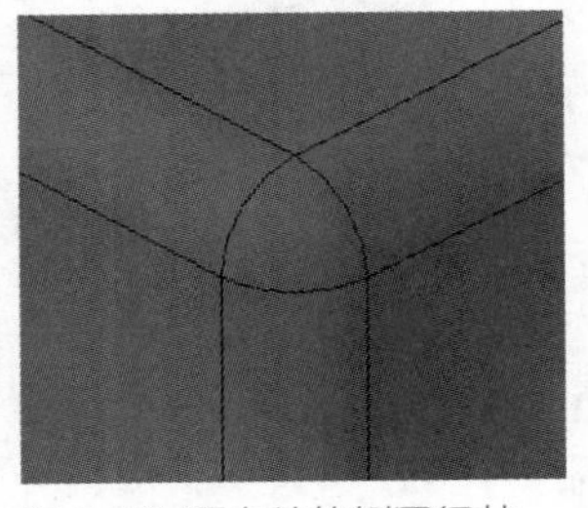

图 11-46 顶点处的倒圆细节

实战365 抽壳三维实体

难度：☆☆

素材文件路径：素材\第 11 章\实战 365 抽壳三维实体 .dwg
效果文件路径：素材\第 11 章\实战 365 抽壳三维实体 -OK.dwg
在线视频：第 11 章\实战 365 抽壳三维实体 .mp4

“抽壳”命令可将实体以指定的厚度形成一个空的薄层，同时还允许将某些指定面排除在壳外。指定正值从圆周外开始抽壳，指定负值从圆周内开始抽壳。

01 打开素材文件“第11章\实战365 抽壳三维实体.dwg”，如图11-47所示。

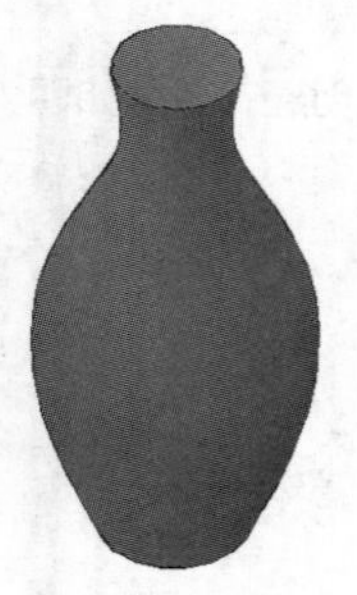

图 11-47 素材文件

02 在“实体”选项卡中，单击“实体编辑”面板上的“抽壳”按钮，如图11-48所示，执行“抽壳”命令。

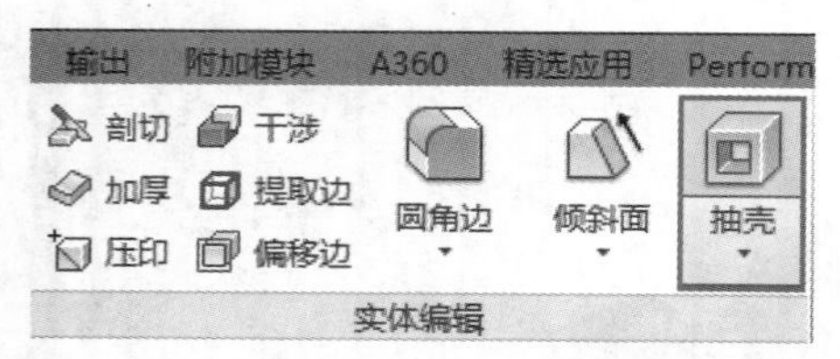

图 11-48 “实体编辑”面板中的“抽壳”按钮

03 选择素材文件的顶面，然后输入抽壳距离“1”，效果如图11-49所示，命令行操作如下。

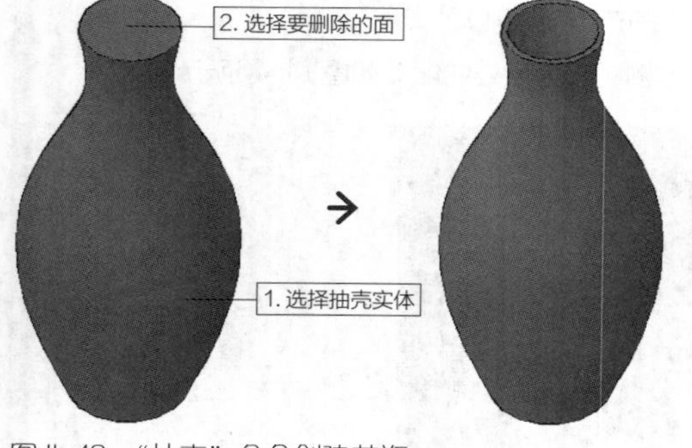

图 11-49 “抽壳”命令创建花瓶

```
命令：_solidedit
        //执行“抽壳”命令
实体编辑自动检查：SOLIDCHECK=1
输入实体编辑选项 [面(F)/边(E)/体(B)/放弃(U)/退出(X)]
<退出>：_body
输入体编辑选项[压印(I)/分割实体(P)/抽壳(S)/清除(L)/
检查(C)/放弃(U)/退出(X)] <退出>：_shel
选择三维实体：
        //选择要抽壳的对象
删除面或 [放弃(U)/添加(A)/全部(ALL)]：找到一个面，
已删除 1 个。
        //选择瓶口平面为要删除的面
删除面或 [放弃(U)/添加(A)/全部(ALL)]：
        //单击鼠标右键结束选择
输入抽壳偏移距离：1↙
        //输入抽壳壁厚值，按Enter键执行操作
已开始实体校验。
已完成实体校验。
输入体编辑选项[压印(I)/分割实体(P)/抽壳(S)/清除(L)/
检查(C)/放弃(U)/退出(X)] <退出>：↙
        //按Enter键，结束命令
```

实战366 剖切三维实体

难度：☆☆

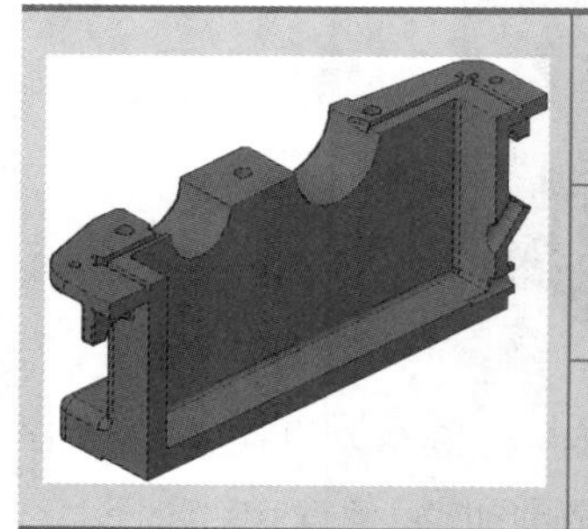

素材文件路径：素材\第 11 章\实战 366 剖切三维实体 .dwg
效果文件路径：素材\第 11 章\实战 366 剖切三维实体 -OK.dwg
在线视频：第 11 章\实战 366 剖切三维实体 .mp4

在绘图过程中，为了表达实体内部的结构特征，可使用“剖切”命令假想一个与指定对象相交的平面或曲面将该实体剖切，从而创建新的对象。可通过指定点、选择曲面或平面对象来定义剖切平面。

01 打开素材文件“第11章\实战366 剖切三维实体.dwg”，如图11-50所示。

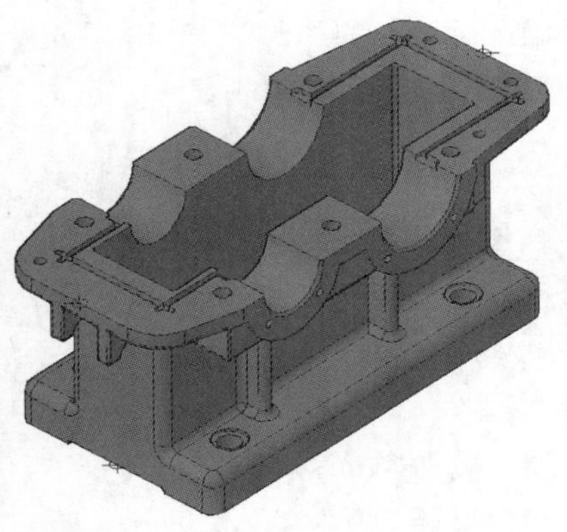

图 11-50 素材文件

02 单击“实体”选项卡“实体编辑”面板中的“剖切”按钮，如图11-51所示。

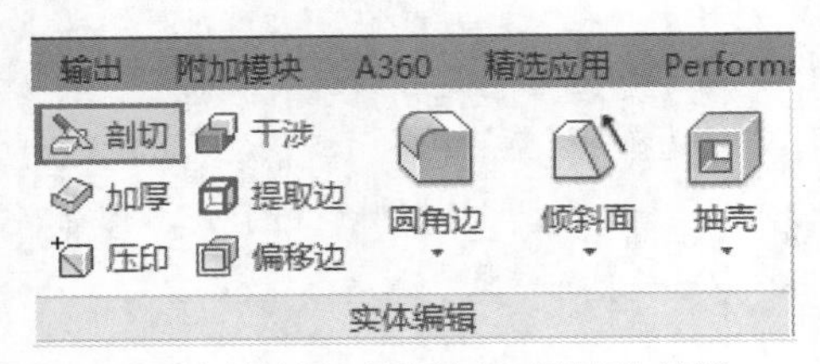

图 11-51 “实体编辑”面板中的“剖切”按钮

03 根据命令行提示，选择默认的“三点”选项，依次选择箱座上的3处中点，再删除所选侧面即可，如图11-52所示。

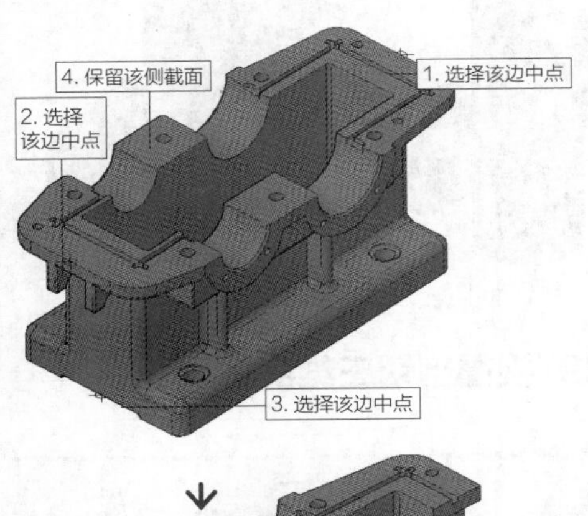

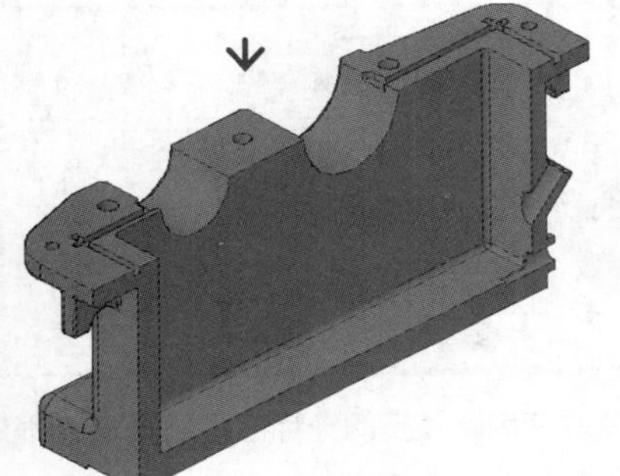

图 11-52 三维模型剖切效果

实战367 曲面剖切三维实体

难度：☆☆

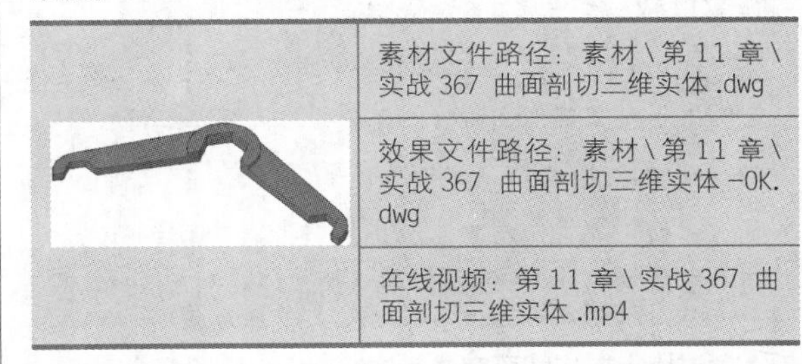

	素材文件路径：素材\第 11 章\实战 367 曲面剖切三维实体 .dwg
	效果文件路径：素材\第 11 章\实战 367 曲面剖切三维实体 -OK.dwg
	在线视频：第 11 章\实战 367 曲面剖切三维实体 .mp4

通过绘制辅助平面的方法来进行剖切是最为复杂的一种方法，但是功能也最为强大。对象除了是平面，还可以是曲面，因此能创建出任何所需的剖切图形，如阶梯剖、旋转剖等。

01 打开素材文件“第11章\实战367 曲面剖切三维实体.dwg”，如图11-53所示。

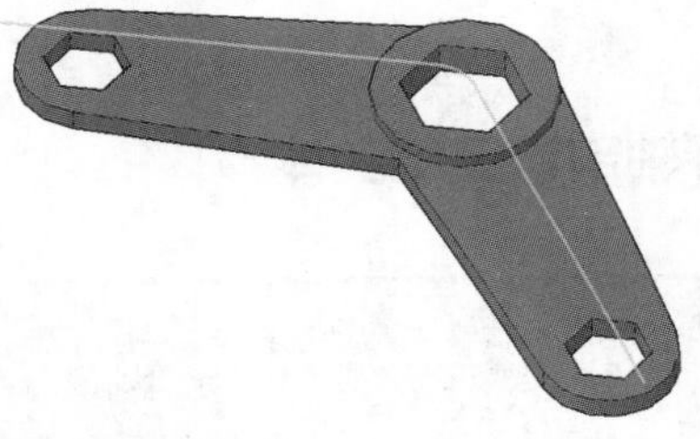

图 11-53 素材文件

02 拉伸素材中的多段线，绘制如图11-54所示的平面为剖切的平面。

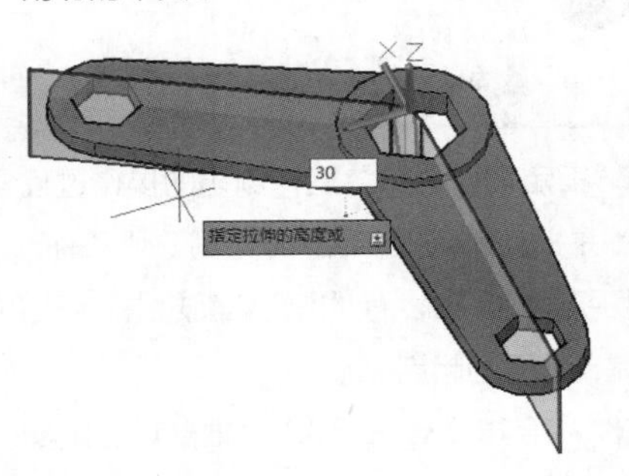

图 11-54 绘制剖切平面

03 单击“实体编辑”面板上“剖切”按钮，选择四通管实体为剖切对象，命令行操作如下。

```
命令：_slice
            //执行“剖切”命令
选择要剖切的对象：找到 1 个
            //选择剖切对象
选择要剖切的对象：
            //单击鼠标右键结束选择
```

```
指定 切面 的起点或 [/曲面(S)/Z 轴(Z)/视图(V)/XY(XY)/YZ(YZ)/ZX(ZX)/三点(3)] <三点>:S↙
                    //选择剖切方式为曲面
选择用于定义剖切平面的圆、椭圆、圆弧、二维样条线或二维多段线:   //单击选择平面
在所需的侧面上指定点或 [保留两个侧面(B)] <保留两个侧面>:         //选择需要保留的一侧
```

04 通过以上操作即可完成实体的剖切，删除多余对象，最终效果如图11-55所示。

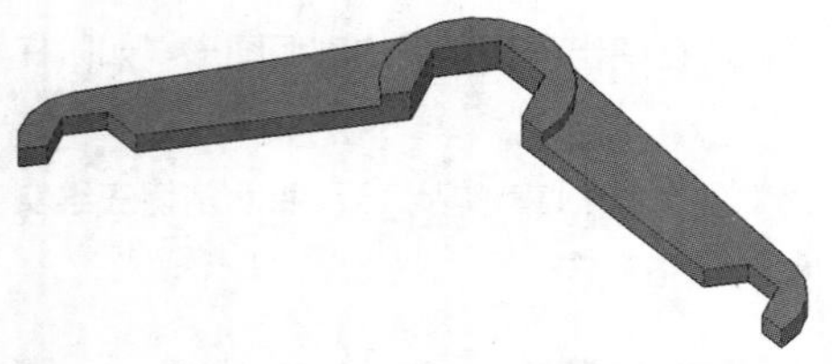

图 11-55 剖切结果

实战368 *Z*轴剖切三维实体

难度：☆☆

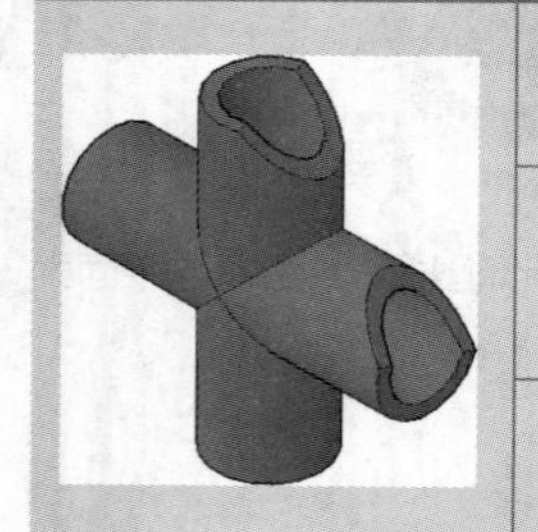	素材文件路径：素材\第 11 章\实战 368 *Z* 轴剖切三维实体 .dwg
	效果文件路径：素材\第 11 章\实战 368 *Z* 轴剖切三维实体 -OK.dwg
	在线视频：第 11 章\实战 368 *Z* 轴剖切三维实体 .mp4

“*Z*轴”和“指定切面起点”进行剖切的操作过程完全相同，同样都是指定两点，但结果却不同。“*Z*轴”指定的两点是剖切平面的*Z*轴，而“指定切面起点”所指定的两点直接就是剖切面的起点。

01 打开素材文件“第11章\实战368 *Z*轴剖切三维实体.dwg”，如图11-56所示。

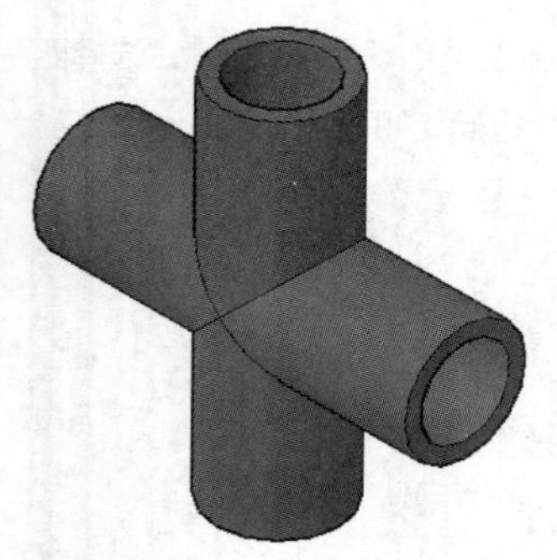

图 11-56 素材文件

02 单击“实体编辑”面板中的“剖切”按钮，选择四通管实体为剖切对象，命令行操作如下。

```
命令: _slice
                    //执行“剖切”命令
选择要剖切的对象: <正交 开> 找到 1 个
                    //选择剖切对象
选择要剖切的对象:
                    //单击鼠标右键结束选择
指定 切面 的起点或 [平面对象(O)/曲面(S)/Z轴(Z)/视图(V)/XY(XY)/YZ(YZ)/ZX(ZX)/三点(3)] <三点>:Z↙
                    //选择Z轴方式剖切实体
指定剖面上的点:
指定平面 Z 轴 (法向) 上的点:
                    //选择剖切面上的点，如图11-57所示
在所需的侧面上指定点或 [保留两个侧面(B)] <保留两个侧面>:  //选择要保留的一侧
```

03 通过以上操作即可完成剖切实体，效果如图11-58所示。

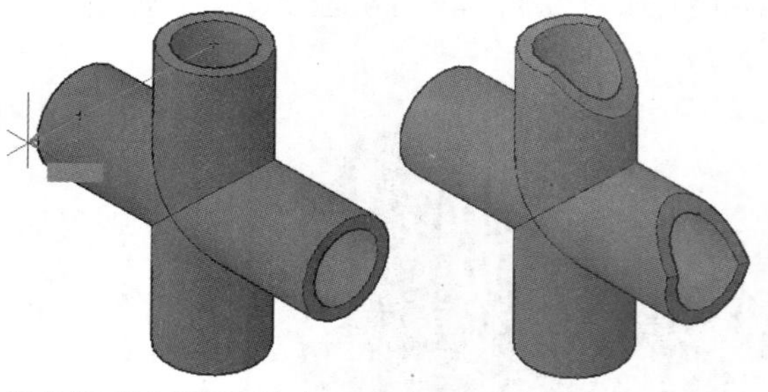

图 11-57 选择剖切面上点　　图 11-58 剖切效果

实战369 视图剖切三维实体

难度：☆☆

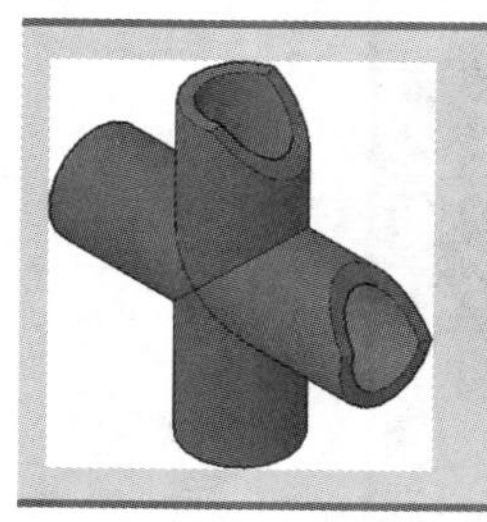	素材文件路径：素材\第 11 章\实战 369 视图剖切三维实体 .dwg
	效果文件路径：素材\第 11 章\实战 369 视图剖切三维实体 -OK.dwg
	在线视频：第 11 章\实战 369 视图剖切三维实体 .mp4

“视图”命令是使用比较多的一种剖切命令，该命令操作简便，使用快捷，只需指定一点，就可以根据屏幕所在的平面对模型进行剖切，缺点是精确度不够，只适合

用作演示。

01 打开素材文件“第11章\实战369 视图剖切三维实体.dwg”，如图11-59所示。

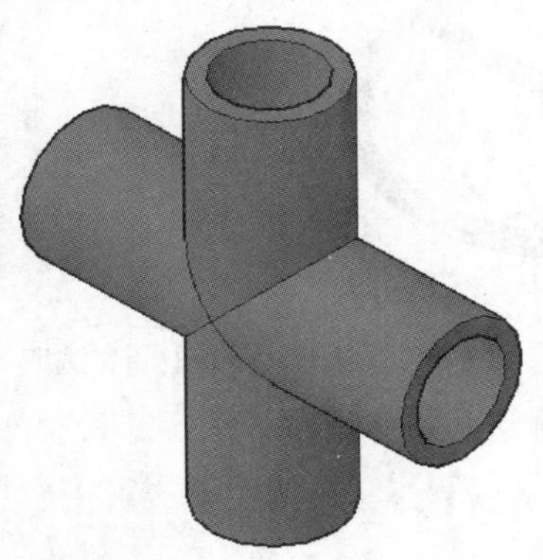

图 11-59 素材文件

02 单击“实体编辑”面板中的“剖切”按钮，选择四通管实体为剖切对象，如图11-60所示，命令行操作如下。

```
命令：_slice            //执行“剖切”命令
选择要剖切的对象：找到 1 个
                       //选择剖切对象
选择要剖切的对象：      //单击鼠标右键结束选择
指定 切面 的起点或 [平面对象(O)/曲面(S)/Z 轴(Z)/视
图(V)/XY(XY)/YZ(YZ)/ZX(ZX)/三点(3)] <三点>: V↙
                       //选择剖切方式
指定当前视图平面上的点 <0,0,0>:
                       //指定三维坐标，如图11-60
                         所示
在所需的侧面上指定点或 [保留两个侧面(B)] <保留
两个侧面>:              //选择要保留的一侧
```

03 通过以上操作即可完成实体的剖切操作，效果如图11-61所示。

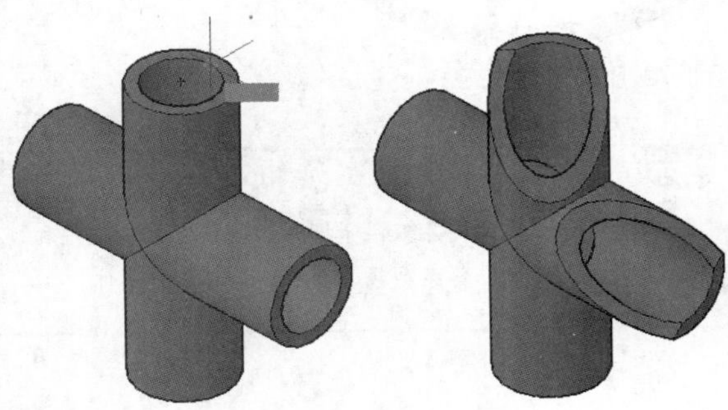

图 11-60 指定三维点　　图 11-61 剖切效果

实战370 复制实体边

难度：☆☆☆

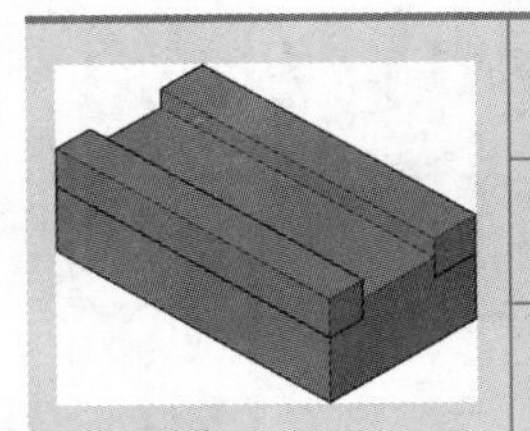

素材文件路径：素材\第 11 章\实战 370 复制实体边 .dwg
效果文件路径：素材\第 11 章\实战 370 复制实体边 -OK.dwg
在线视频：第 11 章\实战 370 复制实体边 .mp4

在使用AutoCAD进行三维建模时，可以随时使用二维工具（如圆、直线等）来绘制草图，然后再进行拉伸等建模操作。相较于其他建模软件在绘制草图时还需进入草图环境，AutoCAD显得更为灵活，尤其再结合“复制边”等操作，可直接从现有模型中分离出对象轮廓线进行下一步建模，极为方便。

01 打开素材文件“第11章\实战370 复制实体边.dwg”，如图 11-62所示。

02 单击“实体编辑”面板上“复制边”按钮，选择如图 11-63所示的边为复制对象，命令行操作如下。

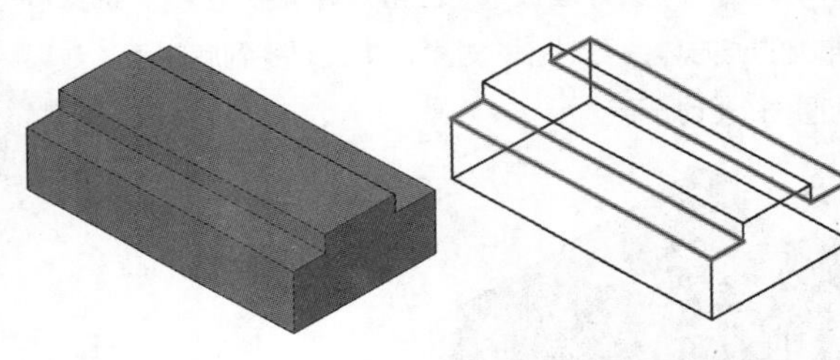

图 11-62 素材文件　　图 11-63 选择要复制的边

```
命令：_solidedit
            //执行“复制边”命令
实体编辑自动检查： SOLIDCHECK=1
输入实体编辑选项 [面(F)/边(E)/体(B)/放弃(U)/退出(X)]
<退出>: _edge
输入边编辑选项 [复制(C)/着色(L)/放弃(U)/退出(X)]
<退出>: _copy
选择边或 [放弃(U)/删除(R)]:
            //选择要复制的边
......
选择边或 [放弃(U)/删除(R)]:
            //选择完毕，单击鼠标右键结束选择边
指定基点或位移：
            //指定基点
```

```
指定位移的第二点:
        //指定平移到的位置
输入边编辑选项 [复制(C)/着色(L)/放弃(U)/退出(X)]
<退出>:
        //按Esc键退出命令
```

03 通过以上操作即可完成复制边的操作，效果如图11-64所示。

04 单击“建模”面板中“拉伸”按钮，选择要复制的边，设置拉伸高度为40，效果如图 11-65所示。

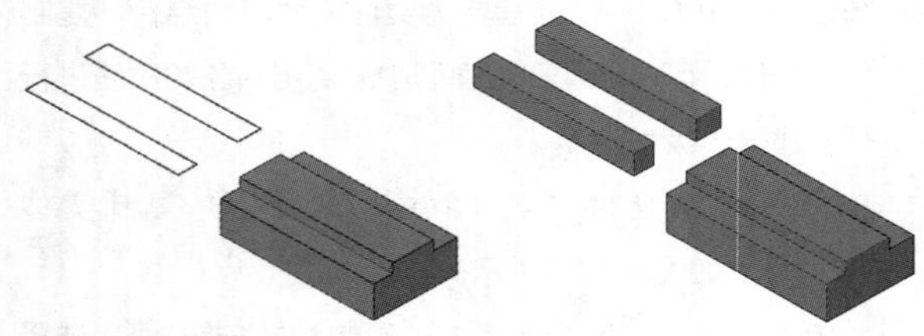

图 11-64 复制边效果　　图 11-65 拉伸图形

05 单击“修改”面板中“三维对齐”按钮，选择拉伸出的长方体为要对齐的对象，将其对齐到底座上，效果如图 11-66所示。

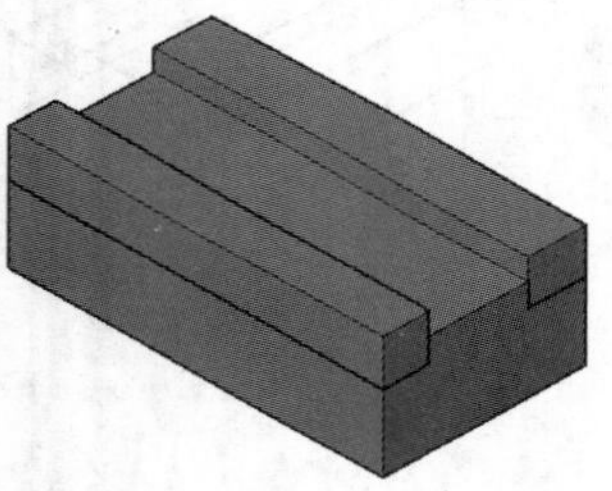

图 11-66 导向底座

实战371 压印实体边

进阶

难度：☆☆☆

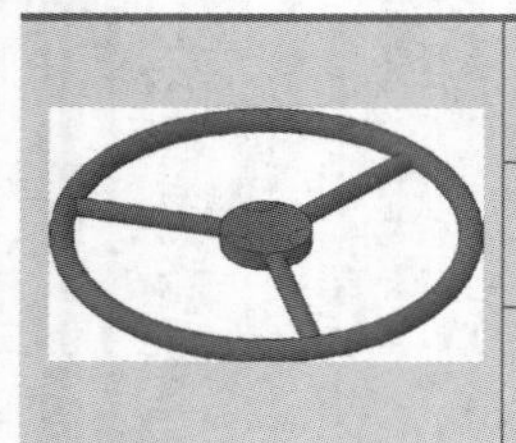	素材文件路径：素材\第 11 章\实战 371 压印实体边 .dwg
	效果文件路径：素材\第 11 章\实战 371 压印实体边 -OK.dwg
	在线视频：第 11 章\实战 371 压印实体边 .mp4

“压印边”命令是建模时最常用的命令之一，使用“压印边”命令可以在模型之上创建各种自定义的标记，也可以用来分割模型面。

01 打开素材文件“第11章\实战371 压印实体边.dwg”，如图 11-67所示。

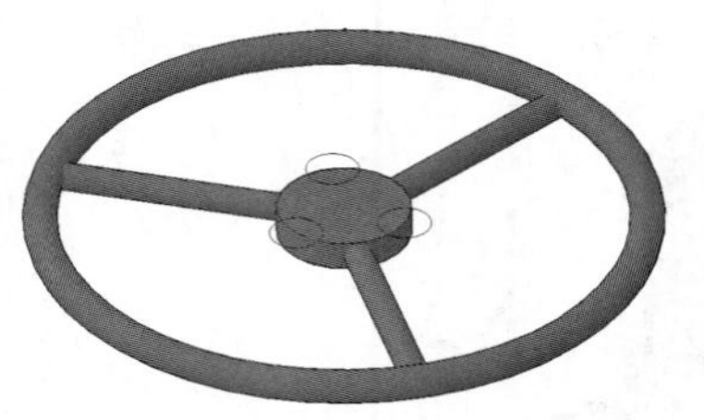

图 11-67 素材文件

02 单击“实体编辑”面板上“压印边”按钮，选取方向盘为三维实体，命令行操作如下。

```
命令: _imprint       //执行“压印边”命令
选择三维实体或曲面:
                     //选择三维实体，如图 11-68
                      所示
选择要压印的对象:    //选择要压印的对象，如图
                      11-69所示
是否删除源对象 [是(Y)/否(N)] <N>: Y↙
                     //选择是否保留源对象
```

图 11-68 选择三维实体　　图 11-69 选择要压印的对象

03 按照以上操作完成图标的压印，效果如图 11-70所示。

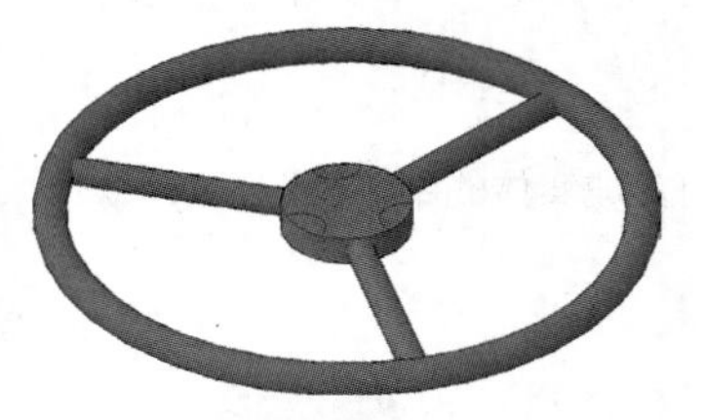

图 11-70 压印效果

提示

执行压印操作的对象仅限于圆弧、圆、直线、二维和三维多段线、椭圆、样条曲线、面域、体和三维实体。

实战372 拉伸实体面

难度：☆☆☆

	素材文件路径：素材\第 11 章\实战 372 拉伸实体面 .dwg
	效果文件路径：素材\第 11 章\实战 372 拉伸实体面 -OK.dwg
	在线视频：第 11 章\实战 372 拉伸实体面 .mp4

除了对模型现有的轮廓边进行复制、压印等操作之外，还可以通过“拉伸面”等面编辑命令来直接修改模型。

01 打开素材文件“第11章\实战372 拉伸实体面.dwg”，如图 11-71所示。

02 单击实体编辑工具栏上“拉伸面”按钮，选择如图 11-72所示的面为拉伸面，命令行操作如下。

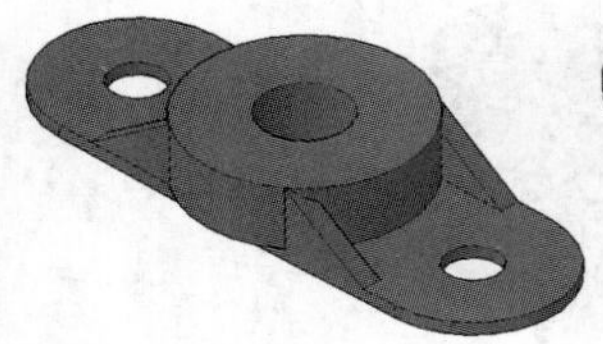

图 11-71 素材文件

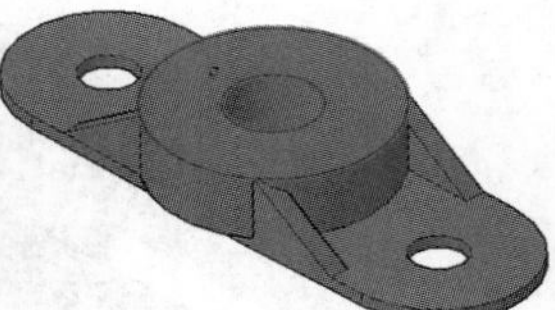

图 11-72 选择拉伸面

```
命令：_solidedit
//执行“拉伸面”命令
实体编辑自动检查： SOLIDCHECK=1
输入实体编辑选项 [面(F)/边(E)/体(B)/放弃(U)/退出(X)]
<退出>：_face
输入面编辑选项[拉伸(E)/移动(M)/旋转(R)/偏移(O)/倾
斜(T)/删除(D)/复制(C)/颜色(L)/材质(A)/放弃(U)/退出(X)]
<退出>：_extrude
选择面或 [放弃(U)/删除(R)]：找到一个面
//选择要拉伸的面
选择面或 [放弃(U)/删除(R)/全部(ALL)]：
//单击鼠标右键结束选择
指定拉伸高度或 [路径(P)]：50↙
//输入拉伸高度
指定拉伸的倾斜角度 <10>：10↙
//输入拉伸的倾斜角度
已开始实体校验。
已完成实体校验。
输入面编辑选项[拉伸(E)/移动(M)/旋转(R)/偏移(O)/倾
斜(T)/删除(D)/复制(C)/颜色(L)/材质(A)/放弃(U)/退出(X)]
<退出>：*取消*
//按Enter键或Esc键结束操作
```

03 通过以上操作即可完成拉伸面的操作，效果如图 11-73所示。

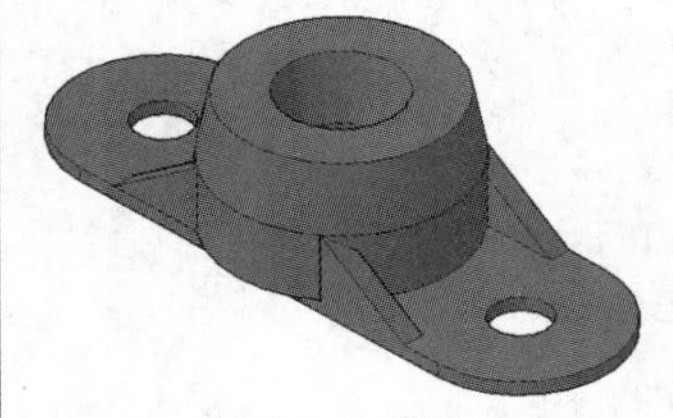

图 11-73 拉伸面完成效果

实战373 倾斜实体面

难度：☆☆☆

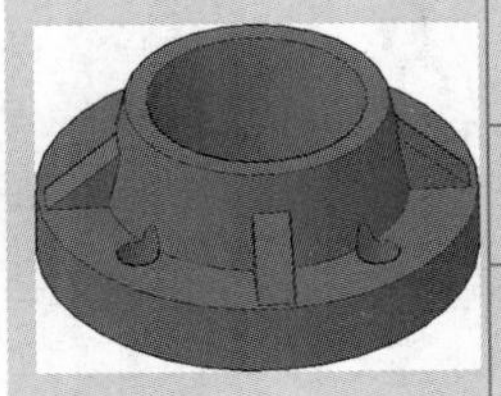	素材文件路径：素材\第 11 章\实战 373 倾斜实体面 .dwg
	效果文件路径：素材\第 11 章\实战 373 倾斜实体面 -OK.dwg
	在线视频：第 11 章\实战 373 倾斜实体面 .mp4

除了对模型现有的轮廓边进行复制、压印等操作之外，还可以通过“倾斜面”等面编辑命令来直接修改模型。

01 打开素材文件“第11章\实战373 倾斜实体面.dwg”，如图 11-74所示。

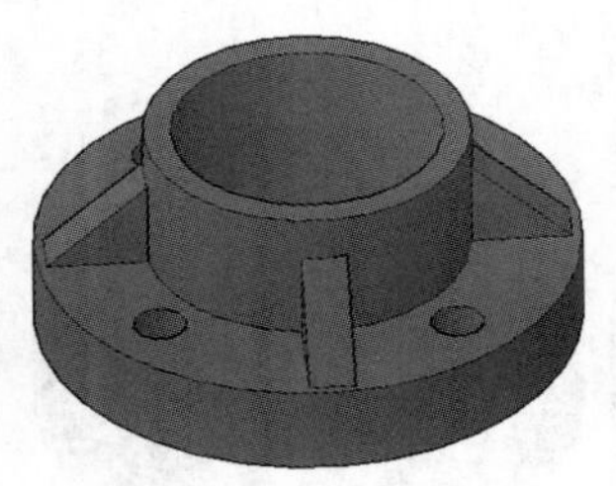

图 11-74 素材文件

02 单击实体编辑”面板上的“倾斜面”按钮，选择如图 11-75所示的面为要倾斜的面，命令行操作如下。

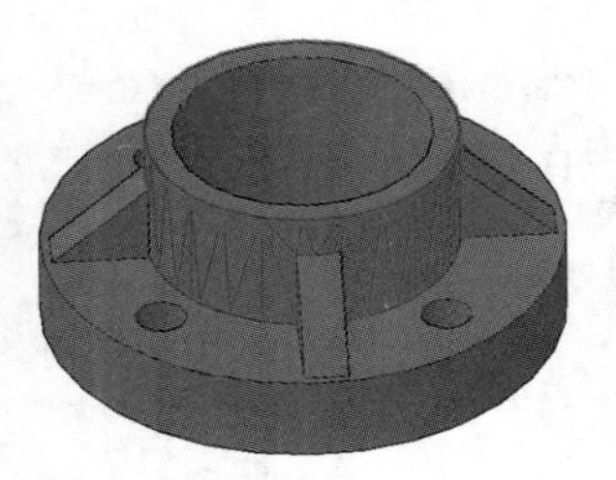

图 11-75 选择倾斜面

```
命令: _solidedit
            //执行“倾斜面”命令
实体编辑自动检查: SOLIDCHECK=1
输入实体编辑选项 [面(F)/边(E)/体(B)/放弃(U)/退出(X)]
<退出>: _face
输入面编辑选项[拉伸(E)/移动(M)/旋转(R)/偏移(O)/倾
斜(T)/删除(D)/复制(C)/颜色(L)/材质(A)/放弃(U)/退出(X)]
<退出>: _taper
选择面或 [放弃(U)/删除(R)]: 找到一个面
            //选择要倾斜的面
选择面或 [放弃(U)/删除(R)/全部(ALL)]:
            //单击鼠标右键结束选择
指定基点:
指定沿倾斜轴的另一个点:
            //依次选择上下两圆的圆心，如图 11-76
所示指定倾斜角度: -10↙
            //输入倾斜角度
已开始实体校验。
已完成实体校验。
输入面编辑选项[拉伸(E)/移动(M)/旋转(R)/偏移(O)/倾
斜(T)/删除(D)/复制(C)/颜色(L)/材质(A)/放弃(U)/退出(X)]
<退出>:↙ //按Enter键或Esc键结束操作
```

03 通过以上操作即可完成倾斜面的操作，其效果如图11-77所示。

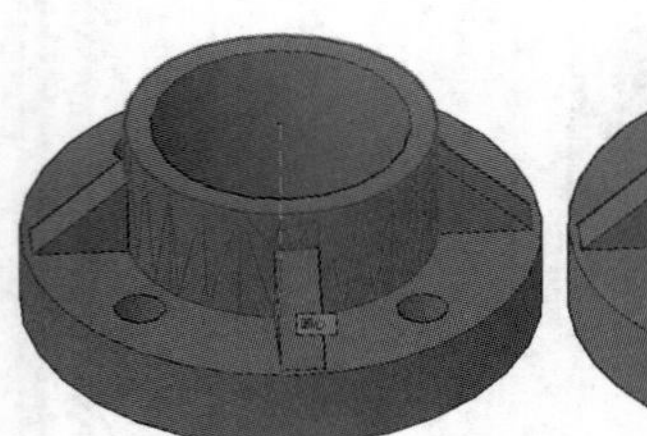

图 11-76 选择倾斜轴

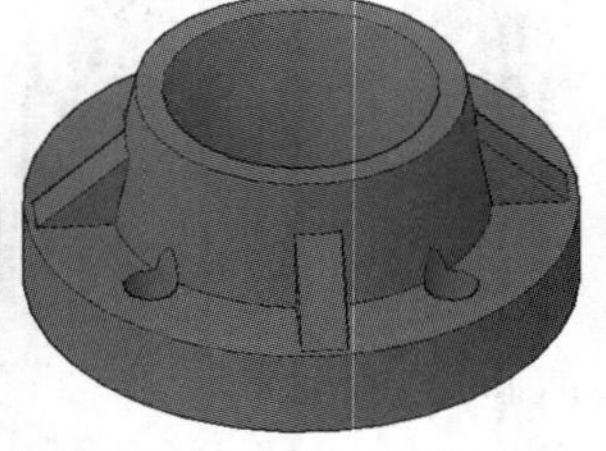

图 11-77 倾斜面完成效果

提示

执行倾斜面时倾斜的方向由选择的基点和第二点的顺序决定，输入正角度值则向内倾斜，负角度值则向外倾斜。不能使用过大的角度值，如果角度值过大，面在达到指定的角度之前可能倾斜成一点，在AutoCAD 2020中不支持这种倾斜。

实战374 移动实体面

难度：☆☆☆

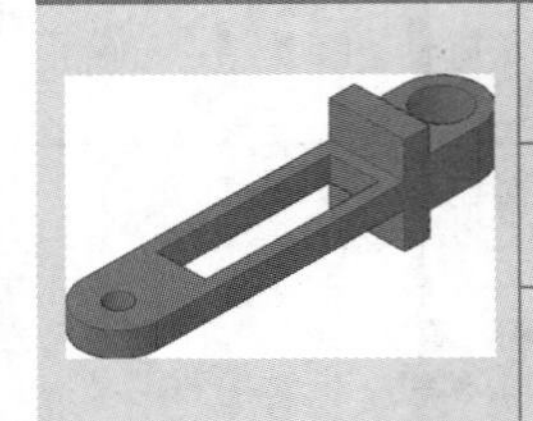

素材文件路径：素材\第 11 章\实战 374 移动实体面 .dwg
效果文件路径：素材\第 11 章\实战 374 移动实体面 -OK.dwg
在线视频：第 11 章\实战 374 移动实体面 .mp4

“移动面”命令常用于对现有模型的修改，如果某个模型拉伸得过多，在AutoCAD中并不能回溯到“拉伸”命令进行编辑，因此只能通过“移动面”这类面编辑命令进行修改。

01 打开素材文件“第11章\实战374 移动实体面.dwg”，如图 11-78所示。

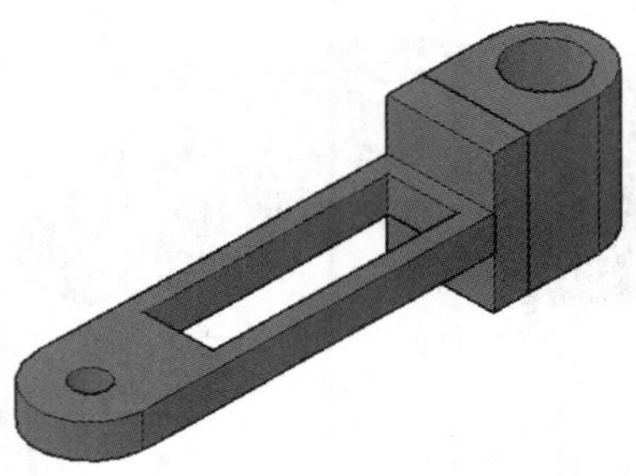

图 11-78 素材文件

02 单击“实体编辑”面板上“移动面”按钮，选择如图 11-79所示的面为要移动的面，命令行操作如下。

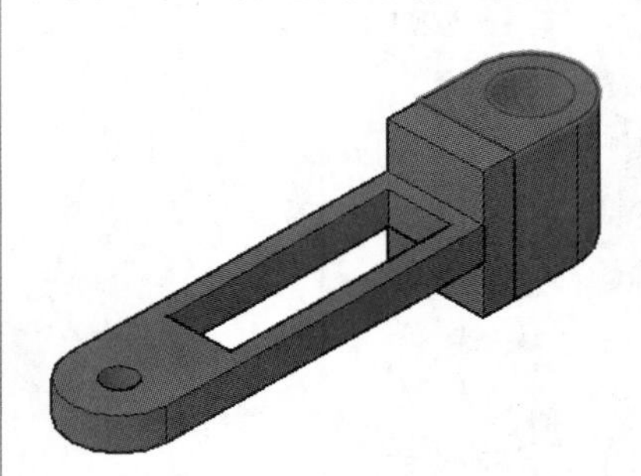

图 11-79 选择移动实体面

```
命令: _solidedit
            //执行“移动面”命令
实体编辑自动检查: SOLIDCHECK=1
输入实体编辑选项 [面(F)/边(E)/体(B)/放弃(U)/退出(X)]
<退出>: _face
输入面编辑选项[拉伸(E)/移动(M)/旋转(R)/偏移(O)/倾
斜(T)/删除(D)/复制(C)/颜色(L)/材质(A)/放弃(U)/退出(X)]
```

```
<退出>: _move
选择面或 [放弃(U)/删除(R)]: 找到一个面
                //选择要移动的面
选择面或 [放弃(U)/删除(R)/全部(ALL)]:
                //单击鼠标右键完成选择
指定基点或位移:
                //指定基点，如图 11-80所示
正在检查 780 个交点...
指定位移的第二点: 20↙
                //输入移动的距离，如图11-81所示
已开始实体校验。
已完成实体校验。
输入面编辑选项[拉伸(E)/移动(M)/旋转(R)/偏移(O)/倾斜(T)/删除(D)/复制(C)/颜色(L)/材质(A)/放弃(U)/退出(X)]
<退出>:         //按Enter键或Esc键退出操作
```

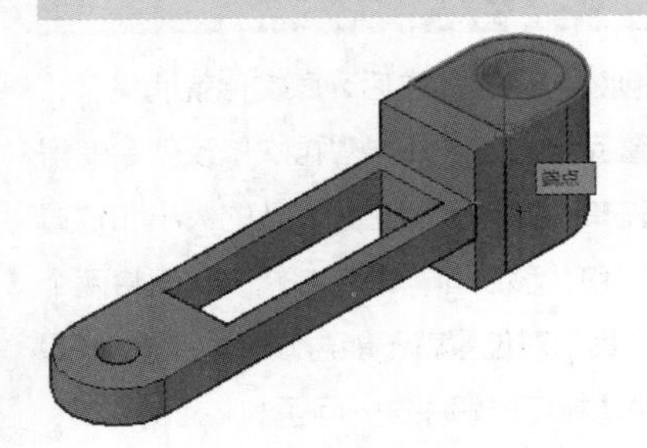

图 11-80 指定基点

图 11-81 移动面效果

03 旋转模型，重复以上的操作，移动另一面，效果如图11-82所示。

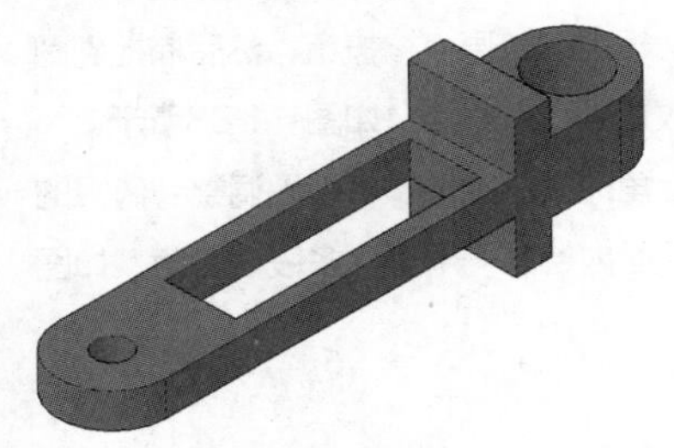

图 11-82 模型移动面效果

实战375 偏移实体面

难度：☆☆☆

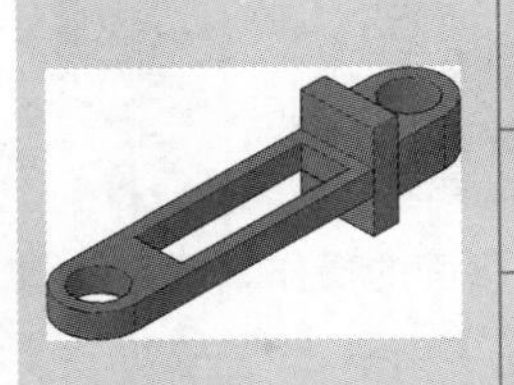

素材文件路径：素材\第 11 章\实战 374 移动实体面 -OK.dwg
效果文件路径：素材\第 11 章\实战 375 偏移实体面 -OK.dwg
在线视频：第 11 章\实战 375 偏移实体面 .mp4

执行“偏移面”命令可以在一个三维实体上按指定的距离均匀地偏移实体面，可根据设计需要将现有的面从原始位置向内或向外偏移指定的距离，从而获取新的实体面。

01 延续上一例进行操作，也可以打开素材文件“第11章\实战374 移动实体面-OK.dwg”。

02 单击“实体编辑”面板上“偏移面”按钮，选择如图11-83所示的面为要偏移的面，命令行操作如下。

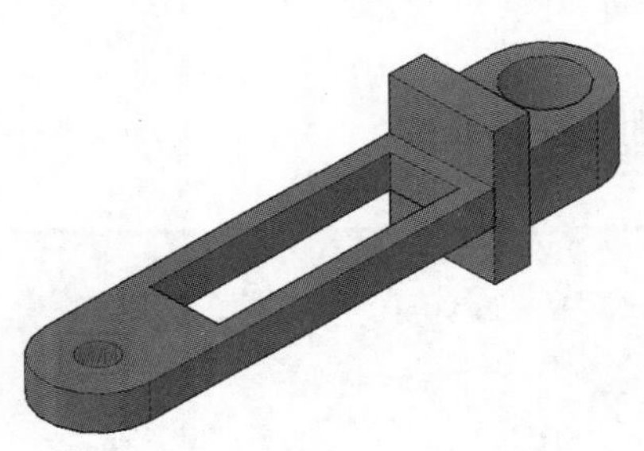

图 11-83 选取偏移面

```
命令: _solidedit
                //执行“偏移面”命令
实体编辑自动检查: SOLIDCHECK=1
输入实体编辑选项 [面(F)/边(E)/体(B)/放弃(U)/退出(X)]
<退出>: _face
输入面编辑选项[拉伸(E)/移动(M)/旋转(R)/偏移(O)/倾斜(T)/删除(D)/复制(C)/颜色(L)/材质(A)/放弃(U)/退出(X)]
<退出>: _offset
选择面或 [放弃(U)/删除(R)]: 找到一个面
                //选择要偏移的面
选择面或 [放弃(U)/删除(R)/全部(ALL)]:
                //单击鼠标右键结束选择
指定偏移距离: -10↙
                //输入偏移距离，负号表示方向向外
已开始实体校验。
已完成实体校验。
```

```
输入面编辑选项[拉伸(E)/移动(M)/旋转(R)/偏移(O)/倾
斜(T)/删除(D)/复制(C)/颜色(L)/材质(A)/放弃(U)/退出(X)]
<退出>: *取消*
        //按Enter键或Esc键结束操作
```

03 通过以上操作即可完成偏移面的操作，效果如图11-84所示。

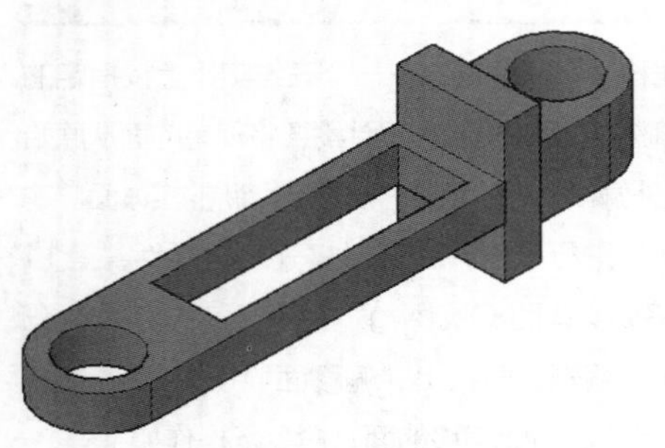

图 11-84 偏移面效果

实战376 删除实体面

难度：☆☆☆

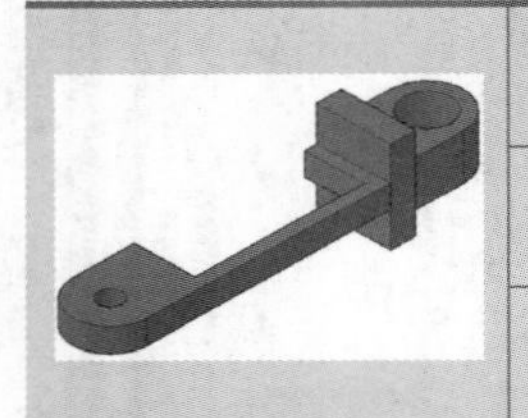	素材文件路径：素材\第 11 章\实战 375 偏移实体面 -OK.dwg
	效果文件路径：素材\第 11 章\实战 376 删除实体面 -OK.dwg
	在线视频：第 11 章\实战 376 删除实体面 .mp4

在三维建模环境中，执行“删除面”命令可以从三维实体对象上删除实体表面、圆角等实体特征。

01 延续上一例进行操作，也可以打开素材文件“第11章\实战375 偏移实体面-OK.dwg”，如图11-85所示。

图 11-85 素材文件

02 单击“实体编辑”面板上“删除面”按钮，选择要删除的面，按Enter键删除，如图11-86所示。

图 11-86 删除实体面效果

实战377 修改实体记录

难度：☆☆☆

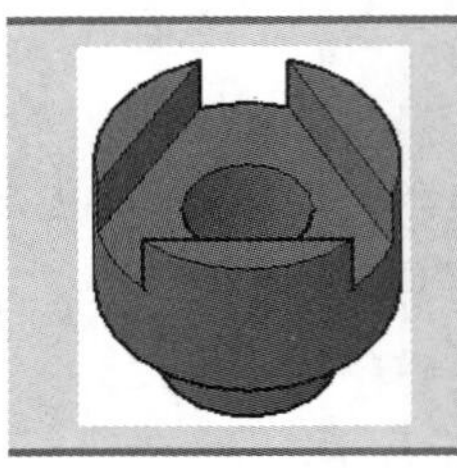	素材文件路径：素材\第 11 章\实战 377 修改实体记录 .dwg
	效果文件路径：素材\第 11 章\实战 377 修改实体记录 -OK.dwg
	在线视频：第 11 章\实战 377 修改实体记录 .mp4

利用布尔操作创建组合实体之后，原实体就消失了，且新生成的特征位置完全固定，如果想再次修改就会变得十分困难。如利用差集在实体上创建孔，孔的大小和位置就只能用“偏移面”和“移动面”命令来修改，而将两个实体进行并集之后，其相对位置就不能再修改。AutoCAD提供的实体历史记录功能可以解决这一问题。

01 打开素材文件“第11章\实战377 修改实体记录.dwg”，如图 11-87所示。

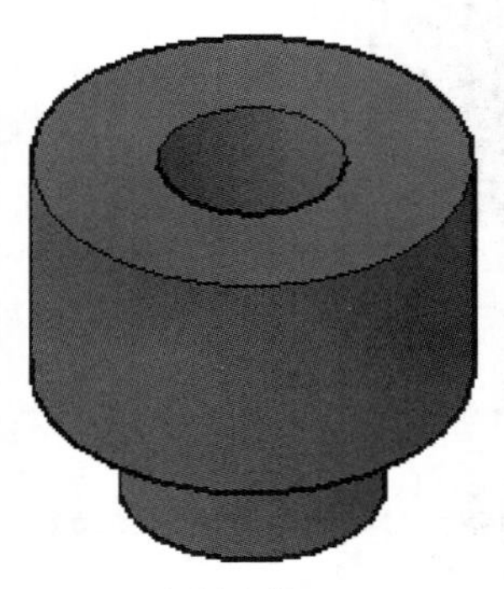

图 11-87 素材文件

02 单击“坐标”面板上的“原点”按钮，然后捕捉到圆柱顶面的圆心点，放置坐标系原点，如图 11-88所示。

03 单击绘图区左上角的视图控件，将视图调整到俯视的方向，然后在XY平面内绘制一个矩形多段线轮廓，如图11-89所示。

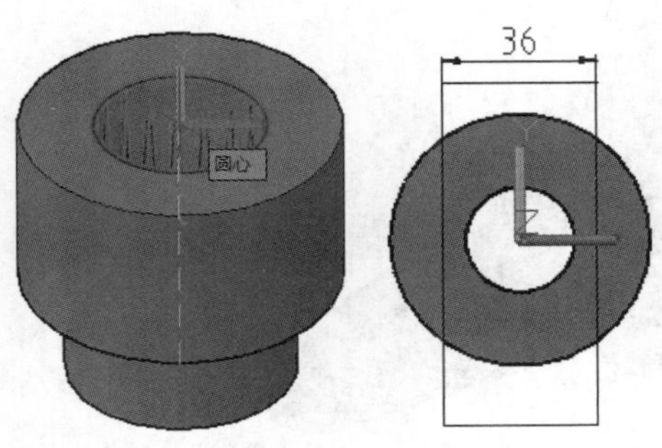

图 11-88 捕捉圆心　　图 11-89 矩形轮廓

04 单击“建模”面板上的“拉伸”按钮，选择矩形多段线为拉伸的对象，拉伸方向朝圆柱体内部，输入拉伸高度值“14”，创建的拉伸体如图11-90所示。

05 单击选中拉伸创建的长方体，然后单击鼠标右键，在快捷菜单中选择“特性”命令，弹出该实体的特性选项板，在选项板中将“历史记录”设置为“记录”，并显示历史记录，如图11-91所示。

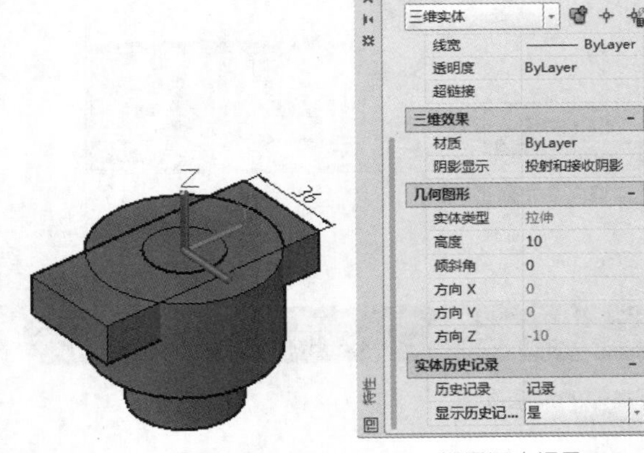

图 11-90 创建的拉伸体　　图 11-91 设置历史记录

06 单击“实体编辑”面板中的“差集”按钮，从圆柱体中减去长方体，结果如图11-92所示，以线框显示的即为长方体的历史记录。

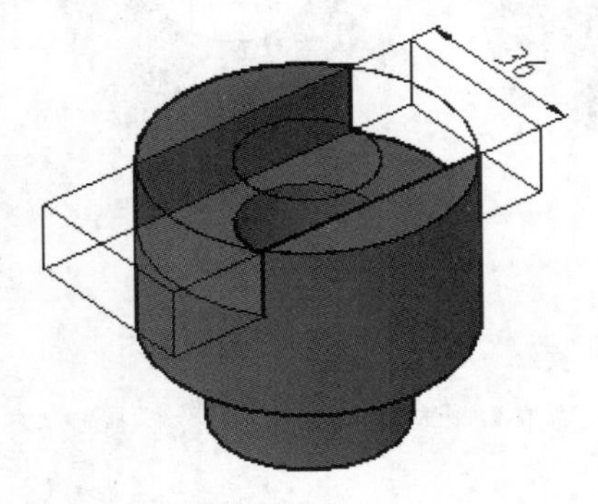

图 11-92 差集的结果

07 按住Ctrl键选择线框长方体，该历史记录呈夹点显示状态，将长方体两个顶点夹点合并，修改为三棱柱的形状，移动夹点适当调整三棱柱形状，结果如图11-93所示。

08 选择圆柱体，用步骤05的方法打开实体的“特性”选项板，将“显示历史记录”选项设置为“否”，隐藏历史记录，最终结果如图11-94所示。

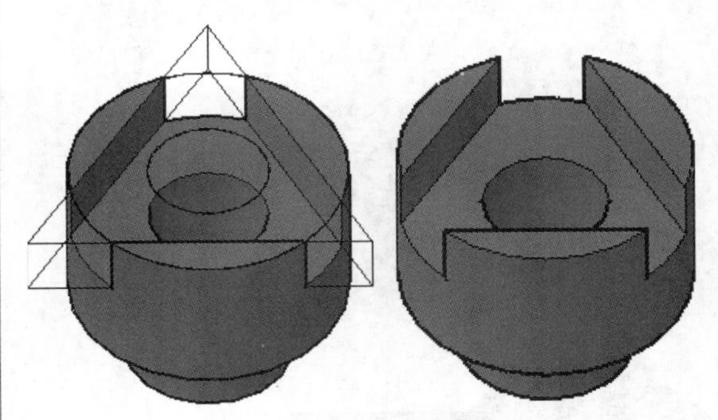

图 11-93 编辑历史记录的结果　图 11-94 最终结果

实战378 检查实体干涉

进阶

难度：☆☆☆

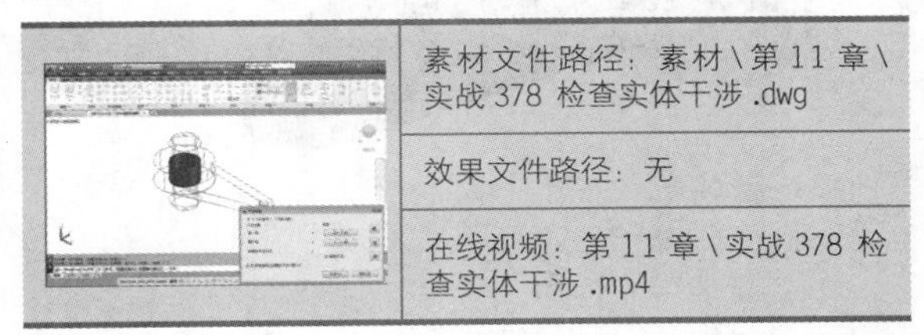
素材文件路径：素材\第 11 章\实战 378 检查实体干涉 .dwg

效果文件路径：无

在线视频：第 11 章\实战 378 检查实体干涉 .mp4

在装配过程中，往往会出现模型与模型之间的干涉现象，因此在执行两个或多个模型装配时，需要通过“干涉检查”命令，及时调整模型的尺寸和相对位置，达到准确装配的效果。

01 打开素材文件“第11章\实战378 检查实体干涉.dwg”，如图11-95所示。

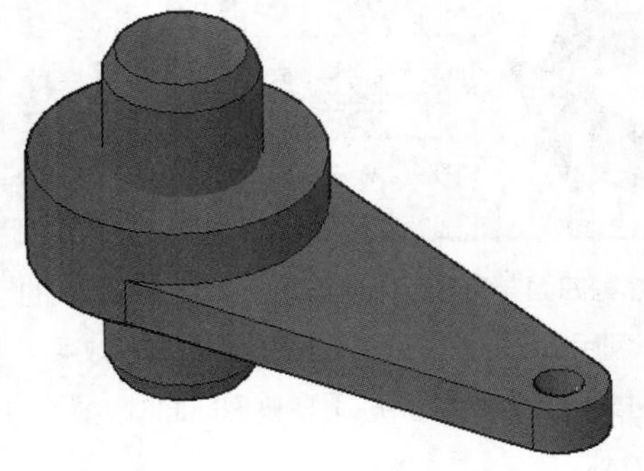

图 11-95 素材文件

02 单击“实体编辑”面板上“干涉”按钮，选择如图11-96所示的图形为第一组对象，命令行操作如下。

```
命令: _interfere
    //执行“干涉检查”命令
选择第一组对象或 [嵌套选择(N)/设置(S)]: 找到 1 个
    //选择销轴为第一组对象
选择第一组对象或 [嵌套选择(N)/设置(S)]:
    //按Enter键结束选择
选择第二组对象或 [嵌套选择(N)/检查第一组(K)] <检
查>: 找到 1 个
    //选择如图 11-97所示的连接杆为第二组对象
选择第二组对象或 [嵌套选择(N)/检查第一组(K)] <检
查>: //按Enter键完成命令
```

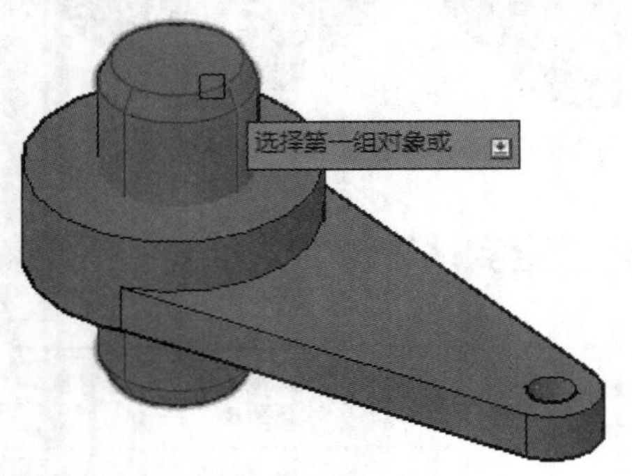

图 11-96 选择第一组对象

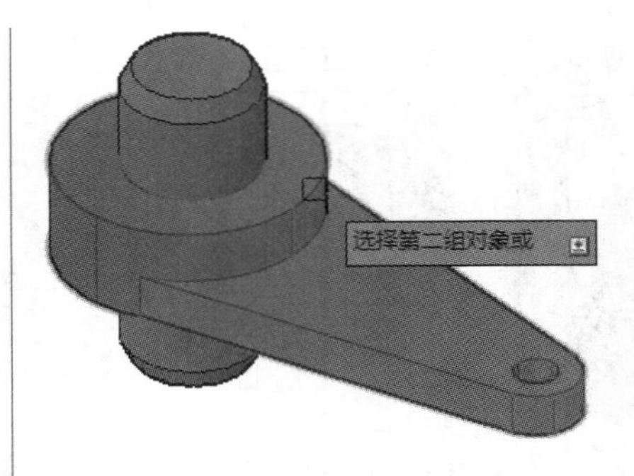

图 11-97 选择第二组对象

03 完成以上操作，系统弹出“干涉检查”对话框，如图11-98所示，绘图区中红色高亮显示的地方即为超差部分，单击“关闭”按钮即可完成干涉检查。

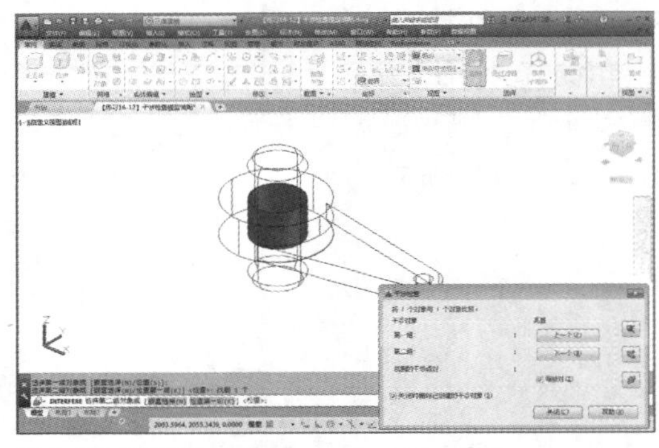
图 11-98 干涉检查结果

11.2 曲面与网格模型的编辑

与“三维实体”一样，“曲面”与“网格模型”也可以进行类似的编辑操作。

实战379 修剪曲面

难度：☆☆☆

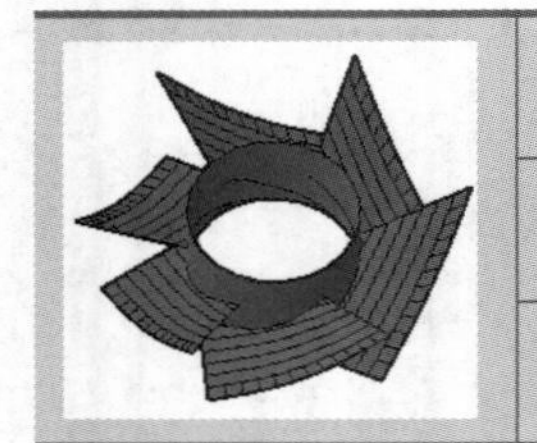	素材文件路径：素材\第 11 章\实战 379 修剪曲面 .dwg
	效果文件路径：素材\第 11 章\实战 379 修剪曲面 -OK.dwg
	在线视频：第 11 章\实战 379 修剪曲面 .mp4

使用“修剪曲面”命令可以修剪相交曲面中不需要的部分，也可以利用二维对象在曲面上的投影生成修剪效果。

01 打开素材文件“第11章\实战379 修剪曲面.dwg”，如图11-99所示。

02 在“曲面”选项卡中，单击“编辑”面板上的“修剪”按钮，修剪扇叶曲面，如图11-100所示，命令行操作如下。

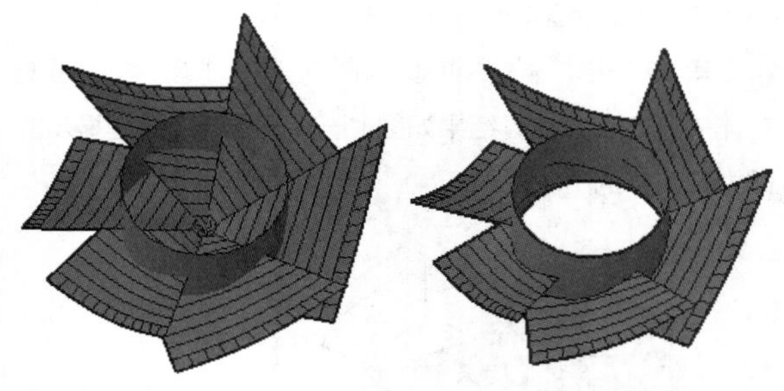
图 11-99 素材文件　　图 11-100 曲面修剪效果

```
命令: _surftrim
延伸曲面 = 是, 投影 = 自动
选择要修剪的曲面或面域或者 [延伸(E)/投影方向
(PRO)]: 找到 1 个
选择要修剪的曲面或面域或者 [延伸(E)/投影方向
(PRO)]: 找到 1 个, 总计 2 个
```

选择要修剪的曲面或面域或者 [延伸(E)/投影方向(PRO)]: 找到 1 个，总计 3 个
选择要修剪的曲面或面域或者 [延伸(E)/投影方向(PRO)]: 找到 1 个，总计 4 个
选择要修剪的曲面或面域或者 [延伸(E)/投影方向(PRO)]: 找到 1 个，总计 5 个
选择要修剪的曲面或面域或者 [延伸(E)/投影方向(PRO)]: 找到 1 个，总计 6 个
//依次选择6个扇叶曲面
选择要修剪的曲面或面域或者 [延伸(E)/投影方向(PRO)]: ↙ //按Enter键结束选择
选择剪切曲线、曲面或面域: 找到 1 个
//选择圆柱面作为剪切曲面
选择剪切曲线、曲面或面域:↙
//按Enter键结束选择
选择要修剪的区域 [放弃(U)]:
选择要修剪的区域 [放弃(U)]:
选择要修剪的区域 [放弃(U)]:
选择要修剪的区域 [放弃(U)]:
选择要修剪的区域 [放弃(U)]:
选择要修剪的区域 [放弃(U)]:
//依次单击6个扇叶在圆柱体内的部分
选择要修剪的区域 [放弃(U)]: ↙
//按Enter键完成裁剪

实战380 曲面倒圆

难度：☆☆☆

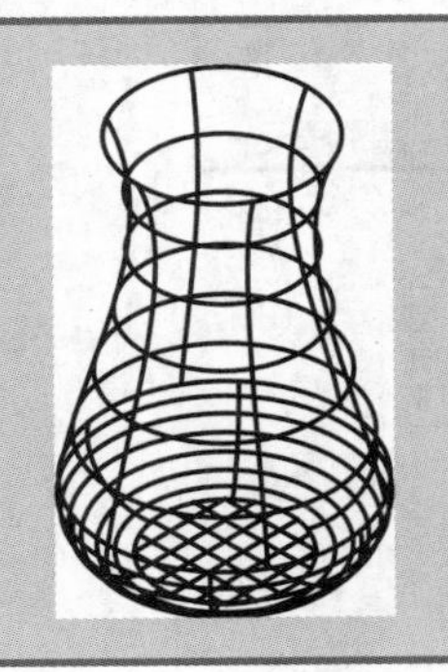

素材文件路径：素材\第 11 章\实战 380 曲面倒圆 .dwg
效果文件路径：素材\第 11 章\实战 380 曲面倒圆 -OK.dwg
在线视频：第 11 章\实战 380 曲面倒圆 .mp4

使用“曲面倒圆”命令可以在现有曲面之间的空间中创建新的圆角曲面，圆角曲面具有固定半径值轮廓线且与原始曲面相切。

01 打开素材文件“第11章\实战380 曲面倒圆.dwg”，如图11-101所示。

02 在“曲面”选项卡中，单击“创建”面板中的“圆角”按钮，创建圆角曲面，如图11-102所示，命令行操作如下。

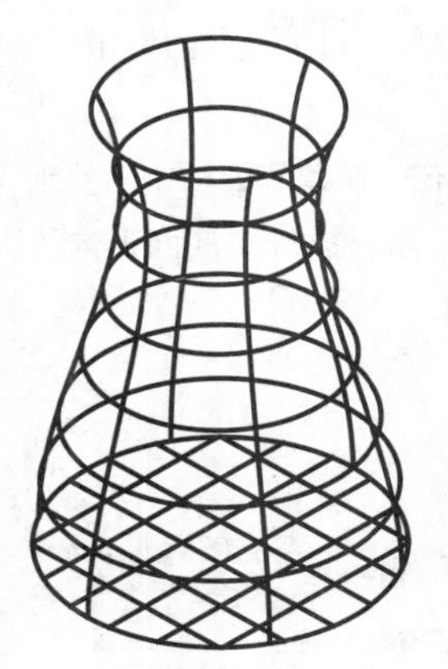

图 11-101 素材文件

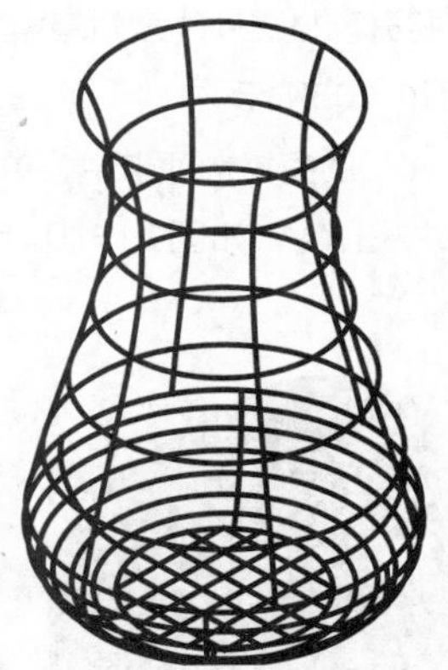

图 11-102 曲面倒圆效果

命令: _surffillet
//执行“曲面倒圆”命令
半径 = 5.0000, 修剪曲面 = 是
选择要圆角化的第一个曲面或面域或者 [半径(R)/修剪曲面(T)]: R↙
//选择“半径”选项
指定半径或 [表达式(E)] <5.0000>: 40↙
//指定圆角半径值
选择要圆角化的第一个曲面或面域或者 [半径(R)/修剪曲面(T)]:
//选择要创建圆角的第一个曲面
选择要圆角化的第二个曲面或面域或者 [半径(R)/修剪曲面(T)]:
//选择要创建圆角的第二个曲面
按 Enter 键接受圆角曲面或 [半径(R)/修剪曲面(T)]: ↙
//按Enter键结束命令

实战381 曲面延伸

难度：☆☆☆

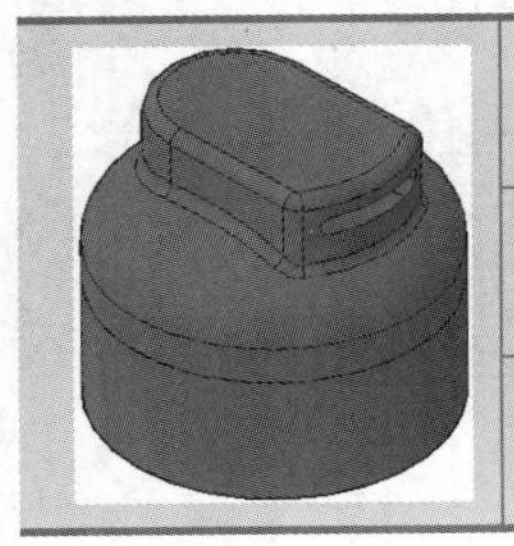

素材文件路径：素材\第 11 章\实战 381 曲面延伸 .dwg
效果文件路径：素材\第 11 章\实战 381 曲面延伸 -OK.dwg
在线视频：第 11 章\实战 381 曲面延伸 .mp4

使用“曲面延伸”命令可以通过将曲面延伸到与另一对象的边相交或指定延伸长度来创建新曲面。可以将延伸曲面合并为原始曲面的一部分，也可以将其附加为与原始曲面相邻的第二个曲面。

01 打开素材文件“第11章\实战381 曲面延伸.dwg”，如图11-103所示。

02 在“曲面”选项卡中，单击“修改”面板中的“延伸”按钮，如图11-104所示，执行“曲面延伸”命令。

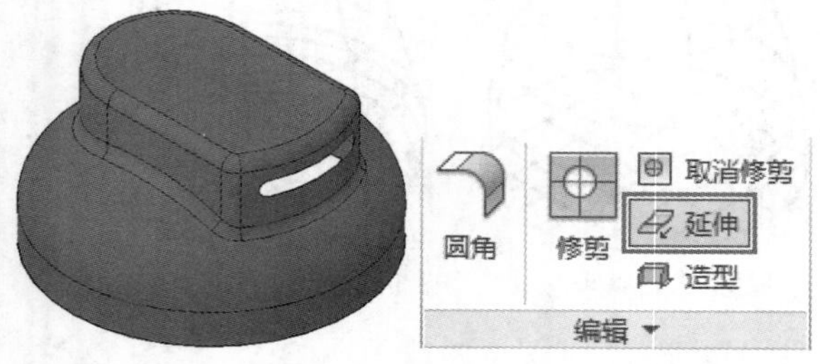

图 11-103 素材文件　　图 11-104 “编辑”面板中的“延伸”按钮

03 选择底边为要延伸的边，然后输入延伸距离“20”，如图11-105所示。

04 延伸曲面如图11-106所示，命令行操作如下。

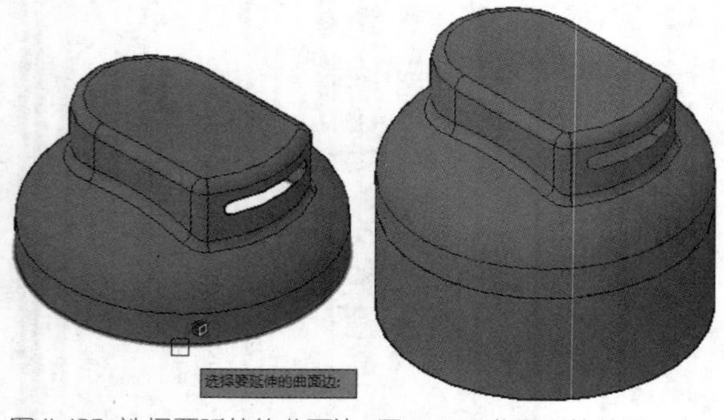

图 11-105 选择要延伸的曲面边　图 11-106 曲面延伸效果

```
命令: _surfextend
            //执行“曲面延伸”命令
模式 = 延伸, 创建 = 附加
选择要延伸的曲面边: 找到 1 个
            //选择底边为要延伸的边
选择要延伸的曲面边: ↙
            //按Enter键确认选择
指定延伸距离 [表达式(E)/模式(M)]: 20↙
            //输入延伸距离，并按Enter键结束操作
```

实战382 曲面造型

难度：☆☆☆

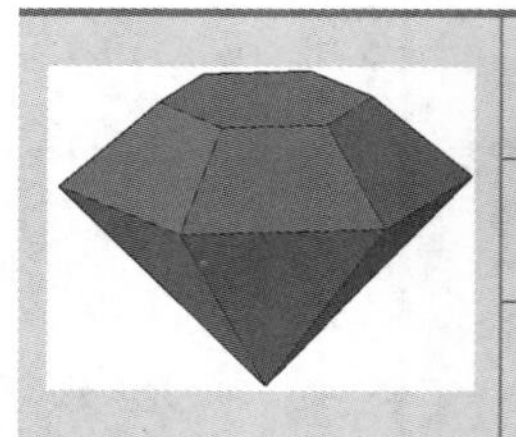	素材文件路径：素材\第11章\实战382 曲面造型.dwg
	效果文件路径：素材\第11章\实战382 曲面造型-OK.dwg
	在线视频：第11章\实战382 曲面造型.mp4

在其他专业的三维建模软件中，如UG、Solidworks、Rhino等，均有将封闭曲面转换为实体的功能，这极大地提高了产品的曲面造型技术。在AutoCAD 2020中，也有与此功能相似的命令，那就是“造型”命令。

本例造型所参考的钻石形状如图11-107所示。

01 打开素材文件“第11章\实战382 曲面造型.dwg”，如图11-108所示。

图 11-107 钻石形状

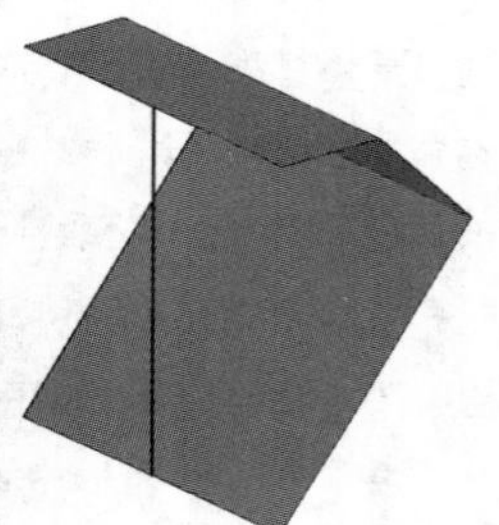

图 11-108 素材文件

02 单击“常用”选项卡“修改”面板中的“环形阵列”按钮，选择素材中已经创建好的3个曲面，然后选择曲面为阵列对象，选择直线为旋转轴，设置“项目数”为6、“填充”为360°，如图11-109所示。

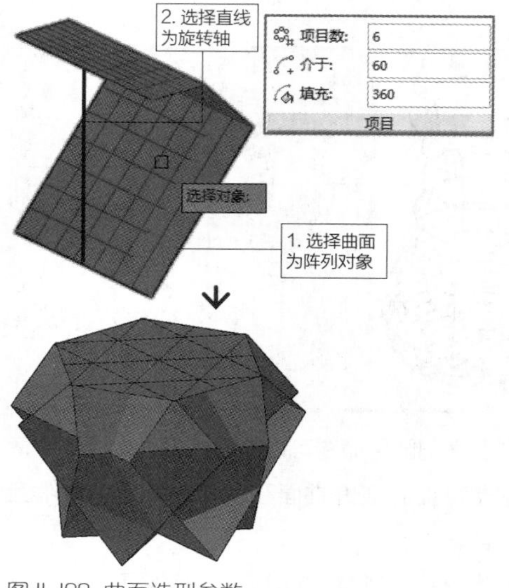

图 11-109 曲面造型参数

03 在“曲面”选项卡中，单击“编辑”面板中的“造型”按钮，全选阵列后的曲面，再按Enter键确认选择，即可创建钻石模型，如图11-110所示。

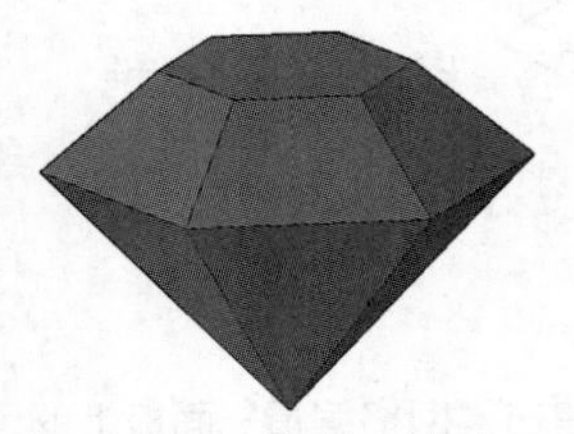

图 11-110 创建的钻石模型

实战383 曲面加厚

难度：☆☆☆

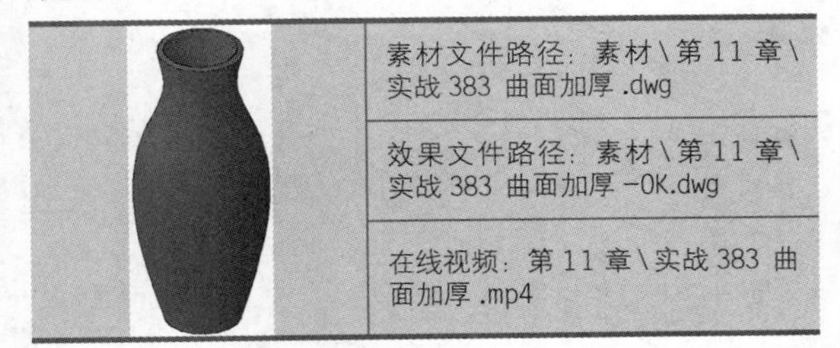

素材文件路径：素材\第 11 章\实战 383 曲面加厚 .dwg
效果文件路径：素材\第 11 章\实战 383 曲面加厚 -OK.dwg
在线视频：第 11 章\实战 383 曲面加厚 .mp4

在三维建模环境中，可以将网格曲面、平面曲面或截面曲面等多种类型的曲面通过加厚处理形成具有一定厚度的三维实体。

01 打开素材文件“第11章\实战383 曲面加厚.dwg”。

02 单击“实体”选项卡中“实体编辑”面板中的“加厚”按钮，选择素材文件中的花瓶曲面，然后输入厚度值“1”即可，如图11-111所示。

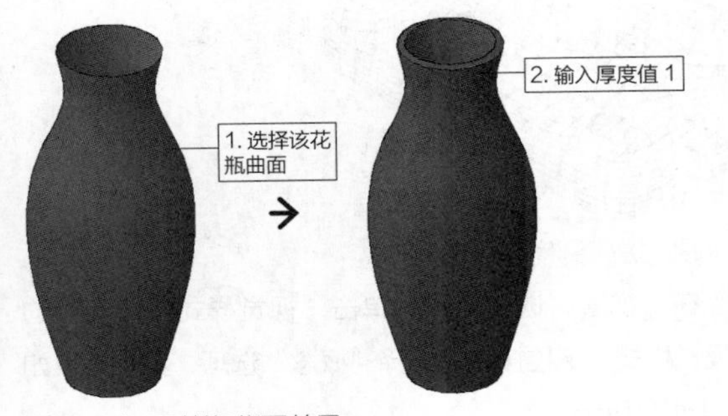

图 11-111 加厚花瓶曲面效果

实战384 编辑网格模型

进阶

难度：☆☆☆

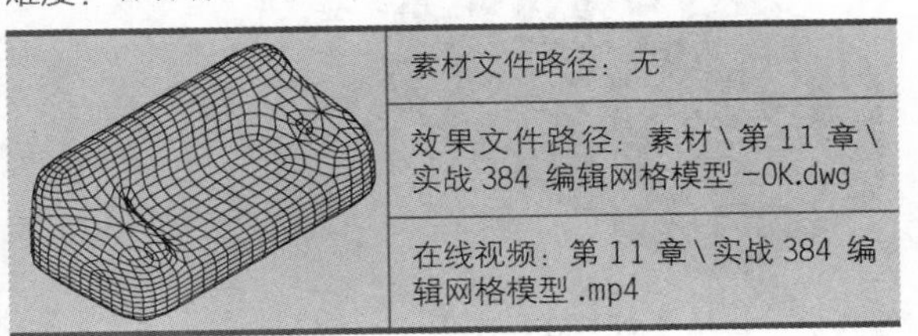

素材文件路径：无
效果文件路径：素材\第 11 章\实战 384 编辑网格模型 -OK.dwg
在线视频：第 11 章\实战 384 编辑网格模型 .mp4

网格建模与实体建模可以实现的操作并不完全相同，如果需要通过“交集”“差集”“并集”操作来编辑网格对象，则可以将网格转换为三维实体或曲面对象。同样，如果需要将“锐化”或“平滑”应用于三维实体或曲面对象，则可以将这些对象转换为网格对象。

01 新建一个空白文档。

02 在“网格”选项卡中，单击“图元”面板右下角的下拉按钮，在弹出的“网格图元选项”对话框中，选择“长方体”选项，设置“长度”细分为5、“宽度”细分为3、“高度”细分为2，如图11-112所示。

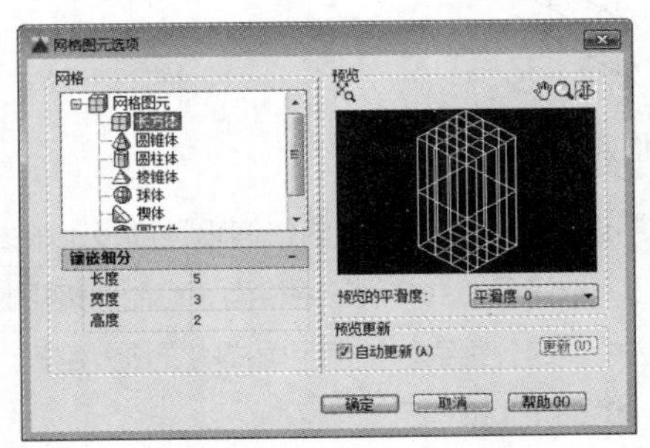

图 11-112 “网格图元选项”对话框

03 将视图方向调整到“西南等轴测”，在“网格”选项卡中，单击“图元”面板上的“网格长方体”按钮，在绘图区绘制长宽高分别为200、100、30的长方体网格，如图11-113所示。

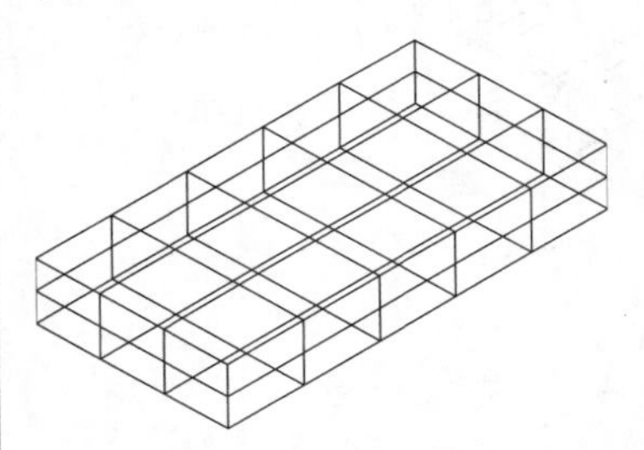

图 11-113 创建的长方体网格

04 在“网格”选项卡中，单击“网格编辑”面板上的“拉伸面”按钮，选择网格长方体上表面3条边界线处的9个网格面，向上拉伸30，如图11-114所示。

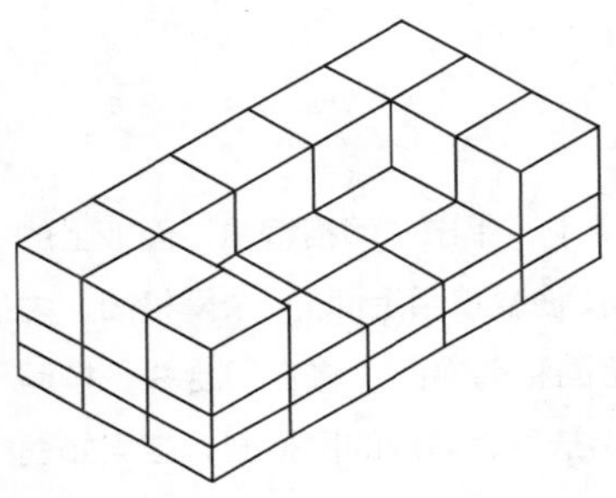

图 11-114 拉伸面的结果

05 在“网格”选项卡中，单击“网格编辑”面板上的“合并面”按钮，在绘图区中选择沙发扶手外侧的2个网格面，将其合并。重复执行该命令，合并扶手内侧的2个网格面，以及另外一个扶手的内外两侧2个网格面，如图11-115所示。

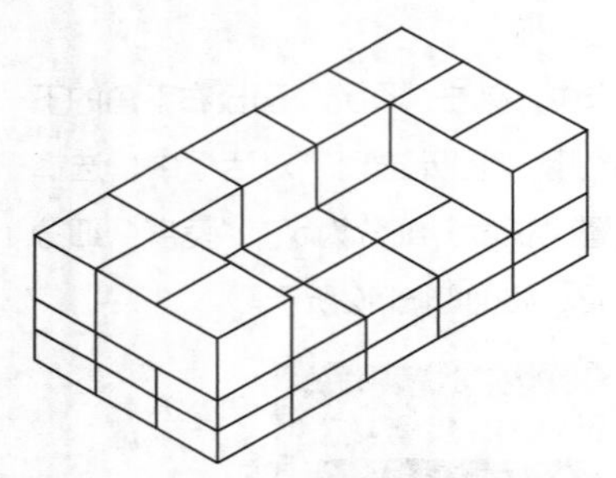

图 11-115 合并面的结果

06 在“网格”选项卡中，单击“网格编辑”面板上的“分割面”按钮，选择以上合并后的网格面，绘制连接矩形角点和竖直边中点的分割线，并使用同样的方法分割其他3个网格面，如图11-116所示。

07 再次执行“分割面”命令，在绘图区中选择扶手前端面，绘制平行底边的分割线，结果如图11-117所示。

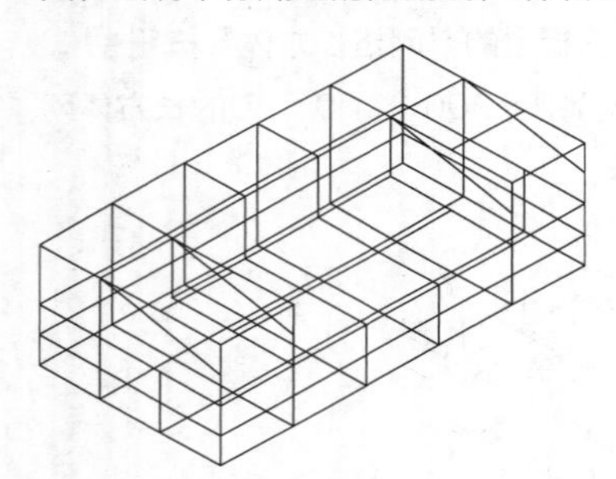

图 11-116 分割面的结果

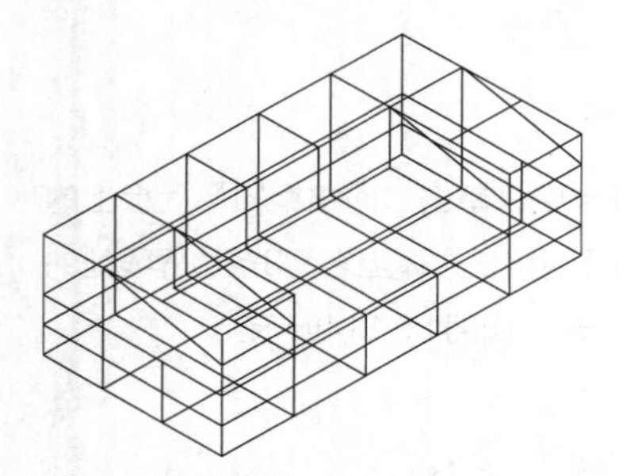

图 11-117 分割前端面的结果

08 在“网格”选项卡中，单击“网格编辑”面板上的“合并面”按钮，选择沙发扶手上面的2个网格面、内外侧面的2个三角网格面和前端面，将它们合并。按照同样的方法合并另一个扶手上对应的网格面，结果如图11-118所示。

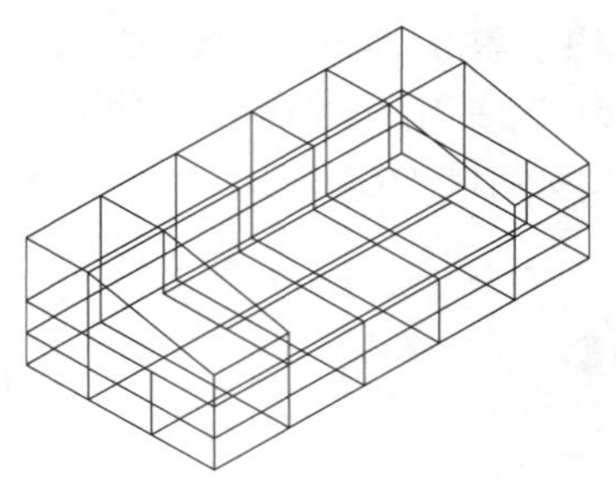

图 11-118 合并面的结果

09 在“网格”选项卡中，单击“网格编辑”面板上的“拉伸面”按钮，选择沙发顶面的5个网格面，设置倾斜角度为30°、向上拉伸距离为15，结果如图11-119所示。

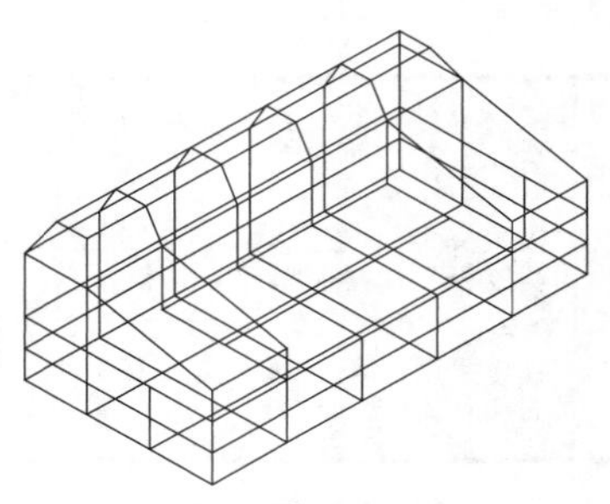

图 11-119 拉伸面的结果

10 在“网格”选项卡中，单击“网格”面板上的“提高平滑度”按钮，选择沙发的所有网格面，提高平滑度两次，结果如图11-120所示。

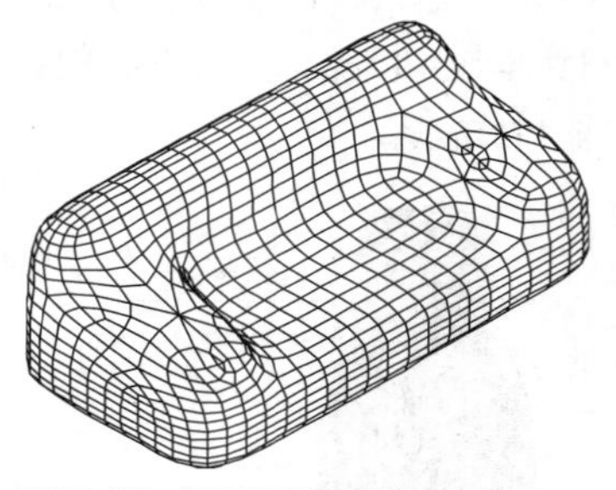

图 11-120 提高平滑度的结果

11 在“视图”选项卡中，单击“视觉样式”面板上的“视觉样式”下拉按钮，选择“概念”选项，显示效果如图11-121所示。

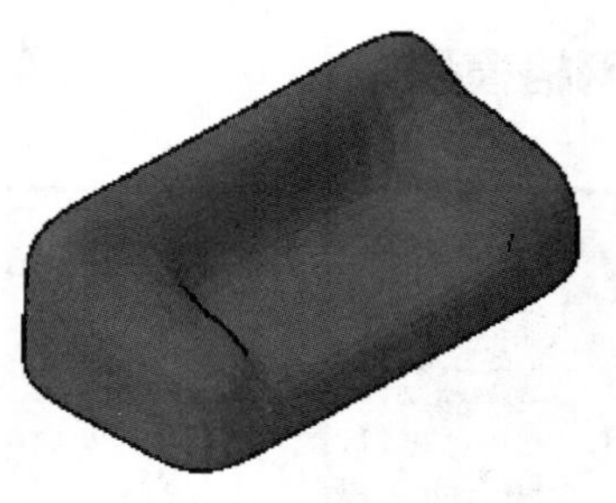

图 11-121 “概念”视觉样式效果

第 4 篇 应用篇

第 12 章 机械设计工程实例

机械制图中用图样确切表示机械的结构形状、尺寸大小、工作原理和技术要求，图样由图形、符号、文字和数字组成，是表达设计意图和制造要求的技术文件，常被称为“工程界的语言”。

本章将介绍一些典型零件的绘制方法。通过对本章的学习，读者在掌握实用绘图技巧的同时，对AutoCAD绘图功能会有更深入的理解，从而进一步提高解决实际问题的能力。

实战385 创建机械制图模板

难度：☆☆☆
素材文件：无
效果文件：素材 \ 第 12 章 \ 实战 385 创建机械制图模板 .dwt
在线视频：第 12 章 \ 实战 385 创建机械制图模板 .mp4

事先设置好绘图环境，可以使用户在绘制机械图时更加方便快捷。设置绘图环境，包括绘图区域界限、单位的设置、图层的设置、文字和标注样式的设置等。读者可以先创建一个空白文档，然后在设置好相关参数后将其保存为模板文件，以后如需再绘制类似机械图纸，则可直接调用。本章所有的机械图绘制实例皆基于该模板。

实战386 绘制齿轮类零件图

难度：☆☆☆☆
素材文件：素材 \ 第 12 章 \ 实战 386 绘制齿轮类零件图 .dwg
效果文件：素材 \ 第 12 章 \ 实战 386 绘制齿轮类零件图 -OK.dwg
在线视频：第 12 章 \ 实战 386 绘制齿轮类零件图 .mp4

本例通过对“齿轮”这一类型机械零件的绘制来为读者介绍该类型零件图的具体绘制方法。齿轮属于轮盘类型零件，同类型的还有端盖、阀盖等，这类零件一般需要两个以上基本视图表达。除主视图外，为了表示零件上均布的孔、槽、肋、轮辐等结构，还需选用一个端面视图（左视图或右视图），以表达凸缘和均布的孔。此外，为了表达细小结构，有时还采用局部放大图。本例所绘制的齿轮类零件图的最终效果如图12-1所示。

参考步骤

01 先绘制零件的主体图形。

02 对图形标注尺寸。

03 对图形进一步添加尺寸精度。

04 标注零件图上的形位公差。

05 标注零件图上的表面粗糙度。

06 填写技术要求。

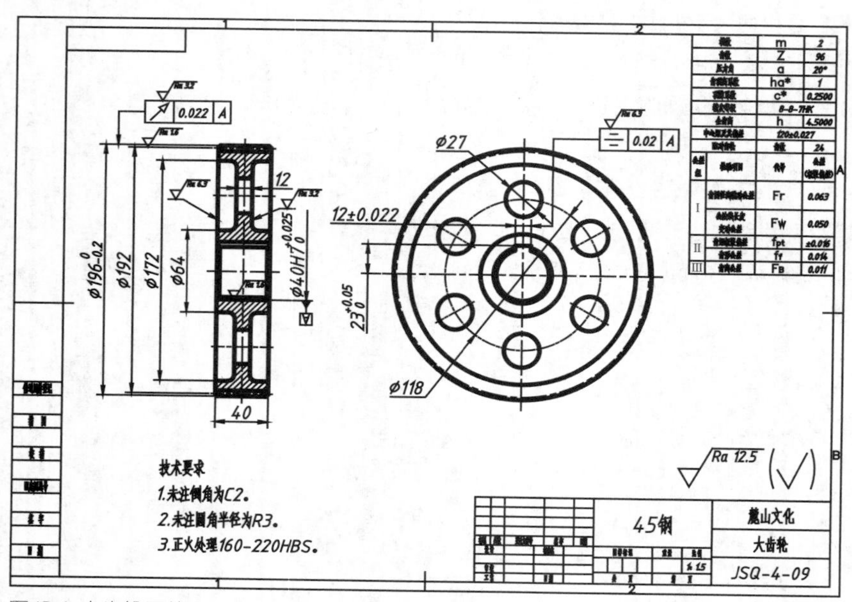

图 12-1 大齿轮零件图

实战387 绘制轴类零件图

难度：☆☆☆☆
素材文件：素材 \ 第 12 章 \ 实战 387 绘制轴类零件图 .dwg
效果文件：素材 \ 第 12 章 \ 实战 387 绘制轴类零件图 -OK.dwg
在线视频：第 12 章 \ 实战 387 绘制轴类零件图 .mp4

本例通过对“轴”这一典型机械零件的绘制来为读者介绍该类型零件图的具体绘制方法。轴类零件主要结构形状是回转体，一般只画一个主视图。确定了主视图后，轴上各段形体的直径尺寸在其数字前加注符号“Ø”表示。对于零件上的键槽、孔等结构，一般可采用局部视图、局部剖视图、移出断面和局部放大图表示。本例绘制的轴类零件图的最终效果如图12-2所示。

参考步骤

01 先绘制零件的主体图形。

02 对图形标注尺寸。

03 对图形进一步添加尺寸精度。

04 标注零件图上的形位公差。

05 标注零件图上的表面粗糙度。

06 填写技术要求。

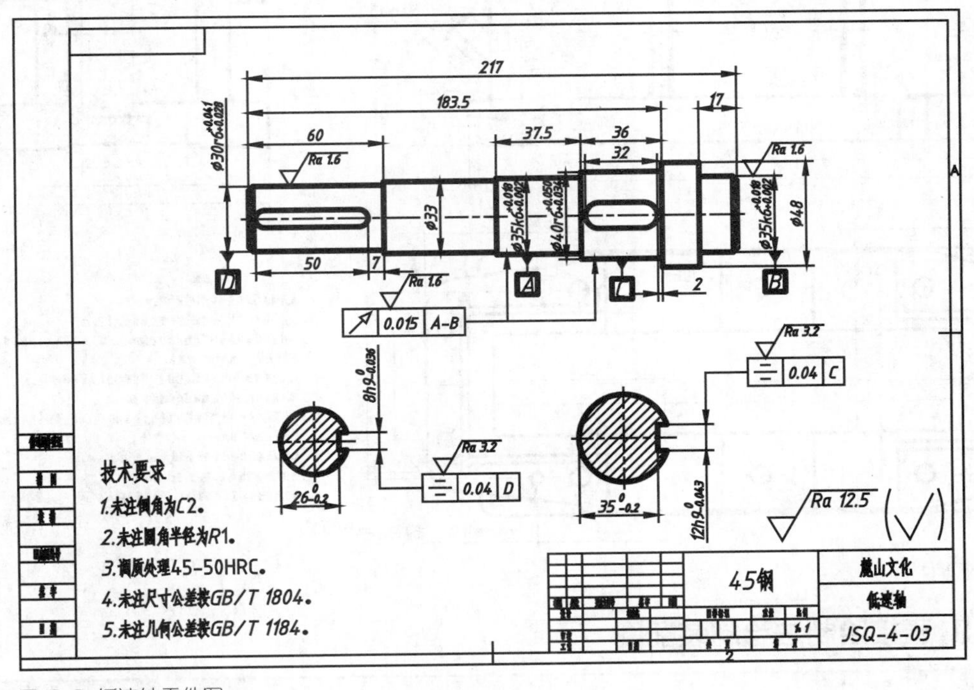

图 12-2 低速轴零件图

实战388 绘制箱体类零件图

难度：☆☆☆☆
素材文件：素材 \ 第 12 章 \ 实战 388 绘制箱体类零件图 .dwg
效果文件：素材 \ 第 12 章 \ 实战 388 绘制箱体类零件图 -OK.dwg
在线视频：第 12 章 \ 实战 388 绘制箱体类零件图 .mp4

箱体类零件主要有阀体、泵体、减速器箱体等，其作用是支持或包容其他。由于箱体类零件加工工序较多，加工位置多变，所以在选择主视图时，主要根据工作位置和形状特征来考虑，并多采用剖视图重点反映其内部结构。为了表达箱体类零件的内外结构，一般要用3个或3个以上的基本视图，并根据结构特点在基本视图上加剖视图，还可采用局部视图、斜视图及规定画法等表达外形。本例绘制的箱体类零件图的最终效果如图12-3所示。

参考步骤

01 先绘制零件的主视图。

02 根据主视图绘制俯视图。

03 根据主视图与俯视图绘制左视图。

04 标注各个视图中的尺寸。

05 标注形位公差的表面粗糙度。

06 填写技术要求。

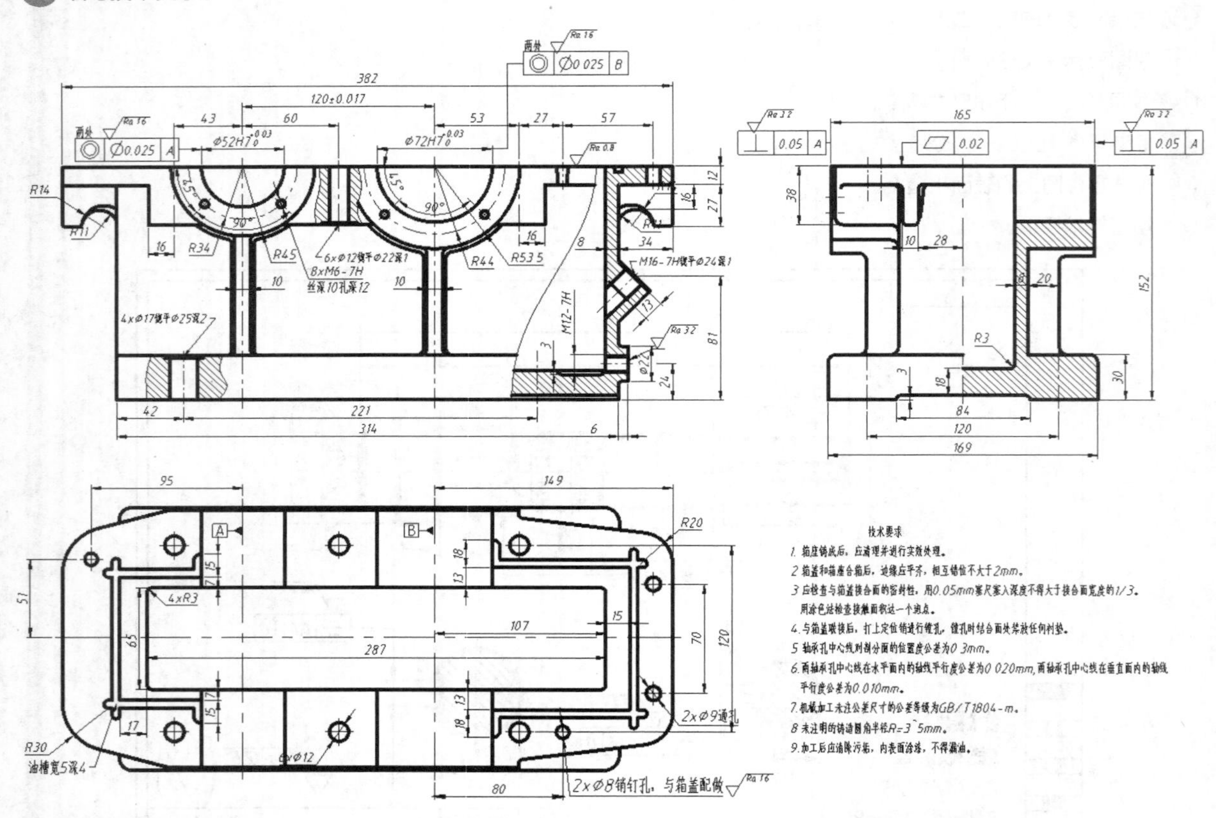

图12-3 箱座零件图

实战389 直接绘制法绘制装配图

难度：☆☆☆
素材文件：素材\第 12 章\无
效果文件：素材\第 12 章\实战 389 直接绘制法绘制装配图 -OK.dwg
在线视频：第 12 章\实战 389 直接绘制法绘制装配图 .mp4

直接绘制法即根据装配体结构直接绘制整个装配图，适用于绘制比较简单的装配图。本例绘制的装配图最终效果如图12-4 所示。

参考步骤

01 绘制中心线，用于整体的定位。

02 偏移中心线，得到图形上的一些轮廓。

03 使用绘图命令根据上一步所得的轮廓完成图形的绘制。

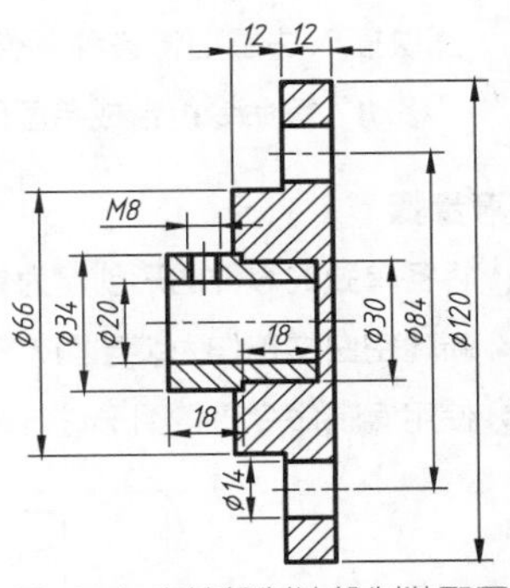

图 12-4 直接绘制法绘制装配图

实战390 零件插入法绘制装配图

进阶

难度：☆☆☆☆
素材文件：素材 \ 第 12 章 \ 实战 390 零件插入法绘制装配图
效果文件：素材 \ 第 12 章 \ 实战 390 零件插入法绘制装配图 -OK.dwg
在线视频：第 12 章 \ 实战 390 零件插入法绘制装配图 .mp4

零件插入法是指首先绘制装配图中的各个零件，然后选择其中一个主体零件，将其他各零件依次通过“移动”“复制”“粘贴”等命令插入主体零件中来完成绘制。本例绘制的装配图最终效果如图12-5所示。

参考步骤

01 打开现有图形并复制一份至装配图文件中。

02 复制其他已有的单个零件图形至装配图文件中。

03 使用绘图命令补充绘制一些零件。

04 使用编辑命令将各图形进行组合。

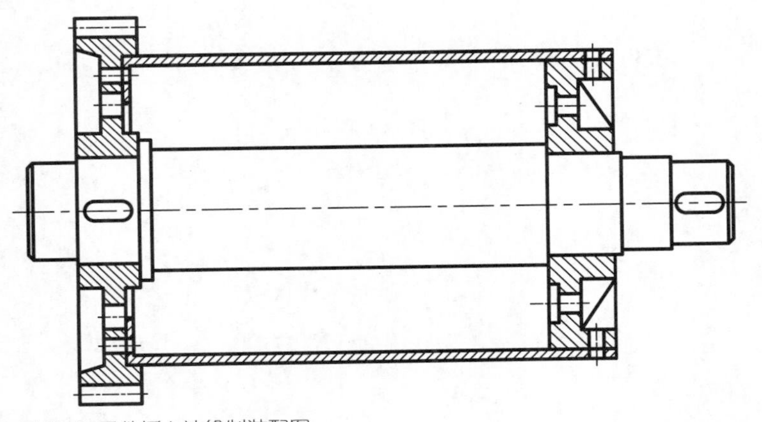
图 12-5 零件插入法绘制装配图

实战391 图块插入法绘制装配图

难度：☆☆☆☆
素材文件：素材 \ 第 12 章 \ 实战 391 图块插入法绘制装配图
效果文件：素材 \ 第 12 章 \ 实战 391 图块插入法绘制装配图 -OK.dwg
在线视频：第 12 章 \ 实战 391 图块插入法绘制装配图 .mp4

图块插入法是指将各种零件均存储为外部图块，然后以插入图块的方法来添加零件图，然后使用“旋转”“复制”“移动”等命令组合成装配图。本例绘制的装配图最终效果如图12-6所示。

参考步骤

01 将各单独的零件图形创建为外部块。

02 新建空白文档作为装配图，然后导入各零件的外部块。

03 使用编辑命令将各图形进行组合。

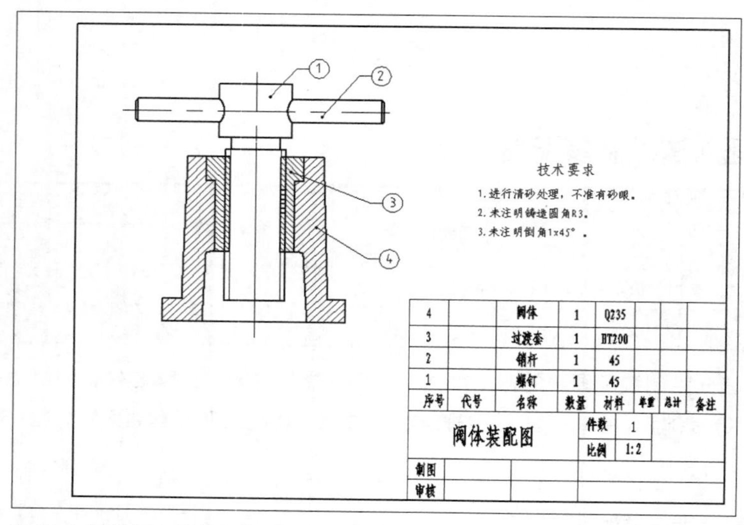

图 12-6 图块插入法绘制装配图

第13章 室内设计工程实例

对建筑内部空间所进行的设计称为室内设计。它运用物质技术手段和美学原理，为满足人们生活、工作的物质和精神需求，根据空间的使用性质、所处环境的相应标准，营造出美观舒适、功能合理、符合人们生理与心理需求的内部空间环境。

室内设计一般分为方案设计阶段和施工图设计阶段。方案设计阶段形成方案图，多用手工绘制方式表现。而施工图阶段则形成施工图，施工图是施工的主要依据，它需要详细、准确地表示出室内布置、各部分的形状、大小、材料做法及相互关系等内容，一般用计算机绘图软件来绘制。

实战392 创建室内绘图模板

难度：☆☆☆
素材文件：无
效果文件：素材 \ 第 13 章 \ 实战 392 创建室内绘图模板 .dwt
在线视频：第 13 章 \ 实战 392 创建室内绘图模板 .mp4

为了避免绘制每一张施工图都重复地设置图层、线型、文字样式和标注样式等内容，用户可以预先将这些相同部分一次性设置好，然后将其保存为样板文件。创建了样板文件后，在绘制施工图时，就可以在该样板文件基础上创建图形文件，从而加快绘图速度，提高工作效率。本章所有施工图的绘制实例皆基于该模板。

实战393 绘制平面布置图

重点

难度：☆☆☆☆
素材文件：素材 \ 第 13 章 \ 实战 393 绘制平面布置图 .dwg
效果文件：素材 \ 第 13 章 \ 实战 393 绘制平面布置图 -OK.dwg
在线视频：第 13 章 \ 实战 393 绘制平面布置图 .mp4

平面布置图是室内装饰施工图纸中的关键性图纸。它在原建筑结构的基础上，根据业主的要求和设计师的设计意图，对室内空间进行详细的功能划分和室内设施定位。本例绘制的平面布置图的最终效果如图13-1所示。

参考步骤

01 先对原始平面图进行整理和修改。

02 分区插入室内家具图块。

03 进行文字和尺寸等标注。

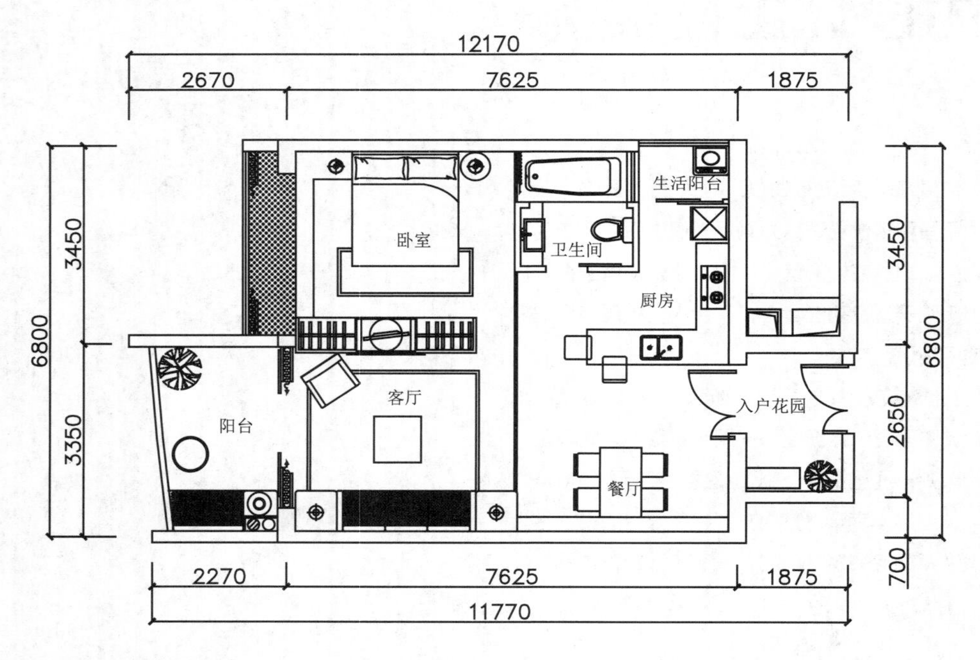

图 13-1 平面布置图

实战394 绘制地面布置图

难度：☆☆☆☆
素材文件：素材 \ 第 13 章 \ 实战 394 绘制地面布置图 .dwg
效果文件：素材 \ 第 13 章 \ 实战 394 绘制地面布置图 -OK.dwg
在线视频：第 13 章 \ 实战 394 绘制地面布置图 .mp4

本例延续上例，介绍地面布置图的绘制方法，主要绘制内容包括客厅、卧室及卫生间等地面图案。本例绘制的地面布置图的最终效果如图13-2所示。

参考步骤

01 从平面布置图中复制出室内的地面部分。

02 使用不同图案对不同区域进行填充。

03 进行尺寸标注。

04 使用多重引线对填充区域进行标注，标注内容为铺装材料。

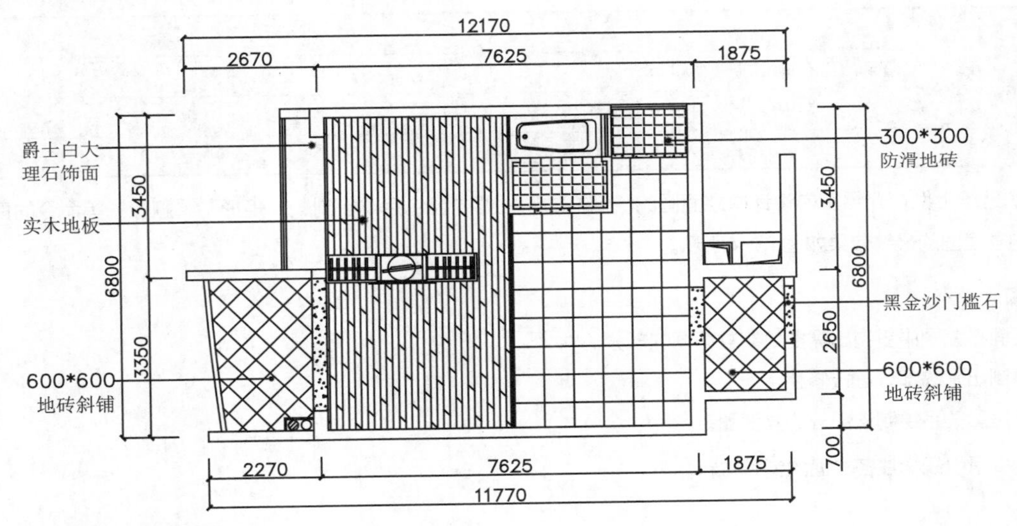

图 13-2 地面布置图

实战395 绘制顶棚图

难度：☆☆☆☆
素材文件：素材 \ 第 13 章 \ 实战 395 绘制顶棚图 .dwg
效果文件：素材 \ 第 13 章 \ 实战 395 绘制顶棚图 -OK.dwg
在线视频：第 13 章 \ 实战 395 绘制顶棚图 .mp4

本例延续上一例，介绍室内设计中顶棚图的绘制方法，主要绘制内容包括灯具图形的插入及布置尺寸。本例绘制的顶棚图的最终效果如图13-3所示。

参考步骤

01 对平面布置图进行删减。

02 分区插入灯具图块。

03 进行尺寸标注。

04 使用多行文字说明顶棚的铺装材料。

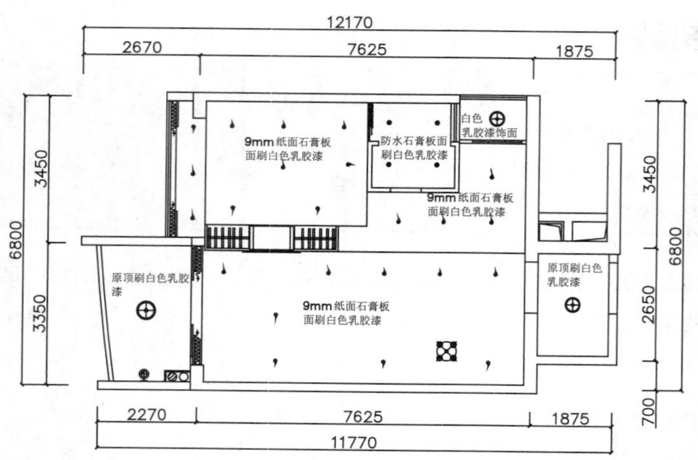

图 13-3 顶棚布置图

实战396 绘制立面图

进阶

难度：☆☆☆☆
素材文件：素材 \ 第 13 章 \ 实战 396 绘制立面图 .dwg
效果文件：素材 \ 第 13 章 \ 实战 396 绘制立面图 -OK.dwg
在线视频：第 13 章 \ 实战 396 绘制立面图 .mp4

本例延续上例，介绍室内设计中立面图的绘制方法，主要内容包括“复制”“矩形”“删除”等命令的操作。本例绘制的立面图的最终效果如图13-4所示。

参考步骤

01 从平面布置图中复制出需要绘制立面图的部分。

02 对复制出来的部分进行修整。

03 根据投影关系绘制该部分的立面图。

04 使用多重引线标注各立面的铺装材料。

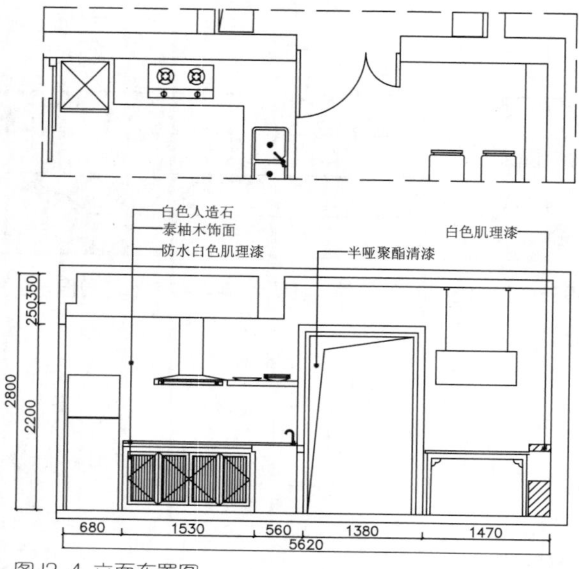

图 13-4 立面布置图

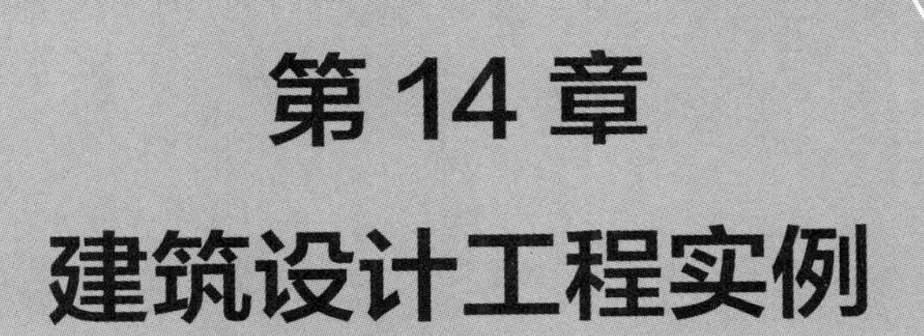

第 14 章 建筑设计工程实例

本章主要讲解建筑设计及建筑制图的内容和流程，并通过具体的实战来对各种建筑制图进行实际演练，使读者掌握建筑制图的流程和实际操作。

建筑制图所涉及的内容较多，绘制起来比较复杂。使用AutoCAD进行绘制，不仅可使建筑制图更加专业，还能保证制图质量、提高制图效率，做到图面清晰、简明。

实战397 创建建筑绘图模板

难度：☆☆☆
素材文件：无
效果文件：素材 \ 第 14 章 \ 实战 397 创建建筑绘图模板 .dwt
在线视频：第 14 章 \ 实战 397 创建建筑绘图模板 .mp4

为了避免绘制每一张建筑图都重复设置图层、线型、文字样式和标注样式等内容，可以预先将这些相同部分一次性设置好，然后将其保存为样板文件。创建了样板文件后，在绘制建筑图时，就可以在该样板文件基础上创建图形文件，从而加快绘图速度，提高工作效率。本章所有的建筑图形绘制实例皆基于该模板。

实战398 绘制建筑平面图

难度：☆☆☆☆
素材文件：素材 \ 第 14 章 \ 实战 398 绘制建筑平面图 .dwg
效果文件：素材 \ 第 14 章 \ 实战 398 绘制建筑平面图 -OK.dwg
在线视频：第 14 章 \ 实战 398 绘制建筑平面图 .mp4

建筑平面图是假想用一个水平剖切平面从建筑窗台上的一点剖切建筑，移去上面的部分，向下所作的正投影图。建筑平面图反映建筑物的平面形状和大小、内部布置、墙的位置、厚度和材料、门窗的位置和类型等情况，可作为建筑施工定位、放线、砌墙、安装门窗、室内装修、编制预算的依据。本例绘制的建筑平面图的最终效果如图14-1所示。

参考步骤

01 先绘制出各定位轴线。

02 根据轴线绘制门、窗、楼梯、阳台等建筑结构部分。

03 对建筑各区域添加文字说明。

04 使用镜像命令复制得到其他户型。

05 对整体图形添加尺寸标注。

06 添加标高和轴号标注。

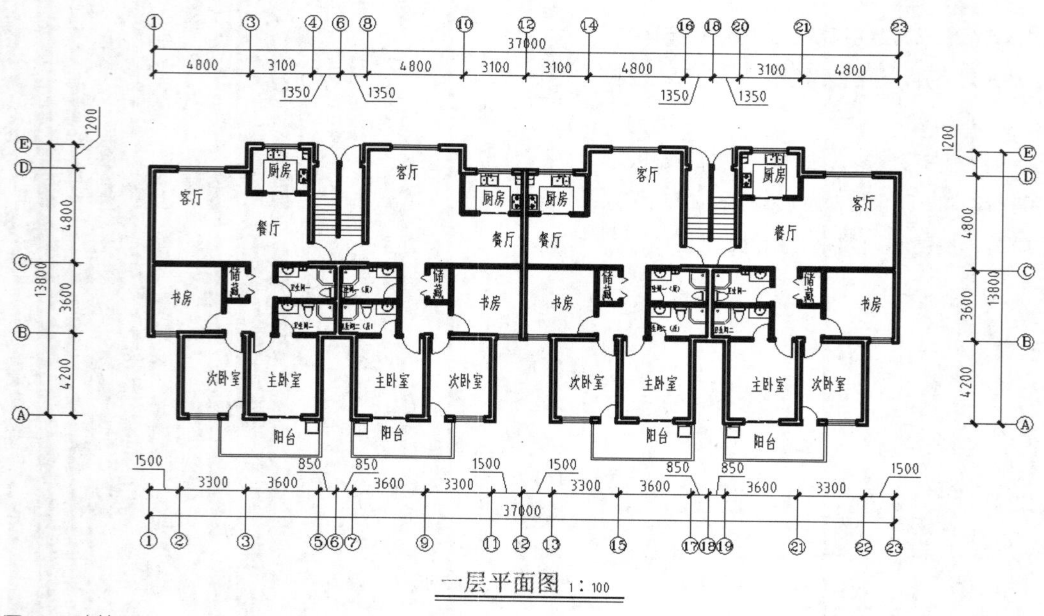

图 14-1 建筑平面图

实战399 绘制建筑立面图

难度：☆☆☆☆
素材文件：素材 \ 第 14 章 \ 实战 399 绘制建筑立面图 .dwg
效果文件：素材 \ 第 14 章 \ 实战 399 绘制建筑立面图 -OK.dwg
在线视频：第 14 章 \ 实战 399 绘制建筑立面图 .mp4

建筑立面图主要用来表示建筑物的形状和外观、外墙装修、门窗的位置与形式，以及遮阳板、窗台、窗套、屋顶水箱、檐口、雨蓬、雨水管、平台、台阶等结构配件的标高和必要尺寸。本例绘制的建筑立面图的最终效果如图14-2所示。

参考步骤

01 从平面图中复制出外部轮廓。

02 绘制出建筑立面上的阳台图形。

03 使用“复制”“镜像”命令得到其他区域的相同图形。

04 进行尺寸和文字标注。

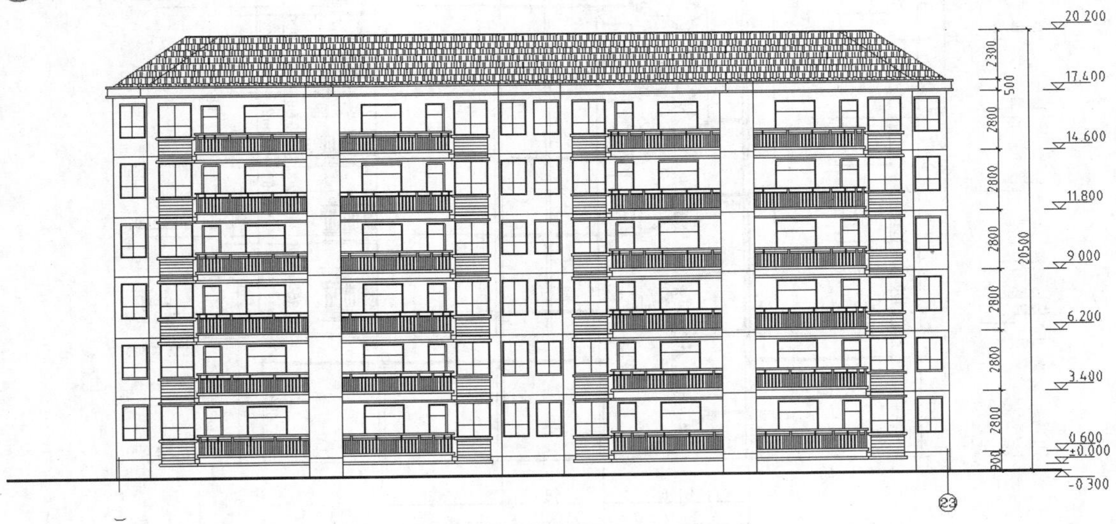

图 14-2 建筑立面图

实战400 绘制建筑剖视图

难度：☆☆☆☆
素材文件：素材 \ 第 14 章 \ 实战 400 绘制建筑剖视图 .dwg
效果文件：素材 \ 第 14 章 \ 实战 400 绘制建筑剖视图 -OK.dwg
在线视频：第 14 章 \ 实战 400 绘制剖视图 .mp4

剖视图的剖切位置和数量应根据建筑物自身的复杂情况而定，一般剖切位置选择在建筑物的主要部位或是构造较为典型的部位，如楼梯间等处。习惯上，剖视图不画基础，断开面上材料图例与图线的表示均与平面图的表示相同，即被剖切的墙、梁、板等用粗实线表示，没有被剖切的但是可见的部分用中粗实线表示，被剖切断开的钢筋混凝土梁、板涂黑表示。本例绘制的建筑剖视图的最终效果如图14-3所示。

参考步骤

01 根据平面图和立面图绘制建筑内部结构。

02 绘制楼板结构。

03 根据楼板结构绘制楼梯。

04 添加门窗、阳台等其他建筑结构细节。

05 绘制楼梯栏杆。

06 对图形进行尺寸和文字标注。

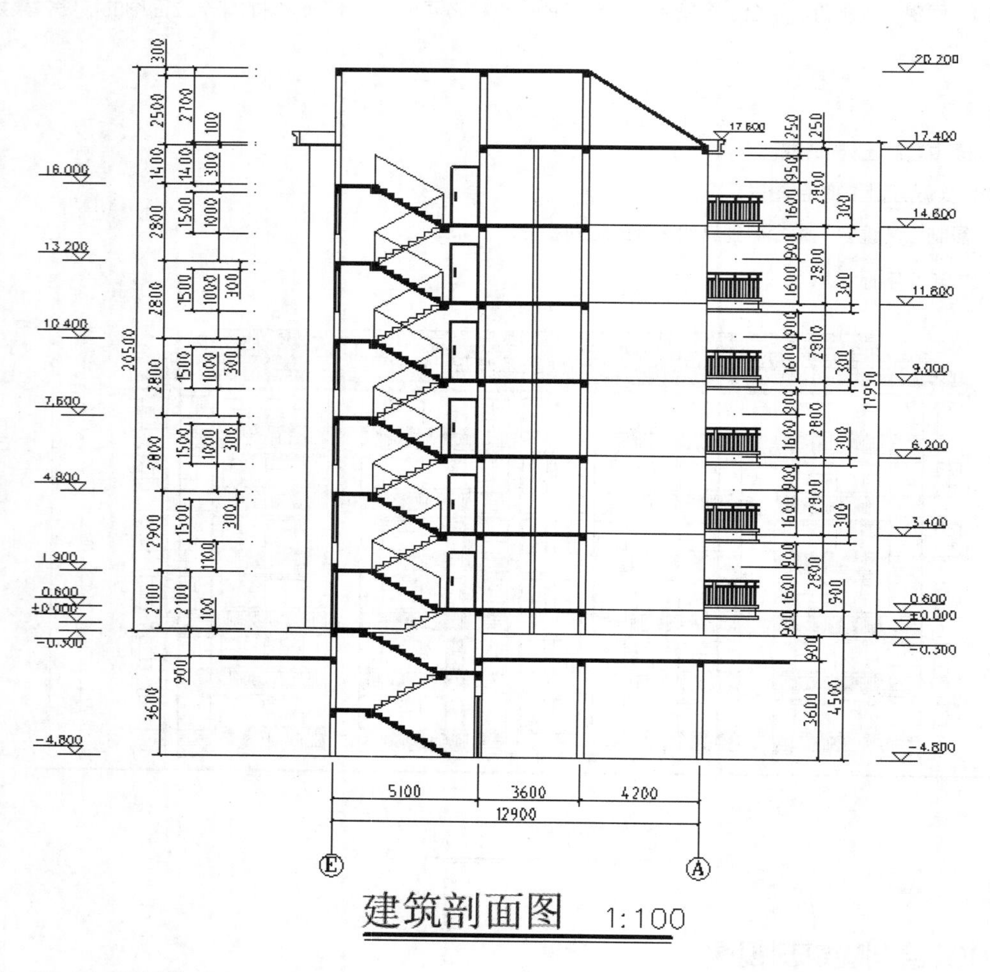

图 14-3 建筑剖视图